植物別名辞典

日外アソシエーツ

An Alias Dictionary
of
Plants

Compiled by

Nichigai Associates, Inc.

©2016 by Nichigai Associates, Inc.

Printed in Japan

本書はディジタルデータでご利用いただくことが
できます。詳細はお問い合わせください。

●編集担当●比良 雅治
装 丁：赤田 麻衣子

刊行にあたって

　植物の別名には、花や実、葉や茎などの形状や、その植物の性質などから付いたもの、外国語名を翻訳したものが別名として定着したもの、伝説に由来するものなど、さまざまなものがある。例えばアンスリウムという植物は、花のように見える苞と呼ばれる部分の形が大きな団扇に似ていることからオオウチワ（大団扇）という別名が付いている。ノギラン（芒蘭）は穂の形がキツネの尻尾に似ているので別名キツネノオ、ワルナスビ（悪茄子）は駆除するのが難しいという性質から別名オニナスビ、アズサミネバリの木は斧が折れてしまうほど硬いので別名オノオレ（斧折）、スミレ（菫）は子どもが茎の部分を互いに引っかけて遊ぶことから別名スモウトリグサ（相撲取草）と呼ばれている。このように別名がある場合、一般的な名称は知っていても別名を知らなければ、どの植物を指しているのか分からずとまどうことが多い。

　本書は、植物の別名から一般的な名称とその植物の特徴が、一般的な名称からはその別名群が容易に分かるようにした別名辞典である。ある植物の別名が、別の植物の一般名称と同じであったり、一般名称は異なるが、別名が同じであったりと身近な植物の意外に知らない別名が簡単に分かる辞典として広く活用されることを願っている。

　　2016年6月

　　　　　　　　　　　日外アソシエーツ

凡　例

1. 本書の内容

　本書は、別名のある植物を、別名とその一般的な名称をそれぞれ見出しに立て、五十音順に並べた別名辞典である。別名から一般的な名称が、一般的な名称からその別名群が分かり、また、科名、学名、大きさ、漢字表記、分布地などを簡便に記載したものである。

2. 収録対象

　一般的な植物名3,971件とその別名5,782件を収録した。

3. 記載事項

〈例〉

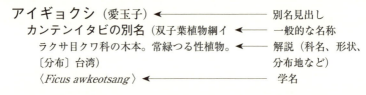

(1) 見出し

1) 植物の一般的な名称とその別名をそれぞれ見出しとし、カタカナで示した。その際、読みが同じであれば、一般的な名称、別名にかかわらず一つの見出しにまとめた。
2) 見出しの下の一般的な名称や別名をカタカナで示した。
3) 一般的な名称の先頭には「*」を付けた。

4）漢字表記がある場合、見出しの後に（　　）に入れて示した。

（2）排列

1）見出しの五十音順に排列した。

2）濁音・半濁音は清音扱いとし、ヂ→ジ、ヅ→ズとした。また拗促音は直音扱いとし、音引きは無視した。

（3）記述

1）一般的な名称の場合、別名、解説（科名、形状、分布地、学名など）を示した。

2）別名の場合、一般的な名称、解説（科名、形状、分布地、学名など）を示した。

植物別名辞典

【ア】

*アイ（藍）
別名：タデアイ
　双子葉植物綱タデ目タデ科の草本。
　〈*Polygonum tinctorium*〉

アイギク
　コマアスターの別名（キク科）

アイギョクシ（愛玉子）
　カンテンイタビの別名（双子葉植物綱イ
　ラクサ目クワ科の木本。常緑つる性植
　物。〔分布〕台湾）
　〈*Ficus awkeotsang*〉

アイコ
　ミヤマイラクサ（深山刺草）の別名（双
　子葉植物綱イラクサ目イラクサ科の多年
　草。葉の表面に刺毛。高さは40〜80cm）
　〈*Laportea macrostachya*〉

*アイズシモツケ（会津下野）
別名：シロバナシモツケ
　双子葉植物綱バラ目バラ科の落葉低木。
　〈*Spiraea chamaedryfolia var.pilosa*〉

アイズユリ
　ヒメサユリ（姫小百合）の別名（単子葉
　植物綱ユリ目ユリ科の多年草。高さは
　50〜60cm。花は淡桃〜濃紫桃色）
　〈*Lilium rubellum*〉

*アイスランドポピー
別名：シベリアヒナゲシ
　双子葉植物綱ケシ目ケシ科の草本。高
　さは30cm。花は白，桃，黄色など。
　〈*Papaver nudicaule*〉

アイタケ
　ハツタケ（初茸）の別名（ベニタケ科の
　キノコ。中型。高さは2〜5cm。傘は黄

褐色、濃い環紋あり。傷つくと青緑色の
　しみ。ひだはワイン紅色）
　〈*Lactarius hatsudake* Tanaka〉

*アイタケ
別名：ナツアイタケ
　ベニタケ科のキノコ。中型〜大型。
　傘は淡灰緑色，ひび割れる。ひだは
　白色。
　〈*Russula virescens*〉

アイヌワサビ
　エゾワサビ（蝦夷山葵）の別名（双子葉
　植物綱フウチョウソウ目アブラナ科の草
　本）
　〈*Cardamine yezoensis*〉

アイノカンザシ
　エリカモドキの別名（ユキノシタ科の常
　緑低木。高さは2m。花はやや紫を帯び
　たピンクまたは白色）
　〈*Bauera rubioides* Andr.〉

*アイバソウ
別名：エゾアブラガヤ，シデアブラ
　ガヤ
　単子葉植物綱カヤツリグサ目カヤツリグ
　サ科の草本。
　〈*Scirpus wichurae* form.*wichurai*〉

アイラトビカズラ
　トビカズラ（飛蔓）の別名（双子葉植物
　綱マメ目マメ科の木本）
　〈*Mucuna sempervirens*〉

*アイリス
別名：イリス，オランダアヤメ
　単子葉植物綱ユリ目アヤメ科の草本。
　〈*Iris hollandica*〉

*アオイスミレ（葵菫）
別名：ヒナブキ
　双子葉植物綱スミレ目スミレ科の多年
　草。高さは4〜7cm。
　〈*Viola hondoensis*〉

アオイマメ
ライマメの別名（マメ科の野菜。長さ5〜
12cm。花は白または黄白色）
〈Phaseolus lunatus L.〉

アオイモドキ
エノキアオイの別名（双子葉植物綱アオ
イ目アオイ科の一年草または多年草。
靱皮繊維は強い。高さは20〜150cm。
花は黄色）
〈Malvastrum coromandelianum〉

アオイワベンケイソウ
ホソバイワベンケイ（細葉岩弁慶）の
別名（双子葉植物綱バラ目ベンケイソウ
科の多年草。長さは7〜20cm。花は緑
を帯びた黄色）
〈Rhodiola ishidae〉

*アオウキクサ（青浮草）
別名：チビウキクサ
単子葉植物綱サトイモ目ウキクサ科の一
年生水草。葉状体は倒卵状広楕円形。
長さは3〜6mm。
〈Lemna aoukikusa〉

アオカゴノキ
バリバリノキの別名（双子葉植物綱クス
ノキ目クスノキ科の常緑高木）
〈Litsea acuminata〉

アオガシ
バリバリノキの別名（クスノキ科の常緑
高木）
〈Litsea acuminata（Blume）Kurata〉
ホソバタブ（細葉椨）の別名（双子葉植
物綱クスノキ目クスノキ科の常緑高木。
葉長8〜20cm）
〈Machilus japonica〉

*アオカズラ（青葛）
別名：ルリビョウタン
双子葉植物綱キンポウゲ目アワブキ科の
木本。
〈Sabia japonica〉

アオカヅラ
ツヅラフジ（葛藤）の別名（ツヅラフジ
科のつる性木本）
〈Sinomenium acutum（Thunb. ex
Murray）Rehder et Wils.〉

*アオカモジグサ
別名：ケカモジグサ
単子葉植物綱カヤツリグサ目イネ科の多
年草。高さは50〜120cm。
〈Agropyron racemiferum〉

*アオガヤツリ（青蚊帳釣）
別名：オオタマガヤツリ
単子葉植物綱カヤツリグサ目カヤツリグ
サ科の一年草。高さは10〜30cm。
〈Cyperus nipponicus〉

*アオガンピ
別名：オキナワガンピ
双子葉植物綱フトモモ目ジンチョウゲ科
の半常緑低木。
〈Wikstroemia retusa〉

*アオキ（青木）
別名：アオキバ，トウヨウサンゴ（桃
葉珊瑚）
双子葉植物綱ミズキ目ミズキ科の常緑低
木。高さは1〜2m。花は紫褐色。
〈Aucuba japonica〉

*アオギヌゴケ
別名：スジナガサムシロゴケ
アオギヌゴケ科のコケ。茎葉には縦じ
わがほとんどない。
〈Brachythecium populeum Bruch et
Schimp.〉

アオキバ
アオキ（青木）の別名（双子葉植物綱ミズ
キ目ミズキ科の常緑低木。高さは1〜
2m。花は紫褐色）
〈Aucuba japonica〉

アオクスリ
オトギリソウ（弟切草）の別名（双子葉

植物綱ツバキ目オトギリソウ科の多年
草。高さは50〜60cm）
〈Hypericum erectum var.erectum〉

アオケ
ヒラタケ（平茸）の別名（ヒラタケ科の
キノコ。中型〜大型。傘は貝殻形，灰
色。ひだは白色〜灰色）
〈Pleurotus ostreatus〉

アオゲイトウ
アオビユ（青莧）の別名（ヒユ科の一年
草。高さは20〜150cm。花は白色）
〈Amaranthus retroflexus L.〉

*アオコウガイゼキショウ
別名：ホソバノコウガイゼキショウ
単子葉植物綱イグサ目イグサ科の多年
草。高さは20〜40cm。
〈Juncus papillosus〉

*アオゴウソ
別名：ヒメゴウソ，ホナガヒメゴウソ
単子葉植物綱カヤツリグサ目カヤツリグ
サ科の多年草。高さは30〜60cm。
〈Carex phacota〉

アオゴムノキ
ユーカリノキ（有加利樹）の別名（双子
葉植物綱フトモモ目フトモモ科の木本）
〈Eucalyptus globulus〉

*アオサ
別名：アナアオサ
アオサ科の海藻。大型。体は20〜30cm。
〈Ulva pertusa Kjellman〉

アオサギソウ
ミズトンボ（水蜻蛉）の別名（単子葉植
物綱ラン目ラン科の多年草。高さは40
〜70cm）
〈Habenaria sagittifera〉

アオサンゴ
ユーフォルビアの別名（トウダイグサ科

の属総称）

*アオサンゴ（青珊瑚）
別名：ミドリサンゴ
双子葉植物綱トウダイグサ目トウダ
イグサ科の多肉植物。茎は円形。
高さは5〜9m。
〈Euphorbia tirucalli〉

*アオジクウメ
別名：リョクガク
双子葉植物綱バラ目バラ科の木本。
〈Armeniaca mume 'Viridicalyx'〉

アオジクスノキ
ヒメウスノキ（姫臼木）の別名（双子葉
植物綱ツツジ目ツツジ科の落葉低木）
〈Vaccinium myrtillus var.yatabei〉

アオジクマユミ
サワダツ（沢立）の別名（双子葉植物綱
ニシキギ目ニシキギ科の落葉低木）
〈Euonymus melananthus〉

アオジナ
オオバボダイジュ（大葉菩提樹）の別
名（双子葉植物綱アオイ目シナノキ科の
落葉広葉高木。高さは25m）
〈Tilia maximowicziana〉

アオジュズスゲ
ナガボノコジュズスゲの別名（単子葉植
物綱カヤツリグサ目カヤツリグサ科の草
本）
〈Carex parciflora var.vaniotii〉

アオジロムクムクゴケ
ムクムクゴケの別名（ムクムクゴケ科の
コケ。白緑色〜緑褐色、長さ2〜数cm）
〈Trichocolea tomentella（Ehrh.）
Dun.〉

アオセトガヤ
ミノボロモドキの別名（単子葉植物綱カ
ヤツリグサ目イネ科の一年草。小穂は
長さ4〜5mm）
〈Rostraria cristata〉

アオタ

*アオダモ
別名：コバノトネリコ
双子葉植物綱ゴマノハグサ目モクセイ科
の落葉高木。
〈*Fraxinus lanuginosa form.serrata*〉

アオチゴユリ
オオチゴユリの別名（単子葉植物綱ユリ
目ユリ科の草本）
〈*Disporum viridescens*〉

*アオチドリ（青千鳥）
別名：ネムロチドリ
単子葉植物綱ラン目ラン科の多年草。
高さは20〜50cm。
〈*Coeloglossum viride var.*
bracteatum〉

*アオツヅラフジ（青葛藤）
別名：カミエビ，チンチンカズラ，ピ
ンビンカズラ
双子葉植物綱キンポウゲ目ツヅラフジ科
のつる性木本。花は黄白色。
〈*Cocculus trilobus*〉

アオツリガネツツジ
コヨウラクツツジ（小瓔珞躑躅）の別
名（双子葉植物綱ツツジ目ツツジ科の落
葉低木。高さは1〜3m。花は黄白色）
〈*Menziesia pentandra*〉

アオトド
アオトドマツ（青椴松）の別名（マツ綱
マツ目マツ科の常緑高木）
〈Abies sachalinensis *var.mayriana*〉

*アオトドマツ（青椴松）
別名：アオトド
マツ綱マツ目マツ科の常緑高木。
〈*Abies sachalinensis var.mayriana*〉

アオナシ
ミチノクナシ（陸奥梨）の別名（バラ科
の木本）
〈*Pyrus ussuriensis* Maxim. *var.*
ussuriensis〉

*アオネザサ
別名：ウワゲネザサ，トヨオカザサ，
ノビドメザサ
単子葉植物綱カヤツリグサ目イネ科の
木本。
〈*Pleioblastus humilis*〉

アオノイワレンゲ
コイワレンゲの別名（ベンケイソウ科）
〈*Sedum iwarenge* var.*aggregeatum*〉

アオバナ
ツユクサ（**露草**）の別名（単子葉植物綱
ツユクサ目ツユクサ科の一年草。高さ
は20〜50cm。花は青と白色）
〈*Commelina communis*〉

*アオバナハイノキ（青花灰木）
別名：エラブハイノキ，ソウザンハイ
ノキ，ヤエヤマクロバイ
双子葉植物綱カキノキ目ハイノキ科の常
緑低木。
〈*Symplocos caudata*〉

*アオバノキ（青葉木）
別名：コウトウハイノキ
双子葉植物綱カキノキ目ハイノキ科の常
緑落葉。花は白色。
〈*Symplocos patens*〉

*アオヒエスゲ
別名：ナンカイスゲ
単子葉植物綱カヤツリグサ目カヤツリグ
サ科の草本。
〈*Carex insaniae var.subdita*〉

アオビユ
ホソアオゲイトウ（**細青鶏頭**）の別名
（ヒユ科の一年草。高さは60〜150cm。
花は白まれに帯紅紫色）
〈*Amaranthus patulus* Bertol.〉

*アオビユ（青莧）
別名：アオゲイトウ
ヒユ科の一年草。高さは20〜150cm。
花は白色。
〈*Amaranthus retroflexus* L.〉

アカカ

*アオホオズキ
別名：タカオホオズキ
双子葉植物綱ナス目ナス科の多年草。
高さは30〜60cm。
〈Physaliastrum savatieri〉

*アオホラゴケ（青洞苔）
別名：オガサワラホラゴケ，コケホラ
ゴケ
コケシノブ科の常緑性シダ植物。葉身
は長さ2〜5cm，卵状長楕円形から三
角状楕円形。
〈Crepidomanes insigne〉

アオマツリ
ルリマツリの別名（イソマツ科の観賞用
多年草。高さは1.5m。花は青空色）
〈Plumbago auriculata Lam.〉

アオマムシグサ
テンナンショウの別名（サトイモ科）

アオミミナグサ
オランダミミナグサの別名（双子葉植物
綱ナデシコ目（中心子目）ナデシコ科の
越年草。高さは10〜30cm。花は白色）
〈Cerastium glomeratum〉

*アオモジ（青文字）
別名：コショウノキ，ショウガノキ
双子葉植物綱クスノキ目クスノキ科の落
葉低木。花は淡黄色。
〈Litsea citriodora〉

アオモリアザミ
オオノアザミ（大野薊）の別名（双子葉
植物綱キク目キク科の多年草。高さは
50〜100cm）
〈Cirsium aomorense〉

*アオヤギソウ（青柳草）
別名：ヒロハアオヤギソウ
単子葉植物綱ユリ目ユリ科の草本。
〈Veratrum maackii var.
parviflorum〉

*アオヤギバナ
別名：アオヤマギソウ，オキナグサ
キク科の多年草。高さは15〜60cm。
〈Solidago yokusaiana Makino〉

アオヤマギソウ
アオヤギバナの別名（キク科の多年草。
高さは15〜60cm）
〈Solidago yokusaiana Makino〉

*アオワカメ
別名：ミチナシワカメ
褐藻綱コンブ目チガイソ科の海藻。茎
は下部扁円，上部扁圧。
〈Undaria peterseniana〉

*アカイタヤ
別名：アカメイタヤ，ベニイタヤ
双子葉植物綱ムクロジ目カエデ科の落葉
高木，雌雄同株。
〈Acer mono var.mayrii〉

アカインベ
ハゴロモカズラの別名（サトイモ科）

*アカエゾマツ（赤蝦夷松）
別名：シコタンマツ
マツ科の常緑高木。高さは40m。
〈Picea glehnii（Fr. Schm.）
Masters〉

アカエンドウ
エンドウ（豌豆）の別名（双子葉植物綱マ
メ目マメ科の果菜類。つるの長さは1m）
〈Pisum sativum〉

アカカガチ（赤加賀智）
ホオズキ（酸漿）の別名（双子葉植物綱
ナス目ナス科の多年草。高さは60〜
90cm。花は朱赤色）
〈Physalis alkekengi var.franchetii〉

*アカガシ（赤樫）
別名：オオガシ，オオバガシ
双子葉植物綱ブナ目ブナ科の常緑高木。
高さは20m。

植物別名辞典　7

〈*Quercus acuta*〉

アカカンバ
マカンバの別名 (カバノキ科)
〈*Betula ermanii* Cham. var.*subcordata*
(Regel) Koidz.〉

アカギツツジ
アカヤシオ (赤八汐, 赤八塩) の別名
(双子葉植物綱ツツジ目ツツジ科の落葉
低木)
〈*Rhododendron pentaphyllum var.*
nikoense〉

アカキノコ
クリタケ (栗茸) の別名 (モエギタケ科
のキノコ。小型〜超大型。傘は明茶褐
色、白色鱗片付着。ひだは黄白色)
〈*Naematoloma sublateritium* (Fr.)
Karst.〉
サクラシメジの別名 (ヌメリガサ科のキ
ノコ。中型〜大型。傘はワイン色で湿
時粘性。ひだは白色にワイン色のしみ)
〈*Hygrophorus russula* (Schaeff. : Fr.)
Quél.〉

アカコナスビ
ハダカホオズキ (裸酸漿) の別名 (双子
葉植物綱ナス目ナス科の多年草。高さ
は60〜100cm)
〈*Tubocapsicum anomalum*〉

*アカザカズラ
別名：ツルアカザ, マデイラカズラ
双子葉植物綱ナデシコ目 (中心子目) ツ
ルムラサキ科のつる性多年草。花は
淡緑色。
〈*Anredera cordifolia*〉

アカザヨモギ
フナバシソウの別名 (キク科の一年草。
高さは40〜100cm。花は黄色)
〈*Iva xanthifolia* Nutt.〉

アカシア
ハリエンジュ (針槐) の別名 (双子葉植
物綱マメ目マメ科の落葉高木。高さは
25m。花は白色。樹皮は灰褐色)
〈*Robinia pseudoacacia*〉
ミモザの別名 (マメ科の属総称)
ミモザアカシアの別名 (マメ科のハー
ブ)

アカジクマツヨイグサ
エノテラ・フルチコーサの別名 (アカ
バナ科)

アカヂシャ
シロモジ (白文字) の別名 (双子葉植物
綱クスノキ目クスノキ科の落葉低木。
花は淡黄色)
〈*Lindera triloba*〉

*アカシデ (赤四手)
別名：シデノキ, ソロノキ
双子葉植物綱ブナ目カバノキ科の落葉高
木。樹皮は灰色。
〈*Carpinus laxiflora*〉

アカシャ
ハリエンジュ (針槐) の別名 (双子葉植
物綱マメ目マメ科の落葉高木。高さは
25m。花は白色。樹皮は灰褐色)
〈*Robinia pseudoacacia*〉

アカジョー
マホガニーの別名 (双子葉植物綱ムクロ
ジ目センダン科の高木。果実は褐色)
〈*Swietenia mahogani*〉

アカショウマ
トリアシショウマ (鳥足升麻) の別名
(ユキノシタ科の多年草。高さは40〜
100cm)
〈*Astilbe thunbergii* (Sieb. et Zucc.)
Miq. var.*congesta* H. Boiss.〉

アカスグリ
フサスグリ (房須具利) の別名 (双子葉
植物綱バラ目ユキノシタ科の落葉低木。
高さは1.5m)
〈*Ribes rubrum*〉

アカタケ

サクラシメジの別名（ヌメリガサ科のキ
ノコ。中型〜大型。傘はワイン色で湿
時粘性。ひだは白色にワイン色のしみ）
〈Hygrophorus russula（Schaeff. : Fr.）
Quél.〉

アカタコノキ

ビヨウタコノキの別名（単子葉植物綱タ
コノキ目タコノキ科の小木。葉縁の刺
は赤色。高さは20m）
〈Pandanus utilis〉

アカダシ

タマゴタケの別名（テングタケ科のキノ
コ。中型〜大型。傘は赤色，条線あり。
ひだは帯黄色）
〈Amanita hemibapha〉

アカダモ

ハルニレ（春楡）の別名（双子葉植物綱
イラクサ目ニレ科の落葉高木。樹高は
30m。樹皮は淡い灰褐色）
〈Ulmus davidiana var.japonica〉

*アカチリメンチシャ

別名：サニーレタス
キク科。

アカツメクサ

ムラサキツメクサ（紫詰草）の別名（双
子葉植物綱マメ目マメ科の多年草。高
さは30〜60cm。花は淡紅色）
〈Trifolium pratense〉

アカツユ

サンショウモドキの別名（ウルシ科の常
緑低木。高さは6m）
〈Schinus terebinthifolius Raddi〉

アカテツノキ

アデクの別名（双子葉植物綱フトモモ目
フトモモ科の常緑高木）
〈Syzygium buxifolium〉

アカトドマツ

トドマツ（椴松）の別名（マツ綱マツ目
マツ科の常緑高木。高さは25m）
〈Abies sachalinensis var.
sachalinensis〉

アカナ

ヒノナ（日野菜）の別名（アブラナ科の
野菜）
〈Brassica campestris L. subsp.rapa
Hook. f. et Anders. var.akana
Makino〉

アカナス

トマトの別名（双子葉植物綱ナス目ナス
科の果菜類。果実は赤色。高さは3m）
〈Lycopersicon esculentum〉

ヒラナスの別名（ナス科の多年草。高さ
は0.5〜1m。花は白色）
〈Solanum integrifolium Poir.〉

アカヌマゴウソ

ヤチスゲ（谷地菅）の別名（単子葉植物
綱カヤツリグサ目カヤツリグサ科の多年
草。高さは20〜40cm）
〈Carex limosa〉

アカヌマシモツケ

ホザキシモツケ（穂咲下野）の別名（双
子葉植物綱バラ目バラ科の落葉低木。
高さは1〜2m。花は淡紅色）
〈Spiraea salicifolia〉

アカヌマフウロ

ハクサンフウロ（白山風露）の別名（双
子葉植物綱フウロソウ目フウロソウ科の
多年草。高さは30〜80cm）
〈Geranium yesoense var.nipponicum〉

*アカネ（茜）

別名：アカネカズラ
アカネ科の多年草。長さは1〜3m。
〈Rubia argyi（Lév.）Hara〉

アカネカズラ

アカネ（茜）の別名（アカネ科の多年草。

アカネ

長さは1〜3m)
〈*Rubia argyi*（Lév.）Hara〉
クロヅルの別名（双子葉植物綱ニシキギ
目ニシキギ科の落葉つる性植物）
〈*Tripterygium regelii*〉

アカノマンマ
イヌタデ（犬蓼）の別名（双子葉植物綱
タデ目タデ科の一年草。高さは5〜
40cm。花は淡紅色）
〈*Persicaria longiseta*〉

アカハエトリタケ
ベニテングタケの別名（テングタケ科の
キノコ）
〈*Amanita muscaria*〉

アカバザクラ
ベニバスモモ（紅葉李）の別名（バラ科）

アカバセージ
パープルセージの別名（シソ科のハー
ブ）

アカハダサルスベリ
**ヤクシマサルスベリ（屋久島猿滑り）
の別名**（ミソハギ科の木本。花は白色）
〈*Lagerstroemia fauriei* Koehne〉

*アカハダノキ
別名：タマザキゴウカン
マメ科の木本。
〈*Archidendron lucidum*（Benth.）I.
C. Nielsen〉

*アカバナ（赤花，赤葉菜）
別名：トックリバナ
双子葉植物綱フトモモ目アカバナ科の多
年草。高さは15〜90cm。
〈*Epilobium pyrricholophum*〉

アカバナエニシダ
**ホオベニエニシダ（頬紅金雀児）の別
名**（双子葉植物綱マメ目マメ科の木本）
〈Cytisus scoparius 'Andreanus'〉

アカバナヒルギ
オヒルギ（雄蛭木）の別名（双子葉植物
綱ヒルギ目ヒルギ科の常緑高木，マング
ローブ植物。高さは20m。萼は赤色）
〈*Bruguiera gymnorrhiza*〉

アカハナマメ
ベニバナインゲン（紅花隠元）の別名
（双子葉植物綱マメ目マメ科の果菜類。
種子は淡い紫赤色。長さは3m。花は朱
赤色）
〈*Phaseolus coccineus*〉

アカバナムグラ
ハナヤエムグラの別名（双子葉植物綱ア
カネ目アカネ科の一年草または二年草。
長さは20〜60cm。花は淡紅色，または
淡紫色）
〈*Sherardia arvensis*〉

アカバナムシヨケギク
アカムシヨケギク（赤虫除菊）の別名
（双子葉植物綱キク目キク科の草本。花
は紅色）
〈*Chrysanthemum coccineum*〉

アカバナヤエムグラ
ハナヤエムグラの別名（双子葉植物綱ア
カネ目アカネ科の一年草または二年草。
長さは20〜60cm。花は淡紅色，または
淡紫色）
〈*Sherardia arvensis*〉

アカバナユウゲショウ
ユウゲショウの別名（双子葉植物綱フト
モモ目アカバナ科の多年草。高さは20
〜40cm。花はピンク〜紅紫色）
〈*Oenothera rosea*〉

アカバナヨルガオ
ハリアサガオの別名（双子葉植物綱ナス
目ヒルガオ科のつる性多年草。茎に刺
がある。花は白色，または淡紅紫色）
〈*Calonyction muricatum*〉

10　植物別名辞典

アカメ

*アカバナルリハコベ
別名：ベニバナルリハコベ

サクラソウ科の一年草。高さは10～
30cm。花は朱赤または黄赤色。
〈*Anagallis arvensis* L.
formaarvensis〉

*アガパンサス
別名：アフリカンリリー，ムラサキク
ンシラン

ユリ科の属総称。球根植物。

*アガパンツス
別名：アフリカンリリー，ムラサキク
ンシラン

単子葉植物綱ユリ目ユリ科の属総称，球
根植物。
〈*Agapanthus spp.*〉

アカヒラトユリ
コオニユリ（小鬼百合）の別名（単子葉
植物綱ユリ目ユリ科の多年草。高さは1
～2m）
〈*Lilium leichtlinii var.maximowiczii*〉

アカフサスグリ
フサスグリ（房須具利）の別名（双子葉
植物綱バラ目ユキノシタ科の落葉低木。
高さは1.5m）
〈*Ribes rubrum*〉

*アカマツ（赤松）
別名：メマツ，メンマツ

マツ綱マツ目マツ科の常緑高木。樹高
は35m。樹皮は帯赤褐のち灰赤色。
〈*Pinus densiflora*〉

*アカミサンザシ（赤実山査子）
別名：アカミホーソン

バラ科の木本。

アカミズキ
タマミズキ（玉水木）の別名（モチノキ
科の木本）
〈*Ilex micrococca* Maxim.〉

アカミノイヌツゲ
ツルマンリョウ（蔓万両）の別名（ヤブ
コウジ科の木本）
〈*Myrsine stolonifera*（Koidz.）
Walker〉

*アカミノイヌホオズキ
別名：ビロードイヌホオズキ

ナス科の一年草。高さは20～70cm。花
は白色。
〈*Solanum luteum* Mill.〉

アカミノギボウシゴケ
ギボウシゴケの別名（ギボウシゴケ科の
コケ。体は暗緑色，茎は長さ4cm、明瞭
な中心束をもつ）
〈*Schistidium apocarpum*（Hedw.）
Bruch et Schimp.〉

アカミノクマコケモモ
ウラシマツツジ（裏縞躑躅）の別名（双
子葉植物綱ツツジ目ツツジ科の矮小低
木。高さは2～6cm）
〈*Arctous alpinus var.japonicus*〉

アカミホーソン
アカミサンザシ（赤実山査子）の別名
（バラ科の木本）

*アカムシヨケギク（赤虫除菊）
別名：アカバナムシヨケギク，ペルシ
アジョチュウギク

双子葉植物綱キク目キク科の草本。花
は紅色。
〈*Chrysanthemum coccineum*〉

アカメイタヤ
アカイタヤの別名（双子葉植物綱ムクロ
ジ目カエデ科の落葉高木，雌雄同株）
〈*Acer mono var.mayrii*〉

*アカメイヌビワ
別名：コウトウイヌビワ，ハルランイ
ヌビワ

双子葉植物綱イラクサ目クワ科の木本。
〈*Ficus benguetensis*〉

植物別名辞典　11

*アカメガシワ（赤芽柏）
別名：ゴサイバ（五菜葉），サイモリバ
（菜盛葉）
双子葉植物綱トウダイグサ目トウダイグ
サ科の落葉高木。花は淡黄色。
〈*Mallotus japonicus*〉

アカメチコリ（赤芽チコリ）
トレビスの別名（キク科の葉菜類）

アカメチャンチン
チャンチン（香椿）の別名（双子葉植物
綱ムクロジ目センダン科の落葉高木。高
さは15～20m。花は白色。樹皮は褐色）
〈*Toona sinensis*〉

アカメモチ（赤芽黐）
カナメモチ（要黐）の別名（双子葉植物
綱バラ目バラ科の常緑高木。高さは3～
5m。花は白色）
〈*Photinia glabra*〉

*アカメヤナギ（赤芽柳）
別名：マルバヤナギ（円葉柳）
双子葉植物綱ヤナギ目ヤナギ科の落葉大
高木。
〈*Salix chaenomeloides*〉

アカモジ
ウスノキ（臼木）の別名（双子葉植物綱
ツツジ目ツツジ科の落葉低木）
〈*Vaccinium hirtum var.pubescens*〉

*アカモノ（赤物）
別名：イワハゼ
双子葉植物綱ツツジ目ツツジ科の矮小低
木。高さは10～30cm。花は白色。
〈*Gaultheria adenothrix*〉

アカモモ
モッコク（木斛）の別名（双子葉植物綱
ツバキ目ツバキ科の常緑高木。高さは
10～15m。花は黄色）
〈*Ternstroemia gymnanthera*〉

*アカヤシオ（赤八汐，赤八塩）
別名：アカギツツジ，ゴヨウツツジ，
ヤシオツツジ
双子葉植物綱ツツジ目ツツジ科の落葉
低木。
〈*Rhododendron pentaphyllum var.
nikoense*〉

アカヤジオウ
ジオウ（地黄）の別名（双子葉植物綱ゴマ
ノハグサ目ゴマノハグサ科の多年草。
高さは10～30cm。花は黄白色）
〈*Rehmannia glutinosa*〉

アカヤナギ
オオバヤナギ（大葉柳）の別名（双子葉
植物綱ヤナギ目ヤナギ科の落葉大高木）
〈*Toisusu urbaniana*〉

*アガリクス
別名：ヒメマツタケ
ハラタケ科のキノコ。
〈*Agaricus blazei*〉

*アカリファ
別名：エキノグサ
トウダイグサ科の属総称。

***アカリファ・ウィルケシアナ・マー
ジナタ**
別名：フクリンアカリファ
トウダイグサ科。

***アカリファ・ウィルケシアナ・ムサ
イカ**
別名：ニシキアカリファ
トウダイグサ科。

*アカンサス
別名：ハアザミ，ベアーズブリーチ
キツネノマゴ科の宿根草。高さは90～
120cm。花は紫紅色を帯びた白色。
〈*Acanthus mollis L.*〉

アカンボ
サクラシメジの別名（ヌメリガサ科のキ

ノコ。中型～大型。傘はワイン色で湿時粘性。ひだは白色にワイン色のしみ）
〈*Hygrophorus russula*〉

*アキギリ（秋桐）
別名：オオアキギリ
双子葉植物綱シソ目シソ科の多年草。高さは20～50cm。花は紫色。
〈*Salvia glabrescens*〉

*アキグミ（秋茱萸，秋胡頹子）
別名：シャシャブ
双子葉植物綱ヤマモガシ目グミ科の落葉低木。高さは3～4m。花は帯黄白色。
〈*Elaeagnus umbellata*〉

アキザキシクラメン
シクラメン・ネアポリタヌムの別名
（サクラソウ科）

アキザキヤツシロラン
ヤツシロランの別名（単子葉植物綱ラン目ラン科の多年生腐生植物。高さは5～15cm）
〈*Gastrodia verrucosa*〉

アキザクラ（秋桜）
コスモスの別名（双子葉植物綱キク目キク科の一年草。高さは2～3m。花は白，淡紅色，または濃紅色）
〈*Cosmos bipinnatus*〉

アキサンゴ（秋珊瑚）
サンシュユ（山茱萸）の別名（双子葉植物綱ミズキ目ミズキ科の落葉高木。高さは6～7m。花は黄色）
〈*Cornus officinalis*〉

*アキチョウジ（秋丁字）
別名：キリツボ
双子葉植物綱シソ目シソ科の多年草。高さは70～100cm。
〈*Rabdosia longituba*〉

アキテンナンショウ
オモゴウテンナンショウ（面河天南星）の別名（単子葉植物綱サトイモ目サトイモ科の多年草。高さは20～60cm）
〈*Arisaema iyoanum*〉

*アギナシ（顎無）
別名：オトガイナシ，トバエグワイ
単子葉植物綱オモダカ目オモダカ科の多年草，抽水性～湿生。全長8～40cm，果実は倒卵形。高さは20～80cm。
〈*Sagittaria aginashi*〉

*アキニレ（秋楡）
別名：イシゲヤキ，カワラゲヤキ
双子葉植物綱イラクサ目ニレ科の落葉高木。高さは15m。樹皮は灰褐色。
〈*Ulmus parvifolia*〉

*アキノキリンソウ（秋麒麟草）
別名：アワダチソウ（泡立草），キンカ
双子葉植物綱キク目キク科の多年草。高さは60～90cm。
〈*Solidago virgaurea subsp.asiatica*〉

*アキノギンリョウソウ（秋銀竜草）
別名：ギンリョウソウモドキ
双子葉植物綱ツツジ目イチヤクソウ科の多年生腐生植物。高さは10～30cm。
〈*Monotropa uniflora*〉

アキノハナワラビ
ヒメハナワラビの別名（ハナヤスリ科の夏緑性シダ植物。葉身は長さ1.5～6cm，三角状長楕円形）
〈*Botrychium lunaria*〉

*アキノミチヤナギ
別名：ハマミチヤナギ
双子葉植物綱タデ目タデ科の一年草。高さは40～80cm。
〈*Polygonum polyneuron*〉

*アキバギク
別名：キヨスミギク
双子葉植物綱キク目キク科の草本。
〈*Aster ageratoides subsp.sugimotoi*〉

アキボコリ
メナモミの別名（双子葉植物綱キク目キク科の一年草。高さ60〜120cm）
〈Siegesbeckia pubescens〉

アキボタン
シュウメイギク（秋明菊）の別名（双子葉植物綱キンポウゲ目キンポウゲ科の多年草。高さ30〜100cm。花は紅紫色）
〈Anemone hupehensis var.japonica〉

*アキメネス
別名：キューピッズボワー，ジャパニーズパンジー
イワタバコ科のハナギリソウ属総称。球根植物。

アキランサス
モヨウビユの別名（双子葉植物綱ナデシコ目（中心子目）ヒユ科の低草。赤葉種，黄葉種あり。花は白色，または淡白褐色）
〈Alternanthera ficoidea〉

アキレア
セイヨウノコギリソウ（西洋鋸草）の別名（双子葉植物綱キク目キク科の多年草。高さは30〜100cm。花は白色，または淡紅色）
〈Achillea millefolium〉

*アキレア
別名：ハゴロモソウ
キク科の属総称。

アキレス
セイヨウノコギリソウ（西洋鋸草）の別名（キク科の多年草。高さは30〜100cm。花は白または淡紅色）
〈Achillea millefolium L.〉

アクイレギア
オダマキ（苧環）の別名（双子葉植物綱キンポウゲ目キンポウゲ科の多年草。高さは30〜50cm。花は紫，白色）
〈Aquilegia flabellata〉

アクリスキンポウゲ
セイヨウキンポウゲの別名（キンポウゲ科の多年草。高さは20〜90cm。花は黄色）
〈Ranunculus acris L.〉

*アケビ（木通，通草）
別名：アケビカズラ，ハダカズラ，ヤマヒメ
双子葉植物綱キンポウゲ目アケビ科の落葉つる性植物。花は紅紫色。
〈Akebia quinata〉

アケビカズラ
アケビ（木通，通草）の別名（双子葉植物綱キンポウゲ目アケビ科の落葉つる性植物。花は紅紫色）
〈Akebia quinata〉

*アケビカズラ
別名：アケビモドキ
ガガイモ科の着生植物。花は黄白色。
〈Dischidia rafflesiana Wall.〉

アケビモドキ
アケビカズラの別名（ガガイモ科の着生植物。花は黄白色）
〈Dischidia rafflesiana Wall.〉

*アケボノ（曙）
別名：タカネシボリ
ツツジ科のツツジの品種。

アケボノスギ
メタセコイアの別名（マツ綱マツ目スギ科の落葉性針葉高木。高さは30m。樹皮は橙褐色ないし赤褐色）
〈Metasequoia glyptostroboides〉

アゲラータム
カッコウアザミ（藿香薊）の別名（双子葉植物綱キク目キク科の一年草。高さは30〜60cm。花は紫色，または白色）
〈Ageratum conyzoides〉

*アコウ
別名：アコギ，アコミズキ

双子葉植物綱イラクサ目クワ科の常緑
高木。
〈Ficus superba var.japonica〉

*アコウグンバイ
別名：アコウグンバイナズナ，イヌグ
ンバイナズナ
アブラナ科の多年草。高さは50cm。花
は白色。
〈Lepidium draba L.〉

アコウグンバイナズナ
アコウグンバイの別名（アブラナ科の多
年草。高さは50cm。花は白色）
〈Lepidium draba L.〉

アコギ
アコウの別名（双子葉植物綱イラクサ目
クワ科の常緑高木）
〈Ficus superba var.japonica〉

アコミズキ
アコウの別名（双子葉植物綱イラクサ目
クワ科の常緑高木）
〈Ficus superba var.japonica〉

*アサ（麻）
別名：タイマ
双子葉植物綱イラクサ目クワ科の一年
草。雌雄異株。高さは1〜3m。
〈Cannabis sativa〉

アサウリ
シロウリ（白瓜）の別名（双子葉植物綱
スミレ目ウリ科の野菜）
〈Cucumis melo var.conomon〉

アサガオ
ノアサガオ（野朝顔）の別名（ヒルガオ
科の一年生つる草。花は青色）
〈Pharbitis congesta（R. Br.）Hara〉

アサガオタバコ
サルメンバナの別名（ナス科の一年草）
〈Salpiglossis sinuata Ruiz. et Pav.〉

アサガオナ
ヨウサイの別名（双子葉植物綱ナス目ヒ
ルガオ科の野菜類。茎は中空。花は白
色）
〈Ipomoea aquatica〉

アサガオモドキ
ツタノハヒルガオの別名（ヒルガオ科の
つる性。花は黄色）
〈Merremia hederacea（Burm. f.）H.
G. Hallier〉

アサギズイセン
フリージアの別名（単子葉植物綱ユリ目
アヤメ科の属総称）
フリージア・ブルーレディの別名（ア
ヤメ科）

*アサギリソウ（朝霧草）
別名：ハクサンヨモギ
双子葉植物綱キク目キク科の宿根草。
高さは15〜40cm。
〈Artemisia schmidtiana〉

*アサクラザンショウ（朝倉山椒）
別名：ジョウコウジサンショウ，タン
バサンショウ
双子葉植物綱ムクロジ目ミカン科の草
本，薬用植物。
〈Zanthoxylum piperitum form.
inerme〉

*アサザ（浅沙）
別名：イヌジュンサイ，スイレンダマ
シ，ハナジュンサイ
双子葉植物綱ナス目ミツガシワ科の多年
生水草。葉身は卵型〜円形、裏面は紫
色がかって，粒状の腺点がある。花は
黄色。
〈Nymphoides peltata〉

アサシラゲ
ハコベ（繁縷）の別名（双子葉植物綱ナデ
シコ目（中心子目）ナデシコ科の一年草
または越年草。茎は地面を匐う。高さ
は10〜20cm）

⟨*Stellaria media*⟩
ミドリハコベ(緑繁縷)の別名(双子葉
植物綱ナデシコ目(中心子目)ナデシコ
科の一年草または越年草。高さは10〜
20cm)
⟨*Stellaria neglecta*⟩

*アサダ
別名：ハネカワ，ミノカブリ
双子葉植物綱ブナ目カバノキ科の落葉高
木。樹高は17m。樹皮は灰褐色。
⟨*Ostrya japonica*⟩

*アサツキ(浅葱)
別名：イトツキ，イトネギ
単子葉植物綱ユリ目ユリ科の多年草。
高さは30〜60cm。
⟨*Allium schoenoprasum var.
foliosum*⟩

*アサノハカエデ(麻葉楓)
別名：ミヤマモミジ
双子葉植物綱ムクロジ目カエデ科の小高
木，雌雄異株。
⟨*Acer argutum*⟩

*アサヒエビネ
別名：シマエビネ
単子葉植物綱ラン目ラン科の草本。
⟨*Calanthe hattorii*⟩

アサヒカエデ
イタヤカエデ(板屋楓)の別名(双子葉
植物綱ムクロジ目カエデ科の木本)
⟨*Acer mono var.*marmoratum *form.*
heterophyllum⟩
エンコウカエデの別名(カエデ科の雌雄
同株の落葉高木)
⟨*Acer mono* Maxim. var.*marmoratum*
(Nichols.) Hara f.*dissectum*
(Wesmael) Rehder⟩

*アサヒカズラ
別名：ニトベカズラ
タデ科の観賞用蔓性半木。花は赤〜ピ
ンク色。

⟨*Antigonon leptopus* Hook. et Arn.⟩

アサヒザサ
チシマザサ(千島笹)の別名(単子葉植
物綱カヤツリグサ目イネ科の常緑中型サ
サ。高さは2〜3m)
⟨*Sasa kurilensis*⟩

アサヒシノ
アズマザサ(東笹)の別名(単子葉植物
綱カヤツリグサ目イネ科の常緑中型サ
サ。高さは1〜2m)
⟨*Sasaella ramosa*⟩

アサヒラン
サワラン(沢蘭)の別名(単子葉植物綱
ラン目ラン科の多年草。高さは10〜
20cm。花は紅紫色)
⟨*Eleorchis japonica*⟩

*アザブタデ(麻布蓼)
別名：エドタデ
タデ科。
⟨*Persicaria hydropiper*（*L.*） *Spach
var.fastigiata*（*Makino*） *Araki*⟩

アサマギク
シュンジュギク(春寿菊)の別名(双子
葉植物綱キク目キク科の多年草。花は
紅紫色)
⟨Aster savatieri *var.*pygmaea⟩

アサマソウ
キンラン(金蘭)の別名(単子葉植物綱
ラン目ラン科の多年草。高さは30〜
60cm。花は黄色)
⟨*Cephalanthera falcata*⟩

アサマツゲ
ツゲ(黄楊，柘植)の別名(双子葉植物
綱トウダイグサ目ツゲ科の常緑低木)
⟨Buxus microphylla *var.*japonica⟩

アサマブドウ
クロマメノキ(黒豆木)の別名(双子葉
植物綱ツツジ目ツツジ科の落葉低木。

高さは10〜80cm。花は白色，または淡
紅色）
〈*Vaccinium uliginosum*〉

アサルム
オウシュウサイシン（欧州細辛）の別
名（双子葉植物綱ウマノスズクサ目ウマ
ノスズクサ科の多年草。花は緑褐色）
〈*Asarum europaeum*〉

*アザレア
別名：オランダツツジ，セイヨウツ
ツジ
ツツジ科の園芸品種群。木本。

アサン
タイワンスギ（台湾杉）の別名（マツ綱
マツ目スギ科の常緑高木。高さは50m。
樹皮は赤褐色）
〈*Taiwania cryptomerioides*〉

アシ（葦）
ヨシ（葭）の別名（単子葉植物綱カヤツリ
グサ目イネ科の多年草。葉身は線形で
長さ20〜50cm，円錐花序は大形。高さ
は1〜3m）
〈*Phragmites communis*〉

アジアカラマツイグチ
ウツロベニハナイグチの別名（イグチ科
のキノコ。中型〜大型。傘は帯紫赤色，
繊維状細鱗片）
〈*Boletinus asiaticus*〉

アジアワタ
ワタ（棉）の別名（双子葉植物綱アオイ目
アオイ科の木本。高さは3m。花は黄〜
紫紅色）
〈*Gossypium arboreum*〉

*アジアンタム・クネアータム
別名：カラクサホウライシダ，コバホ
ウライシダ
ホウライシダ科。

*アジアンタム・ビクトリエー
別名：アメリカホウライシダ，オカメ
ホウライシダ
ホウライシダ科。

*アジアンタム・ミクロピンヌルム
別名：カスミホウライシダ
ウラボシ科。

アシウスギ（蘆生杉）
メタセコイアの別名（マツ綱マツ目スギ
科の落葉性針葉高木。高さは30m。樹皮
は橙褐色ないし赤褐色）
〈*Metasequoia glyptostroboides*〉

アシクダシ
ナワシロイチゴ（苗代苺）の別名（双子
葉植物綱バラ目バラ科の落葉性つる性低
木）
〈*Rubus parvifolius*〉

*アジサイ（紫陽花）
別名：テマリバナ，ナナヘンゲ
双子葉植物綱バラ目ユキノシタ科の属
総称。
〈*Hydrangea spp.*〉

アシタグサ
アシタバ（明日葉）の別名（双子葉植物
綱セリ目セリ科の多年草。茎葉や蕾は
食用となる。高さは80〜120cm）
〈*Angelica keiskei*〉

*アシタバ（明日葉）
別名：アシタグサ，ハチジョウソウ
双子葉植物綱セリ目セリ科の多年草。
茎葉や蕾は食用となる。高さは80〜
120cm。
〈*Angelica keiskei*〉

*アシダンセラ
別名：ピーコックオーキッド
アヤメ科の属総称。球根植物。

アシブトウズ
オオダイブシの別名（キンポウゲ科）

植物別名辞典　17

〈*Aconitum grosse-dentatum* var.
odaiense〉

アシブトワダン
コヘラナレンの別名（双子葉植物綱キク
目キク科の草本）
〈*Crepidiastrum grandicollum*〉

*アシボソアカバナ（足細赤花）
別名：ナガエアカバナ
アカバナ科の草本。
〈*Epilobium dielsii Lév.*〉

アシボソウリノキ
ホソエカエデ（細柄楓）の別名（双子葉
植物綱ムクロジ目カエデ科の落葉高木，
雌雄異株。樹高は15m。樹皮は緑色）
〈*Acer capillipes*〉

アジマメ
フジマメ（藤豆）の別名（双子葉植物綱
マメ目マメ科のつる性多年草。一年生
と多年生とがある。花は紫紅色）
〈*Lablab purpureus*〉

アジモ
アマモの別名（単子葉植物綱イバラモ目
アマモ科の多年生水草。長さは50〜
100cm）
〈*Zostera marina*〉

*アズキ（小豆）
別名：ショウズ
双子葉植物綱マメ目マメ科の作物。花
は黄色。
〈*Vigna angularis*〉

アズキッパ
ナンテンハギ（南天萩）の別名（双子葉
植物綱マメ目マメ科の多年草。葉は2小
葉からなる。高さは30〜100cm）
〈*Vicia unijuga*〉

アズキナ
ナンテンハギ（南天萩）の別名（双子葉
植物綱マメ目マメ科の多年草。葉は2小

葉からなる。高さは30〜100cm）
〈*Vicia unijuga*〉

*アズキナシ（小豆梨）
別名：カタスギ，ハカリノメ
双子葉植物綱バラ目バラ科の落葉高木。
高さは20m。花は白色。樹皮は暗
褐色。
〈*Sorbus alnifolia*〉

*アスクレピアス
別名：オオトウワタ，トウワタ，パン
ヤソウ
ガガイモ科の属総称。

アズサ
ミズメ（水芽）の別名（双子葉植物綱ブナ
目カバノキ科の木本。樹高は20m。樹皮
は暗灰色）
〈*Betula grossa*〉

*アズサ（梓）
別名：アズサカンバ，ヨグソミネバリ
カバノキ科の木本。
〈*Betula grossa* Sieb. et Zucc. var.
grossa〉

アズサカンバ
アズサ（梓）の別名（カバノキ科の木本）
〈*Betula grossa* Sieb. et Zucc. var.
grossa〉
ミズメ（水芽）の別名（双子葉植物綱ブナ
目カバノキ科の木本。樹高は20m。樹皮
は暗灰色）
〈*Betula grossa*〉

アズサギ
ハナノキ（花之木）の別名（双子葉植物
綱ムクロジ目カエデ科の落葉高木。高
さは15m）
〈*Acer pycnanthum*〉

アズサバラモミ
ヒメバラモミの別名（マツ綱マツ目マツ
科の常緑高木。立性，種子は赤，白，褐
色など。花は紫色）
〈*Picea maximowiczii*〉

アズサミネバリ
オノオレ (斧折) の別名 (双子葉植物綱
ブナ目カバノキ科の落葉高木)
〈Betula schmidtii〉

*アスター
別名：エゾギク，サツマギク，サツマ
コンギク
双子葉植物綱キク目キク科の一年草。
花は紫～淡紅色，または白色。
〈Callistephus chinensis〉

アステバリス
ナツザキフクジュソウの別名 (キンポウ
ゲ科の草本。高さは30～50cm。花は赤
または朱紅色)
〈Adonis aestivalis L.〉

*アスナロ (明日檜，翌檜)
別名：アスヒ，シラビ，ヒバ
マツ綱マツ目ヒノキ科の常緑高木。高
さは30m。樹皮は紫褐色。
〈Thujopsis dolabrata〉

*アスパラガス
別名：オランダウド，オランダキジカ
クシ，マツバウド
単子葉植物綱ユリ目ユリ科の葉菜類。
茎は食用となる。高さは1.5m。花は
緑白色。
〈Asparagus officinalis〉

*アスパラガス・スプレンゲリー
別名：シダレキジカクシ，スギノハカ
ズラ
ユリ科。

*アスパラガス・プルモーサス・ナナス
別名：シノブボウキ
ユリ科。

アスパラゴイデス
クサナギカズラの別名 (単子葉植物綱ユ
リ目ユリ科。高さは2～3m。花は緑白
色)
〈Asparagus asparagoides〉

アスヒ
アスナロ (明日檜，翌檜) の別名 (マツ
綱マツ目ヒノキ科の常緑高木。高さは
30m。樹皮は紫褐色)
〈Thujopsis dolabrata〉

*アスプレニウム
別名：チャセンシダ
チャセンシダ科の属総称。

*アズマイチゲ (東一花，東一華)
別名：ウラベニイチゲ
双子葉植物綱キンポウゲ目キンポウゲ科
の多年草。高さは15～20cm。花は
白色。
〈Anemone raddeana〉

アズマギク (東菊)
ミヤコワスレ (都忘) の別名 (キク科の
宿根草)
〈Gymnaster savatieri (Makino)
Kitamura〉

アズマゴケ
アズマゼニゴケの別名 (アズマゼニゴケ
科のコケ。淡緑色で光沢があり，長さ1
～5cm)
〈Wiesnerella denudata〉

*アズマザサ (東笹)
別名：アサヒシノ，イワキハマダケ，
ウセンアズマシノ
単子葉植物綱カヤツリグサ目イネ科の常
緑中型ササ。高さは1～2m。
〈Sasaella ramosa〉

*アズマシャクナゲ (吾妻石楠花)
別名：シャクナゲ
ツツジ科の常緑低木。高さは1.8m。花
は淡桃～濃桃色。
〈Rhododendron degronianum Carr.
var.degronianum〉

*アズマゼニゴケ
別名：アズマゴケ
アズマゼニゴケ科のコケ。淡緑色で光

沢があり，長さ1〜5cm。

〈*Wiesnerella denudata*〉

アズマタンポポ

カントウタンポポ（関東蒲公英）の別名

（双子葉植物綱キク目キク科の多年草。
有性生殖を行う。高さは10〜30cm）

〈*Taraxacum platycarpum*〉

*アズマツリガネツツジ

別名：ウラジロヨウラク，ツリガネツ
ツジ

ツツジ科の落葉低木。高さは1m。花は
紫紅色。

〈*Menziesia multiflora Maxim. var.
multiflora*〉

*アズマナルコ

別名：ミヤマナルコ

単子葉植物綱カヤツリグサ目カヤツリグ
サ科の多年草。高さは40〜80cm。

〈*Carex shimidzensis*〉

*アズマネザサ（東根笹）

別名：ヒロハアズマネザサ，ボウシュ
ウメダケ，ムラサキシノ

単子葉植物綱カヤツリグサ目イネ科の常
緑大型ササ。

〈*Pleioblastus chino*〉

アズマヒガン

エドヒガン（江戸彼岸）の別名（双子葉
植物綱バラ目バラ科の落葉高木。花は
淡紅色）

〈*Prunus pendula form.ascendens*〉

アズマミクリ

オオミクリ（大実栗）の別名（ミクリ科
の多年生の抽水植物。果実が際だって
幅広）

〈*Sparganium stoloniferum Buch.-Ham.
var.macrocarpum*（Makino）Hara〉

アズミチョウチンゴケ

テヅカチョウチンゴケの別名（チョウチ
ンゴケ科のコケ。匍匐茎の葉は長さ3〜

6mm、卵形〜楕円形）

〈*Plagiomnium tezukae*（Sakurai）T.
J. Kop.〉

*アセタケ

別名：ドクスギタケ

フウセンタケ科のキノコ。傘は黄色。

〈*Inocybe rimosa*〉

*アセビ（馬酔木）

別名：アセボ，アセミ，ウマクワズ

双子葉植物綱ツツジ目ツツジ科の常緑低
木。高さは1〜3m。花は白色。

〈*Pieris japonica*〉

アセボ

アセビ（馬酔木）の別名（双子葉植物綱
ツツジ目ツツジ科の常緑低木。高さは1
〜3m。花は白色）

〈*Pieris japonica*〉

アセミ

アセビ（馬酔木）の別名（双子葉植物綱
ツツジ目ツツジ科の常緑低木。高さは1
〜3m。花は白色）

〈*Pieris japonica*〉

アゼムシロ（畦筵）

ミゾカクシ（溝隠）の別名（双子葉植物
綱キキョウ目キキョウ科の多年草。高
さは3〜15cm）

〈*Lobelia chinensis*〉

アソカノキ

ムユウジュ（無憂樹）の別名（双子葉植
物綱マメ目ジャケツイバラ科の観賞用小
木。若葉は紅色で垂下）

〈*Saraca indica*〉

アソシノブゴケ

トヤマシノブゴケの別名（シノブゴケ科
のコケ。大形で、茎葉はほぼ三角形で下
部には深い縦じわ）

〈*Thuidium kanedae Sakurai*〉

アタゴゴケ
クラマゴケ（鞍馬苔）の別名（イワヒバ
科の常緑性シダ植物。鮮緑色，主茎は地
上を長く匍う）
〈Selaginella remotifolia〉

アタゴザサ
クマザサ（隈笹）の別名（単子葉植物綱
カヤツリグサ目イネ科の常緑中型ササ。
高さは1〜2m）
〈Sasa veitchii〉

アダムアンドイブ
アルムの別名（サトイモ科の属総称。球
根植物）

*アツイタ（厚板）
別名：アツイタシダ
オシダ科のシダ植物。葉身は長さ10〜
30cm，長楕円状披針形。
〈Elaphoglossum yoshinagae〉

アツイタシダ
アツイタ（厚板）の別名（オシダ科のシ
ダ植物。葉身は長さ10〜30cm，長楕円
状披針形）
〈Elaphoglossum yoshinagae〉

*アッケシソウ（厚岸草）
別名：ハママツ，ヤチサンゴ
双子葉植物綱ナデシコ目（中心子目）ア
カザ科の一年草。高さは10〜35cm。
〈Salicornia europaea〉

アツザクラ
アッツザクラの別名（キンバイザサ科の
球根植物。花は桃、白色）
〈Rhodohypoxis baurii（Bak.）Nel〉

*アッサムチャ
別名：ホソバチャ
双子葉植物綱ツバキ目ツバキ科の低木。
葉は製茶用。高さは3m。花は白色。
〈Camellia sinensis var.assamica〉

アッサムニオイザクラ
ルクリアの別名（アカネ科）

アツシ
オヒョウ（於瓢）の別名（双子葉植物綱
イラクサ目ニレ科の落葉高木。高さは
25m）
〈Ulmus laciniata〉

*アッツザクラ
別名：アツザクラ
キンバイザサ科の球根植物。花は桃、
白色。
〈Rhodohypoxis baurii（Bak.）Nel〉

アツニヤジナ
オヒョウ（於瓢）の別名（双子葉植物綱
イラクサ目ニレ科の落葉高木。高さは
25m）
〈Ulmus laciniata〉

アツバアワダチソウ
トキワアワダチソウの別名（キク科の多
年草。高さは40〜200cm。花は黄色）
〈Solidago sempervirens L.〉

アツバカマツカ
ワタゲカマツカの別名（バラ科の落葉低
木あるいは小高木。高さは5m。樹皮は
灰か灰褐色）
〈Pourthiaea villosa（Thunb.）Decne.〉

*アツバキミガヨラン（厚葉君代蘭）
別名：アメリカキミガヨラン
単子葉植物綱ユリ目リュウゼツラン科の
常緑低木。高さは50〜250cm。花は
白色。
〈Yucca gloriosa〉

アツバキンチャクソウ
カルセオラリア・スカビオサエフォリ
アの別名（ゴマノハグサ科）

*アツバクコ
別名：ハマクコ
双子葉植物綱ナス目ナス科の落葉低木。

〈Lycium sandwicense〉

アツバサクラソウ
オーリキュラの別名（サクラソウ科。花は黄色）
〈Primula auricula L.〉

*アップル・ゼラニウム
別名：センテッドペラゴニウム，ニオイテンジクアオイ
フウロソウ科のハーブ。

*アップル・ミント
別名：マルバ・ハッカ，ラウンドリーブドミント
シソ科のハーブ。

*アツミゲシ
別名：セチゲルムゲシ
ケシ科の越年草。高さは30〜70cm。花は赤〜赤紫〜淡紫〜白色。
〈Papaver setigerum DC.〉

*アーティチョーク
別名：チョウセンアザミ
双子葉植物綱キク目キク科の宿根草。高さは1.5〜2m。花は淡紫色。
〈Cynara scolymus〉

*アデク
別名：アカテツノキ
双子葉植物綱フトモモ目フトモモ科の常緑高木。
〈Syzygium buxifolium〉

*アデニウム
別名：サバクノバラ（砂漠のバラ）
キョウチクトウ科の属総称。

アナアオサ
アオサの別名（アオサ科の海藻。大型。体は20〜30cm）
〈Ulva pertusa Kjellman〉

アナドミカン（穴門蜜柑）
イヨカン（伊予蜜柑）の別名（双子葉植物綱ムクロジ目ミカン科の木本。果皮は赤濃橙色を帯びる。花は白色）
〈Citrus iyo〉

アナナス
アナナス・パイナップルの別名（パイナップル科）
ミニパイナップルの別名（パイナップル科）
〈Ananas nanus〉

アナナスガヤバ
フェイジョアの別名（双子葉植物綱フトモモ目フトモモ科の常緑低木。高さは3〜5m。花は白色）
〈Feijoa sellowiana〉

*アナナス・パイナップル
別名：アナナス，オーナメンタルアナナス，パイン
パイナップル科。

アニゴザントス
カンガルーポーの別名（ヒガンバナ科の属総称。宿根草）
*アニゴザントス
別名：オーストラリアンスウォードリリー
ハエモドルム科の属総称。

*アニス
別名：ミツバグサ
双子葉植物綱セリ目セリ科のハーブ。高さは40〜50cm。花は白色。
〈Pimpinella anisum〉

*アニスヒソップ
別名：ノースアメリカンミント
シソ科のハーブ。

*アネモネ
別名：イチゲソウ，イチリンソウ
双子葉植物綱キンポウゲ目キンポウゲ科の属総称。
〈Anemone〉

アノマテカ
　ヒメヒオウギ（姫檜扇水仙）の別名（ア
　　ヤメ科の球根植物）
　　　〈Lapeirousia cruenta (Lindl.) Bak.〉

アバタマサキ
　ニイタカマユミの別名（ニシキギ科の木
　　本）
　　　〈Euonymus trichocarpus Hayata〉

＊アフェランドラ
　別名：キンヨウボク（金葉木），ダニア
　　キツネノマゴ科の属総称。

＊アフェランドラ・スクァローサ・ル
　イセ
　別名：ハクヨウボク
　　キツネノマゴ科。

＊アフェランドラ・スクァローサ・レ
　オポルディー
　別名：キンヨウボク
　　キツネノマゴ科。

＊アブティロン
　別名：ウキツリボク（浮釣木），ショウ
　　ジョウカ（猩々花），ホクチガラ
　　アオイ科の属総称。

＊アブノメ（蛇眼）
　別名：パチパチグサ
　　双子葉植物綱ゴマノハグサ目ゴマノハグ
　　サ科の一年草。高さは10〜30cm。
　　　〈Dopatrium junceum〉

＊アブラガヤ（油茅）
　別名：カニガヤ，ナキリ
　　単子葉植物綱カヤツリグサ目カヤツリグ
　　サ科の多年草。高さは80〜160cm。
　　　〈Scirpus wichurae form.concolor〉

アブラギク
　アワコガネギク（泡黄金菊）の別名（双
　　子葉植物綱キク目キク科の多年草。高
　　さは1〜1.5m）
　　　〈Chrysanthemum boreale〉

＊アブラギク（油菊）
　別名：シマカンギク，ハマカンギク
　　キク科の多年草。高さは30〜80cm。
　　花は黄色。
　　　〈Chrysanthemum indicum L. var.
　　　indicum〉

＊アブラギリ（油桐）
　別名：ドクエ
　　双子葉植物綱トウダイグサ目トウダイグ
　　サ科の落葉高木。高さは15m。
　　　〈Aleurites cordata〉

＊アブラスギ（油杉）
　別名：シマモミ
　　マツ綱マツ目マツ科の常緑高木。高さ
　　は10〜20m。
　　　〈Keteleeria davidiana〉

アブラチャ
　サザンカ（山茶花）の別名（双子葉植物
　　綱ツバキ目ツバキ科の常緑小高木。高
　　さは7〜10m。花は白色）
　　　〈Camellia sasanqua〉

＊アブラチャン（油瀝青）
　別名：ゴロハラ，ズサ
　　双子葉植物綱クスノキ目クスノキ科の落
　　葉低木。雄花は黄，雌花は緑黄色。
　　　〈Lindera praecox〉

＊アブラツツジ（油躑躅）
　別名：ホウキドウダン，ヤマドウダン
　　双子葉植物綱ツツジ目ツツジ科の落葉
　　低木。
　　　〈Enkianthus subsessilis〉

＊アブラツバキ（油椿）
　別名：ユチャ
　　ツバキ科の木本。

アブラナ
　カブ（蕪）の別名（アブラナ科の根菜類。
　　根直径20cm。花は鮮黄色）
　　　〈Brassica campestris L. subsp.rapa
　　　Hook. f. et Anders.〉

植物別名辞典　23

アフラ

*アブラナ（油菜）
別名：ナノハナ, ナバナ
双子葉植物綱フウチョウソウ目アブ
ラナ科の多年草。高さは60〜
80cm。花は黄色。
〈Brassica campestris subsp.napus
var.nippo-oleifera〉

*アブラヤシ（油椰子）
別名：アフリカアブラヤシ
単子葉植物綱ヤシ目ヤシ科の木本。ウ
メボシ大の果が人頭大の果序をなす。
高さは10〜20m。
〈Elaeis guineensis〉

アフリカアブラヤシ
アブラヤシ（油椰子）の別名（単子葉植
物綱ヤシ目ヤシ科の木本。ウメボシ大
の果が人頭大の果序をなす。高さは10
〜20m）
〈Elaeis guineensis〉

アフリカエリカ
エリカの別名（双子葉植物綱ツツジ目ツ
ツジ科の低木。高さは2m。花は桃色）
〈Erica canaliculata〉

アフリカギク
ガーベラの別名（双子葉植物綱キク目キ
ク科の多年草。花は赤色, または黄色）
〈Gerbera jamesonii〉

アフリカキンセンカ
ディモルフォセカの別名（キク科の属総
称。宿根草）

アフリカスミレ
セントポーリアの別名（双子葉植物綱ゴ
マノハグサ目イワタバコ科の属総称）
〈Saintpaulia spp.〉

*アフリカヒゲシバ
別名：ローズソウ
単子葉植物綱カヤツリグサ目イネ科の多
年草, 牧草。高さは50〜150cm。
〈Chloris gayana〉

アフリカンコーンリリー
イクシアの別名（アヤメ科の属総称。球
根植物）

アフリカンヒアシンス
ラケナリアの別名（ユリ科の属総称。球
根植物）

アフリカンブラッドリリー
ハエマンサスの別名（ヒガンバナ科の属
総称。球根植物）

アフリカンリリー
アガパンサスの別名（ユリ科の属総称。
球根植物）
アガパンツスの別名（単子葉植物綱ユリ
目ユリ科の属総称, 球根植物）
〈Agapanthus spp.〉

*アブロニア
別名：ハイビジョザクラ
オシロイバナ科の草本。花は淡紅色。
〈Abronia umbellata Lam.〉

アベ
アベマキ（阿部槙）の別名（双子葉植物
綱ブナ目ブナ科の落葉高木。高さは
15m。樹皮は淡灰褐色）
〈Quercus variabilis〉

*アベマキ（阿部槙）
別名：アベ, ワタクヌギ, ワタマキ
双子葉植物綱ブナ目ブナ科の落葉高木。
高さは15m。樹皮は淡灰褐色。
〈Quercus variabilis〉

*アベリア
別名：ニワツクバネウツギ, ハナゾノ
ツクバネウツギ, ハナツクバネウ
ツギ
スイカズラ科の半常緑低木。花は白色。
〈Abelia × grandiflora（Rovelli ex
André）Rehd.〉

*アポイカンバ
別名：ヒダカカンバ, マルミカンバ

24　植物別名辞典

双子葉植物綱ブナ目カバノキ科の落葉
低木。
〈Betula apoiensis〉

アポイマンテマ
カラフトマンテマの別名（ナデシコ科の
草本）
〈Silene repens var.repens〉

*アボカド
別名：ワニナシ
双子葉植物綱クスノキ目クスノキ科の果
樹。果実は黄，緑，黒紫色など。高さ
は6〜25m。
〈Persea americana〉

*アマ（亜麻）
別名：リナム，リンシード
双子葉植物綱アマ目アマ科の一年草。
高さは60〜130cm。花は青色または
白色。
〈Linum usitatissimum〉

*アマウイキョウ
別名：ローマウイキョウ
セリ科のハーブ。
〈Foeniculum vulgare Mill. var.dulce
（Mill.）Thell.〉

アマギ
ギョボク（魚木）の別名（双子葉植物綱
フウチョウソウ目フウチョウソウ科の常
緑高木。花は黄白色）
〈Crataeva falcata〉

アマギアマチャ
ホソバコガク（細葉小額）の別名（ユキ
ノシタ科の落葉低木）

アマギク（甘菊）
ショクヨウギク（食用菊）の別名（キク
科の葉菜類）
〈Dendrothemum morifolium Ramat.〉

*アマギザサ
別名：ツボイザサ

単子葉植物綱カヤツリグサ目イネ科の常
緑中型ササ。
〈Sasa tsuboiana〉

アマクサ
アマチャヅル（甘茶蔓）の別名（双子葉
植物綱スミレ目ウリ科の多年生つる草）
〈Gynostemma pentaphyllum〉

*アマグリ（甘栗）
別名：シナグリ，チュウゴクグリ
双子葉植物綱ブナ目ブナ科の木本。高
さは18m。
〈Castanea mollissima〉

アマヅラ
ツタ（蔦）の別名（双子葉植物綱クロウメ
モドキ目ブドウ科の落葉つる性植物。
葉は紅色に色づく）
〈Parthenocissus tricuspidata〉

*アマヅル（甘蔓）
別名：オトコブドウ
双子葉植物綱クロウメモドキ目ブドウ科
の落葉つる性植物。
〈Vitis saccharifera〉

*アマゾンユリ
別名：ギボウシズイセン
ヒガンバナ科の多年草。高さは60cm。
花は白色。
〈Eucharis grandiflora Planch. et
Linden〉

アマタ
カジメ（搗布）の別名（褐藻綱コンブ目コ
ンブ科の海藻。円柱状。体は1〜2m）
〈Ecklonia cava〉

*アマダマシ
別名：アマモドキ
ナス科。
〈Nierembergia scoparia Sendtn.〉

*アマチャ（甘茶）
別名：コアマチャ

双子葉植物綱バラ目ユキノシタ科の落葉
低木。
〈Hydrangea serrata var.thunbergii〉

*アマチャヅル（甘茶蔓）
別名：アマクサ，ツルアマチャ
双子葉植物綱スミレ目ウリ科の多年生つ
る草。
〈Gynostemma pentaphyllum〉

アマドコロ
ナルコユリ（鳴子百合）の別名（ユリ科
の多年草。高さは50〜130cm）
〈Polygonatum falcatum A. Gray〉

*アマドコロ（甘野老）
別名：イズイ，エミグサ，カラスユリ
単子葉植物綱ユリ目ユリ科の多年草。
高さは35〜85cm。
〈Polygonatum odoratum var.
pluriflorum〉

*アマナ（甘菜）
別名：ムギグワイ
単子葉植物綱ユリ目ユリ科の多年草。
高さは15〜30cm。
〈Tulipa edulis〉

*アマナズナ
別名：タマナズナ
アブラナ科の一年草。高さは10〜
70cm。花は黄色。
〈Camelina alyssum（Mill.）Thell.〉

アマニ
クロツグの別名（単子葉植物綱ヤシ目ヤ
シ科の常緑低木）
〈Arenga tremula var.engleri〉

*アマニュウ
別名：マルバエゾニュウ
双子葉植物綱セリ目セリ科の多年草。
高さは1〜2m。
〈Angelica edulis〉

アマハステビア
ステビアの別名（双子葉植物綱キク目キ
ク科のハーブ）
〈Stevia rebaudiana〉

*アマビリスファー
別名：ウツクシモミ，シルバーモミ
マツ綱マツ目マツ科の常緑高木。高さ
は80m。
〈Abies amabilis〉

アマミゴヨウ
ヤクタネゴヨウ（屋久種子五葉）の別
名（マツ綱マツ目マツ科の木本）
〈Pinus armandii var.amamiana〉

アマミザラッカ
サラカヤシの別名（ヤシ科。高さは4.5〜
6m。花は雄花は赤，雌花は黄緑色）
〈Salacca edulis Reinw.〉

*アマミデンダ
別名：ヒメデンダ
オシダ科の常緑性シダ。葉身は長さ3〜
5cm。線形〜線状披針形。
〈Polystichum obai Tagawa〉

*アマモ
別名：アジモ，モシオグサ，モバ
単子葉植物綱イバラモ目アマモ科の多年
生水草。長さは50〜100cm。
〈Zostera marina〉

アマモドキ
アマダマシの別名（ナス科）
〈Nierembergia scoparia Sendtn.〉

*アマランサス
別名：アマランタス，アマランツス
ヒユ科。

アマランタス
アマランサスの別名（ヒユ科）

アマランツス
アマランサスの別名（ヒユ科）

*アマリリス
別名：ナイトスターリリー，バーバド
スリリー，ヒッペアストルム
単子葉植物綱ユリ目ヒガンバナ科の属
総称。
〈*Hippeastrum spp.*〉

アマリリス・ビフィダ
ロドフィアラの別名（ヒガンバナ科の球
根植物）

アミガサソウ
エノキグサ（榎草）の別名（双子葉植物
綱トウダイグサ目トウダイグサ科の一年
草。高さは20〜40cm）
〈*Acalypha australis*〉

*アミガサタケ
別名：モリーユ，モルケル，モレル
アミガサタケ科のキノコ。中型。頭部
は卵形，灰褐色。
〈*Morchella esculenta var.esculenta*〉

アミガサユリ（編笠百合）
バイモ（貝母）の別名（単子葉植物綱ユリ
目ユリ科の球根性多年草。高さは30〜
60cm）
〈*Fritillaria verticillata var.thunbergii*〉

アミダガサ
シャジクソウ（車軸草）の別名（双子葉
植物綱マメ目マメ科の多年草。高さは
15〜50cm）
〈*Trifolium lupinaster*〉

アミタケ
イグチの別名（イグチ科のキノコ）
*アミタケ（網茸）
別名：アミモタセ，シバタケ，スドウシ
イグチ科のキノコ。中型〜大型。傘
は肉桂色〜黄土色，粘性。
〈*Suillus bovinus*〉

アミメグサ
フィットニアの別名（キツネノマゴ科の
属総称）

*アミメロン
別名：ジャコウウリ，マスクメロン
ウリ科。
〈*Cucumis melo L. var.reticulatus
Ser.*〉

アミモタセ
アミタケ（網茸）の別名（イグチ科のキ
ノコ。中型〜大型。傘は肉桂色〜黄土
色，粘性）
〈*Suillus bovinus*〉

*アメイロクチキツブタケ
別名：アメイロツブタケ
核菌綱バッカクキン科の冬虫夏草。甲
虫に寄生。
〈*Cordyceps falcatoides*〉

アメイロツブタケ
アメイロクチキツブタケの別名（核菌
綱バッカクキン科の冬虫夏草。甲虫に
寄生）
〈*Cordyceps falcatoides*〉

アメフリノキ
アメリカネムの別名（マメ科の中高木。
枝を傘状に拡げる。高さは20〜30m。
花は淡黄色）
〈*Samanea saman*（Jacq.）Merrill〉

アメリカアカミキイチゴ
ヨーロッパキイチゴの別名（双子葉植物
綱バラ目バラ科の落葉低木）
〈*Rubus idaeus*〉
ラズベリーの別名（バラ科の落葉低木）
〈*Rubus idaeus L.*〉

*アメリカアサガラ
別名：シルバーベルツリー
エゴノキ科の落葉小高木〜高木。高さ
は10m。樹皮は淡褐色。
〈*Halesia carolina L.*〉

*アメリカオオバコ
別名：ノゲオオバコ
双子葉植物綱オオバコ目オオバコ科の一

年草。高さは15〜40cm。花は淡褐色。
〈*Plantago aristata*〉

*アメリカオオモミ
別名：ベイモミ
マツ綱マツ目マツ科の常緑高木。高さは30〜100m。樹皮は灰褐色。
〈*Abies grandis*〉

*アメリカオニアザミ
別名：セイヨウオニアザミ
双子葉植物綱キク目キク科の多年草。高さは50〜150cm。花は淡紅紫色。
〈*Cirsium vulgare*〉

アメリカカイガンソウ
オオハマガヤの別名（イネ科の多年草。高さは60〜100cm）
〈*Ammophila breviligulata* Fern.〉

アメリカガシワ
ピンオークの別名（双子葉植物綱ブナ目ブナ科の落葉高木。樹高は25m。樹皮は灰褐色）
〈*Quercus palustris*〉

アメリカガヤツリ
メリケンガヤツリの別名（単子葉植物綱カヤツリグサ目カヤツリグサ科の多年草。高さは30〜100cm）
〈*Cyperus eragrostis*〉

アメリカキジムシロ
コバナキジムシロの別名（双子葉植物綱バラ目バラ科の一年草または二年草。長さは5〜30cm。花は黄色）
〈*Potentilla amurensis*〉

アメリカキミガヨラン
アツバキミガヨラン（厚葉君代蘭）の別名（単子葉植物綱ユリ目リュウゼツラン科の常緑低木。高さは50〜250cm。花は白色）
〈*Yucca gloriosa*〉

アメリカグサ
ヒメジョオン（姫女苑）の別名（双子葉植物綱キク目キク科の一年草または越年草。高さは30〜120cm。花は白〜淡紅色）
〈*Erigeron annuus*〉

アメリカクロトウヒ
クロトウヒの別名（マツ科の常緑高木。高さは20m。樹皮は淡褐色）
〈*Picea mariana*（Mill.）Britt., E. E. Sterns et Poggenb.〉

アメリカゴウカン
ハイクサネムの別名（マメ科の多年草。花は白色）
〈*Desmanthus illinoensis*（Michx.）MacMill. ex B. L. Rob. et Fernald〉

アメリカサバル
パルメットヤシの別名（ヤシ科。幹の繊維はロープ、果実は黒熟。高さは20m）
〈*Sabal palmetto*（Walt.）Lodd. ex Schult. et Schult. f.〉

アメリカシバ
イヌシバ（犬芝）の別名（単子葉植物綱カヤツリグサ目イネ科の匍匐性低草。芝生用または牧草として有用。葉長5〜15cm）
〈*Stenotaphrum secundatum*〉

*アメリカヅタ
別名：バージニアヅタ
双子葉植物綱クロウメモドキ目ブドウ科のつる性植物。葉脈は紫紅色。花は黒青色。
〈*Parthenocissus quinquefolia*〉

*アメリカセンダングサ（アメリカ栴檀草）
別名：セイタカタウコギ（背高田五加木）
双子葉植物綱キク目キク科の一年草。高さは1〜1.5m。花は黄色。
〈*Bidens frondosa*〉

*アメリカセンニチソウ
別名：キバナセンニチコウ
ヒユ科。

*アメリカデイゴ
別名：カイコウズ，ホソバデイゴ
双子葉植物綱マメ目マメ科の落葉小高
木。高さは6m。花は黄を帯びた赤色。
〈*Erythrina crista-galli*〉

*アメリカトガサワラ
別名：ベイマツ
マツ綱マツ目マツ科の常緑高木。樹高
は60〜90m。樹皮は紫褐色。
〈*Pseudotsuga menziesii*〉

*アメリカドルステニヤ
別名：アメリカハナグワ，ハナグワ
クワ科の草本。盤状花序、薬用。高さは
30cm。花は緑色。
〈*Dorstenia contrajerva L.*〉

アメリカナデシコ
ヒゲナデシコ（髭撫子）の別名（双子葉
植物綱ナデシコ目（中心子目）ナデシコ
科の多年草。花は緋赤，紅，紫紅色，蛇
の目入りなど）
〈*Dianthus barbatus*〉

*アメリカニワトコ
別名：カナダニワトコ
スイカズラ科の木本。高さは4m。花は
白黄色。
〈*Sambucus canadensis L.*〉

*アメリカネム
別名：アメフリノキ
マメ科の中高木。枝を傘状に拡げる。
高さは20〜30m。花は淡黄色。
〈*Samanea saman（Jacq.）Merrill*〉

アメリカネリ
オクラの別名（双子葉植物綱アオイ目ア
オイ科の果菜類。果は緑色。高さは5〜
6m。花は黄色，中心は赤色）
〈*Abelmoschus esculentus*〉

*アメリカノウゼンカズラ
別名：コノウゼンカズラ
双子葉植物綱ゴマノハグサ目ノウゼンカ
ズラ科の落葉低木。花は緋黄色。
〈*Campsis radicans*〉

アメリカハス
キバナハス（黄花蓮）の別名（スイレン
科の多年草。花は淡黄色）
〈*Nelumbo lutea（Willd.）Pers.*〉

アメリカハナグワ
アメリカドルステニヤの別名（クワ科の
草本。盤状花序、薬用。高さは30cm。
花は緑色）
〈*Dorstenia contrajerva L.*〉

*アメリカハナノキ
別名：ベニカエデ
双子葉植物綱ムクロジ目カエデ科の落葉
高木。樹高は25m。花は深紅色。樹
皮は濃灰色。
〈*Acer rubrum*〉

アメリカハマニンニク
オオハマガヤの別名（イネ科の多年草。
高さは60〜100cm）
〈*Ammophila breviligulata Fern.*〉

*アメリカハリフタバ
別名：アメリカムグラ
アカネ科の多年草。高さは20〜60cm。
花は白色。
〈*Spermacoce glabra Michx.*〉

*アメリカハリモミ
別名：コロラドトウヒ，ブンゲンスト
ウヒ
マツ綱マツ目マツ科の常緑高木。高さ
は30〜40m。樹皮は紫灰色。
〈*Picea pungens*〉

アメリカヒゲシバ
ヒゲシバ（鬚芝）の別名（単子葉植物綱
カヤツリグサ目イネ科の一年草。高さ
は20〜50cm）

〈*Sporobolus japonicus*〉

アメリカヒノキ
アラスカヒノキの別名（マツ綱マツ目ヒノキ科の常緑高木。高さは30〜40m。花は黄色。樹皮は灰褐色ないし橙褐色）
〈*Chamaecyparis nootkatensis*〉

*アメリカフヨウ
別名：クサフヨウ
双子葉植物綱アオイ目アオイ科。高さは1〜1.8m。花は桃色。
〈*Hibiscus moscheutos*〉

アメリカホウライシダ
アジアンタム・ビクトリエーの別名
（ホウライシダ科）

アメリカホオズキ
ビロードホオズキの別名（双子葉植物綱ナス目ナス科の多年草。長さは0.5〜1m。花は淡黄色）
〈*Physalis heterophylla*〉

*アメリカマツ
別名：ベイマツ
マツ綱マツ目マツ科の常緑大高木。
〈*Pseudotsuga taxifolia*〉

*アメリカミコシガヤ
別名：マルミノヤガミスゲ
単子葉植物綱カヤツリグサ目カヤツリグサ科の多年草。高さは60〜80cm。
〈*Carex brachyglossa*〉

アメリカミズキンバイ
ヒレタゴボウ（鰭田牛蒡）の別名（双子葉植物綱フトモモ目アカバナ科の水生植物。高さは50〜100cm。花は鮮黄色）
〈*Ludwigia decurrens*〉

アメリカミズワラビ
ウォーターファンの別名（ミズワラビ科のシダ植物。葉柄は太く短い）
〈*Ceratopteris pteridoides*〉

アメリカミソハギ
ナンゴクヒメミソハギの別名（双子葉植物綱フトモモ目ミソハギ科の一年草。高さは20〜80cm。花は紅紫色）
〈*Ammannia auriculata*〉

アメリカムカシヨモギ
ヤナギアザミの別名（双子葉植物綱キク目キク科の草本。高さは3m。花は紫色）
〈*Cirsium lineare*〉

アメリカムグラ
アメリカハリフタバの別名（アカネ科の多年草。高さは20〜60cm。花は白色）
〈*Spermacoce glabra* Michx.〉

アメリカヤマゴボウ（亜米利加山牛蒡）
ヨウシュヤマゴボウ（洋種山牛蒡）の別名（双子葉植物綱ナデシコ目（中心子目）ヤマゴボウ科の多年草。高さは0.7〜2.5m。花は白か帯紅色）
〈*Phytolacca americana*〉

アメリカヤマボウシ
ハナミズキ（花水木）の別名（双子葉植物綱ミズキ目ミズキ科の落葉高木。高さは4〜10m。花は白色。樹皮は赤褐色）
〈*Benthamidia florida*〉

アメリカユウゲショウ
エノテラ・ロゼアの別名（アカバナ科）

アメリカンブルー
エボルブルスの別名（双子葉植物綱ナス目ヒルガオ科の宿根草）
〈*Evolvulus pilosus*〉

*アモムム・キサンティオイデス
別名：ハナミョウガ
ショウガ科の薬用植物。

*アモルフォファルス
別名：スマトラオオコンニャク
サトイモ科の属総称。

*アヤオリ
別名：マイ
> バラ科。フロリバンダ・ローズ系。花は
> 赤色。

アヤスギ
エンコウスギ (猿猴杉) の別名 (マツ綱
マツ目スギ科の木本)
> 〈Cryptomeria japonica
> 'Araucarioides'〉

ヒムロ (檜榁杉) の別名 (ヒノキ科)
> 〈Chamaecyparis pisifera (Sieb. et
> Zucc.) Sieb. et Zucc. ex Endl. cv.
> Squarrosa〉

アヤヘゴ
ヒカゲヘゴ (日陰桫欏) の別名 (ヘゴ科
の常緑性シダ植物。葉身は長さ2～3m,
倒卵状長楕円形)
> 〈Cyathea lepifera〉

アヤメ
ショウブ (菖蒲) の別名 (単子葉植物綱
サトイモ目サトイモ科の多年草。葉は
長さ50～120cm, 黄色を帯びた明るい緑
色。高さは50～90cm。花は淡黄緑色)
> 〈Acorus calamus〉

*アヤメ (菖蒲, 文目)
別名：ハナアヤメ
> 単子葉植物綱ユリ目アヤメ科の多年
> 草。高さは30～50cm。花は紫色。
> 〈Iris sanguinea〉

アヤメグサ
ショウブ (菖蒲) の別名 (単子葉植物綱
サトイモ目サトイモ科の多年草。葉は
長さ50～120cm, 黄色を帯びた明るい緑
色。高さは50～90cm。花は淡黄緑色)
> 〈Acorus calamus〉

*アライトツメクサ
別名：トヨハラツメクサ
> 双子葉植物綱ナデシコ目 (中心子目) ナ
> デシコ科の一年草または多年草。高
> さは10cm以下。花は白色。
> 〈Sagina procumbens〉

*アラゲアオダモ
別名：ケアオダモ, コバノトネリコ
> モクセイ科の落葉高木。
> 〈Fraxinus lanuginosa Koidz.〉

アラゲアカサンザシ
オオバサンザシの別名 (バラ科の落葉小
高木)
> 〈Crataegus maximowiczii C. K.
> Schneid.〉

アラゲサンショウソウ
サンショウソウ (山椒草) の別名 (双子
葉植物綱イラクサ目イラクサ科の多年
草。高さは10～30cm)
> 〈Pellionia minima〉

*アラゲシュンギク
別名：リュウキュウシュンギク
> キク科の一年草。高さは60～70cm。花
> は濃黄色。
> 〈Chrysanthemum segetum L.〉

*アラゲハンゴンソウ (粗毛反魂草)
別名：キヌガサギク, マツカサギク
> 双子葉植物綱キク目キク科の多年草また
> は一年草。高さは40～90cm。花は黄
> 色, または橙色。
> 〈Rudbeckia hirta var.pulcherrima〉

アラゲヒョウタンボク
オオバヒョウタンボクの別名 (双子葉植
物綱マツムシソウ目スイカズラ科の木
本)
> 〈Lonicera strophiophora〉

*アラスカヒノキ
別名：アメリカヒノキ, イエローシー
ダー, ベイヒバ
> マツ綱マツ目ヒノキ科の常緑高木。高
> さは30～40m。花は黄色。樹皮は灰
> 褐色ないし橙褐色。
> 〈Chamaecyparis nootkatensis〉

*アラセイトウ (紫羅欄花, 荒世伊登宇)
別名：ストック

双子葉植物綱フウチョウソウ目アブラナ科の一年草または多年草。高さは75cm。花は紫，赤〜白色。
〈Matthiola incana〉

アラツチ
オオブサの別名（紅藻綱テングサ目テングサ科の海藻。扁圧。体は25cm以上）
〈Gelidium pacificum〉

アラビアンコーヒー
コーヒーノキ（珈琲木）の別名（双子葉植物綱アカネ目アカネ科の常緑低木。高さは4.5m。花は白，後に黄色）
〈Coffea arabica〉

アラビアン・ジャスミン
マツリカ（茉莉花）の別名（双子葉植物綱ゴマノハグサ目モクセイ科の低木。花は白，黄色）
〈Jasminum sambac〉

*アラマンダ
別名：アリアケカズラ
キョウチクトウ科の属総称。

アラメ
スジメの別名（コンブ科の海藻。茎は円柱状）
〈Costaria costata Saunders〉
ツルアラメの別名（コンブ科の海藻。葉は単条又は羽状分岐。体は長さ0.3〜1m）
〈Ecklonia stolenifera Okamura〉
*アラメ（荒布）
別名：カジメ
コンブ科の海藻。茎は円柱状。体は長さ1.5m。
〈Eisenia bicyclis（Kjellman in Kjellman et Petersen）Setchell〉

アララギ
イチイ（一位，櫟）の別名（イチイ綱イチイ目イチイ科の常緑高木。高さは20m）
〈Taxus cuspidata〉

アラリア
モミジバアラリアの別名（双子葉植物綱セリ目ウコギ科の木本。高さは10m）
〈Dizygotheca elegantissima〉

アリアケカズラ
アラマンダの別名（キョウチクトウ科の属総称）

アリアム
キバナノギョウジャニンニクの別名（単子葉植物綱ユリ目ユリ科の多年草。高さは30〜40cm。花は黄色）
〈Allium moly〉

アリオカルプス
ロゼオカクツスの別名（サボテン科の属総称。サボテン）

*アリサエマ
別名：ユキモチソウ
サトイモ科の属総称。球根植物。

アリサンイヌワラビ
タイワンアリサンイヌワラビの別名（オシダ科の常緑性シダ。葉身は長さ30〜50cm。三角状卵形〜卵状長楕円形）
ツクシイヌワラビの別名（オシダ科の常緑性シダ。葉身は長さ30〜50cm。三角状卵形〜卵状長楕円形）
〈Athyrium kuratae Seriz.〉

アリサンシケチシダ
ナンゴクシケチシダの別名（オシダ科の夏緑性シダ。葉身は淡黄緑色〜淡緑色）
〈Cornopteris opaca（D. Don）Tagawa〉

*アリサンミズ
別名：シマミズ
イラクサ科。
〈Pilea brevicornuta Hayata〉

*アリストロキア
別名：オオパイプカズラ
ウマノスズクサ科の属総称。

アリタソウ
ケイガイ（荊芥）の別名（シソ科の草本。薬用植物）
〈*Schizonepeta tenuifolia*（Benth.）Briquet var.*japonica*（Maxim.）Kitagawa〉

*アリタソウ（有田草）
別名：ルウダソウ
双子葉植物綱ナデシコ目（中心子目）アカザ科の一年草。高さは30〜80cm。
〈*Chenopodium ambrosioides*〉

*アリッスム
別名：ニワナズナ
双子葉植物綱フウチョウソウ目アブラナ科の草本。高さは10〜15cm。花は白色，またはラベンダー色。
〈*Lobularia maritima*〉

アリハラススキ
トキワススキ（常磐薄）の別名（単子葉植物綱カヤツリグサ目イネ科の多年草。高さは150〜350cm）
〈*Miscanthus floridulus*〉

*アリマウマノスズクサ
別名：ホソバウマノスズクサ
ウマノスズクサ科の草本。
〈*Aristolochia onoei* Franch. et Savat. ex Koidz.〉

アリマラン
ウチョウラン（羽蝶蘭）の別名（単子葉植物綱ラン目ラン科の多年草。高さは8〜15cm。花は紅紫色）
〈*Orchis graminifolia*〉

アリューム
キバナノギョウジャニンニクの別名（単子葉植物綱ユリ目ユリ科の多年草。高さは30〜40cm。花は黄色）
〈*Allium moly*〉

*アルゲンテオーストリアタ
別名：シロシマチトセラン
ユリ科のサンセヴィエリアの品種。

*アルストロメリア
別名：インカノユリ，ペルビアンリリー，ユリズイセン
単子葉植物綱ユリ目ヒガンバナ科のユリズイセン属総称。
〈*Alstroemeria spp.*〉

*アルピナ
別名：ヒメマツムシソウ
マツムシソウ科のスカビオサ・コルンバリアの品種。宿根草。

アルファルファ
ムラサキウマゴヤシの別名（双子葉植物綱マメ目マメ科の多年草。高さは30〜100cm。花は紫〜青紫色）
〈*Medicago sativa*〉

*アルム
別名：アダムアンドイブ，ピエドボウ，ローズアンドレィディース
サトイモ科の属総称。球根植物。

アルメリア
ハマカンザシ（浜簪）の別名（双子葉植物綱イソマツ目イソマツ科の多年草。高さは20cm）
〈*Armeria maritima*〉

*アルメリア
別名：ハマカンザシ
イソマツ科の属総称。

*アレカヤシ
別名：コガネタケヤシ
単子葉植物綱ヤシ目ヤシ科の木本。高さは8m。
〈*Chrysalidocarpus lutescens*〉

アレキ
マスカット・オブ・アレキサンドリアの別名（ブドウ科のブドウ（葡萄）の品種。果皮は黄青色）

アレキサンドリア
マスカット・オブ・アレキサンドリアの別名（ブドウ科のブドウ（葡萄）の品種。果皮は黄青色）

アレチカミツレ
キゾメカミツレの別名（双子葉植物綱キク目キク科の一年草。高さは20〜50cm。花は白色）
〈Anthemis arvensis〉

アレチガラシ
ダイコンモドキの別名（アブラナ科の一年草または越年草。高さは20〜100cm。花は淡黄色）
〈Hirschfeldia incana (L.) Lagr.-Foss.〉

アレチシオン
ホウキギク（箒菊）の別名（双子葉植物綱キク目キク科の一年草または越年草。高さは50〜120cm。花は白色，または淡桃色）
〈Aster subulatus〉

アレチヂシャ
トゲチシャの別名（双子葉植物綱キク目キク科の一年草または越年草。高さは1〜2m。花は黄白色）
〈Lactuca scariola〉

*アレチノギク
別名：ノジオウギク
双子葉植物綱キク目キク科の一年草または越年草。高さは30〜60cm。花は白黄色。
〈Erigeron bonariensis〉

*アレチノチャヒキ
別名：ニセキツネガヤ
単子葉植物綱カヤツリグサ目イネ科の一年草または越年草。高さは30〜70cm。
〈Bromus sterilis〉

アレチハマアカザ
ホコガタアカザの別名（双子葉植物綱ナ

デシコ目（中心子目）アカザ科の一年草。高さは20〜60cm。花は緑色）
〈Atriplex hastata〉

*アレチハマスゲ
別名：センダイガヤツリ
カヤツリグサ科。
〈Cyperus filicullmis Vahl〉

*アレチマツヨイグサ（荒地待宵草）
別名：ヒメマツヨイグサ
双子葉植物綱フトモモ目アカバナ科の二年草。高さは0.3〜1.5m。花は黄色。
〈Oenothera parviflora〉

*アレノノギク（荒野野菊）
別名：ヤマジノギク
双子葉植物綱キク目キク科の越年草。高さは30〜100cm。
〈Aster hispidus〉

*アロエ
別名：イシャイラズ，キダチアロエ，キダチロカイ
単子葉植物綱ユリ目ユリ科の多肉性多年草。高さは1〜2m。花は鮮紅色。
〈Aloe arborescens〉

*アロカシア
別名：クワズイモ
サトイモ科の属総称。

*アローカシア・ロンギローバ
別名：カブトダコ
サトイモ科。

*アワ（粟，粱，禾）
別名：オオアワ
単子葉植物綱カヤツリグサ目イネ科の草本。高さは1m。花は黄色，または紫色。
〈Setaria italica var.italica〉

アワギク
イソギク（磯菊）の別名（双子葉植物綱キク目キク科の多年草。高さは30〜40cm）

〈*Chrysanthemum pacificum*〉

*アワコガネギク（泡黄金菊）
別名：アブラギク
双子葉植物綱キク目キク科の多年草。
高さは1〜1.5m。
〈*Chrysanthemum boreale*〉

アワスゲ
アワボスゲの別名（カヤツリグサ科の多
年草。高さは30〜70cm）
〈*Carex brownii* Tuckerm.〉
トダスゲの別名（カヤツリグサ科の草本）
〈*Carex aequialta* Kükenth.〉

アワダチソウ
アキノキリンソウ（秋麒麟草）の別名
（双子葉植物綱キク目キク科の多年草。
高さは60〜90cm）
〈*Solidago virgaurea subsp.*asiatica〉
ソリダゴの別名（キク科の属総称）

アワバナ（粟花）
オミナエシ（女郎花）の別名（双子葉植
物綱マツムシソウ目オミナエシ科の多年
草。高さは60〜100cm。花は黄色）
〈*Patrinia scabiosaefolia*〉

*アワボスゲ
別名：アワスゲ
カヤツリグサ科の多年草。高さは30〜
70cm。
〈*Carex brownii* Tuckerm.〉

アワユキニシキソウ
ミヤコジマニシキソウの別名（トウダイ
グサ科の草本）
〈*Euphorbia vachellii* Hook. et Arn.〉

*アンゲローニア
別名：アンゲロンソウ，ヤナギバアン
ゲローニア
ゴマノハグサ科の観賞用草本。花は紫
青色。
〈*Angelonia salicariifolia* Humb. et
Bonpl.〉

アンゲロンソウ
アンゲローニアの別名（ゴマノハグサ科
の観賞用草本。花は紫青色）
〈*Angelonia salicariifolia* Humb. et
Bonpl.〉

アンジャベル
カーネーションの別名（双子葉植物綱ナ
デシコ目（中心子目）ナデシコ科の草本。
高さは40〜50cm。花は肉色）
〈*Dianthus caryophyllus*〉

*アンズ（杏）
別名：カラモモ
バラ科の木本。
〈*Prunus armeniaca* L. var.ansu
Maxim.〉

*アンズタケ
別名：シャンテレル，ジロール
アンズタケ科のキノコ。中型。傘は卵
黄色。
〈*Cantharellus cibarius*〉

*アンスリウム
別名：ウシノシタ（牛の舌），オオウチ
ワ（大団扇），ベニウチワ（紅団扇）
サトイモ科の属総称。

*アンゼリカ
別名：エンジェルスフード，ヨーロッ
パトウキ，ヨロイグサ
セリ科の属総称。ハーブ。

*アンソリーザ
別名：ザイフリアヤメ，ハビロ
アヤメ科。

アンダグサ
モロコシソウ（唐土草）の別名（双子葉
植物綱サクラソウ目サクラソウ科の多年
草。高さは20〜80cm）
〈*Lysimachia sikokiana*〉

アンバリアサ
ケナフの別名（双子葉植物綱アオイ目ア

植物別名辞典　35

オイ科の草本。高さは1.2〜2m。花は白黄色，中心は赤色）
〈Hibiscus cannabinus〉

アンペライ
ネビキグサの別名（単子葉植物綱カヤツリグサ目カヤツリグサ科の抽水性〜湿生植物，多年生。稈は直立し，高さ60〜120cm，小穂は赤褐色）
〈Machaerina rubiginosa var. nipponensis〉

*アンミ
別名：イトバドクゼリモドキ
セリ科の薬用植物。
〈Ammi visnaga（L.）Lam.〉

アンモビウム
カイザイク（貝細工）の別名（キク科の一年草。高さは60〜80cm。花は白色）
〈Ammobium alatum R. Br.〉

アンランジュ
カリン（榠樝）の別名（双子葉植物綱バラ目バラ科の落葉小高木〜高木。果皮は黄色。高さは8m。花は淡紅色）
〈Chaenomeles sinensis〉

【イ】

*イ（藺）
別名：トウシンソウ
単子葉植物綱イグサ目イグサ科の多年草。高さは20〜100cm。
〈Juncus effusus var.decipiens〉

*イイギリ（飯桐）
別名：ナンテンギリ
双子葉植物綱スミレ目イイギリ科の落葉高木。高さは10m。花は帯緑黄色。樹皮は灰白色。
〈Idesia polycarpa〉

イエギク
キクの別名（双子葉植物綱キク目キク科の多年草。花は黄色）
〈Chrysanthemum × morifolium〉

イエローシーダー
アラスカヒノキの別名（マツ綱マツ目ヒノキ科の常緑高木。高さは30〜40m。花は黄色。樹皮は灰褐色ないし橙褐色）
〈Chamaecyparis nootkatensis〉

*イエロー・ドラゴン
別名：セファリプテラム，セファリプテルム
キク科。

イオウソウ
クサレダマ（草連玉）の別名（双子葉植物綱サクラソウ目サクラソウ科の多年草。高さは80〜90cm。花は黄に橙の斑点）
〈Lysimachia vulgaris var.davurica〉

*イオウトウキイチゴ
別名：オガサワラカジイチゴ
バラ科の木本。
〈Rubus boninensis Koidz.〉

イオウトウリュウビンタイモドキ
ヒロハリュウビンタイの別名（リュウビンタイ科）
〈Marattia tuyamae〉

*イガギク
別名：ゴウシュウヨメナ，ヨシカワギク
キク科の多年草。高さは15〜30cm。花は白〜淡紫色。
〈Calotis cuneifolia R. Brown〉

イガコウゾリナ
ミスミグサの別名（キク科の草本。下葉は地に密着。花は淡紫色）
〈Elephantopus scaber L. subsp. oblanceolata Kitam.〉

イカダカズラ
　ブーゲンビレアの別名（オシロイバナ科
　の属総称）
　*イカダカズラ（筏葛）
　　　別名：ココノエカズラ，ブーゲンビレア
　　　双子葉植物綱ナデシコ目（中心子目）
　　　オシロイバナ科の観賞用半つる性
　　　低木。刺がある。
　　　　〈Bougainvillea spectabilis〉

イカダソウ
　ハナイカダ（花筏）の別名（双子葉植物
　綱ミズキ目ミズキ科の落葉低木。花は
　淡緑色）
　　　〈Helwingia japonica〉

イカダバルスカス
　ルスクスの別名（ユリ科）

イガトキンソウ
　シマトキンソウの別名（双子葉植物綱キ
　ク目キク科の一年草。高さは10cm。花
　は黄緑色）
　　　〈Soliva anthemifolia〉

イガナスビ
　ガガイモ（蘿藦）の別名（双子葉植物綱
　リンドウ目ガガイモ科の多年生つる草）
　　　〈Metaplexis japonica〉

イガホビユ
　ホナガアオゲイトウの別名（双子葉植物
　綱ナデシコ目（中心子目）ヒユ科の一年
　草。高さは30〜100cm）
　　　〈Amaranthus powelii〉

*イカリソウ（碇草）
　別名：サンシクヨウソウ（三枝九葉
　草），ヨツデグサ（四手草）
　　双子葉植物綱キンポウゲ目メギ科の多年
　　草。高さは20〜40cm。花は淡紫色，
　　または白色。
　　　〈Epimedium grandiflorum〉

イギイチョウウロコゴケ
　イギイチョウゴケの別名（ツボミゴケ科

のコケ。緑褐色、茎は長さ1cm）
　　〈Lophozia igiana S. Hatt.〉

*イギイチョウゴケ
　別名：イギイチョウウロコゴケ
　　ツボミゴケ科のコケ。緑褐色、茎は長さ
　　1cm。
　　　〈Lophozia igiana S. Hatt.〉

イキシオリリオン・パラシー
　イキシオリリオン・モンターヌムの別
　名（ヒガンバナ科）

*イキシオリリオン・モンターヌム
　別名：イキシオリリオン・パラシー
　　ヒガンバナ科。

イギリスナラ
　ヨーロッパナラの別名（双子葉植物綱ブ
　ナ目ブナ科の木本。樹高は35m。樹皮は
　淡い灰色）
　　　〈Quercus robur〉

*イクシア
　別名：アフリカンコーンリリー，コー
　ンリリー，ヤリズイセン
　　アヤメ科の属総称。球根植物。

*イクソラ
　別名：サンタンカ
　　アカネ科の属総称。

*イグチ
　別名：アミタケ
　　イグチ科のキノコ。

*イクビゴケ
　別名：チャイロイクビゴケ
　　キセルゴケ科のコケ。葉は光沢がなく、
　　長楕円形披針形で微突頭、長さ約
　　5mm。
　　　〈Diphyscium fulvifolium Mitt.〉

イケニラ
　ミズニラ（水韮）の別名（ミズニラ科の
　夏緑性シダ植物。葉は多年生、鮮緑色〜

イケマ

緑白色）
〈*Isoetes japonica*〉

*イケマ（生馬）
別名：コサ，ヤマコガメ
双子葉植物綱リンドウ目ガガイモ科の多
年生つる草。
〈*Cynanchum caudatum*〉

イゴ
クログワイ（黒慈姑）の別名（単子葉植
物綱カヤツリグサ目カヤツリグサ科の多
年生抽水植物。稈は高さ25〜90cm，円
筒形で暗緑色，両性花）
〈*Eleocharis kuroguwai*〉

イザヨイイバラ
イザヨイバラ（十六夜薔薇）の別名（バ
ラ科の落葉低木）
〈*Rosa hirtula* Nakai var.*glabra*
Makino〉

*イザヨイバラ（十六夜薔薇）
別名：イザヨイイバラ
バラ科の落葉低木。
〈*Rosa hirtula Nakai var.glabra*
Makino〉

イシイモ
クワズイモ（不喰芋）の別名（単子葉植
物綱サトイモ目サトイモ科の多年草。
葉の先端は上向，根茎澱粉質。高さは
100cm前後）
〈*Alocasia odora*〉

イシゲヤキ
アキニレ（秋楡）の別名（双子葉植物綱
イラクサ目ニレ科の落葉高木。高さは
15m。樹皮は灰褐色）
〈*Ulmus parvifolia*〉

*イシヅチエビネ
別名：イシヅチラン
ラン科。

イシヅチノガリヤス
タシロノガリヤスの別名（単子葉植物綱
カヤツリグサ目イネ科の多年草）
〈*Calamagrostis tashiroi*〉

イシヅチラン
イシヅチエビネの別名（ラン科）

イシソネ
クマシデ（熊四手）の別名（双子葉植物
綱ブナ目カバノキ科の落葉高木。樹高
は15m。樹皮は灰色）
〈*Carpinus japonica*〉

イシナラ
コナラ（小楢）の別名（双子葉植物綱ブナ
目ブナ科の落葉高木。高さは15〜20m）
〈*Quercus serrata*〉

*イシミカワ（石見川，石膠）
別名：サデクサ
タデ科の一年生つる草。果実は暗青色。
長さは1〜2m。
〈*Persicaria perfoliata*（*L.*）*H.*
Gross〉

イシモチ
メナモミの別名（双子葉植物綱キク目キ
ク科の一年草。高さは60〜120cm）
〈*Siegesbeckia pubescens*〉

イシモモ
キクモモの別名（双子葉植物綱バラ目バ
ラ科。モモの品種）
〈*Amygdalus persica 'Stelata'*〉

イシャイラズ
アロエの別名（単子葉植物綱ユリ目ユリ
科の多肉性多年草。高さは1〜2m。花
は鮮紅色）
〈*Aloe arborescens*〉

イズイ
アマドコロ（甘野老）の別名（単子葉植
物綱ユリ目ユリ科の多年草。高さは35
〜85cm）

〈Polygonatum odoratum *var.* pluriflorum〉

イズシロカネソウ
ハコネシロカネソウ（箱根白銀草）の別名（双子葉植物綱キンポウゲ目キンポウゲ科の草本）
〈*Dichocarpum hakonense*〉

*イズセンリョウ（伊豆千両）
別名：ウバガネモチ
双子葉植物綱サクラソウ目ヤブコウジ科の常緑小低木。高さは1m。花は黄白色。
〈*Maesa japonica*〉

*イスノキ（柞，蚊母樹）
別名：ヒョンノキ，ユシノキ
双子葉植物綱マンサク目マンサク科の常緑高木。高さは20m。
〈*Distylium racemosum*〉

*イズハハコ
別名：イズホオコ，ヤマジオウギク
双子葉植物綱キク目キク科の一年草または越年草。高さは25〜55cm。
〈*Conyza japonica*〉

イズホオコ
イズハハコの別名（双子葉植物綱キク目キク科の一年草または越年草。高さは25〜55cm）
〈*Conyza japonica*〉

イスメネ
ヒメノカリスの別名（ヒガンバナ科の属総称。球根植物）

イセイチゴ
オオバライチゴ（大薔薇苺）の別名（双子葉植物綱バラ目バラ科の木本）
〈*Rubus croceacanthus*〉

*イセギク（伊勢菊）
別名：マツサカイトタレギク
双子葉植物綱キク目キク科の草本。

*イセナデシコ（伊勢撫子）
別名：オオサカナデシコ（大阪撫子），ゴショナデシコ（御所撫子）
双子葉植物綱ナデシコ目（中心子目）ナデシコ科の多年草。高さは30cm。
〈*Dianthus* × *isensis*〉

イセボウフウ
ハマボウフウ（浜防風）の別名（双子葉植物綱セリ目セリ科の多年草。高さは5〜30cm）
〈*Glehnia littoralis*〉

イセラン
ハクウンランの別名（単子葉植物綱ラン目ラン科の多年草。高さは5〜10cm）
〈*Vexillabium nakaianum*〉

*イソギク（磯菊）
別名：アワギク
双子葉植物綱キク目キク科の多年草。高さは30〜40cm。
〈*Chrysanthemum pacificum*〉

イソザンショウ
テンノウメ（天梅）の別名（双子葉植物綱バラ目バラ科の常緑低木。高さは20cm。花は白色）
〈*Osteomeles subrotunda*〉

*イソスミレ（磯菫）
別名：セナミスミレ
双子葉植物綱スミレ目スミレ科の多年草。高さは10〜15cm。花は濃紫色、または淡紫色。
〈*Viola grayi*〉

イソツツジ
キシツツジ（岸躑躅）の別名（ツツジ科の半常緑の低木。花は淡紫色）
〈*Rhododendron ripense* Makino〉

*イソツツジ（磯躑躅）
別名：エゾイソツツジ
ツツジ科の常緑小低木。
〈*Ledum palustre* L. subsp. diversipilosum（Nakai）Hara

植物別名辞典　39

イソハ

var.nipponicum Nakai〉

イソハナビ
イソマツ(磯松)の別名(イソマツ科の
多年草。高さは5〜20cm)
〈*Limonium wrightii*(Hance)O.
Kuntze var.*arbusculum*(Maxim.)
Hara〉

イソヘゴ
オニヤブソテツ(鬼藪蘇鉄)の別名(オ
シダ科の常緑性シダ植物。葉身は長さ
15〜60cm, 広披針形)
〈*Cyrtomium falcatum*〉

*イソマツ(磯松)
別名:イソハナビ, ムラサキイソマツ
イソマツ科の多年草。高さは5〜20cm。
〈*Limonium wrightii*(Hance)O.
Kuntze var.*arbusculum*(Maxim.)
Hara〉

イソマンネングサ
ウンゼンマンネングサの別名(双子葉植
物綱バラ目ベンケイソウ科の草本)
〈*Sedum polytrichoides*〉

イソモチ
カモガシラノリ(鴨頭海苔)の別名(紅
藻綱ウミゾウメン目カサマツ科の海藻。
軟骨質)
〈*Dermonema pulvinatum*〉
クジャクシダ(孔雀羊歯)の別名(ワラ
ビ科の夏緑性シダ植物。葉身は長さ15
〜25cm, 卵形からほぼ円形)
〈*Adiantum pedatum*〉

*イソヤマアオキ
別名:イソヤマダケ, ゴメゴメジン
双子葉植物綱キンポウゲ目ツヅラフジ科
の常緑低木。花は黄色。
〈*Cocculus laurifolius*〉

イソヤマダケ
イソヤマアオキの別名(双子葉植物綱キ
ンポウゲ目ツヅラフジ科の常緑低木。

花は黄色)
〈*Cocculus laurifolius*〉

イソユリ
スカシユリの別名(単子葉植物綱ユリ目
ユリ科の多年草。高さは50〜80cm。花
は橙赤色)
〈*Lilium maculatum*〉

イタイタグサ
イラクサ(刺草)の別名(双子葉植物綱
イラクサ目イラクサ科の多年草。高さ
は40〜80cm)
〈*Urtica thunbergiana*〉

イタジイ
スダジイの別名(双子葉植物綱ブナ目ブ
ナ科の常緑高木)
〈*Castanopsis sieboldii*〉

*イタチササゲ(鼬豇豆)
別名:エンドウソウ
双子葉植物綱マメ目マメ科の多年草。
高さは60〜200cm。
〈*Lathyrus davidii*〉

イタチジソ
チシマオドリコソウの別名(双子葉植物
綱シソ目シソ科の一年草。高さは20〜
50cm。花は淡紫色)
〈*Galeopsis bifida*〉

*イタチシダ(鼬羊歯)
別名:ヤマイタチシダ
オシダ科。
〈*Dryopteris bissetiana*(Baker)C.
Chr.〉

イタチシダモドキ
ナンカイイタチシダの別名(オシダ科の
常緑性シダ。葉身は長さ30〜60cm。広
卵形〜五角状広卵形)
〈*Dryopteris varia*(L.)O. Kuntze〉

イタチノシッポ
ヒノキゴケ(檜苔)の別名(ヒノキゴケ科

のコケ。全体はイタチ尾を思わせ、茎は
長さ5〜10cm、葉は線状披針形〜線形）
〈 *Pyrrhobryum dozyanum*（Lac.）
Manuel〉

*イタチハギ（鼬萩）
別名：クロバナエンジュ，クロバナク
ララ
双子葉植物綱マメ目マメ科の落葉低木。
高さは1.5〜3m。花は暗紫黒色。
〈 *Amorpha fruticosa*〉

*イタドリ（虎杖，伊多止利）
別名：サイタヅマ，タチヒ
双子葉植物綱タデ目タデ科の多年草。
茎には縦条。葉柄は赤。高さは30〜
150cm。
〈 *Reynoutria japonica*〉

イタビ
イヌビワ（犬枇杷）の別名（双子葉植物
綱イラクサ目クワ科の落葉低木。高さ
は3〜5m）
〈 *Ficus erecta*〉

*イタビカズラ（崖石榴，崖爬藤）
別名：ツタカズラ
双子葉植物綱イラクサ目クワ科の常緑つ
る性植物。
〈 *Ficus nipponica*〉

*イタヤカエデ（板屋楓）
別名：アサヒカエデ，ナナバケイタヤ
双子葉植物綱ムクロジ目カエデ科の
木本。
〈 *Acer mono var.marmoratum form.
heterophyllum*〉

イタヤメイゲツ
コハウチワカエデ（小羽団扇楓）の別名
（双子葉植物綱ムクロジ目カエデ科の落
葉高木。葉は円形で7〜9に中裂。樹高は
10m。花は黄白色。樹皮は濃い灰褐色）
〈 *Acer sieboldianum*〉

*イタリアスギ
別名：イタリアン・サイプレス，イト
スギ，セイヨウイトスギ
高さは45m。樹皮は灰褐色。
〈 *Cupressus sempervirens*〉

*イタリアソウ
別名：モリカンドソウ
アブラナ科の一年草または多年草。花
は紅紫色。
〈 *Moricandia arvensis DC.*〉

イタリアヤマナラシ
セイヨウハコヤナギの別名（双子葉植物
綱ヤナギ目ヤナギ科の落葉高木）
〈Populus nigra *var.italica*〉
ポプラの別名（ヤナギ科の落葉高木）
〈 *Populus nigra* L. var.*italica* Moench.〉

イタリアン・サイプレス
イタリアスギの別名（マツ綱マツ目ヒノ
キ科の常緑高木。高さは45m。樹皮は灰
褐色）
〈 *Cupressus sempervirens*〉

イタリアンブロッコリー
ブロッコリーの別名（アブラナ科の葉菜
類。葉は長楕円形）
〈 *Brassica oleracea* L. var.*italica*
Plenck〉

イタリアンライグラス
ネズミムギ（鼠麦）の別名（単子葉植物
綱カヤツリグサ目イネ科の一年草または
二年草。高さは30〜100cm）
〈 *Lolium multiflorum*〉

*イタリアンルスカス
別名：ササバルスカス，ホソバルス
カス
ユリ科。

イタリヤ
デラウェアの別名（ブドウ科のブドウ
（葡萄）の品種。果皮は鮮紅色）

*イチイガシ（一位樫）
別名：イチガシ
双子葉植物綱ブナ目ブナ科の常緑高木。
高さは30m。
〈*Quercus gilva*〉

イチイヒノキ
メタセコイアの別名（マツ綱マツ目スギ
科の落葉性針葉高木。高さは30m。樹皮
は橙褐色ないし赤褐色）
〈*Metasequoia glyptostroboides*〉

イチイモドキ
セコイアの別名（マツ綱マツ目スギ科の
針葉高木。樹皮は赤褐色。樹高は
110m。樹皮は赤褐色）
〈*Sequoia sempervirens*〉

イチガシ
イチイガシ（一位樫）の別名（双子葉植
物綱ブナ目ブナ科の常緑高木。高さは
30m）
〈*Quercus gilva*〉

イチゲシュスラン
シマシュスランの別名（ラン科の草本）
〈*Goodyera viridiflora*（Blume）
Blume〉

イチゲスミレ
キスミレ（黄菫）の別名（双子葉植物綱
スミレ目スミレ科の多年草。高さは10
〜15cm。花は黄色）
〈*Viola orientalis*〉

イチゲソウ
アネモネの別名（双子葉植物綱キンポウ
ゲ目キンポウゲ科の属総称）
〈*Anemone*〉
イチリンソウ（一輪草）の別名（キンポ
ウゲ科の多年草。高さは20〜30cm。花
は白色）
〈*Anemone nikoensis* Maxim.〉
オノマンネングサ（雄万年草）の別名
（双子葉植物綱バラ目ベンケイソウ科の
多年草。高さは10〜25cm。花は黄色）

〈*Sedum lineare*〉

*イチゴツナギ（苺繋）
別名：カワライチゴツナギ，ザラツキ
イチゴツナギ，ヒメイチゴツナギ
単子葉植物綱カヤツリグサ目イネ科の多
年草。高さは30〜70cm。
〈*Poa sphondylodes*〉

*イチゴ・ピンクパンダ
別名：パンダイチゴ
バラ科の総称。

*イチジク（無花果）
別名：トウガキ，ナンバンガキ
双子葉植物綱イラクサ目クワ科の落葉低
木。高さは3〜6m。花は淡紅白色。
樹皮は灰色。
〈*Ficus carica*〉

*イチハツ（鳶尾）
別名：コヤスグサ
単子葉植物綱ユリ目アヤメ科の多年草。
高さは30〜50cm。花は藤色。
〈*Iris tectorum*〉

イチバンツツジ
ミツバツツジ（三葉躑躅）の別名（双子
葉植物綱ツツジ目ツツジ科の落葉低木。
花は紫色）
〈*Rhododendron dilatatum*〉

*イチビ
別名：ホクチガラ
双子葉植物綱アオイ目アオイ科の一年
草。葉は多毛。高さは50〜100cm。
花は橙黄色。
〈*Abutilon theophrasti*〉

*イチョウ（公孫樹，銀杏）
別名：ギンナン（銀杏）
ソテツ綱イチョウ目イチョウ科の落葉高
木。高さは30m。樹皮は褐灰色。
〈*Ginkgo biloba*〉

イチョウウキクサ
イチョウウキゴケ（銀杏浮苔）の別名
（ウキゴケ科のコケ。緑色，秋になると
赤紫色，長さ1〜1.5cm）
〈*Ricciocarpus natans*〉

*イチョウウキゴケ（銀杏浮苔）
**別名：イチョウウキクサ，イチョウゴ
ケ，イチョウモ**
ウキゴケ科のコケ。緑色，秋になると赤
紫色，長さ1〜1.5cm。
〈*Ricciocarpus natans*〉

イチョウウロコゴケ
イチョウゴケの別名（ツボミゴケ科のコ
ケ。褐色をおびる。茎は長さ1.5cm）
〈*Tritomaria exsecta*（Schmidel）
Loeske〉

イチョウゴケ
イチョウウキゴケ（銀杏浮苔）の別名
（ウキゴケ科のコケ。緑色，秋になると
赤紫色，長さ1〜1.5cm）
〈*Ricciocarpus natans*〉

*イチョウゴケ
別名：イチョウウロコゴケ
ツボミゴケ科のコケ。褐色をおびる。
茎は長さ1.5cm。
〈*Tritomaria exsecta*（Schmidel）
Loeske〉

イチョウシノブ
ハコネソウ（箱根草）の別名（ワラビ科
の常緑性シダ植物。葉身は長さ10〜
26cm，三角状卵形）
〈*Adiantum monochlamys*〉

イチョウチドリ
カモメラン（鴎蘭）の別名（単子葉植物
綱ラン目ラン科の多年草。高さは10〜
20cm。花は深紅紫色）
〈*Orchis cyclochila*〉

イチョウモ
イチョウウキゴケ（銀杏浮苔）の別名
（ウキゴケ科のコケ。緑色，秋になると

赤紫色，長さ1〜1.5cm）
〈*Ricciocarpus natans*〉

*イチヨウラン（一葉蘭）
別名：ヒトハラン
単子葉植物綱ラン目ラン科の多年草。
高さは10〜20cm。
〈*Dactylostalix ringens*〉

イチリンソウ
アネモネの別名（双子葉植物綱キンポウ
ゲ目キンポウゲ科の属総称）
〈*Anemone*〉

*イチリンソウ（一輪草）
別名：イチゲソウ，ウラベニイチゲ
キンポウゲ科の多年草。高さは20〜
30cm。花は白色。
〈*Anemone nikoensis Maxim.*〉

イチロク
ササクサ（笹草）の別名（単子葉植物綱
カヤツリグサ目イネ科の多年草。高さ
は40〜80cm）
〈*Lophatherum gracile*〉

イチロベゴロシ
ドクウツギ（毒空木）の別名（双子葉植
物綱キンポウゲ目ドクウツギ科の落葉低
木。偽果は黒紫色）
〈*Coriaria japonica*〉

*イッポンワラビ（一本蕨）
別名：オオミヤマイヌワラビ
オシダ科の夏緑性シダ植物。葉身は長
さ35〜60cm，三角状〜三角状楕円形。
〈*Cornopteris crenulatoserrulata*〉

イツモヂシャ
フダンソウ（不断草）の別名（双子葉植
物綱ナデシコ目（中心子目）アカザ科の
葉菜類）
〈Beta vulgaris *var.vulgaris*〉

*イトイヌノヒゲ
別名：コイヌノヒゲ
単子葉植物綱ホシクサ目ホシクサ科の一

年草。高さは5〜30cm。
〈*Eriocaulon decemflorum*〉

イトウリ
ヘチマ（糸瓜）の別名（双子葉植物綱スミ
レ目ウリ科のつる性草本。花は黄色）
〈*Luffa aegyptiaca*〉

イトカケソウ
ミカエリソウ（見返草）の別名（双子葉
植物綱シソ目シソ科の草本状小低木。
高さは40〜100cm）
〈*Leucosceptrum stellipilum*〉

イトギク
マツバハルシャギクの別名（キク科の一
年草。高さは20〜60cm。花は淡黄色）
〈*Helenium amarum*（Raf.）Rock〉

*イトキツネノボタン
別名：トゲミオトコゼリ
キンポウゲ科の一年草。高さは30〜
50cm。
〈*Ranunculus arvensis L.*〉

*イトクサボタン
別名：サンリョウ
キンポウゲ科の薬用植物。
〈*Clematis hexapetala Pall.*〉

*イトクズモ（糸屑藻）
別名：ミカヅキイトモ
単子葉植物綱イバラモ目イトクズモ科の
沈水植物。葉は対生もしくは輪生状，
線形。
〈*Zannichellia palustris*〉

イトクリソウ（糸繰草）
オダマキ（苧環）の別名（双子葉植物綱
キンポウゲ目キンポウゲ科の多年草。
高さは30〜50cm。花は紫，白色）
〈*Aquilegia flabellata*〉

イトザサ
ミヤコザサ（都笹）の別名（単子葉植物
綱カヤツリグサ目イネ科のササ，常緑小
型）
〈*Sasa nipponica*〉

イドシダ
シケシダ（湿気羊歯）の別名（オシダ科
の夏緑性シダ植物。葉身は長さ20〜
50cm，長楕円形から長楕円状披針形）
〈*Athyrium japonicum*〉

イトスイラン
チョウセンスイランの別名（双子葉植物
綱キク目キク科の草本）
〈*Hololeion maximowiczii*〉

イトスギ
イタリアスギの別名（マツ綱マツ目ヒノ
キ科の常緑高木。高さは45m。樹皮は灰
褐色）
〈*Cupressus sempervirens*〉

イトススキ
ヤクシマススキ（屋久島薄）の別名（イ
ネ科）

イトツキ
アサツキ（浅葱）の別名（単子葉植物綱ユ
リ目ユリ科の多年草。高さは30〜60cm）
〈Allium schoenoprasum *var.foliosum*〉

イトナシイトラン
キミガヨランの別名（単子葉植物綱ユリ
目リュウゼツラン科の常緑低木）
〈*Yucca recurvifolia*〉

イトネギ
アサツキ（浅葱）の別名（単子葉植物綱ユ
リ目ユリ科の多年草。高さは30〜60cm）
〈Allium schoenoprasum *var.foliosum*〉

イトバオオバコ
ニチナンオオバコの別名（オオバコ科の
一年草。長さは8〜17cm）
〈*Plantago heterophylla* Nutt.〉

イトバショウ
リュウキュウバショウの別名（単子葉植

物綱ショウガ目バショウ科の木本。偽
茎は緑色）
〈*Musa balbisiana*〉

イトバドクゼリモドキ
アンミの別名（セリ科の薬用植物）
〈*Ammi visnaga* (L.) Lam.〉

イトヒバ
ヒヨクヒバ（比翼檜葉）の別名（ヒノキ
科）
〈*Chamaecyparis pisifera*（Sieb. et
Zucc.）Sieb. et Zucc. ex Endl. cv.
Filifera〉

*イトヒメハギ（糸姫萩）
別名：オンジ
双子葉植物綱ヒメハギ目ヒメハギ科の多
年草。
〈*Polygala tenuifolia*〉

イトマキソウ
タツタソウ（竜田草）の別名（メギ科の
多年草。高さは10〜15cm。花はラベン
ダーブルー）
〈*Jeffersonia dubia*（Maxim.）Benth.
et Hook. f. ex Bak. et S. L. Moore〉

イトモ
セキショウモ（石菖藻）の別名（トチカ
ガミ科の多年生の沈水植物。葉は根生、
線形（リボン状））
〈*Vallisneria natans*（Lour.）Hara〉
ミズヒキモ（水引藻）の別名（単子葉植
物綱イバラモ目ヒルムシロ科の多年生水
草）
〈Potamogeton octandrus *var.*
miduhikimo〉
*イトモ（糸藻）
別名：イトヤナギモ
単子葉植物綱イバラモ目ヒルムシロ科
の小形沈水植物。葉は線形，無柄。
〈*Potamogeton pusillus*〉

イトヤナギ（糸柳）
シダレヤナギ（枝垂柳）の別名（双子葉

植物綱ヤナギ目ヤナギ科の落葉高木。
枝は細く，下垂し，やや光沢を帯びる。
樹高は15m。樹皮は灰褐色）
〈*Salix babylonica*〉

イトヤナギゴケ
タチヤナギゴケの別名（ウスグロゴケ科
のコケ。小形で、茎は糸状で長くはい、
披針形の毛葉が少数ある）
〈*Orthoamblystegium spurio-subtile*
（Broth. & Paris）Kanda & Nog.〉

イトヤナギモ
イトモ（糸藻）の別名（単子葉植物綱イバ
ラモ目ヒルムシロ科の小形沈水植物。
葉は線形，無柄）
〈*Potamogeton pusillus*〉

*イトラン（糸蘭）
別名：ジュモウラン
単子葉植物綱ユリ目リュウゼツラン科の
木本。長さは30〜50cm。花は白色。
〈*Yucca filamentosa*〉

*イナカギク（田舎菊）
別名：ヤマシロギク
キク科の多年草。高さは60〜100cm。
〈*Aster semiamplexicaulis* Makino ex
Koidz.〉

イナカシャクヤク
ヤマシャクヤク（山芍薬）の別名（双子
葉植物綱ビワモドキ目ボタン科の多年
草。高さは40〜60cm。花は白色）
〈*Paeonia japonica*〉

*イナゴマメ
別名：ヨハンパンノキ
マメ科の常緑高木。高さは12〜15m。
〈*Ceratonia siliqua* L.〉

*イナモリソウ
別名：ヨツバハコベ
双子葉植物綱アカネ目アカネ科の多年
草。高さは5〜10cm。
〈*Pseudopyxis depressa*〉

植物別名辞典　45

イヌイ

*イヌイ
別名：ツクシイヌイ，ネジレイ，ヒ
ライ
単子葉植物綱イグサ目イグサ科の多年
草。高さは20～50cm。
〈*Juncus yokoscensis*〉

イヌエビ
エビヅル（海老蔓）の別名（双子葉植物
綱クロウメモドキ目ブドウ科の落葉つる
性植物）
〈*Vitis thunbergii*〉

*イヌエンジュ（犬槐）
別名：エニス，オオエンジュ
双子葉植物綱マメ目マメ科の落葉高木。
〈*Maackia amurensis var.buergeri*〉

イヌカゴ
コガンピ（小雁皮）の別名（双子葉植物綱
フトモモ目ジンチョウゲ科の落葉低木）
〈*Diplomorpha ganpi*〉

*イヌガシ（犬樫）
別名：マツラニッケイ
クスノキ科の常緑高木。
〈*Neolitsea aciculata*（*Blume*）
Koidz.〉

*イヌカミツレ
別名：イヌカミルレ
双子葉植物綱キク目キク科の一，二年
草。高さは30～60cm。花は白色。
〈*Matricaria inodora*〉

イヌカミルレ
イヌカミツレの別名（双子葉植物綱キク
目キク科の一，二年草。高さは30～
60cm。花は白色）
〈*Matricaria inodora*〉

*イヌガヤ（犬榧）
別名：ヘダマ，ヘボガヤ
マツ綱マツ目イヌガヤ科の常緑高木。
樹高は10m。樹皮は褐色。
〈*Cephalotaxus harringtonia*〉

*イヌガンソク（犬雁足）
別名：イヌクサソテツ，オオクサソ
テツ
オシダ科の夏緑性シダ植物。葉身は長
さ4～12cm，単羽状。
〈*Matteuccia orientalis*〉

イヌガンピ
コガンピ（小雁皮）の別名（双子葉植物綱
フトモモ目ジンチョウゲ科の落葉低木）
〈*Diplomorpha ganpi*〉

イヌクサソテツ
イヌガンソク（犬雁足）の別名（オシダ
科の夏緑性シダ植物。葉身は長さ4～
12cm，単羽状）
〈*Matteuccia orientalis*〉

イヌグス
タブノキ（楠）の別名（双子葉植物綱クス
ノキ目クスノキ科の常緑高木。高さは
10～15m）
〈*Machilus thunbergii*〉

イヌグンバイナズナ
アコウグンバイの別名（アブラナ科の多
年草。高さは50cm。花は白色）
〈*Lepidium draba* L.〉

*イヌコウジュ（犬香薷）
別名：ニセハッカ，ノハッカ
双子葉植物綱シソ目シソ科の一年草。
高さは20～60cm。
〈*Mosla punctulata*〉

イヌゴシュユ
シュユの別名（ミカン科の木本。高さは7
～15m。花は白色。樹皮は灰色）
〈*Euodia daniellii*（J. Benn.）Hemsl.〉
チョウセンゴシュユ（朝鮮呉茱萸）の
別名（双子葉植物綱ムクロジ目ミカン科
の木本）
〈*Evodia danielli*〉

イヌゴボウ
ヤマゴボウ（山牛蒡）の別名（双子葉植

物綱ナデシコ目（中心子目）ヤマゴボウ
科の多年草。高さは1〜1.7m。花は白，
紅紫色）
〈Phytolacca esculenta〉

*イヌゴマ（犬胡麻）
別名：チョロギダマシ
双子葉植物綱シソ目シソ科の多年草。
高さは40〜70cm。
〈Stachys riederi var.intermedia〉

*イヌコリヤナギ（犬行李柳）
別名：オオバコリヤナギ，フタバヤ
ナギ
双子葉植物綱ヤナギ目ヤナギ科の落葉
低木。
〈Salix integra〉

*イヌザクラ（犬桜）
別名：シロザクラ
バラ科の落葉高木。高さは10m。花は
白色。
〈Prunus buergeriana Miq.〉

イヌサフラン
コルチクムの別名（単子葉植物綱ユリ目
ユリ科の属総称）
〈Colchicum spp.〉

*イヌシデ（犬四手）
別名：シロシデ，ソネ
双子葉植物綱ブナ目カバノキ科の落葉高
木。葉に毛が多い。
〈Carpinus tschonoskii〉

*イヌシバ（犬芝）
別名：アメリカシバ
単子葉植物綱カヤツリグサ目イネ科の匍
匐性低草。芝生用または牧草として
有用。葉長5〜15cm。
〈Stenotaphrum secundatum〉

イヌシュロチク
シュロチク（棕櫚竹）の別名（単子葉植
物綱ヤシ目ヤシ科の常緑低木。葉は7〜
8片に分裂。高さは2〜4m）

〈Rhapis humilis〉

イヌジュンサイ
アサザ（浅沙）の別名（双子葉植物綱ナス
目ミツガシワ科の多年生水草。葉身は
卵型〜円形，裏面は紫色がかって，粒状
の腺点がある。花は黄色）
〈Nymphoides peltata〉

イヌシロネ
サルダヒコの別名（双子葉植物綱シソ目
シソ科の多年草。高さは20〜80cm）
〈Lycopus ramosissimus var.japonicus〉

イヌスギ
スイショウ（水松）の別名（スギ科の木
本。樹高10m。樹皮は灰褐色）
〈Glyptostrobus lineatus（Poir.）
Druce〉

*イヌタデ（犬蓼）
別名：アカノマンマ
双子葉植物綱タデ目タデ科の一年草。
高さは5〜40cm。花は淡紅色。
〈Persicaria longiseta〉

イヌツゲ
ゲッキツ（月橘）の別名（ミカン科の常
緑低木。葉は濃緑，芳香，果実は赤熟。
花は白色）
〈Murraya paniculata（L.）Jack.〉
*イヌツゲ（犬黄楊）
別名：ヤマツゲ
双子葉植物綱ニシキギ目モチノキ科
の常緑低木。花は緑白色。
〈Ilex crenata〉

イヌツヅラ
ハスノハカズラ（蓮葉葛）の別名（双子
葉植物綱キンポウゲ目ツヅラフジ科のつ
る性木本）
〈Stephania japonica〉

*イヌトウキ
別名：クマノダケ
双子葉植物綱セリ目セリ科の多年草。

植物別名辞典　47

高さは50〜80cm。
〈*Angelica shikokiana*〉

*イヌドクサ (犬木賊)
別名：カワラドクサ，ハマドクサ
トクサ科の常緑性シダ植物。茎は高さ1m。
〈*Equisetum ramosissimum var. japonicum*〉

イヌナシ
マメナシ (豆梨) の別名 (双子葉植物綱バラ目バラ科の落葉高木。高さは10m。花は白色。樹皮は濃灰色)
〈*Pyrus calleryana*〉

イヌニンドウ
ハマニンドウ (浜忍冬) の別名 (双子葉植物綱マツムシソウ目スイカズラ科の半常緑つる性低木)
〈*Lonicera affinis*〉

*イヌノフグリ (犬陰嚢)
別名：テンニンカラクサ，ヒョウタングサ
双子葉植物綱ゴマノハグサ目ゴマノハグサ科の越年草。高さは5〜25cm。
〈*Veronica didyma var.lilacina*〉

*イヌハッカ
別名：キャットニップ
双子葉植物綱シソ目シソ科の多年草。高さは40〜100cm。花は淡い青色。
〈*Nepeta cataria*〉

*イヌビエ (犬稗)
別名：サルビエ
単子葉植物綱カヤツリグサ目イネ科の一年草。高さは60〜100cm。
〈*Echinochloa crus-galli*〉

*イヌビユ (犬莧)
別名：オトコヒョーナ，ヒョーナ
双子葉植物綱ナデシコ目 (中心子目) ヒユ科の一年草。茎に赤味がある。高さは30〜70cm。

〈*Amaranthus lividus var.ascendens*〉

*イヌビワ (犬枇杷)
別名：イタビ，コイチジク，チチノミ
双子葉植物綱イラクサ目クワ科の落葉低木。高さは3〜5m。
〈*Ficus erecta*〉

イヌブシ
ジゾウカンバ (地蔵樺) の別名 (双子葉植物綱ブナ目カバノキ科の落葉高木)
〈*Betula globispica*〉

*イヌホウキギ
別名：ヒロハクサボウキ
双子葉植物綱ナデシコ目 (中心子目) アカザ科。葉は狭卵形。
〈*Axyris amaranthoides*〉

*イヌマキ (犬槇)
別名：クサマキ，ホンマキ
マツ綱マツ目マキ科の常緑高木。高さは25m。
〈*Podocarpus macrophyllus*〉

イヌムギモドキ
コスズメノチャヒキの別名 (単子葉植物綱カヤツリグサ目イネ科の多年草。高さは50〜100cm)
〈*Bromus inermis*〉

イヌヤマモモソウ
コバナヤマモモソウの別名 (双子葉植物綱フトモモ目アカバナ科の一年草。高さは0.3〜2m。花は淡紅〜紅色)
〈*Gaura parviflora*〉

イヌヨメナ
ヒメジョオン (姫女苑) の別名 (双子葉植物綱キク目キク科の一年草または越年草。高さは30〜120cm。花は白〜淡紅色)
〈*Erigeron annuus*〉

*イヌワラビ (犬蕨)
別名：コカグマ

オシダ科の夏緑性シダ植物。高さは20
〜60cm。葉身は長さ20〜50cm, 卵形
〜卵状長楕円形。
〈*Athyrium niponicum*〉

*イノコズチ (豕槌, 猪小槌)
別名：コマノヒザ, フシダカ
双子葉植物綱ナデシコ目 (中心子目) ヒ
ユ科の多年草。高さは50〜100cm。
〈*Achyranthes bidentata var.
japonica*〉

イノデ
イノデ (猪手) の別名 (オシダ科の常緑性
シダ。葉柄は長さ10〜25cm。葉身は披
針形)
〈*Polystichum polyblepharum* (Roem.)
Presl〉

*イノデ (猪手)
別名：イノデ
オシダ科の常緑性シダ。葉柄は長さ
10〜25cm。葉身は披針形。
〈*Polystichum polyblepharum*
(Roem.) Presl〉

イノモトソウ
プテリスの別名 (イノモトソウ科の属総
称)

*イノモトソウ (井許草)
別名：ケイソクソウ, トリノアシ
イノモトソウ科の常緑性シダ植物。
葉身は長さ60cm。
〈*Pteris multifida*〉

イノンド
ヒメウイキョウ (姫茴香) の別名 (双子
葉植物綱セリ目セリ科の一, 二年草。高
さは30〜50cm。花は黄色)
〈*Anethum graveolens*〉

イバナシ
イワナシ (岩梨) の別名 (ツツジ科の常
緑小低木。高さは10〜25cm)
〈*Epigaea asiatica* Maxim.〉

*イバラゴケ
別名：ケムシゴケ
アブラゴケ科のコケ。茎の基部は褐色
の仮根で覆われる。
〈*Calyptrochaeta japonica* (Card. &
Thér.) Z. Iwats. & Nog.〉

イフェイオン
ハナニラ (花韮) の別名 (ユリ科の属総
称。球根植物)

*イブキ (伊吹)
別名：イブキビャクシン, カマクラ
ビャクシン, ビャクシン
マツ綱マツ目ヒノキ科の常緑高木。高
さは3〜5m。樹皮は赤褐色。
〈*Juniperus chinensis var.chinensis*〉

イブキガラシ
ヤマガラシ (山芥子) の別名 (双子葉植
物綱フウチョウソウ目アブラナ科の多年
草。高さは20〜60cm)
〈*Barbarea orthoceras*〉

イブキコゴメグサ
コゴメグサ (小米草) の別名 (ゴマノハ
グサ科の草本)
〈*Euphrasia insignis* Wettst. subsp.
iinumai (Takeda) Yamazaki〉

*イブキシモツケ (伊吹下野)
別名：キビノシモツケ
バラ科の落葉低木。
〈*Spiraea nervosa* Franch. et Savat.
var.nervosa〉

*イブキジャコウソウ (伊吹麝香草)
別名：イワジャコウソウ
双子葉植物綱シソ目シソ科の草本状小低
木。高さは3〜15cm。
〈*Thymus quinquecostatus*〉

イブキタイゲキ
タカトウダイ (高灯台) の別名 (トウダ
イグサ科の多年草。高さは20〜80cm)
〈*Euphorbia pekinensis* Rupr.〉

イフキ

*イブキトラノオ（伊吹虎の尾）
別名：ホソバイブキトラノオ
タデ科の多年草。高さは30〜100cm。
花は白または淡桃色。
〈*Bistorta vulgaris* Hill〉

イブキビャクシン
イブキ（伊吹）の別名（マツ綱マツ目ヒノ
キ科の常緑高木。高さは3〜5m。樹皮
は赤褐色）
〈Juniperus chinensis *var.*chinensis〉

イブキフウロ
エゾフウロ（蝦夷風露）の別名（フウロ
ソウ科）
〈*Geranium yesoense* Franch. et Savat.
var.*yesoense*〉

*イブキボウフウ（伊吹防風）
別名：ボウフウ，ヤマニンジン
セリ科の多年草。高さは40〜80cm。
〈*Seseli libanotis*（*L.*）*Koch. subsp.
japonica*（*Boiss.*）*Hara*〉

イブキヨモギ
オオヨモギ（大蓬，大艾）の別名（双子
葉植物綱キク目キク科の多年草。高さ
は20〜60cm）
〈*Artemisia montana*〉

イブキレイジンソウ
レイジンソウ（伶人草）の別名（キンポ
ウゲ科の多年草。高さは30〜80cm。花
は淡紫〜淡紅色）
〈*Aconitum loczyanum* Rapaics〉

イベリス
マガリバナ（歪り花）の別名（アブラナ
科。高さは20〜30cm。花は白色）
〈*Iberis amara* L.〉
*イベリス
別名：クッキョクカ，マガリバナ
アブラナ科の属総称。

イボクサ
クサノオウ（草王）の別名（ケシ科の一

年草または越年草。高さは10〜30cm）
〈*Chelidonium majus* L.〉

*イボクサ（疣草）
別名：イボトリクサ
単子葉植物綱ツユクサ目ツユクサ科
の一年草，湿生〜抽水性，沈水性。
沈水状態において，葉は明るい緑白
色。高さは20〜30cm。
〈*Murdannia keisak*〉

*イボザ
別名：フブキバナ
シソ科の属総称。

*イボソコマメゴケ
別名：ナンゴクソコマメゴケ
ウロコゲケ科のコケ。不透明な緑色、茎
は長さ0.5〜1cm。
〈*Saccogynidium muricellum*（*De
Not.*）*Grolle*〉

*イボタクサギ（伊保多臭木）
別名：ガジャンギ，コバノクサギ
双子葉植物綱シソ目クマツヅラ科の低
木。葉は厚く、ネズミモチに似る。高
さは1〜2m。花は白色。
〈*Clerodendrum neriifolium*〉

*イボタノキ〔斑入り〕
別名：コガネイボタ，コガネエボタ
双子葉植物綱ゴマノハグサ目モクセイ科
の木本。

イボトリクサ
イボクサ（疣草）の別名（単子葉植物綱
ツユクサ目ツユクサ科の一年草，湿生〜
抽水性，沈水性。沈水状態において，葉
は明るい緑白色。高さは20〜30cm）
〈*Murdannia keisak*〉

イボラン
ムギラン（麦蘭）の別名（単子葉植物綱
ラン目ラン科の多年草）
〈*Bulbophyllum inconspicuum*〉

イマショウジョウキリシマ

キリシマツツジ(霧島躑躅)の別名(双子葉植物綱ツツジ目ツツジ科の常緑低木)

〈Rhododendron obtusum *var.* obtusum〉

イマメガシ

ウバメガシ(姥目樫)の別名(双子葉植物綱ブナ目ブナ科の常緑高木。高さは15m。樹皮は暗灰色)

〈Quercus phillyraeoides〉

イモウエバナ

コブシ(辛夷)の別名(双子葉植物綱モクレン目モクレン科の落葉高木。樹高は20m。花は白色。樹皮は灰色)

〈Magnolia praecocissima〉

*イモカタバミ

別名:フシネハナカタバミ

双子葉植物綱フウロソウ目カタバミ科の多年草。高さは5〜15cm。花は濃厚な桃色。

〈Oxalis articulata〉

イモノキ

キャッサバの別名(双子葉植物綱トウダイグサ目トウダイグサ科の木本。塊根は長さは15〜100cm。高さは1〜5m)

〈Manihot esculenta〉

イモボタン

ダリアの別名(双子葉植物綱キク目キク科の多年草。高さは2m。花は緋赤色)

〈Dahlia pinnata〉

イモラン

シラン(紫蘭)の別名(単子葉植物綱ラン目ラン科の多年草。茎の長さは30〜50cm。花は紅紫色)

〈Bletilla striata〉

イヤギボウシ

カンザシギボウシの別名(単子葉植物綱ユリ目ユリ科の多年草。高さは50〜65cm。花は濃い赤紫色)

〈Hosta capitata〉

*イヨカズラ(伊予葛)

別名:スズメノオゴケ

双子葉植物綱リンドウ目ガガイモ科の多年生つる草。高さは30〜80cm。

〈Cynanchum japonicum〉

*イヨカン(伊予蜜柑)

別名:アナドミカン(穴門蜜柑)

双子葉植物綱ムクロジ目ミカン科の木本。果皮は赤濃橙色を帯びる。花は白色。

〈Citrus iyo〉

イヨスダレ

ゴキダケの別名(イネ科の木本)

*イヨフウロ(伊予風露)

別名:シコクフウロ

双子葉植物綱フウロソウ目フウロソウ科の多年草。高さは30〜70cm。

〈Geranium shikokianum〉

イヨミズキ

コウヤミズキ(高野水木)の別名(マンサク科の落葉低木。高さは2〜5m)

〈Corylopsis gotoana Makino〉

ヒュウガミズキ(日向水木)の別名(マンサク科の落葉低木。高さは2〜3m)

〈Corylopsis pauciflora Sieb. et Zucc.〉

イライラクサ

イラクサ(刺草)の別名(双子葉植物綱イラクサ目イラクサ科の多年草。高さは40〜80cm)

〈Urtica thunbergiana〉

イラガツブタケ

イラガハリタケの別名(核菌綱バッカクキン科の冬虫夏草。イラガに寄生)

〈Cordyceps cochlidiicola〉

*イラガハリタケ

別名:イラガツブタケ

核菌綱バッカクキン科の冬虫夏草。イ
ラガに寄生。
〈*Cordyceps cochlidiicola*〉

*イラクサ（刺草）
別名：イタイタグサ，イライラクサ
双子葉植物綱イラクサ目イラクサ科の多
年草。高さは40〜80cm。
〈*Urtica thunbergiana*〉

*イラモミ
別名：ヤツガダケトウヒ
マツ科の常緑針葉高木。高さは30m。
〈*Picea bicolor Mayr*〉

イランイランノキ
カナンガの別名（バンレイシ科の属総称）
*イランイランノキ
別名：パヒュームツリー
双子葉植物綱モクレン目バンレイシ
科の常緑高木。高さは15m。花は
蕾時から開いて成長，幼時緑色，老
成し黄色。
〈*Cananga odorata*〉

*イリオモテコロモクモタケ
別名：イリオモテツブクモタケ
核菌綱バッカクキン科の冬虫夏草。ク
モに寄生。
〈*Torrubiella ryukyuensis*〉

イリオモテツブクモタケ
イリオモテコロモクモタケの別名（核
菌綱バッカクキン科の冬虫夏草。クモ
に寄生）
〈*Torrubiella ryukyuensis*〉

イリオモテトンボソウ
タイトントンボソウの別名（ラン科）
〈*Platanthera stenosepala*〉

イリオモテヒメラン
ムラサキチュウガエリの別名（ラン科）
〈*Malaxis bancanoides*〉

イリオモテラン
ニュウメンランの別名（単子葉植物綱ラ
ン目ラン科の着生植物）
〈*Trichoglottis luchuensis*〉
*イリオモテラン
別名：ニュウメンラン
ラン科。
〈*Trichoglottis luchuensis*（*Rolfe*）
Garay et H. R. Sweet ex Garay〉

イリシバ
ハマヒサカキ（浜姫榊）の別名（双子葉
植物綱ツバキ目ツバキ科の常緑低木。
花は淡緑色）
〈*Eurya emarginata*〉

イリス
アイリスの別名（単子葉植物綱ユリ目ア
ヤメ科の草本）
〈*Iris hollandica*〉

イリヒサカキ
ハマヒサカキ（浜姫榊）の別名（双子葉
植物綱ツバキ目ツバキ科の常緑低木。
花は淡緑色）
〈*Eurya emarginata*〉

イルカンダ
ウジルカンダの別名（双子葉植物綱マメ
目マメ科の木本）
〈*Mucuna macrocarpa*〉

*イレシネ
別名：ケショウビユ，マルバビユ
ヒユ科。

イロハカエデ
イロハモミジの別名（双子葉植物綱ムク
ロジ目カエデ科の落葉高木。高さは10
〜15m。樹皮は灰褐色）
〈*Acer palmatum var.palmatum*〉

*イロハモミジ
別名：イロハカエデ，コハモミジ，タ
カオカエデ
双子葉植物綱ムクロジ目カエデ科の落葉

高木。高さは10〜15m。樹皮は灰褐色。
〈*Acer palmatum var.palmatum*〉

イロマツヨイグサ
ゴデチアの別名（アカバナ科の属総称）

*イワアカザ
別名：ミドリアカザ
双子葉植物綱ナデシコ目（中心子目）アカザ科の草本。
〈*Chenopodium bryoniaefolium*〉

*イワイチョウ
別名：ミズイチョウ
双子葉植物綱リンドウ目リンドウ科の草本。
〈*Fauria crista-galli*〉

イワイノキ
ギンバイカ（銀梅花）の別名（双子葉植物綱フトモモ目フトモモ科の常緑低木。高さは1.5〜2m。花は白色，またはわずかに紅を帯びる）
〈*Myrtus communis*〉

*イワイブキトラノオ
別名：ホソバイブキトラノオ
タデ科の薬用植物。
〈*Polygonum lapidosa Kitag. ex Fang.*〉

*イワインチン（岩茵蔯）
別名：インチンヨモギ
双子葉植物綱キク目キク科の多年草。高さは10〜20cm。
〈*Chrysanthemum rupestre*〉

イワウイキョウ
ミヤマウイキョウ（深山茴香）の別名
（双子葉植物綱セリ目セリ科の多年草。高さは10〜35cm）
〈*Tilingia tachiroei*〉

*イワウチワ（岩団扇）
別名：オオイワウチワ，トクワカソウ
双子葉植物綱イワウメ目イワウメ科の多年草。高さは3〜10cm。花は淡紅色。
〈*Shortia uniflora var.kantoensis*〉

イワウメ
スケロクイチヤクの別名（イワウメ科）

*イワウメ（岩梅）
別名：スケロクイチヤク，フキヅメソウ
双子葉植物綱イワウメ目イワウメ科の矮小低木。高さは2〜4cm。
〈*Diapensia lapponica subsp. obovata*〉

*イワオウギ（岩黄耆）
別名：タテヤマオウギ
双子葉植物綱マメ目マメ科の多年草。高さは10〜80cm。花は淡黄色。
〈*Hedysarum vicioides*〉

イワオトギリ
シナノオトギリ（信濃弟切）の別名（オトギリソウ科の草本）
〈*Hypericum senanense* Maxim.〉

*イワオトギリ（岩弟切）
別名：ハイオトギリ
双子葉植物綱ツバキ目オトギリソウ科の多年草。高さは10〜30cm。
〈*Hypericum kamtschaticum*〉

*イワオモダカ（岩沢瀉）
別名：トキワオモダカ
ウラボシ科の常緑性シダ植物。葉身は長さ5〜15cm，三角状披針形〜披針形。
〈*Pyrrosia tricuspis*〉

*イワカガミ（岩鏡）
別名：オオイワカガミ，コイワカガミ
イワウメ科の多年草。高さは6〜15cm。花は淡紅または紅色。
〈*Schizocodon soldanelloides* Sieb. et Zucc. *var.soldanelloides*〉

*イワガサ（岩傘）
別名：タンゴイワガサ
双子葉植物綱バラ目バラ科の落葉低木。
〈*Spiraea blumei*〉

イワカ

イワガシワ
ヒトツバ（一葉）の別名（ウラボシ科の
常緑性シダ植物。葉の裏面は密に星状
毛でおおわれる。葉柄の長さは7〜
20cm。葉身は卵形から広披針形）
〈*Pyrrosia lingua*〉

*イワガネ（岩根）
別名：カワシロ，コショウボク
双子葉植物綱イラクサ目イラクサ科の落
葉低木。
〈*Oreocnide frutescens*〉

イワガネソウ
カナビキソウ（金引草）の別名（ビャク
ダン科の多年草。高さは10〜25cm）
〈*Thesium chinense* Turcz.〉

*イワカミツレ
別名：モロッコギク
キク科の宿根草。

*イワカラマツ
別名：ナツカラマツ
双子葉植物綱キンポウゲ目キンポウゲ科
の草本。
〈*Thalictrum minus var.
sekimotoanum*〉

*イワガラミ（岩絡）
別名：ウリヅタ，ユキカズラ
双子葉植物綱バラ目ユキノシタ科の落葉
つる性植物。花は白色。
〈*Schizophragma hydrangeoides*〉

*イワギク
別名：エゾノソナレギク
双子葉植物綱キク目キク科の草本。花
は白〜淡紅色。
〈*Chrysanthemum zawadskii*〉

イワキコザクラ
ミチノクコザクラ（陸奥小桜）の別名
（双子葉植物綱サクラソウ目サクラソウ
科の多年草。高さは8〜20cm）
〈Primula cuneifolia *var.*heterodonta〉

*イワキスゲ
別名：キンチャクスゲ
単子葉植物綱カヤツリグサ目カヤツリグ
サ科の多年草。高さは30〜70cm。
〈*Carex mertensii var.urostachys*〉

イワキハマダケ
アズマザサ（東笹）の別名（単子葉植物
綱カヤツリグサ目イネ科の常緑中型サ
サ。高さは1〜2m）
〈*Sasaella ramosa*〉

イワキリンソウ
イワベンケイ（岩弁慶）の別名（双子葉
植物綱バラ目ベンケイソウ科の多年草。
長さは10〜30cm。花は緑黄色）
〈*Rhodiola rosea*〉

イワキンポウゲ
ラナンキュラス・アルペストリスの別
名（キンポウゲ科）

イワクジャクシダ
シマムカデシダ（島百足羊歯）の別名
（ヒメウラボシ科の常緑性シダ。葉身は
長さ10〜30cm。狭披針形）
〈*Prosaptia kanashiroi*（Hayata）
Nakai ex Yamamoto〉

イワクミ
イワヒバ（岩檜葉）の別名（イワヒバ科
の常緑性シダ植物。葉の上面は暗緑色，
下面は淡緑色から灰白色）
〈*Selaginella tamariscina*〉

イワグミ
ヒトツバ（一葉）の別名（ウラボシ科の
常緑性シダ植物。葉の裏面は密に星状
毛でおおわれる。葉柄の長さは7〜
20cm。葉身は卵形から広披針形）
〈*Pyrrosia lingua*〉

イワグルマ
チングルマの別名（双子葉植物綱バラ目
バラ科の落葉小低木。高さは10〜
20cm。花は白色）

イワタ

⟨Geum pentapetalum⟩

＊イワシデ（岩四手）
別名：チョウセンソロ
双子葉植物綱ブナ目カバノキ科の落葉高木。葉長2〜5cm。
⟨Carpinus turczaninovii⟩

イワシノブ
リシリシノブ（利尻忍草）の別名（ホウライシダ科の夏緑性シダ植物。葉身は長さ30cm,3回羽状に分裂）
⟨Cryptogramma crispa⟩

イワシボネ
ミヤマシシガシラ（深山獅子頭）の別名（シシガシラ科の常緑性シダ植物。葉身の長さは10〜18cm）
⟨Blechnum castaneum⟩

イワジャコウソウ
イブキジャコウソウ（伊吹麝香草）の別名（双子葉植物綱シソ目シソ科の草本状小低木。高さは3〜15cm）
⟨Thymus quinquecostatus⟩

＊イワシャジン（岩沙参）
別名：イワツリガネソウ
双子葉植物綱キキョウ目キキョウ科の多年草。高さは30〜40cm。花は紫青色。
⟨Adenophora takedae⟩

イワショウガ
イワヒトデ（岩人手）の別名（ウラボシ科の常緑性シダ植物。葉身は長さ10〜25cm, 広卵形）
⟨Colysis elliptica⟩

＊イワショウブ（岩菖蒲）
別名：ムシトリゼキショウ
単子葉植物綱ユリ目ユリ科の多年草。高さは20〜50cm。
⟨Tofieldia japonica⟩

＊イワスゲ（岩菅）
別名：タカネスゲ
単子葉植物綱カヤツリグサ目カヤツリグサ科の多年草。高さは15〜40cm。
⟨Carex stenantha⟩

イワヅタイ
シラタマカズラ（白玉蔓）の別名（双子葉植物綱アカネ目アカネ科の常緑つる性植物。花は白色）
⟨Psychotria serpens⟩

イワゼキショウ
ハナゼキショウ（花石菖）の別名（単子葉植物綱ユリ目ユリ科の多年草。高さは15〜30cm。花は白色）
⟨Tofieldia nuda⟩

イワゼリ
ボタンボウフウ（牡丹防風）の別名（双子葉植物綱セリ目セリ科の多年草。高さは60〜100cm）
⟨Peucedanum japonicum⟩

＊イワタイゲキ（岩大戟）
別名：フジタイゲキ
双子葉植物綱トウダイグサ目トウダイグサ科の多年草。高さは30〜80cm。
⟨Euphorbia jolkinii⟩

イワタケモドキ
クロウラカワイワタケの別名（アナイボゴケ科の地衣類。地衣体は腹面黒色）
⟨Dermatocarpon moulinsii（Mont.）Zahlbr.⟩

イワタデ
オンタデ（御蓼）の別名（双子葉植物綱タデ目タデ科の多年草。高さは20〜80cm）
⟨Aconogonum weyrichii var.alpinum⟩

＊イワタバコ（岩煙草）
別名：イワナイワジサ
双子葉植物綱ゴマノハグサ目イワタバコ科の多年草。高さは10〜15cm。花は紫色。
⟨Conandron ramondioides⟩

植物別名辞典　55

イワチ

*イワチドリ（岩千鳥）
別名：ヤチヨ
単子葉植物綱ラン目ラン科の多年草。
高さは8〜15cm。花は紅紫色。
〈Amitostigma keiskei〉

イワツゲ
ツルツゲ（蔓黄楊）の別名（双子葉植物
綱ニシキギ目モチノキ科の常緑つる状小
低木）
〈Ilex rugosa〉

イワツバキ
イワナンテン（岩南天）の別名（双子葉
植物綱ツツジ目ツツジ科の常緑低木。
高さは1.5m。花は白色）
〈Leucothoe keiskei〉

*イワツメクサ（岩爪草）
別名：オオバツメクサ
双子葉植物綱ナデシコ目（中心子目）ナ
デシコ科の多年草。高さは10〜
20cm。花は白色。
〈Stellaria nipponica〉

イワツリガネソウ
イワシャジン（岩沙参）の別名（双子葉
植物綱キキョウ目キキョウ科の多年草。
高さは30〜40cm。花は紫青色）
〈Adenophora takedae〉

*イワテトウキ（岩手当帰）
別名：ナンブトウキ，ミヤマトウキ
セリ科の多年草。高さは20〜80cm。
〈Angelica iwatensis Kitagawa〉

イワテヤマナシ
ミチノクナシ（陸奥梨）の別名（双子葉
植物綱バラ目バラ科の木本）
〈Pyrus ussuriensis var.ussuriensis〉

*イワトダシバ
別名：ミギワトダシバ
単子葉植物綱カヤツリグサ目イネ科の多
年草。高さは90cm。
〈Arundinella riparia〉

イワナイワジサ
イワタバコ（岩煙草）の別名（双子葉植
物綱ゴマノハグサ目イワタバコ科の多年
草。高さは10〜15cm。花は紫色）
〈Conandron ramondioides〉

*イワナシ（岩梨）
別名：イバナシ
ツツジ科の常緑小低木。高さは10〜
25cm。
〈Epigaea asiatica Maxim.〉

*イワナンテン（岩南天）
別名：イワツバキ
双子葉植物綱ツツジ目ツツジ科の常緑低
木。高さは1.5m。花は白色。
〈Leucothoe keiskei〉

イワノカワ
ヒトツバ（一葉）の別名（ウラボシ科の
常緑性シダ植物。葉の裏面は密に星状
毛でおおわれる。葉柄の長さは7〜
20cm。葉身は卵形から広披針形）
〈Pyrrosia lingua〉

イワハギ
シチョウゲ（紫丁花）の別名（双子葉植
物綱アカネ目アカネ科の落葉低木。高
さは1m。花は紫色）
〈Leptodermis pulchella〉

イワハゼ
アカモノ（赤物）の別名（双子葉植物綱
ツツジ目ツツジ科の矮小低木。高さは
10〜30cm。花は白色）
〈Gaultheria adenothrix〉

*イワヒトデ（岩人手）
別名：イワショウガ，セイリョウカ
ズラ
ウラボシ科の常緑性シダ植物。葉身は
長さ10〜25cm，広卵形。
〈Colysis elliptica〉

*イワヒバ（岩檜葉）
別名：イワクミ，イワマツ

イワヒバ科の常緑性シダ植物。葉の上面は暗緑色，下面は淡緑色から灰白色。
〈*Selaginella tamariscina*〉

イワヒモ

ヒモラン（紐蘭）の別名（ヒカゲノカズラ科の常緑性シダ植物。高さは20〜50cm。葉身は三角状卵形〜卵形）
〈*Lycopodium sieboldii*〉

イワブキ

ツワブキの別名（双子葉植物綱キク目キク科の多年草。高さは30〜75cm）
〈*Farfugium japonicum*〉

イワブクロ

ペンステモンの別名（双子葉植物綱ゴマノハグサ目ゴマノハグサ科の属総称）
〈*Penstemon spp.*〉

＊イワブクロ（岩袋）
別名：タロマイソウ
双子葉植物綱ゴマノハグサ目ゴマノハグサ科の多年草。高さは10〜20cm。
〈*Penstemon frutescens*〉

イワフジ

ニワフジ（庭藤）の別名（双子葉植物綱マメ目マメ科の多年草。高さは30〜60cm。花は紅紫色）
〈*Indigofera decora*〉

＊イワヘゴ

別名：タカクマキジノオ
オシダ科の常緑性シダ植物。葉身は長さ40〜80cm，倒披針形から長楕円状倒披針形。
〈*Dryopteris atrata*〉

＊イワベンケイ（岩弁慶）

別名：イワキリンソウ，ナガバノイワベンケイ
双子葉植物綱バラ目ベンケイソウ科の多年草。長さは10〜30cm。花は緑黄色。
〈*Rhodiola rosea*〉

＊イワボタン（岩牡丹）

別名：ミヤマネコノメソウ，ヨツバユキノシタ
双子葉植物綱バラ目ユキノシタ科の多年草。高さは3〜20cm。
〈*Chrysosplenium macrostemon*〉

イワマエビゴケ

エビゴケの別名（エビゴケ科のコケ。小形，多数の葉を2列につける。葉は披針形）
〈*Bryoxiphium norvegicum*（Brid.）Mitt. subsp.*japonicum*（Berggr.）Loeve et Loeve〉

イワマツ

イワヒバ（岩檜葉）の別名（イワヒバ科の常緑性シダ植物。葉の上面は暗緑色，下面は淡緑色から灰白色）
〈*Selaginella tamariscina*〉

イワマメ

マメヅタ（豆蔦）の別名（ウラボシ科の常緑性シダ植物。小形の常緑のシダ類。葉身は長さ1〜2cm，円形から楕円形）
〈*Lemmaphyllum microphyllum*〉

イワミノ

サジラン（匙蘭）の別名（ウラボシ科の常緑性シダ植物。葉身は長さ15〜45cm，倒披針形）
〈*Loxogramme saziran*〉

イワムシロ

ノミノハゴロモグサの別名（双子葉植物綱バラ目バラ科の一年草または二年草。高さは10cm）
〈*Aphanes arvensis*〉

＊イワムラサキ

別名：オカムラサキ
ムラサキ科の草本。
〈*Hackelia deflexa*（Wahlenb.）Opiz〉

イワモモ
ガンコウラン（岩高蘭）の別名（双子葉植物綱ツツジ目ガンコウラン科の矮小低木。高さは10〜20cm）
〈Empetrum nigrum var.japonicum〉

*イワヤツデ（岩八手）
別名：タンチョウソウ（丹頂草）
双子葉植物綱バラ目ユキノシタ科の多年草。花は白色。
〈Mukdenia rossii〉

イワヤナギ（岩柳）
ユキヤナギ（雪柳）の別名（双子葉植物綱バラ目バラ科の落葉低木。葉は単葉，狭披針形。高さは2m。花は白色）
〈Spiraea thunbergii〉

イワヤブソテツ
メヤブソテツ（雌藪蘇鉄）の別名（オシダ科の常緑性シダ植物。葉身は長さ50cm，狭長楕円形）
〈Cyrtomium caryotideum〉

イワユキソウ
ヤマハナソウ（山鼻草）の別名（双子葉植物綱バラ目ユキノシタ科の多年草。高さは10〜40cm）
〈Saxifraga sachalinensis〉

イワユリ
カノコユリ（鹿子百合）の別名（ユリ科の多肉植物。高さは1〜1.5m。花は桃〜濃紅色）
〈Lilium speciosum Thunb. var. speciosum〉

*イワヨモギ
別名：カムイヨモギ
双子葉植物綱キク目キク科の草本。
〈Artemisia iwayomogi〉

イワラン
ウチョウラン（羽蝶蘭）の別名（単子葉植物綱ラン目ラン科の多年草。高さは8〜15cm。花は紅紫色）

〈Orchis graminifolia〉

インカノユリ
アルストロメリアの別名（単子葉植物綱ユリ目ヒガンバナ科のユリズイセン属総称）
〈Alstroemeria spp.〉

イングリッシュフィンガーゼラニウム
レモン・ゼラニウムの別名（フウロソウ科のハーブ）

*イングリッシュ・ラベンダー
別名：スパイカ・ラベンダー
シソ科のハーブ。

インゲンマメ
フジマメ（藤豆）の別名（マメ科の果菜類。一年生と多年生とがある。花は紫紅色）
〈Lablab purpureus（L.）Sweet〉

*インゲンマメ
別名：サンドマメ
双子葉植物綱マメ目マメ科のつる性植物。立性。花は白〜黄白色，または淡紫色。
〈Phaseolus vulgaris〉

インチンナズナ
カラクサガラシの別名（アブラナ科の一年草。高さは10〜20cm。花は白〜淡黄色）
〈Coronopus didymus（L.）Smith〉
カラクサナズナの別名（双子葉植物綱フウチョウソウ目アブラナ科の草本。高さは10〜20cm。花は白〜淡黄色）
〈Coronopus didymus〉

インチンヨモギ
イワインチン（岩茵蔯）の別名（双子葉植物綱キク目キク科の多年草。高さは10〜20cm）
〈Chrysanthemum rupestre〉

インディアンショット
ハナカンナの別名（単子葉植物綱ショウ

ガ目カンナ科の観賞用草本）
〈Canna × generalis〉

インドアイ
キアイの別名（マメ科の半低木、薬用植物。翼弁は赤、旗弁と龍骨弁緑褐）
〈Indigofera tinctoria L.〉

インドオウダン
シッソノキの別名（双子葉植物綱マメ目マメ科の木本）
〈Dalbergia sissoo〉

インドカリン
ヤエヤマシタン（八重山紫檀）の別名（双子葉植物綱マメ目マメ科の高木。心材は褐色。花は黄色）
〈Pterocarpus santalinus〉

インドシタン
ヤエヤマシタン（八重山紫檀）の別名（双子葉植物綱マメ目マメ科の高木。心材は褐色。花は黄色）
〈Pterocarpus santalinus〉

インドソケイ
プルメリアの別名（キョウチクトウ科の属総称）

インドトキワサンザシ
カザンデマリ（華山手毬）の別名（双子葉植物綱バラ目バラ科の常緑性低木。葉は長楕円形または倒披針形）
〈Pyracantha crenulata〉

インドナギ
ナンヨウスギ（南洋杉）の別名（マツ綱マツ目ナンヨウスギ科の常緑大高木。高さは40〜60m）
〈Araucaria cunninghamii〉

*インドボダイジュ（印度菩提樹）
別名：テンジクボダイジュ
双子葉植物綱イラクサ目クワ科の高木。気根を垂す。葉は光沢がある。高さは20m以上。
〈Ficus religiosa〉

インドマツリ
セイロンマツリの別名（イソマツ科の草本。全株有毒。高さは1m。花は白色）
〈Plumbago zeylanica L.〉

インドヤツデ
ツピダンツスの別名（ウコギ科の属総称）

インドワタノキ
キワタの別名（パンヤ科の落葉高木。花は紅色）
〈Bombax ceiba L.〉

【ウ】

ヴァップカ
フイリドクダミの別名（ドクダミ科のハーブ）
〈Houttuynia cordata Thunb. f. variegata（Makino）Sugim., n. n.〉

*ウイキョウ（茴香）
別名：クレノオモ
双子葉植物綱セリ目セリ科の多年草。高さは1〜2m。花は黄色。
〈Foeniculum vulgare〉

ウイキョウゼリ
チャービルの別名（双子葉植物綱セリ目セリ科のハーブ。高さは50〜60cm）
〈Anthriscus cerefolium〉

ウィッチズグローブス
ジギタリスの別名（双子葉植物綱ゴマノハグサ目ゴマノハグサ科の多年草。高さは120cm。花は紫紅色）
〈Digitalis purpurea〉

*ウインターグラジオラス
別名：シゾスティリス，スキゾスティリス

植物別名辞典　59

アヤメ科の総称。

*ウィンター・サボリー
別名：ウィンターセボリー，セボ
リー，ヤマキダチハッカ
シソ科のハーブ。

ウィンターセボリー
ウィンター・サボリーの別名（シソ科の
ハーブ）

ウインターダッフォルディ
キバナタマスダレの別名（単子葉植物綱
ユリ目ヒガンバナ科の多年草。花は黄
色）
〈*Sternbergia lutea*〉

ウインターレッドホットポカー
ベルセイミアの別名（ユリ科の属総称。
球根植物）

ウエスタンレッドシーダー
ベイスギ（米杉）の別名（マツ綱マツ目
ヒノキ科の木本。高さは30〜60m。樹
皮は紫褐色）
〈*Thuja plicata*〉

*ウエマツソウ
別名：トキヒサソウ
単子葉植物綱ホンゴウソウ目ホンゴウソ
ウ科の多年生腐生植物。高さは6〜
10cm。
〈*Sciaphila tosaensis*〉

*ウェルウィッチア
別名：サバクオモト
ウェルウィッチア科。高さは30〜
45cm。花は紅色。
〈*Welwitschia mirabilis* Hook. f.〉

*ウェルシュ・オニオン
別名：ナガネギ
ユリ科のハーブ。

ウェルベナ
バーベナの別名（クマツヅラ科。花は緋

赤または深紅色）
〈*Verbena* × *hybrida* Voss〉

ウォーター・クローバー
デンジソウ（田字草）の別名（デンジソ
ウ科の水生シダ植物，夏緑性。若い葉は
渦巻き状，胞子嚢果は黒色〜褐色になる。
葉身は長さ1〜2cm，倒三角形〜円形）
〈*Marsilea quadrifolia*〉

*ウォーターファン
別名：アメリカミズワラビ
ミズワラビ科のシダ植物。葉柄は太く
短い。
〈*Ceratopteris pteridoides*〉

*ウォーター・ホーソーン
別名：キボウホウヒルムシロ
レースソウ科。

ウオノホネヌキ
カンラン（橄欖）の別名（双子葉植物綱
ムクロジ目カンラン科の高木）
〈*Canarium album*〉

ウォールジャーマンダー
ニガクサ（苦草）の別名（シソ科のハー
ブ。高さは30〜70cm）
〈*Teucrium japonicum* Houtt.〉

ウキイ
ビャッコイ（白虎藺）の別名（単子葉植
物綱カヤツリグサ目カヤツリグサ科の沈
水性〜抽水植物。葉身は細い線形，果実
は狭倒卵形）
〈*Scirpus crassiusculus*〉

ウキオモダカ
カラフトグワイの別名（単子葉植物綱オ
モダカ目オモダカ科の浮葉性多年草。
浮葉は矢尻形，長さ7〜12cm）
〈*Sagittaria natans*〉

*ウキガヤ
別名：ヒメウキガヤ
単子葉植物綱カヤツリグサ目イネ科の多

年草。葉身は狭線形，長さ3〜13cm。
高さは20〜40cm。
〈*Glyceria depauperata*〉

*ウキクサ（浮草）
別名：カガミグサ，ナキモノグサ
単子葉植物綱サトイモ目ウキクサ科の多
年生浮遊植物。葉状体は広倒卵形，裏
面は赤紫色。長さは5〜10mm。
〈*Spirodela polyrhiza*〉

*ウキゴケ（浮苔）
別名：カズノウキゴケ
ウキゴケ科のコケ。淡緑色，長さ1〜
5cm。
〈*Riccia fluitans*〉

ウキツリボク（浮釣木）
アブティロンの別名（アオイ科の属総称）

*ウキヤガラ（浮矢柄）
別名：ヤガラ
カヤツリグサ科の多年生の抽水植物。
稈の断面は三角形で高さ80〜150cm。
〈*Scirpus fluviatilis*（Torr.）A.
Gray〉

*ウグイスカグラ（鶯神楽）
別名：ウグイスノキ
双子葉植物綱マツムシソウ目スイカズラ
科の落葉低木。
〈*Lonicera gracilipes var.glabra*〉

ウグイスナ（鶯菜）
コマツナの別名（双子葉植物綱フウチョ
ウソウ目アブラナ科の一年草）
〈*Brassica rapa var.perviridis*〉

ウグイスノキ
ウグイスカグラ（鶯神楽）の別名（双子
葉植物綱マツムシソウ目スイカズラ科の
落葉低木）
〈*Lonicera gracilipes var.glabra*〉

ウグヨシ
ヤマヒハツの別名（双子葉植物綱トウダ

イグサ目トウダイグサ科の常緑低木）
〈*Antidesma japonicum*〉

*ウケザキカイドウ
別名：ベニリンゴ，リンキ
双子葉植物綱バラ目バラ科の木本。
〈*Malus prunifolia var.rinki*〉

ウケザキクンシラン
クンシラン（君子蘭）の別名（単子葉植
物綱ユリ目ヒガンバナ科の常緑草。高
さは40〜50cm。花は橙，緋赤色）
〈*Clivia miniata*〉

ウケユリ
ウバタマ（烏羽玉）の別名（単子葉植物
綱ユリ目ユリ科の多肉植物。ユリの品
種。高さは40〜70cm。花は純白色）
〈*Lilium alexandrae*〉

ウゴ
オゴノリ（海髪）の別名（紅藻綱オゴノ
リ目オゴノリ科の海藻。密に羽状に分
岐。体は20〜30cm）
〈*Gracilaria vermiculophylla*〉

ウコギ
ヤマウコギ（山五加）の別名（ウコギ科
の落葉低木）
〈*Acanthopanax spinosus*（L. f.）Miq.〉

*ウコン（欝金）
別名：ウッチン，キゾメグサ，クル
クマ
単子葉植物綱ショウガ目ショウガ科の多
年草。花序は葉叢中から出る。花は
白色。
〈*Curcuma longa*〉

*ウコンイソマツ
別名：キバナイソマツ
双子葉植物綱イソマツ目イソマツ科の常
緑多年草。
〈*Limonium wrightii var.luteum*〉

ウコンバナ
ダンコウバイ（檀香梅）の別名（双子葉
植物綱クスノキ目クスノキ科の落葉低
木。花は黄色）
〈*Lindera obtusiloba*〉

ウコンユリ
リリウム・ネパレンシスの別名（ユリ
科）

＊ウサギアオイ
別名：ハイアオイ
アオイ科の一年草。高さは20～50cm。
花は淡紅色。
〈*Malva parviflora L.*〉

＊ウサギギク（兎菊）
別名：エゾウサギギク
キク科の多年草。高さは20～35cm。
〈*Arnica unalaschensis Less. var.
tschonoskyi (Iljin) Kitamura et
Hara*〉

ウサギノタスキ
ヒカゲノカズラ（日陰蔓）の別名（ヒカ
ゲノカズラ科の常緑性シダ植物。葉身
は長さ3.5～7mm，線形または線状披針
形）
〈*Lycopodium clavatum*〉

ウサギノチチ
ヤクシソウ（薬師草）の別名（双子葉植
物綱キク目キク科の越年草。高さは30
～120cm）
〈*Paraixeris denticulata*〉

＊ウシオスゲ
別名：ウミベスゲ
単子葉植物綱カヤツリグサ目カヤツリグ
サ科の草本。
〈*Carex ramenskii*〉

ウシオツメクサ
シオツメクサ（潮爪草）の別名（双子葉
植物綱ナデシコ目（中心子目）ナデシコ
科の草本）

〈*Spergularia marina*〉

ウシカバ（牛樺）
クロソヨゴの別名（双子葉植物綱ニシキ
ギ目モチノキ科の常緑低木。高さは2～
5m。花は白色）
〈*Ilex sugerokii var.*sugerokii〉

ウジクサ
ミソナオシ（味噌直）の別名（双子葉植
物綱マメ目マメ科の草本）
〈*Desmodium caudatum*〉

ウシクワズ
センニンソウ（仙人草）の別名（双子葉
植物綱キンポウゲ目キンポウゲ科の落葉
つる性植物。葉は羽状複葉）
〈*Clematis terniflora*〉

ウシゴミシダ
オニヤブソテツ（鬼藪蘇鉄）の別名（オ
ニヤブソテツ科の常緑性シダ植物。葉身は長さ
15～60cm，広披針形）
〈*Cyrtomium falcatum*〉

ウシコロシ
クロツバラの別名（クロウメモドキ科の
落葉低木。花は黄緑色）
〈*Rhamnus davurica* Pallas var.
nipponica Makino〉

＊ウシコロシ（牛殺）
別名：ケナシウシコロシ
バラ科の落葉小高木。
〈*Photinia villosa (Thunb. ex
Murray) DC. var.*villosa〉

ウシノケグサ
フェスツカの別名（イネ科の属総称）
フェステュカ・グラウカの別名（イネ
科の宿根草）
＊ウシノケグサ（牛毛草）
別名：ギンシンソウ
単子葉植物綱カヤツリグサ目イネ科
の多年草。高さは20～40cm。花は
やや密に淡紫を帯びた白緑色。
〈*Festuca ovina*〉

ウシノシタ

アンスリウムの別名（サトイモ科の属総称）

ストレプトカルプスの別名（イワタバコ科の雑種群）

〈*Streptocarpus × hybridus* Voss〉

*ウシノシッペイ

別名：バリン

単子葉植物綱カヤツリグサ目イネ科の多年草。高さは60〜100cm。

〈*Hemarthria sibirica*〉

ウシビタイ

クロカワ（黒皮）の別名（イボタケ科のキノコ。中型〜大型。傘は灰色〜黒色，微毛）

〈*Boletopsis leucomelaena*〉

ウシブドウ

マツブサ（松房）の別名（双子葉植物綱シキミ目マツブサ科の落葉つる性植物）

〈*Schisandra nigra*〉

*ウジルカンダ

別名：イルカンダ，カマエカズラ，クズモダマ

双子葉植物綱マメ目マメ科の木本。

〈*Mucuna macrocarpa*〉

ウスイタ

サジラン（匙蘭）の別名（ウラボシ科の常緑性シダ植物。葉身は長さ15〜45cm，倒披針形）

〈*Loxogramme saziran*〉

*ウスイロスゲ

別名：エゾカワズスゲ

単子葉植物綱カヤツリグサ目カヤツリグサ科の草本。

〈*Carex pallida*〉

ウスカワミカン

コウジ（柑子）の別名（双子葉植物綱ムクロジ目ミカン科の木本。高さは3〜4m）

〈*Citrus leiocarpa*〉

*ウスギモクセイ（薄黄木犀）

別名：シキザキモクセイ

双子葉植物綱ゴマノハグサ目モクセイ科の木本。

〈*Osmanthus fragrans var. thunbergii*〉

*ウスゲクチキムシタケ

別名：カバイロヒメツトノミタケ

核菌綱バッカクキン科の冬虫夏草。甲虫に寄生。

〈*Cordyceps sp.*〉

ウスゲノエゾサクラソウ

エゾオオサクラソウ（蝦夷大桜草）の別名（双子葉植物綱サクラソウ目サクラソウ科の多年草）

〈*Primula jesoana var.pubescens*〉

ウスジロシモフリゴケ

スナゴケの別名（ギボウシゴケ科）

〈*Racomitrium canescens* Brid. subsp. *latifolium* Frisvoll〉

*ウスノキ（臼木）

別名：アカモジ，カクミノスノキ（角実の酢の木）

双子葉植物綱ツツジ目ツツジ科の落葉低木。

〈*Vaccinium hirtum var.pubescens*〉

*ウスバアカザ

別名：オオバアカザ

双子葉植物綱ナデシコ目（中心子目）アカザ科の一年草。高さは1〜2m。

〈*Chenopodium hybridum*〉

ウスバカラマツ

コカラマツ（小唐松）の別名（双子葉植物綱キンポウゲ目キンポウゲ科の木本）

〈*Thalictrum minus var.stipellatum*〉

ウスバカワリシダ

カワリウスバシダの別名（オシダ科の常緑性シダ植物。葉身は長さ80cm弱，卵状長楕円形）

〈*Tectaria phaeocaulis*〉

ウスバゴケ
ウスバゼニゴケの別名（ウスバゼニゴケ科のコケ。淡緑色、長さ1〜3cm）
〈*Blasia pusilla* L.〉

*ウスバサイシン（薄葉細辛）
別名：サイシン，ニッポンサイシン
双子葉植物綱ウマノスズクサ目ウマノスズクサ科の多年草。葉径5〜8cm。花は暗紫色。
〈*Asiasarum sieboldii*〉

*ウスバゼニゴケ
別名：ウスバゴケ
ウスバゼニゴケ科のコケ。淡緑色、長さ1〜3cm。
〈*Blasia pusilla* L.〉

ウスバトリカブト（薄葉鳥兜）
エゾトリカブトの別名（双子葉植物綱キンポウゲ目キンポウゲ科の草本）
〈*Aconitum yesoense*〉

ウスベニアオイ
コモン・マロウの別名（アオイ科のハーブ）

ウスベニタチアオイ
ビロードアオイの別名（双子葉植物綱アオイ目アオイ科の多年草。高さは1m）
〈*Althaea officinalis*〉

*ウスユキトウヒレン（薄雪唐飛廉）
別名：コタカネキタアザミ
双子葉植物綱キク目キク科の草本。
〈*Saussurea yanagisawae* var. *yanagisawae*〉

ウズラバハクサンチドリ
ハクサンチドリ（白山千鳥）の別名（ラン科の多年草。高さは10〜15cm。花は紅紫〜白色）
〈*Orchis aristata* Fisch.〉

ウセンアズマシノ
アズマザサ（東笹）の別名（単子葉植物綱カヤツリグサ目イネ科の常緑中型ササ。高さは1〜2m）
〈*Sasaella ramosa*〉

*ウダイカンバ
別名：サイハダカンバ
双子葉植物綱ブナ目カバノキ科の落葉高木。高さは30m。樹皮は赤みのある褐色。
〈*Betula maximowicziana*〉

ウタメ
カサモチの別名（双子葉植物綱セリ目セリ科の草本）
〈*Nothosmyrnium japonicum*〉

*ウチダシクロキ
別名：オガサワラクロキ
双子葉植物綱カキノキ目ハイノキ科の常緑低木。
〈*Symplocos kawakamii*〉

ウチムラサキ
ブンタンの別名（双子葉植物綱ムクロジ目ミカン科の木本。果実はミカン属の中では最大）
〈*Citrus grandis*〉

*ウチョウラン（羽蝶蘭）
別名：アリマラン，イワラン
単子葉植物綱ラン目ラン科の多年草。高さは8〜15cm。花は紅紫色。
〈*Orchis graminifolia*〉

*ウチワゴケ（団扇苔）
別名：ムニンホラゴケ
コケシノブ科の常緑性シダ。葉身は長さ7〜15mm。うちわ形。
〈*Gonocormus minutus*（*Blume*）v. d. *Bosch*〉

*ウチワゼニクサ（団扇銭草）
別名：タテバチドメグサ
セリ科の多年草。葉身は円形。

〈*Hydrocotyle verticillata Thunb. var.triradiata*（*A. Rich.*）*Fern.*〉

ウチワダイモンジソウ
ダイモンジソウ（大文字草）の別名（ユキノシタ科の多年草。高さは5〜35cm）
〈*Saxifraga fortunei* Hook. f. var. *incisolobata*（Engl. et Irmsch.） Nakai〉

*ウチワドコロ（団扇野老）
別名：コウモリドコロ
単子葉植物綱ユリ目ヤマノイモ科の多年生つる草。
〈*Dioscorea nipponica*〉

*ウチワノキ
別名：シロバナレンギョウ
モクセイ科の落葉低木。高さは1m。花は白色。
〈*Abeliophyllum distichum Nakai*〉

*ウチワヤシ（団扇椰子）
別名：オウギヤシ
単子葉植物綱ヤシ目ヤシ科の木本。雌雄異株。高さは12〜18m。
〈*Borassus flabellifer*〉

*ウツギ（空木）
別名：ウツギノハナ，ウノハナ
双子葉植物綱バラ目ユキノシタ科の落葉低木。高さは2m。花は白色。
〈*Deutzia crenata*〉

ウツギノハナ
ウツギ（空木）の別名（双子葉植物綱バラ目ユキノシタ科の落葉低木。高さは2m。花は白色。）
〈*Deutzia crenata*〉

ウツクシマツ
タギョウショウ（多行松）の別名（マツ綱マツ目マツ科の常緑針葉樹）
〈Pinus densiflora *form.umbraculifera*〉

ウツクシモミ
アマビリスファーの別名（マツ綱マツ目マツ科の常緑高木。高さは80m）
〈*Abies amabilis*〉

ウッコンコウ
チューリップの別名（単子葉植物綱ユリ目ユリ科の多年草）
〈*Tulipa gesneriana*〉

ウッチン
ウコン（欝金）の別名（単子葉植物綱ショウガ目ショウガ科の多年草。花序は葉叢中から出る。花は白色）
〈*Curcuma longa*〉

*ウッドローズ
別名：バラアサガオ
ヒルガオ科のつる性。花は黄色。
〈*Merremia tuberosa*（*L.*）*Rendle*〉

*ウツボグサ（靫草）
別名：カーペンターズハーブ，カコソウ（夏枯草），セイヨウウツボグサ
双子葉植物綱シソ目シソ科の多年草。ウツボグサの基本亜種で，花は長さ1〜1.3cm。高さは10〜30cm。
〈*Prunella vulgaris subsp.asiatica*〉

ウツリベニ
ローター・アハトの別名（サクラソウ科のプリムラ・オブコニカの品種）

*ウツロベニハナイグチ
別名：アジアカラマツイグチ
イグチ科のキノコ。中型〜大型。傘は帯紫赤色，繊維状細鱗片。
〈*Boletinus asiaticus*〉

ウドタラシ
シシウドの別名（双子葉植物綱セリ目セリ科の多年草。高さは80〜150cm）
〈*Angelica pubescens*〉

*ウドノキ
別名：オオクサボク

双子葉植物綱ナデシコ目（中心子目）オ
シロイバナ科の常緑高木。高さは6m。
花はピンク〜黄緑色。
〈*Pisonia umbellifera*〉

ウドモドキ
タラノキ（楤木）の別名（双子葉植物綱
セリ目ウコギ科の落葉低木。高さは
150cm）
〈*Aralia elata*（Miq.）Seem.〉
タラノメの別名（ウコギ科の山菜）
ヨロイグサ（鎧草）の別名（セリ科の薬
用植物）
〈*Angelica dahurica*（Fisch.）Benth. et
Hook. f. ex Franch. et Savat.〉

ウニクサ
ノコギリソウ（鋸草）の別名（双子葉植
物綱キク目キク科の多年草。高さは50
〜100cm。花は淡紅色）
〈*Achillea alpina*〉

ウノハナ
ウツギ（空木）の別名（双子葉植物綱バラ
目ユキノシタ科の落葉低木。高さは2m。
花は白色）
〈*Deutzia crenata*〉

ウバガネモチ
イズセンリョウ（伊豆千両）の別名（双
子葉植物綱サクラソウ目ヤブコウジ科の
常緑小低木。高さは1m。花は黄白色）
〈*Maesa japonica*〉

ウバシラガ（姥白髪）
オキナグサ（翁草）の別名（双子葉植物
綱キンポウゲ目キンポウゲ科の多年草。
高さは10〜40cm。花は暗赤紫色）
〈*Pulsatilla cernua*〉

＊ウバタマ（烏羽玉）
別名：ウケユリ
単子葉植物綱ユリ目ユリ科の多肉植物。
ユリの品種。高さは40〜70cm。花は
純白色。
〈*Lilium alexandrae*〉

ウバダマ
ヒオウギ（檜扇）の別名（単子葉植物綱
ユリ目アヤメ科の多年草。高さは50〜
120cm。花は黄赤色）
〈*Belamcanda chinensis*〉

ウバヒガン
エドヒガン（江戸彼岸）の別名（双子葉
植物綱バラ目バラ科の落葉高木。花は
淡紅色）
〈Prunus pendula *form.*ascendens〉

ウバメ
ウバメガシ（姥目樫）の別名（双子葉植
物綱ブナ目ブナ科の常緑高木。高さは
15m。樹皮は暗灰色）
〈*Quercus phillyraeoides*〉

＊ウバメガシ（姥目樫）
別名：イマメガシ，ウバメ，ウマメ
ガシ
双子葉植物綱ブナ目ブナ科の常緑高木。
高さは15m。樹皮は暗灰色。
〈*Quercus phillyraeoides*〉

＊ウバユリ（姥百合）
別名：カバユリ，ネズミユリ
単子葉植物綱ユリ目ユリ科の多年草。
高さは50〜100cm。花は緑白色。
〈*Cardiocrinum cordatum*〉

＊ウブラリア
別名：ウブラリア・ペルフォリアータ
ユリ科の宿根草。高さは20〜60cm。花
は淡黄色。

ウブラリア・ペルフォリアータ
ウブラリアの別名（ユリ科の宿根草。高
さは20〜60cm。花は淡黄色）

ウベ
ムベ（郁子）の別名（双子葉植物綱キンポ
ウゲ目アケビ科の常緑つる性木本。小
葉は長楕円形，卵形，倒卵形など）
〈*Stauntonia hexaphylla*〉

ウマグリ (馬栗)
セイヨウトチノキの別名 (双子葉植物綱
ムクロジ目トチノキ科の落葉高木。高
さは35m。花は白黄色。樹皮は赤褐色ま
たは灰色)
〈*Aesculus hippocastanum*〉

ウマクワズ
アセビ (馬酔木) の別名 (双子葉植物綱
ツツジ目ツツジ科の常緑低木。高さは1
～3m。花は白色)
〈*Pieris japonica*〉

*ウマゴヤシ (馬肥)
別名：マゴヤシ, ムマゴヤシ
双子葉植物綱マメ目マメ科の草本。長
さは10～60cm。花は黄色。
〈*Medicago polymorpha*〉

ウマズイカ
ワレモコウ (吾木香, 吾亦紅) の別名
(双子葉植物綱バラ目バラ科の多年草。
高さは30～100cm)
〈*Sanguisorba officinalis*〉

ウマスイバ
ギシギシ (羊蹄) の別名 (双子葉植物綱
タデ目タデ科の多年草。高さは40～
100cm)
〈*Rumex japonicus*〉

ウマダイオウ
ナガバギシギシ (長葉羊蹄) の別名 (双
子葉植物綱タデ目タデ科の多年草。高
さは0.8～1.5m。花は緑白色)
〈*Rumex crispus*〉

ウマツツジ
レンゲツツジ (蓮華躑躅) の別名 (双子
葉植物綱ツツジ目ツツジ科の落葉低木。
花は黄～オレンジ色)
〈*Rhododendron japonicum*〉

*ウマノアシガタ (馬足形)
別名：オコリオトシ, コマノアシガタ
双子葉植物綱キンポウゲ目キンポウゲ科

の多年草。高さは10～20cm。
〈*Ranunculus japonicus*〉

*ウマノチャヒキ
**別名：ヒゲナガチャヒキ, ヤセチャ
ヒキ**
単子葉植物綱カヤツリグサ目イネ科の一
年草または多年草。高さは20～70cm。
〈*Bromus tectorum var.tectorum*〉

ウマノハオトシ
センニンソウ (仙人草) の別名 (双子葉
植物綱キンポウゲ目キンポウゲ科の落葉
つる性植物。葉は羽状複葉)
〈*Clematis terniflora*〉

ウマノベロ
ホオノキ (朴木) の別名 (双子葉植物綱
モクレン目モクレン科の落葉高木。樹
高は30m。花は白色。樹皮は灰色)
〈*Magnolia obovata*〉

*ウマノミツバ (馬三葉)
**別名：オニミツバ (鬼三葉), ヤマジラ
ミ, ヤマミツバ**
双子葉植物綱セリ目セリ科の多年草。
高さは30～120cm。
〈*Sanicula chinensis*〉

ウマブチ
カンノンチク (観音竹) の別名 (単子葉
植物綱ヤシ目ヤシ科の常緑低木。葉の
裂片は3～5。高さは2～3m)
〈*Rhapis excelsa*〉

ウマフブキ
ゴボウ (牛蒡) の別名 (双子葉植物綱キク
目キク科の根菜類。高さは3m。花は紫
紅色)
〈*Arctium lappa*〉

ウマメガシ
ウバメガシ (姥目樫) の別名 (双子葉植
物綱ブナ目ブナ科の常緑高木。高さは
15m。樹皮は暗灰色)
〈*Quercus phillyraeoides*〉

ウミト

*ウミトラノオ
別名：トラノオ，ネズミノオ
褐藻綱ヒバマタ目ホンダワラ科の海藻。
羽状に分岐する。体は1m。
〈*Sargassum thunbergii*〉

ウミベスゲ
ウシオスゲの別名（単子葉植物綱カヤツ
リグサ目カヤツリグサ科の草本）
〈*Carex ramenskii*〉

ウミマヤコンブ
マコンブ（真昆布）の別名（褐藻綱コン
ブ目コンブ科の海藻。葉片は笹葉状。
体は長さ2〜6m）
〈*Laminaria japonica*〉

*ウミミドリ（海緑）
別名：シオマツバ
双子葉植物綱サクラソウ目サクラソウ科
の多年草。高さは5〜20cm。
〈*Glaux maritima var.obtusifolia*〉

ウミヤシ
フタゴヤシの別名（ヤシ科の属総称）

*ウメ（梅）
別名：ニオイグサ，ニオイザクラ，
ムメ
双子葉植物綱バラ目バラ科の落葉小高
木。果実はほぼ球形。高さは10m。
〈*Prunus mume var.mume*〉

*ウメウツギ（梅空木）
別名：ニッコウウツギ（日光空木），ミ
ヤマウツギ
双子葉植物綱バラ目ユキノシタ科の落葉
低木。
〈*Deutzia uniflora*〉

*ウメザキイカリソウ
別名：ヒメイカリソウ
メギ科の多年草。高さは20〜30cm。花
は白または淡紫色。
〈*Epimedium × youngianum Fisch.
et C. A. Mey.*〉

ウメザキウツギ（梅咲空木）
リキュウバイ（利休梅）の別名（双子葉
植物綱バラ目バラ科の落葉低木。高さ
は3〜4m）
〈*Exochorda racemosa*〉

ウメザキサバノオ
キタダケソウ（北岳草）の別名（双子葉
植物綱キンポウゲ目キンポウゲ科の多年
草。高さは10〜20cm。花は白色）
〈*Callianthemum hondoense*〉

ウメナデシコ
ムシトリビランジの別名（ナデシコ科）

*ウメバチソウ（梅鉢草）
別名：コウメバチソウ
ユキノシタ科の多年草。高さは10〜
40cm。花は白色。
〈*Parnassia palustris L. var.
multiseta Ledeb.*〉

ウメバチモ
バイカモ（梅花藻）の別名（双子葉植物
綱キンポウゲ目キンポウゲ科の常緑沈水
植物。葉柄の長さ0.5〜2cm，花弁は5枚
で白色。高さは1〜2m）
〈*Ranunculus nipponicus var.*
submersus〉

*ウメモドキ（梅擬）
別名：オオバウメモドキ
双子葉植物綱ニシキギ目モチノキ科の落
葉低木。高さは3〜4m。花は淡紫色。
〈*Ilex serrata*〉

*ウモウゲイトウ（羽毛鶏頭）
別名：フサゲイトウ
ヒユ科。

ウヤク
テンダイウヤク（天台烏薬）の別名（ク
スノキ科の常緑低木。花は黄色）
〈*Lindera strychnifolia*（Sieb. et
Zucc.）F. Villar〉

68　植物別名辞典

＊ウラギク（浦菊）
別名：ハマシオン
双子葉植物綱キク目キク科の多年草。
高さは20〜70cm。
〈*Aster tripolium*〉

ウラク
タロウカジャ（太郎冠者）の別名（双子
葉植物綱ツバキ目ツバキ科の園芸品種）
ツバキ・タロウカジャ（太郎冠者）の
別名（ツバキ科）

ウラゲハクサンシャクナゲ
ハクサンシャクナゲ（白山石楠花）の
別名（ツツジ科の常緑低木）
〈*Rhododendron brachycarpum* G. Don
var.*brachycarpum*〉

ウラシマグサ
ヒャクニチソウ（百日草）の別名（双子
葉植物綱キク目キク科の一年草。高さ
は30〜90cm。花は赤みのある紫色，ま
たは淡紫色）
〈*Zinnia elegans*〉

＊ウラシマツツジ（裏縞躑躅）
別名：アカミノクマコケモモ
双子葉植物綱ツツジ目ツツジ科の矮小低
木。高さは2〜6cm。
〈*Arctous alpinus var.japonicus*〉

ウラジロ
シロダモの別名（クスノキ科の常緑高木。
花は黄色）
〈*Neolitsea sericea*（Blume）Koidz.〉
＊ウラジロ（裏白）
別名：ホナガ，モロムキ，ヤマクサ
ウラジロ科の常緑性シダ植物。葉柄
の長さは30〜100cm。
〈*Gleichenia japonica*〉

ウラジロアザミ
ノリクラアザミ（乗鞍薊）の別名（双子
葉植物綱キク目キク科の多年草。高さ
は1〜1.5m）

〈*Cirsium norikurense*〉

ウラジロイチゴ
エビガライチゴ（海老殻苺）の別名（双
子葉植物綱バラ目バラ科の落葉性つる性
低木）
〈*Rubus phoenicolasius*〉
ピコティの別名（バラ科。ハイブリッ
ド・ティーローズ系。花は淡黄色）

＊ウラジロイワガサ
別名：ミヤジマシモツケ
バラ科。
〈*Spiraea blumei var.hayalae*〉

＊ウラジロエノキ（裏白榎）
別名：ウラジロムク，ヤマフクギ
双子葉植物綱イラクサ目ニレ科の常緑
高木。
〈*Trema orientalis*〉

ウラジロカンバ（裏白樺）
ネコシデの別名（双子葉植物綱ブナ目カ
バノキ科の落葉高木）
〈*Betula corylifolia*〉

＊ウラジロキンバイ（裏白金梅）
別名：ユキバキンバイ
双子葉植物綱バラ目バラ科の草本。
〈*Potentilla nivea*〉

ウラジロゴシュユ
ハマセンダン（浜栴檀）の別名（双子葉
植物綱ムクロジ目ミカン科の落葉高木。
高さは15m。花は白色）
〈*Tetradium glabrifolium var.*
glaucum〉

ウラジロシダ
ヒメウラジロ（姫裏白）の別名（イノモ
トソウ科のシダ植物。葉身裏面は白色
の粉状物に覆われる。葉身は長さ3〜
10cm，五角形状）
〈*Cheilanthes argentea*〉

ウラジロシマイチゴ
タイワンウラジロイチゴの別名（バラ科の木本）

ウラジロシラクチズル
ウラジロマタタビの別名（双子葉植物綱ツバキ目マタタビ科の落葉つる性植物）
〈Actinidia arguta var.hypoleuca〉

ウラジロタイサンボク
ヒメタイサンボク（姫泰山木）の別名（双子葉植物綱モクレン目モクレン科の常緑小高木または低木。花は白色）
〈Magnolia virginiana〉

*ウラジロノキ（裏白木）
別名：ゴロベツキ
双子葉植物綱バラ目バラ科の落葉高木。高さは15m。
〈Sorbus japonica〉

*ウラジロハコヤナギ（裏白箱柳）
別名：ギンドロ，ハクヨウ
双子葉植物綱ヤナギ目ヤナギ科の落葉高木。高さは25m。樹皮は灰色。
〈Populus alba〉

ウラジロヒゴタイ
ルリタマアザミ（瑠璃玉薊）の別名（キク科の多年草。高さは70cm。花は鮮青色）
〈Echinops ritro L.〉

*ウラジロマタタビ
別名：ウラジロシラクチズル
双子葉植物綱ツバキ目マタタビ科の落葉つる性植物。
〈Actinidia arguta var.hypoleuca〉

ウラジロムク
ウラジロエノキ（裏白榎）の別名（双子葉植物綱イラクサ目ニレ科の常緑高木）
〈Trema orientalis〉

*ウラジロモミ（裏白樅）
別名：ダケモミ，ニッコウモミ
マツ綱マツ目マツ科の常緑高木。高さは40m。樹皮は帯紅灰色。
〈Abies homolepis〉

ウラジロヤナギ
エゾノキヌヤナギ（蝦夷絹柳）の別名（ヤナギ科の木本。水辺に生える高木）
〈Salix petsusu Kimura〉

ウラジロヨウラク
アズマツリガネツツジの別名（ツツジ科の落葉低木。高さは1m。花は紫紅色）
〈Menziesia multiflora Maxim. var. multiflora〉

ウラジロラフィア
ラフィアヤシの別名（ヤシ科。高さは9m）
〈Raphia farinifera（Gaertn.）Hyl.〉

*ウラハグサ（裏葉草）
別名：フウチソウ
単子葉植物綱カヤツリグサ目イネ科の宿根草。高さは40～70cm。花は帯黄緑色。
〈Hakonechloa macra〉

ウラベニイチゲ
アズマイチゲ（東一花，東一華）の別名（双子葉植物綱キンポウゲ目キンポウゲ科の多年草。高さは15～20cm。花は白色）
〈Anemone raddeana〉
イチリンソウ（一輪草）の別名（キンポウゲ科の多年草。高さは20～30cm。花は白色）
〈Anemone nikoensis Maxim.〉

ウラベニサンゴアナナス
エクメア・フルゲンス・ディスコロールの別名（パイナップル科）

ウラベニソウ
ユキワリイチゲ（雪割一花）の別名（双子葉植物綱キンポウゲ目キンポウゲ科の多年草。高さは20～30cm。花は白色）

⟨*Anemone keiskeana*⟩

ウラボシ
クリハラン（栗葉蘭）の別名（ウラボシ
科の常緑性シダ植物。葉身は長さ25〜
40cm，広披針形）
⟨*Neocheiropteris ensata*⟩

ウラムラサキ
ペリレプタの別名（キツネノマゴ科の属
総称）
*ウラムラサキ
別名：ビルマヤマアイ
キツネノマゴ科の低木。高さは60〜
90cm。花は紫色。
⟨*Strobilanthes dyerianus* M. T.
Mast.⟩

*ウリカエデ（瓜楓）
別名：メウリノキ
双子葉植物綱ムクロジ目カエデ科の落葉
高木。樹幹が青緑色。高さは3〜5m。
樹皮は緑色。
⟨*Acer crataegifolium*⟩

*ウリカワ（瓜皮）
別名：オオボシソウ
単子葉植物綱オモダカ目オモダカ科の小
形多年草，沈水性〜抽水性〜湿生。葉
は根生し，線形，長さ4〜18cm。高さ
は10〜20cm。花は白色。
⟨*Sagittaria pygmaea*⟩

ウリシメジ
ハタケシメジの別名（キシメジ科のキノ
コ。中型〜大型。傘は灰褐色，白色かす
り模様。ひだは類白色）
⟨*Lyophyllum decastes*⟩

ウリヅタ
イワガラミ（岩絡）の別名（双子葉植物
綱バラ目ユキノシタ科の落葉つる性植
物。花は白色）
⟨*Schizophragma hydrangeoides*⟩

ウリノキ
ヤハズアジサイ（矢筈紫陽花）の別名
（ユキノシタ科の落葉低木。花は白色）
⟨*Hydrangea sikokiana* Maxim.⟩

ウリバ
ヤハズアジサイ（矢筈紫陽花）の別名
（双子葉植物綱バラ目ユキノシタ科の落
葉低木。花は白色）
⟨*Hydrangea sikokiana*⟩

ウルイ
ギボウシ（擬宝珠）の別名（単子葉植物
綱ユリ目ユリ科の多年草）
⟨*Hosta undulata var.erromena*⟩

*ウルシ（漆）
別名：ウルシノキ
双子葉植物綱ムクロジ目ウルシ科の落葉
高木。高さは10m。
⟨*Rhus verniciflua*⟩

ウルシヅタ
ツタウルシ（蔦漆）の別名（双子葉植物綱
ムクロジ目ウルシ科の落葉つる性植物）
⟨*Rhus ambigua*⟩

ウルシノキ
ウルシ（漆）の別名（双子葉植物綱ムクロ
ジ目ウルシ科の落葉高木。高さは10m）
⟨*Rhus verniciflua*⟩

ウールソレル
オキザリスの別名（双子葉植物綱フウロ
ソウ目カタバミ科の属総称）
⟨*Oxalis spp.*⟩

*ウルップソウ（得撫草）
別名：ハマレンゲ
双子葉植物綱ゴマノハグサ目ウルップソ
ウ科の多年草。高さは10〜30cm。
⟨*Lagotis glauca*⟩

ウロコシダ
リュウビンタイの別名（リュウビンタイ
科の常緑性シダ植物。葉長60〜200cm。

葉身は広楕円形）
〈*Angiopteris lygodiifolia*〉

＊ウワウルシ
別名：クマコケモモ
双子葉植物綱ツツジ目ツツジ科の常緑
低木。
〈*Arctostaphylos uva-ursi*〉

ウワゲネザサ
アオネザサの別名（単子葉植物綱カヤツ
リグサ目イネ科の木本）
〈*Pleioblastus humilis*〉

＊ウワバミソウ（蟒蛇草）
別名：クチナワジョウゴ
双子葉植物綱イラクサ目イラクサ科の多
年草。茎は基部が紅色。高さは20〜
50cm。
〈*Elatostema umbellatum var.majus*〉

＊ウワミズザクラ（上不見桜）
別名：クソザクラ，コンゴウザクラ
双子葉植物綱バラ目バラ科の落葉高木。
高さは15m。花は白色。
〈*Prunus grayana*〉

ウワムキトウガラシ
トウガラシ（唐辛子，唐芥子）の別名
（双子葉植物綱ナス目ナス科の野菜。辛
味がある。花は白色）
〈*Capsicum annuum var.annuum*〉

ウンシュウ
ウンシュウミカン（温州蜜柑）の別名
（双子葉植物綱ムクロジ目ミカン科の木
本。花は白色）
〈*Citrus unshiu*〉

＊ウンシュウミカン（温州蜜柑）
別名：ウンシュウ
双子葉植物綱ムクロジ目ミカン科の木
本。花は白色。
〈*Citrus unshiu*〉

ウンゼンアオイ
ウンゼンカンアオイの別名（ウマノスズ
クサ科の多年草。花柱背部が角状に伸
びる）
〈*Heterotropa unzen*（F. Maekawa）F.
Maekawa〉

＊ウンゼンカンアオイ
別名：ウンゼンアオイ
ウマノスズクサ科の多年草。花柱背部
が角状に伸びる。
〈*Heterotropa unzen*（F. Maekawa）
F. Maekawa〉

ウンゼンツツジ
キリシマツツジ（霧島躑躅）の別名（ツ
ツジ科の常緑低木）
〈*Rhododendron obtusum*（Lindl.）
Planch. var.*obtusum*〉

＊ウンゼンマンネングサ
別名：イソマンネングサ，ツクシマン
ネングサ
双子葉植物綱バラ目ベンケイソウ科の
草本。
〈*Sedum polytrichoides*〉

ウンナンオウバイ
オウバイモドキの別名（双子葉植物綱ゴ
マノハグサ目モクセイ科の低木。高さ
は2m。花は鮮黄色）
〈*Jasminum mesnyi*〉

ウンナンソケイ
ヒメソケイの別名（モクセイ科）

ウンランカズラ
ツタバウンランの別名（双子葉植物綱ゴ
マノハグサ目ゴマノハグサ科の一年草ま
たは多年草。長さは20〜60cm。花は紫
青色）
〈*Cymbalaria muralis*〉

＊ウンランモドキ（海蘭擬）
別名：サットニー
双子葉植物綱ゴマノハグサ目ゴマノハグ

サ科の一年草。高さは15〜16cm。
〈*Nemesia strumosa*〉

ウンリュウシダレ
ウンリュウヤナギ（雲竜柳）の別名（双子葉植物綱ヤナギ目ヤナギ科の木本）
〈*Salix matsudana var.tortuosa*〉

ウンリュウバイ
コウテンバイの別名（双子葉植物綱バラ目バラ科。ウメの品種）
〈*Armeniaca mume 'Spiralis'*〉

*ウンリュウヤナギ（雲竜柳）
別名：ウンリュウシダレ，ペキンヤナギ
双子葉植物綱ヤナギ目ヤナギ科の木本。
〈*Salix matsudana var.tortuosa*〉

【 エ 】

エ
エゴマ（荏胡麻）の別名（双子葉植物綱シソ目シソ科の一年草。種皮は黒〜茶褐色や灰白色など。高さは60〜150cm。花は白色）
〈*Perilla frutescens var.japonica*〉
エノキ（榎）の別名（双子葉植物綱イラクサ目ニレ科の落葉高木。高さは20m。花は淡黄色）
〈*Celtis sinensis var.japonica*〉

エアープランツ
ティランジアの別名（パイナップル科の属総称）

エイザンカタバミ
ミヤマカタバミ（深山酢漿草）の別名（双子葉植物綱フウロソウ目カタバミ科の多年草。高さは5〜10cm）
〈*Oxalis griffithii*〉

エイザンゴケ
クラマゴケ（鞍馬苔）の別名（イワヒバ科の常緑性シダ植物。鮮緑色，主茎は地上を長く匍う）
〈*Selaginella remotifolia*〉

*エイザンスミレ（叡山菫）
別名：カクレミノ
双子葉植物綱スミレ目スミレ科の多年草。高さは7〜10cm。花は淡紅紫色。
〈*Viola eizanensis*〉

エイザンニンニク
ギョウジャニンニクの別名（単子葉植物綱ユリ目ユリ科の多年草。高さは30〜50cm。花は白色）
〈*Allium victorialis var.platyphyllum*〉

エイジュ
ブライアーの別名（ツツジ科）

エイノキ
ヨコグラノキ（横倉の木）の別名（双子葉植物綱クロウメモドキ目クロウメモドキ科の落葉高木）
〈*Berchemiella berchemiaefolia*〉

*エイラク（永楽）
別名：テンショウ
ベンケイソウ科の多年草。
〈*Adoromischus cristatus Lem.*〉

エカキバ
タラヨウ（多羅葉）の別名（双子葉植物綱ニシキギ目モチノキ科の常緑高木。高さは10m。花は黄緑色。樹皮は灰色）
〈*Ilex latifolia*〉

*エキサイゼリ（益斎芹）
別名：オバゼリ
双子葉植物綱セリ目セリ科の多年草。高さは30cm前後。
〈*Apodicarpum ikenoi*〉

エキナケア
ムラサキバレンギクの別名（双子葉植物綱キク目キク科の多年草。高さは60〜100cm。花は紫紅〜白色）

植物別名辞典　73

〈*Echinacea purpurea*〉

エキナセア
ムラサキバレンギクの別名（双子葉植物綱キク目キク科の多年草。高さは60〜100cm。花は紫紅〜白色）
〈*Echinacea purpurea*〉

エキノグサ
アカリファの別名（トウダイグサ科の属総称）

*エキノケレウス
別名：エビサボテン
サボテン科の属総称。サボテン。

エクサクム
ベニヒメリンドウ（紅姫龍胆）の別名（リンドウ科の一年草。高さは15〜20cm。花は青紫色）
〈*Exacum affine* Balf.〉

エクスコエカリア
セイシボク（青紫木）の別名（トウダイグサ科の属総称）

*エクメア
別名：シマサンゴアナナス
パイナップル科の属総称。

*エクメア・セレスチス
別名：シロツブアナナス
パイナップル科。

*エクメア・フルゲンス・ディスコロール
別名：ウラベニサンゴアナナス
パイナップル科。

*エクメア・ワイルバッキー
別名：ショウジョウアナナス
パイナップル科。

エゴ
エゴノリ（恵胡海苔）の別名（紅藻綱イギス目イギス科の海藻。大きな塊とな

る）
〈*Campylaephora hypnaeoides*〉

*エゴノキ（斎墩果）
別名：セッケンノキ，チシャノキ
双子葉植物綱カキノキ目エゴノキ科の落葉小高木〜高木。高さは7〜8m。花は白色。樹皮は濃灰褐色。
〈*Styrax japonica*〉

*エゴノリ（恵胡海苔）
別名：エゴ，オキウド，カラクサイギス
紅藻綱イギス目イギス科の海藻。大きな塊となる。
〈*Campylaephora hypnaeoides*〉

*エゴマ（荏胡麻）
別名：エ，ジュウネ
双子葉植物綱シソ目シソ科の一年草。種皮は黒〜茶褐色や灰白色など。高さは60〜150cm。花は白色。
〈*Perilla frutescens var.japonica*〉

エシャロット
シャロットの別名（単子葉植物綱ユリ目ユリ科の野菜。葉は円筒形。高さは15〜30cm。花は淡緑白色）
〈*Allium ascalonicum*〉

*エゾアオイスミレ
別名：マルバケスミレ
双子葉植物綱スミレ目スミレ科の草本。
〈*Viola collina*〉

エゾアザミ
チシマアザミ（千島薊）の別名（双子葉植物綱キク目キク科の多年草。高さは1〜2m）
〈*Cirsium kamtschaticum*〉

*エゾアジサイ（蝦夷紫陽花）
別名：ムツアジサイ
双子葉植物綱バラ目ユキノシタ科の落葉低木。
〈*Hydrangea serrata var.megacarpa*〉

エゾアゼスゲ
ヒラギシスゲ(平岸菅)の別名(単子葉植物綱カヤツリグサ目カヤツリグサ科の多年草。高さは30〜50cm)
〈Carex augustinowiczii〉

エゾアブラガヤ
アイバソウの別名(単子葉植物綱カヤツリグサ目カヤツリグサ科の草本)
〈Scirpus wichurae form.wichurai〉

エゾアリドオシ
リンネソウの別名(双子葉植物綱マツムシソウ目スイカズラ科の常緑小低木。高さは5〜10cm)
〈Linnaea borealis〉

エゾイソツツジ
イソツツジ(磯躑躅)の別名(ツツジ科の常緑小低木)
〈Ledum palustre L. subsp. diversipilosum (Nakai) Hara var. nipponicum Nakai〉

エゾイタヤ
クロビイタヤ(黒皮板屋)の別名(双子葉植物綱ムクロジ目カエデ科の落葉高木,雌雄同株。樹高は20m。樹皮は灰褐色)
〈Acer miyabei〉

*エゾイタヤ
別名:クロビイタヤ
カエデ科の落葉高木。高さは20m。
〈Acer mono Maxim. var.glabrum (Lév. et Vaniot) Hara〉

*エゾイチゲ(蝦夷一花)
別名:ヒロハヒメイチゲ
双子葉植物綱キンポウゲ目キンポウゲ科の草本。
〈Anemone soyensis〉

*エゾイチゴ(蝦夷苺)
別名:カラフトイチゴ
双子葉植物綱バラ目バラ科の落葉低木。
〈Rubus idaeus var.aculeatissimus〉

エゾイチヤクソウ
カラフトイチヤクソウ(樺太一薬草)の別名(イチヤクソウ科の草本)
〈Pyrola faurieana H. Andres〉

エゾイヌガヤ
ハイイヌガヤ(這犬榧)の別名(マツ綱マツ目イヌガヤ科の常緑低木)
〈Cephalotaxus harringtonia var.nana〉

*エゾイヌナズナ(蝦夷犬薺)
別名:シロバナノイヌナズナ
双子葉植物綱フウチョウソウ目アブラナ科の多年草。高さは5〜20cm。花は白色。
〈Draba borealis〉

エゾイワヒゲ
キタイワヒゲの別名(褐藻綱ウイキョウモ目コモンブクロ科の海藻)
〈Melanosiphon intestinalis〉

*エゾウコギ
別名:ハリウコギ
双子葉植物綱セリ目ウコギ科の落葉低木。
〈Acanthopanax senticosus〉

エゾウサギギク
ウサギギク(兎菊)の別名(キク科の多年草。高さは20〜35cm)
〈Arnica unalaschensis Less. var. tschonoskyi (Iljin) Kitamura et Hara〉

*エゾウスユキソウ(蝦夷薄雪草)
別名:レブンウスユキソウ
双子葉植物綱キク目キク科の草本。
〈Leontopodium discolor〉

*エゾエノキ(蝦夷榎)
別名:オクジリエノキ,カンサイエノキ
双子葉植物綱イラクサ目ニレ科の落葉高木。高さは20m。
〈Celtis bungeana var.jessoensis〉

エソオ

*エゾオオサクラソウ（蝦夷大桜草）
別名：ウスゲノエゾサクラソウ，エゾ
サクラソウ
双子葉植物綱サクラソウ目サクラソウ科
の多年草。
〈*Primula jesoana var.pubescens*〉

エゾオニシバリ
ナニワズの別名（双子葉植物綱フトモモ
目ジンチョウゲ科の落葉小低木。葉は
鈍形〜円形）
〈*Daphne jezoensis*〉

エゾオノエリンドウ
ユウパリリンドウの別名（双子葉植物綱
リンドウ目リンドウ科の草本）
〈*Gentianella amarella subsp.*
yuparensis〉

*エゾカシラザキ
別名：ハケカシラザキ
クロガシラ科の海藻。大形。
〈*Halopteris scoparia*（Linné）
Sauvageau〉

*エゾカラマツ
別名：ミヤマアキカラマツ
双子葉植物綱キンポウゲ目キンポウゲ科
の草本。
〈*Thalictrum sachalinense*〉

エゾカワズスゲ
ウスイロスゲの別名（単子葉植物綱カヤ
ツリグサ目カヤツリグサ科の草本）
〈*Carex pallida*〉

エゾギク
アスターの別名（双子葉植物綱キク目キ
ク科の一年草。花は紫〜淡紅色，または
白色）
〈*Callistephus chinensis*〉
コマアスターの別名（キク科）

エゾギボウシ
タチギボウシの別名（単子葉植物綱ユリ
目ユリ科の草本）

〈*Hosta rectifolia var.rectifolia*〉

エゾクロウスゴ
クロウスゴ（黒臼子）の別名（双子葉植
物綱ツツジ目ツツジ科の落葉低木）
〈*Vaccinium ovalifolium*〉

*エゾコザクラ（蝦夷小桜）
別名：リシリコザクラ
双子葉植物綱サクラソウ目サクラソウ科
の多年草。高さは5〜15cm。花は紅
紫色。
〈*Primula cuneifolia var.cuneifolia*〉

*エゾサイコ
別名：ホソバノコガネサイコ
双子葉植物綱セリ目セリ科の多年草。
〈*Bupleurum nipponicum var.*
yesoense〉

エゾサクラソウ
エゾオオサクラソウ（蝦夷大桜草）の
別名（双子葉植物綱サクラソウ目サクラ
ソウ科の多年草）
〈*Primula jesoana var.pubescens*〉

*エゾサワスゲ
別名：ヒメサワスゲ
単子葉植物綱カヤツリグサ目カヤツリグ
サ科の草本。
〈*Carex viridula*〉

*エゾサンザシ（蝦夷山査子）
別名：エゾノオオサンザシ
双子葉植物綱バラ目バラ科の木本。
〈*Crataegus jozana*〉

*エゾシオガマ（蝦夷塩竈）
別名：キバナノシオガマ，シロバナシ
オガマ
双子葉植物綱ゴマノハグサ目ゴマノハグ
サ科の多年草。高さは20〜60cm。
〈*Pedicularis yezoensis*〉

*エゾシモツケ（蝦夷下野）
別名：エゾノシロバナシモツケ

バラ科の落葉低木。
〈*Spiraea sericea Turcz.*〉

エゾシャクナゲ
ハクサンシャクナゲ（白山石楠花）の別名（ツツジ科の常緑低木）
〈*Rhododendron brachycarpum* G. Don var.*brachycarpum*〉

＊エゾスカシユリ（蝦夷透百合）
別名：エゾユリ，ミカドユリ
単子葉植物綱ユリ目ユリ科の多肉植物。高さは60〜90cm。花は黄橙〜橙赤色。
〈*Lilium dauricum*〉

＊エゾスズシロ
別名：キタミハタザオ
双子葉植物綱フウチョウソウ目アブラナ科の一年草または二年草。高さは10〜60cm。花は黄色。
〈*Erysimum cheiranthoides*〉

エゾゼキショウ
ホロムイソウ（幌向草）の別名（単子葉植物綱イバラモ目ホロムイソウ科の多年草。高さは10〜30cm）
〈*Scheuchzeria palustris*〉

エゾゼンテイカ
ゼンテイカの別名（ユリ科の多年草。種の形容語は人名にちなむ。高さは60〜90cm）
〈*Hemerocallis dumortieri* Morren var. *esculenta* (Koidz.) Kitamura〉

エゾタイセイ
ハマタイセイ（浜大青）の別名（双子葉植物綱フウチョウソウ目アブラナ科の草本）
〈*Isatis yezoensis*〉

エゾタカラコウ
トウゲブキ（峠蕗）の別名（双子葉植物綱キク目キク科の多年草。高さは30〜80cm）
〈*Ligularia hodgsonii*〉

＊エゾチドリ
別名：フタバツレサギ
単子葉植物綱ラン目ラン科の草本。
〈*Platanthera metabifolia*〉

エゾチャヒキ
コスズメノチャヒキの別名（単子葉植物綱カヤツリグサ目イネ科の多年草。高さは50〜100cm）
〈*Bromus inermis*〉

＊エゾツツジ（蝦夷躑躅）
別名：カラフトツツジ
双子葉植物綱ツツジ目ツツジ科の落葉低木。
〈*Therorhodion camtschaticum*〉

＊エゾトウヒレン
別名：ヒダカトウヒレン
キク科。
〈*Saussurea riederi* var.*elongata*〉

＊エゾトリカブト
別名：ウスバトリカブト（薄葉鳥兜），テリハブシ
双子葉植物綱キンポウゲ目キンポウゲ科の草本。
〈*Aconitum yesoense*〉

エゾナツボウズ
ナニワズの別名（双子葉植物綱フトモモ目ジンチョウゲ科の落葉小低木。葉は鈍形〜円形）
〈*Daphne jezoensis*〉

＊エゾニガクサ（蝦夷苦草）
別名：ヒメニガクサ
シソ科の草本。
〈*Teucrium veronicoides* Maxim.〉

＊エゾニワトコ（蝦夷接骨木）
別名：オオバニワトコ
双子葉植物綱マツムシソウ目スイカズラ科の落葉低木または高木。
〈*Sambucus racemosa* subsp. *kamtschatica*〉

エゾヌ

エゾヌカススキ
コメススキ(米薄)の別名(単子葉植物綱カヤツリグサ目イネ科の多年草。高さは25〜60cm)
〈*Deschampsia flexuosa*〉

*エゾネコノメソウ
別名：カラフトネコノメソウ
双子葉植物綱バラ目ユキノシタ科の多年草。
〈*Chrysosplenium alternifolium var. sibiricum*〉

*エゾノウワミズザクラ(蝦夷上溝桜)
別名：カップザクラ，カバザクラ
双子葉植物綱バラ目バラ科の落葉高木。樹高は15m。樹皮は濃い灰色。
〈*Prunus padus*〉

エゾノオオサンザシ
エゾサンザシ(蝦夷山査子)の別名(双子葉植物綱バラ目バラ科の木本)
〈*Crataegus jozana*〉

*エゾノギシギシ(蝦夷羊蹄)
別名：ヒロハギシギシ
双子葉植物綱タデ目タデ科の多年草。高さは50〜130cm。花は淡緑か帯赤色。
〈*Rumex obtusifolius*〉

*エゾノキヌヤナギ(蝦夷絹柳)
別名：ウラジロヤナギ，ギンヤナギ
ヤナギ科の木本。水辺に生える高木。
〈*Salix petsusu Kimura*〉

エゾノクマイチゴ
クマイチゴ(熊苺)の別名(双子葉植物綱バラ目バラ科の落葉低木)
〈*Rubus crataegifolius*〉

*エゾノコリンゴ(蝦夷小林檎)
別名：ヒメリンゴ，ヒロハオオズミ，マンシュウズミ
双子葉植物綱バラ目バラ科の落葉高木。
〈*Malus baccata var.mandshurica*〉

エゾノシモツケソウ
キョウガノコ(京鹿子)の別名(バラ科の多年草。高さは60〜150cm。花は紅紫色)
〈*Filipendula purpurea* Maxim. var. *purpurea*〉

エゾノシロバナシモツケ
エゾシモツケ(蝦夷下野)の別名(バラ科の落葉低木)
〈*Spiraea sericea* Turcz.〉

エゾノソナレギク
イワギクの別名(双子葉植物綱キク目キク科の草本。花は白〜淡紅色)
〈*Chrysanthemum zawadskii*〉

*エゾノタカネツメクサ
別名：オオタカネツメクサ
ナデシコ科の多年草。
〈*Minuartia arctia* Asch. et Graebn.〉

エゾノダケカンバ
ダケカンバ(岳樺)の別名(双子葉植物綱ブナ目カバノキ科の落葉高木。高さは20m。樹皮は淡黄白色)
〈*Betula ermanii*〉

エゾノハハコグサ
ヒメチチコグサの別名(双子葉植物綱キク目キク科の草本)
〈*Gnaphalium uliginosum*〉

*エゾノミクリゼキショウ(蝦夷の実栗石菖)
別名：クモアミクリゼキショウ
イグサ科の草本。
〈*Juncus mertensianus Bongard*〉

エゾノミヤマハコベ
オオハコベの別名(双子葉植物綱ナデシコ目(中心子目)ナデシコ科の草本)
〈*Stellaria bungeana*〉

エソミ

エゾノヨモギギク
ヨモギギク(蓬菊)の別名(キク科の多年草。高さは30〜90cm。花は黄色)
〈*Chrysanthemum vulgare* (L.) Bernh.〉

*エゾノレンリソウ(蝦夷連理草)
別名：ヒメレンリソウ，ベニザラサ
双子葉植物綱マメ目マメ科の草本。
〈*Lathyrus palustris subsp.pilosus*〉

エゾハギ
ホザキシモツケ(穂咲下野)の別名(双子葉植物綱バラ目バラ科の落葉低木。高さは1〜2m。花は淡紅色)
〈*Spiraea salicifolia*〉

エゾハクサンボウフウ
ハクサンボウフウ(白山防風)の別名
(双子葉植物綱セリ目セリ科の多年草。高さは30〜90cm)
〈*Peucedanum multivittatum*〉

*エゾハリスゲ
別名：オオハリスゲ
単子葉植物綱カヤツリグサ目カヤツリグサ科の草本。
〈*Carex uda*〉

*エゾヒョウタンボク(蝦夷瓢簞木)
別名：オオバエゾヒョウタンボク，オオバブシダマ
双子葉植物綱マツムシソウ目スイカズラ科の落葉低木。
〈*Lonicera alpigena subsp.glehnii*〉

*エゾフウロ(蝦夷風露)
別名：イブキフウロ
フウロソウ科。
〈*Geranium yesoense Franch. et Savat. var.yesoense*〉

*エゾフスマ
別名：シラオイハコベ
ナデシコ科の草本。
〈*Stellaria fenzlii Regel*〉

*エゾフユノハナワラビ
別名：ヤマハナワラビ
ハナヤスリ科の冬緑性シダ植物。葉身は長さ2〜8cm，三角状長楕円形，鈍頭。
〈*Sceptridium multifidum var. robustum*〉

*エゾヘビイチゴ(蝦夷蛇苺)
別名：ノイチゴ，ヨーロッパクサイチゴ
双子葉植物綱バラ目バラ科の多年草。高さは10〜20cm。花は白色。
〈*Fragaria vesca*〉

*エゾホソイ(蝦夷細藺)
別名：カラフトホソイ，リシリイ
単子葉植物綱イグサ目イグサ科の多年草。高さは30〜90cm。
〈*Juncus filiformis*〉

*エゾマツ(蝦夷松)
別名：クロエゾ，クロエゾマツ
マツ綱マツ目マツ科の常緑高木。高さは30〜40m。樹皮は灰褐色。
〈*Picea jezoensis*〉

エゾマツバスゲ
ハリガネスゲの別名(単子葉植物綱カヤツリグサ目カヤツリグサ科の多年草。高さは10〜30cm)
〈*Carex capillacea*〉

エゾミズタマソウ
ヤマタニタデの別名(アカバナ科の草本)
〈*Circaea quadrisulcata* (Maxim.) Franch. et Savat.〉

エゾミセバヤ
カラフトミセバヤの別名(双子葉植物綱バラ目ベンケイソウ科の多年草。長さは5〜10cm。花は紅紫色)
〈*Hylotelephium pluricaule*〉

*エゾミソハギ(蝦夷禊萩)
別名：エント，ボンバナ
双子葉植物綱フトモモ目ミソハギ科の多

植物別名辞典　79

エソム

年草。高さは50〜150cm。花は紅
紫色。
〈*Lythrum salicaria*〉

*エゾムギ
別名：ホソテンキ
単子葉植物綱カヤツリグサ目イネ科の多
年草。
〈*Elymus sibiricus*〉

*エゾムラサキ（蝦夷紫）
別名：ミヤマワスレナグサ
双子葉植物綱シソ目ムラサキ科の多年
草。高さは20〜40cm。花は青色。
〈*Myosotis sylvatica*〉

*エゾムラサキツツジ（蝦夷紫躑躅）
別名：トキワゲンカイ，トキワツツジ
双子葉植物綱ツツジ目ツツジ科の半常緑
低木。高さは2.4m。花は紫紅色。
〈*Rhododendron dauricum*〉

*エゾヤマアザミ
別名：トオノアザミ
キク科の草本。
〈*Cirsium heiianum Koidz.*〉

エゾヤマザクラ
オオヤマザクラ（大山桜）の別名（双子
葉植物綱バラ目バラ科の落葉高木。高
さは25m。花は紅紫色。樹皮は赤褐色）
〈*Cerasus sargentii*〉

エゾヤマハギ
ヤマハギ（山萩）の別名（双子葉植物綱
マメ目マメ科の落葉低木。高さは1.5〜
2m。花は明るい紅紫色）
〈*Lespedeza bicolor*〉

エゾヤマモモ
ヤチヤナギ（谷地柳）の別名（双子葉植
物綱ヤマモモ目ヤマモモ科の落葉低木）
〈*Myrica gale var.tomentosa*〉

エゾユリ
エゾスカシユリ（蝦夷透百合）の別名

（単子葉植物綱ユリ目ユリ科の多肉植物。
高さは60〜90cm。花は黄橙〜橙赤色）
〈*Lilium dauricum*〉

エゾヨモギギク
ヨモギギク（蓬菊）の別名（キク科の多
年草。高さは30〜90cm。花は黄色）
〈*Chrysanthemum vulgare*（L.）
Bernh.〉

エゾリンゴ
ヒメリンゴ（姫林檎）の別名（双子葉植
物綱バラ目バラ科の落葉高木）
〈*Malus prunifolia*〉

*エゾルリトラノオ
別名：ホソバエゾルリトラノオ
ゴマノハグサ科の草本。
〈*Veronica kiusiana var.villosa*〉

*エゾワサビ（蝦夷山葵）
別名：アイヌワサビ
双子葉植物綱フウチョウソウ目アブラナ
科の草本。
〈*Cardamine yezoensis*〉

エダウチミミナグサ
セイヨウミミナグサの別名（ナデシコ科
の多年草。花序は疎花、白色。高さは5
〜40cm）
〈*Cerastium arvense* L.〉

*エダウチヤガラ
別名：オキナワイモネヤガラ
ラン科。
〈*Eulophia ramosa*〉

エダザキズイセン
フサザキズイセン（房咲水仙）の別名
（単子葉植物綱ユリ目ヒガンバナ科の多
年草）

エダヒトエグサ
シワヒトエグサの別名（緑藻綱アオサ目
ヒトエグサ科の海藻。披針形。体は長
さ20cm）

〈*Protomonostroma undulatum*〉

*エチュベリア・デレンベルギー
　　別名：セイヤ
　　　ベンケイソウ科。

*エーデルワイス
　　別名：セイヨウウスユキソウ
　　　双子葉植物綱キク目キク科の多年草。
　　　高さは10〜20cm。
　　　〈*Leontopodium alpinum*〉

エドイチゴ
　　カジイチゴ(梶苺)の別名(双子葉植物
　　綱バラ目バラ科の落葉低木。果実は淡
　　黄色。花は白色)
　　　〈*Rubus trifidus*〉

エドタデ
　　アザブタデ(麻布蓼)の別名(タデ科)
　　　〈*Persicaria hydropiper* (L.) Spach
　　　　var.fastigiata (Makino) Araki〉

エドドコロ
　　ヒメドコロ(姫野老)の別名(単子葉植
　　物綱ユリ目ヤマノイモ科の多年生つる
　　草)
　　　〈*Dioscorea tenuipes*〉

*エドヒガン(江戸彼岸)
　　別名：アズマヒガン，ウバヒガン，ヒ
　　ガンザクラ
　　　双子葉植物綱バラ目バラ科の落葉高木。
　　　花は淡紅色。
　　　〈*Prunus pendula form.ascendens*〉

エナガキクモ
　　コキクモの別名(双子葉植物綱ゴマノハ
　　グサ目ゴマノハグサ科の沈水性〜抽水植
　　物。果実は有柄)
　　　〈*Limnophila indica*〉

*エナシヒゴクサ
　　別名：サワスゲ
　　　単子葉植物綱カヤツリグサ目カヤツリグ
　　　サ科の多年草。高さは20〜40cm。

〈*Carex aphanolepis*〉

エニス
　　イヌエンジュ(犬槐)の別名(双子葉植
　　物綱マメ目マメ科の落葉高木)
　　　〈*Maackia amurensis var.buergeri*〉

*エノキ(榎)
　　別名：エ
　　　双子葉植物綱イラクサ目ニレ科の落葉高
　　　木。高さは20m。花は淡黄色。
　　　〈*Celtis sinensis var.japonica*〉

*エノキアオイ
　　別名：アオイモドキ
　　　双子葉植物綱アオイ目アオイ科の一年草
　　　または多年草。靭皮繊維は強い。高
　　　さは20〜150cm。花は黄色。
　　　〈*Malvastrum coromandelianum*〉

*エノキグサ(榎草)
　　別名：アミガサソウ
　　　双子葉植物綱トウダイグサ目トウダイグ
　　　サ科の一年草。高さは20〜40cm。
　　　〈*Acalypha australis*〉

*エノキタケ(榎茸)
　　別名：カンタケ，ナメタケ，ユキノ
　　シタ
　　　キシメジ科のキノコ。小型〜中型。傘
　　　は黄褐色，強粘性。
　　　〈*Flammulina velutipes*〉

エノコアワ
　　コアワ(小粟)の別名(イネ科)
　　　〈*Setaria italica* (L.) Beauv. var.
　　　　germanica Schrad.〉

エノコグサ
　　エノコログサ(狗尾草)の別名(単子葉
　　植物綱カヤツリグサ目イネ科の一年草。
　　高さは20〜80cm)
　　　〈*Setaria viridis*〉

*エノコログサ(狗尾草)
　　別名：エノコグサ，ネコジャラシ

植物別名辞典　81

単子葉植物綱カヤツリグサ目イネ科の一
年草。高さは20〜80cm。
〈Setaria viridis〉

エノコロヤナギ（狗尾柳）
ネコヤナギ（猫柳）の別名（双子葉植物
綱ヤナギ目ヤナギ科の落葉低木。花は
銀白色）
〈Salix gracilistyla〉

エノシマキブシ
ハチジョウキブシの別名（双子葉植物綱
スミレ目キブシ科の落葉低木）
〈Stachyurus praecox var.matsuzakii〉

*エノテラ・フルチコーサ
別名：アカジクマツヨイグサ
アカバナ科。

*エノテラ・ロゼア
別名：アメリカユウゲショウ
アカバナ科。

エバーラスティング
カレープラントの別名（キク科のハー
ブ）

エビ
エビヅル（海老蔓）の別名（双子葉植物
綱クロウメモドキ目ブドウ科の落葉つる
性植物）
〈Vitis thunbergii〉

エビカズラ
ヤマブドウ（山葡萄）の別名（双子葉植
物綱クロウメモドキ目ブドウ科の落葉つ
る性植物）
〈Vitis coignetiae〉

*エビガライチゴ（海老殻苺）
別名：ウラジロイチゴ，ミヤマアシクク
ダシ
双子葉植物綱バラ目バラ科の落葉性つる
性低木。
〈Rubus phoenicolasius〉

エビクサ
エビモ（海老藻，蝦藻）の別名（単子葉
植物綱イバラモ目ヒルムシロ科の多年生
水草。多数の鋸歯があり，葉脈はふつう
赤味を帯びる）
〈Potamogeton crispus〉

*エビゴケ
別名：イワマエビゴケ
エビゴケ科のコケ。小形、多数の葉を2
列につける。葉は披針形。
〈Bryoxiphium norvegicum（Brid.）
Mitt. subsp.japonicum（Berggr.）
Loeve et Loeve〉

エビサボテン
エキノケレウスの別名（サボテン科の属
総称。サボテン）

*エビスグサ（夷草）
別名：ロッカクソウ
双子葉植物綱マメ目マメ科の一年草。
小葉間の腺体は尖り，橙色。高さは0.
5〜1.5m。花は黄色。
〈Cassia obtusifolia〉

エビスグスリ（恵比須薬）
シャクヤク（芍薬）の別名（双子葉植物
綱ビワモドキ目ボタン科の多年草。高
さは50〜90cm。花は白〜赤色）
〈Paeonia lactiflora〉

エビスメ
マコンブ（真昆布）の別名（褐藻綱コン
ブ目コンブ科の海藻。葉片は笹葉状。
体は長さ2〜6m）
〈Laminaria japonica〉

*エビヅル（海老蔓）
別名：イヌエビ，エビ，カマエビ
双子葉植物綱クロウメモドキ目ブドウ科
の落葉つる性植物。
〈Vitis thunbergii〉

*エヒメアヤメ（愛媛菖蒲）
別名：タレユエソウ

単子葉植物綱ユリ目アヤメ科の多年草。
高さは5〜15cm。花は青紫色。
〈*Iris rossii*〉

* **エビモ**（海老藻，蝦藻）
　　別名：エビクサ
　　　単子葉植物綱イバラモ目ヒルムシロ科の
　　　多年生水草。多数の鋸歯があり，葉脈
　　　はふつう赤味を帯びる。
　　　〈*Potamogeton crispus*〉

エフデギク（絵筆菊）
　　ベニニガナ（紅苦菜）の別名（双子葉植
　　　物綱キク目キク科の一年草。高さは25
　　　〜50cm。花は緋紅色）
　　　〈*Emilia javanica*〉

エフデタンポポ
　　**コウリンタンポポ（紅輪蒲公英）の別
　　名**（双子葉植物綱キク目キク科の多年
　　　草。高さは10〜50cm。花は朱赤色）
　　　〈*Hieracium aurantiacum*〉

エボシグサ（烏帽子草）
　　ミヤコグサ（都草）の別名（双子葉植物
　　　綱マメ目マメ科の多年草。高さは20〜
　　　40cm）
　　　〈Lotus corniculatus *var.*japonicus〉

* **エボルブルス**
　　別名：アメリカンブルー
　　　双子葉植物綱ナス目ヒルガオ科の宿
　　　根草。
　　　〈*Evolvulus pilosus*〉

エミグサ
　　アマドコロ（甘野老）の別名（単子葉植
　　　物綱ユリ目ユリ科の多年草。高さは35
　　　〜85cm）
　　　〈*Polygonatum odoratum var.*
　　　pluriflorum〉

エメラルド
　　スマラグドの別名（ヒノキ科のニオイヒ
　　　バの品種）

* **エメラルドリップル**
　　別名：オオバチヂミシマアオイソウ
　　　コショウ科のペペロミア・カペラータの
　　　品種。

エヤミグサ（疫病草）
　　リンドウ（竜胆）の別名（双子葉植物綱
　　　リンドウ目リンドウ科の多年草。高さ
　　　は20〜90cm）
　　　〈Gentiana scabra *var.*buergeri〉

エラチオール・ベゴニア
　　リーガース・ベゴニアの別名（シュウカ
　　　イドウ科。高さは30〜50cm）
　　　〈Begonia × hiemalis Fotsch〉

エラブハイノキ
　　アオバナハイノキ（青花灰木）の別名
　　　（双子葉植物綱カキノキ目ハイノキ科の
　　　常緑低木）
　　　〈*Symplocos caudata*〉

* **エランティス**
　　別名：キバナセツブンソウ
　　　キンポウゲ科の属総称。球根植物。

* **エリカ**
　　別名：アフリカエリカ，クロシベエリ
　　　カ，ジャノメエリカ
　　　双子葉植物綱ツツジ目ツツジ科の低木。
　　　高さは2m。花は桃色。
　　　〈*Erica canaliculata*〉

* **エリカモドキ**
　　別名：アイノカンザシ
　　　ユキノシタ科の常緑低木。高さは2m。
　　　花はやや紫を帯びたピンクまたは
　　　白色。
　　　〈*Bauera rubioides* Andr.〉

* **エリスリナ**
　　別名：デイコ
　　　マメ科の属総称。

* **エリスロニウム**
　　別名：カタクリ（片栗），セイヨウカタ

エリマ

クリ（西洋片栗）
　単子葉植物綱ユリ目ユリ科の属総称。
　〈*Erythronium spp.*〉

エリマキツチガキ
　エリマキツチグリの別名（ヒメツチグリ
　科のキノコ。中型～大型。柄はなく，外
　皮は星形に裂開する）
　〈*Geastrum triplex*〉

*エリマキツチグリ
　別名：エリマキツチガキ
　　ヒメツチグリ科のキノコ。中型～大型。
　　柄はなく，外皮は星形に裂開する。
　　〈*Geastrum triplex*〉

エリンギ
　エリンギイの別名（ヒラタケ科のキノコ）

*エリンギイ
　別名：エリンギ，カオリヒラタケ
　　ヒラタケ科のキノコ。

*エリンギウム
　別名：シーホリー，ヒゴタイサイコ
　　双子葉植物綱セリ目セリ科の属総称。
　　〈*Eryngium spp.*〉

*エルウッズゴールド
　別名：ゴールドスター
　　ヒノキ科のローソンヒノキの品種。

*エルウッディ
　別名：シルバースター
　　マツ綱マツ目ヒノキ科。ローソンヒノ
　　キの品種。
　　〈*Chamaecyparis lawsoniana*
　　'Ellwoodii'〉

エルーカ
　キバナスズシロの別名（双子葉植物綱フ
　ウチョウソウ目アブラナ科の一年草。
　花は淡黄色）
　〈*Eruca vesicaria subsp.*sativa〉

エールコスト
　コストマリーの別名（キク科のハーブ）

エルサレム・セージ
　フロミスの別名（シソ科の属総称。宿根
　草）

エルダー
　セイヨウニワトコ（西洋接骨木）の別
　名（双子葉植物綱マツムシソウ目スイカ
　ズラ科の木本。高さは4.5～6m。花は黄
　白色）
　〈*Sambucus nigra*〉

*エルム
　別名：セイヨウハルニレ
　　双子葉植物綱イラクサ目ニレ科の木本。
　　高さは40m。
　　〈*Ulmus glabra*〉

*エレガンティシマ
　別名：ビャクダン
　　ヒノキ科のコノテガシワの品種。

*エレムルス
　別名：キングススペアー，デザート
　キャンドル，フォックステイル
　リリー
　　ユリ科の属総称。球根植物。

*エロディウム
　別名：オランダフウロソウ
　　フウロソウ科の属総称。

*エンゲルマンハリイ
　別名：シバヤマハリイ
　　カヤツリグサ科の多年草。高さは10～
　　30cm。
　　〈*Eleocharis engelmanni Steud.*〉

*エンコウカエデ
　別名：アサヒカエデ
　　カエデ科の雌雄同株の落葉高木。
　　〈*Acer mono Maxim. var.*
　　marmoratum（*Nichols.*）*Hara f.*
　　dissectum（*Wesmael*）*Rehder*〉

84　植物別名辞典

エンメ

*エンコウスギ（猿猴杉）
別名：アヤスギ
マツ綱マツ目スギ科の木本。
〈*Cryptomeria japonica*
'*Araucarioides*'〉

エンコウソウ
リュウキンカ（立金花）の別名（キンポ
ウゲ科の多年草。高さは15〜50cm）
〈*Caltha palustris* L. var.*nipponica*
Hara〉

エンコウヒバ
ヒヨクヒバ（比翼檜葉）の別名（マツ綱
マツ目ヒノキ科の木本）
〈Chamaecyparis pisifera '*Filifera*'〉

エンジェルスフード
アンゼリカの別名（セリ科の属総称。
ハーブ）

*エンジマダラ
別名：ベニマダラ
ベニマダラ科の海藻。濃いえんじ色。
〈*Hildenbrandtia prototypus Nardo*〉

*エンシュウシャクナゲ
別名：ホソバシャクナゲ（細葉石南花）
双子葉植物綱ツツジ目ツツジ科の常緑低
木。高さは2.5m。花はピンク色。
〈*Rhododendron makinoi*〉

*エンシュウハグマ（遠州羽熊）
別名：ランコウハグマ
双子葉植物綱キク目キク科の草本。
〈*Ainsliaea dissecta*〉

*エンダイブ
別名：キクヂシャ，チリメンヂシャ，
ニガヂシャ
双子葉植物綱キク目キク科の葉菜類。
花は紫青色。
〈*Cichorium endivia*〉

エント
エゾミソハギ（蝦夷禊萩）の別名（双子

葉植物綱フトモモ目ミソハギ科の多年
草。高さは50〜150cm。花は紅紫色）
〈*Lythrum salicaria*〉

エンドウ
シロエンドウ（白豌豆）の別名（マメ科
の越年草）
〈*Pisum sativum* L.〉

*エンドウ（豌豆）
別名：アカエンドウ，ノラマメ
双子葉植物綱マメ目マメ科の果菜類。
つるの長さは1m。
〈*Pisum sativum*〉

エンドウソウ
イタチササゲ（鼬豇豆）の別名（双子葉
植物綱マメ目マメ科の多年草。高さは
60〜200cm）
〈*Lathyrus davidii*〉

エンドウチャ
カラスノエンドウ（烏豌豆）の別名（双
子葉植物綱マメ目マメ科の越年草。高
さは60〜150cm）
〈*Vicia angustifolia*〉

*エンバク
別名：オートムギ
単子葉植物綱カヤツリグサ目イネ科の一
年草。高さは40〜140cm。
〈*Avena sativa*〉

エンバヒバ
スイリュウヒバ（垂柳檜葉）の別名（マ
ツ綱マツ目ヒノキ科の木本）
〈Chamaecyparis obtusa '*Pendula*'〉

エンメイギク
ヒナギク（雛菊）の別名（双子葉植物綱
キク目キク科の一年草および多年草。
花は淡紅色）
〈*Bellis perennis*〉

エンメイソウ（延命草）
ヒキオコシ（引起）の別名（双子葉植物
綱シソ目シソ科の多年草。高さは50〜

植物別名辞典　85

100cm)
⟨*Plectranthus japonicus*⟩

＊エンレイソウ（延齢草）
　　別名：オオミツバ，ヤマミツバ
　　　　単子葉植物綱ユリ目ユリ科の多年草。
　　　　高さは20〜40cm。
　　　　⟨*Trillium smallii*⟩

【 オ 】

オイランソウ
　　クサキョウチクトウ（草夾竹桃）の別
　　名（双子葉植物綱ナス目ハナシノブ科の
　　　多年草。高さは60〜120cm。花は淡紫
　　　紅色，または白色）
　　　⟨*Phlox paniculata*⟩
　　フロックスの別名（双子葉植物綱ナス目
　　　ハナシノブ科の属総称）
　　　⟨Phlox *spp.*⟩

オイランバナ
　　オオマツヨイグサ（大待宵草）の別名
　　　（双子葉植物綱フトモモ目アカバナ科の
　　　二年草または多年草。高さは0.5〜1.
　　　5m。花は黄色）
　　　⟨*Oenothera erythrosepala*⟩

＊オウカンユリ
　　別名：ホソバハカタユリ
　　　　ユリ科の多肉植物。高さは60〜150cm。
　　　　花は白色。
　　　　⟨*Lilium regale E. H. Wils.*⟩

オウギバショウ
　　タビビトノキの別名（単子葉植物綱ショ
　　　ウガ目バショウ科の木本。高さは3〜
　　　10m。花は白色）
　　　⟨*Ravenala madagascariensis*⟩
　　＊オウギバショウ（扇芭蕉）
　　　別名：タビビトノキ
　　　　　バショウ科。高さは3〜10m。花は
　　　　　白色。

⟨*Ravenala madagascariensis J. F.
　Gmel.*⟩

オウギヤシ
　　ウチワヤシ（団扇椰子）の別名（単子葉
　　　植物綱ヤシ目ヤシ科の木本。雌雄異株。
　　　高さは12〜18m）
　　　⟨*Borassus flabellifer*⟩

オウゴンカズラ
　　ポトスの別名（サトイモ科）

＊オウゴンクジャクヒバ
　　別名：キンクジャク，モエギクジャク
　　　ヒノキ科。
　　　　⟨*Chamaecyparis obtusa（Siebold et
　　　　Zucc.）Endl. 'Filicoides-aurea'*⟩

オウゴンコデマリ
　　キンバデマリの別名（スイカズラ科）

＊オウゴンシノブヒバ（黄金忍檜葉）
　　別名：ホタルヒバ
　　　マツ綱マツ目ヒノキ科の木本。
　　　　⟨*Chamaecyparis pisifera 'Plumosa
　　　　Aurea'*⟩

＊オウゴンスギ（黄金杉）
　　別名：セッカンスギ
　　　スギ科。

＊オウゴンチャボヒバ（黄金矮鶏檜葉）
　　別名：オウゴンヒバ，キンヒバ
　　　マツ綱マツ目ヒノキ科の木本。
　　　　⟨*Chamaecyparis obtusa 'Breviramea
　　　　Aurea'*⟩

オウゴンヒバ
　　オウゴンチャボヒバ（黄金矮鶏檜葉）
　　　の別名（マツ綱マツ目ヒノキ科の木本）
　　　⟨Chamaecyparis obtusa *'Breviramea
　　　Aurea'*⟩

＊オウゴンヤグルマ（黄金矢車草）
　　別名：オウゴンヤグルマキク，オオサ
　　　ルタン

86　植物別名辞典

キク科の草本。高さは1m。花は黄色。
〈*Centaurea macrocephala Pushk. ex Willd.*〉

オウゴンヤグルマキク
オウゴンヤグルマ（黄金矢車草）の別名
（キク科の草本。高さは1m。花は黄色）
〈*Centaurea macrocephala* Pushk. ex Willd.〉

オウサカソウ（逢坂草）
フシグロセンノウ（節黒仙翁）の別名
（双子葉植物綱ナデシコ目（中心子目）ナデシコ科の多年草。高さは50〜80cm。花は淡いれんが色）
〈*Lychnis miqueliana*〉

オウシキナ
フタマタイチゲの別名（双子葉植物綱キンポウゲ目キンポウゲ科の草本）
〈*Anemone dichotoma*〉

オウジノヒゲ
クラガリシダ（暗がり羊歯）の別名（ウラボシ科の常緑性シダ植物。葉身は長さ30〜50cm，狭線形）
〈*Drymotaenium miyoshianum*〉

オウシュウアカマツ
ヨーロッパアカマツ（欧州赤松）の別名（マツ綱マツ目マツ科の木本。樹高は35m。樹皮は紫灰色）
〈*Pinus sylvestris*〉

オウシュウイチイ
セイヨウイチイ（西洋一位）の別名（イチイ科の木本。樹高20m。樹皮は紫褐色）
〈*Taxus baccata* Linn.〉
ヨーロッパイチイの別名（イチイ綱イチイ目イチイ科の木本。樹高は20m。樹皮は紫褐色）
〈*Taxus baccata*〉

*オウシュウサイシン（欧州細辛）
別名：アサルム，セイヨウカンアオイ

双子葉植物綱ウマノスズクサ目ウマノスズクサ科の多年草。花は緑褐色。
〈*Asarum europaeum*〉

オウシュウトウヒ
ドイツトウヒの別名（マツ綱マツ目マツ科の常緑高木。高さは50m以上。樹皮は赤褐色ないし灰色）
〈*Picea abies*〉

オウシュウトネリコ
セイヨウトネリコの別名（モクセイ科の落葉高木。高さは45m。樹皮は淡灰色）
〈*Fraxinus excelsior* L.〉

オウシュウモミ
ヨーロッパモミの別名（マツ綱マツ目マツ科の常緑高木。高さは50m。樹皮は灰色）
〈*Abies alba*〉

オウショッキ（黄蜀葵）
トロロアオイ（薯蕷葵）の別名（双子葉植物綱アオイ目アオイ科の一年草または越年草。高さは1.5〜2.5m。花は黄色）
〈*Abelmoschus manihot*〉

オウトウ
サクランボ（桜桃）の別名（バラ科）
〈*Prunus avium*〉
セイヨウミザクラ（西洋実桜）の別名（双子葉植物綱バラ目バラ科の木本。花は白色。樹皮は赤褐色）
〈*Cerasus avium*〉

オウトウカ
キヨスミウツボ（清澄靫）の別名（双子葉植物綱ゴマノハグサ目ハマウツボ科の寄生植物。高さは5〜10cm）
〈*Phacellanthus tubiflorus*〉

オウバイ
ヤスミヌムの別名（モクセイ科の属総称）

*オウバイモドキ
別名：ウンナンオウバイ

双子葉植物綱ゴマノハグサ目モクセイ科
の低木。高さは2m。花は鮮黄色。
〈*Jasminum mesnyi*〉

オウミカリヤス
カリヤス（刈安）の別名（単子葉植物綱
カヤツリグサ目イネ科の多年草。高さ
は90〜120cm）
〈*Miscanthus tinctorius*〉

オウムバナ
ヘリコニアの別名（バショウ科の属総称）

オウラン
キンラン（金蘭）の別名（単子葉植物綱
ラン目ラン科の多年草。高さは30〜
60cm。花は黄色）
〈*Cephalanthera falcata*〉

*オウレン（黄連）
別名：キクバオウレン
双子葉植物綱キンポウゲ目キンポウゲ科
の多年草。高さは15〜40cm。花は
白色。
〈*Coptis japonica*〉

オウレンダマシ
セントウソウ（仙洞草）の別名（双子葉
植物綱セリ目セリ科の多年草。高さは
10〜25cm）
〈*Chamaele decumbens*〉

オオアキギリ
アキギリ（秋桐）の別名（双子葉植物綱
シソ目シソ科の多年草。高さは20〜
50cm。花は紫色）
〈*Salvia glabrescens*〉

*オオアザミ（大薊）
別名：マリアアザミ
双子葉植物綱キク目キク科の一年草また
は二年草。高さは20〜150cm。花は
紅紫色。
〈*Silybum marianum*〉

オオアブラギリ
シナアブラギリの別名（双子葉植物綱ト
ウダイグサ目トウダイグサ科の落葉高
木。花は白色）
〈*Aleurites fordii*〉

オオアマナ
オルニトガルム・オーレウムの別名
（ユリ科）

オオアメリカキササゲ
ハナキササゲの別名（双子葉植物綱ゴマ
ノハグサ目ノウゼンカズラ科の高木。
樹高は30m。花は白色。樹皮は灰色）
〈*Catalpa speciosa*〉

オオアラセイトウ
ハナダイコン（花大根）の別名（双子葉
植物綱フウチョウソウ目アブラナ科の一
年草または越年草。高さは20〜50cm。
花は青紫色）
〈*Orychophragmus violaceus*〉

オオアワ
アワ（粟，粱，禾）の別名（単子葉植物
綱カヤツリグサ目イネ科の草本。高さ
は1m。花は黄色，または紫色）
〈*Setaria italica var.italica*〉

オオアワダチソウ
ソリダゴの別名（キク科の属総称）

オオイ
フトイ（太藺）の別名（単子葉植物綱カヤ
ツリグサ目カヤツリグサ科の大型抽水植
物。稈は高さ0.8〜2.5m，上部はやや垂
れる）
〈*Scirpus tabernaemontani*〉

オオイカリソウ
トキワイカリソウ（常磐碇草）の別名
（双子葉植物綱キンポウゲ目メギ科の多
年草。高さは20〜60cm）
〈*Epimedium sempervirens*〉

オオオ

＊**オオイチゴツナギ**（大苺繋）
　　別名：カラスノカタビラ
　　　単子葉植物綱カヤツリグサ目イネ科の一
　　　年草または越年草。高さは30〜50cm。
　　　〈*Poa nipponica*〉

オオイヌイ
　　ハマイの別名（イグサ科の草本）
　　　〈*Juncus haenkei* Meyer〉

オオイヌノヒゲ
　　シロイヌノヒゲの別名（単子葉植物綱ホ
　　シクサ目ホシクサ科の一年草。高さは
　　15〜40cm）
　　　〈*Eriocaulon sikokianum*〉

オオイヌワラビ
　　ヤマイヌワラビ（山犬蕨）の別名（オシ
　　ダ科の夏緑性シダ植物。葉身は長さ20
　　〜50cm、卵形〜三角状卵形）
　　　〈*Athyrium vidalii*〉

＊**オオイワインチン**（大岩茵蔯）
　　別名：トガクシインチン
　　　キク科の草本。
　　　〈*Dendranthema pallasianum*
　　　　（*Fischer ex Bess.*）*Vorosh.*〉

オオイワウチワ
　　イワウチワ（岩団扇）の別名（双子葉植
　　物綱イワウメ目イワウメ科の多年草。
　　高さは3〜10cm。花は淡紅色）
　　　〈*Shortia uniflora var.kantoensis*〉

オオイワカガミ
　　イワカガミ（岩鏡）の別名（イワウメ科
　　の多年草。高さは6〜15cm。花は淡紅
　　または紅色）
　　　〈*Schizocodon soldanelloides* Sieb. et
　　　Zucc. var.*soldanelloides*〉

オオイワガネ
　　ヌイマオの別名（イラクサ科の木本）

＊**オオイワギリソウ**
　　別名：グロクシニア

　　　双子葉植物綱ゴマノハグサ目イワタバコ
　　　科の多年草。高さは10cm。花は濃紅，
　　　赤，紫，桃，白色など。
　　　〈*Sinningia speciosa*〉

オオウコギ
　　ケヤマウコギ（毛山五加）の別名（双子
　　葉植物綱セリ目ウコギ科の落葉低木）
　　　〈*Acanthopanax divaricatus*〉

オオウチワ（大団扇）
　　アンスリウムの別名（サトイモ科の属総
　　称）

＊**オオウラジロノキ**
　　別名：オオズミ（大酸実），ズミノキ，
　　　　　ヤマリンゴ
　　　双子葉植物綱バラ目バラ科の落葉高木。
　　　樹高は12m。樹皮は紫褐色。
　　　〈*Malus tschonoskii*〉

オオエビヅル
　　ヤマブドウ（山葡萄）の別名（双子葉植
　　物綱クロウメモドキ目ブドウ科の落葉つ
　　る性植物）
　　　〈*Vitis coignetiae*〉

＊**オオエビネ**（大蝦根）
　　別名：キンエビネ
　　　ラン科の多年草。花は橙，赤紅色。
　　　〈*Calanthe discolor Lindl. var.*
　　　　bicolor Makino〉

オオエンジュ
　　イヌエンジュ（犬槐）の別名（双子葉植
　　物綱マメ目マメ科の落葉高木）
　　　〈*Maackia amurensis var.buergeri*〉

＊**オオオサラン**（大筬蘭）
　　別名：ホザキオサラン
　　　単子葉植物綱ラン目ラン科の草本。高
　　　さは4〜7cm。
　　　〈*Eria corneri*〉

＊**オオオニバス**（大鬼蓮）
　　別名：ダイオウバス

植物別名辞典　89

オオカ

双子葉植物綱スイレン目スイレン科の水
生植物。葉径1.5〜2m。
〈*Victoria amazonica*〉

*オオカサゴケ（大傘苔）
別名：カラカサゴケ，レンゲゴケ
ハリガネゴケ科の水草。
〈*Rhodobryum giganteum*〉

オオガシ
アカガシ（赤樫）の別名（双子葉植物綱
ブナ目ブナ科の常緑高木。高さは20m）
〈*Quercus acuta*〉

*オオカッコウアザミ
別名：メキシカンアゲラタム
キク科の草本。高さ60cm。花は青
紫色。
〈*Ageratum houstonianum Mill.*〉

*オオカナメモチ（大要黐）
別名：ナガバカナメモチ
双子葉植物綱バラ目バラ科の常緑高木。
高さは6〜14m。花は白色。樹皮は灰
褐色。
〈*Photinia serratifolia*〉

*オオカニコウモリ
別名：ニッコウコウモリ
双子葉植物綱キク目キク科の多年草。
高さは30〜100cm。
〈*Cacalia nikomontana*〉

オオカマツカ
ワタゲカマツカの別名（バラ科の落葉低
木あるいは小高木。高さは5m。樹皮は
灰か灰褐色）
〈*Pourthiaea villosa*（Thunb.）Decne.〉

オオカメノキ
ムシカリ（虫狩）の別名（双子葉植物綱
マツムシソウ目スイカズラ科の落葉低
木。高さは2〜5m。花は白色）
〈*Viburnum furcatum*〉

オオガヤツリ
ミズガヤツリ（水蚊張吊）の別名（単子
葉植物綱カヤツリグサ目カヤツリグサ科
の多年草。高さは50〜100cm）
〈*Cyperus serotinus*〉

*オオカラスノエンドウ
別名：コモンベッチ
マメ科の一年草または多年草。
〈*Vicia sativa L.*〉

オオカラマツ
コカラマツ（小唐松）の別名（双子葉植
物綱キンポウゲ目キンポウゲ科の木本）
〈*Thalictrum minus var.stipellatum*〉

*オオカンザクラ
別名：ヒメリンゴ
バラ科の木本。樹高10m。樹皮は紫褐色
ないし灰褐色。

*オオカンシノブホラゴケ
別名：ヤエヤマカンシノブホラゴケ
コケシノブ科の常緑性シダ。葉身は長
さ12〜55cm。卵状長楕円形。
〈*Nesopteris pseudoblepharistoma*
（*Tagawa*）*Masamune*〉

オオキセルソウ
オオナンバンギセルの別名（双子葉植物
綱ゴマノハグサ目ハマウツボ科の一年生
寄生植物。高さは20〜30cm）
〈*Aeginetia sinensis*〉

オオキソチドリ
ミチノクチドリの別名（ラン科）
〈*Platanthera ophrydioides* var.
ophrydioides〉

オオキツネガヤ
ヒゲナガスズメノチャヒキの別名（単
子葉植物綱カヤツリグサ目イネ科の一年
草または越年草。高さは30〜80cm）
〈*Bromus rigidus*〉

オオケ

*オオキツネヤナギ（大狐柳）
別名：オオネコヤナギ
双子葉植物綱ヤナギ目ヤナギ科の木本。
若枝は白色または帯褐黄色の軟毛を
有する。
〈Salix futura〉

オオキノボリシダ
ツルキジノオ（蔓雉之尾）の別名（オシ
ダ科の常緑性シダ植物。葉身は長さ15
〜18cm、線状披針形）
〈Lomariopsis leptocarpa〉

オオキリシマエビネ
ニオイエビネ（匂蝦根）の別名（単子葉
植物綱ラン目ラン科の多年草。高さは
20〜45cm。花は白色）
〈Calanthe izu-insularis〉

オオキンバイザサ
オオバセンボウの別名（ヒガンバナ科）
*オオキンバイザサ
別名：オオバセンボウ（大葉仙茅）
単子葉植物綱ユリ目キンバイザサ科
の多年草。長さは1m。花は黄色。
〈Curculigo capitulata〉

*オオクグ
別名：オオムシャスゲ
単子葉植物綱カヤツリグサ目カヤツリグ
サ科の草本。
〈Carex rugulosa〉

オオクサソテツ
イヌガンソク（犬雁足）の別名（オシダ
科の夏緑性シダ植物。葉身は長さ4〜
12cm、単羽状）
〈Matteuccia orientalis〉

オオクサボク
ウドノキの別名（双子葉植物綱ナデシコ
目（中心子目）オシロイバナ科の常緑高
木。高さは6m。花はピンク〜黄緑色）
〈Pisonia umbellifera〉

*オオクボシダ
別名：ヒメコシダ，ムカデシダ，ヨウ
ラクシダ
ウラボシ科の常緑性シダ植物。葉身は
長さ15cm、狭披針形から線形。
〈Xiphopteris okuboi〉

オオクマシデ
クマシデ（熊四手）の別名（双子葉植物
綱ブナ目カバノキ科の落葉高木。樹高
は15m。樹皮は灰色）
〈Carpinus japonica〉

*オオクマヤナギ（大熊柳）
別名：ケオオクマヤナギ
双子葉植物綱クロウメモドキ目クロウメ
モドキ科の木本。
〈Berchemia racemosa var.magna〉

オオクルマユリ
タケシマユリ（竹島百合）の別名（単子
葉植物綱ユリ目ユリ科の多年草。高さ
は80〜150cm。花は橙黄色）
〈Lilium hansoni〉

オオクロウメモドキ
クロツバラの別名（双子葉植物綱クロウ
メモドキ目クロウメモドキ科の落葉低
木。花は黄緑色）
〈Rhamnus davurica var.nipponica〉

オオゲシ
オニゲシ（鬼罌粟）の別名（双子葉植物
綱ケシ目ケシ科の多年草。高さは1〜1.
5m。花は白に黄色斑点）
〈Papaver orientale〉

オオケタデ
オオベニタデの別名（タデ科）
〈Persicaria orientalis（L.）Assenov〉
*オオケタデ（大毛蓼）
別名：オオベニタデ，ハブテコブラ，ベ
ニバナオオケタデ
双子葉植物綱タデ目タデ科の一年草。
高さは1.8m。花は淡紅〜紅紫色。
〈Persicaria pilosa〉

植物別名辞典　91

オオコ

オオコケシノブ
オニコケシノブ（鬼苔忍）の別名（コケ
シノブ科のシダ植物）
〈*Mecodium badium*（Hook. et Grev.）
Copel.〉

＊オオコケシノブ
別名：チヂレコケシノブ，ミヤマコケシ
ノブ
コケシノブ科の常緑性シダ。葉身は
長さ6〜20cm。卵状長楕円形から
広披針形。
〈*Mecodium flexile*（*Makino*）
Copel.〉

オオコブシ
ハクモクレン（白木蓮）の別名（双子葉
植物綱モクレン目モクレン科の落葉高
木。高さは15m。花は乳白色）
〈*Magnolia heptapeta*〉

＊オオコマユミ（大小真弓）
別名：ソガイコマユミ
双子葉植物綱ニシキギ目ニシキギ科の落
葉低木。
〈*Euonymus alatus var.rotundatus*〉

＊オオコメツツジ（大米躑躅）
別名：シロバナノコメツツジ
双子葉植物綱ツツジ目ツツジ科の落葉
低木。
〈*Rhododendron tschonoskii var.
trinerve*〉

オオゴンコノテガシワ
センパオウレアの別名（マツ綱マツ目ヒ
ノキ科。コノテガシワの品種）
〈Thuja orientalis ‘*Semperaurea*’〉

＊オオサイハイゴケ
別名：チチブサイハイゴケ，ドクダミ
サイハイゴケ
ジンガサゴケ科のコケ。独特なドクダ
ミ臭、長さ1〜2cm。
〈*Asterella cruciata*（*Steph.*）
Horik.〉

オオサカズキ
オオムラサキ（大紫）の別名（ツツジ科
の常緑低木。花は紅紫色）
〈*Rhododendron pulchrum* Sweet cv.
Ohmurasaki〉

オオサカナデシコ（大阪撫子）
イセナデシコ（伊勢撫子）の別名（双子
葉植物綱ナデシコ目（中心子目）ナデシ
コ科の多年草。高さは30cm）
〈Dianthus × isensis〉

＊オオサクラソウ（大桜草）
別名：ミヤマサクラソウ
双子葉植物綱サクラソウ目サクラソウ科
の多年草。高さは20〜40cm。花は紅
紫色。
〈*Primula jesoana*〉

オオサルタン
オウゴンヤグルマ（黄金矢車草）の別名
（キク科の草本。高さは1m。花は黄色）
〈*Centaurea macrocephala* Pushk. ex
Willd.〉

＊オオシオグサ
別名：コミドリシオグサ
緑藻綱シオグサ目シオグサ科の海藻。
小枝は束状に出る。体は20cm。
〈*Cladophora japonica*〉

＊オオジシバリ（大地縛）
別名：ジシバリ，ツルニガナ
双子葉植物綱キク目キク科の多年草。
高さは10〜15cm。
〈*Ixeris debilis*〉

オオシッポゴケ
シッポゴケ（尻尾苔）の別名（シッポゴ
ケ科のコケ。大形、茎は長さ10cm、
白っぽい仮根をつける）
〈*Dicranum japonicum* Mitt.〉

オオシバスゲ
クモマシバスゲの別名（単子葉植物綱カ
ヤツリグサ目カヤツリグサ科の草本）

92 植物別名辞典

オオセ

〈Carex subumbellata *var.*verecunda〉

オオシマコバンノキ
ブレイニアの別名（トウダイグサ科の属総称）

*オオシマコバンノキ
別名：タカサゴコバンノキ
双子葉植物綱トウダイグサ目トウダイグサ科の木本。
〈*Breynia officinalis*〉

オオシマハイネズ
オキナワハイネズの別名（ヒノキ科の木本）
〈*Juniperus taxifolia* var.*lutchuensis*〉

*オオシラガゴケ
別名：オキナゴケ，トラゴケ
シラガゴケ科のコケ。茎は長さ5cm以上、葉は披針形。
〈*Leucobryum scabrum S. Lac.*〉

*オオシラビソ（大白檜曽）
別名：オオリュウセン，トド，リュウセン
マツ綱マツ目マツ科の常緑高木。高さは30m。
〈*Abies mariesii*〉

オオシロカネソウ
チチブシロカネソウの別名（双子葉植物綱キンポウゲ目キンポウゲ科の多年草。高さは20〜35cm）
〈*Enemion raddeanum*〉

オオシロシマセンネンボク
ドラセナ・デレメンシス・バウセイの別名（リュウゼツラン科）

オオシロヤナギ
ジャヤナギ（蛇柳）の別名（双子葉植物綱ヤナギ目ヤナギ科の木本）
〈*Salix eriocarpa*〉

オオスグリ
セイヨウスグリ（西洋酸塊）の別名（双子葉植物綱バラ目ユキノシタ科の落葉低木。高さは1.2m）
〈*Ribes uva-crispa*〉

*オオスズメウリ（大雀瓜）
別名：キバナカラスウリ
双子葉植物綱スミレ目ウリ科の多年草。長さは2m。花は黄色。
〈*Thladiantha dubia*〉

オオスズメノチャヒキ
ヒゲナガスズメノチャヒキの別名（単子葉植物綱カヤツリグサ目イネ科の一年草または越年草。高さは30〜80cm）
〈*Bromus rigidus*〉

*オオスズメノテッポウ（大雀鉄砲）
別名：ヨウシュセトガヤ
単子葉植物綱カヤツリグサ目イネ科の多年草。高さは40〜120cm。
〈*Alopecurus pratensis*〉

オオズミ（大酸実）
オオウラジロノキの別名（双子葉植物綱バラ目バラ科の落葉高木。樹高は12m。樹皮は紫褐色）
〈*Malus tschonoskii*〉

オオスミキヌラン
カゲロウランの別名（ラン科の草本）
〈*Hetaeria agyokuana* (Fukuyama) Nackejima〉

オオゼニゴケ
ケゼニゴケ（毛銭苔）の別名（ゼニゴケ科のコケ。表面に微小な乳頭状をした同化糸があり。長さ3〜15cm）
〈*Dumortiera hirsuta* (Sw.) Nees〉

オオゼリ
ドクゼリ（毒芹）の別名（双子葉植物綱セリ目セリ科の多年草。高さは60〜100cm）
〈*Cicuta virosa*〉

植物別名辞典　93

オオセ

オオセンボンヤリ（大千本槍）
ガーベラの別名（双子葉植物綱キク目キク科の多年草。花は赤色，または黄色）
〈*Gerbera jamesonii*〉

オオソネ
クマシデ（熊四手）の別名（双子葉植物綱ブナ目カバノキ科の落葉高木。樹高は15m。樹皮は灰色）
〈*Carpinus japonica*〉

*オオダイブシ
別名：アシブトウズ
キンポウゲ科。
〈*Aconitum grosse-dentatum var. odaiense*〉

オオタカネツメクサ
エゾノタカネツメクサの別名（ナデシコ科の多年草）
〈*Minuartia arctia* Asch. et Graebn.〉

*オオタカネバラ（大高嶺薔薇）
別名：オオミヤマバラ
双子葉植物綱バラ目バラ科の落葉低木。
〈*Rosa acicularis*〉

*オオタチツボスミレ
別名：クサノスミレ
双子葉植物綱スミレ目スミレ科の多年草。高さは5〜20cm。
〈*Viola kusanoana*〉

オオタニウツギ
オオベニウツギ（大紅空木）の別名（双子葉植物綱マツムシソウ目スイカズラ科の落葉低木。高さは2〜3m。花は紅色）
〈*Weigela florida*〉

*オオタニワタリ（大谷渡）
別名：ミツナガシワ
チャセンシダ科の常緑性シダ植物。葉身は長さ1m，広披針形。
〈*Neottopteris antiqua*〉

オオタマガヤツリ
アオガヤツリ（青蚊帳釣）の別名（単子葉植物綱カヤツリグサ目カヤツリグサ科の一年草。高さは10〜30cm）
〈*Cyperus nipponicus*〉

オオタマシダ
ヤンバルタマシダの別名（シノブ科の常緑性シダ植物。葉長60〜100cm）
〈*Nephrolepis hirsutula*〉

*オオチゴユリ
別名：アオチゴユリ
単子葉植物綱ユリ目ユリ科の草本。
〈*Disporum viridescens*〉

オオチチッパベンケイ
チチッパベンケイの別名（双子葉植物綱バラ目ベンケイソウ科の多年草。高さは10〜25cm。花は淡黄緑色）
〈*Hylotelephium sordidum*〉

*オオチドメ
別名：ヤマチドメ
双子葉植物綱セリ目セリ科の多年草。高さは10〜15cm。
〈*Hydrocotyle ramiflora*〉

*オオチャワンタケ
別名：フクロチャワンタケ
チャワンタケ科のキノコ。中型〜大型。子嚢盤は浅い椀形，子実層は淡褐色。
〈*Peziza vesiculosa*〉

オオチョウジガマズミ
チョウジガマズミの別名（スイカズラ科の落葉低木）
〈*Viburnum carlesii* Hemsl. var. *bitchiuense* Nakai〉

オオツガザクラ
コツガザクラ（小栂桜）の別名（双子葉植物綱ツツジ目ツツジ科の常緑小低木）
〈*Phyllodoce alpina*〉

＊オオツクバネウツギ（大衝羽根空木）
別名：メツクバネウツギ
双子葉植物綱マツムシソウ目スイカズラ
科の落葉低木。
〈*Abelia tetrasepala*〉

＊オオツヅラフジ
別名：ツヅラフジ
ツヅラフジ科の薬用植物。
〈*Sinomenium actum*〉

＊オオツメクサ（大爪草）
別名：ノハラツメクサ
ナデシコ科の一年草または越年草。高
さは15〜30cm。花は白色。
〈*Spergula arvensis L.*〉

＊オオツリバナ（大吊花，大釣花）
別名：ニッコウツリバナ
双子葉植物綱ニシキギ目ニシキギ科の落
葉低木。
〈*Euonymus planipes*〉

＊オオツルウメモドキ（大蔓梅擬）
別名：シタキツルウメモドキ
双子葉植物綱ニシキギ目ニシキギ科の落
葉つる性植物。
〈*Celastrus stephanotiifolius*〉

オオツルボ
シラーの別名（ユリ科の属総称。球根植
物）

＊オオツルマサキ
別名：ツルオオバマサキ
ニシキギ科の常緑低木。

オオデマリ
シラタマヒョウタンボクの別名（スイ
カズラ科の落葉小低木）
〈*Symphoricarpos albus* B'ake〉
＊オオデマリ（大手毬）
別名：スノーボール，テマリバナ，ビブ
ルナム
双子葉植物綱マツムシソウ目スイカ

ズラ科の低木または小高木。高さ
は3〜5m。花は白色，または少し赤
みを帯びた白色。
〈*Viburnum plicatum var.plicatum*
form.plicatum〉

＊オオテンニンギク（大天人菊）
別名：ゲーラルディア
キク科の宿根草。高さは60〜90cm。花
は紫紅色。
〈*Gaillardia aristata* Pursh〉

オオトウワタ
アスクレピアスの別名（ガガイモ科の属
総称）

オオトキワイヌビワ
トキワイヌビワの別名（クワ科の常緑高
木）
〈*Ficus boninsimae* Koidz.〉

オオトネリコ
ヤマトアオダモの別名（双子葉植物綱ゴ
マノハグサ目モクセイ科の落葉高木。
小葉は長楕円状披針形）
〈*Fraxinus longicuspis*〉
＊オオトネリコ
別名：チョウセントネリコ
モクセイ科の薬用植物。
〈*Fraxinus rhynchophylla* Hance.〉

オオナ
タカナ（高菜）の別名（双子葉植物綱フウ
チョウソウ目アブラナ科の葉菜類）
〈Brassica juncea *var.integrifolia*〉

オオナガミクダモノトケイ
オオミノトケイソウ（大実時計草）の
別名（双子葉植物綱スミレ目トケイソウ
科のつる性常緑低木。花は桃〜赤紫色）
〈*Passiflora quadrangularis*〉

オオナラ
ミズナラ（水楢）の別名（双子葉植物綱
ブナ目ブナ科の落葉高木）
〈*Quercus crispula*〉

オオナ

*オオナンバンギセル
別名：オオキセルソウ，ヤマナンバンギセル
　双子葉植物綱ゴマノハグサ目ハマウツボ科の一年生寄生植物。高さは20〜30cm。
　〈Aeginetia sinensis〉

オオニラ
ラッキョウ（辣韮）の別名（単子葉植物綱ユリ目ユリ科の根菜類。葉長30〜50cm）
　〈Allium chinense〉

オオヌカボ
ハイコヌカグサの別名（単子葉植物綱カヤツリグサ目イネ科の多年草。高さは20〜100cm）
　〈Agrostis stolonifera〉

オオヌマハリイ
ヌマハリイ（沼針藺）の別名（単子葉植物綱カヤツリグサ目カヤツリグサ科の多年生抽水植物。鱗片は濃褐色，広披針形〜狭卵形。高さは30〜60cm）
　〈Eleocharis mamillata var.cyclocarpa〉

オオネ（大根）
ダイコン（大根）の別名（アブラナ目アブラナ科の根菜。。）
　〈Raphanus sativus L. var.hortensis Backer〉

オオネコヤナギ
オオキツネヤナギ（大狐柳）の別名（双子葉植物綱ヤナギ目ヤナギ科の木本。若枝は白色または帯褐黄色の軟毛を有する）
　〈Salix futura〉

*オオノアザミ（大野薊）
別名：アオモリアザミ
　双子葉植物綱キク目キク科の多年草。高さは50〜100cm。
　〈Cirsium aomorense〉

オオノキシノブ
ホテイシダ（布袋羊歯）の別名（ウラボシ科の夏緑性シダ植物。葉身は長さ25cm弱，披針形）
　〈Lepisorus annuifrons〉

オオバアカザ
ウスバアカザの別名（双子葉植物綱ナデシコ目（中心子目）アカザ科の一年草。高さは1〜2m）
　〈Chenopodium hybridum〉

オオバアカメガシワ
オオバベニガシワ（大葉紅柏）の別名（双子葉植物綱トウダイグサ目トウダイグサ科の落葉低木。発芽時の若葉は鮮紅色）
　〈Alchornea davidii〉

*オオバアサガラ（大葉麻殻）
別名：ケアサガラ
　双子葉植物綱カキノキ目エゴノキ科の落葉高木。樹高は12m。樹皮は淡い灰褐色。
　〈Pterostyrax hispida〉

*オオバイカイカリソウ（大梅花碇草）
別名：スズフリイカリソウ
　双子葉植物綱キンポウゲ目メギ科の草本。
　〈Epimedium × setosum〉

オオバイプカズラ
アリストロキアの別名（ウマノスズクサ科の属総称）

*オオハイホラゴケ
別名：リュウキュウコガネ
　コケシノブ科の常緑性シダ。葉身は長さ15〜30cm。広披針形から広卵状披針形。
　〈Vendenboschia radicans var. naseana〉

オオバウメモドキ
ウメモドキ（梅擬）の別名（双子葉植物

綱ニシキギ目モチノキ科の落葉低木。
高さは3〜4m。花は淡紫色）
〈*Ilex serrata*〉

オオバエゾヒョウタンボク
エゾヒョウタンボク（蝦夷瓢箪木）の
別名（双子葉植物綱マツムシソウ目スイ
カズラ科の落葉低木）
〈*Lonicera alpigena subsp.*glehnii〉

オオバガシ
アカガシ（赤樫）の別名（双子葉植物綱
ブナ目ブナ科の常緑高木。高さは20m）
〈*Quercus acuta*〉

オオバガラシ
タカナ（高菜）の別名（双子葉植物綱フウ
チョウソウ目アブラナ科の葉菜類）
〈Brassica juncea *var.*integrifolia〉

オオバグミ
マルバグミ（丸葉茱萸）の別名（双子葉
植物綱ヤマモガシ目グミ科の常緑低木。
高さは2m）
〈*Elaeagnus macrophylla*〉

オオバクロテツ
ムニンノキの別名（双子葉植物綱カキノ
キ目アカテツ科の常緑高木）
〈*Planchonella boninensis*〉

*オオバコ（大葉子）
別名：オンバコ，スモトリバナ
双子葉植物綱オオバコ目オオバコ科の多
年草。高さは10〜50cm。
〈*Plantago asiatica*〉

オオバコケモモ
ヤドリコケモモの別名（ツツジ科の木
本）
〈*Vaccinium amamianum* Hatusima〉

*オオハコベ
別名：エゾノミヤマハコベ
双子葉植物綱ナデシコ目（中心子目）ナ
デシコ科の草本。
〈*Stellaria bungeana*〉

オオバコリヤナギ
イヌコリヤナギ（犬行李柳）の別名（双
子葉植物綱ヤナギ目ヤナギ科の落葉低
木）
〈*Salix integra*〉

オオバサンザシ
サンザシ（山査子）の別名（双子葉植物
綱バラ目バラ科の落葉低木。高さは1.
5m。花は白色）
〈*Crataegus cuneata*〉

*オオバサンザシ
別名：アラゲアカサンザシ
バラ科の落葉小高木。
〈*Crataegus maximowiczii C. K.
Schneid.*〉

オオバジャ
ハクウンボク（白雲木）の別名（双子葉
植物綱カキノキ目エゴノキ科の落葉高
木。高さは8〜15m。樹皮は灰褐色）
〈*Styrax obassia*〉

オオハシバミ
ハシバミ（榛）の別名（カバノキ科の落葉
低木）
〈*Corylus heterophylla* Fisch. ex Besser
var.*thunbergii* Blume〉

*オオハシバミ（大榛）
別名：オヒョウバハシバミ
カバノキ科の低木。高さは3〜4m。
〈*Corylus heterophylla* Fisch.〉

オオバジュズネノキ
ジュズネノキ（数珠根木）の別名（双子
葉植物綱アカネ目アカネ科の常緑低木）
〈Damnacanthus macrophyllus *var.*
macrophyllus〉

オオバスノキ
スノキ（酸木）の別名（ツツジ科の落葉低
木）
〈*Vaccinium smallii* A. Gray var.
glabrum Koidz.〉

オオバスベリヒユ
タチスベリヒユ（立滑莧）の別名（双子
葉植物綱ナデシコ目（中心子目）スベリ
ヒユ科の葉菜類。花は黄色）
〈Portulaca oleracea var.sativa〉

オオバセンボウ
オオキンバイザサの別名（単子葉植物綱
ユリ目キンバイザサ科の多年草。長さ
は1m。花は黄色）
〈Curculigo capitulata〉

*オオバセンボウ
別名：オオキンバイザサ
ヒガンバナ科。

オオバタネツケバナ
テイレギの別名（アブラナ科。高さは
20cm。花は白色）
〈Cardamine scutata Thunb.〉

オオバタンキリマメ
トキリマメ（吐切豆）の別名（双子葉植
物綱マメ目マメ科の多年生つる草）
〈Rhynchosia acuminatifolia〉

オオバチヂミシマアオイソウ
エメラルドリップルの別名（コショウ科
のペペロミア・カペラータの品種）

オオバツノマタ
タンバノリの別名（ムカデノリ科の海藻。
やや硬い革状。体は長さ20〜30cm）
〈Pachymeniopsis elliptica（Holmes）
Yamada in Kawabata〉

オオバツメクサ
イワツメクサ（岩爪草）の別名（双子葉
植物綱ナデシコ目（中心子目）ナデシコ
科の多年草。高さは10〜20cm。花は白
色）
〈Stellaria nipponica〉

オオバツルウメモドキ
リュウキュウツルウメモドキの別名
（ニシキギ科の木本）
〈Celastrus kusanoi Hayata〉

オオバテイカカズラ
ムニンテイカカズラの別名（双子葉植物
綱リンドウ目キョウチクトウ科の常緑つ
る性植物）
〈Trachelospermum foetidum〉

*オオバナオオヤマサギソウ
別名：フガクオオヤマサギソウ
ラン科。
〈Platanthera sachalinensis var.
hondoensis〉

オオバナカリッサ
カリッサの別名（キョウチクトウ科の常
緑低木。刺あり。高さは5m。花は白く
筒部は淡紅色）
〈Carissa carandas L.〉

オオバナクンシラン
クンシラン（君子蘭）の別名（単子葉植
物綱ユリ目ヒガンバナ科の常緑草。高
さは40〜50cm。花は橙，緋赤色）
〈Clivia miniata〉

*オオバナサルスベリ
別名：ジャワザクラ
双子葉植物綱フトモモ目ミソハギ科の落
葉高木。高さは15〜20m。花は朝は
紅紫，夕は紫色。
〈Lagerstroemia speciosa〉

*オオバナチョウセンアサガオ（大花朝鮮朝顔）
別名：カシワバチョウセンアサガオ，
キダチチョウセンアサガオ
ナス科の常緑低木。高さは3〜4.5m。花
は白色。
〈Datura suaveolens Humb. et
Bonpl. ex Willd.〉

オオバナニガナ
ハナニガナ（花苦菜）の別名（キク科の
薬用植物）
〈Ixeris dentata（Thunb.）Nakai var.
amplifolia Kitam.〉

オオバナベニサルビア
サルビアの別名（双子葉植物綱シソ目シソ科の落葉小低木。高さは1m。花は鮮紅色）
〈*Salvia splendens*〉

*オオバナミミナグサ（大花耳菜草）
別名：リシリミミナグサ
双子葉植物綱ナデシコ目（中心子目）ナデシコ科の多年草。高さは50cm。
〈*Cerastium fischerianum*〉

オオバナワレモコウ
チシマワレモコウ（千島吾木香）の別名（バラ科）
〈*Sanguisorba tenuifolia* Fisch. ex Link var.*grandiflora* Maxim.〉

オオバニワスギゴケ
セイタカスギゴケ（背高杉苔）の別名（スギゴケ科のコケ。大形、茎は高さ8〜20cm）
〈*Pogonatum japonicum* Sull. et Lesq.〉

オオバニワトコ
エゾニワトコ（蝦夷接骨木）の別名（双子葉植物綱マツムシソウ目スイカズラ科の落葉低木または高木）
〈*Sambucus racemosa subsp. kamtschatica*〉

*オオバヌスビトハギ
別名：サイコクトキワヤブハギ
双子葉植物綱マメ目マメ科の草本。
〈*Desmodium laxum*〉

オオバネム
オオバネムノキの別名（双子葉植物綱マメ目マメ科の高木。莢は白褐色、種子は褐色。高さは15m。花は緑黄色）
〈*Albizia lebbeck*〉

*オオバネムノキ
別名：オオバネム，ビルマゴウカン，ビルマネムノキ
双子葉植物綱マメ目マメ科の高木。莢は白褐色，種子は褐色。高さは15m。花は緑黄色。
〈*Albizia lebbeck*〉

オオバノイタチシダ
ムニンベニシダの別名（オシダ科の常緑性シダ。葉身は長さ30〜45cm。三角状長卵形）
〈*Dryopteris insularis* Kodama〉

オオバノキンモウワラビ
キンモウワラビ（金毛蕨）の別名（オシダ科の夏緑性シダ植物。葉身は長さ50cm，五角形から三角状長楕円形）
〈*Hypodematium fauriei*〉

オオバノコウザキシダ
オオバノヒノキシダの別名（チャセンシダ科の常緑性シダ植物。葉身は長さ50cm，卵状長楕円形）
〈*Asplenium trigonopterum*〉

*オオバノセンナ
別名：ホソバハブソウ
双子葉植物綱マメ目マメ科の低木。莢はやや円柱形。高さは1〜2m。花は鮮黄色。
〈*Cassia sophera*〉

*オオバノヒノキシダ
別名：オオバノコウザキシダ
チャセンシダ科の常緑性シダ植物。葉身は長さ50cm，卵状長楕円形。
〈*Asplenium trigonopterum*〉

*オオバハマアサガオ
別名：マルバアサガオ
ヒルガオ科の大蔓木。花は淡紅紫色、花筒内濃紅紫色。
〈*Stictocardia tiliifolia*（Dest）Hallier. f.〉

*オオバヒョウタンボク
別名：アラゲヒョウタンボク
双子葉植物綱マツムシソウ目スイカズラ科の木本。

〈*Lonicera strophiophora*〉

オオバブシダマ
エゾヒョウタンボク(蝦夷瓢箪木)の別名(双子葉植物綱マツムシソウ目スイカズラ科の落葉低木)
〈Lonicera alpigena *subsp.*glehnii〉

*オオバフジボグサ
別名：ヤエヤマフジボグサ
マメ科の木本。
〈*Uraria lagopodioides*（*L.*）*Desv. ex DC.*〉

オオバベゴニア
タイヨウベゴニアの別名(シュウカイドウ科。花は淡桃色)
〈*Begonia rex* Putz.〉

*オオバベニガシワ(大葉紅柏)
別名：オオバアカメガシワ
双子葉植物綱トウダイグサ目トウダイグサ科の落葉低木。発芽時の若葉は鮮紅色。
〈*Alchornea davidii*〉

オオバホウオウゴケ
ホウオウゴケの別名(ホウオウゴケ科のコケ。大形，茎は長さ2〜9cm，葉は披針形)
〈*Fissidens nobilis*〉

*オオバボダイジュ(大葉菩提樹)
別名：アオジナ
双子葉植物綱アオイ目シナノキ科の落葉広葉高木。高さは25m。
〈*Tilia maximowicziana*〉

*オオハマガヤ
別名：アメリカカイガンソウ，アメリカハマニンニク
イネ科の多年草。高さは60〜100cm。
〈*Ammophila breviligulata* Fern.〉

オオバマサキ
マサキ(柾，正木)の別名(双子葉植物綱ニシキギ目ニシキギ科の常緑低木。高さは2〜3m。花は帯緑白色)
〈*Euonymus japonicus*〉

オオバミズヒキゴケ
ミズスギモドキの別名(ハイヒモゴケ科のコケ。葉は広く横に展開し，広卵形)
〈*Aerobryopsis subdivergens*（Broth.）Broth.〉

*オオバミゾホオズキ(大葉溝酸漿)
別名：サワホオズキ
双子葉植物綱ゴマノハグサ目ゴマノハグサ科の多年草。高さは20〜35cm。
〈*Mimulus sessilifolius*〉

オオバミヤマイヌワラビ
ホソバシケチシダの別名(オシダ科の常緑性シダ。葉身は長さ20〜60cm。三角形〜三角状卵形)
〈*Cornopteris banajaoensis*（C. Chr.）K. lwats. et Price〉

*オオバメギ(大葉目木)
別名：シコクメギ，ミヤマヘビノボラズ，ミヤマメギ
双子葉植物綱キンポウゲ目メギ科の落葉低木。
〈*Berberis tschonoskyana*〉

*オオバモク(大葉藻屑)
別名：ガラモ，ササバモク
褐藻綱ヒバマタ目ホンダワラ科の海藻。茎は円柱状。体は1〜1.5m。
〈*Sargassum ringgoldianum*〉

*オオバヤドリギ(大葉宿生木)
別名：コガノヤドリギ
双子葉植物綱ビャクダン目ヤドリギ科の常緑低木。
〈*Scurrula yadoriki*〉

*オオバヤナギ(大葉柳)
別名：アカヤナギ
双子葉植物綱ヤナギ目ヤナギ科の落葉大高木。

〈*Toisusu urbaniana*〉

オオバヤネフキザサ

チマキザサの別名（単子葉植物綱カヤツリグサ目イネ科の常緑中型ササ。高さは1〜2m）
〈*Sasa palmata*〉

オオバユキザサ

ヤマトユキザサの別名（単子葉植物綱ユリ目ユリ科の多年草。高さは30〜80cm。花は白色）
〈*Smilacina hondoensis*〉

*オオバライチゴ（大薔薇苺）

別名：イセイチゴ，キシュウイチゴ
双子葉植物綱バラ目バラ科の木本。
〈*Rubus croceacanthus*〉

オオハリイ

セイタカハリイの別名（カヤツリグサ科の多年草。高さは25〜55cm）
〈*Eleocharis attenuata* (Franch. et Savat.) Palla〉

ハリイ（針藺）の別名（単子葉植物綱カヤツリグサ目カヤツリグサ科の抽水性〜沈水植物，一年生または多年生。穂は卵形〜狭披針形で長さ3〜12mm。高さは8〜25cm）
〈*Eleocharis congesta*〉

オオハリシバ

コオニシバの別名（イネ科）
〈*Zoysia sinica*〉

オオハリスゲ

エゾハリスゲの別名（単子葉植物綱カヤツリグサ目カヤツリグサ科の草本）
〈*Carex uda*〉

オオハルシャギク（大春車菊）

コスモスの別名（双子葉植物綱キク目キク科の一年草。高さは2〜3m。花は白，淡紅色，または濃紅色）
〈*Cosmos bipinnatus*〉

オオハンゴンソウ

ルドベキアの別名（キク科の属総称。宿根草）

オオヒエンソウ

デルフィニウムの別名（キンポウゲ科の属総称）

オオビル

ニンニク（蒜，葫）の別名（単子葉植物綱ユリ目ユリ科の根菜類。高さは0.5〜1m）
〈*Allium sativum*〉

オオヒルガオ

ヒルガオ（昼顔）の別名（双子葉植物綱ナス目ヒルガオ科の多年生つる草。花は淡紅色）
〈*Calystegia japonica*〉

オオヒルムシロ

オヒルムシロ（雄蛭筵，雄蛭蓆）の別名（単子葉植物綱イバラモ目ヒルムシロ科の多年生水草。沈水葉は互生し，針状。長さは12〜30cm）
〈*Potamogeton natans*〉

オオヒロハノイヌワラビ

カラクサイヌワラビ（唐草犬蕨）の別名（オシダ科の夏緑性シダ。葉身は長さ30〜60cm。楕円形〜長楕円形）
〈*Athyrium clivicola* Tagawa〉

*オオブサ

別名：アラツチ
紅藻綱テングサ目テングサ科の海藻。扁圧。体は25cm以上。
〈*Gelidium pacificum*〉

*オオフサモ（大房藻）

別名：ヌマフサモ
アリノトウグサ科の多年生の抽水植物。茎は径5mm前後、赤みがかる。長さ1m。
〈*Myriophyllum aquaticum* (Vell.) Verdc.〉

植物別名辞典　101

オオフジイバラ
ヤマテリハノイバラの別名（双子葉植物綱バラ目バラ科の落葉低木）
〈Rosa luciae var.luciae〉

*オオフジシダ（大富士羊歯）
別名：キシュウシダ
イノモトソウ科の常緑性シダ植物。葉身は長さ20〜60cm，三角状広披針形。
〈Monachosorum flagellare〉

*オオフタバムグラ
別名：タチフタバムグラ
双子葉植物綱アカネ目アカネ科の一年草。長さは10〜50cm。花は白色，または淡桃色。
〈Diodia teres〉

オオブドウホオズキ
ホオズキトマトの別名（ナス科の一年草。高さは1〜1.3m。花は黄色）
〈Physalis ixocarpa Brot.〉

オオフトモモ
ジャワフトモモの別名（フトモモ科の高木。葉は薄質，果実は白緑または赤。花は白色）
〈Eugenia javanica Lam.〉

*オオベニウツギ（大紅空木）
別名：オオタニウツギ，カラタニウツギ
双子葉植物綱マツムシソウ目スイカズラ科の落葉低木。高さは2〜3m。花は紅色。
〈Weigela florida〉

オオベニタデ
オオケタデ（大毛蓼）の別名（双子葉植物綱タデ目タデ科の一年草。高さは1.8m。花は淡紅〜紅紫色）
〈Persicaria pilosa〉

*オオベニタデ
別名：オオケタデ
タデ科。
〈Persicaria orientalis（L.）

Assenov〉

*オオベニミカン（大紅蜜柑）
別名：ベニミカン
ミカン科。果頂部が著しくくぼんでいる。
〈Citrus tangerina Hort. ex Tanaka〉

オオヘビイチゴ
タチロウゲの別名（バラ科の多年草。高さは20〜60cm。花は淡黄色）
〈Potentilla recta L.〉

*オオホウキギク
別名：ナガエホウキギク
キク科の一年草または越年草。高さは40〜100cm。花は淡紅桃色。
〈Aster exilis Elliot〉

オオホギアヤメ
コスツスの別名（ショウガ科）

オオホザキアヤメ
フクジンソウの別名（単子葉植物綱ショウガ目ショウガ科の多年草。茎の先端は螺旋形に曲る。高さは3m。花は白色）
〈Costus speciosus〉

オオボシソウ
ウリカワ（瓜皮）の別名（単子葉植物綱オモダカ目オモダカ科の小形多年草，沈水性〜抽水性〜湿生。葉は根生し，線形，長さ4〜18cm。高さは10〜20cm。花は白色）
〈Sagittaria pygmaea〉

オオホシダ
ムニンミゾシダの別名（オシダ科の常緑性シダ植物）
〈Thelypteris boninensis〉

*オオホシダ
別名：サキミノホシダ
オシダ科の常緑性シダ。葉身は長さ1〜1.3m。広披針形。
〈Cyclosorus boninensis（Kodama ex Koidz.）Nakaike〉

＊オオホナガアオゲイトウ
　　別名：タリノホアオゲイトウ
　　双子葉植物綱ナデシコ目（中心子目）ヒ
　　ユ科の一年草。高さは2m。
　　〈Amaranthus palmeri〉

オオマツユキソウ
　　スノーフレークの別名（単子葉植物綱ユ
　　リ目ヒガンバナ科の多年草。葉長30〜
　　40cm。花は白色）
　　〈Leucojum aestivum〉

＊オオマツヨイグサ（大待宵草）
　　別名：オイランバナ，ツキミソウ
　　双子葉植物綱フトモモ目アカバナ科の二
　　年草または多年草。高さは0.5〜1.
　　5m。花は黄色。
　　〈Oenothera erythrosepala〉

オオマルバノテンニンソウ
　　トサノミカエリソウ（土佐の見返り
　　草）の別名（シソ科の木本）
　　〈Leucosceptrum stellipilum（Miq.）
　　Kitamura et Murata var.tosaense
　　（Makino）Kitamura et Murata〉

オオマンテマ
　　サクラマンテマの別名（双子葉植物綱ナ
　　デシコ目（中心子目）ナデシコ科の一年
　　草。花は紅紫色）
　　〈Silene pendula〉
　　フクロナデシコ（袋撫子）の別名（ナデ
　　シコ科）

＊オオミクリ（大実栗）
　　別名：アズマミクリ
　　ミクリ科の多年生の抽水植物。果実が
　　際だって幅広。
　　〈Sparganium stoloniferum Buch.-
　　Ham. var.macrocarpum
　　（Makino）Hara〉

オオミコゴメグサ
　　ミヤマコゴメグサ（深山小米草）の別
　　名（双子葉植物綱ゴマノハグサ目ゴマノ
　　ハグサ科の半寄生一年草。高さは3〜

15cm）
　　〈Euphrasia insignis〉

オオミズガラシ
　　コンロンソウ（崑崙草）の別名（双子葉
　　植物綱フウチョウソウ目アブラナ科の多
　　年草。高さは30〜70cm）
　　〈Cardamine leucantha〉

オオミズタマソウ
　　ヒロハイヌノヒゲ（広葉犬髭）の別名
　　（単子葉植物綱ホシクサ目ホシクサ科の
　　一年草。高さは5〜20cm）
　　〈Eriocaulon robustius〉

＊オオミズトンボ
　　別名：サワトンボ
　　単子葉植物綱ラン目ラン科の多年草。
　　〈Habenaria linearifolia〉

＊オオミズヒキモ
　　別名：カモガワモ
　　ヒルムシロ科の沈水植物または浮葉植
　　物。沈水葉は細長い線形。
　　〈Potamogeton kamogawaensis Miki〉

オオミスミソウ
　　ミスミソウ（三角草）の別名（双子葉植
　　物綱キンポウゲ目キンポウゲ科の多年
　　草。高さは10〜15cm）
　　〈Hepatica nobilis var.japonica form.
　　japonica〉

オオミツデ
　　ナガサキシダ（長崎羊歯）の別名（オシ
　　ダ科の常緑性シダ植物。葉身は長さ30
　　〜70cm，広卵形から円状卵形）
　　〈Dryopteris sieboldii〉

オオミツバ
　　エンレイソウ（延齢草）の別名（単子葉
　　植物綱ユリ目ユリ科の多年草。高さは
　　20〜40cm）
　　〈Trillium smallii〉

植物別名辞典　103

オオミツバキ
リンゴツバキ（林檎椿）の別名（ツバキ科の木本）

オオミツバタヌキマメ
キバナハギの別名（双子葉植物綱マメ目マメ科の草本。葉は3小葉）
〈*Crotalaria pallida*〉

オオミネザサ
ミヤコザサ（都笹）の別名（単子葉植物綱カヤツリグサ目イネ科のササ，常緑小型）
〈*Sasa nipponica*〉

オオミノツルコケモモ
クランベリーの別名（ツツジ科。果実は紅色または暗紅色。花は淡紅色）
〈*Vaccinium macrocarpon* Ait.〉

*オオミノトケイソウ（大実時計草）
別名：オオナガミクダモノトケイ
双子葉植物綱スミレ目トケイソウ科のつる性常緑低木。花は桃〜赤紫色。
〈*Passiflora quadrangularis*〉

*オオミミガタシダ
別名：シマノコギリシダ，タイワンノコギリシダ
オシダ科の常緑性シダ。葉身は長さ15〜30cm。線形。
〈*Polystichum formosanum Rosenst.*〉

オオミヤシ
フタゴヤシの別名（ヤシ科の属総称）

オオミヤマイヌワラビ
イッポンワラビ（一本蕨）の別名（オシダ科の夏緑性シダ植物。葉身は長さ35〜60cm，三角状〜三角状楕円形）
〈*Cornopteris crenulatoserrulata*〉

オオミヤマナナカマド
タカネナナカマド（高嶺七竈）の別名（双子葉植物綱バラ目バラ科の落葉低木。高さは1〜2m。花は白で紅を帯びる）
〈*Sorbus sambucifolia*〉

オオミヤマバラ
オオタカネバラ（大高嶺薔薇）の別名（双子葉植物綱バラ目バラ科の落葉低木）
〈*Rosa acicularis*〉

オオムカデゴケ
ムチゴケの別名（ムチゴケ科のコケ。茎は長さ12cm）
〈*Bazzania pompeana* (Lac.) Mitt.〉

*オオムギ（大麦）
別名：カチカタ，フトムギ
単子葉植物綱カヤツリグサ目イネ科の草本。高さは1.2m。
〈*Hordeum vulgare var.vulgare*〉

オオムシャスゲ
オオクグの別名（単子葉植物綱カヤツリグサ目カヤツリグサ科の草本）
〈*Carex rugulosa*〉

*オオムラサキ（大紫）
別名：オオサカズキ，オオムラサキリュウキュウ
双子葉植物綱ツツジ目ツツジ科の常緑低木。花は紅紫色。
〈*Rhododendron pulchrum 'Ohmurasaki'*〉

オオムラサキリュウキュウ
オオムラサキ（大紫）の別名（双子葉植物綱ツツジ目ツツジ科の常緑低木。花は紅紫色）
〈*Rhododendron pulchrum 'Ohmurasaki'*〉

*オオモミジ（大紅葉）
別名：ヒロハモミジ
双子葉植物綱ムクロジ目カエデ科の落葉高木，雌雄同株。
〈*Acer palmatum var.amoenum*〉

*オオモミジガサ (大紅葉傘)
別名：トサノモミジガサ
双子葉植物綱キク目キク科の多年草。
高さは55〜80cm。
〈Miricacalia makineana〉

*オオヤエクチナシ
別名：ガーデニア
アカネ科の薬用植物。
〈Gardenia jasminoides〉

*オオヤグルマシダ (大矢車羊歯)
別名：マキヒレシダ
オシダ科の常緑性シダ植物。葉身は長
さ2m，披針形から広披針形。
〈Dryopteris wallichiana〉

*オオヤハズエンドウ
別名：ザートヴィッケ
マメ科の一年草。長さは30〜150cm。
花は紅紫色。
〈Vicia sativa L. var.sativa〉

*オオヤマザクラ (大山桜)
別名：エゾヤマザクラ，ベニヤマザ
クラ
双子葉植物綱バラ目バラ科の落葉高木。
高さは25m。花は紅紫色。樹皮は赤
褐色。
〈Cerasus sargentii〉

*オオヤマフスマ (大山襖)
別名：ヒメタガソデソウ
双子葉植物綱ナデシコ目 (中心子目) ナ
デシコ科の多年草。高さは10〜20cm。
〈Moehringia lateriflora〉

*オオヤマレンゲ (大山蓮華)
別名：ミヤマレンゲ (深山蓮花)
双子葉植物綱モクレン目モクレン科の落
葉大型低木。花は白色。
〈Magnolia sieboldii subsp.japonica〉

オオヤリノホラン
シンテンウラボシ (新天裏星) の別名

(ウラボシ科の常緑性シダ植物。葉身は
長さ25〜50cm，三角状，裂片を除いた
部分は披針形)
〈Colysis shintenensis〉

*オオユウガギク
別名：チョウセンヨメナ
キク科の草本。
〈Aster incisus Fisch.〉

*オオユズ (大柚子)
別名：シシユズ
双子葉植物綱ムクロジ目ミカン科の
木本。
〈Citrus pseudogulgul〉

オオヨモギ
オグルマ (小車) の別名 (キク科の多年
草。高さは1.5〜2m)
〈Inula britannica L. var.japonica
(Thunb. ex Murray) Franch. et
Savat.〉

*オオヨモギ (大蓬，大艾)
別名：イブキヨモギ，ヌマヨモギ，ヤマ
ヨモギ
双子葉植物綱キク目キク科の多年草。
高さは20〜60cm。
〈Artemisia montana〉

オオリュウセン
オオシラビソ (大白檜曽) の別名 (マツ
綱マツ目マツ科の常緑高木。高さは
30m)
〈Abies mariesii〉

*オオレイジンソウ
別名：ダイセツレイジンソウ
双子葉植物綱キンポウゲ目キンポウゲ科
の多年草。高さは50〜100cm。
〈Aconitum gigas var.hondoense〉

*オオワタヨモギ
別名：ヒロハウラジロヨモギ
双子葉植物綱キク目キク科の草本。
〈Artemisia koidzumii〉

＊オカウコギ

別名：ツクシウコギ，マルバウコギ
双子葉植物綱セリ目ウコギ科の落葉
低木。
〈*Acanthopanax japonicus*〉

オカウツボ

ハマウツボ（浜靫）の別名（ハマウツボ
科の寄生植物。高さは10〜25cm）
〈*Orobanche coerulescens* Stephan〉

オカカズノゴケ

ミヤマフタマタゴケ（深山二叉苔）の
別名（フタマタゴケ科のコケ。長さ1〜
3cm）
〈*Metzgeria furcata* (L.) Dum.〉

オカサタケ

オニク（御肉）の別名（双子葉植物綱ゴマ
ノハグサ目ハマウツボ科の寄生植物。
高さは15〜30cm）
〈*Boschniakia rossica*〉

＊オガサワラアオグス

別名：テリハコブガシ，ムニンイヌ
グス
クスノキ科の常緑高木。
〈*Machilus boninensis Koidz.*〉

オガサワラエノキ

クワノハエノキの別名（双子葉植物綱イ
ラクサ目ニレ科の落葉高木）
〈*Celtis boninensis*〉

オガサワラカジイチゴ

イオウトウキイチゴの別名（バラ科の木
本）
〈*Rubus boninensis* Koidz.〉

オガサワラガンピ

ムニンアオガンピ（無人青雁皮）の別
名（双子葉植物綱フトモモ目ジンチョウ
ゲ科の半常緑低木）
〈*Wikstroemia pseudoretusa*〉

オガサワラクロキ

ウチダシクロキの別名（双子葉植物綱カ
キノキ目ハイノキ科の常緑低木）
〈*Symplocos kawakamii*〉

オガサワラシャリンバイ

シマシャリンバイの別名（双子葉植物綱
バラ目バラ科の常緑小高木）
〈*Rhaphiolepis integerrima*〉

＊オガサワラシュスラン

別名：ムニンシュスラン
ラン科。
〈*Goodyera boninensis*〉

オガサワラタコノキ

タコノキ（蛸木）の別名（単子葉植物綱
タコノキ目タコノキ科の常緑高木。高
さは6〜10m。花は黄色）
〈*Pandanus boninensis*〉

オガサワラツツジ

ムニンツツジの別名（双子葉植物綱ツツ
ジ目ツツジ科の常緑低木）
〈*Rhododendron boninense*〉

オガサワラフトモモ

ムニンフトモモの別名（双子葉植物綱フ
トモモ目フトモモ科の常緑小高木）
〈*Metrosideros boninensis*〉

オガサワラホラゴケ

アオホラゴケ（青洞苔）の別名（コケシ
ノブ科の常緑性シダ植物。葉身は長さ2
〜5cm，卵状長楕円形から三角状楕円
形）
〈*Crepidomanes insigne*〉

オガサワラマツ

モクマオウ（木麻黄）の別名（モクマオ
ウ科の木本。樹皮にタンニンが多い。
高さは10m）
〈*Casuarina stricta* Ait.〉

オガサワラモクマオ

モクマオの別名（イラクサ科の常緑低木）

〈*Boehmeria densiflora* Hook. et Arn.〉

*オカダゲンゲ
別名：ヒダカゲンゲ
マメ科。
〈*Oxytropis revoluta* Ledeb.〉

*オガタテンナンショウ (緒方天南星)
別名：ツクシテンナンショウ
サトイモ科の草本。
〈*Arisaema ogatae* Makino〉

オガタマノキ
ミケリアの別名 (モクレン科の属総称)
*オガタマノキ (小賀玉木)
別名：ダイシコウ (大師香)，トキワコ
ブシ
双子葉植物綱モクレン目モクレン科の
常緑高木。高さは20m。花は白色。
〈*Michelia compressa*〉

オカトトキ
キキョウ (桔梗) の別名 (双子葉植物綱
キキョウ目キキョウ科の多年草。高さ
は40〜100cm。花は青紫色)
〈*Platycodon grandiflorum*〉

*オカノリ (陸海苔)
別名：ノリナ，ハタケナ
双子葉植物綱アオイ目アオイ科の葉菜
類。フユアオイの変種。
〈*Malva verticillata* var.*crispa*〉

*オカヒジキ (陸鹿尾菜)
別名：オカミル，ミルナ
双子葉植物綱ナデシコ目 (中心子目) ア
カザ科の葉菜類。葉は円柱状多肉質。
高さは10〜30cm。花は淡緑色。
〈*Salsola komarovii*〉

オカミル
オカヒジキ (陸鹿尾菜) の別名 (双子葉
植物綱ナデシコ目 (中心子目) アカザ科
の葉菜類。葉は円柱状多肉質。高さは
10〜30cm。花は淡緑色)
〈*Salsola komarovii*〉

オカムラサキ
イワムラサキの別名 (ムラサキ科の草本)
〈*Hackelia deflexa* (Wahlenb.) Opiz〉

オカメクチナシ
マルバクチナシの別名 (アカネ科)
〈*Gardenia jasminoides* Ellis
'Maruba'〉

*オカメザサ (阿亀笹)
別名：カグラザサ (神楽笹)，ゴマイザ
サ (五枚笹)
単子葉植物綱カヤツリグサ目イネ科の常
緑小型竹。高さは0.5〜2m。
〈*Shibataea kumasaca*〉

オカメホウライシダ
アジアンタム・ビクトリエーの別名
(ホウライシダ科)

オカヨシ
ハナビガヤの別名 (単子葉植物綱カヤツ
リグサ目イネ科の草本。高さは80〜
160cm)
〈*Melica onoei*〉

*オガラバナ (麻幹花)
別名：ホザキカエデ
双子葉植物綱ムクロジ目カエデ科の落葉
小高木，雌雄同株。
〈*Acer ukurunduense*〉

*オガルカヤ (雄刈茅，雄刈萱)
別名：スズメカルカヤ
単子葉植物綱カヤツリグサ目イネ科の多
年草。高さは60〜100cm。
〈*Cymbopogon tortilis* var.*goeringii*〉

オカレンコン
オクラの別名 (双子葉植物綱アオイ目ア
オイ科の果菜類。果は緑色。高さは5〜
6m。花は黄色，中心は赤色)
〈*Abelmoschus esculentus*〉

*オギ (荻)
別名：オギヨシ

単子葉植物綱カヤツリグサ目イネ科の多年草。高さは100〜250cm。
〈*Miscanthus sacchariflorus*〉

オキウド
エゴノリ（恵胡海苔）の別名（紅藻綱イギス目イギス科の海藻。大きな塊となる）
〈*Campylaephora hypnaeoides*〉

*オキザリス
別名：ウールソレル，オクサリス，カタバミ
双子葉植物綱フウロソウ目カタバミ科の属総称。
〈*Oxalis spp.*〉

オキシペタラム
ブルースター（瑠璃唐綿）の別名（ガガイモ科の多年草）
〈*Oxypetalum caeruleum* Decne.〉

オキシャクナゲ
ツクシシャクナゲ（筑紫石南花）の別名（ツツジ科の常緑低木。高さは3.5m。花は淡紅色）
〈*Rhododendron metternichii* Sieb. et Zucc.〉

オキチノリ
オキツノリ（興津海苔）の別名（オキツノリ科の海藻。叉状分岐。体は7cm）
〈*Gymnogongrus flabelliformis* Harvey in Perry〉

オーキッドアマリリス
スプレケリアの別名（ヒガンバナ科の属総称。球根植物）

*オキツノリ（興津海苔）
別名：オキチノリ，キクノリ
紅藻綱スギノリ目オキツノリ科の海藻。叉状に分岐。体は7cm。
〈*Ahnfeltiopsis flabelliformis*〉

オキナグサ
アオヤギバナの別名（キク科の多年草。高さは15〜60cm）
〈*Solidago yokusaiana* Makino〉

*オキナグサ（翁草）
別名：ウバシラガ（姥白髪），シラガグサ（白髪草），ジイガヒゲ（爺髭）
双子葉植物綱キンポウゲ目キンポウゲ科の多年草。高さは10〜40cm。花は暗赤紫色。
〈*Pulsatilla cernua*〉

オキナゴケ
オオシラガゴケの別名（シラガゴケ科のコケ。茎は長さ5cm以上，葉は披針形）
〈*Leucobryum scabrum* S. Lac.〉

*オキナダンチク
別名：シマダンチク，フイリダンチク
イネ科。
〈*Arundo donax* L. cv. Versicolor〉

オキナヤシモドキ
ワシントンヤシモドキの別名（単子葉植物綱ヤシ目ヤシ科の草本。高さは30〜35m）
〈*Washingtonia robusta*〉

オキナユリ
シロカノコユリの別名（単子葉植物綱ユリ目ユリ科の球根植物）
〈Lilium speciosum *var.*tametomo〉

*オキナワイボタ
別名：コバノタマツバキ
モクセイ科の木本。
〈*Ligustrum liukiuense* Koidz.〉

オキナワイモネヤガラ
エダウチヤガラの別名（ラン科）
〈*Eulophia ramosa*〉

*オキナワウラジロガシ（沖縄裏白樫）
別名：ヤエヤマガシ
双子葉植物綱ブナ目ブナ科の木本。

〈*Quercus miyagii*〉

オキナワガンピ
アオガンピの別名（双子葉植物綱フトモ
モ目ジンチョウゲ科の半常緑低木）
〈*Wikstroemia retusa*〉

*オキナワクジャク
別名：オキナワクジャクシダ
イノモトソウ科の常緑性シダ。葉身は
長さ20cm。掌状に分岐するか、3回羽
状複生。
〈*Adiantum flabellatum* L.〉

オキナワクジャクシダ
オキナワクジャクの別名（イノモトソウ
科の常緑性シダ。葉身は長さ20cm。掌
状に分岐するか、3回羽状複生）
〈*Adiantum flabellatum* L.〉

オキナワグミ
リュウキュウツルグミの別名（グミ科の
木本）
〈*Elaeagnus liukiuensis* Rehder〉

オキナワコケシノブ
リュウキュウコケシノブの別名（コケ
シノブ科の常緑性シダ。葉身は長さ3〜
10cm。卵状長楕円形から卵形）
〈*Mecodium riukiuense*（Christ）
Copel.〉

オキナワジュズネノキ
リュウキュウアリドオシの別名（アカ
ネ科の木本）
〈*Damnacanthus biflorus*（Rehder）
Masam.〉

オキナワジンコウ
シマシラキの別名（双子葉植物綱トウダ
イグサ目トウダイグサ科の小木。マン
グローブ）
〈*Excoecaria agallocha*〉

*オキナワテイカカズラ
別名：リュウキュウテイカカズラ

キョウチクトウ科の木本。
〈*Trachelospermum gracilipes* Hook.
f.var. *liukiuense*（Hatus.）
Kitam.〉

*オキナワハイネズ
別名：オオシマハイネズ
ヒノキ科の木本。
〈*Juniperus taxifolia var.
lutchuensis*〉

*オキナワバライチゴ（沖縄薔薇苺）
別名：リュウキュウバライチゴ
バラ科。
〈*Rubus okinawensis* Koidz.〉

オキナワヒメユズリハ
ヒメユズリハ（姫譲葉）の別名（双子葉
植物綱ユズリハ目ユズリハ科の常緑低木
または高木。高さは3〜7m）
〈*Daphniphyllum teijsmannii*〉

オキナワマツ
リュウキュウマツ（琉球松）の別名（マ
ツ綱マツ目マツ科の常緑高木。高さは
15m）
〈*Pinus luchuensis*〉

オキハナビ
ユリズイセンの別名（ヒガンバナ科の多
年草）
〈*Alstroemeria pulchella* Sims〉

オギョウ
ハハコグサ（母子草）の別名（双子葉植
物綱キク目キク科の一年草。葉は白毛
密布。高さは15〜35cm。花は黄色）
〈*Gnaphalium affine*〉

オギヨシ
オギ（荻）の別名（単子葉植物綱カヤツリ
グサ目イネ科の多年草。高さは100〜
250cm）
〈*Miscanthus sacchariflorus*〉

オクイボタ
ミヤマイボタ（深山イボタ）の別名（双子葉植物綱ゴマノハグサ目モクセイ科の落葉低木）
〈Ligustrum tschonoskii〉

オクキンバイソウ
レブンキンバイソウ（礼文金梅草）の別名（双子葉植物綱キンポウゲ目キンポウゲ科の草本）
〈Trollius ledebourii var.polysepalus〉

*オククルマムグラ（奥車葎）
別名：チョウセンクルマムグラ
双子葉植物綱アカネ目アカネ科の草本。
〈Galium trifloriforme〉

オクサリス
オキザリスの別名（双子葉植物綱フウロソウ目カタバミ科の属総称）
〈Oxalis spp.〉

オクジリエノキ
エゾエノキ（蝦夷榎）の別名（双子葉植物綱イラクサ目ニレ科の落葉高木。高さは20m）
〈Celtis bungeana var.jessoensis〉

オクツバキ
ユキツバキ（雪椿）の別名（双子葉植物綱ツバキ目ツバキ科の常緑低木。花は赤色）
〈Camellia japonica var.decumbens〉

オクヤマスミレ
タニマスミレ（谷間菫）の別名（双子葉植物綱スミレ目スミレ科の草本。花は淡紫色）
〈Viola epipsiloides〉

オクヤマヌカボ
ユキクラヌカボの別名（単子葉植物綱カヤツリグサ目イネ科の草本）
〈Agrostis hideoi〉

オクヤマリンドウ
オノエリンドウ（尾上竜胆）の別名（双子葉植物綱リンドウ目リンドウ科の草本）
〈Gentianella amarella subsp.takedae〉

*オクラ
別名：アメリカネリ，オカレンコン
双子葉植物綱アオイ目アオイ科の果菜類。果は緑色。高さは5〜6m。花は黄色，中心は赤色。
〈Abelmoschus esculentus〉

*オグルマ（小車）
別名：オオヨモギ
キク科の多年草。高さは1.5〜2m。
〈Inula britannica L. var.japonica（Thunb. ex Murray）Franch. et Savat.〉

オクロレウカ
チョウダイアイリスの別名（単子葉植物綱ユリ目アヤメ科の多年草。高さは90〜120cm。花は白色）
〈Iris ochroleuca〉

オゴ
オゴノリ（海髪）の別名（紅藻綱オゴノリ目オゴノリ科の海藻。密に羽状に分岐。体は20〜30cm）
〈Gracilaria vermiculophylla〉

オコウノキ
カツラ（桂）の別名（双子葉植物綱マンサク目カツラ科の落葉高木。高さは30m。樹皮は灰褐色）
〈Cercidiphyllum japonicum〉

*オゴノリ（海髪）
別名：ウゴ，オゴ，ナゴヤ
紅藻綱オゴノリ目オゴノリ科の海藻。密に羽状に分岐。体は20〜30cm。
〈Gracilaria vermiculophylla〉

オコマクサ
コマクサ（駒草）の別名（双子葉植物綱

ケシ目ケシ科の多年草。高さは5〜
10cm。花は紅色）
〈Dicentra peregrina〉

オコリオトシ
ウマノアシガタ（馬足形）の別名（双子
葉植物綱キンポウゲ目キンポウゲ科の多
年草。高さは10〜20cm）
〈Ranunculus japonicus〉

オサバ
シシガシラ（獅子頭）の別名（シシガシ
ラ科の常緑性シダ植物。葉身は長さ
40cm，披針形）
〈Blechnum niponicum〉

*オサラン（箋蘭）
別名：バッコクラン
単子葉植物綱ラン目ラン科の多年草。
高さは2cm。花は白色。
〈Eria reptans〉

オーシェ
クッカバラの別名（サトイモ科）

*オジギソウ
別名：ネムリグサ
双子葉植物綱マメ目マメ科の多年草また
は一年草。葉は敏感に動く。高さは
30〜50cm。花はピンク色。
〈Mimosa pudica〉

*オシャグジデンダ
別名：オシャゴジデンダ
ウラボシ科の冬緑性シダ植物。根茎は
横に匍い，鱗片におおわれる。葉身は
長さ5〜20cm，狭卵形から広披針形。
〈Polypodium fauriei〉

オシャゴジデンダ
オシャグジデンダの別名（ウラボシ科の
冬緑性シダ植物。根茎は横に匍い，鱗片
におおわれる。葉身は長さ5〜20cm，狭
卵形から広披針形）
〈Polypodium fauriei〉

オシャラクマメ
ハッショウマメの別名（マメ科の蔓草。
種皮は灰白色。花は黒紫色）
〈Mucuna pruriens（L.）DC. var.utilis
（Wall. ex Wight）Burck〉

オショウナ
ノブキ（野蕗）の別名（双子葉植物綱キク
目キク科の多年草。高さは60〜100cm）
〈Adenocaulon himalaicum〉

オショロソウ
バシクルモンの別名（双子葉植物綱リン
ドウ目キョウチクトウ科の草本）
〈Apocynum venetum var.
basikurumon〉

*オシロイバナ（白粉花）
別名：ユウゲショウ
オシロイバナ科の多年草。高さは60〜
100cm。花は赤、桃、白、赤紫、黄色
で夕方開く。
〈Mirabilis jalapa L.〉

オーストラリアデージー
ペーパーデージーの別名（キク科）
〈Helichrysum subulifolim〉

オーストラリアン・スウォードリリー
アニゴザントスの別名（ハエモドルム科
の属総称）
カンガルーポーの別名（ヒガンバナ科の
属総称。宿根草）

*オゼソウ（尾瀬草）
別名：テシオソウ
単子葉植物綱ユリ目ユリ科の多年草。
高さは15〜35cm。
〈Japonolirion osense〉

オゼヌマスゲ
ヒロハオゼヌマスゲの別名（単子葉植物
綱カヤツリグサ目カヤツリグサ科の草
本）
〈Carex traiziscana〉

オゼミズギク
ミズギク（水菊）の別名（キク科の多年草。高さは20〜50cm）
〈*Inula ciliaris*（Miq.）Maxim.〉

オタネニンジン
チョウセンニンジンの別名（双子葉植物綱セリ目ウコギ科の多年草。高さは70〜80cm。花は黄緑色）
〈*Panax ginseng*〉

*オダマキ（苧環）
別名：アクイレギア，イトクリソウ（糸繰草），ツルシガネ（吊るし鐘）
双子葉植物綱キンポウゲ目キンポウゲ科の多年草。高さは30〜50cm。花は紫，白色。
〈*Aquilegia flabellata*〉

オータムクロッカス
コルチカムの別名（ユリ科の属総称。球根植物）
コルチクムの別名（単子葉植物綱ユリ目ユリ科の属総称）
〈*Colchicum spp.*〉

*オタルスゲ
別名：ヒメテキリスゲ
単子葉植物綱カヤツリグサ目カヤツリグサ科の多年草。高さは30〜80cm。
〈*Carex otaruensis*〉

オーチャードグラス
カモガヤ（鴨茅）の別名（単子葉植物綱カヤツリグサ目イネ科の多年草。高さは40〜120cm）
〈*Dactylis glomerata*〉

オッコ
イチイ（一位，櫟）の別名（イチイ綱イチイ目イチイ科の常緑高木。高さは20m）
〈*Taxus cuspidata*〉

オーデコロン・ベルガモットミント
オーデコロン・ミントの別名（双子葉植物綱シソ目シソ科のハーブ）

〈*Mantha* × *piperita var.*'*Citrata*'〉

*オーデコロン・ミント
別名：オーデコロン・ベルガモットミント，オレンジミント，ラベンダーミント
双子葉植物綱シソ目シソ科のハーブ。
〈*Mantha* × *piperita var.*'*Citrata*'〉

オトガイナシ
アギナシ（顎無）の別名（単子葉植物綱オモダカ目オモダカ科の多年草，抽水性〜湿生。全長8〜40cm，果実は倒卵形。高さは20〜80cm）
〈*Sagittaria aginashi*〉

*オトギリソウ（弟切草）
別名：アオクスリ，タカノキズクスリ
双子葉植物綱ツバキ目オトギリソウ科の多年草。高さは50〜60cm。
〈*Hypericum erectum var.erectum*〉

*オトコエシ（男郎花）
別名：オトメシ，シロアワバナ，シロオミナエシ
双子葉植物綱マツムシソウ目オミナエシ科の多年草。高さは80〜100cm。花は白色。
〈*Patrinia villosa*〉

オトコジシバリ
ニガナ（苦菜）の別名（双子葉植物綱キク目キク科の多年草。高さは30cm）
〈*Ixeris dentata*〉

オトコヒョーナ
イヌビユ（犬莧）の別名（双子葉植物綱ナデシコ目（中心子目）ヒユ科の一年草。茎に赤味がある。高さは30〜70cm）
〈*Amaranthus lividus var.ascendens*〉

オトコブドウ
アマヅル（甘蔓）の別名（双子葉植物綱クロウメモドキ目ブドウ科の落葉つる性植物）
〈*Vitis saccharifera*〉

オトコヘビイチゴ
オヘビイチゴ（雄蛇苺）の別名（双子葉植物綱バラ目バラ科の多年草。高さは20〜40cm）
〈Potentilla sundaica var.robusta〉

オトコマツ
クロマツ（黒松）の別名（マツ綱マツ目マツ科の常緑高木。樹高は35m。樹皮は灰色）
〈Pinus thunbergii〉

オトコメシ
オトコエシ（男郎花）の別名（双子葉植物綱マツムシソウ目オミナエシ科の多年草。高さは80〜100cm。花は白色）
〈Patrinia villosa〉

*オトコヨウゾメ
別名：コネソ
双子葉植物綱マツムシソウ目スイカズラ科の落葉低木。
〈Viburnum phlebotrichum〉

オトヒメシダ
ノコギリシダ（鋸羊歯）の別名（オシダ科の常緑性シダ植物。葉身は長さ20〜45cm，広披針形）
〈Diplazium wichurae〉

オートムギ
エンバクの別名（単子葉植物綱カヤツリグサ目イネ科の一年草。高さは40〜140cm）
〈Avena sativa〉

オトメイヌワラビ
ホウライイヌワラビの別名（オシダ科の常緑性シダ。葉身は長さ30〜50cm。三角状卵形〜卵状長楕円形）
〈Athyrium subrigescens Hayata〉

オトメカイザイク（乙女貝細工）
ローダンセの別名（双子葉植物綱キク目キク科の草本）
〈Helipterum manglesii〉

*オトメザクラ（乙女桜）
別名：ケショウザクラ（化粧桜）
サクラソウ科の多年草。高さは20〜50cm。花は桃、淡紫、白など。
〈Primula malacoides Franch.〉

オトメノハナガサ
ハダイロガサの別名（ヌメリガサ科のキノコ。小型〜中型。傘はくすんだ黄橙色，粘性なし。ひだはクリーム色）
〈Camarophyllus pratensis〉

オトメホウビシダ
ヤクシマホウビシダの別名（チャセンシダ科の常緑性シダ。葉身は長さ20cm。狭披針形）
〈Asplenium obliquissimum (Hayata) Sugimoto et Kurata〉

*オナガサイシン
別名：カツウダケカンアオイ
ウマノスズクサ科の多年草。葉は三角状卵形。
〈Asarum leptophyllum Hayata〉

オナガノキシノブ
ツクシノキシノブ（筑紫軒忍）の別名（ウラボシ科の常緑性シダ植物。葉身は長さ15〜30cm，披針形から線状披針形）
〈Lepisorus tosaensis〉

オーナメンタルアナナス
アナナス・パイナップルの別名（パイナップル科）

*オニアザミ（鬼薊）
別名：オニノアザミ
双子葉植物綱キク目キク科の多年草。高さは50〜100cm。
〈Cirsium borealinipponense〉

オニアゼガヤ
ハマガヤの別名（イネ科の一年草または多年草。高さは30〜100cm）
〈Leptochloa fusca (L.) Kunth〉

オニア

オニアゼスゲ
キリガミネスゲの別名 (カヤツリグサ
科)
〈Carex middendorffii Fr. Schm. var.
kirigaminensis Ohwi〉

オニアワダチソウ
トキワアワダチソウの別名 (キク科の多
年草。高さは40〜200cm。花は黄色)
〈Solidago sempervirens L.〉

オニウコギ
ケヤマウコギ (毛山五加) の別名 (双子
葉植物綱セリ目ウコギ科の落葉低木)
〈Acanthopanax divaricatus〉
ヤマウコギ (山五加) の別名 (ウコギ科
の落葉低木)
〈Acanthopanax spinosus (L. f.) Miq.〉

*オニウシノケグサ (鬼牛毛草)
別名:ヒロハノウシノケグサ
イネ科の多年草。高さは50〜120cm。
〈Festuca arundinacea Schreb.〉

オニウド
ハマウド (浜独活) の別名 (双子葉植物綱
セリ目セリ科の多年草。高さは1〜2m)
〈Angelica japonica〉

オニオオバコ
セイヨウオオバコの別名 (双子葉植物綱
オオバコ目オオバコ科の多年草。高さ
は50cm)
〈Plantago major〉

オニカンアオイ
ヤクシマアオイの別名 (双子葉植物綱ウ
マノスズクサ目ウマノスズクサ科の草
本)
〈Heterotropa yakusimensis〉

オニカンゾウ
ヤブカンゾウ (藪萱草) の別名 (単子葉
植物綱ユリ目ユリ科の多年草。若芽に
はぬめりがある。高さは50〜100cm)
〈Hemerocallis fulva var.kwanso〉

*オニク (御肉)
別名:オカサタケ,キムラタケ
双子葉植物綱ゴマノハグサ目ハマウツボ
科の寄生植物。高さは15〜30cm。
〈Boschniakia rossica〉

*オニゲシ (鬼罌粟)
別名:オオゲシ,オリエンタル ポピー
双子葉植物綱ケシ目ケシ科の多年草。
高さは1〜1.5m。花は白に黄色斑点。
〈Papaver orientale〉

*オニコケシノブ (鬼苔忍)
別名:オオコケシノブ
コケシノブ科のシダ植物。
〈Mecodium badium (Hook. et
Grev.) Copel.〉

オニサシ
ヒイラギ (柊,疼木,比比羅木) の別名
(双子葉植物綱ゴマノハグサ目モクセイ
科の常緑小高木。高さは10m。花は白
色)
〈Osmanthus heterophyllus〉

オニサルビア
ヤエヤマキランソウの別名 (シソ科の
ハーブ)
〈Ajuga taiwanensis Nakai〉

オニザンショウ
フユザンショウ (冬山椒) の別名 (双子
葉植物綱ムクロジ目ミカン科の常緑低
木)
〈Zanthoxylum armatum var.
subtrifoliatum〉

オニシダ
オニヤブソテツ (鬼藪蘇鉄) の別名 (オ
シダ科の常緑性シダ植物。葉身は長さ
15〜60cm,広披針形)
〈Cyrtomium falcatum〉

オニシバリ
チョウセンナニワズの別名 (ジンチョウ
ゲ科の落葉低木。高さは80cm。花は黄

114 植物別名辞典

緑色）
〈*Daphne pseudomezereum* A. Gray〉

*オニシバリ
別名：ナツボウズ
双子葉植物綱フトモモ目ジンチョウ
ゲ科の落葉低木。高さは80cm。花
は黄緑色。
〈*Daphne pseudo-mezereum*〉

オニシロガヤツリ
メリケンガヤツリの別名（単子葉植物綱
カヤツリグサ目カヤツリグサ科の多年
草。高さは30〜100cm）
〈*Cyperus eragrostis*〉

*オニスゲ（鬼菅）
別名：ミクリスゲ
単子葉植物綱カヤツリグサ目カヤツリグ
サ科の多年草。高さは20〜50cm。
〈*Carex dickinsii*〉

オニヅタ
キヅタ（木蔦）の別名（双子葉植物綱セリ
目ウコギ科の常緑つる性低木。長さは
30〜40m）
〈*Hedera rhombea*〉

オニゼンマイ
コモチシダ（子持羊歯）の別名（シシガ
シラ科の常緑性シダ。葉身は長さ30〜
200cm。広卵形）
〈*Woodwardia orientalis* Sw.〉

オニツツジ
レンゲツツジ（蓮華躑躅）の別名（双子
葉植物綱ツツジ目ツツジ科の落葉低木。
花は黄〜オレンジ色）
〈*Rhododendron japonicum*〉

オニツメクサ
シオツメクサ（潮爪草）の別名（双子葉
植物綱ナデシコ目（中心子目）ナデシコ
科の草本）
〈*Spergularia marina*〉

*オニツリフネソウ
別名：ダキバツリフネソウ，ロイルツ
リフネソウ
ツリフネソウ科。花は紅色。
〈*Impatiens glandulifera* Royle〉

*オニドコロ（鬼野老）
別名：トコロ，ナガトコロ
単子葉植物綱ユリ目ヤマノイモ科の多年
生つる草。
〈*Dioscorea tokoro*〉

オニナスビ
ワルナスビ（悪茄子）の別名（双子葉植
物綱ナス目ナス科の多年草。高さは30
〜70cm。花は淡紫色）
〈*Solanum carolinense*〉

オニナベナ
チーゼルの別名（マツムシソウ科の属総
称）
ラシャカキグサ（羅紗掻草）の別名（双
子葉植物綱マツムシソウ目マツムシソウ
科の多年草。高さは1〜2m。花は青色，
または淡青紫色）
〈*Dipsacus sativus*〉

オニノアザミ
オニアザミ（鬼薊）の別名（双子葉植物
綱キク目キク科の多年草。高さは50〜
100cm）
〈*Cirsium borealinipponense*〉

オニノシュグサ
シオン（紫苑，紫園）の別名（双子葉植
物綱キク目キク科の多年草。高さは1〜
2m。花は青紫色）
〈*Aster tataricus*〉

オニノメサシ
ヒイラギ（柊，疼木，比比羅木）の別名
（双子葉植物綱ゴマノハグサ目モクセイ
科の常緑小高木。高さは10m。花は白
色）
〈*Osmanthus heterophyllus*〉

植物別名辞典　115

＊オニノヤガラ（鬼矢柄）
　　別名：カミノヤガラ，ヌスビトノアシ
　　単子葉植物綱ラン目ラン科の多年生腐生
　　植物。高さは40〜100cm。
　　　〈Gastrodia elata〉

＊オニバス（鬼蓮）
　　別名：ミズブキ
　　双子葉植物綱スイレン目スイレン科の一
　　年生浮葉植物。花弁は紫色，種子は淡
　　紅色の斑点をもつ。浮葉は径30〜
　　120cm。
　　　〈Euryale ferox〉

オニヒゲスゲ
　　ヒゲスゲの別名（単子葉植物綱カヤツリ
　　グサ目カヤツリグサ科の多年草。高さ
　　は20〜50cm）
　　　〈Carex oahuensis var.robusta〉

オニビシ
　　ヒシ（菱）の別名（ヒシ科の一年生水草。
　　大きな果実を形成し，刺は上刺2本だけ。
　　花は白または微紅色）
　　　〈Trapa bispinosa Roxb. var.iinumai
　　　Nakano〉

オニヒジキ
　　ハリヒジキの別名（アカザ科の一年草。
　　高さは10〜40cm）
　　　〈Salsola ruthenica Iljin〉

オニヒレアザミ
　　ヒメヒレアザミの別名（キク科の一年草
　　あるいは二年草。高さは30〜80cm。花
　　は淡紅紫色）
　　　〈Carduus pycnocephalus L.〉

＊オニフスベ（鬼燻）
　　別名：ヤブダマ
　　ホコリタケ科のキノコ。超大型。外皮
　　は白色〜茶褐色。
　　　〈Lanopila nipponica〉

オニヘゴ
　　クロヘゴの別名（ヘゴ科の常緑性シダ。

葉身は長さ60cm。2回羽状に複生）
　　　〈Cyathea podophylla（Hook.）Copel.〉

オニマタタビ
　　キーウィフルーツの別名（双子葉植物綱
　　ツバキ目マタタビ科の蔓木。多毛，果実
　　は長さ5cm，褐毛，果肉は翠緑色）
　　　〈Actinidia chinensis〉

オニミツバ（鬼三葉）
　　ウマノミツバ（馬三葉）の別名（双子葉
　　植物綱セリ目セリ科の多年草。高さは
　　30〜120cm）
　　　〈Sanicula chinensis〉

オニメダケ
　　ケネザサ（毛根笹）の別名（単子葉植物
　　綱カヤツリグサ目イネ科の木本）
　　　〈Pleioblastus shibuyanus var.
　　　basihirsutus〉

オニモミジ
　　カジカエデ（梶楓）の別名（双子葉植物
　　綱ムクロジ目カエデ科の落葉高木，雌雄
　　異株）
　　　〈Acer diabolicum〉

＊オニヤブソテツ（鬼藪蘇鉄）
　　別名：イソヘゴ，ウシゴミシダ，オニ
　　　シダ
　　オシダ科の常緑性シダ植物。葉身は長
　　さ15〜60cm，広披針形。
　　　〈Cyrtomium falcatum〉

オニヤブムラサキ
　　ビロードムラサキの別名（双子葉植物綱
　　シソ目クマツヅラ科の落葉低木）
　　　〈Callicarpa kochiana〉

＊オニユリ（鬼百合）
　　別名：サツマユリ，テンガイユリ，ノ
　　　ユリ
　　単子葉植物綱ユリ目ユリ科の多年草。
　　高さは100〜180cm。花は橙赤色。
　　　〈Lilium lancifolium〉

オノエガリヤス
タカネノガリヤス（高嶺野刈安）の別名（単子葉植物綱カヤツリグサ目イネ科の多年草）
〈Calamagrostis sachalinensis〉

*オノエスゲ（尾上菅）
別名：レブンスゲ
単子葉植物綱カヤツリグサ目カヤツリグサ科の多年草。高さは10〜40cm。
〈Carex tenuiformis〉

*オノエヤナギ（尾上柳）
別名：ヤブヤナギ
双子葉植物綱ヤナギ目ヤナギ科の落葉低木〜小高木。湿地や河岸に生える。
〈Salix sachalinensis〉

*オノエリンドウ（尾上竜胆）
別名：オクヤマリンドウ
双子葉植物綱リンドウ目リンドウ科の草本。
〈Gentianella amarella subsp. takedae〉

*オノオレ（斧折）
別名：アズサミネバリ，オノオレカンバ
双子葉植物綱ブナ目カバノキ科の落葉高木。
〈Betula schmidtii〉

オノオレカンバ
オノオレ（斧折）の別名（双子葉植物綱ブナ目カバノキ科の落葉高木）
〈Betula schmidtii〉

*オノマンネングサ（雄万年草）
別名：イチゲソウ，タカノツメ
双子葉植物綱バラ目ベンケイソウ科の多年草。高さは10〜25cm。花は黄色。
〈Sedum lineare〉

オハギ
ヨメナ（嫁菜）の別名（双子葉植物綱キク目キク科の多年草。高さは60〜120cm）
〈Aster yomena〉

*オバクサ
別名：ガニクサ，ドラクサ，ヨタグサ
紅藻綱テングサ目テングサ科の海藻。体は10〜20cm。
〈Pterocladiella capillacea〉

オバゼリ
エキサイゼリ（益斎芹）の別名（双子葉植物綱セリ目セリ科の多年草。高さは30cm前後）
〈Apodicarpum ikenoi〉

オバナ（尾花）
ススキ（薄，芒）の別名（単子葉植物綱カヤツリグサ目イネ科の多年草。叢生して円形の大株となって育つ。高さは70〜220cm）
〈Miscanthus sinensis〉

オバルハンノキ
ミヤマカワラハンノキ（深山河原榛木）の別名（双子葉植物綱ブナ目カバノキ科の木本）
〈Alnus fauriei〉

*オヒゲシバ
別名：セイヨウヒゲシバ，チョウセンオヒシバ
単子葉植物綱カヤツリグサ目イネ科の一年草。花は紫色。
〈Chloris virgata〉

*オヒシバ（雄日芝）
別名：チカラグサ
単子葉植物綱カヤツリグサ目イネ科の一年草。茎をサナダに編む。高さは20〜60cm。
〈Eleusine indica〉

オヒナグサ
ノカンゾウ（野萱草）の別名（単子葉植物綱ユリ目ユリ科の多年草。高さは50〜90cm）
〈Hemerocallis fulva var.longituba〉

*オヒョウ（於瓢）
別名：アツシ，アツニヤジナ，オヒョウニレ
双子葉植物綱イラクサ目ニレ科の落葉高木。高さは25m。
〈*Ulmus laciniata*〉

オヒョウニレ
オヒョウ（於瓢）の別名（双子葉植物綱イラクサ目ニレ科の落葉高木。高さは25m）
〈*Ulmus laciniata*〉

オヒョウハシバミ
ハシバミ（榛）の別名（カバノキ科の落葉低木）
〈*Corylus heterophylla* Fisch. ex Besser var.*thunbergii* Blume〉

オヒョウバハシバミ
オオハシバミ（大榛）の別名（カバノキ科の低木。高さは3〜4m）
〈*Corylus heterophylla* Fisch.〉

*オヒルギ（雄蛭木）
別名：アカバナヒルギ，ベニガクヒルギ
双子葉植物綱ヒルギ目ヒルギ科の常緑高木，マングローブ植物。高さは20m。萼は赤色。
〈*Bruguiera gymnorrhiza*〉

*オヒルムシロ（雄蛭筵，雄蛭蓆）
別名：オオヒルムシロ
単子葉植物綱イバラモ目ヒルムシロ科の多年生水草。沈水葉は互生し，針状。長さは12〜30cm。
〈*Potamogeton natans*〉

オーブリエタ
ムラサキナズナ（紫撫子）の別名（アブラナ科の常緑多年草。高さは15cm。花は淡紅藤〜紫紅色）
〈*Aubrieta deltoidea*（L.）DC.〉

オベサ
コウギョク（晃玉）の別名（トウダイグサ科の多肉植物。高さは10〜12cm）
〈*Euphorbia obesa* Hook. f.〉

*オヘビイチゴ（雄蛇苺）
別名：オトコヘビイチゴ
双子葉植物綱バラ目バラ科の多年草。高さは20〜40cm。
〈*Potentilla sundaica* var.*robusta*〉

*オボロヅキ（朧月）
別名：ハツシモ（初霜）
ベンケイソウ科の多年草。花は白色。
〈*Graptopetalum paraguayense*（N. E. Br.）Walth.〉

オマツ
クロマツ（黒松）の別名（マツ綱マツ目マツ科の常緑高木。樹高は35m。樹皮は灰色）
〈*Pinus thunbergii*〉

*オミナエシ（女郎花）
別名：アワバナ（粟花），オミナメシ（女飯）
双子葉植物綱マツムシソウ目オミナエシ科の多年草。高さは60〜100cm。花は黄色。
〈*Patrinia scabiosaefolia*〉

オミナメシ（女飯）
オミナエシ（女郎花）の別名（双子葉植物綱マツムシソウ目オミナエシ科の多年草。高さは60〜100cm。花は黄色）
〈*Patrinia scabiosaefolia*〉

オミノキ
モミ（樅）の別名（マツ綱マツ目マツ科の常緑高木。高さは45m）
〈*Abies firma*〉

オメキグサ
ハシリドコロ（走野老）の別名（双子葉植物綱ナス目ナス科の多年草。高さは30〜60cm）

〈*Scopolia japonica*〉

オモイグサ
ナンバンギセル (南蛮煙管) の別名 (双
子葉植物綱ゴマノハグサ目ハマウツボ科
の一年生寄生植物。高さは15〜30cm。
花冠淡紅色，弁部濃紅紫色)
〈*Aeginetia indica*〉

オモカゲグサ
ヤマブキ (山吹) の別名 (双子葉植物綱
バラ目バラ科の落葉低木。高さは1〜
2m。花は黄色)
〈*Kerria japonica*〉

*オモゴウテンナンショウ (面河天南星)
別名：アキテンナンショウ
単子葉植物綱サトイモ目サトイモ科の多
年草。高さは20〜60cm。
〈*Arisaema iyoanum*〉

*オモダカ (沢瀉，面高)
別名：ハナグワイ
単子葉植物綱オモダカ目オモダカ科の抽
水性多年草。葉身は矢尻形。高さは
20〜80cm。花は白色。
〈*Sagittaria trifolia*〉

*オモチャカボチャ
別名：コナタウリ
ウリ科。

オモテスギ
スギ (杉) の別名 (マツ綱マツ目スギ科の
常緑高木。樹高は40m。樹皮は橙褐色)
〈*Cryptomeria japonica*〉

オモロカズラ
ミツバビンボウヅルの別名 (ブドウ科の
木本)

*オヤブジラミ
別名：ヒメウイキョウ
双子葉植物綱セリ目セリ科の越年草。
果実は三日月形。高さは30〜70cm。
花は白色。

〈*Torilis scabra*〉

オヤマノサンショウ
ナナカマド (七竈) の別名 (双子葉植物
綱バラ目バラ科の落葉高木。高さは
15m。花は白色。樹皮は灰色)
〈*Sorbus commixta*〉

オラン (雄蘭)
スルガラン (駿河蘭) の別名 (単子葉植
物綱ラン目ラン科の多年草。花は乳白
色)
〈*Cymbidium ensifolium*〉

オランダアヤメ
アイリスの別名 (単子葉植物綱ユリ目ア
ヤメ科の草本)
〈*Iris hollandica*〉
グラジオラスの別名 (アヤメ科の球根植
物)
〈*Gladiolus gandavensis* Van Houtte.〉
ダッチ・アイリスの別名 (アヤメ科の園
芸品種群。球根植物。花は白、黄、青な
ど)

オランダウド
アスパラガスの別名 (単子葉植物綱ユリ
目ユリ科の葉菜類。茎は食用となる。
高さは1.5m。花は緑白色)
〈*Asparagus officinalis*〉

*オランダカイウ (和蘭陀海芋)
別名：カラー，バンカイウ
単子葉植物綱サトイモ目サトイモ科の多
年草。高さは1m。仏炎苞は白色。
〈*Zantedeschia aethiopica*〉

*オランダガラシ (和蘭芥子)
別名：オランダゼリ，クレソン
アブラナ科の抽水植物。全長20〜
70cm、総状花序に白い小さな花を多
数付ける。高さは20〜60cm。
〈*Nasturtium officinale* R. Br.〉

オランダキジカクシ
アスパラガスの別名 (単子葉植物綱ユリ

目ユリ科の葉菜類。茎は食用となる。
高さは1.5m。花は緑白色)
〈*Asparagus officinalis*〉

オランダゲンゲ
シロツメクサ(白詰草)の別名(双子葉
植物綱マメ目マメ科の多年草。高さは
20〜30cm。花は白〜淡紅色)
〈*Trifolium repens*〉

オランダスイセン
チューベローズの別名(単子葉植物綱ユ
リ目リュウゼツラン科の観賞用草本。
花は白色)
〈*Polianthes tuberosa*〉

オランダセキチク
カーネーションの別名(双子葉植物綱ナ
デシコ目(中心子目)ナデシコ科の草本。
高さは40〜50cm。花は肉色)
〈*Dianthus caryophyllus*〉
スプレイ・カーネーションの別名(ナ
デシコ科)

オランダゼリ
オランダガラシ(和蘭芥子)の別名(ア
ブラナ科の抽水植物。全長20〜70cm、
総状花序に白い小さな花を多数付ける。
高さは20〜60cm)
〈*Nasturtium officinale* R. Br.〉
パセリの別名(双子葉植物綱セリ目セリ
科の多年草。高さは30〜60cm。花は黄
緑色)
〈*Petroselinum crispum*〉

*オランダセンニチ(和蘭千日)
別名:センニチモドキ
キク科の一年草。葉は初め紫でシソの
葉の感じ。
〈*Spilanthes acmella* L. var.*oleracea*
Clarke〉

オランダツツジ
アザレアの別名(ツツジ科の園芸品種群。
木本)

オランダドリアン
トゲバンレイシ(刺蕃荔枝)の別名(双
子葉植物綱モクレン目バンレイシ科の低
木。葉はカキに似る。高さは3〜8m。
花は淡黄色)
〈*Annona muricata*〉

*オランダハッカ
別名:グリーンミント,ミドリハッカ
(緑薄荷)
双子葉植物綱シソ目シソ科の多年草。
高さは30〜100cm。花は藤,ピンク,
白色。
〈*Mentha spicata* var.*crispa*〉

オランダフウロソウ
エロディウムの別名(フウロソウ科の属
総称)

オランダボウフウ
パースニップの別名(セリ科の二年草。
花は白あるいは緑黄色)
〈*Pastinaca sativa* L.〉

オランダミツバ
セロリの別名(双子葉植物綱セリ目セリ
科の葉菜類。高さは60〜80cm)
〈*Apium graveolens*〉

*オランダミミナグサ
別名:アオミミナグサ
双子葉植物綱ナデシコ目(中心子目)ナ
デシコ科の越年草。高さは10〜
30cm。花は白色。
〈*Cerastium glomeratum*〉

オランダモミ
コウヨウザン(広葉杉)の別名(マツ綱
マツ目スギ科の常緑高木。高さは30m。
樹皮は赤褐色)
〈*Cunninghamia lanceolata*〉

*オランダワレモコウ
別名:ガーデンバーネット,ガーデン
バネット
双子葉植物綱バラ目バラ科の多年草。

高さは20～45cm。花は緑色，または帯紫色。
〈Sanguisorba minor〉

オリエンタル ポピー
オニゲシ（鬼罌粟）の別名（双子葉植物綱ケシ目ケシ科の多年草。高さは1～1.5m。花は白に黄色斑点）
〈Papaver orientale〉

*オーリキュラ
別名：アツバサクラソウ
サクラソウ科。花は黄色。
〈Primula auricula L.〉

*オリヅルシダ
別名：ツルカンジュ，ツルキジノオ
オシダ科の常緑性シダ植物。葉身は長さ20～40cm，単羽状複生。
〈Polystichum lepidocaulon〉

*オリヅルラン（折鶴蘭）
別名：チョウラン，フウチョウラン
単子葉植物綱ユリ目ユリ科の多年草。花は白色。
〈Chlorophytum comosum〉

*オリーブ（橄欖）
別名：オレイフ
双子葉植物綱ゴマノハグサ目モクセイ科の常緑高木。果実は長卵形の石果。高さは10m。花は乳白色。
〈Olea europaea〉

*オールスパイス
別名：ヒャクミコショウ，ピメンタ
双子葉植物綱フトモモ目フトモモ科の小木。葉は硬質。
〈Pimenta dioica〉

*オルニトガルム・オーレウム
別名：オオアマナ
ユリ科。

オールヒール
セイヨウカノコソウ（西洋鹿子草）の

別名（双子葉植物綱マツムシソウ目オミナエシ科の多年草。花は白～淡紅色）
〈Valeriana officinalis〉

オレイフ
オリーブ（橄欖）の別名（双子葉植物綱ゴマノハグサ目モクセイ科の常緑高木。果実は長卵形の石果。高さは10m。花は乳白色）
〈Olea europaea〉

*オレガノ
別名：ハナハッカ，ワイルドオレガノ
双子葉植物綱シソ目シソ科の多年草，ハーブ。高さは60cm。花は紫，ピンク，白色など。
〈Origanum vulgare〉

オレゴンカエデ
ヒロハカエデの別名（カエデ科の落葉高木。葉は3～5裂。樹高25m。樹皮は灰褐色）
〈Acer macrophyllum Pursh〉

オレゴンパイン
ドグラスファーの別名（マツ科の木本）

*オレンジ
別名：スイートオレンジ
双子葉植物綱ムクロジ目ミカン科の常緑高木。
〈Citrus sinensis〉

オレンジ・アマダイダイ
ワシントン・ネーブルの別名（ミカン科のミカン（蜜柑）の品種。果皮は橙黄色）

オレンジミント
オーデコロン・ミントの別名（双子葉植物綱シソ目シソ科のハーブ）
〈Mantha × piperita var.'Citrata'〉

オロシャギク
コシカギク（小鹿菊）の別名（双子葉植物綱キク目キク科の一年草。高さは20～40cm。花は黄緑色）

〈*Matricaria matricarioides*〉

オンコ
イチイ（一位，櫟）の別名（イチイ綱イチ
イ目イチイ科の常緑高木。高さは20m）
〈*Taxus cuspidata*〉

オンジ
イトヒメハギ（糸姫萩）の別名（双子葉
植物綱ヒメハギ目ヒメハギ科の多年草）
〈*Polygala tenuifolia*〉

*オンシディウム
別名：ムレスズメラン（群雀蘭）
ラン科の属総称。

*オンタデ（御蓼）
**別名：イワタデ，ハクサンタデ，ミヤ
マイタドリ**
双子葉植物綱タデ目タデ科の多年草。
高さは20〜80cm。
〈*Aconogonum weyrichii var.
alpinum*〉

*オンツツジ（雄躑躅）
別名：ツクシアカツツジ
双子葉植物綱ツツジ目ツツジ科の落葉低
木。花は紅色。
〈*Rhododendron weyrichii*〉

オンナダケ
メダケ（女竹）の別名（単子葉植物綱カヤ
ツリグサ目イネ科の常緑大型ササ）
〈*Pleioblastus simonii*〉

オンナヨバイド
ヤブジラミ（藪蝨）の別名（双子葉植物
綱セリ目セリ科の多年草。高さは30〜
70cm）
〈*Torilis japonica*〉

オンバコ
オオバコ（大葉子）の別名（双子葉植物
綱オオバコ目オオバコ科の多年草。高
さは10〜50cm）
〈*Plantago asiatica*〉

【 カ 】

ガイアナチェスナット
パキラの別名（パンヤ科の属総称）

カイウ
カラーの別名（単子葉植物綱サトイモ目
サトイモ科のオランダカイウ属総称）
〈*Zantedeschia spp.*〉

カイエンナッツ
パキラの別名（パンヤ科の属総称）

*カイガラサルビア
別名：モルッケラ
シソ科の一年草。高さは40〜90cm。花
は白色。
〈*Moluccella laevis L.*〉

カイガンショウ
カイガンマツの別名（マツ綱マツ目マツ
科の木本。樹高は35m。樹皮は紫褐色）
〈*Pinus pinaster*〉
フランスカイガンショウの別名（マツ
科の木本。樹高35m。樹皮は紫褐色）
〈*Pinus pinaster*〉

カイガンマツ
フランスカイガンショウの別名（マツ
科の木本。樹高35m。樹皮は紫褐色）
〈*Pinus pinaster*〉

*カイガンマツ
**別名：カイガンショウ，フッコクカイガ
ンショウ**
マツ綱マツ目マツ科の木本。樹高は
35m。樹皮は紫褐色。
〈*Pinus pinaster*〉

カイコウ
サザンカ（山茶花）の別名（双子葉植物
綱ツバキ目ツバキ科の常緑小高木。高
さは7〜10m。花は白色）

〈*Camellia sasanqua*〉

カイコウズ
アメリカデイゴの別名（双子葉植物綱マ
メ目マメ科の落葉小高木。高さは6m。
花は黄を帯びた赤色）
〈*Erythrina crista-galli*〉

*カイコバイモ（甲斐小貝母）
別名：ハハグリ
単子葉植物綱ユリ目ユリ科の多年草。
高さは10〜20cm。
〈*Fritillaria kaiensis*〉

*カイザイク（貝細工）
別名：アンモビウム
キク科の一年草。高さは60〜80cm。花
は白色。
〈*Ammobium alatum R. Br.*〉

カイジンソウ
ミズオジギソウの別名（双子葉植物綱マ
メ目マメ科の水草。葉は触れると閉合,
小葉片は赤緑。花は黄色）
〈*Neptunia oleracea*〉

*カイヅカイブキ
別名：カイヅカビャクシン
マツ綱マツ目ヒノキ科の木本。
〈*Juniperus chinensis 'Kaizuka'*〉

カイヅカビャクシン
カイヅカイブキの別名（マツ綱マツ目ヒ
ノキ科の木本）
〈*Juniperus chinensis 'Kaizuka'*〉

カイセイトウ（回青橙）
ダイダイ（橙）の別名（双子葉植物綱ムク
ロジ目ミカン科の常緑低木。果面は濃
橙色でやや粗い）
〈*Citrus aurantium*〉

カイソウ
コトジツノマタ（琴柱角叉）の別名（ス
ギノリ科の海藻。扁圧。体は20cm）
〈*Chondrus elatus Holmes*〉

カイドウ
ミカイドウ（実海棠）の別名（バラ科の
落葉小高木。高さは3〜5m。花は淡紅
色）
〈*Malus micromalus Makino*〉

*カイドウ（海棠）
別名：ナガサキリンゴ, ミカイドウ
バラ科の木本。
〈*Malus micromalus Makino*〉

カイナグサ
コブナグサ（小鮒草）の別名（単子葉植
物綱カヤツリグサ目イネ科の一年草。
高さは20〜50cm）
〈*Arthraxon hispidus*〉

カイニンソウ（海仁草）
マクリの別名（紅藻綱イギス目フジマツ
モ科の海藻。円柱状。体は5〜25cm）
〈*Digenea simplex*〉

カイヒョウタンボク
ハヤザキヒョウタンボクの別名（スイ
カズラ科の木本）
〈*Lonicera praeflorens Batalin var.
japonica H. Hara*〉

*カイラン（芥藍）
別名：カランチョウ, チャイニーズ
ケール
アブラナ科の中国野菜。
〈*Brassica oleracea Linn. var.
alboglabra Linn. H. Bailey*〉

カエデモダシ
ヤナギマツタケの別名（オキナタケ科の
キノコ。中型〜大型。傘は淡黄土色, 粘
性なし）
〈*Agrocybe cylindracea*〉

カエルエンザ
トチカガミの別名（単子葉植物綱トチカ
ガミ目トチカガミ科の浮遊性多年草。
葉身は円形, 花弁は3枚で白色）
〈*Hydrocharis dubia*〉

カエンカズラ

カエンソウ (火焔草) の別名 (双子葉植物綱アカネ目アカネ科のつる性草本。花は上部赤色, 筒部は黄色)
〈*Manettia inflata*〉

ピロステギアの別名 (ノウゼンカズラ科の属総称)

カエンキセワタ

レオノティスの別名 (シソ科の属総称)

*カエンキセワタ

別名: クシダンゴ, レオノティス
双子葉植物綱シソ目シソ科の多年草。高さは2m。花は橙紅色。
〈*Leonotis leonurus*〉

カエンサイ

ビートの別名 (双子葉植物綱ナデシコ目 (中心子目) アカザ科の多年草。肥大した根を野菜として利用。高さは2m)
〈*Beta vulgaris*〉

*カエンソウ (火焔草)

別名: カエンカズラ (火焔葛)
双子葉植物綱アカネ目アカネ科のつる性草本。花は上部赤色, 筒部は黄色。
〈*Manettia inflata*〉

カオウ (花王)

ボタン (牡丹) の別名 (双子葉植物綱ビワモドキ目ボタン科の木本。高さは2m。花は白, 桃, 紅, 紫色)
〈*Paeonia suffruticosa*〉

カオバナ

カキツバタ (杜若, 燕子花) の別名 (単子葉植物綱ユリ目アヤメ科の多年草。高さは50〜70cm。花は紫色)
〈*Iris laevigata*〉

カオヨグサ

カキツバタ (杜若, 燕子花) の別名 (単子葉植物綱ユリ目アヤメ科の多年草。高さは50〜70cm。花は紫色)
〈*Iris laevigata*〉

カオリグサ

フジバカマ (藤袴) の別名 (双子葉植物綱キク目キク科の多年草。高さは100〜150cm)
〈*Eupatorium fortunei*〉

カオリザクラ

ルクリアの別名 (アカネ科)

カオリヒラタケ

エリンギイの別名 (ヒラタケ科のキノコ)

*ガガイモ (蘿藦)

別名: イガナスビ, クサパンヤ, クサワタ
双子葉植物綱リンドウ目ガガイモ科の多年生つる草。
〈*Metaplexis japonica*〉

*カカオ

別名: カカオノキ
双子葉植物綱アオイ目アオギリ科の常緑小高木。果実は長さ20cm。高さは6〜8m。花は桃色, または黄色。
〈*Theobroma cacao*〉

カカオノキ

カカオの別名 (双子葉植物綱アオイ目アオギリ科の常緑小高木。果実は長さ20cm。高さは6〜8m。花は桃色, または黄色)
〈*Theobroma cacao*〉

*カガシラ

別名: ヒメシンジュガヤ
単子葉植物綱カヤツリグサ目カヤツリグサ科の一年草。高さは5〜15cm。
〈*Scleria caricina*〉

カガチ (輝血)

ホオズキ (酸漿) の別名 (双子葉植物綱ナス目ナス科の多年草。高さは60〜90cm。花は朱赤色)
〈Physalis alkekengi *var.*franchetii〉

*カカツガユ (和活柚)

別名: ソンノイゲ, ヤマミカン

双子葉植物綱イラクサ目クワ科の低木。
〈*Maclura cochinchinensis* var. *gerontogea*〉

カガノシロウメ
シロカガ（白加賀）の別名（バラ科のウメの品種）

カガミグサ
ウキクサ（浮草）の別名（単子葉植物綱サトイモ目ウキクサ科の多年生浮遊植物。葉状体は広倒卵形，裏面は赤紫色。長さは5〜10mm）
〈*Spirodela polyrhiza*〉

ビャクレンの別名（双子葉植物綱クロウメモドキ目ブドウ科のつる性植物）
〈*Ampelopsis japonica*〉

マメヅタ（豆蔦）の別名（ウラボシ科の常緑性シダ植物。小形の常緑のシダ類。葉身は長さ1〜2cm，円形から楕円形）
〈*Lemmaphyllum microphyllum*〉

ヤマブキ（山吹）の別名（バラ科の落葉低木。高さは1〜2m。花は黄色）
〈*Kerria japonica*（L.）DC.〉

カガミナンブスズ
ヨナイザサの別名（イネ科の常緑中型笹）

ガガメ
ツルアラメの別名（褐藻綱コンブ目コンブ科の海藻。葉は単条又は羽状分岐。体は長さ0.3〜1m）
〈*Ecklonia stolonifera*〉

*カカヤンバラ
別名：ヤエヤマノイバラ
バラ科の常緑低木。
〈*Rosa bracteata* H. Wendl.〉

カカラ
サルトリイバラ（猿捕茨）の別名（単子葉植物綱ユリ目ユリ科のつる性低木。葉長5cm。花は黄緑色）
〈*Smilax china*〉

カガリビソウ
クチナシグサ（梔子草）の別名（ゴマノハグサ科の半寄生越年草。高さは10〜30cm）
〈*Monochasma sheareri*（S. Moore）Maxim.〉

シクラメンの別名（双子葉植物綱サクラソウ目サクラソウ科の多年草。花は濃桃色）
〈*Cyclamen persicum*〉

カガリビバナ
シクラメンの別名（双子葉植物綱サクラソウ目サクラソウ科の多年草。花は濃桃色）
〈*Cyclamen persicum*〉

*カキ（柿）
別名：シュカ（朱果），セキジツカ（赤実果）
双子葉植物綱カキノキ目カキノキ科の落葉高木。樹高は15m。樹皮は淡灰色。
〈*Diospyros kaki*〉

*カギカズラ（鉤葛）
別名：カラスノカギズル，タケカズラ，フジトリバリ
双子葉植物綱アカネ目アカネ科の常緑つる性植物。
〈*Uncaria rhynchophylla*〉

*カキヂシャ
別名：クキヂシャ，セルタス
キク科の野菜。

*カキツバタ（杜若，燕子花）
別名：カオバナ，カオヨグサ
単子葉植物綱ユリ目アヤメ科の多年草。高さは50〜70cm。花は紫色。
〈*Iris laevigata*〉

*カキドオシ（垣通）
別名：カントリソウ
双子葉植物綱シソ目シソ科の多年草。高さは5〜25cm。
〈*Glechoma hederacea* subsp.*grandis*〉

植物別名辞典　125

カキノキダマシ

チシャノキ(萵苣木)の別名(双子葉植物綱シソ目ムラサキ科の落葉高木)

〈Ehretia ovalifolia〉

*カキノハグサ(柿葉草)

別名:ナガバノカキノハグサ

双子葉植物綱ヒメハギ目ヒメハギ科の多年草。高さは20〜35cm。

〈Polygala reinii〉

カギバダンツウゴケ

ミノゴケ(蓑苔)の別名(タチヒダゴケ科のコケ。枝葉は長さ1.5〜2.5mm、舌形)

〈Macromitrium japonicum Doz. et Molk.〉

*カギバニワスギゴケ

別名:コスギゴケ

スギゴケ科のコケ。茎は高さ1〜5cm、葉の鞘部は卵形。

〈Pogonatum inflexum (Lindb.) Lac.〉

*カキラン(柿蘭)

別名:スズラン

ラン科の多年草。高さは30〜70cm。花は橙色。

〈Epipactis thunbergii A. Gray〉

*ガクアジサイ(額紫陽花)

別名:ガクソウ,ガクバナ,ハマアジサイ

双子葉植物綱バラ目ユキノシタ科の落葉・半常緑低木。

〈Hydrangea macrophylla form. normalis〉

*ガクウツギ(額空木)

別名:コンテリギ

ユキノシタ科の落葉低木。高さは1.5m。花は白色。

〈Hydrangea scandens (L. f.) Ser.〉

ガクソウ

ガクアジサイ(額紫陽花)の別名(双子葉植物綱バラ目ユキノシタ科の落葉・半常緑低木)

〈Hydrangea macrophylla form. normalis〉

*カクチョウラン(鶴頂蘭)

別名:カクラン(鶴蘭)

単子葉植物綱ラン目ラン科の草本。高さは1m。花は紅紫色。

〈Phaius tankervilleae〉

カクトラノオ(角虎尾)

ハナトラノオ(花虎尾)の別名(双子葉植物綱シソ目シソ科の多年草。高さは40〜120cm。花は紅,淡紅色,または白色)

〈Physostegia virginiana〉

ガクバナ

ガクアジサイ(額紫陽花)の別名(双子葉植物綱バラ目ユキノシタ科の落葉・半常緑低木)

〈Hydrangea macrophylla form. normalis〉

*カクバヒギリ

別名:シマヒギリ,リュウセンカ(竜船花)

双子葉植物綱シソ目クマツヅラ科の観賞用低木。花は深紅色。

〈Clerodendrum paniculatum〉

カクミノスノキ(角実の酢の木)

ウスノキ(臼木)の別名(双子葉植物綱ツツジ目ツツジ科の落葉低木)

〈Vaccinium hirtum var.pubescens〉

カグラザサ(神楽笹)

オカメザサ(阿亀笹)の別名(単子葉植物綱カヤツリグサ目イネ科の常緑小型竹。高さは0.5〜2m)

〈Shibataea kumasaca〉

カクラン(鶴蘭)

カクチョウラン(鶴頂蘭)の別名(単子葉植物綱ラン目ラン科の草本。高さは

1m。花は紅紫色）
〈Phaius tankervilleae〉

カクラングサ
ヤナギタデ（柳蓼）の別名（双子葉植物
綱タデ目タデ科の一年草。葉は辛く香
辛料となる。高さは30～60cm。花は白
～淡枇杷色）
〈Persicaria hydropiper〉

カクレミノ
エイザンスミレ（叡山菫）の別名（双子
葉植物綱スミレ目スミレ科の多年草。
高さは7～10cm。花は淡紅紫色）
〈Viola eizanensis〉

*カゲロウラン
別名：オオスミキヌラン
ラン科の草本。
〈Hetaeria agyokuana（Fukuyama）
Nackejima〉

カゴガシ
カゴノキ（加古之木）の別名（双子葉植
物綱クスノキ目クスノキ科の常緑高木）
〈Litsea coreana〉

カコソウ（夏枯草）
ウツボグサ（靫草）の別名（双子葉植物
綱シソ目シソ科の多年草。ウツボグサ
の基本亜種で，花は長さ1～1.3cm。高
さは10～30cm）
〈Prunella vulgaris subsp.asiatica〉

*カゴノキ（加古之木）
別名：カゴガシ，カノコガ，コガノキ
双子葉植物綱クスノキ目クスノキ科の常
緑高木。
〈Litsea coreana〉

カゴメ
スジメの別名（褐藻綱コンブ目コンブ科
の海藻。茎は円柱状）
〈Costaria costata〉

カザグルマ
クレマチスの別名（キンポウゲ科の属
総称。宿根草）

*カサスゲ（笠菅）
別名：スゲ，ミノスゲ
単子葉植物綱カヤツリグサ目カヤツリグ
サ科の多年草。高さは50～100cm。
〈Carex dispalata〉

*カサナリゴケ
別名：ヒメカサナリゴケ
カサナリゴケ科のコケ。灰緑色，茎は長
さ2～4mm。
〈Anthelia juratzkana（Limpr.）
Trevis.〉

*ガザニア
別名：クンショウギク（勲章菊）
キク科の属総称。宿根草。

*カサバルピナス
別名：ケノボリフジ
マメ科。高さは60～80cm。花は紫青色。
〈Lupinus hirsutus L.〉

*カサモチ
別名：ウタメ，サワソラシ，ソラシ
双子葉植物綱セリ目セリ科の草本。
〈Nothosmyrnium japonicum〉

カサユリ
クルマユリ（車百合）の別名（単子葉植
物綱ユリ目ユリ科の多年草。高さは70
～100cm。花は朱赤色）
〈Lilium medeoloides〉

カザリナス
ヒラナスの別名（ナス科の多年草。高さ
は0.5～1m。花は白色）
〈Solanum integrifolium Poir.〉

*カザンデマリ（華山手毬）
別名：インドトキワサンザシ，ヒマラ
ヤトキワサンザシ
双子葉植物綱バラ目バラ科の常緑性低

植物別名辞典　127

木。葉は長楕円形または倒披針形。
〈*Pyracantha crenulata*〉

*カジイチゴ（梶苺）
別名：エドイチゴ，トウイチゴ
双子葉植物綱バラ目バラ科の落葉低木。
果実は淡黄色。花は白色。
〈*Rubus trifidus*〉

カシオシミ
ネジキ（捩木）の別名（双子葉植物綱ツツ
ジ目ツツジ科の落葉低木）
〈*Lyonia ovalifolia* var.elliptica〉

*カジカエデ（梶楓）
別名：オニモミジ
双子葉植物綱ムクロジ目カエデ科の落葉
高木，雌雄異株。
〈*Acer diabolicum*〉

カシグルミ
テウチグルミ（手打胡桃）の別名（双子
葉植物綱クルミ目クルミ科の木本）
〈*Juglans regia* var.orientis〉

カシノハモチ
ナナミノキの別名（双子葉植物綱ニシキ
ギ目モチノキ科の常緑高木。樹高は
10m。樹皮は灰色）
〈*Ilex chinensis*〉

カシマガヤ
タキキビの別名（単子葉植物綱カヤツリ
グサ目イネ科の草本）
〈*Phaenosperma globosum*〉

カジメ
アラメ（荒布）の別名（コンブ科の海藻。
茎は円柱状。体は長さ1.5m）
〈*Eisenia bicyclis*（Kjellman in
Kjellman et Petersen）Setchell〉

*カジメ（搗布）
別名：アマタ，ノロカジメ
褐藻綱コンブ目コンブ科の海藻。円
柱状。体は1〜2m。
〈*Ecklonia cava*〉

ガジャンギ
イボタクサギ（伊保多臭木）の別名（双
子葉植物綱シソ目クマツヅラ科の低木。
葉は厚く，ネズミモチに似る。高さは1
〜2m。花は白色）
〈*Clerodendrum neriifolium*〉

カシュー
カシューナッツの別名（双子葉植物綱ム
クロジ目ウルシ科の果樹。高さは10〜
15m。花は白色，またはうすい緑色）
〈*Anacardium occidentale*〉

*ガジュツ（莪朮）
別名：シロウコン
単子葉植物綱ショウガ目ショウガ科の多
年草。高さは1m。花は淡黄色。
〈*Curcuma zedoaria*〉

*カシューナッツ
別名：カシュー
双子葉植物綱ムクロジ目ウルシ科の果
樹。高さは10〜15m。花は白色，ま
たはうすい緑色。
〈*Anacardium occidentale*〉

*ガジュマル（榕樹）
別名：タイワンマツ，ヨウジュ（**榕樹**）
双子葉植物綱イラクサ目クワ科の常緑高
木。高さは20m。
〈*Ficus microcarpa*〉

*カショウクズマメ
別名：ハネミノモダマ
マメ科の木本。
〈*Mucuna membranacea* Hayata〉

ガショウソウ
ニリンソウ（二輪草）の別名（双子葉植
物綱キンポウゲ目キンポウゲ科の多年
草。高さは15〜25cm。花は白色）
〈*Anemone flaccida*〉

ガショウラン（賀正蘭）
フクジュソウ（福寿草）の別名（双子葉
植物綱キンポウゲ目キンポウゲ科の多年

草。高さは15〜30cm。花は黄色）
〈Adonis amurensis〉

*カシワ（柏，槲，櫟）
別名：カシワギ，カシワノキ，モチガ
シワ
双子葉植物綱ブナ目ブナ科の落葉高木。
高さは10〜15m。
〈Quercus dentata〉

カシワギ
カシワ（柏，槲，櫟）の別名（双子葉植物
綱ブナ目ブナ科の落葉高木。高さは10
〜15m）
〈Quercus dentata〉

カシワナラ
ナラガシワ（楢柏）の別名（双子葉植物
綱ブナ目ブナ科の木本）
〈Quercus aliena〉

カシワノキ
カシワ（柏，槲，櫟）の別名（双子葉植物
綱ブナ目ブナ科の落葉高木。高さは10
〜15m）
〈Quercus dentata〉

カシワバチョウセンアサガオ
オオバナチョウセンアサガオ（大花朝
鮮朝顔）の別名（ナス科の常緑低木。
高さは3〜4.5m。花は白色）
〈Datura suaveolens Humb. et Bonpl.
ex Willd.〉

カシワバチョウチンゴケ
ムツデチョウチンゴケの別名（チョウチ
ンゴケ科のコケ。大形、茎は長さ10cm、
葉は光沢があり、長楕円形）
〈Pseudobryum speciosum（Mitt.）T.
J. Kop.〉

*カスタノスペルマム
別名：ジャックトマメノキ
マメ科の属総称。

カズノウキゴケ
ウキゴケ（浮苔）の別名（ウキゴケ科の
コケ。淡緑色，長さ1〜5cm）
〈Riccia fluitans〉

*カスミザクラ（霞桜）
別名：ケヤマザクラ
双子葉植物綱バラ目バラ科の落葉高木。
高さは20m。花は微紅色，またはほと
んど白色。樹皮は灰褐色。
〈Cerasus leveilleana〉

カスミソウ
ホトケノザ（仏座）の別名（シソ科の一
年草または多年草。高さは10〜30cm）
〈Lamium amplexicaule L.〉

*カスミソウ（霞草）
別名：ムレナデシコ
双子葉植物綱ナデシコ目（中心子目）
ナデシコ科の草本。高さは20〜
50cm。花は白色。
〈Gypsophila elegans〉

カスミノキ
ハグマノキ（白熊木）の別名（双子葉植
物綱ムクロジ目ウルシ科の落葉低木。
高さは4〜5m。花は帯紫色）
〈Cotinus coggygria〉

カスミホウライシダ
アジアンタム・ミクロピンヌルムの別
名（ウラボシ科）

カスミムグラ
トゲナシムグラの別名（双子葉植物綱ア
カネ目アカネ科の多年草。長さは30〜
150cm。花は白色，または緑白色）
〈Galium mollugo〉

カズラサボテン
サンカクチュウ（三角柱）の別名（サボ
テン科のサボテン。径3〜7cm。花は白
色）
〈Hylocereus guatemalensis（Eichlam）
Britt. et Rose〉

カセンガヤ
ヒゲシバ（鬚芝）の別名（単子葉植物綱カヤツリグサ目イネ科の一年草。高さは20〜50cm）
〈Sporobolus japonicus〉

*カセンニシキ
別名：ハナイズミニシキ
カエデ科のカエデの品種。

カタカゴ
カタクリ（片栗）の別名（単子葉植物綱ユリ目ユリ科の多年草。高さは15〜30cm。花は紅紫色）
〈Erythronium japonicum〉

カタクリ
エリスロニウムの別名（単子葉植物綱ユリ目ユリ科の属総称）
〈Erythronium spp.〉

*カタクリ（片栗）
別名：カタカゴ，カッタコ，クゾ，ハツユリ（初百合）
単子葉植物綱ユリ目ユリ科の多年草。高さは15〜30cm。花は紅紫色。
〈Erythronium japonicum〉

カタザクラ
リンボク（橉木）の別名（双子葉植物綱バラ目バラ科の常緑高木）
〈Prunus spinulosa〉

カタシログサ
ハンゲショウ（半夏生，半化粧）の別名（双子葉植物綱コショウ目ドクダミ科の多年草。高さは60〜100cm）
〈Saururus chinensis〉

カタスギ
アズキナシ（小豆梨）の別名（双子葉植物綱バラ目バラ科の落葉高木。高さは20m。花は白色。樹皮は暗褐色）
〈Sorbus alnifolia〉

*カタスゲ
別名：シャリョウスゲ

単子葉植物綱カヤツリグサ目カヤツリグサ科の草本。
〈Carex macrandrolepis〉

カタソゲ
ハツキマンサク（葉つき万作）の別名（双子葉植物綱マンサク目マンサク科の木本）

*カタノリ
別名：ムカデノリ
ムカデノリ科の海藻。叢生。体は7〜20cm。
〈Grateloupia divaricata Okamura〉

カタハ
ムキタケの別名（キシメジ科のキノコ。中型〜大型。傘は汚黄色〜黄褐色，細毛を密生する。表皮ははがれやすい）
〈Panellus serotinus〉

カタバナハマサジ
タイワンハマサジの別名（双子葉植物綱イソマツ目イソマツ科の多年草。高さは30〜50cm。花は黄色）
〈Limonium sinense〉

カタバミ
オキザリスの別名（双子葉植物綱フウロソウ目カタバミ科の属総称）
〈Oxalis spp.〉

*カタバミ（酢漿草）
別名：スイモノグサ
双子葉植物綱フウロソウ目カタバミ科の多年草。高さは10〜30cm。花は黄色。
〈Oxalis corniculata〉

カタバミモ
デンジソウ（田字草）の別名（デンジソウ科の水生シダ植物，夏緑性。若い葉は渦巻き状，胞子嚢果は黒色〜褐色になる。葉身は長さ1〜2cm，倒三角形〜円形）
〈Marsilea quadrifolia〉

*カタヒバ（片檜葉）
別名：ヒメヒバ，メヒバ
イワヒバ科の常緑性シダ植物。地下茎
は淡黄緑色。高さは10〜40cm。
〈*Selaginella involvens*〉

カタワグルマ
シャジクソウ（車軸草）の別名（双子葉
植物綱マメ目マメ科の多年草。高さは
15〜50cm）
〈*Trifolium lupinaster*〉

カチカタ
オオムギ（大麦）の別名（単子葉植物綱
カヤツリグサ目イネ科の草本。高さは1.
2m）
〈*Hordeum vulgare var.vulgare*〉

カツウダケカンアオイ
オナガサイシンの別名（ウマノスズクサ
科の多年草。葉は三角状卵形）
〈*Asarum leptophyllum* Hayata〉

*カッコウアザミ（藿香薊）
別名：アゲラータム
双子葉植物綱キク目キク科の一年草。
高さは30〜60cm。花は紫色，または
白色。
〈*Ageratum conyzoides*〉

カッコウチョロギ
ベトニーの別名（シソ科のハーブ）

*カッコソウ
別名：キソコザクラ（木曾小桜）
双子葉植物綱サクラソウ目サクラソウ科
の多年草。高さは10〜15cm。花は紅
紫色。
〈*Primula kisoana*〉

*カッシア
別名：カワラケツメイ
マメ科の属総称。

カッタコ
カタクリ（片栗）の別名（単子葉植物綱
ユリ目ユリ科の多年草。高さは15〜
30cm。花は紅紫色）
〈*Erythronium japonicum*〉

カップザクラ
**エゾノウワミズザクラ（蝦夷上溝桜）
の別名**（双子葉植物綱バラ目バラ科の落
葉高木。樹高は15m。樹皮は濃い灰色）
〈*Prunus padus*〉

*カツラ（桂）
**別名：オコウノキ，コウノキ，マッコ
ノキ**
双子葉植物綱マンサク目カツラ科の落葉
高木。高さは30m。樹皮は灰褐色。
〈*Cercidiphyllum japonicum*〉

ガーデニア
オオヤエクチナシの別名（アカネ科の薬
用植物）
〈*Gardenia jasminoides*〉
クチナシ（梔子，巵子）の別名（双子葉
植物綱アカネ目アカネ科の常緑低木。
高さは1.5m以上。花は純白色）
〈*Gardenia jasminoides var.
jasminoides*〉

ガーデンクレス
コショウソウ（胡椒草）の別名（双子葉
植物綱フウチョウソウ目アブラナ科の野
菜）
〈*Lepidium sativum*〉

ガーデンセージ
セージの別名（シソ科の香辛野菜。高さ
は60cm。花は青からピンク色）
〈*Salvia officinalis* L.〉
ヤクヨウサルビアの別名（双子葉植物綱
シソ目シソ科の多年草。高さは60cm。
花は青〜ピンク色）
〈*Salvia officinalis*〉

*カテンソウ（花点草）
別名：ヒシバカキドオシ
双子葉植物綱イラクサ目イラクサ科の多
年草。高さは10〜30cm。

〈*Nanocnide japonica*〉

ガーデンソレル
スイバ（酸葉）の別名（双子葉植物綱タデ目タデ科の多年草。高さは50〜80cm）
〈*Rumex acetosa*〉

ガーデンタイム
タイムの別名（シソ科の香辛野菜。高さは20cm。花は白から淡桃色）
〈*Thymus vulgaris* L.〉
タチジャコウソウ（立麝香草）の別名（双子葉植物綱シソ目シソ科の野菜。高さは20cm。花は白〜淡桃色）
〈*Thymus vulgaris*〉

ガーデンチャービル
チャービルの別名（双子葉植物綱セリ目セリ科のハーブ。高さは50〜60cm）
〈*Anthriscus cerefolium*〉

ガーデンバーネット
オランダワレモコウの別名（双子葉植物綱バラ目バラ科の多年草。高さは20〜45cm。花は緑色，または帯紫色）
〈*Sanguisorba minor*〉

ガーデンバネット
オランダワレモコウの別名（双子葉植物綱バラ目バラ科の多年草。高さは20〜45cm。花は緑色，または帯紫色）
〈*Sanguisorba minor*〉

ガーデンビート
ビートの別名（双子葉植物綱ナデシコ目（中心子目）アカザ科の多年草。肥大した根を野菜として利用。高さは2m）
〈*Beta vulgaris*〉

＊カトウハコベ（加藤繁縷）
別名：カーネーション
ナデシコ科の多年草。高さは5〜10cm。
〈*Arenaria katoana Makino*〉

カトリグサ
カワラヨモギ（河原蓬，河原艾）の別名（双子葉植物綱キク目キク科の多年草。高さは30〜100cm）
〈*Artemisia capillaris*〉

カナカケコンブ
ネコアシコンブの別名（褐藻綱コンブ目コンブ科の海藻。葉は線状。体は長さ2〜4m）
〈*Arthrothamnus bifidus*〉

カナクサ
ヘビノネゴザ（蛇寝御座）の別名（オシダ科の夏緑性シダ植物。葉身は長さ20〜40cm，披針形〜長楕円状披針形）
〈*Athyrium yokoscense*〉

カナグスクシダ
シマムカデシダ（島百足羊歯）の別名（ヒメウラボシ科の常緑性シダ。葉身は長さ10〜30cm。狭披針形）
〈*Prosaptia kanashiroi*（Hayata）Nakai ex Yamamoto〉

カナダアキノキリンソウ
ソリダゴの別名（キク科の属総称）

＊カナダカエデ
別名：サトウカエデ
カエデ科。

＊カナダトウヒ
別名：シロトウヒ
マツ綱マツ目マツ科の常緑高木。高さは30m。樹皮は灰褐色。
〈*Picea glauca*〉

カナダニワトコ
アメリカニワトコの別名（スイカズラ科の木本。高さは4m。花は白黄色）
〈*Sambucus canadensis* L.〉

＊カナビキソウ（金引草）
別名：イワガネソウ
ビャクダン科の多年草。高さは10〜25cm。
〈*Thesium chinense Turcz.*〉

*カナムグラ（金葎）
別名：ビンボウカズラ，ヤエムグラ
双子葉植物綱イラクサ目クワ科の一年生つる草。
〈*Humulus japonicus*〉

カナメノキ
チャンチンモドキの別名（双子葉植物綱ムクロジ目ウルシ科の木本）
〈*Choerospondias axillaris*〉

*カナメモチ（要黐）
別名：アカメモチ（赤芽黐），ソバノキ
双子葉植物綱バラ目バラ科の常緑高木。高さは3～5m。花は白色。
〈*Photinia glabra*〉

カナヤマシダ
ヘビノネゴザ（蛇寝御座）の別名（オシダ科の夏緑性シダ植物。葉身は長さ20～40cm，披針形～長楕円状披針形）
〈*Athyrium yokoscense*〉
ユノミネシダ（湯之峰羊歯）の別名（イノモトソウ科の常緑性シダ。葉身は長さ70cm。大型）
〈*Histiopteris incisa*（Thunb.）J. Smith〉

カナリアジュ
クナリカンランの別名（カンラン科の常緑高木。葉柄縦条。高さは20～45m。花は黄色）
〈*Canarium vulgare* Leenh.〉

カナリアノキ
クナリカンランの別名（カンラン科の常緑高木。葉柄縦条。高さは20～45m。花は黄色）
〈*Canarium vulgare* Leenh.〉

*カナンガ
別名：イランイランノキ
バンレイシ科の属総称。

カニガヤ
アブラガヤ（油茅）の別名（単子葉植物綱カヤツリグサ目カヤツリグサ科の多年草。高さは80～160cm）
〈*Scirpus wichurae form*.concolor〉

*カニクサ（蟹草）
別名：シャミセンヅル，ツルシノブ
フサシダ科の夏緑性シダ植物。葉柄の長さは30cm。葉身はつる状。
〈*Lygodium japonicum*〉

ガニクサ
オバクサの別名（テングサ科の海藻。体は10～20cm）
〈*Pterocladia capillacea*（Gmel.）Bornet in Bornet et Thuret〉

*カニサボテン
別名：カニバサボテン，カンバサボテン
双子葉植物綱ナデシコ目（中心子目）サボテン科の多肉植物。花は紫紅色。
〈*Schlumbergera russelliana*〉

カニノメ（蟹目）
ブヴァルディアの別名（アカネ科の属総称）

カニバサボテン
カニサボテンの別名（双子葉植物綱ナデシコ目（中心子目）サボテン科の多肉植物。花は紫紅色）
〈*Schlumbergera russelliana*〉

カニマメ
ツルアズキ（蔓小豆）の別名（マメ科）
〈*Vigna umbellata*（Thunb.）Ohwi et Ohashi〉

カニメ
ツルアズキ（蔓小豆）の別名（マメ科）
〈*Vigna umbellata*（Thunb.）Ohwi et Ohashi〉

カーネーション
カトウハコベ（加藤繁縷）の別名（ナデ

シコ科の多年草。高さは5〜10cm）
〈*Arenaria katoana* Makino〉

*カーネーション
別名：アンジャベル，オランダセキチク，ジャコウナデシコ（麝香撫子）
双子葉植物綱ナデシコ目（中心子目）ナデシコ科の草本。高さは40〜50cm。花は肉色。
〈*Dianthus caryophyllus*〉

*カーネーション・ウェストプリティ
別名：ダイアンサス・ジプシー
ナデシコ科の園芸品種。

カーネーションソネット
ジプシーの別名（ナデシコ科）

カネノナルキ
クラッスラの別名（ベンケイソウ科の属総称）

カノカ
ブナハリタケの別名（エゾハリタケ科のキノコ。中型。傘は半円形〜へら状）
〈*Mycoleptodonoides aitchisonii*〉

カノコガ
カゴノキ（加古之木）の別名（双子葉植物綱クスノキ目クスノキ科の常緑高木）
〈*Litsea coreana*〉

*カノコソウ（鹿子草）
別名：ハルオミナエシ
双子葉植物綱マツムシソウ目オミナエシ科の多年草。高さは40〜80cm。花は白〜淡紅色。
〈*Valeriana fauriei*〉

*カノコユリ（鹿子百合）
別名：イワユリ，タキユリ，ドヨウユリ
単子葉植物綱ユリ目ユリ科の多年草。高さは1〜1.5m。花は桃〜濃紅色。
〈*Lilium speciosum*〉

*カノツメソウ（鹿爪草）
別名：ダケゼリ
双子葉植物綱セリ目セリ科の多年草。高さは50〜80cm。
〈*Spuriopimpinella calycina*〉

カバ
ガマ（蒲）の別名（単子葉植物綱ガマ目ガマ科の抽水性水草。全高1.5〜2.5m，葉は緑白色。高さは1〜2m）
〈*Typha latifolia*〉

シラカンバ（白樺）の別名（双子葉植物綱ブナ目カバノキ科の落葉高木。高さは20m。花は黄褐色）
〈*Betula platyphylla var*.japonica〉

*カバ
別名：カワカワ，シャカオ
コショウ科の低木。肥大根はメチスチジンを含みやや麻酔性。高さは2m。
〈*Piper methysticum* G. Forst.〉

カバイロヒメツトノミタケ
ウスゲクチキムシタケの別名（核菌綱バッカクキン科の冬虫夏草。甲虫に寄生）
〈*Cordyceps sp.*〉

カバザクラ
エゾノウワミズザクラ（蝦夷上溝桜）の別名（双子葉植物綱バラ目バラ科の落葉高木。樹高は15m。樹皮は濃い灰色）
〈*Prunus padus*〉

カバユリ
ウバユリ（姥百合）の別名（単子葉植物綱ユリ目ユリ科の多年草。高さは50〜100cm。花は緑白色）
〈*Cardiocrinum cordatum*〉

*カブ（蕪）
別名：カブラ，スズナ（菘）
双子葉植物綱フウチョウソウ目アブラナ科の根菜類。根の直径は20cm。花は鮮黄色。
〈*Brassica campestris subsp.rapa*〉

カブカンラン
コールラビの別名（双子葉植物綱フウ
チョウソウ目アブラナ科の栽培植物，葉
菜類。径4〜10cm）
〈*Brassica oleracea var*.gongylodes〉
ルタバガの別名（アブラナ科の根菜類。
根部は長楕円形、肉質は緻密）
〈*Brassica napus* L. var.*napobrassica*
(L.) Rchb.〉

カブシメジ
シメジの別名（キシメジ科のキノコ。中
型〜大型。高さは3〜10cm。傘は淡灰
褐色、かすり模様。ひだは白色）
〈*Lyophyllum shimeji* (Kawam.)
Hongo〉
ホンシメジの別名（キシメジ科のキノコ。
中型〜大型。高さは3〜10cm。傘は淡
灰褐色、かすり模様。ひだは白色）
〈*Lyophyllum shimeji*〉

＊カブシメジ
別名：ホンシメジ
シメジ科の野菜。

カブス（臭橙）
ダイダイ（橙）の別名（双子葉植物綱ムク
ロジ目ミカン科の常緑低木。果面は濃
橙色でやや粗い）
〈*Citrus aurantium*〉

＊カブスゲ
別名：クロオスゲ
単子葉植物綱カヤツリグサ目カヤツリグ
サ科の草本。
〈*Carex caespitosa*〉

カブトギク
トリカブト（鳥兜）の別名（双子葉植物
綱キンポウゲ目キンポウゲ科の多年草。
高さは1m。花は濃青色）
〈*Aconitum chinense*〉

カブトスモモ
ケルシーの別名（バラ科のスモモ（李）の
品種。果皮は緑黄色）

カブトダコ
アローカシア・ロンギローバの別名
（サトイモ科）

カブラ
カブ（蕪）の別名（双子葉植物綱フウチョ
ウソウ目アブラナ科の根菜類。根の直
径は20cm。花は鮮黄色）
〈*Brassica campestris subsp*.rapa〉

カブラキンポウゲ
タマキンポウゲの別名（キンポウゲ科の
多年草。高さは10〜30cm。花は黄色）
〈*Ranunculus bulbosus* L.〉

カブラハボタン
コールラビの別名（双子葉植物綱フウ
チョウソウ目アブラナ科の栽培植物，葉
菜類。径4〜10cm）
〈*Brassica oleracea var*.gongylodes〉

カブラミツバ
セルリアックの別名（セリ科の根菜類）
〈*Apium graveolens* Linn. var.
rapaceum（Mill.）DC.〉

＊カベイラクサ
別名：ヨーロッパヒカゲミズ
双子葉植物綱イラクサ目イラクサ科の多
年草。高さは30〜40cm。
〈*Parietaria diffusa*〉

＊ガーベラ
別名：アフリカギク，オオセンボンヤ
リ（大千本槍），ハナグルマ（花車）
双子葉植物綱キク目キク科の多年草。
花は赤色、または黄色。
〈*Gerbera jamesonii*〉

カーペンターズハーブ
ウツボグサ（靫草）の別名（双子葉植物
綱シソ目シソ科の多年草。ウツボグサ
の基本亜種で，花は長さ1〜1.3cm。高
さは10〜30cm）
〈Prunella vulgaris *subsp*.asiatica〉

植物別名辞典　135

*カボス

別名：カボスユ（香母酢柚），シャンス

双子葉植物綱ムクロジ目ミカン科の木本。果肉は柔軟多汁。

〈*Citrus sphaerocarpa*〉

カボスユ（香母酢柚）

カボスの別名（双子葉植物綱ムクロジ目ミカン科の木本。果肉は柔軟多汁）

〈*Citrus sphaerocarpa*〉

*カボチャ（南瓜）

別名：トウナス，ニホンカボチャ

双子葉植物綱スミレ目ウリ科の果菜類。鮮果の果肉に芳香。花は黄色。

〈*Cucurbita moschata var. melonaeformis form.toonas*〉

カボチャアサガオ

ルコウソウ（縷紅草）の別名（双子葉植物綱ナス目ヒルガオ科のつる草。花は紅色）

〈*Quamoclit pennata*〉

*ガマ（蒲）

別名：カバ，ガンバ，ミスクサ

単子葉植物綱ガマ目ガマ科の抽水性水草。全高1.5～2.5m，葉は緑白色。高さは1～2m。

〈*Typha latifolia*〉

カマエカズラ

ウジルカンダの別名（双子葉植物綱マメ目マメ科の木本）

〈*Mucuna macrocarpa*〉

カマエビ

エビヅル（海老蔓）の別名（双子葉植物綱クロウメモドキ目ブドウ科の落葉つる性植物）

〈*Vitis thunbergii*〉

カマガタナガダイゴケ

ユミダイゴケの別名（シッポゴケ科のコケ。茎は長さ3～10mm）

〈*Trematodon longicollis* Michx.〉

カマクラカイドウ

マルメロ（榲桲）の別名（双子葉植物綱バラ目バラ科の落葉木。樹高は5m。花は白色，または淡紅色。樹皮は紫褐色）

〈*Cydonia oblonga*〉

カマクラヒバ

チャボヒバ（矮鶏檜葉）の別名（マツ綱マツ目ヒノキ科の木本）

〈*Chamaecyparis obtusa 'Breviramea'*〉

カマクラビャクシン

イブキ（伊吹）の別名（マツ綱マツ目ヒノキ科の常緑高木。高さは3～5m。樹皮は赤褐色）

〈*Juniperus chinensis var.chinensis*〉

カマクラユリ

ヤマユリ（山百合）の別名（単子葉植物綱ユリ目ユリ科の多年草。高さは1～1.5m。花は白色）

〈*Lilium auratum*〉

*ガマズミ（莢蒾）

別名：ヨウゾメ，ヨソゾメ，ヨツズミ

双子葉植物綱マツムシソウ目スイカズラ科の低木または小高木。高さは2～3m。花は白色。

〈*Viburnum dilatatum*〉

*カマッシア

別名：ヒナユリ

ユリ科の属総称。球根植物。

カマノキ

ヤマモガシ（山茂樫）の別名（双子葉植物綱ヤマモガシ目ヤマモガシ科の常緑高木。果実は紫黒色。花は白色）

〈*Helicia cochinchinensis*〉

*カマルドレンシス

別名：レッド・リバー・ガム

フトモモ科の木本。

カミイ（紙藺）

カミガヤツリの別名（単子葉植物綱カヤ

ツリグサ目カヤツリグサ科の一年草また
は多年草。高さは1.5〜2.5m）
〈*Cyperus papyrus*〉

カミエビ
アオツヅラフジ(青葛藤)の別名(双子
葉植物綱キンポウゲ目ツヅラフジ科のつ
る性木本。花は黄白色)
〈*Cocculus trilobus*〉

*カミガモシダ (上賀茂羊歯)
別名：ヒメチャセンシダ
チャセンシダ科の常緑性シダ植物。葉
身は長さ7〜20cm，線形〜狭披針形。
〈*Asplenium oligophlebium*〉

*カミガヤツリ
別名：カミイ (紙藺)
単子葉植物綱カヤツリグサ目カヤツリグ
サ科の一年草または多年草。高さは1.
5〜2.5m。
〈*Cyperus papyrus*〉

カミキ
コウゾ(楮)の別名(双子葉植物綱イラク
サ目クワ科の落葉低木。葉は卵形)
〈*Broussonetia kazinoki* ×
Broussonetia papyrifera〉

カミクサ
ゴウソ(郷麻)の別名(単子葉植物綱カヤ
ツリグサ目カヤツリグサ科の多年草。
高さは30〜70cm)
〈*Carex maximowiczii*〉

カミスキスダレグサ
ヌマガヤ(沼茅)の別名(単子葉植物綱
カヤツリグサ目イネ科の多年草。高さ
は70〜120cm)
〈*Molinia japonica*〉

カミダスキ
ヒカゲノカズラ(日陰蔓)の別名(ヒカ
ゲノカズラ科の常緑性シダ植物。葉身
は長さ3.5〜7mm，線形または線状披針
形)

〈*Lycopodium clavatum*〉

*カミツレ
**別名：カミルレ，カミレ，ゲルマンカ
ミツレ**
双子葉植物綱キク目キク科の一年草また
は越年草。高さは30〜60cm。花は
白色。
〈*Matricaria chamomilla*〉

カミノキ
ガンピ(雁皮)の別名(双子葉植物綱フト
モモ目ジンチョウゲ科の落葉低木)
〈*Diplomorpha sikokiana*〉

カミノヤガラ
オニノヤガラ(鬼矢柄)の別名(単子葉
植物綱ラン目ラン科の多年生腐生植物。
高さは40〜100cm)
〈*Gastrodia elata*〉

カミホコ
キンチョウ(錦蝶)の別名(ベンケイソ
ウ科の多肉植物。高さは1m。花は朱〜
朱紅色)
〈*Bryophyllum tubiflorum* Harv.〉

カミメボウキ
トゥルシーの別名(シソ科。高さは
60cm。花は紫紅色)
〈*Ocimum sanctum* L.〉

*カミヤツデ (紙八手)
別名：ツウソウ，ツウダツボク
双子葉植物綱セリ目ウコギ科の常緑また
は落葉低木。高さは3〜5m。花は帯
黄緑白色。
〈*Tetrapanax papyrifer*〉

カミルレ
カミツレの別名(双子葉植物綱キク目キ
ク科の一年草または越年草。高さは30
〜60cm。花は白色)
〈*Matricaria chamomilla*〉

カミレ
カミツレの別名(双子葉植物綱キク目キク科の一年草または越年草。高さは30〜60cm。花は白色)
〈Matricaria chamomilla〉

カムイヨモギ
イワヨモギの別名(双子葉植物綱キク目キク科の草本)
〈Artemisia iwayomogi〉

カムシバ
タムシバ(田虫葉)の別名(双子葉植物綱モクレン目モクレン科の落葉木。樹高は10m。花は白色。樹皮は灰色)
〈Magnolia salicifolia〉

カメバソウ
カメバヒキオコシ(亀葉引起)の別名(双子葉植物綱シソ目シソ科の多年草。高さは50〜100cm)
〈Plectranthus kameba〉

*カメバヒキオコシ(亀葉引起)
別名:カメバソウ
双子葉植物綱シソ目シソ科の多年草。高さは50〜100cm。
〈Plectranthus kameba〉

カメムシソウ
コリアンダーの別名(双子葉植物綱セリ目セリ科の一年草。高さは30〜50cm。花は白〜桃紫色)
〈Coriandrum sativum〉

カメムシタケ
ミミカキタケの別名(ニクザキン科)
*カメムシタケ
別名:ミミカキタケ
核菌綱バッカクキン科の冬虫夏草。長さは5〜17cm、柄は黒色針金状。
〈Cordyceps nutans〉

カモアオイ
フタバアオイ(二葉葵)の別名(双子葉植物綱ウマノスズクサ目ウマノスズクサ科の多年草。葉は円形。葉径6〜15cm)
〈Asarum caulescens〉

カモウリ
トウガン(冬瓜)の別名(双子葉植物綱スミレ目ウリ科のつる草。果皮は濃緑色や灰緑色など。花は黄色)
〈Benincasa cerifera〉

*カモガシラノリ(鴨頭海苔)
別名:イソモチ, トオヤマノリ
紅藻綱ウミゾウメン目カサマツ科の海藻。軟骨質。
〈Dermonema pulvinatum〉

*カモガヤ(鴨茅)
別名:オーチャードグラス
単子葉植物綱カヤツリグサ目イネ科の多年草。高さは40〜120cm。
〈Dactylis glomerata〉

カモガワモ
オオミズヒキモの別名(ヒルムシロ科の沈水植物または浮葉植物。沈水葉は細長い線形)
〈Potamogeton kamogawaensis Miki〉

*カモジグサ(髢草)
別名:カラスムギ, ナツノチャヒキグサ, ヒナグサ
単子葉植物綱カヤツリグサ目イネ科の多年草。高さは50〜100cm。
〈Agropyron tsukushiense var. transiens〉

カモナ
スグキナ(酸茎菜)の別名(双子葉植物綱フウチョウソウ目アブラナ科の野菜)
〈Brassica campestris subsp.rapa var. sugukina〉

カモメソウ
カモメラン(鴎蘭)の別名(単子葉植物綱ラン目ラン科の多年草。高さは10〜20cm。花は深紅紫色)
〈Orchis cyclochila〉

＊カモメラン（鴎蘭）

別名：イチヨウチドリ，カモメソウ

単子葉植物綱ラン目ラン科の多年草。
高さは10〜20cm。花は深紅紫色。
〈 *Orchis cyclochila* 〉

カヤ

ススキ（薄，芒）**の別名**（単子葉植物綱カ
ヤツリグサ目イネ科の多年草。叢生し
て円形の大株となって育つ。高さは70
〜220cm）
〈 *Miscanthus sinensis* 〉

＊カヤ（榧）

別名：カヤノキ，ホンガヤ

イチイ綱イチイ目イチイ科の常緑高
木または低木。高さは30m。
〈 *Torreya nucifera* 〉

カヤツリグサ

コゴメガヤツリ（小米蚊帳釣）**の別名**
（カヤツリグサ科の一年草。高さは20〜
70cm）
〈 *Cyperus iria* L. 〉

シペラス**の別名**（カヤツリグサ科の属総
称）

シペラス・イソクラドス**の別名**（カヤ
ツリグサ科）

＊カヤツリグサ（蚊帳釣草）

別名：キガヤツリ

単子葉植物綱カヤツリグサ目カヤツリ
グサ科の一年草。高さは20〜70cm。
〈 *Cyperus microiria* 〉

カヤナ

ワタスゲ（綿菅）**の別名**（単子葉植物綱
カヤツリグサ目カヤツリグサ科の多年
草。高さは30〜60cm）
〈 *Eriophorum vaginatum* 〉

カヤノキ

カヤ（榧）**の別名**（イチイ綱イチイ目イチ
イ科の常緑高木または低木。高さは
30m）
〈 *Torreya nucifera* 〉

＊カユプテ

別名：コバノブラシノキ

双子葉植物綱フトモモ目フトモモ科の高
木。樹皮は白。葉は硬く両面性。
〈 *Melaleuca leucadendron* 〉

カラ

カラー**の別名**（単子葉植物綱サトイモ目
サトイモ科のオランダカイウ属総称）
〈 *Zantedeschia spp.* 〉

カラー

オランダカイウ（和蘭陀海芋）**の別名**
（単子葉植物綱サトイモ目サトイモ科の
多年草。高さは1m。仏炎苞は白色）
〈 *Zantedeschia aethiopica* 〉

＊カラー

別名：カイウ，カラ，カラリリー

単子葉植物綱サトイモ目サトイモ科
のオランダカイウ属総称。
〈 *Zantedeschia spp.* 〉

カラアイ

ケイトウ（鶏頭）**の別名**（双子葉植物綱
ナデシコ目（中心子目）ヒユ科の一年草。
葉を食用とする。高さは60〜90cm。花
は赤，黄，橙色など）
〈 *Celosia cristata* 〉

カラアオイ（唐葵）

タチアオイ（立葵）**の別名**（双子葉植物綱
アオイ目アオイ科の多年草。多毛。高さ
は3m。花は赤，ピンク，黄，白色など）
〈 *Althaea rosea* 〉

カライモ

キクイモ（菊芋）**の別名**（キク科の多年
草。塊茎の皮色は赤紫，黄，白など。高
さは1.5〜3m。花は黄色）
〈 *Helianthus tuberosus* L. 〉

サツマイモ（薩摩芋）**の別名**（双子葉植
物綱ナス目ヒルガオ科の根菜類。皮色
は白，黄褐，紫紅など。花は白色，また
は淡紅色）
〈 *Ipomoea batatas var.edulis* 〉

カラウバガネ

シマイズセンリョウの別名（双子葉植物綱サクラソウ目ヤブコウジ科の常緑小低木。花は白色）
〈*Maesa tenera*〉

カラウメ

ロウバイ（蠟梅）の別名（双子葉植物綱クスノキ目ロウバイ科の落葉低木。高さは2〜4m。花は黄色）
〈*Chimonanthus praecox*〉

カラカサガヤツリ

シュロガヤツリ（棕櫚蚊屋吊）の別名（単子葉植物綱カヤツリグサ目カヤツリグサ科の一年草または多年草。高さは60〜120cm。花は白緑色）
〈*Cyperus alternifolius*〉

カラカサゴケ

オオカサゴケ（大傘苔）の別名（ハリガネゴケ科の水草）
〈*Rhodobryum giganteum*〉

＊カラカサタケ

別名：ツルタケ，ニギリタケ
ハラタケ科のキノコ。大型。傘は大きな鱗片。
〈*Macrolepiota procera*〉

ガラガラモドキ

ヒラガラガラの別名（ガラガラ科の海藻。基部は円柱状。体は10cm）
〈*Galaxaura falcata* Kjellman〉

カラクサイギス

エゴノリ（恵胡海苔）の別名（紅藻綱イギス目イギス科の海藻。大きな塊となる）
〈*Campylaephora hypnaeoides*〉

＊カラクサイヌワラビ（唐草犬蕨）

別名：オオヒロハノイヌワラビ
オシダ科の夏緑性シダ。葉身は長さ30〜60cm。楕円形〜長楕円形。
〈*Athyrium clivicola* Tagawa〉

＊カラクサイノデ（唐草猪手）

別名：シノブイノデ
オシダ科の夏緑性シダ植物。葉身は長さ60〜90cm，長楕円状披針形〜広披針形。
〈*Polystichum microchlamys*〉

カラクサガラシ

カラクサナズナの別名（双子葉植物綱フウチョウソウ目アブラナ科の草本。高さは10〜20cm。花は白〜淡黄色）
〈*Coronopus didymus*〉

＊カラクサガラシ

別名：インチンナズナ，カラクサナズナ
アブラナ科の一年草。高さは10〜20cm。花は白〜淡黄色。
〈*Coronopus didymus*（L.）Smith〉

カラクサナズナ

カラクサガラシの別名（アブラナ科の一年草。高さは10〜20cm。花は白〜淡黄色）
〈*Coronopus didymus*（L.）Smith〉

＊カラクサナズナ

別名：インチンナズナ，カラクサガラシ
双子葉植物綱フウチョウソウ目アブラナ科の草本。高さは10〜20cm。花は白〜淡黄色。
〈*Coronopus didymus*〉

＊カラクサハナガサ

別名：キレハビジョザクラ
クマツヅラ科。葉は3深裂。
〈*Verbena tenuisecta* Briq.〉

カラクサホウライシダ

アジアンタム・クネアータムの別名（ホウライシダ科）

カラクチナシ

シクンシ（使君子）の別名（双子葉植物綱フトモモ目シクンシ科のつる性低木。高さは7〜8m。花は初め白，後赤色）
〈*Quisqualis indica*〉

カラグワ
マグワ(真桑)の別名(双子葉植物綱イラ
クサ目クワ科の落葉木。高さは8〜
15m。樹皮は橙褐色)
〈Morus alba〉

*カラスウリ(烏瓜)
別名：カラスノマクラ
双子葉植物綱スミレ目ウリ科のつる性草
本。果実は朱赤色。花は白色。
〈Trichosanthes cucumeroides〉

カラスオウギ
ヒオウギ(檜扇)の別名(単子葉植物綱
ユリ目アヤメ科の多年草。高さは50〜
120cm。花は黄赤色)
〈Belamcanda chinensis〉

*カラスザンショウ(鴉山椒，烏山椒)
別名：カラスノサンショウ
双子葉植物綱ムクロジ目ミカン科の落葉
高木。樹高は15m。樹皮は灰と緑の
縞色。
〈Zanthoxylum ailanthoides〉

カラスナデシコ
クロキナデシコの別名(ナデシコ科)

カラスノイチゴ
ヘビイチゴ(蛇苺)の別名(双子葉植物
綱バラ目バラ科の多年生匍匐草本)
〈Duchesnea chrysantha〉

*カラスノエンドウ(烏豌豆)
別名：エンドウチャ，キツネマメ，ヤ
ハズエンドウ(矢筈豌豆)
双子葉植物綱マメ目マメ科の越年草。
高さは60〜150cm。
〈Vicia angustifolia〉

カラスノカギズル
カギカズラ(鉤葛)の別名(双子葉植物
綱アカネ目アカネ科の常緑つる性植物)
〈Uncaria rhynchophylla〉

カラスノカタビラ
オオイチゴツナギ(大苺繋)の別名(単
子葉植物綱カヤツリグサ目イネ科の一年
草または越年草。高さは30〜50cm)
〈Poa nipponica〉

カラスノサンショウ
カラスザンショウ(鴉山椒，烏山椒)
の別名(双子葉植物綱ムクロジ目ミカン
科の落葉高木。樹高は15m。樹皮は灰と
緑の縞色)
〈Zanthoxylum ailanthoides〉

カラスノツギホ
マツグミ(松胡頽子，松苿萸)の別名
(双子葉植物綱ビャクダン目ヤドリギ科
の常緑低木)
〈Taxillus kaempferi〉

カラスノマクラ
カラスウリ(烏瓜)の別名(双子葉植物
綱スミレ目ウリ科のつる性草本。果実
は朱赤色。花は白色)
〈Trichosanthes cucumeroides〉

カラスノワスレグサ
ノキシノブ(軒忍)の別名(ウラボシ科
の常緑性シダ植物。葉身は長さ12〜
30cm，線形から広線形)
〈Lepisorus thunbergianus〉

*カラスビシャク(烏柄杓)
別名：シャクシソウ，スズメノヒシャ
ク，ハンゲ(半夏)
単子葉植物綱サトイモ目サトイモ科の多
年草。仏炎苞は緑色または帯紫色。
高さは20〜40cm。
〈Pinellia ternata〉

カラスムギ
カモジグサ(髢草)の別名(イネ科の多
年草。高さは50〜100cm)
〈Agropyron tsukushiense (Honda)
Ohwi var.transiens (Hack.) Ohwi〉

*カラスムギ(烏麦)
別名：スズメムギ，チャヒキグサ

単子葉植物綱カヤツリグサ目イネ科
の越年草。高さは60〜100cm。
〈Avena fatua〉

カラスヤマモモ
ヤナギイチゴ（柳苺）の別名（双子葉植
物綱イラクサ目イラクサ科の落葉低木）
〈Debregeasia edulis〉

カラスユリ
アマドコロ（甘野老）の別名（単子葉植
物綱ユリ目ユリ科の多年草。高さは35
〜85cm）
〈Polygonatum odoratum var.
pluriflorum〉

カラタケ
ハチク（淡竹）の別名（単子葉植物綱カヤ
ツリグサ目イネ科の常緑大型竹。高さ
は10〜15m）
〈Phyllostachys nigra var.henonis〉

*カラタチ（枸橘）
別名：キコク
双子葉植物綱ムクロジ目ミカン科の落葉
または常緑低木。高さは2m。花は
白色。
〈Poncirus trifoliata〉

*カラタチバナ（唐橘）
別名：コウジ，タチバナ
ヤブコウジ科の常緑小低木。高さは
50cm。花は白色。
〈Ardisia crispa（Thunb. ex
Murray）DC.〉

カラタニウツギ
オオベニウツギ（大紅空木）の別名（双
子葉植物綱マツムシソウ目スイカズラ科
の落葉低木。高さは2〜3m。花は紅色）
〈Weigela florida〉

*カラタネオガタマ（唐種小賀玉木）
別名：トウオガタマ
双子葉植物綱モクレン目モクレン科の常
緑高木。葉は厚い。高さは3〜5m。

花は黄白色。
〈Michelia figo〉

*カラー・チルドシアナ
別名：シキザキカイウ
サトイモ科。

カラッパヤシ
ビンロウモドキの別名（ヤシ科。果実は
赤熟、胚乳内に赤白条が射入。高さは
12m、幹径25cm。花は赤色）
〈Actinorhytis calapparia（Blume）H.
Wendl. et Drude ex Scheff.〉

*カラテア
別名：ヒメバショウ
クズウコン科の属総称。

*カラテア・ロゼオピクタ
別名：チャボベニスジヒメバショウ
クズウコン科。

*カラディウム
別名：ニシキイモ，ハイモ
サトイモ科の属総称。

カラトリカブト
トリカブト（鳥兜）の別名（双子葉植物
綱キンポウゲ目キンポウゲ科の多年草。
高さは1m。花は濃青色）
〈Aconitum chinense〉
ハナトリカブト（花鳥兜）の別名（キン
ポウゲ科の薬用植物）
〈Aconitum carmichaeli Debx.〉

カラナシ（唐梨）
カリン（榠樝）の別名（双子葉植物綱バラ
目バラ科の落葉小高木〜高木。果皮は
黄色。高さは8m。花は淡紅色）
〈Chaenomeles sinensis〉

カラナデシコ
セキチク（石竹）の別名（双子葉植物綱ナ
デシコ目（中心子目）ナデシコ科の多年
草。高さは30cm。花は紅，淡紅，白色）
〈Dianthus chinensis〉

カラハゼ
ナンキンハゼ（南京櫨）の別名（双子葉植物綱トウダイグサ目トウダイグサ科の落葉高木）
〈Sapium sebiferum〉

カラフトイチゴ
エゾイチゴ（蝦夷苺）の別名（双子葉植物綱バラ目バラ科の落葉低木）
〈Rubus idaeus var.aculeatissimus〉

*カラフトイチヤクソウ（樺太一薬草）
別名：エゾイチヤクソウ
イチヤクソウ科の草本。
〈Pyrola faurieana H. Andres〉

*カラフトイバラ
別名：カラフトバラ，ヤマハマナス
双子葉植物綱バラ目バラ科の落葉低木。
〈Rosa marretii〉

カラフトイワデンダ
トガクシデンダ（戸隠連朶）の別名（オシダ科の夏緑性シダ。葉身は長さ4〜10cm。線状披針形から卵状披針形）
〈Woodsia glabella R. Br. ex Richards.〉

カラフトキハダ
ヒロハノキハダ（広葉黄膚）の別名（ミカン科の木本）

カラフトクロヤナギ
ケショウヤナギ（化粧柳）の別名（双子葉植物綱ヤナギ目ヤナギ科の落葉大高木）
〈Chosenia arbutifolia〉

*カラフトグワイ
別名：ウキオモダカ
単子葉植物綱オモダカ目オモダカ科の浮葉性多年草。浮葉は矢尻形，長さ7〜12cm。
〈Sagittaria natans〉

*カラフトゲンゲ（樺太紫雲英）
別名：チシマゲンゲ
双子葉植物綱マメ目マメ科の草本。高さは10〜40cm。花は紅紫色。
〈Hedysarum hedysaroides〉

*カラフトスゲ
別名：ノルゲスゲ
単子葉植物綱カヤツリグサ目カヤツリグサ科の草本。
〈Carex mackenziei〉

カラフトツツジ
エゾツツジ（蝦夷躑躅）の別名（双子葉植物綱ツツジ目ツツジ科の落葉低木）
〈Therorhodion camtschaticum〉

カラフトデンダ
ヒイラギデンダ（柊連朶）の別名（オシダ科の常緑性シダ植物。葉身は長さ10〜20cm，線形〜線状披針形）
〈Polystichum lonchitis〉

カラフトネコノメソウ
エゾネコノメソウの別名（双子葉植物綱バラ目ユキノシタ科の多年草）
〈Chrysosplenium alternifolium var. sibiricum〉

*カラフトハナビゼキショウ
別名：コバナノハイゼキショウ
イグサ科の多年草。高さは10〜60cm。花は緑色。
〈Juncus articulatus L.〉

カラフトバラ
カラフトイバラの別名（双子葉植物綱バラ目バラ科の落葉低木）
〈Rosa marretii〉

カラフトホソイ
エゾホソイ（蝦夷細藺）の別名（単子葉植物綱イグサ目イグサ科の多年草。高さは30〜90cm）
〈Juncus filiformis〉

カラフ

カラフトマツ
グイマツの別名（マツ綱マツ目マツ科の木本）
〈*Larix gmelinii*〉

*カラフトマンテマ
別名：アポイマンテマ
ナデシコ科の草本。
〈*Silene repens var.repens*〉

*カラフトミセバヤ
別名：エゾミセバヤ，ゴケンミセバヤ，ヒメミセバヤ
双子葉植物綱バラ目ベンケイソウ科の多年草。長さは5〜10cm。花は紅紫色。
〈*Hylotelephium pluricaule*〉

カラフトミミナグサ
セイヨウミミナグサの別名（ナデシコ科の多年草。花序は疎花，白色。高さは5〜40cm）
〈*Cerastium arvense* L.〉

*カラフトミヤマシダ（樺太深山羊歯）
別名：ミヤマイヌワラビ
オシダ科の夏緑性シダ植物。葉身は長さ20〜30cm，広三角形。
〈*Athyrium spinulosum*〉

カラボケ
ボケ（木瓜）の別名（双子葉植物綱バラ目バラ科の落葉低木。高さは1〜2m。花は淡紅，緋紅，白色など）
〈*Chaenomeles speciosa*〉

カラマツ
チョウセンゴヨウ（朝鮮松）の別名（マツ科の常緑高木。高さは30m。樹皮は暗灰色）
〈*Pinus koraiensis* Sieb. et Zucc.〉
*カラマツ（唐松）
別名：シンシュウカラマツ，ニホンカラマツ
マツ綱マツ目マツ科の落葉高木。高さは30m。樹皮は帯赤褐色。
〈*Larix kaempferi*〉

*カラマツソウ
別名：タリクトラム
キンポウゲ科の属総称。

カラムシ
ナンバンカラムシの別名（イラクサ科の多年草。葉裏は白い。高さは2m）
〈*Boehmeria nivea* (L.) Gaudich. var. *tenacissima* (Gaudich.) Miq.〉
*カラムシ（苧，苧麻）
別名：コロモグサ，マオ
双子葉植物綱イラクサ目イラクサ科の多年草。高さは50〜100cm。
〈*Boehmeria nipononivea*〉

ガラモ
オオバモク（大葉藻屑）の別名（褐藻綱ヒバマタ目ホンダワラ科の海藻。茎は円柱状。体は1〜1.5m）
〈*Sargassum ringgoldianum*〉

カラモモ
アンズ（杏）の別名（バラ科の木本）
〈*Prunus armeniaca* L. var.*ansu* Maxim.〉
*カラモモ
別名：ジュセイトウ
双子葉植物綱バラ目バラ科。モモの品種。
〈*Amygdalus persica* 'Densa'〉

カラヤマクワ
マグワ（真桑）の別名（双子葉植物綱イラクサ目クワ科の落葉木。高さは8〜15m。樹皮は橙褐色）
〈*Morus alba*〉

カラリリー
カラーの別名（単子葉植物綱サトイモ目サトイモ科のオランダカイウ属総称）
〈*Zantedeschia spp.*〉

カラン
ツルランの別名（ラン科の多年草。高さは40〜80cm。花は白，乳白色）
〈*Calanthe triplicata* Ames〉

144　植物別名辞典

*カランコエ
別名：ベニベンケイ（紅弁慶）
ベンケイソウ科の属総称。

カランチョウ
カイラン（芥藍）の別名（アブラナ科の
中国野菜）
〈*Brassica oleracea* Linn. var.*alboglabra*
Linn. H. Bailey〉

ガーランドリリー
ジンジャーの別名（単子葉植物綱ショウ
ガ目ショウガ科の属総称）
〈Hedychium *spp.*〉

*カリアンドラ
別名：ベニゴウカン
マメ科の属総称。

カリオプテリス
ダンギクの別名（双子葉植物綱シソ目ク
マツヅラ科の多年草。花は紫色）
〈*Caryopteris incana*〉

*カリガネソウ（雁草）
別名：ホカケソウ（帆掛草）
双子葉植物綱シソ目クマツヅラ科の多年
草。高さは100cm以上。
〈*Caryopteris divaricata*〉

*ガリカ・ローズ
別名：ゲッキカ，バラ，ローズ
バラ科のハーブ。

*カリステモン
別名：キンポウジュ，ブラシノキ
フトモモ科の属総称。

*ガーリックバイン
別名：ニンニクカズラ
ノウゼンカズラ科。

*カリッサ
別名：オオバナカリッサ
キョウチクトウ科の常緑低木。刺あり。

高さは5m。花は白く筒部は淡紅色。
〈*Carissa carandas L.*〉

*カリーナ
別名：カリナ
バラ科のバラの品種。ハイブリッド・
ティーローズ系。花はピンク。

カリナ
カリーナの別名（バラ科のバラの品種。
ハイブリッド・ティーローズ系。花はピ
ンク）

カリフォルニアヒアシンス
ブローディアの別名（ユリ科の属総称。
球根植物）

カリフォルニアホクシャ
ツァウシュネーリア・カリフォルニカ
の別名（アカバナ科の宿根草）

*カリフラワー
別名：ハナナ，ハナハボタン，ハナヤ
サイ
双子葉植物綱フウチョウソウ目アブラナ
科の葉菜類。葉は長楕円形。
〈*Brassica oleracea var.botrys*〉

*カリヤス（刈安）
別名：オウミカリヤス，ヤマカリヤス
単子葉植物綱カヤツリグサ目イネ科の多
年草。高さは90〜120cm。
〈*Miscanthus tinctorius*〉

*カリン（榠樝）
別名：アンランジュ，カラナシ（唐梨）
双子葉植物綱バラ目バラ科の落葉小高木
〜高木。果皮は黄色。高さは8m。花
は淡紅色。
〈*Chaenomeles sinensis*〉

カルイザワツリスゲ
ホソバハネスゲの別名（カヤツリグサ
科）
〈*Carex kujuzana* Ohwi var.
dissitispicula（Ohwi）T. Koyama〉

カルカ

カルカヤ
メガルカヤ(雌刈茅, 雌刈萱)の別名
(イネ科の多年草。高さは70～100cm)
〈*Themeda japonica* (Willd.) C.
Tanaka〉

*カルセオラリア
別名：キンチャクソウ
ゴマノハグサ科。高さは20～25cm。花
は緋赤、濃桃、黄など。
〈*Calceolaria* × *herbeohybrida Voss*〉

*カルセオラリア・スカビオサエフォリア
別名：アツバキンチャクソウ
ゴマノハグサ科。

*カルダモン
別名：ショウズク
ショウガ科の属総称。

ガルテンモントブレチア
トリトニアの別名(アヤメ科の属総称。
球根植物)

*ガルトニア
別名：サマーヒアシンス, ツリガネオ
モト
ユリ科の属総称。球根植物。

*カルドン
別名：スパニッシュアーティチョー
ク, チョウセンアザミ
双子葉植物綱キク目キク科のハーブ。
高さは1.5～2m。花は紫青色。
〈*Cynara cardunculus*〉

*ガルフィミア
別名：キントラノオ
キントラノオ科の属総称。

カルマタ
ヒバマタの別名(褐藻綱ヒバマタ目ヒバ
マタ科の海藻。革質。体は30cm)
〈Fucus distichus *subsp.*evanescens〉

*カルミア
別名：シャクナゲ, ハナガサシャク
ナゲ
双子葉植物綱ツツジ目ツツジ科の常緑
低木。
〈*Kalmia latifolia*〉

*カレープラント
別名：エバーラスティング, ハーブ・
オブ・グレース
キク科のハーブ。

カレンデュラ
キンセンカ(金盞花)の別名(双子葉植
物綱キク目キク科の多年草。高さは
30cm。花は淡黄と橙黄色)
〈*Calendula officinalis*〉

*カロコルツス
別名：グローブチューリップ, スター
チューリップ, バタフライチュー
リップ
ユリ科の属総称。球根植物。

ガローバ
グロッバの別名(ショウガ科の草本。花
は橙黄色、褐紫斑点)
〈*Globba pendula* Roxb.〉

カロリンゾウゲヤシ
タイヘイヨウゾウゲヤシの別名(単子
葉植物綱ヤシ目ヤシ科の木本。高さは
20m)
〈*Metroxylon amicarum*〉

カワカミリンドウ
リシリリンドウの別名(双子葉植物綱リ
ンドウ目リンドウ科の草本)
〈*Gentiana jamesii*〉

カワカワ
カバの別名(コショウ科の低木。肥大根
はメチスチジンを含みやや麻酔性。高
さは2m)
〈*Piper methysticum* G. Forst.〉

カワラ

カワキ
トガサワラの別名（マツ綱マツ目マツ科
の常緑高木。高さは15〜30m）
〈*Pseudotsuga japonica*〉

カワグルミ
サワグルミ（沢胡桃）の別名（双子葉植
物綱クルミ目クルミ科の落葉高木。高
さは30m。花は淡黄緑色。樹皮は濃い灰
色）
〈*Pterocarya rhoifolia*〉

*カワゴケ
別名：ムクムクシミズゴケ
カワゴケ科のコケ。葉は狭卵状披針形。
〈*Fontinalis hypnoides*〉

カワシロ
イワガネ（岩根）の別名（双子葉植物綱
イラクサ目イラクサ科の落葉低木）
〈*Oreocnide frutescens*〉

カワソバ
ミゾソバ（溝蕎麦）の別名（双子葉植物
綱タデ目タデ科の一年草。高さは30〜
100cm）
〈*Persicaria thunbergii*〉

カワタケ
メダケ（女竹）の別名（イネ科の常緑大型
笹。葉舌はほぼ切頭）
〈*Pleioblastus simonii*（Carr.）Nakai〉

カワナ（川菜）
セリ（芹）の別名（双子葉植物綱セリ目セ
リ科の多年草。高さは30〜80cm。花は
白色）
〈*Oenanthe javanica*〉

カワナグサ（川菜草）
セリ（芹）の別名（双子葉植物綱セリ目セ
リ科の多年草。高さは30〜80cm。花は
白色）
〈*Oenanthe javanica*〉

カワニラ
ミズニラ（水韮）の別名（ミズニラ科の
夏緑性シダ植物。葉は多年生，鮮緑色〜
緑白色）
〈*Isoetes japonica*〉

カワホネ
コウホネ（河骨）の別名（双子葉植物綱
スイレン目スイレン科の多年生水草。
花は径3〜5cmで黄色，果実は卵形で緑
色。長さは20〜30cm）
〈*Nuphar japonicum*〉

*カワミドリ（藿香，排草香）
別名：コリアンミント
シソ科のハーブ。高さは40〜100cm。
〈*Agastache rugosa*（Fisch. et C. A.
Meyer）O. Kuntze〉

カワムキ
ムキタケの別名（キシメジ科のキノコ。
中型〜大型。傘は汚黄色〜黄褐色，細毛
を密生する。表皮ははがれやすい）
〈*Panellus serotinus*〉

*カワムラフウセンタケ
別名：フウセンタケ
フウセンタケ科のキノコ。中型〜大型。
傘は褐色、周辺部は帯紫色、湿時粘
性。ひだは紫色→褐色。
〈*Cortinarius purpurascens*（Fr.）
Fr.〉

カワヤナギ
ネコヤナギ（猫柳）の別名（ヤナギ科の
落葉低木。花は銀白色）
〈*Salix gracilistyla* Miq.〉

カワライチゴツナギ
イチゴツナギ（苺繋）の別名（単子葉植
物綱カヤツリグサ目イネ科の多年草。
高さは30〜70cm）
〈*Poa sphondylodes*〉

カワラギリ（河原桐）
キササゲ（木豇豆）の別名（双子葉植物

植物別名辞典　147

カワラ

綱ゴマノハグサ目ノウゼンカズラ科の落葉高木。高さは10m。花は淡黄色）
〈*Catalpa ovata*〉

カワラグミ
ナツグミ（夏茱萸）の別名（グミ科の落葉低木。高さは2〜4m。花は内面は淡黄色）
〈*Elaeagnus multiflora* Thunb. ex Murray var.*multiflora*〉

カワラケツメイ
カッシアの別名（マメ科の属総称）
*カワラケツメイ（河原決明）
別名：コウボウチャ，ハマチャ，マメチャ
双子葉植物綱マメ目マメ科の一年草。高さは30〜60cm。花は黄色。
〈*Cassia mimosoides subsp. nomame*〉

カワラケナ
コオニタビラコ（小鬼田平子）の別名（双子葉植物綱キク目キク科の越年草。高さは4〜20cm）
〈*Lapsana apogonoides*〉

カワラゲヤキ
アキニレ（秋楡）の別名（双子葉植物綱イラクサ目ニレ科の落葉高木。高さは15m。樹皮は灰褐色）
〈*Ulmus parvifolia*〉

*カワラスゲ
別名：タニスゲ
単子葉植物綱カヤツリグサ目カヤツリグサ科の多年草。高さは20〜50cm。
〈*Carex incisa*〉

*カワラタケ（瓦茸）
別名：サルタケ
サルノコシカケ科のキノコ。中型。傘は暗褐色〜黒色，環紋。
〈*Coriolus versicolor*〉

カワラドクサ
イヌドクサ（犬木賊）の別名（トクサ科の常緑性シダ植物。茎は高さ1m）
〈*Equisetum ramosissimum var. japonicum*〉

カワラナデシコ
ナデシコ（撫子）の別名（ナデシコ科の多年草。高さは30〜80cm）
〈*Dianthus superbus* L. var. *longicalycinus*（Maxim.）Williams〉
*カワラナデシコ（河原撫子）
別名：トコナツ，ヤマトナデシコ（大和撫子）
双子葉植物綱ナデシコ目（中心子目）ナデシコ科の多年草。高さは30〜80cm。
〈*Dianthus superbus var. longicalycinus*〉

*カワラニンジン（河原人参）
別名：クサニンジン，クサヨモギ，ノラニンジン
双子葉植物綱キク目キク科の一年草または越年草。高さは40〜150cm。
〈*Artemisia apiacea*〉

*カワラノギク（河原野菊）
別名：ヤマジノギク
双子葉植物綱キク目キク科の越年草または多年草。高さは40〜60cm。
〈*Aster kantoensis*〉

*カワラハンノキ（河原榛木）
別名：メハリノキ
双子葉植物綱ブナ目カバノキ科の落葉高木。
〈*Alnus serrulatoides*〉

カワラフジ
ジャケツイバラ（蛇結茨）の別名（双子葉植物綱マメ目マメ科のつる性落葉低木）
〈*Caesalpinia decapetala var.japonica*〉

カワラフジノキ
サイカチ (皀莢) の別名 (双子葉植物綱
マメ目マメ科の落葉高木。高さは15m。
花は黄緑色)
〈*Gleditsia japonica*〉

*カワラボウフウ (河原防風)
**別名：シラカワボウフウ，ヤマニン
ジン**
双子葉植物綱セリ目セリ科の多年草。
高さは30〜90cm。
〈*Peucedanum terebinthaceum*〉

カワラムクゲ
ハマボウ (浜箒) の別名 (双子葉植物綱
アオイ目アオイ科の落葉低木または小高
木。高さは2〜4m。花は黄色)
〈*Hibiscus hamabo*〉

*カワラヨモギ (河原蓬，河原艾)
別名：カトリグサ，ネズミヨモギ
双子葉植物綱キク目キク科の多年草。
高さは30〜100cm。
〈*Artemisia capillaris*〉

*カワリウスバシダ
**別名：ウスバカワリシダ，クログキ
シダ**
オシダ科の常緑性シダ植物。葉身は長
さ80cm弱，卵状長楕円形。
〈*Tectaria phaeocaulis*〉

*カワリミタンポポモドキ
別名：タンポポモドキ
キク科の多年草。高さは25〜35cm。花
は濃黄色。
〈*Leontodon taraxacoides* (*Vill.*)
Mérat〉

カンアオイ
フユアオイ (冬葵) の別名 (アオイ科の
多年草。高さは60〜100cm。花は白地
に紫の縁取りまたは淡紅色)
〈*Malva verticillata* L. var.*verticillata*〉
*カンアオイ (寒葵)
別名：カントウカンアオイ

双子葉植物綱ウマノスズクサ目ウマ
ノスズクサ科の多年草。葉径6〜
10cm。花は暗紫色，または緑紫色。
〈*Heterotropa nipponica*〉

カンイタドリ
ヒメツルソバの別名 (双子葉植物綱タデ
目タデ科の多年草。花は淡紅〜白色)
〈*Persicaria capitata*〉

カンイチゴ
フユイチゴ (冬苺) の別名 (双子葉植物
綱バラ目バラ科の常緑つる性低木)
〈*Rubus buergeri*〉

カンカオウトウ (甘果桜桃)
セイヨウミザクラ (西洋実桜) の別名
(バラ科の木本。高さは十数m。花は白
色。樹皮は赤褐色)
〈*Prunus avium* L.〉

*カンガルーポー
**別名：アニゴザントス，オーストラリ
アン・スウォードリリー**
ヒガンバナ科の属総称。宿根草。

カンゾウ
ユキモチソウ (雪持草) の別名 (単子葉
植物綱サトイモ目サトイモ科の多年草。
仏炎苞は暗紫色。高さは20〜60cm)
〈*Arisaema sikokianum*〉

*カンキチク (寒忌竹)
別名：カンメイチク
双子葉植物綱タデ目タデ科の多年草。
高さは50〜60cm。
〈*Homalocladium platycladum*〉

ガンクビソウ
コヤブタバコ (小藪煙草) の別名 (キク
科の多年草。高さは50〜100cm)
〈*Carpesium cernuum* L.〉
*ガンクビソウ (雁首草)
別名：キバナガンクビソウ
双子葉植物綱キク目キク科の草本。
〈*Carpesium divaricatum*〉

ガンクビヤブタバコ

ミヤマヤブタバコ（深山藪煙草）の別名（双子葉植物綱キク目キク科の多年草。高さは40〜100cm）
〈Carpesium triste〉

カングンソウ

ヒメムカシヨモギ（姫昔艾）の別名（双子葉植物綱キク目キク科の一年草または越年草。高さは80〜180cm。花は白色）
〈Erigeron canadensis〉

*ガンコウラン（岩高蘭）

別名：イワモモ
双子葉植物綱ツツジ目ガンコウラン科の矮小低木。高さは10〜20cm。
〈Empetrum nigrum var.japonicum〉

カンサイエノキ

エゾエノキ（蝦夷榎）の別名（双子葉植物綱イラクサ目ニレ科の落葉高木。高さは20m）
〈Celtis bungeana var.jessoensis〉

カンザキエリカ

ミヤコノツチゴケの別名（ツチゴケ科のコケ。小形、茎は長さ7〜8mm、葉は披針形）
〈Archidium ohioense Schimp. ex Müll. Hal.〉

カンザキジャノメギク

ベニジウムの別名（キク科の一年草。高さは80cm。花は黄または黄橙色）
〈Venidium fastuosum（Jacq.）Stapf〉

カンザクラ

チュウカザクラ（中華桜）の別名（サクラソウ科。高さは15〜20cm。花は淡藤、後に桃赤色）
〈Primula praenitens Ker-Gawl.〉

*カンザクラ（寒更紗）

別名：カントンボケ
バラ科のボケの品種。

カンサクラソウ

チュウカザクラ（中華桜）の別名（サクラソウ科。高さは15〜20cm。花は淡藤、後に桃赤色）
〈Primula praenitens Ker-Gawl.〉

*カンザシギボウシ

別名：イヤギボウシ
単子葉植物綱ユリ目ユリ科の多年草。高さは50〜65cm。花は濃い赤紫色。
〈Hosta capitata〉

カンシノブ

タチシノブ（立忍）の別名（ワラビ科の常緑性シダ植物。葉身は長さ60cm、卵状披針形）
〈Onychium japonicum〉

カンシャ

サトウキビ（砂糖黍）の別名（イネ科の薬用植物。砂糖を採る）
〈Saccharum officinarum L.〉

カンシャクヤク（寒芍薬）

ハマボッス（浜払子）の別名（双子葉植物綱サクラソウ目サクラソウ科の越年草。高さは10〜40cm）
〈Lysimachia mauritiana〉

カンショ

サツマイモ（薩摩芋）の別名（双子葉植物綱ナス目ヒルガオ科の根菜類。皮色は白、黄褐、紫紅など。花は白色、または淡紅色）
〈Ipomoea batatas var.edulis〉

サトウキビ（砂糖黍）の別名（イネ科の薬用植物。砂糖を採る）
〈Saccharum officinarum L.〉

カンショウ

サトウキビ（砂糖黍）の別名（単子葉植物綱カヤツリグサ目イネ科の作物。砂糖を採る）
〈Saccharum officinarum〉

カンショウヨウトウガラシ
ゴシキトウガラシ（五色唐辛子）の別
名（ナス科）
〈*Capsicum annuum* L. var.*cerasiforme*
（Mill.）Irish〉

カンショコウ
ナルドスタキス・ヤタマンシーの別名
（オミナエシ科の薬用植物）

カンスイイチゴ
クサイチゴ（草苺）の別名（双子葉植物綱
バラ目バラ科の落葉低木。果実は赤色）
〈*Rubus hirsutus*〉

カンススキ
トキワススキ（常磐薄）の別名（単子葉
植物綱カヤツリグサ目イネ科の多年草。
高さは150～350cm）
〈*Miscanthus floridulus*〉

カンゾウ
キンシンサイの別名（ユリ科の中国野菜）
ホンカンゾウ（本萱草）の別名（ユリ科
の多年草。花を乾かして食用とする）
〈*Hemerocallis fulva*（L.）L.〉

＊カンゾウ
別名：キスゲ（黄菅），ゼンテイカ（禅庭
花）
ユリ科の属総称。

カンゾウナ
ヤブカンゾウ（薮萱草）の別名（単子葉
植物綱ユリ目ユリ科の多年草。若芽に
はぬめりがある。高さは50～100cm）
〈*Hemerocallis fulva var.*kwanso〉

ガンソク
クサソテツ（草蘇鉄）の別名（オシダ科
の夏緑性シダ植物。葉身は長さ50～
150cm，倒卵形から倒卵状披針形）
〈*Matteuccia struthiopteris*〉

カンタケ
エノキタケ（榎茸）の別名（キシメジ科
のキノコ。小型～中型。傘は黄褐色，強
粘性）
〈*Flammulina velutipes*〉
ヒラタケ（平茸）の別名（ヒラタケ科の
キノコ。中型～大型。傘は貝殻形，灰
色。ひだは白色～灰色）
〈*Pleurotus ostreatus*〉

ガンタチイバラ
サルトリイバラ（猿捕茨）の別名（単子
葉植物綱ユリ目ユリ科のつる性低木。
葉長5cm。花は黄緑色）
〈*Smilax china*〉

＊カンタン
別名：トーチジンジャー
ショウガ科の多年草。ショウガ状で巨
大。高さは2～3m。花は紅色。
〈*Nicolaia elatior*（*Jack*）Horan.〉

カンチコウゾリナ
タカネコウゾリナの別名（双子葉植物綱
キク目キク科の草本）
〈Picris hieracioides *var.alpina*〉

＊カンディダム
別名：シラサギ
サトイモ科のカラディウムの品種。

＊カンテンイタビ
別名：アイギョクシ（愛玉子）
双子葉植物綱イラクサ目クワ科の木本。
常緑つる性植物。〔分布〕台湾。
〈*Ficus awkeotsang*〉

カントウ
フキタンポポ（蕗蒲公英）の別名（双子
葉植物綱キク目キク科の多年草。花は
黄，後に橙黄色）
〈*Tussilago farfara*〉

カントウカンアオイ
カンアオイ（寒葵）の別名（双子葉植物
綱ウマノスズクサ目ウマノスズクサ科の
多年草。葉径6～10cm。花は暗紫色，ま
たは緑紫色）
〈*Heterotropa nipponica*〉

*カントウタンポポ（関東蒲公英）
別名：アズマタンポポ
双子葉植物綱キク目キク科の多年草。
有性生殖を行う。高さは10〜30cm。
〈Taraxacum platycarpum〉

*カントウマムシグサ
別名：ムラサキマムシグサ
単子葉植物綱サトイモ目サトイモ科の多
年草。葉は鳥足状に切れ込む。高さ
は15〜75cm。
〈Arisaema serratum〉

カントリソウ
カキドオシ（垣通）の別名（双子葉植物
綱シソ目シソ科の多年草。高さは5〜
25cm）
〈Glechoma hederacea subsp.grandis〉

カントンスギ
コウヨウザン（広葉杉）の別名（マツ綱
マツ目スギ科の常緑高木。高さは30m。
樹皮は赤褐色）
〈Cunninghamia lanceolata〉

カントンボケ
カンザクラ（寒更紗）の別名（バラ科の
ボケの品種）

*カンナ
別名：ダンドク
カンナ科の属総称。

カンノンソウ
ノカンゾウ（野萱草）の別名（単子葉植
物綱ユリ目ユリ科の多年草。高さは50
〜90cm）
〈Hemerocallis fulva var.longituba〉

カンノンチク
ラピスの別名（ヤシ科の属総称）
*カンノンチク（観音竹）
別名：ウマブチ，リュウキュウシュロ
チク
単子葉植物綱ヤシ目ヤシ科の常緑低
木。葉の裂片は3〜5。高さは2〜

3m。
〈Rhapis excelsa〉

カンバ
シラカンバ（白樺）の別名（双子葉植物
綱ブナ目カバノキ科の落葉高木。高さ
は20m。花は黄褐色）
〈Betula platyphylla var.japonica〉

ガンバ
ガマ（蒲）の別名（単子葉植物綱ガマ目ガ
マ科の抽水性水草。全高1.5〜2.5m，葉
は緑白色。高さは1〜2m）
〈Typha latifolia〉

カンパク
ハクトウの別名（バラ科のモモの品種）

カンバサボテン
カニサボテンの別名（双子葉植物綱ナデ
シコ目（中心子目）サボテン科の多肉植
物。花は紫紅色）
〈Schlumbergera russelliana〉

*カンパニュラ
別名：ツリガネソウ（釣鐘草），フウリ
ンソウ（風鈴草）
双子葉植物綱キキョウ目キキョウ科の属
総称。
〈Campanula spp.〉

*カンパニュラ・イソフィラ・アルバ
別名：スター・オブ・ベツレヘム
キキョウ科。

*ガンピ
別名：カミノキ
双子葉植物綱フトモモ目ジンチョウゲ科
の落葉低木。
〈Diplomorpha sikokiana〉
別名：ガンピセンノウ
双子葉植物綱ナデシコ目（中心子目）ナ
デシコ科の一年草または多年草。高
さは40〜60cm。花は朱紅色。
〈Lychnis coronata〉

*カンヒザクラ（寒緋桜）

**別名：タイワンザクラ（台湾桜），ヒザ
クラ（緋桜）**

双子葉植物綱バラ目バラ科の落葉高木。
花は暗紅紫か桃紅色。

〈*Cerasus campanulata*〉

ガンピセンノウ

ガンピ（岩菲）の別名（双子葉植物綱ナデ
シコ目（中心子目）ナデシコ科の一年草
または多年草。高さは40〜60cm。花は
朱紅色）

〈*Lychnis coronata*〉

カンピョウ

ユウガオ（夕顔）の別名（双子葉植物綱
スミレ目ウリ科のつる性草本。夜開性。
長さは20m。花は白色）

〈*Lagenaria siceraria var.hispida*〉

ガンボアサ

ケナフの別名（双子葉植物綱アオイ目ア
オイ科の草本。高さは1.2〜2m。花は白
黄色，中心は赤色）

〈*Hibiscus cannabinus*〉

*カンボク（肝木）

別名：ケナシカンボク

双子葉植物綱マツムシソウ目スイカズラ
科の落葉低木。

〈*Viburnum opulus var.calvescens*〉

カンボクソウ

クサヤツデ（草八手）の別名（双子葉植
物綱キク目キク科の多年草。高さは40
〜100cm）

〈*Diaspananthus uniflora*〉

カンボケ

ヒボケの別名（バラ科）

ボケ（木瓜）の別名（バラ科の落葉低木。
高さは1〜2m。花は淡紅、緋紅、白な
ど）

〈*Choenomeles speciosa*（Sweet）
Nakai〉

*カンボタン（寒牡丹）

別名：ローレライ

ツツジ科のアザレアの品種。

カンメイチク

カンキチク（寒忌竹）の別名（双子葉植
物綱タデ目タデ科の多年草。高さは50
〜60cm）

〈*Homalocladium platycladum*〉

*カンヨメナ（磯寒菊）

別名：ミヤマカンギク

キク科。

〈*Aster pseudo-asa-grayi Makino*〉

ガンライコウ

ハゲイトウ（葉鶏頭）の別名（双子葉植
物綱ナデシコ目（中心子目）ヒユ科の一
年草。葉に赤や黄の斑がある。高さは
80〜150cm）

〈*Amaranthus tricolor*〉

カンラン

キャベツの別名（双子葉植物綱フウチョ
ウソウ目アブラナ科の葉菜類）

〈Brassica oleracea var.capitata〉

*カンラン（橄欖）

別名：ウオノホネヌキ

双子葉植物綱ムクロジ目カンラン科
の高木。

〈*Canarium album*〉

カンランズイセン

キブサズイセンの別名（ヒガンバナ科。
高さは38cm。花は黄色）

〈*Narcissus × odorus* L.〉

カンワラビ

フユノハナワラビ（冬花蕨）の別名（ハ
ナヤスリ科の冬緑性シダ植物。葉身は
長さ5〜10cm，ほぼ五角形）

〈*Sceptridium ternatum*〉

植物別名辞典　153

【キ】

キアイ
リュウキュウアイ（琉球藍）の別名（双子葉植物綱ゴマノハグサ目キツネノマゴ科の多年草。高さは60〜120cm。花は淡紅紫色）
〈*Strobilanthes cusia*〉

*キアイ
別名：インドアイ
マメ科の半低木、薬用植物。翼弁は赤、旗弁と龍骨弁緑褐。
〈*Indigofera tinctoria L.*〉

キアカソ
コアカソ（小赤麻）の別名（双子葉植物綱イラクサ目イラクサ科の小低木。高さは50〜100cm）
〈*Boehmeria spicata*〉

キイシオギク
キノクニシオギクの別名（双子葉植物綱キク目キク科の草本）
〈*Chrysanthemum shiwogiku var. kinokuniensis*〉

*キイチゴ（木苺）
別名：トウイチゴ
双子葉植物綱バラ目バラ科の落葉低木。
〈*Rubus palmatus*〉

*キイレツチトリモチ（喜入土鳥黐）
別名：トベラニンギョウ
双子葉植物綱ビャクダン目ツチトリモチ科の多年草。ネズミモチ等の根に寄生，全体は黄色。高さは10〜15cm。
〈*Balanophora tobiracola*〉

キイロケチチタケ
ムラサキイロガワリハツの別名（ベニタケ科のキノコ。大型。傘は黄色，周辺に粗毛。縁部は内側に巻く）
〈*Lactarius repraesentaneus*〉

キイロムクゲ
ハマボウ（浜箒）の別名（双子葉植物綱アオイ目アオイ科の落葉低木または小高木。高さは2〜4m。花は黄色）
〈*Hibiscus hamabo*〉

*キーウィフルーツ
別名：オニマタタビ，シナサルナシ
双子葉植物綱ツバキ目マタタビ科の蔓木。多毛，果実は長さ5cm，褐毛，果肉は翠緑色。
〈*Actinidia chinensis*〉

キオノドクサ
チオノドクサの別名（単子葉植物綱ユリ目ユリ科の属総称）
〈*Chionodoxa spp.*〉

*キオン（黄苑）
別名：ヒゴオミナエシ
双子葉植物綱キク目キク科の多年草。高さは50〜100cm。
〈*Senecio nemorensis*〉

キカノアシタケ
ベニカノアシタケの別名（キシメジ科のキノコ。超小型。傘は朱色，円錐形。ひだは白色）
〈*Mycena acicula*〉

*キカノコユリ（黄鹿子百合）
別名：キンコウデン
単子葉植物綱ユリ目ユリ科の多肉植物。高さは1.5〜2cm。花は橙黄色。
〈*Lilium henryi*〉

キガヤツリ
カヤツリグサ（蚊帳釣草）の別名（単子葉植物綱カヤツリグサ目カヤツリグサ科の一年草。高さは20〜70cm）
〈*Cyperus microiria*〉

キカラマツ
ノカラマツ（野唐松）の別名（双子葉植

物綱キンポウゲ目キンポウゲ科の多年草。高さは60〜100cm)

〈Thalictrum simplex var.brevipes〉

*キガンピ (黄雁皮)
別名：キコガンピ

双子葉植物綱フトモモ目ジンチョウゲ科の落葉低木。

〈Diplomorpha trichotoma〉

*キキョウ (桔梗)
別名：オカトトキ

双子葉植物綱キキョウ目キキョウ科の多年草。高さは40〜100cm。花は青紫色。

〈Platycodon grandiflorum〉

キキョウカタバミ
ムラサキカタバミ (紫酢漿草) の別名
(双子葉植物綱フウロソウ目カタバミ科の多年草。高さは5〜15cm。花は淡紅紫色)

〈Oxalis corymbosa〉

キキョウカラクサ
ツルニンジン (蔓人参) の別名 (双子葉植物綱キキョウ目キキョウ科の多年草。長さは2〜3m。花は白色)

〈Codonopsis lanceolata〉

*キキョウソウ
別名：ダンダンキキョウ

双子葉植物綱キキョウ目キキョウ科の一年草。高さは15〜100cm。花は鮮紫色。

〈Specularia perfoliata〉

キキョウナデシコ
フロックスの別名 (ハナシノブ科の属総称)

*キク
別名：イエギク

双子葉植物綱キク目キク科の多年草。花は黄色。

〈Chrysanthemum × morifolium〉

*キクイモ (菊芋)
別名：カライモ，シシイモ，ブタイモ

双子葉植物綱キク目キク科の多年草。塊茎の皮色は赤紫，黄，白など。高さは1.5〜3m。花は黄色。

〈Helianthus tuberosus〉

*キクイモモドキ
別名：ヒメキクイモ

双子葉植物綱キク目キク科の多年草。高さは1〜1.5m。花は黄色，または橙黄色。

〈Heliopsis helianthoides〉

キクゴボウ
モリアザミ (森薊) の別名 (双子葉植物綱キク目キク科の多年草。高さは50〜100cm。花は紅紫色)

〈Cirsium dipsacolepis〉

*キクゴボウ
別名：キバナバラモンジン

キク科の多年草。高さは60〜90cm。花は黄色。

〈Scorzonera hispanica L.〉

キクザカボチャ
ボウブラの別名 (ウリ科の一年草)

〈Cucurbita moschata (Duch.) Poir.
var.melonaeformis (Carr.) Makino〉

*キクザキイチゲ (菊咲一花)
別名：キクザキイチリンソウ，ルリイチゲソウ

双子葉植物綱キンポウゲ目キンポウゲ科の多年草。高さは10〜30cm。花は淡紫色，または白色。

〈Anemone pseudo-altaica〉

キクザキイチリンソウ
キクザキイチゲ (菊咲一花) の別名 (双子葉植物綱キンポウゲ目キンポウゲ科の多年草。高さは10〜30cm。花は淡紫色，または白色)

〈Anemone pseudo-altaica〉

植物別名辞典　155

キクザキカザグルマ
ユキオコシの別名（キンポウゲ科）

キクヂシャ
エンダイブの別名（双子葉植物綱キク目
キク科の葉菜類。花は紫青色）
〈Cichorium endivia〉

キクニガナ
チコリーの別名（キク科のハーブ。高さ
は40〜150cm。花は淡青色）
〈Cichorium intybus L.〉

キクノリ
オキツノリ（興津海苔）の別名（紅藻綱
スギノリ目オキツノリ科の海藻。叉状
に分岐。体は7cm）
〈Ahnfeltiopsis flabelliformis〉

キクバオウレン
オウレン（黄連）の別名（双子葉植物綱
キンポウゲ目キンポウゲ科の多年草。
高さは15〜40cm。花は白色）
〈Coptis japonica〉

*キクバドコロ（菊葉野老）
別名：モミジドコロ
単子葉植物綱ユリ目ヤマノイモ科の多年
生つる草。
〈Dioscorea septemloba〉

キクブキ
クロクモソウ（黒雲草）の別名（双子葉
植物綱バラ目ユキノシタ科の多年草。
高さは10〜30cm）
〈Saxifraga fusca var.kikubuki〉

*キクムグラ
別名：ヒメムグラ
双子葉植物綱アカネ目アカネ科の多年
草。高さは20〜50cm。
〈Galium kikumugura〉

*キクモモ
別名：イシモモ，ケモモ，ゲンジグ
ルマ
双子葉植物綱バラ目バラ科。モモの
品種。
〈Amygdalus persica 'Stelata'〉

キクヨモギ
シコタンヨモギ（色丹蓬）の別名（双子
葉植物綱キク目キク科の草本。高さは
25〜40cm）
〈Artemisia laciniata〉

*キクラゲ（木耳）
別名：ミミキノコ，モクジ
キクラゲ科のキノコ。小型〜中型。子
実体は耳形，肉はゼラチン質。
〈Auricularia auricula〉

キコガンピ
キガンピ（黄雁皮）の別名（双子葉植物綱
フトモモ目ジンチョウゲ科の落葉低木）
〈Diplomorpha trichotoma〉

キコク
カラタチ（枸橘）の別名（双子葉植物綱
ムクロジ目ミカン科の落葉または常緑低
木。高さは2m。花は白色）
〈Poncirus trifoliata〉

*キササゲ（木豇豆）
別名：カワラギリ（河原桐）
双子葉植物綱ゴマノハグサ目ノウゼンカ
ズラ科の落葉高木。高さは10m。花
は淡黄色。
〈Catalpa ovata〉

キザミイチョウウロコゴケ
キザミイチョウゴケの別名（ツボミゴケ
科のコケ。青緑色、葉は縁が明瞭な鋸歯
状）
〈Lophozia incisa（Schrad.）Dumort.〉

*キザミイチョウゴケ
別名：キザミイチョウウロコゴケ
ツボミゴケ科のコケ。青緑色、葉は縁が
明瞭な鋸歯状。
〈Lophozia incisa（Schrad.）
Dumort.〉

キサラギナ
タアサイの別名（アブラナ科の中国野菜）
ヒサゴナの別名（アブラナ科の野菜）
〈Brassica narinosa L. H. Bailey〉

キザンヒメラン
ホザキヒメランの別名（ラン科。高さは15〜60cm。花は黄緑色）
〈Malaxis latifolia Sm.〉

キサンラン
キンラン（金蘭）の別名（単子葉植物綱ラン目ラン科の多年草。高さは30〜60cm。花は黄色）
〈Cephalanthera falcata〉

＊ギシギシ（羊蹄）
別名：ウマスイバ
双子葉植物綱タデ目タデ科の多年草。高さは40〜100cm。
〈Rumex japonicus〉

キジタケ
クリタケ（栗茸）の別名（モエギタケ科のキノコ。小型〜超大型。傘は明茶褐色，白色鱗片付着。ひだは黄白色）
〈Naematoloma sublateritium〉

＊キシダマムシグサ
別名：ムロウマムシグサ
単子葉植物綱サトイモ目サトイモ科の草本。
〈Arisaema kishidae〉

＊キシツツジ（岸躑躅）
別名：イソツツジ
ツツジ科の半常緑の低木。花は淡紫色。
〈Rhododendron ripense Makino〉

キジノオ
ヤブソテツ（藪蘇鉄）の別名（オシダ科の常緑性シダ植物。葉身は長さ80cm，披針形）
〈Cyrtomium fortunei〉

キジムシロ（雉蓆）
ポテンティラの別名（バラ科の属総称）

キシモツケ
シモツケ（下野）の別名（双子葉植物綱バラ目バラ科の落葉低木）
〈Spiraea japonica〉

キシュウイチゴ
オオバライチゴ（大薔薇苺）の別名（双子葉植物綱バラ目バラ科の木本）
〈Rubus croceacanthus〉

キシュウギク
ホソバノギクの別名（双子葉植物綱キク目キク科の草本）
〈Aster sohayakiensis〉

キシュウシダ
オオフジシダ（大富士羊歯）の別名（イノモトソウ科の常緑性シダ植物。葉身は長さ20〜60cm，三角状広披針形）
〈Monachosorum flagellare〉

キシュウスゲ
キノクニスゲの別名（単子葉植物綱カヤツリグサ目カヤツリグサ科の草本）
〈Carex matsumurae〉

＊キシュウミカン（紀州蜜柑）
別名：コミカン，ホンミカン
双子葉植物綱ムクロジ目ミカン科の木本。果面は橙黄色。
〈Citrus kinokuni〉

キズイコウ
ミツマタ（三椏）の別名（双子葉植物綱フトモモ目ジンチョウゲ科の落葉低木。高さは1〜2m）
〈Edgeworthia chrysantha〉

キスゲ
カンゾウの別名（ユリ科の属総称）
ユウスゲ（夕菅）の別名（単子葉植物綱ユリ目ユリ科の多年草。高さは50〜100cm。花は黄色）

〈Hemerocallis citrina *var.*vesperitima〉

キヅタ
ヘデラの別名 (双子葉植物綱セリ目ウコギ科の属総称)

〈Hedera *spp.*〉

*キヅタ (木蔦)
別名：オニヅタ, フユヅタ

双子葉植物綱セリ目ウコギ科の常緑つる性低木。長さは30〜40m。

〈Hedera rhombea〉

*キスミレ (黄菫)
別名：イチゲスミレ

双子葉植物綱スミレ目スミレ科の多年草。高さは10〜15cm。花は黄色。

〈Viola orientalis〉

キセルアザミ
サワアザミ (沢薊) の別名 (キク科の多年草)

〈Cirsium yezoense (Maxim.) Makino〉

*キセルアザミ (煙管薊)
別名：マアザミ (真薊), ミズアザミ

双子葉植物綱キク目キク科の多年草。高さは50〜100cm。

〈Cirsium sieboldii〉

キソアザミ
センジョウアザミ (仙丈薊) の別名 (双子葉植物綱キク目キク科の草本)

〈Cirsium senjoense〉

*キソエビネ
別名：コラン

ラン科の多年草。長さは25〜35cm。

〈Calanthe alpina Hook. fil. var. schlechteri (Hara) F. Maek.〉

*キソケイ (黄素馨)
別名：ヒマラヤソケイ

双子葉植物綱ゴマノハグサ目モクセイ科の常緑低木。高さは2m。花は黄色。

〈Jasminum humile var.revolutum〉

キソコザクラ (木曾小桜)
カッコソウの別名 (双子葉植物綱サクラソウ目サクラソウ科の多年草。高さは10〜15cm。花は紅紫色)

〈Primula kisoana〉

*キソジノカンアオイ
別名：ゼニバカンアオイ

双子葉植物綱ウマノスズクサ目ウマノスズクサ科の草本。

〈Asarum takaoi var.hisauchii〉

*キソチドリ (木曽千鳥)
別名：ヒトツバキソチドリ

ラン科の多年草。高さは15〜30cm。

〈Platanthera ophrydioides Fr. Schm.〉

*キゾメカミツレ
別名：アレチカミツレ

双子葉植物綱キク目キク科の一年草。高さは20〜50cm。花は白色。

〈Anthemis arvensis〉

キゾメグサ
ウコン (欝金) の別名 (単子葉植物綱ショウガ目ショウガ科の多年草。花序は葉叢中から出る。花は白色)

〈Curcuma longa〉

キタイス
ゴボウ (牛蒡) の別名 (双子葉植物綱キク目キク科の根菜類。高さは3m。花は紫紅色)

〈Arctium lappa〉

*キタイワヒゲ
別名：エゾイワヒゲ

褐藻綱ウイキョウモ目コモンブクロ科の海藻。

〈Melanosiphon intestinalis〉

キタウグイスカグラ
コウグイスカグラの別名 (双子葉植物綱マツムシソウ目スイカズラ科の落葉低木)

〈*Lonicera ramosissima*〉

キタキス
ゴボウ（牛蒡）の別名（双子葉植物綱キク目キク科の根菜類。高さは3m。花は紫紅色）
〈*Arctium lappa*〉

キタキンバイソウ
チシマキンバイソウ（千島金梅草）の別名（双子葉植物綱キンポウゲ目キンポウゲ科の草本。花は濃黄色）
〈Trollius riederianus *var.riederianus*〉

*キタダケソウ（北岳草）
別名：ウメザキサバノオ
双子葉植物綱キンポウゲ目キンポウゲ科の多年草。高さは10〜20cm。花は白色。
〈*Callianthemum hondoense*〉

*キタダケデンダ（北岳連朶）
別名：ヒメデンダ
オシダ科の夏緑性シダ植物。葉身は長さ5〜12cm，狭披針形。
〈*Woodsia subcordata*〉

*キタダケナズナ（北岳薺）
別名：ハクホウナズナ，ヤツガタケナズナ
双子葉植物綱フウチョウソウ目アブラナ科の多年草。高さは10〜15cm。
〈*Draba kitadakensis*〉

キダチアロエ
アロエの別名（単子葉植物綱ユリ目ユリ科の多肉性多年草。高さは1〜2m。花は鮮紅色）
〈*Aloe arborescens*〉

キダチイナモリソウ
サツマイナモリ（薩摩稲森）の別名（双子葉植物綱アカネ目アカネ科の多年草。高さは10〜20cm）
〈*Ophiorrhiza japonica*〉

キダチウマノスズクサ
マンシュウウマノスズクサの別名（ウマノスズクサ科の薬用植物。萼筒の先端に黒褐色の模様）
〈*Aristolochia manshuriensis* Kom.〉

キダチカミツレ
マーガレットの別名（双子葉植物綱キク目キク科の宿根草）
〈*Chrysanthemum frutescens*〉

*キダチクジャクゴケ
別名：フチナシクジャクゴケ
クジャクゴケ科のコケ。二次茎は長さ2〜3cm、側葉は卵形。
〈*Dendrocyathophorum paradoxum* (Broth.) Dixon〉

キダチセンナ
モクセンナの別名（双子葉植物綱マメ目マメ科の小木。莢は扁平，葉裏は粉白。高さは2〜7m。花は鮮黄色）
〈*Cassia surattensis*〉

キダチチョウセンアサガオ
オオバナチョウセンアサガオ（大花朝鮮朝顔）の別名（ナス科の常緑低木。高さは3〜4.5m。花は白色）
〈*Datura suaveolens* Humb. et Bonpl. ex Willd.〉
ブルグマンシアの別名（ナス科の属総称）

*キダチニンドウ（木立忍冬）
別名：チョウセンニンドウ，トウニンドウ
双子葉植物綱マツムシソウ目スイカズラ科の木本。
〈*Lonicera hypoglauca*〉

*キダチノネズミガヤ
別名：ヤブネズミガヤ
単子葉植物綱カヤツリグサ目イネ科の多年草。高さは40〜110cm。
〈*Muhlenbergia ramosa*〉

キダチハッカ
サマー・サボリーの別名（シソ科のハーブ）

*キダチハッカ
別名：セボリー
双子葉植物綱シソ目シソ科。高さは30〜45cm。花は白〜赤紫色。
〈*Satureja hortensis*〉

*キダチハマグルマ
別名：トキワハマグルマ
キク科の草本。葉は厚く卵形。
〈*Wedelia biflora*（L.）*DC. ex Wight*〉

キダチルリソウ
ヘリオトロープの別名（双子葉植物綱シソ目ムラサキ科。ヘリオトロピューム属の数種の園芸名。花は青菫色，または白色）
〈*Heliotropium*〉

キダチロカイ
アロエの別名（単子葉植物綱ユリ目ユリ科の多肉性多年草。高さは1〜2m。花は鮮紅色）
〈*Aloe arborescens*〉

キタミハタザオ
エゾスズシロの別名（双子葉植物綱フウチョウソウ目アブラナ科の一年草または二年草。高さは10〜60cm。花は黄色）
〈*Erysimum cheiranthoides*〉

キタヨシ
ヨシ（葭）の別名（単子葉植物綱カヤツリグサ目イネ科の多年草。葉身は線形で長さ20〜50cm，円錐花序は大形。高さは1〜3m）
〈*Phragmites communis*〉

キチガイナス
ダツラの別名（ナス科の属総称）
チョウセンアサガオ（朝鮮朝顔）の別名（双子葉植物綱ナス目ナス科の草本。高さは1.5m。花は白色）
〈*Datura metel*〉

キチジソウ（吉事草）
フッキソウ（富貴草）の別名（双子葉植物綱トウダイグサ目ツゲ科の常緑半低木。高さは20〜30cm）
〈*Pachysandra terminalis*〉

*キッコウチク（亀甲竹）
別名：ブツメンチク
単子葉植物綱カヤツリグサ目イネ科の木本。
〈*Phyllostachys heterocycla*〉

キッコウチリメン
ディコリサンドラ・モサイカ・ウンダータの別名（ツユクサ科）

キッショウソウ（吉祥草）
フッキソウ（富貴草）の別名（双子葉植物綱トウダイグサ目ツゲ科の常緑半低木。高さは20〜30cm）
〈*Pachysandra terminalis*〉

キツネササゲ
ノササゲ（野豇豆）の別名（双子葉植物綱マメ目マメ科の多年生つる草。高さは3m前後）
〈*Dumasia truncata*〉

キツネナス
ツノナス（角茄子）の別名（ナス科の半低木。果実は橙色で基部突起。高さは1m。花は紫色）
〈*Solanum mammosum* L.〉

キツネノオ
ノギラン（芒蘭）の別名（単子葉植物綱ユリ目ユリ科の多年草。高さは15〜55cm）
〈*Metanarthecium luteo-viride*〉
フサモ（房藻）の別名（双子葉植物綱アリノトウグサ目アリノトウグサ科の多年生沈水植物。葉は4〜5輪生で羽状に細裂，花序は長さ4〜12cmで水面上に出る。高さは50cm。花は白色）
〈*Myriophyllum verticillatum*〉

キツネノカミソリ (狐剃刀)
リコリスの別名 (単子葉植物綱ユリ目ヒ
ガンバナ科の属総称)
〈Lycoris spp.〉

キツネノシャクジョウ
ツチアケビ (土木通) の別名 (単子葉植
物綱ラン目ラン科の多年生腐生植物。
高さは50〜100cm)
〈Galeola septentrionalis〉

キツネノタスキ
ヒカゲノカズラ (日陰蔓) の別名 (ヒカ
ゲノカズラ科の常緑性シダ植物。葉身
は長さ3.5〜7mm, 線形または線状披針
形)
〈Lycopodium clavatum〉

キツネノチャブクロ
コミカンソウ (小蜜柑草) の別名 (トウ
ダイグサ科の一年草。白乳液、キダチミ
カンソウに似る。高さは10〜30cm)
〈Phyllanthus urinaria L.〉
ホコリタケ (埃茸) の別名 (ホコリタケ科
のキノコ。中型。地上生, 子実体は擬宝
珠形, 内皮は類白色〜淡褐色 (成熟時))
〈Lycoperdon perlatum〉
*キツネノチャブクロ
別名：ホコリタケ
サルノコシカケ科。
〈Lycoperdon pertatum Pers. :
Pers.〉

キツネノテブクロ
ジギタリスの別名 (双子葉植物綱ゴマノ
ハグサ目ゴマノハグサ科の多年草。高
さは120cm。花は紫紅色)
〈Digitalis purpurea〉

キツネノホオズキ
ハダカホオズキ (裸酸漿) の別名 (双子
葉植物綱ナス目ナス科の多年草。高さ
は60〜100cm)
〈Tubocapsicum anomalum〉

キツネノマゴ
ジャスティシアの別名 (キツネノマゴ科
の属総称)

キツネノメシガイソウ
ヘリアンフォラ・ヌタンスの別名 (サ
ラセニア科)

キツネマメ
カラスノエンドウ (烏豌豆) の別名 (双
子葉植物綱マメ目マメ科の越年草。高
さは60〜150cm)
〈Vicia angustifolia〉

キツネユリ
グロリオサの別名 (ユリ科の属総称。球
根植物)

*キツリフネ (黄釣船)
別名：ホラガイソウ
双子葉植物綱フウロソウ目ツリフネソウ
科の一年草。高さは30〜80cm。花は
黄色。
〈Impatiens noli-tangere〉

ギニアキビ
ギネアキビの別名 (単子葉植物綱カヤツ
リグサ目イネ科の多年草。高さは1.5〜
2m)
〈Panicum maximum〉

*キニラ (黄薤)
別名：コガネニラ
ユリ科の中国野菜。

キヌイトヌカキビ
ハナクサキビの別名 (単子葉植物綱カヤ
ツリグサ目イネ科の一年草。高さは20
〜80cm)
〈Panicum capillare〉

キヌガサギク
アラゲハンゴンソウ (粗毛反魂草) の
別名 (双子葉植物綱キク目キク科の多年
草または一年草。高さは40〜90cm。花
は黄色, または橙色)

キヌカ

⟨*Rudbeckia hirta var.pulcherrima*⟩

*キヌガサソウ（衣笠草）
　　別名：ハナガサソウ
　　　単子葉植物綱ユリ目ユリ科の多年草。
　　　高さは40～100cm。花は白色。
　　　⟨*Paris japonica*⟩

*キヌガサタケ（絹傘茸，衣笠茸）
　　別名：コムソウタケ
　　　スッポンタケ科のキノコ。大型。傘は
　　　釣鐘形。
　　　⟨*Dictyophora indusiata*⟩

キヌガシワ
　　ハゴロモノキ（羽衣木）の別名（双子葉
　　　植物綱ヤマモガシ目ヤマモガシ科の木
　　　本。高さは30m。花は金色）
　　　⟨*Grevillea robusta*⟩

*キヌカワミカン
　　別名：コウジロキツ（神代橘），コウジ
　　　ロミカン（神代ミカン）
　　　ミカン科。食味は淡白。高さは4～5m。
　　　⟨*Citrus glaberrima hort. ex T.
　　　Tanaka*⟩

*キヌクサ
　　別名：ヒゲモグサ
　　　紅藻綱テングサ目テングサ科の海藻。
　　　細い。体は25～30cm。
　　　⟨*Gelidium linoides*⟩

*キヌフサソウ（絹房草）
　　ベニニガナ（紅苦菜）の別名（双子葉植
　　　物綱キク目キク科の一年草。高さは25
　　　～50cm。花は緋紅色）
　　　⟨*Emilia javanica*⟩

*ギヌラ
　　別名：サンシチソウ
　　　キク科の属総称。

*キヌラン
　　別名：ホソバラン
　　　単子葉植物綱ラン目ラン科の多年草。

高さは5～10cm。
　　⟨*Zeuxine strateumatica*⟩

*ギネアキビ
　　別名：ギニアキビ
　　　単子葉植物綱カヤツリグサ目イネ科の多
　　　年草。高さは1.5～2m。
　　　⟨*Panicum maximum*⟩

*キノア
　　別名：ケノポディウム
　　　アカザ科の属総称。

キノクニイヌワラビ
　　タカサゴイヌワラビの別名（オシダ科の
　　　常緑性シダ。葉身は長さ40cm弱。広卵
　　　形～広卵状三角形）

*キノクニシオギク
　　別名：キイシオギク
　　　双子葉植物綱キク目キク科の草本。
　　　⟨*Chrysanthemum shiwogiku var.
　　　kinokuniensis*⟩

*キノクニスゲ
　　別名：キシュウスゲ
　　　単子葉植物綱カヤツリグサ目カヤツリグ
　　　サ科の草本。
　　　⟨*Carex matsumurae*⟩

キノコヒメ
　　ギンパニシキ（銀波錦）の別名（ベンケ
　　　イソウ科の低木。高さは30～60cm。花
　　　は帯白橙赤色）
　　　⟨*Cotyledon undulata* Haw.⟩

*キハギ（木萩）
　　別名：ノハギ
　　　双子葉植物綱マメ目マメ科の落葉低木。
　　　高さは1.5～2m。
　　　⟨*Lespedeza buergeri*⟩

キバコデマリ
　　キンバデマリの別名（スイカズラ科）

162　植物別名辞典

*キハダ（黄膚）
別名：ヒロハノキハダ
ミカン科の落葉高木。高さは15m。樹皮は灰褐色。
〈*Phellodendron amurense* Rupr. var.*amurense*〉

キハチス
ムクゲ（木槿）の別名（双子葉植物綱アオイ目アオイ科の落葉小高木または低木。高さは3〜4m。花は淡青紫，白，ピンク色など）
〈*Hibiscus syriacus*〉
ヤエザキムクゲ（八重木槿）の別名（アオイ科のムクゲの八重咲き品種）

キバナアザミ
サントリソウの別名（双子葉植物綱キク目キク科の草本，薬用植物）
〈*Cnicus benedictus*〉

キバナアマドコロ
キバナホウチャクソウの別名（ユリ科の宿根草）
〈*Disporum uniflorum* Baker〉

*キバナイカリソウ（黄花碇草）
別名：シロバナイカリソウ
メギ科の多年草。高さは20〜40cm。
〈*Epimedium grandiflorum* Morren et Decne. subsp.*koreanum* （Nakai） Kitamura〉

キバナイソマツ
ウコンイソマツの別名（双子葉植物綱イソマツ目イソマツ科の常緑多年草）
〈*Limonium wrightii var.luteum*〉

*キバナオランダセンニチ
別名：キバナセンニチモドキ，ハトウガラシ
キク科の草本。花は黄色。
〈*Spilanthes acmella* Murr.〉

*キバナカイウ（黄花海芋）
別名：サンライト
サトイモ科の多年草。高さは90cm。
〈*Zantedeschia elliottiana* （W. Wats.） Engl.〉

キバナカラスウリ
オオスズメウリ（大雀瓜）の別名（双子葉植物綱スミレ目ウリ科の多年草。長さは2m。花は黄色）
〈*Thladiantha dubia*〉

キバナガンクビソウ
ガンクビソウ（雁首草）の別名（双子葉植物綱キク目キク科の草本）
〈*Carpesium divaricatum*〉

キバナギュウカク
リュウオウカク（竜王閣）の別名（ガガイモ科の多肉植物。高さは3〜5cm。花は黄白〜淡黄色）
〈*Huernia primulina* N. E. Br.〉

キバナキリシマエビネ
ヒゴエビネの別名（ラン科）

*キバナコウリンタンポポ
別名：ノハラタンポポ
双子葉植物綱キク目キク科の多年草。高さは25〜50cm。花は黄色。
〈*Hieracium caespitosum*〉

キバナコツクバネ
コツクバネウツギ（小衝羽根空木）の別名（双子葉植物綱マツムシソウ目スイカズラ科の落葉低木）
〈*Abelia serrata*〉

キバナザキバラモンジン
キバナバラモンジン（黄花婆羅門参）の別名（キク科の多年草）
〈*Tragopogon pratensis* L.〉

*キバナスズシロ
別名：エルーカ，ロケットサラダ
双子葉植物綱フウチョウソウ目アブラナ科の一年草。花は淡黄色。
〈*Eruca vesicaria* subsp.*sativa*〉

植物別名辞典　163

キハナ

キバナセツブンソウ
エランティスの別名（キンポウゲ科の属総称。球根植物）

キバナセンダイハギ
センダイハギ（先代萩，千代萩）の別名（双子葉植物綱マメ目マメ科の多年草。高さは40〜80cm。花は黄色）
〈*Thermopsis lupinoides*〉

キバナセンニチコウ
アメリカセンニチソウの別名（ヒユ科）

キバナセンニチモドキ
キバナオランダセンニチの別名（キク科の草本。花は黄色）
〈*Spilanthes acmella* Murr.〉

*キバナタカサブロウ
別名：ニゲル，ヌグ
キク科の一年草。高さは40〜100cm。花は橙黄色。
〈*Guizotia abyssinica*（*L. f.*）*Cass.*〉

*キバナタマスダレ
別名：ウインターダッフォルディ，シュテルンベルギア
単子葉植物綱ユリ目ヒガンバナ科の多年草。花は黄色。
〈*Sternbergia lutea*〉

キバナツメクサ
コメツブツメクサ（米粒詰草）の別名（双子葉植物綱マメ目マメ科の一年草。高さは20〜40cm。花は淡黄〜黄色）
〈*Trifolium dubium*〉

キバナナデシコ
ディアンツス・ナッピーの別名（ナデシコ科）

*キバナノギョウジャニンニク
別名：アリアム，アリューム
単子葉植物綱ユリ目ユリ科の多年草。高さは30〜40cm。花は黄色。
〈*Allium moly*〉

キバナノシオガマ
エゾシオガマ（蝦夷塩竈）の別名（ゴマノハグサ科の多年草。高さは20〜60cm）
〈*Pedicularis yezoensis* Maxim.〉

キバナノジニア
ヒメヒャクニチソウの別名（キク科の一年草）
〈*Zinnia pauciflora* L.〉

*キバナノハウチワマメ（黄花葉団扇豆）
別名：ノボリフジ，ハウチワマメ
双子葉植物綱マメ目マメ科の草本。高さは40〜60cm。花は黄色。
〈*Lupinus luteus*〉

*キバナノマツバニンジン（黄花松葉人参）
別名：キバナマツバナデシコ
双子葉植物綱アマ目アマ科の一年草。高さは20〜70cm。花は黄色。
〈*Linum virginianum*〉

キバナハウチワカエデ
コハウチワカエデ（小羽団扇楓）の別名（双子葉植物綱ムクロジ目カエデ科の落葉高木。葉は円形で7〜9に中裂。樹高は10m。花は黄白色。樹皮は濃い灰褐色）
〈*Acer sieboldianum*〉

*キバナハギ
別名：オオミツバタヌキマメ
双子葉植物綱マメ目マメ科の草本。葉は3小葉。
〈*Crotalaria pallida*〉

*キバナハス（黄花蓮）
別名：アメリカハス
スイレン科の多年草。花は淡黄色。
〈*Nelumbo lutea*（*Willd.*）*Pers.*〉

*キバナハタザオ（黄花旗竿）
別名：ヘスペリソウ
双子葉植物綱フウチョウソウ目アブラナ科の多年草。高さは80〜120cm。
〈*Sisymbrium luteum*〉

164　植物別名辞典

キバナハマクサギ
ハマクサギ (浜臭木) の別名 (双子葉植物綱シソ目クマツヅラ科の落葉低木)
〈Premna microphylla〉

キバナバラモンジン
キクゴボウの別名 (キク科の多年草。高さは60〜90cm。花は黄色)
〈Scorzonera hispanica L.〉

*キバナバラモンジン (黄花婆羅門参)
別名：キバナザキバラモンジン, バラモンギク
キク科の多年草。
〈Tragopogon pratensis L.〉

キバナフジ
キングサリ (金鎖) の別名 (双子葉植物綱マメ目マメ科の木本。高さは7〜10m。樹皮は暗灰色)
〈Laburnum anagyroides〉

*キバナホウチャクソウ
別名：キバナアマドコロ, コガネホウチャクソウ
ユリ科の宿根草。
〈Disporum uniflorum Baker〉

*キバナマーガレット
別名：キバナモクシュンギク
キク科。
〈Chrysanthemum frutescens L.〉

キバナマツバナデシコ
キバナノマツバニンジン (黄花松葉人参) の別名 (双子葉植物綱アマ目アマ科の一年草。高さは20〜70cm。花は黄色)
〈Linum virginianum〉

キバナモクシュンギク
キバナマーガレットの別名 (キク科)
〈Chrysanthemum frutescens L.〉

キバンザクロ
キバンジロウの別名 (フトモモ科の常緑高木)
〈Psidium littorale Raddi〉

*キバンジロウ
別名：キバンザクロ
フトモモ科の常緑高木。
〈Psidium littorale Raddi〉

*キビ (黍)
別名：キミ, コキビ
単子葉植物綱カヤツリグサ目イネ科の一年草。
〈Panicum miliaceum〉

キビノシモツケ
イブキシモツケ (伊吹下野) の別名 (バラ科の落葉低木)
〈Spiraea nervosa Franch. et Savat. var.nervosa〉

キビフウロ
ビッチュウフウロ (備中風露) の別名 (双子葉植物綱フウロソウ目フウロソウ科の多年草。高さは40〜70cm)
〈Geranium yoshinoi〉

キヒモ
クラガリシダ (暗がり羊歯) の別名 (ウラボシ科の常緑性シダ植物。葉身は長さ30〜50cm, 狭線形)
〈Drymotaenium miyoshianum〉

キヒヨドリジョウゴ (木鵯上戸)
ヤブサンザシ (藪山査子) の別名 (双子葉植物綱バラ目ユキノシタ科の落葉低木。高さは1m)
〈Ribes fasciculatum〉

*キブサズイセン
別名：カンランズイセン
ヒガンバナ科。高さは38cm。花は黄色。
〈Narcissus × odorus L.〉

キフジ
キブシ (木五倍子) の別名 (双子葉植物綱スミレ目キブシ科の落葉低木。高さ

植物別名辞典　165

キフシ

は4m。花は黄色）
〈Stachyurus praecox〉

＊キブシ（木五倍子）
別名：キフジ，マメフジ
双子葉植物綱スミレ目キブシ科の落葉低
木。高さは4m。花は黄色。
〈Stachyurus praecox〉

キフネギク（貴船菊）
シュウメイギク（秋明菊）の別名（双子
葉植物綱キンポウゲ目キンポウゲ科の多
年草。高さは30〜100cm。花は紅紫色）
〈Anemone hupehensis var.japonica〉

ギベルラツブタケ
シロミノハナグモタケの別名（核菌綱
バッカクキン科の冬虫夏草。クモに寄
生）
〈Torrubiella arachnophila〉

＊ギボウシ（擬宝珠）
別名：ウルイ，タキナ，ヤマカン
ピョウ
単子葉植物綱ユリ目ユリ科の多年草。
〈Hosta undulata var.erromena〉

＊ギボウシゴケ
別名：アカミノギボウシゴケ
ギボウシゴケ科のコケ。体は暗緑色、茎
は長さ4cm、明瞭な中心束をもつ。
〈Schistidium apocarpum（Hedw.）
Bruch et Schimp.〉

ギボウシズイセン
アマゾンユリの別名（ヒガンバナ科の多
年草。高さは60cm。花は白色）
〈Eucharis grandiflora Planch. et
Linden〉

＊キボウシノ
別名：ヒゴメダケ，フシダカシノ
単子葉植物綱カヤツリグサ目イネ科の
木本。
〈Pleioblastus kodzumae〉

＊ギボウシラン
別名：キンポクラン
単子葉植物綱ラン目ラン科の草本。高
さは15〜30cm。花は白色。
〈Liparis auriculata〉

キボウホウヒルムシロ
ウォーター・ホーソーンの別名（レー
スソウ科）

キミ
キビ（黍）の別名（単子葉植物綱カヤツリ
グサ目イネ科の一年草）
〈Panicum miliaceum〉

キミカゲソウ（君影草）
スズラン（鈴蘭）の別名（単子葉植物綱
ユリ目ユリ科の多年草。高さは20〜
35cm。花は白色）
〈Convallaria keiskei〉

キミガヨラン
ユッカの別名（単子葉植物綱ユリ目リュ
ウゼツラン科の属総称）
〈Yucca spp.〉

＊キミガヨラン
別名：イトナシイトラン，ネジイトラン
単子葉植物綱ユリ目リュウゼツラン
科の常緑低木。
〈Yucca recurvifolia〉

＊キミノトケイソウ
別名：ミズレモン
トケイソウ科のつる性植物。果実は黄
熟。副花冠は紫色。
〈Passiflora laurifolia L.〉

キムラタケ
オニク（御肉）の別名（双子葉植物綱ゴマ
ノハグサ目ハマウツボ科の寄生植物。
高さは15〜30cm）
〈Boschniakia rossica〉

＊キャッサバ
別名：イモノキ，タピオカノキ
双子葉植物綱トウダイグサ目トウダイグ

サ科の木本。塊根は長さは15〜
100cm。高さは1〜5m。
〈*Manihot esculenta*〉

キャッツテール
ブルビネラの別名（ユリ科の属総称。球
根植物）

キャットニップ
イヌハッカの別名（双子葉植物綱シソ目
シソ科の多年草。高さは40〜100cm。
花は淡い青色）
〈*Nepeta cataria*〉

*キャニモモ
別名：タマゴノキ
オトギリソウ科の高木。枝に縦溝、葉は
インドゴム状。花は白緑色。
〈*Garcinia dulcis Kurz*〉

*キャベツ
別名：カンラン（甘藍），タマナ（玉菜）
双子葉植物綱フウチョウソウ目アブラナ
科の葉菜類。
〈*Brassica oleracea var.capitata*〉

*キャラウェー
別名：ヒメウイキョウ
セリ科の属総称。

*キャラボク（伽羅木）
別名：ダイセンキャラボク
イチイ科の常緑低木。
〈*Taxus cuspidata Sieb. et Zucc.
var.nana Rehder*〉

キュウケイカンラン（球茎甘藍）
コールラビの別名（双子葉植物綱フウ
チョウソウ目アブラナ科の栽培植物，葉
菜類。径4〜10cm）
〈*Brassica oleracea var.gongylodes*〉

キュウコンイリス
ダッチ・アイリスの別名（アヤメ科の園
芸品種群。球根植物。花は白、黄、青な
ど）

*キュウコンベゴニア
別名：ハイブリッドチューベローズベ
ゴニア
シュウカイドウ科の球根植物。ベゴニ
ア交雑品種の総称。
〈*Begonia* × *tuberhybrida Voss*〉

キューピッズボワー
アキメネスの別名（イワタバコ科のハナ
ギリソウ属総称。球根植物）

*キョウガノコ（京鹿子）
別名：エゾノシモツケソウ
バラ科の多年草。高さは60〜150cm。
花は紅紫色。
〈*Filipendula purpurea Maxim. var.
purpurea*〉

ギョウジャカズラ
クロヅルの別名（双子葉植物綱ニシキギ
目ニシキギ科の落葉つる性植物）
〈*Tripterygium regelii*〉

*ギョウジャニンニク
別名：エイザンニンニク，タケシマニ
ンニク，ヤマニンニク
単子葉植物綱ユリ目ユリ科の多年草。
高さは30〜50cm。花は白色。
〈*Allium victorialis var.
platyphyllum*〉

ギョウジャノミズ
サンカクヅル（三角蔓）の別名（双子葉
植物綱クロウメモドキ目ブドウ科の落葉
つる性植物）
〈*Vitis flexuosa*〉

キョウチクキリンカク
キリンカク（麒麟角）の別名（双子葉植
物綱トウダイグサ目トウダイグサ科の多
肉植物。若茎5角，白乳液，刺黒色）
〈*Euphorbia neriifolia*〉

*キョウナ（京菜）
別名：ヒイラギナ，ミズナ
双子葉植物綱フウチョウソウ目アブラナ

科の野菜。
〈*Brassica campestris var. laciniifolia*〉

*キョウノヒモ
別名：ハサッペイ，ヒモノリ，ミノジノリ
紅藻綱スギノリ目ムカデノリ科の海藻。体は長さ60cm。
〈*Grateloupia okamurae*〉

ギョウヨウチク（仰葉竹）
リュウキュウチク（琉球竹）の別名（単子葉植物綱カヤツリグサ目イネ科の常緑大型ササ。高さは3〜4m）
〈*Pleioblastus linearis*〉

ギョクラン
ギンコウボク（銀厚朴）の別名（モクレン科の観賞用高木。芳香。高さは10m。花は白色）
〈*Michelia* × *alba* DC.〉

キヨサトコザクラ
クモイコザクラ（雲居小桜）の別名（双子葉植物綱サクラソウ目サクラソウ科の多年草）
〈*Primula reinii var.*kitadakensis〉

*キヨスミウツボ（清澄靫）
別名：オウトウカ
双子葉植物綱ゴマノハグサ目ハマウツボ科の寄生植物。高さは5〜10cm。
〈*Phacellanthus tubiflorus*〉

キヨスミギク
アキバギクの別名（双子葉植物綱キク目キク科の草本）
〈*Aster ageratoides subsp.*sugimotoi〉

キヨスミシダ
ヒメカナワラビ（姫鉄蕨）の別名（オシダ科の常緑性シダ植物。葉長40〜60cm。葉身は披針形）
〈*Polystichum tsussimense*〉

*キヨスミヒメワラビ（清澄姫蕨）
別名：シラガシダ
オシダ科の常緑性シダ植物。葉身は長さ35〜55cm，広卵状長楕円形。
〈*Ctenitis maximowicziana*〉

*ギョボク（魚木）
別名：アマギ
双子葉植物綱フウチョウソウ目フウチョウソウ科の常緑高木。花は黄白色。
〈*Crataeva falcata*〉

キヨマサニンジン（清正人参）
セロリの別名（双子葉植物綱セリ目セリ科の葉菜類。高さは60〜80cm）
〈*Apium graveolens*〉

*ギョリュウ（御柳）
別名：サツキギョリュウ
双子葉植物綱スミレ目ギョリュウ科の落葉小高木。高さは6m。花は淡紅色。
〈*Tamarix chinensis*〉

*ギョリュウバイ
別名：ニュージーランドティーツリー
双子葉植物綱フトモモ目フトモモ科の常緑低木または小高木。高さは3〜5m。花は白色。
〈*Leptospermum scoparium*〉

*ギョリュウモドキ
別名：ナツザキエリカ
双子葉植物綱ツツジ目ツツジ科の常緑低木。高さは20〜50cm。花は桃紫色。
〈*Calluna vulgaris*〉

キラタンヤシ
バーシャフェルトベニオウギヤシの別名（単子葉植物綱ヤシ目ヤシ科の木本。高さは15m）
〈*Latania verschaffeltii*〉

*ギランイヌビワ
別名：コニシイヌビワ
クワ科の常緑高木。

〈*Ficus variegata* Blume〉

*キランソウ
別名：ジゴクノカマノフタ

双子葉植物綱シソ目シソ科の多年草。
〈*Ajuga decumbens*〉

*キリ（桐）
別名：キリノキ，ヒトハグサ

双子葉植物綱ゴマノハグサ目ゴマノハグサ科の落葉高木。樹高は15m。花は紫色。樹皮は灰色。
〈*Paulownia tomentosa*〉

*ギリア
別名：ヒメハナシノブ

ハナシノブ科の属総称。

*キリエノキ
別名：コバフンギ

ニレ科の木本。
〈*Trema cannabina Lour.*〉

キリガミネアキノキリンソウ
ミヤマアキノキリンソウ（深山秋麒麟草）の別名（双子葉植物綱キク目キク科の草本）
〈Solidago virgaurea *subsp.*leiocarpa *form.*japonalpestris〉

*キリガミネスゲ
別名：オニアゼスゲ

カヤツリグサ科。
〈*Carex middendorffii Fr. Schm. var.kirigaminensis Ohwi*〉

キリシマグミ
クマヤマグミの別名（グミ科の木本）
〈*Elaeagnus epitricha* Momiyama〉

*キリシマゴケ
別名：マタバゴケ

キリシマゴケ科のコケ。やや光沢のある緑褐色、茎は長さ3〜10cm。
〈*Herbertus aduncus（Dicks.）Gray*〉

*キリシマツツジ（霧島躑躅）
別名：イマショウジョウキリシマ，ウンゼンツツジ，ミヤマキリシマ

双子葉植物綱ツツジ目ツツジ科の常緑低木。
〈*Rhododendron obtusum var. obtusum*〉

キリシマテンナンショウ
ヒメテンナンショウの別名（単子葉植物綱サトイモ目サトイモ科の草本）
〈*Arisaema sazensoo*〉

*キリシマテンナンショウ（霧島天南星）
別名：ヒメテンナンショウ

サトイモ科の草本。
〈*Arisaema sazensoo（Blume） Makino*〉

キリタケ
シラウオタケの別名（シロソウメンタケ科のキノコ。小型。形は棍棒状，緑藻類上生）
〈*Multiclavula mucida*〉

キリツボ
アキチョウジ（秋丁字）の別名（双子葉植物綱シソ目シソ科の多年草。高さは70〜100cm）
〈*Rabdosia longituba*〉

キリノキ
キリ（桐）の別名（双子葉植物綱ゴマノハグサ目ゴマノハグサ科の落葉高木。樹高は15m。花は紫色。樹皮は灰色）
〈*Paulownia tomentosa*〉

ギリバヤシ
ジョオウヤシの別名（単子葉植物綱ヤシ目ヤシ科の木本。高さは9〜12m。花はクリーム色）
〈*Arecastrum romanzoffianum*〉

キリモ
ヨコワサルオガセの別名（サルオガセ科の植物。地衣体は伸長し，樹皮より垂れ下がる）

キリン

〈*Usnea diffracta*〉

*キリンカク（麒麟角）
別名：キョウチクキリンカク

双子葉植物綱トウダイグサ目トウダイグ
サ科の多肉植物。若茎5角，白乳液，
刺黒色。

〈*Euphorbia neriifolia*〉

キリンギク
タマザキリアトリスの別名（キク科。高
さは90cm。花は紅紫色）

〈*Liatris ligulistylis*（A. Nels.）K.
Schum.〉

ユリアザミ（百合薊）の別名（キク科の
宿根草。高さは150cm。花は淡紅紫色）

〈*Liatris pycnostachya* Michx.〉

リアトリスの別名（キク科の属総称）

*キリンギク（麒麟菊）
別名：ユリアザミ

キク科の多年草。高さは150cm。花
は桃色。

〈*Liatris spicata*（L.）Willd.〉

*キリンサイ
別名：リュウキュウツノマタ

紅藻綱スギノリ目ミリン科の海藻。多
肉で軟骨質。体は10～25cm。

〈*Eucheuma denticulatum*〉

*キリンタケ
別名：ヘビキノコ

テングタケ科のキノコ。中型。傘は褐
色、白色～淡灰色粉状のいぼ、条線
なし。

〈*Amanita excelsa*（Fr.）Bertillon〉

*キルタンツス
別名：ファイアリリー

ヒガンバナ科の属総称。球根植物。

キレダマ
レダマ（連玉）の別名（双子葉植物綱マメ
目マメ科の木本。高さは2～3.5m。花は
黄色）

〈*Spartium junceum*〉

キレニシキ
チリメンカエデ（縮緬楓）の別名（双子
葉植物綱ムクロジ目カエデ科の木本）

〈*Acer palmatum var.dissectum*〉

*キレハイヌガラシ
別名：ヤチイヌガラシ

双子葉植物綱フウチョウソウ目アブラナ
科の多年草。高さは10～60cm。花は
黄色。

〈*Rorippa sylvestris*〉

キレハビジョザクラ
カラクサハナガサの別名（クマツヅラ
科。葉は3深裂）

〈*Verbena tenuisecta* Briq.〉

キレハヒメオドリコソウ
モミジバヒメオドリコソウの別名（双
子葉植物綱シソ目シソ科の越年草。高
さは10～30cm。花は紅紫色）

〈*Lamium hybridum*〉

キレハマツヨイグサ
コマツヨイグサ（小待宵草）の別名（双
子葉植物綱フトモモ目アカバナ科の一年
草または多年草。高さは20～60cm。花
は黄～淡い黄色）

〈*Oenothera laciniata*〉

*キレンゲショウマ（黄蓮華升麻）
別名：クサレンゲ

双子葉植物綱バラ目ユキノシタ科の多年
草。高さは80～120cm。

〈*Kirengeshoma palmata*〉

*キワタ
別名：インドワタノキ，キワタノキ

双子葉植物綱アオイ目パンヤ科の落葉高
木。花は紅色。

〈*Bombax ceiba*〉

キワタノキ
キワタの別名（双子葉植物綱アオイ目パ
ンヤ科の落葉高木。花は紅色）

〈*Bombax ceiba*〉

キワンジュ
モクワンジュの別名（マメ科の観賞用小木。花は白色）
〈*Bauhinia acuminata* L.〉

キンエイカ
ハナビシソウ（花菱草）の別名（双子葉植物綱ケシ目ケシ科の多年草。高さは30〜60cm）
〈*Eschscholzia californica*〉

キンエビネ
オオエビネ（大蝦根）の別名（ラン科の多年草。花は橙、赤紅色）
〈*Calanthe discolor* Lindl. var.*bicolor* Makino〉

キンカ
アキノキリンソウ（秋麒麟草）の別名（双子葉植物綱キク目キク科の多年草。高さは60〜90cm）
〈*Solidago virgaurea subsp.*asiatica〉

キンガヤツリ
ムツオレガヤツリの別名（カヤツリグサ科の一年草。高さは20〜70cm）
〈*Cyperus odoratus* L.〉

*キンカン
別名：ナガキンカン，ナガミキンカン
双子葉植物綱ムクロジ目ミカン科の木本。果実は縦径3〜3.5cm。高さは1.5m。
〈*Fortunella japonica var.margarita*〉

ギンカンザシ（銀簪）
サオヒメ（佐保姫）の別名（ベンケイソウ科の低木。高さは20cm。花は黄緑色）
〈*Cotyledon teretifolia* Thunb.〉

キンキザサ
クマザサ（隈笹）の別名（単子葉植物綱カヤツリグサ目イネ科の常緑中型ササ。高さは1〜2m）
〈*Sasa veitchii*〉

キンキャラ
キンメキャラボクの別名（イチイ科の木本）

キンギョシバ
ハマジンチョウ（浜沈丁）の別名（双子葉植物綱ゴマノハグサ目ハマジンチョウ科の常緑低木）
〈*Myoporum bontioides*〉

キンギョモ
ホザキノフサモ（穂咲総藻）の別名（双子葉植物綱アリノトウグサ目アリノトウグサ科の常緑沈水植物。羽状葉は全長1.5〜3cm，雄花の花弁は淡紅色。高さは30〜150cm）
〈*Myriophyllum spicatum*〉
マツモ（松藻）の別名（マツモ科の多年生の沈水浮遊植物。盛んに分枝し、葉は全長8〜25mm。茎は全長20〜120cm）
〈*Ceratophyllum demersum* L.〉

キンギンカ（金銀花）
スイカズラ（忍冬）の別名（双子葉植物綱マツムシソウ目スイカズラ科の半常緑つる性低木。花は初め白，後に黄色）
〈*Lonicera japonica*〉

キンギンチク（金明竹）
キンメイチク（金明竹）の別名（単子葉植物綱カヤツリグサ目イネ科の木本）
〈Phyllostachys bambusoides *form.* castillonis〉

*キンギンナスビ（金銀茄子）
別名：ニシキハリナスビ
双子葉植物綱ナス目ナス科の多年草。刺が多い。果実は橙黄色。高さは0.5〜1m。花は白色。
〈*Solanum aculeatissimum*〉

キングイヌビワ
ホソバムクイヌビワの別名（双子葉植物綱イラクサ目クワ科の木本）
〈*Ficus ampelas*〉
ムクイヌビワの別名（クワ科の木本）

〈*Ficus irisana* Elmer〉

*キングサリ（金鎖）
別名：キバナフジ，ゴールデン・チェーン
高さは7〜10m。樹皮は暗灰色。
〈*Laburnum anagyroides*〉

キンクジャク
オウゴンクジャクヒバの別名（ヒノキ科）
〈*Chamaecyparis obtusa*（Siebold et Zucc.）Endl. 'Filicoides-aurea'〉

キングススペアー
エレムルスの別名（ユリ科の属総称。球根植物）

*キンケイラン
別名：ホシケイラン
ラン科。

*キンゴウカン
別名：キンネム
マメ科の低木。有刺、芳香。花は黄色。
〈*Acacia farnesiana* Willd.〉

ギンゴウカン
ギンネム（銀合歓）の別名（双子葉植物綱マメ目マメ科の常緑小高木。高さは10m。花は白黄色）
〈*Leucaena leucocephala*〉

ギンコウセイ（銀光星）
サオヒメ（佐保姫）の別名（ベンケイソウ科の低木。高さは20cm。花は黄緑色）
〈*Cotyledon teretifolia* Thunb.〉

キンコウデン
キカノコユリ（黄鹿子百合）の別名（単子葉植物綱ユリ目ユリ科の多肉植物。高さは1.5〜2cm。花は橙黄色）
〈*Lilium henryi*〉

ギンコウボク
ギンバイカ（銀梅花）の別名（双子葉植物綱フトモモ目フトモモ科の常緑低木。高さは1.5〜2m。花は白色，またはわずかに紅を帯びる）
〈*Myrtus communis*〉

*ギンコウボク（銀厚朴）
別名：ギョクラン
モクレン科の観賞用高木。芳香。高さは10m。花は白色。
〈*Michelia* × *alba DC.*〉

*ギンゴケ
別名：シロガネマゴケ
カサゴケ科のコケ。小形、白緑色。茎は長さ5〜10mm。葉は広卵形〜ほぼ円形。
〈*Bryum argenteum* Hedw.〉

*キンサイ（芹菜）
別名：スープセロリ
セリ科の中国野菜。

キンサンギンダイ（金盞銀台）
スイセンの別名（ヒガンバナ科の属総称。球根植物）

*キンシバイ（金糸梅）
別名：ダンダンゲ，ビヨウオトギリ
双子葉植物綱ツバキ目オトギリソウ科の常緑小低木。高さは0.5〜1m。
〈*Hypericum patulum*〉

キンシボク
グラプトフィルムの別名（キツネノマゴ科の属総称）

*キンシンサイ
別名：カンゾウ（萱草），ノカンゾウ（野萱草）
ユリ科の中国野菜。

ギンシンソウ
ウシノケグサ（牛毛草）の別名（単子葉植物綱カヤツリグサ目イネ科の多年草。高さは20〜40cm。花はやや密に淡紫を帯びた白緑色）
〈*Festuca ovina*〉

フェステュカ・グラウカの別名（イネ
科の宿根草）

キンズ
マメキンカン（豆金柑）の別名（双子葉
植物綱ムクロジ目ミカン科の木本。果
実は径1cmほど。高さは1m）
〈Fortunella hindsii〉

*キンスゲ（金菅）
別名：セイタカキンスゲ
単子葉植物綱カヤツリグサ目カヤツリグ
サ科の多年草。高さは10〜40cm。
〈Carex pyrenaica〉

キンセン
トウキンセンの別名（キク科。高さは30
〜60cm。花は淡黄と橙黄色）
〈Calendula officinalis L.〉

キンセンカ
ゴジカ（午時花）の別名（アオギリ科の
一年草。高さは50〜200cm。花は赤色）
〈Pentapetes phoenicea L.〉

*キンセンカ（金盞花）
別名：カレンデュラ，ゴジカ，チョウ
シュンカ
双子葉植物綱キク目キク科の多年草。
高さは30cm。花は淡黄と橙黄色。
〈Calendula officinalis〉

*ギンセンカ（銀盞花）
別名：ゴジカ
アオイ科の一年草または越年草。高さ
は30〜60cm。花は淡黄色。
〈Hibiscus trionum L.〉

*ギンセンソウ（銀扇草）
別名：ゴウダソウ（合田草），ルナリア
双子葉植物綱フウチョウソウ目アブラナ
科の一年草。花は紅紫色，または
白色。
〈Lunaria annua〉

ギンタケ
シモフリシメジの別名（キシメジ科のキ
ノコ。中型。傘は暗灰色で湿時粘性，放
射状繊維。ひだは帯黄白色）
〈Tricholoma portentosum〉

キンチャクスゲ
イワキスゲの別名（単子葉植物綱カヤツ
リグサ目カヤツリグサ科の多年草。高
さは30〜70cm）
〈Carex mertensii var.urostachys〉

キンチャクソウ
カルセオラリアの別名（ゴマノハグサ
科。高さは20〜25cm。花は緋赤、濃桃、
黄など）
〈Calceolaria × herbeohybrida Voss〉

*キンチョウ（錦蝶）
別名：カミホコ
ベンケイソウ科の多肉植物。高さは1m。
花は朱〜朱紅色。
〈Bryophyllum tubiflorum Harv.〉

キンツクバネ
ハシドイの別名（双子葉植物綱ゴマノハ
グサ目モクセイ科の落葉小高木。高さ
は10m。花は白色）
〈Syringa reticulata〉

キントウガ
ズッキーニの別名（ウリ科の果菜類）
〈Cucurbita pepo Linn. var.melopepo〉

*キントキヒゴタイ
別名：センゴクヒゴタイ
双子葉植物綱キク目キク科の草本。
〈Saussurea nipponica var.
glabrescens〉

キントラノオ
ガルフィミアの別名（キントラノオ科の
属総称）

ギンドロ
ウラジロハコヤナギ（裏白箱柳）の別
名（双子葉植物綱ヤナギ目ヤナギ科の落
葉高木。高さは25m。樹皮は灰色）

〈*Populus alba*〉

ギンナン（銀杏）
イチョウ（公孫樹，銀杏）の別名（ソテツ綱イチョウ目イチョウ科の落葉高木。高さは30m。樹皮は褐灰色）
〈*Ginkgo biloba*〉

*ギンナンソウ
別名：ホトケノミミ，ミミ
スギノリ科の海藻。基脚は楔形。体は7～20cm。
〈*Chondrus yendoi Yamada et in Mikami*〉

キンネム
キンゴウカンの別名（マメ科の低木。有刺、芳香。花は黄色）
〈*Acacia farnesiana* Willd.〉

*ギンネム（銀合歓）
別名：ギンゴウカン，タマザキセンナ
双子葉植物綱マメ目マメ科の常緑小高木。高さは10m。花は白黄色。
〈*Leucaena leucocephala*〉

ギンノキ
ギンヨウジュの別名（ヤマモガシ科の常緑高木。高さは10m）
〈*Leucadendron argenteum*（L.）R. Br.〉

ギンバアカシア
ギンヨウアカシア（銀葉アカシア）の別名（双子葉植物綱マメ目マメ科の常緑高木。高さは5～10m。花は黄金色）
〈*Acacia baileyana*〉

*ギンバイカ（銀梅花）
別名：イワイノキ，ギンコウボク
双子葉植物綱フトモモ目フトモモ科の常緑低木。高さは1.5～2m。花は白色，またはわずかに紅を帯びる。
〈*Myrtus communis*〉

キンバイソウ
セイヨウキンバイ（西洋金梅）の別名（キンポウゲ科の多年草。高さは10～70cm。花は黄緑色）
〈*Trollius europaeus* L.〉
トロリウスの別名（キンポウゲ科の属総称）

ギンバイソウ
ニーレンベルギアの別名（ナス科の属総称）

ギンバシマアオイソウ
ギンバペペロミアの別名（コショウ科）

*キンバデマリ
別名：オウゴンコデマリ，キバコデマリ
スイカズラ科。

*ギンバニシキ（銀波錦）
別名：キノコヒメ
ベンケイソウ科の低木。高さは30～60cm。花は帯白橙赤色。
〈*Cotyledon undulata Haw.*〉

*ギンバペペロミア
別名：ギンバシマアオイソウ
コショウ科。

キンヒバ
オウゴンチャボヒバ（黄金矮鶏檜葉）の別名（マツ綱マツ目ヒノキ科の木本）
〈*Chamaecyparis obtusa 'Breviramea Aurea'*〉

キンポウゲ
ラナンキュラスの別名（双子葉植物綱キンポウゲ目キンポウゲ科の属総称）
〈*Ranunculus spp.*〉

キンポウジュ
カリステモンの別名（フトモモ科の属総称）

キンポクラン

ギボウシランの別名（単子葉植物綱ラン目ラン科の草本。高さは15〜30cm。花は白色）

〈*Liparis auriculata*〉

キンマサキ（金柾）

ベッコウマサキの別名（双子葉植物綱ニシキギ目ニシキギ科の木本。マサキの園芸改良種）

ギンマメ

ヤブマメ（藪豆）の別名（双子葉植物綱マメ目マメ科の一年生つる草。高さは80〜100cm）

〈*Amphicarpaea edgeworthii var. japonica*〉

*キンメイチク（金明竹）

別名：キンギンチク，シマダケ，ヒョンチク

単子葉植物綱カヤツリグサ目イネ科の木本。

〈*Phyllostachys bambusoides form. castillonis*〉

*キンメキャラボク

別名：キンキャラ

イチイ科の木本。

*キンモウワラビ（金毛蕨）

別名：オオバノキンモウワラビ

オシダ科の夏緑性シダ植物。葉身は長さ50cm，五角形から三角状長楕円形。

〈*Hypodematium fauriei*〉

*キンモクセイ（金木犀）

別名：モクセイ

双子葉植物綱ゴマノハグサ目モクセイ科の常緑小高木。

〈*Osmanthus fragrans var. aurantiacus*〉

ギンモクセイ

モクセイの別名（モクセイ科）

ギンモミ

ヨーロッパモミの別名（マツ綱マツ目マツ科の常緑高木。高さは50m。樹皮は灰色）

〈*Abies alba*〉

キンモンソウ

ニシキゴロモ（錦衣）の別名（双子葉植物綱シソ目シソ科の多年草。高さは10〜25cm）

〈*Ajuga yesoensis*〉

ギンヤナギ

エゾノキヌヤナギ（蝦夷絹柳）の別名（ヤナギ科の木本。水辺に生える高木）

〈*Salix petsusu* Kimura〉

*ギンヨウアカシア（銀葉アカシア）

別名：ギンバアカシア，ハナアカシア

双子葉植物綱マメ目マメ科の常緑高木。高さは5〜10m。花は黄金色。

〈*Acacia baileyana*〉

*ギンヨウジュ

別名：ギンノキ

ヤマモガシ科の常緑高木。高さは10m。

〈*Leucadendron argenteum*（L.）R. Br.〉

キンヨウボク

アフェランドラの別名（キツネノマゴ科の属総称）

アフェランドラ・スクァローサ・レオポルディーの別名（キツネノマゴ科）

*キンラン（金蘭）

別名：アサマソウ，オウラン，キサンラン

単子葉植物綱ラン目ラン科の多年草。高さは30〜60cm。花は黄色。

〈*Cephalanthera falcata*〉

キンランジソ

コリウスの別名（双子葉植物綱シソ目シソ科の多年草，観賞用草本。葉は赤色，あるいは赤と黄の斑がある。高さは20

～80cm)
〈*Coleus blumei*〉

キンリュウカ
ムラサキストロファントスの別名
(キョウチクトウ科の蔓木。枝は黒紫
色。花は黄色)
〈*Strophanthus dichotomus* DC.〉

*ギンリョウソウ (銀竜草)
別名：マルミノギンリョウソウ，ユウ
レイタケ
双子葉植物綱ツツジ目イチヤクソウ科の
多年生腐生植物。高さは8～20cm。
〈*Monotropastrum humile*〉

ギンリョウソウモドキ
アキノギンリョウソウ (秋銀竜草) の別
名(双子葉植物綱ツツジ目イチヤクソウ
科の多年生腐生植物。高さは10～30cm)
〈*Monotropa uniflora*〉

*キンリョウヘン (金稜辺)
別名：チョウジュラン
単子葉植物綱ラン目ラン科の草本。花
は紫褐色。
〈*Cymbidium floribundum*〉

*キンレイカ (金鈴花)
別名：ハクサンオミナエシ
双子葉植物綱マツムシソウ目オミナエシ
科の多年草。高さは20～60cm。
〈*Patrinia triloba* var.*palmata*〉

*ギンレイカ (銀鈴花)
別名：ミヤマタゴボウ
双子葉植物綱サクラソウ目サクラソウ科
の多年草。高さは30～60cm。
〈*Lysimachia acroadenia*〉

*キンレンカ (金蓮花)
別名：ナスタチウム，ノウゼンハレン
双子葉植物綱フウロソウ目ノウゼンハレ
ン科の一年草。花はオレンジか黄色。
〈*Tropaeolum majus*〉

キンロウバイ
キンロバイ (金露梅) の別名(双子葉植
物綱バラ目バラ科の落葉小低木)
〈*Potentilla fruticosa*〉

キンロバイ
ポテンティラの別名(バラ科の属総称)
*キンロバイ (金露梅)
別名：キンロウバイ
双子葉植物綱バラ目バラ科の落葉小
低木。
〈*Potentilla fruticosa*〉

*ギンロバイ (銀露梅)
別名：ハクロバイ (白露梅)
双子葉植物綱バラ目バラ科の落葉低木。
〈*Potentilla fruticosa* var.
mandshurica〉

【ク】

*グアバ
別名：バンザクロ，バンジロウ
双子葉植物綱フトモモ目フトモモ科の常
緑低木～小高木。果皮は黄色ないし
黄緑色，果肉は白色。高さは4～9m。
花は白色。
〈*Psidium guajava*〉

グイ
ノイバラ (野茨) の別名(双子葉植物綱
バラ目バラ科の落葉低木。高さは1～
3m。花は白か淡紅色)
〈*Rosa multiflora*〉

*グイマツ
別名：カラフトマツ，シコタンマツ
マツ綱マツ目マツ科の木本。
〈*Larix gmelinii*〉

クイーンオブザメドー
メドウスイートの別名(バラ科のハー
ブ)

クイーンズランドナットノキ
マカダミアの別名（双子葉植物綱ヤマモ
ガシ目ヤマモガシ科の木本。高さは
10m。花は黄白色）
〈*Macadamia ternifolia*〉

クィーンリリー
クルクマの別名（ショウガ科の属総称。
球根植物）

クカイソウ（九階草）
クガイソウ（九蓋草）の別名（双子葉植
物綱ゴマノハグサ目ゴマノハグサ科の多
年草。高さは80〜150cm）
〈*Veronicastrum sibiricum var.
japonicum*〉

＊クガイソウ（九蓋草）
別名：クカイソウ（九階草），トラノオ
双子葉植物綱ゴマノハグサ目ゴマノハグ
サ科の多年草。高さは80〜150cm。
〈*Veronicastrum sibiricum var.
japonicum*〉

クキヂシャ
カキヂシャの別名（キク科の野菜）

クグ
ハマスゲ（浜菅）の別名（カヤツリグサ
科の多年草。球茎は香あり、民間薬にな
る。高さは20〜40cm）
〈*Cyperus rotundus L.*〉

＊クサイ（草藺）
別名：シラネイ
単子葉植物綱イグサ目イグサ科の多年
草。高さは30〜60cm。
〈*Juncus tenuis*〉

＊クサイチゴ（草苺）
別名：カンスイイチゴ，ナベイチゴ，
ワセイチゴ
双子葉植物綱バラ目バラ科の落葉低木。
果実は赤色。
〈*Rubus hirsutus*〉

クサエンジュ（草槐）
クララ（苦参，久良良，眩草）の別名
（双子葉植物綱マメ目マメ科の多年草。
高さは60〜150cm）
〈*Sophora flavescens*〉

クサギ
クレロデンドルムの別名（クマツヅラ科
の属総称）

クサキョウチクトウ
フロックスの別名（双子葉植物綱ナス目
ハナシノブ科の属総称）
〈*Phlox spp.*〉
＊クサキョウチクトウ（草夾竹桃）
別名：オイランソウ
双子葉植物綱ナス目ハナシノブ科の
多年草。高さは60〜120cm。花は
淡紫紅色，または白色。
〈*Phlox paniculata*〉

クサシモツケ
シモツケソウ（下野草）の別名（双子葉
植物綱バラ目バラ科の多年草。高さは
30〜100cm。花は淡紅色）
〈*Filipendula multijuga*〉

クサショウジョウ
ショウジョウソウ（猩猩草）の別名（双
子葉植物綱トウダイグサ目トウダイグサ
科の多肉植物。上部の葉は基部赤。高
さは50〜60cm。花は黄色）
〈*Euphorbia heterophylla*〉

＊クサスギカズラ（草杉葛）
別名：テンモンドウ
単子葉植物綱ユリ目ユリ科のつる性多年
草。長さは1〜2m。花は淡黄色。
〈*Asparagus cochinchinensis*〉

クサセンナ
ハブソウ（波布草）の別名（双子葉植物
綱マメ目マメ科の多年草。高さは15〜
150cm。花は鮮黄色）
〈*Cassia occidentalis*〉

クサソ

*クサソテツ（草蘇鉄）
別名：ガンソク，コゴミ，ニワソテツ
オシダ科の夏緑性シダ植物。葉身は長さ50〜150cm，倒卵形から倒卵状披針形。
〈*Matteuccia struthiopteris*〉

クサダモ
トロロアオイ（薯蕷葵）の別名（双子葉植物綱アオイ目アオイ科の一年草または越年草。高さは1.5〜2.5m。花は黄色）
〈*Abelmoschus manihot*〉

クサツゲ
ヒメツゲ（姫黄楊）の別名（双子葉植物綱トウダイグサ目ツゲ科の常緑低木。高さ50〜60cm）
〈*Buxus microphylla var.microphylla*〉

クサテンツキ
ヒメテンツキ（姫点突）の別名（単子葉植物綱カヤツリグサ目カヤツリグサ科の一年草。高さは5〜60cm）
〈*Fimbristylis autumnalis*〉

クサドウ
ハマニンニク（浜蒜）の別名（単子葉植物綱カヤツリグサ目イネ科の多年草。高さは60〜140cm）
〈*Elymus mollis*〉

*クサナギカズラ
別名：アスパラゴイデス
単子葉植物綱ユリ目ユリ科。高さは2〜3m。花は緑白色。
〈*Asparagus asparagoides*〉

クサニワトコ
ソクズの別名（双子葉植物綱マツムシソウ目スイカズラ科の多年草。高さは0.5〜2m。花は白色）
〈*Sambucus chinensis*〉

クサニンジン
カワラニンジン（河原人参）の別名（双子葉植物綱キク目キク科の一年草または越年草。高さは40〜150cm）
〈*Artemisia apiacea*〉

*クサノオウ（草王，草黄）
別名：イボクサ，タムジクサ，チドメグサ
双子葉植物綱ケシ目ケシ科の一年草または越年草。高さは10〜30cm。
〈*Chelidonium majus var.asiaticum*〉

*クサノオウバノギク
別名：クサノオウバノヤクシソウ
双子葉植物綱キク目キク科の草本。
〈*Crepidiastrum chelidoniifolium*〉

クサノオウバノヤクシソウ
クサノオウバノギクの別名（双子葉植物綱キク目キク科の草本）
〈*Crepidiastrum chelidoniifolium*〉

クサノガキ
リュウキュウガキの別名（双子葉植物綱カキノキ目カキノキ科の常緑高木）
〈*Diospyros maritima*〉

クサノスミレ
オオタチツボスミレの別名（双子葉植物綱スミレ目スミレ科の多年草。高さは5〜20cm）
〈*Viola kusanoana*〉

クサノハグサ
ササクサ（笹草）の別名（単子葉植物綱カヤツリグサ目イネ科の多年草。高さは40〜80cm）
〈*Lophatherum gracile*〉

クサハギ
コマツナギ（駒繋）の別名（双子葉植物綱マメ目マメ科の草本状小低木。高さは60〜90cm）
〈*Indigofera pseudo-tinctoria*〉
シバハギ（柴萩）の別名（マメ科の草本状小低木。高さは100前後）
〈*Desmodium heterocarpon* (L.) DC.〉

178　植物別名辞典

クサバンヤ

ガガイモ（蘿藦）の別名（双子葉植物綱
リンドウ目ガガイモ科の多年生つる草）
〈Metaplexis japonica〉

クサフヨウ

アメリカフヨウの別名（双子葉植物綱ア
オイ目アオイ科。高さは1〜1.8m。花は
桃色）
〈Hibiscus moscheutos〉

*クサボケ（草木瓜）

別名：シドミ，ジナシ，ノボケ
双子葉植物綱バラ目バラ科の低木。高さ
は30〜50cm。花は朱に近い淡紅色。
〈Chaenomeles japonica〉

クサボタン

ヤマシャクヤク（山芍薬）の別名（ボタ
ン科の多年草。高さは40〜60cm。花は
白色）
〈Paeonia japonica（Makino）Miyabe
et Takeda〉

クサマキ

イヌマキ（犬槇）の別名（マツ綱マツ目
マキ科の常緑高木。高さは25m）
〈Podocarpus macrophyllus〉

クサミソハギ

クフェアの別名（ミソハギ科。高さは
1m。花は紅色）
〈Cuphea micropetala〉

*クサヤツデ（草八手）

別名：カンボクソウ，ヨシノソウ
双子葉植物綱キク目キク科の多年草。
高さは40〜100cm。
〈Diaspananthus uniflora〉

クサヤマブキ

ヤマブキソウ（山吹草）の別名（双子葉
植物綱ケシ目ケシ科の多年草。高さは
30〜40cm。花は鮮黄色）
〈Hylomecon japonicum〉

クサヨモギ

カワラニンジン（河原人参）の別名（双
子葉植物綱キク目キク科の一年草または
越年草。高さは40〜150cm）
〈Artemisia apiacea〉

クサリスギ

ヨレスギ（捻杉）の別名（マツ綱マツ目
スギ科の木本）
〈Cryptomeria japonica 'Spiralis'〉

*クサレダマ（草連玉）

別名：イオウソウ
双子葉植物綱サクラソウ目サクラソウ科
の多年草。高さは80〜90cm。花は黄
に橙の斑点。
〈Lysimachia vulgaris var.davurica〉

クサレンゲ

キレンゲショウマ（黄蓮華升麻）の別
名（双子葉植物綱バラ目ユキノシタ科の
多年草。高さは80〜120cm）
〈Kirengeshoma palmata〉
レンゲショウマ（蓮華升麻）の別名（双
子葉植物綱キンポウゲ目キンポウゲ科の
多年草。高さは40〜80cm。花は淡紫
色）
〈Anemonopsis macrophylla〉

クサワタ

ガガイモ（蘿藦）の別名（双子葉植物綱
リンドウ目ガガイモ科の多年生つる草）
〈Metaplexis japonica〉

クシダンゴ

カエンキセワタの別名（双子葉植物綱シ
ソ目シソ科の多年草。高さは2m。花は
橙紅色）
〈Leonotis leonurus〉

*クジャクアスター

別名：クジャクソウ，シロクジャク
キク科の総称。宿根草。高さは60〜
150cm。花は白色。

植物別名辞典　179

クシヤ

*クジャクシダ (孔雀羊歯)
　　別名：イソモチ
　　　ワラビ科の夏緑性シダ植物。葉身は長
　　　さ15〜25cm，卵形からほぼ円形。
　　　〈Adiantum pedatum〉

クジャクソウ
　　クジャクアスターの別名 (キク科の総称。
　　　宿根草。高さは60〜150cm。花は白色)
　　ハルシャギク (波斯菊) の別名 (キク科
　　　の一年草。高さは50〜120cm。花は鮮
　　　黄色)
　　　〈Coreopsis tinctoria Nutt.〉
　　マリーゴールドの別名 (双子葉植物綱キ
　　　ク目キク科の属総称)
　　　〈Tagetes spp.〉
　　*クジャクソウ (紅黄草)
　　　別名：コウオウソウ (紅黄草)，マン
　　　　ジュギク (万寿菊)
　　　　キク科の草本。高さは50cm。花は黄、
　　　　オレンジ色。
　　　　〈Tagetes patula L.〉

クジラグサ
　　ハマウド (浜独活) の別名 (セリ科の多
　　　年草。高さは1〜2m)
　　　〈Angelica japonica A. Gray〉

クス
　　クスノキ (楠，樟) の別名 (双子葉植物
　　　綱クスノキ目クスノキ科の常緑高木。
　　　高さは15〜30m。花は淡黄色)
　　　〈Cinnamomum camphora〉

*クズ (葛)
　　別名：クズカズラ，マクズ
　　　双子葉植物綱マメ目マメ科の木本性つる
　　　草。長さは10m前後。
　　　〈Pueraria lobata〉

クズカズラ
　　クズ (葛) の別名 (双子葉植物綱マメ目マ
　　　メ科の木本性つる草。長さは10m前後)
　　　〈Pueraria lobata〉

クスタブ
　　ヤブニッケイ (藪肉桂) の別名 (双子葉
　　　植物綱クスノキ目クスノキ科の常緑高
　　　木)
　　　〈Cinnamomum japonicum〉

*クスダマツメクサ
　　別名：ホップツメクサ
　　　双子葉植物綱マメ目マメ科の一年草。
　　　長さは5〜30cm。花は鮮黄色。
　　　〈Trifolium campestre〉

*クスノキ (楠，樟)
　　別名：クス，ナンジャモンジャ
　　　双子葉植物綱クスノキ目クスノキ科の常
　　　緑高木。高さは15〜30m。花は淡
　　　黄色。
　　　〈Cinnamomum camphora〉

*グズマニア
　　別名：マグニフィカ
　　　パイナップル科の属総称。

クズマメ
　　ハッショウマメの別名 (マメ科の蔓草。
　　　種皮は灰白色。花は黒紫色)
　　　〈Mucuna pruriens (L.) DC. var.utilis
　　　　(Wall. ex Wight) Burck〉

クズモダマ
　　ウジルカンダの別名 (双子葉植物綱マメ
　　　目マメ科の木本)
　　　〈Mucuna macrocarpa〉

クスリクサ
　　ツボクサ (坪草，壺草) の別名 (双子葉
　　　植物綱セリ目セリ科の多年草。高さは5
　　　〜10cm)
　　　〈Centella asiatica〉

クズレミル
　　ナガミル (長水松) の別名 (緑藻綱ミル
　　　目ミル科の海藻。体は長さ15m)
　　　〈Codium cylindricum〉

180　植物別名辞典

クゾ

カタクリ (片栗) の別名 (単子葉植物綱
ユリ目ユリ科の多年草。高さは15〜
30cm。花は紅紫色)
〈*Erythronium japonicum*〉

クソカズラ

ヘクソカズラ (屁糞蔓) の別名 (双子葉
植物綱アカネ目アカネ科の多年生つる
草)
〈*Paederia scandens*〉

クソザクラ

ウワミズザクラ (上不見桜) の別名 (双
子葉植物綱バラ目バラ科の落葉高木。
高さは15m。花は白色)
〈*Prunus grayana*〉

*クソニンジン (糞人参)

別名：ホソバニンジン
双子葉植物綱キク目キク科の一年草。
高さは1m以上。花は白緑色。
〈*Artemisia annua*〉

クタニ (苦胆)

リンドウ (竜胆) の別名 (双子葉植物綱
リンドウ目リンドウ科の多年草。高さ
は20〜90cm)
〈*Gentiana scabra var.buergeri*〉

クダンソウ (九段草)

クリンソウ (九輪草) の別名 (双子葉植
物綱サクラソウ目サクラソウ科の多年
草。高さは40〜80cm。花は紅紫色)
〈*Primula japonica*〉

*クチキツトノミタケ

別名：コメツキヤドリタケ
核菌綱バッカクキン科の冬虫夏草。コ
メツキムシに寄生。
〈*Cordyceps stylophora*〉

*クチナシ (梔子，巵子)

別名：ガーデニア
双子葉植物綱アカネ目アカネ科の常緑低
木。高さは1.5m以上。花は純白色。
〈*Gardenia jasminoides var.
jasminoides*〉

*クチナシグサ (梔子草)

別名：カガリビソウ
ゴマノハグサ科の半寄生越年草。高さ
は10〜30cm。
〈*Monochasma sheareri (S. Moore)
Maxim.*〉

クチナワイチゴ

ヘビイチゴ (蛇苺) の別名 (双子葉植物
綱バラ目バラ科の多年生匍匐草本)
〈*Duchesnea chrysantha*〉

クチナワジョウゴ

ウワバミソウ (蟒蛇草) の別名 (双子葉
植物綱イラクサ目イラクサ科の多年草。
茎は基部が紅色。高さは20〜50cm)
〈*Elatostema umbellatum var.majus*〉

*クッカバラ

別名：オーシェ，フィロデンドロン
サトイモ科。

クッキョクカ

イベリスの別名 (アブラナ科の属総称)
マガリバナ (歪り花) の別名 (アブラナ
科。高さは20〜30cm。花は白色)
〈*Iberis amara L.*〉

*クテナンテ

別名：ミイロヒメバショウ
クズウコン科の属総称。

*クナリカンラン

別名：カナリアジュ，カナリアノキ
カンラン科の常緑高木。葉柄縦系。高
さは20〜45m。花は黄色。
〈*Canarium vulgare Leenh.*〉

*クニガミヒサカキ

別名：ヤエヤマヒサカキ
ツバキ科の木本。
〈*Eurya zigzag Masam.*〉

クニブ
クネンボ(九年母)の別名(双子葉植物綱ムクロジ目ミカン科の木本。果面は濃橙色)
〈Citrus nobilis〉

クニフォフィア
トリトマの別名(単子葉植物綱ユリ目ユリ科の属総称)
〈Kniphofia spp.〉

*クヌギ(椚, 櫟, 橡)
別名:クノギ, ドングリ, ドングリマキ
双子葉植物綱ブナ目ブナ科の落葉高木。高さは10〜15m。樹皮は灰褐色。
〈Quercus acutissima〉

*クネンボ(九年母)
別名:クニブ
双子葉植物綱ムクロジ目ミカン科の木本。果面は濃橙色。
〈Citrus nobilis〉

クノギ
クヌギ(椚, 櫟, 橡)の別名(双子葉植物綱ブナ目ブナ科の落葉高木。高さは10〜15m。樹皮は灰褐色)
〈Quercus acutissima〉

グビジンソウ(虞美人草)
ヒナゲシ(雛芥子, 雛罌粟)の別名(双子葉植物綱ケシ目ケシ科の一年草。高さは50cm。花は桃, 紅, 紅紫色など)
〈Papaver rhoeas〉

*クフェア
別名:クサミソハギ, ハナヤナギ
ミソハギ科。高さは1m。花は紅色。
〈Cuphea micropetala〉

*クマイザサ(九枚笹)
別名:シナノザサ
単子葉植物綱カヤツリグサ目イネ科の常緑中型ササ。
〈Sasa senanensis〉

*クマイチゴ(熊苺)
別名:エゾノクマイチゴ, タチイチゴ
双子葉植物綱バラ目バラ科の落葉低木。
〈Rubus crataegifolius〉

*クマガイソウ(熊谷草)
別名:クマガエソウ, ホテイソウ, ホロカケソウ
単子葉植物綱ラン目ラン科の多年草。高さは15〜40cm。花は淡緑色。
〈Cypripedium japonicum〉

クマガエソウ
クマガイソウ(熊谷草)の別名(単子葉植物綱ラン目ラン科の多年草。高さは15〜40cm。花は淡緑色)
〈Cypripedium japonicum〉

*クマガワブドウ
別名:ツクシガネブ
双子葉植物綱クロウメモドキ目ブドウ科の木本。
〈Vitis romanetii〉

クマギク
チョウジギク(丁字菊, 丁子菊)の別名(双子葉植物綱キク目キク科の多年草。高さは20〜85cm)
〈Arnica mallatopus〉

クマコケモモ
ウワウルシの別名(双子葉植物綱ツツジ目ツツジ科の常緑低木)
〈Arctostaphylos uva-ursi〉

*クマザサ(隈笹)
別名:アタゴザサ, キンキザサ, コクマザサ
単子葉植物綱カヤツリグサ目イネ科の常緑中型ササ。高さは1〜2m。
〈Sasa veitchii〉

クマサンショウ
ナナカマド(七竈)の別名(双子葉植物綱バラ目バラ科の落葉高木。高さは15m。花は白色。樹皮は灰色)

〈*Sorbus commixta*〉

*クマシデ (熊四手)
別名：イシソネ，オオクマシデ，オオソネ

双子葉植物綱ブナ目カバノキ科の落葉高木。樹高は15m。樹皮は灰色。
〈*Carpinus japonica*〉

クマタケ
コウタケ (香茸) の別名 (イボタケ科のキノコ。大型。傘は漏斗形，中央は窪む。表面に顕著な鱗片)
〈*Sarcodon aspratus*〉

クマダラ
ハリブキ (針蕗) の別名 (双子葉植物綱セリ目ウコギ科の落葉低木)
〈*Oplopanax japonicus*〉

*クマツヅラ (熊葛)
別名：バベンソウ，ホーリーウォート

双子葉植物綱シソ目クマツヅラ科の多年草。高さは30～80cm。
〈*Verbena officinalis*〉

クマデヤシ
ミキナシサバルの別名 (ヤシ科。無幹、葉は青緑色。高さは2～3m。花は白色)
〈*Sabal minor* (Jacq.) Pers.〉

*クマノギク (熊野菊)
別名：シオカゼ，ハマグルマ

双子葉植物綱キク目キク科の草本。
〈*Wedelia chinensis*〉

クマノダケ
イヌトウキの別名 (双子葉植物綱セリ目セリ科の多年草。高さは50～80cm)
〈*Angelica shikokiana*〉

*クマヤマグミ
別名：キリシマグミ

グミ科の木本。
〈*Elaeagnus epitricha Momiyama*〉

クミアイスゲ
タシロスゲの別名 (単子葉植物綱カヤツリグサ目カヤツリグサ科の草本)
〈*Carex sociata*〉

グミバナス
ラシャナスの別名 (ナス科の多年草。高さは0.3～1m。花は淡青紫色)
〈*Solanum elaeagifolium* Cavanilles〉

クメザンショウ
テリバザンショウの別名 (ミカン科の常緑つる植物)

クメジマツツジ
サキシマツツジの別名 (ツツジ科の常緑低木)
〈*Rhododendron amanoi*〉

クモアミクリゼキショウ
エゾノミクリゼキショウ (蝦夷の実栗石菖) の別名 (イグサ科の草本)
〈*Juncus mertensianus* Bongard〉

*クモイコザクラ (雲居小桜)
別名：キヨサトコザクラ

双子葉植物綱サクラソウ目サクラソウ科の多年草。
〈*Primula reinii var.kitadakensis*〉

クモイヒョウタンボク
コゴメヒョウタンボクの別名 (双子葉植物綱マツムシソウ目スイカズラ科の落葉低木)
〈Lonicera linderifolia *var.konoi*〉

*クモイヤシ
別名：コフネヤシ

単子葉植物綱ヤシ目ヤシ科の木本。総苞は長さ1m前後。幹径は45cm。
〈*Oribignya cohune*〉

クモイリンドウ
トウヤクリンドウ (当薬竜胆) の別名 (リンドウ科の多年草。高さは8～20cm)

〈*Gentiana algida* Pallas〉

クモノスバンダイソウ
マキギヌ（巻絹）の別名（ベンケイソウ
科）

*クモマグサ（雲間草）
別名：セイヨウクモマグサ，ヨウシュ
クモマグサ
双子葉植物綱バラ目ユキノシタ科の多年
草。高さは2〜10cm。
〈*Saxifraga merkii var.idsuroei*〉

クモマシダ
タカネシダ（高嶺羊歯）の別名（オシダ
科の夏緑性シダ植物。葉身は長さ5〜
20cm，線形〜線状披針形）
〈*Polystichum lachenense*〉

*クモマシバスゲ
別名：オオシバスゲ
単子葉植物綱カヤツリグサ目カヤツリグ
サ科の草本。
〈*Carex subumbellata var.verecunda*〉

*クモマユキノシタ（雲間雪之下）
別名：ヒメヤマハナソウ
双子葉植物綱バラ目ユキノシタ科の多年
草。高さは2〜10cm。
〈*Saxifraga laciniata*〉

クモマリンドウ
リシリリンドウの別名（双子葉植物綱リ
ンドウ目リンドウ科の草本）
〈*Gentiana jamesii*〉

クラウンインペリアル
フリティラリアの別名（ユリ科の属総
称。球根植物）

クラウンビューティー
ヒメノカリスの別名（ヒガンバナ科の属
総称。球根植物）

*クラガリシダ（暗がり羊歯）
別名：オウジノヒゲ，キヒモ

ウラボシ科の常緑性シダ植物。葉身は
長さ30〜50cm，狭線形。
〈*Drymotaenium miyoshianum*〉

*クラーキア
別名：サンジソウ
アカバナ科の属総称。

グラジオラス
コロビルの別名（アヤメ科の属総称）
*グラジオラス
別名：オランダアヤメ，スウォードリ
リー，トウショウブ
単子葉植物綱ユリ目アヤメ科の多
年草。
〈*Gladiolus gandavensis*〉

*クラスペディア
別名：ゴールドスティック，ビリーボ
タン
キク科。
〈*Craspedia globosa*〉

*クラッスラ
別名：カネノナルキ，フチベニベン
ケイ
ベンケイソウ科の属総称。

*グラプトフィルム
別名：キンシボク
キツネノマゴ科の属総称。

グラブラ・ヴァリアガタ
フイリブーゲンビレアの別名（オシロイ
バナ科）

*クラマゴケ（鞍馬苔）
別名：アタゴゴケ，エイザンゴケ，ヨ
ウラクゴケ
イワヒバ科の常緑性シダ植物。鮮緑色，
主茎は地上を長く匐う。
〈*Selaginella remotifolia*〉

*クララ（苦参，久良良，眩草）
別名：クサエンジュ（草槐），マトリ
グサ

双子葉植物綱マメ目マメ科の多年草。
高さは60〜150cm。
〈Sophora flavescens〉

*クラリンドウ
別名：タガヤサン
クマツヅラ科の観賞用低木。花は穂状
の花序に集り垂下。高さは1m。
〈Clerodendrum wallichii Merrill〉

*クラーレノキ
別名：ストリキノス・トキシフェーラ
双子葉植物綱リンドウ目マチン科のつる
性低木。

グラントヒノキ
ローソンヒノキの別名（マツ綱マツ目ヒ
ノキ科の木本。樹高は40m。樹皮は紫褐
色）
〈Chamaecyparis lawsoniana〉

*クランベリー
別名：オオミノツルコケモモ
ツツジ科。果実は紅色または暗紅色。
花は淡紅色。
〈Vaccinium macrocarpon Ait.〉

*クリ（栗）
別名：シバグリ，チョウセングリ
双子葉植物綱ブナ目ブナ科の落葉高木。
高さは17m。
〈Castanea crenata〉

クリカボチャ（栗南瓜）
セイヨウカボチャ（西洋南瓜）の別名
（双子葉植物綱スミレ目ウリ科の野菜。
葉や花はカボチャに似る）
〈Cucurbita maxima〉

グリークバレリアン
ジャコブスラダーの別名（ハナシノブ科
のハーブ）

クリサリドカルプス
ヤマドリヤシ（山鳥椰子）の別名（ヤシ
科の属総称）

*クリスマスローズ
別名：ヘレボラ，ヘレボルス，ユキオ
コシ（雪起），レテンローズ
双子葉植物綱キンポウゲ目キンポウゲ科
の多年草。花は白色。
〈Helleborus niger〉

*クリタケ（栗茸）
別名：アカキノコ，キジタケ，ヤマド
リタケ
モエギタケ科のキノコ。小型〜超大型。
傘は明茶褐色，白色鱗片付着。ひだは
黄白色。
〈Naematoloma sublateritium〉

*クリトストマ
別名：ハリミノウゼン
ノウゼンカズラ科のつる性木本。花は
淡紫色。
〈Clytostoma callistegioides
（Cham.） Bur.〉

*クリナム
別名：ハマオモト，ハマユウ
ヒガンバナ科の属総称。球根植物。

*クリハラン（栗葉蘭）
別名：ウラボシ，ホシヒトツバ
ウラボシ科の常緑性シダ植物。葉身は
長さ25〜40cm，広披針形。
〈Neocheiropteris ensata〉

クリーピングジニア
サンビタリアの別名（双子葉植物綱キク
目キク科の草本。高さは15cm。花は橙
黄色）
〈Sanvitalia procumbens〉

クリプ
クリプタンサスの別名（パイナップル科
の属総称）

*クリプタンサス
別名：クリプ，ヒメアナナス
パイナップル科の属総称。

植物別名辞典　185

クリフ

*クリプタンサス・アコーリス・ルーベル
別名：ムラサキヒメアナナス
パイナップル科。

*クリプタンサス・ベウケリー
別名：ヘラハヒメアナナス
パイナップル科の地生種。葉長8〜13cm。

クリュウシダ
クルマシダ (車羊歯) の別名 (チャセンシダ科の常緑性シダ植物。葉身は長さ30〜80cm, 広披針形)
〈Asplenium wrightii var.wrightii〉

*クリンソウ (九輪草)
別名：クダンソウ (九段草)
双子葉植物綱サクラソウ目サクラソウ科の多年草。高さは40〜80cm。花は紅紫色。
〈Primula japonica〉

グリーンミント
オランダハッカの別名 (双子葉植物綱シソ目シソ科の多年草。高さは30〜100cm。花は藤, ピンク, 白色)
〈Mentha spicata var.crispa〉

クルクマ
ウコン (鬱金) の別名 (単子葉植物綱ショウガ目ショウガ科の多年草。花序は葉叢中から出る。花は白色)
〈Curcuma longa〉

*クルクマ
別名：クィーンリリー, ヒドンリリー
ショウガ科の属総称。の球根植物。

*クルマシダ (車羊歯)
別名：クリュウシダ
チャセンシダ科の常緑性シダ植物。葉身は長さ30〜80cm, 広披針形。
〈Asplenium wrightii var.wrightii〉

*クルマバサイコ
別名：チゴサイコ
セリ科の一年草。葉は線形で鎌状。
〈Bupleurum fontanesii Guss. ex Caruel〉

*クルマバソウ (車葉草)
別名：レディスベッドストロウ
双子葉植物綱アカネ目アカネ科の多年草。高さは25〜40cm。
〈Asperula odorata〉

クルマバヒヨドリ
ヨツバヒヨドリ (四葉鵯) の別名 (双子葉植物綱キク目キク科の多年草。高さは40〜100cm)
〈Eupatorium chinense var. sachalinense〉

クルマミズキ (車水木)
ミズキ (水木) の別名 (双子葉植物綱ミズキ目ミズキ科の落葉高木。高さは15〜20m。花は初め黄紅後に暗紫色。樹皮は灰色)
〈Cornus controversa〉

クルマモ
クロモ (黒藻) の別名 (単子葉植物綱トチカガミ目トチカガミ科の多年生沈水植物。葉は無柄で線形, 花弁は半透明)
〈Hydrilla verticillata〉

*クルマユリ (車百合)
別名：カサユリ, コメユリ
単子葉植物綱ユリ目ユリ科の多年草。高さは70〜100cm。花は朱赤色。
〈Lilium medeoloides〉

クレアリーセージ
ヤエヤマキランソウの別名 (シソ科のハーブ)
〈Ajuga taiwanensis Nakai〉

*クレオメ
別名：スイチョウカ (酔蝶花), セイヨウフウチョウソウ (西洋風蝶草)

186　植物別名辞典

フウチョウソウ科の属総称。

クレオメソウ
セイヨウフウチョウソウ（西洋風蝶草）の別名（双子葉植物綱フウチョウソウ目フウチョウソウ科の一年草。高さは80〜100cm。花は白〜淡紅紫色）
〈*Cleome spinosa*〉

クレソン
オランダガラシ（和蘭芥子）の別名（アブラナ科の抽水植物。全長20〜70cm、総状花序に白い小さな花を多数付ける。高さは20〜60cm）
〈*Nasturtium officinale* R. Br.〉

クレタケ
ハチク（淡竹）の別名（単子葉植物綱カヤツリグサ目イネ科の常緑大型竹。高さは10〜15m）
〈Phyllostachys nigra *var.*henonis〉
マダケ（真竹）の別名（イネ科の常緑大型竹。高さは10〜20m）
〈*Phyllostachys bambusoides* Sieb. et Zucc.〉

クレノアイ
ベニバナ（紅花）の別名（双子葉植物綱キク目キク科の一年草。高さは1m。花は鮮黄色）
〈*Carthamus tinctorius*〉

クレノオモ
ウイキョウ（茴香）の別名（双子葉植物綱セリ目セリ科の多年草。高さは1〜2m。花は黄色）
〈*Foeniculum vulgare*〉

グレープヒアシンス
ムスカリの別名（単子葉植物綱ユリ目ユリ科の属総称）
〈*Muscari spp.*〉

*クレマティス
別名：カザグルマ，テッセン，ボタンヅル

キンポウゲ科の属総称。宿根草。

*クレロデンドルム
別名：クサギ，クレロデンドロン
クマツヅラ科の属総称。

クレロデンドロン
クレロデンドルムの別名（クマツヅラ科の属総称）

*クロアブラガヤ
別名：ヤマアブラガヤ
単子葉植物綱カヤツリグサ目カヤツリグサ科の多年草。高さは80〜120cm。
〈*Scirpus sylvaticus var. maximowiczii*〉

クロイヌビエ
ケイヌビエ（毛犬稗）の別名（単子葉植物綱カヤツリグサ目イネ科の草本）
〈Echinochloa crus-galli *var.*caudata〉

クロウグイス
クロミノウグイスカグラ（黒実鶯神楽）の別名（双子葉植物綱マツムシソウ目スイカズラ科の落葉低木）
〈Lonicera caerulea *subsp.*edulis *var.* emphyllocalyx〉

*クロウスゴ（黒臼子）
別名：エゾクロウスゴ
双子葉植物綱ツツジ目ツツジ科の落葉低木。
〈*Vaccinium ovalifolium*〉

クロウスタケ
クロラッパタケの別名（アンズタケ科のキノコ。小型〜中型。傘は黒褐色。ひだは灰白色〜淡灰紫色）
〈*Craterellus cornucopioides*〉

*クロウメモドキ（黒梅擬）
別名：コバノクロウメモドキ
クロウメモドキ科の落葉低木。高さは2〜6m。
〈*Rhamnus japonica Maxim.*〉

クロウ

*クロウラカワイワタケ
別名：イワタケモドキ
アナイボゴケ科の地衣類。地衣体は腹面黒色。
〈*Dermatocarpon moulinsii*（*Mont.*）*Zahlbr.*〉

クロエゾ
エゾマツ（蝦夷松）の別名（マツ綱マツ目マツ科の常緑高木。高さは30〜40m。樹皮は灰褐色）
〈*Picea jezoensis*〉

クロエゾマツ
エゾマツ（蝦夷松）の別名（マツ綱マツ目マツ科の常緑高木。高さは30〜40m。樹皮は灰褐色）
〈*Picea jezoensis*〉

クロオスゲ
カブスゲの別名（単子葉植物綱カヤツリグサ目カヤツリグサ科の草本）
〈*Carex caespitosa*〉

クロカキ
トキワガキ（常磐柿）の別名（双子葉植物綱カキノキ目カキノキ科の常緑高木）
〈*Diospyros morrisiana*〉

クロガシ
シラカシ（白樫）の別名（双子葉植物綱ブナ目ブナ科の常緑高木。高さは15〜20m。樹皮は濃い灰色）
〈*Quercus myrsinaefolia*〉

*クロガネシダ（黒鉄羊歯）
別名：ホウオウシダ
チャセンシダ科の常緑性シダ植物。葉身は長さ4〜8cm，狭三角形。
〈*Asplenium coenobiale*〉

*クロガネモチ（黒鉄黐）
別名：フクラシバ，フクラモチ
双子葉植物綱ニシキギ目モチノキ科の常緑高木。高さは15m。花は淡紫色。
〈*Ilex rotunda*〉

*クロカワ（黒皮）
別名：ウシビタイ，ナベタケ，ロウジ
イボタケ科のキノコ。中型〜大型。傘は灰色〜黒色，微毛。
〈*Boletopsis leucomelaena*〉

クロギ
モクレイシ（木茘枝）の別名（ニシキギ科の常緑低木）
〈*Microtropis japonica*（*Franch. et Savat.*）*H. Hallier*〉

*クロキナデシコ
別名：カラスナデシコ
ナデシコ科。

クログキシダ
カワリウスバシダの別名（オシダ科の常緑性シダ植物。葉身は長さ80cm弱，卵状長楕円形）
〈*Tectaria phaeocaulis*〉

クロクサギ
ゴンズイ（権萃）の別名（双子葉植物綱ムクロジ目ミツバウツギ科の落葉小高木。高さは3〜6m。花は淡緑色）
〈*Euscaphis japonica*〉

グロクシニア
オオイワギリソウの別名（双子葉植物綱ゴマノハグサ目イワタバコ科の多年草。高さは10cm。花は濃紅，赤，紫，桃，白色など）
〈*Sinningia speciosa*〉

*グロクシニア
別名：バイオレットスリッパ
イワタバコ科の属総称。の球根植物。

*クロクモソウ（黒雲草）
別名：キクブキ
双子葉植物綱バラ目ユキノシタ科の多年草。高さは10〜30cm。
〈*Saxifraga fusca var.kikubuki*〉

*クロクルミ (黒胡桃)
別名：ニグラクルミ，ブラックウォル
ナット
双子葉植物綱クルミ目クルミ科の木本。
高さは45m。樹皮は濃灰褐色ないし帯
黒色。
〈Juglans nigra〉

*クログワイ (黒慈姑)
別名：イゴ，クワイヅル，ゴヤ
単子葉植物綱カヤツリグサ目カヤツリグ
サ科の多年生抽水植物。稈は高さ25
〜90cm，円筒形で暗緑色，両性花。
〈Eleocharis kuroguwai〉

*クロゴケ (黒苔)
別名：タカネクロゴケ
クロゴケ科のコケ。黒赤色，茎は高さ1
〜2cm。
〈Andreaea rupestris Hedw.〉

*グロー・コールマン
別名：コールマン
ブドウ科のブドウ (葡萄) の品種。果皮
は紫黒色。

クロサンドラ
クロッサンドラの別名 (双子葉植物綱ゴ
マノハグサ目キツネノマゴ科の常緑小低
木。高さは30〜80cm。花は黄橙色)
〈Crossandra infundibuliformis〉

クロシベエリカ
エリカの別名 (双子葉植物綱ツツジ目ツ
ツジ科の低木。高さは2m。花は桃色)
〈Erica canaliculata〉

*クロヅル
別名：アカネカズラ，ギョウジャカズ
ラ，ベニヅル
双子葉植物綱ニシキギ目ニシキギ科の落
葉つる性植物。
〈Tripterygium regelii〉

クロセンダン
チャンチンモドキの別名 (双子葉植物綱

ムクロジ目ウルシ科の木本)
〈Choerospondias axillaris〉

*クロソヨゴ
別名：ウシカバ (牛樺)
双子葉植物綱ニシキギ目モチノキ科の常
緑低木。高さは2〜5m。花は白色。
〈Ilex sugerokii var.sugerokii〉

*クロタネソウ (黒種子草)
別名：フェンネルフラワー，ラブイン
ナミスト
双子葉植物綱キンポウゲ目キンポウゲ科
の一年草。高さは60〜80cm。花は青
色，または白色。
〈Nigella damascena〉

クロダモ
ヤブニッケイ (藪肉桂) の別名 (双子葉
植物綱クスノキ目クスノキ科の常緑高
木)
〈Cinnamomum japonicum〉

クロタラーリア
ヤハズマメの別名 (マメ科。高さは30〜
50cm。花は淡黄色)
〈Crotalaria alata Buch.-Ham. ex D.
Don〉

*クロチク (黒竹)
別名：シチク
イネ科の常緑中型竹。
〈Phyllostachys nigra (Lodd.)
Munro var.nigra〉

クロツガ
コメツガ (米栂) の別名 (マツ綱マツ目
マツ科の常緑高木。高さは25m)
〈Tsuga diversifolia〉

*クロッカス
別名：ハナサフラン
単子葉植物綱ユリ目アヤメ科のサフラン
属球根植物。
〈Crocus spp.〉

*クロツグ
別名：アマニ，ツグ，ヤマシュロ
単子葉植物綱ヤシ目ヤシ科の常緑低木。
〈*Arenga tremula var.engleri*〉

*クロッサンドラ
別名：クロサンドラ，ヘリトリオシベ
双子葉植物綱ゴマノハグサ目キツネノマ
ゴ科の常緑小低木。高さは30〜
80cm。花は黄橙色。
〈*Crossandra infundibuliformis*〉

*グロッバ
別名：ガローバ，シャムノマイヒメ，
タイノマイヒメ
ショウガ科の草本。花は橙黄色、褐紫
斑点。
〈*Globba pendula Roxb.*〉

*クロツバラ
別名：ウシコロシ，オオクロウメモド
キ，ナベコウジ
双子葉植物綱クロウメモドキ目クロウメ
モドキ科の落葉低木。花は黄緑色。
〈*Rhamnus davurica var.nipponica*〉

クロツブシロクモタケ
シロクモタケの別名（バッカクキン科の
キノコ）
〈*Torrubiella corniformis* Kobayasi et
Shimizu〉

クロツリバナ
ムラサキツリバナの別名（ニシキギ科の
落葉低木）
〈*Euonymus sachalinensis* Maxim. var.
tricarpus Kudo〉

*クロツリバナ（黒吊花）
別名：ムラサキツリバナ
双子葉植物綱ニシキギ目ニシキギ科
の落葉低木。高さは2〜3m。花は
暗紫色。
〈*Euonymus tricarpus*〉

*クロトウヒ
別名：アメリカクロトウヒ
マツ科の常緑高木。高さは20m。樹皮は
淡褐色。
〈*Picea mariana*（*Mill.*）*Britt., E.
E. Sterns et Poggenb.*〉

クロトチュウ
コクテンギ（黒檀木）の別名（双子葉植
物綱ニシキギ目ニシキギ科の常緑低木）
〈*Euonymus tanakae*〉

*クロトン
別名：ヘンヨウボク
双子葉植物綱トウダイグサ目トウダイグ
サ科の木本。
〈*Codiaeum variegatum var.pictum*〉

クローバー
シロツメクサ（白詰草）の別名（双子葉
植物綱マメ目マメ科の多年草。高さは
20〜30cm。花は白〜淡紅色）
〈*Trifolium repens*〉

クロバイ
ハイノキ（灰の木）の別名（ハイノキ科
の常緑低木。花は白色）
〈*Symplocos myrtacea* Sieb. et Zucc.〉

*クロバイ（黒灰）
別名：トチシバ，ハイノキ
双子葉植物綱カキノキ目ハイノキ科
の常緑高木。花は白色。
〈*Symplocos prunifolia*〉

クロバトベラ
コヤスノキ（子安木）の別名（双子葉植
物綱バラ目トベラ科の常緑低木）
〈*Pittosporum illicioides*〉

*クロバナイリス
別名：ヘルモダクチルス
アヤメ科。花は緑色。
〈*Hermodactylus tuberosus*（*L.*）
Mill.〉

クロバナエンジュ

イタチハギ（鼬萩）の別名（双子葉植物綱マメ目マメ科の落葉低木。高さは1.5～3m。花は暗紫黒色）
〈Amorpha fruticosa〉

クロバナカモメヅル

タチカモメヅルの別名（双子葉植物綱リンドウ目ガガイモ科の草本）
〈Cynanchum nipponicum var. glabrum〉

＊クロバナギボウシ

別名：ヤチギボウシ
ユリ科。
〈Hosta rectifolia var.atropurpurea〉

クロバナクララ

イタチハギ（鼬萩）の別名（双子葉植物綱マメ目マメ科の落葉低木。高さは1.5～3m。花は暗紫黒色）
〈Amorpha fruticosa〉

クロバナヒョウタンボク

チシマヒョウタンボク（千島瓢箪木）の別名（双子葉植物綱マツムシソウ目スイカズラ科の落葉低木。高さは0.3～1m。花は濃紅色）
〈Lonicera chamissoi〉

＊クロバナロウバイ

別名：ニオイロウバイ，フロリダロウバイ
双子葉植物綱クスノキ目ロウバイ科の落葉低木。高さは1～2.5m。花は暗赤褐色。
〈Calycanthus floridus〉

＊クロハリイ

別名：ヒメハリイ
単子葉植物綱カヤツリグサ目カヤツリグサ科の抽水性～沈水植物，一年生または多年生。穂は紫褐色，先は尖る。
〈Eleocharis kamtschatica〉

クロビ

クロベ（黒部）の別名（マツ綱マツ目ヒノキ科の常緑高木。高さは15～25m。樹皮は赤褐色）
〈Thuja standishii〉

クロビイタヤ

エゾイタヤの別名（カエデ科の落葉高木。高さは20m）
〈Acer mono Maxim. var.glabrum (Lév. et Vaniot) Hara〉

＊クロビイタヤ（黒皮板屋）

別名：エゾイタヤ，ミヤベイタヤ
双子葉植物綱ムクロジ目カエデ科の落葉高木，雌雄同株。樹高は20m。樹皮は灰褐色。
〈Acer miyabei〉

クロフ

マイタケ（舞茸）の別名（サルノコシカケ科のキノコ。大型。傘は扇形，黒色～淡褐色）
〈Grifola frondosa〉

クロブサ

マイタケ（舞茸）の別名（サルノコシカケ科のキノコ。大型。傘は扇形，黒色～淡褐色）
〈Grifola frondosa〉

グローブチューリップ

カロコルツスの別名（ユリ科の属総称。球根植物）

＊クロベ（黒部）

別名：クロビ，ゴロウヒバ
マツ綱マツ目ヒノキ科の常緑高木。高さは15～25m。樹皮は赤褐色。
〈Thuja standishii〉

＊クロヘゴ

別名：オニヘゴ
ヘゴ科の常緑性シダ。葉身は長さ60cm。2回羽状に複生。
〈Cyathea podophylla (Hook.) Copel.〉

クロマ

*クロマツ(黒松)
別名：オトコマツ，オマツ
> マツ綱マツ目マツ科の常緑高木。樹高
> は35m。樹皮は灰色。
> 〈*Pinus thunbergii*〉

クロマメノキ
ブルーベリーの別名(ツツジ科のスノキ
属の低木群総称。木本)
*クロマメノキ(黒豆木)
別名：アサマブドウ，クロモモ，コウザ
ンブドウ
> 双子葉植物綱ツツジ目ツツジ科の落
> 葉低木。高さは10〜80cm。花は白
> 色，または淡紅色。
> 〈*Vaccinium uliginosum*〉

クロミキイチゴ
セイヨウヤブイチゴの別名(双子葉植物
綱バラ目バラ科の落葉低木)
> 〈*Rubus fruticosus*〉
ブラックベリーの別名(バラ科の落葉低
木)
> 〈*Rubus fruticosus* L. Agg.〉

クロミクリゼキショウ
ミクリゼキショウ(実栗石菖)の別名
> (単子葉植物綱イグサ目イグサ科の多年
> 草。高さは30〜50cm)
> 〈*Juncus ensiformis*〉

*クロミダイゴケ
別名：ムレサネゴケ
> ニセサネゴケ科の地衣類。地衣体は樹
> 皮内に埋没する。
> 〈*Melanotheca collospora*（*Vain.*）
> *Zahlbr.*〉

*クロミノウグイスカグラ(黒実鶯神楽)
別名：クロウグイス
> 双子葉植物綱マツムシソウ目スイカズラ
> 科の落葉低木。
> 〈*Lonicera caerulea subsp.edulis var.*
> *emphyllocalyx*〉

*クロミノニシゴリ
別名：シロサワフタギ，ニシゴリ
> 双子葉植物綱カキノキ目ハイノキ科の落
> 葉低木。果実は卵球形。
> 〈*Symplocos paniculata*〉

クロムギ
ライムギの別名(単子葉植物綱カヤツリ
グサ目イネ科の一年草。高さは50〜
100cm)
> 〈*Secale cereale*〉

*クロムヨウラン
別名：ムラサキムヨウラン
> 単子葉植物綱ラン目ラン科の多年草。
> 高さは10〜30cm。
> 〈*Lecanorchis nigricans*〉

*クロモ(黒藻)
別名：クルマモ
> 単子葉植物綱トチカガミ目トチカガミ科
> の多年生沈水植物。葉は無柄で線形，
> 花弁は半透明。
> 〈*Hydrilla verticillata*〉

クロモモ
クロマメノキ(黒豆木)の別名(双子葉
植物綱ツツジ目ツツジ科の落葉低木。
高さは10〜80cm。花は白色，または淡
紅色)
> 〈*Vaccinium uliginosum*〉

*クロヤマナラシ(黒山鳴らし)
別名：セイヨウヤマナラシ
> 双子葉植物綱ヤナギ目ヤナギ科の木本。
> 樹高は30m。樹皮は暗灰褐色。
> 〈*Populus nigra*〉

*クロラッパタケ
別名：クロウスタケ
> アンズタケ科のキノコ。小型〜中型。傘
> は黒褐色。ひだは灰白色〜淡灰紫色。
> 〈*Craterellus cornucopioides*〉

グロリオーサ
グロリオサの別名(ユリ科の属総称。球

根植物)

*グロリオサ
別名：キツネユリ，グロリオーサ，ユリグルマ
ユリ科の属総称。球根植物。

グローリーオブザサン
リューココリーネの別名（ユリ科の属総称。球根植物）

グローリーオブザスノー
チオノドクサの別名（単子葉植物綱ユリ目ユリ科の属総称）
〈Chionodoxa spp.〉

*クワ（桑）
別名：ヤマグワ
クワ科の薬用植物。
〈Morus bombycis Koidz.〉

*クワイ（慈姑）
別名：シロクワイ，タイモ，ツラワレ
単子葉植物綱オモダカ目オモダカ科の根菜類。長さは30cm。花は白色。
〈Sagittaria trifolia var.edulis〉

クワイヅル
クログワイ（黒慈姑）の別名（単子葉植物綱カヤツリグサ目カヤツリグサ科の多年生抽水植物。稈は高さ25〜90cm，円筒形で暗緑色，両性花）
〈Eleocharis kuroguwai〉

クワガタソウ
ベロニカの別名（双子葉植物綱ゴマノハグサ目ゴマノハグサ科の属総称）
〈Veronica spp.〉

クワズイモ
アロカシアの別名（サトイモ科の属総称）
*クワズイモ（不喰芋）
別名：イシイモ，デシイモ，ドクイモ
単子葉植物綱サトイモ目サトイモ科の多年草。葉の先端は上向，根茎澱粉質。高さは100cm前後。

〈Alocasia odora〉

*クワノハエノキ
別名：オガサワラエノキ，ムニンエノキ，リュウキュウエノキ
双子葉植物綱イラクサ目ニレ科の落葉高木。
〈Celtis boninensis〉

クンショウギク（勲章菊）
ガザニアの別名（キク科の属総称。宿根草）

*クンシラン（君子蘭）
別名：ウケザキクンシラン，オオバナクンシラン，ハナラン
単子葉植物綱ユリ目ヒガンバナ科の常緑草。高さは40〜50cm。花は橙，緋赤色。
〈Clivia miniata〉

*グンバイヅル
別名：マルバクワガタ
双子葉植物綱ゴマノハグサ目ゴマノハグサ科の多年草。花は青紫色。
〈Veronica onoei〉

グンバイゼニゴケ
チチブゼニゴケの別名（ジンチョウゴケ科のコケ。淡緑色，長さ5〜10mm）
〈Athalamia nana（Shimizu & S. Hatt.）S. Hatt.〉

【ケ】

ケアオダモ
アラゲアオダモの別名（モクセイ科の落葉高木）
〈Fraxinus lanuginosa Koidz.〉

*ケアオダモ
別名：コバノトネリコ
双子葉植物綱ゴマノハグサ目モクセイ科の落葉高木。

植物別名辞典　193

〈*Fraxinus lanuginosa*〉

ケアサガラ
オオバアサガラ(大葉麻殻)の別名(双子葉植物綱カキノキ目エゴノキ科の落葉高木。樹高は12m。樹皮は淡い灰褐色)
〈*Pterostyrax hispida*〉

ケイ
シナニッケイの別名(双子葉植物綱クスノキ目クスノキ科の小木。高さは7〜12m。花は淡黄色)
〈*Cinnamomum cassia*〉

*ケイガイ(荊芥)
別名:アリタソウ
シソ科の草本。薬用植物。
〈*Schizonepeta tenuifolia*(Benth.) *Briquet var.japonica*(Maxim.) *Kitagawa*〉

ケイジュ
ハマビワ(浜枇杷)の別名(双子葉植物綱クスノキ目クスノキ科の常緑高木。花は白色)
〈*Litsea japonica*〉

ケイソクソウ
イノモトソウ(井許草)の別名(イノモトソウ科の常緑性シダ植物。葉身は長さ60cm)
〈*Pteris multifida*〉

*ケイトウ(鶏頭)
別名:カラアイ,サキワケケイトウ
双子葉植物綱ナデシコ目(中心子目)ヒユ科の一年草。葉を食用とする。高さは60〜90cm。花は赤,黄,橙色など。
〈*Celosia cristata*〉

*ケイヌビエ(毛犬稗)
別名:クロイヌビエ
単子葉植物綱カヤツリグサ目イネ科の草本。
〈*Echinochloa crus-galli var. caudata*〉

*ケイノコズチ
別名:シマイノコズチ
ヒユ科。
〈*Achyranthes obtusifolia Lam.*〉

ケイラン
スルガラン(駿河蘭)の別名(ラン科の多年草。花は乳白色)
〈*Cymbidium ensifolium*(L.)Sw.〉
フウラン(風蘭)の別名(単子葉植物綱ラン目ラン科の多年草。長さは5〜10cm。花は白色)
〈*Neofinetia falcata*〉

ケウスバスミレ
チシマウスバスミレ(千島薄葉菫)の別名(双子葉植物綱スミレ目スミレ科の草本。花は白色)
〈*Viola hultenii*〉

ケウツギ
ビロードウツギ(天鵞絨空木)の別名(スイカズラ科の木本)
〈*Weigela floribunda*(Sieb. et Zucc.) K. Koch var.*nakaii*(makino)Hara〉
ヤブウツギ(藪空木)の別名(スイカズラ科の落葉低木。高さは2〜3m。花は濃紅色)
〈*Weigela floribunda*(Sieb. et Zucc.) K. Koch var.*floribunda*〉

ゲウム
セイヨウダイコンソウの別名(バラ科の薬用植物)
〈*Geum urbanum L.*〉
ダイコンソウ(大根草)の別名(双子葉植物綱バラ目バラ科の多年草。高さは60〜80cm。花は黄色)
〈*Geum japonicum*〉

ケオオクマヤナギ
オオクマヤナギ(大熊柳)の別名(双子葉植物綱クロウメモドキ目クロウメモドキ科の木本)
〈Berchemia racemosa *var.magna*〉

ケカモジグサ
アオカモジグサの別名（単子葉植物綱カ
ヤツリグサ目イネ科の多年草。高さは
50～120cm）
〈Agropyron racemiferum〉

*ケカモノハシ（毛鴨嘴）
別名：ツクシケカモノハシ
単子葉植物綱カヤツリグサ目イネ科の多
年草。
〈Ischaemum anthephoroides〉

ケカラスウリ
ヘビウリの別名（ウリ科のつる性草本。
果実は熟すると赤色。長さ30～100cm。
花は白色）
〈Trichosanthes anguina L.〉

ケグワ
ノグワ（野桑）の別名（クワ科の木本）
〈Morus tiliaefolia Makino〉

ケゲンカイツツジ
ゲンカイツツジ（玄海躑躅）の別名（双
子葉植物綱ツツジ目ツツジ科の落葉また
は半常緑低木）
〈Rhododendron mucronulatum var.
ciliatum〉

ケコンペイトウグサ
ハテルマカズラの別名（シナノキ科の木
本）
〈Triumfetta repens（Blume）Merr.〉

ケシアザミ
ノゲシ（野芥子，野罌粟）の別名（双子
葉植物綱キク目キク科の一年草または多
年草。茎を切ると白乳を出す。高さは
50～100cm）
〈Sonchus oleraceus〉

ケショウザクラ（化粧桜）
オトメザクラ（乙女桜）の別名（サクラ
ソウ科の多年草。高さは20～50cm。花
は桃，淡紫，白など）
〈Primula malacoides Franch.〉

ケショウサルビア
ブルーサルビアの別名（シソ科の草本。
花は藤青色）
〈Salvia farinacea Benth.〉

ケショウビユ
イレシネの別名（ヒユ科）
マルバヒユの別名（ヒユ科。葉は紫紅色。
長さ2～6cm）
〈Iresine herbstii Hook. f.〉

*ケショウボク
別名：フウチョウガシワ
トウダイグサ科の常緑小低木。高さは
30～120cm。
〈Dalechampia roezliana Muell.
Arg.〉

*ケショウヤナギ（化粧柳）
別名：カラフトクロヤナギ
双子葉植物綱ヤナギ目ヤナギ科の落葉大
高木。
〈Chosenia arbutifolia〉

*ケストルム
別名：ヤコウボク
ナス科の属総称。

ケズリボウフウ
ボタンボウフウ（牡丹防風）の別名（双
子葉植物綱セリ目セリ科の多年草。高
さは60～100cm）
〈Peucedanum japonicum〉

*ケゼニゴケ（毛銭苔）
別名：オオゼニゴケ
ゼニゴケ科のコケ。表面に微小な乳頭状
をした同化糸があり。長さ3～15cm。
〈Dumortiera hirsuta（Sw.）Nees〉

ゲッカコウ
チューベローズの別名（単子葉植物綱ユ
リ目リュウゼツラン科の観賞用草本。
花は白色）
〈Polianthes tuberosa〉

ケツカ

ポリアンテスの別名（リュウゼツラン科
の属総称）

ゲッキカ
ガリカ・ローズの別名（バラ科のハーブ）
ハマナスの別名（双子葉植物綱バラ目バ
ラ科の落葉低木。花は濃桃色）
〈Rosa rugosa〉

*ゲッキツ（月橘）
別名：イヌツゲ
ミカン科の常緑低木。葉は濃緑、芳香、
果実は赤熟。花は白色。
〈Murraya paniculata（L.）Jack.〉

ゲッキツモドキ
ハナシンボウギの別名（ミカン科の木本。
葉はツヤのないミカンのようである）
〈Glycosmis citrifolia（Willd.）Lindl.〉

ゲッケイカズラ
ローレルカズラの別名（双子葉植物綱ゴ
マノハグサ目キツネノマゴ科の観賞用蔓
木。花は淡青紫色）
〈Thunbergia laurifolia〉

*ゲッケイジュ（月桂樹）
別名：セイヨウニッケイ，ローレル
双子葉植物綱クスノキ目クスノキ科の常
緑高木。高さは5～10m。花は黄色。
樹皮は暗灰色。
〈Laurus nobilis〉

*ゲットウ（月桃）
別名：サニン，サンニン
単子葉植物綱ショウガ目ショウガ科の多
年草。花序は垂下する。高さは2～
3m。花の唇弁には赤斑，黄斑あり。
〈Alpinia speciosa〉

ケツメクサ
ヒメマツバボタンの別名（双子葉植物綱
ナデシコ目（中心子目）スベリヒユ科の
一年草。高さは10～20cm。花は紅紫
色）
〈Portulaca pilosa〉

ケツルノゲイトウ
マルバツルノゲイトウの別名（双子葉植
物綱ナデシコ目（中心子目）ヒユ科の一
年草。長さは40cm。花は汚白色）
〈Alternanthera pungens〉

ケテリハベゴニア
ベゴニア・メタリカの別名（シュウカイ
ドウ科）

ケナシアブラガヤ
ツルアブラガヤの別名（カヤツリグサ
科）
〈Scirpus radicans Schk.〉

ケナシウシコロシ
ウシコロシ（牛殺）の別名（バラ科の落
葉小高木）
〈Photinia villosa（Thunb. ex
Murray）DC. var.villosa〉

ケナシカンボク
カンボク（肝木）の別名（双子葉植物綱マ
ツムシソウ目スイカズラ科の落葉低木）
〈Viburnum opulus var.calvescens〉

ケナシナリヒラ
ナリヒラダケ（業平竹）の別名（単子葉
植物綱カヤツリグサ目イネ科の常緑中型
竹。高さは7～8m）
〈Semiarundinaria fastuosa〉

ケナシブタナ
ヒメブタナの別名（キク科の多年草。高
さは15～30cm。花は黄色）
〈Hypochoeris glabra L.〉

*ケナフ
別名：アンバリアサ，ガンボアサ
双子葉植物綱アオイ目アオイ科の草本。
高さは1.2～2m。花は白黄色，中心は
赤色。
〈Hibiscus cannabinus〉

ケヌカキビ
ホウキヌカキビの別名（単子葉植物綱カ

ヤツリグサ目イネ科の多年草。高さは
1m）
〈*Panicum scoparium*〉

*ケネザサ（毛根笹）

別名：オニメダケ，ミヤコネザサ，ム
ロネザサ

単子葉植物綱カヤツリグサ目イネ科の
木本。
〈*Pleioblastus shibuyanus* var.
basihirsutus〉

ケネバリタデ

ネバリタデ（粘蓼）の別名（双子葉植物
綱タデ目タデ科の一年草。高さは40〜
80cm）
〈*Persicaria viscofera*〉

ケノポディウム

キノアの別名（アカザ科の属総称）

ケノボリフジ

カサバルピナスの別名（マメ科。高さは
60〜80cm。花は紫青色）
〈*Lupinus hirsutus* L.〉

*ケハギ

別名：ヤマミヤギノハギ

マメ科。花は紅紫色。
〈*Lespedeza patens* Nakai〉

ケハッカ

ナガバハッカの別名（双子葉植物綱シソ
目シソ科の多年草。高さは40〜120cm。
花は藤色，または青色）
〈*Mentha longifolia*〉

ケープカウスリップス

ラケナリアの別名（ユリ科の属総称。球
根植物）

ケープベラドンナ

ホンアマリリスの別名（単子葉植物綱ユ
リ目ヒガンバナ科の多年草。高さは50
〜70cm。花は淡紅色）
〈*Amaryllis belladonna*〉

ケホオズキ

ブドウホオズキの別名（双子葉植物綱ナ
ス目ナス科の多年草。長さは1m。花は
黄色）
〈*Physalis peruviana*〉

*ケマンソウ（華鬘草）

別名：タイツリソウ，フジボタン，ヨ
ウラクボタン（瓔珞牡丹）

双子葉植物綱ケシ目ケシ科の多年草。
高さは40〜60cm。花は紅色。
〈*Dicentra spectabilis*〉

ケマンネングサ

ハコベマンネングサの別名（ベンケイソ
ウ科の草本）
〈*Sedum drymarioides* Hance〉

ケムシゴケ

イバラゴケの別名（アブラゴケ科のコケ。
茎の基部は褐色の仮根で覆われる）
〈*Calyptrochaeta japonica*（Card. &
Thér.）Z. Iwats. & Nog.〉

ケムリノキ

ハグマノキ（白熊木）の別名（双子葉植
物綱ムクロジ目ウルシ科の落葉低木。
高さは4〜5m。花は帯紫色）
〈*Cotinus coggygria*〉

ケモモ

キクモモの別名（双子葉植物綱バラ目バ
ラ科。モモの品種）
〈*Amygdalus persica* 'Stelata'〉

*ケヤマウコギ（毛山五加）

別名：オオウコギ，オニウコギ

双子葉植物綱セリ目ウコギ科の落葉
低木。
〈*Acanthopanax divaricatus*〉

ケヤマウツボ

ヤマウツボの別名（双子葉植物綱ゴマノ
ハグサ目ゴマノハグサ科の多年生寄生植
物。高さは15〜30cm）
〈*Lathraea japonica*〉

植物別名辞典　197

ケヤマザクラ
カスミザクラ（霞桜）の別名（双子葉植物綱バラ目バラ科の落葉高木。高さは20m。花は微紅色，またはほとんど白色。樹皮は灰褐色）
〈Cerasus leveilleana〉

ケヤリスゲ
サヤスゲ（鞘菅）の別名（カヤツリグサ科）
〈Carex vaginata var.petersii〉

ゲーラルディア
オオテンニンギク（大天人菊）の別名（キク科の宿根草。高さは60〜90cm。花は紫紅色）
〈Gaillardia aristata Pursh〉

*ケール
別名：ハゴロモカンラン（羽衣甘藍），リョクヨウカンラン（緑葉甘藍）
双子葉植物綱フウチョウソウ目アブラナ科の野菜。
〈Brassica oleracea var.acephala〉

ゲルマンカミツレ
カミツレの別名（双子葉植物綱キク目キク科の一年草または越年草。高さは30〜60cm。花は白色）
〈Matricaria chamomilla〉

ケロシア
ノゲイトウ（野鶏頭）の別名（双子葉植物綱ナデシコ目（中心子目）ヒユ科の一年草。葉を食用。高さは30〜120cm。花はピンク色，後に白くなる）
〈Celosia argentea〉

ケロネ
リオンの別名（双子葉植物綱ゴマノハグサ目ゴマノハグサ科の宿根草）
〈Chelone lyonii〉

*ゲンカイツツジ（玄海躑躅）
別名：ケゲンカイツツジ
双子葉植物綱ツツジ目ツツジ科の落葉または半常緑低木。
〈Rhododendron mucronulatum var. ciliatum〉

ケンガタコガネムシタケ
ナガボノケンガタムシタケの別名（核菌綱バッカクキン科の冬虫夏草。甲虫に寄生）
〈Cordyceps obliquiordinata〉

*ゲンゲ（翹揺，紫雲英）
別名：ホウゾバナ，レンゲ
双子葉植物綱マメ目マメ科の多年草または越年草。高さは10〜25cm。花は紫紅色。
〈Astragalus sinicus〉

ケンサキ
ヒトエノコクチナシ（一重小口無）の別名（双子葉植物綱アカネ目アカネ科の木本）
〈Gardenia jasminoides var.radicans form.simpliciflora〉

ケンザンデンダ
トガクシデンダ（戸隠連朶）の別名（オシダ科の夏緑性シダ。葉身は長さ4〜10cm。線状披針形から卵状披針形）
〈Woodsia glabella R. Br. ex Richards.〉

ゲンジグルマ
キクモモの別名（双子葉植物綱バラ目バラ科。モモの品種）
〈Amygdalus persica 'Stelata'〉

*ゲンジバナ
別名：コバナツルウリクサ
ゴマノハグサ科の草本。
〈Torenia glabra Osbeck〉

*ケンチャヤシ
別名：フォースターホウエィア
単子葉植物綱ヤシ目ヤシ科の木本。高さは7m。
〈Howea belmoreana〉

コイツ

＊ゲンノショウコ（現証拠）
　　別名：ネコノアシグサ，ミコシグサ
　　　双子葉植物綱フウロソウ目フウロソウ科
　　　の多年草。高さは30〜50cm。花はわ
　　　ずかに紅紫を帯びた白色，または紅
　　　紫色。
　　　〈Geranium nepalense subsp.
　　　　thunbergii〉

　ゲンペイカズラ
　　ゲンペイクサギの別名（双子葉植物綱シ
　　　ソ目クマツヅラ科の観賞用蔓木。花は
　　　深紅色）
　　　〈Clerodendrum thomsoniae〉

＊ゲンペイクサギ
　　別名：ゲンペイカズラ，ハリガネカ
　　　ズラ
　　　双子葉植物綱シソ目クマツヅラ科の観賞
　　　用蔓木。花は深紅色。
　　　〈Clerodendrum thomsoniae〉

＊ゲンペイモモ
　　別名：サキワケモモ
　　　双子葉植物綱バラ目バラ科。モモの
　　　品種。
　　　〈Amygdalus persica ‘Versicolor’〉

【コ】

＊コアカソ（小赤麻）
　　別名：キアカソ
　　　双子葉植物綱イラクサ目イラクサ科の小
　　　低木。高さは50〜100cm。
　　　〈Boehmeria spicata〉

　コアカバナ
　　ミヤマアカバナ（深山赤花）の別名（双
　　　子葉植物綱フトモモ目アカバナ科の多年
　　　草。高さは5〜25cm）
　　　〈Epilobium foucaudianum〉

　コアケボノソウ
　　チシマセンブリの別名（双子葉植物綱リ
　　　ンドウ目リンドウ科の草本）
　　　〈Frasera tetrapetala〉

＊コアジサイ（小紫陽花）
　　別名：シバアジサイ
　　　双子葉植物綱バラ目ユキノシタ科の落葉
　　　低木。高さは1m。花は淡碧色。
　　　〈Hydrangea hirta〉

＊コアブラススキ
　　別名：ミヤマアブラススキ
　　　イネ科の多年草。高さは60〜80cm。
　　　〈Spodiopogon depauperatus Hack.〉

　コアマチャ
　　アマチャ（甘茶）の別名（双子葉植物綱
　　　バラ目ユキノシタ科の落葉低木）
　　　〈Hydrangea serrata var.thunbergii〉

　コアリタソウ
　　ゴウシュウアリタソウの別名（双子葉植
　　　物綱ナデシコ目（中心子目）アカザ科の
　　　一年草。高さは15〜40cm）
　　　〈Chenopodium pumilio〉

＊コアワ（小粟）
　　別名：エノコアワ
　　　イネ科。
　　　〈Setaria italica （L.） Beauv. var.
　　　　germanica Schrad.〉

　コイチジク
　　イヌビワ（犬枇杷）の別名（双子葉植物
　　　綱イラクサ目クワ科の落葉低木。高さ
　　　は3〜5m）
　　　〈Ficus erecta〉

　ゴイッシングサ
　　ヒメムカシヨモギ（姫昔艾）の別名（双
　　　子葉植物綱キク目キク科の一年草または
　　　越年草。高さは80〜180cm。花は白色）
　　　〈Erigeron canadensis〉

植物別名辞典　199

コイヌノヒゲ
イトイヌノヒゲの別名（単子葉植物綱ホシクサ目ホシクサ科の一年草。高さは5〜30cm）
〈*Eriocaulon decemflorum*〉

コイワカガミ
イワカガミ（岩鏡）の別名（イワウメ科の多年草。高さは6〜15cm。花は淡紅または紅色）
〈*Schizocodon soldanelloides* Sieb. et Zucc. var.*soldanelloides*〉

*コイワレンゲ
別名：アオノイワレンゲ
ベンケイソウ科。
〈*Sedum iwarenge var.aggregeatum*〉

コウオウカ
ランタナの別名（双子葉植物綱シソ目クマツヅラ科の落葉低木。高さは100〜120cm。花は黄より紅まで変色）
〈Lantana camara *var.*aculeata〉

コウオウソウ
クジャクソウ（紅黄草）の別名（キク科の草本。高さは50cm。花は黄、オレンジ色）
〈*Tagetes patula* L.〉

*コウオウソウ（紅黄草）
別名：マンジュギク（万寿菊）
双子葉植物綱キク目キク科の草本。高さは50cm。花は黄、オレンジ色。
〈*Tagetes patula*〉

コウカ
ネムノキ（合歓木）の別名（双子葉植物綱マメ目マメ科の落葉小高木。高さは10m。花は紅色。樹皮は暗褐色）
〈*Albizia julibrissin*〉

*コウガイゼキショウ（笄石菖）
別名：ヒラコウガイゼキショウ
単子葉植物綱イグサ目イグサ科の多年草。高さは20〜40cm。
〈*Juncus leschenaultii*〉

コウカギ
ネムノキ（合歓木）の別名（双子葉植物綱マメ目マメ科の落葉小高木。高さは10m。花は紅色。樹皮は暗褐色）
〈*Albizia julibrissin*〉

*コウギョク（晃玉）
別名：オベサ
トウダイグサ科の多肉植物。高さは10〜12cm。
〈*Euphorbia obesa Hook. f.*〉

*コウグイスカグラ
別名：キタウグイスカグラ，チチブヒョウタンボク，ヒメヒョウタンボク
双子葉植物綱マツムシソウ目スイカズラ科の落葉低木。
〈*Lonicera ramosissima*〉

コウゲ
マツバイ（松葉藺）の別名（単子葉植物綱カヤツリグサ目カヤツリグサ科の抽水性〜湿生植物，小形。稈は細く毛管状，先端は鈍頭。高さは4〜8cm）
〈*Eleocharis acicularis*〉

コウザンブドウ
クロマメノキ（黒豆木）の別名（双子葉植物綱ツツジ目ツツジ科の落葉低木。高さは10〜80cm。花は白色，または淡紅色）
〈*Vaccinium uliginosum*〉

コウジ
カラタチバナ（唐橘）の別名（ヤブコウジ科の常緑小低木。高さは50cm。花は白色）
〈*Ardisia crispa*（Thunb. ex Murray）DC.〉
ヤブコウジ（藪柑子）の別名（双子葉植物綱サクラソウ目ヤブコウジ科の常緑小低木。高さは10〜30cm。花は白色）
〈*Ardisia japonica*〉

*コウジ（柑子）
別名：ウスカワミカン，ツチコウジ

双子葉植物綱ムクロジ目ミカン科の
木本。高さは3〜4m。
〈Citrus leiocarpa〉

ゴウシュウアカザ
ゴウシュウアリタソウの別名(双子葉植
物綱ナデシコ目(中心子目)アカザ科の
一年草。高さは15〜40cm)
〈Chenopodium pumilio〉

*ゴウシュウアリタソウ
別名：コアリタソウ，ゴウシュウア
カザ
双子葉植物綱ナデシコ目(中心子目)ア
カザ科の一年草。高さは15〜40cm。
〈Chenopodium pumilio〉

コウシュウウメ
コウメの別名(双子葉植物綱バラ目バラ
科の落葉小高木。果皮は黄緑で，陽向面
は紅色)
〈Armeniaca mume 'Microcarpa'〉

ゴウシュウヨメナ
イガギクの別名(キク科の多年草。高さ
は15〜30cm。花は白〜淡紫色)
〈Calotis cuneifolia R. Brown〉

*コウシュンシダ
別名：ヤクシマカグマ
コバノイシカグマ科の常緑性シダ。葉身
は長さ30〜80cm。長楕円状披針形。
〈Microlepia obtusiloba Hayata〉

コウショッキ
モミジアオイ(紅葉葵)の別名(双子葉
植物綱アオイ目アオイ科の多年草。高
さは1〜2m。花は深紅色)
〈Hibiscus coccineus〉

コウジロキツ(神代橘)
キヌカワミカンの別名(ミカン科。食味
は淡白。高さは4〜5m)
〈Citrus glaberrima hort. ex T.
Tanaka〉

コウジロミカン(神代ミカン)
キヌカワミカンの別名(ミカン科。食味
は淡白。高さは4〜5m)
〈Citrus glaberrima hort. ex T.
Tanaka〉

*コウシンバラ(庚申薔薇)
別名：チョウシュン
双子葉植物綱バラ目バラ科の常緑低木。
高さは1〜2m。花は淡桃〜濃紅色。
〈Rosa chinensis〉

コウスイハッカ
レモンバームの別名(シソ科の属総称)

コウスイボク
ボウシュウボクの別名(双子葉植物綱シ
ソ目クマツヅラ科の多年草または低木。
高さは3m。花は白色，または淡紫色)
〈Lippia citriodora〉

*コウゾ(楮)
別名：カミキ
双子葉植物綱イラクサ目クワ科の落葉低
木。葉は卵形。
〈Broussonetia kazinoki ×
Broussonetia papyrifera〉

*ゴウソ(郷麻)
別名：カミクサ，タイツリスゲ
単子葉植物綱カヤツリグサ目カヤツリグ
サ科の多年草。高さは30〜70cm。
〈Carex maximowiczii〉

コウソウ
フジバカマ(藤袴)の別名(双子葉植物
綱キク目キク科の多年草。高さは100〜
150cm)
〈Eupatorium fortunei〉

*コウタケ(香茸)
別名：クマタケ
イボタケ科のキノコ。大型。傘は漏斗
形，中央は窪む。表面に顕著な鱗片。
〈Sarcodon aspratus〉

コウタ

ゴウダソウ（合田草）
ギンセンソウ（銀扇草）の別名（双子葉
植物綱フウチョウソウ目アブラナ科の一
年草。花は紅紫色，または白色）
〈 *Lunaria annua* 〉

コウチニッケイ
マルバニッケイ（丸葉肉桂）の別名（双
子葉植物綱クスノキ目クスノキ科の常緑
小高木）
〈 *Cinnamomum daphnoides* 〉

コウチムラサキ
ビロードムラサキの別名（双子葉植物綱
シソ目クマツヅラ科の落葉低木）
〈 *Callicarpa kochiana* 〉

*コウテンバイ
別名：ウンリュウバイ
双子葉植物綱バラ目バラ科。ウメの
品種。
〈 *Armeniaca mume 'Spiralis'* 〉

コウトウイヌビワ
アカメイヌビワの別名（双子葉植物綱イ
ラクサ目クワ科の木本）
〈 *Ficus benguetensis* 〉

コウトウハイノキ
アオバノキ（青葉木）の別名（双子葉植
物綱カキノキ目ハイノキ科の常緑落葉。
花は白色）
〈 *Symplocos patens* 〉

*コウトウヤマヒハツ
別名：シマヤマヒハツ
トウダイグサ科の木本。
〈 *Antidesma pentandrum*（*Blanco*）
Merr. var.barbatum（*C. Presl*）
Merr. 〉

コウナンチク
モウソウチク（孟宗竹）の別名（単子葉
植物綱カヤツリグサ目イネ科の常緑大型
竹。高さは10〜20m）
〈 *Phyllostachys pubescens* 〉

コウノキ
カツラ（桂）の別名（双子葉植物綱マンサ
ク目カツラ科の落葉高木。高さは30m。
樹皮は灰褐色）
〈 *Cercidiphyllum japonicum* 〉
シキミ（樒,梻）の別名（双子葉植物綱シ
キミ目シキミ科の常緑小高木。花被は
細長く淡黄色）
〈 *Illicium anisatum* 〉

コウバイグサ
センノウ（仙翁）の別名（双子葉植物綱
ナデシコ目（中心子目）ナデシコ科の一
年草または多年草。高さは50cm。花は
深紅色）
〈 *Lychnis senno* 〉

コウブシ
ハマスゲ（浜菅）の別名（単子葉植物綱
カヤツリグサ目カヤツリグサ科の多年
草。高さは20〜40cm）
〈 *Cyperus rotundus* 〉

コウベギク
ナルトサワギクの別名（双子葉植物綱キ
ク目キク科の多年草。高さは30〜
70cm。花は濃黄色）
〈 *Senecio madagascariensis* 〉

コウベナズナ
マメグンバイナズナ（豆軍配薺）の別
名（双子葉植物綱フウチョウソウ目アブ
ラナ科の一年草または二年草。高さは
20〜40cm。花は緑白色）
〈 *Lepidium virginicum* 〉

コウボウチャ
カワラケツメイ（河原決明）の別名（双
子葉植物綱マメ目マメ科の一年草。高
さは30〜60cm。花は黄色）
〈Cassia mimosoides *subsp.nomame* 〉

コウボウビエ
シコクビエ（四国稗）の別名（単子葉植
物綱カヤツリグサ目イネ科の草本。オ
ヒシバの栽培種）

〈*Eleusine coracana*〉

*コウボウムギ (弘法麦)
別名：フデクサ

単子葉植物綱カヤツリグサ目カヤツリグ
サ科の多年草。高さは10〜30cm。
〈*Carex kobomugi*〉

*コウホネ (河骨)
別名：カワホネ

双子葉植物綱スイレン目スイレン科の多
年生水草。花は径3〜5cmで黄色，果
実は卵形で緑色。長さは20〜30cm。
〈*Nuphar japonicum*〉

コウマノスズクサ
マルバウマノスズクサの別名 (双子葉植
物綱ウマノスズクサ目ウマノスズクサ科
の多年生つる草。葉径4〜10cm)
〈*Aristolochia contorta*〉

*コウメ
別名：コウシュウウメ，シナノウメ

双子葉植物綱バラ目バラ科の落葉小高
木。果皮は黄緑で，陽向面は紅色。
〈*Armeniaca mume 'Microcarpa'*〉

コウメバチソウ
ウメバチソウ (梅鉢草) の別名 (ユキノ
シタ科の多年草。高さは10〜40cm。花
は白色)
〈*Parnassia palustris* L. var.*multiseta*
Ledeb.〉

*コウモリシダ (蝙蝠羊歯)
別名：スケモリシダ

オシダ科の常緑性シダ植物。葉身は長さ
10〜25cm,3出葉，頂羽片は広披針形。
〈*Pronephrium triphyllum*〉

コウモリドコロ
ウチワドコロ (団扇野老) の別名 (単子
葉植物綱ユリ目ヤマノイモ科の多年生つ
る草)
〈*Dioscorea nipponica*〉

コウモリラン
ビカクシダ (麋角羊歯) の別名 (ウラボ
シ科のシダ植物。ネスト・リーフは褐
色)
〈*Platycerium bifurcatum*〉

*コウヤカミツレ
別名：ダイヤーズカモミール

双子葉植物綱キク目キク科の多年草。
高さは20〜60cm。花は濃黄色，また
は淡黄色。
〈*Anthemis tinctoria*〉

*コウヤボウキ (高野箒)
別名：タマボウキ

双子葉植物綱キク目キク科の小低木。
高さは60〜100cm。
〈*Pertya scandens*〉

*コウヤマキ (高野槇)
別名：ホンマキ

マツ綱マツ目コウヤマキ科の常緑高木。
樹高は30m。樹皮は赤褐色。
〈*Sciadopitys verticillata*〉

コウヤマンサク
フサザクラ (総桜) の別名 (双子葉植物
綱マンサク目フサザクラ科の落葉高木。
花は暗赤色)
〈*Euptelea polyandra*〉

*コウヤミズキ (高野水木)
別名：イヨミズキ

マンサク科の落葉低木。高さは2〜5m。
〈*Corylopsis gotoana* Makino〉

*コウヤワラビ (高野蕨)
別名：ゼンマイワラビ

オシダ科の夏緑性シダ植物。葉身は長さ
8〜30cm，広卵形から三角状楕円形。
〈*Onoclea sensibilis* var.*interrupta*〉

コウユリ
タモトユリ (袂百合) の別名 (単子葉植
物綱ユリ目ユリ科の多肉植物。高さは
50〜70cm。花は純白色)

〈*Lilium nobilissimum*〉

*コウヨウザン (広葉杉)

別名：オランダモミ, カントンスギ

マツ綱マツ目スギ科の常緑高木。高さ
は30m。樹皮は赤褐色。
〈*Cunninghamia lanceolata*〉

コウライザサ

チシマザサ (千島笹) の別名 (単子葉植
物綱カヤツリグサ目イネ科の常緑中型サ
サ。高さは2〜3m)
〈*Sasa kurilensis*〉

コウライセンニンソウ

タチセンニンソウの別名 (キンポウゲ科
の薬用植物)
〈*Clematis manshurica* Rupr.〉

コウライニワフジ

チョウセンニワフジ (朝鮮庭藤) の別
名 (双子葉植物綱マメ目マメ科の木本。
高さは30〜60cm。花は淡紅色)
〈*Indigofera kirilowii*〉

*コウリンタンポポ (紅輪蒲公英)

別名：エフデタンポポ

双子葉植物綱キク目キク科の多年草。
高さは10〜50cm。花は朱赤色。
〈*Hieracium aurantiacum*〉

コウルメ

ゴモジュの別名 (双子葉植物綱マツムシ
ソウ目スイカズラ科の低木または小高
木。高さは1.5〜3m)
〈*Viburnum suspensum*〉

コエビソウ

ベロペロネの別名 (キツネノマゴ科の属
総称)

*コエビソウ (小海老草)

別名：ブルベローネ

双子葉植物綱ゴマノハグサ目キツネ
ノマゴ科の常緑低木。苞は赤褐色。
高さは30〜60cm。花は白色。
〈*Beloperone guttata*〉

コエンドロ

コリアンダーの別名 (双子葉植物綱セリ
目セリ科の一年草。高さは30〜50cm。
花は白〜桃紫色)
〈*Coriandrum sativum*〉

*コオニイグチ

別名：ススケオニイグチ

オニイグチ科のキノコ。小型〜中型。
傘は灰褐色〜暗灰色, 綿毛状小鱗片,
鱗片はやわらかい。
〈*Strobilomyces seminudus*〉

*コオニシバ

別名：オオハリシバ

イネ科。
〈*Zoysia sinica*〉

*コオニタビラコ (小鬼田平子)

別名：カワラケナ

双子葉植物綱キク目キク科の越年草。
高さは4〜20cm。
〈*Lapsana apogonoides*〉

*コオニユリ (小鬼百合)

別名：アカヒラトユリ, ナツユリ

単子葉植物綱ユリ目ユリ科の多年草。
高さは1〜2m。
〈*Lilium leichtlinii var.*
maximowiczii〉

コオノオレ

ヤエガワカンバ (八重皮樺) の別名 (双
子葉植物綱ブナ目カバノキ科の落葉高
木)
〈*Betula davurica*〉

コガキ

マメガキの別名 (双子葉植物綱カキノキ
目カキノキ科の落葉高木。樹高は15m。
樹皮は灰色)
〈*Diospyros lotus*〉

*コカキツバタ (小燕子花)

別名：マンシュウアヤメ

アヤメ科の多年草。高さは3〜15cm。

花は淡色。
〈*Iris ruthenica* Ker-Gawl.〉

コガク

ヤマアジサイ（山紫陽花）の別名（双子
葉植物綱バラ目ユキノシタ科の落葉低
木）
〈*Hydrangea serrata*〉

コカグマ

イヌワラビ（犬蕨）の別名（オシダ科の夏
緑性シダ植物。高さは20〜60cm。葉身
は長さ20〜50cm，卵形〜卵状長楕円形）
〈*Athyrium niponicum*〉

ゴガツイチゴ

ニガイチゴ（苦苺）の別名（双子葉植物
綱バラ目バラ科の落葉低木）
〈*Rubus microphyllus*〉

コガネイボタ

イボタノキ〔斑入り〕の別名（双子葉植
物綱ゴマノハグサ目モクセイ科の木本）
フイリイボタの別名（モクセイ科）

コガネエボタ

イボタノキ〔斑入り〕の別名（双子葉植
物綱ゴマノハグサ目モクセイ科の木本）
フイリイボタの別名（モクセイ科）

コガネエンジュ

ヘビノボラズ（蛇上らず）の別名（双子
葉植物綱キンポウゲ目メギ科の木本）
〈*Berberis sieboldii*〉

コガネギク

ミヤマアキノキリンソウ（深山秋麒麟
草）の別名（双子葉植物綱キク目キク科
の草本）
〈*Solidago virgaurea subsp*.leiocarpa
form.japonalpestris〉

コガネシダ

ミミモチシダ（耳持羊歯）の別名（イノ
モトソウ科の常緑性シダ。葉身は長さ
3m。狭長楕円形）

〈*Acrosticum aureum* L.〉
リョウメンシダ（両面羊歯）の別名（オ
シダ科の常緑性シダ。葉身は長さ40〜
65cm。長卵状広披針形）
〈*Arachniodes standishii*（Moore）
Ohwi〉

コガネタケヤシ

アレカヤシの別名（単子葉植物綱ヤシ目
ヤシ科の木本。高さは8m）
〈*Chrysalidocarpus lutescens*〉

コガネニラ

キニラ（黄薤）の別名（ユリ科の中国野
菜）

コガネバナ

ミヤコグサ（都草）の別名（双子葉植物
綱マメ目マメ科の多年草。高さは20〜
40cm）
〈Lotus corniculatus *var*.japonicus〉

＊コガネバナ（黄金花）
別名：コガネヤナギ
双子葉植物綱シソ目シソ科の草本。
高さは60cm。花は青紫色。
〈*Scutellaria baicalensis*〉

コガネホウチャクソウ

キバナホウチャクソウの別名（ユリ科の
宿根草）
〈*Disporum uniflorum* Baker〉

＊コガネムシハナヤスリタケ
別名：コツブコガネムシタケ
核菌綱バッカクキン科の冬虫夏草。甲
虫に寄生。
〈*Cordyceps nigrella*〉

コガネヤチダモ

マルバアオダモ（丸葉青だも）の別名
（双子葉植物綱ゴマノハグサ目モクセイ
科の落葉高木）
〈*Fraxinus sieboldiana*〉

コガネヤナギ

コガネバナ（黄金花）の別名（双子葉植

物綱シソ目シソ科の草本。高さは60cm。
花は青紫色）
〈Scutellaria baicalensis〉

コガネワラビ
リョウメンシダ（両面羊歯）の別名（オ
シダ科の常緑性シダ植物。葉身は長さ
40〜65cm、長卵状広披針形）
〈Arachniodes standishii〉

*コカノキ
別名：ジャバコカ
双子葉植物綱アマ目コカノキ科の木本。
高さは2m。花は白黄緑色。
〈Erythroxylum coca〉

コガノキ
カゴノキ（古加之木）の別名（クスノキ
科の常緑高木）
〈Litsea coreana Lév.〉

コガノヤドリギ
オオバヤドリギ（大葉宿生木）の別名
（双子葉植物綱ビャクダン目ヤドリギ科
の常緑低木）
〈Scurrula yadoriki〉

*コカモメヅル（小鴎蔓）
別名：トサノカモメヅル
ガガイモ科の多年生つる草。
〈Tylophora floribunda Miq.〉

ゴカヨウオウレン（五箇葉黄蓮）
バイカオウレン（梅花黄連）の別名（双
子葉植物綱キンポウゲ目キンポウゲ科の
多年草。高さは4〜15cm。花は白色）
〈Coptis quinquefolia〉

*コカラカサタケ
別名：ドクカラカサタケ
ハラタケ科のキノコ。中型〜大型。傘
は大型の鱗片。ひだは白色〜赤色味。
〈Macrolepiota neomastoidea〉

*コカラマツ（小唐松）
別名：ウスバカラマツ，オオカラマツ

双子葉植物綱キンポウゲ目キンポウゲ科
の木本。
〈Thalictrum minus var.stipellatum〉

*コガンピ（小雁皮）
別名：イヌカゴ，イヌガンピ
双子葉植物綱フトモモ目ジンチョウゲ科
の落葉低木。
〈Diplomorpha ganpi〉

コキクイモ
ヒメヒマワリ（姫向日葵）の別名（双子
葉植物綱キク目キク科の宿根草。高さ
は1.5m。花は黄色）
〈Helianthus debilis〉

*コキクモ
別名：エナガキクモ，タイワンキクモ
双子葉植物綱ゴマノハグサ目ゴマノハグ
サ科の沈水性〜抽水植物。果実は
有柄。
〈Limnophila indica〉

*ゴキダケ
別名：イヨスダレ，シノネザサ，チョ
ウジャザサ
イネ科の木本。

コギノコ
ツクバネ（衝羽根）の別名（双子葉植物
綱ビャクダン目ビャクダン科の落葉小低
木）
〈Buckleya lanceolata〉

コキビ
キビ（黍）の別名（単子葉植物綱カヤツリ
グサ目イネ科の一年草）
〈Panicum miliaceum〉

ゴギョウ（御形）
ハハコグサ（母子草）の別名（双子葉植
物綱キク目キク科の一年草。葉は白毛
密布。高さは15〜35cm。花は黄色）
〈Gnaphalium affine〉

コキンポウゲ
ヒキノカサ（蟇傘）の別名（双子葉植物綱キンポウゲ目キンポウゲ科の多年草。高さは10〜30cm）
〈Ranunculus extorris〉

＊コキンレイカ
別名：ハクサンオミナエシ
オミナエシ科の多年草。高さは30〜50cm。花は黄色。
〈Patrinia triloba（Miq.）Miq.〉

コクタン
テツカエデ（鉄楓）の別名（カエデ科の雌雄同株の落葉高木）
〈Acer nipponicum Hara〉

コクタンノキ
コクテンギ（黒檀木）の別名（双子葉植物綱ニシキギ目ニシキギ科の常緑低木）
〈Euonymus tanakae〉

＊コクチナシ
別名：ヒメクチナシ
双子葉植物綱アカネ目アカネ科の木本。
〈Gardenia jasminoides var. radicans〉

＊コクテンギ（黒檀木）
別名：クロトチュウ，コクタンノキ
双子葉植物綱ニシキギ目ニシキギ科の常緑低木。
〈Euonymus tanakae〉

コクマザサ
クマザサ（隈笹）の別名（単子葉植物綱カヤツリグサ目イネ科の常緑中型ササ。高さは1〜2m）
〈Sasa veitchii〉

ゴクラクチョウカ
ストレリチアの別名（バショウ科の属総称）

コクワ
サルナシ（猿梨）の別名（双子葉植物綱ツバキ目マタタビ科の落葉つる性植物。花は白色）
〈Actinidia arguta〉

コグワイ
スイタグワイの別名（オモダカ科）

コクワヅル
サルナシ（猿梨）の別名（双子葉植物綱ツバキ目マタタビ科の落葉つる性植物。花は白色）
〈Actinidia arguta〉

コゲ
マツバイ（松葉藺）の別名（単子葉植物綱カヤツリグサ目カヤツリグサ科の抽水性〜湿生植物，小形。稈は細く毛管状，先端は鈍頭。高さは4〜8cm）
〈Eleocharis acicularis〉

コケクモマグサ
ヨウシュクモマグサの別名（ユキノシタ科）

＊コケサンゴ（苔珊瑚）
別名：タマツヅリ
アカネ科の多年草。果実は朱赤色。
〈Nertera granadensis（Mutis ex L. f.）Druce〉

コケスゲ
コハリスゲ（小針菅）の別名（単子葉植物綱カヤツリグサ目カヤツリグサ科の多年草。高さは10〜30cm）
〈Carex hakonensis〉

＊コケハイホラゴケ
別名：ニセアミホラゴケ
コケシノブ科の常緑性シダ。葉身は長さ1〜10cm。三角状卵形から卵状披針形。
〈Lacosteopsis subclathrata（K. Iwats.）Nakaike〉

コケホラゴケ
アオホラゴケ（青洞苔）の別名（コケシ

ノブ科の常緑性シダ植物。葉身は長さ2
〜5cm、卵状長楕円形から三角状楕円
形）
〈*Crepidomanes insigne*〉

ゴケンミセバヤ
カラフトミセバヤの別名（双子葉植物綱
バラ目ベンケイソウ科の多年草。長さ
は5〜10cm。花は紅紫色）
〈*Hylotelephium pluricaule*〉

＊ココス
別名：ブラジルヤシ
ヤシ科。高さは6m。
〈*Butia capitata（Mart.）Becc.*〉

ココノエカズラ
イカダカズラ（筏葛）の別名（双子葉植
物綱ナデシコ目（中心子目）オシロイバ
ナ科の観賞用半つる性低木。刺がある）
〈*Bougainvillea spectabilis*〉

コゴミ
クサソテツ（草蘇鉄）の別名（オシダ科
の夏緑性シダ植物。葉身は長さ50〜
150cm、倒卵形から倒卵状抜針形）
〈*Matteuccia struthiopteris*〉

＊コゴメオドリコソウ
別名：ミナトメハジキ
シソ科の多年草。高さは20〜50cm。花
は白色。
〈*Lagopsis supina（Stephan ex
Willd.）Ikonn.-Gal. ex Knorring*〉

＊コゴメガヤツリ（小米蚊帳釣）
別名：カヤツリグサ
カヤツリグサ科の一年草。高さは20〜
70cm。
〈*Cyperus iria L.*〉

＊コゴメグサ（小米草）
別名：イブキコゴメグサ
ゴマノハグサ科の草本。
〈*Euphrasia insignis Wettst. subsp.
iinumai（Takeda）Yamazaki*〉

コゴメコウオウソウ
シオザキソウの別名（双子葉植物綱キク
目キク科の一年草。高さは50〜100cm。
花は淡黄色）
〈*Tagetes minuta*〉

＊コゴメスゲ
別名：コゴメナキリスゲ
単子葉植物綱カヤツリグサ目カヤツリグ
サ科の多年草。高さは40〜80cm。
〈*Carex brunnea*〉

コゴメススキ
ヌカススキの別名（単子葉植物綱カヤツ
リグサ目イネ科の一年草。高さは20〜
50cm）
〈*Aira caryophyllea*〉

コゴメセンジュギク
シオザキソウの別名（双子葉植物綱キク
目キク科の一年草。高さは50〜100cm。
花は淡黄色）
〈*Tagetes minuta*〉

コゴメナキリスゲ
コゴメスゲの別名（単子葉植物綱カヤ
ツリグサ目カヤツリグサ科の多年草。高
さは40〜80cm）
〈*Carex brunnea*〉

コゴメナデシコ
シュッコンカスミソウの別名（ナデシコ
科。高さは90cm。花は白か淡桃色）
〈*Gypsophila paniculata L.*〉

コゴメバナ
シジミバナ（蜆花）の別名（双子葉植物
綱バラ目バラ科の落葉低木）
〈*Spiraea prunifolia*〉
ユキヤナギ（雪柳）の別名（バラ科の落
葉低木。葉は単葉、狭披針形。高さは
2m。花は白色）
〈*Spiraea thunbergii Sieb. ex Blume*〉

＊コゴメヒョウタンボク
別名：クモイヒョウタンボク

双子葉植物綱マツムシソウ目スイカズラ
科の落葉低木。
〈Lonicera linderifolia var.konoi〉

*コゴメマンネングサ（小米万年草）
別名：タイワンタイトゴメ
双子葉植物綱バラ目ベンケイソウ科の
草本。
〈Sedum uniflorum〉

コゴメミチヤナギ
ハイミチヤナギの別名（双子葉植物綱タ
デ目タデ科の一年草。高さは5〜40cm。
花は帯紅色）
〈Polygonum arenastrum〉

*ココヤシ
別名：ホンヤシ，ヤシ
単子葉植物綱ヤシ目ヤシ科の高木。高
さは12〜24m。
〈Cocos nucifera〉

コサ
イケマ（生馬）の別名（双子葉植物綱リン
ドウ目ガガイモ科の多年生つる草）
〈Cynanchum caudatum〉

ゴサイバ（五菜葉）
アカメガシワ（赤芽柏）の別名（双子葉
植物綱トウダイグサ目トウダイグサ科の
落葉高木。花は淡黄色）
〈Mallotus japonicus〉

コザクラ
コヒガンザクラ（小彼岸桜）の別名（双
子葉植物綱バラ目バラ科の落葉低木。
花は淡紅色）
〈Cerasus subhirtella〉
ヒガンザクラ（緋寒桜）の別名（バラ科
の落葉低木。花は淡紅色）
〈Prunus × subhirtella Miq.〉

*コシアブラ（漉油）
別名：コセアブラ，ゴンゼツ，ナマド
ウフ
双子葉植物綱セリ目ウコギ科の落葉高

木。長さは7〜30cm。花は黄緑色。
〈Acanthopanax sciadophylloides〉

コジイ
ツブラジイ（円椎）の別名（双子葉植物
綱ブナ目ブナ科の常緑高木。高さは
20m。花は白色）
〈Castanopsis cuspidata〉

ゴジカ
キンセンカ（金盞花）の別名（キク科の
多年草。高さは30cm。花は硫黄色）
〈Calendula arvensis L.〉
ギンセンカ（銀盞花）の別名（アオイ科
の一年草または越年草。高さは30〜
60cm。花は淡黄色）
〈Hibiscus trionum L.〉

*ゴジカ（午時花）
別名：キンセンカ
アオギリ科の一年草。高さは50〜
200cm。花は赤色。
〈Pentapetes phoenicea L.〉

*コシカギク（小鹿菊）
別名：オロシャギク
双子葉植物綱キク目キク科の一年草。
高さは20〜40cm。花は黄緑色。
〈Matricaria matricarioides〉

*ゴシキトウガラシ（五色唐辛子）
別名：カンショウヨウトウガラシ
ナス科。
〈Capsicum annuum L. var.
cerasiforme（Mill.）Irish〉

コシキブ（小式部）
コムラサキ（小紫）の別名（双子葉植物
綱シソ目クマツヅラ科の落葉低木。高
さは1.2〜2m。花は淡紫紅色）
〈Callicarpa dichotoma〉

コシャク
シャク（杓）の別名（双子葉植物綱セリ目
セリ科の多年草。高さは80〜140cm）
〈Anthriscus aemula〉

コシユ

*ゴシュユ（呉茱萸）
別名：ニセゴシュユ
双子葉植物綱ムクロジ目ミカン科の落葉
低木。高さは2.5m。
〈*Tetradium ruticarpum*〉

コシュロガヤツリ
シペラス・アルテルニフォリウス・グ
ラシリスの別名（カヤツリグサ科）

コショウ
ペッパーベリーの別名（コショウ科）

ゴショウイモ
ジャガイモの別名（双子葉植物綱ナス目
ナス科の根菜類。長さは60〜100cm。
花は白，淡紅，紫色など）
〈*Solanum tuberosum*〉

*コショウジョウバカマ
別名：シマショウジョウバカマ
単子葉植物綱ユリ目ユリ科の多年草。
花は白色。
〈*Helonias kawanoi*〉

*コショウソウ（胡椒草）
別名：ガーデンクレス
双子葉植物綱フウチョウソウ目アブラナ
科の野菜。
〈*Lepidium sativum*〉

コショウノキ
アオモジ（青文字）の別名（双子葉植物
綱クスノキ目クスノキ科の落葉低木。
花は淡黄色）
〈*Litsea citriodora*〉

*コショウノキ（胡椒木）
別名：ヤマジンチョウゲ
双子葉植物綱フトモモ目ジンチョウ
ゲ科の常緑小低木。果実は赤色。
〈*Daphne kiusiana*〉

コショウボク
イワガネ（岩根）の別名（双子葉植物綱
イラクサ目イラクサ科の落葉低木）
〈*Oreocnide frutescens*〉

*コショウボク
別名：ペルーコショウ
ウルシ科の高木。果実はピペリンを
含み飲料に作る。高さは5〜15m。
花は黄白色。
〈*Schinus molle* L.〉

ゴショナデシコ（御所撫子）
イセナデシコ（伊勢撫子）の別名（双子
葉植物綱ナデシコ目（中心子目）ナデシ
コ科の多年草。高さは30cm）
〈*Dianthus* × *isensis*〉

コシロネ
サルダヒコの別名（双子葉植物綱シソ目
シソ科の多年草。高さは20〜80cm）
〈*Lycopus ramosissimus var.japonicus*〉

*コシロノセンダングサ
別名：シロノセンダングサ
双子葉植物綱キク目キク科の草本。
〈*Bidens pilosa var.minor*〉

コスギゴケ
カギバニワスギゴケの別名（スギゴケ科
のコケ。茎は高さ1〜5cm，葉の鞘部は
卵形）
〈*Pogonatum inflexum*（Lindb.）Lac.〉

ゴスケハゼ
ナツハゼ（夏櫨）の別名（双子葉植物綱
ツツジ目ツツジ科の落葉低木）
〈*Vaccinium oldhamii*〉

*コスズメノチャヒキ
別名：イヌムギモドキ，エゾチャヒ
キ，マンシュウチャヒキ
単子葉植物綱カヤツリグサ目イネ科の多
年草。高さは50〜100cm。
〈*Bromus inermis*〉

*コースター
別名：ブルースプルース
マツ科のコロラドトウヒの品種。

210　植物別名辞典

コタマ

*コスツス
別名：オオホギアヤメ，フクジンソウ
ショウガ科。

*コストマリー
別名：エールコスト，バルサムギク
キク科のハーブ。

コスブタ
スブタ（簀蓋）の別名（単子葉植物綱トチ
カガミ目トチカガミ科の一年生沈水植
物。葉は線形，花弁は3枚，細長く白色）
〈*Blyxa echinosperma*〉

*コスモス
別名：アキザクラ（秋桜），オオハル
シャギク（大春車菊）
双子葉植物綱キク目キク科の一年草。
高さは2〜3m。花は白，淡紅色，また
は濃紅色。
〈*Cosmos bipinnatus*〉

コセアブラ
コシアブラ（漉油）の別名（双子葉植物
綱セリ目ウコギ科の落葉高木。長さは7
〜30cm。花は黄緑色）
〈*Acanthopanax sciadophylloides*〉

*コセイタカスギゴケ
別名：チジレバニワスギゴケ
スギゴケ科のコケ。茎は高さ4〜10cm，
葉の鞘部は卵形。
〈*Pogonatum contortum*〉

コゼンマイ
ゼンマイ（薇，銭巻）の別名（ゼンマイ
科の夏緑性シダ植物。葉身は長さ30〜
50cm，三角状広卵形）
〈*Osmunda japonica*〉

コタカネキタアザミ
ウスユキトウヒレン（薄雪唐飛廉）の別
名（双子葉植物綱キク目キク科の草本）
〈*Saussurea yanagisawae var.
yanagisawae*〉

コダカラベンケイ（子宝弁慶）
シコロベンケイ（鍛弁慶）の別名（ベン
ケイソウ科）

コダチチョウセンアサガオ
ブルグマンシアの別名（ナス科の属総
称）

コダチトマト
トマトノキの別名（ナス科の低木。果実
は紫色。高さは2〜3m。花は淡桃色）
〈*Cyphomandra betacea*（Cav.）
Sendtn.〉

コダチハナヤサイ
ブロッコリーの別名（アブラナ科の葉菜
類。葉は長楕円形）
〈*Brassica oleracea* L. var.*italica*
Plenck〉

*コタネツケバナ
別名：ヒメタネツケバナ
双子葉植物綱フウチョウソウ目アブラナ
科の越年草。高さは5〜20cm。花は
白色。
〈*Cardamine parviflora*〉

ゴーダー・ビーン
ヘビウリの別名（ウリ科のつる性草本。
果実は熟すると赤色。長さ30〜100cm。
花は白色）
〈*Trichosanthes anguina* L.〉

*コダマイヌイワガネ
別名：コハチジョウシダ
イノモトソウ科の常緑性シダ。葉身は
長さ30〜60cm。葉柄に傾いてつく。
〈*Coniogramme* × *fauriei* Hieron.
notho f. *kojimae* Nakaike nom.
nud.〉

コダマゴケ
タチヒゴケの別名（タチヒダゴケ科のコ
ケ。小形，茎は短く1cm前後，葉は披針
形〜楕円状披針形）
〈*Orthotrichum consobrinum* Card.〉

植物別名辞典　211

コチシ

コチヂミザサ
チヂミザサ（縮笹）の別名（イネ科の多
年草。高さは10〜30cm）
〈*Oplismenus undulatifolius* (Arduino)
Roem. et Schult. var.*undulatifolius*〉

コチョウカ（胡蝶花）
シャガ（射干，著莪）の別名（単子葉植
物綱ユリ目アヤメ科の多年草。高さは
30〜70cm。花は白色）
〈*Iris japonica*〉

コチョウゲ
ハクチョウゲ（白丁花）の別名（双子葉
植物綱アカネ目アカネ科の常緑低木。
高さ60〜100cm。花は帯紫白色）
〈*Serissa japonica*〉

*コチョウセンナ
別名：ジャワセンナ
マメ科の観賞用小木。高さは3〜20m。
花はピンクから濃赤さらに白色。
〈*Cassia javanica* L.〉

コチョウソウ
シザンサスの別名（双子葉植物綱ナス目
ナス科の一年草）
〈*Schizanthus pinnatus*〉

パンジーの別名（スミレ科の薬用植物）
〈*Viola* × *wittrockiana* Hort. ex
Gams〉

*コチョウゾロイ（胡蝶揃）
別名：セイカ
ツツジ科のツツジの品種。

コチョウワビスケ（胡蝶侘助）
ワビスケ（侘助）の別名（ツバキ科の木
本。一重杯状咲き）
〈*Camellia wabiske* Kitam.〉

*コツガザクラ（小栂桜）
別名：オオツガザクラ
双子葉植物綱ツツジ目ツツジ科の常緑小
低木。
〈*Phyllodoce alpina*〉

コツクバネ
ツクバネウツギ（衝羽根空木）の別名
（双子葉植物綱マツムシソウ目スイカズ
ラ科の落葉低木）
〈*Abelia spathulata*〉

*コツクバネウツギ（小衝羽根空木）
別名：キバナコツクバネ
双子葉植物綱マツムシソウ目スイカズラ
科の落葉低木。
〈*Abelia serrata*〉

コットン
ワタの別名（双子葉植物綱アオイ目アオ
イ科の属総称）
〈*Gossypium spp.*〉

コットンラベンダー
サントリナの別名（キク科の宿根草。高
さは50cm。花は黄色）
〈*Santolina chamaecyparissus* L.〉

ワタスギギクの別名（双子葉植物綱キク
目キク科の宿根草。高さは50cm。花は
黄色）
〈*Santolina chamaecyparissus*〉

コツバキ
サザンカ（山茶花）の別名（双子葉植物
綱ツバキ目ツバキ科の常緑小高木。高
さは7〜10m。花は白色）
〈*Camellia sasanqua*〉

コツブコガネムシタケ
コガネムシハナヤスリタケの別名（核
菌綱バッカクキン科の冬虫夏草。甲虫
に寄生）
〈*Cordyceps nigrella*〉

*コツボゴケ
別名：コツボチョウチンゴケ
チョウチンゴケ科のコケ。ツボゴケに
非常によく似るが、葉はやや狭く、葉
身細胞は大きさがより均一。
〈*Plagiomnium acutum* (*Lindb.*) T.
Kop.〉

212　植物別名辞典

コツボチョウチンゴケ

コツボゴケの別名(チョウチンゴケ科の
コケ。ツボゴケに非常によく似るが、葉
はやや狭く、葉身細胞は大きさがより均
一)

〈*Plagiomnium acutum* (Lindb.) T.
Kop.〉

コツルウメモドキ

テリハツルウメモドキの別名(双子葉植
物綱ニシキギ目ニシキギ科の木本)

〈Celastrus orbiculatus *var*.punctatus〉

*ゴデチア

別名:イロマツヨイグサ, ゴデチャ,
ゴデティア

アカバナ科の属総称。

ゴデチャ

ゴデチアの別名(アカバナ科の属総称)

ゴデティア

ゴデチアの別名(アカバナ科の属総称)

*コデマリ(小手毬)

別名:スズカケ, テマリバナ

双子葉植物綱バラ目バラ科の落葉低木。
高さは1〜2m。花は白色。

〈*Spiraea cantoniensis*〉

ゴトウヅル

ツルアジサイ(蔓紫陽花)の別名(双子
葉植物綱バラ目ユキノシタ科の落葉つる
性植物。高さは15m。花は白色)

〈*Hydrangea petiolaris*〉

*コトジツノマタ(琴柱角叉)

別名:カイソウ, ナガツノマタ

紅藻綱スギノリ目スギノリ科の海藻。
扁圧。体は20cm。

〈*Chondrus elatus*〉

コトジホウキタケ

フサヒメホウキタケの別名(フサヒメホ
ウキタケ科のキノコ。小型〜大型。形
はほうき状, 淡黄色〜赤褐色)

〈*Clavicorona pyxidata*〉

コトネアスター

ベニシタンの別名(双子葉植物綱バラ目
バラ科の低木。高さは1m。花は白で紅
色を帯びる)

〈*Cotoneaster horizontalis*〉

コトリトマラズ

メギ(目木)の別名(双子葉植物綱キンポ
ウゲ目メギ科の落葉低木。高さは2m)

〈*Berberis thunbergii*〉

コトンボソウ

トンボソウ(蜻蛉草)の別名(単子葉植
物綱ラン目ラン科の多年草。高さは15
〜35cm)

〈*Tulotis ussuriensis*〉

コナウキクサ

ミジンコウキクサ(微塵子浮草)の別
名(単子葉植物綱サトイモ目ウキクサ科
の多年生水草。根を欠き, 緑色でつやの
ある葉状体。長さは0.3〜0.8mm)

〈*Wolffia globosa*〉

コナタウリ

オモチャカボチャの別名(ウリ科)

コナツツバキ(小夏椿)

ヒメシャラ(姫沙羅)の別名(双子葉植
物綱ツバキ目ツバキ科の落葉高木。樹
皮は赤褐色。樹高は15m。樹皮は灰色)

〈*Stewartia monadelpha*〉

コナツミカン

ヒュウガナツ(日向夏)の別名(双子葉
植物綱ムクロジ目ミカン科の木本。果
実は球形ないしは倒卵形)

〈*Citrus tamurana*〉

*コナラ(小楢)

別名:イシナラ, ナラ

双子葉植物綱ブナ目ブナ科の落葉高木。
高さは15〜20m。

〈*Quercus serrata*〉

コニシイヌビワ

ギランイヌビワの別名（クワ科の常緑高木）

〈Ficus variegata Blume〉

コヌカボタデ

ヌカボタデの別名（双子葉植物綱タデ目タデ科の草本）

〈Persicaria taquetii〉

コネソ

オトコヨウゾメの別名（双子葉植物綱マツムシソウ目スイカズラ科の落葉低木）

〈Viburnum phlebotrichum〉

コノウゼンカズラ

アメリカノウゼンカズラの別名（双子葉植物綱ゴマノハグサ目ノウゼンカズラ科の落葉低木。花は緋黄色）

〈Campsis radicans〉

コノフィツム・ビィオラキィフロラム

コノフィツム・メイソウギョク（明窓玉）の別名（ツルナ科）

*コノフィツム・メイソウギョク（明窓玉）

別名：コノフィツム・ビィオラキィフロラム

ツルナ科。

*コハイヒモゴケ

別名：モッポレサガリゴケ

ハイヒモゴケ科のコケ。小形、葉は舌形で長さ1〜2mm。

〈Meteorium buchananii（Broth.）
Broth. subsp. helminthocladulum
（Card.）Noguchi〉

*コバイモ（小貝母）

別名：テンガイユリ

ユリ科の球根性多年草。高さは10〜20cm。花は淡桃色。

〈Fritillaria japonica Miq.〉

*コハウチワカエデ（小羽団扇楓）

別名：イタヤメイゲツ，キバナハウチワカエデ

双子葉植物綱ムクロジ目カエデ科の落葉高木。葉は円形で7〜9に中裂。樹高は10m。花は黄白色。樹皮は濃い灰褐色。

〈Acer sieboldianum〉

コハギ

マルバハギ（丸葉萩）の別名（双子葉植物綱マメ目マメ科の落葉低木。高さは1.5〜2m。花は紅紫色）

〈Lespedeza cyrtobotrya〉

コハコベ

ハコベ（繁縷）の別名（双子葉植物綱ナデシコ目（中心子目）ナデシコ科の一年草または越年草。茎は地面を匍う。高さは10〜20cm）

〈Stellaria media〉

コバザクラ

フユザクラの別名（バラ科のサクラの品種）

コハチジョウシダ

コダマイヌイワガネの別名（イノモトソウ科の常緑性シダ。葉身は長さ30〜60cm。葉柄に傾いてつく）

〈Coniogramme × fauriei Hieron.
notho f. kojimae Nakaike nom.
nud.〉

ハチジョウシダモドキ（八丈羊歯擬）の別名（イノモトソウ科の常緑性シダ植物。葉身は長さ50cm，長楕円形）

〈Pteris oshimensis〉

コバテイシ

モモタマナの別名（双子葉植物綱フトモモ目シクンシ科の半落葉高木。高さは25m。花は白色）

〈Terminalia catappa〉

コハナガサノキ

ムニンハナガサノキの別名（アカネ科の

常緑つる植物）
〈*Morinda umbellata* L. subsp.
boninensis（Ohwi）Yamazaki〉

*コバナガンクビソウ
別名：バンジンガンクビソウ
双子葉植物綱キク目キク科の草本。
〈*Carpesium faberi*〉

*コバナキジムシロ
別名：アメリカキジムシロ
双子葉植物綱バラ目バラ科の一年草また
は二年草。長さは5〜30cm。花は
黄色。
〈*Potentilla amurensis*〉

コバナツルウリクサ
ゲンジバナの別名（ゴマノハグサ科の草
本）
〈*Torenia glabra* Osbeck〉

コバナニワフジ
チョウセンニワフジ（朝鮮庭藤）の別
名（双子葉植物綱マメ目マメ科の木本。
高さは30〜60cm。花は淡紅色）
〈*Indigofera kirilowii*〉

コバナノハイゼキショウ
カラフトハナビゼキショウの別名（イ
グサ科の多年草。高さは10〜60cm。花
は緑色）
〈*Juncus articulatus* L.〉

*コバナヤマモモソウ
別名：イヌヤマモモソウ
双子葉植物綱フトモモ目アカバナ科の一
年草。高さは0.3〜2m。花は淡紅〜
紅色。
〈*Gaura parviflora*〉

コバノクサギ
イボタクサギ（伊保多臭木）の別名（双
子葉植物綱シソ目クマツヅラ科の低木。
葉は厚く，ネズミモチに似る。高さは1
〜2m。花は白色）
〈*Clerodendrum neriifolium*〉

コバノクロウメモドキ
クロウメモドキ（黒梅擬）の別名（クロ
ウメモドキ科の落葉低木。高さは2〜
6m）
〈*Rhamnus japonica* Maxim.〉

コバノコゴメグサ
ヒメコゴメグサ（姫小米草）の別名（双
子葉植物綱ゴマノハグサ目ゴマノハグサ
科の半寄生一年草。高さは3〜20cm）
〈*Euphrasia matsumurae*〉

コバノシナノキ
フユボダイジュ（冬菩提樹）の別名（双
子葉植物綱アオイ目シナノキ科の落葉広
葉高木。高さは35m。樹皮は灰色）
〈*Tilia cordata*〉

*コバノタツナミ
別名：ビロードタツナミ
双子葉植物綱シソ目シソ科の草本。
〈*Scutellaria indica var.parvifolia*〉

コバノタマツバキ
オキナワイボタの別名（モクセイ科の木
本）
〈*Ligustrum liukiuense* Koidz.〉

*コバノチョウセンエノキ（小葉朝鮮榎）
別名：サキシマエノキ
双子葉植物綱イラクサ目ニレ科の高木。
葉は卵状長楕円形。
〈*Celtis leveillei*〉

*コバノツメクサ（小葉爪草）
別名：ホソバツメクサ
双子葉植物綱ナデシコ目（中心子目）ナ
デシコ科の多年草。高さは10cm以下。
〈*Minuartia verna var.japonica*〉

コバノトネリコ
アオダモの別名（双子葉植物綱ゴマノハ
グサ目モクセイ科の落葉高木）
〈Fraxinus lanuginosa *form.serrata*〉
アラゲアオダモの別名（モクセイ科の落
葉高木）

植物別名辞典　215

コハノ

〈*Fraxinus lanuginosa* Koidz.〉
ケアオダモの別名(双子葉植物綱ゴマノ
ハグサ目モクセイ科の落葉高木)
〈*Fraxinus lanuginosa*〉

コバノナナカマド
ナンキンナナカマド(南京七竈)の別
名(双子葉植物綱バラ目バラ科の落葉低
木)
〈*Sorbus gracilis*〉

コバノナンヨウスギ
シマナンヨウスギ(島南洋杉)の別名
(マツ綱マツ目ナンヨウスギ科の常緑大
高木。高さは50〜60m)
〈*Araucaria heterophylla*〉

コバノニシキソウ
リュウキュウタイゲキの別名(トウダイ
グサ科の一年草。花は白色)
〈*Chamaesyce makinoi* (Hayata) H.
Hara〉

*コバノヒルムシロ
別名:トゲミミズヒキモ
単子葉植物綱イバラモ目ヒルムシロ科の
多年生水草。背稜に突起がある。
〈*Potamogeton cristatus*〉

*コバノフユイチゴ(小葉冬苺)
別名:マルバフユイチゴ
双子葉植物綱バラ目バラ科の常緑低木。
〈*Rubus pectinellus*〉

コバノブラシノキ
カユプテの別名(双子葉植物綱フトモモ
目フトモモ科の高木。樹皮は白。葉は
硬く両面性)
〈*Melaleuca leucadendron*〉
ティーツリーの別名(フトモモ科のハー
ブ)
メラレウカの別名(フトモモ科)

コバノヤマハンノキ
タニガワハンノキの別名(カバノキ科の
落葉高木)

〈*Alnus inokumae*〉

コバノヨツバムグラ
ヒメヨツバムグラの別名(双子葉植物綱
アカネ目アカネ科の多年草。高さは10
〜30cm)
〈*Galium gracilens*〉

コバフンギ
キリエノキの別名(ニレ科の木本)
〈*Trema cannabina* Lour.〉

コバホウライシダ
アジアンタム・クネアータムの別名
(ホウライシダ科)

コハマアカザ
ハマアカザ(浜藜)の別名(双子葉植物綱
ナデシコ目(中心子目)アカザ科の草本)
〈*Atriplex subcordata*〉

コハムソウ
ジュンサイ(蓴菜)の別名(双子葉植物
綱スイレン目スイレン科の多年生浮葉植
物。葉身は楕円形,裏面は赤紫色。葉径
5〜10cm。暗赤色の花被片をもつ)
〈*Brasenia schreberi*〉

コハモミジ
イロハモミジの別名(双子葉植物綱ムク
ロジ目カエデ科の落葉高木。高さは10
〜15m。樹皮は灰褐色)
〈Acer palmatum *var.palmatum*〉

*コハリスゲ(小針菅)
別名:コケスゲ
単子葉植物綱カヤツリグサ目カヤツリグ
サ科の多年草。高さは10〜30cm。
〈*Carex hakonensis*〉

*ゴハリマツモ
別名:ヨツバリキンギョモ
双子葉植物綱スイレン目マツモ科の沈水
性浮遊植物。果実の上下に2本ずつ突
起をもつ。
〈*Ceratophyllum demersum var.*

quadrispinum〉

コバンガラシ
ナタネハタザオの別名（アブラナ科の一年草。高さは20〜70cm。花は黄白〜緑白色）
〈*Conringia orientalis* (L.) Dumort.〉

*コバンソウ（小判草）
別名：**タワラムギ（俵麦）**
単子葉植物綱カヤツリグサ目イネ科の一年草。高さは10〜60cm。花は黄褐色。
〈*Briza maxima*〉

コバンバコナスビ
ヨウシュコナスビの別名（双子葉植物綱サクラソウ目サクラソウ科の多年草。長さは10〜60cm。花は黄色）
〈*Lysimachia nummularia*〉

*コバンモチ（小判糯）
別名：**シラキ，ヅキ**
双子葉植物綱アオイ目ホルトノキ科の常緑高木。
〈*Elaeocarpus japonicus*〉

コーヒー
コーヒーノキ（珈琲木）の別名（双子葉植物綱アカネ目アカネ科の常緑低木。高さは4.5m。花は白，後に黄色）
〈*Coffea arabica*〉

コヒガン
コヒガンザクラ（小彼岸桜）の別名（双子葉植物綱バラ目バラ科の落葉低木。花は淡紅色）
〈*Cerasus subhirtella*〉

コヒガンザクラ
ヒガンザクラ（緋寒桜）の別名（バラ科の落葉低木。花は淡紅色）
〈*Prunus* × *subhirtella* Miq.〉

*コヒガンザクラ（小彼岸桜）
別名：**コザクラ，コヒガン，ヒガンザクラ**
双子葉植物綱バラ目バラ科の落葉低

木。花は淡紅色。
〈*Cerasus subhirtella*〉

*コーヒーノキ（珈琲木）
別名：**アラビアンコーヒー，コーヒー**
双子葉植物綱アカネ目アカネ科の常緑低木。高さは4.5m。花は白，後に黄色。
〈*Coffea arabica*〉

*コヒマワリ（小向日葵）
別名：**ノヒマワリ**
キク科。高さは0.6〜1.5m。花は淡黄色。
〈*Helianthus decapetalus L.*〉

コヒメユリ
チョウセンヒメユリの別名（ユリ科）

コフキウラミゴケ
ヘリトリウラミゴケの別名（ツメゴケ科の地衣類。地衣体は褐色）
〈*Nephroma parile* Ach.〉

*コブシ（辛夷）
別名：**イモウエバナ，コブシハジカミ，ヤマアララギ（山蘭）**
双子葉植物綱モクレン目モクレン科の落葉高木。樹高は20m。花は白色。樹皮は灰色。
〈*Magnolia praecocissima*〉

コブシハジカミ
コブシ（辛夷）の別名（双子葉植物綱モクレン目モクレン科の落葉高木。樹高は20m。花は白色。樹皮は灰色）
〈*Magnolia praecocissima*〉

コフタバラン
フタバランの別名（ラン科の多年草。高さは10〜20cm）
〈*Listera cordata* (L.) R. Br. var. *japonica* Hara〉

*コブナグサ（小鮒草）
別名：**カイナグサ**
単子葉植物綱カヤツリグサ目イネ科の一年草。高さは20〜50cm。

⟨*Arthraxon hispidus*⟩

コブニレ
ハルニレ(春楡)の別名(双子葉植物綱
イラクサ目ニレ科の落葉高木。樹高は
30m。樹皮は淡い灰褐色)
⟨Ulmus davidiana *var.japonica*⟩

コフネヤシ
クモイヤシの別名(単子葉植物綱ヤシ目
ヤシ科の木本。総苞は長さ1m前後。幹
径は45cm)
⟨*Oribignya cohune*⟩

*コヘラナレン
別名:アシブトワダン
双子葉植物綱キク目キク科の草本。
⟨*Crepidiastrum grandicollum*⟩

コベンケイソウ
ベンケイソウ(弁慶草)の別名(双子葉
植物綱バラ目ベンケイソウ科の多年草。
高さは30〜100cm。花は紅色)
⟨*Hylotelephium erythrostictum*⟩

*ゴボウ(牛蒡)
**別名:ウマフブキ, キタイス, キタ
キス**
双子葉植物綱キク目キク科の根菜類。
高さは3m。花は紫紅色。
⟨*Arctium lappa*⟩

コボウズオトギリ
ヒペリクムの別名(オトギリソウ科)

*コマアスター
**別名:アイギク, エゾギク, サツマ
ギク**
キク科。

ゴマイザサ(五枚笹)
オカメザサ(阿亀笹)の別名(単子葉植
物綱カヤツリグサ目イネ科の常緑小型
竹。高さは0.5〜2m)
⟨*Shibataea kumasaca*⟩

コマウスユキソウ
ヒメウスユキソウ(姫薄雪草)の別名
(双子葉植物綱キク目キク科の多年草。
高さは4〜7cm)
⟨*Leontopodium shinanense*⟩

*コマクサ(駒草)
別名:オコマクサ
双子葉植物綱ケシ目ケシ科の多年草。
高さは5〜10cm。花は紅色。
⟨*Dicentra peregrina*⟩

*ゴマゴケ
別名:ヤマトホシゴケモドキ
ニセサネゴケ科の地衣類。地衣体は
痂状。
⟨*Arthopyrenia japonica Vain.*⟩

コマチソウ
ムシトリナデシコ(虫取撫子)の別名
(双子葉植物綱ナデシコ目(中心子目)
ナデシコ科の一年草または多年草。高
さは50〜60cm。花は紅紫色)
⟨*Silene armeria*⟩

*コマツナ(小松菜)
**別名:ウグイスナ(鶯菜), フユナ(冬
菜)**
双子葉植物綱フウチョウソウ目アブラナ
科の一年草。
⟨*Brassica rapa var.perviridis*⟩

*コマツナギ(駒繋)
別名:クサハギ
双子葉植物綱マメ目マメ科の草本状小低
木。高さは60〜90cm。
⟨*Indigofera pseudo-tinctoria*⟩

*コマツヨイグサ(小待宵草)
別名:キレハマツヨイグサ
双子葉植物綱フトモモ目アカバナ科の一
年草または多年草。高さは20〜
60cm。花は黄〜淡い黄色。
⟨*Oenothera laciniata*⟩

コマノアシガタ
ウマノアシガタ (馬足形) の別名 (双子葉植物綱キンポウゲ目キンポウゲ科の多年草。高さは10〜20cm)
〈Ranunculus japonicus〉

コマノツメ
メノマンネングサ (雌万年草) の別名 (双子葉植物綱バラ目ベンケイソウ科の多年草。高さは5〜15cm。花は濃黄色)
〈Sedum japonicum〉

コマノヒザ
イノコズチ (豕槌, 猪小槌) の別名 (双子葉植物綱ナデシコ目 (中心子目) ヒユ科の多年草。高さは50〜100cm)
〈Achyranthes bidentata var.japonica〉

*コマユミ (小真弓)
別名：ヤマニシキギ
双子葉植物綱ニシキギ目ニシキギ科の落葉低木。
〈Euonymus alatus var.alatus form. striatus〉

コマンネンソウ
ヒメレンゲ (姫蓮華) の別名 (双子葉植物綱バラ目ベンケイソウ科の多年草。高さは5〜15cm)
〈Sedum subtile〉

コミカン
キシュウミカン (紀州蜜柑) の別名 (双子葉植物綱ムクロジ目ミカン科の木本。果面は橙黄色)
〈Citrus kinokuni〉

*コミカンソウ (小蜜柑草)
別名：キツネノチャブクロ
トウダイグサ科の一年草。白乳液、キダチミカンソウに似る。高さは10〜30cm。
〈Phyllanthus urinaria L.〉

コミチヤナギ
ハイミチヤナギの別名 (双子葉植物綱タデ目タデ科の一年草。高さは5〜40cm。花は帯紅色)
〈Polygonum arenastrum〉

コミドリシオグサ
オオシオグサの別名 (緑藻綱シオグサ目シオグサ科の海藻。小枝は束状に出る。体は20cm)
〈Cladophora japonica〉

コミヤマハンショウヅル
ミヤマハンショウヅル (深山半鐘蔓) の別名 (双子葉植物綱キンポウゲ目キンポウゲ科の多年生つる草。花は紫色、または青紫色)
〈Clematis ochotensis〉

コミヤマリンドウ
タテヤマリンドウの別名 (双子葉植物綱リンドウ目リンドウ科の越年草)
〈Gentiana thunbergii var.minor〉

*コムギ (小麦)
別名：パンコムギ, フツウコムギ, マムギ
単子葉植物綱カヤツリグサ目イネ科の草本, 作物。
〈Triticum aestivum〉

コムソウ
ショウゲンジの別名 (フウセンタケ科のキノコ。中型〜大型。傘は黄土色, 初め絹状繊維が覆う。放射状のしわあり。ひだは類白色〜さび色)
〈Rozites caperata〉

コムソウタケ
キヌガサタケ (絹傘茸, 衣笠茸) の別名 (スッポンタケ科のキノコ。大型。傘は釣鐘形)
〈Dictyophora indusiata〉

ゴムタケモドキ
ニカワチャワンタケの別名 (ズキンタケ科のキノコ。材上生 (ナラ類), 白色〜淡紫色)

〈*Neobulgaria pura*〉

*コムチゴケ
別名：シロムチゴケ
ムチゴケ科のコケ。やや褐色を帯び，長さ1〜5cm。
〈*Bazzania tridens*〉

*コムラサキ (小紫)
別名：コシキブ (小式部)
双子葉植物綱シソ目クマツヅラ科の落葉低木。高さは1.2〜2m。花は淡紫紅色。
〈*Callicarpa dichotoma*〉

*コメガヤ
別名：スズメノコメ
単子葉植物綱カヤツリグサ目イネ科の多年草。高さは25〜60cm。
〈*Melica nutans*〉

コメゴメ
ミツバウツギ (三葉空木) の別名(双子葉植物綱ムクロジ目ミツバウツギ科の落葉低木。花は白色)
〈*Staphylea bumalda*〉
ムラサキシキブ (紫式部，紫敷実) の別名(クマツヅラ科の落葉低木。高さは2〜3m。花は淡紫紅色)
〈*Callicarpa japonica* Thunb. ex Murray var.*japonica*〉

ゴメゴメジン
イソヤマアオキの別名(双子葉植物綱キンポウゲ目ツヅラフジ科の常緑低木。花は黄色)
〈*Cocculus laurifolius*〉

*コメススキ (米薄)
別名：エゾヌカススキ
単子葉植物綱カヤツリグサ目イネ科の多年草。高さは25〜60cm。
〈*Deschampsia flexuosa*〉

*コメツガ (米栂)
別名：クロツガ，ヒメツガ

マツ綱マツ目マツ科の常緑高木。高さは25m。
〈*Tsuga diversifolia*〉

コメツキモドキツブタケ
コロモコメツキムシタケの別名(核菌綱バッカクキン科の冬虫夏草。コメツキムシに寄生)
〈*Cordyceps acicularis*〉

コメツキヤドリタケ
クチキツトノミタケの別名(核菌綱バッカクキン科の冬虫夏草。コメツキムシに寄生)
〈*Cordyceps stylophora*〉

*コメツブツメクサ (米粒詰草)
別名：キバナツメクサ
双子葉植物綱マメ目マメ科の一年草。高さは20〜40cm。花は淡黄〜黄色。
〈*Trifolium dubium*〉

*コメツブヤエムグラ
別名：ヒメヤエムグラ
アカネ科の多年草。高さは5〜30cm。花は橙黄色。
〈*Galium divaricatum* Pourr. ex Lam.〉

コメナズナ
タネツケバナ (種付花，種子漬花) の別名(双子葉植物綱フウチョウソウ目アブラナ科の一年草または越年草。高さは10〜30cm)
〈*Cardamine flexuosa*〉

コメノキ
ミツバウツギ (三葉空木) の別名(双子葉植物綱ムクロジ目ミツバウツギ科の落葉低木。花は白色)
〈*Staphylea bumalda*〉

*コメバツガザクラ (米葉栂桜)
別名：ハマザクラ
双子葉植物綱ツツジ目ツツジ科の常緑小低木。高さは5〜15cm。

〈*Arcterica nana*〉

コメユリ
クルマユリ（車百合）の別名（単子葉植物綱ユリ目ユリ科の多年草。高さは70〜100cm。花は朱赤色）
〈*Lilium medeoloides*〉

*ゴモジュ
別名：コウルメ
双子葉植物綱マツムシソウ目スイカズラ科の低木または小高木。高さは1.5〜3m。
〈*Viburnum suspensum*〉

コモソウ
ショウゲンジの別名（フウセンタケ科のキノコ。中型〜大型。傘は黄土色，初め絹状繊維が覆う。放射状のしわあり。ひだは類白色〜さび色）
〈*Rozites caperata*〉

コモチカンラン
メキャベツの別名（双子葉植物綱フウチョウソウ目アブラナ科の野菜）
〈*Brassica oleracea var.gemmifera*〉

*コモチケンチャヤシ
別名：シュロチクヤシ
単子葉植物綱ヤシ目ヤシ科の木本。高さは6m。花は黄緑色，または白色。
〈*Ptychosperma macarthurii*〉

*コモチシダ（子持羊歯）
別名：オニゼンマイ，ホウビシダ
シシガシラ科の常緑性シダ。葉身は長さ30〜200cm。広卵形。
〈*Woodwardia orientalis Sw.*〉

コモチタマナ
メキャベツの別名（双子葉植物綱フウチョウソウ目アブラナ科の野菜）
〈*Brassica oleracea var.gemmifera*〉

コモチトラノオ
ムカゴトラノオ（零余子虎尾）の別名（双子葉植物綱タデ目タデ科の多年草。高さは10〜30cm）
〈*Bistorta vivipara*〉

コモチナ
ニリンソウ（二輪草）の別名（双子葉植物綱キンポウゲ目キンポウゲ科の多年草。高さは15〜25cm。花は白色）
〈*Anemone flaccida*〉

*コモノギク
別名：タマギク
双子葉植物綱キク目キク科の草本。
〈*Aster komonoensis*〉

コモンカラクサ（小紋唐草）
ネモフィラの別名（ハゼリソウ科）
〈*Nemophila insignis Benth.*〉

コモンジャーマンダー
ニガクサ（苦草）の別名（双子葉植物綱シソ目シソ科の多年草。高さは30〜70cm）
〈*Teucrium japonicum*〉

コモンタイム
タイムの別名（シソ科の香辛野菜。高さは20cm。花は白から淡桃色）
〈*Thymus vulgaris L.*〉
タチジャコウソウ（立麝香草）の別名（双子葉植物綱シソ目シソ科の野菜。高さは20cm。花は白〜淡桃色）
〈*Thymus vulgaris*〉

コモンバジル
バジルの別名（双子葉植物綱シソ目シソ科のハーブ。高さは45cm。花は淡紫色）
〈*Ocimum basilicum*〉

コモンヒアシンス
ヒアシンス（風信子）の別名（単子葉植物綱ユリ目ユリ科の多年草。花は青紫色）
〈*Hyacinthus orientalis*〉

コモンベッチ
オオカラスノエンドウの別名（マメ科の

一年草または多年草)
⟨*Vicia sativa* L.⟩

コモンホップ
ホップの別名(双子葉植物綱イラクサ目
クワ科のつる性多年草。長さは6〜7m)
⟨*Humulus lupulus*⟩

*コモン・マロウ
別名：ウスベニアオイ，マロー，マ
ロウ
アオイ科のハーブ。

ゴヤ
クログワイ(黒慈姑)の別名(単子葉植
物綱カヤツリグサ目カヤツリグサ科の多
年生抽水植物。稈は高さ25〜90cm，円
筒形で暗緑色，両性花)
⟨*Eleocharis kuroguwai*⟩

*コヤシセンナ
別名：フタホセンナ
マメ科の大低木。高さは1.5〜3.5m。花
は鮮黄色。
⟨*Cassia didymobotrya* Fresen.⟩

コヤスグサ
イチハツ(鳶尾)の別名(単子葉植物綱
ユリ目アヤメ科の多年草。高さは30〜
50cm。花は藤色)
⟨*Iris tectorum*⟩

*コヤスノキ (子安木)
別名：クロバトベラ
双子葉植物綱バラ目トベラ科の常緑
低木。
⟨*Pittosporum illicioides*⟩

*コヤブタバコ (小藪煙草)
別名：ガンクビソウ
キク科の多年草。高さは50〜100cm。
⟨*Carpesium cernuum* L.⟩

*コヤブラン (小藪蘭)
別名：リュウキュウヤブラン
単子葉植物綱ユリ目ユリ科の多年草。

花は淡紫色。
⟨*Liriope spicata*⟩

*ゴヨウアサガオ
別名：ホザキアサガオ
双子葉植物綱ナス目ヒルガオ科の多年
草。茎は暗紫色。花は赤〜赤紫色。
⟨*Ipomoea horsfalliae*⟩

*ゴヨウカタバミ
別名：マツバカタバミ
カタバミ科。
⟨*Oxalis pentaphylla* Sims⟩

ゴヨウツツジ
アカヤシオ(赤八汐，赤八塩)の別名
(双子葉植物綱ツツジ目ツツジ科の落葉
低木)
⟨*Rhododendron pentaphyllum var.
nikoense*⟩
シロヤシオの別名(双子葉植物綱ツツジ
目ツツジ科の落葉低木または高木)
⟨*Rhododendron quinquefolium*⟩

*ゴヨウマツ (五葉松)
別名：ヒメコマツ，マルミゴヨウ
マツ綱マツ目マツ科の木本。高さは20
〜30m。樹皮は灰色。
⟨*Pinus parviflora var.parviflora*⟩

*コヨウラクツツジ (小瓔珞躑躅)
別名：アオツリガネツツジ
双子葉植物綱ツツジ目ツツジ科の落葉低
木。高さは1〜3m。花は黄白色。
⟨*Menziesia pentandra*⟩

コラ
ヒメコラの別名(アオギリ科の高木。葉
は3裂するものもある。高さは12〜
18m)
⟨*Cola acuminata* (Beauvois) Schott
et Endl.⟩

コラナットノキ
コーラノキの別名(双子葉植物綱アオイ
目アオギリ科の木本。枝は横に拡がる。

花は白黄色で紫黒条あり）
〈*Cola nitida*〉
ヒメコラの別名（双子葉植物綱アオイ目アオギリ科の木本。葉は3裂するものもある。高さは12〜18m）
〈*Cola acuminata*〉

*コーラノキ
別名：コラナットノキ，コラノキ
双子葉植物綱アオイ目アオギリ科の木本。枝は横に拡がる。花は白黄色で紫黒条あり。
〈*Cola nitida*〉

コラノキ
コーラノキの別名（双子葉植物綱アオイ目アオギリ科の木本。枝は横に拡がる。花は白黄色で紫黒条あり）
〈*Cola nitida*〉
ヒメコラの別名（双子葉植物綱アオイ目アオギリ科の木本。葉は3裂するものもある。高さは12〜18m）
〈*Cola acuminata*〉

コラン
キソエビネの別名（ラン科の多年草。長さは25〜35cm）
〈*Calanthe alpina* Hook. fil. var. *schlechteri* (Hara) F. Maek.〉

*コリアンダー
別名：カメムシソウ，コエンドロ，チャイニーズ・パセリ
双子葉植物綱セリ目セリ科の一年草。高さは30〜50cm。花は白〜桃紫色。
〈*Coriandrum sativum*〉

コリアンミント
カワミドリ（川緑）の別名（双子葉植物綱シソ目シソ科の多年草。高さは40〜100cm）
〈*Agastache rugosa*〉

*コリウス
別名：キンランジソ，サヤバナ，ニシキジソ
双子葉植物綱シソ目シソ科の多年草，観賞用草本。葉は赤色，あるいは赤と黄の斑がある。高さは20〜80cm。
〈*Coleus blumei*〉

コリニア
テーブルヤシの別名（ヤシ科の属総称）

コリュウゼン
シラビソ（白檜曽）の別名（マツ綱マツ目マツ科の常緑高木。高さは25m。樹皮は灰色）
〈*Abies veitchii*〉

コリンゴ
ズミの別名（双子葉植物綱バラ目バラ科の落葉小高木。高さは10m。花は白色。樹皮は暗灰色）
〈*Malus toringo*〉

*コリンシア
別名：フタイロコリンソウ
ゴマノハグサ科。高さは60cm。花は紅か紫色。
〈*Collinsia heterophylla* Buist ex R. C. Grah.〉

ゴリンバナ（五輪花）
レンプクソウ（連福草）の別名（双子葉植物綱マツムシソウ目レンプクソウ科の多年草。高さは8〜15cm）
〈*Adoxa moschatellina*〉

ゴール
ゴールデン・デリシアスの別名（バラ科のリンゴ（苹果）の品種）

コルウェイネウ
メタリナの別名（バラ科のバラの品種）

*コルジリネ・インディビサ・アトロプルプレア
別名：ムラサキアツバセンネンボクラン
ユリ科。

コルチ

*コルチカム
別名：イヌサフラン，オータムクロッカス
ユリ科の属総称。球根植物。

*コルチクム
別名：イヌサフラン，オータムクロッカス
単子葉植物綱ユリ目ユリ科の属総称。
〈*Colchicum spp.*〉

ゴールデン・チェーン
キングサリ（金鎖）の別名（双子葉植物綱マメ目マメ科の木本。高さは7〜10m。樹皮は暗灰色）
〈*Laburnum anagyroides*〉

*ゴールデン・デリシアス
別名：ゴール
バラ科のリンゴ（苹果）の品種。

ゴールドスティック
クラスペディアの別名（キク科）
〈*Craspedia globosa*〉

コールマン
グロー・コールマンの別名（ブドウ科のブドウ（葡萄）の品種。果皮は紫黒色）

*コルムナリスグラウカ
別名：ベイヒ
ヒノキ科のローソンヒノキの品種。

*コールラビ
別名：カブカンラン，カブラハボタン，キュウケイカンラン（球茎甘藍）
双子葉植物綱フウチョウソウ目アブラナ科の栽培植物，葉菜類。径4〜10cm。
〈*Brassica oleracea var.gongylodes*〉

*コレア
別名：タスマニアンベル
ミカン科の属総称。

*コレラタケ
別名：ドクアジロガサ
フウセンタケ科のキノコ。小型。傘は饅頭形，平滑，湿時条線。
〈*Galerina fasciculata*〉

ゴロウヒバ
クロベ（黒部）の別名（マツ綱マツ目ヒノキ科の常緑高木。高さは15〜25m。樹皮は赤褐色）
〈*Thuja standishii*〉

*コロカシア
別名：サトイモ
サトイモ科の属総称。

ゴロハラ
アブラチャン（油瀝青）の別名（双子葉植物綱クスノキ目クスノキ科の落葉低木。雄花は黄，雌花は緑黄色）
〈*Lindera praecox*〉

コロビリー
コロビルの別名（アヤメ科の属総称）

*コロビル
別名：グラジオラス，コロビリー，トウショウブ
アヤメ科の属総称。

ゴロベツキ
ウラジロノキ（裏白木）の別名（双子葉植物綱バラ目バラ科の落葉高木。高さは15m）
〈*Sorbus japonica*〉

コロモグサ
カラムシ（苧，苧麻）の別名（双子葉植物綱イラクサ目イラクサ科の多年草。高さは50〜100cm）
〈*Boehmeria nipononivea*〉

*コロモコメツキムシタケ
別名：コメツキモドキツブタケ
核菌綱バッカクキン科の冬虫夏草。コメツキムシに寄生。

〈*Cordyceps acicularis*〉

コロラドトウヒ
アメリカハリモミの別名（マツ綱マツ目マツ科の常緑高木。高さは30〜40m。樹皮は紫灰色）
〈*Picea pungens*〉

*コロラドモミ
別名：ベイマツ，ベイモミ
マツ綱マツ目マツ科の常緑高木。高さは40m。樹皮は灰色。
〈*Abies concolor*〉

コンゴウザクラ
ウワミズザクラ（上不見桜）の別名（双子葉植物綱バラ目バラ科の落葉高木。高さは15m。花は白色）
〈*Prunus grayana*〉

*ゴンズイ（権萃）
別名：クロクサギ
双子葉植物綱ムクロジ目ミツバウツギ科の落葉小高木。高さは3〜6m。花は淡緑色。
〈*Euscaphis japonica*〉

ゴンスケハゼ
ナツハゼ（夏櫨）の別名（双子葉植物綱ツツジ目ツツジ科の落葉低木）
〈*Vaccinium oldhamii*〉

ゴンゼツ
コシアブラ（漉油）の別名（双子葉植物綱セリ目ウコギ科の落葉高木。長さは7〜30cm。花は黄緑色）
〈*Acanthopanax sciadophylloides*〉

コンテリギ
ガクウツギ（額空木）の別名（ユキノシタ科の落葉低木。高さは1.5m。花は白色）
〈*Hydrangea scandens*（L. f.）Ser.〉

コンテリミツバカズラ
シンゴニウム・アルボリネアタムの別名（サトイモ科）

*コンフリー
別名：ニットボーン，ヒレハリソウ
双子葉植物綱シソ目ムラサキ科の多年草。花は淡青紫，淡紅色。
〈*Symphytum officinale*〉

ゴンフレナ
センニチコウ（千日紅）の別名（双子葉植物綱ナデシコ目（中心子目）ヒユ科の一年草。高さは50cm。花は紫紅，肉桃，淡桃，白色など）
〈*Gomphrena globosa*〉

コンペイトウグサ
シラタマホシクサ（白玉星草）の別名（単子葉植物綱ホシクサ目ホシクサ科の一年草。高さは20〜40cm）
〈*Eriocaulon nudicuspe*〉

コンペトウグサ
ミゾソバ（溝蕎麦）の別名（タデ科の一年草。高さは30〜100cm）
〈*Persicaria thunbergii*（Sieb. et Zucc.）H. Gross var.*thunbergii*〉

*コンボルブルス・サバティウス
別名：コンボルブルス・モウリタニクス，ブルーカーペット
ヒルガオ科の宿根草。

コンボルブルス・モウリタニクス
コンボルブルス・サバティウスの別名（ヒルガオ科の宿根草）

コンヨウセルリー
セルリアックの別名（セリ科の根菜類）
〈*Apium graveolens* Linn. var. *rapaceum*（Mill.）DC.〉

コーンリリー
イクシアの別名（アヤメ科の属総称。球根植物）

コンロンカ
ムッサエンダの別名(アカネ科の属総称)

*コンロンソウ(崑崙草)
別名:オオミズガラシ
双子葉植物綱フウチョウソウ目アブラナ
科の多年草。高さは30〜70cm。
〈Cardamine leucantha〉

【 サ 】

*サイカチ(皂莢)
別名:カワラフジノキ
双子葉植物綱マメ目マメ科の落葉高木。
高さは15m。花は黄緑色。
〈Gleditsia japonica〉

サイゴウグサ
ヒメジョオン(姫女苑)の別名(双子葉
植物綱キク目キク科の一年草または越年
草。高さは30〜120cm。花は白〜淡紅
色)
〈Erigeron annuus〉
ヒメムカシヨモギ(姫昔艾)の別名(双
子葉植物綱キク目キク科の一年草または
越年草。高さは80〜180cm。花は白色)
〈Erigeron canadensis〉

サイコクトキワヤブハギ
オオバヌスビトハギの別名(双子葉植物
綱マメ目マメ科の草本)
〈Desmodium laxum〉

サイシュウソロイゴケ
ツムウロコゴケの別名(ツボミゴケ科の
コケ。赤みを帯びる。茎は長さ1〜2cm)
〈Jungermannia fusiformis〉

サイシン
ウスバサイシン(薄葉細辛)の別名(双
子葉植物綱ウマノスズクサ目ウマノスズ
クサ科の多年草。葉径5〜8cm。花は暗
紫色)
〈Asiasarum sieboldii〉

サイタヅマ
イタドリ(虎杖,伊多止利)の別名(双
子葉植物綱タデ目タデ科の多年草。茎に
は縦条。葉柄は赤。高さは30〜150cm)
〈Reynoutria japonica〉

サイトウガヤ
ノガリヤス(野刈安)の別名(イネ科の
多年草。高さは50〜160cm)
〈Calamagrostis arundinacea Roth var.
arundinacea〉

サイハダカンバ
ウダイカンバの別名(双子葉植物綱ブナ
目カバノキ科の落葉高木。高さは30m。
樹皮は赤みのある褐色)
〈Betula maximowicziana〉

ザイフリアヤメ
アンソリーザの別名(アヤメ科)

*ザイフリボク(采振木)
別名:シデザクラ(四手桜),ニレザ
クラ
双子葉植物綱バラ目バラ科の落葉高木。
高さは10m。花は白色。樹皮は灰
褐色。
〈Amelanchier asiatica〉

サイミ
ハリガネの別名(オキツノリ科の海藻。
叉状様に分岐。体は20cm)
〈Gymnogongrus paradoxus Suringar〉

サイモリバ(菜盛葉)
アカメガシワ(赤芽柏)の別名(双子葉
植物綱トウダイグサ目トウダイグサ科の
落葉高木。花は淡黄色)
〈Mallotus japonicus〉

*サイヨウシャジン(細葉沙参)
別名:ナガサキシャジン
双子葉植物綱キキョウ目キキョウ科。
高さは40〜100cm。花は淡青色。

〈*Adenophora triphylla var.triphylla*〉

サイリンヨウラク
ツリガネツツジ(釣鐘躑躅)の別名(双子葉植物綱ツツジ目ツツジ科の落葉低木)
〈*Menziesia ciliicalyx*〉

サオトメウツギ
タニウツギ(谷空木)の別名(双子葉植物綱マツムシソウ目スイカズラ科の落葉低木。高さは2〜3m。花は紅色)
〈*Weigela hortensis*〉

サオトメバナ
ヘクソカズラ(屁糞蔓)の別名(双子葉植物綱アカネ目アカネ科の多年生つる草)
〈*Paederia scandens*〉

サオヒメ
ジオウ(地黄)の別名(双子葉植物綱ゴマノハグサ目ゴマノハグサ科の多年草。高さは10〜30cm。花は黄白色)
〈*Rehmannia glutinosa*〉

*サオヒメ(佐保姫)
別名:ギンカンザシ(銀簪),ギンコウセイ(銀光星)
ベンケイソウ科の低木。高さは20cm。花は黄緑色。
〈*Cotyledon teretifolia Thunb.*〉

*サカキ(榊,栄樹,賢木,神木)
別名:ホンサカキ,ミサカキ
双子葉植物綱ツバキ目ツバキ科の常緑小高木。高さは10m。花は白で後に黄色。
〈*Cleyera japonica*〉

*サカキカズラ(栄樹葛)
別名:ニシキラン
双子葉植物綱リンドウ目キョウチクトウ科の常緑つる性植物。
〈*Anodendron affine*〉

サカサベンケイ
サカサマンネングサの別名(ベンケイソウ科の多年草)
〈*Sedum reflexum L.*〉

*サカサマンネングサ
別名:サカサベンケイ
ベンケイソウ科の多年草。
〈*Sedum reflexum L.*〉

サガミコウジ
フクレミカンの別名(双子葉植物綱ムクロジ目ミカン科の木本)
〈*Citrus fumida*〉

サガミラン
マヤランの別名(単子葉植物綱ラン目ラン科の多年生腐生植物。高さは15〜20cm)
〈*Cymbidium nipponicum*〉

サガリマツ(下がり松)
シダレマツ(枝垂松)の別名(マツ科)
〈*Pinus densiflora Siebold et Zucc. 'Pendula'*〉

サガリユリ
テッポウユリ(鉄砲百合)の別名(単子葉植物綱ユリ目ユリ科の多年草。高さは50〜100cm)
〈*Lilium longiflorum*〉

*サギゴケ(鷺苔)
別名:サギシバ
双子葉植物綱ゴマノハグサ目ゴマノハグサ科の多年草。高さは7〜15cm。花は白色。
〈*Mazus miquelii*〉

サギシバ
サギゴケ(鷺苔)の別名(双子葉植物綱ゴマノハグサ目ゴマノハグサ科の多年草。高さは7〜15cm。花は白色)
〈*Mazus miquelii*〉

サキシマエノキ
コバノチョウセンエノキ（小葉朝鮮榎）の別名（双子葉植物綱イラクサ目ニレ科の高木。葉は卵状長楕円形）
〈*Celtis leveillei*〉

*サキシマツツジ
別名：クメジマツツジ
ツツジ科の常緑低木。
〈*Rhododendron amanoi*〉

*サキシマハマボウ
別名：トウユウナ
双子葉植物綱アオイ目アオイ科の小高木。ヤマアサに似るが葉は鋸歯がない。花は黄，後に紫色。
〈*Thespesia populnea*〉

*サキシマボタンヅル
別名：シナボタンヅル
キンポウゲ科の薬用植物。
〈*Clematis chinensis Osbeck*〉

*サギスゲ（鷺菅）
別名：ワセワタスゲ
単子葉植物綱カヤツリグサ目カヤツリグサ科の多年草。高さは20～50cm。
〈*Eriophorum gracile*〉

*サギソウ（鷺草）
別名：シラサギソウ（白鷺草）
単子葉植物綱ラン目ラン科の多年草。高さは20～30cm。
〈*Habenaria radiata*〉

サギノシリサシ
サンカクイ（三角藺）の別名（単子葉植物綱カヤツリグサ目カヤツリグサ科の多年生抽水植物。稈は高さ50～130cm，三角形，小穂は長楕円状卵形）
〈*Scirpus triqueter*〉

サキミウスバシダ
ナガバウスバシダの別名（オシダ科の常緑性シダ。葉身は長さ45cm。長楕円形から広披針形）
〈*Tectaria kusukusensis*（Hayata）Lellinger〉

サキミノホシダ
オオホシダの別名（オシダ科の常緑性シダ。葉身は長さ1～1.3m。広披針形）
〈*Cyclosorus boninensis*（Kodama ex Koidz.）Nakaike〉

サキワケケイトウ
ケイトウ（鶏頭）の別名（双子葉植物綱ナデシコ目（中心子目）ヒユ科の一年草。葉を食用とする。高さは60～90cm。花は赤，黄，橙色など）
〈*Celosia cristata*〉

サキワケモモ
ゲンペイモモの別名（双子葉植物綱バラ目バラ科。モモの品種）
〈Amygdalus persica 'Versicolor'〉

サクナ
ボタンボウフウ（牡丹防風）の別名（双子葉植物綱セリ目セリ科の多年草。高さは60～100cm）
〈*Peucedanum japonicum*〉

*サクユリ（佐久百合）
別名：タメトモユリ（為朝百合），ハチジョウユリ
単子葉植物綱ユリ目ユリ科の多年草。
〈*Lilium platyphyllum*〉

サクライウズ
ハクサントリカブトの別名（双子葉植物綱キンポウゲ目キンポウゲ科の草本）
〈*Aconitum hakusanense*〉

サクラカガミ（桜鏡）
ヒマラヤユキノシタの別名（双子葉植物綱バラ目ユキノシタ科の多年草。花は白，後に桃色）
〈*Bergenia stracheyi*〉

*サクラガンピ（桜雁皮）
別名：ヒメガンピ

双子葉植物綱フトモモ目ジンチョウゲ科
の落葉低木。
〈 *Wikstroemia pauciflora* 〉

*サクラジマイノデ
別名：シンイノデ
オシダ科の常緑性シダ植物。葉身は長
さ25～60cm, 狭長楕円形。
〈 *Polystichum piceopaleaceum* 〉

*サクラシメジ
別名：アカキノコ, アカタケ, アカ
ンボ
ヌメリガサ科のキノコ。中型～大型。
傘はワイン色で湿時粘性。ひだは白
色にワイン色のしみ。
〈 *Hygrophorus russula* 〉

サクラソウ
プリムラの別名（双子葉植物綱サクラソ
ウ目サクラソウ科の属総称）
〈 *Primula spp.* 〉

サクラマンテマ
フクロナデシコ（袋撫子）の別名（ナデ
シコ科）
*サクラマンテマ
別名：オオマンテマ, フクロマンテマ
双子葉植物綱ナデシコ目（中心子目）
ナデシコ科の一年草。花は紅紫色。
〈 *Silene pendula* 〉

サクララン
ホヤの別名（ガガイモ科の属総称）

サクランボ
セイヨウミザクラ（西洋実桜）の別名
（双子葉植物綱バラ目バラ科の木本。花
は白色。樹皮は赤褐色）
〈 *Cerasus avium* 〉
*サクランボ（桜桃）
別名：オウトウ, セイヨウミザクラ
バラ科。
〈 *Prunus avium* 〉

*ザクロ（石榴, 柘榴）
別名：ジャクリュウ, ジャクロ
双子葉植物綱フトモモ目ザクロ科の落葉
木。果皮は黄で, 陽向面は紅色。花は
赤色。
〈 *Punica granatum* 〉

*サゴヤシ
別名：ホンサゴ, マサゴヤシ
単子葉植物綱ヤシ目ヤシ科の湿地性植
物。地下茎で増殖, 15年で開花する。
高さは12m。
〈 *Metroxylon sagu* 〉

ササウチワ
スパティフィルムの別名（サトイモ科の
属総称）

ササガシ
シラカシ（白樫）の別名（双子葉植物綱
ブナ目ブナ科の常緑高木。高さは15～
20m。樹皮は濃い灰色）
〈 *Quercus myrsinaefolia* 〉

*ササクサ（笹草）
別名：イチロク, クサノハグサ, ツカ
ミグサ
単子葉植物綱カヤツリグサ目イネ科の多
年草。高さは40～80cm。
〈 *Lophatherum gracile* 〉

*ササゲ（豇豆）
別名：ジュウロウササゲ, ナガササゲ
双子葉植物綱マメ目マメ科の果菜類。
花は白色, または紫色。
〈 *Vigna unguiculata* 〉

*ササノハスゲ
別名：タキノムラサキ
単子葉植物綱カヤツリグサ目カヤツリグ
サ科の草本。
〈 *Carex pachygyna* 〉

ササノユキ（笹の雪）
リュウゼツラン・ササノユキ（笹の
雪）の別名（リュウゼツラン科の多肉植

物。花は淡緑色）

〈*Agave victoriae-reginae* T. Moore〉

ササバエンゴサク

ヤマエンゴサク（山延胡索）の別名（双子葉植物綱ケシ目ケシ科の多年草。高さは10〜20cm。花は淡紅紫〜青紫色）

〈*Corydalis lineariloba*〉

*ササバモ（笹葉藻）

別名：サジバモ

単子葉植物綱イバラモ目ヒルムシロ科の沈水植物〜浮葉植物。葉身は長楕円状線形〜狭披針形，花は4心皮。

〈*Potamogeton malaianus*〉

ササバモク

オオバモク（大葉藻屑）の別名（褐藻綱ヒバマタ目ホンダワラ科の海藻。茎は円柱状。体は1〜1.5m）

〈*Sargassum ringgoldianum*〉

ササバルスカス

イタリアンルスカスの別名（ユリ科）

ササモ

ヤナギモ（柳藻）の別名（単子葉植物綱イバラモ目ヒルムシロ科の常緑性沈水植物。葉は無柄，線形で鋭尖頭）

〈*Potamogeton oxyphyllus*〉

*ササユリ（笹百合）

別名：サツキユリ，サユリ

単子葉植物綱ユリ目ユリ科の多年草。高さは50〜100cm。花は濃淡の桃色。

〈*Lilium japonicum*〉

*サザンカ（山茶花）

別名：アブラチャ，カイコウ，コツバキ

双子葉植物綱ツバキ目ツバキ科の常緑小高木。高さは7〜10m。花は白色。

〈*Camellia sasanqua*〉

サジナ

ヒルムシロ（蛭筵，蛭蓆）の別名（単子葉植物綱イバラモ目ヒルムシロ科の多年生水草。葉身は披針形，長さ5〜16cm）

〈*Potamogeton distinctus*〉

サジバモ

ササバモ（笹葉藻）の別名（単子葉植物綱イバラモ目ヒルムシロ科の沈水植物〜浮葉植物。葉身は長楕円状線形〜狭披針形，花は4心皮）

〈*Potamogeton malaianus*〉

サジバモヨウビユ

モヨウビユの別名（双子葉植物綱ナデシコ目（中心子目）ヒユ科の低草。赤葉種，黄葉種あり。花は白色，または淡白褐色）

〈*Alternanthera ficoidea*〉

サシブノキ

シャシャンボ（小小ん坊）の別名（双子葉植物綱ツツジ目ツツジ科の常緑低木）

〈*Vaccinium bracteatum*〉

*サジラン（匙蘭）

別名：イワミノ，ウスイタ，タカノハ

ウラボシ科の常緑性シダ植物。葉身は長さ15〜45cm，倒披針形。

〈*Loxogramme saziran*〉

サセンソウ

ジュンサイ（蓴菜）の別名（双子葉植物綱スイレン目スイレン科の多年生浮葉植物。葉身は楕円形，裏面は赤紫色。葉径5〜10cm。暗赤色の花被片をもつ）

〈*Brasenia schreberi*〉

*ザゼンソウ（座禅草）

別名：ダルマソウ（達磨草），ベコノシタ

単子葉植物綱サトイモ目サトイモ科の多年草。苞は暗紫色または淡紫色。高さは20〜40cm。

〈*Symplocarpus foetidus* var. *latissimus*〉

ザゼンモモ

バントウ（蟠桃）の別名（双子葉植物綱
バラ目バラ科の木本。果実は扁円形）
〈Amygdalus persica var.compressa〉

サタカズラ

ホルトカズラの別名（ヒルガオ科の常緑
藤本）
〈Erycibe henryi Prain〉

サダソウ

ペペロミアの別名（コショウ科の属総称）
＊サダソウ（佐田草）
別名：スナゴショウ
双子葉植物綱コショウ目コショウ科
の多年草。高さは10〜30cm。
〈Peperomia japonica〉

＊サタツツジ

別名：ヒメマルバサツキ
双子葉植物綱ツツジ目ツツジ科の木本。
高さは2m。花は淡紫紅色。
〈Rhododendron sataense〉

＊サツキ（皐月，五月）

別名：サツキツツジ
双子葉植物綱ツツジ目ツツジ科の常緑低
木。花は紅色。
〈Rhododendron indicum〉

サツキアサドリ

ナツアサドリの別名（双子葉植物綱ヤマ
モガシ目グミ科の落葉低木。高さは6m）
〈Elaeagnus yoshinoi〉

サツキイチゴ

ナワシロイチゴ（苗代苺）の別名（双子
葉植物綱バラ目バラ科の落葉性つる性低
木）
〈Rubus parvifolius〉

サツキギョリュウ

ギョリュウ（御柳）の別名（双子葉植物
綱スミレ目ギョリュウ科の落葉小高木。
高さは6m。花は淡紅色）
〈Tamarix chinensis〉

サツキツツジ

サツキ（皐月，五月）の別名（双子葉植
物綱ツツジ目ツツジ科の常緑低木。花
は紅色）
〈Rhododendron indicum〉

サツキユリ

ササユリ（笹百合）の別名（ユリ科の多
肉植物。高さは50〜100cm。花は濃淡
の桃色）
〈Lilium japonicum Thunb. ex
Murray〉

サック

チークの別名（双子葉植物綱シソ目クマ
ツヅラ科の落葉高木。花は白色）
〈Tectona grandis〉

サッコウフジ

ムラサキナツフジ（紫夏藤）の別名（双
子葉植物綱マメ目マメ科の木本。長さ
は10m。花は帯紅紫〜暗紫色）
〈Millettia reticulata〉

サットニー

ウンランモドキ（海蘭擬）の別名（双子
葉植物綱ゴマノハグサ目ゴマノハグサ科
の一年草。高さは15〜16cm）
〈Nemesia strumosa〉

＊サッポロスゲ

別名：ハナマガリスゲ
単子葉植物綱カヤツリグサ目カヤツリグ
サ科の草本。
〈Carex pilosa〉

サツマ

バイカウツギ（梅花空木）の別名（双子
葉植物綱バラ目ユキノシタ科の直立性低
木。高さは2m。花は白色）
〈Philadelphus satsumi〉

＊サツマイナモリ（薩摩稲森）

別名：キダチイナモリソウ
双子葉植物綱アカネ目アカネ科の多年
草。高さは10〜20cm。

植物別名辞典　231

〈*Ophiorrhiza japonica*〉

*サツマイモ (薩摩芋)

別名:カライモ (唐藷),カンショ (甘藷)

双子葉植物綱ナス目ヒルガオ科の根菜類。皮色は白,黄褐,紫紅など。花は白色,または淡紅色。
〈*Ipomoea batatas var.edulis*〉

サツマウツギ

バイカウツギ (梅花空木) の別名 (双子葉植物綱バラ目ユキノシタ科の直立性低木。高さは2m。花は白色)
〈*Philadelphus satsumi*〉

サツマギク

アスターの別名 (双子葉植物綱キク目キク科の一年草。花は紫〜淡紅色,または白色)
〈*Callistephus chinensis*〉

コマアスターの別名 (キク科)

サツマコンギク

アスターの別名 (双子葉植物綱キク目キク科の一年草。花は紫〜淡紅色,または白色)
〈*Callistephus chinensis*〉

サツマニンジン

フシグロ (節黒) の別名 (双子葉植物綱ナデシコ目 (中心子目) ナデシコ科の越年草。高さは30〜80cm)
〈*Silene firma*〉

サツマフジ

フジモドキ (藤擬) の別名 (双子葉植物綱フトモモ目ジンチョウゲ科の落葉低木。高さは1m。花は淡紫色)
〈*Daphne genkwa*〉

サツマモクセイ

シマモクセイの別名 (双子葉植物綱ゴマノハグサ目モクセイ科の常緑木。高さは18m。花は白色)
〈*Osmanthus insularis*〉

サツマユリ

オニユリ (鬼百合) の別名 (単子葉植物綱ユリ目ユリ科の多年草。高さは100〜180cm。花は橙赤色)
〈*Lilium lancifolium*〉

ハカタユリ (博多百合) の別名 (ユリ科)
〈*Lilium brownii* N. E. Br. ex Miellez var.*viridulum* Baker〉

サデクサ

イシミカワ (石見川,石膠) の別名 (タデ科の一年生つる草。果実は暗青色。長さは1〜2m)
〈*Persicaria perfoliata* (L.) H. Gross〉

*サデクサ

別名:ミゾサデクサ

双子葉植物綱タデ目タデ科の一年草。高さは40〜100cm。
〈*Persicaria maackiana*〉

サトイモ

コロカシアの別名 (サトイモ科の属総称)

*サトイモ (里芋)

別名:タイモ,ハタイモ

単子葉植物綱サトイモ目サトイモ科の根菜類。芋作物。
〈*Colocasia esculenta*〉

ザートヴィッケ

オオヤハズエンドウの別名 (マメ科の一年草。長さは30〜150cm。花は紅紫色)
〈*Vicia sativa* L. var.*sativa*〉

ザトウエビ

ノブドウ (野葡萄) の別名 (双子葉植物綱クロウメモドキ目ブドウ科のつる性多年草)
〈*Ampelopsis brevipedunculata var.* heterophylla〉

サトウカエデ

カナダカエデの別名 (カエデ科)

*サトウキビ (砂糖黍)

別名:カンシャ,カンショ,カンショウ

単子葉植物綱カヤツリグサ目イネ科の作物。砂糖を採る。
〈*Saccharum officinarum*〉

サトウシバ
タムシバ（田虫葉）の別名（双子葉植物綱モクレン目モクレン科の落葉木。樹高は10m。花は白色。樹皮は灰色）
〈*Magnolia salicifolia*〉

ザトウチク
モウソウチク（孟宗竹）の別名（単子葉植物綱カヤツリグサ目イネ科の常緑大型竹。高さは10〜20m）
〈*Phyllostachys pubescens*〉

サドオケラ
ホソバオケラ（細葉朮）の別名（キク科の薬用植物）
〈*Atractylodes lancea*（Thunb）DC.〉

サトトネリコ
トネリコ（戸練子）の別名（双子葉植物綱ゴマノハグサ目モクセイ科の落葉高木。高さは15m）
〈*Fraxinus japonica*〉

サトニラ
ラッキョウ（辣韭）の別名（単子葉植物綱ユリ目ユリ科の根菜類。葉長30〜50cm）
〈*Allium chinense*〉

サナギ
モミ（樅）の別名（マツ綱マツ目マツ科の常緑高木。高さは45m）
〈*Abies firma*〉

サニーレタス
アカチリメンチシャの別名（キク科）

サニン
ゲットウ（月桃）の別名（単子葉植物綱ショウガ目ショウガ科の多年草。花序は垂下する。高さは2〜3m。花の唇弁には赤色，黄斑あり）

〈*Alpinia speciosa*〉

*サネカズラ（実葛，真葛）
別名：ビナンカズラ（美男葛）
双子葉植物綱シキミ目マツブサ科の常緑つる性植物。花は黄白色。
〈*Kadsura japonica*〉

*サネブトナツメ（核太棗，実太棗）
別名：シナナツメ
双子葉植物綱クロウメモドキ目クロウメモドキ科の木本。花は黄色。
〈*Ziziphus jujuba var.spinosa*〉

サバクオモト
ウェルウィッチアの別名（ウェルウィッチア科。高さは30〜45cm。花は紅色）
〈*Welwitschia mirabilis* Hook. f.〉

サバクノバラ（砂漠のバラ）
アデニウムの別名（キョウチクトウ科の属総称）

*サフラン（泊夫藍）
別名：サフランクロッカス，バンコウカ
単子葉植物綱ユリ目アヤメ科の多年草。花は淡紫色。
〈*Crocus sativus*〉

サフランクロッカス
サフラン（泊夫藍）の別名（単子葉植物綱ユリ目アヤメ科の多年草。花は淡紫色）
〈*Crocus sativus*〉

サフランモドキ
ゼフィランサスの別名（ヒガンバナ科の属総称。球根植物）

サーベル
ミフクラギ（目膨木）の別名（双子葉植物綱リンドウ目キョウチクトウ科の常緑高木。花は白色）
〈*Cerbera manghas*〉

*サポジラ
別名：サポーテ，チューインガムノキ
双子葉植物綱カキノキ目アカテツ科の小木。果肉は黄褐色ないし赤褐色。高さは10〜15m。花は黄白色。
〈*Manilkara zapota*〉

サポーテ
サポジラの別名(双子葉植物綱カキノキ目アカテツ科の小木。果肉は黄褐色ないし赤褐色。高さは10〜15m。花は黄白色)
〈*Manilkara zapota*〉

サボテンギク
マツバギク(松葉菊)の別名(双子葉植物綱ナデシコ目(中心子目)ザクロソウ科の多肉多年草。高さは30cm。花は桃赤色，淡い桃白色，桃紅色)
〈*Lampranthus spectabilis*〉

*サボテンタイゲキ
別名：ユーホルビウム
トウダイグサ科の多肉低木。角柱。
〈*Euphorbia antiquorum L.*〉

サポナリア
サボンソウの別名(双子葉植物綱ナデシコ目(中心子目)ナデシコ科の多年草。高さは50〜80cm。花は淡紅色，または白色)
〈*Saponaria officinalis*〉
ドウカンソウ(道灌草)の別名(双子葉植物綱ナデシコ目(中心子目)ナデシコ科の一年草または越年草。高さは30〜60cm。花はピンク〜暗紅紫色)
〈*Vaccaria hispanica*〉

ザボン
ブンタンの別名(双子葉植物綱ムクロジ目ミカン科の木本。果実はミカン属の中では最大)
〈*Citrus grandis*〉

*ザボン
別名：ジャボン
ミカン科の木本。果肉は白と紅とある。
〈*Citrus maxima*（Burm.）*Merr.*〉

*サボンソウ
別名：サポナリア
双子葉植物綱ナデシコ目(中心子目)ナデシコ科の多年草。高さは50〜80cm。花は淡紅色，または白色。
〈*Saponaria officinalis*〉

*サマー・サボリー
別名：キダチハッカ，セボリー
シソ科のハーブ。

サマニカラマツ
ナガバカラマツの別名(双子葉植物綱キンポウゲ目キンポウゲ科の草本)
〈*Thalictrum integrilobum*〉
ホソバカラマツ(細葉唐松)の別名(キンポウゲ科の草本)
〈*Thalictrum integrilobum* Maxim.〉

サマーヒアシンス
ガルトニアの別名(ユリ科の属総称。球根植物)

サマーライラック
フサフジウツギの別名(双子葉植物綱ゴマノハグサ目フジウツギ科の落葉低木。葉裏灰白毛。高さは2m。花は淡紫色)
〈*Buddleja davidii*〉

*ザミア
別名：フロリダソテツ
ソテツ科の属総称。

サメノタスキ
ナガミル(長水松)の別名(緑藻綱ミル目ミル科の海藻。体は長さ15m)
〈*Codium cylindricum*〉

*サヤゴケ (莢苔)
別名：ヒメハイカラゴケ
ヒナノハイゴケ科のコケ。小形、茎は長さ5〜10(〜20)mm、葉は狭披針形。
〈*Glyphomitrium humillimum*

Card.〉

*サヤスゲ（鞘菅）
別名：ケヤリスゲ
カヤツリグサ科。
〈Carex vaginata var.petersii〉

サヤバナ
コリウスの別名（双子葉植物綱シソ目シ
ソ科の多年草。観賞用草本。葉は赤色，
あるいは赤と黄の斑がある。高さは20
〜80cm）
〈Coleus blumei〉

サユリ
ササユリ（笹百合）の別名（単子葉植物
綱ユリ目ユリ科の多年草。高さは50〜
100cm。花は濃淡の桃色）
〈Lilium japonicum〉

*サラカヤシ
別名：アマミザラッカ，サラッカ
ヤシ科。高さは4.5〜6m。花は雄花は
赤、雌花は黄緑色。
〈Salacca edulis Reinw.〉

*サラサドウダンツツジ
別名：フウリンツツジ
ツツジ科の落葉小高木。高さは4〜5m。
花は淡紅色。
〈Enkianthus campanulatus Nichol.〉

*サラサバナ
別名：パイプカズラ，パイプバナ
ウマノスズクサ科の常緑つる性低木。
花は白緑色、紫黒色の斑点がある。
〈Aristolochia elegans M. T. Mast〉

*サラサモクレン
別名：サラサレンゲ
モクレン科。

サラサレンゲ
サラサモクレンの別名（モクレン科）

サラシフジ（晒藤）
ムキフジの別名（マメ科の木本）

*サラセニア
別名：ヘイシソウ
サラセニア科の属総称。

*サラソウジュ
別名：サラノキ
双子葉植物綱ツバキ目フタバガキ科の常
緑高木。仏教の聖木。花は淡黄緑色。
〈Shorea robusta〉

サラダナ
レタスの別名（双子葉植物綱キク目キク
科の葉菜類。花は黄色）
〈Lactuca sativa〉

*サラダマスタード
別名：セイヨウカラシナ，マスター
ド・サラダ
アブラナ科のハーブ。

サラッカ
サラカヤシの別名（ヤシ科。高さは4.5〜
6m。花は雄花は赤、雌花は黄緑色）
〈Salacca edulis Reinw.〉

ザラツキイチゴツナギ
イチゴツナギ（苺繋）の別名（単子葉植
物綱カヤツリグサ目イネ科の多年草。
高さは30〜70cm）
〈Poa sphondylodes〉

サラノキ
サラソウジュの別名（双子葉植物綱ツバ
キ目フタバガキ科の常緑高木。仏教の
聖木。花は淡黄緑色）
〈Shorea robusta〉

ザラメ
スジメの別名（褐藻綱コンブ目コンブ科
の海藻。茎は円柱状）
〈Costaria costata〉

サルイワツバキ
ユキツバキ(雪椿)の別名(双子葉植物綱ツバキ目ツバキ科の常緑低木。花は赤色)
〈Camellia japonica *var.decumbens*〉

サルオガセ
ヨコワサルオガセの別名(サルオガセ科の植物。地衣体は伸長し, 樹皮より垂れ下がる)
〈Usnea diffracta〉

サルオガセモドキ
スパニッシュモスの別名(単子葉植物綱パイナップル目パイナップル科の多年草)
〈Tillandsia usneoides〉

サルシファイ
バラモンジン(婆羅門参)の別名(双子葉植物綱キク目キク科の越年草。高さは40〜90cm。花は青紫色)
〈Tragopogon porrifolius〉

サルタケ
カワラタケ(瓦茸)の別名(サルノコシカケ科のキノコ。中型。傘は暗褐色〜黒色, 環紋)
〈Coriolus versicolor〉

サルタノキ
ヒメシャラ(姫沙羅)の別名(双子葉植物綱ツバキ目ツバキ科の落葉高木。樹皮は赤褐色。樹高は15m。樹皮は灰色)
〈Stewartia monadelpha〉

*サルダヒコ
別名:イヌシロネ, コシロネ
双子葉植物綱シソ目シソ科の多年草。高さは20〜80cm。
〈Lycopus ramosissimus var. japonicus〉

*サルトリイバラ(猿捕茨)
別名:カカラ, ガンタチイバラ
単子葉植物綱ユリ目ユリ科のつる性低木。葉長5cm。花は黄緑色。
〈Smilax china〉

*サルナシ(猿梨)
別名:コクワ, コクワヅル
双子葉植物綱ツバキ目マタタビ科の落葉つる性植物。花は白色。
〈Actinidia arguta〉

*サルビア
別名:オオバナベニサルビア, ヒゴロモサルビア, ヒゴロモソウ(緋衣草)
双子葉植物綱シソ目シソ科の落葉小低木。高さは1m。花は鮮紅色。
〈Salvia splendens〉

サルビエ
イヌビエ(犬稗)の別名(単子葉植物綱カヤツリグサ目イネ科の一年草。高さは60〜100cm)
〈Echinochloa crus-galli〉

サルメン
チガイソ(千賀磯)の別名(褐藻綱コンブ目チガイソ科の海藻)
〈Alaria crassifolia〉

*サルメンバナ
別名:アサガオタバコ
ナス科の一年草。
〈Salpiglossis sinuata Ruiz. et Pav.〉

サルメンワカメ
チガイソ(千賀磯)の別名(褐藻綱コンブ目チガイソ科の海藻)
〈Alaria crassifolia〉

サルルショウマ
モミジバショウマの別名(ユキノシタ科の草本)
〈Astilbe platyphylla H. Boiss.〉

ザロンバイ
ヤツブサウメ(八房梅)の別名(双子葉植物綱バラ目バラ科の木本)
〈Armeniaca mume 'Pleiocarpa'〉

＊サワアザミ（沢薊）
　　別名：キセルアザミ
　　　キク科の多年草。
　　　　〈*Cirsium yezoense*（*Maxim.*）
　　　　Makino〉

サワアジサイ
　　ヤマアジサイ（山紫陽花）の別名（双子
　　葉植物綱バラ目ユキノシタ科の落葉低
　　木）
　　　　〈*Hydrangea serrata*〉

＊サワギク（沢菊）
　　別名：ボロギク
　　　双子葉植物綱キク目キク科の多年草。
　　　高さは35〜110cm。
　　　　〈*Senecio nikoensis*〉

＊サワグルミ（沢胡桃）
　　別名：カワグルミ，フジグルミ
　　　双子葉植物綱クルミ目クルミ科の落葉高
　　　木。高さは30m。花は淡黄緑色。樹
　　　皮は濃い灰色。
　　　　〈*Pterocarya rhoifolia*〉

サワグワ
　　フサザクラ（総桜）の別名（双子葉植物
　　綱マンサク目フサザクラ科の落葉高木。
　　花は暗赤色）
　　　　〈*Euptelea polyandra*〉

サワシオン
　　タコノアシ（蛸足）の別名（双子葉植物
　　綱バラ目ユキノシタ科の多年草。高さ
　　は30〜80cm）
　　　　〈*Penthorum chinense*〉

サワシデ
　　サワシバ（沢柴）の別名（双子葉植物綱
　　ブナ目カバノキ科の落葉高木。樹高は
　　15m。樹皮は灰褐色）
　　　　〈*Carpinus cordata*〉

＊サワシバ（沢柴）
　　別名：サワシデ，ヒメサワシバ
　　　双子葉植物綱ブナ目カバノキ科の落葉高

木。樹高は15m。樹皮は灰褐色。
　　　　〈*Carpinus cordata*〉

サワスゲ
　　エナシヒゴクサの別名（単子葉植物綱カ
　　ヤツリグサ目カヤツリグサ科の多年草。
　　高さは20〜40cm）
　　　　〈*Carex aphanolepis*〉

サワゼリ
　　ヌマゼリ（沼芹）の別名（双子葉植物綱
　　セリ目セリ科の多年草。高さは60〜
　　100cm）
　　　　〈*Sium nipponicum var.nipponicum*〉

サワソラシ
　　カサモチの別名（双子葉植物綱セリ目セ
　　リ科の草本）
　　　　〈*Nothosmyrnium japonicum*〉

サワダチ
　　サワダツ（沢立）の別名（双子葉植物綱
　　ニシキギ目ニシキギ科の落葉低木）
　　　　〈*Euonymus melananthus*〉

＊サワダツ（沢立）
　　別名：アオジクマユミ，サワダチ
　　　双子葉植物綱ニシキギ目ニシキギ科の落
　　　葉低木。
　　　　〈*Euonymus melananthus*〉

＊サワトラノオ
　　別名：ミズトラノオ
　　　双子葉植物綱サクラソウ目サクラソウ科
　　　の草本。
　　　　〈*Lysimachia leucantha*〉

サワトンボ
　　オオミズトンボの別名（単子葉植物綱ラ
　　ン目ラン科の多年草）
　　　　〈*Habenaria linearifolia*〉

＊サワハコベ
　　別名：ツルハコベ
　　　ナデシコ科の多年草。高さは5〜30cm。
　　　　〈*Stellaria diversiflora Maxim. var.*

サワフ

diandra（*Maxim.*）*Makino*〕

*サワフタギ（沢塞，沢蓋木）
別名：ニシゴリ，ルリミノウシコロシ
双子葉植物綱カキノキ目ハイノキ科の落葉低木。
〈*Symplocos chinensis var.leucocarpa form.pilosa*〉

サワホオズキ
オオバミゾホオズキ（大葉溝酸漿）の別名（双子葉植物綱ゴマノハグサ目ゴマノハグサ科の多年草。高さは20～35cm）
〈*Mimulus sessilifolius*〉

*サワラ（椹）
別名：サワラギ
マツ綱マツ目ヒノキ科の常緑高木。高さは30～40m。花は紫褐色。樹皮は赤褐色。
〈*Chamaecyparis pisifera*〉

サワラギ
サワラ（椹）の別名（マツ綱マツ目ヒノキ科の常緑高木。高さは30～40m。花は紫褐色。樹皮は赤褐色）
〈*Chamaecyparis pisifera*〉

*サワラゴケ
別名：ムクムクサワラゴケ
サワラゴケ科のコケ。茎は長さ3～10cm。
〈*Neotrichocolea bissetii*〉

サワラトガ
トガサワラの別名（マツ綱マツ目マツ科の常緑高木。高さは15～30m）
〈*Pseudotsuga japonica*〉

サワラビ
ワラビの別名（ワラビ科の夏緑性シダ植物。葉身は長さ1m，三角状卵形）
〈*Pteridium aquilinum subsp.aquilinum var.latiusculum*〉

*サワラン（沢蘭）
別名：アサヒラン
単子葉植物綱ラン目ラン科の多年草。高さは10～20cm。花は紅紫色。
〈*Eleorchis japonica*〉

*サンインクワガタ
別名：ニシノヤマクワガタ
双子葉植物綱ゴマノハグサ目ゴマノハグサ科の草本。
〈*Veronica muratae*〉

*サンインシロカネソウ
別名：ソコベニシロカネソウ
双子葉植物綱キンポウゲ目キンポウゲ科の草本。
〈*Dichocarpum ohwianum*〉

*サンインヤマトリカブト
別名：ダイセントリカブト
キンポウゲ科。
〈*Aconitum napiforme var. saninense*〉

サンガイグサ
ホトケノザ（仏座）の別名（双子葉植物綱シソ目シソ科の一年草または多年草。高さは10～30cm）
〈*Lamium amplexicaule*〉

サンカイネギ
ヤグラネギの別名（単子葉植物綱ユリ目ユリ科の野菜）
〈*Allium fistulosum var.viviparum*〉

*サンカオウトウ（酸果桜桃）
別名：スミノミザクラ
バラ科の木本。

*サンカクイ（三角藺）
別名：サギノシリサシ，タイコウイ
単子葉植物綱カヤツリグサ目カヤツリグサ科の多年生抽水植物。稈は高さ50～130cm，三角形，小穂は長楕円状卵形。
〈*Scirpus triqueter*〉

238　植物別名辞典

*サンカクヅル（三角蔓）
別名：ギョウジャノミズ
双子葉植物綱クロウメモドキ目ブドウ科の落葉つる性植物。
〈*Vitis flexuosa*〉

*サンカクチュウ（三角柱）
別名：カズラサボテン
サボテン科のサボテン。径3〜7cm。花は白色。
〈*Hylocereus guatemalensis*（*Eichlam*）*Britt. et Rose*〉

サンカクナ
ヒンジモ（品字藻）の別名（単子葉植物綱サトイモ目ウキクサ科の沈水性浮遊植物。葉状体は半透明で，広披針形〜狭卵形，長さ7〜10mm）
〈*Lemna trisulca*〉

サンゴアブラギリ
ヤトロファの別名（トウダイグサ科の属総称）

*サンゴシトウ（珊瑚刺桐）
別名：ヒシバデイゴ
双子葉植物綱マメ目マメ科の木本。高さは4m。花は鮮濃赤色。
〈*Erythrina* × *bidwillii*〉

サンゴジュマツナ
シチメンソウ（七面草）の別名（双子葉植物綱ナデシコ目（中心子目）アカザ科の草本）
〈*Suaeda japonica*〉

サンコノマツ
シロマツ（白松）の別名（マツ綱マツ目マツ科の木本。高さは20〜30m。樹皮は灰緑と乳白色）
〈*Pinus bungeana*〉

サンゴバナ
ツボサンゴの別名（ユキノシタ科の多年草。高さは1m。花は白色）
〈*Heuchera villosa* Michx.〉

*サンゴバナ（珊瑚花）
別名：マンネンカ，ユスチシア
双子葉植物綱ゴマノハグサ目キツネノマゴ科の観賞用低木状草本。高さは1.5〜2m。花は濃桃赤色。
〈*Jacobinia carnea*〉

サンゴホオズキ
メジロホオズキの別名（双子葉植物綱ナス目ナス科の草本）
〈*Solanum biflorum*〉

*サンゴミズキ
別名：サンゴモミジ，ベニミズキ
双子葉植物綱ミズキ目ミズキ科の落葉木。
〈*Cornus alba var.sibirica*〉

サンゴモミジ
サンゴミズキの別名（双子葉植物綱ミズキ目ミズキ科の落葉木）
〈Cornus alba *var.*sibirica〉

*サンザシ（山査子）
別名：オオバサンザシ
双子葉植物綱バラ目バラ科の落葉低木。高さは1.5m。花は白色。
〈*Crataegus cuneata*〉

*サンシキアサガオ（三色朝顔）
別名：サンシキヒルガオ
ヒルガオ科の一年草。
〈*Convolvulus tricolor L.*〉

*サンシキウツギ（三色空木）
別名：フジサンシキウツギ
双子葉植物綱マツムシソウ目スイカズラ科の木本。
〈*Weigela* × *fujisanensis*〉

サンシキカミツレ
ハナワギク（花輪菊）の別名（キク科の一年草。高さは90cm。花は白色）
〈*Chrysanthemum carinatum* Schousb.〉

サンシキスミレ
パンジーの別名（双子葉植物綱スミレ目スミレ科の一年草または多年草。花は紫，黄，白色など）
〈Viola × wittrockiana〉

サンシキヒルガオ
サンシキアサガオ（三色朝顔）の別名（ヒルガオ科の一年草）
〈Convolvulus tricolor L.〉

サンシクヨウソウ（三枝九葉草）
イカリソウ（碇草）の別名（双子葉植物綱キンポウゲ目メギ科の多年草。高さは20～40cm。花は淡紫色，または白色）
〈Epimedium grandiflorum〉

サンジソウ
クラーキアの別名（アカバナ科の属総称）

サンシチ
サンシチソウ（三七草）の別名（双子葉植物綱キク目キク科の多年草。葉裏紅色，葉や塊根を薬用とする。高さは60～120cm。花は黄色）
〈Gynura japonica〉

サンシチソウ
ギヌラの別名（キク科の属総称）
*サンシチソウ（三七草）
別名：サンシチ
双子葉植物綱キク目キク科の多年草。葉裏紅色，葉や塊根を薬用とする。高さは60～120cm。花は黄色。
〈Gynura japonica〉

サンジャクバーベナ
ヤナギハナガサの別名（双子葉植物綱シソ目クマツヅラ科の多年草。高さは1m以上。花は青～紫色）
〈Verbena bonariensis〉

*サンシュユ（山茱萸）
別名：アキサンゴ（秋珊瑚），ハルコガネバナ
双子葉植物綱ミズキ目ミズキ科の落葉高木。高さは6～7m。花は黄色。
〈Cornus officinalis〉

*サンショウ（山椒）
別名：ハジカミ，ハジカミラ
双子葉植物綱ムクロジ目ミカン科の落葉低木。高さは3m。花は黄緑色。
〈Zanthoxylum piperitum〉

サンショウイバラ
サンショウバラ（山椒薔薇）の別名（双子葉植物綱バラ目バラ科の落葉低木～小高木。高さは5～6m。花は淡紅色）
〈Rosa hirtula〉

*サンショウソウ（山椒草）
別名：アラゲサンショウソウ
双子葉植物綱イラクサ目イラクサ科の多年草。高さは10～30cm。
〈Pellionia minima〉

*サンショウバラ（山椒薔薇）
別名：サンショウイバラ
双子葉植物綱バラ目バラ科の落葉低木～小高木。高さは5～6m。花は淡紅色。
〈Rosa hirtula〉

*サンショウモドキ
別名：アカツユ
ウルシ科の常緑低木。高さは6m。
〈Schinus terebinthifolius Raddi〉

*サンセヴィエリア
別名：チトセラン
リュウゼツラン科の属総称。

*サンセヴィエリア・ローレンチー
別名：トラノオ，フクリンチトセラン
ユリ科。

サンダイガサ（参内傘）
ツルボ（蔓穂）の別名（単子葉植物綱ユリ目ユリ科の多年草。高さは20～50cm）
〈Scilla scilloides〉

＊サンタ・ローザ
別名：プラムコット
バラ科のスモモ（李）の品種。果皮は濃紅色。

サンタンカ
イクソラの別名（アカネ科の属総称）

サンデリー
ベニヒモノキ（紅紐木）の別名（双子葉植物綱トウダイグサ目トウダイグサ科の常緑低木。花は紅色）
〈Acalypha hispida〉

＊サンデリアナ
別名：ベニスジヒメバショウ
単子葉植物綱ショウガ目クズウコン科。カラテアの品種。
〈Calathea ornata 'Sanderiana'〉

サンドマメ
インゲンマメの別名（双子葉植物綱マメ目マメ科のつる性植物。立性。花は白～黄白色，または淡紫色）
〈Phaseolus vulgaris〉

＊サントリソウ
別名：キバナアザミ
双子葉植物綱キク目キク科の草本，薬用植物。
〈Cnicus benedictus〉

＊サントリナ
別名：コットンラベンダー，ワタスギギク
キク科の宿根草。高さは50cm。花は黄色。
〈Santolina chamaecyparissus L.〉

サントリナ・グリーン
ビレンスの別名（キク科のサントリナの品種。ハーブ）

サンニン
ゲットウ（月桃）の別名（単子葉植物綱ショウガ目ショウガ科の多年草。花序は垂下する。高さは2～3m。花の唇弁には赤色，黄斑あり）
〈Alpinia speciosa〉

サンパギタ
マツリカ（茉莉花）の別名（双子葉植物綱ゴマノハグサ目モクセイ科の低木。花は白，黄色）
〈Jasminum sambac〉

＊サンビタリア
別名：クリーピングジニア，ジャノメギク（蛇の目菊），メキシカンジニア
双子葉植物綱キク目キク科の草本。高さは15cm。花は橙黄色。
〈Sanvitalia procumbens〉

サンユウカ
タベルナエモンタナの別名（キョウチクトウ科の属総称）

サンヨウトリカブト
サンヨウブシ（山陽付子）の別名（双子葉植物綱キンポウゲ目キンポウゲ科の草本）
〈Aconitum sanyoense〉

＊サンヨウブシ（山陽付子）
別名：サンヨウトリカブト
双子葉植物綱キンポウゲ目キンポウゲ科の草本。
〈Aconitum sanyoense〉

サンライト
キバナカイウ（黄花海芋）の別名（サトイモ科の多年草。高さ90cm）
〈Zantedeschia elliottiana (W. Wats.) Engl.〉

サンリョウ
イトクサボタンの別名（キンポウゲ科の薬用植物）
〈Clematis hexapetala Pall.〉

植物別名辞典　241

【 シ 】

シイ
スダジイの別名（双子葉植物綱ブナ目ブ
ナ科の常緑高木）
〈Castanopsis sieboldii〉

ジイガヒゲ（爺髭）
オキナグサ（翁草）の別名（双子葉植物
綱キンポウゲ目キンポウゲ科の多年草。
高さは10〜40cm。花は暗赤紫色）
〈Pulsatilla cernua〉

ジイソブ
ツルニンジン（蔓人参）の別名（双子葉
植物綱キキョウ目キキョウ科の多年草。
長さは2〜3m。花は白色）
〈Codonopsis lanceolata〉

＊シイタケ（椎茸）
別名：ナバ，ニラブサ，ニラムサ
キシメジ科のキノコ。中型〜大型。傘
は茶褐色，綿毛状鱗片付着し，しばし
ば亀甲状。ひだは白色。
〈Lentinus edodes〉

シイモチ
ムニンモチの別名（モチノキ科の常緑低
木）
〈Ilex beechyi Makino〉

シウボウ
モモタマナの別名（双子葉植物綱フトモ
モ目シクンシ科の半落葉高木。高さは
25m。花は白色）
〈Terminalia catappa〉

＊シウリザクラ
別名：シオリザクラ，ミヤマイヌザ
クラ
双子葉植物綱バラ目バラ科の落葉高木。
高さは15m。花は帯黄白色。

〈Prunus ssiori〉

＊シェフレラ
別名：ヤドリフカノキ
ウコギ科の属総称。

ジェラルトンワックスフラワー
ワックスフラワーの別名（フトモモ科）

＊ジオウ（地黄）
別名：アカヤジオウ，サオヒメ
双子葉植物綱ゴマノハグサ目ゴマノハグ
サ科の多年草。高さは10〜30cm。花
は黄白色。
〈Rehmannia glutinosa〉

シオカゼ
クマノギク（熊野菊）の別名（双子葉植
物綱キク目キク科の草本）
〈Wedelia chinensis〉

シオカゼギク
シオギク（潮菊）の別名（双子葉植物綱キ
ク目キク科の多年草。高さは25〜35cm）
〈Chrysanthemum shiwogiku〉

＊シオカゼテンツキ（潮風点突）
別名：シバテンツキ
単子葉植物綱カヤツリグサ目カヤツリグ
サ科の草本。
〈Fimbristylis cymosa〉

＊シオギク（潮菊）
別名：シオカゼギク
双子葉植物綱キク目キク科の多年草。
高さは25〜35cm。
〈Chrysanthemum shiwogiku〉

＊シオクグ（塩莎草）
別名：ハマクグ
単子葉植物綱カヤツリグサ目カヤツリグ
サ科の多年草。高さは30〜50cm。
〈Carex scabrifolia〉

＊シオザキソウ
別名：コゴメコウオウソウ，コゴメセ

シキサ

ンジュギク
双子葉植物綱キク目キク科の一年草。
高さは50～100cm。花は淡黄色。
〈Tagetes minuta〉

*シオツメクサ（潮爪草）
別名：ウシオツメクサ，オニツメクサ
双子葉植物綱ナデシコ目（中心子目）ナ
デシコ科の草本。
〈Spergularia marina〉

*シオデ（牛尾菜）
別名：ソデコ，ヒデコ
単子葉植物綱ユリ目ユリ科の多年生つる
草。花は淡黄色。
〈Smilax riparia var.ussuriensis〉

*シオニラ
別名：ボウアマモ
単子葉植物綱イバラモ目ベニアマモ科の
草本。
〈Syringodium isoetifolium〉

シオマツバ
ウミミドリ（海緑）の別名（双子葉植物
綱サクラソウ目サクラソウ科の多年草。
高さは5～20cm）
〈Glaux maritima var.obtusifolia〉

シオヤキソウ
ヒメフウロ（姫風露）の別名（双子葉植
物綱フウロソウ目フウロソウ科の一年草
または多年草。高さは20～60cm）
〈Geranium robertianum〉

シオリザクラ
シウリザクラの別名（双子葉植物綱バラ
目バラ科の落葉高木。高さは15m。花は
帯黄白色）
〈Prunus ssiori〉

*シオン（紫苑，紫薗）
別名：オニノシュグサ
双子葉植物綱キク目キク科の多年草。
高さは1～2m。花は青紫色。
〈Aster tataricus〉

シカクダケ
シホウチク（四方竹）の別名（単子葉植
物綱カヤツリグサ目イネ科の常緑中型
竹。稈径20～30mm）
〈Tetragonocalamus angulatus〉

*シーカーシャー
別名：ヒラミレモン
双子葉植物綱ムクロジ目ミカン科の常緑
低木。花は頂生または腋生。
〈Citrus depressa〉

シカナ
ヤマタバコ（山煙草）の別名（双子葉植
物綱キク目キク科の多年草。高さは1～
1.3m）
〈Ligularia angusta〉

*シキキツ（四季橘）
別名：トウキンカン（唐金柑）
双子葉植物綱ムクロジ目ミカン科の低
木。果面は平滑で鮮橙色。
〈Citrus madurensis〉

シキザキカイウ
カラー・チルドシアナの別名（サトイモ
科）

シキザキサクラソウ
トキワザクラ（常磐桜）の別名（双子葉
植物綱サクラソウ目サクラソウ科の多年
草。高さは10～20cm。花は淡桃色）
〈Primula obconica〉

シキザキモクセイ
ウスギモクセイ（薄黄木犀）の別名（双
子葉植物綱ゴマノハグサ目モクセイ科の
木本）
〈Osmanthus fragrans var.thunbergii〉

シキザクラ
ジュウガツザクラ（十月桜）の別名（バ
ラ科）
〈Prunus subhirtella Miq. cv.
Autumnalis〉

植物別名辞典　243

シキタ

＊ジギタリス
別名：ウィッチズグローブス，キツネ
ノテブクロ
双子葉植物綱ゴマノハグサ目ゴマノハグ
サ科の多年草。高さは120cm。花は
紫紅色。
〈*Digitalis purpurea*〉

＊シキミ（樒，梻）
別名：コウノキ，ハカバナ，ハナノキ
双子葉植物綱シキミ目シキミ科の常緑小
高木。花被は細長く淡黄色。
〈*Illicium anisatum*〉

シキンサイ
ハナダイコン（花大根）の別名（双子葉
植物綱フウチョウソウ目アブラナ科の一
年草または越年草。高さは20〜50cm。
花は青紫色）
〈*Orychophragmus violaceus*〉

シキンラン
ムラサキオモト（紫万年青）の別名（単
子葉植物綱ツユクサ目ツユクサ科の多年
草。葉裏紫紅色。高さは20cm。花は白
色，または淡紫色）
〈*Rhoeo spathacea*〉

＊シクラメン
別名：カガリビソウ，カガリビバナ，
ブタノマンジュウ
双子葉植物綱サクラソウ目サクラソウ科
の多年草。花は濃桃色。
〈*Cyclamen persicum*〉

＊シクラメン・ネアポリタヌム
別名：アキザキシクラメン，ナポリタ
ンシクラメン
サクラソウ科。

シグレクサ
トキンソウ（吐金草）の別名（双子葉植
物綱キク目キク科の一年草。高さは5〜
20cm）
〈*Centipeda minima*〉

＊シクンシ（使君子）
別名：カラクチナシ
双子葉植物綱フトモモ目シクンシ科のつ
る性低木。高さは7〜8m。花は初め
白，後赤色。
〈*Quisqualis indica*〉

シケクサ
シケシダ（湿気羊歯）の別名（オシダ科
の夏緑性シダ植物。葉身は長さ20〜
50cm，長楕円形から長楕円状披針形）
〈*Athyrium japonicum*〉

＊シケシダ（湿気羊歯）
別名：イドシダ，シケクサ
オシダ科の夏緑性シダ植物。葉身は長
さ20〜50cm，長楕円形から長楕円状
披針形。
〈*Athyrium japonicum*〉

＊シコウカ（指甲花）
別名：ツマクレナイ，ヘンナ
双子葉植物綱フトモモ目ミソハギ科の低
木。少し刺がある。花は白色，または
紅色。
〈*Lawsonia inermis*〉

＊ジコウニシキ（慈光錦）
別名：ストリアータ
ユリ科。

シコクイトスゲ
ベニイトスゲの別名（単子葉植物綱カヤ
ツリグサ目カヤツリグサ科の草本）
〈*Carex sachalinensis var.sikokiana*〉

シコクウスゴ
マルバウスゴ（丸葉臼子）の別名（双子
葉植物綱ツツジ目ツツジ科の落葉低木）
〈*Vaccinium ovalifolium var.
shikokianum*〉

＊シコクスミレ
別名：ハコネスミレ
双子葉植物綱スミレ目スミレ科の多年
草。高さは5〜10cm。花は白色。

〈*Viola shikokiana*〉

ジゴクノカマノフタ
キランソウの別名（双子葉植物綱シソ目シソ科の多年草）
〈*Ajuga decumbens*〉

ジゴクバナ
ヒガンバナ（彼岸花）の別名（単子葉植物綱ユリ目ヒガンバナ科の多年草。高さは30〜50cm。花は鮮赤色）
〈*Lycoris radiata*〉

＊シコクビエ（四国稗）
別名：コウボウビエ
単子葉植物綱カヤツリグサ目イネ科の草本。オヒシバの栽培種。
〈*Eleusine coracana*〉

シコクフウロ
イヨフウロ（伊予風露）の別名（双子葉植物綱フウロソウ目フウロソウ科の多年草。高さは30〜70cm）
〈*Geranium shikokianum*〉

シコクムギ
ハトムギ（鳩麦）の別名（単子葉植物綱カヤツリグサ目イネ科の草本。苞鞘は軟らかく，淡褐色）
〈Coix lachryma-jobi *var.*ma-yuen〉

シコクメギ
オオバメギ（大葉目木）の別名（双子葉植物綱キンポウゲ目メギ科の落葉低木）
〈*Berberis tschonoskyana*〉

＊シコタンソウ（色丹草）
別名：レブンクモマグサ
双子葉植物綱バラ目ユキノシタ科の多年草。高さは3〜12cm。
〈*Saxifraga cherlerioides var. rebunshirensis*〉

＊シコタンタンポポ
別名：ネムロタンポポ
双子葉植物綱キク目キク科の草本。

〈*Taraxacum shikotanense*〉

シコタンマツ
アカエゾマツ（赤蝦夷松）の別名（マツ科の常緑高木。高さは40m）
〈*Picea glehnii* (Fr. Schm.) Masters〉
グイマツの別名（マツ科の木本）
〈*Larix gmelini* Gordon〉

＊シコタンヨモギ（色丹蓬）
別名：キクヨモギ
双子葉植物綱キク目キク科の草本。高さは25〜40cm。
〈*Artemisia laciniata*〉

ジコボウ
ハナイグチ（花猪口）の別名（イグチ科のキノコ。中型〜大型。傘はこがね色〜赤褐色，著しい粘性あり）
〈*Suillus grevillei*〉

＊シコロベンケイ（鍬弁慶）
別名：コダカラベンケイ（子宝弁慶），ハナゴチョウ（花胡蝶）
ベンケイソウ科。

シコンカズラ
フィロデンドロン・ベルコーサムの別名（サトイモ科）

シコンノボタン
ティボウキナの別名（ノボタン科の属総称）
＊シコンノボタン（紫紺野牡丹）
別名：ノボタン（野牡丹）
ノボタン科の常緑半低木。多毛。
〈*Tibouchina semidecandra Cogn.*〉

＊シサス
別名：ヒレブドウ
ブドウ科の属総称。

＊シザンサス
別名：コチョウソウ（胡蝶草），スキザンサス
双子葉植物綱ナス目ナス科の一年草。

〈*Schizanthus pinnatus*〉

*シシアクチ
別名：ミヤマアクチノキ
双子葉植物綱サクラソウ目ヤブコウジ科
の木本。
〈*Ardisia quinquegona*〉

シシイモ
キクイモ（菊芋）の別名（双子葉植物綱
キク目キク科の多年草。塊茎の皮色は
赤紫，黄，白など。高さは1.5〜3m。花
は黄色）
〈*Helianthus tuberosus*〉

*シシウド
別名：ウドタラシ，タカオキョウカ
ツ，ミヤマシシウド
双子葉植物綱セリ目セリ科の多年草。
高さは80〜150cm。
〈*Angelica pubescens*〉

シシウマトウガラシ
シシトウガラシ（獅子唐辛子）の別名
（ナス科。トウガラシの変種）
〈*Capsicum annuum* L. var.*angulosum*
Mill.〉

*シシガシラ（獅子頭）
別名：オサバ，ムカデグサ，ヤブソ
テツ
シシガシラ科の常緑性シダ植物。葉身
は長さ40cm，披針形。
〈*Blechnum niponicum*〉

シシキリガヤ
ヒトモトススキ（一本薄）の別名（単子
葉植物綱カヤツリグサ目カヤツリグサ科
の多年草。高さは1〜2m）
〈*Cladium chinense*〉

シシズク
ニクズク（肉豆蔻）の別名（双子葉植物
綱モクレン目ニクズク科の小木。果実
は淡黄色芳香，種子褐色）
〈*Myristica fragrans*〉

*シシトウガラシ（獅子唐辛子）
別名：シシウマトウガラシ
ナス科。トウガラシの変種。
〈*Capsicum annuum* L. var.
angulosum Mill.〉

ジジババ
シュンラン（春蘭）の別名（単子葉植物
綱ラン目ラン科の多年草。高さは10〜
25cm。花は緑，桃，赤，黄，朱金色な
ど）
〈*Cymbidium goeringii*〉

ジシバリ
オオジシバリ（大地縛）の別名（キク科
の多年草。高さは10〜15cm）
〈*Ixeris debilis* A. Gray〉
ツルヨシ（蔓葭）の別名（単子葉植物綱
カヤツリグサ目イネ科の多年草。高さ
は150〜250cm）
〈*Phragmites japonica*〉
メヒシバ（雌日芝）の別名（単子葉植物
綱カヤツリグサ目イネ科の一年草。高
さは40〜80cm）
〈*Digitaria ciliaris*〉

*ジシバリ
別名：ハイジシバリ
双子葉植物綱キク目キク科の多年草。
高さは5cm前後。
〈*Ixeris stolonifera*〉

*シジミバナ（蜆花）
別名：コゴメバナ，ハゼバナ
双子葉植物綱バラ目バラ科の落葉低木。
〈*Spiraea prunifolia*〉

ヂシャグラ
シロモジ（白文字）の別名（双子葉植物
綱クスノキ目クスノキ科の落葉低木。
花は淡黄色）
〈*Lindera triloba*〉

シシユズ
オオユズ（大柚子）の別名（双子葉植物
綱ムクロジ目ミカン科の木本）

〈*Citrus pseudogulgul*〉

*シシンデン (紫宸殿)
別名：ホウオウヒバ

マツ綱マツ目ヒノキ科の木本。
〈*Platycladus orientalis 'Ericoides'*〉

*シズイ
別名：テガヌマイ

単子葉植物綱カヤツリグサ目カヤツリグ
サ科の多年生抽水植物。稈の断面は
三角形で，高さ40〜70cm。
〈*Scirpus nipponicus*〉

*ジゾウカンバ (地蔵樺)
別名：イヌブシ

双子葉植物綱ブナ目カバノキ科の落葉
高木。
〈*Betula globispica*〉

シゾスティリス
ウインターグラジオラスの別名 (アヤ
メ科の総称)

シゾセントロン
ヒメノボタン (姫野牡丹) の別名 (双子
葉植物綱フトモモ目ノボタン科の草本状
小低木。高さは30〜60cm。花は淡紫
色)
〈*Osbeckia chinensis*〉

シタキソウ
ステファノティスの別名 (ガガイモ科の
属総称)
*シタキソウ
別名：シタキリソウ

双子葉植物綱リンドウ目ガガイモ科
の多年生つる草。
〈*Stephanotis japonica*〉

シタキツルウメモドキ
オオツルウメモドキ (大蔓梅擬) の別
名 (双子葉植物綱ニシキギ目ニシキギ科
の落葉つる性植物)
〈*Celastrus stephanotiifolius*〉

シタキリソウ
シタキソウの別名 (双子葉植物綱リンド
ウ目ガガイモ科の多年生つる草)
〈*Stephanotis japonica*〉

ジダケ
スズタケの別名 (単子葉植物綱カヤツリ
グサ目イネ科の常緑中型ササ)
〈*Sasamorpha borealis*〉

*ジタノキ
別名：トバンノキ

キョウチクトウ科の高木。キササゲ状
の果実を垂下。
〈*Alstonia scholaris R. BR.*〉

シダヤシ
ジャワソテツの別名 (ソテツ綱ソテツ目
ソテツ科の小木。高さは6〜12m)
〈*Cycas circinalis*〉

シダレアカマツ (枝垂赤松)
シダレマツ (枝垂松) の別名 (マツ科)
〈*Pinus densiflora* Siebold et Zucc.
'Pendula'〉

シダレカイドウ
ハナカイドウ (花海棠) の別名 (双子葉
植物綱バラ目バラ科の落葉高木)
〈*Malus halliana*〉

シダレキジカクシ
アスパラガス・スプレンゲリーの別名
(ユリ科)
スプレンゲリーの別名 (単子葉植物綱ユ
リ目ユリ科の多年草。アスパラガスの
品種)
〈Asparagus densiflorus 'Sprengeri'〉

シダレヒバ
スイリュウヒバ (垂柳檜葉) の別名 (マ
ツ綱マツ目ヒノキ科の木本)
〈*Chamaecyparis obtusa 'Pendula'*〉

シダレベイトウヒ
ブリュワートウヒの別名 (マツ科の常緑

シタレ

高木。樹高35m。樹皮は灰紫色)
〈*Picea breweriana* S. Wats.〉

*シダレマツ (枝垂松)
別名：サガリマツ (下がり松)，シダレ
アカマツ (枝垂赤松)
マツ科。
〈*Pinus densiflora* Siebold et Zucc.
'Pendula'〉

*シダレヤナギ (枝垂柳)
別名：イトヤナギ (糸柳)，タレヤナ
ギ，ヤナギ
双子葉植物綱ヤナギ目ヤナギ科の落葉高
木。枝は細く，下垂し，やや光沢を帯
びる。樹高は15m。樹皮は灰褐色。
〈*Salix babylonica*〉

シチク
クロチク (黒竹) の別名 (イネ科の常緑
中型竹)
〈*Phyllostachys nigra* (Lodd.) Munro
var.*nigra*〉

*シチトウ (七島)
別名：ブンゴイ，リュウキュウイ
単子葉植物綱カヤツリグサ目カヤツリグ
サ科の多年草。茎は三角柱。高さは1
～1.5m。
〈*Cyperus monophyllus*〉

シチヘンゲ
ランタナの別名 (双子葉植物綱シソ目ク
マツヅラ科の落葉低木。高さは100～
120cm。花は黄より紅まで変色)
〈*Lantana camara* var.*aculeata*〉

*シチメンソウ (七面草)
別名：サンゴジュマツナ
双子葉植物綱ナデシコ目 (中心子目) ア
カザ科の草本。
〈*Suaeda japonica*〉

*シチョウゲ (紫丁花)
別名：イワハギ，ムラサキチョウジ
双子葉植物綱アカネ目アカネ科の落葉低

木。高さは1m。花は紫色。
〈*Leptodermis pulchella*〉

シッシェム
シッソノキの別名 (双子葉植物綱マメ目
マメ科の木本)
〈*Dalbergia sissoo*〉

*シッソノキ
別名：インドウダン，シッシェム
双子葉植物綱マメ目マメ科の木本。
〈*Dalbergia sissoo*〉

ジッビブ
マスカット・オブ・アレキサンドリア
の別名 (ブドウ科のブドウ (葡萄) の品
種。果皮は黄青色)

シッポガヤ
ナギナタガヤ (薙刀茅) の別名 (単子葉
植物綱カヤツリグサ目イネ科の一年草。
葉身は幅0.5mmほどの円筒形。高さは
20～40cm)
〈*Festuca myuros*〉

*シッポゴケ (尻尾苔)
別名：オオシッポゴケ
シッポゴケ科のコケ。大形，茎は長さ
10cm，白っぽい仮根をつける。
〈*Dicranum japonicum* Mitt.〉

シデアブラガヤ
アイバソウの別名 (単子葉植物綱カヤツ
リグサ目カヤツリグサ科の草本)
〈*Scirpus wichurae* form.*wichurai*〉

*シデコブシ (幣辛夷，四手辛夷)
別名：ヒメコブシ，ベニコブシ
双子葉植物綱モクレン目モクレン科の落
葉低木。花は白～淡紅色。
〈*Magnolia stellata*〉

シデザクラ (四手桜)
ザイフリボク (采振木) の別名 (双子葉
植物綱バラ目バラ科の落葉高木。高さ
は10m。花は白色。樹皮は灰褐色)

〈*Amelanchier asiatica*〉

シデノキ
アカシデ(赤四手)の別名(双子葉植物綱ブナ目カバノキ科の落葉高木。樹皮は灰色)
〈*Carpinus laxiflora*〉

シトカトウヒ
シトカハリモミの別名(マツ綱マツ目マツ科の常緑高木。高さは50m。樹皮は灰及び紫灰色)
〈*Picea sitchensis*〉

*シトカハリモミ
別名:シトカトウヒ,ベイトウヒ
マツ綱マツ目マツ科の常緑高木。高さは50m。樹皮は灰及び紫灰色。
〈*Picea sitchensis*〉

シトギ
モミジガサ(紅葉笠)の別名(双子葉植物綱キク目キク科の多年草。高さは50～90cm。花は白色)
〈*Cacalia delphiniifolia*〉

シドキ
モミジガサ(紅葉笠)の別名(双子葉植物綱キク目キク科の多年草。高さは50～90cm。花は白色)
〈*Cacalia delphiniifolia*〉

シドミ
クサボケ(草木瓜)の別名(双子葉植物綱バラ目バラ科の低木。高さは30～50cm。花は朱に近い淡紅色)
〈*Chaenomeles japonica*〉

*シトロン
別名:マルブシュカン
双子葉植物綱ムクロジ目ミカン科の常緑木。晩霜や高温に弱い。花は淡紫～白色。
〈*Citrus medica var.medica*〉

*シナアブラギリ
別名:オオアブラギリ
双子葉植物綱トウダイグサ目トウダイグサ科の落葉高木。花は白色。
〈*Aleurites fordii*〉

シナオトギリ
トサオトギリの別名(双子葉植物綱ツバキ目オトギリソウ科の草本)
〈*Hypericum tosaense*〉

*シナガワハギ(品川萩)
別名:セイヨウエビラハギ,メリロートソウ
双子葉植物綱マメ目マメ科の一年草または越年草。高さは120～250cm。花は黄色。
〈*Melilotus officinalis*〉

シナカンゾウ
ホンカンゾウ(本萱草)の別名(単子葉植物綱ユリ目ユリ科の多年草)
〈*Hemerocallis fulva*〉

シナグリ
アマグリ(甘栗)の別名(双子葉植物綱ブナ目ブナ科の木本。高さは18m)
〈*Castanea mollissima*〉

シナサツキ
マルバサツキ(丸葉皐月)の別名(双子葉植物綱ツツジ目ツツジ科の常緑低木。花は淡紫色)
〈*Rhododendron eriocarpum*〉

シナサルナシ
キーウィフルーツの別名(双子葉植物綱ツバキ目マタタビ科の蔓木。多毛,果実は長さ5cm,褐毛,果肉は翠緑色)
〈*Actinidia chinensis*〉

ジナシ
クサボケ(草木瓜)の別名(双子葉植物綱バラ目バラ科の低木。高さは30～50cm。花は朱に近い淡紅色)
〈*Chaenomeles japonica*〉

シナタケ
マコモ(真菰, 真薦)の別名(単子葉植物綱カヤツリグサ目イネ科の多年草。全高1～3m, 葉身は線形で長さ40～90cm)
〈*Zizania latifolia*〉

*シナダレスズメガヤ
別名:セイタカスズメガヤ
単子葉植物綱カヤツリグサ目イネ科の多年草。高さは60～120cm。
〈*Eragrostis curvula*〉

*シナナシ(支那梨)
別名:チュウゴクナシ
双子葉植物綱バラ目バラ科の木本。
〈*Pyrus bretschneideri*〉

シナナツメ
サネブトナツメ(核太棗, 実太棗)の別名(双子葉植物綱クロウメモドキ目クロウメモドキ科の木本。花は黄色)
〈*Ziziphus jujuba var.*spinosa〉

*シナニッケイ
別名:ケイ, トンキンニッケイ
双子葉植物綱クスノキ目クスノキ科の小木。高さは7～12m。花は淡黄色。
〈*Cinnamomum cassia*〉

シナノウメ
コウメの別名(双子葉植物綱バラ目バラ科の落葉小高木。果皮は黄緑で, 陽向面は紅色)
〈*Armeniaca mume 'Microcarpa'*〉

*シナノオトギリ(信濃弟切)
別名:イワオトギリ, ミヤマオトギリ
双子葉植物綱ツバキ目オトギリソウ科の草本。
〈*Hypericum kamtschaticum var. senanense*〉

シナノガキ
リュウキュウマメガキ(琉球豆柿)の別名(双子葉植物綱カキノキ目カキノキ科の落葉高木)
〈*Diospyros japonica*〉

*シナノガキ(信濃柿)
別名:リュウキュウマメガキ
カキノキ科の薬用植物。
〈*Diospyros lotus L.*〉

シナノザサ
クマイザサ(九枚笹)の別名(単子葉植物綱カヤツリグサ目イネ科の常緑中型ササ)
〈*Sasa senanensis*〉

*シナノナデシコ(信濃撫子)
別名:ミヤマナデシコ(深山撫子)
双子葉植物綱ナデシコ目(中心子目)ナデシコ科の多年草。高さは25～40cm。
〈*Dianthus shinanensis*〉

*シナヒイラギ(支那柊)
別名:チャイニーズ・ホーリー, ヒイラギモドキ
高さは4m。花は黄色。
〈*Ilex cornuta*〉

シナボタンヅル
サキシマボタンヅルの別名(キンポウゲ科の薬用植物)
〈*Clematis chinensis* Osbeck〉

シナマオウ(支那麻黄)
マオウ(麻黄)の別名(グネツム綱グネツム目マオウ科の半低木状裸子植物。高さは50cm)
〈*Ephedra sinica*〉

シナミサオノキ
ヒジハリノキの別名(アカネ科の木本)
〈*Oxyceros sinensis* Lour.〉

*シナミザクラ(支那実桜)
別名:シロバナカラミザクラ
バラ科。高さは7～8m。
〈*Prunus pseudo-cerasus* Lindl.〉

シナモン
ニッケイ（肉桂）の別名（双子葉植物綱クスノキ目クスノキ科の常緑高木。高さは10～15m）
〈*Cinnamomum sieboldii*〉

*シナモン
別名：ニッケイ
クスノキ科の属総称。

*シナヤマツツジ
別名：タイワンヤマツツジ，トウサツキ
双子葉植物綱ツツジ目ツツジ科の木本。
〈*Rhododendron simsii*〉

*シネラリア
別名：フウキギク（富貴菊），フキギク（蕗菊），フキザクラ（蕗桜）
双子葉植物綱キク目キク科の多年草。高さは60～90cm。花は紫紅色。
〈*Senecio cruentus*〉

シネンシストウチュウカソウ
フユムシナツクサタケの別名（核菌綱バッカクキン科の冬虫夏草。コウモリガに寄生）
〈*Cordyceps sinensis*〉

ジネンジョ
ヤマノイモ（山芋）の別名（単子葉植物綱ユリ目ヤマノイモ科の多年生つる草。長さは1m。花は白色）
〈*Dioscorea japonica*〉

ジネンジョウ
ヤマノイモ（山芋）の別名（単子葉植物綱ユリ目ヤマノイモ科の多年生つる草。長さは1m。花は白色）
〈*Dioscorea japonica*〉

シノネザサ
ゴキダケの別名（イネ科の木本）

シノブイノデ
カラクサイノデ（唐草猪手）の別名（オシダ科の夏緑性シダ植物。葉身は長さ60～90cm，長楕円状披針形～広披針形）
〈*Polystichum microchlamys*〉

シノブノキ
ハゴロモノキ（羽衣木）の別名（双子葉植物綱ヤマモガシ目ヤマモガシ科の木本。高さは30m。花は金色）
〈*Grevillea robusta*〉

*シノブヒバ（忍檜葉）
別名：ニッコウヒバ
マツ綱マツ目ヒノキ科の木本。
〈*Chamaecyparis pisifera* 'Plumosa'〉

シノブボウキ
アスパラガス・プルモーサス・ナナスの別名（ユリ科）

シノベ
ヤダケ（矢竹）の別名（単子葉植物綱カヤツリグサ目イネ科の常緑大型ササ。高さは2～5m）
〈*Pseudosasa japonica*〉

シノリコンブ
マコンブ（真昆布）の別名（褐藻綱コンブ目コンブ科の海藻。葉片は笹葉状。体は長さ2～6m）
〈*Laminaria japonica*〉

*シバ（芝）
別名：ノシバ，ヤマシバ
単子葉植物綱カヤツリグサ目イネ科の多年草。高さは10～20cm。
〈*Zoysia japonica*〉

シバアジサイ
コアジサイ（小紫陽花）の別名（双子葉植物綱バラ目ユキノシタ科の落葉低木。高さは1m。花は淡碧色）
〈*Hydrangea hirta*〉

シバイモ
スズメノヤリ（雀槍）の別名（単子葉植物綱イグサ目イグサ科の多年草。高さは10～30cm）

シハイ

〈*Luzula capitata*〉

シハイユリ
ハカタユリ（博多百合）の別名（ユリ科）
〈*Lilium brownii* N. E. Br. ex Miellez var.*viridulum* Baker〉

シバクサネム
シバネムの別名（双子葉植物綱マメ目マメ科の草本）
〈*Smithia ciliata*〉

シバグリ
クリ（栗）の別名（ブナ科の落葉高木。高さは17m。花は色）
〈*Castanea crenata* Sieb. et Zucc.〉

*シバゴケ
別名：ホゴケ
ホゴケ科のコケ。茎は這い、側葉は楕円形または卵形。
〈*Racopilum aristatum* Mitt.〉

*シバザクラ（芝桜）
別名：ハナツメクサ（花爪草）
双子葉植物綱ナス目ハナシノブ科の多年草。花は濃桃，ピンク，白色など。
〈*Phlox subulata*〉

シバタケ
アミタケ（網茸）の別名（イグチ科のキノコ。中型〜大型。傘は肉桂色〜黄土色，粘性）
〈*Suillus bovinus*〉

シバテンツキ
シオカゼテンツキ（潮風点突）の別名（単子葉植物綱カヤツリグサ目カヤツリグサ科の草本）
〈*Fimbristylis cymosa*〉

*シバナ（塩場菜）
別名：モシオグサ
単子葉植物綱イバラモ目シバナ科の多年草。高さは10〜50cm。
〈*Triglochin maritimum*〉

*シバネム
別名：シバクサネム
双子葉植物綱マメ目マメ科の草本。
〈*Smithia ciliata*〉

*シバハギ（柴萩）
別名：クサハギ
マメ科の草本状小低木。高さは100前後。
〈*Desmodium heterocarpon*（L.）DC.〉

*シバフタケ
別名：ワヒダタケ
キシメジ科のキノコ。
〈*Marasmius oreades*（Bolt. : Fr.）Fr.〉

*シバムギ
別名：ヒメカモジグサ
単子葉植物綱カヤツリグサ目イネ科の多年草。高さは40〜90cm。
〈*Elymus repens*〉

シバヤマハリイ
エンゲルマンハリイの別名（カヤツリグサ科の多年草。高さは10〜30cm）
〈*Eleocharis engelmanni* Steud.〉

シビトバナ
ヒガンバナ（彼岸花）の別名（単子葉植物綱ユリ目ヒガンバナ科の多年草。高さは30〜50cm。花は鮮赤色）
〈*Lycoris radiata*〉

*ジプシー
別名：カーネーションソネット，ダイアンサス・ジプシー
ナデシコ科。

*シペラス
別名：カヤツリグサ
カヤツリグサ科の属総称。

*シペラス・アルテルニフォリウス・グラシリス
別名：コシュロガヤツリ

カヤツリグサ科。

*シペラス・イソクラドス
別名：カヤツリグサ，ミニパピルス
カヤツリグサ科。

*シベリア・ウォールフラワー
別名：チェランサス
アブラナ科。

シベリアヒナゲシ
アイスランドポピーの別名（双子葉植物
綱ケシ目ケシ科の草本。高さは30cm。
花は白，桃，黄色など）
〈*Papaver nudicaule*〉

*シホウチク（四方竹）
別名：シカクダケ，ホウチク
単子葉植物綱カヤツリグサ目イネ科の常
緑中型竹。稈径20〜30mm。
〈*Tetragonocalamus angulatus*〉

シーホリー
エリンギウムの別名（双子葉植物綱セリ
目セリ科の属総称）
〈*Eryngium spp.*〉

シマアオイソウ
ペペロミアの別名（コショウ科の属総称）

シマアオネカズラ
タイワンアオネカズラ（台湾青根葛）
の別名（ウラボシ科の冬緑性シダ植物。
樹幹や岩上に着生する。葉身は長さ30
〜60cm，狭長楕円形）
〈*Polypodium formosanum*〉

シマアワイチゴ
リュウキュウイチゴ（琉球苺）の別名
（双子葉植物綱バラ目バラ科の木本）
〈*Rubus grayanus*〉

*シマイズセンリョウ
別名：カラウバガネ
双子葉植物綱サクラソウ目ヤブコウジ科
の常緑小低木。花は白色。

〈*Maesa tenera*〉

*シマイスノキ
別名：マルバイスノキ
双子葉植物綱マンサク目マンサク科の常
緑低木。
〈*Distylium lepidotum*〉

シマイヌエンジュ
シマエンジュ（島槐）の別名（双子葉植
物綱マメ目マメ科の落葉低木）
〈*Maackia tashiroi*〉

*シマイヌワラビ
別名：ホウライイヌワラビ
オシダ科の夏緑性シダ。葉身は長さ13
〜35cm。披針形。
〈*Athyrium tozanense*（Hayata）
Hayata〉

シマイノコズチ
ケイノコズチの別名（ヒユ科）
〈*Achyranthes obtusifolia* Lam.〉

*シマイボクサ
別名：ハナイボクサ
ツユクサ科の草本。
〈*Murdannia loriformis*（Hassk.）R.
Rao et Kammathy〉

シマイワウチワ
シマイワカガミの別名（イワウメ科）
〈*Shortia rotundifolia*〉

*シマイワカガミ
別名：シマイワウチワ
イワウメ科。
〈*Shortia rotundifolia*〉

シマウオクサギ
タイワンウオクサギの別名（双子葉植物
綱シソ目クマツヅラ科の木本）
〈Premna corymbosa *var.obtusifolia*〉

シマウキクサ
ヒメウキクサ（姫浮草）の別名（単子葉

シマエ

植物綱サトイモ目ウキクサ科の常緑浮遊
植物。葉状体は左右不相称の長楕円形,
表面は濃緑色)
〈*Spirodela punctata*〉

シマエビネ
アサヒエビネの別名(単子葉植物綱ラン
目ラン科の草本)
〈*Calanthe hattorii*〉

*シマエンジュ(島槐)
別名:シマイヌエンジュ
双子葉植物綱マメ目マメ科の落葉低木。
〈*Maackia tashiroi*〉

シマオオイ
シマフトイの別名(単子葉植物綱カヤツ
リグサ目カヤツリグサ科の草本)
〈*Schoenoplectus validus form.*
zebrinus〉

シマガシ
ヨコメガシの別名(ブナ科)
〈*Quercus glauca* Thunb. ex Murray
cv. Fasciata〉

シマカスリソウ
ディフェンバキア・リトゥラータの別
名(サトイモ科)

シマガヤ
チグサの別名(イネ科)

シマカンギク
アブラギク(油菊)の別名(キク科の多
年草。高さは30〜80cm。花は黄色)
〈*Chrysanthemum indicum* L. var.
indicum〉

*シマキツネノボタン(島狐牡丹)
別名:ヤエヤマキツネノボタン
双子葉植物綱キンポウゲ目キンポウゲ科
の草本。
〈*Ranunculus sieboldii*〉

シマクサヨシ
チグサの別名(イネ科)

*シマクマタケラン
別名:ヤマソウカ
単子葉植物綱ショウガ目ショウガ科の多
年草。
〈*Alpinia boninsimensis*〉

シマクロキ
ハマセンダン(浜栴檀)の別名(双子葉
植物綱ムクロジ目ミカン科の落葉高木。
高さは15m。花は白色)
〈Tetradium glabrifolium *var.*
glaucum〉

シマクワズイモ
タイワンクワズイモの別名(単子葉植物
綱サトイモ目サトイモ科の多年草。葉
滑,根茎は澱粉が多い)
〈*Alocasia cucullata*〉

シマコガンピ
シマサクラガンピ(島桜雁皮)の別名
(双子葉植物綱フトモモ目ジンチョウゲ
科の木本)
〈*Diplomorpha yakusimensis*〉

シマコンテリギ
ヤエヤマコンテリギの別名(ユキノシタ
科の木本)
〈*Hydrangea chinensis* Maxim. var.
koidzumiana H. Ohba et S.
Akiyama〉

*シマサクラガンピ(島桜雁皮)
別名:シマコガンピ
双子葉植物綱フトモモ目ジンチョウゲ科
の木本。
〈*Diplomorpha yakusimensis*〉

シマサジラン
ムニンサジランの別名(ウラボシ科の常
緑性シダ植物。葉身は長さ10〜25cm,
狭披針形)
〈*Loxogramme boninensis*〉

254 植物別名辞典

*シマサルスベリ（島猿滑）
別名：タイワンサルスベリ
双子葉植物綱フトモモ目ミソハギ科の落
葉高木。高さは10m。花はうすい紫
～白色。
〈Lagerstroemia subcostata〉

*シマサルナシ
別名：ナシカズラ
双子葉植物綱ツバキ目マタタビ科のつる
性低木。
〈Actinidia rufa〉

シマサンゴアナナス
エクメアの別名（パイナップル科の属総
称）

*シマシャリンバイ
別名：オガサワラシャリンバイ
双子葉植物綱バラ目バラ科の常緑小
高木。
〈Rhaphiolepis integerrima〉

*シマシュスラン
別名：イチゲシュスラン
ラン科の草本。
〈Goodyera viridiflora（Blume）
Blume〉

シマショウジョウバカマ
コショウジョウバカマの別名（単子葉植
物綱ユリ目ユリ科の多年草。花は白色）
〈Helonias kawanoi〉

*シマシラキ
別名：オキナワジンコウ
双子葉植物綱トウダイグサ目トウダイグ
サ科の小木。マングローブ。
〈Excoecaria agallocha〉

シマダケ
キンメイチク（金明竹）の別名（単子葉
植物綱カヤツリグサ目イネ科の木本）
〈Phyllostachys bambusoides form.
castillonis〉

シマタコノキ
シロフタコノキの別名（単子葉植物綱タ
コノキ目タコノキ科の木本）
〈Pandanus veitchii〉
フイリタコノキの別名（タコノキ科）

シマダンチク
オキナダンチクの別名（イネ科）
〈Arundo donax L. cv. Versicolor〉

シマツナソ
モロヘイヤの別名（シナノキ科の葉菜類）

*シマツユクサ
別名：ハダカツユクサ
単子葉植物綱ツユクサ目ツユクサ科の
草本。
〈Commelina diffusa〉

シマツレサギソウ
ムニンツレサギソウの別名（単子葉植物
綱ラン目ラン科の地上生植物）
〈Platanthera boninensis〉

*シマテンナンショウ（島天南星）
別名：ヘンゴダマ
単子葉植物綱サトイモ目サトイモ科の多
年草。仏炎苞は緑色。
〈Arisaema negishii〉

*シマトキンソウ
別名：イガトキンソウ，タカサゴトキ
ンソウ
双子葉植物綱キク目キク科の一年草。
高さは10cm。花は黄緑色。
〈Soliva anthemifolia〉

*シマトネリコ（島十練子）
別名：タイワンシオジ
双子葉植物綱ゴマノハグサ目モクセイ科
の落葉高木。4裂する花冠。
〈Fraxinus griffithii〉

*シマトベラ
別名：トウソヨゴ
双子葉植物綱バラ目トベラ科の常緑

植物別名辞典　255

シマナ

高木。
〈*Pittosporum undulatum*〉

*シマナンヨウスギ（島南洋杉）
別名：コバノナンヨウスギ
マツ綱マツ目ナンヨウスギ科の常緑大高木。高さは50～60m。
〈*Araucaria heterophylla*〉

*シマニシキソウ（島錦草）
別名：タイワンニシキソウ
双子葉植物綱トウダイグサ目トウダイグサ科の草本。多毛。
〈*Euphorbia hirta*〉

シマネナシカズラ
スナヅル（砂蔓）の別名（双子葉植物綱クスノキ目クスノキ科の寄生つる草。つるは淡緑または黄色，果実は淡黄色）
〈*Cassytha filiformis*〉

シマノコギリシダ
オオミミガタシダの別名（オシダ科の常緑性シダ。葉身は長さ15～30cm。線形）
〈*Polystichum formosanum* Rosenst.〉

シマハチジョウシダ
ハチジョウシダ（八丈羊歯）の別名（イノモトソウ科の常緑性シダ植物。葉身は長さ30～45cm，卵状三角形）
〈*Pteris faurei*〉

*シマバラソウ
別名：ヤンバルミゾハコベ
双子葉植物綱ツバキ目ミゾハコベ科の草本。
〈*Bergia ammannioides*〉

シマヒギリ
カクバヒギリの別名（双子葉植物綱シソ目クマツヅラ科の観賞用低木。花は深紅色）
〈*Clerodendrum paniculatum*〉

シマヒサカキ
ヒサカキ（姫榊）の別名（双子葉植物綱ツバキ目ツバキ科の常緑木。花は帯黄白色）
〈*Eurya japonica*〉

*シマフトイ
別名：シマオオイ，シママルイ
単子葉植物綱カヤツリグサ目カヤツリグサ科の草本。
〈*Schoenoplectus validus* form. *zebrinus*〉

*シマフムラサキツユクサ
別名：ハカタカラクサ
単子葉植物綱ツユクサ目ツユクサ科の多年草。
〈*Zebrina pendula*〉

シマホオズキ
ブドウホオズキの別名（双子葉植物綱ナス目ナス科の多年草。長さは1m。花は黄色）
〈*Physalis peruviana*〉

シマボロギク
タケダグサの別名（双子葉植物綱キク目キク科の一年草。葉は3～9の羽片に中裂～深裂）
〈*Erechtites valerianaefolia*〉

シママルイ
シマフトイの別名（単子葉植物綱カヤツリグサ目カヤツリグサ科の草本）
〈*Schoenoplectus validus* form. *zebrinus*〉

シママンネングサ
ハママンネングサ（浜万年草）の別名（双子葉植物綱バラ目ベンケイソウ科の草本）
〈*Sedum formosanum*〉

シマミズ
アリサンミズの別名（イラクサ科）
〈*Pilea brevicornuta* Hayata〉

256　植物別名辞典

シモフ

＊シマムカデシダ（島百足羊歯）
　別名：イワクジャクシダ，カナグスク
　　シダ
　　ヒメウラボシ科の常緑性シダ。葉身は
　　長さ10〜30cm。狭披針形。
　　〈*Prosaptia kanashiroi*（Hayata）
　　Nakai ex Yamamoto〉

＊シマムロ
　別名：ヒデ
　　マツ綱マツ目ヒノキ科の常緑低木。高
　　さは2〜3m。
　　〈*Juniperus taxifolia*〉

＊シマモクセイ
　別名：サツマモクセイ，ナタオレノキ
　　（鉈折れの木），ハチジョウモクセイ
　　双子葉植物綱ゴマノハグサ目モクセイ科
　　の常緑木。高さは18m。花は白色。
　　〈*Osmanthus insularis*〉

シマモミ
　アブラスギ（油杉）の別名（マツ綱マツ
　　目マツ科の常緑高木。高さは10〜20m）
　　〈*Keteleeria davidiana*〉

シマヤマヒハツ
　コウトウヤマヒハツの別名（トウダイグ
　　サ科の木本）
　　〈*Antidesma pentandrum*（Blanco）
　　Merr. var.*barbatum*（C. Presl）
　　Merr.〉

シマヤマフジウツギ
　トウフジウツギの別名（双子葉植物綱ゴ
　　マノハグサ目フジウツギ科の木本。高
　　さは1〜1.5m。花は赤紫色）
　　〈*Buddleja lindleyana*〉

シマヨシ
　チグサの別名（イネ科）
　リボングラスの別名（イネ科）
　　〈*Arrhenatherum elatius* Mart. et
　　KOCH var.*tuberosum* HALAC. f.
　　variegatum Hort.〉

＊シメジ
　別名：カブシメジ，センボンシメジ，
　　ダイコクシメジ
　　キシメジ科のキノコ。中型〜大型。高
　　さは3〜10cm。傘は淡灰褐色、かすり
　　模様。ひだは白色。
　　〈*Lyophyllum shimeji*（Kawam.）
　　Hongo〉

＊シメジモドキ
　別名：ハルシメジ
　　イッポンシメジ科のキノコ。
　　〈*Rhodophyllus clypeatus*（L.）
　　Quél.〉

シモクレン
　モクレン（木蓮）の別名（双子葉植物綱
　　モクレン目モクレン科の落葉低木。花
　　は濃紫色）
　　〈*Magnolia quinquepeta*〉

＊シモツケ（下野）
　別名：キシモツケ
　　双子葉植物綱バラ目バラ科の落葉低木。
　　〈*Spiraea japonica*〉

＊シモツケソウ（下野草）
　別名：クサシモツケ
　　双子葉植物綱バラ目バラ科の多年草。
　　高さは30〜100cm。花は淡紅色。
　　〈*Filipendula multijuga*〉

＊シモバシラ（霜柱）
　別名：ユキヨセソウ
　　双子葉植物綱シソ目シソ科の多年草。
　　高さは40〜70cm。
　　〈*Keiskea japonica*〉

＊シモフリゴケ（霜降苔）
　別名：タカネシモフリゴケ
　　ギボウシゴケ科のコケ。中形〜大形、暗
　　緑色〜黒緑色、葉は狭披針形。
　　〈*Rhacomitrium lanuginosum*〉

シモフ

*シモフリシメジ
別名：ギンタケ，ヌノバイ，ユキノ
シタ
キシメジ科のキノコ。中型。傘は暗灰
色で湿時粘性，放射状繊維。ひだは帯
黄白色。
〈*Tricholoma portentosum*〉

シモフリヒジキゴケ
ヒジキゴケの別名（ヒジキゴケ科のコケ。
茎ははうが先は立ち上がり，長さ4〜
5cm，葉は卵形）
〈*Hedwigia ciliata* P. Beauv.〉

シモフリヒバ
ヒムロの別名（マツ綱マツ目ヒノキ科の
木本）
〈Chamaecyparis pisifera 'Squarrosa'〉

ジャイアントスノーフレーク
スノーフレークの別名（単子葉植物綱ユ
リ目ヒガンバナ科の多年草。葉長30〜
40cm。花は白色）
〈*Leucojum aestivum*〉

*シャガ（射干，著莪）
別名：コチョウカ（胡蝶花）
単子葉植物綱ユリ目アヤメ科の多年草。
高さは30〜70cm。花は白色。
〈*Iris japonica*〉

*ジャガイモ
別名：ゴショウイモ，ジャガタライ
モ，ニドイモ，バレイショ（馬鈴薯）
双子葉植物綱ナス目ナス科の根菜類。
長さは60〜100cm。花は白，淡紅，紫
色など。
〈*Solanum tuberosum*〉

シャカオ
カバの別名（コショウ科の低木。肥大根
はメチスチジンを含みやや麻酔性。高
さは2m）
〈*Piper methysticum* G. Forst.〉

シャカシメジ
センボンシメジの別名（シメジ科の野
菜）

*シャカシメジ（釈迦占地）
別名：センボンシメジ
キシメジ科のキノコ。小型〜中型。
傘は灰褐色。ひだは灰白色。
〈*Lyophyllum fumosum*〉

ジャガタライモ
ジャガイモの別名（双子葉植物綱ナス目
ナス科の根菜類。長さは60〜100cm。
花は白，淡紅，紫色など）
〈*Solanum tuberosum*〉

シャカトウ
バンレイシ（蕃茘枝）の別名（双子葉植
物綱モクレン目バンレイシ科の低木。
高さは2〜7m。花は緑色）
〈*Annona squamosa*〉

*シャク（杓）
別名：コシャク
双子葉植物綱セリ目セリ科の多年草。
高さは80〜140cm。
〈*Anthriscus aemula*〉

*シャクシゴケ
別名：ミドリシャクシゴケ
ウスバゼニゴケ科のコケ。不透明な緑
色，長さ3〜10cm。
〈*Cavicularia densa*〉

シャクシソウ
カラスビシャク（烏柄杓）の別名（単子
葉植物綱サトイモ目サトイモ科の多年
草。仏炎苞は緑色または帯紫色。高さ
は20〜40cm）
〈*Pinellia ternata*〉

シャクシナ
タイサイ（体菜）の別名（双子葉植物綱
フウチョウソウ目アブラナ科の野菜）
〈Brassica campestris *var.*chinensis〉

シャクチリソバ（赤地利蕎麦）
別名：シュッコンソバ
双子葉植物綱タデ目タデ科の多年草。
高さは50〜120cm。花は白色。
〈Fagopyrum dibotrys〉

シャクナゲ
アズマシャクナゲ（吾妻石楠花）の別
名（ツツジ科の常緑低木。高さは1.8m。
花は淡桃〜濃桃色）
〈Rhododendron degronianum Carr.
var.degronianum〉
カルミアの別名（双子葉植物綱ツツジ目
ツツジ科の常緑低木）
〈Kalmia latifolia〉
*シャクナゲ（石南花）
別名：シャクナン
双子葉植物綱ツツジ目ツツジ科の属
総称。
〈Rhododendron spp.〉

シャクナン
シャクナゲ（石南花）の別名（双子葉植
物綱ツツジ目ツツジ科の属総称）
〈Rhododendron spp.〉

シャクナンガンピ
ヤクシマガンピ（屋久島雁皮）の別名
（ジンチョウゲ科の木本）
*シャクナンガンピ
別名：ヤクシマガンピ
双子葉植物綱フトモモ目ジンチョウ
ゲ科の落葉低木。
〈Daphnimorpha kudoi〉

シャクナンショ
ハマビワ（浜枇杷）の別名（双子葉植物
綱クスノキ目クスノキ科の常緑高木。
花は白色）
〈Litsea japonica〉

シャグマツメクサ
シャグマハギの別名（双子葉植物綱マメ
目マメ科の一年草。高さは5〜30cm。
花は淡紅〜白色）

〈Trifolium arvense〉

*シャグマハギ
別名：シャグマツメクサ
双子葉植物綱マメ目マメ科の一年草。
高さは5〜30cm。花は淡紅〜白色。
〈Trifolium arvense〉

シャグマユリ（赤熊百合）
トリトマの別名（単子葉植物綱ユリ目ユ
リ科の属総称）
〈Kniphofia spp.〉

*シャクヤク（芍薬）
別名：エビスグスリ（恵比須薬）
双子葉植物綱ビワモドキ目ボタン科の多
年草。高さは50〜90cm。花は白〜
赤色。
〈Paeonia lactiflora〉

ジャクリュウ
ザクロ（石榴，柘榴）の別名（双子葉植
物綱フトモモ目ザクロ科の落葉木。果
皮は黄で，陽向面は紅色。花は赤色）
〈Punica granatum〉

ジャクロ
ザクロ（石榴，柘榴）の別名（双子葉植
物綱フトモモ目ザクロ科の落葉木。果
皮は黄で，陽向面は紅色。花は赤色）
〈Punica granatum〉

*ジャケツイバラ（蛇結茨）
別名：カワラフジ
双子葉植物綱マメ目マメ科のつる性落葉
低木。
〈Caesalpinia decapetala var.
japonica〉

ジャコウウリ
アミメロンの別名（ウリ科）
〈Cucumis melo L. var.reticulatus Ser.〉

ジャコウエンドウ（麝香豌豆）
スイートピーの別名（双子葉植物綱マメ
目マメ科の一年草。長さは4m）

〈Lathyrus odoratus〉

ジャコウソウモドキ
リオンの別名(双子葉植物綱ゴマノハグ
サ目ゴマノハグサ科の宿根草)
〈Chelone lyonii〉

ジャコウチドリ
ミズチドリ(水千鳥)の別名(単子葉植
物綱ラン目ラン科の多年草。高さは50
～90cm)
〈Platanthera hologlottis〉

ジャコウナデシコ(麝香撫子)
カーネーションの別名(双子葉植物綱ナ
デシコ目(中心子目)ナデシコ科の草本。
高さは40～50cm。花は肉色)
〈Dianthus caryophyllus〉

ジャコウフジ
ニオイフジの別名(マメ科)

ジャコウレンリソウ
シュッコンスイートピーの別名(マメ
科)
スイートピーの別名(双子葉植物綱マメ
目マメ科の一年草。長さは4m)
〈Lathyrus odoratus〉

ジャゴケ
ヒメイタビの別名(双子葉植物綱イラク
サ目クワ科の常緑つる性植物)
〈Ficus thunbergii〉

*ジャコブスラダー
別名:グリークバレリアン,ハナシ
ノブ
ハナシノブ科のハーブ。

*シャジクソウ(車軸草)
別名:アミダガサ,カタワグルマ,ボ
サツソウ
双子葉植物綱マメ目マメ科の多年草。
高さは15～50cm。
〈Trifolium lupinaster〉

シャシャブ
アキグミ(秋茱萸,秋胡頽子)の別名
(双子葉植物綱ヤマモガシ目グミ科の落
葉低木。高さは3～4m。花は帯黄白色)
〈Elaeagnus umbellata〉

*シャシャンボ(小小ん坊)
別名:サシブノキ,ワクラハ
双子葉植物綱ツツジ目ツツジ科の常緑
低木。
〈Vaccinium bracteatum〉

*ジャスティシア
別名:キツネノマゴ
キツネノマゴ科の属総称。

*ジャスミン
別名:マツリカ
双子葉植物綱ゴマノハグサ目モクセイ科
のソケイ属総称。
〈Jasminum spp.〉

ジャスミンタバコ
ニオイバンマツリの別名(双子葉植物綱
ナス目ナス科の木本。高さは3m。花は
紫,後に白色)
〈Brunfelsia australis〉

ジャチ
チークの別名(双子葉植物綱シソ目クマ
ツヅラ科の落葉高木。花は白色)
〈Tectona grandis〉

ジャックトマメノキ
カスタノスペルマムの別名(マメ科の属
総称)

*ジャノヒゲ(蛇鬚)
別名:リュウノヒゲ
単子葉植物綱ユリ目ユリ科の多年草。
高さは7～15cm。花は淡紫色。
〈Ophiopogon japonicus〉

ジャノメエリカ
エリカの別名(双子葉植物綱ツツジ目ツ
ツジ科の低木。高さは2m。花は桃色)

〈*Erica canaliculata*〉

ジャノメギク (蛇の目菊)
サンビタリアの別名 (双子葉植物綱キク目キク科の草本。高さは15cm。花は橙黄色)
〈*Sanvitalia procumbens*〉

ジャノメソウ
ハルシャギク (波斯菊) の別名 (双子葉植物綱キク目キク科の一年草。高さは50〜120cm。花は鮮黄色)
〈*Coreopsis tinctoria*〉

ジャバコカ
コカノキの別名 (双子葉植物綱アマ目コカノキ科の木本。高さは2m。花は白黄緑色)
〈*Erythroxylum coca*〉

ジャパニーズパンジー
アキメネスの別名 (イワタバコ科のハナギリソウ属総称。球根植物)

*シャブレー
別名：リヨン
バラ科のオウトウ (桜桃) の品種。果肉は濃赤色。

ジャボン
ザボンの別名 (ミカン科の木本。果肉は白と紅とある)
〈*Citrus maxima* (Burm.) Merr.〉

シャボンアロエ
メイリンニシキ (明鱗錦) の別名 (ユリ科)

シャミセンヅル
カニクサ (蟹草) の別名 (フサシダ科の夏緑性シダ植物。葉柄の長さは30cm。葉身はつる状)
〈*Lygodium japonicum*〉

シャムノマイヒメ
グロッバの別名 (ショウガ科の草本。花

は橙黄色、褐紫斑点)
〈*Globba pendula* Roxb.〉

*シャモヒバ
別名：ヒデ
ヒノキ科の木本。
〈*Chamaecyparis obtusa* (Sieb. et Zucc.) Sieb. et Zucc. ex Endl. cv. *Lycopodioides*〉

*ジャヤナギ (蛇柳)
別名：オオシロヤナギ
双子葉植物綱ヤナギ目ヤナギ科の木本。
〈*Salix eriocarpa*〉

シャラノキ (沙羅樹)
ナツツバキ (夏椿) の別名 (双子葉植物綱ツバキ目ツバキ科の落葉高木。樹高は15m。花は白色。樹皮は赤褐色)
〈*Stewartia pseudo-camellia*〉

シャラメイ
ナツロウバイの別名 (ロウバイ科)

シャリョウスゲ
カタスゲの別名 (単子葉植物綱カヤツリグサ目カヤツリグサ科の草本)
〈*Carex macrandrolepis*〉

シャリンバイ
タチシャリンバイ (立車輪梅) の別名 (バラ科の常緑低木〜小高木。高さは2〜4m。花は白色)
〈*Rhaphiolepis umbellata* (Thunb. ex Murray) Makino var.*umbellata*〉

*シャリンバイ (車輪梅)
別名：タチシャリンバイ，マルバシャリンバイ
バラ科の常緑低木。
〈*Rhaphiolepis umbellata* (Thunb. ex Murray) Makino var. *integerrima* (Hook. et Arn.) Rehder〉

*シャロット
別名：エシャロット

単子葉植物綱ユリ目ユリ科の野菜。葉
は円筒形。高さは15〜30cm。花は淡
緑白色。
〈Allium ascalonicum〉

ジャワザクラ
オオバナサルスベリの別名（双子葉植物
綱フトモモ目ミソハギ科の落葉高木。
高さは15〜20m。花は朝は紅紫，夕は紫
色）
〈Lagerstroemia speciosa〉

ジャワセンナ
コチョウセンナの別名（マメ科の観賞用
小木。高さは3〜20m。花はピンクから
濃赤さらに白色）
〈Cassia javanica L.〉

＊ジャワソテツ
別名：シダヤシ，ナンヨウソテツ
ソテツ綱ソテツ目ソテツ科の小木。高
さは6〜12m。
〈Cycas circinalis〉

＊ジャワフトモモ
別名：オオフトモモ
フトモモ科の高木。葉は薄質、果実は白
緑または赤。花は白色。
〈Eugenia javanica Lam.〉

ジャワホウレンソウ
ヒユ（莧）の別名（双子葉植物綱ナデシコ
目（中心子目）ヒユ科の野菜類）
〈Amaranthus mangostanus〉

シャンス
カボスの別名（双子葉植物綱ムクロジ目
ミカン科の木本。果肉は柔軟多汁）
〈Citrus sphaerocarpa〉

シャンテレル
アンズタケの別名（アンズタケ科のキノ
コ。中型。傘は卵黄色）
〈Cantharellus cibarius〉

シャンピニオン
ハラタケ（原茸）の別名（ハラタケ科の
キノコ）
〈Agaricus campestris〉

＊シュウカイドウ（秋海棠）
別名：ヨウラクソウ
双子葉植物綱スミレ目シュウカイドウ科
の多年草。高さは40〜50cm。花は淡
紅色。
〈Begonia evansiana〉

＊ジュウガツザクラ（十月桜）
別名：シキザクラ
バラ科。
〈Prunus subhirtella Miq. cv.
Autumnalis〉

＊ジュウニヒトエ（十二単衣）
別名：フレデリック・サンダー
ツツジ科のアザレアの品種。

ジュウネ
エゴマ（荏胡麻）の別名（双子葉植物綱
シソ目シソ科の一年草。種皮は黒〜茶
褐色や灰白色など。高さは60〜150cm。
花は白色）
〈Perilla frutescens var.japonica〉

＊シュウメイギク（秋明菊）
別名：アキボタン，キフネギク（貴船
菊）
双子葉植物綱キンポウゲ目キンポウゲ科
の多年草。高さは30〜100cm。花は
紅紫色。
〈Anemone hupehensis var.japonica〉

＊ジュウモンジシダ（十文字羊歯）
別名：シュモクシダ，ミツデカグマ
オシダ科の夏緑性シダ植物。葉身は長
さ20〜50cm，披針形，三角状狭長楕
円形。
〈Polystichum tripteron〉

ジュウヤク
ドクダミ（蕺）の別名（双子葉植物綱コ

ショウ目ドクダミ科の多年草。高さは
30〜50cm。花は白色）
〈*Houttuynia cordata*〉

ジュウロウササゲ
ササゲ（豇豆）の別名（マメ科の果菜類。
花は白あるいは紫色）
〈*Vigna unguiculata* （L.） Walp.〉

シュカ（朱果）
カキ（柿）の別名（双子葉植物綱カキノキ
目カキノキ科の落葉高木。樹高は15m。
樹皮は淡灰色）
〈*Diospyros kaki*〉

シュクシャ
ジンジャーの別名（単子葉植物綱ショウ
ガ目ショウガ科の属総称）
〈*Hedychium spp.*〉
ヘディキウムの別名（ショウガ科の属総
称）
＊シュクシャ（縮砂）
別名：ジンジャー
ショウガ科の観賞用草本。高さ1m。
花は紅色。
〈*Hedychium angustifolium* Roxb.〉

＊ジュズダマ（数珠球）
別名：ズズゴ，トウムギ
単子葉植物綱カヤツリグサ目イネ科の一
年草。苞鞘は緑から黒，灰白と変化。
高さは80〜200cm。
〈*Coix lachryma-jobi*〉

＊ジュズネノキ（数珠根木）
別名：オオバジュズネノキ
双子葉植物綱アカネ目アカネ科の常緑
低木。
〈*Damnacanthus macrophyllus* var.
macrophyllus〉

＊シュスラン（繻子蘭）
別名：ビロードラン
単子葉植物綱ラン目ラン科の多年草。
高さは10〜15cm。花は桃色。
〈*Goodyera velutina*〉

ジュセイトウ
カラモモの別名（双子葉植物綱バラ目バ
ラ科。モモの品種）
〈*Amygdalus persica* '*Densa*'〉

シュッコンアスター
ユウゼンギク（友禅菊）の別名（双子葉
植物綱キク目キク科の多年草。高さは
20〜180cm。花は紫〜青紫，赤，ピンク
色など）
〈*Aster novi-belgii*〉

＊シュッコンカスミソウ
別名：コゴメナデシコ
ナデシコ科。高さは90cm。花は白か淡
桃色。
〈*Gypsophila paniculata* L.〉

シュッコンコバンソウ
チュウコバンソウの別名（イネ科の草
本。高さは30〜40cm。花は赤紫色）
〈*Briza media* L.〉

＊シュッコンスイートピー
別名：ジャコウレンリソウ
マメ科。

シュッコンソバ
シャクチリソバ（赤地利蕎麦）の別名
（双子葉植物綱タデ目タデ科の多年草。
高さは50〜120cm。花は白色）
〈*Fagopyrum dibotrys*〉

シュッコントウワタ
ヤナギトウワタ（柳唐綿）の別名（双子
葉植物綱リンドウ目ガガイモ科の多年
草。高さは50〜80cm。花は橙色）
〈*Asclepias tuberosa*〉

シュッコンバンヤ
ヤナギトウワタ（柳唐綿）の別名（双子
葉植物綱リンドウ目ガガイモ科の多年
草。高さは50〜80cm。花は橙色）
〈*Asclepias tuberosa*〉

シュツ

シュッコンヤグルマギク（宿根矢車菊）
ストケシアの別名（双子葉植物綱キク目
キク科の多年草。高さは30～60cm。花
は紫青色）
〈*Stokesia laevis*〉

シュッコンヤグルマソウ（宿根矢車草）
ストケシアの別名（双子葉植物綱キク目
キク科の多年草。高さは30～60cm。花
は紫青色）
〈*Stokesia laevis*〉

シュテルンベルギア
キバナタマスダレの別名（単子葉植物綱
ユリ目ヒガンバナ科の多年草。花は黄
色）
〈*Sternbergia lutea*〉

ジューム
ダイコンソウ（大根草）の別名（双子葉
植物綱バラ目バラ科の多年草。高さは
60～80cm。花は黄色）
〈*Geum japonicum*〉

ジュモウラン
イトラン（糸蘭）の別名（単子葉植物綱
ユリ目リュウゼツラン科の木本。長さ
は30～50cm。花は白色）
〈*Yucca filamentosa*〉

シュモクシダ
**ジュウモンジシダ（十文字羊歯）の別
名**（オシダ科の夏緑性シダ植物。葉身は
長さ20～50cm，披針形，三角状狭長楕
円形）
〈*Polystichum tripteron*〉

＊シュユ
別名：イヌゴシュユ
ミカン科の木本。高さは7～15m。花は
白色。樹皮は灰色。
〈*Euodia daniellii*（*J. Benn.*）
Hemsl.〉

シュラン
シラン（紫蘭）の別名（単子葉植物綱ラン
目ラン科の多年草。茎の長さは30～
50cm。花は紅紫色）
〈*Bletilla striata*〉

ジュランカツラ
タイワンレンギョウの別名（クマツヅラ
科のやや匍匐性の観賞用低木。高さは2
～6m。花は藤か淡青紫色）
〈*Duranta repens L.*〉

＊シュロ（棕櫚）
別名：ワジュロ
単子葉植物綱ヤシ目ヤシ科の常緑高木。
高さは5～10m。花は緑がかった淡黄
色。樹皮は褐色。
〈*Trachycarpus fortunei*〉

＊シュロガヤツリ（棕櫚蚊屋吊）
別名：カラカサガヤツリ
単子葉植物綱カヤツリグサ目カヤツリグ
サ科の一年草または多年草。高さは
60～120cm。花は白緑色。
〈*Cyperus alternifolius*〉

＊シュロチク（棕櫚竹）
別名：イヌシュロチク，ソウチク
単子葉植物綱ヤシ目ヤシ科の常緑低木。
葉は7～8片に分裂。高さは2～4m。
〈*Rhapis humilis*〉

シュロチクヤシ
コモチケンチャヤシの別名（単子葉植物
綱ヤシ目ヤシ科の木本。高さは6m。花
は黄緑色，または白色）
〈*Ptychosperma macarthurii*〉

＊ジュンサイ（蓴菜）
別名：コハムソウ，サセンソウ
双子葉植物綱スイレン目スイレン科の多
年生浮葉植物。葉身は楕円形，裏面は
赤紫色。葉径5～10cm。暗赤色の花
被片をもつ。
〈*Brasenia schreberi*〉

＊シュンジュギク（春寿菊）
別名：アサマギク，シンジュギク

双子葉植物綱キク目キク科の多年草。
花は紅紫色。
〈*Aster savatieri var.pygmaea*〉

*シュンラン（春蘭）
別名：ジジババ，ホクロ
単子葉植物綱ラン目ラン科の多年草。
高さは10〜25cm。花は緑，桃，赤，
黄，朱金色など。
〈*Cymbidium goeringii*〉

ジュンロクカク（馴鹿角）
コクハイカク（黒盃閣）の別名（ガガイ
モ科）

ショウガツナ
フクギ（福木）の別名（双子葉植物綱ツバ
キ目オトギリソウ科の常緑高木。高さ
は7〜18m。花は淡緑白色）
〈*Garcinia subelliptica*〉

ショウガノキ
アオモジ（青文字）の別名（双子葉植物
綱クスノキ目クスノキ科の落葉低木。
花は淡黄色）
〈*Litsea citriodora*〉

ショウキズイセン
ショウキラン（鐘馗蘭）の別名（ヒガン
バナ科の多年草。高さは30〜60cm。花
は鮮黄または橙黄色）
〈*Lycoris aurea*（L'Hérit.）Herb.〉

*ショウキラン
別名：ショウキズイセン
ヒガンバナ科の多年草。高さは30〜
60cm。花は鮮黄または橙黄色。
〈*Lycoris aurea*（L'Hérit.）Herb.〉
別名：ランテンマ
単子葉植物綱ラン目ラン科の多年生腐生
植物。高さは10〜25cm。
〈*Yoania japonica*〉

*ショウゲンジ
別名：コムソウ，コモソウ，ボウズ
フウセンタケ科のキノコ。中型〜大型。

傘は黄土色，初め絹状繊維が覆う。放
射状のしわあり。ひだは類白色〜さ
び色。
〈*Rozites caperata*〉

ジョウコウジサンショウ
アサクラザンショウ（朝倉山椒）の別
名（双子葉植物綱ムクロジ目ミカン科の
草本，薬用植物）
〈*Zanthoxylum piperitum form.
inerme*〉

ショウサイ
タケノコハクサイの別名（アブラナ科の
中国野菜）

ショウジョウアナナス
エクメア・ワイルバッキーの別名（パ
イナップル科）

ショウジョウカ（猩々花）
アブティロンの別名（アオイ科の属総称）

*ショウジョウソウ（猩猩草）
別名：クサショウジョウ
双子葉植物綱トウダイグサ目トウダイグ
サ科の多肉植物。上部の葉は基部赤。
高さは50〜60cm。花は黄色。
〈*Euphorbia heterophylla*〉

ショウジョウボク
ポインセチアの別名（双子葉植物綱トウ
ダイグサ目トウダイグサ科の常緑低木。
苞が緋赤に着色する）
〈*Euphorbia pulcherrima*〉

ショウズ
アズキ（小豆）の別名（双子葉植物綱マメ
目マメ科の作物。花は黄色）
〈*Vigna angularis*〉

ショウズク
カルダモンの別名（ショウガ科の属総称）

ジョウナ
ヤマブキショウマ（山吹升麻）の別名

ショウ

（双子葉植物綱バラ目バラ科の多年草。
高さは30〜100cm）
〈Aruncus dioicus var.tenuifolius〉

ショウビ
バラの別名（双子葉植物綱バラ目バラ科
の低木）
〈Rosa floribunda〉

*ショウブ（菖蒲）
別名：アヤメ，アヤメグサ，ノキア
ヤメ
単子葉植物綱サトイモ目サトイモ科の多
年草。葉は長さ50〜120cm，黄色を帯
びた明るい緑色。高さは50〜90cm。
花は淡黄緑色。
〈Acorus calamus〉

ジョウボウナシ
ナシ（梨）の別名（双子葉植物綱バラ目バ
ラ科の落葉高木。果実は球形〜長球形）
〈Pyrus pyrifolia var.culta〉

ショウリョウバナ（聖霊花）
ミソハギ（禊萩）の別名（双子葉植物綱
フトモモ目ミソハギ科の多年草。高さ
は1m前後）
〈Lythrum anceps〉

*ジョウロウホトトギス（上臈杜鵑草）
別名：トサジョウロウホトトギス
単子葉植物綱ユリ目ユリ科の多年草。
花は鮮黄色。
〈Tricyrtis macrantha〉

ショウロキ
チョロギ（草石蚕）の別名（双子葉植物
綱シソ目シソ科の根菜類。高さは100〜
120cm。花は淡紅紫色）
〈Stachys sieboldii〉

*ジョオウヤシ
別名：ギリバヤシ
単子葉植物綱ヤシ目ヤシ科の木本。高
さは9〜12m。花はクリーム色。
〈Arecastrum romanzoffianum〉

*ショクヨウガヤツリ
別名：チョウセンナンキンマメ，チョ
ウセンラッカセイ
単子葉植物綱カヤツリグサ目カヤツリグ
サ科の多年草。高さは30〜70cm。
〈Cyperus esculentus〉

*ショクヨウギク（食用菊）
別名：アマギク（甘菊），リョウリギク
（料理菊）
キク科の葉菜類。
〈Dendrothemum morifolium
Ramat.〉

*ショクヨウキュウコンキンレンカ
別名：タマノウゼンハレン
ノウゼンハレン科のつる性多年草。
〈Tropaeolum tuberosum Ruiz et
Pav.〉

ショクヨウダイオウ（食用大黄）
ルバーブの別名（双子葉植物綱タデ目タ
デ科の葉菜類。葉柄は紅色。高さは1〜
2m）
〈Rheum rhabarbarum〉

ショクヨウタンポポ
セイヨウタンポポ（西洋蒲公英）の別
名（双子葉植物綱キク目キク科の多年
草。瘦果は淡褐色〜暗褐色。高さは10〜
45cm。花は黄色）
〈Taraxacum officinale〉

*ジョチュウギク（除虫菊）
別名：シロバナムシヨケギク，シロム
シヨケギク，ダルマチヤジョチュウ
ギク
双子葉植物綱キク目キク科の草本。高
さは60cm。花は白色。
〈Chrysanthemum cinerariaefolium〉

ショトウ
トウ（籐）の別名（単子葉植物綱ヤシ目ヤ
シ科の木本。高さは8m）
〈Calamus margaritae〉

266　植物別名辞典

ジョンナ

ヤマブキショウマ（山吹升麻）の別名
（双子葉植物綱バラ目バラ科の多年草。
高さは30〜100cm）
〈Aruncus dioicus var.tenuifolius〉

シラー

スキラの別名（単子葉植物綱ユリ目ユリ
科の属総称）
〈Scilla spp.〉

＊シラー
別名：オオツルボ，ツルボ，ワイルドヒ
アシンス
ユリ科の属総称。の球根植物。

＊シラウオタケ

別名：キリタケ
シロソウメンタケ科のキノコ。小型。
形は棍棒状，緑藻類上生。
〈Multiclavula mucida〉

シラオイハコベ

エゾフスマの別名（ナデシコ科の草本）
〈Stellaria fenzlii Regel〉

シラガグサ（白髪草）

オキナグサ（翁草）の別名（双子葉植物
綱キンポウゲ目キンポウゲ科の多年草。
高さは10〜40cm。花は暗赤紫色）
〈Pulsatilla cernua〉

＊シラカシ（白樫）

別名：クロガシ，ササガシ，ホソバ
ガシ
双子葉植物綱ブナ目ブナ科の常緑高木。
高さは15〜20m。樹皮は濃い灰色。
〈Quercus myrsinaefolia〉

シラガシダ

キヨスミヒメワラビ（清澄姫蕨）の別
名（オシダ科の常緑性シダ植物。葉身は
長さ35〜55cm，広卵状長楕円形）
〈Ctenitis maximowicziana〉

シラカバ

シラカンバ（白樺）の別名（双子葉植物
綱ブナ目カバノキ科の落葉高木。高さ
は20m。花は黄褐色）
〈Betula platyphylla var.japonica〉

シラカワボウフウ

カワラボウフウ（河原防風）の別名（双
子葉植物綱セリ目セリ科の多年草。高
さは30〜90cm）
〈Peucedanum terebinthaceum〉

＊シラカンバ（白樺）

別名：カバ，カンバ，シラカバ
双子葉植物綱ブナ目カバノキ科の落葉高
木。高さは20m。花は黄褐色。
〈Betula platyphylla var.japonica〉

シラキ

コバンモチ（小判黐）の別名（ホルトノ
キ科の常緑高木。ホルトノキより幅広
く、葉柄が長い）
〈Elaeocarpus japonicus Sieb. et
Zucc.〉

シラゲテンノウメ

タチテンノウメ（立天の梅）の別名（バ
ラ科の常緑低木）
〈Osteomeles boninensis Nakai〉

＊シラゲヒメジソ

別名：ヒカゲヒメジソ
双子葉植物綱シソ目シソ科の草本。
〈Mosla hirta〉

シラサギ

カンディダムの別名（サトイモ科のカラ
ディウムの品種）

シラサギソウ（白鷺草）

サギソウ（鷺草）の別名（単子葉植物綱ラ
ン目ラン科の多年草。高さは20〜30cm）
〈Habenaria radiata〉

＊シラタマカズラ（白玉蔓）

別名：イワヅタイ，ワラベナカセ
双子葉植物綱アカネ目アカネ科の常緑つ
る性植物。花は白色。

〈*Psychotria serpens*〉

*シラタマノキ（白玉木）
別名：シロモノ
　双子葉植物綱ツツジ目ツツジ科の常緑低
　木。高さは10〜30cm。花は白色。
　〈*Gaultheria miqueliana*〉

*シラタマヒョウタンボク
別名：オオデマリ，セッコウボク
　双子葉植物綱マツムシソウ目スイカズラ
　科の落葉小低木。
　〈*Symphoricarpos albus*〉

*シラタマホシクサ（白玉星草）
別名：コンペイトウグサ
　単子葉植物綱ホシクサ目ホシクサ科の一
　年草。高さは20〜40cm。
　〈*Eriocaulon nudicuspe*〉

*シラタマミズキ
別名：シロミズキ
　双子葉植物綱ミズキ目ミズキ科の木本。
　高さは3m。
　〈*Cornus alba*〉

シラタマモクレン
トキワレンゲ（常磐蓮花）の別名（モク
レン科の観賞用高木。葉は厚く、萼は緑
黄色。花は卵黄白色）
　〈*Magnolia coco*（Lour.）DC.〉

シラタマユリ（白玉百合）
シロカノコユリの別名（単子葉植物綱ユ
リ目ユリ科の球根植物）
　〈*Lilium speciosum var.tametomo*〉

*シラネアオイ（白根葵）
別名：ハルフヨウ（春芙蓉），ヤマフ
　ヨウ
　双子葉植物綱キンポウゲ目キンポウゲ科
　の多年草。高さは30〜60cm。
　〈*Glaucidium palmatum*〉

シラネイ
クサイ（草藺）の別名（単子葉植物綱イグ
サ目イグサ科の多年草。高さは30〜
60cm）
　〈*Juncus tenuis*〉

シラネコウボウ
タカネコウボウ（高嶺香茅）の別名（単
子葉植物綱カヤツリグサ目イネ科の多年
草。高さは25〜70cm）
　〈*Anthoxanthum japonicum*〉

*シラネセンキュウ（白根川芎）
別名：スズカゼリ
　双子葉植物綱セリ目セリ科の多年草。
　高さは80〜150cm。
　〈*Angelica polymorpha*〉

*シラネニンジン（白根人参）
別名：チシマニンジン
　双子葉植物綱セリ目セリ科の多年草。
　高さは10〜30cm。
　〈*Tilingia ajanensis*〉

*シラハギ（白萩）
別名：シロバナハギ
　双子葉植物綱マメ目マメ科の木本。花
　は白色。
　〈*Lespedeza japonica*〉

シラビ
アスナロ（明日檜，翌檜）の別名（マツ
綱マツ目ヒノキ科の常緑高木。高さは
30m。樹皮は紫褐色）
　〈*Thujopsis dolabrata*〉

*シラビソ（白檜曽）
別名：コリュウゼン，シラベ
　マツ綱マツ目マツ科の常緑高木。高さ
　は25m。樹皮は灰色。
　〈*Abies veitchii*〉

*シラビョウシ（白拍子）
別名：ヨヘイジロ（与平白）
　双子葉植物綱ツバキ目ツバキ科。ツバ
　キの品種。

シラフカズラ
スキンダプスス・ピクタス・アルギレウスの別名(サトイモ科)

シラフジ
シロカピタンの別名(マメ科)

シラベ
シラビソ(白檜曽)の別名(マツ綱マツ目マツ科の常緑高木。高さは25m。樹皮は灰色)
〈*Abies veitchii*〉

シラホシベゴニア
ベゴニア・マクラータの別名(シュウカイドウ科)

*シラホスゲ
別名:フサスゲ
カヤツリグサ科の草本。

シラヤマニンジン
ミヤマウイキョウ(深山茴香)の別名(双子葉植物綱セリ目セリ科の多年草。高さは10〜35cm)
〈*Tilingia tachiroei*〉

*シラン(紫蘭)
別名:イモラン,シュラン
単子葉植物綱ラン目ラン科の多年草。茎の長さは30〜50cm。花は紅紫色。
〈*Bletilla striata*〉

ジラン(地蘭)
スルガラン(駿河蘭)の別名(単子葉植物綱ラン目ラン科の多年草。花は乳白色)
〈*Cymbidium ensifolium*〉

ジリンゴ
ワリンゴ(和林檎)の別名(双子葉植物綱バラ目バラ科の木本)
〈*Malus asiatica*〉

シルバースター
エルウッディの別名(マツ綱マツ目ヒノキ科。ローソンヒノキの品種)
〈*Chamaecyparis lawsoniana* 'Ellwoodii'〉

シルバーベルツリー
アメリカアサガラの別名(エゴノキ科の落葉小高木〜高木。高さは10m。樹皮は淡褐色)
〈*Halesia carolina* L.〉

シルバーポトス
マーブル・クィーンの別名(サトイモ科のポトスの品種)

シルバーモミ
アマビリスファーの別名(マツ綱マツ目マツ科の常緑高木。高さは80m)
〈*Abies amabilis*〉

シレトコトリカブト
シレトコブシの別名(キンポウゲ科の草本)
〈*Aconitum misaoanum* Tamura et Namba〉

*シレトコブシ
別名:シレトコトリカブト
キンポウゲ科の草本。
〈*Aconitum misaoanum* Tamura et Namba〉

*シレネ
別名:マンテマ
ナデシコ科の属総称。

シロアカザ
シロザ(白藜)の別名(双子葉植物綱ナデシコ目(中心子目)アカザ科の一年草。高さは1〜1.5m)
〈*Chenopodium album*〉

シロアワバナ
オトコエシ(男郎花)の別名(双子葉植物綱マツムシソウ目オミナエシ科の多年草。高さは80〜100cm。花は白色)
〈*Patrinia villosa*〉

シロイ

*シロイヌノヒゲ
別名：オオイヌノヒゲ
単子葉植物綱ホシクサ目ホシクサ科の一
年草。高さは15〜40cm。
〈*Eriocaulon sikokianum*〉

シロイバラ
ノイバラ(野茨)の別名(双子葉植物綱
バラ目バラ科の落葉低木。高さは1〜
3m。花は白か淡紅色)
〈*Rosa multiflora*〉

シロウコン
ガジュツ(莪朮)の別名(単子葉植物綱
ショウガ目ショウガ科の多年草。高さ
は1m。花は淡黄色)
〈*Curcuma zedoaria*〉

シロウマウスユキソウ
ミネウスユキソウ(峰薄雪草)の別名
(双子葉植物綱キク目キク科の草本)
〈Leontopodium japonicum *var.*
shiroumense〉

シロウマゼキショウ
タカネイ(高嶺藺)の別名(単子葉植物
綱イグサ目イグサ科の多年草。高さは5
〜15cm)
〈*Juncus triglumis*〉

*シロウマチドリ(白馬千鳥)
別名：ユウバリチドリ
単子葉植物綱ラン目ラン科の多年草。
高さは25〜50cm。
〈*Platanthera hyperborea*〉

シロウマヒメスゲ
ヌイオスゲの別名(単子葉植物綱カヤツ
リグサ目カヤツリグサ科の草本)
〈*Carex vanheurckii*〉

*シロウリ(白瓜)
別名：アサウリ，ツケウリ
双子葉植物綱スミレ目ウリ科の野菜。
〈*Cucumis melo var.conomon*〉

*シロエンドウ(白豌豆)
別名：エンドウ(豌豆)
マメ科の越年草。
〈*Pisum sativum L.*〉

シロオミナエシ
オトコエシ(男郎花)の別名(双子葉植
物綱マツムシソウ目オミナエシ科の多年
草。高さは80〜100cm。花は白色)
〈*Patrinia villosa*〉

*シロカガ(白加賀)
別名：カガノシロウメ
バラ科のウメの品種。

シロカズノゴケ
ハタケゴケの別名(ウキゴケ科のコケ。
灰緑色，長さ5〜10mm)
〈*Riccia glauca*〉

シロガスリソウ
ディフェンバキアの別名(サトイモ科の
属総称)

*シロカネソウ(白銀草)
別名：ツルシロカネソウ
キンポウゲ科の多年草。高さは10〜
20cm。
〈*Dichocarpum stoloniferum*
(*Maxim.*) *W. T. Wang et Hsiao*〉

シロガネマゴケ
ギンゴケの別名(カサゴケ科のコケ。小
形，白緑色。茎は長さ5〜10mm。葉は
広卵形〜ほぼ円形)
〈*Bryum argenteum Hedw.*〉

シロガネヨシ
パンパスグラスの別名(単子葉植物綱カ
ヤツリグサ目イネ科の多年草。高さは1
〜3m。花は銀白色)
〈*Cortaderia selloana*〉

*シロカノコユリ
別名：オキナユリ，シラタマユリ(白
玉百合)

単子葉植物綱ユリ目ユリ科の球根植物。
〈*Lilium speciosum var.tametomo*〉

＊シロカピタン
別名：シラフジ
マメ科。

シロカンチョウジ
ブヴァルディア・フンボルティーの別
名（アカネ科）

シロクジャク
クジャクアスターの別名（キク科の総称。
宿根草。高さは60〜150cm。花は白色）

シロクモタケ
シロツブクロクモタケの別名（核菌綱
バッカクキン科の冬虫夏草。クモに寄
生）
〈*Torrubiella corniformis*〉

＊シロクモタケ
別名：クロツブシロクモタケ
バッカクキン科のキノコ。
〈*Torrubiella corniformis Kobayasi
et Shimizu*〉

シログルミ
バタグルミの別名（双子葉植物綱クルミ
目クルミ科の木本。高さは18〜30m。
樹皮は灰色）
〈*Juglans cinerea*〉

シロクワイ
クワイ（慈姑）の別名（単子葉植物綱オモ
ダカ目オモダカ科の根菜類。長さは
30cm。花は白色）
〈*Sagittaria trifolia var.edulis*〉

＊シロザ（白藜）
別名：シロアカザ
双子葉植物綱ナデシコ目（中心子目）ア
カザ科の一年草。高さは1〜1.5m。
〈*Chenopodium album*〉

シロザクラ
イヌザクラ（犬桜）の別名（バラ科の落

葉高木。高さは10m。花は白色）
〈*Prunus buergeriana* Miq.〉

ミヤマザクラ（深山桜）の別名（バラ科
の落葉小高木。高さは4〜10m。花は白
色）
〈*Prunus maximowiczii* Rupr.〉

シロサワフタギ
クロミノニシゴリの別名（双子葉植物綱
カキノキ目ハイノキ科の落葉低木。果
実は卵球形）
〈*Symplocos paniculata*〉

シロヂシャ
ダンコウバイ（檀香梅）の別名（双子葉
植物綱クスノキ目クスノキ科の落葉低
木。花は黄色）
〈*Lindera obtusiloba*〉

シロシデ
イヌシデ（犬四手）の別名（双子葉植物
綱ブナ目カバノキ科の落葉高木。葉に
毛が多い）
〈*Carpinus tschonoskii*〉

シロシマアオイソウ
ペペロミア・マグノリアエフォリア・
バリエガタの別名（コショウ科）

シロシマチトセラン
アルゲンテオーストリアタの別名（ユ
リ科のサンセヴィエリアの品種）

＊シロシメジ
別名：ヌノビキ
キシメジ科のキノコ。
〈*Tricholoma japonicum*〉

シロシャクナゲ
ハクサンシャクナゲ（白山石楠花）の
別名（ツツジ科の常緑低木）
〈*Rhododendron brachycarpum* G. Don
var.*brachycarpum*〉

＊シロスミレ
別名：シロバナスミレ

植物別名辞典　271

シロソ

双子葉植物綱スミレ目スミレ科の多年
草。高さは7〜15cm。花は白色。
〈Viola patrinii〉

*シロソケイ
別名：シロバナツルソケイ
モクセイ科。

*シロタエヒマワリ（白妙向日葵）
別名：ハクモウヒマワリ
双子葉植物綱キク目キク科。高さは1.2
〜2m。花は橙黄色。
〈Helianthus argophyllus〉

シロダブ
シロダモの別名（双子葉植物綱クスノキ
目クスノキ科の常緑高木。花は黄色）
〈Neolitsea sericea〉

*シロダモ
別名：ウラジロ，シロダブ，タマガラ
双子葉植物綱クスノキ目クスノキ科の常
緑高木。花は黄色。
〈Neolitsea sericea〉

シロチョウソウ
ハクチョウソウ（白蝶草）の別名（アカ
バナ科の宿根草）
〈Gaura lindheimeri Engelm. et A.
Gray〉
ヤマモモソウの別名（双子葉植物綱フト
モモ目アカバナ科の宿根草）
〈Gaura lindheimeri〉

ジロッコタロッコ
スミレ（菫）の別名（双子葉植物綱スミレ
目スミレ科の多年草。高さは5〜20cm。
花は紫色）
〈Viola mandshurica〉

シロツブアナナス
エクメア・セレスチスの別名（パイナッ
プル科）

*シロツブクロクモタケ
別名：シロクモタケ

核菌綱バッカクキン科の冬虫夏草。ク
モに寄生。
〈Torrubiella corniformis〉

*シロツメクサ（白詰草）
別名：オランダゲンゲ，クローバー，
ツメクサ
双子葉植物綱マメ目マメ科の多年草。
高さは20〜30cm。花は白〜淡紅色。
〈Trifolium repens〉

シロテンマ
ヒメテンマの別名（単子葉植物綱ラン目
ラン科の草本）
〈Gastrodia elata form.pallens〉

*シロドウダン
別名：ベニドウダン
ツツジ科の木本。
〈Enkianthus cernus〉

シロトウヒ
カナダトウヒの別名（マツ綱マツ目マツ
科の常緑高木。高さは30m。樹皮は灰褐
色）
〈Picea glauca〉

*シロナンテン（白南天）
別名：シロミナンテン
双子葉植物綱キンポウゲ目メギ科の
木本。
〈Nandina domestica var.leucocarpa〉

シロニンジン（白ニンジン）
パースニップの別名（双子葉植物綱セリ
目セリ科の多年草。花は白色，または緑
黄色）
〈Pastinaca sativa〉

シロノセンダングサ
コシロノセンダングサの別名（双子葉植
物綱キク目キク科の草本）
〈Bidens pilosa var.minor〉

*シロノダフジ
別名：シロバナフジ

272　植物別名辞典

マメ科。

シロバナイカリソウ
キバナイカリソウ（黄花碇草）の別名
（メギ科の多年草。高さは20〜40cm）
〈*Epimedium grandiflorum* Morren et
Decne. subsp.*koreanum*（Nakai）
Kitamura〉

シロバナイリス
ニオイイリスの別名（単子葉植物綱ユリ
目アヤメ科の多年草。高さは50cm。花
は白色）
〈*Iris florentina*〉

*シロバナエニシダ
別名：シロバナセッカエニシダ
双子葉植物綱マメ目マメ科の小低木。
高さは3m。花は白色。
〈*Cytisus multiflorus*〉

シロバナエンレイソウ（白花延齢草）
ミヤマエンレイソウ（深山延齢草）の
別名（単子葉植物綱ユリ目ユリ科の多年
草。高さは20〜30cm。花は白色）
〈*Trillium tschonoskii*〉

シロバナカラミザクラ
シナミザクラ（支那実桜）の別名（バラ
科。高さは7〜8m）
〈*Prunus pseudo-cerasus* Lindl.〉

シロバナシオガマ
エゾシオガマ（蝦夷塩竃）の別名（双子
葉植物綱ゴマノハグサ目ゴマノハグサ科
の多年草。高さは20〜60cm）
〈*Pedicularis yezoensis*〉

シロバナシモツケ
アイズシモツケ（会津下野）の別名（双
子葉植物綱バラ目バラ科の落葉低木）
〈*Spiraea chamaedryfolia var.pilosa*〉

シロバナスミレ
シロスミレの別名（双子葉植物綱スミレ
目スミレ科の多年草。高さは7〜15cm。

花は白色）
〈*Viola patrinii*〉

シロバナセッカエニシダ
シロバナエニシダの別名（双子葉植物綱
マメ目マメ科の小低木。高さは3m。花
は白色）
〈*Cytisus multiflorus*〉

シロバナツルソケイ
シロソケイの別名（モクセイ科）

シロバナノイヌナズナ
エゾイヌナズナ（蝦夷犬薺）の別名（双
子葉植物綱フウチョウソウ目アブラナ科
の多年草。高さは5〜20cm。花は白色）
〈*Draba borealis*〉

シロバナノコメツツジ
オオコメツツジ（大米躑躅）の別名（双
子葉植物綱ツツジ目ツツジ科の落葉低
木）
〈*Rhododendron tschonoskii var.*
trinerve〉

シロバナハギ
シラハギ（白萩）の別名（双子葉植物綱
マメ目マメ科の木本。花は白色）
〈*Lespedeza japonica*〉

シロバナヒルギ
ヤエヤマヒルギ（八重山蛭木）の別名
（双子葉植物綱ヒルギ目ヒルギ科の常緑
高木，マングローブ植物。支柱根。高さ
は30m）
〈*Rhizophora mucronata*〉

シロバナフジ
シロノダフジの別名（マメ科）

シロバナムシヨケギク
ジョチュウギク（除虫菊）の別名（双子
葉植物綱キク目キク科の草本。高さは
60cm。花は白色）
〈*Chrysanthemum cinerariaefolium*〉

シロハ

*シロバナヤブツバキ（白花藪椿）
別名：ヤブジロ
双子葉植物綱ツバキ目ツバキ科の木本。
〈*Camellia japonica subsp.japonica*〉

シロバナユウガオ
ヨルガオ（夜顔）の別名（双子葉植物綱
ナス目ヒルガオ科のつる性多年草。果
実は紫褐色。花は白色）
〈*Calonyction aculeatum*〉

シロバナレンギョウ
ウチワノキの別名（モクセイ科の落葉低
木。高さは1m。花は白色）
〈*Abeliophyllum distichum* Nakai〉

シロヒジキゴケ
ヒジキゴケの別名（ヒジキゴケ科のコケ。
茎ははうが先は立ち上がり、長さ4〜
5cm、葉は卵形）
〈*Hedwigia ciliata* P. Beauv.〉

シロビユ
ヒメシロビユの別名（双子葉植物綱ナデ
シコ目（中心子目）ヒユ科の一年草。高
さは10〜50cm。花の小苞は緑色）
〈*Amaranthus albus*〉

*シロフタコノキ
別名：シマタコノキ，フイリタコノキ
単子葉植物綱タコノキ目タコノキ科の
木本。
〈*Pandanus veitchii*〉

シロブナ
ブナ（橅，椈）の別名（双子葉植物綱ブナ
目ブナ科の落葉高木）
〈*Fagus crenata*〉

シロフハカタカラクサ
バリエガタの別名（ツユクサ科のトラデ
スカンティア・フルミネンシスの品種）

シロフハカタツユクサ
バリエガタの別名（ツユクサ科のトラデ
スカンティア・フルミネンシスの品種）

シロボシカイウ
ホシイリカラーの別名（サトイモ科）

*シロマツ（白松）
別名：サンコノマツ，ハクショウ
マツ綱マツ目マツ科の木本。高さは20
〜30m。樹皮は灰緑と乳白色。
〈*Pinus bungeana*〉

シロミズキ
シラタマミズキの別名（双子葉植物綱ミ
ズキ目ミズキ科の木本。高さは3m）
〈*Cornus alba*〉

シロミナンテン
シロナンテン（白南天）の別名（双子葉
植物綱キンポウゲ目メギ科の木本）
〈*Nandina domestica var.leucocarpa*〉

*シロミノハナグモタケ
別名：ギベルラツブタケ
核菌綱バッカクキン科の冬虫夏草。ク
モに寄生。
〈*Torrubiella arachnophila*〉

シロムシヨケギク
ジョチュウギク（除虫菊）の別名（双子
葉植物綱キク目キク科の草本。高さは
60cm。花は白色）
〈*Chrysanthemum cinerariaefolium*〉

シロムチゴケ
コムチゴケの別名（ムチゴケ科のコケ。
やや褐色を帯び，長さ1〜5cm）
〈*Bazzania tridens*〉

*シロモジ（白文字）
別名：アカヂシャ，ヂシャグラ
双子葉植物綱クスノキ目クスノキ科の落
葉低木。花は淡黄色。
〈*Lindera triloba*〉

シロモジゴケ
スジモジゴケの別名（モジゴケ科の地衣
類。果殻は淡色）
〈*Graphina inabensis*（Vain.）Zahlbr.〉

シロモノ
シラタマノキ（白玉木）の別名（双子葉植物綱ツツジ目ツツジ科の常緑低木。高さは10〜30cm。花は白色）
〈Gaultheria miqueliana〉

シロモミ
ハリモミ（針樅）の別名（マツ綱マツ目マツ科の常緑高木。高さは35m）
〈Picea polita〉

*シロヤシオ
別名：ゴヨウツツジ，マツハダ
双子葉植物綱ツツジ目ツツジ科の落葉低木または高木。
〈Rhododendron quinquefolium〉

シロヤマザクラ
ヤマザクラ（山桜）の別名（双子葉植物綱バラ目バラ科の落葉高木。高さは25m。花は白色，または淡紅色。樹皮は紫褐色）
〈Cerasus jamasakura〉

シロリュウキュウ
リュウキュウツツジ（琉球躑躅）の別名（双子葉植物綱ツツジ目ツツジ科の常緑低木。花は白色）
〈Rhododendron mucronatum〉

ジロール
アンズタケの別名（アンズタケ科のキノコ。中型。傘は卵黄色）
〈Cantharellus cibarius〉

*シワヒトエグサ
別名：エダヒトエグサ
緑藻綱アオサ目ヒトエグサ科の海藻。披針形。体は長さ20cm。
〈Protomonostroma undulatum〉

ジワリ
ツチカブリの別名（ベニタケ科のキノコ。中型。傘は類白色，褐色のしみ）
〈Lactarius piperatus〉

シンイノデ
サクラジマイノデの別名（オシダ科の常緑性シダ植物。葉身は長さ25〜60cm，狭長楕円形）
〈Polystichum piceopaleaceum〉

*ジンガサゴケ（陣笠苔）
別名：ハナガタジンガサゴケ
ジンガサゴケ科のコケ。縁と腹面は紫紅色，長さ1〜4cm。
〈Reboulia hemisphaerica〉

*ジングウスゲ
別名：ヒメナキリスゲ
単子葉植物綱カヤツリグサ目カヤツリグサ科の草本。
〈Carex sacrosancta〉

*シンゴニウム・アルボリネアタム
別名：コンテリミツバカズラ
サトイモ科。

*シンゴニウム・マウロアナム
別名：セスジミツバカズラ
サトイモ科。

*ジンジソウ（人字草）
別名：モミジバダイモンジソウ
双子葉植物綱バラ目ユキノシタ科の多年草。高さは10〜30cm。
〈Saxifraga cortusaefolia〉

ジンジャー
シュクシャ（縮砂）の別名（ショウガ科の観賞用草本。高さ1m。花は紅色）
〈Hedychium angustifolium Roxb.〉

*ジンジャー
別名：ガーランドリリー，シュクシャ，ジンジャーリリー
単子葉植物綱ショウガ目ショウガ科の属総称。
〈Hedychium spp.〉
別名：シュクシャ，ハナシュクシャ
ショウガ科のハーブ。
〈Hedychium hybridum Hort.〉

シンシ

ジンジャーリリー
ジンジャーの別名（単子葉植物綱ショウガ目ショウガ科の属総称）
〈Hedychium spp.〉

*シンジュ（神樹）
別名：ニワウルシ
双子葉植物綱ムクロジ目ニガキ科の落葉高木。高さは20m以上。花は黄緑色。樹皮は灰褐色。
〈Ailanthus altissima〉

シンシュウカラマツ
カラマツ（唐松）の別名（マツ綱マツ目マツ科の落葉高木。高さは30m。樹皮は帯赤褐色）
〈Larix kaempferi〉

シンジュギク
シュンジュギク（春寿菊）の別名（キク科の多年草。花は紅紫色）
〈Aster savatieri Makino var.pygmanea Makino〉

*ジンチョウゲ（沈丁花）
別名：ズイコウ，チョウジグサ，リンチョウ
双子葉植物綱フトモモ目ジンチョウゲ科の常緑低木。高さは1m。
〈Daphne odora〉

*シンテンウラボシ（新天裏星）
別名：オオヤリノホラン，ワカメシダ
ウラボシ科の常緑性シダ植物。葉身は長さ25〜50cm，三角状，裂片を除いた部分は披針形。
〈Colysis shintenensis〉

*ジンバイソウ
別名：ミズモラン
単子葉植物綱ラン目ラン科の多年草。高さは20〜40cm。
〈Platanthera florenti〉

シンパク
ミヤマビャクシン（深山柏槇）の別名

（マツ綱マツ目ヒノキ科の常緑匍匐性低木）
〈Juniperus chinensis var.sargentii〉

ジンバソウ
ホンダワラの別名（褐藻綱ヒバマタ目ホンダワラ科の海藻。根は仮盤状。体は2m）
〈Sargassum fulvellum〉

*ジンヨウスイバ
別名：マルバギシギシ（丸葉羊蹄）
双子葉植物綱タデ目タデ科の多年草。高さは10〜30cm。
〈Oxyria digyna〉

*シンロカイ
別名：バルバドスアロエ
単子葉植物綱ユリ目ユリ科の多肉性多年草。高さは1m。花は黄色。
〈Aloe barbadensis〉

【ス】

*スイカズラ（忍冬）
別名：キンギンカ（金銀花），ニンドウ（忍冬）
双子葉植物綱マツムシソウ目スイカズラ科の半常緑つる性低木。花は初め白，後に黄色。
〈Lonicera japonica〉

スイギョク（水玉）
ホテイアオイ（布袋葵）の別名（単子葉植物綱ユリ目ミズアオイ科の多年生水草。高さ10〜80cm，総状花序に淡紫色の花を多数付ける）
〈Eichhornia crassipes〉

ズイコウ
ジンチョウゲ（沈丁花）の別名（双子葉植物綱フトモモ目ジンチョウゲ科の常緑低木。高さは1m）

276　植物別名辞典

〈*Daphne odora*〉

スイシカイドウ
ハナカイドウ（花海棠）の別名（双子葉植物綱バラ目バラ科の落葉高木）
〈*Malus halliana*〉

*スイショウ
別名：イヌスギ，ミズマツ
スギ科の木本。樹高10m。樹皮は灰褐色。
〈*Glyptostrobus lineatus*（Poir.）Druce〉
別名：ミズスギ
マツ綱マツ目スギ科の落葉小高木。球果は倒卵形。
〈*Glyptostrobus pensilis*〉

スイスミヤママツ
モンタナマツの別名（マツ綱マツ目マツ科の木本）
〈*Pinus mugo*〉

スイセイジュ
テトラケントロン・シネンセの別名
（スイセイジュ科）

*スイセン
別名：キンサンギンダイ（金盞銀台），セッチュウカ（雪中花），ダッフォディル
ヒガンバナ科の属総称。球根植物。

スイセンアヤメ
スパラクシスの別名（アヤメ科の属総称。球根植物）

*スイゼンジナ（水前寺菜）
別名：ハルタマ
双子葉植物綱キク目キク科の葉菜類。葉裏紫色。高さは30〜60cm。花は黄赤色。
〈*Gynura bicolor*〉

*スイセンノウ（酔仙翁）
別名：フランネルソウ

双子葉植物綱ナデシコ目（中心子目）ナデシコ科の一年草または多年草。高さは1m。花は明るい紫紅色。
〈*Lychnis coronaria*〉

*スイタグワイ
別名：コグワイ，マメグワイ
オモダカ科。

スイチョウカ（酔蝶花）
クレオメの別名（フウチョウソウ科の属総称）

スイートオレンジ
オレンジの別名（双子葉植物綱ムクロジ目ミカン科の常緑高木）
〈*Citrus sinensis*〉

スイートバイオレット
ニオイスミレ（匂菫）の別名（双子葉植物綱スミレ目スミレ科の多年草。花は濃紫色）
〈*Viola odorata*〉

スイートバジル
バジルの別名（双子葉植物綱シソ目シソ科のハーブ。高さは45cm。花は淡紫色）
〈*Ocimum basilicum*〉

*スイートピー
別名：ジャコウエンドウ（麝香豌豆），ジャコウレンリソウ（麝香連理草）
双子葉植物綱マメ目マメ科の一年草。長さは4m。
〈*Lathyrus odoratus*〉

*スイートマジョラム
別名：マージョラム，マジョラム
シソ科のハーブ。

*ズイナ（瑞菜，髄菜）
別名：ヨメナノキ
双子葉植物綱バラ目ユキノシタ科の落葉低木。高さは1〜2m。
〈*Itea japonica*〉

スイハ

*スイバ（酸葉）
別名：ガーデンソレル，リトルビネ
ガープラント
双子葉植物綱タデ目タデ科の多年草。
高さは50〜80cm。
〈*Rumex acetosa*〉

スイモノグサ
カタバミ（酢漿草）の別名（双子葉植物
綱フウロソウ目カタバミ科の多年草。
高さは10〜30cm。花は黄色）
〈*Oxalis corniculata*〉

*スイリュウヒバ（垂柳檜葉）
別名：エンバヒバ，シダレヒバ，ヒ
リュウヒバ
マツ綱マツ目ヒノキ科の木本。
〈*Chamaecyparis obtusa 'Pendula'*〉

スイレン
ヒツジグサ（未草）の別名（スイレン科
の多年生の浮葉植物。浮葉は楕円形〜卵
形、花弁は白色で多数。葉径10〜20cm）
〈*Nymphaea tetragona* Georgi〉

　*スイレン
別名：ヒツジグサ
双子葉植物綱スイレン目スイレン科
の総称。
〈*Nymphaea*〉

スイレンダマシ
アサザ（浅沙）の別名（双子葉植物綱ナス
目ミツガシワ科の多年生水草。葉身は
卵型〜円形、裏面は紫色がかって、粒状
の腺点がある。花は黄色）
〈*Nymphoides peltata*〉

スウェーデンカブ
ルタバガの別名（アブラナ科の根菜類。
根部は長楕円形、肉質は緻密）
〈*Brassica napus* L. var.*napobrassica*
(L.) Rchb.〉

スウォードリリー
グラジオラスの別名（単子葉植物綱ユリ
目アヤメ科の多年草）

〈*Gladiolus gandavensis*〉

スエツムハナ
ベニバナ（紅花）の別名（双子葉植物綱
キク目キク科の一年草。高さは1m。花
は鮮黄色）
〈*Carthamus tinctorius*〉

スオウバナ
ハナズオウ（花蘇芳）の別名（双子葉植
物綱マメ目マメ科の落葉小高木〜低木。
高さは15m。花は紫を帯びた濃桃色）
〈*Cercis chinensis*〉

*スカシユリ
別名：イソユリ，ナツスカシユリ，ハ
マユリ
単子葉植物綱ユリ目ユリ科の多年草。
高さは50〜80cm。花は橙赤色。
〈*Lilium maculatum*〉

スカビオサ
マツムシソウの別名（マツムシソウ科の
属総称）

*スカビオサ・ステルンクーゲル
別名：スカビオサファンタジー
マツムシソウ科。

スカビオサファンタジー
スカビオサ・ステルンクーゲルの別名
（マツムシソウ科）

*スギ（杉）
別名：オモテスギ，マキ，ヨシノスギ
マツ綱マツ目スギ科の常緑高木。樹高
は40m。樹皮は橙褐色。
〈*Cryptomeria japonica*〉

ヅキ
コバンモチ（小判黐）の別名（双子葉植
物綱アオイ目ホルトノキ科の常緑高木）
〈*Elaeocarpus japonicus*〉

スキザンサス
シザンサスの別名（双子葉植物綱ナス目

278　植物別名辞典

ナス科の一年草）
〈*Schizanthus pinnatus*〉

スキゾスティリス
ウインターグラジオラスの別名（アヤ
メ科の総称）

*スギナ（杉菜）
別名：ツギマツ，ツクシ
トクサ科の夏緑性シダ植物。栄養茎は
高さ20〜40cm。
〈*Equisetum arvense*〉

スギノハカズラ
アスパラガス・スプレンゲリーの別名
（ユリ科）
スプレンゲリーの別名（単子葉植物綱ユ
リ目ユリ科の多年草。アスパラガスの
品種）
〈*Asparagus densiflorus 'Sprengeri'*〉

*スキラ
別名：シラー，ツルボ，ワイルドヒア
シンス
単子葉植物綱ユリ目ユリ科の属総称。
〈*Scilla spp.*〉

*スキンダプスス・ピクタス・アルギ
レウス
別名：シラフカズラ
サトイモ科。

*スグキナ（酸茎菜）
別名：カモナ
双子葉植物綱フウチョウソウ目アブラナ
科の野菜。
〈*Brassica campestris subsp.rapa var.
sugukina*〉

スゲ
カサスゲ（笠菅）の別名（カヤツリグサ
科の多年草。高さは50〜100cm）
〈*Carex dispalata* Boott var.*dispalata*〉

スケイビアス
セイヨウマツムシソウ（西洋松虫草）

の別名（双子葉植物綱マツムシソウ目マ
ツムシソウ科の草本。高さは60〜
90cm。花は深紅色）
〈*Scabiosa atropurpurea*〉

スケモリシダ
コウモリシダ（蝙蝠羊歯）の別名（オシ
ダ科の常緑性シダ植物。葉身は長さ10
〜25cm,3出葉，頂羽片は広披針形）
〈*Pronephrium triphyllum*〉

スゲユリ
ノヒメユリの別名（ユリ科の多肉植物。
高さは1〜1.5m。花は橙赤色）
〈*Lilium callosum* Sieb. et Zucc.〉

スケロクイチヤク
イワウメ（岩梅）の別名（双子葉植物綱
イワウメ目イワウメ科の矮小低木。高
さは2〜4cm）
〈Diapensia lapponica *subsp.obovata*〉

*スケロクイチヤク
別名：イワウメ
イワウメ科。

ズサ
アブラチャン（油瀝青）の別名（双子葉
植物綱クスノキ目クスノキ科の落葉低
木。雄花は黄，雌花は緑黄色）
〈*Lindera praecox*〉

*スジアオノリ
別名：トゲアオノリ
緑藻綱アオサ目アオサ科の海藻。筒状。
〈*Enteromorpha prolifera*〉

スジテッポウユリ
タカサゴユリ（高砂百合）の別名（単子
葉植物綱ユリ目ユリ科の多年草。高さ
は30〜150cm。花は白色）
〈*Lilium formosanum*〉

スジナガサムシロゴケ
アオギヌゴケの別名（アオギヌゴケ科の
コケ。茎葉には縦じわがほとんどない）
〈*Brachythecium populeum* Bruch et

Schimp.〉

スジフノリ
ハリガネの別名(オキツノリ科の海藻。叉状様に分岐。体は20cm)
〈Gymnogongrus paradoxus Suringar〉
マフノリの別名(フノリ科の海藻。叉状分岐。体は10〜20cm)
〈Gloiopeltis tenax (Turner) J. Agardh〉

*スジメ
別名:アラメ, カゴメ, ザラメ
褐藻綱コンブ目コンブ科の海藻。茎は円柱状。
〈Costaria costata〉

*スジモジゴケ
別名:シロモジゴケ
モジゴケ科の地衣類。果殻は淡色。
〈Graphina inabensis (Vain.) Zahlbr.〉

スズ
スズタケの別名(単子葉植物綱カヤツリグサ目イネ科の常緑中型ササ)
〈Sasamorpha borealis〉

スズカケ
コデマリ(小手毬)の別名(双子葉植物綱バラ目バラ科の落葉低木。高さは1〜2m。花は白色)
〈Spiraea cantoniensis〉

スズカケノキ
プラタナスの別名(双子葉植物綱マンサク目スズカケノキ科の属総称)

スズカケヤナギ
リュウキュウヤナギの別名(ナス科)
ルリヤナギ(琉球柳)の別名(双子葉植物綱ナス目ナス科の常緑低木。高さは1〜2m。花は紫色)
〈Solanum glaucophyllum〉

スズカゼリ
シラネセンキュウ(白根川芎)の別名(双子葉植物綱セリ目セリ科の多年草。高さは80〜150cm)
〈Angelica polymorpha〉

スズガヤ
ヒメコバンソウ(姫小判草)の別名(単子葉植物綱カヤツリグサ目イネ科の一年草。葉は細長い披針形。高さは10〜60cm)
〈Briza minor〉

*ススキ(薄, 芒)
別名:オバナ(尾花), カヤ
単子葉植物綱カヤツリグサ目イネ科の多年草。叢生して円形の大株となって育つ。高さは70〜220cm。
〈Miscanthus sinensis〉

ススケオニイグチ
コオニイグチの別名(オニイグチ科のキノコ。小型〜中型。傘は灰褐色〜暗灰色, 綿毛状小鱗片, 鱗片はやわらかい)
〈Strobilomyces seminudus〉

ズズゴ
ジュズダマ(数珠球)の別名(単子葉植物綱カヤツリグサ目イネ科の一年草。苞鞘は緑から黒, 灰白と変化。高さは80〜200cm)
〈Coix lachryma-jobi〉

*スズサイコ(鈴柴胡)
別名:マダガスカルシタキソウ, マダガスカルジャスミン
双子葉植物綱リンドウ目ガガイモ科の多年草。高さは40〜100cm。花は純白色。
〈Cynanchum paniculatum〉

スズシロ(蘿蔔)
ダイコン(大根)の別名(アブラナ目アブラナ科の根菜。。)
〈Raphanus sativus L. var. hortensis Backer〉

＊スズタケ
別名：ジダケ，スズ
単子葉植物綱カヤツリグサ目イネ科の常緑中型ササ。
〈*Sasamorpha borealis*〉

スズナ (菘)
カブ (蕪) の別名（双子葉植物綱フウチョウソウ目アブラナ科の根菜類。根の直径は20cm。花は鮮黄色）
〈Brassica campestris *subsp*.rapa〉

スズフリイカリソウ
オオバイカイカリソウ (大梅花碇草) の別名（双子葉植物綱キンポウゲ目メギ科の草本）
〈Epimedium × setosum〉

スズフリエビネ
レンギョウエビネの別名（ラン科の草本）
〈*Calanthe lyroglossa* Reichb. fil.〉

スズフリバナ
トウダイグサ (灯台草) の別名（双子葉植物綱トウダイグサ目トウダイグサ科の一年草または多年草。高さは20〜50cm）
〈*Euphorbia helioscopia*〉

スズメカルカヤ
オガルカヤ (雄刈茅，雄刈萱) の別名（単子葉植物綱カヤツリグサ目イネ科の多年草。高さは60〜100cm）
〈Cymbopogon tortilis *var.goeringii*〉

スズメノアワ
ナルコビエの別名（単子葉植物綱カヤツリグサ目イネ科の多年草。高さは50〜100cm）
〈*Eriochloa villosa*〉

スズメノオゴケ
イヨカズラ (伊予葛) の別名（双子葉植物綱リンドウ目ガガイモ科の多年生つる草。高さは30〜80cm）
〈*Cynanchum japonicum*〉

スズメノケヤリ
ワタスゲ (綿菅) の別名（単子葉植物綱カヤツリグサ目カヤツリグサ科の多年草。高さは30〜60cm）
〈*Eriophorum vaginatum*〉

スズメノコウメ
ヤナギイチゴ (柳苺) の別名（双子葉植物綱イラクサ目イラクサ科の落葉低木）
〈*Debregeasia edulis*〉

スズメノコメ
コメガヤの別名（単子葉植物綱カヤツリグサ目イネ科の多年草。高さは25〜60cm）
〈*Melica nutans*〉

＊スズメノテッポウ (雀鉄砲)
別名：スズメノマクラ，スズメノヤリ，ヤリクサ
単子葉植物綱カヤツリグサ目イネ科の一年草。高さは20〜40cm。
〈*Alopecurus aequalis var. amurensis*〉

スズメノヒエ
スズメノヤリ (雀槍) の別名（単子葉植物綱イグサ目イグサ科の多年草。高さは10〜30cm）
〈*Luzula capitata*〉

スズメノヒシャク
カラスビシャク (烏柄杓) の別名（単子葉植物綱サトイモ目サトイモ科の多年草。仏炎苞は緑色または帯紫色。高さは20〜40cm）
〈*Pinellia ternata*〉

スズメノマクラ
スズメノテッポウ (雀鉄砲) の別名（単子葉植物綱カヤツリグサ目イネ科の一年草。高さは20〜40cm）
〈Alopecurus aequalis *var.amurensis*〉

スズメノヤリ
スズメノテッポウ (雀鉄砲) の別名（イ

ネ科の一年草。高さは20〜40cm）
〈Alopecurus aequalis Sobol. var.
amurensis（Komarov）Ohwi〉

*スズメノヤリ（雀槍）
別名：シバイモ，スズメノヒエ
単子葉植物綱イグサ目イグサ科の多
年草。高さは10〜30cm。
〈Luzula capitata〉

スズメムギ
カラスムギ（烏麦）の別名（単子葉植物
綱カヤツリグサ目イネ科の越年草。高
さは60〜100cm）
〈Avena fatua〉

スズラン
カキラン（柿蘭）の別名（ラン科の多年
草。高さは30〜70cm。花は橙色）
〈Epipactis thunbergii A. Gray〉

*スズラン（鈴蘭）
別名：キミカゲソウ（君影草），タニマ
ノヒメユリ（谷間の姫百合）
単子葉植物綱ユリ目ユリ科の多年草。
高さは20〜35cm。花は白色。
〈Convallaria keiskei〉

スズランスイセン
スノーフレークの別名（単子葉植物綱ユ
リ目ヒガンバナ科の多年草。葉長30〜
40cm。花は白色）
〈Leucojum aestivum〉

スター
スターキング・デリシアスの別名（バ
ラ科のリンゴ（苹果）の品種。果皮は暗
濃紅色）

スター・オブ・ベツレヘム
カンパニュラ・イソフィラ・アルバの
別名（キキョウ科）

スタキス
ラムズイヤーの別名（シソ科のハーブ）
ラムズテールの別名（シソ科）

*スタキス
別名：ワタチョロギ

シソ科の属総称。の宿根草。

スタキスラナータ
ラムズイヤーの別名（シソ科のハーブ）
ラムズテールの別名（シソ科）

スターキング
スターキング・デリシアスの別名（バ
ラ科のリンゴ（苹果）の品種。果皮は暗
濃紅色）

*スターキング・デリシアス
別名：スター，スターキング
バラ科のリンゴ（苹果）の品種。果皮は
暗濃紅色。

*スダジイ
別名：イタジイ，シイ，ナガジイ
双子葉植物綱ブナ目ブナ科の常緑高木。
〈Castanopsis sieboldii〉

スターチス
リモニウム・ブルーファンタジアの別
名（イソマツ科）

*スターチス
別名：ハナハマサジ，リモニウム
双子葉植物綱イソマツ目イソマツ科
の多年草。高さは60〜90cm。花は
白か黄色。
〈Limonium sinuatum〉

***スターチス・ハイブリッドシネンシ
ス・キノセリーズ**
別名：タイワンハマサジ，リモニウム
イソマツ科。

スターチューリップ
カロコルツスの別名（ユリ科の属総称。
球根植物）

スターフラワー
ルリジサの別名（ムラサキ科の多年草。
高さは15〜70cm。花は青色）
〈Borago officinalis L.〉

ストリ

*スター・フロックス
別名：ホシザキフロックス
ハナシノブ科。

スダレバラ
モッコウバラ（木香薔薇）の別名（双子葉植物綱バラ目バラ科の落葉低木。長さは6〜7m。花は白色，または淡黄色）
〈Rosa banksiae〉

*ズッキーニ
別名：キントウガ，ポンキン
ウリ科の果菜類。
〈Cucurbita pepo Linn. var. melopepo〉

スッポンノカガミ
トチカガミの別名（単子葉植物綱トチカガミ目トチカガミ科の浮遊性多年草。葉身は円形，花弁は3枚で白色）
〈Hydrocharis dubia〉

スティールグラス
パームグラスの別名（ユリ科）

*ステビア
別名：アマハステビア
双子葉植物綱キク目キク科のハーブ。
〈Stevia rebaudiana〉

ステファノチス
マダガスカルジャスミンの別名（双子葉植物綱リンドウ目ガガイモ科の観賞用つる草。花は白色）
〈Stephanotis floribunda〉

ステファノティス
マダガスカルジャスミンの別名（双子葉植物綱リンドウ目ガガイモ科の観賞用つる草。花は白色）
〈Stephanotis floribunda〉
*ステファノティス
別名：シタキソウ
ガガイモ科の属総称。

*ステルクリア
別名：ピンポンノキ
アオギリ科の属総称。

ステレオスペルマム
ラデルマケラの別名（ノウゼンカズラ科の属総称）

スドウシ
アミタケ（網茸）の別名（イグチ科のキノコ。中型〜大型。傘は肉桂色〜黄土色，粘性）
〈Suillus bovinus〉

スドウツゲ
セイヨウツゲ（西洋黄楊）の別名（ツゲ科の木本。樹高6m。樹皮は灰色）

ストエカス・ラベンダー
フレンチ・ラベンダーの別名（シソ科のハーブ）
ラベンダーの別名（双子葉植物綱シソ目シソ科の香料作物）
〈Lavandula angustifolia〉

*ストケシア
別名：シュッコンヤグルマギク（宿根矢車菊），シュッコンヤグルマソウ（宿根矢車草），ルリギク（瑠璃菊）
双子葉植物綱キク目キク科の多年草。高さは30〜60cm。花は紫青色。
〈Stokesia laevis〉

ストック
アラセイトウ（紫羅欄花，荒世伊登宇）の別名（双子葉植物綱フウチョウソウ目アブラナ科の一年草または多年草。高さは75cm。花は紫，赤〜白色）
〈Matthiola incana〉

ストリアータ
ジコウニシキ（慈光錦）の別名（ユリ科）

ストリキニーネノキ
マチン（馬銭，番木鼈）の別名（双子葉植物綱リンドウ目マチン科の小高木，や

植物別名辞典　283

ストリ

やつる性。枝端に短刺，果実は漿果）
〈Strychnos nux-vomica〉

ストリキノス・トキシフェーラ
クラーレノキの別名（双子葉植物綱リン
ドウ目マチン科のつる性低木）

*ストレプトカルプス
別名：ウシノシタ
イワタバコ科の雑種群。
〈Streptocarpus × hybridus Voss〉

*ストレプトソレン
別名：マーマレードノキ
ナス科の属総称。

*ストレリチア
別名：ゴクラクチョウカ
バショウ科の属総称。

*スナゴケ
別名：ウスジロシモフリゴケ
ギボウシゴケ科。
〈Racomitrium canescens Brid.
subsp.latifolium Frisvoll〉

スナゴショウ
サダソウ（佐田草）の別名（双子葉植物
綱コショウ目コショウ科の多年草。高
さは10〜30cm）
〈Peperomia japonica〉

スナスゲ
ハマアオスゲの別名（単子葉植物綱カヤ
ツリグサ目カヤツリグサ科の多年草。
高さは5〜30cm）
〈Carex breviculmis var.fibrillosa〉

*スナヅル（砂蔓）
別名：シマネナシカズラ，ネナシハマ
カズラ，ハマソウメン
双子葉植物綱クスノキ目クスノキ科の寄
生つる草。つるは淡緑または黄色，果
実は淡黄色。
〈Cassytha filiformis〉

スナックエンドウ
スナップエンドウの別名（マメ科）

*スナップエンドウ
別名：スナックエンドウ
マメ科。

*スナビキソウ（砂引草）
別名：ハマムラサキ
双子葉植物綱シソ目ムラサキ科の多年
草。高さは30〜50cm。花は白色。
〈Messerschmidia sibirica〉

*スノキ（酸木）
別名：オオバスノキ
ツツジ科の落葉低木。
〈Vaccinium smallii A. Gray var.
glabrum Koidz.〉

*スノードロップ
別名：マツユキソウ
ヒガンバナ科の球根植物。葉幅は1cm
前後。
〈Galanthus nivalis L.〉

*スノーフレーク
別名：オオマツユキソウ，ジャイアン
トスノーフレーク，スズランスイ
セン
単子葉植物綱ユリ目ヒガンバナ科の多年
草。葉長30〜40cm。花は白色。
〈Leucojum aestivum〉

スノーボール
オオデマリ（大手毬）の別名（双子葉植
物綱マツムシソウ目スイカズラ科の低木
または小高木。高さは3〜5m。花は白
色，または少し赤みを帯びた白色）
〈Viburnum plicatum var.plicatum
form.plicatum〉

スノリ
フトモズク（太水雲）の別名（褐藻綱ナ
ガマツモ目ナガマツモ科の海藻。体は
15cm）
〈Tinocladia crassa〉

スパイカ・ラベンダー
　　イングリッシュ・ラベンダーの別名
　　（シソ科のハーブ）

スパイク・ラベンダー
　　ラベンダーの別名（双子葉植物綱シソ目
　　シソ科の香料作物）
　　〈Lavandula angustifolia〉

スパイダーフラワー
　　フェラーリアの別名（アヤメ科の属総
　　称。球根植物）

スパイダーリリー
　　ヒメノカリスの別名（ヒガンバナ科の属
　　総称。球根植物）

ズバイモモ
　　ネクタリンの別名（双子葉植物綱バラ目
　　バラ科の木本）
　　〈Amygdalus persica var.nectarina〉

*スパティフィルム
　　別名：ササウチワ
　　サトイモ科の属総称。

スパニッシュアーティチョーク
　　カルドンの別名（双子葉植物綱キク目キ
　　ク科のハーブ。高さは1.5〜2m。花は紫
　　青色）
　　〈Cynara cardunculus〉

*スパニッシュモス
　　別名：サルオガセモドキ
　　単子葉植物綱パイナップル目パイナップ
　　ル科の多年草。
　　〈Tillandsia usneoides〉

スハマソウ
　　ミスミソウ（三角草）の別名（キンポウ
　　ゲ科の多年草。高さは10〜15cm）
　　〈Hepatica nobilis Schreber var.
　　japonica Nakai f.japonica〉
　*スハマソウ（州浜草）
　　別名：ユキワリソウ
　　キンポウゲ科の多年草。高さは10〜

15cm。
〈Hepatica nobilis Schreber var.
japonica Nakai f.variegata
Kitamura〉

*スパラクシス
　　別名：スイセンアヤメ
　　アヤメ科の属総称。球根植物。

スープセロリ
　　キンサイ（芹菜）の別名（セリ科の中国
　　野菜）

*スブタ（簀蓋）
　　別名：コスブタ，ナガバスブタ
　　単子葉植物綱トチカガミ目トチカガミ科
　　の一年生沈水植物。葉は線形，花弁は
　　3枚，細長く白色。
　　〈Blyxa echinosperma〉

スプリングスターフラワー
　　ハナニラ（花韮）の別名（ユリ科の属総
　　称。球根植物）

*スプレイ・カーネーション
　　別名：オランダセキチク
　　ナデシコ科。

スプレーギク
　　スプレーマムの別名（キク科）
　　スプレーマム・ベスビオの別名（キク
　　科）

*スプレケリア
　　別名：オーキッドアマリリス，ツバメ
　　ザキアマリリス，ツバメズイセン
　　ヒガンバナ科の属総称。球根植物。

*スプレーマム
　　別名：スプレーギク
　　キク科。

*スプレーマム・ベスビオ
　　別名：スプレーギク
　　キク科。

スフレ

*スプレンゲリー
別名：シダレキジカクシ，スギノハカ
ズラ
単子葉植物綱ユリ目ユリ科の多年草。
アスパラガスの品種。
〈*Asparagus densiflorus 'Sprengeri'*〉

スーベニール・ド・サン・ホゼ
セイロウ (清郎) の別名 (ツツジ科のア
ザレアの品種)

*スベリヒユ (滑莧)
別名：ハナスベリヒユ，ポルツラカ
双子葉植物綱ナデシコ目 (中心子目) ス
ベリヒユ科の一年草。高さは10〜
30cm。
〈*Portulaca oleracea*〉

スポッテッド・ガム
レモン・ユーカリの別名 (双子葉植物綱
フトモモ目フトモモ科のハーブ。高さ
は20m。花は白色)
〈*Eucalyptus citriodora*〉

*スポッテッド・ネットル
別名：スポテッドピードネトル
シソ科のハーブ。

スポテッドピードネトル
スポッテッド・ネットルの別名 (シソ
科のハーブ)

スマトラオオコンニャク
アモルフォファルスの別名 (サトイモ科
の属総称)

*スマラグド
別名：エメラルド
ヒノキ科のニオイヒバの品種。

*ズミ
別名：コリンゴ，ヒメカイドウ，ミツ
バカイドウ
双子葉植物綱バラ目バラ科の落葉小高
木。高さは10m。花は白色。樹皮は
暗灰色。

〈*Malus toringo*〉

ズミノキ
オオウラジロノキの別名 (双子葉植物綱
バラ目バラ科の落葉高木。樹高は12m。
樹皮は紫褐色)
〈*Malus tschonoskii*〉

スミノミザクラ
サンカオウトウ (酸果桜桃) の別名 (バ
ラ科の木本)

*スミレ (菫)
別名：ジロッコタロッコ，スモウトリ
グサ，スモウトリバナ
双子葉植物綱スミレ目スミレ科の多年
草。高さは5〜20cm。花は紫色。
〈*Viola mandshurica*〉

スモウトリグサ (相撲取草)
スミレ (菫) の別名 (双子葉植物綱スミレ
目スミレ科の多年草。高さは5〜20cm。
花は紫色)
〈*Viola mandshurica*〉

スモウトリバナ
スミレ (菫) の別名 (双子葉植物綱スミレ
目スミレ科の多年草。高さは5〜20cm。
花は紫色)
〈*Viola mandshurica*〉

スモトリバナ
オオバコ (大葉子) の別名 (双子葉植物
綱オオバコ目オオバコ科の多年草。高
さは10〜50cm)
〈*Plantago asiatica*〉

*スモモ (李)
別名：ハタンキョウ
双子葉植物綱バラ目バラ科の落葉小高
木。果肉は黄色または紫紅色。花は
白色。
〈*Prunus salicina*〉

*スルガラン (駿河蘭)
別名：オラン (雄蘭)，ケイラン (蕙

蘭），ジラン（地蘭）
単子葉植物綱ラン目ラン科の多年草。
花は乳白色。
〈*Cymbidium ensifolium*〉

スルボ
ツルボ（蔓穂）の別名（単子葉植物綱ユリ
目ユリ科の多年草。高さは20〜50cm）
〈*Scilla scilloides*〉

【 セ 】

セイカ
コチョウゾロイ（胡蝶揃）の別名（ツツ
ジ科のツツジの品種）

セイガイツツジ
セイガイハ（青海波）の別名（双子葉植
物綱ツツジ目ツツジ科。モチツツジの
園芸品種）
〈*Rhododendron macrosepalum form.*
linearifolium〉

*セイガイハ（青海波）
別名：セイガイツツジ
双子葉植物綱ツツジ目ツツジ科。モチ
ツツジの園芸品種。
〈*Rhododendron macrosepalum form.*
linearifolium〉

*セイコノヨシ（西湖葭）
別名：セイタカヨシ
単子葉植物綱カヤツリグサ目イネ科の多
年草。高さは2〜4m。
〈*Phragmites karka*〉

*セイシカ（聖紫花）
別名：タイトンシャクナゲ
双子葉植物綱ツツジ目ツツジ科の常緑低
木またはまれに高木。高さは5m。花
は淡桃色。
〈*Rhododendron latoucheae*〉

*セイシボク（青紫木）
別名：エクスコエカリア
トウダイグサ科の属総称。

セイジン
ロザンハク（芦山白）の別名（スイレン
科のハスの品種）

セイタカアキノキリンソウ（背高秋麒
麟草）
セイタカアワダチソウ（背高泡立草）の
別名（双子葉植物綱キク目キク科の多年
草。高さは100〜250cm。花は濃黄色）
〈*Solidago altissima*〉

*セイタカアワダチソウ（背高泡立草）
別名：セイタカアキノキリンソウ（背
高秋麒麟草）
双子葉植物綱キク目キク科の多年草。
高さは100〜250cm。花は濃黄色。
〈*Solidago altissima*〉

セイタカオトギリ
トサオトギリの別名（双子葉植物綱ツバ
キ目オトギリソウ科の草本）
〈*Hypericum tosaense*〉

セイタカキンスゲ
キンスゲ（金菅）の別名（単子葉植物綱
カヤツリグサ目カヤツリグサ科の多年
草。高さは10〜40cm）
〈*Carex pyrenaica*〉

*セイタカスギゴケ（背高杉苔）
別名：オオバニワスギゴケ
スギゴケ科のコケ。大形、茎は高さ8〜
20cm。
〈*Pogonatum japonicum Sull. et*
Lesq.〉

セイタカスズメガヤ
シナダレスズメガヤの別名（単子葉植物
綱カヤツリグサ目イネ科の多年草。高
さは60〜120cm）
〈*Eragrostis curvula*〉

セイタカタウコギ (背高田五加木)
アメリカセンダングサ (アメリカ栴檀草) の別名 (双子葉植物綱キク目キク科の一年草。高さは1～1.5m。花は黄色)
〈Bidens frondosa〉

セイタカトウヒレン
トウヒレン (唐飛廉) の別名 (双子葉植物綱キク目キク科の多年草。高さは70～100cm)
〈Saussurea tanakae〉

*セイタカハリイ
別名：オオハリイ
カヤツリグサ科の多年草。高さは25～55cm。
〈Eleocharis attenuata (Franch. et Savat.) Palla〉

*セイタカビロウ
別名：マルバビロウ
単子葉植物綱ヤシ目ヤシ科の木本。シュロに似る。果実は赤熟。高さは30m。花は鮮赤色。
〈Livistona rotundifolia〉

セイタカヨシ
セイコノヨシ (西湖葭) の別名 (単子葉植物綱カヤツリグサ目イネ科の多年草。高さは2～4m)
〈Phragmites karka〉

*セイタカヨモギ
別名：タカヨモギ
キク科の多年草。高さは1～2m。
〈Artemisia selegensis Turcz.〉

*セイトウ (聖塔)
別名：ハクビジン (白美人)
ベンケイソウ科の低木。高さは75cm。花は黄色。
〈Cotyledon decussata Sims〉

セイネンノキ (青年の樹)
ユッカの別名 (単子葉植物綱ユリ目リュウゼツラン科の属総称)
〈Yucca spp.〉

*セイバンナスビ
別名：ヤイマナスビ
ナス科の木本。

セイヤ
エチュベリア・デレンベルギーの別名 (ベンケイソウ科)

*セイヨウアカネ (西洋茜)
別名：ムツバアカネ
双子葉植物綱アカネ目アカネ科の草本, 薬用植物。
〈Rubia tinctorum〉

セイヨウアカマツ
ヨーロッパアカマツ (欧州赤松) の別名 (マツ綱マツ目マツ科の木本。樹高は35m。樹皮は紫灰色)
〈Pinus sylvestris〉

*セイヨウアジサイ
別名：ハイドランジャ, ハナアジサイ, ヒドランゲア
ユキノシタ科。

セイヨウアマナ
ハナニラ (花韮) の別名 (単子葉植物綱ユリ目ユリ科の多年草。高さは5cm。花は藤青色)
〈Ipheion uniflorum〉

*セイヨウイチイ (西洋一位)
別名：オウシュウイチイ
イチイ科の木本。樹高20m。樹皮は紫褐色。
〈Taxus baccata Linn.〉

セイヨウイトスギ
イタリアスギの別名 (マツ綱マツ目ヒノキ科の常緑高木。高さは45m。樹皮は灰褐色)
〈Cupressus sempervirens〉

セイヨウウスユキソウ

エーデルワイスの別名（双子葉植物綱キ
ク目キク科の多年草。高さは10〜20cm）
〈Leontopodium alpinum〉

セイヨウウツボグサ

ウツボグサ（靫草）の別名（双子葉植物
綱シソ目シソ科の多年草。ウツボグサ
の基本亜種で，花は長さ1〜1.3cm。高
さは10〜30cm）
〈Prunella vulgaris subsp.asiatica〉

セイヨウウンラン

ホソバウンラン（細葉海蘭）の別名（双
子葉植物綱ゴマノハグサ目ゴマノハグサ
科の一年草または多年草。高さは30〜
100cm。花は淡黄色）
〈Linaria vulgaris〉

セイヨウエビラハギ

シナガワハギ（品川萩）の別名（双子葉
植物綱マメ目マメ科の一年草または越年
草。高さは120〜250cm。花は黄色）
〈Melilotus officinalis〉

＊セイヨウオオバコ

別名：オニオオバコ
双子葉植物綱オオバコ目オオバコ科の多
年草。高さは50cm。
〈Plantago major〉

＊セイヨウオキナグサ

別名：ヨウシュオキナグサ
双子葉植物綱キンポウゲ目キンポウゲ科
の多年草。高さは15cm。
〈Anemone pulsatilla〉

＊セイヨウオトギリソウ（西洋弟切草）

別名：ヒペリカム
双子葉植物綱ツバキ目オトギリソウ科の
多年草。高さは30〜60cm。花は黄色。
〈Hypericum perforatum〉

セイヨウオニアザミ

アメリカオニアザミの別名（双子葉植物
綱キク目キク科の多年草。高さは50〜
150cm。花は淡紅紫色）
〈Cirsium vulgare〉

セイヨウカタクリ（西洋片栗）

エリスロニウムの別名（単子葉植物綱ユ
リ目ユリ科の属総称）
〈Erythronium spp.〉

＊セイヨウカノコソウ（西洋鹿子草）

別名：オールヒール
双子葉植物綱マツムシソウ目オミナエシ
科の多年草。花は白〜淡紅色。
〈Valeriana officinalis〉

＊セイヨウカボチャ（西洋南瓜）

別名：クリカボチャ（栗南瓜），ナタワ
レカボチャ（刀割南瓜）
双子葉植物綱スミレ目ウリ科の野菜。
葉や花はカボチャに似る。
〈Cucurbita maxima〉

セイヨウカラシナ

サラダマスタードの別名（アブラナ科の
ハーブ）

セイヨウカラハナソウ

ホップの別名（双子葉植物綱イラクサ目
クワ科のつる性多年草。長さは6〜7m）
〈Humulus lupulus〉

セイヨウカンアオイ

オウシュウサイシン（欧州細辛）の別
名（双子葉植物綱ウマノスズクサ目ウマ
ノスズクサ科の多年草。花は緑褐色）
〈Asarum europaeum〉

セイヨウカンボク

ヨウシュカンボク（洋種肝木）の別名
（双子葉植物綱マツムシソウ目スイカズ
ラ科の低木または小高木。高さは3〜
5m。花は白色）
〈Viburnum opulus〉

＊セイヨウキランソウ

別名：ビューグル
双子葉植物綱シソ目シソ科の多年草。

植物別名辞典　289

セイヨ

高さは10〜30cm。花は青紫色。
〈Ajuga reptans〉

セイヨウキンバイ
トロリウスの別名（キンポウゲ科の属総称）

*セイヨウキンバイ（西洋金梅）
別名：キンバイソウ
キンポウゲ科の多年草。高さは10〜70cm。花は黄緑色。
〈Trollius europaeus L.〉

セイヨウキンポウゲ
タマキンポウゲの別名（キンポウゲ科の多年草。高さは10〜30cm。花は黄色）
〈Ranunculus bulbosus L.〉

*セイヨウキンポウゲ
別名：アクリスキンポウゲ
キンポウゲ科の多年草。高さは20〜90cm。花は黄色。
〈Ranunculus acris L.〉

セイヨウクモマグサ
クモマグサ（雲間草）の別名（双子葉植物綱バラ目ユキノシタ科の多年草。高さは2〜10cm）
〈Saxifraga merkii var.idsuroei〉

*セイヨウクルマユリ
別名：マルタゴンリリー
単子葉植物綱ユリ目ユリ科の多年草。高さは90〜200cm。花は濃淡の桃紫色。
〈Lilium martagon〉

セイヨウグルミ
ペルシャグルミの別名（双子葉植物綱クルミ目クルミ科の木本。高さは20〜30m。樹皮は淡灰色）
〈Juglans regia〉

セイヨウグンバイナズナ
マメグンバイナズナ（豆軍配薺）の別名（双子葉植物綱フウチョウソウ目アブラナ科の一年草または二年草。高さは20〜40cm。花は緑白色）
〈Lepidium virginicum〉

セイヨウゴボウ
バラモンジン（婆羅門参）の別名（双子葉植物綱キク目キク科の越年草。高さは40〜90cm。花は青紫色）
〈Tragopogon porrifolius〉

セイヨウサンダンカ
ランタナの別名（双子葉植物綱シソ目クマツヅラ科の落葉低木。高さは100〜120cm。花は黄より紅まで変色）
〈Lantana camara var.aculeata〉

セイヨウシナノキ
ボダイジュ（菩提樹）の別名（双子葉植物綱アオイ目シナノキ科の落葉広葉高木。高さは25m）
〈Tilia miqueliana〉

*セイヨウショウロ
別名：トラッフル，トリュッフェル，トリュフ
セイヨウショウロタケ科のキノコ。

セイヨウズオウ
セイヨウハナズオウ（西洋花蘇芳）の別名（双子葉植物綱マメ目マメ科の落葉小高木。葉は灰緑色。樹高は10m。樹皮は灰褐色）
〈Cercis siliquastrum〉

*セイヨウスグリ（西洋酸塊）
別名：オオスグリ
双子葉植物綱バラ目ユキノシタ科の落葉低木。高さは1.2m。
〈Ribes uva-crispa〉

*セイヨウスモモ（西洋李）
別名：ヨーロッパスモモ
双子葉植物綱バラ目バラ科の木本。樹高は10m。樹皮は灰褐色。
〈Prunus domestica〉

*セイヨウダイコンソウ
別名：ゲウム
バラ科の薬用植物。
〈Geum urbanum L.〉

*セイヨウタンポポ (西洋蒲公英)
別名：ショクヨウタンポポ
双子葉植物綱キク目キク科の多年草。痩果は淡褐色～暗褐色。高さは10～45cm。花は黄色。
〈Taraxacum officinale〉

*セイヨウツゲ (西洋黄楊)
別名：スドウツゲ
ツゲ科の木本。樹高6m。樹皮は灰色。

セイヨウツツジ
アザレアの別名 (ツツジ科の園芸品種群。木本)

*セイヨウトチノキ
別名：ウマグリ (馬栗)，マロニエ
双子葉植物綱ムクロジ目トチノキ科の落葉高木。高さは35m。花は白黄色。樹皮は赤褐色または灰色。
〈Aesculus hippocastanum〉

*セイヨウトネリコ
別名：オウシュウトネリコ
モクセイ科の落葉高木。高さは45m。樹皮は淡灰色。
〈Fraxinus excelsior L.〉

セイヨウナツユキソウ
メドウスイートの別名 (バラ科のハーブ)

*セイヨウニガナ
別名：ナイトウニガナ
キク科。茎葉基部に耳状の裂片がある。
〈Crepis callaris (L.) Wallr.〉

セイヨウニッケイ
ゲッケイジュ (月桂樹) の別名 (双子葉植物綱クスノキ目クスノキ科の常緑高木。高さは5～10m。花は黄色。樹皮は暗灰色)
〈Laurus nobilis〉

*セイヨウニワトコ (西洋接骨木)
別名：エルダー
双子葉植物綱マツムシソウ目スイカズラ科の木本。高さは4.5～6m。花は黄白色。
〈Sambucus nigra〉

*セイヨウネズ
別名：セイヨウビャクシン，ヨウシュネズ
マツ綱マツ目ヒノキ科の草本。高さは15m。雄花は黄，雌花は緑色。樹皮は赤褐色。
〈Juniperus communis〉

*セイヨウノコギリソウ (西洋鋸草)
別名：アキレア，アキレス
双子葉植物綱キク目キク科の多年草。高さは30～100cm。花は白色，または淡紅色。
〈Achillea millefolium〉

*セイヨウハコヤナギ
別名：イタリアヤマナラシ，ピラミッドヤマナラシ
双子葉植物綱ヤナギ目ヤナギ科の落葉高木。
〈Populus nigra var.italica〉

*セイヨウハシバミ (西洋榛)
別名：ヨーロッパヘーゼル
双子葉植物綱ブナ目カバノキ科の低木。
〈Corylus avellana〉

セイヨウハッカ
ペパー・ミントの別名 (シソ科のハーブ)
ミントの別名 (双子葉植物綱シソ目シソ科のハーブ)
〈Mentha spp.〉

*セイヨウハナズオウ (西洋花蘇芳)
別名：セイヨウズオウ
双子葉植物綱マメ目マメ科の落葉小高木。葉は灰緑色。樹高は10m。樹皮は灰褐色。
〈Cercis siliquastrum〉

セイヨウハルニレ

エルムの別名 (双子葉植物綱イラクサ目
ニレ科の木本。高さは40m)
〈Ulmus glabra〉

セイヨウヒイラギ

ヒイラギモチ (柊黐) の別名 (双子葉植
物綱ニシキギ目モチノキ科の木本。高
さは6m。花は白色。樹皮は淡い灰色)
〈Ilex aquifolium〉

セイヨウヒイラギナンテン

ヒイラギメギの別名 (双子葉植物綱キン
ポウゲ目メギ科の常緑低木。高さは1m。
花は黄色)
〈Mahonia aquifolium〉

セイヨウヒゲシバ

オヒゲシバの別名 (単子葉植物綱カヤツ
リグサ目イネ科の一年草。花は紫色)
〈Chloris virgata〉

セイヨウヒメスノキ

ハイデルベリーの別名 (ツツジ科の常緑
小低木)
〈Vaccinium myrtillus L.〉

セイヨウビャクシン

セイヨウネズの別名 (マツ綱マツ目ヒノ
キ科の草本。高さは15m。雄花は黄, 雌
花は緑色。樹皮は赤褐色)
〈Juniperus communis〉

*セイヨウヒルガオ (西洋昼顔)

別名：ヒメヒルガオ
双子葉植物綱ナス目ヒルガオ科の多年生
つる草。長さは1～2m。花は白色, ま
たは淡紅色。
〈Convolvulus arvensis〉

*セイヨウフウチョウソウ (西洋風蝶草)

別名：クレオメソウ
双子葉植物綱フウチョウソウ目フウチョ
ウソウ科の一年草。高さは80～
100cm。花は白～淡紅紫色。
〈Cleome spinosa〉

*セイヨウボダイジュ

別名：ヨウシュボダイジュ
シナノキ科の木本。樹高40m。樹皮は灰
褐色。
〈Tilia platyphylla Scop.〉

セイヨウマツタケ

マッシュルームの別名 (ハラタケ科のキ
ノコ。傘の表面は初め白色, 後に淡黄褐
色または淡赤褐色)
〈Agaricus bisporus〉

*セイヨウマツムシソウ (西洋松虫草)

別名：スケイビアス
双子葉植物綱マツムシソウ目マツムシソ
ウ科の草本。高さは60～90cm。花は
深紅色。
〈Scabiosa atropurpurea〉

セイヨウミザクラ

サクランボ (桜桃) の別名 (バラ科)
〈Prunus avium〉

*セイヨウミザクラ (西洋実桜)

別名：オウトウ (桜桃), カンカオウト
ウ (甘果桜桃), サクランボ
双子葉植物綱バラ目バラ科の木本。
花は白色。樹皮は赤褐色。
〈Cerasus avium〉

セイヨウミゾカクシ

ロベリアソウの別名 (双子葉植物綱キ
キョウ目キキョウ科の一年草。高さは
30～80cm。花は淡青色, または白色)
〈Lobelia inflata〉

*セイヨウミミナグサ

別名：エダウチミミナグサ, カラフト
ミミナグサ
ナデシコ科の多年草。花序は疎花、白
色。高さは5～40cm。
〈Cerastium arvense L.〉

*セイヨウヤブイチゴ

別名：クロミキイチゴ
双子葉植物綱バラ目バラ科の落葉低木。
〈Rubus fruticosus〉

セキシ

＊セイヨウヤブジラミ
別名：ヒメヤブジラミ
セリ科。茎は直立。
〈*Torilis leptophylla*（*L.*）*Reichb.
f.*〉

＊セイヨウヤマカモジ
別名：ミナトカモジグサ
イネ科の一年草。高さは5～40cm。
〈*Brachypodium distachyon*（*L.*）
Beauv.〉

セイヨウヤマガラシ
ハルザキヤマガラシの別名（双子葉植物
綱フウチョウソウ目アブラナ科の多年
草。高さは30～60cm）
〈*Barbarea vulgaris*〉

セイヨウヤマナラシ
クロヤマナラシ（黒山鳴らし）の別名
（双子葉植物綱ヤナギ目ヤナギ科の木
本。樹高は30m。樹皮は暗灰褐色）
〈*Populus nigra*〉

＊セイヨウユキワリソウ
別名：ヨウシュユキワリソウ
サクラソウ科の多年草。
〈*Primula farinosa L.*〉

セイヨウリンゴ
リンゴ（林檎）の別名（バラ科の落葉高
木）
〈*Malus pumila* Mill. var.*dulcissima*
Koidz〉

セイヨウワサビ
ワサビダイコンの別名（双子葉植物綱フ
ウチョウソウ目アブラナ科の多年草。
長さは50～80cm。花は白色）
〈*Armoracia rusticana*〉

セイリョウカズラ
イワヒトデ（岩人手）の別名（ウラボシ
科の常緑性シダ植物。葉身は長さ10～
25cm，広卵形）
〈*Colysis elliptica*〉

＊セイロウ（清郎）
別名：スーベニール・ド・サン・ホゼ
ツツジ科のアザレアの品種。

セイロンケイヒ
ニッケイ（肉桂）の別名（双子葉植物綱
クスノキ目クスノキ科の常緑高木。高
さは10～15m）
〈*Cinnamomum sieboldii*〉

＊セイロンテツボク
別名：タガヤサン，テッサイノキ
オトギリソウ科の観賞用植物。葉裏粉
白。高さは20m。花は白色。
〈*Mesua ferrea L.*〉

セイロンホウレンソウ
ツルムラサキ（蔓紫）の別名（双子葉植
物綱ナデシコ目（中心子目）ツルムラサ
キ科のつる性越年草。茎は紫色のもの
と緑色のものとある。花は白色）
〈*Basella alba*〉

＊セイロンマツリ
別名：インドマツリ
イソマツ科の草本。全株有毒。高さは
1m。花は白色。
〈*Plumbago zeylanica L.*〉

セキコク
セッコク（石斛）の別名（単子葉植物綱
ラン目ラン科の多年草。高さは5～
25cm。花は白色）
〈*Dendrobium moniliforme*〉

セキジツカ（赤実果）
カキ（柿）の別名（双子葉植物綱カキノキ
目カキノキ科の落葉高木。樹高は15m。
樹皮は淡灰色）
〈*Diospyros kaki*〉

＊セキショウモ（石菖藻）
別名：イトモ，ヘラモ
単子葉植物綱トチカガミ目トチカガミ科
の多年生沈水植物。葉は根生，線形
（リボン状）。

植物別名辞典　293

セキチ

〈*Vallisneria natans*〉

*セキチク（石竹）
別名：カラナデシコ
双子葉植物綱ナデシコ目（中心子目）ナ
デシコ科の多年草。高さは30cm。花
は紅，淡紅，白色。
〈*Dianthus chinensis*〉

セキナ
ニリンソウ（二輪草）の別名（双子葉植
物綱キンポウゲ目キンポウゲ科の多年
草。高さは15〜25cm。花は白色）
〈*Anemone flaccida*〉

セキリュウマル
ヒノデマル（日の出丸）の別名（サボテ
ン科のサボテン。花は淡桃から紫紅色）
〈*Ferocactus latispinus*（Haw.）Britt.
et Rose〉

*セコイア
別名：イチイモドキ，セコイアメスギ
マツ綱マツ目スギ科の針葉高木。樹皮は
赤褐色。樹高は110m。樹皮は赤褐色。
〈*Sequoia sempervirens*〉

*セコイアオスギ
別名：セコイアデンドロン
マツ綱マツ目スギ科の木本。樹高は
100m。雄花は黄褐色。樹皮は赤褐色。
〈*Sequoiadendron giganteum*〉

セコイアデンドロン
セコイアオスギの別名（マツ綱マツ目ス
ギ科の木本。樹高は100m。雄花は黄褐
色。樹皮は赤褐色）
〈*Sequoiadendron giganteum*〉

セコイアメスギ
セコイアの別名（マツ綱マツ目スギ科の
針葉高木。樹皮は赤褐色。樹高は
110m。樹皮は赤褐色）
〈*Sequoia sempervirens*〉

*セージ
別名：ガーデンセージ，ヤクヨウサル
ビア
シソ科の香辛野菜。高さは60cm。花は
青からピンク色。
〈*Salvia officinalis L.*〉

セスジミツバカズラ
シンゴニウム・マウロアナムの別名
（サトイモ科）

セチゲルムゲシ
アツミゲシの別名（ケシ科の越年草。高
さは30〜70cm。花は赤〜赤紫〜淡紫〜
白色）
〈*Papaver setigerum DC.*〉

セッカンスギ
オウゴンスギ（黄金杉）の別名（スギ科）

セッケンノキ
エゴノキ（斎墩果）の別名（双子葉植物
綱カキノキ目エゴノキ科の落葉小高木〜
高木。高さは7〜8m。花は白色。樹皮
は濃灰褐色）
〈*Styrax japonica*〉

セッコウボク
シラタマヒョウタンボクの別名（双子
葉植物綱マツムシソウ目スイカズラ科の
落葉小低木）
〈*Symphoricarpos albus*〉

*セッコク（石斛）
別名：セキコク
単子葉植物綱ラン目ラン科の多年草。
高さは5〜25cm。花は白色。
〈*Dendrobium moniliforme*〉

セッコツボク
ニワトコ（庭常）の別名（双子葉植物綱マ
ツムシソウ目スイカズラ科の落葉低木）
〈*Sambucus racemosa subsp.*
sieboldiana〉

セッチュウカ (雪中花)
スイセンの別名 (ヒガンバナ科の属総称。
球根植物)

セップ
ヤマドリタケ (山鳥茸) の別名 (イグチ
科のキノコ)
〈Boletus edulis〉

*セドゥム
別名：マンネングサ
ベンケイソウ科の属総称。

*セトクレアセア
別名：ムラサキゴテン
単子葉植物綱ツユクサ目ツユクサ科の多
年草。高さは40～60cm。花はラベン
ダーピンク～白色。
〈Setcreasea palliada〉

セナミスミレ
イソスミレ (磯菫) の別名 (双子葉植物
綱スミレ目スミレ科の多年草。高さは10
～15cm。花は濃紫色，または淡紫色)
〈Viola grayi〉

ゼニクサ
ツボクサ (坪草，壺草) の別名 (双子葉
植物綱セリ目セリ科の多年草。高さは5
～10cm)
〈Centella asiatica〉

ゼニバカンアオイ
キソジノカンアオイの別名 (双子葉植物
綱ウマノスズクサ目ウマノスズクサ科の
草本)
〈Asarum takaoi var.hisauchii〉

セープ
ヤマドリタケ (山鳥茸) の別名 (イグチ
科のキノコ)
〈Boletus edulis〉

セファリプテラム
イエロー・ドラゴンの別名 (キク科)

セファリプテルム
イエロー・ドラゴンの別名 (キク科)

*ゼフィランサス
別名：サフランモドキ，タマスダレ
ヒガンバナ科の属総称。球根植物。

セボリー
ウィンター・サボリーの別名 (シソ科の
ハーブ)
キダチハッカの別名 (双子葉植物綱シソ
目シソ科。高さは30～45cm。花は白～
赤紫色)
〈Satureja hortensis〉
サマー・サボリーの別名 (シソ科のハー
ブ)

セボリーヤシ
ノヤシの別名 (単子葉植物綱ヤシ目ヤシ
科の常緑高木。高さは16m)
〈Clinostigma savoryanum〉

*ゼラニウム
別名：テンジクアオイ (天竺葵)，ペラ
ルゴニウム
双子葉植物綱フウロソウ目フウロソウ科
の多年草。
〈Pelargonium hortorum〉

*セリ (芹)
別名：カワナ (川菜)，カワナグサ (川
菜草)
双子葉植物綱セリ目セリ科の多年草。
高さは30～80cm。花は白色。
〈Oenanthe javanica〉

セリニンジン
ニンジン (人参) の別名 (双子葉植物綱
セリ目セリ科の根菜類)
〈Daucus carota var.sativus〉

*セリモドキ (芹擬)
別名：タニセリモドキ
双子葉植物綱セリ目セリ科の多年草。
高さは30～90cm。

〈*Dystaenia ibukiensis*〉

セルタス
カキヂシャの別名（キク科の野菜）

セルピルムソウ
クリーピング・タイムの別名（シソ科の
ハーブ）

*セルリアック
別名：カブラミツバ，コンヨウセ
ルリー
セリ科の根菜類。
〈*Apium graveolens Linn. var.
rapaceum（Mill.）DC.*〉

セレリー
セロリの別名（双子葉植物綱セリ目セリ
科の葉菜類。高さは60〜80cm）
〈*Apium graveolens*〉

*セロリ
別名：オランダミツバ，セレリー，キ
ヨマサニンジン（清正人参）
双子葉植物綱セリ目セリ科の葉菜類。
高さは60〜80cm。
〈*Apium graveolens*〉

センオウゲ
センノウ（仙翁）の別名（双子葉植物綱
ナデシコ目（中心子目）ナデシコ科の一
年草または多年草。高さは50cm。花は
深紅色）
〈*Lychnis senno*〉

センコウハナビ
ハエマンサスの別名（ヒガンバナ科の属
総称。球根植物）

センコク
ハトムギ（鳩麦）の別名（単子葉植物綱
カヤツリグサ目イネ科の草本。苞鞘は
軟らかく，淡褐色）
〈*Coix lachryma-jobi var.ma-yuen*〉

センゴクヒゴタイ
キントキヒゴタイの別名（双子葉植物綱
キク目キク科の草本）
〈*Saussurea nipponica var.glabrescens*〉

センゴクマメ
フジマメ（藤豆）の別名（双子葉植物綱
マメ目マメ科のつる性多年草。一年生
と多年生とがある。花は紫紅色）
〈*Lablab purpureus*〉

センジュギク（千寿菊）
マリーゴールドの別名（双子葉植物綱キ
ク目キク科の属総称）
〈*Tagetes spp.*〉

*センジュラン（千寿蘭）
別名：チモラン
リュウゼツラン科。

*センジョウアザミ（仙丈薊）
別名：キソアザミ
双子葉植物綱キク目キク科の草本。
〈*Cirsium senjoense*〉

センショウボク
ナツメヤシ（棗椰子）の別名（単子葉植
物綱ヤシ目ヤシ科の木本。雌雄異株，果
実は長さ4cm。高さは25〜30m。花は黄
〜橙色）
〈*Phoenix dactylifera*〉

センダイガヤツリ
アレチハマスゲの別名（カヤツリグサ
科）
〈*Cyperus filicullmis* Vahl〉

センダイキササゲ
ラデルマケラの別名（ノウゼンカズラ科
の属総称）

*センダイトウヒレン
別名：ナンブトウヒレン
双子葉植物綱キク目キク科の草本。
〈*Saussurea nipponica var.sendaica*〉

*センダイハギ (先代萩，千代萩)
別名：キバナセンダイハギ
双子葉植物綱マメ目マメ科の多年草。
高さは40〜80cm。花は黄色。
〈*Thermopsis lupinoides*〉

センダンバノボダイジュ
モクゲンジの別名(双子葉植物綱ムクロ
ジ目ムクロジ科の落葉高木。高さは10
〜12m。花は黄色。樹皮は淡褐色)
〈*Koelreuteria paniculata*〉

ゼンテイカ
カンゾウの別名(ユリ科の属総称)
*ゼンテイカ
別名：エゾゼンテイカ，ニッコウキスゲ
ユリ科の多年草。種の形容語は人名
にちなむ。高さは60〜90cm。
〈*Hemerocallis dumortieri Morren
var.esculenta*（*Koidz.*）
Kitamura〉

*センテッド・ゼラニウム
別名：センテッドペラゴニウム，ニオ
イテンジクアオイ
フウロソウ科のハーブ。

センテッドペラゴニウム
アップル・ゼラニウムの別名(フウロソ
ウ科のハーブ)
センテッド・ゼラニウムの別名(フウ
ロソウ科のハーブ)
ニオイテンジクアオイの別名(双子葉植
物綱フウロソウ目フウロソウ科の草本)
〈*Pelargonium graveolens*〉
レモン・ゼラニウムの別名(フウロソウ
科のハーブ)
ローズ・ゼラニウムの別名(フウロソウ
科のハーブ)

*セントウソウ (仙洞草)
別名：オウレンダマシ
双子葉植物綱セリ目セリ科の多年草。
高さは10〜25cm。
〈*Chamaele decumbens*〉

セントウレア
ヤグルマギク (矢車菊) の別名(双子葉
植物綱キク目キク科の一年草または多年
草。高さは30〜100cm。花は青藍色)
〈*Centaurea cyanus*〉

*セントポーリア
別名：アフリカスミレ
双子葉植物綱ゴマノハグサ目イワタバコ
科の属総称。
〈*Saintpaulia spp.*〉

*センナ
別名：チンネベリー・センナ，ホソバ
センナ
高さは2m以下。花は濃黄色。
〈*Cassia angustifolia*〉

センナリ
ハヤトウリ (隼人瓜) の別名(双子葉植
物綱スミレ目ウリ科の多年生つる草。
果色はクリーム色から濃緑色)
〈*Sechium edule*〉

*センナリホオズキ (千生酸漿)
別名：タンポホオズキ，ハタケホオ
ズキ
双子葉植物綱ナス目ナス科の一年草。
高さは20〜90cm。花は黄白色。
〈*Physalis angulata*〉

*センニチコウ (千日紅)
別名：ゴンフレナ，センニチソウ (千
日草)，センニチボウズ (千日坊主)
双子葉植物綱ナデシコ目 (中心子目) ヒ
ユ科の一年草。高さは50cm。花は紫
紅，肉桃，淡桃，白色など。
〈*Gomphrena globosa*〉

センニチソウ (千日草)
センニチコウ (千日紅) の別名(双子葉
植物綱ナデシコ目 (中心子目) ヒユ科の
一年草。高さは50cm。花は紫紅，肉桃，
淡桃，白色など)
〈*Gomphrena globosa*〉

センニ

センニチボウズ（千日坊主）
センニチコウ（千日紅）の別名（双子葉
植物綱ナデシコ目（中心子目）ヒユ科の
一年草。高さは50cm。花は紫紅，肉桃，
淡桃，白色など）
〈*Gomphrena globosa*〉

センニチモドキ
オランダセンニチ（和蘭千日）の別名
（キク科の一年草。葉は初め紫でシソの
葉の感じ）
〈*Spilanthes acmella* L. var.*oleracea*
Clarke〉

センニンコク
ヒモゲイトウ（紐鶏頭）の別名（双子葉
植物綱ナデシコ目（中心子目）ヒユ科の
一年草。高さは70〜100cm。花は紅色）
〈*Amaranthus caudatus*〉

＊センニンソウ（仙人草）
別名：ウシクワズ，ウマノハオトシ
双子葉植物綱キンポウゲ目キンポウゲ科
の落葉つる性植物。葉は羽状複葉。
〈*Clematis terniflora*〉

センネンボク
ドラセナの別名（リュウゼツラン科の属
総称）

センネンボクラン
ニオイシュロラン（匂綜呂蘭）の別名
（単子葉植物綱ユリ目リュウゼツラン科
の木本。高さは10m。花は白色）
〈*Cordyline australis*〉

＊センノウ（仙翁）
別名：コウバイグサ，センオウゲ
双子葉植物綱ナデシコ目（中心子目）ナ
デシコ科の一年草または多年草。高
さは50cm。花は深紅色。
〈*Lychnis senno*〉

センノキ
ハリギリ（針桐）の別名（双子葉植物綱
セリ目ウコギ科の落葉高木。高さは

20m。花は淡黄緑色。樹皮は黒褐色）
〈*Kalopanax pictus*〉

＊センパオウレア
別名：オオゴンコノテガシワ
マツ綱マツ目ヒノキ科。コノテガシワ
の品種。
〈*Thuja orientalis* 'Semperaurea'〉

センボンシメジ
シメジの別名（キシメジ科のキノコ。中
型〜大型。高さは3〜10cm。傘は淡灰
褐色，かすり模様。ひだは白色）
〈*Lyophyllum shimeji* (Kawam.)
Hongo〉
シャカシメジ（釈迦占地）の別名（キシ
メジ科のキノコ。小型〜中型。傘は灰
褐色。ひだは灰白色）
〈*Lyophyllum fumosum*〉

＊センボンシメジ
別名：シャカシメジ
シメジ科の野菜。

＊センボンタンポポ
別名：モモイロタンポポ
キク科の一年草。高さは30〜40cm。花
は淡紅色。
〈*Crepis rubra* L.〉

＊センボンヤリ（千本槍）
別名：ムラサキタンポポ
双子葉植物綱キク目キク科の多年草。
高さは春5〜15cm，秋30〜60cm。花
は白色。
〈*Leibnitzia anandria*〉

＊ゼンマイ（薇，銭巻）
**別名：コゼンマイ，ハゼンマイ，ホソ
バゼンマイ**
ゼンマイ科の夏緑性シダ植物。葉身は
長さ30〜50cm，三角状広卵形。
〈*Osmunda japonica*〉

ゼンマイシノブ
リョウメンシダ（両面羊歯）の別名（オ
シダ科の常緑性シダ植物。葉身は長さ

40～65cm，長卵状広披針形)
〈*Arachniodes standishii*〉

ゼンマイワラビ
コウヤワラビ(高野蕨)の別名(オシダ
科の夏緑性シダ植物。葉身は長さ8～
30cm，広卵形から三角状楕円形)
〈*Onoclea sensibilis var.interrupta*〉

センラン(仙蘭)
フウラン(風蘭)の別名(単子葉植物綱
ラン目ラン科の多年草。長さは5～
10cm。花は白色)
〈*Neofinetia falcata*〉

*センリゴマ(千里胡麻)
別名：ハナジオウ
双子葉植物綱ゴマノハグサ目ゴマノハグ
サ科の草本。高さは20～50cm。花は
紅紫色。
〈*Rehmannia japonica*〉

【ソ】

ソウウンナズナ
モイワナズナ(藻岩薺)の別名(双子葉
植物綱フウチョウソウ目アブラナ科の草
本)
〈*Draba sachalinensis*〉

ソウカクデン(蒼角殿)
タマツルソウの別名(ユリ科の鱗茎植
物。高さは2～3m。花は緑白色)
〈*Bowiea volubilis* Harv. et Hook. f.〉

ソウキンシバイ
ソウバイ(宋梅)の別名(ラン科のシナ
シュンランの品種)

ソウザンハイノキ
アオバナハイノキ(青花灰木)の別名
(双子葉植物綱カキノキ目ハイノキ科の
常緑低木)
〈*Symplocos caudata*〉

ソウシカンバ
ダケカンバ(岳樺)の別名(双子葉植物
綱ブナ目カバノキ科の落葉高木。高さ
は20m。樹皮は淡黄白色)
〈*Betula ermanii*〉

ゾウジョウジビャクシ
ハナウド(花独活)の別名(双子葉植物
綱セリ目セリ科の多年草または越年草。
高さは70～100cm)
〈*Heracleum nipponicum*〉

ソウチク
シュロチク(棕櫚竹)の別名(単子葉植
物綱ヤシ目ヤシ科の常緑低木。葉は7～
8片に分裂。高さは2～4m)
〈*Rhapis humilis*〉

*ソウバイ(宋梅)
別名：ソウキンシバイ
ラン科のシナシュンランの品種。

*ソエバヌスビトハギ
別名：ソシンカ
マメ科の常緑木。葉柄有翼、托葉大、葉
はタンニンを含む。高さは3m。花は
純白色。
〈*Bauhinia acuminata* L.〉

ソガイコマユミ
オオコマユミ(大小真弓)の別名(双子
葉植物綱ニシキギ目ニシキギ科の落葉低
木)
〈*Euonymus alatus var.rotundatus*〉

*ソクズ
別名：クサニワトコ
双子葉植物綱マツムシソウ目スイカズラ
科の多年草。高さは0.5～2m。花は
白色。
〈*Sambucus chinensis*〉

ソケイ
ヤスミヌムの別名(モクセイ科の属総称)
*ソケイ(素馨)
別名：タイワンソケイ，ツルマツリ

植物別名辞典　299

双子葉植物綱ゴマノハグサ目モクセイ科の常緑低木。花は白色。
〈*Jasminum officinale* form. *grandiflorum*〉

*ソケイノウゼン
別名：ダイソケイ，ナンテンソケイ
双子葉植物綱ゴマノハグサ目ノウゼンカズラ科のつる性低木。花は白，花筒内は淡紅色。
〈*Pandorea jasminoides*〉

ソケイモドキ
ツルハナナスの別名（双子葉植物綱ナス目ナス科。花は白色）
〈*Solanum jasminoides*〉

ソゲキ（削げ木）
タイミンタチバナ（大明橘）の別名（双子葉植物綱サクラソウ目ヤブコウジ科の常緑高木）
〈*Myrsine seguinii*〉

*ソゴウコウ
別名：ソゴウコウノキ
マンサク科の属総称。

ソゴウコウノキ
ソゴウコウの別名（マンサク科の属総称）

ソコベニシロカネソウ
サンインシロカネソウの別名（双子葉植物綱キンポウゲ目キンポウゲ科の草本）
〈*Dichocarpum ohwianum*〉

ソーサラーズバイオレット
ツルニチニチソウ（蔓日日草）の別名
（双子葉植物綱リンドウ目キョウチクトウ科のつる性多年草。高さは1m以上。花は紫色）
〈*Vinca major*〉
フイリペリウィンクルの別名（キョウチクトウ科のハーブ）

ソシンカ
ソエバヌスビトハギの別名（マメ科の常

緑木。葉柄有翼、托葉大、葉はタンニンを含む。高さは3m。花は純白色）
〈*Bauhinia acuminata* L.〉
モクワンジュの別名（マメ科の観賞用小木。花は白色）
〈*Bauhinia acuminata* L.〉

ソデコ
シオデ（牛尾菜）の別名（単子葉植物綱ユリ目ユリ科の多年生つる草。花は淡黄色）
〈*Smilax riparia* var.*ussuriensis*〉

*ソテツ（蘇鉄）
別名：テツジュ
ソテツ綱ソテツ目ソテツ科の常緑低木。葉は濃緑で光沢あり。高さは3〜5m。
〈*Cycas revoluta*〉

ソナレ
ハイビャクシン（這柏槇）の別名（マツ綱マツ目ヒノキ科の常緑匍匐性低木。高さは60cm）
〈*Juniperus chinensis* var.*procumbens*〉

ソネ
イヌシデ（犬四手）の別名（双子葉植物綱ブナ目カバノキ科の落葉高木。葉に毛が多い）
〈*Carpinus tschonoskii*〉

*ソバ（蕎麦）
別名：ソバムギ
双子葉植物綱タデ目タデ科の草本。
〈*Fagopyrum esculentum*〉

ソバカスソウ
ヒポエステスの別名（キツネノマゴ科の属総称）

ソバグリ
ブナ（橅，椈）の別名（双子葉植物綱ブナ目ブナ科の落葉高木）
〈*Fagus crenata*〉

＊ソバナ（蕎麦菜，岨菜）
別名：ヤマソバ
　双子葉植物綱キキョウ目キキョウ科の多
　年草。高さは40〜100cm。
　〈*Adenophora remotiflora*〉

ソバノキ
カナメモチ**（要黐）の別名**（双子葉植物
綱バラ目バラ科の常緑高木。高さは3〜
5m。花は白色）
　〈*Photinia glabra*〉

ソバムギ
ソバ**（蕎麦）の別名**（双子葉植物綱タデ目
タデ科の草本）
　〈*Fagopyrum esculentum*〉

ソボサンスゲ
ミヤマイワスゲの別名（単子葉植物綱カ
ヤツリグサ目カヤツリグサ科の草本）
　〈*Carex chrysolepis var.odontostoma*〉

＊ソメイヨシノ（染井吉野）
別名：ヤマトザクラ，ヨシノザクラ
　双子葉植物綱バラ目バラ科の落葉高木。
　樹高は12m。花は淡紅白色。樹皮は
　紫灰色。
　〈*Cerasus × yedoensis*〉

ソメシバ
ハイノキ**（灰木）の別名**（双子葉植物綱
カキノキ目ハイノキ科の常緑低木。花
は白色）
　〈*Symplocos myrtacea*〉

＊ソヨゴ（冬青）
別名：フクラシバ
　モチノキ科の常緑低木。高さは3〜7m。
　花は白色。樹皮は灰緑色。
　〈*Ilex pedunculosa Miq.*〉

ソライロレースフラワー
ディディスカスの別名（セリ科）

ソラシ
カサモチの別名（双子葉植物綱セリ目セ
リ科の草本）
　〈*Nothosmyrnium japonicum*〉

＊ソラヌム
別名：ナス
　ナス科の属総称。

ソラマメ
ベッチの別名（マメ科の属総称）
＊ソラマメ（空豆，曽良末米）
別名：トウマメ，ヤマトマメ
　双子葉植物綱マメ目マメ科の果菜類。
　高さは1m。花は白か淡紫色。
　〈*Vicia faba*〉

ソラムキトウガラシ
トウガラシ**（唐辛子，唐芥子）の別名**
（双子葉植物綱ナス目ナス科の野菜。辛
味がある。花は白色）
　〈*Capsicum annuum var.annuum*〉

＊ソランドラ
別名：ラッパバナ
　ナス科の属総称。

＊ソリダゴ
別名：アワダチソウ，オオアワダチソ
ウ，カナダアキノキリンソウ
　キク科の属総称。

＊ソリダスター
別名：ソリッドアスター
　キク科の人工雑種。多年草。高さは60
　〜70cm。花は黄色。
　〈× *Solidaster luteus*（*Everett*）*M.*
　L. Green〉

ソリッドアスター
ソリダスターの別名（キク科の人工雑種。
多年草。高さは60〜70cm。花は黄色）
　〈× *Solidaster luteus*（Everett）M. L.
　Green〉

ソルガム
モロコシ**（蜀黍，唐黍）の別名**（単子葉
植物綱カヤツリグサ目イネ科の草本。

ソロノ

果穂は垂下性のものと直立性のものがある。高さは3〜4m)
〈Sorghum bicolor var.bicolor〉

ソロノキ
アカシデ(赤四手)の別名(双子葉植物綱ブナ目カバノキ科の落葉高木。樹皮は灰色)
〈Carpinus laxiflora〉

ソロバンノキ
ハンノキ(榛木)の別名(双子葉植物綱ブナ目カバノキ科の落葉高木。高さは15〜20m)
〈Alnus japonica〉

ソンノイゲ
カカツガユ(和活柚)の別名(双子葉植物綱イラクサ目クワ科の低木)
〈Maclura cochinchinensis var. gerontogea〉

【タ】

*タアサイ
別名:キサラギナ(如月菜)
アブラナ科の中国野菜。

タイアザミ
トネアザミの別名(双子葉植物綱キク目キク科の多年草。高さは1〜2m)
〈Cirsium nipponicum var. incomptum〉

ダイアモンドリリー
ネリネの別名(単子葉植物綱ユリ目ヒガンバナ科の属総称)
〈Nerine spp.〉

ダイアンサス・ジプシー
カーネーション・ウェストプリティの別名(ナデシコ科の園芸品種)
ジプシーの別名(ナデシコ科)

*ダイウイキョウ(大茴香)
別名:トウシキミ
双子葉植物綱シキミ目シキミ科の小木。花被は短形で赤色,シキミより大形。
〈Illicium verum〉

ダイオウウラボシ
フレボディウムの別名(ウラボシ科の属総称)

ダイオウカン
ナガエベンケイの別名(ベンケイソウ科の低木)
〈Kalankoe velutina Welw.〉

*ダイオウショウ(大王松)
別名:ダイオウマツ
マツ綱マツ目マツ科の木本。高さは40m。
〈Pinus palustris〉

ダイオウバス
オオオニバス(大鬼蓮)の別名(双子葉植物綱スイレン目スイレン科の水生植物。葉径1.5〜2m)
〈Victoria amazonica〉

ダイオウマツ
ダイオウショウ(大王松)の別名(マツ綱マツ目マツ科の木本。高さは40m)
〈Pinus palustris〉

タイガーフラワー
ティグリディアの別名(アヤメ科の属総称。球根植物)

*タイキンギク(堆金菊)
別名:ユキミギク
双子葉植物綱キク目キク科の草本。
〈Senecio scandens〉

ダイギンリュウ
ペディランツスの別名(トウダイグサ科の属総称)

302　植物別名辞典

タイコウイ

サンカクイ(三角藺)の別名(単子葉植物綱カヤツリグサ目カヤツリグサ科の多年生抽水植物。桿は高さ50〜130cm,三角形,小穂は長楕円状卵形)
〈*Scirpus triqueter*〉

ダイコクシメジ

シメジの別名(キシメジ科のキノコ。中型〜大型。高さは3〜10cm。傘は淡灰褐色,かすり模様。ひだは白色)
〈*Lyophyllum shimeji*(Kawam.)Hongo〉

ホンシメジの別名(キシメジ科のキノコ。中型〜大型。高さは3〜10cm。傘は淡灰褐色,かすり模様。ひだは白色)
〈*Lyophyllum shimeji*〉

*ダイコン(大根)

別名:オオネ(大根),スズシロ(蘿蔔)
アブラナ目アブラナ科の根菜。。。
〈*Raphanus sativus L. var.hortensis Backer*〉

*ダイコンソウ(大根草)

別名:ゲウム,ジューム
双子葉植物綱バラ目バラ科の多年草。高さは60〜80cm。花は黄色。
〈*Geum japonicum*〉

*ダイコンモドキ

別名:アレチガラシ
アブラナ科の一年草または越年草。高さは20〜100cm。花は淡黄色。
〈*Hirschfeldia incana*(L.)Lagr.-Foss.〉

*タイサイ(体菜)

別名:シャクシナ,タイナ,ユキナ
双子葉植物綱フウチョウソウ目アブラナ科の野菜。
〈*Brassica campestris var.chinensis*〉

ダイサイコ

ホタルサイコ(蛍柴胡)の別名(双子葉植物綱セリ目セリ科の多年草。高さは50〜150cm)
〈*Bupleurum longiradiatum subsp. sachalinense var.elatius*〉

*タイサンボク(泰山木)

別名:ハクレンボク
双子葉植物綱モクレン目モクレン科の常緑高木。高さは30m。花は白色。樹皮は灰色。
〈*Magnolia grandiflora*〉

ダイシコウ(大師香)

オガタマノキ(小賀玉木)の別名(双子葉植物綱モクレン目モクレン科の常緑高木。高さは20m。花は白色)
〈*Michelia compressa*〉

*ダイセツトウウチソウ

別名:リシリトウウチソウ
双子葉植物綱バラ目バラ科の多年草。
〈*Sanguisorba stipulata var. riishirensis*〉

ダイセツレイジンソウ

オオレイジンソウの別名(双子葉植物綱キンポウゲ目キンポウゲ科の多年草。高さは50〜100cm)
〈*Aconitum gigas var.hondoense*〉

ダイセンキスミレ

ナエバキスミレの別名(双子葉植物綱スミレ目スミレ科の草本)
〈*Viola brevistipulata var.minor*〉

ダイセンキャラボク

キャラボク(伽羅木)の別名(イチイ科の常緑低木)
〈*Taxus cuspidata* Sieb. et Zucc. var. *nana* Rehder〉

ダイセントリカブト

サンインヤマトリカブトの別名(キンポウゲ科)
〈*Aconitum napiforme* var.*saninense*〉

*ダイセンミツバツツジ
別名：タイワンヤマツツジ
ツツジ科の木本。花は紅色。
〈*Rhododendron simsii* Planch.〉

ダイセンヤナギ
ヤマヤナギ（山柳）の別名（双子葉植物綱
ヤナギ目ヤナギ科の落葉低木・小高木）
〈*Salix sieboldiana*〉

ダイソケイ
ソケイノウゼンの別名（双子葉植物綱ゴ
マノハグサ目ノウゼンカズラ科のつる性
低木。花は白，花筒内は淡紅色）
〈*Pandorea jasminoides*〉

*ダイダイ（橙）
別名：カイセイトウ（回青橙），カブス
（臭橙）
双子葉植物綱ムクロジ目ミカン科の常緑
低木。果面は濃橙色でやや粗い。
〈*Citrus aurantium*〉

タイツリスゲ
ゴウソ（郷麻）の別名（単子葉植物綱カヤ
ツリグサ目カヤツリグサ科の多年草。
高さ30～70cm）
〈*Carex maximowiczii*〉

タイツリソウ
ケマンソウ（華鬘草）の別名（双子葉植
物綱ケシ目ケシ科の多年草。高さ40
～60cm。花は紅色）
〈*Dicentra spectabilis*〉

タイトウカ
ツバキ（椿）の別名（双子葉植物綱ツバキ
目ツバキ科の木本。花は紅色）
〈*Camellia japonica*〉
ヤマブキ（山吹）の別名（バラ科の落葉
低木。高さ1～2m。花は黄色）
〈*Kerria japonica*（L.）DC.〉

タイトンシャクナゲ
セイシカ（聖紫花）の別名（双子葉植物
綱ツツジ目ツツジ科の常緑低木またはま

れに高木。高さは5m。花は淡桃色）
〈*Rhododendron latoucheae*〉

*タイトントンボソウ
別名：イリオモテトンボソウ
ラン科。
〈*Platanthera stenosepala*〉

タイナ
タイサイ（体菜）の別名（双子葉植物綱
フウチョウソウ目アブラナ科の野菜）
〈*Brassica campestris var.chinensis*〉

*ダイニチアザミ（大日薊）
別名：タテヤマアザミ
キク科。
〈*Cirsium babanum Koidz.*〉

タイノマイヒメ
グロッバの別名（ショウガ科の草本。花
は橙黄色，褐紫斑点）
〈*Globba pendula* Roxb.〉

*タイヘイヨウゾウゲヤシ
別名：カロリンゾウゲヤシ
単子葉植物綱ヤシ目ヤシ科の木本。高
さは20m。
〈*Metroxylon amicarum*〉

タイマ
アサ（麻）の別名（双子葉植物綱イラクサ
目クワ科の一年草。雌雄異株。高さは1
～3m）
〈*Cannabis sativa*〉

*タイマツバナ（松明花）
別名：ビーバーム，モナルダ
双子葉植物綱シソ目シソ科の多年草。
高さは50～150cm。花は深紅色。
〈*Monarda didyma*〉

ダイミョウチク
トウチク（唐竹）の別名（単子葉植物綱
カヤツリグサ目イネ科の常緑中型竹）
〈*Sinobambusa tootsik*〉

タイワ

タイミンガサモドキ
ヤマタイミンガサ(山大明傘)の別名
(双子葉植物綱キク目キク科の多年草。
高さは60〜90cm)
〈Cacalia yatabei〉

*タイミンタチバナ(大明橘)
別名：ソゲキ(削げ木)，ヒチノキ
双子葉植物綱サクラソウ目ヤブコウジ科
の常緑高木。
〈Myrsine seguinii〉

*タイミンチク(大明竹)
別名：ツウシチク
単子葉植物綱カヤツリグサ目イネ科の常
緑大型ササ。高さは2〜4m。
〈Pleioblastus gramineus〉

*タイム
別名：ガーデンタイム，コモンタイ
ム，タチジャコウソウ
シソ科の香辛野菜。高さは20cm。花は
白から淡桃色。
〈Thymus vulgaris L.〉

タイモ
クワイ(慈姑)の別名(単子葉植物綱オモ
ダカ目オモダカ科の根菜類。長さは
30cm。花は白色)
〈Sagittaria trifolia var.edulis〉
サトイモ(里芋)の別名(単子葉植物綱サ
トイモ目サトイモ科の根菜類。芋作物)
〈Colocasia esculenta〉

*ダイモンジソウ(大文字草)
別名：ウチワダイモンジソウ
ユキノシタ科の多年草。高さは5〜
35cm。
〈Saxifraga fortunei Hook. f. var.
incisolobata (Engl. et Irmsch.)
Nakai〉

ダイヤーズカモミール
コウヤカミツレの別名(双子葉植物綱キ
ク目キク科の多年草。高さは20〜
60cm。花は濃黄色，または淡黄色)
〈Anthemis tinctoria〉

*タイヨウベゴニア
別名：オオバベゴニア
シュウカイドウ科。花は淡桃色。
〈Begonia rex Putz.〉

*タイリンアオイ
別名：マルバカンアオイ
双子葉植物綱ウマノスズクサ目ウマノス
ズクサ科の多年草。葉径8〜12cm。
花は暗紫色。
〈Heterotropa asaroides〉

*タイワンアオネカズラ(台湾青根葛)
別名：シマアオネカズラ
ウラボシ科の冬緑性シダ植物。樹幹や
岩上に着生する。葉身は長さ30〜
60cm，狭長楕円形。
〈Polypodium formosanum〉

タイワンアカマツ
バビショウの別名(マツ科の薬用植物)
〈Pinus massoniana Lamb.〉

タイワンアサガオ
モミジヒルガオの別名(双子葉植物綱ナ
ス目ヒルガオ科のつる草。種子に長毛
列あり。花は白色，または紫色)
〈Ipomoea cairica〉

タイワンアシ
ヒナヨシの別名(単子葉植物綱カヤツリ
グサ目イネ科の多年草。高さは1m)
〈Arundo formosana〉

タイワンアブラギリ
ヤトロファの別名(トウダイグサ科の属
総称)

*タイワンアブラギリ(台湾油桐)
別名：ナンヨウアブラギリ
トウダイグサ科の落葉小低木。果実
は黒熟、種子は黒。高さは5m。花
は黄緑色。
〈Jatropha curcas L.〉

植物別名辞典　305

＊タイワンアリサンイヌワラビ

別名：アリサンイヌワラビ

オシダ科の常緑性シダ。葉身は長さ30
～50cm。三角状卵形～卵状長楕円形。

＊タイワンウオクサギ

別名：シマウオクサギ

双子葉植物綱シソ目クマツヅラ科の
木本。
〈Premna corymbosa var.obtusifolia〉

＊タイワンウラジロイチゴ

別名：ウラジロシマイチゴ

バラ科の木本。

タイワンキクモ

コキクモの別名（双子葉植物綱ゴマノハ
グサ目ゴマノハグサ科の沈水性～抽水植
物。果実は有柄）
〈Limnophila indica〉

＊タイワンクワズイモ

別名：シマクワズイモ

単子葉植物綱サトイモ目サトイモ科の多
年草。葉滑，根茎は澱粉が多い。
〈Alocasia cucullata〉

タイワンザクラ（台湾桜）

カンヒザクラ（寒緋桜）の別名（双子葉
植物綱バラ目バラ科の落葉高木。花は
暗紅紫か桃紅色）
〈Cerasus campanulata〉

タイワンサルスベリ

シマサルスベリ（島猿滑）の別名（双子
葉植物綱フトモモ目ミソハギ科の落葉高
木。高さは10m。花はうすい紫～白色）
〈Lagerstroemia subcostata〉

タイワンシオジ

シマトネリコ（島十練子）の別名（双子
葉植物綱ゴマノハグサ目モクセイ科の落
葉高木。4裂する花冠）
〈Fraxinus griffithii〉

＊タイワンスギ（台湾杉）

別名：アサン

マツ綱マツ目スギ科の常緑高木。高さ
は50m。樹皮は赤褐色。
〈Taiwania cryptomerioides〉

タイワンソケイ

ソケイ（素馨）の別名（双子葉植物綱ゴマ
ノハグサ目モクセイ科の常緑低木。花
は白色）
〈Jasminum officinale form.
grandiflorum〉

タイワンタイトゴメ

コゴメマンネングサ（小米万年草）の
別名（双子葉植物綱バラ目ベンケイソウ
科の草本）
〈Sedum uniflorum〉

タイワンツナソ（台湾ツナソ）

モロヘイヤの別名（シナノキ科の葉菜類）

タイワンツルギキョウ

タンゲブの別名（キキョウ科）
〈Campanumoea lancifolia（Roxb.）
Merr.〉

タイワントウカエデ

トウカエデ・ミヤサマカエデ（宮様
楓）の別名（カエデ科）

タイワンニシキソウ

シマニシキソウ（島錦草）の別名（双子
葉植物綱トウダイグサ目トウダイグサ科
の草本。多毛）
〈Euphorbia hirta〉

タイワンノコギリゴケ

ノコギリゴケの別名（ムジナゴケ科のコ
ケ。茎は這い、長さ5～10cm、葉は卵状
の基部から漸尖）
〈Duthiella flaccida（Card.）Broth.〉

タイワンノコギリシダ

オオミガタシダの別名（オシダ科の常
緑性シダ。葉身は長さ15～30cm。線

形)
〈*Polystichum formosanum* Rosenst.〉

*タイワンハシゴシダ
別名：タイワンハリガネシダ
オシダ科のシダ植物。
〈*Thelypteris castanea*〉

*タイワンバナナ
別名：ミバショウ
単子葉植物綱ショウガ目バショウ科の多
年草。偽茎は黒色。
〈*Musa acuminata*〉

タイワンハマサジ
スターチス・ハイブリッドシネンシ
ス・キノセリーズの別名（イソマツ
科）
*タイワンハマサジ
別名：カタバナハマサジ
双子葉植物綱イソマツ目イソマツ科
の多年草。高さは30〜50cm。花は
黄色。
〈*Limonium sinense*〉

タイワンハリガネシダ
タイワンハシゴシダの別名（オシダ科の
シダ植物）
〈*Thelypteris castanea*〉

タイワンヒゲシバ
ムラサキシマヒゲシバの別名（単子葉植
物綱カヤツリグサ目イネ科の一年草。
高さは30〜80cm）
〈*Chloris barbata*〉

*タイワンフジウツギ
別名：タカサゴフジウツギ，ニオイフ
ジウツギ
フジウツギ科の低木。葉裏短毛。花は
白色。
〈*Buddleia asiatica* Lour.〉

タイワンヘゴ
ヘゴ（杪欏）の別名（ヘゴ科の常緑性シダ
植物。葉身は長さ40〜60cm，倒卵状長

楕円形）
〈*Cyathea spinulosa*〉

タイワンホウサイ
ホウサイラン（報才蘭）の別名（単子葉
植物綱ラン目ラン科の草本。高さは60
〜70cm。花は紫褐，紅，桃色）
〈*Cymbidium sinense*〉

*タイワンホトトギス（台湾杜鵑草）
別名：ホソバホトトギス
単子葉植物綱ユリ目ユリ科の多年草。
高さは30〜50cm。花は紫紅色。
〈*Tricyrtis formosana*〉

タイワンマツ
ガジュマル（榕樹）の別名（双子葉植物
綱イラクサ目クワ科の常緑高木。高さ
は20m）
〈*Ficus microcarpa*〉

*タイワンミヤマトベラ
別名：リュウキュウミヤマトベラ
双子葉植物綱マメ目マメ科の木本。高
さは1.5m。

タイワンモミジ
ポリスキアスの別名（ウコギ科の属総称）
*タイワンモミジ
別名：ホソバアラリア
双子葉植物綱セリ目ウコギ科の常緑
低木〜小高木。高さは2〜3m。
〈*Polyscias fruticosa*〉

タイワンヤマツツジ
シナヤマツツジの別名（双子葉植物綱ツ
ツジ目ツツジ科の木本）
〈*Rhododendron simsii*〉
ダイセンミツバツツジの別名（ツツジ科
の木本。花は紅色）
〈*Rhododendron simsii* Planch.〉

タイワンヤマツバキ
ヤブツバキ（藪椿）の別名（双子葉植物
綱ツバキ目ツバキ科の常緑小高木）
〈*Camellia japonica var.japonica*〉

植物別名辞典　307

タイワ

タイワンユリ
タカサゴユリ（高砂百合）の別名（単子
葉植物綱ユリ目ユリ科の多年草。高さ
は30〜150cm。花は白色）
〈Lilium formosanum〉

タイワンヨシ
ヒナヨシの別名（単子葉植物綱カヤツリ
グサ目イネ科の多年草。高さは1m）
〈Arundo formosana〉

タイワンレンギョウ
デュランタの別名（クマツヅラ科の属総
称）
*タイワンレンギョウ
別名：ジュランカツラ，ハリマツリ
クマツヅラ科のやや匍匐性の観賞用
低木。高さは2〜6m。花は藤か淡
青紫色。
〈Duranta repens L.〉

タウエグミ
ナツグミ（夏茱萸）の別名（双子葉植物
綱ヤマモガシ目グミ科の落葉低木。高
さは2〜4m。花の内面は淡黄色）
〈Elaeagnus multiflora〉

タウエバナ
タニウツギ（谷空木）の別名（双子葉植
物綱マツムシソウ目スイカズラ科の落葉
低木。高さは2〜3m。花は紅色）
〈Weigela hortensis〉

*タカウラボシ（高裏星）
別名：ミズカザリシダ
ウラボシ科の常緑性シダ植物。葉身は
長さ1m弱，長楕円形。
〈Microsorium rubidum〉

タカオカエデ
イロハモミジの別名（双子葉植物綱ムク
ロジ目カエデ科の落葉高木。高さは10
〜15m。樹皮は灰褐色）
〈Acer palmatum var.palmatum〉

タカオキョウカツ
シシウドの別名（双子葉植物綱セリ目セ
リ科の多年草。高さは80〜150cm）
〈Angelica pubescens〉

タカオホオズキ
アオホオズキの別名（双子葉植物綱ナス
目ナス科の多年草。高さは30〜60cm）
〈Physaliastrum savatieri〉

タカクマキジノオ
イワヘゴの別名（オシダ科の常緑性シダ
植物。葉身は長さ40〜80cm，倒披針形
から長楕円状倒披針形）
〈Dryopteris atrata〉

*タカクマムラサキ
別名：ナガバムラサキ
クマツヅラ科の木本。

*タカサゴイヌワラビ
別名：キノクニイヌワラビ
オシダ科の常緑性シダ。葉身は長さ
40cm弱。広卵形〜広卵状三角形。

タカサゴコバンノキ
オオシマコバンノキの別名（双子葉植
物綱トウダイグサ目トウダイグサ科の木
本）
〈Breynia officinalis〉
ブレイニアの別名（トウダイグサ科の属
総称）

タカサゴトキンソウ
シマトキンソウの別名（双子葉植物綱キ
ク目キク科の一年草。高さは10cm。花
は黄緑色）
〈Soliva anthemifolia〉

タカサゴフジウツギ
タイワンフジウツギの別名（フジウツギ
科の低木。葉裏短毛。花は白色）
〈Buddleia asiatica Lour.〉

タカサゴマンネングサ
ハママンネングサ（浜万年草）の別名

308　植物別名辞典

（双子葉植物綱バラ目ベンケイソウ科の
草本）
〈Sedum formosanum〉

* **タカサゴユリ**（高砂百合）
  別名：スジテッポウユリ，タイワンユ
  リ，ホソバテッポウユリ
  単子葉植物綱ユリ目ユリ科の多年草。
  高さは30〜150cm。花は白色。
  〈Lilium formosanum〉

* **タカツルラン**
  別名：ツルツチアケビ
  単子葉植物綱ラン目ラン科のつる性植
  物。無葉緑，菌根性，全株赤橙色，茎
  は径5mm。
  〈Erythrorchis altissima〉

* **タカトウダイ**（高灯台）
  別名：イブキタイゲキ
  トウダイグサ科の多年草。高さは20〜
  80cm。
  〈Euphorbia pekinensis Rupr.〉

* **タカナ**（高菜）
  別名：オオナ，オオバガラシ
  双子葉植物綱フウチョウソウ目アブラナ
  科の葉菜類。
  〈Brassica juncea var.integrifolia〉

* **タカネイ**（高嶺藺）
  別名：シロウマゼキショウ
  単子葉植物綱イグサ目イグサ科の多年
  草。高さは5〜15cm。
  〈Juncus triglumis〉

タカネイチゴツナギ
  ミヤマイチゴツナギの別名（単子葉植物
  綱カヤツリグサ目イネ科の多年草）
  〈Poa malacantha var.shinanoana〉

タカネイバラ
  タカネバラ（高嶺薔薇）の別名（双子葉
  植物綱バラ目バラ科の落葉低木）
  〈Rosa nipponensis〉

* **タカネイバラ**
  別名：フジバラ
  バラ科。
  〈Rosa acicularis var.nipponensis〉

* **タカネイワヤナギ**（高嶺岩柳）
  別名：レンゲイワヤナギ
  双子葉植物綱ヤナギ目ヤナギ科の落葉匍
  匐低木。
  〈Salix nakamurana〉

タカネウスユキソウ
  タカネヤハズハハコ（高嶺矢筈母子）
  の別名（双子葉植物綱キク目キク科の多
  年草。高さは10〜30cm。花は白色）
  〈Anaphalis alpicola〉

タカネウメバチソウ
  ヒメウメバチソウ（姫梅鉢草）の別名
  （双子葉植物綱バラ目ユキノシタ科の草
  本）
  〈Parnassia alpicola〉

タカネオオギ
  リシリゲンゲ（利尻紫雲英）の別名（双
  子葉植物綱マメ目マメ科の草本）
  〈Oxytropis campestris subsp.
  rishiriensis〉

タカネオミナエシ
  チシマキンレイカ（千島金鈴花）の別
  名（双子葉植物綱マツムシソウ目オミナ
  エシ科の多年草。高さは7〜15cm。花
  は黄色）
  〈Patrinia sibirica〉

タカネカニツリ
  ミヤマカニツリの別名（イネ科の多年
  草）
  〈Trisetum koidzumianum〉
  リシリカニツリ（利尻蟹釣）の別名（イ
  ネ科の多年草。高さは10〜45cm）
  〈Trisetum spicatum（L.）Richt.〉

タカネキスミレ
  タカネスミレ（高嶺菫）の別名（双子葉

植物綱スミレ目スミレ科の多年草。高
さは5〜12cm。花はオレンジイエロー）
〈*Viola crassa*〉

*タカネキンポウゲ（高嶺金鳳花）
　　別名：チシマヒキノカサ
　　　双子葉植物綱キンポウゲ目キンポウゲ科
　　　の多年草。高さは8〜15cm。
　　　〈*Ranunculus sulphureus*〉

タカネクロゴケ
　　クロゴケ（黒苔）の別名（クロゴケ科の
　　　コケ。黒赤色、茎は高さ1〜2cm）
　　　〈*Andreaea rupestris* Hedw.〉

*タカネクロスゲ（高嶺黒菅）
　　別名：ミヤマワタスゲ
　　　単子葉植物綱カヤツリグサ目カヤツリグ
　　　サ科の多年草。高さは15〜40cm。
　　　〈*Scirpus maximowiczii*〉

*タカネコウゾリナ
　　別名：カンチコウゾリナ
　　　双子葉植物綱キク目キク科の草本。
　　　〈*Picris hieracioides var.alpina*〉

*タカネコウボウ（高嶺香茅）
　　別名：シラネコウボウ
　　　単子葉植物綱カヤツリグサ目イネ科の多
　　　年草。高さは25〜70cm。
　　　〈*Anthoxanthum japonicum*〉

*タカネコメススキ（高嶺米薄）
　　別名：ユキワリガヤ
　　　単子葉植物綱カヤツリグサ目イネ科の多
　　　年草。
　　　〈*Deschampsia atropurpurea var.*
　　　paramushirensis〉

タカネザクラ
　　ミネザクラ（峰桜）の別名（バラ科の落
　　　葉低木または小高木。花は淡紅白色）
　　　〈*Prunus nipponica* Matsum.〉
　*タカネザクラ（高嶺桜）
　　　別名：ミネザクラ（峰桜）
　　　　双子葉植物綱バラ目バラ科の落葉低

木または小高木。花は淡紅白色。
　　〈*Cerasus nipponica*〉

タカネサワアザミ
　　ミヤマサワアザミ（深山沢薊）の別名
　　　（双子葉植物綱キク目キク科の多年草）
　　　〈*Cirsium pectinellum var.alpinum*〉

*タカネシオガマ（高嶺塩竈）
　　別名：ユキワリシオガマ
　　　双子葉植物綱ゴマノハグサ目ゴマノハグ
　　　サ科の一年草。高さは5〜20cm。
　　　〈*Pedicularis verticillata*〉

*タカネシダ（高嶺羊歯）
　　別名：クモマシダ
　　　オシダ科の夏緑性シダ植物。葉身は長
　　　さ5〜20cm，線形〜線状披針形。
　　　〈*Polystichum lachenense*〉

タカネシボリ
　　アケボノ（曙）の別名（ツツジ科のツツジ
　　　の品種）

タカネシモフリゴケ
　　シモフリゴケ（霜降苔）の別名（ギボウ
　　　シゴケ科のコケ。中形〜大形，暗緑色〜
　　　黒緑色，葉は狭披針形）
　　　〈*Rhacomitrium lanuginosum*〉

*タカネシュロソウ（高嶺棕櫚草）
　　別名：ムラサキタカネアオヤギソウ
　　　ユリ科。
　　　〈*Veratrum maachii var.japonicum*〉

タカネスゲ
　　イワスゲ（岩菅）の別名（単子葉植物綱
　　　カヤツリグサ目カヤツリグサ科の多年
　　　草。高さは15〜40cm）
　　　〈*Carex stenantha*〉

*タカネスズメノヒエ（高嶺雀稗）
　　別名：タカネスズメノヤリ
　　　単子葉植物綱イグサ目イグサ科の多年
　　　草。高さは10〜20cm。
　　　〈*Luzula oligantha*〉

タカネスズメノヤリ
タカネスズメノヒエ(**高嶺雀稗**)の別
名(単子葉植物綱イグサ目イグサ科の多
年草。高さは10〜20cm)
〈*Luzula oligantha*〉

*タカネスミレ(高嶺菫)
別名:タカネキスミレ
双子葉植物綱スミレ目スミレ科の多年
草。高さは5〜12cm。花はオレンジ
イエロー。
〈*Viola crassa*〉

*タカネタンポポ(高嶺蒲公英)
別名:ユウバリタンポポ
双子葉植物綱キク目キク科の草本。
〈*Taraxacum yuparense*〉

タカネツリガネニンジン
ハクサンシャジン(**白山沙参**)の別名
(双子葉植物綱キキョウ目キキョウ科の
多年草。高さは30〜60cm)
〈*Adenophora triphylla var.*
hakusanensis〉

*タカネナナカマド(高嶺七竈)
別名:オオミヤマナナカマド
双子葉植物綱バラ目バラ科の落葉低木。
高さは1〜2m。花は白で紅を帯びる。
〈*Sorbus sambucifolia*〉

*タカネノガリヤス(高嶺野刈安)
別名:オノエガリヤス
単子葉植物綱カヤツリグサ目イネ科の多
年草。
〈*Calamagrostis sachalinensis*〉

*タカネバラ(高嶺薔薇)
別名:タカネイバラ,ミヤマハマナス
双子葉植物綱バラ目バラ科の落葉低木。
〈*Rosa nipponensis*〉

タカネヒナゲシ
ミヤマヒナゲシの別名(ケシ科。花は
黄、橙、白色)
〈*Papaver alpinum* L.〉

タカネミクリ
チシマミクリ(**千島実栗**)の別名(単子
葉植物綱ガマ目ミクリ科の多年生浮葉植
物。果実は倒卵形)
〈*Sparganium hyperboreum*〉

*タカネヤハズハハコ(高嶺矢筈母子)
別名:タカネウスユキソウ
双子葉植物綱キク目キク科の多年草。
高さは10〜30cm。花は白色。
〈*Anaphalis alpicola*〉

タカノキズクスリ
オトギリソウ(**弟切草**)の別名(双子葉
植物綱ツバキ目オトギリソウ科の多年
草。高さは50〜60cm)
〈Hypericum erectum *var.erectum*〉

タカノツメ
オノマンネングサ(**雄万年草**)の別名
(ベンケイソウ科の多年草。高さは10〜
25cm。花は黄色)
〈*Sedum lineare* Thunb. ex Murray〉
ツメクサ(**爪草**)の別名(双子葉植物綱
ナデシコ目(中心子目)ナデシコ科の一
年草または越年草。高さは20cm以下)
〈*Sagina japonica*〉

タカノハ
サジラン(**匙蘭**)の別名(ウラボシ科の
常緑性シダ。葉身は長さ15〜45cm。倒
披針形)
〈*Loxogramme saziran* Tagawa〉

*タカノハススキ
別名:ヤハズススキ,ヤバネススキ
単子葉植物綱カヤツリグサ目イネ科。
ススキの栽培品種。
〈*Miscanthus sinensis var.sinensis*
form.zebrinus〉

タガヤサン
クラリンドウの別名(クマツヅラ科の観
賞用低木。花は穂状の花序に集り垂下。
高さは1m)
〈*Clerodendrum wallichii* Merrill〉

植物別名辞典　311

セイロンテツボクの別名（オトギリソウ科の観賞用植物。葉裏粉白。高さは20m。花は白色）
〈*Mesua ferrea* L.〉

タカヨモギ
セイタカヨモギの別名（キク科の多年草。高さは1〜2m）
〈*Artemisia selegensis* Turcz.〉

タカラコウ
トウゲブキ（峠蕗）の別名（双子葉植物綱キク目キク科の多年草。高さは30〜80cm）
〈*Ligularia hodgsonii*〉

タガラシ
タネツケバナ（種付花）の別名（アブラナ科の一年草または越年草。高さは10〜30cm）
〈*Cardamine flexuosa* With.〉

*タガラシ（田芥，田辛）
別名：タタラビ
双子葉植物綱キンポウゲ目キンポウゲ科の多年草。高さは25〜60cm。
〈*Ranunculus sceleratus*〉

*タカワラビ（高蕨）
別名：ヒツジシダ
タカワラビ科の常緑性シダ。葉身は長さ1.5〜3m。3回羽状に深裂。
〈*Cibotium barometz*（L.）J. Smith〉

*タキキビ
別名：カシマガヤ
単子葉植物綱カヤツリグサ目イネ科の草本。
〈*Phaenosperma globosum*〉

タキナ
ギボウシ（擬宝珠）の別名（単子葉植物綱ユリ目ユリ科の多年草）
〈*Hosta undulata* var.erromena〉

タキナショウマ
ヤワタソウ（八幡草）の別名（双子葉植物綱バラ目ユキノシタ科の多年草。高さは30〜60cm）
〈*Peltoboykinia tellimoides*〉

タキノムラサキ
ササノハスゲの別名（単子葉植物綱カヤツリグサ目カヤツリグサ科の草本）
〈*Carex pachygyna*〉

*ダキバキオン
別名：ミヤマキオン
キク科。
〈*Senecio nemorensis* var.japonicus〉

ダキバツリフネソウ
オニツリフネソウの別名（ツリフネソウ科。花は紅色）
〈*Impatiens glandulifera* Royle〉

タキミヨロイゴケ
トゲヨロイゴケの別名（ヨロイゴケ科の地衣類。地衣体は褐色）
〈*Sticta weigelii* Isert.〉

タキユリ
カノコユリ（鹿子百合）の別名（単子葉植物綱ユリ目ユリ科の多年草。高さは1〜1.5m。花は桃〜濃紅色）
〈*Lilium speciosum*〉

*タギョウショウ（多行松）
別名：ウツクシマツ，タママツ，タンヨウショウ
マツ綱マツ目マツ科の常緑針葉樹。
〈*Pinus densiflora* form. umbraculifera〉

タグリイチゴ
ホウロクイチゴ（焙烙苺）の別名（双子葉植物綱バラ目バラ科の常緑つる性低木）
〈*Rubus sieboldii*〉

タケカズラ
カギカズラ（鉤葛）の別名（双子葉植物綱アカネ目アカネ科の常緑つる性植物）

〈*Uncaria rhynchophylla*〉

*ダケカンバ（岳樺）

別名：エゾノダケカンバ，ソウシカンバ

双子葉植物綱ブナ目カバノキ科の落葉高木。高さは20m。樹皮は淡黄白色。

〈*Betula ermanii*〉

タケシマニンニク

ギョウジャニンニクの別名（単子葉植物綱ユリ目ユリ科の多年草。高さは30〜50cm。花は白色）

〈*Allium victoralis var.platyphyllum*〉

*タケシマユリ（竹島百合）

別名：オオクルマユリ

単子葉植物綱ユリ目ユリ科の多年草。高さは80〜150cm。花は橙黄色。

〈*Lilium hansoni*〉

ダケゼリ

カノツメソウ（鹿爪草）の別名（双子葉植物綱セリ目セリ科の多年草。高さは50〜80cm）

〈*Spuriopimpinella calycina*〉

タケダカズラ

ヤハズカズラ（矢羽葛）の別名（双子葉植物綱ゴマノハグサ目キツネノマゴ科の多年草。高さは1〜2.5m。花は橙黄色，中心濃紫色）

〈*Thunbergia alata*〉

*タケダグサ

別名：シマボロギク

双子葉植物綱キク目キク科の一年草。葉は3〜9の羽片に中裂〜深裂。

〈*Erechtites valerianaefolia*〉

*タケニグサ（竹煮草，竹似草）

別名：チャンパギク

双子葉植物綱ケシ目ケシ科の多年草。高さは1.5〜2m。

〈*Macleaya cordata*〉

*タケノコハクサイ

別名：ショウサイ

アブラナ科の中国野菜。

ダケモミ

ウラジロモミ（裏白樅）の別名（マツ綱マツ目マツ科の常緑高木。高さは40m。樹皮は帯紅灰色）

〈*Abies homolepis*〉

*タコガタサギソウ

別名：ヒュウガトンボ

ラン科。

〈*Habenaria lacertifera*（Lindl.）*Benth. var.triangularis*（F. Maekawa）Hatusima〉

*タコノアシ（蛸足）

別名：サワシオン

双子葉植物綱バラ目ユキノシタ科の多年草。高さは30〜80cm。

〈*Penthorum chinense*〉

*タコノキ（蛸木）

別名：オガサワラタコノキ

単子葉植物綱タコノキ目タコノキ科の常緑高木。高さは6〜10m。花は黄色。

〈*Pandanus boninensis*〉

タゴボウ

チョウジタデ（丁字蓼，丁子蓼）の別名（双子葉植物綱フトモモ目アカバナ科の一年草。高さは30〜70cm。花は黄色）

〈*Ludwigia epilobioides*〉

ダシキノコ

タマゴタケの別名（テングタケ科のキノコ。中型〜大型。傘は赤色，条線あり。ひだは帯黄色）

〈*Amanita hemibapha*〉

*タシロスゲ

別名：クミアイスゲ

単子葉植物綱カヤツリグサ目カヤツリグサ科の草本。

〈*Carex sociata*〉

タシロ

＊**タシロノガリヤス**
別名：イシヅチノガリヤス
単子葉植物綱カヤツリグサ目イネ科の多年草。
〈*Calamagrostis tashiroi*〉

タスマニアンベル
コレアの別名（ミカン科の属総称）

タソバ
ミゾソバ（溝蕎麦）の別名（双子葉植物綱タデ目タデ科の一年草。高さは30〜100cm）
〈*Persicaria thunbergii*〉

ダーダラカンサス
ルリハナガサの別名（キツネノマゴ科の常緑低木。高さは0.5〜2m。花は青紫色）
〈*Eranthemum pulchellum* Andr.〉

タタラビ
タガラシ（田芥，田辛）の別名（双子葉植物綱キンポウゲ目キンポウゲ科の多年草。高さは25〜60cm）
〈*Ranunculus sceleratus*〉

＊**タチアオイ**（立葵）
別名：カラアオイ（唐葵），ツユアオイ（梅雨葵），ハナアオイ（花葵）
双子葉植物綱アオイ目アオイ科の多年草。多毛。高さは3m。花は赤，ピンク，黄，白色など。
〈*Althaea rosea*〉

タチイチゴ
クマイチゴ（熊苺）の別名（双子葉植物綱バラ目バラ科の落葉低木）
〈*Rubus crataegifolius*〉

タチイチョウウロコゴケ
タチイチョウゴケの別名（ツボミゴケ科のコケ。茎は長さ0.5cm）
〈*Lophozia ascendens*（Warnst.）R. M. Schust.〉

＊**タチイチョウゴケ**
別名：タチイチョウウロコゴケ
ツボミゴケ科のコケ。茎は長さ0.5cm。
〈*Lophozia ascendens*（Warnst.）R. M. Schust.〉

タチオオバコ
ツボミオオバコの別名（双子葉植物綱オオバコ目オオバコ科の一年草または二年草。長さは10〜50cm）
〈*Plantago virginica*〉

＊**タチカモメヅル**
別名：クロバナカモメヅル
双子葉植物綱リンドウ目ガガイモ科の草本。
〈*Cynanchum nipponicum var. glabrum*〉

＊**タチギボウシ**
別名：エゾギボウシ
単子葉植物綱ユリ目ユリ科の草本。
〈*Hosta rectifolia var.rectifolia*〉

タチクサネム
ヒメギンネム（姫銀合歓）の別名（マメ科の常緑低木）
〈*Desmanthus virgatus*（L.）Willd.〉

＊**タチゴケ**
別名：ナミガタタチゴケ
スギゴケ科のコケ。茎は長さ4cm，分枝しない。葉は披針形。
〈*Atrichum undulatum*（Hedw.）P. Beauv.〉

＊**タチシオデ**（立牛尾菜）
別名：ヒデコ，ヒョウデコ
単子葉植物綱ユリ目ユリ科の多年草。高さは1〜2m。
〈*Smilax nipponica*〉

＊**タチシノブ**（立忍）
別名：カンシノブ，フユシノブ
ワラビ科の常緑性シダ植物。葉身は長

さ60cm，卵状披針形。
〈*Onychium japonicum*〉

タチジャコウソウ
タイムの別名（シソ科の香辛野菜。高さ
は20cm。花は白から淡桃色）
〈*Thymus vulgaris* L.〉

＊タチジャコウソウ（立麝香草）
別名：ガーデンタイム，コモンタイム
双子葉植物綱シソ目シソ科の野菜。
高さは20cm。花は白〜淡桃色。
〈*Thymus vulgaris*〉

タチシャリンバイ
シャリンバイ（車輪梅）の別名（バラ科
の常緑低木）
〈*Rhaphiolepis umbellata*（Thunb. ex
Murray）Makino var.*integerrima*
（Hook. et Arn.）Rehder〉

＊タチシャリンバイ（立車輪梅）
別名：シャリンバイ
バラ科の常緑低木〜小高木。高さは2
〜4m。花は白色。
〈*Rhaphiolepis umbellata*（*Thunb.
ex Murray*）*Makino var.
umbellata*〉

＊タチスベリヒユ（立滑莧）
別名：オオバスベリヒユ
双子葉植物綱ナデシコ目（中心子目）ス
ベリヒユ科の葉菜類。花は黄色。
〈*Portulaca oleracea var.sativa*〉

＊タチセンニンソウ
別名：コウライセンニンソウ
キンポウゲ科の薬用植物。
〈*Clematis manshurica Rupr.*〉

タチチチコグサ
チチコグサモドキの別名（キク科の一年
草または越年草。高さは20〜60cm）
〈*Gnaphalium purpureum* L.〉

＊タチチチコグサ
別名：ホソバノチチコグサモドキ
双子葉植物綱キク目キク科の一年草
または越年草。高さは10〜30cm。

花は淡褐色。
〈*Gnaphalium calviceps*〉

＊タチテンノウメ（立天の梅）
別名：シラゲテンノウメ
バラ科の常緑低木。
〈*Osteomeles boninensis Nakai*〉

＊タチナタマメ（立鉈豆）
別名：ツルナシナタマメ
双子葉植物綱マメ目マメ科のつる草。
莢はやや細く，種子白色。高さは60
〜120cm。花は赤色，または赤紫色。
〈*Canavalia ensiformis*〉

＊タチネコノメソウ
別名：トサネコノメ
双子葉植物綱バラ目ユキノシタ科の多年
草。高さは5〜12cm。
〈*Chrysosplenium tosaense*〉

＊タチハイゴケ（立這苔）
別名：ミヤマシトネゴケ
ヤナギゴケ科のコケ。大形で，茎は赤色
で長く，やや羽状に平らに分枝する。
〈*Pleurozium schreberi*（*Brid.*）
Mitt.〉

タチハキ
ナタマメ（鉈豆）の別名（双子葉植物綱
マメ目マメ科の果菜類。莢は巾広く種
子は褐色。花は白，ピンク，赤紫色）
〈*Canavalia gladiata*〉

タチバナ
カラタチバナ（唐橘）の別名（ヤブコウ
ジ科の常緑小低木。高さは50cm。花は
白色）
〈*Ardisia crispa*（Thunb. ex Murray）
DC.〉

＊タチバナ（橘）
別名：ハナタチバナ，ヤマタチバナ
双子葉植物綱ムクロジ目ミカン科の
木本。高さは3m。
〈*Citrus tachibana*〉

タチハ

*タチバナアデク
別名：ピタンガ
フトモモ科の木本。

*タチバナモドキ（橘擬）
別名：ピラカンサ，ホソバトキワサンザシ
双子葉植物綱バラ目バラ科の常緑性低木。果実は黄橙。
〈*Pyracantha angustifolia*〉

タチヒ
イタドリ（虎杖，伊多止利）の別名（双子葉植物綱タデ目タデ科の多年草。茎には縦条。葉柄は赤。高さは30〜150cm）
〈*Reynoutria japonica*〉

*タチヒゴケ
別名：コダマゴケ
タチヒダゴケ科のコケ。小形、茎は短く1cm前後、葉は披針形〜楕円状披針形。
〈*Orthotrichum consobrinum Card.*〉

タチヒラゴケモドキ
ヒラハイゴケの別名（ハイゴケ科のコケ。大形で、茎葉は卵状披針形で漸尖）
〈*Hypnum erectiusculum* Sull. & Lesq.〉

タチフタバムグラ
オオフタバムグラの別名（双子葉植物綱アカネ目アカネ科の一年草。長さは10〜50cm。花は白色、または淡桃色）
〈*Diodia teres*〉

タチホウキ
ミリオンの別名（ユリ科）

*タチヤナギゴケ
別名：イトヤナギゴケ
ウスグロゴケ科のコケ。小形で、茎は糸状で長くはい、披針形の毛葉が少数ある。
〈*Orthoamblystegium spurio-subtile* (Broth. & Paris) Kanda & Nog.〉

*タチロウゲ
別名：オオヘビイチゴ
バラ科の多年草。高さは20〜60cm。花は淡黄色。
〈*Potentilla recta L.*〉

*タツタソウ（竜田草）
別名：イトマキソウ
メギ科の多年草。高さは10〜15cm。花はラベンダーブルー。
〈*Jeffersonia dubia* (Maxim.) Benth. et Hook. f. ex Bak. et S. L. Moore〉

*タツタナデシコ（立田撫子）
別名：トコナデシコ
ナデシコ科の多年草。花は白から濃桃色。
〈*Dianthus plumarius L.*〉

*タツタニシキ（竜田錦）
別名：ベルバエネアーナ
ツツジ科のアザレアの品種。

*ダッチ・アイリス
別名：オランダアヤメ，キュウコンイリス
アヤメ科の園芸品種群。球根植物。花は白、黄、青など。

タツノオトシゴ（竜の落し子）
ライカク（雷角）の別名（ガガイモ科の多肉植物。花は暗紫のまだら色）
〈*Stapelianthus madagascariensis* (Choux) Choux ex A. C. White et Sloane〉

*タツノツメガヤ
別名：リュウノツメガヤ
単子葉植物綱カヤツリグサ目イネ科の一年草。砂地に多い。高さは10〜40cm。
〈*Dactyloctenium aegypticum*〉

ダッフォディル
スイセンの別名（ヒガンバナ科の属総称。球根植物）

*ダツラ
別名：キチガイナス，マンダラゲ（曼荼羅華）

ナス科の属総称。

タデ
ヤナギタデ（柳蓼）の別名（タデ科の一年草。葉は辛く香辛料。高さは30〜60cm。花は白〜淡枇杷色）

〈Persicaria hydropiper (L.) Spach var.hydropiper〉

*タデ
別名：ホンタデ，マタデ

タデ科の香辛野菜。

タデアイ
アイ（藍）の別名（双子葉植物綱タデ目タデ科の草本）

〈Polygonum tinctorium〉

タデノウミコンロンソウ
ヒロハコンロンソウ（広葉崑崙草）の別名（双子葉植物綱フウチョウソウ目アブラナ科の多年草。高さは30〜60cm）

〈Cardamine appendiculata〉

タテバチドメグサ
ウチワゼニクサ（団扇銭草）の別名（セリ科の多年草。葉身は円形）

〈Hydrocotyle verticillata Thunb. var. triradiata (A. Rich.) Fern.〉

タテバテンジクアオイ
ツタバテンジクアオイの別名（フウロソウ科）

〈Pelargonium lateripes L'Her.〉

タテヤマアザミ
ダイニチアザミ（大日薊）の別名（キク科）

〈Cirsium babanum Koidz.〉

タテヤマイ
ミヤマイ（深山藺）の別名（単子葉植物綱イグサ目イグサ科の多年草。高さは15〜40cm）

〈Juncus beringensis〉

タテヤマオウギ
イワオウギ（岩黄耆）の別名（双子葉植物綱マメ目マメ科の多年草。高さは10〜80cm。花は淡黄色）

〈Hedysarum vicioides〉

タテヤマザサ
チマキザサの別名（単子葉植物綱カヤツリグサ目イネ科の常緑中型ササ。高さは1〜2m）

〈Sasa palmata〉

*タテヤマリンドウ
別名：コミヤマリンドウ

双子葉植物綱リンドウ目リンドウ科の越年草。

〈Gentiana thunbergii var.minor〉

ダニア
アフェランドラの別名（キツネノマゴ科の属総称）

*タニウツギ（谷空木）
別名：サオトメウツギ，タウエバナ，ベニサキウツギ，ヤマウツギ

双子葉植物綱マツムシソウ目スイカズラ科の落葉低木。高さは2〜3m。花は紅色。

〈Weigela hortensis〉

*タニガワハンノキ
別名：コバノヤマハンノキ

カバノキ科の落葉高木。

〈Alnus inokumae〉

タニグワ
フサザクラ（総桜）の別名（双子葉植物綱マンサク目フサザクラ科の落葉高木。花は暗赤色）

〈Euptelea polyandra〉

タニスゲ
カワラスゲの別名（単子葉植物綱カヤツリグサ目カヤツリグサ科の多年草。高

さは20〜50cm)
〈Carex incisa〉

タニセリモドキ
セリモドキ(芹擬)の別名(双子葉植物綱セリ目セリ科の多年草。高さは30〜90cm)
〈Dystaenia ibukiensis〉

*タニマスミレ(谷間菫)
別名:オクヤマスミレ
双子葉植物綱スミレ目スミレ科の草本。花は淡紫色。
〈Viola epipsiloides〉

タニマノヒメユリ(谷間の姫百合)
スズラン(鈴蘭)の別名(単子葉植物綱ユリ目ユリ科の多年草。高さは20〜35cm。花は白色)
〈Convallaria keiskei〉

タニマユリ
ホソバコオニユリの別名(ユリ科)
〈Lilium leichtlinii var.tigrinum form. tenuifolium〉

*タネガシマカイロラン
別名:リュウキュウカイロラン
ラン科の草本。
〈Cheirostylis liukiuensis Masam.〉

*タネツケバナ(種付花, 種子漬花)
別名:コメナズナ, タガラシ
双子葉植物綱フウチョウソウ目アブラナ科の一年草または越年草。高さは10〜30cm。
〈Cardamine flexuosa〉

タネヒリグサ
トキンソウ(吐金草)の別名(双子葉植物綱キク目キク科の一年草。高さは5〜20cm)
〈Centipeda minima〉

タノカミザサ
ミヤコザサ(都笹)の別名(単子葉植物綱カヤツリグサ目イネ科のササ, 常緑小型)
〈Sasa nipponica〉

タノジモ
デンジソウ(田字草)の別名(デンジソウ科の水生シダ植物, 夏緑性。若い葉は渦巻き状, 胞子嚢果は黒色〜褐色になる。葉身は長さ1〜2cm, 倒三角形〜円形)
〈Marsilea quadrifolia〉

タバコソウ
ベニチョウジ(紅丁字)の別名(双子葉植物綱フトモモ目ミソハギ科の観賞用草本。高さは30〜50cm。花(萼筒)は赤色)
〈Cuphea ignea〉

ターバンバターカップ
ハナキンポウゲ(花金鳳花)の別名(双子葉植物綱キンポウゲ目キンポウゲ科の球根植物。花は赤, 緋, 桃, 橙, 黄および白色など)
〈Ranunculus asiaticus〉

タピオカノキ
キャッサバの別名(双子葉植物綱トウダイグサ目トウダイグサ科の木本。塊根は長さは15〜100cm。高さは1〜5m)
〈Manihot esculenta〉

タビビトナカセ
ツノゴマ(角胡麻)の別名(双子葉植物綱ゴマノハグサ目ツノゴマ科の一年草)
〈Proboscidea louisianica〉

タビビトノキ
オウギバショウ(扇芭蕉)の別名(バショウ科。高さは3〜10m。花は白色)
〈Ravenala madagascariensis J. F. Gmel.〉

*タビビトノキ
別名:オウギバショウ
単子葉植物綱ショウガ目バショウ科の木本。高さは3〜10m。花は白色。
〈Ravenala madagascariensis〉

*タブノキ(椨)
別名：イヌグス，ダマ，ダモ
双子葉植物綱クスノキ目クスノキ科の常
緑高木。高さは10〜15m。
〈*Machilus thunbergii*〉

*タベルナエモンタナ
別名：サンユウカ
キョウチクトウ科の属総称。

ダマ
タブノキ(椨)の別名(双子葉植物綱クス
ノキ目クスノキ科の常緑高木。高さは
10〜15m)
〈*Machilus thunbergii*〉

タマガラ
シロダモの別名(双子葉植物綱クスノキ
目クスノキ科の常緑高木。花は黄色)
〈*Neolitsea sericea*〉

タマガワヌカボ
ハイコヌカグサの別名(単子葉植物綱カ
ヤツリグサ目イネ科の多年草。高さは
20〜100cm)
〈*Agrostis stolonifera*〉

タマギク
コモノギクの別名(双子葉植物綱キク目
キク科の草本)
〈*Aster komonoensis*〉

*タマキンポウゲ
**別名：カブラキンポウゲ，セイヨウキ
ンポウゲ**
キンポウゲ科の多年草。高さは10〜
30cm。花は黄色。
〈*Ranunculus bulbosus* L.〉

*タマゴケ
別名：チジレバタマゴケ
タマゴケ科のコケ。やや大形、茎は長さ
4〜5cm、褐色の仮根に覆われる。葉
はやや幅広い卵形。
〈*Bartramia pomiformis* Hedw.〉

*タマゴタケ
別名：アカダシ，ダシキノコ
テングタケ科のキノコ。中型〜大型。
傘は赤色，条線あり。ひだは帯黄色。
〈*Amanita hemibapha*〉

タマゴノキ
キャニモモの別名(オトギリソウ科の高
木。枝に縦溝、葉はインドゴム状。花は
白緑色)
〈*Garcinia dulcis* Kurz〉

タマザキゴウカン
アカハダノキの別名(マメ科の木本)
〈*Archidendron lucidum*（Benth.）I. C.
Nielsen〉

タマザキセンナ
ギンネム(銀合歓)の別名(双子葉植物
綱マメ目マメ科の常緑小高木。高さは
10m。花は白黄色)
〈*Leucaena leucocephala*〉

*タマザキリアトリス
別名：キリンギク，ユリアザミ
キク科。高さは90cm。花は紅紫色。
〈*Liatris ligulistylis*（A. Nels.）K.
Schum.〉

タマサンゴ(玉珊瑚)
フユサンゴ(冬珊瑚)の別名(双子葉植
物綱ナス目ナス科の小低木。高さは50
〜100cm。花は白色)
〈*Solanum pseudocapsicum*〉

タマスダレ
ゼフィランサスの別名(ヒガンバナ科の
属総称。球根植物)
タマツヅリの別名(双子葉植物綱バラ目
ベンケイソウ科の多年草)
〈*Sedum morganianum*〉
ミセバヤの別名(双子葉植物綱バラ目ベ
ンケイソウ科の多年草。高さは10〜
30cm。花は紅色)
〈*Hylotelephium sieboldii*〉

植物別名辞典　319

*タマダレニシキ (玉垂錦)

別名：マダム・エル・ド・スメ

ツツジ科のアザレアの品種。

タマツヅリ

コケサンゴ (苔珊瑚) の別名 (アカネ科
の多年草。果実は朱赤色)
〈*Nertera granadensis* (Mutis ex L. f.)
Druce〉

*タマツヅリ

別名：タマスダレ

双子葉植物綱バラ目ベンケイソウ科
の多年草。
〈*Sedum morganianum*〉

タマツバキ

ネズミモチ (鼠黐) の別名 (双子葉植物
綱ゴマノハグサ目モクセイ科の常緑低
木。高さは2〜5m)
〈*Ligustrum japonicum*〉

タマツルクサ

タマツルソウの別名 (ユリ科の鱗茎植
物。高さは2〜3m。花は緑白色)
〈*Bowiea volubilis* Harv. et Hook. f.〉

*タマツルソウ

別名：ソウカクデン (蒼角殿)，タマツ
ルクサ

ユリ科の鱗茎植物。高さは2〜3m。花
は緑白色。
〈*Bowiea volubilis Harv. et Hook. f.*〉

タマナ (玉菜)

キャベツの別名 (双子葉植物綱フウチョ
ウソウ目アブラナ科の葉菜類)
〈Brassica oleracea *var*.capitata〉

タマナズナ

アマナズナの別名 (アブラナ科の一年草。
高さは10〜70cm。花は黄色)
〈*Camelina alyssum* (Mill.) Thell.〉

タマノウゼンハレン

ショクヨウキュウコンキンレンカの別
名 (ノウゼンハレン科のつる性多年草)
〈*Tropaeolum tuberosum* Ruiz et Pav.〉

タマノオ

ミセバヤの別名 (双子葉植物綱バラ目ベ
ンケイソウ科の多年草。高さは10〜
30cm。花は紅色)
〈*Hylotelephium sieboldii*〉

タマヒメマル (玉姫丸)

ハクシマル (白刺丸) の別名 (サボテン
科のサボテン。花は光沢ある黄色)
〈*Neochilenia reichei* (K. Schum.)
Backeb.〉

タマボウキ

コウヤボウキ (高野箒) の別名 (双子葉
植物綱キク目キク科の小低木。高さは
60〜100cm)
〈*Pertya scandens*〉

タムラソウ (田村草) の別名 (双子葉植
物綱キク目キク科の多年草。高さは30
〜140cm)
〈Serratula coronata *subsp*.insularis〉

*タマボウキ

別名：ツクシタマボウキ

単子葉植物綱ユリ目ユリ科の草本。
高さは1m。花は黄緑色。
〈Asparagus oligoclonos〉

タママツ

タギョウショウ (多行松) の別名 (マツ
綱マツ目マツ科の常緑針葉樹)
〈Pinus densiflora *form*.umbraculifera〉

*タマミズキ (玉水木)

別名：アカミズキ

モチノキ科の木本。
〈*Ilex micrococca Maxim.*〉

タマムラサキ

ヤマラッキョウ (山辣韮) の別名 (単子
葉植物綱ユリ目ユリ科の多年草。高さ
は30〜60cm)
〈*Allium thunbergii*〉

タマヤナギ（玉柳）
フユサンゴ（冬珊瑚）の別名（双子葉植物綱ナス目ナス科の小低木。高さは50～100cm。花は白色）
〈Solanum pseudocapsicum〉

*タマヤブジラミ
別名：ツルヤブジラミ
セリ科の一年草。長さは40cm。花は白色。
〈Torilis nodosa（L.）Gaertn.〉

*タマリンド
別名：チョウセンモダマ
莢灰褐色。高さは24m。花は黄赤色。
〈Tamarindus indica〉

タムギ
ムツオレグサ（六折草）の別名（単子葉植物綱カヤツリグサ目イネ科の抽水性多年草。高さ30～60cm、葉身は線形）
〈Glyceria acutiflora〉

タムジクサ
クサノオウ（草王，草黄）の別名（双子葉植物綱ケシ目ケシ科の一年草または越年草。高さは10～30cm）
〈Chelidonium majus var.asiaticum〉

*タムシバ（田虫葉）
別名：カムシバ，サトウシバ
双子葉植物綱モクレン目モクレン科の落葉木。樹高は10m。花は白色。樹皮は灰色。
〈Magnolia salicifolia〉

ダムソンプラム
ブレースの別名（双子葉植物綱バラ目バラ科の木本。樹高は7m。樹皮は暗灰色）
〈Prunus domestica var.insititia〉

*タムラソウ（田村草）
別名：タマボウキ（玉箒）
双子葉植物綱キク目キク科の多年草。高さは30～140cm。
〈Serratula coronata subsp.insularis〉

タメトモユリ（為朝百合）
サクユリ（佐久百合）の別名（単子葉植物綱ユリ目ユリ科の多年草）
〈Lilium platyphyllum〉

タモ
トネリコ（戸練子）の別名（双子葉植物綱ゴマノハグサ目モクセイ科の落葉高木。高さは15m）
〈Fraxinus japonica〉

ダモ
タブノキ（椨）の別名（双子葉植物綱クスノキ目クスノキ科の常緑高木。高さは10～15m）
〈Machilus thunbergii〉

*タモギタケ
別名：タモキノコ，タモワカイ，ニレタケ
ヒラタケ科のキノコ。小型～中型。傘は漏斗形，鮮黄色。ひだは白色。
〈Pleurotus cornucopiae〉

タモキノコ
タモギタケの別名（ヒラタケ科のキノコ。小型～中型。傘は漏斗形，鮮黄色。ひだは白色）
〈Pleurotus cornucopiae〉

タモツユリ
タモトユリ（袂百合）の別名（単子葉植物綱ユリ目ユリ科の多肉植物。高さは50～70cm。花は純白色）
〈Lilium nobilissimum〉

*タモトユリ（袂百合）
別名：コウユリ，タモツユリ，テモチユリ
単子葉植物綱ユリ目ユリ科の多肉植物。高さは50～70cm。花は純白色。
〈Lilium nobilissimum〉

タモワカイ
タモギタケの別名（ヒラタケ科のキノコ。小型～中型。傘は漏斗形，鮮黄色。ひだ

は白色）
〈*Pleurotus cornucopiae*〉

タラッポ
タラノキ（楤木）の別名（双子葉植物綱
セリ目ウコギ科の落葉低木。高さは
150cm）
〈*Aralia elata*〉

*タラノキ（楤木）
別名：ウドモドキ，タラッポ
双子葉植物綱セリ目ウコギ科の落葉低
木。高さは150cm。
〈*Aralia elata*〉

*タラノメ
別名：ウドモドキ
ウコギ科の山菜。

*タラヨウ（多羅葉）
**別名：エカキバ，ノコギリバ，ノコギ
リモチ**
双子葉植物綱ニシキギ目モチノキ科の常
緑高木。高さは10m。花は黄緑色。
樹皮は灰色。
〈*Ilex latifolia*〉

*ダリア
**別名：イモボタン，ダーリヤ，テンジ
クボタン**
双子葉植物綱キク目キク科の多年草。
高さは2m。花は緋赤色。
〈*Dahlia pinnata*〉

タリクトラム
カラマツソウの別名（キンポウゲ科の属
総称）

タリノホアオゲイトウ
オオホナガアオゲイトウの別名（双子
葉植物綱ナデシコ目（中心子目）ヒユ科
の一年草。高さは2m）
〈*Amaranthus palmeri*〉

ダーリヤ
ダリアの別名（双子葉植物綱キク目キク

科の多年草。高さは2m。花は緋赤色）
〈*Dahlia pinnata*〉

*ダルマエビネ
別名：ヒロハノカラン
単子葉植物綱ラン目ラン科の多年草。
花は白色。
〈*Calanthe fauriei*〉

ダルマソウ（達磨草）
ザゼンソウ（座禅草）の別名（単子葉植
物綱サトイモ目サトイモ科の多年草。
苞は暗紫色または淡紫色。高さは20〜
40cm）
〈*Symplocarpus foetidus var.
latissimus*〉

ダルマチヤジョチュウギク
ジョチュウギク（除虫菊）の別名（双子
葉植物綱キク目キク科の草本。高さは
60cm。花は白色）
〈*Chrysanthemum cinerariaefolium*〉

タレヤナギ
シダレヤナギ（枝垂柳）の別名（双子葉
植物綱ヤナギ目ヤナギ科の落葉高木。
枝は細く，下垂し，やや光沢を帯びる。
樹高は15m。樹皮は灰褐色）
〈*Salix babylonica*〉

タレユエソウ
エヒメアヤメ（愛媛菖蒲）の別名（単子
葉植物綱ユリ目アヤメ科の多年草。高
さは5〜15cm。花は青紫色）
〈*Iris rossii*〉

タロウカジャ
ワビスケ（侘助）の別名（ツバキ科の木
本。一重杯状咲き）
〈*Camellia wabiske* Kitam.〉

*タロウカジャ（太郎冠者）
別名：ウラク
双子葉植物綱ツバキ目ツバキ科の園
芸品種。

タロマイソウ
イワブクロ(岩袋)の別名(双子葉植物
綱ゴマノハグサ目ゴマノハグサ科の多年
草。高さは10〜20cm)
〈Penstemon frutescens〉

タワラグミ
トウグミ(唐茱萸)の別名(双子葉植物
綱ヤマモガシ目グミ科の落葉低木。果
皮は黄から赤紅色)
〈Elaeagnus multiflora var.hortensis〉

タワラムギ(俵麦)
コバンソウ(小判草)の別名(単子葉植
物綱カヤツリグサ目イネ科の一年草。
高さは10〜60cm。花は黄褐色)
〈Briza maxima〉

*ダンギク
別名:カリオプテリス,ランギク(蘭
菊)
双子葉植物綱シソ目クマツヅラ科の多年
草。花は紫色。
〈Caryopteris incana〉

*タンゲブ
別名:タイワンツルギキョウ
キキョウ科。
〈Campanumoea lancifolia (Roxb.)
Merr.〉

タンゴイワガサ
イワガサ(岩傘)の別名(双子葉植物綱
バラ目バラ科の落葉低木)
〈Spiraea blumei〉

ダンコウバイ
トウロウバイの別名(ロウバイ科の落葉
低木)
〈Chimonanthus praecox (L.) Link
var.grandiflora (Rehder et Wils.)
Makino〉
*ダンコウバイ(檀香梅)
別名:ウコンバナ,シロヂシャ
双子葉植物綱クスノキ目クスノキ科
の落葉低木。花は黄色。

〈Lindera obtusiloba〉

*ダンゴギク(団子菊)
別名:ヘレニューム,マツバハルシャ
ギク(松葉波斯菊)
双子葉植物綱キク目キク科の多年草。
高さは60〜180cm。花は黄色。
〈Helenium autumnale〉

ダンゴバナ
ワレモコウ(吾木香,吾亦紅)の別名
(双子葉植物綱バラ目バラ科の多年草。
高さは30〜100cm)
〈Sanguisorba officinalis〉

タンザワザサ
ミヤマクマザサの別名(単子葉植物綱カ
ヤツリグサ目イネ科の常緑中型ササ)
〈Sasa hayatae〉

ダンダンキキョウ
キキョウソウの別名(双子葉植物綱キ
キョウ目キキョウ科の一年草。高さは
15〜100cm。花は鮮紫色)
〈Specularia perfoliata〉

ダンダンゲ
キンシバイ(金糸梅)の別名(双子葉植
物綱ツバキ目オトギリソウ科の常緑小低
木。高さは0.5〜1m)
〈Hypericum patulum〉

ダンチク
トウチク(唐竹)の別名(イネ科の常緑
中型竹)
〈Sinobambusa tootsik Makino〉
*ダンチク(葭竹)
別名:トウヨシ,ヨシタケ
単子葉植物綱カヤツリグサ目イネ科
の多年草。高さは2〜4m。
〈Arundo donax〉

*ダンチョウゲ(段丁花)
別名:ダンチョウボク
双子葉植物綱アカネ目アカネ科。ハク
チョウゲの園芸品種。

〈*Serissa japonica 'Crassiramea'*〉

タンチョウソウ (丹頂草)

イワヤツデ (岩八手) の別名 (双子葉植
物綱バラ目ユキノシタ科の多年草。花
は白色)
〈*Mukdenia rossii*〉

ダンチョウボク

ダンチョウゲ (段丁花) の別名 (双子葉
植物綱アカネ目アカネ科。ハクチョウ
ゲの園芸種)
〈*Serissa japonica 'Crassiramea'*〉

ダンドイヌワラビ

ミヤコイヌワラビの別名 (オシダ科の夏
緑性シダ。葉身は長さ50cm。卵形から
楕円形)
〈*Athyrium frangulum* Tagawa〉

ダンドク

カンナの別名 (カンナ科の属総称)

*タンナヤハズハハコ

別名：タンナヤマハハコ
キク科。
〈*Anaphalis sinic var.morii*〉

タンナヤマハハコ

タンナヤハズハハコの別名 (キク科)
〈*Anaphalis sinic* var.*morii*〉

タンバサンショウ

アサクラザンショウ (朝倉山椒) の別
名 (双子葉植物綱ムクロジ目ミカン科の
草本，薬用植物)
〈*Zanthoxylum piperitum form.*
inerme〉

*タンバノリ

別名：オオバツノマタ，ホグロ
紅藻綱スギノリ目ムカデノリ科の海藻。
やや硬い革状。体は長さ20〜30cm。
〈*Grateloupia elliptica*〉

タンボホオズキ

センナリホオズキ (千生酸漿) の別名
(双子葉植物綱ナス目ナス科の一年草。
高さは20〜90cm。花は黄白色)
〈*Physalis angulata*〉

タンポポモドキ

カワリミタンポポモドキの別名 (キク
科の多年草。高さは25〜35cm。花は濃
黄色)
〈*Leontodon taraxacoides* (Vill.)
Mérat〉
ブタナ (豚菜) の別名 (双子葉植物綱キク
目キク科の多年草。高さは25〜80cm。
花は黄色)
〈*Hypochoeris radicata*〉

ダンマルジュ

ナンヨウスギ (南洋杉) の別名 (マツ綱
マツ目ナンヨウスギ科の常緑大高木。
高さは40〜60m)
〈*Araucaria cunninghamii*〉

タンヨウショウ

タギョウショウ (多行松) の別名 (マツ
綱マツ目マツ科の常緑針葉樹)
〈*Pinus densiflora form.*umbraculifera〉

【チ】

チ

チガヤ (茅萱) の別名 (単子葉植物綱カヤ
ツリグサ目イネ科の多年草。白毛の著
しい穂を出す。高さは30〜80cm)
〈*Imperata cylindrica*〉

チェランサス

シベリア・ウォールフラワーの別名
(アブラナ科)

チェロン

リオンの別名 (双子葉植物綱ゴマノハグ
サ目ゴマノハグサ科の宿根草)

〈*Chelone lyonii*〉

*チオノドクサ
別名：キオノドクサ，グローリーオブ
ザスノー，ユキゲユリ
単子葉植物綱ユリ目ユリ科の属総称。
〈*Chionodoxa* spp.〉

*チガイソ（千賀磯）
別名：サルメン，サルメンワカメ
褐藻綱コンブ目チガイソ科の海藻。
〈*Alaria crassifolia*〉

*チガヤ（茅萱）
別名：チ，ツバナ，フシゲチガヤ
単子葉植物綱カヤツリグサ目イネ科の多
年草。白毛の著しい穂を出す。高さ
は30〜80cm。
〈*Imperata cylindrica*〉

チカラグサ
オヒシバ（雄日芝）の別名（単子葉植物
綱カヤツリグサ目イネ科の一年草。茎
をサナダに編む。高さは20〜60cm）
〈*Eleusine indica*〉

チカラシバ
ナギ（梛）の別名（マキ科の常緑高木。高
さは25m。花は黄白色）
〈*Podocarpus nagi*（Thunb. ex
Murray）Zoll. et Moritzi ex
Makino〉
*チカラシバ（力芝）
別名：ミチシバ
イネ科の多年草。高さは30〜80cm。
〈*Pennisetum alopecuroides*（*L.*）
Spreng.〉

*チーク
別名：サック，ジャチ，テック
双子葉植物綱シソ目クマツヅラ科の落葉
高木。花は白色。
〈*Tectona grandis*〉

チグサ
リボングラスの別名（イネ科）
〈*Arrhenatherum elatius* Mart. et
KOCH var.*tuberosum* HALAC. f.
variegatum Hort.〉
*チグサ
別名：シマガヤ，シマクサヨシ，シマ
ヨシ
イネ科。

チクセツニンジン
トチバニンジン（橡葉人参，栃葉人
参）の別名（双子葉植物綱セリ目ウコギ
科の多年草。高さは50〜80cm）
〈*Panax japonicus*〉

チクヨウショウ
フユザンショウ（冬山椒）の別名（双子
葉植物綱ムクロジ目ミカン科の常緑低
木）
〈*Zanthoxylum armatum var.*
subtrifoliatum〉

チクラン
マツバラン（松葉蘭）の別名（マツバラ
ン科の常緑性シダ植物。胞子は黄白色。
高さは10〜50cm）
〈*Psilotum nudum*〉

チゴサイコ
クルマバサイコの別名（セリ科の一年
草。葉は線形で鎌状）
〈*Bupleurum fontanesii* Guss. ex
Caruel〉

*チゴザサ（稚児笹）
別名：ヤナギバザサ
単子葉植物綱カヤツリグサ目イネ科の多
年草。高さは30〜80cm。
〈*Isachne globosa*〉

*チコリー
別名：キクニガナ
キク科のハーブ。高さは40〜150cm。
花は淡青色。
〈*Cichorium intybus L.*〉

チサ
レタスの別名（キク科の葉菜類。葉をサ
ラダとして生食。花は黄色）
〈*Lactuca sativa* L.〉

*チシマアザミ（千島薊）
別名：エゾアザミ
双子葉植物綱キク目キク科の多年草。
高さは1〜2m。
〈*Cirsium kamtschaticum*〉

*チシマウスバスミレ（千島薄葉菫）
別名：ケウスバスミレ
双子葉植物綱スミレ目スミレ科の草本。
花は白色。
〈*Viola hultenii*〉

*チシマオドリコソウ
別名：イタチジソ
双子葉植物綱シソ目シソ科の一年草。
高さは20〜50cm。花は淡紫色。
〈*Galeopsis bifida*〉

*チシマキンバイソウ（千島金梅草）
別名：キタキンバイソウ，チシマノキ
ンバイソウ
双子葉植物綱キンポウゲ目キンポウゲ科
の草本。花は濃黄色。
〈*Trollius riederianus var.
riederianus*〉

*チシマキンレイカ（千島金鈴花）
別名：タカネオミナエシ
双子葉植物綱マツムシソウ目オミナエシ
科の多年草。高さは7〜15cm。花は
黄色。
〈*Patrinia sibirica*〉

チシマゲンゲ
カラフトゲンゲ（樺太紫雲英）の別名
（双子葉植物綱マメ目マメ科の草本。高
さは10〜40cm。花は紅紫色）
〈*Hedysarum hedysaroides*〉

チシマコザクラ
トチナイソウ（栃内草）の別名（双子葉
植物綱サクラソウ目サクラソウ科の多年
草。高さは3〜7cm。花は白〜ピンク色）
〈*Androsace chamaejasme subsp.
lehmanniana*〉

チシマサイコ
レブンサイコ（礼文柴胡）の別名（双子
葉植物綱セリ目セリ科の草本）
〈*Bupleurum triradiatum*〉

*チシマザサ（千島笹）
別名：アサヒザサ，コウライザサ，ネ
マガリダケ
単子葉植物綱カヤツリグサ目イネ科の常
緑中型ササ。高さは2〜3m。
〈*Sasa kurilensis*〉

チシマスグリ
トカチスグリ（十勝酸塊）の別名（ユキ
ノシタ科の落葉低木。萼は紫あるいは
淡紫）
〈*Ribes triste* Pall.〉

*チシマセンブリ
別名：コアケボノソウ
双子葉植物綱リンドウ目リンドウ科の
草本。
〈*Frasera tetrapetala*〉

チシマニンジン
シラネニンジン（白根人参）の別名（双
子葉植物綱セリ目セリ科の多年草。高
さは10〜30cm）
〈*Tilingia ajanensis*〉

チシマノキンバイソウ
チシマキンバイソウ（千島金梅草）の
別名（双子葉植物綱キンポウゲ目キンポ
ウゲ科の草本。花は濃黄色）
〈*Trollius riederianus var.riederianus*〉

チシマヒキノカサ
タカネキンポウゲ（高嶺金鳳花）の別
名（双子葉植物綱キンポウゲ目キンポウ
ゲ科の多年草。高さは8〜15cm）
〈*Ranunculus sulphureus*〉

チシマヒメイワタデ
ヒメイワタデの別名（双子葉植物綱タデ目タデ科の草本）
〈*Aconogonum ajanense*〉

*チシマヒョウタンボク（千島瓢箪木）
別名：クロバナヒョウタンボク
双子葉植物綱マツムシソウ目スイカズラ科の落葉低木。高さは0.3〜1m。花は濃紅色。
〈*Lonicera chamissoi*〉

*チシマミクリ（千島実栗）
別名：タカネミクリ
単子葉植物綱ガマ目ミクリ科の多年生浮葉植物。果実は倒卵形。
〈*Sparganium hyperboreum*〉

*チシマワレモコウ（千島吾木香）
別名：オオバナワレモコウ
バラ科。
〈*Sanguisorba tenuifolia Fisch. ex Link var.grandiflora Maxim.*〉

*チヂミザサ（縮笹）
別名：コチヂミザサ
イネ科の多年草。高さは10〜30cm。
〈*Oplismenus undulatifolius（Arduino）Roem. et Schult. var. undulatifolius*〉

チヂミバシマアオイソウ
チヂミバペペロミアの別名（双子葉植物綱コショウ目コショウ科の多年草。高さは10〜15cm）
〈*Peperomia caperata*〉

*チヂミバペペロミア
別名：チヂミバシマアオイソウ
双子葉植物綱コショウ目コショウ科の多年草。高さは10〜15cm。
〈*Peperomia caperata*〉

チシャ（萵苣）
レタスの別名（双子葉植物綱キク目キク科の葉菜類。花は黄色）
〈*Lactuca sativa*〉

チシャノキ
エゴノキ（斎墩果）の別名（エゴノキ科の落葉小高木〜高木。高さは7〜8m。花は白色。樹皮は濃灰褐色）
〈*Styrax japonica Sieb. et Zucc.*〉

*チシャノキ（萵苣木）
別名：カキノキダマシ
双子葉植物綱シソ目ムラサキ科の落葉高木。
〈*Ehretia ovalifolia*〉

*チヂレグワ
別名：チリメングワ
クワ科。

チヂレコケシノブ
オオコケシノブの別名（コケシノブ科の常緑性シダ。葉身は長さ6〜20cm。卵状長楕円形から広披針形）
〈*Mecodium flexile（Makino）Copel.*〉

チジレバタマゴケ
タマゴケの別名（タマゴケ科のコケ。やや大形、茎は長さ4〜5cm、褐色の仮根に覆われる。葉はやや幅広い卵形）
〈*Bartramia pomiformis Hedw.*〉

チジレバニワスギゴケ
コセイタカスギゴケの別名（スギゴケ科のコケ。茎は高さ4〜10cm, 葉の鞘部は卵形）
〈*Pogonatum contortum*〉

*チーゼル
別名：オニナベナ, ラシャカキグサ
マツムシソウ科の属総称。

チタケ
チチタケの別名（ベニタケ科のキノコ。中型〜大型。傘は黄褐色〜赤褐色, ビロード状。ひだは白色〜淡黄色）
〈*Lactarius volemus*〉

チダケ
チチタケの別名（ベニタケ科のキノコ。
中型〜大型。傘は黄褐色〜赤褐色，ビ
ロード状。ひだは白色〜淡黄色）
〈*Lactarius volemus*〉

チチウリ（乳瓜）
パパイヤの別名（双子葉植物綱スミレ目
パパイヤ科の常緑高木。果肉は橙黄色
または淡い紅橙色。高さは7〜10m。花
は白色）
〈*Carica papaya*〉

チチクサ
ヤクシソウ（薬師草）の別名（双子葉植
物綱キク目キク科の越年草。高さは30
〜120cm）
〈*Paraixeris denticulata*〉

チチグサ
ニガナ（苦菜）の別名（双子葉植物綱キク
目キク科の多年草。高さは30cm）
〈*Ixeris dentata*〉

＊チチコグサモドキ
別名：**タチチチコグサ**
キク科の一年草または越年草。高さは
20〜60cm。
〈*Gnaphalium purpureum* L.〉

＊チチタケ
別名：**チタケ，チダケ，ドヨウモダシ**
ベニタケ科のキノコ。中型〜大型。傘
は黄褐色〜赤褐色，ビロード状。ひだ
は白色〜淡黄色。
〈*Lactarius volemus*〉

＊チチッパベンケイ
別名：**オオチチッパベンケイ**
双子葉植物綱バラ目ベンケイソウ科の多
年草。高さは10〜25cm。花は淡黄
緑色。
〈*Hylotelephium sordidum*〉

チチノミ
イヌビワ（犬枇杷）の別名（双子葉植物
綱イラクサ目クワ科の落葉低木。高さ
は3〜5m）
〈*Ficus erecta*〉

チチブクモタケ
リョウガミクモタケの別名（核菌綱バッ
カクキン科の冬虫夏草）
〈*Torrubiella ryogamimontana*〉

チチブサイハイゴケ
オオサイハイゴケの別名（ジンガサゴケ
科のコケ。独特なドクダミ臭、長さ1〜
2cm）
〈*Asterella cruciata*（Steph.）Horik.〉

＊チチブシロカネソウ
別名：**オオシロカネソウ**
双子葉植物綱キンポウゲ目キンポウゲ科
の多年草。高さは20〜35cm。
〈*Enemion raddeanum*〉

＊チチブゼニゴケ
別名：**グンバイゼニゴケ**
ジンチョウゲ科のコケ。淡緑色、長さ
5〜10mm。
〈*Athalamia nana*（*Shimizu & S.
Hatt.*）S. Hatt.〉

チチブヒョウタンボク
コウグイスカグラの別名（双子葉植物綱
マツムシソウ目スイカズラ科の落葉低
木）
〈*Lonicera ramosissima*〉

＊チトセバイカモ
別名：**ネムロウメバチモ**
双子葉植物綱キンポウゲ目キンポウゲ科
の沈水植物。葉身の長さ2.5〜4.5cm,
花床も果実も無毛。
〈*Ranunculus yezoensis*〉

チトセラン
サンセヴィエリアの別名（リュウゼツラ
ン科の属総称）

*チトニア
別名：ヒロハヒマワリ（広葉向日葵），メキシコヒマワリ

キク科の一年草。高さは1.5〜1.8m。花は橙赤色。

〈*Tithonia rotundifolia*（Mill.）S. F. Blake〉

チドメグサ
クサノオウ（草王）の別名（ケシ科の一年草または越年草。高さは10〜30cm）

〈*Chelidonium majus* L.〉

チドリソウ（千鳥草）
ヒエンソウの別名（双子葉植物綱キンポウゲ目キンポウゲ科の一年草。高さは30〜90cm。花は青，藤，赤，桃，白色など）

〈*Delphinium ajacis*〉

*チドリノキ（千鳥木）
別名：ヤマシバカエデ

双子葉植物綱ムクロジ目カエデ科の落葉小高木，雌雄異株。樹高は10m。樹皮は灰色。

〈*Acer carpinifolium*〉

チビウキクサ
アオウキクサ（青浮草）の別名（単子葉植物綱サトイモ目ウキクサ科の一年生水草。葉状体は倒卵状広楕円形。長さは3〜6mm）

〈*Lemna aoukikusa*〉

*チマキザサ
別名：オオバヤネフキザサ，タテヤマザサ，デワノオオバザサ

単子葉植物綱カヤツリグサ目イネ科の常緑中型ササ。高さは1〜2m。

〈*Sasa palmata*〉

チモラン
センジュラン（千寿蘭）の別名（リュウゼツラン科）

チャイニーズケール
カイラン（芥藍）の別名（アブラナ科の中国野菜）

〈*Brassica oleracea* Linn. var.*alboglabra* Linn. H. Bailey〉

チャイニーズ・パセリ
コリアンダーの別名（双子葉植物綱セリ目セリ科の一年草。高さは30〜50cm。花は白〜桃紫色）

〈*Coriandrum sativum*〉

チャイニーズ・ハット
ホルムショルディアの別名（クマツヅラ科の属総称）

チャイニーズ・ホーリー
シナヒイラギ（支那柊）の別名（双子葉植物綱ニシキギ目モチノキ科の常緑低木。高さは4m。花は黄色）

〈*Ilex cornuta*〉

チャイロイクビゴケ
イクビゴケの別名（キセルゴケ科のコケ。葉は光沢がなく、長楕円形披針形で微突頭、長さ約5mm）

〈*Diphyscium fulvifolium* Mitt.〉

チャイロシダレゴケ
ツルゴケの別名（イトヒバゴケ科のコケ。大形、枝葉は長さ1.5〜2mm、卵形〜披針形）

〈*Pilotrichopsis dentata*（Mitt.）Besch.〉

チャカイドウ
ツクシカイドウの別名（バラ科の落葉高木。高さは8m。花は白あるいは淡紅がかった白色。樹皮は紫褐色）

〈*Malus hupenensis*（Pamp.）Rehd.〉

チャセンシダ
アスプレニウムの別名（チャセンシダ科の属総称）

植物別名辞典　329

チャセンバイ
テッケンバイの別名（双子葉植物綱バラ目バラ科。ウメの品種）
〈Armeniaca mume 'Cryptopetala'〉

チャヒキグサ
カラスムギ（烏麦）の別名（単子葉植物綱カヤツリグサ目イネ科の越年草。高さは60〜100cm）
〈Avena fatua〉

*チャービル
別名：ウイキョウゼリ，ガーデンチャービル
双子葉植物綱セリ目セリ科のハーブ。高さは50〜60cm。
〈Anthriscus cerefolium〉

*チャボイナモリ
別名：ヤエヤマイナモリ
アカネ科の草本。
〈Ophiorrhiza pumila Champ.〉

*チャボウシノシッペイ
別名：ムカデシバ
単子葉植物綱カヤツリグサ目イネ科の多年草。花は紫色。
〈Eremochloa ophiuroides〉

*チャボガヤ（矮鶏榧）
別名：ハイガヤ
イチイ綱イチイ目イチイ科の常緑低木。
〈Torreya nucifera var.radicans〉

チャボサバル
ミキナシサバルの別名（ヤシ科。無幹、葉は青緑色。高さは2〜3m。花は白色）
〈Sabal minor (Jacq.) Pers.〉

*チャボゼキショウ
別名：ハコネハナゼキショウ
単子葉植物綱ユリ目ユリ科の草本。
〈Tofieldia coccinea var.kondoi〉

*チャボトウジュロ
別名：ヨーロッパウチワヤシ
単子葉植物綱ヤシ目ヤシ科の木本。高さは1.5〜3m。
〈Chamaerops humilis〉

*チャボヒゲシバ
別名：メヒゲシバ
イネ科の多年草。高さは20〜40cm。
〈Chloris truncata R. Br.〉

*チャボヒバ（矮鶏檜葉）
別名：カマクラヒバ
マツ綱マツ目ヒノキ科の木本。
〈Chamaecyparis obtusa 'Breviramea'〉

チャボベニスジヒメバショウ
カラテア・ロゼオピクタの別名（クズウコン科）
マルバカラテヤの別名（クズウコン科の多年草。葉面に白い輪斑。高さは20〜30cm。花は白、淡紫斑あり）
〈Calathea roseopicta (Linden) Regel〉

*チャマエドレア・テネラ
別名：ヒメテーブルヤシ
ヤシ科。

チャヨテ
ハヤトウリ（隼人瓜）の別名（双子葉植物綱スミレ目ウリ科の多年生つる草。果色はクリーム色から濃緑色）
〈Sechium edule〉

*チャンチン（香椿）
別名：アカメチャンチン，ライデンボク
双子葉植物綱ムクロジ目センダン科の落葉高木。高さは15〜20m。花は白色。樹皮は褐色。
〈Toona sinensis〉

*チャンチンモドキ
別名：カナメノキ，クロセンダン

双子葉植物綱ムクロジ目ウルシ科の
木本。
〈Choerospondias axillaris〉

チャンバギク
タケニグサ（竹煮草，竹似草）の別名
（双子葉植物綱ケシ目ケシ科の多年草。
高さは1.5〜2m）
〈Macleaya cordata〉

チューインガムノキ
サポジラの別名（双子葉植物綱カキノキ
目アカテツ科の小木。果肉は黄褐色な
いし赤褐色。高さは10〜15m。花は黄
白色）
〈Manilkara zapota〉

*チュウカザクラ（中華桜）
別名：カンサクラソウ，カンザクラ，
チュウカサクラソウ
サクラソウ科。高さは15〜20cm。花は
淡藤、後に桃赤色。
〈Primula praenitens Ker-Gawl.〉

チュウカサクラソウ
チュウカザクラ（中華桜）の別名（サク
ラソウ科。高さは15〜20cm。花は淡
藤、後に桃赤色）
〈Primula praenitens Ker-Gawl.〉

チュウキョウナシ
マメナシ（豆梨）の別名（双子葉植物綱
バラ目バラ科の落葉高木。高さは10m。
花は白色。樹皮は濃灰色）
〈Pyrus calleryana〉

チュウゴクグリ
アマグリ（甘栗）の別名（双子葉植物綱
ブナ目ブナ科の木本。高さは18m）
〈Castanea mollissima〉

チュウゴクナシ
シナナシ（支那梨）の別名（双子葉植物
綱バラ目バラ科の木本）
〈Pyrus bretschneideri〉

*チュウコバンソウ
別名：シュッコンコバンソウ
イネ科の草本。高さは30〜40cm。花は
赤紫色。
〈Briza media L.〉

チュウゼンジスゲ
マツマエスゲの別名（カヤツリグサ科の
草本）
〈Carex longerostrata C. A. Meyer〉

チュウゼンジナ
ヤマガラシ（山芥子）の別名（双子葉植
物綱フウチョウソウ目アブラナ科の多年
草。高さは20〜60cm）
〈Barbarea orthoceras〉

*チューベローズ
別名：オランダスイセン，ゲッカコウ
（月下香）
単子葉植物綱ユリ目リュウゼツラン科の
観賞用草本。花は白色。
〈Polianthes tuberosa〉

*チューリップ
別名：ウッコンコウ，ボタンユリ
単子葉植物綱ユリ目ユリ科の多年草。
〈Tulipa gesneriana〉

チョウカイゼリ
ミヤマセンキュウ（深山川芎）の別名
（双子葉植物綱セリ目セリ科の多年草。
高さは40〜80cm）
〈Conioselinum filicinum〉

チョウキュウソウ
ヒャクニチソウ（百日草）の別名（双子
葉植物綱キク目キク科の一年草。高さ
は30〜90cm。花は赤みのある紫色，ま
たは淡紫色）
〈Zinnia elegans〉

*チョウジ（丁子木）
別名：チョウジノキ
双子葉植物綱フトモモ目フトモモ科の常
緑樹。葉は光沢，芳香。高さは10m。

花は淡緑色。
〈*Syzygium aromaticum*〉

チョウジカズラ（丁字葛）
テイカカズラ（定家葛）の別名（双子葉植物綱リンドウ目キョウチクトウ科の常緑つる性植物。花は白色）
〈*Trachelospermum asiaticum*〉

*チョウジガマズミ
別名：**オオチョウジガマズミ**
スイカズラ科の落葉低木。
〈*Viburnum carlesii Hemsl. var. bitchiuense Nakai*〉

*チョウジギク（丁字菊，丁子菊）
別名：**クマギク**
双子葉植物綱キク目キク科の多年草。高さは20〜85cm。
〈*Arnica mallatopus*〉

チョウジグサ
ジンチョウゲ（沈丁花）の別名（双子葉植物綱フトモモ目ジンチョウゲ科の常緑低木。高さは1m）
〈*Daphne odora*〉

チョウジザクラ
フジモドキ（藤擬）の別名（ジンチョウゲ科の落葉低木。高さは1m。花は淡紫色）
〈*Daphne genkwa* Sieb. et Zucc.〉
*チョウジザクラ（丁字桜，丁子桜）
別名：**メジロザクラ**
双子葉植物綱バラ目バラ科の落葉小高木。高さは3〜6m。花は白色。
〈*Cerasus apetala*〉

*チョウジタデ（丁字蓼，丁子蓼）
別名：**タゴボウ**
双子葉植物綱フトモモ目アカバナ科の一年草。高さは30〜70cm。花は黄色。
〈*Ludwigia epilobioides*〉

チョウジノキ
チョウジ（丁子木）の別名（双子葉植物綱フトモモ目フトモモ科の常緑樹。葉は光沢，芳香。高さは10m。花は淡緑色）
〈*Syzygium aromaticum*〉

チョウジミカン
サンポウカン（三宝柑）の別名（双子葉植物綱ムクロジ目ミカン科の木本。豊産性）
〈*Citrus sulcata*〉

チョウジャザサ
ゴキダケの別名（イネ科の木本）

チョウジャノキ
メグスリノキ（眼薬木）の別名（双子葉植物綱ムクロジ目カエデ科の落葉高木。小葉は狭卵形または狭楕円形。樹高は20m。樹皮は灰褐色）
〈*Acer nikoense*〉

*チョウジュキンカン（長寿金柑）
別名：**フクシュウキンカン**
双子葉植物綱ムクロジ目ミカン科の木本。果実は縦径3.8cmほど。
〈*Fortunella obovata*〉

チョウジュソウ（長寿草）
フクジュソウ（福寿草）の別名（双子葉植物綱キンポウゲ目キンポウゲ科の多年草。高さは15〜30cm。花は黄色）
〈*Adonis amurensis*〉

チョウジュラン
キンリョウヘン（金稜辺）の別名（単子葉植物綱ラン目ラン科の草本。花は紫褐色）
〈*Cymbidium floribundum*〉

チョウシュン
コウシンバラ（庚申薔薇）の別名（双子葉植物綱バラ目バラ科の常緑低木。高さは1〜2m。花は淡桃〜濃紅色）
〈*Rosa chinensis*〉

チョウシュンカ
キンセンカ（金盞花）の別名（双子葉植

物綱キク目キク科の多年草。高さは
30cm。花は淡黄と橙黄色）
〈Calendula officinalis〉

チョウセンアサガオ
ハゴロモルコウソウ（羽衣縷紅草）の
別名（ヒルガオ科）
*チョウセンアサガオ（朝鮮朝顔）
別名：キチガイナス，マンダラゲ（曼荼
羅華）
双子葉植物綱ナス目ナス科の草本。
高さは1.5m。花は白色。
〈Datura metel〉

チョウセンアザミ
アーティチョークの別名（双子葉植物綱
キク目キク科の宿根草。高さは1.5〜
2m。花は淡紫色）
〈Cynara scolymus〉
カルドンの別名（キク科のハーブ。高さ
は1.5〜2m。花は紫青色）
〈Cynara cardunculus L.〉

チョウセンオヒシバ
オヒゲシバの別名（単子葉植物綱カヤツ
リグサ目イネ科の一年草。花は紫色）
〈Chloris virgata〉

チョウセンガヤ
チョウセンマキ（朝鮮槇）の別名（マツ
綱マツ目イヌガヤ科の木本）
〈Cephalotaxus harringtonia var.
fastigiata〉

チョウセンカラスウリ
トウカラスウリ（唐烏瓜）の別名（ウリ
科の薬用植物）
〈Trichosanthes kirilowii Maxim.〉

*チョウセンガリヤス（朝鮮刈安）
別名：ヒメガリヤス
単子葉植物綱カヤツリグサ目イネ科の多
年草。高さは40〜90cm。
〈Kengia hackelii〉

チョウセングリ
クリ（栗）の別名（双子葉植物綱ブナ目ブ
ナ科の落葉高木。高さは17m）
〈Castanea crenata〉

チョウセンクルマムグラ
オククルマムグラ（奥車葎）の別名（双
子葉植物綱アカネ目アカネ科の草本）
〈Galium trifloriforme〉

チョウセングワ
モウコグワの別名（クワ科の薬用植物）
〈Morus Mongolica（Bureau）
Schneid.〉

*チョウセンゴシュユ（朝鮮呉茱萸）
別名：イヌゴシュユ
双子葉植物綱ムクロジ目ミカン科の
木本。
〈Evodia danielli〉

*チョウセンゴヨウ（朝鮮五葉）
別名：カラマツ，チョウセンマツ（朝
鮮松）
マツ綱マツ目マツ科の常緑高木。高さ
は30m。樹皮は暗灰色。
〈Pinus koraiensis〉

*チョウセンシオン
別名：チョウセンヨメナ
キク科の多年草。高さは40〜80cm。花
は淡紫色。
〈Aster koraiensis Nakai〉

*チョウセンスイラン
別名：イトスイラン，マンシュウスイ
ラン
双子葉植物綱キク目キク科の草本。
〈Hololeion maximowiczii〉

チョウセンソロ
イワシデ（岩四手）の別名（双子葉植物
綱ブナ目カバノキ科の落葉高木。葉長2
〜5cm）
〈Carpinus turczaninovii〉

植物別名辞典　333

チョウセンテイカカズラ
テイカカズラ（定家葛）の別名（双子葉植物綱リンドウ目キョウチクトウ科の常緑つる性植物。花は白色）
〈*Trachelospermum asiaticum*〉

チョウセントネリコ
オオトネリコの別名（モクセイ科の薬用植物）
〈*Fraxinus rhynchophylla* Hance.〉

*チョウセンナニワズ
別名：オニシバリ，ナツボウズ
ジンチョウゲ科の落葉低木。高さは80cm。花は黄緑色。
〈*Daphne pseudomezereum A. Gray*〉

チョウセンナンキンマメ
ショクヨウガヤツリの別名（単子葉植物綱カヤツリグサ目カヤツリグサ科の多年草。高さは30〜70cm）
〈*Cyperus esculentus*〉

*チョウセンニワフジ（朝鮮庭藤）
別名：コウライニワフジ，コバナニワフジ
双子葉植物綱マメ目マメ科の木本。高さは30〜60cm。花は淡紅色。
〈*Indigofera kirilowii*〉

*チョウセンニンジン
別名：オタネニンジン
双子葉植物綱セリ目ウコギ科の多年草。高さは70〜80cm。花は黄緑色。
〈*Panax ginseng*〉

チョウセンニンドウ
キダチニンドウ（木立忍冬）の別名（双子葉植物綱マツムシソウ目スイカズラ科の木本）
〈*Lonicera hypoglauca*〉

*チョウセンヒメユリ
別名：コヒメユリ，トウヒメユリ
ユリ科。

*チョウセンマキ（朝鮮槙）
別名：チョウセンガヤ，トウガヤ
マツ綱マツ目イヌガヤ科の木本。
〈*Cephalotaxus harringtonia var. fastigiata*〉

チョウセンマツ（朝鮮松）
チョウセンゴヨウ（朝鮮五葉）の別名（マツ綱マツ目マツ科の常緑高木。高さは30m。樹皮は暗灰色）
〈*Pinus koraiensis*〉

チョウセンマンテマ
テバコマンテマの別名（双子葉植物綱ナデシコ目（中心子目）ナデシコ科の草本）
〈*Silene yanoei*〉

チョウセンモダマ
タマリンドの別名（双子葉植物綱マメ目マメ科の高木。莢灰褐色。高さは24m。花は黄赤色）
〈*Tamarindus indica*〉

チョウセンヤマナシ
ミチノクナシ（陸奥梨）の別名（双子葉植物綱バラ目バラ科の木本）
〈Pyrus ussuriensis *var.*ussuriensis〉

チョウセンヨメナ
オオユウガギクの別名（キク科の草本）
〈*Aster incisus* Fisch.〉
チョウセンシオンの別名（キク科の多年草。高さは40〜80cm。花は淡紫色）
〈*Aster koraiensis* Nakai〉

チョウセンラッカセイ
ショクヨウガヤツリの別名（単子葉植物綱カヤツリグサ目カヤツリグサ科の多年草。高さは30〜70cm）
〈*Cyperus esculentus*〉

チョウセンリンドウ
トウリンドウの別名（リンドウ科の薬用植物）
〈*Gentiana scabra* Bunge〉

＊チョウダイアイリス
別名：オクロレウカ
単子葉植物綱ユリ目アヤメ科の多年草。
高さ90〜120cm。花は白色。
〈Iris ochroleuca〉

チョウチンバナ
ツリガネニンジン（釣鐘人参）の別名
（双子葉植物綱キキョウ目キキョウ科の
多年草。高さ40〜100cm）
〈Adenophora triphylla var.japonica〉
ホタルブクロ（蛍袋）の別名（双子葉植
物綱キキョウ目キキョウ科の多年草。
高さ50〜80cm。花は白色，または淡
紫紅色）
〈Campanula punctata〉

＊チョウノスケソウ（長之助草）
別名：ミヤマグルマ，ミヤマチング
ルマ
双子葉植物綱バラ目バラ科の多年草。
〈Dryas octopetala var.asiatica〉

チョウメイギク
ヒナギク（雛菊）の別名（双子葉植物綱
キク目キク科の一年草および多年草。
花は淡紅色）
〈Bellis perennis〉

チョウラン
オリヅルラン（折鶴蘭）の別名（単子葉
植物綱ユリ目ユリ科の多年草。花は白
色）
〈Chlorophytum comosum〉

チョロウギ
チョロギ（草石蚕）の別名（双子葉植物
綱シソ目シソ科の根菜類。高さ100〜
120cm。花は淡紅紫色）
〈Stachys sieboldii〉

＊チョロギ（草石蚕）
別名：ショウロキ，チョロウギ，チョ
ロキチ
双子葉植物綱シソ目シソ科の根菜類。
高さは100〜120cm。花は淡紅紫色。

〈Stachys sieboldii〉

チョロギダマシ
イヌゴマ（犬胡麻）の別名（双子葉植物
綱シソ目シソ科の多年草。高さ40〜
70cm）
〈Stachys riederi var.intermedia〉

チョロキチ
チョロギ（草石蚕）の別名（双子葉植物
綱シソ目シソ科の根菜類。高さ100〜
120cm。花は淡紅紫色）
〈Stachys sieboldii〉

＊チリアヤメ
別名：ハーバティア
アヤメ科の属総称。球根植物。

チリアロウカリア
チリーマツの別名（マツ綱マツ目ナンヨ
ウスギ科の常緑大高木。高さは5〜
45m。樹皮は灰色）
〈Araucaria araucana〉

チリアンクロッカス
テコフィラエアの別名（テコフィラエア
科の属総称。球根植物）

チリソケイ
マンデヴィラの別名（キョウチクトウ科
の属総称）

チリーニラ
リュウココリネ・イキシオイデスの別
名（ユリ科）

＊チリーマツ
別名：チリアロウカリア，ヨロイスギ
マツ綱マツ目ナンヨウスギ科の常緑大高
木。高さは5〜45m。樹皮は灰色。
〈Araucaria araucana〉

＊チリメンカエデ（縮緬楓）
別名：キレニシキ
双子葉植物綱ムクロジ目カエデ科の
木本。

植物別名辞典　335

チリメ

〈*Acer palmatum var.dissectum*〉

チリメンガンシュウ
ヤマソテツ(山蘇鉄)の別名(キジノオ
シダ科の夏緑性シダ植物。葉身の長さ
は25〜70cm)
〈*Plagiogyria matsumureana*〉

チリメングワ
チヂレグワの別名(クワ科)

チリメンヂシャ
エンダイブの別名(双子葉植物綱キク目
キク科の葉菜類。花は紫青色)
〈*Cichorium endivia*〉

チリメンツゲ
ツルツゲ(蔓黄楊)の別名(双子葉植物
綱ニシキギ目モチノキ科の常緑つる状小
低木)
〈*Ilex rugosa*〉

*チリメンハナナ
別名:ナバナ
アブラナ科。
〈*Brassica campestris L. var.
pekinensis Olsson*〉

チリメンヒムロ
ヒメヒムロの別名(ヒノキ科)

*チングルマ
別名:イワグルマ
双子葉植物綱バラ目バラ科の落葉小低
木。高さは10〜20cm。花は白色。
〈*Geum pentapetalum*〉

チンチンカズラ
アオツヅラフジ(青葛藤)の別名(双子
葉植物綱キンポウゲ目ツヅラフジ科のつ
る性木本。花は黄白色)
〈*Cocculus trilobus*〉

チンネベリー・センナ
センナの別名(双子葉植物綱マメ目マメ
科。高さは2m以下。花は濃黄色)

〈*Cassia angustifolia*〉

チンピンゼニゴケ
ハマグリゼニゴケの別名(ハマグリゼニ
ゴケ科のコケ。やや褐色、長さ1〜2cm)
〈*Targionia hypophylla L.*〉

【ツ】

*ツァウシュネーリア・カリフォルニカ
別名:カリフォルニアホクシャ
アカバナ科の宿根草。

ツウシチク
タイミンチク(大明竹)の別名(単子葉
植物綱カヤツリグサ目イネ科の常緑大型
ササ。高さは2〜4m)
〈*Pleioblastus gramineus*〉

ツウソウ
カミヤツデ(紙八手)の別名(双子葉植
物綱セリ目ウコギ科の常緑または落葉低
木。高さは3〜5m。花は帯黄緑白色)
〈*Tetrapanax papyrifer*〉

ツウダツボク
カミヤツデ(紙八手)の別名(双子葉植
物綱セリ目ウコギ科の常緑または落葉低
木。高さは3〜5m。花は帯黄緑白色)
〈*Tetrapanax papyrifer*〉

ツウテンカエデ(通天楓)
トウカエデ(唐楓)の別名(双子葉植物
綱ムクロジ目カエデ科の落葉高木。高
さは15m。樹皮は灰褐色)
〈*Acer buergerianum*〉

*ツガ(栂)
別名:トガ,ホンツガ
マツ綱マツ目マツ科の常緑高木。高さ
は30m。
〈*Tsuga sieboldii*〉

336 植物別名辞典

ツカミグサ

ササクサ (笹草) の別名 (単子葉植物綱カヤツリグサ目イネ科の多年草。高さは40〜80cm)

〈Lophatherum gracile〉

ツキクサ

ツユクサ (露草) の別名 (単子葉植物綱ツユクサ目ツユクサ科の一年草。高さは20〜50cm。花は青と白色)

〈Commelina communis〉

ツギマツ

スギナ (杉菜) の別名 (トクサ科の夏緑性シダ。栄養茎は高さ20〜40cm)

〈Equisetum arvense L. var.arvense〉

ツキミソウ

オオマツヨイグサ (大待宵草) の別名 (双子葉植物綱フトモモ目アカバナ科の二年草または多年草。高さは0.5〜1.5m。花は黄色)

〈Oenothera erythrosepala〉

ツグ

クロツグの別名 (単子葉植物綱ヤシ目ヤシ科の常緑低木)

〈Arenga tremula var.engleri〉

ツクシ

スギナ (杉菜) の別名 (トクサ科の夏緑性シダ植物。栄養茎は高さ20〜40cm)

〈Equisetum arvense〉

ツクシアカツツジ

オンツツジ (雄躑躅) の別名 (双子葉植物綱ツツジ目ツツジ科の落葉低木。花は紅色)

〈Rhododendron weyrichii〉

*ツクシアザミ (築紫薊)

別名：ツクシクルマアザミ

双子葉植物綱キク目キク科の多年草。高さは1m。

〈Cirsium suffultum〉

ツクシイヌイ

イヌイの別名 (単子葉植物綱イグサ目イグサ科の多年草。高さは20〜50cm)

〈Juncus yokoscensis〉

*ツクシイヌワラビ

別名：アリサンイヌワラビ

オシダ科の常緑性シダ。葉身は長さ30〜50cm。三角状卵形〜卵状長楕円形。

〈Athyrium kuratae Seriz.〉

ツクシウコギ

オカウコギの別名 (双子葉植物綱セリ目ウコギ科の落葉低木)

〈Acanthopanax japonicus〉

ツクシウツギ

マルバウツギ (円葉空木) の別名 (ユキノシタ科の落葉低木。高さは1.5m。花は白色)

〈Deutzia scabra Thunb.〉

*ツクシカイドウ

別名：チャカイドウ

バラ科の落葉高木。高さは8m。花は白あるいは淡紅がかった白色。樹皮は紫褐色。

〈Malus hupenensis (Pamp.) Rehd.〉

ツクシガネブ

クマガワブドウの別名 (双子葉植物綱クロウメモドキ目ブドウ科の木本)

〈Vitis romanetii〉

ツクシクルマアザミ

ツクシアザミ (築紫薊) の別名 (双子葉植物綱キク目キク科の多年草。高さは1m)

〈Cirsium suffultum〉

ツクシケカモノハシ

ケカモノハシ (毛鴨嘴) の別名 (単子葉植物綱カヤツリグサ目イネ科の多年草)

〈Ischaemum anthephoroides〉

ツクシ

ツクシササエビモ
ヒロハノセンニンモの別名（ヒルムシロ
科の常緑の沈水植物。葉は線形、長さ1.
5〜3.5cm）
〈*Potamogeton leptocephalus* Koidz.〉

*ツクシシャクナゲ（筑紫石南花）
別名：オキシャクナゲ，ホンシャク
ナゲ
ツツジ科の常緑低木。高さは3.5m。花
は淡紅色。
〈*Rhododendron metternichii* Sieb. et
Zucc.〉

ツクシタマボウキ
タマボウキの別名（単子葉植物綱ユリ目
ユリ科の草本。高さは1m。花は黄緑色）
〈*Asparagus oligoclonos*〉

ツクシチドリ
ニイタカチドリの別名（ラン科の草本）
〈*Platanthera brevicalcarata* Hayata〉

ツクシテンナンショウ
オガタテンナンショウ（緒方天南星）
の別名（サトイモ科の草本）
〈*Arisaema ogatae* Makino〉

*ツクシトラノオ
別名：ヒロハトラノオ
双子葉植物綱ゴマノハグサ目ゴマノハグ
サ科の草本。高さは50〜70cm。花は
青紫色。
〈*Veronica kiusiana*〉

*ツクシノキシノブ（筑紫軒忍）
別名：オナガノキシノブ，トサノキシ
ノブ
ウラボシ科の常緑性シダ植物。葉身は長
さ15〜30cm、披針形から線状披針形。
〈*Lepisorus tosaensis*〉

ツクシノダケ
ヒメノダケの別名（双子葉植物綱セリ目
セリ科の多年草。高さは50〜80cm）
〈*Angelica cartilaginomarginata*〉

*ツクシハギ（筑紫萩）
別名：ニッコウシラハギ，ヤブキハギ
双子葉植物綱マメ目マメ科の木本。高さ
は2m以上。花は白みのつい淡紅紫色。
〈*Lespedeza homoloba*〉

*ツクシマムシグサ（筑紫蝮草）
別名：ナガハシマムシソウ
単子葉植物綱サトイモ目サトイモ科の多
年草。高さは20〜60cm。
〈*Arisaema maximowiczii*〉

ツクシマンネングサ
ウンゼンマンネングサの別名（双子葉植
物綱バラ目ベンケイソウ科の草本）
〈*Sedum polytrichoides*〉

ツクシミカエリソウ
トサノミカエリソウ（土佐見返り草）
の別名（双子葉植物綱シソ目シソ科の木
本）
〈*Leucosceptrum stellipilum var.*
tosaense〉

ツクシヤマアザミ
ヤマアザミ（山薊）の別名（キク科の草
本）
〈*Cirsium spicatum* Matsum.〉

ツクシヤマヤナギ
ヤマヤナギ（山柳）の別名（ヤナギ科の
落葉低木・小高木）
〈*Salix sieboldiana* Blume〉

ツクバグミ
ニッコウナツグミの別名（双子葉植物綱
ヤマモガシ目グミ科の落葉低木）
〈*Elaeagnus nikoensis*〉

ツクバトリカブト
ヤマトリカブト（山鳥兜）の別名（キン
ポウゲ科の多年草。高さは80〜180cm）
〈*Aconitum japonicum* Thunb. ex
Murray subsp.*japonicum*〉

338　植物別名辞典

*ツクバネ（衝羽根）
別名：コギノコ，ハゴノキ
双子葉植物綱ビャクダン目ビャクダン科の落葉小低木。
〈*Buckleya lanceolata*〉

ツクバネアサガオ
ペチュニアの別名（ナス科の属総称）
*ツクバネアサガオ（衝羽根朝顔）
別名：ペチュニア
双子葉植物綱ナス目ナス科の観賞用草本。
〈*Petunia hybrida*〉

*ツクバネウツギ（衝羽根空木）
別名：コツクバネ
双子葉植物綱マツムシソウ目スイカズラ科の落葉低木。
〈*Abelia spathulata*〉

ツクバネガキ
ロウアガキの別名（双子葉植物綱カキノキ目カキノキ科の木本。果実は橙紅色）
〈*Diospyros rhombifolia*〉

ツクリタケ
マッシュルームの別名（ハラタケ科のキノコ。傘の表面は初め白色，後に淡黄褐色または淡赤褐色）
〈*Agaricus bisporus*〉

*ツゲ（黄楊，柘植）
別名：アサマツゲ，ホンツゲ
双子葉植物綱トウダイグサ目ツゲ科の常緑低木。
〈*Buxus microphylla var.japonica*〉

ツケウリ
シロウリ（白瓜）の別名（双子葉植物綱スミレ目ウリ科の野菜）
〈*Cucumis melo var.conomon*〉

*ツゲモチ（黄楊糯）
別名：マルバノリュウキュウソヨゴ
双子葉植物綱ニシキギ目モチノキ科の木本。
〈*Ilex goshiensis*〉

*ツゲモドキ
別名：モチツゲ
トウダイグサ科の木本。
〈*Drypetes matsumurae*（*Koidz.*）*Kanehira*〉

*ツシマヒョウタンボク
別名：ノヤマヒョウタンボク
スイカズラ科の木本。
〈*Lonicera harae*〉

ツヅラ
ツヅラフジ（葛藤）の別名（双子葉植物綱キンポウゲ目ツヅラフジ科のつる性木本）
〈*Sinomenium acutum*〉

ツヅラフジ
オオツヅラフジの別名（ツヅラフジ科の薬用植物）
〈*Sinomenium actum*〉
*ツヅラフジ（葛藤）
別名：アオカヅラ，ツヅラ
双子葉植物綱キンポウゲ目ツヅラフジ科のつる性木本。
〈*Sinomenium acutum*〉

*ツタ（蔦）
別名：アマヅラ，ナツヅタ
双子葉植物綱クロウメモドキ目ブドウ科の落葉つる性植物。葉は紅色に色づく。
〈*Parthenocissus tricuspidata*〉

*ツタウルシ（蔦漆）
別名：ウルシヅタ
双子葉植物綱ムクロジ目ウルシ科の落葉つる性植物。
〈*Rhus ambigua*〉

ツタカズラ
イタビカズラ（崖石榴，崖爬藤）の別名（双子葉植物綱イラクサ目クワ科の常

緑つる性植物）
〈*Ficus nipponica*〉

ツタノハイヌノフグリ
フラサバソウの別名（双子葉植物綱ゴマ
ノハグサ目ゴマノハグサ科の越年草。
長さは10〜30cm。花は淡青紫色）
〈*Veronica hederifolia*〉

*ツタノハヒルガオ
別名：アサガオモドキ
ヒルガオ科のつる性。花は黄色。
〈*Merremia hederacea*（*Burm. f.*)
H. G. Hallier〉

*ツタバウンラン
別名：ウンランカズラ，マルバノウン
ラン
双子葉植物綱ゴマノハグサ目ゴマノハグ
サ科の一年草または多年草。長さは
20〜60cm。花は紫青色。
〈*Cymbalaria muralis*〉

*ツタバテンジクアオイ
別名：タテバテンジクアオイ
フウロソウ科。
〈*Pelargonium lateripes L'Her.*〉

*ツチアケビ（土木通）
別名：キツネノシャクジョウ，ヤマ
シャクジョウ，ヤマノカミノシャク
ジョウ
単子葉植物綱ラン目ラン科の多年生腐生
植物。高さは50〜100cm。
〈*Galeola septentrionalis*〉

ツチガキ
ツチグリ（土栗）の別名（ツチグリ科の
キノコ。中型〜大型。幼菌は類球形，外
皮は星形裂開）
〈*Astraeus hygrometricus*〉

*ツチカブリ
別名：ジワリ
ベニタケ科のキノコ。中型。傘は類白
色，褐色のしみ。

〈*Lactarius piperatus*〉

*ツチグリ（土栗）
別名：ツチガキ
ツチグリ科のキノコ。中型〜大型。幼
菌は類球形，外皮は星形裂開。
〈*Astraeus hygrometricus*〉

ツチコウジ
コウジ（柑子）の別名（双子葉植物綱ムク
ロジ目ミカン科の木本。高さは3〜4m）
〈*Citrus leiocarpa*〉

*ツチトリモチ（土鳥黐）
別名：ヤマデラボウズ
双子葉植物綱ビャクダン目ツチトリモチ
科の多年草。塊根は淡褐色，鱗片葉は
肉色。高さは5〜10cm。花穂は血
赤色。
〈*Balanophora japonica*〉

ツツナガユリ
テッポウユリ（鉄砲百合）の別名（単子
葉植物綱ユリ目ユリ科の多年草。高さ
は50〜100cm）
〈*Lilium longiflorum*〉

*ツノゴマ（角胡麻）
別名：タビビトナカセ
双子葉植物綱ゴマノハグサ目ツノゴマ科
の一年草。
〈*Proboscidea louisianica*〉

*ツノナス（角茄子）
別名：キツネナス，フォックス
フェース
ナス科の半低木。果実は橙色で基部突
起。高さは1m。花は紫色。
〈*Solanum mammosum L.*〉

ツノミオランダフウロ
ナガミオランダフウロの別名（フウロソ
ウ科の一年草。高さは5〜40cm。花は
紫色。
〈*Erodium botrys*（*Cav.*）*Bertol.*〉

*ツバキ（椿）
別名：タイトウカ，マンダラ
双子葉植物綱ツバキ目ツバキ科の木本。
花は紅色。
〈*Camellia japonica*〉

*ツバキ・タロウカジャ（太郎冠者）
別名：ウラク
ツバキ科。

ツバキヒジキ
ヒノキバヤドリギ（檜葉宿生木）の別
名（双子葉植物綱ビャクダン目ヤドリギ
科の常緑低木）
〈*Korthalsella japonica*〉

ツバキモモ（椿桃）
ネクタリンの別名（双子葉植物綱バラ目
バラ科の木本）
〈*Amygdalus persica var.*nectarina〉

ツバナ
チガヤ（茅萱）の別名（単子葉植物綱カヤ
ツリグサ目イネ科の多年草。白毛の著
しい穂を出す。高さは30〜80cm）
〈*Imperata cylindrica*〉

ツバメザキアマリリス
スプレケリアの別名（ヒガンバナ科の属
総称。球根植物）
ツバメズイセン（燕水仙）の別名（単子
葉植物綱ユリ目ヒガンバナ科の多年草。
花はビロード状の暗緋紅色）
〈*Sprekelia formosissima*〉

ツバメズイセン
スプレケリアの別名（ヒガンバナ科の属
総称。球根植物）
*ツバメズイセン（燕水仙）
別名：ツバメザキアマリリス
単子葉植物綱ユリ目ヒガンバナ科の多
年草。花はビロード状の暗緋紅色。
〈*Sprekelia formosissima*〉

*ツピダンツス
別名：インドヤツデ
ウコギ科の属総称。

*ツブラジイ（円椎）
別名：コジイ
双子葉植物綱ブナ目ブナ科の常緑高木。
高さは20m。花は白色。
〈*Castanopsis cuspidata*〉

ツーベロ
ヌマミズキ（沼水木）の別名（双子葉植
物綱ミズキ目ヌマミズキ科の木本。樹
高は30m。樹皮は濃い灰色）
〈*Nyssa sylvatica*〉

ツボイザサ
アマギザサの別名（単子葉植物綱カヤツ
リグサ目イネ科の常緑中型ササ）
〈*Sasa tsuboiana*〉

*ツボクサ（坪草，壺草）
別名：クスリクサ，ゼニクサ
双子葉植物綱セリ目セリ科の多年草。
高さは5〜10cm。
〈*Centella asiatica*〉

*ツボサンゴ
別名：サンゴバナ
ユキノシタ科の多年草。高さは1m。花
は白色。
〈*Heuchera villosa Michx.*〉

*ツボスミレ（坪菫）
別名：ニョイスミレ（如意菫）
双子葉植物綱スミレ目スミレ科の多年
草。高さは5〜20cm。花は白色。
〈*Viola verecunda var.verecunda*〉

*ツボミオオバコ
別名：タチオオバコ
双子葉植物綱オオバコ目オオバコ科の一
年草または二年草。長さは10〜50cm。
〈*Plantago virginica*〉

ツマク

ツマクレナイ
シコウカ (指甲花) の別名 (双子葉植物綱フトモモ目ミソハギ科の低木。少し刺がある。花は白色，または紅色)
〈*Lawsonia inermis*〉

ホウセンカ (鳳仙花) の別名 (双子葉植物綱フウロソウ目ツリフネソウ科の一年草，観賞用草本。高さは30〜70cm。花は紅色)
〈*Impatiens balsamina*〉

ツマベニ
ホウセンカ (鳳仙花) の別名 (双子葉植物綱フウロソウ目ツリフネソウ科の一年草，観賞用草本。高さは30〜70cm。花は紅色)
〈*Impatiens balsamina*〉

*ツムウロコゴケ
別名：サイシュウソロイゴケ
ツボミゴケ科のコケ。赤みを帯びる。茎は長さ1〜2cm。
〈*Jungermannia fusiformis*〉

ツメキリソウ
マツバボタン (松葉牡丹) の別名 (双子葉植物綱ナデシコ目 (中心子目) スベリヒユ科の一年草。高さは25cm。花は淡紅色，または紫紅色)
〈*Portulaca grandiflora*〉

ツメクサ
シロツメクサ (白詰草) の別名 (マメ科の多年草。高さは20〜30cm。花は白〜淡紅色)
〈*Trifolium repens* L.〉

*ツメクサ (爪草)
別名：タカノツメ
双子葉植物綱ナデシコ目 (中心子目) ナデシコ科の一年草または越年草。高さは20cm以下。
〈*Sagina japonica*〉

ツメデノキ
ハナイカダ (花筏) の別名 (双子葉植物綱ミズキ目ミズキ科の落葉低木。花は淡緑色)
〈*Helwingia japonica*〉

*ツメレンゲ (爪蓮華)
別名：ヒロハツメレンゲ
双子葉植物綱バラ目ベンケイソウ科の多年草。ロゼット径は15cm。花は白色。
〈*Orostachys japonicus*〉

ツヤツケリボンゴケ
リボンゴケの別名 (ヒラゴケ科のコケ。地衣体は帯緑黄〜わら色。二次茎は長さ1〜5cm、葉はへら状)
〈*Neckeropsis nitidula* (Mitt.) Fleisch.〉

ツヤベゴニア
ベゴニア・マルガリテーの別名 (シュウカイドウ科)

ツユアオイ (梅雨葵)
タチアオイ (立葵) の別名 (双子葉植物綱アオイ目アオイ科の多年草。多毛。高さは3m。花は赤，ピンク，黄，白色など)
〈*Althaea rosea*〉

*ツユクサ (露草)
別名：アオバナ，ツキクサ，ボウシバナ
単子葉植物綱ツユクサ目ツユクサ科の一年草。高さは20〜50cm。花は青と白色。
〈*Commelina communis*〉

ツユツバキ
ナツツバキ (夏椿) の別名 (双子葉植物綱ツバキ目ツバキ科の落葉高木。樹高は15m。花は白色。樹皮は赤褐色)
〈*Stewartia pseudo-camellia*〉

ツラワレ
クワイ (慈姑) の別名 (単子葉植物綱オモダカ目オモダカ科の根菜類。長さは30cm。花は白色)
〈*Sagittaria trifolia* var.edulis〉

ツリウキソウ

フクシアの別名(双子葉植物綱フトモモ目アカバナ科の木本)

〈Fuchsia × hybrida〉

ツリガネオモト

ガルトニアの別名(ユリ科の属総称。球根植物)

ツリガネガズラ

ビグノニアの別名(ノウゼンカズラ科の属総称)

ツリガネソウ

カンパニュラの別名(双子葉植物綱キキョウ目キキョウ科の属総称)

〈Campanula spp.〉

ツリガネニンジン(釣鐘人参)の別名(キキョウ科の多年草。高さは40～100cm)

〈Adenophora triphylla (Thunb. ex Murray) A. DC. var.japonica (Regel) Hara〉

ホタルブクロ(蛍袋)の別名(双子葉植物綱キキョウ目キキョウ科の多年草。高さは50～80cm。花は白色,または淡紫紅色)

〈Campanula punctata〉

ツリガネツツジ

アズマツリガネツツジの別名(ツツジ科の落葉低木。高さは1m。花は紫紅色)

〈Menziesia multiflora Maxim. var. multiflora〉

ヨウラクツツジ(瓔珞躑躅)の別名(双子葉植物綱ツツジ目ツツジ科の落葉低木。高さは1～3m)

〈Menziesia purpurea〉

*ツリガネツツジ(釣鐘躑躅)

別名:サイリンヨウラク

双子葉植物綱ツツジ目ツツジ科の落葉低木。

〈Menziesia ciliicalyx〉

*ツリガネテッセン(釣鐘鉄線)

別名:ベルテッセン

双子葉植物綱キンポウゲ目キンポウゲ科の多年草。

*ツリガネニンジン(釣鐘人参)

別名:チョウチンバナ,ツリガネソウ,トトキ

双子葉植物綱キキョウ目キキョウ科の多年草。高さは40～100cm。

〈Adenophora triphylla var.japonica〉

ツリガネヤナギ

ペンステモンの別名(双子葉植物綱ゴマノハグサ目ゴマノハグサ科の属総称)

〈Penstemon spp.〉

*ツリフネソウ(釣船草)

別名:ムラサキツリフネソウ

双子葉植物綱フウロソウ目ツリフネソウ科の一年草。高さは40～80cm。花は青紫色。

〈Impatiens textori〉

ツリフネラン

ホテイラン(布袋蘭)の別名(単子葉植物綱ラン目ラン科の多年草。高さは6～15cm)

〈Calypso bulbosa var.speciosa〉

ツルアカザ

アカザカズラの別名(双子葉植物綱ナデシコ目(中心子目)ツルムラサキ科のつる性多年草。花は淡緑色)

〈Anredera cordifolia〉

*ツルアジサイ(蔓紫陽花)

別名:ゴトウヅル,ツルデマリ

双子葉植物綱バラ目ユキノシタ科の落葉つる性植物。高さは15m。花は白色。

〈Hydrangea petiolaris〉

*ツルアズキ(蔓小豆)

別名:カニマメ,カニメ

マメ科。

〈Vigna umbellata (Thunb.) Ohwi

ツルア

et Ohashi〉

*ツルアブラガヤ
別名：ケナシアブラガヤ
カヤツリグサ科。
〈Scirpus radicans Schk.〉

ツルアマチャ
アマチャヅル(甘茶蔓)の別名(双子葉
植物綱スミレ目ウリ科の多年生つる草)
〈Gynostemma pentaphyllum〉

*ツルアラメ
別名：アラメ，ガガメ
褐藻綱コンブ目コンブ科の海藻。葉は単
条又は羽状分岐。体は長さ0.3〜1m。
〈Ecklonia stolonifera〉

ツルイタドリ
ツルタデの別名(双子葉植物綱タデ目タ
デ科のつる性一年草。花は乳白〜帯赤
色)
〈Fallopia dumetora〉

*ツルウメモドキ(蔓梅擬)
別名：ツルモドキ
双子葉植物綱ニシキギ目ニシキギ科のつ
る性落葉低木。花は淡緑色。
〈Celastrus orbiculatus〉

ツルオオバマサキ
オオツルマサキの別名(ニシキギ科の常
緑低木)

*ツルカノコソウ(蔓鹿子草)
別名：ヤマカノコソウ
双子葉植物綱マツムシソウ目オミナエシ
科の多年草。高さは20〜60cm。
〈Valeriana flaccidissima〉

ツルカワズスゲ
ツルスゲの別名(単子葉植物綱カヤツリ
グサ目カヤツリグサ科の草本)
〈Carex pseudocuraica〉

ツルカンジュ
オリヅルシダの別名(オシダ科の常緑性
シダ植物。葉身は長さ20〜40cm，単羽
状複生)
〈Polystichum lepidocaulon〉

*ツルキケマン
別名：ツルケマン
双子葉植物綱ケシ目ケシ科の一年草また
は越年草。高さは1m。
〈Corydalis ochotensis〉

ツルキジノオ
オリヅルシダの別名(オシダ科の常緑性
シダ。葉身は長さ20〜40cm。単羽状複
生)
〈Polystichum lepidocaulon（Hook.）J.
Smith〉

*ツルキジノオ(蔓雉之尾)
別名：オオキノボリシダ
オシダ科の常緑性シダ植物。葉身は
長さ15〜18cm，線状披針形。
〈Lomariopsis leptocarpa〉

ツルケマン
ツルキケマンの別名(双子葉植物綱ケシ
目ケシ科の一年草または越年草。高さ
は1m)
〈Corydalis ochotensis〉

*ツルコウゾ(蔓楮)
別名：ムキミカズラ，ムクミカズラ
双子葉植物綱イラクサ目クワ科の木本。
葉は長楕円形。
〈Broussonetia kaempferi〉

*ツルゴケ
別名：チャイロシダレゴケ
イトヒバゴケ科のコケ。大形、枝葉は長
さ1.5〜2mm、卵形〜披針形。
〈Pilotrichopsis dentata（Mitt.）
Besch.〉

ツルシガネ(吊るし鐘)
オダマキ(苧環)の別名(双子葉植物綱
キンポウゲ目キンポウゲ科の多年草。

344 植物別名辞典

高さは30〜50cm。花は紫，白色）
〈*Aquilegia flabellata*〉

*ツルシキミ（蔓樒）

別名：ツルミヤマシキミ，ハイミヤマ
シキミ

双子葉植物綱ムクロジ目ミカン科の常緑
低木。
〈*Skimmia japonica var.intermedia
form.repens*〉

ツルシノブ

カニクサ（蟹草）の別名（フサシダ科の
夏緑性シダ植物。葉柄の長さは30cm。
葉身はつる状）
〈*Lygodium japonicum*〉

ツルシャジン

フクシマシャジン（福島沙参）の別名
（双子葉植物綱キキョウ目キキョウ科の
多年草。高さは60〜100cm）
〈*Adenophora divaricata*〉

ツルシロカネソウ

シロカネソウ（白銀草）の別名（キンポ
ウゲ科の多年草。高さは10〜20cm）
〈*Dichocarpum stoloniferum*（Maxim.）
W. T. Wang et Hsiao〉

*ツルスゲ

別名：ツルカワズスゲ

単子葉植物綱カヤツリグサ目カヤツリグ
サ科の草本。
〈*Carex pseudocuraica*〉

ツルセンノウ

ナンバンハコベ（南蛮繁縷）の別名（双
子葉植物綱ナデシコ目（中心子目）ナデ
シコ科の多年生つる草）
〈*Cucubalus baccifer var.japonicus*〉

ツルタケ

カラカサタケの別名（ハラタケ科のキノ
コ。大型。傘は大きな鱗片）
〈*Macrolepiota procera*（Scop. ：Fr.）
Sing.〉

*ツルタデ

別名：ツルイタドリ

双子葉植物綱タデ目タデ科のつる性一年
草。花は乳白〜帯赤色。
〈*Fallopia dumetora*〉

*ツルツゲ（蔓黄楊）

別名：イワツゲ，チリメンツゲ

双子葉植物綱ニシキギ目モチノキ科の常
緑つる状小低木。
〈*Ilex rugosa*〉

ツルツチアケビ

タカツルランの別名（単子葉植物綱ラン
目ラン科のつる性植物。無葉緑，菌根
性，全株赤橙色，茎は径5mm）
〈*Erythrorchis altissima*〉

ツルデマリ

ツルアジサイ（蔓紫陽花）の別名（双子
葉植物綱バラ目ユキノシタ科の落葉つる
性植物。高さは15m。花は白色）
〈*Hydrangea petiolaris*〉

*ツルナ（蔓菜）

別名：ハマヂシャ，ハマナ

双子葉植物綱ナデシコ目（中心子目）ザ
クロソウ科の多年草。高さは40〜
60cm。花は黄色。
〈*Tetragonia tetragonoides*〉

*ツルナシカラスノエンドウ

別名：ツルナシヤハズエンドウ

マメ科。
〈*Vicia angustifolia L. var.
angustifolia f.normalis*（Makino）
Ohwi〉

ツルナシナタマメ

タチナタマメ（立鉈豆）の別名（双子葉
植物綱マメ目マメ科のつる草。莢はや
や細く，種子白色。高さは60〜120cm。
花は赤色，または赤紫色）
〈*Canavalia ensiformis*〉

ツルナシヤハズエンドウ

ツルナシカラスノエンドウの別名（マメ科）

〈*Vicia angustifolia* L. var.*angustifolia* f.*normalis*（Makino）Ohwi〉

ツルニガナ

オオジシバリ（**大地縛**）の別名（双子葉植物綱キク目キク科の多年草。高さは10〜15cm）

〈*Ixeris debilis*〉

ツルニチニチソウ

ビンカの別名（キョウチクトウ科の属総称）

*ツルニチニチソウ（蔓日日草）

別名：ソーサラーズバイオレット

双子葉植物綱リンドウ目キョウチクトウ科のつる性多年草。高さは1m以上。花は紫色。

〈*Vinca major*〉

*ツルニンジン（蔓人参）

別名：キキョウカラクサ，ジイソブ

双子葉植物綱キキョウ目キキョウ科の多年草。長さは2〜3m。花は白色。

〈*Codonopsis lanceolata*〉

ツルノゲイトウ

テランセラの別名（ヒユ科の属総称）

*ツルノゲイトウ

別名：ホシノゲイトウ

双子葉植物綱ナデシコ目（中心子目）ヒユ科の一年草。茎はやや赤。長さは50cm。花は白色。

〈*Alternanthera sessilis*〉

ツルハコベ

サワハコベの別名（ナデシコ科の多年草。高さは5〜30cm）

〈*Stellaria diversiflora* Maxim. var. *diandra*（Maxim.）Makino〉

*ツルハナナス

別名：ソケイモドキ

双子葉植物綱ナス目ナス科。花は白色。

〈*Solanum jasminoides*〉

ツルヒキノカサ

ヒメキンポウゲの別名（双子葉植物綱キンポウゲ目キンポウゲ科の草本）

〈*Halerpestes kawakamii*〉

ツルビャクブ

ビャクブ（**百部**）の別名（単子葉植物綱ユリ目ビャクブ科の植物。長さは1〜2m。花は淡緑色）

〈*Stemona japonica*〉

ツルボ

シラーの別名（ユリ科の属総称。球根植物）

スキラの別名（単子葉植物綱ユリ目ユリ科の属総称）

〈*Scilla spp.*〉

*ツルボ（蔓穂）

別名：サンダイガサ（**参内傘**），スルボ

単子葉植物綱ユリ目ユリ科の多年草。高さは20〜50cm。

〈*Scilla scilloides*〉

ツルマオモドキ

ヤンバルツルマオの別名（イラクサ科の草本）

〈*Pouzolzia zeylanica*（L.）J. Benn.〉

*ツルマサキ（蔓柾）

別名：リュウキュウツルマサキ

双子葉植物綱ニシキギ目ニシキギ科の常緑つる性植物。

〈*Euonymus fortunei*〉

ツルマツリ

ソケイ（**素馨**）の別名（双子葉植物綱ゴマノハグサ目モクセイ科の常緑低木。花は白色）

〈*Jasminum officinale form.* grandiflorum〉

*ツルマンリョウ（蔓万両）

別名：アカミノイヌツゲ

ヤブコウジ科の木本。

〈*Myrsine stolonifera*（Koidz.）
Walker〉

ツルミヤマシキミ

ツルシキミ（蔓樒）の別名（双子葉植物
綱ムクロジ目ミカン科の常緑低木）
〈*Skimmia japonica var.intermedia
form.repens*〉

*ツルムラサキ（蔓紫）

別名：セイロンホウレンソウ，バセ
ラ，マルバラナ
双子葉植物綱ナデシコ目（中心子目）ツ
ルムラサキ科のつる性越年草。茎は
紫色のものと緑色のものとある。花
は白色。
〈*Basella alba*〉

ツルモドキ

ツルウメモドキ（蔓梅擬）の別名（双子
葉植物綱ニシキギ目ニシキギ科のつる性
落葉低木。花は淡緑色）
〈*Celastrus orbiculatus*〉

ツルヤブジラミ

タマヤブジラミの別名（セリ科の一年
草。長さは40cm。花は白色）
〈*Torilis nodosa*（L.）Gaertn.〉

ツルヤブタバコ

ナガバコウゾリナの別名（キク科の草
本）
〈*Blumea conspicua* Hayata〉

*ツルヨシ（蔓葭）

別名：ジシバリ
単子葉植物綱カヤツリグサ目イネ科の多
年草。高さは150〜250cm。
〈*Phragmites japonica*〉

*ツルラン

別名：カラン
ラン科の多年草。高さは40〜80cm。花
は白、乳白色。
〈*Calanthe triplicata* Ames〉

*ツルレイシ（蔓荔枝）

別名：ニガウリ，ニガグイ，ニガゴイ
双子葉植物綱スミレ目ウリ科のつる草。
果菜。花は黄色。
〈*Momordica charantia*〉

*ツワブキ

別名：イワブキ，ヤマブキ
双子葉植物綱キク目キク科の多年草。
高さは30〜75cm。
〈*Farfugium japonicum*〉

*ツンベルギア

別名：ヤハズカズラ
キツネノマゴ科の属総称。

【テ】

ディアスキア

ディアスキア・コルダータの別名（ゴ
マノハグサ科の宿根草）

*ディアスキア・コルダータ

別名：ディアスキア
ゴマノハグサ科の宿根草。

*ディアンツス・ナッピー

別名：キバナナデシコ
ナデシコ科。

テイオウカイザイク

ムギワラギク（麦藁菊）の別名（双子葉
植物綱キク目キク科の多年草）
〈*Helichrysum bracteatum*〉

*テイカカズラ（定家葛）

別名：チョウジカズラ（丁字葛），チョ
ウセンテイカカズラ
双子葉植物綱リンドウ目キョウチクトウ
科の常緑つる性植物。花は白色。
〈*Trachelospermum asiaticum*〉

ディーグ
デイゴ（梯姑）の別名（双子葉植物綱マメ
目マメ科の落葉高木。花は赤色）
〈Erythrina variegata〉

*ティグリディア
別名：タイガーフラワー，トラフユ
リ，トラユリ
アヤメ科の属総称。球根植物。

*ディケロステンマ
別名：ワイルドヒアシンス
ヒガンバナ科の属総称。球根植物。

デイコ
エリスリナの別名（マメ科の属総称）

*デイゴ（梯姑）
別名：デーク，ディーグ
双子葉植物綱マメ目マメ科の落葉高木。
花は赤色。
〈Erythrina variegata〉

*ディコリサンドラ・モサイカ・ウン
ダータ
別名：キッコウチリメン
ツユクサ科。

*テイショウソウ
別名：ヒロハテイショウソウ
双子葉植物綱キク目キク科の草本。
〈Ainsliaea cordifolia〉

*ティーツリー
別名：コバノブラシノキ
フトモモ科のハーブ。

*ディディスカス
別名：ソライロレースフラワー
セリ科。

テイノキ
トウヒ（唐檜）の別名（マツ綱マツ目マツ
科の常緑高木）
〈Picea jezoensis var.hondoensis〉

*ディフェンバキア
別名：シロガスリソウ，ハブタエソウ
サトイモ科の属総称。

*ディフェンバキア・リトゥラータ
別名：シマカスリソウ
サトイモ科。

*ティボウキナ
別名：シコンノボタン
ノボタン科の属総称。

*ディモルフォセカ
別名：アフリカキンセンカ
キク科の属総称。宿根草。

*ティランジア
別名：エアープランツ
パイナップル科の属総称。

デイリリー
ヘメロカリスの別名（単子葉植物綱ユリ
目ユリ科の属総称）
〈Hemerocallis spp.〉

*デイリリー
別名：ヘメロカリス
単子葉植物綱ユリ目ユリ科のハーブ。
〈Hemerocallis hybrida〉

*テイレギ
別名：オオバタネツケバナ，ヤマタネ
ツケバナ
アブラナ科。高さは20cm。花は白色。
〈Cardamine scutata Thunb.〉

*ディレニア
別名：ビワモドキ
ビワモドキ科の属総称。

*テウチグルミ（手打胡桃）
別名：カシグルミ，トウクルミ
双子葉植物綱クルミ目クルミ科の木本。
〈Juglans regia var.orientis〉

テガタゼニゴケ
ヒトデゼニゴケの別名（ゼニゴケ科）
⟨*Marchantia cuneiloba* Steph.⟩

テガヌマイ
シズイの別名（単子葉植物綱カヤツリグサ目カヤツリグサ科の多年生抽水植物。稈の断面は三角形で，高さ40～70cm）
⟨*Scirpus nipponicus*⟩

デーク
デイゴ（梯梧）の別名（双子葉植物綱マメ目マメ科の落葉高木。花は赤色）
⟨*Erythrina variegata*⟩

*テコフィラエア
別名：チリアンクロッカス
テコフィラエア科の属総称。球根植物。

テコマ
ヒメノウゼンカズラの別名（双子葉植物綱ゴマノハグサ目ノウゼンカズラ科の半つる性低木。花は紅橙色）
⟨*Tecomaria capensis*⟩

デザートキャンドル
エレムルスの別名（ユリ科の属総称。球根植物）

デシイモ
クワズイモ（不喰芋）の別名（単子葉植物綱サトイモ目サトイモ科の多年草。葉の先端は上向，根茎澱粉質。高さは100cm前後）
⟨*Alocasia odora*⟩

テシオソウ
オゼソウ（尾瀬草）の別名（単子葉植物綱ユリ目ユリ科の多年草。高さは15～35cm）
⟨*Japonolirion osense*⟩

*テヅカチョウチンゴケ
別名：アズミチョウチンゴケ
チョウチンゴケ科のコケ。匍匐茎の葉は長さ3～6mm，卵形～楕円形。

⟨*Plagiomnium tezukae*（*Sakurai*）T. J. Kop.⟩

*テツカエデ（鉄楓）
別名：コクタン，テツノキ
双子葉植物綱ムクロジ目カエデ科の落葉高木，雌雄同株。
⟨*Acer nipponicum*⟩

テック
チークの別名（双子葉植物綱シソ目クマツヅラ科の落葉高木。花は白色）
⟨*Tectona grandis*⟩

*テッケンバイ
別名：チャセンバイ
双子葉植物綱バラ目バラ科。ウメの品種。
⟨*Armeniaca mume* 'Cryptopetala'⟩

テッサイノキ
セイロンテツボクの別名（オトギリソウ科の観賞用植物。葉裏粉白。高さは20m。花は白色）
⟨*Mesua ferrea* L.⟩

テツジュ
ソテツ（蘇鉄）の別名（ソテツ綱ソテツ目ソテツ科の常緑低木。葉は濃緑で光沢あり。高さは3～5m）
⟨*Cycas revoluta*⟩

テッセン
クレマティスの別名（キンポウゲ科の属総称。宿根草）

テツノキ
テツカエデ（鉄楓）の別名（双子葉植物綱ムクロジ目カエデ科の落葉高木，雌雄同株）
⟨*Acer nipponicum*⟩

*テッポウユリ（鉄砲百合）
別名：サガリユリ，ツツナガユリ，リュウキュウユリ
単子葉植物綱ユリ目ユリ科の多年草。

高さは50〜100cm。
〈*Lilium longiflorum*〉

*テトラケントロン・シネンセ
別名：スイセイジュ
スイセイジュ科。

*テバコマンテマ
別名：チョウセンマンテマ
双子葉植物綱ナデシコ目（中心子目）ナ
デシコ科の草本。
〈*Silene yanoei*〉

*テーブルヤシ
別名：コリニア
ヤシ科の属総称。

テマリバナ
アジサイ（紫陽花）の別名（双子葉植物
綱バラ目ユキノシタ科の属総称）
〈*Hydrangea spp.*〉
オオデマリ（大手毬）の別名（双子葉植
物綱マツムシソウ目スイカズラ科の低木
または小高木。高さは3〜5m。花は白
色，または少し赤みを帯びた白色）
〈*Viburnum plicatum var.plicatum*
form.plicatum〉
コデマリ（小手毬）の別名（双子葉植物
綱バラ目バラ科の落葉低木。高さは1〜
2m。花は白色）
〈*Spiraea cantoniensis*〉

テモチユリ
タモトユリ（袂百合）の別名（単子葉植
物綱ユリ目ユリ科の多肉植物。高さは
50〜70cm。花は純白色）
〈*Lilium nobilissimum*〉

*デュランタ
別名：タイワンレンギョウ
クマツヅラ科の属総称。

デラ
デラウェアの別名（ブドウ科のブドウ
（葡萄）の品種。果皮は鮮紅色）

*デラウェア
別名：イタリヤ，デラ
ブドウ科のブドウ（葡萄）の品種。果皮
は鮮紅色。

テラツバキ
ネズミモチ（鼠黐）の別名（双子葉植物
綱ゴマノハグサ目モクセイ科の常緑低
木。高さは2〜5m）
〈*Ligustrum japonicum*〉

*テランセラ
別名：ツルノゲイトウ
ヒユ科の属総称。

デリ
デリシアスの別名（バラ科のリンゴ（苹
果）の品種。果肉黄白色）

*デリシアス
別名：デリ
バラ科のリンゴ（苹果）の品種。果肉黄
白色。

*デリス
別名：ドクフジ
双子葉植物綱マメ目マメ科のつる性低
木。葉はフジに酷似。花は明るい
赤色。
〈*Derris elliptica*〉

テリハコブガシ
オガサワラアオグスの別名（クスノキ科
の常緑高木）
〈*Machilus boninensis* Koidz.〉

*テリバザンショウ
別名：クメザンショウ
ミカン科の常緑つる植物。

*テリハツルウメモドキ
別名：コツルウメモドキ，ヒュウガツ
ルウメモドキ
双子葉植物綱ニシキギ目ニシキギ科の
木本。
〈*Celastrus orbiculatus var.*

punctatus⟩

*テリハノイバラ（照葉野茨）
別名：ハイイバラ，ハマイバラ
双子葉植物綱バラ目バラ科の落葉匍匐性低木。花は白色。
⟨*Rosa wichuraiana*⟩

テリハノハマボウ
モンテンボクの別名（双子葉植物綱アオイ目アオイ科の高木。高さは2〜5m。花は黄色）
⟨*Hibiscus glaber*⟩

テリハブシ
エゾトリカブトの別名（双子葉植物綱キンポウゲ目キンポウゲ科の草本）
⟨*Aconitum yesoense*⟩

*テリハボク（照葉木）
別名：ヒイタマナ，ヤラブ，ヤラボ
双子葉植物綱ツバキ目オトギリソウ科の常緑高木。葉は厚く光沢，中肋黄。花は白色。
⟨*Calophyllum inophyllum*⟩

*デルフィニウム
別名：オオヒエンソウ
キンポウゲ科の属総称。

デワノオオバザサ
チマキザサの別名（単子葉植物綱カヤツリグサ目イネ科の常緑中型ササ。高さは1〜2m）
⟨*Sasa palmata*⟩

テンガイユリ
オニユリ（鬼百合）の別名（単子葉植物綱ユリ目ユリ科の多年草。高さは100〜180cm。花は橙赤色）
⟨*Lilium lancifolium*⟩

コバイモ（小貝母）の別名（ユリ科の球根性多年草。高さは10〜20cm。花は淡桃色）
⟨*Fritillaria japonica* Miq.⟩

*テングサ
別名：トコロテングサ，ヒメクサ，マクサ
紅藻綱テングサ目テングサ科の海藻。3回羽状に分岐。体は10〜30cm。
⟨*Gelidium elegans*⟩

テングスミレ
ナガハシスミレ（長嘴菫）の別名（双子葉植物綱スミレ目スミレ科の多年草。高さは10〜15cm）
⟨*Viola rostrata var.japonica*⟩

*テングタケ（天狗茸）
別名：ハエトリタケ
テングタケ科のキノコ。中型〜大型。傘は灰褐色〜オリーブ褐色，白色のいぼ。ひだは白色。
⟨*Amanita pantherina*⟩

テングノハウチワ
ヤツデ（八手）の別名（双子葉植物綱セリ目ウコギ科の常緑低木。高さは2〜3m。花は白色）
⟨*Fatsia japonica*⟩

テンジクアオイ
ゼラニウムの別名（双子葉植物綱フウロソウ目フウロソウ科の多年草）
⟨*Pelargonium hortorum*⟩

ペラルゴニウムの別名（双子葉植物綱フウロソウ目フウロソウ科の属総称）
⟨*Pelargonium spp.*⟩

テンジクボダイジュ
インドボダイジュ（印度菩提樹）の別名（双子葉植物綱イラクサ目クワ科の高木。気根を垂す。葉は光沢がある。高さは20m以上）
⟨*Ficus religiosa*⟩

テンジクボタン
ダリアの別名（双子葉植物綱キク目キク科の多年草。高さは2m。花は緋赤色）
⟨*Dahlia pinnata*⟩

植物別名辞典　351

テンジクマモリ
ヤツブサ（八房）の別名（ナス科）
〈*Capsicum annuum* L. var. *fasciculatum* Irish f.*erectum* Makino〉

*デンジソウ（田字草）
別名：ウォーター・クローバー，カタバミモ，タノジモ
若い葉は渦巻き状，胞子嚢果は黒色〜褐色になる。葉身は長さ1〜2cm，倒三角形〜円形。
〈*Marsilea quadrifolia*〉

テンショウ
エイラク（永楽）の別名（ベンケイソウ科の多年草）
〈*Adoromischus cristatus* Lem.〉

テンジョウマモリ
ヤツブサ（八房）の別名（ナス科）
〈*Capsicum annuum* L. var. *fasciculatum* Irish f.*erectum* Makino〉

デンシンラン（電信蘭）
ホウライショウ（蓬莱蕉）の別名（単子葉植物綱サトイモ目サトイモ科の観賞用蔓木。長さは1m）
〈*Monstera deliciosa*〉

*テンダイウヤク（天台烏薬）
別名：ウヤク
クスノキ科の常緑低木。花は黄色。
〈*Lindera strychnifolia*（*Sieb. et Zucc.*）*F. Villar*〉

*テンダーポール
別名：ハナニラ
ユリ科の野菜。

*テンナンショウ
別名：アオマムシグサ
サトイモ科。

テンニンカ
ロドルミルツスの別名（フトモモ科の属総称）
*テンニンカ（天人花）
別名：ハシカミ，ローズアップル
双子葉植物綱フトモモ目フトモモ科の常緑小低木。葉は厚く葉裏灰白，短毛が密布する。高さは1〜2m。花はバラ色。
〈*Rhodomyrtus tomentosa*〉

テンニンカラクサ
イヌノフグリ（犬陰嚢）の別名（双子葉植物綱ゴマノハグサ目ゴマノハグサ科の越年草。高さは5〜25cm）
〈*Veronica didyma var.lilacina*〉

テンノウメ
ヤシャビシャク（夜叉柄杓）の別名（双子葉植物綱バラ目ユキノシタ科の落葉低木。萼は淡緑白色）
〈*Ribes ambiguum*〉
*テンノウメ（天梅）
別名：イソザンショウ
双子葉植物綱バラ目バラ科の常緑低木。高さは20cm。花は白色。
〈*Osteomeles subrotunda*〉

テンバイ
ヤシャビシャク（夜叉柄杓）の別名（双子葉植物綱バラ目ユキノシタ科の落葉低木。萼は淡緑白色）
〈*Ribes ambiguum*〉

テンモンドウ
クサスギカズラ（草杉葛）の別名（単子葉植物綱ユリ目ユリ科のつる性多年草。長さは1〜2m。花は淡黄色）
〈*Asparagus cochinchinensis*〉

【ト】

ドイツアザミ
ノアザミ（野薊）の別名（双子葉植物綱キク目キク科の多年草。高さは50〜100cm。花は淡紅紫色）
〈*Cirsium japonicum*〉

ドイツスズラン
スズラン（鈴蘭）の別名（ユリ科の多年草。高さは20〜35cm。花は白色）
〈*Convallaria majalis* L. var.*keiskei* (Miq.) Makino〉

*ドイツトウヒ
別名：オウシュウトウヒ，ヨーロッパトウヒ
マツ綱マツ目マツ科の常緑高木。高さは50m以上。樹皮は赤褐色ないし灰色。
〈*Picea abies*〉

*トウ（籐）
別名：ショトウ，ヒメトウ
単子葉植物綱ヤシ目ヤシ科の木本。高さは8m。
〈*Calamus margaritae*〉

トウイ
フトイ（太藺）の別名（単子葉植物綱カヤツリグサ目カヤツリグサ科の大型抽水植物。稈は高さ0.8〜2.5m，上部はやや垂れる）
〈*Scirpus tabernaemontani*〉

トウイチゴ
カジイチゴ（梶苺）の別名（双子葉植物綱バラ目バラ科の落葉低木。果実は淡黄色。花は白色）
〈*Rubus trifidus*〉
キイチゴ（木苺）の別名（双子葉植物綱バラ目バラ科の落葉低木）
〈*Rubus palmatus*〉

トウウメ
ロウバイ（蠟梅）の別名（双子葉植物綱クスノキ目ロウバイ科の落葉低木。高さは2〜4m。花は黄色）
〈*Chimonanthus praecox*〉

トウオガタマ
カラタネオガタマ（唐種小賀玉木）の別名（双子葉植物綱モクレン目モクレン科の常緑高木。葉は厚い。高さは3〜5m。花は黄白色）
〈*Michelia figo*〉

トウガ
トウガン（冬瓜）の別名（双子葉植物綱スミレ目ウリ科のつる草。果皮は濃緑色や灰緑色など。花は黄色）
〈*Benincasa cerifera*〉

トウカイタンポポ
ヒロハタンポポの別名（双子葉植物綱キク目キク科の草本）
〈*Taraxacum longeappendiculatum*〉

*トウカエデ（唐楓）
別名：ツウテンカエデ（通天楓）
双子葉植物綱ムクロジ目カエデ科の落葉高木。高さは15m。樹皮は灰褐色。
〈*Acer buergerianum*〉

*トウカエデ・ミヤサマカエデ（宮様楓）
別名：タイワントウカエデ
カエデ科。

トウガキ
イチジク（無花果）の別名（双子葉植物綱イラクサ目クワ科の落葉低木。高さは3〜6m。花は淡紅白色。樹皮は灰色）
〈*Ficus carica*〉

ドウガメバス
トチカガミの別名（単子葉植物綱トチカガミ目トチカガミ科の浮遊性多年草。葉身は円形，花弁は3枚で白色）
〈*Hydrocharis dubia*〉

植物別名辞典　353

トウカ

トウガヤ
チョウセンマキ（朝鮮槇）の別名（マツ
綱マツ目イヌガヤ科の木本）
〈Cephalotaxus harringtonia var.
fastigiata〉

*トウガラシ（唐辛子，唐芥子）
別名：ウワムキトウガラシ，ソラムキ
トウガラシ
双子葉植物綱ナス目ナス科の野菜。辛
味がある。花は白色。
〈Capsicum annuum var.annuum〉

*トウカラスウリ（唐烏瓜）
別名：チョウセンカラスウリ
ウリ科の薬用植物。
〈Trichosanthes kirilowii Maxim.〉

*トウガン（冬瓜）
別名：カモウリ，トウガ
双子葉植物綱スミレ目ウリ科のつる草。
果皮は濃緑色や灰緑色など。花は
黄色。
〈Benincasa cerifera〉

*ドウカンソウ（道灌草）
別名：サポナリア，バッカリア
双子葉植物綱ナデシコ目（中心子目）ナ
デシコ科の一年草または越年草。高さ
は30〜60cm。花はピンク〜暗紅紫色。
〈Vaccaria hispanica〉

*トウキ（当帰）
別名：ニホントウキ
双子葉植物綱セリ目セリ科の多年草。
高さは20〜80cm。
〈Angelica acutiloba〉

トウキビ
トウモロコシ（玉蜀黍，唐唐黍）の別
名（単子葉植物綱カヤツリグサ目イネ科
の野菜。種子は食用，茎葉は飼料。高さ
は4.5m）
〈Zea mays〉

トウギリ
ヒギリ（緋桐）の別名（双子葉植物綱シソ
目クマツヅラ科の落葉低木。高さは2m。
花は緋紅色）
〈Clerodendrum japonicum〉

トウキンカン（唐金柑）
シキキツ（四季橘）の別名（双子葉植物
綱ムクロジ目ミカン科の低木。果面は
平滑で鮮橙色）
〈Citrus madurensis〉

*トウキンセン
別名：キンセン
キク科。高さは30〜60cm。花は淡黄と
橙黄色。
〈Calendula officinalis L.〉

トウクサギ
ハマクサギ（浜臭木）の別名（双子葉植
物綱シソ目クマツヅラ科の落葉低木）
〈Premna microphylla〉

*トウグミ（唐茱萸）
別名：タワラグミ
双子葉植物綱ヤマモガシ目グミ科の落葉
低木。果皮は黄から赤紅色。
〈Elaeagnus multiflora var.
hortensis〉

トウクルミ
テウチグルミ（手打胡桃）の別名（双子
葉植物綱クルミ目クルミ科の木本）
〈Juglans regia var.orientis〉

トウグワ
マグワ（真桑）の別名（双子葉植物綱イラ
クサ目クワ科の落葉木。高さは8〜
15m。樹皮は橙褐色）
〈Morus alba〉

*トウゲブキ（峠蕗）
別名：エゾタカラコウ，タカラコウ
双子葉植物綱キク目キク科の多年草。
高さは30〜80cm。
〈Ligularia hodgsonii〉

354 植物別名辞典

トウゴクサイコ

ハクサンサイコ（白山柴胡）の別名（双子葉植物綱セリ目セリ科の多年草。高さは20〜60cm）
〈*Bupleurum nipponicum*〉

*トウゴクシダ（東谷羊歯）

別名：ヒロハベニシダ

オシダ科の常緑性シダ植物。葉身は広卵形。
〈*Dryopteris nipponensis*〉

トウゴマ

ヒマの別名（トウダイグサ科の属総称）

*トウゴマ（唐胡麻）

別名：ヒマ

双子葉植物綱トウダイグサ目トウダイグサ科の一年草。高さは4〜5m。
〈*Ricinus communis*〉

トウサツキ

シナヤマツツジの別名（双子葉植物綱ツツジ目ツツジ科の木本）
〈*Rhododendron simsii*〉

トウシキミ

ダイウイキョウ（大茴香）の別名（双子葉植物綱シキミ目シキミ科の小木。花被は短形で赤色，シキミより大形）
〈*Illicium verum*〉

*トウシモツケ（唐下野）

別名：ホソバノイブキシモツケ

バラ科。
〈*Spiraea nervosa Franch. et Savat. var.angustifolia*（*Yatabe*）*Ohwi*〉

*トウシャジン（唐沙参）

別名：マルバノニンジン

双子葉植物綱キキョウ目キキョウ科の草本。高さは60〜100cm。花は紫色。
〈*Adenophora stricta*〉

*トウジュロ（唐棕櫚）

別名：リュウキュウジュロ

単子葉植物綱ヤシ目ヤシ科の常緑高木。
〈*Trachycarpus wagnerianus*〉

トウショウブ

グラジオラスの別名（単子葉植物綱ユリ目アヤメ科の多年草）
〈*Gladiolus gandavensis*〉

コロビルの別名（アヤメ科の属総称）

トウシンソウ

イ（藺）の別名（単子葉植物綱イグサ目イグサ科の多年草。高さは20〜100cm）
〈*Juncus effusus var.decipiens*〉

トウソヨゴ

シマトベラの別名（双子葉植物綱バラ目トベラ科の常緑高木）
〈*Pittosporum undulatum*〉

*トウダイグサ（灯台草）

別名：スズフリバナ

双子葉植物綱トウダイグサ目トウダイグサ科の一年草または多年草。高さは20〜50cm。
〈*Euphorbia helioscopia*〉

*トウチク（唐竹）

別名：ダイミョウチク，ダンチク，ハンショウダキ

単子葉植物綱カヤツリグサ目イネ科の常緑中型竹。
〈*Sinobambusa tootsik*〉

*トウチャ

別名：ニガチャ

双子葉植物綱ツバキ目ツバキ科の常緑低木。
〈*Camellia sinensis var.sinensis form.macrophylla*〉

トウトウヤナギ

ネコヤナギ（猫柳）の別名（双子葉植物綱ヤナギ目ヤナギ科の落葉低木。花は銀白色）
〈*Salix gracilistyla*〉

トウナス

カボチャ（南瓜）の別名（双子葉植物綱
スミレ目ウリ科の果菜類。鮮果の果肉
に芳香。花は黄色）
〈Cucurbita moschata var.
melonaeformis form.toonas〉

トウナンテン

ヒイラギナンテン（柊南天）の別名（双
子葉植物綱キンポウゲ目メギ科の常緑低
木。高さは1.5m。花は黄色）
〈Mahonia japonica〉

トウニンドウ

キダチニンドウ（木立忍冬）の別名（双
子葉植物綱マツムシソウ目スイカズラ科
の木本）
〈Lonicera hypoglauca〉

トウハゼ

ハゼノキ（櫨木）の別名（双子葉植物綱
ムクロジ目ウルシ科の落葉高木。高さ
は10m。花は黄緑色）
〈Rhus succedanea〉

*トウヒ（唐檜）

別名：テイノキ，トラノオモミ，ニレ
モミ
マツ綱マツ目マツ科の常緑高木。
〈Picea jezoensis var.hondoensis〉

トウヒゴタイ

ヒナヒゴタイの別名（双子葉植物綱キク
目キク科の草本）
〈Saussurea japonica〉

トウビシ

ヒシ（菱）の別名（双子葉植物綱フトモモ
目ヒシ科の一年生浮葉植物。大きな果
実を形成。花は白色，または微紅色）
〈Trapa bispinosa var.iinumai〉

トウヒメユリ

チョウセンヒメユリの別名（ユリ科）

*トウヒレン（唐飛廉）

別名：セイタカトウヒレン
双子葉植物綱キク目キク科の多年草。
高さは70〜100cm。
〈Saussurea tanakae〉

*トウフジウツギ

別名：シマヤマフジウツギ，リュウ
キュウフジウツギ
双子葉植物綱ゴマノハグサ目フジウツギ
科の木本。高さは1〜1.5m。花は赤
紫色。
〈Buddleja lindleyana〉

トウホクジナ

マンシュウボダイジュの別名（双子葉植
物綱アオイ目シナノキ科の落葉広葉高
木。高さは22m）
〈Tilia mandschurica var.
mandschurica〉

トウマメ

ソラマメ（空豆，曽良末米）の別名（双
子葉植物綱マメ目マメ科の果菜類。高
さは1m。花は白か淡紫色）
〈Vicia faba〉

トウムギ

ジュズダマ（数珠球）の別名（単子葉植
物綱カヤツリグサ目イネ科の一年草。
苞鞘は緑から黒，灰白と変化。高さは
80〜200cm）
〈Coix lachryma-jobi〉

*トウモクレン（唐木蓮）

別名：ヒメモクレン
モクレン科の落葉低木。
〈Magnolia quinquepeta（Buchoz）
Dandy cv. Gracilis〉

*トウモロコシ（玉蜀黍，唐唐黍）

別名：トウキビ，ナンバンキビ
種子は食用，茎葉は飼料。高さは4.5m。
〈Zea mays〉

* **トウヤクリンドウ** (当薬竜胆)
  別名：クモイリンドウ
    リンドウ科の多年草。高さは8〜20cm。
    〈*Gentiana algida Pallas*〉

トウユウナ
  サキシマハマボウの別名 (双子葉植物綱
    アオイ目アオイ科の小高木。ヤマアサ
    に似るが葉は鋸歯がない。花は黄，後に
    紫色)
    〈*Thespesia populnea*〉

トウヨウサンゴ (桃葉珊瑚)
  アオキ (青木) **の別名** (双子葉植物綱ミズ
    キ目ミズキ科の常緑低木。高さは1〜
    2m。花は紫褐色)
    〈*Aucuba japonica*〉

トウヨシ
  ダンチク (葭竹) **の別名** (単子葉植物綱
    カヤツリグサ目イネ科の多年草。高さ
    は2〜4m)
    〈*Arundo donax*〉

* **トウリンドウ**
  別名：チョウセンリンドウ
    リンドウ科の薬用植物。
    〈*Gentiana scabra Bunge*〉

* **トゥルシー**
  別名：カミメボウキ
    シソ科。高さは60cm。花は紫紅色。
    〈*Ocimum sanctum L.*〉

トウロウ
  リュウキュウハゼの別名 (ウルシ科)

* **トウロウバイ**
  別名：ダンコウバイ
    ロウバイ科の落葉低木。
    〈*Chimonanthus praecox* (*L.*) *Link
      var.grandiflora* (*Rehder et Wils.*)
      Makino〉

トウワタ
  アスクレピアスの別名 (ガガイモ科の属

総称)

トオノアザミ
  エゾヤマアザミの別名 (キク科の草本)
    〈*Cirsium heiianum* Koidz.〉

トオヤマノリ
  カモガシラノリ (鴨頭海苔) **の別名** (紅
    藻綱ウミゾウメン目カサマツ科の海藻。
    軟骨質)
    〈*Dermonema pulvinatum*〉

トガ
  ツガ (栂) **の別名** (マツ綱マツ目マツ科の
    常緑高木。高さは30m)
    〈*Tsuga sieboldii*〉

トガクシインチン
  オオイワインチン (大岩茵蔯) **の別名**
    (キク科の草本)
    〈*Dendranthema pallasianum* (Fischer
      ex Bess.) Vorosh.〉

トガクシショウマ
  トガクシソウ (戸隠草) **の別名** (双子葉
    植物綱キンポウゲ目メギ科の多年草。
    高さは30〜50cm。花は淡紫色)
    〈*Ranzania japonica*〉

* **トガクシソウ** (戸隠草)
  別名：トガクシショウマ
    双子葉植物綱キンポウゲ目メギ科の多年
    草。高さは30〜50cm。花は淡紫色。
    〈*Ranzania japonica*〉

* **トガクシデンダ** (戸隠連朶)
  **別名：カラフトイワデンダ，ケンザン
    デンダ**
    オシダ科の夏緑性シダ。葉身は長さ4〜
    10cm。線状披針形から卵状披針形。
    〈*Woodsia glabella* R. Br. ex
      Richards.〉

* **トガサワラ**
  別名：カワキ，サワラトガ，マトガ
    マツ綱マツ目マツ科の常緑高木。高さ

トカチ

は15～30m。
〈Pseudotsuga japonica〉

* **トカチスグリ**（十勝酸塊）
別名：チシマスグリ
ユキノシタ科の落葉低木。萼は紫あるいは淡紫。
〈Ribes triste Pall.〉

トキヒサソウ
ウエマツソウの別名（単子葉植物綱ホンゴウソウ目ホンゴウソウ科の多年生腐生植物。高さは6～10cm）
〈Sciaphila tosaensis〉

* **トキリマメ**（吐切豆）
別名：オオバタンキリマメ，ベニカワ
双子葉植物綱マメ目マメ科の多年生つる草。
〈Rhynchosia acuminatifolia〉

トキワアケビ
ムベ（郁子）の別名（双子葉植物綱キンポウゲ目アケビ科の常緑つる性木本。小葉は長楕円形，卵形，倒卵形など）
〈Stauntonia hexaphylla〉

* **トキワアワダチソウ**
別名：アツバアワダチソウ，オニアワダチソウ
キク科の多年草。高さは40～200cm。花は黄色。
〈Solidago sempervirens L.〉

* **トキワイカリソウ**（常磐碇草）
別名：オオイカリソウ
双子葉植物綱キンポウゲ目メギ科の多年草。高さは20～60cm。
〈Epimedium sempervirens〉

* **トキワイヌビワ**
別名：オオトキワイヌビワ
クワ科の常緑高木。
〈Ficus boninsimae Koidz.〉

トキワオモダカ
イワオモダカ（岩沢瀉）の別名（ウラボシ科の常緑性シダ植物。葉身は長さ5～15cm，三角状披針形～披針形）
〈Pyrrosia tricuspis〉

* **トキワガキ**（常磐柿）
別名：クロカキ，トキワマメガキ
双子葉植物綱カキノキ目カキノキ科の常緑高木。
〈Diospyros morrisiana〉

* **トキワカワゴケソウ**
別名：トキワボドステモン
双子葉植物綱カワゴケソウ目カワゴケソウ科の常緑植物。葉状体は0.4～0.6mm。
〈Cladopus austrosatsumensis〉

* **トキワギョリュウ**（常磐檉柳）
別名：トクサバモクマオウ
双子葉植物綱モクマオウ目モクマオウ科の常緑高木。高さは20m。
〈Casuarina equisetifolia〉

トキワゲンカイ
エゾムラサキツツジ（蝦夷紫躑躅）の別名（双子葉植物綱ツツジ目ツツジ科の半常緑低木。高さは2.4m。花は紫紅色）
〈Rhododendron dauricum〉

トキワコブシ
オガタマノキ（小賀玉木）の別名（双子葉植物綱モクレン目モクレン科の常緑高木。高さは20m。花は白色）
〈Michelia compressa〉

* **トキワザクラ**（常磐桜）
別名：シキザキサクラソウ
双子葉植物綱サクラソウ目サクラソウ科の多年草。高さは10～20cm。花は淡桃色。
〈Primula obconica〉

トキワサンザシ
ピラカンサの別名（双子葉植物綱バラ目

バラ科の属総称）
〈*Pyracantha spp.*〉

* **トキワサンザシ**（常磐山査子）
   別名：ピラカンタ
   双子葉植物綱バラ目バラ科の常緑低木。果実は鮮紅色。高さは2m。
   〈*Pyracantha coccinea*〉

* **トキワススキ**（常磐薄）
   別名：アリハラススキ，カンススキ
   単子葉植物綱カヤツリグサ目イネ科の多年草。高さは150〜350cm。
   〈*Miscanthus floridulus*〉

トキワツツジ
   エゾムラサキツツジ（蝦夷紫躑躅）の別名（双子葉植物綱ツツジ目ツツジ科の半常緑低木。高さは2.4m。花は紫紅色）
   〈*Rhododendron dauricum*〉

* **トキワツユクサ**
   別名：ノハカタカラクサ
   単子葉植物綱ツユクサ目ツユクサ科の多年草。花は緑色。
   〈*Tradescantia fluminensis*〉

トキワナズナ
   ヒナソウの別名（双子葉植物綱アカネ目アカネ科の多年草。高さは2〜15cm。花は白色，または青色）
   〈*Houstonia caerulea*〉

* **トキワバナ**
   別名：ヒガサギク
   キク科。

トキワハマグルマ
   キダチハマグルマの別名（キク科の草本。葉は厚く卵形）
   〈*Wedelia biflora*（L.）DC. ex Wight〉

トキワポドステモン
   トキワカワゴケソウの別名（双子葉植物綱カワゴケソウ目カワゴケソウ科の常緑植物。葉状体は0.4〜0.6mm）
   〈*Cladopus austrosatsumensis*〉

トキワマメガキ
   トキワガキ（常磐柿）の別名（双子葉植物綱カキノキ目カキノキ科の常緑高木）
   〈*Diospyros morrisiana*〉

トキワラン
   パフィオペディルムの別名（ラン科の属総称）

* **トキワラン**（常盤蘭）
   別名：パフィオペディルム
   ラン科。高さは20〜40cm。花は褐色を帯びる。
   〈*Paphiopedilum insigne*（*Wall. ex Lindl.*）*Pfitz.*）〉

* **トキワレンゲ**（常磐蓮花）
   別名：シラタマモクレン
   モクレン科の観賞用高木。葉は厚く，萼は緑黄色。花は卵黄白色。
   〈*Magnolia coco*（*Lour.*）*DC.*〉

* **トキンイバラ**（頭巾茨）
   別名：ボタンイバラ
   双子葉植物綱バラ目バラ科の落葉低木。高さは1m。花は白色。
   〈*Rubus tokin-ibara*〉

* **トキンソウ**（吐金草）
   別名：シグレクサ，タネヒリグサ，ハナヒリグサ
   双子葉植物綱キク目キク科の一年草。高さは5〜20cm。
   〈*Centipeda minima*〉

ドクアジロガサ
   コレラタケの別名（フウセンタケ科のキノコ。小型。傘は饅頭形，平滑，湿時条線）
   〈*Galerina fasciculata*〉

ドクイモ
   クワズイモ（不喰芋）の別名（単子葉植物綱サトイモ目サトイモ科の多年草。葉の先端は上向，根茎澱粉質。高さは100cm前後）
   〈*Alocasia odora*〉

*ドクウツギ(毒空木)
別名：イチロベゴロシ
双子葉植物綱キンポウゲ目ドクウツギ科
の落葉低木。偽果は黒紫色。
〈*Coriaria japonica*〉

ドクエ
アブラギリ(油桐)の別名(双子葉植物
綱トウダイグサ目トウダイグサ科の落葉
高木。高さは15m)
〈*Aleurites cordata*〉

トクオノキ
ヘラノキ(箆木)の別名(双子葉植物綱
アオイ目シナノキ科の落葉広葉高木。
高さは20m)
〈*Tilia kiusiana*〉

ドクカラカサタケ
コカラカサタケの別名(ハラタケ科のキ
ノコ。中型～大型。傘は大型の鱗片。
ひだは白色～赤色味)
〈*Macrolepiota neomastoidea*〉

ドクグルミ
ノグルミ(野胡桃)の別名(双子葉植
綱クルミ目クルミ科の落葉高木。樹高
は25m。樹皮は黄褐色)
〈*Platycarya strobilacea*〉

*ドクササコ
別名：ヤケドキン，ヤブシメジ
キシメジ科のキノコ。中型。傘は橙褐
色で漏斗形，縁部は内側に巻く。
〈*Clitocybe acromelalga*〉

トクサバモクマオウ
トキワギョリュウ(常磐樫柳)の別名
(双子葉植物綱モクマオウ目モクマオウ
科の常緑高木。高さは20m)
〈*Casuarina equisetifolia*〉

ドクスギタケ
アセタケの別名(フウセンタケ科のキノ
コ。傘は黄色)
〈*Inocybe rimosa*〉

*ドクゼリ(毒芹)
別名：オオゼリ
双子葉植物綱セリ目セリ科の多年草。
高さは60～100cm。
〈*Cicuta virosa*〉

*ドクゼリモドキ
別名：ホワイトレースフラワー
双子葉植物綱セリ目セリ科の一年草また
は越年草。高さは30～100cm。花は
白色。
〈*Ammi majus*〉

*ドクダミ
別名：ジュウヤク
双子葉植物綱コショウ目ドクダミ科の多
年草。高さは30～50cm。花は白色。
〈*Houttuynia cordata*〉

*ドクダミ〔斑入り〕
別名：フイリジュウヤク
双子葉植物綱コショウ目ドクダミ科の
草本。
〈*Houttuynia cordata form.*
variegata〉

ドクダミサイハイゴケ
オオサイハイゴケの別名(ジンガサゴケ
科のコケ。独特なドクダミ臭、長さ1～
2cm)
〈*Asterella cruciata* (Steph.) Horik.〉

ドクツツジ
レンゲツツジ(蓮華躑躅)の別名(双子
葉植物綱ツツジ目ツツジ科の落葉低木。
花は黄～オレンジ色)
〈*Rhododendron japonicum*〉

ドクツール・ジュール・ギュヨー
プレコースの別名(バラ科のナシの品種。
果皮は黄緑で陽向面は赤色)

ドクフジ
デリスの別名(双子葉植物綱マメ目マメ
科のつる性低木。葉はフジに酷似。花
は明るい赤色)

〈*Derris elliptica*〉

*ドグラスファー
別名：オレゴンパイン，ベイマツ
マツ科の木本。

トクワカソウ
イワウチワ（岩団扇）の別名（双子葉植物綱イワウメ目イワウメ科の多年草。高さは3～10cm。花は淡紅色）
〈*Shortia uniflora var.kantoensis*〉

トゲアオノリ
スジアオノリの別名（緑藻綱アオサ目アオサ科の海藻。筒状）
〈*Enteromorpha prolifera*〉

*トケイソウ（時計草）
別名：ハナトケイソウ，ボロンカズラ
双子葉植物綱スミレ目トケイソウ科のつる性植物。花は白～桃紫色。
〈*Passiflora caerulea*〉

トゲシバ
ボウムギの別名（単子葉植物綱カヤツリグサ目イネ科の一年草。高さは10～60cm）
〈*Lolium rigidum*〉

トゲソバ
ママコノシリヌグイ（継子尻拭）の別名（双子葉植物綱タデ目タデ科の一年生つる草。長さは1～2m）
〈*Persicaria senticosa*〉

*トゲチシャ
別名：アレチヂシャ
双子葉植物綱キク目キク科の一年草または越年草。高さは1～2m。花は黄白色。
〈*Lactuca scariola*〉

トゲナシカカラ
ハマサルトリイバラの別名（ユリ科の草本）
〈*Smilax sebeana* Miq.〉

トゲナシゴヨウイチゴ
ヒメゴヨウイチゴ（姫五葉苺）の別名（双子葉植物綱バラ目バラ科の落葉匍匐性低木）
〈*Rubus pseudo-japonicus*〉

*トゲナシムグラ
別名：カスミムグラ
双子葉植物綱アカネ目アカネ科の多年草。長さは30～150cm。花は白色，または緑白色。
〈*Galium mollugo*〉

トゲバーレリア
トゲバレリヤの別名（キツネノマゴ科の低木。刺あり。高さは0.6～2m。花は黄橙色）
〈*Barleria prionitis* L.〉

*トゲバレリヤ
別名：トゲバーレリア
キツネノマゴ科の低木。刺あり。高さは0.6～2m。花は黄橙色。
〈*Barleria prionitis* L.〉

*トゲバンレイシ（刺蕃荔枝）
別名：オランダドリアン
双子葉植物綱モクレン目バンレイシ科の低木。葉はカキに似る。高さは3～8m。花は淡黄色。
〈*Annona muricata*〉

トゲマサキ
ハリツルマサキ（針蔓柾木）の別名（双子葉植物綱ニシキギ目ニシキギ科の常緑半つる状低木）
〈*Maytenus diversifolia*〉

トゲミオトコゼリ
イトキツネノボタンの別名（キンポウゲ科の一年草。高さは30～50cm）
〈*Ranunculus arvensis* L.〉

トゲミキンポウゲ
トゲミノキツネノボタンの別名（双子葉植物綱キンポウゲ目キンポウゲ科の一

年草。高さは15〜50cm。花は黄色）
〈*Ranunculus muricatus*〉

*トゲミノキツネノボタン
別名：トゲミキンポウゲ
双子葉植物綱キンポウゲ目キンポウゲ科
の一年草。高さは15〜50cm。花は
黄色。
〈*Ranunculus muricatus*〉

トゲミミズヒキモ
コバノヒルムシロの別名（単子葉植物綱
イバラモ目ヒルムシロ科の多年生水草。
背稜に突起がある）
〈*Potamogeton cristatus*〉

トゲムギ
ボウムギの別名（単子葉植物綱カヤツリ
グサ目イネ科の一年草。高さは10〜
60cm）
〈*Lolium rigidum*〉

*トゲヨロイゴケ
別名：タキミヨロイゴケ
ヨロイゴケ科の地衣類。地衣体は褐色。
〈*Sticta weigelii Isert.*〉

トコナツ
カワラナデシコ（河原撫子）の別名（双
子葉植物綱ナデシコ目（中心子目）ナデ
シコ科の多年草。高さは30〜80cm）
〈Dianthus superbus *var.*
longicalycinus〉
ナデシコ（撫子）の別名（ナデシコ科の
多年草。高さは30〜80cm）
〈*Dianthus superbus* L. var.
longicalycinus（Maxim.）Williams〉

トコナデシコ
タツタナデシコ（立田撫子）の別名（ナ
デシコ科の多年草。花は白から濃桃色）
〈*Dianthus plumarius* L.〉

トコユ
ハナユ（花柚）の別名（双子葉植物綱ムク
ロジ目ミカン科の木本。果面は黄色。

高さは1.5m）
〈*Citrus hanayu*〉

トコロ
オニドコロ（鬼野老）の別名（単子葉植
物綱ユリ目ヤマノイモ科の多年生つる
草）
〈*Dioscorea tokoro*〉

トコロテングサ
テングサの別名（紅藻綱テングサ目テン
グサ科の海藻。3回羽状に分岐。体は10
〜30cm）
〈*Gelidium elegans*〉

*トサオトギリ
別名：シナオトギリ，セイタカオト
ギリ
双子葉植物綱ツバキ目オトギリソウ科の
草本。
〈*Hypericum tosaense*〉

トサカカズラ
フィロデンドロン・ラディアータムの
別名（サトイモ科）

トサジョウロウホトトギス
ジョウロウホトトギス（上臈杜鵑草）
の別名（単子葉植物綱ユリ目ユリ科の多
年草。花は鮮黄色）
〈*Tricyrtis macrantha*〉

トサゼニゴケ
トサノゼニゴケの別名（ゼニゴケ科のコ
ケ。暗緑色，長さ2〜3cm）
〈*Marchantia tosana*〉

トサトネリコ
マルバアオダモ（丸葉青だも）の別名
（双子葉植物綱ゴマノハグサ目モクセイ
科の落葉高木）
〈*Fraxinus sieboldiana*〉

トサネコノメ
タチネコノメソウの別名（双子葉植物綱
バラ目ユキノシタ科の多年草。高さは5

~12cm）
〈*Chrysosplenium tosaense*〉

トサノカモメヅル
コカモメヅル（小鷗蔓）の別名（ガガイ
モ科の多年生つる草）
〈*Tylophora floribunda* Miq.〉

トサノキシノブ
ツクシノキシノブ（筑紫軒忍）の別名
（ウラボシ科の常緑性シダ植物。葉身は
長さ15〜30cm，披針形から線状披針形）
〈*Lepisorus tosaensis*〉

＊トサノゼニゴケ
別名：トサゼニゴケ
ゼニゴケ科のコケ。暗緑色，長さ2〜
3cm。
〈*Marchantia tosana*〉

＊トサノミカエリソウ（土佐見返り草）
別名：オオマルバノテンニンソウ，ツ
クシミカエリソウ
双子葉植物綱シソ目シソ科の木本。
〈*Leucosceptrum stellipilum* var.
tosaense〉

トサノモミジガサ
オオモミジガサ（大紅葉傘）の別名（双
子葉植物綱キク目キク科の多年草。高
さは55〜80cm）
〈*Miricacalia makineana*〉

＊トサミズキ（土佐水木）
別名：ロウベンバナ
双子葉植物綱マンサク目マンサク科の落
葉低木。高さは2〜4m。
〈*Corylopsis spicata*〉

トサムラサキ
ビロードムラサキの別名（クマツヅラ科
の落葉低木）
〈*Callicarpa kochiana* Makino〉

＊トサムラサキ
別名：ヤクシマコムラサキ
双子葉植物綱シソ目クマツヅラ科の

木本。
〈*Callicarpa shikokiana*〉

ドシャ
ハリグワ（針桑）の別名（双子葉植物綱
イラクサ目クワ科の木本）
〈*Maclura tricuspidata*〉

ドスナラ
ハシドイの別名（双子葉植物綱ゴマノハ
グサ目モクセイ科の落葉小高木。高さ
は10m。花は白色）
〈*Syringa reticulata*〉

＊トダシバ（戸田芝）
別名：バレンシバ
単子葉植物綱カヤツリグサ目イネ科の多
年草。高さは60〜130cm。
〈*Arundinella hirta*〉

＊トダスゲ
別名：アワスゲ
カヤツリグサ科の草本。
〈*Carex aequialta* Kükenth.〉

＊トチカガミ
別名：カエルエンザ，スッポンノカガ
ミ，ドウガメバス
単子葉植物綱トチカガミ目トチカガミ科
の浮遊性多年草。葉身は円形，花弁は
3枚で白色。
〈*Hydrocharis dubia*〉

トチシバ
クロバイ（黒灰）の別名（双子葉植物綱
カキノキ目ハイノキ科の常緑高木。花
は白色）
〈*Symplocos prunifolia*〉
ハイノキ（灰の木）の別名（ハイノキ科
の常緑低木。花は白色）
〈*Symplocos myrtacea* Sieb. et Zucc.〉

トーチジンジャー
カンタンの別名（ショウガ科の多年草。
ショウガ状で巨大。高さは2〜3m。花
は紅色）

〈*Nicolaia elatior* (Jack) Horan.〉

*トチナイソウ（栃内草）
別名：チシマコザクラ
双子葉植物綱サクラソウ目サクラソウ科の多年草。高さは3〜7cm。花は白〜ピンク色。
〈*Androsace chamaejasme subsp. lehmanniana*〉

*トチバニンジン（橡葉人参，栃葉人参）
別名：チクセツニンジン
双子葉植物綱セリ目ウコギ科の多年草。高さは50〜80cm。
〈*Panax japonicus*〉

トックリバナ
アカバナ（赤花，赤葉菜）の別名（双子葉植物綱フトモモ目アカバナ科の多年草。高さは15〜90cm）
〈*Epilobium pyrricholophum*〉

*トックリラン（徳利蘭）
別名：ノリナ
リュウゼツラン科の属総称。

トド
オオシラビソ（大白檜曽）の別名（マツ綱マツ目マツ科の常緑高木。高さは30m）
〈*Abies mariesii*〉

トトキ
ツリガネニンジン（釣鐘人参）の別名（双子葉植物綱キキョウ目キキョウ科の多年草。高さは40〜100cm）
〈*Adenophora triphylla* var.*japonica*〉

*トドマツ（椴松）
別名：アカトドマツ
マツ綱マツ目マツ科の常緑高木。高さは25m。
〈*Abies sachalinensis var. sachalinensis*〉

*トネアザミ
別名：タイアザミ
双子葉植物綱キク目キク科の多年草。高さは1〜2m。
〈*Cirsium nipponicum var. incomptum*〉

*トネリコ（戸練子）
別名：サトトネリコ，タモ
双子葉植物綱ゴマノハグサ目モクセイ科の落葉高木。高さは15m。
〈*Fraxinus japonica*〉

トネリコバノカエデ
ネグンドカエデの別名（双子葉植物綱ムクロジ目カエデ科の落葉高木。高さは20m。樹皮は灰褐色）
〈*Acer negundo*〉

トネリバハゼノキ
ランシンボクの別名（双子葉植物綱ムクロジ目ウルシ科の木本。高さは25m）
〈*Pistacia chinensis*〉

トバエグワイ
アギナシ（顎無）の別名（単子葉植物綱オモダカ目オモダカ科の多年草，抽水性〜湿生。全長8〜40cm，果実は倒卵形。高さは20〜80cm）
〈*Sagittaria aginashi*〉

トバンノキ
ジタノキの別名（キョウチクトウ科の高木。キササゲ状の果実を垂下）
〈*Alstonia scholaris* R. BR.〉

*トビイロノボリリュウタケ
別名：ヒグマアミガサタケ
ノボリリュウタケ科のキノコ。
〈*Gyromitra infula*〉

*トビカズラ（飛蔓）
別名：アイラトビカズラ
双子葉植物綱マメ目マメ科の木本。
〈*Mucuna sempervirens*〉

トビヅタ

ヤドリギ（寄生木）の別名（双子葉植物綱ビャクダン目ヤドリギ科の常緑低木）
〈*Viscum album var.coloratum*〉

トビラギ

トベラ（海桐花）の別名（双子葉植物綱バラ目トベラ科の常緑低木または小高木。高さは2〜3m。花は白，後に淡黄色）
〈*Pittosporum tobira*〉

トビラノキ

トベラ（海桐花）の別名（双子葉植物綱バラ目トベラ科の常緑低木または小高木。高さは2〜3m。花は白，後に淡黄色）
〈*Pittosporum tobira*〉

ドーフィン

ビオレ・ドーフィンの別名（クワ科のイチジク（無花果）の品種。果肉やや黄紅色）

マスイドーフィン（桝井ドーフィン）の別名（クワ科のイチジク（無花果）の品種。果皮は紫褐色）

＊トベラ（海桐花）

別名：トビラギ，トビラノキ
双子葉植物綱バラ目トベラ科の常緑低木または小高木。高さは2〜3m。花は白，後に淡黄色。
〈*Pittosporum tobira*〉

トベラニンギョウ

キイレツチトリモチ（喜入土鳥黐）の別名（双子葉植物綱ビャクダン目ツチトリモチ科の多年草。ネズミモチ等の根に寄生，全体は黄。高さは10〜15cm）
〈*Balanophora tobiracola*〉

＊トマト

別名：アカナス（赤茄子），バンカ（蕃茄）
双子葉植物綱ナス目ナス科の果菜類。果実は赤色。高さは3m。
〈*Lycopersicon esculentum*〉

トマトノキ

トマトノキの別名（ナス科の低木。果実は紫色。高さは2〜3m。花は淡桃色）
〈*Cyphomandra betacea*（Cav.）Sendtn.〉

＊トマトノキ

別名：コダチトマト，トマトノキ
ナス科の低木。果実は紫色。高さは2〜3m。花は淡桃色。
〈*Cyphomandra betacea*（Cav.）Sendtn.〉

トマリスゲ

ホロムイスゲ（幌向菅）の別名（カヤツリグサ科の多年草。高さは30〜70cm）
〈*Carex middendorffii* Fr. Schm. var. *middendorffii*〉

＊トヤマシノブゴケ

別名：アソシノブゴケ
シノブゴケ科のコケ。大形で，茎葉はほぼ三角形で下部には深い縦じわ。
〈*Thuidium kanedae Sakurai*〉

ドヨウダケ（土用竹）

ホウライチク（蓬莱竹）の別名（単子葉植物綱カヤツリグサ目イネ科の常緑中型竹。密集束生，小形で垣根用。高さは5〜10m）
〈*Bambusa multiplex*〉

ドヨウフジ

ナツフジ（夏藤）の別名（双子葉植物綱マメ目マメ科のつる性落葉木。花は黄白色）
〈*Millettia japonica var.japonica*〉

ドヨウモダシ

チチタケの別名（ベニタケ科のキノコ。中型〜大型。傘は黄褐色〜赤褐色，ビロード状。ひだは白色〜淡黄色）
〈*Lactarius volemus*〉

ドヨウユリ

カノコユリ（鹿子百合）の別名（単子葉植物綱ユリ目ユリ科の多年草。高さは1

トヨオ

~1.5m。花は桃~濃紅色)
〈*Lilium speciosum*〉

トヨオカザサ
アオネザサの別名(単子葉植物綱カヤツ
リグサ目イネ科の木本)
〈*Pleioblastus humilis*〉

トヨハラツメクサ
アライトツメクサの別名(双子葉植物綱
ナデシコ目(中心子目)ナデシコ科の一
年草または多年草。高さは10cm以下。
花は白色)
〈*Sagina procumbens*〉

ドラクサ
オバクサの別名(紅藻綱テングサ目テン
グサ科の海藻。体は10~20cm)
〈*Pterocladiella capillacea*〉

トラゴケ
オオシラガゴケの別名(シラガゴケ科の
コケ。茎は長さ5cm以上、葉は披針形)
〈*Leucobryum scabrum* S. Lac.〉

＊ドラセナ
別名:センネンボク,リュウケツジュ
リュウゼツラン科の属総称。

＊ドラセナ・デレメンシス・バウセイ
別名:オオシロシマセンネンボク
リュウゼツラン科。

トラッフル
セイヨウショウロの別名(セイヨウショ
ウロタケ科のキノコ)

トラノオ
ウミトラノオの別名(褐藻綱ヒバマタ目
ホンダワラ科の海藻。羽状に分岐する。
体は1m)
〈*Sargassum thunbergii*〉
クガイソウ(九蓋草)の別名(双子葉植
物綱ゴマノハグサ目ゴマノハグサ科の多
年草。高さは80~150cm)
〈Veronicastrum sibiricum *var.*

japonicum〉
サンセヴィエリア・ローレンチーの別
名(ユリ科)
ヤブソテツ(藪蘇鉄)の別名(オシダ科
の常緑性シダ植物。葉身は長さ80cm,
披針形)
〈*Cyrtomium fortunei*〉

トラノオモミ
トウヒ(唐檜)の別名(マツ科の常緑高
木)
〈*Picea jezoensis*(Sieb. et Zucc.)
Carr. var.*hondoensis*(Mayr)
Rehder〉
ハリモミ(針樅)の別名(マツ綱マツ目
マツ科の常緑高木。高さは35m)
〈*Picea polita*〉

トラフユリ
ティグリディアの別名(アヤメ科の属総
称。球根植物)
＊トラフユリ
別名:トラユリ
単子葉植物綱ユリ目アヤメ科の多年
草。高さは45~60cm。
〈*Tigridia pavonia*〉

トラユリ
ティグリディアの別名(アヤメ科の属総
称。球根植物)
トラフユリの別名(単子葉植物綱ユリ目
アヤメ科の多年草。高さは45~60cm)
〈*Tigridia pavonia*〉

トリアシ
ユイキリ(指切)の別名(紅藻綱テング
サ目テングサ科の海藻。体は5~20cm)
〈*Acanthopeltis japonica*〉

＊トリアシショウマ(鳥足升麻)
別名:アカショウマ
ユキノシタ科の多年草。高さは40~
100cm。
〈*Astilbe thunbergii*(Sieb. et Zucc.)
Miq. var.*congesta* H. Boiss.〉

トリカブト

ナンタイブシ(男体付子)の別名(キンポウゲ科の草本)

〈*Aconitum zigzag* Lév. et Vaniot subsp.*komatsui*(Nakai)Kadota〉

*トリカブト(鳥兜)

別名:カブトギク,カラトリカブト

双子葉植物綱キンポウゲ目キンポウゲ科の多年草。高さは1m。花は濃青色。

〈*Aconitum chinense*〉

トリトニー

トリトニアの別名(アヤメ科の属総称。球根植物)

*トリトニア

別名:ガルテンモントブレチア,トリトニー

アヤメ科の属総称。球根植物。

*トリトマ

別名:クニフォフィア,シャグマユリ(赤熊百合)

単子葉植物綱ユリ目ユリ科の属総称。

〈*Kniphofia* spp.〉

トリトマラズ

ヘビノボラズ(蛇上らず)の別名(メギ科の木本)

〈*Berberis sieboldi* Miq.〉

メギ(目木)の別名(双子葉植物綱キンポウゲ目メギ科の落葉低木。高さは2m)

〈*Berberis thunbergii*〉

トリノアシ

イノモトソウ(井許草)の別名(イノモトソウ科の常緑性シダ植物。葉身は長さ60cm)

〈*Pteris multifida*〉

ユイキリ(指切)の別名(紅藻綱テングサ目テングサ科の海藻。体は5〜20cm)

〈*Acanthopeltis japonica*〉

トリモチノキ

モチノキ(黐木)の別名(双子葉植物綱ニシキギ目モチノキ科の常緑高木。花は黄緑色)

〈*Ilex integra*〉

ヤマグルマ(山車)の別名(双子葉植物綱ヤマグルマ目ヤマグルマ科の常緑高木。高さは20m。花は緑黄色。樹皮は灰色ないし暗褐色)

〈*Trochodendron aralioides*〉

トリュッフェル

セイヨウショウロの別名(セイヨウショウロタケ科のキノコ)

トリュフ

セイヨウショウロの別名(セイヨウショウロタケ科のキノコ)

*トルコギキョウ

別名:ユーストマ,リシアンサス

双子葉植物綱リンドウ目リンドウ科の宿根草。高さは90cm。花は淡紫〜濃紫,白,淡桃〜濃桃色など。

〈*Eustoma grandiflorum*〉

トレイジュ

マユミ(真弓)の別名(双子葉植物綱ニシキギ目ニシキギ科の落葉小高木。花は緑白色)

〈*Euonymus sieboldianus*〉

*トレニア

別名:ナツスミレ(夏菫),ハナウリクサ(花瓜草)

ゴマノハグサ科の観賞用草本。高さは20〜30cm。花は上唇青黄、下唇(3片)は先端濃紫色。

〈*Torenia fournieri* Linden ex E. Fourn.〉

*トレビス

別名:アカメチコリ(赤芽チコリ),トレビーツ,トレビッツ

キク科の葉菜類。

トレビ

トレビーツ
　トレビスの別名（キク科の葉菜類）

トレビッツ
　トレビスの別名（キク科の葉菜類）

＊ドロイ（泥藺）
　別名：ミズイ
　　単子葉植物綱イグサ目イグサ科の草本。
　　〈Juncus gracillimus〉

ドロノキ
　ドロヤナギ（泥柳）の別名（ヤナギ科の
　落葉高木。高さは30m。花は雄花は赤
　紫、雌花は黄緑色）
　〈Populus maximowiczii Henry〉
　＊ドロノキ
　　別名：ワタドロ
　　双子葉植物綱ヤナギ目ヤナギ科の落
　　葉高木。高さは30m。雄花は赤紫,
　　雌花は黄緑色。
　　〈Populus maximowiczii〉

＊ドロヤナギ（泥柳）
　別名：ドロノキ，ワタドロ
　　ヤナギ科の落葉高木。高さは30m。花は
　　雄花は赤紫、雌花は黄緑色。
　　〈Populus maximowiczii Henry〉

＊トロリウス
　別名：キンバイソウ，セイヨウキン
　　　　バイ
　　キンポウゲ科の属総称。

トロロ（薯蕷）
　トロロアオイ（薯蕷葵）の別名（双子葉
　植物綱アオイ目アオイ科の一年草または
　越年草。高さは1.5～2.5m。花は黄色）
　〈Abelmoschus manihot〉

＊トロロアオイ（薯蕷葵）
　別名：オウショッキ（黄蜀葵），クサダ
　　　　モ，トロロ（薯蕷）
　　双子葉植物綱アオイ目アオイ科の一年草
　　または越年草。高さは1.5～2.5m。花
　　は黄色。

〈Abelmoschus manihot〉

トロロアオイモドキ
　ニオイトロロアオイの別名（双子葉植物
　綱アオイ目アオイ科の草本。高さは1.
　5m。花は黄色，中心赤色）
　〈Abelmoschus moschatus〉

トロロノキ
　ノリウツギ（糊空木）の別名（双子葉植
　物綱バラ目ユキノシタ科の落葉低木また
　は小高木。高さは2～3m。花は白色）
　〈Hydrangea paniculata〉

トワノシダ
　ホラシノブ（洞忍）の別名（ホングウシ
　ダ科の常緑性シダ植物。葉身は長さ15
　～60cm，長楕円状披針形）
　〈Sphenomeris chinensis〉

トンキンニッケイ
　シナニッケイの別名（双子葉植物綱クス
　ノキ目クスノキ科の小木。高さは7～
　12m。花は淡黄色）
　〈Cinnamomum cassia〉

ドングリ
　クヌギ（椚，櫟，橡）の別名（双子葉植
　物綱ブナ目ブナ科の落葉高木。高さは
　10～15m。樹皮は灰褐色）
　〈Quercus acutissima〉

ドングリマキ
　クヌギ（椚，櫟，橡）の別名（双子葉植
　物綱ブナ目ブナ科の落葉高木。高さは
　10～15m。樹皮は灰褐色）
　〈Quercus acutissima〉

ドンドバナ
　ノハナショウブ（野花菖蒲）の別名（単
　子葉植物綱ユリ目アヤメ科の多年草。
　高さは40～100cm）
　〈Iris ensata var.spontanea〉

トンボソウ
　ヒメウズ（姫烏頭）の別名（キンポウゲ

368　植物別名辞典

科の多年草。高さは10〜30cm）
〈*Semiaquilegia adoxoides*（DC.）
Makino〉

＊**トンボソウ**（蜻蛉草）
別名：**コトンボソウ**
単子葉植物綱ラン目ラン科の多年草。
高さは15〜35cm。
〈*Tulotis ussuriensis*〉

【 ナ 】

ナアザミ
ナンブタカネアザミ（南部高嶺薊）の
別名（キク科の多年草。高さは1〜2m）
〈*Cirsium nipponicum* Makino var.
nipponicum〉

ナイトウニガナ
セイヨウニガナの別名（キク科。茎葉基
部に耳状の裂片がある）
〈*Crepis callaris*（L.）Wallr.〉

ナイトスターリリー
アマリリスの別名（単子葉植物綱ユリ目
ヒガンバナ科の属総称）
〈Hippeastrum *spp.*〉

＊**ナエバキスミレ**
別名：**ダイセンキスミレ**
双子葉植物綱スミレ目スミレ科の草本。
〈*Viola brevistipulata var.minor*〉

＊**ナガイモ**（長芋）
別名：**ヤマイモ，ヤマノイモ**
ヤマノイモ科の野菜。茎には稜があり、
葉柄とともに紫色を帯びる。
〈*Dioscorea batatas Decne.*〉

ナガエアカバナ
アシボソアカバナ（足細赤花）の別名
（アカバナ科の草本）
〈*Epilobium dielsii* Lév.〉

ナガエアマナ
ミラの別名（ユリ科）

ナガエクワズヤシ
マライドクヤシの別名（ヤシ科。幹に縦
の皺、葉裏灰白でやや褐色。高さは
15m。花は緑色）
〈*Orania sylvicola*（Griff.）H. E.
Moore〉

＊**ナガエコミカンソウ**
別名：**ブラジルコミカンソウ**
トウダイグサ科の一年草。長さは8〜
77cm。
〈*Phyllanthus tenellus Roxb.*〉

ナガエノケシボウズタケ
ナガエノホコリタケの別名（ケシボウズ
タケ科のキノコ。小型。半地下生（砂
地））
〈Tulostoma fimbriatum *var.*
campestre〉

ナガエノセンナリホオズキ
フウリンホオズキの別名（ナス科の一年
草。高さは30〜60cm。花は淡黄緑色）
〈*Physalis acutifolia*（Miers）
Sandow.〉

＊**ナガエノホコリタケ**
別名：**ナガエノケシボウズタケ**
ケシボウズタケ科のキノコ。小型。半
地下生（砂地）。
〈*Tulostoma fimbriatum var.*
campestre〉

＊**ナガエベンケイ**
別名：**ダイオウカン**
ベンケイソウ科の低木。
〈*Kalankoe velutina Welw.*〉

ナガエホウキギク
オオホウキギクの別名（キク科の一年草
または越年草。高さは40〜100cm。花
は淡紅桃色）
〈*Aster exilis* Elliot〉

ナガキンカン
キンカンの別名（双子葉植物綱ムクロジ

目ミカン科の木本。果実は縦径3〜3.5cm。高さは1.5m)
〈Fortunella japonica var.margarita〉

*ナガサキシダ (長崎羊歯)
別名：オオミツデ
オシダ科の常緑性シダ植物。葉身は長さ30〜70cm, 広卵形から円状卵形。
〈Dryopteris sieboldii〉

ナガサキシャジン
サイヨウシャジン (細葉沙参) の別名
(双子葉植物綱キキョウ目キキョウ科。高さは40〜100cm。花は淡青色)
〈Adenophora triphylla var.triphylla〉

ナガサキリンゴ
カイドウ (海棠) の別名 (バラ科の木本)
〈Malus micromalus Makino〉
ミカイドウ (実海棠) の別名 (双子葉植物綱バラ目バラ科の落葉高木。高さは3〜5m。花は淡紅色)
〈Malus micromalus〉

ナガササゲ
ササゲ (豇豆) の別名 (双子葉植物綱マメ目マメ科の果菜類。花は白色, または紫色)
〈Vigna unguiculata〉

ナガジイ
スダジイの別名 (双子葉植物綱ブナ目ブナ科の常緑高木)
〈Castanopsis sieboldii〉

ナガジラミ
ヤブニンジン (藪人参) の別名 (双子葉植物綱セリ目セリ科の多年草。高さは40〜60cm)
〈Osmorhiza aristata〉

ナガツノマタ
コトジツノマタ (琴柱角叉) の別名 (紅藻綱スギノリ目スギノリ科の海藻。扁圧。体は20cm)
〈Chondrus elatus〉

ナガトコロ
オニドコロ (鬼野老) の別名 (単子葉植物綱ユリ目ヤマノイモ科の多年生つる草)
〈Dioscorea tokoro〉

ナガネギ
ウェルシュ・オニオンの別名 (ユリ科のハーブ)

*ナガバウスバシダ
別名：サキミウスバシダ
オシダ科の常緑性シダ。葉身は長さ45cm。長楕円形から広披針形。
〈Tectaria kusukusensis (Hayata) Lellinger〉

*ナガバオオウチワ
別名：ナガバビロードオオウチワ
サトイモ科の多年草。葉は濃緑色のビロード状。
〈Anthurium warocqueanum T. Moore〉

ナガバカナメモチ
オオカナメモチ (大要鰳) の別名 (双子葉植物綱バラ目バラ科の常緑高木。高さは6〜14m。花は白色。樹皮は灰褐色)
〈Photinia serratifolia〉

*ナガバカラマツ
別名：サマニカラマツ
双子葉植物綱キンポウゲ目キンポウゲ科の草本。
〈Thalictrum integrilobum〉

*ナガバギシギシ (長葉羊蹄)
別名：ウマダイオウ
双子葉植物綱タデ目タデ科の多年草。高さは0.8〜1.5m。花は緑白色。
〈Rumex crispus〉

*ナガバコウゾリナ
別名：ツルヤブタバコ
キク科の草本。
〈Blumea conspicua Hayata〉

*ナガハシスミレ（長嘴菫）
別名：テングスミレ
双子葉植物綱スミレ目スミレ科の多年
草。高さは10〜15cm。
〈*Viola rostrata var.japonica*〉

ナガハシマムシソウ
ツクシマムシグサ（筑紫蝮草）の別名
（単子葉植物綱サトイモ目サトイモ科の
多年草。高さは20〜60cm）
〈*Arisaema maximowiczii*〉

ナガバシュロソウ（長葉棕櫚草）
ホソバシュロソウ（細葉棕櫚草）の別
名（単子葉植物綱ユリ目ユリ科の多年
草。高さは40〜100cm。花は濃紫褐色）
〈*Veratrum maackii*〉

*ナガバスズメノヒエ
別名：ナンヨウスズメノヒエ
イネ科。葉や葉鞘が無毛。
〈*Paspalum longifolium Roxb.*〉

ナガバスブタ
スブタ（簀蓋）の別名（単子葉植物綱トチ
カガミ目トチカガミ科の一年生沈水植
物。葉は線形，花弁は3枚，細長く白色）
〈*Blyxa echinosperma*〉

ナガバノイワベンケイ
イワベンケイ（岩弁慶）の別名（双子葉
植物綱バラ目ベンケイソウ科の多年草。
長さは10〜30cm。花は緑黄色）
〈*Rhodiola rosea*〉

ナガバノカキノハグサ
カキノハグサ（柿葉草）の別名（双子葉
植物綱ヒメハギ目ヒメハギ科の多年草。
高さは20〜35cm）
〈*Polygala reinii*〉

ナガバノギラン
ネバリノギラン（粘り芒蘭）の別名（単
子葉植物綱ユリ目ユリ科の多年草。高
さは30〜50cm）
〈*Aletris foliata*〉

*ナガバノヤノネグサ
別名：ホソバノヤノネグサ
タデ科の草本。
〈*Persicaria breviochreata*（*Makino*）
Ohki〉

*ナガバハッカ
別名：ケハッカ
双子葉植物綱シソ目シソ科の多年草。
高さは40〜120cm。花は藤色，または
青色。
〈*Mentha longifolia*〉

ナガバビロードオオウチワ
ナガバオオウチワの別名（サトイモ科の
多年草。葉は濃緑色のビロード状）
〈*Anthurium warocqueanum T. Moore*〉

ナガバマサキ
マサキ（柾，正木）の別名（双子葉植物
綱ニシキギ目ニシキギ科の常緑低木。
高さは2〜3m。花は帯緑白色）
〈*Euonymus japonicus*〉

ナガバマムシグサ
ヒガンマムシグサ（彼岸蝮草）の別名
（単子葉植物綱サトイモ目サトイモ科の
草本）
〈Arisaema undulatifolium *subsp.*
undulatifolium *var.*undulatifolium〉

ナガバミズギボウシ
ミズギボウシ（水擬宝珠）の別名（単子
葉植物綱ユリ目ユリ科の多年草。高さ
は40〜65cm。花は濃淡のまだら色）
〈*Hosta longissima*〉

ナガバムラサキ
タカクマムラサキの別名（クマツヅラ科
の木本）

*ナカハラクロキ
別名：リュウキュウクロキ
ハイノキ科の木本。
〈*Symplocos nakaharae*（*Hayata*）
Masam.〉

植物別名辞典　371

ナガホイヌビユ

ホナガイヌビユ（穂長犬莧）の別名（双子葉植物綱ナデシコ目（中心子目）ヒユ科の一年草。高さは1m前後。花は帯褐色）

〈Amaranthus viridis〉

*ナガボノケンガタムシタケ

別名：ケンガタコガネムシタケ

核菌綱バッカクキン科の冬虫夏草。甲虫に寄生。

〈Cordyceps obliquiordinata〉

*ナガボノコジュズスゲ

別名：アオジュズスゲ

単子葉植物綱カヤツリグサ目カヤツリグサ科の草本。

〈Carex parciflora var.vaniotii〉

*ナガミオランダフウロ

別名：ツノミオランダフウロ

フウロソウ科の一年草。高さは5〜40cm。花は紫色。

〈Erodium botrys（Cav.）Bertol.〉

ナガミキンカン

キンカンの別名（双子葉植物綱ムクロジ目ミカン科の木本。果実は縦径3〜3.5cm。高さは1.5m）

〈Fortunella japonica var.margarita〉

*ナガミゼリ

別名：ナガミノセリモドキ

セリ科の一年草。高さは20〜40cm。花は白色。

〈Scandix pecten-veneris L.〉

ナガミノセリモドキ

ナガミゼリの別名（セリ科の一年草。高さは20〜40cm。花は白色）

〈Scandix pecten-veneris L.〉

ナガミパンノキ

パラミツ（婆羅密）の別名（双子葉植物綱イラクサ目クワ科の小木。葉無毛，果長50cm。高さは15〜20m。花は淡緑色）

〈Artocarpus heterophyllus〉

*ナガミル（長水松）

別名：クズレミル，サメノタスキ

緑藻綱ミル目ミル科の海藻。体は長さ15m。

〈Codium cylindricum〉

*ナカヤス（中安）

別名：ナバナ

アブラナ科のハナナの品種。

*ナギ（梛）

別名：チカラシバ，ベンケイノチカラシバ

マツ綱マツ目マキ科の常緑高木。高さは25m。花は黄白色。

〈Podocarpus nagi〉

*ナギナタガヤ（薙刀茅）

別名：シッポガヤ，ネズミノシッポ

単子葉植物綱カヤツリグサ目イネ科の一年草。葉身は幅0.5mmほどの円筒形。高さは20〜40cm。

〈Festuca myuros〉

ナキモノグサ

ウキクサ（浮草）の別名（単子葉植物綱サトイモ目ウキクサ科の多年生浮遊植物。葉状体は広倒卵形，裏面は赤紫色。長さは5〜10mm）

〈Spirodela polyrhiza〉

ナキリ

アブラガヤ（油茅）の別名（単子葉植物綱カヤツリグサ目カヤツリグサ科の多年草。高さは80〜160cm）

〈Scirpus wichurae form.concolor〉

ナゴヤ

オゴノリ（海髪）の別名（紅藻綱オゴノリ目オゴノリ科の海藻。密に羽状に分岐。体は20〜30cm）

〈Gracilaria vermiculophylla〉

ナツク

*ナシ（梨）
別名：ジョウボウナシ，メツコナシ，
ヤマナシ
双子葉植物綱バラ目バラ科の落葉高木。
果実は球形〜長球形。
〈Pyrus pyrifolia var.culta〉

ナシカズラ
シマサルナシの別名（双子葉植物綱ツバ
キ目マタタビ科のつる性低木）
〈Actinidia rufa〉

ナス
ソラヌムの別名（ナス科の属総称）

ナスタチウム
キンレンカ（金蓮花）の別名（双子葉植
物綱フウロソウ目ノウゼンハレン科の一
年草。花はオレンジか黄色）
〈Tropaeolum majus〉

*ナズナ（薺）
別名：バチグサ，ペンペングサ
双子葉植物綱フウチョウソウ目アブラナ
科の一年草または多年草。高さは10
〜50cm。花は白色。
〈Capsella bursa-pastoris〉

ナタオレノキ（鉈折れの木）
シマモクセイの別名（双子葉植物綱ゴマ
ノハグサ目モクセイ科の常緑木。高さ
は18m。花は白色）
〈Osmanthus insularis〉

*ナタネハタザオ
別名：コバンガラシ
アブラナ科の一年草。高さは20〜
70cm。花は黄白〜緑白色。
〈Conringia orientalis（L.）
Dumort.〉

*ナタマメ（鉈豆）
別名：タチハキ
双子葉植物綱マメ目マメ科の果菜類。
莢は巾広く種子は褐色。花は白，ピン
ク，赤紫色。

〈Canavalia gladiata〉

ナタワレカボチャ（刀割南瓜）
セイヨウカボチャ（西洋南瓜）の別名
（双子葉植物綱スミレ目ウリ科の野菜。
葉や花はカボチャに似る）
〈Cucurbita maxima〉

ナツアイタケ
アイタケの別名（ベニタケ科のキノコ。
中型〜大型。傘は淡灰緑色，ひび割れ
る。ひだは白色）
〈Russula virescens〉

*ナツアサドリ
別名：サツキアサドリ
双子葉植物綱ヤマモガシ目グミ科の落葉
低木。高さは6m。
〈Elaeagnus yoshinoi〉

ナツウメ
マタタビ（木天蓼）の別名（双子葉植物
綱ツバキ目マタタビ科の落葉性つる性低
木。花は白色）
〈Actinidia polygama〉

ナツカラマツ
イワカラマツの別名（双子葉植物綱キン
ポウゲ目キンポウゲ科の草本）
〈Thalictrum minus var.
sekimotoanum〉

ナツカン（夏柑）
ナツミカン（夏蜜柑）の別名（双子葉植
物綱ムクロジ目ミカン科の木本。果実
は扁球形）
〈Citrus natsudaidai〉

*ナツグミ（夏茱萸）
別名：カワラグミ，タウエグミ，ヤマ
グミ
双子葉植物綱ヤマモガシ目グミ科の落葉
低木。高さは2〜4m。花の内面は淡
黄色。
〈Elaeagnus multiflora〉

植物別名辞典　373

ナツコムギ
ライムギの別名（単子葉植物綱カヤツリ
グサ目イネ科の一年草。高さは50〜
100cm）
〈Secale cereale〉

ナツザキエリカ
ギョリュウモドキの別名（双子葉植物綱
ツツジ目ツツジ科の常緑低木。高さは
20〜50cm。花は桃紫色）
〈Calluna vulgaris〉

*ナツザキフクジュソウ
別名：アステバリス
キンポウゲ科の草本。高さは30〜
50cm。花は赤または朱紅色。
〈Adonis aestivalis L.〉

*ナツシロギク（夏白菊）
別名：マトリカリア，ワイルドカモ
ミール
双子葉植物綱キク目キク科の多年草。
高さは30〜80cm。花は白色。
〈Chrysanthemum parthenium〉

ナツズイセン（夏水仙）
リコリスの別名（単子葉植物綱ユリ目ヒ
ガンバナ科の属総称）
〈Lycoris spp.〉

ナツスカシユリ
スカシユリ（透百合）の別名（ユリ科の
多肉植物。高さは50〜80cm。花は橙赤
色）
〈Lilium maculatum Thunb.〉

ナツヅタ
ツタ（蔦）の別名（双子葉植物綱クロウメ
モドキ目ブドウ科の落葉つる性植物。
葉は紅色に色づく）
〈Parthenocissus tricuspidata〉

ナツスミレ
トレニアの別名（ゴマノハグサ科の観賞
用草本。高さは20〜30cm。花は上唇青
黄，下唇（3片）は先端濃紫色）

〈Torenia fournieri Linden ex E.
Fourn.〉
ハナウリクサ（花瓜草）の別名（双子葉
植物綱ゴマノハグサ目ゴマノハグサ科の
一年草。高さは20〜30cm。花は上唇青
黄，下唇（3片）は先端濃紫色）
〈Torenia fournieri〉

*ナツツバキ（夏椿）
別名：シャラノキ（沙羅樹），ツユツ
バキ
双子葉植物綱ツバキ目ツバキ科の落葉高
木。樹高は15m。花は白色。樹皮は
赤褐色。
〈Stewartia pseudo-camellia〉

ナツノチャヒキグサ
カモジグサ（髢草）の別名（単子葉植物
綱カヤツリグサ目イネ科の多年草。高
さは50〜100cm）
〈Agropyron tsukushiense var.
transiens〉

ナツハギ
ミヤギノハギ（宮城野萩）の別名（双子
葉植物綱マメ目マメ科の落葉低木。花
は紅紫色）
〈Lespedeza thunbergii〉

*ナツハゼ（夏櫨）
別名：ゴスケハゼ，ゴンスケハゼ
双子葉植物綱ツツジ目ツツジ科の落葉
低木。
〈Vaccinium oldhamii〉

*ナツフジ（夏藤）
別名：ドヨウフジ
双子葉植物綱マメ目マメ科のつる性落葉
木。花は黄白色。
〈Millettia japonica var.japonica〉

ナツボウズ
オニシバリの別名（双子葉植物綱フトモ
モ目ジンチョウゲ科の落葉低木。高さ
は80cm。花は黄緑色）
〈Daphne pseudo-mezereum〉

チョウセンナニワズの別名（ジンチョウ
ゲ科の落葉低木。高さは80cm。花は黄
緑色）
〈Daphne pseudomezereum A. Gray〉

*ナツミカン（夏蜜柑）
別名：ナツカン（夏柑）
双子葉植物綱ムクロジ目ミカン科の木
本。果実は扁球形。
〈Citrus natsudaidai〉

ナツメグ
ニクズク（肉豆蔲）の別名（双子葉植物
綱モクレン目ニクズク科の小木。果実
は淡黄色芳香，種子褐色）
〈Myristica fragrans〉

*ナツメヤシ（棗椰子）
別名：センショウボク
単子葉植物綱ヤシ目ヤシ科の木本。雌
雄異株，果実は長さ4cm。高さは25〜
30m。花は黄〜橙色。
〈Phoenix dactylifera〉

ナツユリ
コオニユリ（小鬼百合）の別名（単子葉
植物綱ユリ目ユリ科の多年草。高さは1
〜2m）
〈Lilium leichtlinii var.maximowiczii〉

*ナツロウバイ
別名：シャラメイ
ロウバイ科。

*ナデシコ（撫子）
別名：カワラナデシコ，トコナツ，ヤ
マトナデシコ
ナデシコ科の多年草。高さは30〜80cm。
〈Dianthus superbus L. var.
longicalycinus（Maxim.）
Williams〉

ナデン
ムシャザクラ（霧社桜）の別名（双子葉
植物綱バラ目バラ科の木本。サクラの

品種。花は白色）
〈Cerasus sieboldii〉

*ナデン（南殿）
別名：ムシャザクラ
バラ科の木本。
〈Prunus sieboldii（Carr.）
Wittm.〉

*ナナカマド（七竈）
別名：オヤマノサンショウ，クマサン
ショウ，ヤマサンショウ
双子葉植物綱バラ目バラ科の落葉高木。
高さは15m。花は白色。樹皮は灰色。
〈Sorbus commixta〉

ナナツガママンネングサ
ハコベマンネングサの別名（ベンケイソ
ウ科の草本）
〈Sedum drymarioides Hance〉

ナナバケイタヤ
イタヤカエデ（板屋楓）の別名（双子葉
植物綱ムクロジ目カエデ科の木本）
〈Acer mono var.marmoratum form.
heterophyllum〉

ナナヘンゲ
アジサイ（紫陽花）の別名（双子葉植物
綱バラ目ユキノシタ科の属総称）
〈Hydrangea spp.〉

*ナナミノキ
別名：カシノハモチ，ナナメノキ
双子葉植物綱ニシキギ目モチノキ科の常
緑高木。樹高は10m。樹皮は灰色。
〈Ilex chinensis〉

ナナメノキ
ナナミノキの別名（双子葉植物綱ニシキ
ギ目モチノキ科の常緑高木。樹高は
10m。樹皮は灰色）
〈Ilex chinensis〉

*ナニワズ
別名：エゾオニシバリ，エゾナツボ
ウズ

双子葉植物綱フトモモ目ジンチョウゲ科の落葉小低木。葉は鈍形〜円形。
〈Daphne jezoensis〉

ナニンジン
ニンジン（人参）の別名（双子葉植物綱セリ目セリ科の根菜類）
〈Daucus carota *var.*sativus〉

ナノハナ
アブラナ（油菜）の別名（双子葉植物綱フウチョウソウ目アブラナ科の多年草。高さは60〜80cm。花は黄色）
〈Brassica campestris *subsp.*napus *var.*nippo-oleifera〉

ナノリソ
ホンダワラの別名（褐藻綱ヒバマタ目ホンダワラ科の海藻。根は仮盤状。体は2m）
〈Sargassum fulvellum〉

ナバ
シイタケ（椎茸）の別名（キシメジ科のキノコ。中型〜大型。傘は茶褐色，綿毛状鱗片付着し，しばしば亀甲状。ひだは白色）
〈Lentinus edodes〉

ナバナ
アブラナ（油菜）の別名（双子葉植物綱フウチョウソウ目アブラナ科の多年草。高さは60〜80cm。花は黄色）
〈Brassica campestris *subsp.*napus *var.*nippo-oleifera〉
チリメンハナナの別名（アブラナ科）
〈*Brassica campestris* L. var.*pekinensis* Olsson〉
ナカヤス（中安）の別名（アブラナ科のハナナの品種）

ナベイチゴ
クサイチゴ（草苺）の別名（双子葉植物綱バラ目バラ科の落葉低木。果実は赤色）
〈Rubus hirsutus〉

ナベコウジ
クロツバラの別名（双子葉植物綱クロウメモドキ目クロウメモドキ科の落葉低木。花は黄緑色）
〈Rhamnus davurica *var.*nipponica〉

ナベタケ
クロカワ（黒皮）の別名（イボタケ科のキノコ。中型〜大型。傘は灰色〜黒色，微毛）
〈Boletopsis leucomelaena〉

ナポリタンシクラメン
シクラメン・ネアポリタヌムの別名（サクラソウ科）

ナマドウフ
コシアブラ（漉油）の別名（双子葉植物綱セリ目ウコギ科の落葉高木。長さは7〜30cm。花は黄緑色）
〈Acanthopanax sciadophylloides〉

ナミウチマムシグサ
ヒガンマムシグサ（彼岸蛇草）の別名（サトイモ科の草本）
〈*Arisaema undulatifolium* Nakai subsp.*undulatifolium* var. *undulatifolium*〉

ナミガタタチゴケ
タチゴケの別名（スギゴケ科のコケ。茎は長さ4cm，分枝しない。葉は披針形）
〈*Atrichum undulatum*（Hedw.）P. Beauv.〉

ナミモロコシ
モロコシ（蜀黍，唐黍）の別名（単子葉植物綱カヤツリグサ目イネ科の草本。果穂は垂下性のものと直立性のものがある。高さは3〜4m）
〈Sorghum bicolor *var.*bicolor〉

＊ナメコ（滑子）
別名：ナメスギタケ
モエギタケ科のキノコ。中型〜大型。高さは5cm。傘は明褐色，下面にゼラ

チン質膜，強粘性。ひだは淡黄色。
〈*Pholiota nameko*〉

ナメスギタケ
ナメコ（滑子）の別名（モエギタケ科のキ
ノコ。中型〜大型。高さは5cm。傘は明
褐色，下面にゼラチン質膜，強粘性。ひ
だは淡黄色）
〈*Pholiota nameko*〉

ナメタケ
エノキタケ（榎茸）の別名（キシメジ科
のキノコ。小型〜中型。傘は黄褐色，強
粘性）
〈*Flammulina velutipes*〉

ナヨダケ
ハコネダケ（箱根竹）の別名（単子葉植
物綱カヤツリグサ目イネ科の常緑大型サ
サ）
〈*Pleioblastus chino var.vaginatus*〉

ナラ
コナラ（小楢）の別名（ブナ科の落葉高
木。高さは15〜20m）
〈*Quercus serrata* Thunb. ex Murray〉

*ナライシダ（奈良井羊歯）
別名：ホソバナライシダ
オシダ科の夏緑性シダ植物。葉身は長
さ50cm，五角形状。
〈*Leptorumohra miqueliana*〉

*ナラガシワ（楢柏）
別名：カシワナラ
双子葉植物綱ブナ目ブナ科の木本。
〈*Quercus aliena*〉

ナラザクラ
ナラヤエザクラの別名（バラ科のサクラ
の品種）

*ナラタケ（楢茸）
別名：ハリガネタケ
キシメジ科のキノコ。小型〜中型。傘は
黄褐色，中央微毛鱗片。ひだは白色。

〈*Armillariella mellea*〉

*ナラヤエザクラ
別名：ナラザクラ
バラ科のサクラの品種。

*ナリヒラダケ（業平竹）
別名：ケナシナリヒラ
単子葉植物綱カヤツリグサ目イネ科の常
緑中型竹。高さは7〜8m。
〈*Semiarundinaria fastuosa*〉

*ナルコビエ
別名：スズメノアワ
単子葉植物綱カヤツリグサ目イネ科の多
年草。高さは50〜100cm。
〈*Eriochloa villosa*〉

*ナルコユリ（鳴子百合）
別名：アマドコロ，フイリアマドコロ
単子葉植物綱ユリ目ユリ科の多年草。
高さは50〜130cm。
〈*Polygonatum falcatum*〉

*ナルトサワギク
別名：コウベギク
双子葉植物綱キク目キク科の多年草。
高さは30〜70cm。花は濃黄色。
〈*Senecio madagascariensis*〉

*ナルドスタキス・ヤタマンシー
別名：カンショコウ
オミナエシ科の薬用植物。

ナワゴケ
フクラゴケの別名（ヒムロゴケ科のコケ。
カクレゴケに似るが小形、二次茎の葉は
広卵形）
〈*Eumyurium sinicum*（Mitt.）Nog.〉

*ナワシロイチゴ（苗代苺）
別名：アシクダシ，サツキイチゴ，ワ
セイチゴ
双子葉植物綱バラ目バラ科の落葉性つる
性低木。
〈*Rubus parvifolius*〉

植物別名辞典　377

ナンカ

*ナンカイイタチシダ
別名：イタチシダモドキ
オシダ科の常緑性シダ。葉身は長さ30
〜60cm。広卵形〜五角状広卵形。
〈*Dryopteris varia*（L.）O. Kuntze〉

ナンカイスゲ
アオヒエスゲの別名（単子葉植物綱カヤ
ツリグサ目カヤツリグサ科の草本）
〈Carex insaniae *var.*subdita〉

ナンキンアヤメ（南京菖蒲）
ニワゼキショウ（庭石菖）の別名（単子
葉植物綱ユリ目アヤメ科の多年草。高
さは20〜40cm。花はスミレ色，中心が
黄色）
〈*Sisyrinchium atlanticum*〉

ナンキンウメ
ロウバイ（蠟梅）の別名（双子葉植物綱
クスノキ目ロウバイ科の落葉低木。高
さは2〜4m。花は黄色）
〈*Chimonanthus praecox*〉

ナンキンコザクラ
ハクサンコザクラ（白山小桜）の別名
（双子葉植物綱サクラソウ目サクラソウ
科の多年草。高さは5〜20cm）
〈*Primula cuneifolia var.*hakusanensis〉

*ナンキンナナカマド（南京七竈）
別名：コバノナナカマド
双子葉植物綱バラ目バラ科の落葉低木。
〈*Sorbus gracilis*〉

*ナンキンハゼ（南京櫨）
別名：カラハゼ，リュウキュウハゼ
双子葉植物綱トウダイグサ目トウダイグ
サ科の落葉高木。
〈*Sapium sebiferum*〉

ナンキンマメ（南京豆）
ラッカセイ（落花生）の別名（双子葉植
物綱マメ目マメ科の野菜。匍性と立性
がある。花は黄色）
〈*Arachis hypogaea*〉

*ナンゴクシケチシダ
別名：アリサンシケチシダ
オシダ科の夏緑性シダ。葉身は淡黄緑
色〜淡緑色。
〈*Cornopteris opaca*（D. Don）
Tagawa〉

ナンゴクソコマメゴケ
イボソコマメゴケの別名（ウロコゴケ科
のコケ。不透明な緑色、茎は長さ0.5〜
1cm）
〈*Saccogynidium muricellum*（De
Not.）Grolle〉

*ナンゴクヒメミソハギ
別名：アメリカミソハギ
双子葉植物綱フトモモ目ミソハギ科の一
年草。高さは20〜80cm。花は紅紫色。
〈*Ammannia auriculata*〉

ナンジャモンジャ
クスノキ（楠，樟）の別名（双子葉植物
綱クスノキ目クスノキ科の常緑高木。
高さは15〜30m。花は淡黄色）
〈*Cinnamomum camphora*〉
ヒトツバタゴの別名（双子葉植物綱ゴマ
ノハグサ目モクセイ科の落葉高木。葉
は長楕円形か楕円形で長さ4〜10cm。樹
高は20m。樹皮は灰褐色）
〈*Chionanthus retusus*〉

*ナンタイシダ（男体羊歯）
別名：ヤマシノブ
オシダ科の夏緑性シダ植物。葉身は長
さ20〜25cm，五角状卵形。
〈*Arachniodes maximowiczii*〉

*ナンタイブシ（男体付子）
別名：トリカブト
キンポウゲ科の草本。
〈*Aconitum zigzag Lév. et Vaniot
subsp.komatsui*（Nakai）Kadota〉

*ナンテン（南天）
**別名：ナンテンジク（南天竺），ナンテ
ンチク（南天竹）**

378 植物別名辞典

双子葉植物綱キンポウゲ目メギ科の常緑
低木。幹径は2～3cm。花は白色。
〈*Nandina domestica*〉

ナンテンギリ

イイギリ(飯桐)の別名(双子葉植物綱
スミレ目イイギリ科の落葉高木。高さ
は10m。花は帯緑黄色。樹皮は灰白色)
〈*Idesia polycarpa*〉

ナンテンジク (南天竺)

ナンテン(南天)の別名(双子葉植物綱
キンポウゲ目メギ科の常緑低木。幹径
は2～3cm。花は白色)
〈*Nandina domestica*〉

ナンテンソケイ

ソケイノウゼンの別名(双子葉植物綱ゴ
マノハグサ目ノウゼンカズラ科のつる性
低木。花は白,花筒内は淡紅色)
〈*Pandorea jasminoides*〉

ナンテンチク (南天竹)

ナンテン(南天)の別名(双子葉植物綱
キンポウゲ目メギ科の常緑低木。幹径
は2～3cm。花は白色)
〈*Nandina domestica*〉

*ナンテンハギ (南天萩)

別名:アズキッパ,アズキナ,フタバ
ハギ
双子葉植物綱マメ目マメ科の多年草。葉
は2小葉からなる。高さは30～100cm。
〈*Vicia unijuga*〉

ナンバンガキ

イチジク(無花果)の別名(双子葉植物
綱イラクサ目クワ科の落葉低木。高さ
は3～6m。花は淡紅白色。樹皮は灰色)
〈*Ficus carica*〉

ナンバンカゴメラン

ナンバンカモメランの別名(ラン科。高
さは20～25cm。花は茶褐色)
〈*Macodes petola*(Blume)Lindl.〉

*ナンバンカモメラン

別名:ナンバンカゴメラン
ラン科。高さは20～25cm。花は茶褐色。
〈*Macodes petola*(Blume)*Lindl.*〉

*ナンバンカラムシ

別名:カラムシ,マオ
双子葉植物綱イラクサ目イラクサ科の多
年草。葉裏は白い。高さは2m。
〈*Boehmeria nivea var.tenacissima*〉

ナンバンカンゾウ

ワスレグサの別名(単子葉植物綱ユリ目
ユリ科の多年草。〔分布〕九州,沖縄。
海岸の近くに生える)
〈*Hemerocallis aurantiaca*〉

ナンバンキカラスウリ

モクベツシの別名(ウリ科のつる性植物。
花は白黄色)
〈*Momordica cochinchinensis*(Lour.)
K. Spreng.〉

*ナンバンギセル (南蛮煙管)

別名:オモイグサ
双子葉植物綱ゴマノハグサ目ハマウツボ
科の一年生寄生植物。高さは15～
30cm。花冠淡紅色,弁部濃紅紫色。
〈*Aeginetia indica*〉

ナンバンキビ

トウモロコシ(玉蜀黍,唐唐黍)の別
名(単子葉植物綱カヤツリグサ目イネ科
の野菜。種子は食用,茎葉は飼料。高さ
は4.5m)
〈*Zea mays*〉

*ナンバンハコベ (南蛮繁縷)

別名:ツルセンノウ
双子葉植物綱ナデシコ目(中心子目)ナ
デシコ科の多年生つる草。
〈*Cucubalus baccifer var.japonicus*〉

ナンブアザミ

ナンブタカネアザミ(南部高嶺薊)の
別名(キク科の多年草。高さは1～2m)

〈*Cirsium nipponicum* Makino var. *nipponicum*〉

ナンブクロウスゴ
マルバウスゴ（丸葉臼子）の別名（双子葉植物綱ツツジ目ツツジ科の落葉低木）
〈*Vaccinium ovalifolium var. shikokianum*〉

ナンブコケシノブ
ヒメチヂレコケシノブの別名（コケシノブ科の常緑性シダ。葉身は長さ2.5〜6.5cm。卵円形から長楕円形）
〈*Meringium denticulatum*（Sw.）Copel.〉

*ナンブスズ
別名：ハコネナンブスズ
イネ科の常緑中型笹。
〈*Sasa togashiana* Makino〉

*ナンブタカネアザミ（南部高嶺薊）
別名：ナアザミ，ナンブアザミ
キク科の多年草。高さは1〜2m。
〈*Cirsium nipponicum* Makino var. *nipponicum*〉

ナンブトウキ
イワテトウキ（岩手当帰）の別名（セリ科の多年草。高さは20〜80cm）
〈*Angelica iwatensis* Kitagawa〉

ナンブトウヒレン
センダイトウヒレンの別名（双子葉植物綱キク目キク科の草本）
〈*Saussurea nipponica var.*sendaica〉

ナンヨウアブラギリ
タイワンアブラギリ（台湾油桐）の別名（トウダイグサ科の落葉小低木。果実は黒熟、種子は黒。高さは5m。花は黄緑色）
〈*Jatropha curcas* L.〉

ナンヨウギク
ベニバナボロギク（紅花襤褸菊）の別名（双子葉植物綱キク目キク科の一年草。高さは50〜70cm。花は初め紅赤，後に橙赤色）
〈*Crassocephalum crepidioides*〉

*ナンヨウスギ（南洋杉）
別名：インドナギ，ダンマルジュ
マツ綱マツ目ナンヨウスギ科の常緑大高木。高さは40〜60m。
〈*Araucaria cunninghamii*〉

ナンヨウスズメノヒエ
ナガバスズメノヒエの別名（イネ科。葉や葉鞘が無毛）
〈*Paspalum longifolium* Roxb.〉

ナンヨウソテツ
ジャワソテツの別名（ソテツ綱ソテツ目ソテツ科の小木。高さは6〜12m）
〈*Cycas circinalis*〉

【 二 】

*ニイタカチドリ
別名：ツクシチドリ
ラン科の草本。
〈*Platanthera brevicalcarata* Hayata〉

*ニイタカマユミ
別名：アバタマサキ
ニシキギ科の木本。
〈*Euonymus trichocarpus* Hayata〉

ニオイイバラ
ヤブイバラ（藪茨）の別名（双子葉植物綱バラ目バラ科の木本）
〈Rosa luciae *var.*onoei〉

*ニオイイリス
別名：シロバナイリス，ニオイハナショウブ
単子葉植物綱ユリ目アヤメ科の多年草。高さは50cm。花は白色。

ニオイ

〈*Iris florentina*〉

〈*Pelargonium graveolens*〉

*ニオイエビネ（匂蝦根）
　　別名：オオキリシマエビネ
　　　　単子葉植物綱ラン目ラン科の多年草。
　　　　高さは20〜45cm。花は白色。
　　　　〈*Calanthe izu-insularis*〉

ニオイグサ
　　ウメ（梅）の別名（双子葉植物綱バラ目バ
　　ラ科の落葉小高木。果実はほぼ球形。
　　高さは10m）
　　　　〈*Prunus mume var.*mume〉

ニオイザクラ
　　ウメ（梅）の別名（双子葉植物綱バラ目バ
　　ラ科の落葉小高木。果実はほぼ球形。
　　高さは10m）
　　　　〈*Prunus mume var.*mume〉
　　ルクリアの別名（アカネ科）

*ニオイシュロラン（匂綜呂蘭）
　　別名：センネンボクラン
　　　　単子葉植物綱ユリ目リュウゼツラン科の
　　　　木本。高さは10m。花は白色。
　　　　〈*Cordyline australis*〉

*ニオイスミレ（匂菫）
　　別名：スイートバイオレット，バイオ
　　　　レット
　　　　双子葉植物綱スミレ目スミレ科の多年
　　　　草。花は濃紫色。
　　　　〈*Viola odorata*〉

ニオイテンジクアオイ
　　アップル・ゼラニウムの別名（フウロソ
　　ウ科のハーブ）
　　センテッド・ゼラニウムの別名（フウ
　　ロソウ科のハーブ）
　　レモン・ゼラニウムの別名（フウロソウ
　　科のハーブ）
　　ローズ・ゼラニウムの別名（フウロソウ
　　科のハーブ）
　　*ニオイテンジクアオイ
　　　　別名：センテッドペラゴニウム

*ニオイトロロアオイ
　　別名：トロロアオイモドキ，リュウ
　　　　キュウトロロアオイ
　　　　双子葉植物綱アオイ目アオイ科の草本。
　　　　高さは1.5m。花は黄色，中心赤色。
　　　　〈*Abelmoschus moschatus*〉

ニオイハナショウブ
　　ニオイイリスの別名（単子葉植物綱ユリ
　　目アヤメ科の多年草。高さは50cm。花
　　は白色）
　　　　〈*Iris florentina*〉

*ニオイバンマツリ
　　別名：ジャスミンタバコ
　　　　双子葉植物綱ナス目ナス科の木本。高
　　　　さは3m。花は紫，後に白色。
　　　　〈*Brunfelsia australis*〉

*ニオイフジ
　　別名：ジャコウフジ
　　　　マメ科。

ニオイフジウツギ
　　タイワンフジウツギの別名（フジウツギ
　　科の低木。葉裏短毛。花は白色）
　　　　〈*Buddleia asiatica* Lour.〉

ニオイムラサキ
　　ヘリオトロープの別名（双子葉植物綱シ
　　ソ目ムラサキ科。ヘリオトロビューム
　　属の数種の園芸名。花は青菫色，または
　　白色）
　　　　〈*Heliotropium*〉

ニオイユリ
　　ヤマユリ（山百合）の別名（単子葉植物
　　綱ユリ目ユリ科の多年草。高さは1〜1.
　　5m。花は白色）
　　　　〈*Lilium auratum*〉

ニオイロウバイ
　　クロバナロウバイの別名（双子葉植物綱
　　クスノキ目ロウバイ科の落葉低木。高

ニカイ

さは1〜2.5m。花は暗赤褐色）
〈*Calycanthus floridus*〉

*ニガイチゴ（苦苺）
別名：ゴガツイチゴ
双子葉植物綱バラ目バラ科の落葉低木。
〈*Rubus microphyllus*〉

ニガウリ
ツルレイシ（蔓茘枝）の別名（双子葉植
物綱スミレ目ウリ科のつる草。果菜。
花は黄色）
〈*Momordica charantia*〉

*ニガカシュウ（苦何首烏）
別名：マルバドコロ
単子葉植物綱ユリ目ヤマノイモ科の多年
生つる草。
〈*Dioscorea bulbifera*〉

ニガグイ
ツルレイシ（蔓茘枝）の別名（双子葉植
物綱スミレ目ウリ科のつる草。果菜。
花は黄色）
〈*Momordica charantia*〉

*ニガクサ（苦草）
別名：コモンジャーマンダー
双子葉植物綱シソ目シソ科の多年草。
高さは30〜70cm。
〈*Teucrium japonicum*〉

ニガゴイ
ツルレイシ（蔓茘枝）の別名（双子葉植
物綱スミレ目ウリ科のつる草。果菜。
花は黄色）
〈*Momordica charantia*〉

ニガヂシャ
エンダイブの別名（双子葉植物綱キク目
キク科の葉菜類。花は紫青色）
〈*Cichorium endivia*〉

*ニガショウガ
別名：ハナショウガ
単子葉植物綱ショウガ目ショウガ科の多

年草。高さは60〜100cm。花は白か
淡黄色。
〈*Zingiber zerumbet*〉

ニガタケ
マダケ（真竹）の別名（イネ科の常緑大型
竹。高さは10〜20m）
〈*Phyllostachys bambusoides* Sieb. et
Zucc.〉
メダケ（女竹）の別名（イネ科の常緑大型
笹。葉舌はほぼ切頭）
〈*Pleioblastus simonii*（Carr.）Nakai〉

ニガチャ
トウチャの別名（双子葉植物綱ツバキ目
ツバキ科の常緑低木）
〈Camellia sinensis *var.*sinensis *form.*
macrophylla〉

*ニガナ（苦菜）
別名：オトコジシバリ，チチグサ
双子葉植物綱キク目キク科の多年草。
高さは30cm。
〈*Ixeris dentata*〉

ニガナノキ
ワダンノキの別名（双子葉植物綱キク目
キク科の常緑小高木）
〈*Dendrocacalia crepidifolia*〉

*ニガハッカ（苦薄荷）
別名：ホワイトフォアハウンド
双子葉植物綱シソ目シソ科の多年草。
高さは40〜60cm。花は白色。
〈*Marrubium vulgare*〉

ニガミグサ
ヤクシソウ（薬師草）の別名（双子葉植
物綱キク目キク科の越年草。高さは30
〜120cm）
〈*Paraixeris denticulata*〉

*ニガヨモギ（苦蓬）
別名：ハイイロヨモギ
キク科のハーブ。高さは0.4〜1m。
〈*Artemisia absinthium* L.〉

ニシキ

*ニカワチャワンタケ
別名：ゴムタケモドキ
ズキンタケ科のキノコ。材上生（ナラ
類），白色〜淡紫色。
〈Neobulgaria pura〉

ニギリタケ
カラカサタケの別名（ハラタケ科のキノ
コ。大型。傘は大きな鱗片）
〈Macrolepiota procera〉

*ニクズク（肉豆蔲）
別名：シシズク，ナツメグ
双子葉植物綱モクレン目ニクズク科の小
木。果実は淡黄色芳香，種子褐色。
〈Myristica fragrans〉

ニグラクルミ
クロクルミ（黒胡桃）の別名（双子葉植
物綱クルミ目クルミ科の木本。高さは
45m。樹皮は濃灰褐色ないし帯黒色）
〈Juglans nigra〉

ニゲル
キバナタカサブロウの別名（キク科の一
年草。高さは40〜100cm。花は橙黄色）
〈Guizotia abyssinica（L. f.）Cass.〉

*ニコティアナ
別名：ハナタバコ
ナス科。
〈Nicotiana alata Link et Otto var.
grandiflora Comes.〉

*ニシキアオイ
別名：ミズイロアオイ
双子葉植物綱アオイ目アオイ科の一年
草。高さは30〜150cm。花は青色。
〈Anoda cristata〉

ニシキアカリファ
アカリファ・ウィルケシアナ・ムサイ
カの別名（トウダイグサ科）

ニシキイモ
カラディウムの別名（サトイモ科の属総

称）

*ニシキイモ（葉錦）
別名：ハイモ，ハニシキ
サトイモ科の観賞用草本。葉は赤色
斑。葉長35cm。
〈Caladium bicolor（Ait.）Vent.〉

*ニシキウツギ（二色空木）
別名：ハコネニシキウツギ
双子葉植物綱マツムシソウ目スイカズラ
科の落葉低木。高さは2〜3m。花は
帯緑色，または白色。
〈Weigela decora〉

ニシキエニシダ
ホオベニエニシダ（頬紅金雀児）の別
名（双子葉植物綱マメ目マメ科の木本）
〈Cytisus scoparius 'Andreanus'〉

*ニシキギ（錦木）
別名：ヤハズニシキギ
双子葉植物綱ニシキギ目ニシキギ科の落
葉低木。高さは2m。花は帯黄白色。
〈Euonymus alatus var.alatus〉

*ニシキゴロモ（錦衣）
別名：キンモンソウ
双子葉植物綱シソ目シソ科の多年草。
高さは10〜25cm。
〈Ajuga yesoensis〉

ニシキジソ
コリウスの別名（双子葉植物綱シソ目シ
ソ科の多年草，観賞用草本。葉は赤色，
あるいは赤と黄の斑がある。高さは20
〜80cm）
〈Coleus blumei〉

ニシキノブドウ
ノブドウ（野葡萄）の別名（双子葉植物
綱クロウメモドキ目ブドウ科のつる性多
年草）
〈Ampelopsis brevipedunculata var.
heterophylla〉

植物別名辞典　383

*ニシキハギ

別名：ビッチュウヤマハギ

双子葉植物綱マメ目マメ科の草本状小低
木。高さは1〜1.5m。

〈*Lespedeza japonica var.japonica
form.angustifolia*〉

ニシキハリナスビ

キンギンナスビ（金銀茄子）の別名（双
子葉植物綱ナス目ナス科の多年草。刺
が多い。果実は橙黄色。高さは0.5〜
1m。花は白色）

〈*Solanum aculeatissimum*〉

ニシキユリ

ヒアシンス（風信子）の別名（単子葉植
物綱ユリ目ユリ科の多年草。花は青紫
色）

〈*Hyacinthus orientalis*〉

ニシキラン

サカキカズラ（栄樹葛）の別名（双子葉
植物綱リンドウ目キョウチクトウ科の常
緑つる性植物）

〈*Anodendron affine*〉

ニシゴリ

クロミノニシゴリの別名（ハイノキ科の
落葉低木。果実は卵球形）

〈*Symplocos paniculata*（Thunb. ex
Murray）Miq.〉

サワフタギ（沢塞，沢蓋木）の別名（双
子葉植物綱カキノキ目ハイノキ科の落葉
低木）

〈Symplocos chinensis *var.*leucocarpa
form.pilosa〉

ニシノヤマクワガタ

サンインクワガタの別名（双子葉植物綱
ゴマノハグサ目ゴマノハグサ科の草本）

〈*Veronica muratae*〉

*ニシヨモギ

別名：ヨモギ

キク科の草本。

〈*Artemisia indica Willd.*〉

*ニセアゼガヤ

別名：ニブイロアゼガヤ

単子葉植物綱カヤツリグサ目イネ科の一
年草または多年草。高さは30〜80cm。

〈*Leptochloa uninervia*〉

ニセアミホラゴケ

コケハイホラゴケの別名（コケシノブ科
の常緑性シダ。葉身は長さ1〜10cm。
三角状卵形から卵状披針形）

〈*Lacosteopsis subclathrata*（K. Iwats.）
Nakaike〉

ニセキツネガヤ

アレチノチャヒキの別名（単子葉植物綱
カヤツリグサ目イネ科の一年草または越
年草。高さは30〜70cm）

〈*Bromus sterilis*〉

ニセゴシュユ

ゴシュユ（呉茱萸）の別名（双子葉植物
綱ムクロジ目ミカン科の落葉低木。高
さは2.5m）

〈*Tetradium ruticarpum*〉

*ニセシラゲガヤ

別名：モリシラゲガヤ

単子葉植物綱カヤツリグサ目イネ科の多
年草。高さは20〜50cm。

〈*Holcus mollis*〉

ニセハッカ

イヌコウジュ（犬香薷）の別名（双子葉
植物綱シソ目シソ科の一年草。高さは
20〜60cm）

〈*Mosla punctulata*〉

ニセホングウシダ

ホングウシダの別名（ホングウシダ科の
常緑性シダ植物。葉身は長さ10〜40cm，
幅1.5〜2.5cm，狭長楕円形から披針形）

〈*Lindsaea odorata*〉

*ニチナンオオバコ

別名：イトバオオバコ

オオバコ科の一年草。長さは8〜17cm。

〈*Plantago heterophylla* Nutt.〉

ニチニチカ
ニチニチソウ（日日草）の別名（双子葉
植物綱リンドウ目キョウチクトウ科の多
年草。高さは30〜50cm。花は赤と白
色）
〈*Catharanthus roseus*〉

*ニチニチソウ（日日草）
別名：ニチニチカ
双子葉植物綱リンドウ目キョウチクトウ
科の多年草。高さは30〜50cm。花は
赤と白色。
〈*Catharanthus roseus*〉

ニチリンソウ（日輪草）
ヒマワリ（向日葵）の別名（双子葉植物
綱キク目キク科の一年草。高さは90〜
200cm。花は黄色，または淡橙黄色）
〈*Helianthus annuus*〉

ニッケイ
シナモンの別名（クスノキ科の属総称）
*ニッケイ（肉桂）
別名：シナモン，セイロンケイヒ
双子葉植物綱クスノキ目クスノキ科
の常緑高木。高さは10〜15m。
〈*Cinnamomum sieboldii*〉

ニッコウウツギ（日光空木）
ウメウツギ（梅空木）の別名（双子葉植
物綱バラ目ユキノシタ科の落葉低木）
〈*Deutzia uniflora*〉

ニッコウキスゲ
ゼンテイカの別名（ユリ科の多年草。種
の形容語は人名にちなむ。高さは60〜
90cm）
〈*Hemerocallis dumortieri* Morren var.
esculenta (Koidz.) Kitamura〉

ニッコウコウモリ
オオカニコウモリの別名（双子葉植物綱
キク目キク科の多年草。高さは30〜
100cm）

〈*Cacalia nikomontana*〉

*ニッコウザサ
別名：ミヤマスズ
単子葉植物綱カヤツリグサ目イネ科のサ
サ，常緑小型。
〈*Sasa chartacea* var.*nana*〉

ニッコウシャクナゲ
ヒメシャクナゲ（姫石南花）の別名（双
子葉植物綱ツツジ目ツツジ科の常緑低
木。高さは15cm。花は白〜桃色）
〈*Andromeda polifolia*〉

ニッコウシラハギ
ツクシハギ（筑紫萩）の別名（双子葉植
物綱マメ目マメ科の木本。高さは2m以
上。花は白みのつい淡紅紫色）
〈*Lespedeza homoloba*〉

ニッコウチドリ
ミヤマチドリ（深山千鳥）の別名（単子
葉植物綱ラン目ラン科の多年草。高さ
は25cm）
〈*Platanthera takedai*〉

ニッコウツリバナ
オオツリバナ（大吊花，大釣花）の別
名（双子葉植物綱ニシキギ目ニシキギ科
の落葉低木）
〈*Euonymus planipes*〉

*ニッコウナツグミ
別名：ツクバグミ
双子葉植物綱ヤマモガシ目グミ科の落葉
低木。
〈*Elaeagnus nikoensis*〉

*ニッコウハリスゲ
別名：ヒメタマスゲ
単子葉植物綱カヤツリグサ目カヤツリグ
サ科の草本。
〈*Carex fulta*〉

ニッコウヒバ
シノブヒバ（忍檜葉）の別名（マツ綱マ

ニツコ

ツ目ヒノキ科の木本)
〈Chamaecyparis pisifera 'Plumosa'〉

ニッコウモミ
ウラジロモミ (裏白樅) の別名 (マツ綱
マツ目マツ科の常緑高木。高さは40m。
樹皮は帯紅灰色)
〈Abies homolepis〉

ニットボーン
コンフリーの別名 (双子葉植物綱シソ目
ムラサキ科の多年草。花は淡青紫, 淡紅
色)
〈Symphytum officinale〉

ニッポンサイシン
ウスバサイシン (薄葉細辛) の別名 (双
子葉植物綱ウマノスズクサ目ウマノスズ
クサ科の多年草。葉径5〜8cm。花は暗
紫色)
〈Asiasarum sieboldii〉

ニドイモ
ジャガイモの別名 (双子葉植物綱ナス目
ナス科の根菜類。長さは60〜100cm。
花は白, 淡紅, 紫色など)
〈Solanum tuberosum〉

ニトベカズラ
アサヒカズラの別名 (タデ科の観賞用蔓
性半木。花は赤〜ピンク色)
〈Antigonon leptopus Hook. et Arn.〉

ニブイロアゼガヤ
ニセアゼガヤの別名 (単子葉植物綱カヤ
ツリグサ目イネ科の一年草または多年
草。高さは30〜80cm)
〈Leptochloa uninervia〉

ニホンカボチャ
カボチャ (南瓜) の別名 (双子葉植物綱
スミレ目ウリ科の果菜類。鮮果の果肉
に芳香。花は黄色)
〈Cucurbita moschata var.
melonaeformis form.toonas〉

ニホンカラマツ
カラマツ (唐松) の別名 (マツ綱マツ目
マツ科の落葉高木。高さは30m。樹皮は
帯赤褐色)
〈Larix kaempferi〉

ニホントウキ
トウキ (当帰) の別名 (双子葉植物綱セリ
目セリ科の多年草。高さは20〜80cm)
〈Angelica acutiloba〉

ニュウコウ
ニュウコウジュ (乳香樹) の別名 (カン
ラン科の属総称)

*ニュウコウジュ (乳香樹)
別名:ニュウコウ
カンラン科の属総称。

ニュウメンラン
イリオモテランの別名 (ラン科)
〈Trichoglottis luchuensis (Rolfe)
Garay et H. R. Sweet ex Garay〉

*ニュウメンラン
別名:イリオモテラン
単子葉植物綱ラン目ラン科の着生
植物。
〈Trichoglottis luchuensis〉

*ニューサイラン (新西蘭)
別名:ニュージーランドアサ, マオ
ラン
単子葉植物綱ユリ目ユリ科の多年草。
高さは5m。花は暗赤色。
〈Phormium tenax〉

ニュー・サマー・オレンジ
ヒュウガナツ (日向夏) の別名 (双子葉
植物綱ムクロジ目ミカン科の木本。果
実は球形ないしは倒卵形)
〈Citrus tamurana〉

ニュージーランドアサ
ニューサイラン (新西蘭) の別名 (単子
葉植物綱ユリ目ユリ科の多年草。高さ
は5m。花は暗赤色)

〈*Phormium tenax*〉

ニュージーランドティーツリー
ギョリュウバイの別名(双子葉植物綱フトモモ目フトモモ科の常緑低木または小高木。高さは3〜5m。花は白色)
〈*Leptospermum scoparium*〉

ニュージーランドマツ
ラジアタマツの別名(マツ科の木本。樹高30m。樹皮は濃灰色)

*ニューヒポシルタ
別名：ヒポキルタ・グラブラ
イワタバコ科。

ニューヨークアスター
ユウゼンギク(友禅菊)の別名(双子葉植物綱キク目キク科の多年草。高さは20〜180cm。花は紫〜青紫，赤，ピンク色など)
〈*Aster novi-belgii*〉

ニョイスミレ(如意菫)
ツボスミレ(坪菫)の別名(双子葉植物綱スミレ目スミレ科の多年草。高さは5〜20cm。花は白色)
〈*Viola verecunda var.verecunda*〉

ニラブサ
シイタケ(椎茸)の別名(キシメジ科のキノコ。中型〜大型。傘は茶褐色，綿毛状鱗片付着し，しばしば亀甲状。ひだは白色)
〈*Lentinus edodes*〉

ニラムサ
シイタケ(椎茸)の別名(キシメジ科のキノコ。中型〜大型。傘は茶褐色，綿毛状鱗片付着し，しばしば亀甲状。ひだは白色)
〈*Lentinus edodes*〉

*ニリンソウ(二輪草)
別名：ガショウソウ，コモチナ，セキナ

双子葉植物綱キンポウゲ目キンポウゲ科の多年草。高さは15〜25cm。花は白色。
〈*Anemone flaccida*〉

ニレザクラ
ザイフリボク(采振木)の別名(双子葉植物綱バラ目バラ科の落葉高木。高さは10m。花は白色。樹皮は灰褐色)
〈*Amelanchier asiatica*〉

ニレタケ
タモギタケの別名(ヒラタケ科のキノコ。小型〜中型。傘は漏斗形、鮮黄色。ひだは白色)
〈*Pleurotus cornucopiae*（Pers.）Rolland〉
ブナシメジの別名(キシメジ科のキノコ。小型〜中型。傘は淡褐灰色、大理石模様。ひだは類白色)
〈*Lyophyllum ulmarium*（Fries）Kühner〉

ニレツオオムギ
ヤバネオオムギ(矢羽大麦)の別名(単子葉植物綱カヤツリグサ目イネ科の一年草。高さは90cm)
〈*Hordeum vulgare var.distichon*〉

ニレツバスイショウ(二列葉水松)
ラクウショウ(落羽松)の別名(マツ綱マツ目スギ科の落葉高木。高さは25m。樹皮は灰褐色)
〈*Taxodium distichum*〉

ニレモミ
トウヒ(唐檜)の別名(マツ綱マツ目マツ科の常緑高木)
〈*Picea jezoensis var.hondoensis*〉

*ニーレンベルギア
別名：ギンパイソウ
ナス科の属総称。

*ニワウメ(庭梅)
別名：リンショウバイ

双子葉植物綱バラ目バラ科の落葉低木。
花は淡紅色，または白色。
〈*Cerasus japonica*〉

ニワウルシ
シンジュ(神樹)の別名(双子葉植物綱ム
クロジ目ニガキ科の落葉高木。高さは
20m以上。花は黄緑色。樹皮は灰褐色)
〈*Ailanthus altissima*〉

ニワクサ(爾波久佐)
ホウキギ(箒木)の別名(双子葉植物綱
ナデシコ目(中心子目)アカザ科の果菜
類。多数の細い枝が直立して束状に伸
びる。高さは1m。花は淡緑色)
〈*Kochia scoparia*〉

*ニワザクラ(庭桜)
別名：リンショウバイ
バラ科の落葉低木。花は白あるいは淡
紅色。
〈*Prunus glandulosa Thunb.*〉

ニワシメジ
ハタケシメジの別名(キシメジ科のキノ
コ。中型～大型。傘は灰褐色，白色かす
り模様。ひだは類白色)
〈*Lyophyllum decastes*〉

*ニワゼキショウ(庭石菖)
別名：ナンキンアヤメ(南京菖蒲)
単子葉植物綱ユリ目アヤメ科の多年草。
高さは20～40cm。花はスミレ色，中
心が黄色。
〈*Sisyrinchium atlanticum*〉

ニワソテツ
クサソテツ(草蘇鉄)の別名(オシダ科
の夏緑性シダ植物。葉身は長さ50～
150cm，倒卵形から倒卵状披針形)
〈*Matteuccia struthiopteris*〉

ニワタバコ
**ビロードモウズイカ(天鵞毛蕊花)の
別名**(双子葉植物綱ゴマノハグサ目ゴマ
ノハグサ科の多年草。高さは1～2m。

花は黄色)
〈*Verbascum thapsus*〉
モウズイカ(毛蕊花)の別名(双子葉植
物綱ゴマノハグサ目ゴマノハグサ科の多
年草。高さは50～150cm。花は黄色)
〈*Verbascum blattaria*〉

ニワツクバネウツギ
アベリアの別名(スイカズラ科の半常緑
低木。花は白色)
〈*Abelia* × *grandiflora* (Rovelli ex
André) Rehd.〉
ハナゾノツクバネウツギの別名(双子
葉植物綱マツムシソウ目スイカズラ科の
半常緑低木。花は白色)
〈*Abelia* × *grandiflora*〉

*ニワトコ(庭常)
別名：セッコツボク
双子葉植物綱マツムシソウ目スイカズラ
科の落葉低木。
〈*Sambucus racemosa subsp.
sieboldiana*〉

ニワナズナ
アリッスムの別名(双子葉植物綱フウ
チョウソウ目アブラナ科の草本。高さ
は10～15cm。花は白色，またはラベン
ダー色)
〈*Lobularia maritima*〉

*ニワハナビ
別名：ヒロハノハマサジ
イソマツ科の多年草。高さは40～
60cm。花は青または紫色。
〈*Limonium latifolium* (*Sm.*) *O.
Kuntze*〉

*ニワフジ(庭藤)
別名：イワフジ
双子葉植物綱マメ目マメ科の多年草。
高さは30～60cm。花は紅紫色。
〈*Indigofera decora*〉

ニワヤナギ
ミチヤナギ(道柳)の別名(双子葉植物

綱タデ目タデ科の一年草。高さは10〜
40cm)
〈*Polygonum aviculare*〉

ユキヤナギ（雪柳）の別名（双子葉植物
綱バラ目バラ科の落葉低木。葉は単葉，
狭披針形。高さは2m。花は白色）
〈*Spiraea thunbergii*〉

ニンギョウソウ
ノカンゾウ（野萱草）の別名（単子葉植
物綱ユリ目ユリ科の多年草。高さは50
〜90cm)
〈*Hemerocallis fulva var*.longituba〉

*ニンジン（人参）
別名：セリニンジン，ナニンジン，ハ
タニンジン
双子葉植物綱セリ目セリ科の根菜類。
〈*Daucus carota var.sativus*〉

ニンドウ（忍冬）
スイカズラ（忍冬）の別名（双子葉植物
綱マツムシソウ目スイカズラ科の半常緑
つる性低木。花は初め白，後に黄色）
〈*Lonicera japonica*〉

*ニンニク（蒜，葫）
別名：オオビル，ヒル
単子葉植物綱ユリ目ユリ科の根菜類。
高さは0.5〜1m。
〈*Allium sativum*〉

ニンニクカズラ
ガーリックバインの別名（ノウゼンカズ
ラ科）

*ニンポウキンカン（寧波金柑）
別名：ネイハキンカン，メイワキン
カン
双子葉植物綱ムクロジ目ミカン科の木
本。果実は縦径3cmほど。高さは2m。
〈*Fortunella crassifolia*〉

【 ヌ 】

*ヌイオスゲ
別名：シロウマヒメスゲ
単子葉植物綱カヤツリグサ目カヤツリグ
サ科の草本。
〈*Carex vanheurckii*〉

*ヌイマオ
別名：オオイワガネ
イラクサ科の木本。

*ヌカススキ
別名：コゴメススキ
単子葉植物綱カヤツリグサ目イネ科の一
年草。高さは20〜50cm。
〈*Aira caryophyllea*〉

*ヌカボシクリハラン（糠星栗葉蘭）
別名：ヌカボシシダ，ヌカボシラン
ウラボシ科の常緑性シダ植物。葉身は
長さ10〜25cm，幅1.5〜3cm，披針形
〜狭披針形。
〈*Microsorium buergerianum*〉

ヌカボシシダ
**ヌカボシクリハラン（糠星栗葉蘭）の
別名**（ウラボシ科の常緑性シダ植物。葉
身は長さ10〜25cm，幅1.5〜3cm，披針
形〜狭披針形）
〈*Microsorium buergerianum*〉

ヌカボシラン
**ヌカボシクリハラン（糠星栗葉蘭）の
別名**（ウラボシ科の常緑性シダ植物。葉
身は長さ10〜25cm，幅1.5〜3cm，披針
形〜狭披針形）
〈*Microsorium buergerianum*〉

*ヌカボタデ
別名：コヌカボタデ
双子葉植物綱タデ目タデ科の草本。

⟨*Persicaria taquetii*⟩

ヌグ
キバナタカサブロウの別名（キク科の一年草。高さは40〜100cm。花は橙黄色）
⟨*Guizotia abyssinica* (L. f.) Cass.⟩

ヌスビトノアシ
オニノヤガラ（鬼矢柄）の別名（ラン科の多年生腐生植物。高さは40〜100cm）
⟨*Gastrodia elata* Blume⟩

フジカンゾウ（藤甘草）の別名（双子葉植物綱マメ目マメ科の多年草。高さは50〜150cm）
⟨*Desmodium oldhamii*⟩

ヌノバイ
シモフリシメジの別名（キシメジ科のキノコ。中型。傘は暗灰色で湿時粘性，放射状繊維。ひだは帯黄白色）
⟨*Tricholoma portentosum*⟩

ヌノビキ
シロシメジの別名（キシメジ科のキノコ）
⟨*Tricholoma japonicum*⟩

ヌバタマ
ヒオウギ（檜扇）の別名（単子葉植物綱ユリ目アヤメ科の多年草。高さは50〜120cm。花は黄赤色）
⟨*Belamcanda chinensis*⟩

*ヌマガヤ（沼茅）
別名：カミスキスダレグサ
単子葉植物綱カヤツリグサ目イネ科の多年草。高さは70〜120cm。
⟨*Molinia japonica*⟩

ヌマスギ（沼杉）
ラクウショウ（落羽松）の別名（マツ綱マツ目スギ科の落葉高木。高さは25m。樹皮は灰褐色）
⟨*Taxodium distichum*⟩

ヌマスギモドキ
メタセコイアの別名（マツ綱マツ目スギ科の落葉性針葉高木。高さは30m。樹皮は橙褐色ないし赤褐色）
⟨*Metasequoia glyptostroboides*⟩

*ヌマゼリ（沼芹）
別名：サワゼリ
双子葉植物綱セリ目セリ科の多年草。高さは60〜100cm。
⟨*Sium nipponicum var.nipponicum*⟩

*ヌマハコベ（沼繁縷）
別名：モンチソウ
双子葉植物綱ナデシコ目（中心子目）スベリヒユ科の草本。
⟨*Montia fontana var.lamprosperma*⟩

*ヌマハリイ（沼針藺）
別名：オオヌマハリイ
単子葉植物綱カヤツリグサ目カヤツリグサ科の多年生抽水植物。鱗片は濃褐色，広披針形〜狭卵形。高さは30〜60cm。
⟨*Eleocharis mamillata var. cyclocarpa*⟩

ヌマフサモ
オオフサモ（大房藻）の別名（アリノトウグサ科の多年生の抽水植物。茎は径5mm前後、赤みがかる。長さ1m）
⟨*Myriophyllum aquaticum* (Vell.) Verdc.⟩

*ヌマミズキ（沼水木）
別名：ツーベロ
双子葉植物綱ミズキ目ヌマミズキ科の木本。樹高は30m。樹皮は濃い灰色。
⟨*Nyssa sylvatica*⟩

ヌマヨモギ
オオヨモギ（大蓬，大艾）の別名（双子葉植物綱キク目キク科の多年草。高さは20〜60cm）
⟨*Artemisia montana*⟩

*ヌルデ（白膠）
別名：フシノキ

双子葉植物綱ムクロジ目ウルシ科の落葉
高木。
〈Rhus javanica〉

【 ネ 】

ネイハキンカン
ニンポウキンカン(寧波金柑)の別名
(双子葉植物綱ムクロジ目ミカン科の木
本。果実は縦径3cmほど。高さは2m)
〈Fortunella crassifolia〉

＊ネオレゲリア
別名：ネトリ
パイナップル科の属総称。

＊ネクタリン
別名：ズバイモモ，ツバキモモ(椿
桃)，ユトウ(油桃)
双子葉植物綱バラ目バラ科の木本。
〈Amygdalus persica var.nectarina〉

＊ネグンドカエデ
別名：トネリコバノカエデ，ネグンド
モミジ
双子葉植物綱ムクロジ目カエデ科の落葉
高木。高さは20m。樹皮は灰褐色。
〈Acer negundo〉

ネグンドモミジ
ネグンドカエデの別名(双子葉植物綱ム
クロジ目カエデ科の落葉高木。高さは
20m。樹皮は灰褐色)
〈Acer negundo〉

＊ネコアシコンブ
別名：カナカケコンブ，ハタカセコン
ブ，ミミコンブ
褐藻綱コンブ目コンブ科の海藻。葉は
線状。体は長さ2〜4m。
〈Arthrothamnus bifidus〉

＊ネコシデ
別名：ウラジロカンバ(裏白樺)
双子葉植物綱ブナ目カバノキ科の落葉
高木。
〈Betula corylifolia〉

ネコジャラシ
エノコログサ(狗尾草)の別名(単子葉
植物綱カヤツリグサ目イネ科の一年草。
高さは20〜80cm)
〈Setaria viridis〉

ネコノアシグサ
ゲンノショウコ(現証拠)の別名(双子
葉植物綱フウロソウ目フウロソウ科の多
年草。高さは30〜50cm。花はわずかに
紅紫を帯びた白色，または紅紫色)
〈Geranium nepalense subsp.
thunbergii〉

＊ネコノメソウ(猫目草)
別名：ミズネコノメソウ
双子葉植物綱バラ目ユキノシタ科の多年
草。高さは4〜20cm。
〈Chrysosplenium grayanum〉

＊ネコヤナギ(猫柳)
別名：エノコロヤナギ(狗尾柳)，カワ
ヤナギ，トウトウヤナギ
双子葉植物綱ヤナギ目ヤナギ科の落葉低
木。花は銀白色。
〈Salix gracilistyla〉

ネジイトラン
キミガヨランの別名(単子葉植物綱ユリ
目リュウゼツラン科の常緑低木)
〈Yucca recurvifolia〉

＊ネジキ(捩木)
別名：カシオシミ
双子葉植物綱ツツジ目ツツジ科の落葉
低木。
〈Lyonia ovalifolia var.elliptica〉

＊ネジバナ(捩花)
別名：モジズリ(捩摺)

単子葉植物綱ラン目ラン科の多年草。
高さは10〜40cm。花は淡紅色。
〈*Spiranthes sinensis var.amoena*〉

ネジレイ
イヌイの別名（単子葉植物綱イグサ目イ
グサ科の多年草。高さは20〜50cm）
〈*Juncus yokoscensis*〉

*ネジレバハナゴケ
別名：ユキノハナ
ハナゴケ科の地衣類。地衣体は長さ3〜
20mm。
〈*Cladonia strepsilis（Ach.） Vain.*〉

*ネズ（杜松）
別名：ネズミサシ，ムロ
マツ綱マツ目ヒノキ科の常緑低木。高
さは10〜15m。
〈*Juniperus rigida*〉

ネズミアシ
ホウキタケ（箒茸）の別名（ホウキタケ
科のキノコ）
〈*Ramaria botrytis*〉

ネズミサシ
ネズ（杜松）の別名（マツ綱マツ目ヒノキ
科の常緑低木。高さは10〜15m）
〈*Juniperus rigida*〉

ネズミタケ
ホウキタケ（箒茸）の別名（ホウキタケ
科のキノコ）
〈*Ramaria botrytis*〉

ネズミノオ
ウミトラノオの別名（褐藻綱ヒバマタ目
ホンダワラ科の海藻。羽状に分岐する。
体は1m）
〈*Sargassum thunbergii*〉

ネズミノシッポ
ナギナタガヤ（薙刀茅）の別名（単子葉
植物綱カヤツリグサ目イネ科の一年草。
葉身は幅0.5mmほどの円筒形。高さは

20〜40cm）
〈*Festuca myuros*〉

*ネズミムギ（鼠麦）
別名：イタリアンライグラス
単子葉植物綱カヤツリグサ目イネ科の一
年草または二年草。高さは30〜
100cm。
〈*Lolium multiflorum*〉

*ネズミモチ（鼠黐）
別名：タマツバキ，テラツバキ
双子葉植物綱ゴマノハグサ目モクセイ科
の常緑低木。高さは2〜5m。
〈*Ligustrum japonicum*〉

ネズミユリ
ウバユリ（姥百合）の別名（単子葉植物
綱ユリ目ユリ科の多年草。高さは50〜
100cm。花は緑白色）
〈*Cardiocrinum cordatum*〉

ネズミヨモギ
**カワラヨモギ（河原蓬，河原艾）の別
名**（双子葉植物綱キク目キク科の多年
草。高さは30〜100cm）
〈*Artemisia capillaris*〉

ネズモドキ
レプトスペルムムの別名（フトモモ科の
属総称）

ネツサマシ
バクチノキ（博打木）の別名（双子葉植
物綱バラ目バラ科の常緑高木）
〈*Prunus zippeliana*〉

ネトリ
ネオレゲリアの別名（パイナップル科の
属総称）

ネナシハマカズラ
スナヅル（砂蔓）の別名（双子葉植物綱
クスノキ目クスノキ科の寄生つる草。
つるは淡緑または黄色，果実は淡黄色）
〈*Cassytha filiformis*〉

ネント

*ネバリタデ (粘蓼)
別名：ケネバリタデ

双子葉植物綱タデ目タデ科の一年草。
高さは40〜80cm。
〈*Persicaria viscofera*〉

*ネバリノギラン (粘り芒蘭)
別名：ナガハノギラン

単子葉植物綱ユリ目ユリ科の多年草。
高さは30〜50cm。
〈*Aletris foliata*〉

ネバリハコベ
ヤンバルハコベの別名 (ナデシコ科)

〈*Drymaria diandra* Blume〉

ネバリビジョザクラ
ヒメビジョザクラの別名 (クマツヅラ科
の宿根草。花は紫紅色)

〈*Verbena tenera* K. Spreng.〉

*ネビキグサ
別名：アンペライ，ヒラスゲ

単子葉植物綱カヤツリグサ目カヤツリグ
サ科の抽水性〜湿生植物，多年生。稈
は直立し，高さ60〜120cm，小穂は赤
褐色。
〈*Machaerina rubiginosa var.
nipponensis*〉

ネマガリダケ
チシマザサ (千島笹) の別名 (単子葉植
物綱カヤツリグサ目イネ科の常緑中型サ
サ。高さは2〜3m)

〈*Sasa kurilensis*〉

*ネマタンツス
別名：ヒポシルタ

イワタバコ科の属総称。

*ネムノキ (合歓木)
別名：コウカ，コウカギ

双子葉植物綱マメ目マメ科の落葉小高
木。高さは10m。花は紅色。樹皮は
暗褐色。
〈*Albizia julibrissin*〉

ネムリグサ
オジギソウの別名 (双子葉植物綱マメ目
マメ科の多年草または一年草。葉は敏
感に動く。高さは30〜50cm。花はピン
ク色)

〈*Mimosa pudica*〉

ネムロウメバチモ
チトセバイカモの別名 (双子葉植物綱キ
ンポウゲ目キンポウゲ科の沈水植物。
葉身の長さ2.5〜4.5cm，花床も果実も
無毛)

〈*Ranunculus yezoensis*〉

ネムロタンポポ
シコタンタンポポの別名 (双子葉植物綱
キク目キク科の草本)

〈*Taraxacum shikotanense*〉

ネムロチドリ
アオチドリ (青千鳥) の別名 (単子葉植
物綱ラン目ラン科の多年草。高さは20
〜50cm)

〈*Coeloglossum viride var.bracteatum*〉

*ネムロブシダマ
別名：ヒメブシダマ

スイカズラ科の低木。高さは4m。花は
初め淡黄、後に濃黄色。
〈*Lonicera chrysantha* Turcz.〉

*ネモフィラ
別名：コモンカラクサ (小紋唐草)，ル
リカラクサ (瑠璃唐草)

ハゼリソウ科。
〈*Nemophila insignis* Benth.〉

*ネリネ
別名：ダイアモンドリリー

単子葉植物綱ユリ目ヒガンバナ科の属
総称。
〈*Nerine spp.*〉

ネンドウ
ホウキギ (箒木) の別名 (双子葉植物綱
ナデシコ目 (中心子目) アカザ科の果菜

植物別名辞典　393

ノアサ

類。多数の細い枝が直立して束状に伸
びる。高さは1m。花は淡緑色）
〈*Kochia scoparia*〉

【 ノ 】

* **ノアサガオ**（野朝顔）
　　別名：アサガオ
　　　ヒルガオ科の一年生つる草。花は青色。
　　　〈*Pharbitis congesta（R. Br.）Hara*〉

* **ノアザミ**（野薊）
　　別名：ドイツアザミ
　　　双子葉植物綱キク目キク科の多年草。
　　　高さは50〜100cm。花は淡紅紫色。
　　　〈*Cirsium japonicum*〉

* **ノアズキ**（野小豆）
　　別名：ヒメクズ
　　　双子葉植物綱マメ目マメ科の多年生つ
　　　る草。
　　　〈*Dunbaria villosa*〉

ノイチゴ
　　エゾヘビイチゴ（蝦夷蛇苺）の別名（双
　　　子葉植物綱バラ目バラ科の多年草。高
　　　さは10〜20cm。花は白色）
　　　〈*Fragaria vesca*〉

* **ノイバラ**（野茨）
　　別名：グイ，シロイバラ，ノバラ
　　　双子葉植物綱バラ目バラ科の落葉低木。
　　　高さは1〜3m。花は白か淡紅色。
　　　〈*Rosa multiflora*〉

ノウシ
　　ノムラ（野村）の別名（カエデ科のオオモ
　　　ミジの品種）

ノウゼン
　　ノウゼンカズラ（凌霄花）の別名（双子
　　　葉植物綱ゴマノハグサ目ノウゼンカズラ
　　　科の落葉つる性植物。高さは10m。花は

濃橙赤色）
　　　〈*Campsis grandiflora*〉

* **ノウゼンカズラ**（凌霄花）
　　別名：ノウゼン，ノショウ
　　　双子葉植物綱ゴマノハグサ目ノウゼンカ
　　　ズラ科の落葉つる性植物。高さは
　　　10m。花は濃橙赤色。
　　　〈*Campsis grandiflora*〉

ノウゼンハレン
　　キンレンカ（金蓮花）の別名（双子葉植
　　　物綱フウロソウ目ノウゼンハレン科の一
　　　年草。花はオレンジか黄色）
　　　〈*Tropaeolum majus*〉

* **ノカイドウ**（野海棠）
　　別名：ヤマカイドウ
　　　双子葉植物綱バラ目バラ科の落葉高木。
　　　花は白にやや淡紅を帯びる。
　　　〈*Malus spontanea*〉

* **ノカラマツ**（野唐松）
　　別名：キカラマツ
　　　双子葉植物綱キンポウゲ目キンポウゲ科
　　　の多年草。高さは60〜100cm。
　　　〈*Thalictrum simplex var.brevipes*〉

* **ノガリヤス**（野刈安）
　　別名：サイトウガヤ
　　　イネ科の多年草。高さは50〜160cm。
　　　〈*Calamagrostis arundinacea Roth*
　　　　var.arundinacea〉

ノカンゾウ
　　キンシンサイの別名（ユリ科の中国野菜）
* **ノカンゾウ**（野萱草）
　　別名：オヒナグサ，カンノンソウ，ニン
　　　ギョウソウ
　　　単子葉植物綱ユリ目ユリ科の多年草。
　　　高さは50〜90cm。
　　　〈*Hemerocallis fulva var.longituba*〉

ノキアヤメ
　　ショウブ（菖蒲）の別名（単子葉植物綱
　　　サトイモ目サトイモ科の多年草。葉は

長さ50〜120cm，黄色を帯びた明るい緑
色。高さは50〜90cm。花は淡黄緑色）
〈Acorus calamus〉

* **ノキシノブ**（軒忍）
  **別名：カラスノワスレグサ，マツフウ
  ラン，ヤツメラン**
  ウラボシ科の常緑性シダ植物。葉身は
  長さ12〜30cm，線形から広線形。
  〈Lepisorus thunbergianus〉

ノギトウサゴヤシ
  ホソバフクロトウの別名（ヤシ科の蔓
  木。葉裏銀白。幹径15ミリ、羽片長さ
  30cm。花は黄色）
  〈Korthalsia echinometra Becc.〉

* **ノギラン**（芒蘭）
  別名：キツネノオ
  単子葉植物綱ユリ目ユリ科の多年草。
  高さは15〜55cm。
  〈Metanarthecium luteo-viride〉

* **ノグサ**
  別名：ヒゲクサ
  単子葉植物綱カヤツリグサ目カヤツリグ
  サ科の一年草。高さは10〜25cm。
  〈Schoenus apogon〉

* **ノグルミ**（野胡桃）
  別名：ドクグルミ，ノブノキ
  双子葉植物綱クルミ目クルミ科の落葉高
  木。樹高は25m。樹皮は黄褐色。
  〈Platycarya strobilacea〉

* **ノグワ**（野桑）
  別名：ケグワ
  クワ科の木本。
  〈Morus tiliaefolia Makino〉

* **ノゲイトウ**（野鶏頭）
  別名：ケロシア
  双子葉植物綱ナデシコ目（中心子目）ヒ
  ユ科の一年草。葉を食用。高さは30
  〜120cm。花はピンク色，後に白く
  なる。

〈Celosia argentea〉

* **ノゲエノコロ**
  別名：ノゲシバ，ミツノギソウ
  イネ科の一年草。高さは10〜40cm。
  〈Aristida adscensionis L.〉

ノゲオオバコ
  アメリカオオバコの別名（双子葉植物綱
  オオバコ目オオバコ科の一年草。高さ
  は15〜40cm。花は淡褐色）
  〈Plantago aristata〉

* **ノゲシ**（野芥子，野罌粟）
  別名：ケシアザミ，ハルノノゲシ
  双子葉植物綱キク目キク科の一年草また
  は多年草。茎を切ると白乳を出す。
  高さは50〜100cm。
  〈Sonchus oleraceus〉

ノゲシバ
  ノゲエノコロの別名（イネ科の一年草。
  高さは10〜40cm）
  〈Aristida adscensionis L.〉

ノコギリ
  ノコギリソウ（鋸草）の別名（双子葉植
  物綱キク目キク科の多年草。高さは50
  〜100cm。花は淡紅色）
  〈Achillea alpina〉

ノコギリアカザ
  ミナトアカザの別名（双子葉植物綱ナデ
  シコ目（中心子目）アカザ科の一年草。
  高さは10〜60cm）
  〈Chenopodium murale〉

* **ノコギリゴケ**
  別名：タイワンノコギリゴケ
  ムジナゴケ科のコケ。茎は這い、長さ5
  〜10cm、葉は卵状の基部から漸尖。
  〈Duthiella flaccida（Card.）Broth.〉

* **ノコギリシダ**（鋸羊歯）
  別名：オトヒメシダ，ヤブクジャク
  オシダ科の常緑性シダ植物。葉身は長

さ20～45cm，広披針形。
〈*Diplazium wichurae*〉

＊ノコギリソウ（鋸草）
別名：ウニクサ，ノコギリ，ハゴロモ
ソウ（羽衣草），ヤスリグサ
双子葉植物綱キク目キク科の多年草。
高さは50～100cm。花は淡紅色。
〈*Achillea alpina*〉

ノコギリバ
タラヨウ（多羅葉）の別名（双子葉植物
綱ニシキギ目モチノキ科の常緑高木。
高さは10m。花は黄緑色。樹皮は灰色）
〈*Ilex latifolia*〉

ノコギリモチ
タラヨウ（多羅葉）の別名（双子葉植物
綱ニシキギ目モチノキ科の常緑高木。
高さは10m。花は黄緑色。樹皮は灰色）
〈*Ilex latifolia*〉

＊ノササゲ（野豇豆）
別名：キツネササゲ
双子葉植物綱マメ目マメ科の多年生つる
草。高さは3m前後。
〈*Dumasia truncata*〉

ノサバリコ
ヤブジラミ（藪蝨）の別名（双子葉植物
綱セリ目セリ科の多年草。高さは30～
70cm）
〈*Torilis japonica*〉

ノジオウギク
アレチノギクの別名（双子葉植物綱キク
目キク科の一年草または越年草。高さ
は30～60cm。花は白黄色）
〈*Erigeron bonariensis*〉

ノシバ
シバ（芝）の別名（単子葉植物綱カヤツリ
グサ目イネ科の多年草。高さは10～
20cm）
〈*Zoysia japonica*〉

ノシャクヤク
ヤマシャクヤク（山芍薬）の別名（双子
葉植物綱ビワモドキ目ボタン科の多年
草。高さは40～60cm。花は白色）
〈*Paeonia japonica*〉

ノシュンギク
ミヤコワスレ（都忘）の別名（キク科の
宿根草）
〈*Gymnaster savatieri*（Makino）
Kitamura〉
ミヤマヨメナ（深山嫁菜）の別名（双子
葉植物綱キク目キク科の多年草。高さ
は20～50cm。花は紫青，淡桃，白色）
〈Aster savatieri *var.savatieri*〉

ノショウ
ノウゼンカズラ（凌霄花）の別名（双子
葉植物綱ゴマノハグサ目ノウゼンカズラ
科の落葉つる性植物。高さは10m。花は
濃橙赤色）
〈*Campsis grandiflora*〉

ノースアメリカンミント
アニスヒソップの別名（シソ科のハー
ブ）

ノダフジ
フジ（藤）の別名（双子葉植物綱マメ目マ
メ科のつる性落葉木本。花は紫色）
〈*Wisteria floribunda*〉

＊ノテンツキ（野点突）
別名：ヒラテンツキ
単子葉植物綱カヤツリグサ目カヤツリグ
サ科の多年草。茎は扁平。高さは20
～80cm。
〈*Fimbristylis complanata*〉

＊ノトスコルドゥム
別名：ハタケニラ
ユリ科の属総称。球根植物。

ノドヤケ
ムキタケの別名（キシメジ科のキノコ。
中型～大型。傘は汚黄色～黄褐色，細毛

を密生する。表皮ははがれやすい)
〈*Panellus serotinus*〉

ノハカタカラクサ
トキワツユクサの別名（単子葉植物綱ツ
ユクサ目ツユクサ科の多年草。花は緑
色）
〈*Tradescantia fluminensis*〉

ノハギ
キハギ（木萩）の別名（双子葉植物綱マメ
目マメ科の落葉低木。高さは1.5〜2m）
〈*Lespedeza buergeri*〉

ノハッカ
イヌコウジュ（犬香薷）の別名（双子葉
植物綱シソ目シソ科の一年草。高さは
20〜60cm）
〈*Mosla punctulata*〉

*ノハナショウブ（野花菖蒲）
別名：ドンドバナ，ヤマショウブ
単子葉植物綱ユリ目アヤメ科の多年草。
高さは40〜100cm。
〈*Iris ensata var.spontanea*〉

ノバラ
ノイバラ（野茨）の別名（双子葉植物綱
バラ目バラ科の落葉低木。高さは1〜
3m。花は白か淡紅色）
〈*Rosa multiflora*〉

ノハラタンポポ
キバナコウリンタンポポの別名（双子
葉植物綱キク目キク科の多年草。高さ
は25〜50cm。花は黄色）
〈*Hieracium caespitosum*〉

ノハラツメクサ
オオツメクサ（大爪草）の別名（ナデシ
コ科の一年草または越年草。高さは15
〜30cm。花は白色）
〈*Spergula arvensis* L.〉

*ノハラテンツキ（野原点突）
別名：ブゼンテンツキ

カヤツリグサ科の草本。
〈*Fimbristylis pierotii* Miq.〉

ノハラナスビ
ワルナスビ（悪茄子）の別名（双子葉植
物綱ナス目ナス科の多年草。高さは30
〜70cm。花は淡紫色）
〈*Solanum carolinense*〉

ノハラフウロ
ノラフウロの別名（フウロソウ科の多年
草。高さは30〜80cm。花は明るい青紫
色）
〈*Geranium pratense* L.〉

ノビキヤシ
マルバマンネングサ（丸葉万年草）の別
名（双子葉植物綱バラ目ベンケイソウ科
の多年草。高さは8〜20cm。花は黄色）
〈*Sedum makinoi*〉

ノビドメザサ
アオネザサの別名（単子葉植物綱カヤツ
リグサ目イネ科の木本）
〈*Pleioblastus humilis*〉

ノヒマワリ
コヒマワリ（小向日葵）の別名（キク科。
高さは0.6〜1.5m。花は淡黄色）
〈*Helianthus decapetalus* L.〉

*ノヒメユリ
別名：スゲユリ
ユリ科の多肉植物。高さは1〜1.5m。花
は橙赤色。
〈*Lilium callosum* Sieb. et Zucc.〉

*ノビル（野蒜）
別名：ヒル，ヒルナ，ヒロ
単子葉植物綱ユリ目ユリ科の多年草。
直径1〜2cmの白い鱗茎を生じる。高
さは40〜80cm。
〈*Allium grayi*〉

*ノブキ（野蕗）
別名：オショウナ

ノフシ

双子葉植物綱キク目キク科の多年草。
高さは60〜100cm。
〈Adenocaulon himalaicum〉

ノフジ
ヤマフジ(山藤)の別名(双子葉植物綱
マメ目マメ科の落葉つる性植物)
〈Wisteria brachybotrys〉

*ノブドウ(野葡萄)
別名:ザトウエビ,ニシキノブドウ
双子葉植物綱クロウメモドキ目ブドウ科
のつる性多年草。
〈Ampelopsis brevipedunculata var.
heterophylla〉

ノブノキ
ノグルミ(野胡桃)の別名(双子葉植物
綱クルミ目クルミ科の落葉高木。樹高
は25m。樹皮は黄褐色)
〈Platycarya strobilacea〉

ノボケ
クサボケ(草木瓜)の別名(双子葉植物
綱バラ目バラ科の低木。高さは30〜
50cm。花は朱に近い淡紅色)
〈Chaenomeles japonica〉

ノボタン
シコンノボタン(紫紺野牡丹)の別名
(ノボタン科の常緑半低木。多毛)
〈Tibouchina semidecandra Cogn.〉
メラストマの別名(ノボタン科の属総称)

ノボリフジ
キバナノハウチワマメ(黄花葉団扇
豆)の別名(双子葉植物綱マメ目マメ科
の草本。高さは40〜60cm。花は黄色)
〈Lupinus luteus〉
ルピナスの別名(双子葉植物綱マメ目マ
メ科の属総称)
〈Lupinus spp.〉

*ノミノハゴロモグサ
別名:イワムシロ
双子葉植物綱バラ目バラ科の一年草また

は二年草。高さは10cm。
〈Aphanes arvensis〉

*ノムラ(野村)
別名:ノウシ,ムサシノ
カエデ科のオオモミジの品種。

*ノヤシ
別名:セボリーヤシ
単子葉植物綱ヤシ目ヤシ科の常緑高木。
高さは16m。
〈Clinostigma savoryanum〉

ノヤマヒョウタンボク
ツシマヒョウタンボクの別名(スイカズ
ラ科の木本)
〈Lonicera harae〉

ノユリ
オニユリ(鬼百合)の別名(単子葉植物
綱ユリ目ユリ科の多年草。高さは100〜
180cm。花は橙赤色)
〈Lilium lancifolium〉

ノラニンジン
カワラニンジン(河原人参)の別名(キ
ク科の一年草または越年草。高さは40
〜150cm)
〈Artemisia apiacea Hance〉

*ノラフウロ
別名:ノハラフウロ
フウロソウ科の多年草。高さは30〜
80cm。花は明るい青紫色。
〈Geranium pratense L.〉

ノラマメ
エンドウ(豌豆)の別名(双子葉植物綱マ
メ目マメ科の果菜類。つるの長さは1m)
〈Pisum sativum〉

ノリアジサイ
ミナヅキの別名(双子葉植物綱バラ目ユ
キノシタ科の木本)
〈Hydrangea paniculata form.
grandiflora〉

*ノリウツギ（糊空木）
　　別名：トロロノキ，ノリノキ，ヤマウ
　　　　　ツギ
　　　双子葉植物綱バラ目ユキノシタ科の落葉
　　　低木または小高木。高さは2〜3m。
　　　花は白色。
　　　〈Hydrangea paniculata〉

*ノリクラアザミ（乗鞍薊）
　　別名：ウラジロアザミ，ユキアザミ
　　　双子葉植物綱キク目キク科の多年草。
　　　高さは1〜1.5m。
　　　〈Cirsium norikurense〉

ノリナ
　　オカノリ（陸海苔）の別名（双子葉植物
　　　綱アオイ目アオイ科の葉菜類。フユア
　　　オイの変種）
　　　〈Malva verticillata var.crispa〉
　　トックリラン（徳利蘭）の別名（リュウ
　　　ゼツラン科の属総称）

ノリノキ
　　ノリウツギ（糊空木）の別名（双子葉植
　　　物綱バラ目ユキノシタ科の落葉低木また
　　　は小高木。高さは2〜3m。花は白色）
　　　〈Hydrangea paniculata〉

ノルウェーカエデ
　　ヨーロッパカエデの別名（カエデ科の落
　　　葉高木。葉は5裂。樹高25m。樹皮は灰
　　　色）
　　　〈Acer platanoides L.〉

ノルゲスゲ
　　カラフトスゲの別名（単子葉植物綱カヤ
　　　ツリグサ目カヤツリグサ科の草本）
　　　〈Carex mackenziei〉

ノロカジメ
　　カジメ（搗布）の別名（褐藻綱コンブ目コ
　　　ンブ科の海藻。円柱状。体は1〜2m）
　　　〈Ecklonia cava〉

【ハ】

ハアザミ
　　アカンサスの別名（キツネノマゴ科の宿
　　　根草。高さは90〜120cm。花は紫紅色
　　　を帯びた白色）
　　　〈Acanthus mollis L.〉
*ハアザミ
　　別名：ベアーズブリーチ
　　　双子葉植物綱ゴマノハグサ目キツネ
　　　ノマゴ科の宿根草。高さは90〜
　　　120cm。花は紫紅色を帯びた白色。
　　　〈Acanthus mollis〉

ハイアオイ
　　ウサギアオイの別名（アオイ科の一年
　　　草。高さは20〜50cm。花は淡紅色）
　　　〈Malva parviflora L.〉

バイアム
　　ヒユ（莧）の別名（双子葉植物綱ナデシコ
　　　目（中心子目）ヒユ科の野菜類）
　　　〈Amaranthus mangostanus〉

*ハイイヌガヤ（這犬榧）
　　別名：エゾイヌガヤ
　　　マツ綱マツ目イヌガヤ科の常緑低木。
　　　〈Cephalotaxus harringtonia var.
　　　nana〉

ハイイバラ
　　テリハノイバラ（照葉野茨）の別名（双
　　　子葉植物綱バラ目バラ科の落葉匍匐性低
　　　木。花は白色）
　　　〈Rosa wichuraiana〉

ハイイロヨモギ
　　ニガヨモギ（苦蓬）の別名（キク科の
　　　ハーブ。高さは0.4〜1m）
　　　〈Artemisia absinthium L.〉

ハイオトギリ
イワオトギリ (岩弟切) の別名 (双子葉
植物綱ツバキ目オトギリソウ科の多年
草。高さは10～30cm)
〈Hypericum kamtschaticum〉

バイオレット
ニオイスミレ (匂菫) の別名 (双子葉植
物綱スミレ目スミレ科の多年草。花は
濃紫色)
〈Viola odorata〉

バイオレットスリッパ
グロクシニアの別名 (イワタバコ科の属
総称。球根植物)

バイオレットドーフィン
ビオレ・ドーフィンの別名 (クワ科のイ
チジク (無花果) の品種。果肉やや黄紅
色)

*バイカアマチャ (梅花甘茶)
別名：モッコバナ
双子葉植物綱バラ目ユキノシタ科の落葉
低木。
〈Platycrater arguta〉

*バイカウツギ (梅花空木)
別名：サツマ, サツマウツギ, モック
オレンジ
双子葉植物綱バラ目ユキノシタ科の直立
性低木。高さは2m。花は白色。
〈Philadelphus satsumi〉

*バイカオウレン (梅花黄連)
別名：ゴカヨウオウレン (五箇葉黄蓮)
双子葉植物綱キンポウゲ目キンポウゲ科
の多年草。高さは4～15cm。花は
白色。
〈Coptis quinquefolia〉

バイカシモツケ (梅花下野)
リキュウバイ (利休梅) の別名 (双子葉
植物綱バラ目バラ科の落葉低木。高さ
は3～4m)
〈Exochorda racemosa〉

*バイカモ (梅花藻)
別名：ウメバチモ
双子葉植物綱キンポウゲ目キンポウゲ科
の常緑沈水植物。葉柄の長さ0.5～
2cm, 花弁は5枚で白色。高さは1～
2m。
〈Ranunculus nipponicus var.
submersus〉

ハイガヤ
チャボガヤ (矮鶏榧) の別名 (イチイ綱
イチイ目イチイ科の常緑低木)
〈Torreya nucifera var.radicans〉

*ハイクサネム
別名：アメリカゴウカン
マメ科の多年草。花は白色。
〈Desmanthus illinoensis (Michx.)
MacMill. ex B. L. Rob. et
Fernald〉

*ハイコヌカグサ
別名：オオヌカボ, タマガワヌカボ,
ハマヌカボ
単子葉植物綱カヤツリグサ目イネ科の多
年草。高さは20～100cm。
〈Agrostis stolonifera〉

ハイジシバリ
ジシバリの別名 (双子葉植物綱キク目キ
ク科の多年草。高さは5cm前後)
〈Ixeris stolonifera〉

*ハイチゴザサ
別名：ヒナザサ
イネ科の多年草。高さは10～40cm。
〈Isachne nipponensis Ohwi〉

ハイツバキ
ユキツバキ (雪椿) の別名 (双子葉植物
綱ツバキ目ツバキ科の常緑低木。花は
赤色)
〈Camellia japonica var.decumbens〉

*ハイデルベリー
別名：セイヨウヒメスノキ

ツツジ科の常緑小低木。
〈*Vaccinium myrtillus* L.〉

ハイドランジャ
　セイヨウアジサイの別名（ユキノシタ
　科）

ハイトリナズナ
　ハエトリナズナの別名（アブラナ科。花
　は黄色）
　〈*Myagrum perfoliatum* L.〉

＊パイナップル
　別名：パインアップル
　　単子葉植物綱パイナップル目パイナップ
　　ル科の地生植物。高さは1.2m。
　　〈*Ananas comosus*〉

パイナップルフラワー
　ユーコミスの別名（単子葉植物綱ユリ目
　ユリ科の属総称）
　〈*Eucomis spp.*〉

パイナップルリリー
　ユーコミスの別名（単子葉植物綱ユリ目
　ユリ科の属総称）
　〈*Eucomis spp.*〉

ハイノキ
　クロバイ（黒灰）の別名（ハイノキ科の
　常緑高木。花は白色）
　〈*Symplocos prunifolia* Sieb. et Zucc.〉

＊ハイノキ（灰木）
　別名：クロバイ，ソメシバ，トチシバ
　　双子葉植物綱カキノキ目ハイノキ科
　　の常緑低木。花は白色。
　　〈*Symplocos myrtacea*〉

＊ハイハマボッス
　別名：ヤチハコベ
　　双子葉植物綱サクラソウ目サクラソウ科
　　の多年草。高さは10〜30cm。
　　〈*Samolus parviflorus*〉

ハイヒカゲツツジ
　ヒカゲツツジ（日陰躑躅）の別名（双子

葉植物綱ツツジ目ツツジ科の常緑低木。
高さは1.8m。花はクリーム，淡黄色）
〈*Rhododendron keiskei*〉

ハイビジョザクラ
　アブロニアの別名（オシロイバナ科の草
　本。花は淡紅色）
　〈*Abronia umbellata* Lam.〉

＊ハイビスカス
　別名：ヒビスカス，ブッソウゲ（仏桑
　花，扶桑花）
　　双子葉植物綱アオイ目アオイ科の園芸品
　　種群総称。
　　〈*Hibiscus cv.*〉

＊ハイビスカス・ローゼル
　別名：レモネードブッシュ，ローゼリ
　ソウ，ローゼル
　　アオイ科のハーブ。

＊ハイビャクシン（這柏槇）
　別名：ソナレ
　　マツ綱マツ目ヒノキ科の常緑匍匐性低
　　木。高さは60cm。
　　〈*Juniperus chinensis var.*
　　　procumbens〉

パイプカズラ
　サラサバナの別名（ウマノスズクサ科の
　常緑つる性低木。花は白緑色、紫黒色の
　斑点がある）
　〈*Aristolochia elegans* M. T. Mast〉

パイプバナ
　サラサバナの別名（ウマノスズクサ科の
　常緑つる性低木。花は白緑色、紫黒色の
　斑点がある）
　〈*Aristolochia elegans* M. T. Mast〉

ハイブリッドチューベローズベゴニア
　キュウコンベゴニアの別名（シュウカイ
　ドウ科の球根植物。ベゴニア交雑品種
　の総称）
　〈*Begonia* × *tuberhybrida* Voss〉

ハイホ

*ハイホラゴケ
別名：ホラゴケ，ホラシノブ
コケシノブ科の常緑性シダ植物。葉身
は長さ5〜18cm，卵状披針形から倒卵
状長楕円形。
〈*Vandenboschia radicans*〉

*ハイマツゲボタン
別名：ハナビソウ
スベリヒユ科の一年草または多年草。
高さ15cm。花は濃紅色。
〈*Calandrinia umbellata DC.*〉

*ハイミチヤナギ
別名：コゴメミチヤナギ，コミチヤ
ナギ
双子葉植物綱タデ目タデ科の一年草。
高さ5〜40cm。花は帯紅色。
〈*Polygonum arenastrum*〉

ハイミヤマシキミ
ツルシキミ（蔓樒）の別名（双子葉植物
綱ムクロジ目ミカン科の常緑低木）
〈*Skimmia japonica var.intermedia
form.repens*〉

ハイモ
カラディウムの別名（サトイモ科の属総
称）
ニシキイモ（葉錦）の別名（サトイモ科
の観賞用草本。葉は赤色斑。葉長35cm）
〈*Caladium bicolor*（Ait.）Vent.〉

*バイモ（貝母）
別名：アミガサユリ（編笠百合），ハハ
クリ
単子葉植物綱ユリ目ユリ科の球根性多年
草。高さは30〜60cm。
〈*Fritillaria verticillata var.
thunbergii*〉

ハイリー
ヤーリー（鴨梨）の別名（バラ科のナシの
品種。果皮は淡緑で、成熟すると黄色）

パイン
アナナス・パイナップルの別名（パイ
ナップル科）

パインアップル
パイナップルの別名（単子葉植物綱パイ
ナップル目パイナップル科の地生植物。
高さは1.2m）
〈*Ananas comosus*〉

ハウ
ハマゴウ（蔓荊）の別名（クマツヅラ科
の落葉ほふく性低木）
〈*Vitex rotundifolia L. f.*〉

*ハウチワカエデ（羽団扇楓）
別名：メイゲツカエデ
双子葉植物綱ムクロジ目カエデ科の落葉
高木。高さは10〜12m。樹皮は灰
褐色。
〈*Acer japonicum*〉

ハウチワテンナンショウ
ヒガンマムシグサ（彼岸蛇草）の別名
（サトイモ科の草本）
〈*Arisaema undulatifolium* Nakai
subsp.*undulatifolium* var.
undulatifolium〉

ハウチワマメ
キバナノハウチワマメ（黄花葉団扇
豆）の別名（マメ科の薬用植物。高さは
40〜60cm。花は黄色）
〈*Lupinus luteus L.*〉

*バウヒニア
別名：ハカマカズラ
マメ科の属総称。蔓または低木。葉は
先端二裂。

*ハエジゴク
別名：ハエトリグサ
双子葉植物綱ウツボカズラ目モウセンゴ
ケ科の多年草。花は白色。
〈*Dionaea muscipula*〉

402 植物別名辞典

ハエトリグサ
ハエジゴクの別名（双子葉植物綱ウツボカズラ目モウセンゴケ科の多年草。花は白色）
〈*Dionaea muscipula*〉

ハエトリタケ
テングタケ（天狗茸）の別名（テングタケ科のキノコ。中型～大型。傘は灰褐色～オリーブ褐色，白色のいぼ。ひだは白色）
〈*Amanita pantherina*〉

*ハエトリナズナ
別名：ハイトリナズナ
アブラナ科。花は黄色。
〈*Myagrum perfoliatum L.*〉

ハエトリナデシコ
ムシトリナデシコ（虫取撫子）の別名（双子葉植物綱ナデシコ目（中心子目）ナデシコ科の一年草または多年草。高さは50～60cm。花は紅紫色）
〈*Silene armeria*〉

*ハエマンサス
別名：アフリカンブラッドリリー，センコウハナビ，マユハケオモト
ヒガンバナ科の属総称。球根植物。

ハカタカラクサ
シマフムラサキツユクサの別名（単子葉植物綱ツユクサ目ツユクサ科の多年草）
〈*Zebrina pendula*〉

*ハカタユリ（博多百合）
別名：サツマユリ，シハイユリ
ユリ科。
〈*Lilium brownii N. E. Br. ex Miellez var.viridulum Baker*〉

ハカバナ
シキミ（樒，梻）の別名（双子葉植物綱シキミ目シキミ科の常緑小高木。花被は細長く淡黄色）
〈*Illicium anisatum*〉

ハカマカズラ
バウヒニアの別名（マメ科の属総称。蔓または低木。葉は先端二裂）
*ハカマカズラ（袴蔓）
別名：ワンジュ
双子葉植物綱マメ目マメ科の常緑つる性木本。
〈*Bauhinia japonica*〉

ハカリノメ
アズキナシ（小豆梨）の別名（双子葉植物綱バラ目バラ科の落葉高木。高さは20m。花は白色。樹皮は暗褐色）
〈*Sorbus alnifolia*〉

ハガワリイチョウウロコゴケ
ハガワリイチョウゴケの別名（ツボミゴケ科のコケ。茎は長さ1～3cm、葉はやや桶状）
〈*Lophozia morrisoncola Horik.*〉

*ハガワリイチョウゴケ
別名：ハガワリイチョウウロコゴケ
ツボミゴケ科のコケ。茎は長さ1～3cm、葉はやや桶状。
〈*Lophozia morrisoncola Horik.*〉

ハギナ
ヨメナ（嫁菜）の別名（双子葉植物綱キク目キク科の多年草。高さは60～120cm）
〈*Aster yomena*〉

ハキモダシ
ホウキタケ（箒茸）の別名（ホウキタケ科のキノコ）
〈*Ramaria botrytis*〉

*パキラ
別名：カイエンナッツ，ガイアナチェスナット
パンヤ科の属総称。

*ハクウンボク（白雲木）
別名：オオバジシャ
双子葉植物綱カキノキ目エゴノキ科の落葉高木。高さは8～15m。樹皮は灰

褐色。
〈*Styrax obassia*〉

*ハクウンラン
別名：イセラン，ムライラン
単子葉植物綱ラン目ラン科の多年草。
高さは5〜10cm。
〈*Vexillabium nakaianum*〉

ハクサンオミナエシ
キンレイカ(金鈴花)の別名(双子葉植
物綱マツムシソウ目オミナエシ科の多年
草。高さは20〜60cm)
〈*Patrinia triloba var.palmata*〉
コキンレイカの別名(オミナエシ科の多
年草。高さは30〜50cm。花は黄色)
〈*Patrinia triloba* (Miq.) Miq.〉

*ハクサンコザクラ(白山小桜)
別名：ナンキンコザクラ
双子葉植物綱サクラソウ目サクラソウ科
の多年草。高さは5〜20cm。
〈*Primula cuneifolia var.
hakusanensis*〉

*ハクサンサイコ(白山柴胡)
別名：トウゴクサイコ
双子葉植物綱セリ目セリ科の多年草。
高さは20〜60cm。
〈*Bupleurum nipponicum*〉

*ハクサンシャクナゲ(白山石楠花)
別名：ウラゲハクサンシャクナゲ，エ
ゾシャクナゲ，シロシャクナゲ
ツツジ科の常緑低木。
〈*Rhododendron brachycarpum G.
Don var.brachycarpum*〉

*ハクサンシャジン(白山沙参)
別名：タカネツリガネニンジン
双子葉植物綱キキョウ目キキョウ科の多
年草。高さは30〜60cm。
〈*Adenophora triphylla var.
hakusanensis*〉

*ハクサンタイゲキ(白山大戟)
別名：ミヤマノウルシ
双子葉植物綱トウダイグサ目トウダイグ
サ科の多年草。高さは40〜80cm。
〈*Euphorbia togakusensis*〉

ハクサンタデ
オンタデ(御蓼)の別名(双子葉植物綱タ
デ目タデ科の多年草。高さは20〜80cm)
〈*Aconogonum weyrichii var.alpinum*〉

*ハクサンチドリ(白山千鳥)
別名：ウズラバハクサンチドリ
ラン科の多年草。高さは10〜15cm。花
は紅紫〜白色。
〈*Orchis aristata Fisch.*〉

*ハクサントリカブト
別名：サクライウズ，ミヤマトリカ
ブト
双子葉植物綱キンポウゲ目キンポウゲ科
の草本。
〈*Aconitum hakusanense*〉

ハクサンハンノキ
ヤハズハンノキ(矢筈榛木)の別名(双
子葉植物綱ブナ目カバノキ科の落葉木。
高さは3〜7m)
〈*Alnus matsumurae*〉

*ハクサンフウロ(白山風露)
別名：アカヌマフウロ
双子葉植物綱フウロソウ目フウロソウ科
の多年草。高さは30〜80cm。
〈*Geranium yesoense var.
nipponicum*〉

*ハクサンボウフウ(白山防風)
別名：エゾハクサンボウフウ
双子葉植物綱セリ目セリ科の多年草。
高さは30〜90cm。
〈*Peucedanum multivittatum*〉

ハクサンヨモギ
アサギリソウ(朝霧草)の別名(双子葉
植物綱キク目キク科の宿根草。高さは

15～40cm）
〈*Artemisia schmidtiana*〉

*ハクシマル（白刺丸）
別名：タマヒメマル（玉姫丸）
サボテン科のサボテン。花は光沢ある
黄色。
〈*Neochilenia reichei*（K. Schum.）
Backeb.〉

ハクショウ
シロマツ（白松）の別名（マツ綱マツ目
マツ科の木本。高さは20～30m。樹皮
は灰緑と乳白色）
〈*Pinus bungeana*〉

*バクチノキ（博打木）
別名：ネツサマシ，ビラン，ビラン
ジュ
双子葉植物綱バラ目バラ科の常緑高木。
〈*Prunus zippeliana*〉

*ハクチョウゲ（白丁花）
別名：コチョウゲ，ハクチョウボク
双子葉植物綱アカネ目アカネ科の常緑低
木。高さは60～100cm。花は帯紫
白色。
〈*Serissa japonica*〉

ハクチョウソウ
ヤマモモソウの別名（双子葉植物綱フト
モモ目アカバナ科の宿根草）
〈*Gaura lindheimeri*〉
*ハクチョウソウ（白蝶草）
別名：シロチョウソウ，ヤマモモソウ
アカバナ科の宿根草。
〈*Gaura lindheimeri* Engelm. et A.
Gray〉

ハクチョウボク
ハクチョウゲ（白丁花）の別名（双子葉
植物綱アカネ目アカネ科の常緑低木。
高さは60～100cm。花は帯紫白色）
〈*Serissa japonica*〉

ハクト
マユミ（真弓）の別名（双子葉植物綱ニシ
キギ目ニシキギ科の落葉小高木。花は
緑白色）
〈*Euonymus sieboldianus*〉

*ハクトウ
別名：カンパク
バラ科のモモの品種。

ハクビジン（白美人）
セイトウ（聖塔）の別名（ベンケイソウ
科の低木。高さは75cm。花は黄色）
〈*Cotyledon decussata* Sims〉

ハクホウナズナ
キタダケナズナ（北岳薺）の別名（双子
葉植物綱フウチョウソウ目アブラナ科の
多年草。高さは10～15cm）
〈*Draba kitadakensis*〉

*ハグマノキ（白熊木）
別名：カスミノキ，ケムリノキ
双子葉植物綱ムクロジ目ウルシ科の落葉
低木。高さは4～5m。花は帯紫色。
〈*Cotinus coggygria*〉

ハクモウイノデ
ミヤマシケシダ（深山湿気羊歯）の別
名（オシダ科の夏緑性シダ。葉身は長さ
30～90cm。長楕円形から倒披針形）
〈*Deparia pycnosora*（Christ）M.
Kato〉

ハクモウヒマワリ
シロタエヒマワリ（白妙向日葵）の別
名（双子葉植物綱キク目キク科。高さは
1.2～2m。花は橙黄色）
〈*Helianthus argophyllus*〉

*ハクモクレン（白木蓮）
別名：オオコブシ，ハクレン，モクレ
ンゲ
双子葉植物綱モクレン目モクレン科の落
葉高木。高さは15m。花は乳白色。
〈*Magnolia heptapeta*〉

ハクヨウ
ウラジロハコヤナギ（裏白箱柳）の別
名（双子葉植物綱ヤナギ目ヤナギ科の落
葉高木。高さは25m。樹皮は灰色）
〈*Populus alba*〉

ハクヨウボク
アフェランドラ・スクァローサ・ルイ
セの別名（キツネノマゴ科）

ハクレン
ハクモクレン（白木蓮）の別名（双子葉
植物綱モクレン目モクレン科の落葉高
木。高さは15m。花は乳白色）
〈*Magnolia heptapeta*〉

ハクレンボク
タイサンボク（泰山木）の別名（双子葉
植物綱モクレン目モクレン科の常緑高
木。高さは30m。花は白色。樹皮は灰
色）
〈*Magnolia grandiflora*〉

ハクロバイ（白露梅）
ギンロバイ（銀露梅）の別名（双子葉植
物綱バラ目バラ科の落葉低木）
〈*Potentilla fruticosa var.*
mandshurica〉

＊ハゲイトウ（葉鶏頭）
別名：ガンライコウ
双子葉植物綱ナデシコ目（中心子目）ヒ
ユ科の一年草。葉に赤や黄の斑があ
る。高さは80～150cm。
〈*Amaranthus tricolor*〉

ハケカシラザキ
エゾカシラザキの別名（クロガシラ科の
海藻。大形）
〈*Halopteris scoparia*（Linné）
Sauvageau〉

ハゲシバリ
ヒメヤシャブシ（姫夜叉五倍子）の別
名（双子葉植物綱ブナ目カバノキ科の落
葉木。高さは4～7m）

〈*Alnus pendula*〉

ハコツツジ
ミヤマホツツジ（深山穂躑躅）の別名
（双子葉植物綱ツツジ目ツツジ科の落葉
低木。高さは1～1.5m。花は白でわずか
に緑みを帯びる）
〈*Cladothamnus bracteatus*〉

＊ハコネギク（箱根菊）
別名：ミヤマコンギク
双子葉植物綱キク目キク科の多年草。
高さは35～65cm。
〈*Aster viscidulus*〉

ハコネザクラ（箱根桜）
マメザクラ（豆桜）の別名（双子葉植物
綱バラ目バラ科の落葉低木または小高
木。サクラの品種。樹高は10m。花は
白色または淡紅色。樹皮は濃い灰色）
〈*Cerasus incisa var.incisa*〉

ハコネシダ
ハコネソウ（箱根草）の別名（ワラビ科
の常緑性シダ植物。葉身は長さ10～
26cm，三角状卵形）
〈*Adiantum monochlamys*〉

＊ハコネシロカネソウ（箱根白銀草）
別名：イズシロカネソウ
双子葉植物綱キンポウゲ目キンポウゲ科
の草本。
〈*Dichocarpum hakonense*〉

ハコネスミレ
シコクスミレの別名（双子葉植物綱スミ
レ目スミレ科の多年草。高さは5～
10cm。花は白色）
〈*Viola shikokiana*〉

＊ハコネソウ（箱根草）
別名：イチョウシノブ，ハコネシダ
ワラビ科の常緑性シダ植物。葉身は長
さ10～26cm，三角状卵形。
〈*Adiantum monochlamys*〉

*ハコネダケ (箱根竹)

別名：ナヨダケ

単子葉植物綱カヤツリグサ目イネ科の常緑大型ササ。

〈*Pleioblastus chino var.vaginatus*〉

ハコネナンブスズ

ナンブスズの別名 (イネ科の常緑中型笹)

〈*Sasa togashiana* Makino〉

ハコネニシキウツギ

ニシキウツギ (二色空木) の別名 (双子葉植物綱マツムシソウ目スイカズラ科の落葉低木。高さは2〜3m。花は帯緑色，または白色)

〈*Weigela decora*〉

ハコネハナゼキショウ

チャボゼキショウの別名 (単子葉植物綱ユリ目ユリ科の草本)

〈*Tofieldia coccinea var.kondoi*〉

*ハコネヒヨドリ

別名：ホソバヨツバヒヨドリ

双子葉植物綱キク目キク科の草本。

〈*Eupatorium chinense var. hakonense*〉

ハコネユリ

ヤマユリ (山百合) の別名 (単子葉植物綱ユリ目ユリ科の多年草。高さは1〜1.5m。花は白色)

〈*Lilium auratum*〉

ハゴノキ

ツクバネ (衝羽根) の別名 (双子葉植物綱ビャクダン目ビャクダン科の落葉小低木)

〈*Buckleya lanceolata*〉

*ハコベ (繁縷)

別名：アサシラゲ，コハコベ，ハコベラ

双子葉植物綱ナデシコ目 (中心子目) ナデシコ科の一年草または越年草。茎は地面を匍う。高さは10〜20cm。

〈*Stellaria media*〉

*ハコベマンネングサ

別名：ケマンネングサ，ナナツガママンネングサ

ベンケイソウ科の草本。

〈*Sedum drymarioides* Hance〉

ハコベラ

ハコベ (繁縷) の別名 (双子葉植物綱ナデシコ目 (中心子目) ナデシコ科の一年草または越年草。茎は地面を匍う。高さは10〜20cm)

〈*Stellaria media*〉

ミドリハコベ (緑繁縷) の別名 (双子葉植物綱ナデシコ目 (中心子目) ナデシコ科の一年草または越年草。高さは10〜20cm)

〈*Stellaria neglecta*〉

ハコヤナギ

ヤマナラシ (山鳴らし) の別名 (双子葉植物綱ヤナギ目ヤナギ科の落葉高木。高さは20m。雄花は紅紫，雌花は黄緑色)

〈*Populus sieboldii*〉

ハゴロモガシワ

ハゴロモノキ (羽衣木) の別名 (双子葉植物綱ヤマモガシ目ヤマモガシ科の木本。高さは30m。花は金色)

〈*Grevillea robusta*〉

*ハゴロモカズラ

別名：アカインベ

サトイモ科。

ハゴロモカンラン (羽衣甘藍)

ケールの別名 (双子葉植物綱フウチョウソウ目アブラナ科の野菜)

〈*Brassica oleracea var.acephala*〉

ハゴロモグサ

レディース・マントルの別名 (バラ科のハーブ)

*ハゴロモグサ (羽衣草)

別名：ミラー

ハコロ

双子葉植物綱バラ目バラ科の多年草。
高さは20～40cm。花は緑黄色。
〈*Alchemilla japonica*〉

ハゴロモシダ

マツザカシダの別名（イノモトソウ科の
常緑性シダ植物。葉身は長さ10～
20cm, 側羽片は線状長楕円形）
〈*Pteris nipponica*〉

ハゴロモソウ

アキレアの別名（キク科の属総称）

ノコギリソウ（鋸草）の別名（双子葉植
物綱キク目キク科の多年草。高さは50
～100cm。花は淡紅色）
〈*Achillea alpina*〉

*ハゴロモノキ（羽衣木）

別名：キヌガシワ, シノブノキ, ハゴ
ロモガシワ
双子葉植物綱ヤマモガシ目ヤマモガシ科
の木本。高さは30m。花は金色。
〈*Grevillea robusta*〉

*ハゴロモモ（羽衣藻）

別名：フサジュンサイ
双子葉植物綱スイレン目スイレン科の多
年生沈水植物。葉柄は長さ5～20mm,
白い花を付ける。
〈*Cabomba caroliniana*〉

*ハゴロモルコウソウ（羽衣縷紅草）

別名：チョウセンアサガオ, モミジル
コウソウ
ヒルガオ科。

ハサッペイ

キョウノヒモの別名（紅藻綱スギノリ目
ムカデノリ科の海藻。体は長さ60cm）
〈*Grateloupia okamurae*〉

ハシカエリヤナギ

ヤマヤナギ（山柳）の別名（双子葉植物綱
ヤナギ目ヤナギ科の落葉低木・小高木）
〈*Salix sieboldiana*〉

ハシカミ

テンニンカ（天人花）の別名（双子葉植
物綱フトモモ目フトモモ科の常緑小低
木。葉は厚く葉裏灰白, 短毛が密布す
る。高さは1～2m。花はバラ色）
〈*Rhodomyrtus tomentosa*〉

ハジカミ

サンショウ（山椒）の別名（双子葉植物
綱ムクロジ目ミカン科の落葉低木。高
さは3m。花は黄緑色）
〈*Zanthoxylum piperitum*〉

ハジカミラ

サンショウ（山椒）の別名（双子葉植物
綱ムクロジ目ミカン科の落葉低木。高
さは3m。花は黄緑色）
〈*Zanthoxylum piperitum*〉

ハシカン

ハシカンボク（波志干木）の別名（双子
葉植物綱フトモモ目ノボタン科の常緑低
木。高さは30～100cm。花は紅色）
〈*Bredia hirsuta*〉

*ハシカンボク（波志干木）

別名：ハシカン
双子葉植物綱フトモモ目ノボタン科の常
緑低木。高さは30～100cm。花は
紅色。
〈*Bredia hirsuta*〉

*バシクルモン

別名：オショロソウ
双子葉植物綱リンドウ目キョウチクトウ
科の草本。
〈*Apocynum venetum var.*
basikurumon〉

*ハシドイ

別名：キンツクバネ, ドスナラ, ヤチ
カバ
双子葉植物綱ゴマノハグサ目モクセイ科
の落葉小高木。高さは10m。花は
白色。
〈*Syringa reticulata*〉

408　植物別名辞典

バージニアヅタ

アメリカヅタの別名（双子葉植物綱クロウメモドキ目ブドウ科のつる性植物。葉脈は紫紅色。花は黒青色）
〈*Parthenocissus quinquefolia*〉

バージニアモクレン

ヒメタイサンボク（姫泰山木）の別名
（双子葉植物綱モクレン目モクレン科の常緑小高木または低木。花は白色）
〈*Magnolia virginiana*〉

ハシノキ

ミツバウツギ（三葉空木）の別名（双子葉植物綱ムクロジ目ミツバウツギ科の落葉低木。花は白色）
〈*Staphylea bumalda*〉

*ハシバミ（榛）

別名：オオハシバミ，オヒョウハシバミ
カバノキ科の落葉低木。
〈*Corylus heterophylla Fisch. ex Besser var.thunbergii Blume*〉

*バーシャフェルトベニオウギヤシ

別名：キラタンヤシ
単子葉植物綱ヤシ目ヤシ科の木本。高さは15m。
〈*Latania verschaffeltii*〉

バショウ

バナナの別名（バショウ科のバショウ属の総称。栽培植物）

*ハシリドコロ（走野老）

別名：オメキグサ
双子葉植物綱ナス目ナス科の多年草。高さは30〜60cm。
〈*Scopolia japonica*〉

バジル

レモン・バジルの別名（シソ科のハーブ）

*バジル

別名：コモンバジル，スイートバジル，メボウキ
双子葉植物綱シソ目シソ科のハーブ。高さは45cm。花は淡紫色。
〈*Ocimum basilicum*〉

*ハス

別名：ハチス
スイレン科の属総称。

別名：レンコン
双子葉植物綱スイレン目スイレン科の多年生水草。葉柄には突起が多くざらつく。葉は円形。葉径20〜70cm。花は淡紅色，または白色。
〈*Nelumbo nucifera*〉

*ハズ（巴豆）

別名：ハズノキ
双子葉植物綱トウダイグサ目トウダイグサ科の低木。高さは3m。
〈*Croton tiglium*〉

ハスイチゴ

ハスノハイチゴ（蓮葉苺）の別名（双子葉植物綱バラ目バラ科の木本）
〈*Rubus peltatus*〉

*パースニップ

別名：オランダボウフウ，シロニンジン（白ニンジン）
セリ科の二年草。花は白あるいは緑黄色。
〈*Pastinaca sativa L.*〉

ハズノキ

ハズ（巴豆）の別名（双子葉植物綱トウダイグサ目トウダイグサ科の低木。高さは3m）
〈*Croton tiglium*〉

*ハスノハイチゴ（蓮葉苺）

別名：ハスイチゴ
双子葉植物綱バラ目バラ科の木本。
〈*Rubus peltatus*〉

*ハスノハカズラ（蓮葉葛）

別名：イヌツヅラ，ヤキモチカズラ
双子葉植物綱キンポウゲ目ツヅラフジ科

植物別名辞典　409

ハセ

のつる性木本。
〈Stephania japonica〉

ハゼ

ハゼノキ (櫨木) の別名 (双子葉植物綱
ムクロジ目ウルシ科の落葉高木。高さ
は10m。花は黄緑色)
〈Rhus succedanea〉

リュウキュウハゼの別名 (ウルシ科)

ハゼトウモロコシ

ポップコーンの別名 (イネ科の野菜)

ハゼノキ

ヤマハゼ (山黄櫨) の別名 (ウルシ科の
落葉高木。高さは6m)
〈Rhus silvestris Sieb. et Zucc.〉

*ハゼノキ (櫨木)
別名：トウハゼ，ハゼ
双子葉植物綱ムクロジ目ウルシ科の落
葉高木。高さは10m。花は黄緑色。
〈Rhus succedanea〉

ハゼバナ

シジミバナ (蜆花) の別名 (双子葉植物
綱バラ目バラ科の落葉低木)
〈Spiraea prunifolia〉

バセラ

ツルムラサキ (蔓紫) の別名 (双子葉植
物綱ナデシコ目 (中心子目) ツルムラサ
キ科のつる性越年草。茎は紫色のもの
と緑色のものとある。花は白色)
〈Basella alba〉

*パセリ

別名：オランダゼリ
双子葉植物綱セリ目セリ科の多年草。
高さは30〜60cm。花は黄緑色。
〈Petroselinum crispum〉

バーゼリア

ベルセイミアの別名 (ユリ科の属総称。
球根植物)

ハゼンマイ

ゼンマイ (薇，銭巻) の別名 (ゼンマイ
科の夏緑性シダ植物。葉身は長さ30〜
50cm，三角状広卵形)
〈Osmunda japonica〉

ハタイモ

サトイモ (里芋) の別名 (単子葉植物綱サ
トイモ目サトイモ科の根菜類。芋作物)
〈Colocasia esculenta〉

*ハダイロガサ

別名：オトメノハナガサ
ヌメリガサ科のキノコ。小型〜中型。
傘はくすんだ黄橙色，粘性なし。ひだ
はクリーム色。
〈Camarophyllus pratensis〉

ハダカズラ

アケビ (木通，通草) の別名 (双子葉植
物綱キンポウゲ目アケビ科の落葉つる性
植物。花は紅紫色)
〈Akebia quinata〉

ハタカセコンブ

ネコアシコンブの別名 (褐藻綱コンブ目
コンブ科の海藻。葉は線状。体は長さ2
〜4m)
〈Arthrothamnus bifidus〉

ハダカツユクサ

シマツユクサの別名 (単子葉植物綱ツユ
クサ目ツユクサ科の草本)
〈Commelina diffusa〉

*ハダカホオズキ (裸酸漿)

別名：アカコナスビ，キツネノホオズ
キ，ヤマホオズキ
双子葉植物綱ナス目ナス科の多年草。
高さは60〜100cm。
〈Tubocapsicum anomalum〉

ハタカリ

メヒシバ (雌日芝) の別名 (単子葉植物
綱カヤツリグサ目イネ科の一年草。高
さは40〜80cm)

〈*Digitaria ciliaris*〉

*バタグルミ
　別名：シログルミ
　　双子葉植物綱クルミ目クルミ科の木本。
　　高さは18〜30m。樹皮は灰色。
　　〈*Juglans cinerea*〉

*ハタケゴケ
　別名：シロカズノゴケ
　　ウキゴケ科のコケ。灰緑色，長さ5〜
　　10mm。
　　〈*Riccia glauca*〉

*ハタケシメジ
　別名：ウリシメジ，ニワシメジ
　　キシメジ科のキノコ。中型〜大型。傘
　　は灰褐色，白色かすり模様。ひだは類
　　白色。
　　〈*Lyophyllum decastes*〉

ハタケナ
　オカノリ(陸海苔)の別名(双子葉植物
　　綱アオイ目アオイ科の葉菜類。フユア
　　オイの変種)
　　〈*Malva verticillata var.*crispa〉

ハタケニラ
　ノトスコルドゥムの別名(ユリ科の属総
　　称。球根植物)

ハタケホオズキ
　センナリホオズキ(千生酸漿)の別名
　　(双子葉植物綱ナス目ナス科の一年草。
　　高さは20〜90cm。花は黄白色)
　　〈*Physalis angulata*〉

ハタツモリ
　リョウブ(令法)の別名(双子葉植物綱
　　ツツジ目リョウブ科の落葉低木または高
　　木。高さは3〜7m。花は白色)
　　〈*Clethra barbinervis*〉

ハタニンジン
　ニンジン(人参)の別名(双子葉植物綱
　　セリ目セリ科の根菜類)

〈*Daucus carota var.*sativus〉

バタフライチューリップ
　カロコルツスの別名(ユリ科の属総称。
　　球根植物)

ハタンキョウ
　スモモ(李)の別名(双子葉植物綱バラ目
　　バラ科の落葉小高木。果肉は黄色また
　　は紫紅色。花は白色)
　　〈*Prunus salicina*〉

*ハチク(淡竹)
　別名：カラタケ，クレタケ
　　単子葉植物綱カヤツリグサ目イネ科の常
　　緑大型竹。高さは10〜15m。
　　〈*Phyllostachys nigra var.*henonis〉

バチグサ
　ナズナ(薺)の別名(双子葉植物綱フウ
　　チョウソウ目アブラナ科の一年草または
　　多年草。高さは10〜50cm。花は白色)
　　〈*Capsella bursa-pastoris*〉

*ハチジョウイタドリ
　別名：ミハライタドリ
　　双子葉植物綱タデ目タデ科の草本。
　　〈*Reynoutria japonica var.*
　　　terminalis〉

*ハチジョウイチゴ(八丈苺)
　別名：ハチジョウクサイチゴ
　　双子葉植物綱バラ目バラ科の落葉低木。
　　〈*Rubus ribisoideus*〉

*ハチジョウキブシ
　別名：エノシマキブシ
　　双子葉植物綱スミレ目キブシ科の落葉
　　低木。
　　〈*Stachyurus praecox var.*
　　　matsuzakii〉

ハチジョウクサイチゴ
　ハチジョウイチゴ(八丈苺)の別名(双
　　子葉植物綱バラ目バラ科の落葉低木)
　　〈*Rubus ribisoideus*〉

ハチシ

*ハチジョウシダ（八丈羊歯）
　別名：シマハチジョウシダ
　　イノモトソウ科の常緑性シダ植物。葉
　　身は長さ30〜45cm，卵状三角形。
　　〈*Pteris fauriei*〉

*ハチジョウシダモドキ（八丈羊歯擬）
　別名：コハチジョウシダ
　　イノモトソウ科の常緑性シダ植物。葉
　　身は長さ50cm，長楕円形。
　　〈*Pteris oshimensis*〉

ハチジョウソウ
　アシタバ（明日葉）の別名（双子葉植物
　綱セリ目セリ科の多年草。茎葉や蕾は
　食用となる。高さは80〜120cm）
　　〈*Angelica keiskei*〉

*ハチジョウツゲ
　別名：ベンテンツゲ
　　ツゲ科。
　　〈*Buxus microphylla Sieb. et Zucc.
　　var.japonica（Muell. Arg. ex
　　Miq.）Rehder et Wils. f.major
　　Makino*〉

ハチジョウフノリ
　ハリガネの別名（紅藻綱スギノリ目オキ
　ツノリ科の海藻。叉状様に分岐。体は
　20cm）
　　〈*Ahnfeltiopsis paradoxa*〉

ハチジョウモクセイ
　シマモクセイの別名（双子葉植物綱ゴマ
　ノハグサ目モクセイ科の常緑木。高さ
　は18m。花は白色）
　　〈*Osmanthus insularis*〉

ハチジョウユリ
　サクユリ（佐久百合）の別名（単子葉植
　物綱ユリ目ユリ科の多年草）
　　〈*Lilium platyphyllum*〉

ハチス
　ハスの別名（スイレン科の属総称）
　フクギ（福木）の別名（双子葉植物綱ツバ

キ目オトギリソウ科の常緑高木。高さ
は7〜18m。花は淡緑白色）
　〈*Garcinia subelliptica*〉
　ムクゲ（木槿）の別名（アオイ科の落葉小
　高木または低木。高さは3〜4m。花は
　淡青紫、白、ピンクなど）
　　〈*Hibiscus syriacus L.*〉
　ヤエザキムクゲ（八重木槿）の別名（ア
　オイ科のムクゲの八重咲き品種）

ハチノジタデ
　ハルタデ（春蓼）の別名（双子葉植物綱タ
　デ目タデ科の一年草。高さは20〜50cm）
　　〈*Persicaria vulgaris*〉

パチパチグサ
　アブノメ（虻眼）の別名（双子葉植物綱
　ゴマノハグサ目ゴマノハグサ科の一年
　草。高さは10〜30cm）
　　〈*Dopatrium junceum*〉

*ハチミツソウ
　別名：ハネミギク
　　双子葉植物綱キク目キク科の多年草。葉
　　は剛毛。高さは1〜1.5m。花は黄色。
　　〈*Verbesina alternifolia*〉

*パチョリ
　別名：ヒゲオシベ
　　シソ科の草本。開花は稀、芳香。
　　〈*Pogostemon cablin Benth.*〉

*ハッカ（薄荷）
　別名：メグサ
　　双子葉植物綱シソ目シソ科の多年草。
　　茎赤色，葉は皺多く芳香あり。高さは
　　20〜50cm。
　　〈*Mentha arvensis var.piperascens*〉

ハッカクレン
　ミヤオソウの別名（メギ科の多年草。高
　さは30〜60cm）
　　〈*Podophyllum pleianthum Hance*〉

バッカリア
　ドウカンソウ（道灌草）の別名（双子葉

412　植物別名辞典

植物綱ナデシコ目（中心子目）ナデシコ
科の一年草または越年草。高さは30〜
60cm。花はピンク〜暗紅紫色）
〈Vaccaria hispanica〉

*ハツキマンサク（葉つき万作）
別名：カタソゲ
双子葉植物綱マンサク目マンサク科の
木本。

バッコクラン
オサラン（筬蘭）の別名（単子葉植物綱
ラン目ラン科の多年草。高さは2cm。花
は白色）
〈Eria reptans〉

バッコヤナギ
ヤマネコヤナギ（山猫柳）の別名（双子
葉植物綱ヤナギ目ヤナギ科の落葉小高木
〜高木）
〈Salix bakko〉

*ハッサク（八朔）
別名：ハッサクザボン
双子葉植物綱ムクロジ目ミカン科の木
本。果面は黄色ないし黄橙色。
〈Citrus hassaku〉

ハッサクオレンジ
バレンシアオレンジの別名（ミカン科。
果皮は橙色）
〈Citrus sinensis 'Valencia'〉

ハッサクザボン
ハッサク（八朔）の別名（双子葉植物綱
ムクロジ目ミカン科の木本。果面は黄
色ないし黄橙色）
〈Citrus hassaku〉

ハツシモ（初霜）
オボロヅキ（朧月）の別名（ベンケイソ
ウ科の多年草。花は白色）
〈Graptopetalum paraguayense（N. E.
Br.）Walth.〉

*ハッショウマメ
別名：オシャラクマメ，クズマメ
マメ科の蔓草。種皮は灰白色。花は黒
紫色。
〈Mucuna pruriens（L.）DC. var.
utilis（Wall. ex Wight）Burck〉

*ハツタケ（初茸）
別名：アイタケ，ロクショウモタシ
ベニタケ科のキノコ。中型。高さは2〜
5cm。傘は黄褐色，濃い環紋がある。
ひだはワイン紅色。
〈Lactarius hatsudake〉

*ハツバキ
別名：ムニンハツバキ
双子葉植物綱トウダイグサ目トウダイグ
サ科の常緑小高木。
〈Drypetes integerrima〉

ハツユキシダ
マツザカシダの別名（イノモトソウ科の
常緑性シダ植物。葉身は長さ10〜
20cm，側羽片は線状長楕円形）
〈Pteris nipponica〉

ハツユリ（初百合）
カタクリ（片栗）の別名（単子葉植物綱
ユリ目ユリ科の多年草。高さは15〜
30cm。花は紅紫色）
〈Erythronium japonicum〉

*ハテルマカズラ
別名：ケコンペイトウグサ
シナノキ科の木本。
〈Triumfetta repens（Blume）
Merr.〉

*ハーデンベルギア
別名：ヒトツバマメ
双子葉植物綱マメ目マメ科の属総称。
〈Hardenbergia spp.〉

ハトウガラシ
キバナオランダセンニチの別名（キク
科の草本。花は黄色）

植物別名辞典　413

〈*Spilanthes acmella* Murr.〉

ハトスヘデラ
ファトスヘデラの別名(双子葉植物綱セ
リ目ウコギ科の木本。高さは2〜3m。
花は黄緑色)
〈× Fatshedera lizei〉

ハトノキ
ハンカチツリーの別名(ダビディア科の
落葉高木。高さは15〜20m。樹皮は橙
褐色)
〈*Davidia involucrata* Baill.〉
ハンカチノキの別名(双子葉植物綱ミズ
キ目ヌマミズキ科の落葉高木。高さは
15〜20m。樹皮は橙褐色)
〈*Davidia involucrata*〉

*ハトムギ(鳩麦)
別名:シコクムギ,センコク
単子葉植物綱カヤツリグサ目イネ科の草
本。苞鞘は軟らかく,淡褐色。
〈*Coix lachryma-jobi var.ma-yuen*〉

*バートレット
別名:ボン クレシアン ウイリアムス
バラ科のナシの品種。果皮は鮮淡緑色。

ハナアオイ
タチアオイ(立葵)の別名(双子葉植物綱
アオイ目アオイ科の多年草。多毛。高さ
は3m。花は赤,ピンク,黄,白色など)
〈*Althaea rosea*〉
*ハナアオイ(花葵)
別名:ラバテラ
アオイ科の一年草。高さは50〜
120cm。花は紅色。
〈*Lavatera trimestris* L.〉

ハナアカシア
**ギンヨウアカシア(銀葉アカシア)の
別名**(マメ科の常緑高木。高さは5〜
10m。花は黄金色)
〈*Acacia baileyana* F. Muell.〉
ハナエンジュ(花槐)の別名(マメ科の
落葉低木。高さは0.5〜2m。花は淡紅ま

たは淡紫紅色)
〈*Robinia hispida* L.〉
フサアカシアの別名(マメ科の木本。高
さは10〜15m。花は濃黄色。樹皮は緑
色または青緑色)
〈*Acacia dealbata* Link〉

ハナアジサイ
セイヨウアジサイの別名(ユキノシタ
科)

ハナアヤメ
アヤメ(菖蒲,文目)の別名(単子葉植
物綱ユリ目アヤメ科の多年草。高さは
30〜50cm。花は紫色)
〈*Iris sanguinea*〉

*ハナイカダ(花筏)
**別名:イカダソウ,ツメデノキ,マ
マッコノキ**
双子葉植物綱ミズキ目ミズキ科の落葉低
木。花は淡緑色。
〈*Helwingia japonica*〉

*ハナイグチ(花猪口)
**別名:ジコボウ,ラクヨウ,ラクヨウ
モダシ**
イグチ科のキノコ。中型〜大型。傘は
こがね色〜赤褐色,著しい粘性あり。
〈*Suillus grevillei*〉

ハナイズミニシキ
カセンニシキの別名(カエデ科のカエデ
の品種)

ハナイボクサ
シマイボクサの別名(ツユクサ科の草本)
〈*Murdannia loriformis* (Hassk.) R.
Rao et Kammathy〉

ハナイボタ
ヤナギイボタの別名(モクセイ科の木本)
〈*Ligustrum salicinum* Nakai〉

*ハナウド(花独活)
別名:ゾウジョウジビャクシ

双子葉植物綱セリ目セリ科の多年草また
は越年草。高さは70〜100cm。
〈*Heracleum nipponicum*〉

ハナウリクサ
トレニアの別名（ゴマノハグサ科の観賞
用草本。高さは20〜30cm。花は上唇青
黄、下唇（3片）は先端濃紫色）
〈*Torenia fournieri* Linden ex E.
Fourn.〉

*ハナウリクサ（花瓜草）
別名：ナツスミレ（夏菫）
双子葉植物綱ゴマノハグサ目ゴマノ
ハグサ科の一年草。高さは20〜
30cm。花は上唇青黄，下唇（3片）
は先端濃紫色。
〈*Torenia fournieri*〉

*ハナエンジュ（花槐）
別名：ハナアカシア，バラアカシア
双子葉植物綱マメ目マメ科の落葉低木。
高さは0.5〜2m。花は淡紅色，または
淡紫紅色。
〈*Robinia hispida*〉

*ハナカイドウ（花海棠）
別名：シダレカイドウ，スイシカイド
ウ，フセン
双子葉植物綱バラ目バラ科の落葉高木。
〈*Malus halliana*〉

ハナカエデ
ハナノキ（花之木）の別名（双子葉植物
綱ムクロジ目カエデ科の落葉高木。高
さは15m）
〈*Acer pycnanthum*〉

ハナガサ
ビジョザクラ（美女桜）の別名（双子葉
植物綱シソ目クマツヅラ科。花は紫紅
色）
〈*Verbena phlogiflora*〉

ハナガサシャクナゲ
カルミアの別名（双子葉植物綱ツツジ目
ツツジ科の常緑低木）

〈*Kalmia latifolia*〉

ハナガサソウ
キヌガサソウ（衣笠草）の別名（単子葉
植物綱ユリ目ユリ科の多年草。高さは
40〜100cm。花は白色）
〈*Paris japonica*〉

*ハナカズラ（花葛）
別名：ハナヅル
双子葉植物綱キンポウゲ目キンポウゲ科
の草本。
〈*Aconitum ciliare*〉

ハナガタジンガサゴケ
ジンガサゴケ（陣笠苔）の別名（ジンガ
サゴケ科のコケ。緑と腹面は紫紅色，長
さ1〜4cm）
〈*Reboulia hemisphaerica*〉

*ハナカンナ
別名：インディアンショット
単子葉植物綱ショウガ目カンナ科の観賞
用草本。
〈*Canna* × *generalis*〉

*ハナキササゲ
別名：オオアメリカキササゲ
双子葉植物綱ゴマノハグサ目ノウゼンカ
ズラ科の高木。樹高は30m。花は白
色。樹皮は灰色。
〈*Catalpa speciosa*〉

ハナキャベツ
ハボタン（葉牡丹）の別名（双子葉植物
綱フウチョウソウ目アブラナ科の植物）
〈Brassica oleracea *var.acephala*〉

*ハナキリン（花麒麟）
別名：ユーフォルビア
双子葉植物綱トウダイグサ目トウダイグ
サ科の多肉植物。花は赤，桃黄色
など。
〈*Euphorbia milii*〉

ハナキ

*ハナキンポウゲ（花金鳳花）
別名：ターバンバターカップ，ペルシ
アンバターカップ
双子葉植物綱キンポウゲ目キンポウゲ科
の球根植物。花は赤，緋，桃，橙，黄
および白色など。
〈*Ranunculus asiaticus*〉

*ハナクサキビ
別名：キヌイトヌカキビ
単子葉植物綱カヤツリグサ目イネ科の一
年草。高さは20～80cm。
〈*Panicum capillare*〉

ハナグルマ（花車）
ガーベラの別名（双子葉植物綱キク目キ
ク科の多年草。花は赤色，または黄色）
〈*Gerbera jamesonii*〉

ハナグワ
アメリカドルステニヤの別名（クワ科の
草本。盤状花序、薬用。高さは30cm。
花は緑色）
〈*Dorstenia contrajerva* L.〉

ハナグワイ
オモダカ（沢瀉，面高）の別名（単子葉
植物綱オモダカ目オモダカ科の抽水性多
年草。葉身は矢尻形。高さは20～
80cm。花は白色）
〈*Sagittaria trifolia*〉

ハナゴチョウ（花胡蝶）
シコロベンケイ（鍜弁慶）の別名（ベン
ケイソウ科）

*ハナコリウス
別名：ハナシソ
シソ科の低木。
〈*Coleus thyrsoideus Baker*〉

ハナサフラン
クロッカスの別名（単子葉植物綱ユリ目
アヤメ科のサフラン属球根植物）
〈Crocus *spp.*〉

*ハナサフラン
別名：ハルサフラン
単子葉植物綱ユリ目アヤメ科の多年
草。花は紫色，または白色。
〈*Crocus vernus*〉

ハナジオウ
センリゴマ（千里胡麻）の別名（双子葉
植物綱ゴマノハグサ目ゴマノハグサ科の
草本。高さは20～50cm。花は紅紫色）
〈*Rehmannia japonica*〉

ハナシソ
ハナコリウスの別名（シソ科の低木）
〈*Coleus thyrsoideus* Baker〉

ハナシノブ
ジャコブスラダーの別名（ハナシノブ科
のハーブ）

ハナシュクシャ
ジンジャーの別名（ショウガ科のハーブ）
〈*Hedychium hybridum* Hort.〉

ハナジュンサイ
アサザ（浅沙）の別名（双子葉植物綱ナス
目ミツガシワ科の多年生水草。葉身は
卵型～円形、裏面は紫色がかって，粒状
の腺点がある。花は黄色）
〈*Nymphoides peltata*〉

ハナショウガ
ニガショウガの別名（単子葉植物綱ショ
ウガ目ショウガ科の多年草。高さは60
～100cm。花は白か淡黄色）
〈*Zingiber zerumbet*〉

*ハナシンボウギ
別名：ゲッキツモドキ
ミカン科の木本。葉はツヤのないミカ
ンのようである。
〈*Glycosmis citrifolia*（*Willd.*）
Lindl.〉

*ハナズオウ（花蘇芳）
別名：スオウバナ

416　植物別名辞典

双子葉植物綱マメ目マメ科の落葉小高木
～低木。高さは15m。花は紫を帯び
た濃桃色。
〈*Cercis chinensis*〉

*ハナスズシロ
別名：ハナダイコン
アブラナ科の草本。高さは60cm。花は
淡紫色。
〈*Hesperis matronalis* L.〉

ハナスベリヒユ
スベリヒユ（滑莧）の別名（双子葉植物
綱ナデシコ目（中心子目）スベリヒユ科
の一年草。高さは10～30cm）
〈*Portulaca oleracea*〉

ハナヅル
ハナカズラ（花葛）の別名（双子葉植物
綱キンポウゲ目キンポウゲ科の草本）
〈*Aconitum ciliare*〉

*ハナゼキショウ（花石菖）
別名：イワゼキショウ
単子葉植物綱ユリ目ユリ科の多年草。
高さは15～30cm。花は白色。
〈*Tofieldia nuda*〉

ハナゾノツクバネウツギ
アベリアの別名（スイカズラ科の半常緑
低木。花は白色）
〈*Abelia* × *grandiflora*（Rovelli ex
André）Rehd.〉
*ハナゾノツクバネウツギ
別名：ニワツクバネウツギ，ハナツクバ
ネウツギ
双子葉植物綱マツムシソウ目スイカ
ズラ科の半常緑低木。花は白色。
〈*Abelia* × *grandiflora*〉

ハナダイコン
ハナスズシロの別名（アブラナ科の草
本。高さは60cm。花は淡紫色）
〈*Hesperis matronalis* L.〉
*ハナダイコン（花大根）
別名：オオアラセイトウ，シキンサイ，

ムラサキハナナ
双子葉植物綱フウチョウソウ目アブ
ラナ科の一年草または越年草。高
さは20～50cm。花は青紫色。
〈*Orychophragmus violaceus*〉

ハナタチバナ
タチバナ（橘）の別名（双子葉植物綱ムク
ロジ目ミカン科の木本。高さは3m）
〈*Citrus tachibana*〉

ハナタバコ
ニコティアナの別名（ナス科）
〈*Nicotiana alata* Link et Otto var.
grandiflora Comes.〉

ハナツクバネウツギ
アベリアの別名（スイカズラ科の半常緑
低木。花は白色）
〈*Abelia* × *grandiflora*（Rovelli ex
André）Rehd.〉
ハナゾノツクバネウツギの別名（双子
葉植物綱マツムシソウ目スイカズラ科の
半常緑低木。花は白色）
〈Abelia × grandiflora〉

ハナツヅキ
メノマンネングサ（雌万年草）の別名
（双子葉植物綱バラ目ベンケイソウ科の
多年草。高さは5～15cm。花は濃黄色）
〈*Sedum japonicum*〉

ハナツメクサ（花爪草）
シバザクラ（芝桜）の別名（双子葉植物
綱ナス目ハナシノブ科の多年草。花は
濃桃，ピンク，白色など）
〈*Phlox subulata*〉

ハナトケイソウ
トケイソウ（時計草）の別名（双子葉植
物綱スミレ目トケイソウ科のつる性植
物。花は白～桃紫色）
〈*Passiflora caerulea*〉

*ハナトラノオ（花虎尾）
別名：カクトラノオ（角虎尾）

双子葉植物綱シソ目シソ科の多年草。
高さは40〜120cm。花は紅，淡紅色，
または白色。
〈*Physostegia virginiana*〉

*ハナトリカブト (花鳥兜)
別名：カラトリカブト
キンポウゲ科の薬用植物。
〈*Aconitum carmichaeli Debx.*〉

ハナナ
カリフラワーの別名(双子葉植物綱フウ
チョウソウ目アブラナ科の葉菜類。葉
は長楕円形)
〈Brassica oleracea var.botrys〉

*バナナ
別名：バショウ
バショウ科のバショウ属の総称。栽培
植物。

*ハナニガナ (花苦菜)
別名：オオバナニガナ
キク科の薬用植物。
〈*Ixeris dentata（Thunb.）Nakai
var.amplifolia Kitam.*〉

ハナニラ
テンダーボールの別名(ユリ科の野菜)
*ハナニラ (花韭)
別名：イフェイオン，スプリングスター
フラワー，セイヨウアマナ
単子葉植物綱ユリ目ユリ科の多年草。
高さは5cm。花は藤青色。
〈*Ipheion uniflorum*〉

ハナノキ
シキミ(樒，梻)の別名(シキミ科の常緑
小高木。花被は細長く淡黄色)
〈*Illicium anisatum* L.〉
*ハナノキ (花之木)
別名：アズサギ，ハナカエデ，メグスリ
ノキ
双子葉植物綱ムクロジ目カエデ科の
落葉高木。高さは15m。
〈*Acer pycnanthum*〉

ハナハシドイ
ライラックの別名(双子葉植物綱ゴマノ
ハグサ目モクセイ科の落葉小高木。高
さは4〜8m。花は淡紫，紅紫，紅，白色
など)
〈*Syringa vulgaris*〉

ハナハッカ
オレガノの別名(双子葉植物綱シソ目シ
ソ科の多年草，ハーブ。高さは60cm。
花は紫，ピンク，白色など)
〈*Origanum vulgare*〉

ハナハボタン
カリフラワーの別名(双子葉植物綱フウ
チョウソウ目アブラナ科の葉菜類。葉
は長楕円形)
〈Brassica oleracea var.botrys〉

ハナハマサジ
スターチスの別名(双子葉植物綱イソマ
ツ目イソマツ科の多年草。高さは60〜
90cm。花は白か黄色)
〈*Limonium sinuatum*〉

ハナヒイラギ
ヒイラギマメの別名(マメ科の常緑低木)
〈*Chorizema cordatum* Lindl.〉

*ハナビガヤ
別名：オカヨシ，ミチシバ
単子葉植物綱カヤツリグサ目イネ科の草
本。高さは80〜160cm。
〈*Melica onoei*〉

*ハナビシソウ (花菱草)
別名：キンエイカ
双子葉植物綱ケシ目ケシ科の多年草。
高さは30〜60cm。
〈*Eschscholzia californica*〉

*ハナビゼキショウ (花火石菖)
別名：ヒロハノコウガイゼキショウ
イグサ科の多年草。高さは20〜40cm。
〈*Juncus alatus Franch. et Savat.*〉

ハナビソウ

ハイマツゲボタンの別名（スベリヒユ科
の一年草または多年草。高さは15cm。
花は濃紅色）

〈*Calandrinia umbellata* DC.〉

ハナビヌカボ

フユヌカボの別名（イネ科の多年草。高
さは20〜50cm）

〈*Agrostis hyemalis*（Walter）Britton,
Sterns et Poggenb.〉

ハナビムスカリ

ハネムスカリの別名（ユリ科）

〈*Muscari comosum*（L.）Mill. var.
plumosum Hort.〉

ハナヒリグサ

トキンソウ（吐金草）の別名（双子葉植
物綱キク目キク科の一年草。高さは5〜
20cm）

〈*Centipeda minima*〉

ハナマガリスゲ

サッポロスゲの別名（単子葉植物綱カヤ
ツリグサ目カヤツリグサ科の草本）

〈*Carex pilosa*〉

*パナマソウ

別名：パナマハットソウ

パナマソウ科の草本。無幹，葉は4深裂，
若葉を裂いてパナマ帽を編む。葉長1
〜2m。

〈*Carludovica palmata*〉

パナマハットソウ

パナマソウの別名（パナマソウ科の草本。
無幹，葉は4深裂，若葉を裂いてパナマ
帽を編む。葉長1〜2m）

〈*Carludovica palmata*〉

ハナマメ

ベニバナインゲン（紅花隠元）の別名
（双子葉植物綱マメ目マメ科の果菜類。
種子は淡い紫赤色。長さは3m。花は朱
赤色）

〈*Phaseolus coccineus*〉

*ハナミズキ（花水木）

別名：アメリカヤマボウシ

双子葉植物綱ミズキ目ミズキ科の落葉高
木。高さは4〜10m。花は白色。樹皮
は赤褐色。

〈*Benthamidia florida*〉

ハナミョウガ

アモムム・キサンティオイデスの別名
（ショウガ科の薬用植物）

*ハナミョウガ（花茗荷）

別名：ヤブミョウガ

ショウガ科の多年草。高さは40〜
60cm。

〈*Alpinia japonica*（Thunb. ex
Murray）Miq.〉

*ハナヤエムグラ

別名：アカバナムグラ，アカバナヤエ
ムグラ

双子葉植物綱アカネ目アカネ科の一年草
または二年草。長さは20〜60cm。花
は淡紅色，または淡紫色。

〈*Sherardia arvensis*〉

ハナヤサイ

カリフラワーの別名（双子葉植物綱フウ
チョウソウ目アブラナ科の葉菜類。葉
は長楕円形）

〈Brassica oleracea *var.botrys*〉

ハナヤナギ

クフェアの別名（ミソハギ科。高さは
1m。花は紅色）

〈*Cuphea micropetala*〉

ルリヤナギ（琉球柳）の別名（ナス科の
常緑低木。高さは1〜2m。花は紫色）

〈*Solanum glaucophyllum* Desf.〉

*ハナユ（花柚）

別名：トコユ，ハナユズ

双子葉植物綱ムクロジ目ミカン科の木
本。果面は黄色。高さは1.5m。

〈*Citrus hanayu*〉

植物別名辞典　419

ハナユズ
ハナユ（花柚）の別名（双子葉植物綱ムクロジ目ミカン科の木本。果面は黄色。高さは1.5m）
〈Citrus hanayu〉

ハナヨメバナ
マダガスカルジャスミンの別名（双子葉植物綱リンドウ目ガガイモ科の観賞用つる草。花は白色）
〈Stephanotis floribunda〉

ハナラン
クンシラン（君子蘭）の別名（単子葉植物綱ユリ目ヒガンバナ科の常緑草。高さは40〜50cm。花は橙，緋赤色）
〈Clivia miniata〉

*ハナワギク（花輪菊）
別名：サンシキカミツレ
キク科の一年草。高さは90cm。花は白色。
〈Chrysanthemum carinatum Schousb.〉

ハナワラビ
フユノハナワラビ（冬花蕨）の別名（ハナヤスリ科の冬緑性シダ植物。葉身は長さ5〜10cm，ほぼ五角形）
〈Sceptridium ternatum〉

*ハーニー
別名：マルバチトセラン
ユリ科のサンヴィエリアの品種。

ハニガキ
ヘツカニガキ（辺塚苦木）の別名（双子葉植物綱アカネ目アカネ科の落葉高木。高さは5〜6m。花は淡黄色）
〈Sinoadina racemosa〉

ハニシ
ヤマハゼ（山櫨）の別名（双子葉植物綱ムクロジ目ウルシ科の落葉高木。高さは6m）
〈Rhus sylvestris〉

ハニシキ
ニシキイモ（葉錦）の別名（サトイモ科の観賞用草本。葉は赤色斑。葉長35cm）
〈Caladium bicolor（Ait.）Vent.〉

ハネカワ
アサダの別名（双子葉植物綱ブナ目カバノキ科の落葉高木。樹高は17m。樹皮は灰褐色）
〈Ostrya japonica〉

ハネゲイトウ
レッド・フォックスの別名（ヒユ科のケイトウの品種）

ハネミギク
ハチミツソウの別名（双子葉植物綱キク目キク科の多年草。葉は剛毛。高さは1〜1.5m。花は黄色）
〈Verbesina alternifolia〉

ハネミノモダマ
カショウクズマメの別名（マメ科の木本）
〈Mucuna membranacea Hayata〉

*ハネムスカリ
別名：ハナビムスカリ
ユリ科。
〈Muscari comosum（L.）Mill. var. plumosum Hort.〉

ハノキ
ハンノキ（榛木）の別名（双子葉植物綱ブナ目カバノキ科の落葉高木。高さは15〜20m）
〈Alnus japonica〉

*パパイヤ
別名：チチウリ（乳瓜），パパヤ
双子葉植物綱スミレ目パパイヤ科の常緑高木。果肉は橙黄色または淡い紅橙色。高さは7〜10m。花は白色。
〈Carica papaya〉

ハハキシオン
ホウキギク（箒菊）の別名（双子葉植物
綱キク目キク科の一年草または越年草。
高さは50〜120cm。花は白色，または淡
桃色）
〈*Aster subulatus*〉

ハハクリ
バイモ（貝母）の別名（単子葉植物綱ユリ
目ユリ科の球根性多年草。高さは30〜
60cm）
〈*Fritillaria verticillata var.thunbergii*〉

ハハグリ
カイコバイモ（甲斐小貝母）の別名（単
子葉植物綱ユリ目ユリ科の多年草。高
さは10〜20cm）
〈*Fritillaria kaiensis*〉

*ハハコグサ（母子草）
**別名：オギョウ，ゴギョウ（御形），ホ
ウコグサ**
双子葉植物綱キク目キク科の一年草。
葉は白毛密布。高さは15〜35cm。花
は黄色。
〈*Gnaphalium affine*〉

ハハジマホラゴケ
ホソバホラゴケの別名（コケシノブ科の
常緑性シダ植物。葉身は長さ5〜12cm，
長楕円状披針形）
〈*Cephalomanes boninense*〉

*バーバスカム
別名：モウズイカ
ゴマノハグサ科の属総称。

ハーバティア
チリアヤメの別名（アヤメ科の属総称。
球根植物）

バーバドスリリー
アマリリスの別名（単子葉植物綱ユリ目
ヒガンバナ科の属総称）
〈*Hippeastrum spp.*〉

*ハバノリ
別名：ハバモ
褐藻綱カヤモノリ目カヤモノリ科の海
藻。体は長さ25cm。
〈*Petalonia binghamiae*〉

ハバモ
ハバノリの別名（褐藻綱カヤモノリ目カ
ヤモノリ科の海藻。体は長さ25cm）
〈*Petalonia binghamiae*〉

パパヤ
パパイヤの別名（双子葉植物綱スミレ目
パパイヤ科の常緑高木。果肉は橙黄色
または淡い紅橙色。高さは7〜10m。花
は白色）
〈*Carica papaya*〉

*バーバンクウチワ
別名：バーバンクサボテン
サボテン科のサボテン。

バーバンクサボテン
バーバンクウチワの別名（サボテン科の
サボテン）

*バビアナ
別名：ホザキアヤメ
アヤメ科の属総称。

*バビショウ
別名：タイワンアカマツ
マツ科の薬用植物。
〈*Pinus massoniana Lamb.*〉

パヒュームツリー
イランイランノキの別名（双子葉植物綱
モクレン目バンレイシ科の常緑高木。
高さは15m。花は蕾時から開いて成長，
幼時緑色，老成し黄色）
〈*Cananga odorata*〉

*パピヨン
別名：ムレゴチョウ
ナス科。

植物別名辞典　421

ハビロ
アンソリーザの別名（アヤメ科）

パフィオペディルム
トキワラン（常盤蘭）の別名（ラン科。高さは20〜40cm。花は褐色を帯びる）
〈*Paphiopedilum insigne*（Wall. ex Lindl.）Pfitz.〉

*パフィオペディルム
別名：トキワラン
ラン科の属総称。

ハーブ・オブ・グレース
カレープラントの別名（キク科のハーブ）

ハーブオブグレース
ヘンルーダの別名（双子葉植物綱ムクロジ目ミカン科の多年草。高さは60〜90cm）
〈*Ruta graveolens*〉

パプコーン
ポップコーンの別名（イネ科の野菜）

*ハブソウ（波布草）
別名：クサセンナ
双子葉植物綱マメ目マメ科の多年草。高さは15〜150cm。花は鮮黄色。
〈*Cassia occidentalis*〉

ハブタエソウ
ディフェンバキアの別名（サトイモ科の属総称）
ルドルフ・ロエルスの別名（サトイモ科のディフェンバキア・ピクタの品種）

ハプテコプラ
オオケタデ（大毛蓼）の別名（双子葉植物綱タデ目タデ科の一年草。高さは1.8m。花は淡紅〜紅紫色）
〈*Persicaria pilosa*〉

*パープルセージ
別名：アカバセージ，レッドセージ
シソ科のハーブ。

*パープルフェザー
別名：レッドスター
ヒノキ科のヌマヒノキの品種。

バプローラム
ミシマサイコ（三島柴胡）の別名（双子葉植物綱セリ目セリ科の多年草。高さは30〜70cm）
〈*Bupleurum scorzoneraefolium var. stenophyllum*〉

バーベナ
ビジョザクラ（美女桜）の別名（双子葉植物綱シソ目クマツヅラ科。花は紫紅色）
〈*Verbena phlogiflora*〉

*バーベナ
別名：ウェルベナ，ビジョザクラ（美女桜）
クマツヅラ科。花は緋赤または深紅色。
〈*Verbena × hybrida Voss*〉

バベンソウ
クマツヅラ（熊葛）の別名（双子葉植物綱シソ目クマツヅラ科の多年草。高さは30〜80cm）
〈*Verbena officinalis*〉

*ハボタン（葉牡丹）
別名：ハナキャベツ
双子葉植物綱フウチョウソウ目アブラナ科の植物。
〈*Brassica oleracea var.acephala*〉

*バボツ
別名：ホコリタケ
ホコリタケ科のホコリタケ科の中国名。

*ハマアオスゲ
別名：スナスゲ
単子葉植物綱カヤツリグサ目カヤツリグサ科の多年草。高さは5〜30cm。
〈*Carex breviculmis var.fibrillosa*〉

ハマク

*ハマアカザ（浜藜）
　　別名：コハマアカザ
　　　双子葉植物綱ナデシコ目（中心子目）ア
　　　カザ科の草本。
　　　〈Atriplex subcordata〉

ハマアジサイ
　　ガクアジサイ（額紫陽花）の別名（双子
　　　葉植物綱バラ目ユキノシタ科の落葉・半
　　　常緑低木）
　　　〈Hydrangea macrophylla form.
　　　normalis〉

ハマアラセイトウ
　　ヒメアラセイトウの別名（アブラナ科）
　　　〈Malcomia maritima R. Br.〉

*ハマイ
　　別名：オオイヌイ
　　　イグサ科の草本。
　　　〈Juncus haenkei Meyer〉

ハマイチョウ
　　ハマニガナ（浜苦菜）の別名（双子葉植
　　　物綱キク目キク科の多年草）
　　　〈Ixeris repens〉

ハマイバラ
　　テリハノイバラ（照葉野茨）の別名（双
　　　子葉植物綱バラ目バラ科の落葉匍匐性低
　　　木。花は白色）
　　　〈Rosa wichuraiana〉

*ハマウツボ（浜靫）
　　別名：オカウツボ
　　　ハマウツボ科の寄生植物。高さは10〜
　　　25cm。
　　　〈Orobanche coerulescens Stephan〉

*ハマウド（浜独活）
　　別名：オニウド，クジラグサ
　　　双子葉植物綱セリ目セリ科の多年草。
　　　高さは1〜2m。
　　　〈Angelica japonica〉

ハマオギ
　　ヨシ（葭）の別名（単子葉植物綱カヤツリ
　　　グサ目イネ科の多年草。葉身は線形で
　　　長さ20〜50cm，円錐花序は大形。高さ
　　　は1〜3m）
　　　〈Phragmites communis〉

ハマオモト
　　クリナムの別名（ヒガンバナ科の属総称。
　　　球根植物）

*ハマガヤ
　　別名：オニアゼガヤ
　　　イネ科の一年草または多年草。高さは
　　　30〜100cm。
　　　〈Leptochloa fusca（L.）Kunth〉

ハマカンギク
　　アブラギク（油菊）の別名（キク科の多
　　　年草。高さは30〜80cm。花は黄色）
　　　〈Chrysanthemum indicum L. var.
　　　indicum〉

ハマカンザシ
　　アルメリアの別名（イソマツ科の属総称）
　*ハマカンザシ（浜簪）
　　別名：アルメリア，マツバカンザシ
　　　双子葉植物綱イソマツ目イソマツ科
　　　の多年草。高さは20cm。
　　　〈Armeria maritima〉

*ハマギク（浜菊）
　　別名：フキアゲギク
　　　双子葉植物綱キク目キク科の多年草。
　　　高さは50〜100cm。花は白色。
　　　〈Chrysanthemum nipponicum〉

ハマクグ
　　シオクグ（塩莎草）の別名（単子葉植物
　　　綱カヤツリグサ目カヤツリグサ科の多年
　　　草。高さは30〜50cm）
　　　〈Carex scabrifolia〉

ハマクコ
　　アツバクコの別名（双子葉植物綱ナス目
　　　ナス科の落葉低木）

植物別名辞典　423

ハマク

〈*Lycium sandwicense*〉

*ハマクサギ（浜臭木）
　　別名：キバナハマクサギ，トウクサギ
　　　双子葉植物綱シソ目クマツヅラ科の落葉
　　　低木。
　　　　〈*Premna microphylla*〉

ハマクサフジ
　　ヒロハクサフジ（広葉草藤）の別名（双
　　　子葉植物綱マメ目マメ科の多年草。高
　　　さは50〜100cm）
　　　　〈*Vicia japonica*〉

ハマクマツヅラ
　　ヒメクマツヅラの別名（双子葉植物綱シ
　　　ソ目クマツヅラ科の多年草）
　　　　〈*Verbena litoralis*〉

*ハマグリゼニゴケ
　　別名：チンピンゼニゴケ
　　　ハマグリゼニゴケ科のコケ。やや褐色、
　　　長さ1〜2cm。
　　　　〈*Targionia hypophylla L.*〉

ハマグルマ
　　クマノギク（熊野菊）の別名（双子葉植
　　　物綱キク目キク科の草本）
　　　　〈*Wedelia chinensis*〉

*ハマゴウ（蔓荊）
　　別名：ハウ，ハマホウ，ハマボウ
　　　クマツヅラ科の落葉ほふく性低木。
　　　　〈*Vitex rotundifolia L. f.*〉

ハマザクラ
　　コメバツガザクラ（米葉栂桜）の別名
　　　（双子葉植物綱ツツジ目ツツジ科の常緑
　　　小低木。高さは5〜15cm）
　　　　〈*Arcterica nana*〉

*ハマザクロ（浜石榴）
　　別名：マヤプシキ
　　　双子葉植物綱フトモモ目ハマザクロ科の
　　　高木，マングローブ植物。呼吸根は小
　　　さい。

〈*Sonneratia alba*〉

*ハマサジ（浜匙）
　　別名：ハマジサ
　　　イソマツ科の越年草。高さは20〜60cm。
　　　　〈*Limonium tetragonum*（*Thunb.*）
　　　　Bullock〉

*ハマサルトリイバラ
　　別名：トゲナシカカラ
　　　ユリ科の草本。
　　　　〈*Smilax sebeana Miq.*〉

ハマシオン
　　ウラギク（浦菊）の別名（双子葉植物綱キ
　　　ク目キク科の多年草。高さは20〜70cm）
　　　　〈*Aster tripolium*〉

ハマジサ
　　ハマサジ（浜匙）の別名（イソマツ科の
　　　越年草。高さは20〜60cm）
　　　　〈*Limonium tetragonum*（Thunb.）
　　　　Bullock〉

ハマヂシャ
　　ツルナ（蔓菜）の別名（双子葉植物綱ナデ
　　　シコ目（中心子目）ザクロソウ科の多年
　　　草。高さは40〜60cm。花は黄色）
　　　　〈*Tetragonia tetragonoides*〉

*ハマジンチョウ（浜沈丁）
　　別名：キンギョシバ，モクベンケイ
　　　双子葉植物綱ゴマノハグサ目ハマジン
　　　チョウ科の常緑低木。
　　　　〈*Myoporum bontioides*〉

*ハマスゲ（浜菅）
　　別名：クグ，コウブシ
　　　単子葉植物綱カヤツリグサ目カヤツリグ
　　　サ科の多年草。高さは20〜40cm。
　　　　〈*Cyperus rotundus*〉

ハマススキ
　　ワセオバナの別名（単子葉植物綱カヤツ
　　　リグサ目イネ科の多年草。高さは100〜
　　　250cm）

424　植物別名辞典

〈Saccharum spontaneum *var.*
arenicola〉

*ハマゼリ (浜芹)

別名：ハマニンジン

双子葉植物綱セリ目セリ科の越年草。
高さは10〜40cm。
〈*Cnidium japonicum*〉

*ハマセンダン (浜栴檀)

別名：ウラジロゴシュユ，シマクロキ

双子葉植物綱ムクロジ目ミカン科の落葉
高木。高さは15m。花は白色。
〈*Tetradium glabrifolium var.*
glaucum〉

ハマソウメン

スナヅル (砂蔓) の別名 (双子葉植物綱
クスノキ目クスノキ科の寄生つる草。
つるは淡緑または黄色，果実は淡黄色)
〈*Cassytha filiformis*〉

*ハマタイセイ (浜大青)

別名：エゾタイセイ

双子葉植物綱フウチョウソウ目アブラナ
科の草本。
〈*Isatis yezoensis*〉

ハマチャ

カワラケツメイ (河原決明) の別名 (双
子葉植物綱マメ目マメ科の一年草。高
さは30〜60cm。花は黄色)
〈*Cassia mimosoides subsp.*nomame〉

ハマツバキ (浜椿)

ハマボウ (浜箒) の別名 (双子葉植物綱
アオイ目アオイ科の落葉低木または小高
木。高さは2〜4m。花は黄色)
〈*Hibiscus hamabo*〉

*ハマツメクサ (浜爪草)

別名：ハマナデシコ，フジナデシコ

ナデシコ科の一年草または多年草。高
さは25cm以下。花は紅紫色。
〈*Sagina maxima A. Gray*〉

ハマドクサ

イヌドクサ (犬木賊) の別名 (トクサ科
の常緑性シダ植物。茎は高さ1m)
〈*Equisetum ramosissimum var.*
japonicum〉

ハマナ

ツルナ (蔓菜) の別名 (双子葉植物綱ナデ
シコ目 (中心子目) ザクロソウ科の多年
草。高さは40〜60cm。花は黄色)
〈*Tetragonia tetragonoides*〉

ハマナシ (浜梨)

ハマナスの別名 (双子葉植物綱バラ目バ
ラ科の落葉低木。花は濃桃色)
〈*Rosa rugosa*〉

*ハマナス

別名：ゲッキカ，ハマナシ (浜梨)

双子葉植物綱バラ目バラ科の落葉低木。
花は濃桃色。
〈*Rosa rugosa*〉

ハマナデシコ

ハマツメクサ (浜爪草) の別名 (ナデシ
コ科の一年草または多年草。高さは
25cm以下。花は紅紫色)
〈*Sagina maxima A. Gray*〉

フジナデシコ (藤撫子) の別名 (双子葉
植物綱ナデシコ目 (中心子目) ナデシコ
科の多年草。高さは20〜50cm)
〈*Dianthus japonicus*〉

*ハマニガナ (浜苦菜)

別名：ハマイチョウ

双子葉植物綱キク目キク科の多年草。
〈*Ixeris repens*〉

ハマニンジン

ハマゼリ (浜芹) の別名 (双子葉植物綱セ
リ目セリ科の越年草。高さは10〜40cm)
〈*Cnidium japonicum*〉

*ハマニンドウ (浜忍冬)

別名：イヌニンドウ

双子葉植物綱マツムシソウ目スイカズラ

科の半常緑つる性低木。
〈*Lonicera affinis*〉

*ハマニンニク (浜蒜)
別名：クサドウ
単子葉植物綱カヤツリグサ目イネ科の多年草。高さは60〜140cm。
〈*Elymus mollis*〉

ハマヌカボ
ハイコヌカグサの別名(単子葉植物綱カヤツリグサ目イネ科の多年草。高さは20〜100cm)
〈*Agrostis stolonifera*〉

*ハマヒサカキ (浜姫榊)
別名：イリシバ，イリヒサカキ
双子葉植物綱ツバキ目ツバキ科の常緑低木。花は淡緑色。
〈*Eurya emarginata*〉

*ハマビワ (浜枇杷)
別名：ケイジュ，シャクナンショ
双子葉植物綱クスノキ目クスノキ科の常緑高木。花は白色。
〈*Litsea japonica*〉

*ハマベマンテマ
別名：ホテイマンテマ
ナデシコ科の宿根草。

ハマホウ
ハマゴウ (蔓荊) の別名(クマツヅラ科の落葉ほふく性低木)
〈*Vitex rotundifolia* L. f.〉

ハマボウ
ハマゴウ (蔓荊) の別名(クマツヅラ科の落葉ほふく性低木)
〈*Vitex rotundifolia* L. f.〉

*ハマボウ (浜箒)
別名：カワラムクゲ，キイロムクゲ，ハマツバキ(浜椿)
双子葉植物綱アオイ目アオイ科の落葉低木または小高木。高さは2〜4m。花は黄色。

〈*Hibiscus hamabo*〉

*ハマボウフウ (浜防風)
別名：イセボウフウ，ヤオヤボウフウ
双子葉植物綱セリ目セリ科の多年草。高さは5〜30cm。
〈*Glehnia littoralis*〉

*ハマボッス (浜払子)
別名：カンシャクヤク (寒芍薬)
双子葉植物綱サクラソウ目サクラソウ科の越年草。高さは10〜40cm。
〈*Lysimachia mauritiana*〉

ハママツ
アッケシソウ (厚岸草) の別名(双子葉植物綱ナデシコ目(中心子目)アカザ科の一年草。高さは10〜35cm)
〈*Salicornia europaea*〉

*ハママンネングサ (浜万年草)
別名：シママンネングサ，タカサゴマンネングサ
双子葉植物綱バラ目ベンケイソウ科の草本。
〈*Sedum formosanum*〉

ハマミチヤナギ
アキノミチヤナギの別名(双子葉植物綱タデ目タデ科の一年草。高さは40〜80cm)
〈*Polygonum polyneuron*〉

ハマムラサキ
スナビキソウ (砂引草) の別名(双子葉植物綱シソ目ムラサキ科の多年草。高さは30〜50cm。花は白色)
〈*Messerschmidia sibirica*〉

ハマムラサキノキ
モンパノキ (紋葉木) の別名(双子葉植物綱シソ目ムラサキ科の常緑低木)
〈*Messerschmidia argentea*〉

ハマユウ
クリナムの別名(ヒガンバナ科の属総称。

球根植物）

ハマユリ
スカシユリの別名（単子葉植物綱ユリ目
ユリ科の多年草。高さは50〜80cm。花
は橙赤色）
〈*Lilium maculatum*〉

ハマヨモギ
フクドの別名（双子葉植物綱キク目キク
科の一年草〜越年草またはやや多年草。
高さは40〜140cm）
〈*Artemisia fukudo*〉
*ハマヨモギ（浜艾）
別名：フクド
キク科の薬用植物。
〈*Artemesia scoparia* Waldst. et
Kit.〉

ハマレンゲ
ウルップソウ（得撫草）の別名（双子葉
植物綱ゴマノハグサ目ウルップソウ科の
多年草。高さは10〜30cm）
〈*Lagotis glauca*〉

*ハミズゴケ
別名：ハミズニワスギゴケ
スギゴケ科のコケ。茎は長さ2mm、葉
は小さく鱗片状。
〈*Pogonatum spinulosum* Mitt.〉

ハミズニワスギゴケ
ハミズゴケの別名（スギゴケ科のコケ。
茎は長さ2mm、葉は小さく鱗片状）
〈*Pogonatum spinulosum* Mitt.〉

*パームグラス
別名：スティールグラス
ユリ科。

*ハヤザキヒョウタンボク
別名：カイヒョウタンボク，ヒロハ
ヒョウタンボク
スイカズラ科の木本。
〈*Lonicera praeflorens* Batalin var.
japonica H. Hara〉

*ハヤトウリ（隼人瓜）
別名：センナリ，チャヨテ
双子葉植物綱スミレ目ウリ科の多年生つ
る草。果色はクリーム色から濃緑色。
〈*Sechium edule*〉

バラ
ガリカ・ローズの別名（バラ科のハーブ）
*バラ
別名：ショウビ
双子葉植物綱バラ目バラ科の低木。
〈*Rosa floribunda*〉

バラアカシア
ハナエンジュ（花槐）の別名（双子葉植
物綱マメ目マメ科の落葉低木。高さは0.
5〜2m。花は淡紅色，または淡紫紅色）
〈*Robinia hispida*〉

バラアサガオ
ウッドローズの別名（ヒルガオ科のつる
性。花は黄色）
〈*Merremia tuberosa* (L.) Rendle〉

*バライチゴ（薔薇苺）
別名：ミヤマイチゴ
双子葉植物綱バラ目バラ科の落葉低木。
〈*Rubus illecebrosus*〉

パラグアイチャ
マテチャの別名（双子葉植物綱ニシキギ
目モチノキ科の常緑低木）
〈*Ilex paraguayensis*〉

*パラゴムノキ
別名：ブラジルゴムノキ，ヘベアゴム
ノキ
双子葉植物綱トウダイグサ目トウダイグ
サ科の高木。種子は褐斑あり。高さ
は18〜35m。花は黄を帯びた白色。
〈*Hevea brasiliensis*〉

*ハラタケ（原茸）
別名：シャンピニオン，マッシュ
ルーム
ハラタケ科のキノコ。

ハラナ

〈*Agaricus campestris*〉

パラナマツ
ブラジルマツの別名（マツ綱マツ目ナン
ヨウスギ科の常緑大高木。高さは30～
60m）
〈*Araucaria angustifolia*〉

*パラミツ（婆羅密）
別名：ナガミパンノキ
双子葉植物綱イラクサ目クワ科の小木。
葉無毛，果長50cm。高さは15～20m。
花は淡緑色。
〈*Artocarpus heterophyllus*〉

バラモンギク
キバナバラモンジン（黄花婆羅門参）
の別名（キク科の多年草）
〈*Tragopogon pratensis* L.〉

*バラモンジン（婆羅門参）
別名：サルシファイ，セイヨウゴボウ
双子葉植物綱キク目キク科の越年草。
高さは40～90cm。花は青紫色。
〈*Tragopogon porrifolius*〉

*ハラン（葉蘭）
別名：バラン，バレン
単子葉植物綱ユリ目ユリ科の常緑多年
草。葉は長楕円状。
〈*Aspidistra elatior*〉

バラン
ハラン（葉蘭）の別名（単子葉植物綱ユリ
目ユリ科の常緑多年草。葉は長楕円状）
〈*Aspidistra elatior*〉

*ハリアサガオ
別名：アカバナヨルガオ
双子葉植物綱ナス目ヒルガオ科のつる性
多年草。茎に刺がある。花は白色，ま
たは淡紅紫色。
〈*Calonyction muricatum*〉

*ハリイ（針藺）
別名：オオハリイ

単子葉植物綱カヤツリグサ目カヤツリグ
サ科の抽水性～沈水植物，一年生また
は多年生。穂は卵形～狭披針形で長
さ3～12mm。高さは8～25cm。
〈*Eleocharis congesta*〉

ハリウコギ
エゾウコギの別名（双子葉植物綱セリ目
ウコギ科の落葉低木）
〈*Acanthopanax senticosus*〉

*バリェガータ
別名：ホワイトシダー
ヒノキ科のヌマヒノキの品種。

*バリエガタ
別名：シロフハカタカラクサ，シロフ
ハカタツユクサ
ツユクサ科のトラデスカンティア・フル
ミネンシスの品種。

*ハリエンジュ（針槐）
別名：アカシア，アカシャ
双子葉植物綱マメ目マメ科の落葉高木。
高さは25m。花は白色。樹皮は灰
褐色。
〈*Robinia pseudoacacia*〉

*ハリガネ
別名：サイミ，スジフノリ，ハチジョ
ウフノリ
紅藻綱スギノリ目オキツノリ科の海藻。
叉状様に分岐。体は20cm。
〈*Ahnfeltiopsis paradoxa*〉

ハリガネカズラ
ゲンペイクサギの別名（クマツヅラ科の
観賞用蔓木。花は深紅色）
〈*Clerodendron thomsoniae* Balf.〉

*ハリガネスゲ
別名：エゾマツバスゲ
単子葉植物綱カヤツリグサ目カヤツリグ
サ科の多年草。高さは10～30cm。
〈*Carex capillacea*〉

428　植物別名辞典

ハリガネタケ
ナラタケ(楢茸)の別名(キシメジ科の
キノコ。小型〜中型。傘は黄褐色，中央
微毛鱗片。ひだは白色)
〈*Armillariella mellea*〉

*ハリギリ (針桐)
別名：センノキ，ボウダラ，ヤマギリ
双子葉植物綱セリ目ウコギ科の落葉高
木。高さは20m。花は淡黄緑色。樹
皮は黒褐色。
〈*Kalopanax pictus*〉

*ハリグワ (針桑)
別名：ドシャ
双子葉植物綱イラクサ目クワ科の木本。
〈*Maclura tricuspidata*〉

バリダ
バンダイ(万代)の別名(トウダイグサ
科の多肉植物。高さは10〜20cm)
〈*Euphorbia valida* N. E. Br.〉

*ハリツルマサキ (針蔓柾木)
別名：トゲマサキ，マッコウ
双子葉植物綱ニシキギ目ニシキギ科の常
緑半つる状低木。
〈*Maytenus diversifolia*〉

*バリバリノキ
別名：アオカゴノキ，アオガシ
双子葉植物綱クスノキ目クスノキ科の常
緑高木。
〈*Litsea acuminata*〉

*ハリヒジキ
別名：オニヒジキ
アカザ科の一年草。高さは10〜40cm。
〈*Salsola ruthenica* Iljin〉

*ハリブキ (針蕗)
別名：クマダラ
双子葉植物綱セリ目ウコギ科の落葉
低木。
〈*Oplopanax japonicus*〉

ハリマツリ
タイワンレンギョウの別名(クマツヅラ
科のやや匍匐性の観賞用低木。高さは2
〜6m。花は藤か淡青紫色)
〈*Duranta repens* L.〉

ハリミノウゼン
クリトストマの別名(ノウゼンカズラ科
のつる性木本。花は淡紫色)
〈*Clytostoma callistegioides* (Cham.)
Bur.〉

ハリモクシュ
ハリモクシュクの別名(マメ科の多年
草。高さは30〜60cm。花は桃色)
〈*Ononis spinosa* L.〉

*ハリモクシュク
別名：ハリモクシュ
マメ科の多年草。高さは30〜60cm。花
は桃色。
〈*Ononis spinosa* L.〉

*ハリモミ (針樅)
別名：シロモミ，トラノオモミ
マツ綱マツ目マツ科の常緑高木。高さ
は35m。
〈*Picea polita*〉

バリン
ウシノシッペイの別名(単子葉植物綱カ
ヤツリグサ目イネ科の多年草。高さは
60〜100cm)
〈*Hemarthria sibirica*〉

ハルオミナエシ
カノコソウ(鹿子草)の別名(双子葉植
物綱マツムシソウ目オミナエシ科の多年
草。高さは40〜80cm。花は白〜淡紅
色)
〈*Valeriana fauriei*〉

ハルコガネバナ
サンシュユ(山茱萸)の別名(双子葉植
物綱ミズキ目ミズキ科の落葉高木。高
さは6〜7m。花は黄色)

〈*Cornus officinalis*〉

*ハルザキヤマガラシ
別名：セイヨウヤマガラシ，フユガ
ラシ
双子葉植物綱フウチョウソウ目アブラナ
科の多年草。高さは30～60cm。
〈*Barbarea vulgaris*〉

ハルサフラン
ハナサフランの別名（単子葉植物綱ユリ
目アヤメ科の多年草。花は紫色，または
白色）
〈*Crocus vernus*〉

バルサムギク
コストマリーの別名（キク科のハーブ）

*ハルジオン（春紫苑）
別名：ベニバナヒメジョオン
双子葉植物綱キク目キク科の多年草。
高さは30～80cm。花は淡紅～白色。
〈*Erigeron philadelphicus*〉

ハルシメジ
シメジモドキの別名（イッポンシメジ科
のキノコ）
〈*Rhodophyllus clypeatus*（L.）Quél.〉

*ハルシャギク（波斯菊）
別名：クジャクソウ，ジャノメソウ
双子葉植物綱キク目キク科の一年草。
高さは50～120cm。花は鮮黄色。
〈*Coreopsis tinctoria*〉

*ハルタデ（春蓼）
別名：ハチノジタデ
双子葉植物綱タデ目タデ科の一年草。
高さは20～50cm。
〈*Persicaria vulgaris*〉

ハルタマ
スイゼンジナ（水前寺菜）の別名（双子
葉植物綱キク目キク科の葉菜類。葉裏
紫色。高さは30～60cm。花は黄赤色）
〈*Gynura bicolor*〉

バルトニア・オーレア
メンツェリア・リンドレイの別名（ロ
アサ科）

*ハルニレ（春楡）
別名：アカダモ，コブニレ，ヤニレ
双子葉植物綱イラクサ目ニレ科の落葉高
木。樹高は30m。樹皮は淡い灰褐色。
〈*Ulmus davidiana var.japonica*〉

ハルノノゲシ
ノゲシ（野芥子，野罌粟）の別名（双子
葉植物綱キク目キク科の一年草または多
年草。茎を切ると白乳を出す。高さは
50～100cm）
〈*Sonchus oleraceus*〉

バルバドスアロエ
シンロカイの別名（単子葉植物綱ユリ目
ユリ科の多肉性多年草。高さは1m。花
は黄色）
〈*Aloe barbadensis*〉

ハルハナヤスリ
ヒロハハナヤスリ（広葉花鑢）の別名
（ハナヤスリ科の夏緑性シダ植物。葉身
は長さ6～12cm，広披針形から広卵形）
〈*Ophioglossum vulgatum*〉

バルビネラ
ブルビネラの別名（ユリ科の属総称。球
根植物）

ハルフヨウ（春芙蓉）
シラネアオイ（白根葵）の別名（双子葉
植物綱キンポウゲ目キンポウゲ科の多年
草。高さは30～60cm）
〈*Glaucidium palmatum*〉

*パルメットヤシ
別名：アメリカサバル
ヤシ科。幹の繊維はロープ、果実は黒
熟。高さは20m。
〈*Sabal palmetto*（Walt.）*Lodd. ex
Schult. et Schult. f.*〉

ハルユリ
ヒメサユリ（姫小百合）の別名（単子葉植物綱ユリ目ユリ科の多年草。高さは50〜60cm。花は淡桃〜濃紫桃色）
〈Lilium rubellum〉

ハルランイヌビワ
アカメイヌビワの別名（双子葉植物綱イラクサ目クワ科の木本）
〈Ficus benguetensis〉

バレイショ（馬鈴薯）
ジャガイモの別名（双子葉植物綱ナス目ナス科の根菜類。長さは60〜100cm。花は白，淡紅，紫色など）
〈Solanum tuberosum〉

バレン
ハラン（葉蘭）の別名（単子葉植物綱ユリ目ユリ科の常緑多年草。葉は長楕円状）
〈Aspidistra elatior〉

*バレンシアオレンジ
別名：ハッサクオレンジ
ミカン科。果皮は橙色。
〈Citrus sinensis 'Valencia'〉

バレンシバ
トダシバ（戸田芝）の別名（単子葉植物綱カヤツリグサ目イネ科の多年草。高さは60〜130cm）
〈Arundinella hirta〉

バンカ（蕃茄）
トマトの別名（双子葉植物綱ナス目ナス科の果菜類。果実は赤色。高さは3m）
〈Lycopersicon esculentum〉

ハンカイアザミ
ハンカイシオガマの別名（双子葉植物綱ゴマノハグサ目ゴマノハグサ科の多年草。高さは30〜90cm）
〈Pedicularis gloriosa〉

バンカイウ
オランダカイウ（和蘭陀海芋）の別名（単子葉植物綱サトイモ目サトイモ科の多年草。高さは1m。仏炎苞は白色）
〈Zantedeschia aethiopica〉

*ハンカイシオガマ
別名：ハンカイアザミ
双子葉植物綱ゴマノハグサ目ゴマノハグサ科の多年草。高さは30〜90cm。
〈Pedicularis gloriosa〉

ハンカチツリー
ハンカチノキの別名（双子葉植物綱ミズキ目ヌマミズキ科の落葉高木。高さは15〜20m。樹皮は橙褐色）
〈Davidia involucrata〉

*ハンカチツリー
別名：ハトノキ，ハンカチノキ
ダビディア科の落葉高木。高さは15〜20m。樹皮は橙褐色。
〈Davidia involucrata Baill.〉

ハンカチノキ
ハンカチツリーの別名（ダビディア科の落葉高木。高さは15〜20m。樹皮は橙褐色）
〈Davidia involucrata Baill.〉

*ハンカチノキ
別名：ハトノキ，ハンカチツリー
双子葉植物綱ミズキ目ヌマミズキ科の落葉高木。高さは15〜20m。樹皮は橙褐色。
〈Davidia involucrata〉

ハンゲ（半夏）
カラスビシャク（烏柄杓）の別名（単子葉植物綱サトイモ目サトイモ科の多年草。仏炎苞は緑色または帯紫色。高さは20〜40cm）
〈Pinellia ternata〉

*ハンゲショウ（半夏生，半化粧）
別名：カタシログサ
双子葉植物綱コショウ目ドクダミ科の多年草。高さは60〜100cm。
〈Saururus chinensis〉

ハンコ

バンコウカ
サフラン（泊夫藍）の別名（単子葉植物綱
ユリ目アヤメ科の多年草。花は淡紫色）
〈Crocus sativus〉

バンコムギ
コムギ（小麦）の別名（単子葉植物綱カヤ
ツリグサ目イネ科の草本，作物）
〈Triticum aestivum〉

バンザクロ
グアバの別名（双子葉植物綱フトモモ目
フトモモ科の常緑低木〜小高木。果皮
は黄色ないし黄緑色，果肉は白色。高さ
は4〜9m。花は白色）
〈Psidium guajava〉

バンザノキ
ヤブデマリ（藪手毬）の別名（双子葉植
物綱マツムシソウ目スイカズラ科の落葉
低木）
〈Viburnum plicatum var.
tomentosum〉

＊パンジー
別名：コチョウソウ，サンシキスミ
レ，ユウチョウカ
双子葉植物綱スミレ目スミレ科の一年草
または多年草。花は紫，黄，白色など。
〈Viola × wittrockiana〉

パンジーオーキッド
ミルトニアの別名（ラン科の属総称）

ハンショウダキ
トウチク（唐竹）の別名（単子葉植物綱
カヤツリグサ目イネ科の常緑中型竹）
〈Sinobambusa tootsik〉

バンジロウ
グアバの別名（双子葉植物綱フトモモ目
フトモモ科の常緑低木〜小高木。果皮
は黄色ないし黄緑色，果肉は白色。高さ
は4〜9m。花は白色）
〈Psidium guajava〉

バンジンガンクビソウ
コバナガンクビソウの別名（双子葉植物
綱キク目キク科の草本）
〈Carpesium faberi〉

バンソケイ
バンマツリ（蕃茉莉）の別名（双子葉植
物綱ナス目ナス科の観賞用低木。高さは
30cm。花は淡紫色，翌日白色となる）
〈Brunfelsia uniflora〉

＊バンダイ（万代）
別名：バリダ
トウダイグサ科の多肉植物。高さは10
〜20cm。
〈Euphorbia valida N. E. Br.〉

パンダイチゴ
イチゴ・ピンクパンダの別名（バラ科の
総称）

ハンテンボク
ユリノキ（百合木）の別名（双子葉植物
綱モクレン目モクレン科の落葉高木。高
さは40m。花は緑黄色。樹皮は灰褐色）
〈Liriodendron tulipifera〉

ハントウ
バントウ（蟠桃）の別名（双子葉植物綱
バラ目バラ科の木本。果実は扁円形）
〈Amygdalus persica var.compressa〉

＊バントウ（蟠桃）
別名：ザゼンモモ，ハントウ
双子葉植物綱バラ目バラ科の木本。果
実は扁円形。
〈Amygdalus persica var.compressa〉

＊ハンノキ（榛木）
別名：ソロバンノキ，ハノキ
双子葉植物綱ブナ目カバノキ科の落葉高
木。高さは15〜20m。
〈Alnus japonica〉

＊パンパスグラス
別名：シロガネヨシ

単子葉植物綱カヤツリグサ目イネ科の多
年草。高さは1〜3m。花は銀白色。
〈*Cortaderia selloana*〉

*バンバラグラウンドナッツ

別名：バンバラマメ，フタゴマメ

マメ科の蔓草。非裂開性の莢を地下に
結ぶ。長さ10〜15cm。花は淡黄色。
〈*Vigna subterranea*（L.）*Verdc.*〉

バンバラマメ

バンバラグラウンドナッツの別名（マ
メ科の蔓草。非裂開性の莢を地下に結
ぶ。長さ10〜15cm。花は淡黄色）
〈*Vigna subterranea*（L.）Verdc.〉

バンマツリ

ブルンフェルシアの別名（ナス科の属総
称）

*バンマツリ（蕃茉莉）

別名：バンソケイ

双子葉植物綱ナス目ナス科の観賞用
低木。高さは30cm。花は淡紫色，
翌日白色となる。
〈*Brunfelsia uniflora*〉

バンヤソウ

アスクレピアスの別名（ガガイモ科の属
総称）

*バンレイシ（蕃荔枝）

別名：シャカトウ

双子葉植物綱モクレン目バンレイシ科の
低木。高さは2〜7m。花は緑色。
〈*Annona squamosa*〉

【ヒ】

*ヒアシンス（風信子）

別名：コモンヒアシンス，ニシキユリ

単子葉植物綱ユリ目ユリ科の多年草。
花は青紫色。
〈*Hyacinthus orientalis*〉

ヒイタマナ

テリハボク（照葉木）の別名（双子葉植
物綱ツバキ目オトギリソウ科の常緑高
木。葉は厚く光沢，中肋黄。花は白色）
〈*Calophyllum inophyllum*〉

*ヒイラギ（柊，疼木，比比羅木）

別名：オニサシ，オニノメサシ，メツ
キシバ

双子葉植物綱ゴマノハグサ目モクセイ科
の常緑小高木。高さは10m。花は
白色。
〈*Osmanthus heterophyllus*〉

ヒイラギガシ

リンボク（橪木）の別名（双子葉植物綱
バラ目バラ科の常緑高木）
〈*Prunus spinulosa*〉

*ヒイラギデンダ（柊連染）

別名：カラフトデンダ

オシダ科の常緑性シダ植物。葉身は長
さ10〜20cm，線形〜線状披針形。
〈*Polystichum lonchitis*〉

ヒイラギナ

キョウナ（京菜）の別名（双子葉植物綱
フウチョウソウ目アブラナ科の野菜）
〈Brassica campestris *var.laciniifolia*〉

*ヒイラギナンテン（柊南天）

別名：トウナンテン，ヒラギナンテン

双子葉植物綱キンポウゲ目メギ科の常緑
低木。高さは1.5m。花は黄色。
〈*Mahonia japonica*〉

*ヒイラギハギ

別名：ホソバヒイラギマメ

マメ科の常緑低木。
〈*Chorizema ilicifolium Labill.*〉

*ヒイラギマメ

別名：ハナヒイラギ

マメ科の常緑低木。
〈*Chorizema cordatum Lindl.*〉

ヒイラ

*ヒイラギメギ
別名：セイヨウヒイラギナンテン
　双子葉植物綱キンポウゲ目メギ科の常緑
　低木。高さは1m。花は黄色。
　〈*Mahonia aquifolium*〉

*ヒイラギモチ（柊黐）
別名：セイヨウヒイラギ
　双子葉植物綱ニシキギ目モチノキ科の木
　本。高さは6m。花は白色。樹皮は淡
　い灰色。
　〈*Ilex aquifolium*〉

ヒイラギモドキ
シナヒイラギ（支那柊）の別名（双子葉
植物綱ニシキギ目モチノキ科の常緑低
木。高さは4m。花は黄色）
　〈*Ilex cornuta*〉

ピエドボウ
アルムの別名（サトイモ科の属総称。球
根植物）

*ヒエンソウ
別名：チドリソウ（千鳥草）
　双子葉植物綱キンポウゲ目キンポウゲ科
　の一年草。高さは30〜90cm。花は
　青，藤，赤，桃，白色など。
　〈*Delphinium ajacis*〉

*ヒオウギ（檜扇）
別名：ウバダマ，カラスオウギ，ヌバ
タマ
　単子葉植物綱ユリ目アヤメ科の多年草。
　高さは50〜120cm。花は黄赤色。
　〈*Belamcanda chinensis*〉

ヒオウギズイセン
ワトソニアの別名（アヤメ科の属総称。
球根植物）
*ヒオウギズイセン（檜扇水仙）
別名：ワトソニア
　単子葉植物綱ユリ目アヤメ科の草本。
　花は黄金〜橙色。
　〈*Crocosmia aurea*〉

ヒオウギラン
ヨウラクラン（瓔珞蘭）の別名（単子葉
植物綱ラン目ラン科の多年草。高さは2
〜8cm。花は橙黄色）
　〈*Oberonia japonica*〉

*ビオレ・ドーフィン
別名：ドーフィン，バイオレットドー
フィン
　クワ科のイチジク（無花果）の品種。果
　肉やや黄紅色。

*ビカクシダ（麋角羊歯）
別名：コウモリラン
　ウラボシ科のシダ植物。ネスト・リーフ
　は褐色。
　〈*Platycerium bifurcatum*〉

*ヒカゲツツジ（日陰躑躅）
別名：ハイヒカゲツツジ
　双子葉植物綱ツツジ目ツツジ科の常緑低
　木。高さは1.8m。花はクリーム，淡
　黄色。
　〈*Rhododendron keiskei*〉

*ヒカゲノカズラ（日陰蔓）
別名：ウサギノタスキ，カミダスキ，
キツネノタスキ
　ヒカゲノカズラ科の常緑性シダ植物。
　葉身は長さ3.5〜7mm，線形または線
　状披針形。
　〈*Lycopodium clavatum*〉

ヒカゲヒメジソ
シラゲヒメジソの別名（双子葉植物綱シ
ソ目シソ科の草本）
　〈*Mosla hirta*〉

*ヒカゲヘゴ（日陰杪欏）
別名：アヤヘゴ，モリヘゴ
　ヘゴ科の常緑性シダ植物。葉身は長さ2
　〜3m，倒卵状長楕円形。
　〈*Cyathea lepifera*〉

ヒガサギク
トキワバナの別名（キク科）

434　植物別名辞典

ヒカノコソウ (緋鹿子草)
ベニカノコソウ (紅鹿子草) の別名 (双子葉植物綱マツムシソウ目オミナエシ科の多年草。高さは80cm。花は濃紅色)
〈Centranthus ruber〉

ヒガンザクラ
エドヒガン (江戸彼岸) の別名 (双子葉植物綱バラ目バラ科の落葉高木。花は淡紅色)
〈Prunus pendula form.ascendens〉
コヒガンザクラ (小彼岸桜) の別名 (双子葉植物綱バラ目バラ科の落葉低木。花は淡紅色)
〈Cerasus subhirtella〉

ヒガンバナ
リコリスの別名 (単子葉植物綱ユリ目ヒガンバナ科の属総称)
〈Lycoris spp.〉
ヒガンバナ (彼岸花)
別名:シビトバナ, ジゴクバナ, マンジュシャゲ (曼珠沙華)
単子葉植物綱ユリ目ヒガンバナ科の多年草。高さは30〜50cm。花は鮮赤色。
〈Lycoris radiata〉

*ヒガンマムシグサ (彼岸蝮草)
別名:ナガバマムシグサ, ナミウチマムシグサ, ハウチワテンナンショウ, ミウチマムシグサ
単子葉植物綱サトイモ目サトイモ科の草本。
〈Arisaema undulatifolium subsp. undulatifolium var. undulatifolium〉

*ヒキオコシ (引起)
別名:エンメイソウ (延命草)
双子葉植物綱シソ目シソ科の多年草。高さは50〜100cm。
〈Plectranthus japonicus〉

*ヒキノカサ (蟇傘)
別名:コキンポウゲ
双子葉植物綱キンポウゲ目キンポウゲ科の多年草。高さは10〜30cm。
〈Ranunculus extorris〉

*ヒギリ (緋桐)
別名:トウギリ
双子葉植物綱シソ目クマツヅラ科の落葉低木。高さは2m。花は緋紅色。
〈Clerodendrum japonicum〉

ビクトリー
フイリイノモトソウの別名 (ワラビ科)

*ビクトリエ
別名:フクリンセンネンボク
リュウゼツラン科のドラセナ・フラグランスの品種。

*ビグノニア
別名:ツリガネガズラ
ノウゼンカズラ科の属総称。

ヒグマアミガサタケ
トビイロノボリリュウタケの別名 (ノボリリュウタケ科のキノコ)
〈Gyromitra infula〉

ヒグルマ (日車)
ヒマワリ (向日葵) の別名 (双子葉植物綱キク目キク科の一年草。高さは90〜200cm。花は黄色, または淡橙黄色)
〈Helianthus annuus〉

*ヒグルマダリア
別名:ヒグルマテンジクボタン
キク科の多年草。
〈Dahlia coccinea Cav.〉

ヒグルマテンジクボタン
ヒグルマダリアの別名 (キク科の多年草)
〈Dahlia coccinea Cav.〉

ヒゲオシベ
パチョリの別名 (シソ科の草本。開花は稀、芳香)

〈*Pogostemon cablin* Benth.〉

ヒゲクサ
ノグサの別名（単子葉植物綱カヤツリグサ目カヤツリグサ科の一年草。高さは10〜25cm）
〈*Schoenus apogon*〉

*ヒゲシバ（鬚芝）
別名：アメリカヒゲシバ，カセンガヤ
単子葉植物綱カヤツリグサ科イネ科の一年草。高さは20〜50cm。
〈*Sporobolus japonicus*〉

*ヒゲスゲ
別名：オニヒゲスゲ
単子葉植物綱カヤツリグサ目カヤツリグサ科の多年草。高さは20〜50cm。
〈*Carex oahuensis var.robusta*〉

*ヒゲナガコメススキ（鬚長米芒）
別名：ヒゲナガハネガヤ
イネ科。
〈*Ptilagrostis mongholica*（Turcz.）Griseb.〉

*ヒゲナガスズメノチャヒキ
別名：オオキツネガヤ，オオスズメノチャヒキ
単子葉植物綱カヤツリグサ目イネ科の一年草または越年草。高さは30〜80cm。
〈*Bromus rigidus*〉

ヒゲナガチャヒキ
ウマノチャヒキの別名（単子葉植物綱カヤツリグサ目イネ科の一年草または多年草。高さは20〜70cm）
〈Bromus tectorum *var.tectorum*〉

ヒゲナガハネガヤ
ヒゲナガコメススキ（鬚長米芒）の別名（イネ科）
〈*Ptilagrostis mongholica*（Turcz.）Griseb.〉

*ヒゲナデシコ（鬚撫子）
別名：アメリカナデシコ，ビジョナデシコ
双子葉植物綱ナデシコ目（中心子目）ナデシコ科の多年草。花は緋赤，紅，紫紅色，蛇の目入りなど。
〈*Dianthus barbatus*〉

ヒゲモグサ
キヌクサの別名（紅藻綱テングサ目テングサ科の海藻。細い。体は25〜30cm）
〈*Gelidium linoides*〉

ヒゴウカン（緋合歓）
ベニゴウカン（紅合歓）の別名（双子葉植物綱マメ目マメ科の常緑低木。高さは1.5m。花は赤紫色）
〈*Calliandra eriophylla*〉

*ヒゴエビネ
別名：キバナキリシマエビネ
ラン科。

ヒゴオミナエシ
キオン（黄苑）の別名（双子葉植物綱キク目キク科の多年草。高さは50〜100cm）
〈*Senecio nemorensis*〉

ヒゴヅタ
ヒメイタビの別名（双子葉植物綱イラクサ目クワ科の常緑つる性植物）
〈*Ficus thunbergii*〉

ヒゴタイサイコ
エリンギウムの別名（双子葉植物綱セリ目セリ科の属総称）
〈*Eryngium spp.*〉

ピーコックオーキッド
アシダンセラの別名（アヤメ科の属総称。球根植物）

*ピコティ
別名：ウラジロイチゴ
バラ科。ハイブリッド・ティーローズ系。花は淡黄色。

ヒシン

ヒゴメダケ
キボウシノの別名〈イネ科の木本〉
〈*Pleioblastus kodzumae* Makino〉

ヒゴロモサルビア
サルビアの別名〈双子葉植物綱シソ目シ
ソ科の落葉小低木。高さは1m。花は鮮
紅色〉
〈*Salvia splendens*〉

ヒゴロモソウ（緋衣草）
サルビアの別名〈双子葉植物綱シソ目シ
ソ科の落葉小低木。高さは1m。花は鮮
紅色〉
〈*Salvia splendens*〉

*ヒサカキ（姫榊）
別名：シマヒサカキ，ムニンヒサカキ
双子葉植物綱ツバキ目ツバキ科の常緑
木。花は帯黄白色。
〈*Eurya japonica*〉

ヒザクラ（緋桜）
カンヒザクラ（寒緋桜）の別名〈双子葉
植物綱バラ目バラ科の落葉高木。花は
暗紅紫か桃紅色〉
〈*Cerasus campanulata*〉

*ヒサゴナ
別名：キサラギナ
アブラナ科の野菜。
〈*Brassica narinosa* L. H. Bailey〉

*ヒシ（菱）
別名：オニビシ，トウビシ
双子葉植物綱フトモモ目ヒシ科の一年生
浮葉植物。大きな果実を形成。花は
白色，または微紅色。
〈*Trapa bispinosa* var.*iinumai*〉

*ヒジキゴケ
別名：シモフリヒジキゴケ，シロヒジ
キゴケ
ヒジキゴケ科のコケ。茎ははうが先は
立ち上がり、長さ4～5cm、葉は卵形。
〈*Hedwigia ciliata* P. Beauv.〉

ヒシバカキドオシ
カテンソウ（花点草）の別名〈双子葉植
物綱イラクサ目イラクサ科の多年草。
高さは10～30cm〉
〈*Nanocnide japonica*〉

ヒシバデイゴ
サンゴシトウ（珊瑚刺桐）の別名〈双子
葉植物綱マメ目マメ科の木本。高さは
4m。花は鮮濃赤色〉
〈*Erythrina* × *bidwillii*〉

*ヒジハリノキ
別名：シナミサオノキ
アカネ科の木本。
〈*Oxyceros sinensis* Lour.〉

*ヒシモドキ（菱擬）
別名：ムシヅル
双子葉植物綱ゴマノハグサ目ゴマ科の浮
葉植物。閉鎖花は細長いつぼみ状，開
放花は淡紅色。
〈*Trapella sinensis*〉

ビジョザクラ
バーベナの別名〈クマツヅラ科。花は緋
赤または深紅色〉
〈*Verbena* × *hybrida* Voss〉

*ビジョザクラ（美女桜）
別名：ハナガサ，バーベナ
双子葉植物綱シソ目クマツヅラ科。
花は紫紅色。
〈*Verbena phlogiflora*〉

ビショップスウォート
ベトニーの別名〈シソ科のハーブ〉

ビジョナデシコ
ヒゲナデシコ（髭撫子）の別名〈双子葉
植物綱ナデシコ目（中心子目）ナデシコ
科の多年草。花は緋赤，紅，紫紅色，蛇
の目入りなど〉
〈*Dianthus barbatus*〉

ビジンショウ
ヒメバショウ（姫芭蕉）の別名〈単子葉

植物別名辞典　437

植物綱ショウガ目バショウ科の多年草。
苞は赤色）
〈*Musa uranoscopos*〉

ピスカリア
ムシトリビランジの別名（ナデシコ科）

ピスタシオノキ
ピスタチオの別名（双子葉植物綱ムクロ
ジ目ウルシ科の木本。果実は食用，楕円
形。高さは6～10m）
〈*Pistacia vera*〉

＊ピスタチオ
別名：ピスタシオノキ，フスダシウ
双子葉植物綱ムクロジ目ウルシ科の木
本。果実は食用，楕円形。高さは6～
10m。
〈*Pistacia vera*〉

＊ヒソップ
別名：ヤナギハッカ
シソ科の属総称。

ヒダカカンバ
アポイカンバの別名（双子葉植物綱ブナ
目カバノキ科の落葉低木）
〈*Betula apoiensis*〉

＊ヒダカキンバイソウ（日高金梅草）
別名：ピバイロキンバイソウ
キンポウゲ科。
〈*Trollius citrinus Miyabe*〉

ヒダカゲンゲ
オカダゲンゲの別名（マメ科）
〈*Oxytropis revoluta Ledeb.*〉

ヒダカトウヒレン
エゾトウヒレンの別名（キク科）
〈*Saussurea riederi var.elongata*〉

ヒダカハナシノブ
ミヤマハナシノブ（深山花忍）の別名
（ハナシノブ科の多年草。高さは40～
80cm）

〈*Polemonium caeruleum* L. subsp.
yezoense（Miyabe et Kudo）Hara
var.*yezoense*〉

ピタンガ
タチバナアデクの別名（フトモモ科の木
本）

ヒチノキ
タイミンタチバナ（大明橘）の別名（双
子葉植物綱サクラソウ目ヤブコウジ科の
常緑高木）
〈*Myrsine seguinii*〉

ビーツ
ビートの別名（双子葉植物綱ナデシコ目
（中心子目）アカザ科の多年草。肥大し
た根を野菜として利用。高さは2m）
〈*Beta vulgaris*〉

ヒツジグサ
スイレンの別名（双子葉植物綱スイレン
目スイレン科の総称）
〈*Nymphaea*〉

＊ヒツジグサ（未草）
別名：スイレン
スイレン科の多年生の浮葉植物。浮
葉は楕円形～卵形，花弁は白色で多
数。葉径10～20cm。
〈*Nymphaea tetragona Georgi*〉

ヒツジシダ
タカワラビ（高蕨）の別名（タカワラビ
科の常緑性シダ。葉身は長さ1.5～3m。
3回羽状に深裂）
〈*Cibotium barometz*（L.）J. Smith〉

＊ビッチュウフウロ（備中風露）
別名：キビフウロ
双子葉植物綱フウロソウ目フウロソウ科
の多年草。高さは40～70cm。
〈*Geranium yoshinoi*〉

ビッチュウヤマハギ
ニシキハギの別名（双子葉植物綱マメ目
マメ科の草本状小低木。高さは1～1.

5m)

〈Lespedeza japonica *var.*japonica *form.*angustifolia〉

ヒッツキヒレアザミ

ヒメヒレアザミの別名（キク科の一年草あるいは二年草。高さは30〜80cm。花は淡紅紫色）

〈Carduus pycnocephalus L.〉

ヒッペアストルム

アマリリスの別名（単子葉植物綱ユリ目ヒガンバナ科の属総称）

〈Hippeastrum *spp.*〉

ヒデ

シマムロの別名（マツ綱マツ目ヒノキ科の常緑低木。高さは2〜3m）

〈Juniperus taxifolia〉

シャモヒバの別名（ヒノキ科の木本）

〈Chamaecyparis obtusa（Sieb. et Zucc.）Sieb. et Zucc. ex Endl. cv. Lycopodioides〉

ヒデコ

シオデ（牛尾菜）の別名（単子葉植物綱ユリ目ユリ科の多年生つる草。花は淡黄色）

〈Smilax riparia *var.*ussuriensis〉

タチシオデ（立牛尾菜）の別名（単子葉植物綱ユリ目ユリ科の多年草。高さは1〜2m）

〈Smilax nipponica〉

ヒデリソウ

マツバボタン（松葉牡丹）の別名（双子葉植物綱ナデシコ目（中心子目）スベリヒユ科の一年草。高さは25cm。花は淡紅色，または紫紅色）

〈Portulaca grandiflora〉

＊ビート

別名：カエンサイ，ガーデンビート，ビーツ

双子葉植物綱ナデシコ目（中心子目）アカザ科の多年草。肥大した根を野菜

として利用。高さは2m。

〈Beta vulgaris〉

＊ヒトエノコクチナシ（一重小口無）

別名：ケンサキ

双子葉植物綱アカネ目アカネ科の木本。

〈Gardenia jasminoides var.radicans *form.*simpliciflora〉

＊ヒトツバ（一葉）

別名：イワガシワ，イワグミ，イワノカワ

ウラボシ科の常緑性シダ植物。葉の裏面は密に星状毛でおおわれる。葉柄の長さは7〜20cm。葉身は卵形から広披針形。

〈Pyrrosia lingua〉

＊ヒトツバカエデ（一葉楓）

別名：マルバカエデ

双子葉植物綱ムクロジ目カエデ科の落葉高木，雌雄同株。

〈Acer distylum〉

ヒトツバキソチドリ

キソチドリ（木曽千鳥）の別名（ラン科の多年草。高さは15〜30cm）

〈Platanthera ophrydioides Fr. Schm.〉

＊ヒトツバタゴ

別名：ナンジャモンジャ

双子葉植物綱ゴマノハグサ目モクセイ科の落葉高木。葉は長楕円形か楕円形で長さ4〜10cm。樹高は20m。樹皮は灰褐色。

〈Chionanthus retusus〉

ヒトツバマメ

ハーデンベルギアの別名（双子葉植物綱マメ目マメ科の属総称）

〈Hardenbergia *spp.*〉

＊ヒトツバヨモギ（一葉蓬）

別名：ヤナギヨモギ

双子葉植物綱キク目キク科の多年草。高さは10〜60cm。

ヒトテ

〈*Artemisia monophylla*〉

*ヒトデカズラ
別名：フィロデンドロン
単子葉植物綱サトイモ目サトイモ科の多
年草。大形で，直立する。
〈*Philodendron selloum*〉

*ヒトデゼニゴケ
別名：テガタゼニゴケ
ゼニゴケ科。
〈*Marchantia cuneiloba* Steph.〉

ヒトハグサ
キリ（桐）の別名（双子葉植物綱ゴマノハ
グサ目ゴマノハグサ科の落葉高木。樹
高は15m。花は紫色。樹皮は灰色）
〈*Paulownia tomentosa*〉

ヒトハラン
イチヨウラン（一葉蘭）の別名（単子葉
植物綱ラン目ラン科の多年草。高さは
10〜20cm）
〈*Dactylostalix ringens*〉

*ヒトモトススキ（一本薄）
別名：シシキリガヤ
単子葉植物綱カヤツリグサ目カヤツリグ
サ科の多年草。高さは1〜2m。
〈*Cladium chinense*〉

ヒドランゲア
セイヨウアジサイの別名（ユキノシタ
科）

*ヒトリシズカ（一人静）
別名：マユハキソウ，ヨシノシズカ
双子葉植物綱コショウ目センリョウ科の
多年草。高さは20〜30cm。花は白色。
〈*Chloranthus japonicus*〉

ヒドンリリー
クルクマの別名（ショウガ科の属総称。
球根植物）

ヒナウスユキソウ
ミヤマウスユキソウ（深山薄雪草）の
別名（双子葉植物綱キク目キク科の多年
草。高さは6〜15cm）
〈*Leontopodium fauriei var.*fauriei〉

*ヒナキキョウソウ
別名：ヒメダンダンキキョウ
双子葉植物綱キキョウ目キキョウ科の一
年草。高さは15〜40cm。花は紫色。
〈*Triodanis biflora*〉

*ヒナギク（雛菊）
別名：エンメイギク，チョウメイギク
双子葉植物綱キク目キク科の一年草およ
び多年草。花は淡紅色。
〈*Bellis perennis*〉

ヒナグサ
カモジグサ（髢草）の別名（単子葉植物
綱カヤツリグサ目イネ科の多年草。高
さは50〜100cm）
〈*Agropyron tsukushiense var.
transiens*〉

*ヒナゲシ（雛芥子，雛罌粟）
別名：グビジンソウ（虞美人草）
双子葉植物綱ケシ目ケシ科の一年草。高
さは50cm。花は桃，紅，紅紫色など。
〈*Papaver rhoeas*〉

ヒナザサ
ハイチゴザサの別名（イネ科の多年草。
高さは10〜40cm）
〈*Isachne nipponensis* Ohwi〉

ヒナサナダゴケ
ヨコスカイチイゴケの別名（ハイゴケ科
のコケ。小形で，枝葉は長さ1.5〜
2mm、卵状披針形）
〈*Vesicularia flaccida*（Sull. & Lesq.）
Z. Iwats.〉

*ヒナソウ
別名：トキワナズナ
双子葉植物綱アカネ目アカネ科の多年

440 植物別名辞典

草。高さは2〜15cm。花は白色，また
は青色。
〈*Houstonia caerulea*〉

*ヒナノウスツボ（雛臼壺）
別名：ヤマヒナノウスツボ
双子葉植物綱ゴマノハグサ目ゴマノハグ
サ科の多年草。高さは40〜80cm。
〈*Scrophularia duplicato-serrata*〉

*ヒナヒゴタイ
別名：トウヒゴタイ
双子葉植物綱キク目キク科の草本。
〈*Saussurea japonica*〉

ヒナビジョザクラ
ヒメビジョザクラの別名（クマツヅラ科
の宿根草。花は紫紅色）
〈*Verbena tenera* K. Spreng.〉

ヒナブキ
アオイスミレ（葵菫）の別名（双子葉植
物綱スミレ目スミレ科の多年草。高さ
は4〜7cm）
〈*Viola hondoensis*〉

ヒナユリ
カマッシアの別名（ユリ科の属総称。球
根植物）

*ヒナヨシ
別名：タイワンアシ，タイワンヨシ
単子葉植物綱カヤツリグサ目イネ科の多
年草。高さは1m。
〈*Arundo formosana*〉

*ヒナラン（雛蘭）
別名：ヒメイワラン
単子葉植物綱ラン目ラン科の多年草。
高さは5〜15cm。
〈*Amitostigma gracile*〉

ビナンカズラ（美男葛）
サネカズラ（実葛，真葛）の別名（双子
葉植物綱シキミ目マツブサ科の常緑つる
性植物。花は黄白色）

〈*Kadsura japonica*〉

ヒネム
ベニゴウカン（紅合歓）の別名（双子葉
植物綱マメ目マメ科の常緑低木。高さ
は1.5m。花は赤紫色）
〈*Calliandra eriophylla*〉

*ヒノキゴケ（檜苔）
別名：イタチノシッポ
ヒノキゴケ科のコケ。全体はイタチ尾
を思わせ，茎は長さ5〜10cm、葉は線
状披針形〜線形。
〈*Pyrrhobryum dozyanum*（Lac.）
Manuel〉

ヒノキツバキ
ヒノキバヤドリギ（檜葉宿生木）の別
名（双子葉植物綱ビャクダン目ヤドリギ
科の常緑低木）
〈*Korthalsella japonica*〉

*ヒノキバヤドリギ（檜葉宿生木）
別名：ツバキヒジキ，ヒノキツバキ
双子葉植物綱ビャクダン目ヤドリギ科の
常緑低木。
〈*Korthalsella japonica*〉

ヒノデ
ヒノデキリシマの別名（ツツジ科のツツ
ジの品種）

*ヒノデキリシマ
別名：ヒノデ
ツツジ科のツツジの品種。

*ヒノデマル（日の出丸）
別名：セキリュウマル
サボテン科のサボテン。花は淡桃から
紫紅色。
〈*Ferocactus latispinus*（Haw.）
Britt. et Rose〉

*ヒノナ（日野菜）
別名：アカナ
アブラナ科の野菜。

ヒノマ

〈*Brassica campestris* L. subsp.rapa
Hook. f. et Anders. var.akana
Makino〉

ヒノマルウツギ
ベル・エトワールの別名(ユキノシタ科
のバイカウツギの品種)

ヒバ
アスナロ(明日檜, 翌檜)の別名(マツ
綱マツ目ヒノキ科の常緑高木。高さは
30m。樹皮は紫褐色)
〈*Thujopsis dolabrata*〉

ピパイロキンバイソウ
ヒダカキンバイソウ(日高金梅草)の
別名(キンポウゲ科)
〈*Trollius citrinus* Miyabe〉

*ヒバゴケ(檜葉苔)
別名:ムニンクラマゴケ
イワヒバ科の常緑性シダ。主茎は長く
匍匐、30cmをこえることもある。
〈*Selaginella boninensis Baker*〉

ヒハチ
ヒハツの別名(コショウ科の蔓木。果実
は上向(垂下せず)、スパイス用。高さ
は2〜4m)
〈*Piper retrofractum* Vahl〉
ヒハツモドキの別名(双子葉植物綱コ
ショウ目コショウ科の蔓木。果実は上
向。高さは2〜4m)
〈*Piper retrofractum*〉

*ヒハツ
別名:ヒハチ, ヒハツモドキ
コショウ科の蔓木。果実は上向(垂下せ
ず)、スパイス用。高さは2〜4m。
〈*Piper retrofractum Vahl*〉

ヒバツノマタ
ヒバマタの別名(褐藻綱ヒバマタ目ヒバ
マタ科の海藻。革質。体は30cm)
〈Fucus distichus *subsp*.evanescens〉

ヒハツモドキ
ヒハツの別名(コショウ科の蔓木。果実
は上向(垂下せず)、スパイス用。高さ
は2〜4m)
〈*Piper retrofractum* Vahl〉

*ヒハツモドキ
別名:ヒハチ
双子葉植物綱コショウ目コショウ科の
蔓木。果実は上向。高さは2〜4m。
〈*Piper retrofractum*〉

*ヒバマタ
別名:カルマタ, ヒバツノマタ
褐藻綱ヒバマタ目ヒバマタ科の海藻。
革質。体は30cm。
〈*Fucus distichus subsp.evanescens*〉

ビーバーム
タイマツバナ(松明花)の別名(双子葉
植物綱シソ目シソ科の多年草。高さは
50〜150cm。花は深紅色)
〈*Monarda didyma*〉

ヒビスカス
ハイビスカスの別名(双子葉植物綱アオ
イ目アオイ科の園芸品種群総称)
〈Hibiscus *cv.*〉

ビブルナム
オオデマリ(大手毬)の別名(双子葉植
物綱マツムシソウ目スイカズラ科の低木
または小高木。高さは3〜5m。花は白
色, または少し赤みを帯びた白色)
〈Viburnum plicatum *var.*plicatum
*form.*plicatum〉

ヒペアストラム
アマリリスの別名(ヒガンバナ科の属総
称。球根植物)

ヒペリカム
セイヨウオトギリソウ(西洋弟切草)
の別名(双子葉植物綱ツバキ目オトギリ
ソウ科の多年草。高さは30〜60cm。花
は黄色)
〈*Hypericum perforatum*〉

ヒマワ

*ヒペリクム
別名：コボウズオトギリ
オトギリソウ科。

*ヒポエステス
別名：ソバカスソウ
キツネノマゴ科の属総称。

ヒポキルタ・グラブラ
ニューヒポシルタの別名（イワタバコ
科）

*ヒボケ
別名：カンボケ
バラ科。

ヒポシルタ
ネマタンツスの別名（イワタバコ科の属
総称）

ヒマ
トウゴマ（唐胡麻）の別名（双子葉植物
綱トウダイグサ目トウダイグサ科の一年
草。高さは4〜5m）
〈Ricinus communis〉

*ヒマ
別名：トウゴマ
トウダイグサ科の属総称。

ヒマラヤクサギ
ボタンクサギの別名（双子葉植物綱シソ
目クマツヅラ科の落葉小低木。高さは
1m。花は淡紅色）
〈Clerodendrum bungei〉

ヒマラヤクモマグサ
ヒマラヤユキノシタの別名（双子葉植物
綱バラ目ユキノシタ科の多年草。花は
白，後に桃色）
〈Bergenia stracheyi〉

*ヒマラヤゴヨウ
別名：ブータンマツ
マツ科の木本。樹高40m。樹皮は灰色。
〈Pinus wallichiana A. B. Jacks.〉

ヒマラヤシーダー
ヒマラヤスギの別名（マツ綱マツ目マツ
科の大型常緑高木。樹高は50m。樹皮は
暗灰色）
〈Cedrus deodara〉

*ヒマラヤスギ
別名：ヒマラヤシーダー
マツ綱マツ目マツ科の大型常緑高木。
樹高は50m。樹皮は暗灰色。
〈Cedrus deodara〉

ヒマラヤセンノウ
リクニス・ヒマレイエンシスの別名
（ナデシコ科）

ヒマラヤソケイ
キソケイ（黄素馨）の別名（双子葉植物
綱ゴマノハグサ目モクセイ科の常緑低
木。高さは2m。花は黄色）
〈Jasminum humile var.revolutum〉

ヒマラヤトキワサンザシ
カザンデマリ（華山手毬）の別名（双子
葉植物綱バラ目バラ科の常緑性低木。
葉は長楕円形または倒披針形）
〈Pyracantha crenulata〉

*ヒマラヤハリモミ
別名：モリンダトウヒ
マツ科の常緑高木。高さは50m。樹皮は
紫灰色。
〈Picea smithiana（Wall.）Boiss.〉

ヒマラヤヒザクラ
プルヌス・カルメシナの別名（バラ科）

*ヒマラヤユキノシタ
別名：サクラカガミ（桜鏡），ヒマラヤ
クモマグサ
双子葉植物綱バラ目ユキノシタ科の多年
草。花は白，後に桃色。
〈Bergenia stracheyi〉

*ヒマワリ（向日葵）
別名：ニチリンソウ（日輪草），ヒグル

植物別名辞典　443

ヒムロ

マ（日車）
双子葉植物綱キク目キク科の一年草。
高さは90〜200cm。花は黄色，または
淡橙黄色。
〈*Helianthus annuus*〉

*ヒムロ
別名：アヤスギ，シモフリヒバ，ヤワ
ラスギ
マツ綱マツ目ヒノキ科の木本。
〈*Chamaecyparis pisifera
'Squarrosa'*〉

ヒメアガパンサス
ブローディアの別名（ユリ科の属総称。
球根植物）

*ヒメアザミ（姫薊）
別名：ヒメヤマアザミ
双子葉植物綱キク目キク科の草本。
〈*Cirsium buergeri*〉

ヒメアナナス
クリプタンサスの別名（パイナップル科
の属総称）

ヒメアマドコロ
ヒメイズイの別名（単子葉植物綱ユリ目
ユリ科の多年草。高さは10〜30cm）
〈*Polygonatum humile*〉

*ヒメアマナズナ
別名：ヒメタマナズナ
双子葉植物綱フウチョウソウ目アブラナ
科の一年草。高さは20〜100cm。花
は淡黄色。
〈*Camelina microcarpa*〉

*ヒメアメリカチャボヤシ
別名：マドヤシ
ヤシ科。

*ヒメアラセイトウ
別名：ハマアラセイトウ
アブラナ科。
〈*Malcomia maritima R. Br.*〉

ヒメイカリソウ
ウメザキイカリソウの別名（メギ科の多
年草。高さは20〜30cm。花は白または
淡紫色）
〈*Epimedium × youngianum* Fisch. et
C. A. Mey.〉

*ヒメイズイ
別名：ヒメアマドコロ
単子葉植物綱ユリ目ユリ科の多年草。
高さは10〜30cm。
〈*Polygonatum humile*〉

*ヒメイソツツジ（姫磯躑躅）
別名：ホソバイソツツジ
双子葉植物綱ツツジ目ツツジ科の常緑
低木。
〈*Ledum palustre subsp.palustre var.
decumbens*〉

*ヒメイタビ
別名：ジャゴケ，ヒゴヅタ，ヒメビ
タイ
双子葉植物綱イラクサ目クワ科の常緑つ
る性植物。
〈*Ficus thunbergii*〉

*ヒメイチゲ（姫一花）
別名：ルリイチゲソウ
キンポウゲ科の多年草。高さは5〜
15cm。
〈*Anemone debilis Fisch.*〉

ヒメイチゴツナギ
イチゴツナギ（苺繋）の別名（単子葉植
物綱カヤツリグサ目イネ科の多年草。
高さは30〜70cm）
〈*Poa sphondylodes*〉

*ヒメイワタデ
別名：チシマヒメイワタデ
双子葉植物綱タデ目タデ科の草本。
〈*Aconogonum ajanense*〉

ヒメイワラン
ヒナラン（雛蘭）の別名（単子葉植物綱ラ

ン目ラン科の多年草。高さは5〜15cm）
〈Amitostigma gracile〉

ヒメウイキョウ

オヤブジラミの別名（双子葉植物綱セリ
目セリ科の越年草。果実は三日月形。
高さは30〜70cm。花は白色）
〈Torilis scabra〉

キャラウェーの別名（セリ科の属総称）

*ヒメウイキョウ（姫茴香）
別名：イノンド
双子葉植物綱セリ目セリ科の一，二年
草。高さは30〜50cm。花は黄色。
〈Anethum graveolens〉

ヒメウキガヤ

ウキガヤの別名（単子葉植物綱カヤツリ
グサ目イネ科の多年草。葉身は狭線形，
長さ3〜13cm。高さは20〜40cm）
〈Glyceria depauperata〉

*ヒメウキクサ（姫浮草）
別名：シマウキクサ
単子葉植物綱サトイモ目ウキクサ科の常
緑浮遊植物。葉状体は左右不相称の
長楕円形，表面は濃緑色。
〈Spirodela punctata〉

*ヒメウコギ（姫五加木）
別名：ムコギ
双子葉植物綱セリ目ウコギ科の落葉低
木。高さは3m。花は黄緑色。
〈Acanthopanax sieboldianus〉

*ヒメウズ（姫烏頭）
別名：トンボソウ
キンポウゲ科の多年草。高さは10〜
30cm。
〈Semiaquilegia adoxoides（DC.）
Makino〉

*ヒメウスノキ（姫臼木）
別名：アオジクスノキ
双子葉植物綱ツツジ目ツツジ科の落葉
低木。
〈Vaccinium myrtillus var.yatabei〉

*ヒメウスユキソウ（姫薄雪草）
別名：コマウスユキソウ
双子葉植物綱キク目キク科の多年草。
高さは4〜7cm。
〈Leontopodium shinanense〉

*ヒメウメバチソウ（姫梅鉢草）
別名：タカネウメバチソウ
双子葉植物綱バラ目ユキノシタ科の
草本。
〈Parnassia alpicola〉

ヒメウメバチモ

ヒメバイカモ（姫梅花藻）の別名（双子
葉植物綱キンポウゲ目キンポウゲ科の沈
水植物。葉身の長さ1.5〜3cm，花茎は
長さ1〜3cm）
〈Ranunculus kazusensis〉

*ヒメウラジロ（姫裏白）
別名：ウラジロシダ
イノモトソウ科のシダ植物。葉身裏面
は白色の粉状物に覆われる。葉身は
長さ3〜10cm，五角形状。
〈Cheilanthes argentea〉

ヒメオダマキ

ミヤマオダマキ（深山苧環）の別名（双
子葉植物綱キンポウゲ目キンポウゲ科の
多年草。高さは10〜25cm）
〈Aquilegia flabellata var.pumila〉

*ヒメオトギリ
別名：ミヤマオトギリ
オトギリソウ科の一年草または多年草。
高さは20〜30cm。
〈Sarothra japonica（Thunb. ex
Murray）Y. Kimura〉

*ヒメオニササガヤ
別名：マルボアブラススキ
イネ科の多年草。高さは1m。
〈Dichanthium annulatum（Forssk.）
Stapf〉

ヒメオ

ヒメオノオレ
ヤチカンバの別名（双子葉植物綱ブナ目
カバノキ科の落葉低木）
〈*Betula ovalifolia*〉

*ヒメカイウ（姫海芋）
別名：ヒメカユウ，ミズイモ
単子葉植物綱サトイモ目サトイモ科の多
年草。根茎は径1〜2。高さは15〜
30cm。
〈*Calla palustris*〉

ヒメカイザイク（姫貝細工）
ローダンセの別名（双子葉植物綱キク目
キク科の草本）
〈*Helipterum manglesii*〉

ヒメカイドウ
ズミの別名（双子葉植物綱バラ目バラ科
の落葉小高木。高さは10m。花は白色。
樹皮は暗灰色）
〈*Malus toringo*〉

*ヒメカカラ
別名：ヒメサルトリイバラ
単子葉植物綱ユリ目ユリ科の木本。葉
長5〜15mm。
〈*Smilax biflora*〉

ヒメカサナリゴケ
カサナリゴケの別名（カサナリゴケ科の
コケ。灰緑色，茎は長さ2〜4mm）
〈*Anthelia juratzkana*（Limpr.）
Trevis.〉

*ヒメカナリークサヨシ
別名：ヒメヤリクサヨシ
単子葉植物綱カヤツリグサ目イネ科の一
年草。高さは60〜80cm。
〈*Phalaris minor*〉

*ヒメカナワラビ（姫鉄蕨）
別名：キヨスミシダ
オシダ科の常緑性シダ植物。葉長40〜
60cm。葉身は披針形。
〈*Polystichum tsussimense*〉

*ヒメガマ（姫蒲）
別名：レンジャク
単子葉植物綱ガマ目ガマ科の多年生抽水
植物。全高1.3〜2m，葉は細く，幅5
〜15mm。
〈*Typha angustifolia*〉

ヒメカモジグサ
シバムギの別名（単子葉植物綱カヤツリ
グサ目イネ科の多年草。高さは40〜
90cm）
〈*Elymus repens*〉

ヒメガヤツリ
ミズハナビ（水花火）の別名（カヤツリ
グサ科の草本）
〈*Cyperus tenuispica* Steud.〉

ヒメカユウ
ヒメカイウ（姫海芋）の別名（単子葉植
物綱サトイモ目サトイモ科の多年草。
根茎は径1〜2。高さは15〜30cm）
〈*Calla palustris*〉

ヒメガリヤス
チョウセンガリヤス（朝鮮刈安）の別
名（単子葉植物綱カヤツリグサ目イネ科
の多年草。高さは40〜90cm）
〈*Kengia hackelii*〉

ヒメガンピ
サクラガンピ（桜雁皮）の別名（双子葉
植物綱フトモモ目ジンチョウゲ科の落葉
低木）
〈*Wikstroemia pauciflora*〉

ヒメカンラン（姫甘藍）
メキャベツの別名（双子葉植物綱フウ
チョウソウ目アブラナ科の野菜）
〈*Brassica oleracea* var.gemmifera〉

ヒメキクイモ
キクイモモドキの別名（双子葉植物綱キ
ク目キク科の多年草。高さは1〜1.5m。
花は黄色，または橙黄色）
〈*Heliopsis helianthoides*〉

*ヒメキランソウ
別名：リュウジンボク（竜神木）
双子葉植物綱シソ目シソ科のサボテン。
高さは4m。花は緑白色。
〈*Ajuga pygmaea*〉

ヒメキンカン
マメキンカン（豆金柑）の別名（双子葉
植物綱ムクロジ目ミカン科の木本。果
実は径1cmほど。高さは1m）
〈*Fortunella hindsii*〉

*ヒメキンギョソウ
別名：ムラサキウンラン，リナリア
双子葉植物綱ゴマノハグサ目ゴマノハグ
サ科の一年草または多年草。高さは
20〜40cm。花はスミレ色〜紅紫色。
〈*Linaria bipartita*〉

*ヒメギンネム（姫銀合歓）
別名：タチクサネム
マメ科の常緑低木。
〈*Desmanthus virgatus*（*L.*）*Willd.*〉

*ヒメキンポウゲ
別名：ツルヒキノカサ
双子葉植物綱キンポウゲ目キンポウゲ科
の草本。
〈*Halerpestes kawakamii*〉

ヒメクサ
テングサの別名（紅藻綱テングサ目テン
グサ科の海藻。3回羽状に分岐。体は10
〜30cm）
〈*Gelidium elegans*〉

ヒメクジャクシダ
ホウビシダ（鳳尾羊歯）の別名（チャセ
ンシダ科の常緑性シダ植物。葉身は長さ
10〜20cm，披針形から長楕円状披針形）
〈*Asplenium unilaterale*〉

ヒメクズ
ノアズキ（野小豆）の別名（双子葉植物
綱マメ目マメ科の多年生つる草）
〈*Dunbaria villosa*〉

ヒメクチナシ
コクチナシの別名（双子葉植物綱アカネ
目アカネ科の木本）
〈*Gardenia jasminoides var.*radicans〉

*ヒメクマツヅラ
別名：ハマクマツヅラ
双子葉植物綱シソ目クマツヅラ科の多
年草。
〈*Verbena litoralis*〉

*ヒメクリノイガ
**別名：ヒメクリノイガモドキ，メリケ
ンクリノイガ**
イネ科の一年草。高さは15〜80cm。
〈*Cenchrus longispinus*（Hack.）
Fernald〉

ヒメクリノイガモドキ
ヒメクリノイガの別名（イネ科の一年
草。高さは15〜80cm）
〈*Cenchrus longispinus*（Hack.）
Fernald〉

*ヒメコウオウソウ
別名：ホソバコウオウソウ
キク科。

ヒメコウゾ
コウゾ（姫楮）の別名（クワ科の落葉低
木。葉は卵形）
〈*Broussonetia kazinoki* Sieb.〉

ヒメゴウソ
アオゴウソの別名（単子葉植物綱カヤツ
リグサ目カヤツリグサ科の多年草。高
さは30〜60cm）
〈*Carex phacota*〉

ヒメコケシノブ
ホソバコケシノブの別名（コケシノブ科
の常緑性シダ植物。葉身は長さ2.5〜
12cm，三角状卵形）
〈*Mecodium polyanthos*〉

ヒメコ

*ヒメコゴメグサ（姫小米草）
別名：コバノコゴメグサ
双子葉植物綱ゴマノハグサ目ゴマノハグサ科の半寄生一年草。高さは3〜20cm。
〈Euphrasia matsumurae〉

ヒメコシダ
オオクボシダの別名（ウラボシ科の常緑性シダ植物。葉身は長さ15cm，狭披針形から線形）
〈Xiphopteris okuboi〉

ヒメコスモス
ブラキカムの別名（キク科の一年草。高さは30〜40cm。花は青色）
〈Brachyscome iberidifolia Benth.〉

ヒメコナスビ
ヤクシマコナスビの別名（双子葉植物綱サクラソウ目サクラソウ科の多年草）
〈Lysimachia japonica var. minutissima〉

*ヒメコバンソウ（姫小判草）
別名：スズガヤ
単子葉植物綱カヤツリグサ目イネ科の一年草。葉は細長い披針形。高さは10〜60cm。
〈Briza minor〉

ヒメコブシ
シデコブシ（幣辛夷，四手辛夷）の別名（双子葉植物綱モクレン目モクレン科の落葉低木。花は白〜淡紅色）
〈Magnolia stellata〉

ヒメコマツ
ゴヨウマツ（五葉松）の別名（マツ綱マツ目マツ科の木本。高さは20〜30m。樹皮は灰色）
〈Pinus parviflora var.parviflora〉

ヒメコメススキ
ミヤマヌカボ（深山糠穂）の別名（単子葉植物綱カヤツリグサ目イネ科の多年草。高さは15〜30cm）
〈Agrostis flaccida〉

*ヒメゴヨウイチゴ（姫五葉苺）
別名：トゲナシゴヨウイチゴ
双子葉植物綱バラ目バラ科の落葉匍匐性低木。
〈Rubus pseudo-japonicus〉

*ヒメコラ
別名：コラ，コラナットノキ，コラノキ
双子葉植物綱アオイ目アオギリ科の木本。葉は3裂するものもある。高さは12〜18m。
〈Cola acuminata〉

*ヒメサザンカ（姫山茶花）
別名：リュウキュウツバキ
双子葉植物綱ツバキ目ツバキ科の常緑高木。花は白色。
〈Camellia lutchuensis〉

*ヒメサユリ（姫小百合）
別名：アイズユリ，ハルユリ
単子葉植物綱ユリ目ユリ科の多年草。高さは50〜60cm。花は淡桃〜濃紫桃色。
〈Lilium rubellum〉

ヒメサルトリイバラ
ヒメカカラの別名（単子葉植物綱ユリ目ユリ科の木本。葉長5〜15mm）
〈Smilax biflora〉

ヒメサワシバ
サワシバ（沢柴）の別名（双子葉植物綱ブナ目カバノキ科の落葉高木。樹高は15m。樹皮は灰褐色）
〈Carpinus cordata〉

ヒメサワスゲ
エゾサワスゲの別名（単子葉植物綱カヤツリグサ目カヤツリグサ科の草本）
〈Carex viridula〉

ヒメチ

*ヒメシシラン
別名：ムニンシシラン

シシラン科の常緑性シダ。葉身は長さ8
〜30cm。線状。
〈*Vittaria anguste-elongata Hayata*〉

*ヒメシャクナゲ（姫石南花）
別名：ニッコウシャクナゲ

双子葉植物綱ツツジ目ツツジ科の常緑低
木。高さは15cm。花は白〜桃色。
〈*Andromeda polifolia*〉

*ヒメシャラ（姫沙羅）
別名：コナツツバキ（小夏椿），サルタ
ノキ

双子葉植物綱ツバキ目ツバキ科の落葉高
木。樹皮は赤褐色。樹高は15m。樹
皮は灰色。
〈*Stewartia monadelpha*〉

*ヒメジョオン（姫女苑）
別名：アメリカグサ，イヌヨメナ，サ
イゴウグサ

双子葉植物綱キク目キク科の一年草また
は越年草。高さは30〜120cm。花は
白〜淡紅色。
〈*Erigeron annuus*〉

*ヒメシロビユ
別名：シロビユ

双子葉植物綱ナデシコ目（中心子目）ヒ
ユ科の一年草。高さは10〜50cm。花
の小苞は緑色。
〈*Amaranthus albus*〉

ヒメシンジュガヤ
カガシラの別名（単子葉植物綱カヤツリ
グサ目カヤツリグサ科の一年草。高さ
は5〜15cm）
〈*Scleria caricina*〉

*ヒメソケイ
別名：ウンナンソケイ

モクセイ科。

*ヒメタイサンボク（姫泰山木）
別名：ウラジロタイサンボク，バージ
ニアモクレン

双子葉植物綱モクレン目モクレン科の常
緑小高木または低木。花は白色。
〈*Magnolia virginiana*〉

ヒメタガソデソウ
オオヤマフスマ（大山襖）の別名（双子
葉植物綱ナデシコ目（中心子目）ナデシ
コ科の多年草。高さは10〜20cm）
〈*Moehringia lateriflora*〉

ヒメタチバナ
マルキンカン（丸金柑）の別名（双子葉
植物綱ムクロジ目ミカン科の常緑低木。
高さは2m）
〈*Fortunella japonica var.japonica*〉

ヒメタネツケバナ
コタネツケバナの別名（双子葉植物綱フ
ウチョウソウ目アブラナ科の越年草。
高さは5〜20cm。花は白色）
〈*Cardamine parviflora*〉

ヒメタマスゲ
ニッコウハリスゲの別名（単子葉植物綱
カヤツリグサ目カヤツリグサ科の草本）
〈*Carex fulta*〉

ヒメタマナズナ
ヒメアマナズナの別名（双子葉植物綱フ
ウチョウソウ目アブラナ科の一年草。
高さは20〜100cm。花は淡黄色）
〈*Camelina microcarpa*〉

ヒメダンダンキキョウ
ヒナキキョウソウの別名（双子葉植物綱
キキョウ目キキョウ科の一年草。高さ
は15〜40cm。花は紫色）
〈*Triodanis biflora*〉

*ヒメチヂレコケシノブ
別名：ナンブコケシノブ

コケシノブ科の常緑性シダ。葉身は長
さ2.5〜6.5cm。卵円形から長楕円形。

植物別名辞典　449

〈*Meringium denticulatum*（*Sw.*）
Copel.〉

*ヒメチチコグサ
別名：エゾノハハコグサ
双子葉植物綱キク目キク科の草本。
〈*Gnaphalium uliginosum*〉

ヒメチャセンシダ
カミガモシダ（上賀茂羊歯）の別名
（チャセンシダ科の常緑性シダ植物。葉
身は長さ7〜20cm，線形〜狭披針形）
〈*Asplenium oligophlebium*〉

ヒメツガ
コメツガ（米栂）の別名（マツ綱マツ目
マツ科の常緑高木。高さは25m）
〈*Tsuga diversifolia*〉

*ヒメツゲ（姫黄楊）
別名：クサツゲ
双子葉植物綱トウダイグサ目ツゲ科の常
緑低木。高さは50〜60cm。
〈*Buxus microphylla var.
microphylla*〉

*ヒメツルソバ
別名：カンイタドリ
双子葉植物綱タデ目タデ科の多年草。
花は淡紅〜白色。
〈*Persicaria capitata*〉

ヒメテキリスゲ
オタルスゲの別名（単子葉植物綱カヤツ
リグサ目カヤツリグサ科の多年草。高
さは30〜80cm）
〈*Carex otaruensis*〉

ヒメテーブルヤシ
チャマエドレア・テネラの別名（ヤシ
科）

ヒメデンダ
アマミデンダの別名（オシダ科の常緑性
シダ。葉身は長さ3〜5cm。線形〜線状
披針形）

〈*Polystichum obai* Tagawa〉
キタダケデンダ（北岳連朶）の別名（オ
シダ科の夏緑性シダ植物。葉身は長さ5
〜12cm，狭披針形）
〈*Woodsia subcordata*〉

*ヒメテンツキ（姫点突）
別名：クサテンツキ
単子葉植物綱カヤツリグサ目カヤツリグ
サ科の一年草。高さは5〜60cm。
〈*Fimbristylis autumnalis*〉

ヒメテンナンショウ
キリシマテンナンショウ（霧島天南
星）の別名（サトイモ科の草本）
〈*Arisaema sazensoo*（Blume）
Makino〉

*ヒメテンナンショウ
別名：キリシマテンナンショウ（霧島天
南星）
単子葉植物綱サトイモ目サトイモ科
の草本。
〈*Arisaema sazensoo*〉

*ヒメテンマ
別名：シロテンマ
単子葉植物綱ラン目ラン科の草本。
〈*Gastrodia elata form.pallens*〉

ヒメトウ
トウ（籐）の別名（単子葉植物綱ヤシ目ヤ
シ科の木本。高さは8m）
〈*Calamus margaritae*〉

*ヒメドコロ（姫野老）
別名：エドドコロ
単子葉植物綱ユリ目ヤマノイモ科の多年
生つる草。
〈*Dioscorea tenuipes*〉

ヒメトラノオ
ヤマトラノオ（山虎の尾）の別名（双子
葉植物綱ゴマノハグサ目ゴマノハグサ科
の多年草。高さは40〜100cm）
〈*Pseudolysimachion rotundum var.
subintegrum*〉

＊ヒメトラノオ
別名：ヤマトラノオ
ゴマノハグサ科の草本。
〈*Veronica rotunda var.petiolata*〉

ヒメナキリスゲ
ジングウスゲの別名（単子葉植物綱カヤ
ツリグサ目カヤツリグサ科の草本）
〈*Carex sacrosancta*〉

ヒメニガクサ
エゾニガクサ（蝦夷苦草）の別名（シソ
科の草本）
〈*Teucrium veronicoides* Maxim.〉

＊ヒメニラ（姫韮）
別名：ヒメビル
単子葉植物綱ユリ目ユリ科の多年草。
高さは6〜10cm。
〈*Allium monanthum*〉

＊ヒメノウゼンカズラ
別名：テコマ
双子葉植物綱ゴマノハグサ目ノウゼンカ
ズラ科の半つる性低木。花は紅橙色。
〈*Tecomaria capensis*〉

＊ヒメノカリス
別名：イスメネ，クラウンビュー
ティー，スパイダーリリー
ヒガンバナ科の属総称。球根植物。

＊ヒメノキシノブ（姫軒忍）
別名：ミヤマイツマデグサ，ヨロイ
ラン
ウラボシ科の常緑性シダ植物。葉身は
長さ3〜10cm，線形。
〈*Lepisorus onoei*〉

＊ヒメノダケ
別名：ツクシノダケ
双子葉植物綱セリ目セリ科の多年草。
高さは50〜80cm。
〈*Angelica cartilaginomarginata*〉

＊ヒメノボタン（姫野牡丹）
別名：シゾセントロン，ヘテロケント
ロン
双子葉植物綱フトモモ目ノボタン科の草
本状小低木。高さは30〜60cm。花は
淡紫色。
〈*Osbeckia chinensis*〉

＊ヒメバイカモ（姫梅花藻）
別名：ヒメウメバチモ
双子葉植物綱キンポウゲ目キンポウゲ科
の沈水植物。葉身の長さ1.5〜3cm，
花茎は長さ1〜3cm。
〈*Ranunculus kazusensis*〉

ヒメハイカラゴケ
サヤゴケ（莢苔）の別名（ヒナノハイゴ
ケ科のコケ。小形，茎は長さ5〜10（〜
20）mm，葉は狭披針形）
〈*Glyphomitrium humillimum* Card.〉

ヒメバショウ
カラテアの別名（クズウコン科の属総称）
＊ヒメバショウ（姫芭蕉）
別名：ビジンショウ
単子葉植物綱ショウガ目バショウ科
の多年草。苞は赤色。
〈*Musa uranoscopos*〉

ヒメハナシノブ
ギリアの別名（ハナシノブ科の属総称）

＊ヒメハナワラビ
別名：アキノハナワラビ，ヘビノシタ
ハナヤスリ科の夏緑性シダ植物。葉身
は長さ1.5〜6cm，三角状長楕円形。
〈*Botrychium lunaria*〉

＊ヒメハマナデシコ（姫浜撫子）
別名：リュウキュウカンナデシコ
双子葉植物綱ナデシコ目（中心子目）ナ
デシコ科の多年草。高さは15〜
30cm。花は紫紅色。
〈*Dianthus kiusianus*〉

ヒメハ

*ヒメバラモミ
別名：アズサバラモミ
マツ綱マツ目マツ科の常緑高木。立性，
種子は赤，白，褐色など。花は紫色。
〈*Picea maximowiczii*〉

ヒメハリイ
クロハリイの別名（単子葉植物綱カヤツ
リグサ目カヤツリグサ科の抽水性～沈水
植物，一年生または多年生。穂は紫褐
色，先は尖る）
〈*Eleocharis kamtschatica*〉

*ヒメヒオウギ（姫檜扇水仙）
別名：アノマテカ
アヤメ科の球根植物。
〈*Lapeirousia cruenta*（*Lindl.*）
Bak.〉

ヒメヒオウギスイセン
モントブレチアの別名（アヤメ科の属総
称。球根植物）

*ヒメヒオウギズイセン（姫檜扇水仙）
別名：モンテブレチア
単子葉植物綱ユリ目アヤメ科の観賞用草
本。高さは60～100cm。花は橙～深
紅色。
〈*Crocosmia* × *crocosmiiflora*〉

ヒメヒカゲスゲ
ホソバヒカゲスゲの別名（単子葉植物綱
カヤツリグサ目カヤツリグサ科の多年
草。高さは10～30cm）
〈*Carex humilis var.nana*〉

*ヒメビジョザクラ
別名：ネバリビジョザクラ，ヒナビ
ジョザクラ
クマツヅラ科の宿根草。花は紫紅色。
〈*Verbena tenera K. Spreng.*〉

ヒメビタイ
ヒメイタビの別名（双子葉植物綱イラク
サ目クワ科の常緑つる性植物）
〈*Ficus thunbergii*〉

ヒメヒバ
カタヒバ（片檜葉）の別名（イワヒバ科
の常緑性シダ植物。地下茎は淡黄緑色。
高さは10～40cm）
〈*Selaginella involvens*〉

*ヒメヒマワリ（姫向日葵）
別名：コキクイモ
双子葉植物綱キク目キク科の宿根草。
高さは1.5m。花は黄色。
〈*Helianthus debilis*〉

*ヒメヒムロ
別名：チリメンヒムロ
ヒノキ科。

*ヒメヒャクニチソウ
別名：キバナノジニア
キク科の一年草。
〈*Zinnia pauciflora L.*〉

ヒメヒョウタンボク
コウグイスカグラの別名（双子葉植物綱
マツムシソウ目スイカズラ科の落葉低
木）
〈*Lonicera ramosissima*〉

ヒメビル
ヒメニラ（姫韮）の別名（単子葉植物綱ユ
リ目ユリ科の多年草。高さは6～10cm）
〈*Allium monanthum*〉

ヒメヒルガオ
セイヨウヒルガオ（西洋昼顔）の別名
（双子葉植物綱ナス目ヒルガオ科の多年
生つる草。長さは1～2m。花は白色，ま
たは淡紅色）
〈*Convolvulus arvensis*〉

ヒメヒルムシロ
ホソバミズヒキモ（細葉水引藻）の別
名（単子葉植物綱イバラモ目ヒルムシロ
科の小形浮葉植物。浮葉は長楕円形で
明るい黄緑色）
〈*Potamogeton octandrus*〉

452 植物別名辞典

ヒメム

*ヒメヒレアザミ
別名：オニヒレアザミ，ヒッツキヒレアザミ

キク科の一年草あるいは二年草。高さは30〜80cm。花は淡紅紫色。
〈Carduus pycnocephalus L.〉

*ヒメフウロ（姫風露）
別名：シオヤキソウ

双子葉植物綱フウロソウ目フウロソウ科の一年草または多年草。高さは20〜60cm。
〈Geranium robertianum〉

ヒメフジ
メクラフジ（盲藤）の別名（マメ科）
〈Milletia japonica (Sieb. et Zucc.) A. Gray var.microphylla Makino〉

ヒメブシダマ
ネムロブシダマの別名（スイカズラ科の低木。高さは4m。花は初め淡黄、後に濃黄色）
〈Lonicera chrysantha Turcz.〉

*ヒメブタナ
別名：ケナシブタナ

キク科の多年草。高さは15〜30cm。花は黄色。
〈Hypochoeris glabra L.〉

*ヒメフタバラン
別名：ムラサキフタバラン

単子葉植物綱ラン目ラン科の多年草。高さは5〜20cm。
〈Listera japonica〉

ヒメフヨウ
マルヴァヴィスクスの別名（アオイ科の属総称）

*ヒメホラゴケ
別名：ヒメホラゴケモドキ

コケシノブ科の常緑性シダ。葉身は長さ2〜8cm。三角状長楕円形から卵形。
〈Crepidophyllum humile〉

ヒメホラゴケモドキ
ヒメホラゴケの別名（コケシノブ科の常緑性シダ。葉身は長さ2〜8cm。三角状長楕円形から卵形）
〈Crepidophyllum humile〉

*ヒメマツバボタン
別名：ケツメクサ

双子葉植物綱ナデシコ目（中心子目）スベリヒユ科の一年草。高さは10〜20cm。花は紅紫色。
〈Portulaca pilosa〉

ヒメマツムシソウ
アルピナの別名（マツムシソウ科のスカビオサ・コルンバリアの品種。宿根草）

ヒメマツヨイグサ
アレチマツヨイグサ（荒地待宵草）の別名（双子葉植物綱フトモモ目アカバナ科の二年草。高さは0.3〜1.5m。花は黄色）
〈Oenothera parviflora〉

ヒメマルバサツキ
サタツツジの別名（双子葉植物綱ツツジ目ツツジ科の木本。高さは2m。花は淡紫紅色）
〈Rhododendron sataense〉

ヒメミセバヤ
カラフトミセバヤの別名（双子葉植物綱バラ目ベンケイソウ科の多年草。長さは5〜10cm。花は紅紫色）
〈Hylotelephium pluricaule〉

*ヒメミソハギ
別名：ヤマモモソウ

ミソハギ科の一年草。高さは10〜30cm。
〈Ammannia multiflora Roxb.〉

*ヒメムカシヨモギ（姫昔艾）
別名：カングンソウ，ゴイッシングサ，サイゴウグサ

双子葉植物綱キク目キク科の一年草または越年草。高さは80〜180cm。花は

ヒメム

白色。
〈*Erigeron canadensis*〉

ヒメムグラ
キクムグラの別名（双子葉植物綱アカネ
目アカネ科の多年草。高さは20〜50cm）
〈*Galium kikumugura*〉

ヒメモクレン
トウモクレン（唐木蓮）の別名（モクレ
ン科の落葉低木）
〈*Magnolia quinquepeta*（Buchoz）
Dandy cv. Gracilis〉

ヒメヤエムグラ
コメツブヤエムグラの別名（アカネ科の
多年草。高さは5〜30cm。花は橙黄色）
〈*Galium divaricatum* Pourr. ex Lam.〉

*ヒメヤシ
別名：ブラジルヒメヤシ
ヤシ科。

*ヒメヤシャブシ（姫夜叉五倍子）
別名：ハゲシバリ
双子葉植物綱ブナ目カバノキ科の落葉
木。高さは4〜7m。
〈*Alnus pendula*〉

ヒメヤブジラミ
セイヨウヤブジラミの別名（セリ科。茎
は直立）
〈*Torilis leptophylla*（L.）Reichb. f.〉

ヒメヤマアザミ
ヒメアザミ（姫薊）の別名（双子葉植物
綱キク目キク科の草本）
〈*Cirsium buergeri*〉

ヒメヤマエンゴサク
ミチノクエンゴサク（陸奥延胡索）の別
名（双子葉植物綱ケシ目ケシ科の草本）
〈*Corydalis capillipes*〉

ヒメヤマハナソウ
クママユキノシタ（雲間雪之下）の別

名（双子葉植物綱バラ目ユキノシタ科の
多年草。高さは2〜10cm）
〈*Saxifraga laciniata*〉

ヒメヤリクサヨシ
ヒメカナリークサヨシの別名（単子葉植
物綱カヤツリグサ目イネ科の一年草。
高さは60〜80cm）
〈*Phalaris minor*〉

*ヒメユズリハ（姫譲葉）
別名：オキナワヒメユズリハ
双子葉植物綱ユズリハ目ユズリハ科の常
緑低木または高木。高さは3〜7m。
〈*Daphniphyllum teijsmannii*〉

*ヒメヨツバムグラ
別名：コバノヨツバムグラ
双子葉植物綱アカネ目アカネ科の多年
草。高さは10〜30cm。
〈*Galium gracilens*〉

ヒメヨメナ（姫嫁菜）
ブラキカムの別名（キク科の一年草。高
さは30〜40cm。花は青色）
〈*Brachyscome iberidifolia* Benth.〉

ヒメリンゴ
エゾノコリンゴ（蝦夷の小林檎）の別
名（バラ科の落葉高木）
〈*Malus baccata*（L.）Borkh. var.
mandshurica C. K. Schneid.〉
オオカンザクラの別名（バラ科の木本。
樹高10m。樹皮は紫褐色ないし灰褐色）

*ヒメリンゴ（姫林檎）
別名：エゾリンゴ
双子葉植物綱バラ目バラ科の落葉
高木。
〈*Malus prunifolia*〉

*ヒメレンゲ（姫蓮華）
別名：コマンネンソウ
双子葉植物綱バラ目ベンケイソウ科の多
年草。高さは5〜15cm。
〈*Sedum subtile*〉

ヒメレンリソウ
エゾノレンリソウ（蝦夷連理草）の別名（双子葉植物綱マメ目マメ科の草本）
〈Lathyrus palustris subsp.pilosus〉

*ヒメレンリソウ
別名：ベニザラサ
マメ科。

ピメンタ
オールスパイスの別名（双子葉植物綱フトモモ目フトモモ科の小木。葉は硬質）
〈Pimenta dioica〉

*ヒモゲイトウ（紐鶏頭）
別名：センニンコク
双子葉植物綱ナデシコ目（中心子目）ヒユ科の一年草。高さ70〜100cm。花は紅色。
〈Amaranthus caudatus〉

ヒモノリ
キョウノヒモの別名（紅藻綱スギノリ目ムカデノリ科の海藻。体は長さ60cm）
〈Grateloupia okamurae〉

*ヒモラン（紐蘭）
別名：イワヒモ
ヒカゲノカズラ科の常緑性シダ植物。高さは20〜50cm。葉身は三角状卵形〜卵形。
〈Lycopodium sieboldii〉

ビャクシ
ヨロイグサ（鎧草）の別名（双子葉植物綱セリ目セリ科の草本）
〈Angelica dahurica〉

ビャクシン
イブキ（伊吹）の別名（マツ綱マツ目ヒノキ科の常緑高木。高さは3〜5m。樹皮は赤褐色）
〈Juniperus chinensis var.chinensis〉

ビャクダン
エレガンティシマの別名（ヒノキ科のコノテガシワの品種）

*ヒャクニチソウ（百日草）
別名：ウラシマグサ，チョウキュウソウ
双子葉植物綱キク目キク科の一年草。高さは30〜90cm。花は赤みのある紫色，または淡紫色。
〈Zinnia elegans〉

*ビャクブ（百部）
別名：ツルビャクブ
単子葉植物綱ユリ目ビャクブ科の植物。長さは1〜2m。花は淡緑色。
〈Stemona japonica〉

ヒャクミコショウ
オールスパイスの別名（双子葉植物綱フトモモ目フトモモ科の小木。葉は硬質）
〈Pimenta dioica〉

*ビャクレン
別名：カガミグサ，ヤマカガミ
双子葉植物綱クロウメモドキ目ブドウ科のつる性植物。
〈Ampelopsis japonica〉

*ビャッコイ（白虎藺）
別名：ウキイ
単子葉植物綱カヤツリグサ目カヤツリグサ科の沈水性〜抽水植物。葉身は細い線形，果実は狭倒卵形。
〈Scirpus crassiusculus〉

*ヒユ（莧）
別名：ジャワホウレンソウ，バイアム
双子葉植物綱ナデシコ目（中心子目）ヒユ科の野菜類。
〈Amaranthus mangostanus〉

*ピュア・ホワイト
別名：モンブラン
サクラソウ科のシクラメンの品種。

ヒュウガツツジ
フジツツジ（藤躑躅）の別名（双子葉植物綱ツツジ目ツツジ科の半常緑低木。花は淡紅紫色）

〈*Rhododendron tosaense*〉

ヒュウガツルウメモドキ
テリハツルウメモドキの別名（双子葉植物綱ニシキギ目ニシキギ科の木本）
〈*Celastrus orbiculatus var.*punctatus〉

ヒュウガトンボ
タコガタサギソウの別名（ラン科）
〈*Habenaria lacertifera*（Lindl.）Benth. var.*triangularis*（F. Maekawa）Hatusima〉

*ヒュウガナツ（日向夏）
別名：コナツミカン，ニュー・サマー・オレンジ
果実は球形ないしは倒卵形。
〈*Citrus tamurana*〉

*ヒュウガミズキ（日向水木）
別名：イヨミズキ，ヒガミズキ
マンサク科の落葉低木。高さは2〜3m。
〈*Corylopsis pauciflora Sieb. et Zucc.*〉

ヒュガミズキ
ヒュウガミズキ（日向水木）の別名（マンサク科の落葉低木。高さは2〜3m）
〈*Corylopsis pauciflora* Sieb. et Zucc.〉

ビューグル
セイヨウキランソウの別名（双子葉植物綱シソ目シソ科の多年草。高さは10〜30cm。花は青紫色）
〈*Ajuga reptans*〉

ビューグルリリー
ワトソニアの別名（アヤメ科の属総称。球根植物）

ビヨウオトギリ
キンシバイ（金糸梅）の別名（双子葉植物綱ツバキ目オトギリソウ科の常緑小低木。高さは0.5〜1m）
〈*Hypericum patulum*〉

*ビヨウタコノキ
別名：アカタコノキ
単子葉植物綱タコノキ目タコノキ科の小木。葉縁の刺は赤色。高さは20m。
〈*Pandanus utilis*〉

ヒョウタングサ
イヌノフグリ（犬陰嚢）の別名（双子葉植物綱ゴマノハグサ目ゴマノハグサ科の越年草。高さは5〜25cm）
〈*Veronica didyma var.*lilacina〉

ヒョウタンソウ
フクシアの別名（双子葉植物綱フトモモ目アカバナ科の木本）
〈*Fuchsia* × hybrida〉

ヒョウデコ
タチシオデ（立牛尾菜）の別名（単子葉植物綱ユリ目ユリ科の多年草。高さは1〜2m）
〈*Smilax nipponica*〉

ヒョウモンヨウショウ
マランタ・レウコネウラ・マッサンゲアーナの別名（クズウコン科）

*ヒヨクヒバ（比翼檜葉）
別名：イトヒバ，エンコウヒバ
マツ綱マツ目ヒノキ科の木本。
〈*Chamaecyparis pisifera* 'Filifera'〉

ヒョーナ
イヌビユ（犬莧）の別名（双子葉植物綱ナデシコ目（中心子目）ヒユ科の一年草。茎に赤味がある。高さは30〜70cm）
〈*Amaranthus lividus var.*ascendens〉

ヒョンチク
キンメイチク（金明竹）の別名（単子葉植物綱カヤツリグサ目イネ科の木本）
〈*Phyllostachys bambusoides form.* castillonis〉

ヒョンノキ
イスノキ（柞，蚊母樹）の別名（双子葉

植物綱マンサク目マンサク科の常緑高木。高さは20m）
〈*Distylium racemosum*〉

ヒライ
イヌイの別名（単子葉植物綱イグサ目イグサ科の多年草。高さは20〜50cm）
〈*Juncus yokoscensis*〉

*ヒラガラガラ
別名：ガラガラモドキ
ガラガラ科の海藻。基部は円柱状。体は10cm。
〈*Galaxaura falcata Kjellman*〉

ピラカンサ
タチバナモドキ（橘擬）の別名（双子葉植物綱バラ目バラ科の常緑性低木。果実は黄橙）
〈*Pyracantha angustifolia*〉

*ピラカンサ
別名：トキワサンザシ，ピラカンタ
双子葉植物綱バラ目バラ科の属総称。
〈*Pyracantha spp.*〉

ピラカンタ
トキワサンザシ（常磐山査子）の別名
（双子葉植物綱バラ目バラ科の常緑低木。果実は鮮紅色。高さは2m）
〈*Pyracantha coccinea*〉
ピラカンサの別名（双子葉植物綱バラ目バラ科の属総称）
〈*Pyracantha spp.*〉

*ヒラギシスゲ（平岸菅）
別名：エゾアゼスゲ
単子葉植物綱カヤツリグサ目カヤツリグサ科の多年草。高さは30〜50cm。
〈*Carex augustinowiczii*〉

ヒラギナンテン
ヒイラギナンテン（柊南天）の別名（双子葉植物綱キンポウゲ目メギ科の常緑低木。高さは1.5m。花は黄色）
〈*Mahonia japonica*〉

*ヒラクサ
別名：ヒラテン
紅藻綱テングサ目テングサ科の海藻。体は20〜30cm。
〈*Ptilophora subcostata*〉

ヒラコウガイゼキショウ
コウガイゼキショウ（笄石菖）の別名
（単子葉植物綱イグサ目イグサ科の多年草。高さは20〜40cm）
〈*Juncus leschenaultii*〉

ヒラゴケ
リボンゴケの別名（ヒラゴケ科のコケ。地衣体は帯緑黄〜わら色。二次茎は長さ1〜5cm、葉はへら状）
〈*Neckeropsis nitidula*（Mitt.）Fleisch.〉

ヒラスゲ
ネビキグサの別名（単子葉植物綱カヤツリグサ目カヤツリグサ科の抽水性〜湿生植物，多年生。稈は直立し，高さ60〜120cm，小穂は赤褐色）
〈Machaerina rubiginosa *var.* nipponensis〉

*ヒラタケ（平茸）
別名：アオケ，カンタケ，ワカイ
ヒラタケ科のキノコ。中型〜大型。傘は貝殻形，灰色。ひだは白色〜灰色。
〈*Pleurotus ostreatus*〉

ヒラテン
ヒラクサの別名（紅藻綱テングサ目テングサ科の海藻。体は20〜30cm）
〈*Ptilophora subcostata*〉

ヒラテンツキ
ノテンツキ（野点突）の別名（単子葉植物綱カヤツリグサ目カヤツリグサ科の多年草。茎は扁平。高さは20〜80cm）
〈*Fimbristylis complanata*〉

*ヒラナス
別名：アカナス，カザリナス

植物別名辞典　457

ナス科の多年草。高さは0.5〜1m。花は
白色。
〈*Solanum integrifolium Poir.*〉

*ヒラハイゴケ
別名：タチヒラゴケモドキ
ハイゴケ科のコケ。大形で、茎葉は卵状
披針形で漸尖。
〈*Hypnum erectiusculum Sull. &
Lesq.*〉

*ヒラマメ
別名：レンズマメ
マメ科の草本。高さは15〜75cm。花は
白、ピンク、赤紫色。
〈*Lens culinaris Medik.*〉

ピラミッドヤマナラシ
セイヨウハコヤナギの別名（双子葉植物
綱ヤナギ目ヤナギ科の落葉高木）
〈*Populus nigra var.italica*〉
ポプラの別名（ヤナギ科の落葉高木）
〈*Populus nigra L. var.italica Moench.*〉

ヒラミレモン
シーカーシャーの別名（双子葉植物綱ム
クロジ目ミカン科の常緑低木。花は頂
生または腋生）
〈*Citrus depressa*〉

*ヒラヤスデゴケ
別名：マエバラヤスデゴケ
ヤスデゴケ科のコケ。茎は長さ約1cm。
〈*Frullania inflata*〉

ビラン
バクチノキ（博打木）の別名（双子葉植
物綱バラ目バラ科の常緑高木）
〈*Prunus zippeliana*〉

ビランジュ
バクチノキ（博打木）の別名（双子葉植
物綱バラ目バラ科の常緑高木）
〈*Prunus zippeliana*〉

ビリーボタン
クラスペディアの別名（キク科）
〈*Craspedia globosa*〉

ヒリュウシダ
ブレクヌムの別名（オシダ科の属総称）

ヒリュウヒバ
スイリュウヒバ（垂柳檜葉）の別名（マ
ツ綱マツ目ヒノキ科の木本）
〈*Chamaecyparis obtusa 'Pendula'*〉

ヒル
ニンニク（蒜，葫）の別名（単子葉植物
綱ユリ目ユリ科の根菜類。高さは0.5〜
1m）
〈*Allium sativum*〉
ノビル（野蒜）の別名（ユリ科の多年草。
直径1〜2cmの白い鱗茎を生じる。高さ
は40〜80cm）
〈*Allium grayi Regel*〉

*ヒルガオ（昼顔）
別名：オオヒルガオ
双子葉植物綱ナス目ヒルガオ科の多年生
つる草。花は淡紅色。
〈*Calystegia japonica*〉

*ヒルギダマシ
別名：ヤナギバヒルギ
ヒルギダマシ科の常緑低木，マングロー
ブ植物。
〈*Avicennia marina*〉

ヒルナ
ノビル（野蒜）の別名（単子葉植物綱ユリ
目ユリ科の多年草。直径1〜2cmの白い
鱗茎を生じる。高さは40〜80cm）
〈*Allium grayi*〉

ビルマゴウカン
オオバネムノキの別名（双子葉植物綱マ
メ目マメ科の高木。莢は白褐色，種子は
褐色。高さは15m。花は緑黄色）
〈*Albizia lebbeck*〉

ビルマネムノキ
オオバネムノキの別名（双子葉植物綱マメ目マメ科の高木。莢は白褐色，種子は褐色。高さは15m。花は緑黄色）
〈*Albizia lebbeck*〉

ビルマヤマアイ
ウラムラサキの別名（キツネノマゴ科の低木。高さは60〜90cm。花は紫色）
〈*Strobilanthes dyerianus* M. T. Mast.〉

*ヒルムシロ（蛭筵，蛭蓆）
別名：サジナ，ヒルモ
単子葉植物綱イバラモ目ヒルムシロ科の多年生水草。葉身は披針形，長さ5〜16cm。
〈*Potamogeton distinctus*〉

ヒルモ
ヒルムシロ（蛭筵，蛭蓆）の別名（単子葉植物綱イバラモ目ヒルムシロ科の多年生水草。葉身は披針形，長さ5〜16cm）
〈*Potamogeton distinctus*〉

*ピレア
別名：ミズ
イラクサ科の属総称。

*ヒレアザミ（鰭薊）
別名：ヤハズアザミ
双子葉植物綱キク目キク科の二年草。高さは60〜120cm。花は淡紅紫色。
〈*Carduus crispus*〉

*ヒレタゴボウ（鰭田牛蒡）
別名：アメリカミズキンバイ
双子葉植物綱フトモモ目アカバナ科の水生植物。高さは50〜100cm。花は鮮黄色。
〈*Ludwigia decurrens*〉

ヒレハリソウ
コンフリーの別名（双子葉植物綱シソ目ムラサキ科の多年草。花は淡青紫，淡紅色）
〈*Symphytum officinale*〉

ヒレブドウ
シサスの別名（ブドウ科の属総称）

*ビレンス
別名：サントリナ・グリーン，ワタスギギク
キク科のサントリナの品種。ハーブ。

ヒロ
ノビル（野蒜）の別名（ユリ科の多年草。直径1〜2cmの白い鱗茎を生じる。高さは40〜80cm）
〈*Allium grayi* Regel〉

ビロウ
ビンロウジュ（檳榔樹）の別名（単子葉植物綱ヤシ目ヤシ科の木本。幹はモウソウチク状で緑色，果実は橙色に熟す。高さは10〜20m。花は白色）
〈*Areca catechu*〉

*ビロウ
別名：ワビロウ
単子葉植物綱ヤシ目ヤシ科の常緑高木。
〈*Livistona chinensis var. subglobosa*〉

ビロウドモウズイカ
ムーレインの別名（ゴマノハグサ科のハーブ）

*ピロステギア
別名：カエンカズラ
ノウゼンカズラ科の属総称。

*ビロードアオイ
別名：ウスベニタチアオイ，マーシュ・マロウ
高さは1m。
〈*Althaea officinalis*〉

ビロードイヌホオズキ
アカミノイヌホオズキの別名（ナス科の一年草。高さは20〜70cm。花は白色）
〈*Solanum luteum* Mill.〉

植物別名辞典　459

ヒロト

*ビロードウツギ（天鷲絨空木）
別名：ケウツギ，ミヤマウツギ
スイカズラ科の木本。
〈Weigela floribunda（Sieb. et
Zucc.）K. Koch var.nakaii
（makino）Hara〉

*ビロードクサフジ
別名：ヘアリーベッチ
双子葉植物綱マメ目マメ科の一年草また
は多年草。長さは150cm。花は青紫
～紅紫色。
〈Vicia villosa〉

*ビロードシダ（天鷲絨羊歯）
別名：ビロードラン，ミルラン
ウラボシ科の常緑性シダ植物。葉は褐
色の長い星状毛に覆われる。葉身は
長さ2～15cm，線形。
〈Pyrrosia linearifolia〉

ビロードタツナミ
コバノタツナミの別名（双子葉植物綱シ
ソ目シソ科の草本）
〈Scutellaria indica var.parvifolia〉

ビロードベゴニア
ベゴニア・アングラーリスの別名
（シュウカイドウ科）

*ビロードホオズキ
別名：アメリカホオズキ
双子葉植物綱ナス目ナス科の多年草。
長さは0.5～1m。花は淡黄色。
〈Physalis heterophylla〉

*ビロードムラサキ
別名：オニヤブムラサキ，コウチムラ
サキ，トサムラサキ
双子葉植物綱シソ目クマツヅラ科の落葉
低木。
〈Callicarpa kochiana〉

*ビロードモウズイカ（天鷲毛蕊花）
別名：ニワタバコ
双子葉植物綱ゴマノハグサ目ゴマノハグ

サ科の多年草。高さは1～2m。花は
黄色。
〈Verbascum thapsus〉

ビロードラン
シュスラン（繻子蘭）の別名（単子葉植
物綱ラン目ラン科の多年草。高さは10
～15cm。花は桃色）
〈Goodyera velutina〉

ビロードシダ（天鷲絨羊歯）の別名（ウ
ラボシ科の常緑性シダ。葉は褐色の長
い星状毛におおわれる。葉身は長さ2～
15cm。線形）
〈Pyrrosia linearifolia（Hook.）Ching〉

ヒロハアオヤギソウ
アオヤギソウ（青柳草）の別名（単子葉
植物綱ユリ目ユリ科の草本）
〈Veratrum maackii var.parviflorum〉

ヒロハアズマネザサ
アズマネザサ（東根笹）の別名（単子葉
植物綱カヤツリグサ目イネ科の常緑大型
ササ）
〈Pleioblastus chino〉

*ヒロハアマナ（広葉甘菜）
別名：ヒロハムギグワイ
ユリ科の多年草。高さは15～20cm。
〈Tulipa latifolia Makino〉

*ヒロハイヌノヒゲ（広葉犬髭）
別名：オオミズタマソウ
単子葉植物綱ホシクサ目ホシクサ科の一
年草。高さは5～20cm。
〈Eriocaulon robustius〉

ヒロハウラジロヨモギ
オオワタヨモギの別名（双子葉植物綱キ
ク目キク科の草本）
〈Artemisia koidzumii〉

ヒロハオオズミ
エゾノコリンゴ（蝦夷小林檎）の別名
（双子葉植物綱バラ目バラ科の落葉高
木）

460　植物別名辞典

ヒロハ

〈Malus baccata *var.*mandshurica〉

*ヒロハオゼヌマスゲ
別名：オゼヌマスゲ
単子葉植物綱カヤツリグサ目カヤツリグサ科の草本。
〈*Carex traiziscana*〉

*ヒロハカエデ
別名：オレゴンカエデ
カエデ科の落葉高木。葉は3〜5裂。樹高25m。樹皮は灰褐色。
〈*Acer macrophyllum Pursh*〉

ヒロハギシギシ
エゾノギシギシ（蝦夷羊蹄）の別名（双子葉植物綱タデ目タデ科の多年草。高さは50〜130cm。花は淡緑ව帯赤色）
〈*Rumex obtusifolius*〉

*ヒロハクサフジ（広葉草藤）
別名：ハマクサフジ
双子葉植物綱マメ目マメ科の多年草。高さは50〜100cm。
〈*Vicia japonica*〉

ヒロハクサボウキ
イヌホウキギの別名（双子葉植物綱ナデシコ目（中心子目）アカザ科。葉は狭卵形）
〈*Axyris amaranthoides*〉

ヒロハグンバイナズナ
ベンケイナズナの別名（双子葉植物綱フウチョウソウ目アブラナ科の多年草。高さは40〜150cm。花は白色，またはやや赤色）
〈*Lepidium latifolium*〉

*ヒロハコンロンソウ（広葉崑崙草）
別名：タデノウミコンロンソウ
双子葉植物綱フウチョウソウ目アブラナ科の多年草。高さは30〜60cm。
〈*Cardamine appendiculata*〉

*ヒロハタンポポ
別名：トウカイタンポポ
双子葉植物綱キク目キク科の草本。
〈*Taraxacum longeappendiculatum*〉

ヒロハツメレンゲ
ツメレンゲ（爪蓮華）の別名（双子葉植物綱バラ目ベンケイソウ科の多年草。ロゼット径は15cm。花は白色）
〈*Orostachys japonicus*〉

*ヒロハツリバナ
別名：ヒロハノツリバナ
双子葉植物綱ニシキギ目ニシキギ科の落葉小高木。
〈*Euonymus macropterus*〉

ヒロハツルグミ
リュウキュウツルグミの別名（グミ科の木本）
〈*Elaeagnus liukiuensis Rehder*〉

ヒロハテイショウソウ
テイショウソウの別名（双子葉植物綱キク目キク科の草本）
〈*Ainsliaea cordifolia*〉

ヒロハトラノオ
ツクシトラノオの別名（双子葉植物綱ゴマノハグサ目ゴマノハグサ科の草本。高さは50〜70cm。花は青紫色）
〈*Veronica kiusiana*〉

ヒロハノウシノケグサ
オニウシノケグサ（鬼牛毛草）の別名（イネ科の多年草。高さは50〜120cm）
〈*Festuca arundinacea Schreb.*〉

*ヒロハノウシノケグサ
別名：メドウフェスク
単子葉植物綱カヤツリグサ目イネ科の多年草。葉身は幅4mm未満。
〈*Festuca pratensis*〉

ヒロハノカラン
ダルマエビネの別名（単子葉植物綱ラン目ラン科の多年草。花は白色）

植物別名辞典　461

ヒロハ

〈*Calanthe fauriei*〉

ヒロハノキハダ
キハダ（黄膚）の別名（ミカン科の落葉高木。高さは15m。樹皮は灰褐色）
〈*Phellodendron amurense* Rupr. var. *amurense*〉

*ヒロハノキハダ（広葉黄膚）
別名：カラフトキハダ
ミカン科の木本。

ヒロハノコウガイゼキショウ
ハナビゼキショウ（花火石菖）の別名（イグサ科の多年草。高さは20〜40cm）
〈*Juncus alatus* Franch. et Savat.〉

*ヒロハノコメススキ
別名：ミヤマコメススキ
単子葉植物綱カヤツリグサ目イネ科の草本。
〈*Deschampsia caespitosa* var. *festucaefolia*〉

*ヒロハノセンニンモ
別名：ツクシササエビモ
ヒルムシロ科の常緑の沈水植物。葉は線形、長さ1.5〜3.5cm。
〈*Potamogeton leptocephalus* Koidz.〉

ヒロハノツリバナ
ヒロハツリバナの別名（双子葉植物綱ニシキギ目ニシキギ科の落葉小高木）
〈*Euonymus macropterus*〉

ヒロハノハナカンザシ（広葉花簪）
ローダンセの別名（双子葉植物綱キク目キク科の草本）
〈*Helipterum manglesii*〉

ヒロハノハマサジ
ニワハナビの別名（イソマツ科の多年草。高さは40〜60cm。花は青または紫色）
〈*Limonium latifolium*（Sm.）O. Kuntze〉

ヒロハノヒトツバヨモギ
ヒロハヤマヨモギの別名（キク科の草本）
〈*Artemisia stolonifera*（Maxim.）Komarov〉

*ヒロハノマンテマ
別名：マツヨイセンノウ
ナデシコ科の一年草または多年草。高さは30〜70cm。花は白色。
〈*Silene pratensis*（Rafn.）Godr. et Gren.〉

*ヒロハハナヤスリ（広葉花鑢）
別名：ハルハナヤスリ
ハナヤスリ科の夏緑性シダ植物。葉身は長さ6〜12cm、広披針形から広卵形。
〈*Ophioglossum vulgatum*〉

ヒロハヒマワリ（広葉向日葵）
チトニアの別名（キク科の一年草。高さは1.5〜1.8m。花は橙赤色）
〈*Tithonia rotundifolia*（Mill.）S. F. Blake〉

ヒロハヒメイチゲ
エゾイチゲ（蝦夷一花）の別名（双子葉植物綱キンポウゲ目キンポウゲ科の草本）
〈*Anemone soyensis*〉

ヒロハヒメグンバイナズナ
ベンケイナズナの別名（双子葉植物綱フウチョウソウ目アブラナ科の多年草。高さは40〜150cm。花は白色，またはやや赤色）
〈*Lepidium latifolium*〉

ヒロハヒョウタンボク
ハヤザキヒョウタンボクの別名（スイカズラ科の木本）
〈*Lonicera praeflorens* Batalin var. *japonica* H. Hara〉

ヒロハベニシダ
トウゴクシダ（東谷羊歯）の別名（オシ

ダ科の常緑性シダ植物。葉身は広卵形）
〈*Dryopteris nipponensis*〉

ヒロハミシマサイコ
マンシュウミシマサイコ（満州三島柴胡）の別名（セリ科の薬用植物）
〈*Bupleurum chinense* DC.〉

ヒロハムギグワイ
ヒロハアマナ（広葉甘菜）の別名（ユリ科の多年草。高さは15～20cm）
〈*Tulipa latifolia* Makino〉

ヒロハモミジ
オオモミジ（大紅葉）の別名（双子葉植物綱ムクロジ目カエデ科の落葉高木，雌雄同株）
〈*Acer palmatum var.amoenum*〉

*ヒロハヤマヨモギ
別名：ヒロハノヒトツバヨモギ
キク科の草本。
〈*Artemisia stolonifera*（*Maxim.*）*Komarov*〉

*ヒロハユキザサ（広葉雪笹）
別名：ミドリユキザサ
単子葉植物綱ユリ目ユリ科の多年草。高さは45～70cm。花は帯緑色。
〈*Smilacina yezoensis*〉

*ヒロハリュウビンタイ
別名：イオウトウリュウビンタイモドキ
リュウビンタイ科。
〈*Marattia tuyamae*〉

ビワモドキ
ディレニアの別名（ビワモドキ科の属総称）

*ピンオーク
別名：アメリカガシワ
双子葉植物綱ブナ目ブナ科の落葉高木。樹高は25m。樹皮は灰褐色。
〈*Quercus palustris*〉

*ピンカ
別名：ツルニチニチソウ
キョウチクトウ科の属総称。

ピンク ネバダ
マルゲリータ・ヒリングの別名（バラ科。ハイブリッド・モエシー・ローズ系）

ピンクピグミー
レイデケリー・ロゼアの別名（スイレン科のスイレンの品種）

ピンクレースフラワー
ピンピネラの別名（セリ科の薬用植物）
〈*Pimpinella major*〉

*ヒンジモ（品字藻）
別名：サンカクナ
単子葉植物綱サトイモ目ウキクサ科の沈水性浮遊植物。葉状体は半透明で，広披針形～狭卵形，長さ7～10mm。
〈*Lemna trisulca*〉

*ピンピネラ
別名：ピンクレースフラワー
セリ科の薬用植物。
〈*Pimpinella major*〉

ピンピンカズラ
アオツヅラフジ（青葛藤）の別名（双子葉植物綱キンポウゲ目ツヅラフジ科のつる性木本。花は黄白色）
〈*Cocculus trilobus*〉

ビンボウカズラ
カナムグラ（金葎）の別名（双子葉植物綱イラクサ目クワ科の一年生つる草）
〈*Humulus japonicus*〉
ヤブガラシ（藪枯）の別名（ブドウ科の多年生つる草）
〈*Cayratia japonica*（Thunb. ex Murray）Gagn.〉

ピンポンノキ
ステルクリアの別名（アオギリ科の属総

ヒンロ

称）

ビンロウ
ビンロウジュ（檳榔樹）の別名（単子葉
植物綱ヤシ目ヤシ科の木本。幹はモウ
ソウチク状で緑色，果実は橙色に熟す。
高さは10～20m。花は白色）
〈Areca catechu〉

ビンロウジ
ビンロウジュ（檳榔樹）の別名（単子葉
植物綱ヤシ目ヤシ科の木本。幹はモウ
ソウチク状で緑色，果実は橙色に熟す。
高さは10～20m。花は白色）
〈Areca catechu〉

*ビンロウジュ（檳榔樹）
別名：ビロウ，ビンロウ，ビンロウジ
単子葉植物綱ヤシ目ヤシ科の木本。幹
はモウソウチク状で緑色，果実は橙色
に熟す。高さは10～20m。花は白色。
〈Areca catechu〉

*ビンロウモドキ
別名：カラッパヤシ
ヤシ科。果実は赤熟、胚乳内に赤白条が
射入。高さは12m、幹径25cm。花は
赤色。
〈Actinorhytis calapparia（Blume)
H. Wendl. et Drude ex Scheff.〉

【フ】

ファイアリリー
キルタンツスの別名（ヒガンバナ科の属
総称。球根植物）

*ファトスヘデラ
別名：ハトスヘデラ
双子葉植物綱セリ目ウコギ科の木本。
高さは2～3m。花は黄緑色。
〈× Fatshedera lizei〉

*フィットニア
別名：アミメグサ
キツネノマゴ科の属総称。

フイリアマドコロ
ナルコユリ（鳴子百合）の別名（単子葉
植物綱ユリ目ユリ科の多年草。高さは
50～130cm)
〈Polygonatum falcatum〉

*フイリイノモトソウ
別名：ビクトリー
ワラビ科。

*フイリイボタ
別名：コガネイボタ，コガネエボタ
モクセイ科。

*フイリコンフリー（斑入リコンフ
リー）
別名：フイリヒレハリソウ
双子葉植物綱シソ目ムラサキ科の草本。
〈Symphytum officinale
‘Variegatum’〉

フイリジュウヤク
ドクダミ〔斑入り〕の別名（双子葉植物
綱コショウ目ドクダミ科の草本）
〈Houttuynia cordata form.variegata〉
フイリドクダミの別名（ドクダミ科の
ハーブ）
〈Houttuynia cordata Thunb. f.
variegata（Makino）Sugim., n. n.〉

フイリタコノキ
シロフタコノキの別名（単子葉植物綱タ
コノキ目タコノキ科の木本）
〈Pandanus veitchii〉
*フイリタコノキ
別名：シマタコノキ
タコノキ科。

フイリダンチク
オキナダンチクの別名（イネ科）
〈Arundo donax L. cv. Versicolor〉

464　植物別名辞典

フウセ

*フイリドクダミ
別名：フイリジュウヤク，ヴァップカ

ドクダミ科のハーブ。

〈*Houttuynia cordata* Thunb. f.
variegata（Makino）Sugim., n.
n.〉

フイリヒレハリソウ
フイリコンフリー（斑入りコンフ
リー）の別名（双子葉植物綱シソ目ムラ
サキ科の草本）

〈Symphytum officinale 'Variegatum'〉

フィリピンクワズヤシ
フィリピンドクヤシの別名（ヤシ科。羽
片長さ1m、果実は黄色、果皮は堅い。
幹径30cm）

〈*Orania palindan*（Blanco）Merrill〉

*フィリピンドクヤシ
別名：フィリピンクワズヤシ

ヤシ科。羽片長さ1m、果実は黄色、果
皮は堅い。幹径30cm。

〈*Orania palindan*（Blanco）
Merrill〉

*フイリブーゲンビレア
別名：グラブラ・ヴァリアガタ

オシロイバナ科。

*フイリペリウィンクル
別名：ソーサラーズバイオレット

キョウチクトウ科のハーブ。

*フイリマートル
別名：ミルテ

フトモモ科のハーブ。

フィロデンドロン
クッカバラの別名（サトイモ科）
ヒトデカズラの別名（単子葉植物綱サト
イモ目サトイモ科の多年草。大形で，直
立する）

〈*Philodendron selloum*〉

*フィロデンドロン・ベルコーサム
別名：シコンカズラ

サトイモ科。

*フィロデンドロン・ラディアータム
別名：トサカカズラ

サトイモ科。

*ブヴァルディア
別名：カニノメ（蟹目），ブバリア，ブ
バルジア

アカネ科の属総称。

*ブヴァルディア・フンボルティー
別名：シロカンチョウジ

アカネ科。

フウキギク（富貴菊）
シネラリアの別名（双子葉植物綱キク目
キク科の多年草。高さは60〜90cm。花
は紫紅色）

〈*Senecio cruentus*〉

フウキソウ
ボタン（牡丹）の別名（双子葉植物綱ビワ
モドキ目ボタン科の木本。高さは2m。
花は白，桃，紅，紫色）

〈*Paeonia suffruticosa*〉

マツバラン（松葉蘭）の別名（マツバラ
ン科の常緑性シダ植物。胞子は黄白色。
高さは10〜50cm）

〈*Psilotum nudum*〉

フウキラン（富貴蘭）
フウラン（風蘭）の別名（単子葉植物綱
ラン目ラン科の多年草。長さは5〜
10cm。花は白色）

〈*Neofinetia falcata*〉

フウセンタケ
カワムラフウセンタケの別名（フウセン
タケ科のキノコ。中型〜大型。傘は褐
色、周辺部は帯紫色、湿時粘性。ひだは
紫色→褐色）

〈*Cortinarius purpurascens*（Fr.）Fr.〉

植物別名辞典　465

フウチソウ
ウラハグサ（裏葉草）の別名（単子葉植物綱カヤツリグサ目イネ科の宿根草。高さは40〜70cm。花は帯黄緑色）
〈*Hakonechloa macra*〉

フウチョウガシワ
ケショウボクの別名（トウダイグサ科の常緑小低木。高さは30〜120cm）
〈*Dalechampia roezliana* Muell. Arg.〉

フウチョウラン
オリヅルラン（折鶴蘭）の別名（単子葉植物綱ユリ目ユリ科の多年草。花は白色）
〈*Chlorophytum comosum*〉

*フウラン（風蘭）
別名：ケイラン（桂蘭），センラン（仙蘭），フウキラン（富貴蘭）
単子葉植物綱ラン目ラン科の多年草。長さは5〜10cm。花は白色。
〈*Neofinetia falcata*〉

フウリンソウ（風鈴草）
カンパニュラの別名（双子葉植物綱キキョウ目キキョウ科の属総称）
〈*Campanula spp.*〉

フウリンツツジ
サラサドウダンツツジの別名（ツツジ科の落葉小高木。高さは4〜5m。花は淡紅色）
〈*Enkianthus campanulatus* Nichol.〉
ヨウラクツツジ（瓔珞躑躅）の別名（双子葉植物綱ツツジ目ツツジ科の落葉低木。高さは1〜3m）
〈*Menziesia purpurea*〉

*フウリンホオズキ
別名：ナガエノセンナリホオズキ
ナス科の一年草。高さは30〜60cm。花は淡黄緑色。
〈*Physalis acutifolia*（Miers）Sandow.〉

*フェイジョア
別名：アナナスガヤバ
双子葉植物綱フトモモ目フトモモ科の常緑低木。高さは3〜5m。花は白色。
〈*Feijoa sellowiana*〉

*フェスツカ
別名：ウシノケグサ
イネ科の属総称。

*フェステュカ・グラウカ
別名：ウシノケグサ，ギンシンソウ
イネ科の宿根草。

*フェラーリア
別名：スパイダーフラワー
アヤメ科の属総称。球根植物。

フェルトハイミア
ベルセイミアの別名（ユリ科の属総称。球根植物）

フェンネルフラワー
クロタネソウ（黒種子草）の別名（双子葉植物綱キンポウゲ目キンポウゲ科の一年草。高さは60〜80cm。花は青色，または白色）
〈*Nigella damascena*〉

フォースターホウエィア
ケンチャヤシの別名（単子葉植物綱ヤシ目ヤシ科の木本。高さは7m）
〈*Howea belmoreana*〉

フォックステイルリリー
エレムルスの別名（ユリ科の属総称。球根植物）

フォックスフェース
ツノナス（角茄子）の別名（ナス科の半低木。果実は橙色で基部突起。高さは1m。花は紫色）
〈*Solanum mammosum* L.〉

フォーリーイチョウウロコゴケ
フォーリーイチョウゴケの別名（ツボ

ミゴケ科のコケ。緑色～黄緑色、茎は長さ1cm)
〈*Lophozia longiflora*（Nees）Schiffn.〉

*フォーリーイチョウゴケ
別名：フォーリーイチョウウロコゴケ
ツボミゴケ科のコケ。緑色～黄緑色、茎は長さ1cm。
〈*Lophozia longiflora*（Nees）Schiffn.〉

*フォーリーガヤ
別名：ミヤマチャヒキ
単子葉植物綱カヤツリグサ目イネ科の草本。
〈*Schizachne purpurascens*〉

フォーリーナシ
マメナシ（豆梨）の別名（双子葉植物綱バラ目バラ科の落葉高木。高さは10m。花は白色。樹皮は濃灰色)
〈*Pyrus calleryana*〉

フガクオオヤマサギソウ
オオバナオオヤマサギソウの別名（ラン科)
〈*Platanthera sachalinensis* var. *hondoensis*〉

フガクスズムシ
フガクスズムシソウの別名（単子葉植物綱ラン目ラン科の草本。高さは10cm)
〈*Liparis fujisanensis*〉

*フガクスズムシソウ
別名：フガクスズムシ
単子葉植物綱ラン目ラン科の草本。高さは10cm。
〈*Liparis fujisanensis*〉

フキアゲギク
ハマギク（浜菊）の別名（双子葉植物綱キク目キク科の多年草。高さは50～100cm。花は白色)
〈*Chrysanthemum nipponicum*〉

フキギク（蕗菊）
シネラリアの別名（双子葉植物綱キク目キク科の多年草。高さは60～90cm。花は紫紅色)
〈*Senecio cruentus*〉

フキザクラ（蕗桜）
シネラリアの別名（双子葉植物綱キク目キク科の多年草。高さは60～90cm。花は紫紅色)
〈*Senecio cruentus*〉

フキヅメソウ
イワウメ（岩梅）の別名（双子葉植物綱イワウメ目イワウメ科の矮小低木。高さは2～4cm)
〈Diapensia lapponica *subsp.*obovata〉

*フキタンポポ（蕗蒲公英）
別名：カントウ
双子葉植物綱キク目キク科の多年草。花は黄、後に橙黄色。
〈*Tussilago farfara*〉

*フクギ（福木）
別名：ショウガツナ，ハチス
双子葉植物綱ツバキ目オトギリソウ科の常緑高木。高さは7～18m。花は淡緑白色。
〈*Garcinia subelliptica*〉

*フクシア
別名：ツリウキソウ，ヒョウタンソウ，ホクシア，ホクシャ
双子葉植物綱フトモモ目アカバナ科の木本。
〈*Fuchsia* × *hybrida*〉

*フクシマシャジン（福島沙参）
別名：ツルシャジン
双子葉植物綱キキョウ目キキョウ科の多年草。高さは60～100cm。
〈*Adenophora divaricata*〉

フクシュウキンカン
チョウジュキンカン（長寿金柑）の別

名(双子葉植物綱ムクロジ目ミカン科の
木本。果実は縦径3.8cmほど)
〈Fortunella obovata〉

*フクジュソウ (福寿草)
別名：ガショウラン(賀正蘭)，チョウ
ジュソウ(長寿草)，ホウシュンソウ
(報春草)
双子葉植物綱キンポウゲ目キンポウゲ科
の多年草。高さは15〜30cm。花は
黄色。
〈Adonis amurensis〉

フクジンソウ
コスツスの別名(ショウガ科)
*フクジンソウ
別名：オオホザキアヤメ
単子葉植物綱ショウガ目ショウガ科
の多年草。茎の先端は螺旋形に曲
る。高さは3m。花は白色。
〈Costus speciosus〉

フクド
ハマヨモギ(浜艾)の別名(キク科の薬
用植物)
〈Artemesia scoparia Waldst. et Kit.〉
*フクド
別名：ハマヨモギ
双子葉植物綱キク目キク科の一年草
〜越年草またはやや多年草。高さ
は40〜140cm。
〈Artemisia fukudo〉

フクボク
モクレイシ(木茘枝)の別名(双子葉植
物綱ニシキギ目ニシキギ科の常緑低木)
〈Microtropis japonica〉

*フクラゴケ
別名：ナワゴケ
ヒムロゴケ科のコケ。カクレゴケに似
るが小形、二次茎の葉は広卵形。
〈Eumyurium sinicum (Mitt.)
Nog.〉

フクラシバ
クロガネモチ(黒鉄黐)の別名(双子葉
植物綱ニシキギ目モチノキ科の常緑高
木。高さは15m。花は淡紫色)
〈Ilex rotunda〉
ソヨゴ(冬青)の別名(モチノキ科の常緑
低木。高さは3〜7m。花は白色。樹皮
は灰緑色)
〈Ilex pedunculosa Miq.〉

フクラモチ
クロガネモチ(黒鉄黐)の別名(双子葉
植物綱ニシキギ目モチノキ科の常緑高
木。高さは15m。花は淡紫色)
〈Ilex rotunda〉

*ブクリョウ (茯苓)
別名：マツホド
サルノコシカケ科のキノコ。中型〜大
型。地中生(マツの根)，菌核は類
球形。
〈Wolfiporia cocos〉

フクリンアカリファ
アカリファ・ウィルケシアナ・マージ
ナタの別名(トウダイグサ科)

フクリンアラリア
マルギナータの別名(ウコギ科)

フクリンセンネンボク
ビクトリエの別名(リュウゼツラン科の
ドラセナ・フラグランスの品種)

フクリンチトセラン
サンセヴィエリア・ローレンチーの別
名(ユリ科)

フクリンマサキ (覆輪柾)
ベッコウマサキの別名(双子葉植物綱ニ
シキギ目ニシキギ科の木本。マサキの
園芸改良種)

*フクレミカン
別名：サガミコウジ
双子葉植物綱ムクロジ目ミカン科の

木本。
〈*Citrus fumida*〉

フクロチャワンタケ
オオチャワンタケの別名(チャワンタケ
科のキノコ。中型〜大型。子嚢盤は浅
い椀形，子実層は淡褐色)
〈*Peziza vesiculosa*〉

*フクロナデシコ (袋撫子)
別名：オオマンテマ，サクラマンテマ
ナデシコ科。

フクロノリ
フクロフノリ(袋布海苔)の別名(フノ
リ科の海藻。叢生。体は7cm)
〈*Gloiopeltis furcata* J. Agardh〉

*フクロフノリ (袋布海苔)
別名：フクロノリ，フノリ，ブツ
紅藻綱スギノリ目フノリ科の海藻。叢
生。体は7cm。
〈*Gloiopeltis furcata*〉

フクロマンテマ
サクラマンテマの別名(双子葉植物綱ナ
デシコ目(中心子目)ナデシコ科の一年
草。花は紅紫色)
〈*Silene pendula*〉

*フゲンゾウ (普賢象)
別名：フゲンドウ
バラ科のサクラの品種。

フゲンドウ
フゲンゾウ(普賢象)の別名(バラ科の
サクラの品種)

ブーゲンビレア
イカダカズラ(筏葛)の別名(双子葉植
物綱ナデシコ目(中心子目)オシロイバ
ナ科の観賞用半つる性低木。刺がある)
〈*Bougainvillea spectabilis*〉

*ブーゲンビレア
別名：イカダカズラ
オシロイバナ科の属総称。

フサアカシア
ミモザアカシアの別名(マメ科のハー
ブ)

*フサアカシア
別名：ハナアカシア，ミモザ
双子葉植物綱マメ目マメ科の木本。
高さは10〜15m。花は濃黄色。樹
皮は緑色または青緑色。
〈*Acacia dealbata*〉

フサゲイトウ
ウモウゲイトウ(羽毛鶏頭)の別名(ヒ
ユ科)

*フサザキズイセン (房咲水仙)
別名：エダザキズイセン
単子葉植物綱ユリ目ヒガンバナ科の多
年草。

*フサザクラ (総桜)
別名：コウヤマンサク，サワグワ，タ
ニグワ
双子葉植物綱マンサク目フサザクラ科の
落葉高木。花は暗赤色。
〈*Euptelea polyandra*〉

フサジュンサイ
ハゴロモモ(羽衣藻)の別名(双子葉植
物綱スイレン目スイレン科の多年生沈水
植物。葉柄は長さ5〜20mm，白い花を
付ける)
〈*Cabomba caroliniana*〉

*フサスグリ (房須具利)
別名：アカスグリ，アカフサスグリ
双子葉植物綱バラ目ユキノシタ科の落葉
低木。高さは1.5m。
〈*Ribes rubrum*〉

フサスゲ
シラホスゲの別名(カヤツリグサ科の草
本)

*フサヒメホウキタケ
別名：コトジホウキタケ
フサヒメホウキタケ科のキノコ。小型

フサフ

～大型。形はほうき状，淡黄色～赤
褐色。
〈*Clavicorona pyxidata*〉

*フサフジウツギ
別名：サマーライラック，ブッドレヤ
双子葉植物綱ゴマノハグサ目フジウツギ
科の落葉低木。葉裏灰白毛。高さは
2m。花は淡紫色。
〈*Buddleja davidii*〉

*フサモ（房藻）
別名：キツネノオ
双子葉植物綱アリノトウグサ目アリノト
ウグサ科の多年生沈水植物。葉は4～
5輪生で羽状に細裂，花序は長さ4～
12cmで水面上に出る。高さは50cm。
花は白色。
〈*Myriophyllum verticillatum*〉

*フジ（藤）
別名：ノダフジ
双子葉植物綱マメ目マメ科のつる性落葉
木本。花は紫色。
〈*Wisteria floribunda*〉

フジイロマンダラゲ
ヨウシュチョウセンアサガオ（洋種朝
鮮朝顔）の別名（双子葉植物綱ナス目
ナス科の一年草。高さは50～120cm。
花は淡紫色，または白色）
〈*Datura stramonium var.*chalybea〉

フジウツギ
ブッドレヤの別名（フジウツギ科の属総
称）

*フジカンゾウ（藤甘草）
別名：ヌスビトノアシ，フジクサ
双子葉植物綱マメ目マメ科の多年草。
高さは50～150cm。
〈*Desmodium oldhamii*〉

*フジキ（藤木）
別名：ヤマエンジュ
双子葉植物綱マメ目マメ科の落葉高木。

高さは10～15m。花は白色。
〈*Cladrastis platycarpa*〉

フジクサ
フジカンゾウ（藤甘草）の別名（双子葉
植物綱マメ目マメ科の多年草。高さは
50～150cm）
〈*Desmodium oldhamii*〉

フジグルミ
サワグルミ（沢胡桃）の別名（双子葉植
物綱クルミ目クルミ科の落葉高木。高
さは30m。花は淡黄緑色。樹皮は濃い灰
色）
〈*Pterocarya rhoifolia*〉

*フシグロ（節黒）
別名：サツマニンジン
双子葉植物綱ナデシコ目（中心子目）ナ
デシコ科の越年草。高さは30～80cm。
〈*Silene firma*〉

*フシグロセンノウ（節黒仙翁）
別名：オウサカソウ（逢坂草）
双子葉植物綱ナデシコ目（中心子目）ナ
デシコ科の多年草。高さは50～
80cm。花は淡いれんが色。
〈*Lychnis miqueliana*〉

フシゲチガヤ
チガヤ（茅萱）の別名（単子葉植物綱カヤ
ツリグサ目イネ科の多年草。白毛の著
しい穂を出す。高さは30～80cm）
〈*Imperata cylindrica*〉

フジコケシノブ
ホソバコケシノブの別名（コケシノブ科
の常緑性シダ植物。葉身は長さ2.5～
12cm，三角状卵形）
〈*Mecodium polyanthos*〉

フジザクラ（富士桜）
マメザクラ（豆桜）の別名（双子葉植物
綱バラ目バラ科の落葉低木または小高
木。サクラの品種。樹高は10m。花は
白色または淡紅色。樹皮は濃い灰色）

470　植物別名辞典

フシマ

〈Cerasus incisa *var.*incisa〉

フジサンシキウツギ
サンシキウツギ（三色空木）の別名（双子葉植物綱マツムシソウ目スイカズラ科の木本）
〈Weigela × fujisanensis〉

フジタイゲキ
イワタイゲキ（岩大戟）の別名（双子葉植物綱トウダイグサ目トウダイグサ科の多年草。高さは30〜80cm）
〈Euphorbia jolkinii〉

フシダカ
イノコズチ（豕槌，猪小槌）の別名（双子葉植物綱ナデシコ目（中心子目）ヒユ科の多年草。高さは50〜100cm）
〈Achyranthes bidentata *var.*japonica〉

フシダカシノ
キボウシノの別名（単子葉植物綱カヤツリグサ目イネ科の木本）
〈Pleioblastus kodzumae〉

フシダカフウロ
ミツバフウロ（三葉風露）の別名（双子葉植物綱フウロソウ目フウロソウ科の多年草。高さは30〜80cm）
〈Geranium wilfordii〉

＊フジツツジ（藤躑躅）
別名：ヒュウガツツジ，メンツツジ
双子葉植物綱ツツジ目ツツジ科の半常緑低木。花は淡紅紫色。
〈Rhododendron tosaense〉

フジトリバリ
カギカズラ（鉤葛）の別名（双子葉植物綱アカネ目アカネ科の常緑つる性植物）
〈Uncaria rhynchophylla〉

フジナデシコ
ハマツメクサ（浜爪草）の別名（ナデシコ科の一年草または多年草。高さは25cm以下。花は紅紫色）
〈Sagina maxima A. Gray〉

＊フジナデシコ（藤撫子）
別名：ハマナデシコ
双子葉植物綱ナデシコ目（中心子目）ナデシコ科の多年草。高さは20〜50cm。
〈Dianthus japonicus〉

フシネハナカタバミ
イモカタバミの別名（双子葉植物綱フウロソウ目カタバミ科の多年草。高さは5〜15cm。花は濃厚な桃色）
〈Oxalis articulata〉

フシノキ
ヌルデ（白膠）の別名（双子葉植物綱ムクロジ目ウルシ科の落葉高木）
〈Rhus javanica〉

＊フシノハアワブキ
別名：リュウキュウアワブキ
アワブキ科の半常緑高木。
〈Meliosma oldhamii Miq. ex Maxim. *var.*oldhamii〉

＊フジバカマ（藤袴）
別名：カオリグサ，コウソウ，ランソウ
双子葉植物綱キク目キク科の多年草。高さは100〜150cm。
〈Eupatorium fortunei〉

フジバラ
タカネイバラの別名（バラ科）
〈Rosa acicularis *var.*nipponensis〉

フジボタン
ケマンソウ（華鬘草）の別名（双子葉植物綱ケシ目ケシ科の多年草。高さは40〜60cm。花は紅色）
〈Dicentra spectabilis〉
ルリオコシの別名（キンポウゲ科）

＊フジマメ（藤豆）
別名：アジマメ，インゲンマメ，セン

植物別名辞典　471

ゴクマメ
双子葉植物綱マメ目マメ科のつる性多年草。一年生と多年生とがある。花は紫紅色。
〈*Lablab purpureus*〉

*フジモドキ (藤擬)
別名：サツマフジ, チョウジザクラ
双子葉植物綱フトモモ目ジンチョウゲ科の落葉低木。高さは1m。花は淡紫色。
〈*Daphne genkwa*〉

フスダシウ
ピスタチオの別名(双子葉植物綱ムクロジ目ウルシ科の木本。果実は食用, 楕円形。高さは6～10m)
〈*Pistacia vera*〉

フセン
ハナカイドウ (花海棠) の別名(双子葉植物綱バラ目バラ科の落葉高木)
〈*Malus halliana*〉

ブゼンテンツキ
ノハラテンツキ (野原点突) の別名(カヤツリグサ科の草本)
〈*Fimbristylis pierotii* Miq.〉

ブタイモ
キクイモ (菊芋) の別名(双子葉植物綱キク目キク科の多年草。塊茎の皮色は赤紫, 黄, 白など。高さは1.5～3m。花は黄色)
〈*Helianthus tuberosus*〉

フタイロコリンソウ
コリンシアの別名(ゴマノハグサ科。高さは60cm。花は紅か紫色)
〈*Collinsia heterophylla* Buist ex R. C. Grah.〉

フタエオシロイ
フタエオシロイバナの別名(オシロイバナ科の多年草)
〈*Mirabilis jalapa* L. f. *dichlamydomorpha* (Makino) Hiyama〉

*フタエオシロイバナ
別名：フタエオシロイ
オシロイバナ科の多年草。
〈*Mirabilis jalapa* L. f. *dichlamydomorpha* (Makino) Hiyama〉

フタゴゴケ
マツカワノコモジゴケの別名(モジゴケ科の地衣類。地衣体は灰白粉霜状)
〈*Melaspilea gemella* Nyl.〉

フタゴマメ
バンバラグラウンドナッツの別名(マメ科の蔓草。非裂開性の莢を地下に結ぶ。長さ10～15cm。花は淡黄色)
〈*Vigna subterranea* (L.) Verdc.〉

*フタゴヤシ
別名：ウミヤシ, オオミヤシ
ヤシ科の属総称。

*ブタナ (豚菜)
別名：タンポポモドキ
双子葉植物綱キク目キク科の多年草。高さは25～80cm。花は黄色。
〈*Hypochoeris radicata*〉

ブタノマンジュウ
シクラメンの別名(双子葉植物綱サクラソウ目サクラソウ科の多年草。花は濃桃色)
〈*Cyclamen persicum*〉

*フタバアオイ (二葉葵)
別名：カモアオイ
双子葉植物綱ウマノスズクサ目ウマノスズクサ科の多年草。葉は円形。葉径6～15cm。
〈*Asarum caulescens*〉

フタバソウ
フタバランの別名(ラン科の多年草。高さは10～20cm)

〈*Listera cordata* (L.) R. Br. var.
japonica Hara〉

フタバツレサギ
エゾチドリの別名（単子葉植物綱ラン目
ラン科の草本）
〈*Platanthera metabifolia*〉

フタバハギ
ナンテンハギ（南天萩）の別名（双子葉
植物綱マメ目マメ科の多年草。葉は2小
葉からなる。高さは30～100cm）
〈*Vicia unijuga*〉

フタバヤナギ
イヌコリヤナギ（犬行李柳）の別名（双
子葉植物綱ヤナギ目ヤナギ科の落葉低
木）
〈*Salix integra*〉

*フタバラン
別名：コフタバラン，フタバソウ
ラン科の多年草。高さは10～20cm。
〈*Listera cordata* (L.) R. Br. var.
japonica Hara〉

フタホセンナ
コヤシセンナの別名（マメ科の大低木。
高さは1.5～3.5m。花は鮮黄色）
〈*Cassia didymobotrya* Fresen.〉

*フタマタイチゲ
別名：オウシキナ
双子葉植物綱キンポウゲ目キンポウゲ科
の草本。
〈*Anemone dichotoma*〉

*フタマタマンテマ
別名：ホザキマンテマ，マンテマモ
ドキ
双子葉植物綱ナデシコ目（中心子目）ナ
デシコ科の越年草。高さは20～
100cm。花は白色，または淡紅紫色。
〈*Silene dichotoma*〉

フダンザンショウ
フユザンショウ（冬山椒）の別名（双子
葉植物綱ムクロジ目ミカン科の常緑低
木）
〈*Zanthoxylum armatum var.*
subtrifoliatum〉

*フダンソウ（不断草）
別名：フダンナ（不断菜）
双子葉植物綱ナデシコ目（中心子目）ア
カザ科の葉菜類。
〈*Beta vulgaris var.vulgaris*〉

フダンナ（不断菜）
フダンソウ（不断草）の別名（双子葉植
物綱ナデシコ目（中心子目）アカザ科の
葉菜類）
〈Beta vulgaris *var.vulgaris*〉

ブータンマツ
ヒマラヤゴヨウの別名（マツ科の木本。
樹高40m。樹皮は灰色）
〈*Pinus wallichiana* A. B. Jacks.〉

フチナシクジャクゴケ
キダチクジャクゴケの別名（クジャクゴ
ケ科のコケ。二次茎は長さ2～3cm、側
葉は卵形）
〈*Dendrocyathophorum paradoxum*
(Broth.) Dixon〉

フチベニベンケイ
クラッスラの別名（ベンケイソウ科の属
総称）

フツ
ヨモギ（蓬，艾）の別名（双子葉植物綱キ
ク目キク科の多年草。高さは50～
100cm）
〈*Artemisia princeps*〉

ブツ
フクロフノリ（袋布海苔）の別名（紅藻
綱スギノリ目フノリ科の海藻。叢生。
体は7cm）
〈*Gloiopeltis furcata*〉

植物別名辞典　473

フツウコムギ

コムギ（小麦）の別名（単子葉植物綱カヤ
ツリグサ目イネ科の草本，作物）
〈Triticum aestivum〉

*フッキソウ（富貴草）

別名：キチジソウ（吉事草），キッショ
ウソウ（吉祥草）
双子葉植物綱トウダイグサ目ツゲ科の常
緑半低木。高さは20～30cm。
〈Pachysandra terminalis〉

フッコクカイガンショウ

カイガンマツの別名（マツ綱マツ目マツ
科の木本。樹高は35m。樹皮は紫褐色）
〈Pinus pinaster〉

フランスカイガンショウの別名（マツ
科の木本。樹高35m。樹皮は紫褐色）
〈Pinus pinaster〉

ブッソウゲ

ハイビスカスの別名（双子葉植物綱アオ
イ目アオイ科の園芸品種群総称）
〈Hibiscus cv.〉

*ブッソウゲ（仏桑花，扶桑花）

別名：リュウキュウムクゲ
双子葉植物綱アオイ目アオイ科の常
緑低木または小高木。高さは2～
5m。花は赤黄，白，桃色など。
〈Hibiscus rosa-sinensis〉

ブッドレヤ

フサフジウツギの別名（双子葉植物綱ゴ
マノハグサ目フジウツギ科の落葉低木。
葉裏灰白毛。高さは2m。花は淡紫色）
〈Buddleja davidii〉

*ブッドレヤ

別名：フジウツギ
フジウツギ科の属総称。

プッポノキ

モッコク（木斛）の別名（双子葉植物綱
ツバキ目ツバキ科の常緑高木。高さは
10～15m。花は黄色）
〈Ternstroemia gymnanthera〉

ブツメンチク

キッコウチク（亀甲竹）の別名（単子葉
植物綱カヤツリグサ目イネ科の木本）
〈Phyllostachys heterocycla〉

プディンググラス

ペニーロイヤル・ミントの別名（シソ
科のハーブ）

フデクサ

コウボウムギ（弘法麦）の別名（単子葉
植物綱カヤツリグサ目カヤツリグサ科の
多年草。高さは10～30cm）
〈Carex kobomugi〉

*プテリス

別名：イノモトソウ
イノモトソウ科の属総称。

*フトイ（太藺）

別名：オオイ，トウイ，マルスゲ
単子葉植物綱カヤツリグサ目カヤツリグ
サ科の大型抽水植物。桿は高さ0.8～
2.5m，上部はやや垂れる。
〈Scirpus tabernaemontani〉

ブドウガキ

マメガキの別名（双子葉植物綱カキノキ
目カキノキ科の落葉高木。樹高は15m。
樹皮は灰色）
〈Diospyros lotus〉

*ブドウホオズキ

別名：ケホオズキ，シマホオズキ
双子葉植物綱ナス目ナス科の多年草。
長さは1m。花は黄色。
〈Physalis peruviana〉

ブドウムスカリ

ルリムスカリの別名（単子葉植物綱ユリ
目ユリ科の多年草。高さは15～30cm。
花は空青～菫青色）
〈Muscari botryoides〉

フトムギ

オオムギ（大麦）の別名（単子葉植物綱

カヤツリグサ目イネ科の草本。高さは1.
2m)
〈Hordeum vulgare var.vulgare〉

*フトモズク (太水雲)
別名：スノリ
褐藻綱ナガマツモ目ナガマツモ科の海
藻。体は15cm。
〈Tinocladia crassa〉

*ブナ (橅，椈)
別名：シロブナ，ソバグリ，ホンブナ
双子葉植物綱ブナ目ブナ科の落葉高木。
〈Fagus crenata〉

ブナカノカ
ブナハリタケの別名 (エゾハリタケ科の
キノコ。中型。傘は半円形〜へら状)
〈Mycoleptodonoides aitchisonii〉

*ブナシメジ
別名：ブナモダシ，ブナワカイ
キシメジ科のキノコ。小型〜中型。傘
は淡褐灰色，大理石模様。ひだは類
白色。
〈Lyophyllum ulmarium〉

*フナバシソウ
別名：アカザヨモギ
キク科の一年草。高さは40〜100cm。
花は黄色。
〈Iva xanthifolia Nutt.〉

*フナバラソウ (舟腹草)
別名：ロクオンソウ
双子葉植物綱リンドウ目ガガイモ科の多
年草。高さは40〜80cm。
〈Cynanchum atratum〉

*ブナハリタケ
別名：カノカ，ブナカノカ，ブナワ
カイ
エゾハリタケ科のキノコ。中型。傘は
半円形〜へら状。
〈Mycoleptodonoides aitchisonii〉

ブナモダシ
ブナシメジの別名 (キシメジ科のキノコ。
小型〜中型。傘は淡褐灰色，大理石模
様。ひだは類白色)
〈Lyophyllum ulmarium〉

ブナワカイ
ブナシメジの別名 (キシメジ科のキノコ。
小型〜中型。傘は淡褐灰色、大理石模
様。ひだは類白色)
〈Lyophyllum ulmarium (Fries)
Kühner〉
ブナハリタケの別名 (エゾハリタケ科の
キノコ。中型。傘は半円形〜へら状)
〈Mycoleptodonoides aitchisonii
(Berk.) Maas G.〉

フノリ
フクロフノリ (袋布海苔) の別名 (フノ
リ科の海藻。叢生。体は7cm)
〈Gloiopeltis furcata J. Agardh〉

ブバリア
ブヴァルディアの別名 (アカネ科の属総
称)

ブバルジア
ブヴァルディアの別名 (アカネ科の属総
称)

ブーファン
ボーファネの別名 (ヒガンバナ科の属総
称。球根植物)

フブキバナ
イボザの別名 (シソ科の属総称)

ブプレリウム
ミシマサイコ (三島柴胡) の別名 (双子
葉植物綱セリ目セリ科の多年草。高さ
は30〜70cm)
〈Bupleurum scorzoneraefolium var.
stenophyllum〉

*フモトカグマ
別名：ヤマクジャクシダ

植物別名辞典　475

ワラビ科の常緑性シダ植物。葉身は長
楕円状披針形。
〈*Microlepia pseudo-strigosa*〉

*フユアオイ (冬葵)
別名：カンアオイ
アオイ科の多年草。高さは60～100cm。
花は白地に紫の縁取りまたは淡紅色。
〈*Malva verticillata L. var.
verticillata*〉

*フユイチゴ (冬苺)
別名：カンイチゴ
双子葉植物綱バラ目バラ科の常緑つる性
低木。
〈*Rubus buergeri*〉

フユガラシ
ハルザキヤマガラシの別名 (双子葉植物
綱フウチョウソウ目アブラナ科の多年
草。高さは30～60cm)
〈*Barbarea vulgaris*〉

*フユザクラ
別名：コバザクラ
バラ科のサクラの品種。

*フユサンゴ (冬珊瑚)
別名：タマサンゴ (玉珊瑚)，タマヤナ
ギ (玉柳)
双子葉植物綱ナス目ナス科の小低木。
高さは50～100cm。花は白色。
〈*Solanum pseudocapsicum*〉

*フユザンショウ (冬山椒)
別名：オニザンショウ，チクヨウショ
ウ，フダンザンショウ
双子葉植物綱ムクロジ目ミカン科の常緑
低木。
〈*Zanthoxylum armatum var.
subtrifoliatum*〉

フユシノブ
タチシノブ (立忍) の別名 (ワラビ科の
常緑性シダ植物。葉身は長さ60cm，卵
状披針形)

〈*Onychium japonicum*〉

フユヅタ
キヅタ (木蔦) の別名 (双子葉植物綱セリ
目ウコギ科の常緑つる性低木。長さは
30～40m)
〈*Hedera rhombea*〉

フユナ (冬菜)
コマツナの別名 (双子葉植物綱フウチョ
ウソウ目アブラナ科の一年草)
〈*Brassica rapa var.perviridis*〉

*フユヌカボ
別名：ハナビヌカボ
イネ科の多年草。高さは20～50cm。
〈*Agrostis hyemalis*（Walter)
Britton, Sterns et Poggenb.〉

*フユノハナワラビ (冬花蕨)
別名：カンワラビ，ハナワラビ，フユ
ワラビ
ハナヤスリ科の冬緑性シダ植物。葉身
は長さ5～10cm，ほぼ五角形。
〈*Sceptridium ternatum*〉

*フユボダイジュ (冬菩提樹)
別名：コバノシナノキ
双子葉植物綱アオイ目シナノキ科の落葉
広葉高木。高さは35m。樹皮は灰色。
〈*Tilia cordata*〉

*フユムシナツクサタケ
別名：シネンシストウチュウカソウ
核菌綱バッカクキン科の冬虫夏草。コ
ウモリガに寄生。
〈*Cordyceps sinensis*〉

フユワラビ
フユノハナワラビ (冬花蕨) の別名 (ハ
ナヤスリ科の冬緑性シダ植物。葉身は
長さ5～10cm，ほぼ五角形)
〈*Sceptridium ternatum*〉

*フヨウ (芙蓉)
別名：モクフヨウ (木芙蓉)

双子葉植物綱アオイ目アオイ科の落葉低
木。高さは2～5m。花は白～ピン
ク色。
〈*Hibiscus mutabilis*〉

*ブライアー
別名：エイジュ
ツツジ科。

*ブラキカム
別名：ヒメコスモス，ヒメヨメナ(姫
嫁菜)
キク科の一年草。高さは30～40cm。花
は青色。
〈*Brachyscome iberidifolia Benth.*〉

*フラサバソウ
別名：ツタノハイヌノフグリ
双子葉植物綱ゴマノハグサ目ゴマノハグ
サ科の越年草。長さは10～30cm。花
は淡青紫色。
〈*Veronica hederifolia*〉

ブラシノキ
カリステモンの別名(フトモモ科の属総
称)
ブラッシノキの別名(フトモモ科の常緑
性低木または小高木。高さは2～3m。
花は鮮紅色)
〈*Callistemon speciosus* (Sims) DC.〉
*ブラシノキ
別名：ブラッシノキ
双子葉植物綱フトモモ目フトモモ科
の常緑性低木または小高木。高さ
は2～3m。花は鮮紅色。
〈*Callistemon speciosus*〉

ブラジルコミカンソウ
ナガエコミカンソウの別名(トウダイグ
サ科の一年草。長さは8～77cm)
〈*Phyllanthus tenellus* Roxb.〉

ブラジルゴムノキ
パラゴムノキの別名(双子葉植物綱トウ
ダイグサ目トウダイグサ科の高木。種
子は褐斑あり。高さは18～35m。花は
黄を帯びた白色)
〈*Hevea brasiliensis*〉

ブラジルヒメヤシ
ヒメヤシの別名(ヤシ科)

*ブラジルマツ
別名：パラナマツ
マツ綱マツ目ナンヨウスギ科の常緑大高
木。高さは30～60m。
〈*Araucaria angustifolia*〉

ブラジルヤシ
ココスの別名(ヤシ科。高さは6m)
〈*Butia capitata* (Mart.) Becc.〉

*プラタナス
別名：スズカケノキ
双子葉植物綱マンサク目スズカケノキ科
の属総称。

ブラックウォルナット
クロクルミ(黒胡桃)の別名(双子葉植
物綱クルミ目クルミ科の木本。高さは
45m。樹皮は濃灰褐色ないし帯黒色)
〈*Juglans nigra*〉

*ブラックバッカラ
別名：メイデベンネ
バラ科のバラの品種。

*ブラックベリー
別名：クロミキイチゴ
バラ科の落葉低木。
〈*Rubus fruticosus* L. Agg.〉

ブラッシノキ
ブラシノキの別名(双子葉植物綱フトモ
モ目フトモモ科の常緑性低木または小高
木。高さは2～3m。花は鮮紅色)
〈*Callistemon speciosus*〉
*ブラッシノキ
別名：ブラシノキ
フトモモ科の常緑性低木または小高
木。高さは2～3m。花は鮮紅色。
〈*Callistemon speciosus* (Sims)〉

フラム

DC.〉

プラムコット
サンタ・ローザの別名（バラ科のスモモ
（李）の品種。果皮は濃紅色）

*フランスカイガンショウ
別名：カイガンショウ，カイガンマ
ツ，フッコクカイガンショウ
マツ科の木本。樹高35m。樹皮は紫
褐色。
〈Pinus pinaster〉

*プランタゴ・アルピナ
別名：ミヤマオオバコ
オオバコ科。

フランネルソウ
スイセンノウ（酔仙翁）の別名（双子葉
植物綱ナデシコ目（中心子目）ナデシコ
科の一年草または多年草。高さは1m。
花は明るい紫紅色）
〈Lychnis coronaria〉

*フリージア
別名：アサギズイセン
単子葉植物綱ユリ目アヤメ科の属総称。

*フリージア・ブルーレディ
別名：アサギズイセン
アヤメ科。

フリチラリア
ヨウラクユリ（瓔珞百合）の別名（単子
葉植物綱ユリ目ユリ科の球根性多年草。
高さは60〜100cm。花は黄とれんが赤
色）
〈Fritillaria imperialis〉

*フリティラリア
別名：クラウンインペリアル，ヨウラ
クユリ
ユリ科の属総称。球根植物。

*プリムラ
別名：サクラソウ

双子葉植物綱サクラソウ目サクラソウ科
の属総称。
〈Primula spp.〉

*ブリュワートウヒ
別名：シダレベイトウヒ
マツ科の常緑高木。樹高35m。樹皮は灰
紫色。
〈Picea breweriana S. Wats.〉

*ブリリアント・メイアンディナ
別名：メイラノガ
バラ科のバラの品種。ミニアチュア・
ローズ系。花は朱赤色。

ブルーオンタリオ
フレドニアの別名（ブドウ科のブドウ
（葡萄）の品種。果皮は濃青藍紫色）

ブルーカーペット
コンボルブルス・サバティウスの別名
（ヒルガオ科の宿根草）

*ブルグマンシア
別名：キダチチョウセンアサガオ，コ
ダチチョウセンアサガオ
ナス科の属総称。

*ブルーサルビア
別名：ケショウサルビア
シソ科の草本。花は藤青色。
〈Salvia farinacea Benth.〉

*ブルースター（瑠璃唐綿）
別名：オキシペタラム，ルリトウワタ
（瑠璃唐綿）
ガガイモ科の多年草。
〈Oxypetalum caeruleum Decne.〉

ブルースプルース
コースターの別名（マツ科のコロラドト
ウヒの品種）

*プルヌス・カルメシナ
別名：ヒマラヤヒザクラ
バラ科。

フルバ
ホンカンゾウ（本萱草）の別名（単子葉
植物綱ユリ目ユリ科の多年草）
〈*Hemerocallis fulva*〉

*ブルビネラ
別名：キャッツテール，バルビネラ
ユリ科の属総称。球根植物。

プルプレア
ムラサキバレンギクの別名（双子葉植物
綱キク目キク科の多年草。高さは60〜
100cm。花は紫紅〜白色）
〈*Echinacea purpurea*〉

*ブルーベリー
別名：クロマメノキ
ツツジ科のスノキ属の低木群総称。
木本。

ブルペローネ
コエビソウ（小海老草）の別名（双子葉
植物綱ゴマノハグサ目キツネノマゴ科の
常緑低木。苞は赤褐色。高さは30〜
60cm。花は白色）
〈*Beloperone guttata*〉

ブルームーン
プルンバゴの別名（イソマツ科の属総称）

*プルメリア
別名：インドソケイ
キョウチクトウ科の属総称。

*プルンバゴ
別名：ブルームーン，ルリマツリ
イソマツ科の属総称。

*ブルンフェルシア
別名：バンマツリ
ナス科の属総称。

ブレイニア
ヨウシュコバンノキの別名（トウダイグ
サ科）

*ブレイニア
**別名：オオシマコバンノキ，タカサゴコ
バンノキ**
トウダイグサ科の属総称。

*ブレクヌム
別名：ヒリュウシダ，ロマリア
オシダ科の属総称。

*プレコース
**別名：ドクツール・ジュール・
ギュヨー**
バラ科のナシの品種。果皮は黄緑で陽
向面は赤色。

*ブレース
別名：ダムソンプラム
双子葉植物綱バラ目バラ科の木本。樹
高は7m。樹皮は暗灰色。
〈*Prunus domestica var.insititia*〉

フレデリック・サンダー
ジュウニヒトエ（十二単衣）の別名（ツ
ツジ科のアザレアの品種）

*フレドニア
別名：ブルーオンタリオ
ブドウ科のブドウ（葡萄）の品種。果皮
は濃青藍紫色。

*フレボディウム
別名：ダイオウウラボシ
ウラボシ科の属総称。

フレームス
ホモグロッスムの別名（アヤメ科の属総
称。球根植物）

*フレンチ・ラベンダー
別名：ストエカス・ラベンダー
シソ科のハーブ。

*プロスタンテラ
別名：ミントブッシュ
シソ科の属総称。

フロツ

*フロックス
別名：オイランソウ，キキョウナデシ
コ，クサキョウチクトウ
双子葉植物綱ナス目ハナシノブ科の属
総称。
〈*Phlox spp.*〉

*ブロッコリー
別名：イタリアンブロッコリー，コダ
チハナヤサイ，ミドリハナヤサイ
アブラナ科の葉菜類。葉は長楕円形。
〈*Brassica oleracea* L. *var.italica
Plenck*〉

*ブローディア
別名：カリフォルニアヒアシンス，ヒ
メアガパンサス，ブローディアエア
ユリ科の属総称。球根植物。

*ブローディア・イダマイア
別名：ブローディア・コクキネア
ユリ科。

ブローディアエア
ブローディアの別名 (ユリ科の属総称。
球根植物)

ブローディア・コクキネア
ブローディア・イダマイアの別名 (ユ
リ科)

*フロミス
別名：エルサレム・セージ
シソ科の属総称。宿根草。

フロリダザミア
フロリダソテツの別名 (ソテツ科。球果
は褐色)
〈*Zamia floridana* A. DC.〉

フロリダソテツ
ザミアの別名 (ソテツ科の属総称)
*フロリダソテツ
別名：フロリダザミア
ソテツ科。球果は褐色。
〈*Zamia floridana* A. DC.〉

フロリダロウバイ
クロバナロウバイの別名 (双子葉植物綱
クスノキ目ロウバイ科の落葉低木。高
さは1〜2.5m。花は暗赤褐色)
〈*Calycanthus floridus*〉

ブンゲンストウヒ
アメリカハリモミの別名 (マツ綱マツ目
マツ科の常緑高木。高さは30〜40m。
樹皮は紫灰色)
〈*Picea pungens*〉

ブンゴイ
シチトウ (七島) の別名 (単子葉植物綱
カヤツリグサ目カヤツリグサ科の多年
草。茎は三角柱。高さは1〜1.5m)
〈*Cyperus monophyllus*〉

*ブンタン
別名：ウチムラサキ，ザボン
双子葉植物綱ムクロジ目ミカン科の木
本。果実はミカン属の中では最大。
〈*Citrus grandis*〉

ブンドウ
ヤエナリの別名 (双子葉植物綱マメ目マ
メ科の一年草)
〈*Vigna radiata*〉
リョクトウ (緑豆) の別名 (マメ科)
〈*Vigna radiata* (L.) R. Wilcz.〉

【ヘ】

ベアーズブリーチ
アカンサスの別名 (キツネノマゴ科の宿
根草。高さは90〜120cm。花は紫紅色
を帯びた白色)
〈*Acanthus mollis* L.〉
ハアザミの別名 (双子葉植物綱ゴマノハ
グサ目キツネノマゴ科の宿根草。高さは
90〜120cm。花は紫紅色を帯びた白色)
〈*Acanthus mollis*〉

ヘアリーベッチ

ビロードクサフジの別名 (双子葉植物綱
マメ目マメ科の一年草または多年草。
長さは150cm。花は青紫～紅紫色)
〈*Vicia villosa*〉

ヘイシソウ

サラセニアの別名 (サラセニア科の属総
称)

*ベイスギ (米杉)

別名：ウエスタンレッドシーダー
マツ綱マツ目ヒノキ科の木本。高さは
30～60m。樹皮は紫褐色。
〈*Thuja plicata*〉

ベイトウヒ

シトカハリモミの別名 (マツ綱マツ目マ
ツ科の常緑高木。高さは50m。樹皮は灰
及び紫灰色)
〈*Picea sitchensis*〉

ベイヒ

コルムナリスグラウカの別名 (ヒノキ科
のローソンヒノキの品種)

ベイヒバ

アラスカヒノキの別名 (マツ綱マツ目ヒ
ノキ科の常緑高木。高さは30～40m。
花は黄色。樹皮は灰褐色ないし橙褐色)
〈*Chamaecyparis nootkatensis*〉

ベイマツ

アメリカトガサワラの別名 (マツ綱マツ
目マツ科の常緑高木。樹高は60～90m。
樹皮は紫褐色)
〈*Pseudotsuga menziesii*〉
アメリカマツの別名 (マツ綱マツ目マツ
科の常緑大高木)
〈*Pseudotsuga taxifolia*〉
コロラドモミの別名 (マツ綱マツ目マツ
科の常緑高木。高さは40m。樹皮は灰
色)
〈*Abies concolor*〉
ドグラスファーの別名 (マツ科の木本)

ベイモミ

アメリカオオモミの別名 (マツ綱マツ目
マツ科の常緑高木。高さは30～100m。
樹皮は灰褐色)
〈*Abies grandis*〉
コロラドモミの別名 (マツ綱マツ目マツ
科の常緑高木。高さは40m。樹皮は灰
色)
〈*Abies concolor*〉

ペキンヤナギ

ウンリュウヤナギ (雲竜柳) の別名 (双
子葉植物綱ヤナギ目ヤナギ科の木本)
〈*Salix matsudana var.tortuosa*〉

*ヘクソカズラ (屁糞蔓)

別名：クソカズラ，サオトメバナ，ヤ
イトバナ
双子葉植物綱アカネ目アカネ科の多年生
つる草。
〈*Paederia scandens*〉

*ヘゴ (杪欏)

別名：タイワンヘゴ，リュウキュウ
ヘゴ
ヘゴ科の常緑性シダ植物。葉身は長さ
40～60cm，倒卵状長楕円形。
〈*Cyathea spinulosa*〉

*ベゴニア・アングラーリス

別名：ビロードベゴニア
シュウカイドウ科。

*ベゴニア・インカーナ

別名：ワタゲベゴニア
シュウカイドウ科。

*ベゴニア・マクラータ

別名：シラホシベゴニア
シュウカイドウ科。

*ベゴニア・マルガリテー

別名：ツヤベゴニア
シュウカイドウ科。

植物別名辞典　481

ヘコニ

*ベゴニア・メタリカ
別名：ケテリハベゴニア
シュウカイドウ科。

ベコノシタ
ザゼンソウ（座禅草）の別名（単子葉植物綱サトイモ目サトイモ科の多年草。苞は暗紫色または淡紫色。高さは20〜40cm）
〈Symplocarpus foetidus var. latissimus〉

ヘスペリソウ
キバナハタザオ（黄花旗竿）の別名（双子葉植物綱フウチョウソウ目アブラナ科の多年草。高さは80〜120cm）
〈Sisymbrium luteum〉

ヘダマ
イヌガヤ（犬榧）の別名（マツ綱マツ目イヌガヤ科の常緑高木。樹高は10m。樹皮は褐色）
〈Cephalotaxus harringtonia〉

*ヘチマ（糸瓜）
別名：イトウリ
双子葉植物綱スミレ目ウリ科のつる性草本。花は黄色。
〈Luffa aegyptiaca〉

ペチュニア
ツクバネアサガオ（衝羽根朝顔）の別名（双子葉植物綱ナス目ナス科の観賞用草本）
〈Petunia hybrida〉
　*ペチュニア
　別名：ツクバネアサガオ
　ナス科の属総称。

*ヘツカニガキ（辺塚苦木）
別名：ハニガキ
双子葉植物綱アカネ目アカネ科の落葉高木。高さは5〜6m。花は淡黄色。
〈Sinoadina racemosa〉

*ベッコウマサキ
別名：キンマサキ（金柾），フクリンマサキ（覆輪柾）
双子葉植物綱ニシキギ目ニシキギ科の木本。マサキの園芸改良種。

*ベッチ
別名：ソラマメ
マメ科の属総称。

*ペッパーベリー
別名：コショウ
コショウ科。

*ヘディキウム
別名：シュクシャ，ユクシア
ショウガ科の属総称。

*ペディランツス
別名：ダイギンリュウ
トウダイグサ科の属総称。

*ヘデラ
別名：キヅタ
双子葉植物綱セリ目ウコギ科の属総称。
〈Hedera spp.〉

ヘテロケントロン
ヒメノボタン（姫野牡丹）の別名（双子葉植物綱フトモモ目ノボタン科の草本状小低木。高さは30〜60cm。花は淡紫色）
〈Osbeckia chinensis〉
　*ヘテロケントロン
　別名：メキシコノボタン
　ノボタン科の属総称。

*ベトニー
別名：カッコウチョロギ，ビショップスウォート
シソ科のハーブ。

*ペトレア
別名：ヤモメカズラ
クマツヅラ科の属総称。

482　植物別名辞典

ベニイタヤ

アカイタヤの別名(双子葉植物綱ムクロ
ジ目カエデ科の落葉高木, 雌雄同株)
〈Acer mono var.mayrii〉

*ベニイトスゲ

別名:シコクイトスゲ
単子葉植物綱カヤツリグサ目カヤツリグ
サ科の草本。
〈Carex sachalinensis var.sikokiana〉

ベニウチワ(紅団扇)

アンスリウムの別名(サトイモ科の属総
称)

ベニエリカ

レッド・クィーンの別名(ツツジ科のエ
リカの品種)

ベニカエデ

アメリカハナノキの別名(双子葉植物綱
ムクロジ目カエデ科の落葉高木。樹高
は25m。花は深紅色。樹皮は濃灰色)
〈Acer rubrum〉

ベニガクヒルギ

オヒルギ(雄蛭木)の別名(双子葉植物
綱ヒルギ目ヒルギ科の常緑高木, マング
ローブ植物。高さは20m。萼は赤色)
〈Bruguiera gymnorrhiza〉

*ベニカノアシタケ

別名:キカノアシタケ
キシメジ科のキノコ。超小型。傘は朱
色, 円錐形。ひだは白色。
〈Mycena acicula〉

*ベニカノコソウ(紅鹿子草)

別名:ヒカノコソウ(緋鹿子草)
双子葉植物綱マツムシソウ目オミナエシ
科の多年草。高さは80cm。花は濃
紅色。
〈Centranthus ruber〉

ベニカワ

トキリマメ(吐切豆)の別名(双子葉植

物綱マメ目マメ科の多年生つる草)
〈Rhynchosia acuminatifolia〉

ベニギリソウ

ベニハエギリの別名(イワタバコ科の多
年草。花は鮮やかな赤色)
〈Episcia cupreata (Hook.) Hanst.〉

ベニゴウカン

カリアンドラの別名(マメ科の属総称)

*ベニゴウカン(紅合歓)

別名:ヒゴウカン(緋合歓), ヒネム
双子葉植物綱マメ目マメ科の常緑低
木。高さは1.5m。花は赤紫色。
〈Calliandra eriophylla〉

ベニコウジ

ベニミカン(紅蜜柑)の別名(ミカン科)
〈Citrus benikoji Hort. ex Tanaka〉

ベニコブシ

シデコブシ(幣辛夷, 四手辛夷)の別
名(双子葉植物綱モクレン目モクレン科
の落葉低木。花は白~淡紅色)
〈Magnolia stellata〉

ベニコフデ

ベニフデ(紅筆)の別名(バラ科のウメ
の品種)

ベニサキウツギ

タニウツギ(谷空木)の別名(双子葉植
物綱マツムシソウ目スイカズラ科の落葉
低木。高さは2~3m。花は紅色)
〈Weigela hortensis〉

ベニザラサ

エゾノレンリソウ(蝦夷連理草)の別
名(マメ科の薬用植物)
〈Lathyrus palustris L. subsp.pilosus
(Cham.) Hultén〉
ヒメレンリソウの別名(マメ科)

*ベニジウム

別名:カンザキジャノメギク
キク科の一年草。高さは80cm。花は黄

植物別名辞典　483

または黄橙色。
〈*Venidium fastuosum*（*Jacq.*）
Stapf〉

*ベニシオガマ（紅塩竈）
別名：リシリシオガマ
双子葉植物綱ゴマノハグサ目ゴマノハグ
サ科の草本。
〈*Pedicularis koidzumiana*〉

*ベニシダ（紅羊歯）
別名：ヤヨイワラビ
オシダ科の常緑性シダ植物。葉身は長さ
30〜70cm，長楕円形〜卵状長楕円形。
〈*Dryopteris erythrosora*〉

*ベニシタン
別名：コトネアスター
双子葉植物綱バラ目バラ科の低木。高
さは1m。花は白で紅色を帯びる。
〈*Cotoneaster horizontalis*〉

ベニスジヒメバショウ
サンデリアナの別名（単子葉植物綱ショ
ウガ目クズウコン科。カラテアの品種）
〈Calathea ornata ‘*Sanderiana*’〉

ベニスモモ
ベニバスモモ（紅葉李）の別名（バラ科）

ベニヅル
クロヅルの別名（双子葉植物綱ニシキギ
目ニシキギ科の落葉つる性植物）
〈*Tripterygium regelii*〉

*ベニチョウジ（紅丁字）
別名：タバコソウ
双子葉植物綱フトモモ目ミソハギ科の観
賞用草本。高さは30〜50cm。花（萼
筒）は赤色。
〈*Cuphea ignea*〉

*ベニテングタケ
別名：アカハエトリタケ
テングタケ科のキノコ。
〈*Amanita muscaria*〉

ベニドウダン
シロドウダンの別名（ツツジ科の木本）
〈*Enkianthus cernus*〉

*ベニニガナ（紅苦菜）
別名：エフデギク（絵筆菊），キヌフサ
ソウ（絹房草）
双子葉植物綱キク目キク科の一年草。
高さは25〜50cm。花は緋紅色。
〈*Emilia javanica*〉

*ベニハエギリ
別名：ベニギリソウ
イワタバコ科の多年草。花は鮮やかな
赤色。
〈*Episcia cupreata*（*Hook.*）*Hanst.*〉

*ベニバスモモ（紅葉李）
別名：アカバザクラ，ベニスモモ
バラ科。

*ベニバナ（紅花）
別名：クレノアイ，スエツムハナ
双子葉植物綱キク目キク科の一年草。
高さは1m。花は鮮黄色。
〈*Carthamus tinctorius*〉

*ベニバナインゲン（紅花隠元）
別名：アカハナマメ，ハナマメ
双子葉植物綱マメ目マメ科の果菜類。
種子は淡い紫赤色。長さは3m。花は
朱赤色。
〈*Phaseolus coccineus*〉

ベニバナオオケタデ
オオケタデ（大毛蓼）の別名（双子葉植
物綱タデ目タデ科の一年草。高さは1.
8m。花は淡紅〜紅紫色）
〈*Persicaria pilosa*〉

ベニバナクサギ
ボタンクサギの別名（双子葉植物綱シソ
目クマツヅラ科の落葉小低木。高さは
1m。花は淡紅色）
〈*Clerodendrum bungei*〉

ヘニロ

*ベニバナツメクサ (紅花詰草)
別名：レッドクローバー
双子葉植物綱マメ目マメ科の一年草。
高さは30～60cm。花は深紅色。
〈Trifolium incarnatum〉

ベニバナヒメジョオン
ハルジオン (春紫苑) の別名 (双子葉植
物綱キク目キク科の多年草。高さは30
～80cm。花は淡紅～白色)
〈Erigeron philadelphicus〉

*ベニバナボロギク (紅花襤褸菊)
別名：ナンヨウギク
双子葉植物綱キク目キク科の一年草。
高さは50～70cm。花は初め紅赤，後
に橙赤色。
〈Crassocephalum crepidioides〉

ベニバナルリハコベ
アカバナルリハコベの別名 (サクラソウ
科の一年草。高さは10～30cm。花は朱
赤または黄赤色)
〈Anagallis arvensis L. formaarvensis〉

*ベニヒメリンドウ (紅姫龍胆)
別名：エクサクム
リンドウ科の一年草。高さは15～
20cm。花は青紫色。
〈Exacum affine Balf.〉

*ベニヒモノキ (紅紐木)
別名：サンデリー
双子葉植物綱トウダイグサ目トウダイグ
サ科の常緑低木。花は紅色。
〈Acalypha hispida〉

*ベニフデ (紅筆)
別名：ベニコフデ
バラ科のウメの品種。

ベニベンケイ (紅弁慶)
カランコエの別名 (ベンケイソウ科の属
総称)

ベニマダラ
エンジマダラの別名 (ベニマダラ科の海
藻。濃いえんじ色)
〈Hildenbrandtia prototypus Nardo〉

ベニマンサク
マルバノキ (丸葉木) の別名 (双子葉植
物綱マンサク目マンサク科の落葉低木。
高さは1～3m。花は淡紅色)
〈Disanthus cercidifolius〉

ベニミカン
オオベニミカン (大紅蜜柑) の別名 (ミ
カン科。果頂部が著しくくぼんでいる)
〈Citrus tangerina Hort. ex Tanaka〉

*ベニミカン (紅蜜柑)
別名：ベニコウジ
ミカン科。
〈Citrus benikoji Hort. ex
Tanaka〉

ベニミズキ
サンゴミズキの別名 (双子葉植物綱ミズ
キ目ミズキ科の落葉木)
〈Cornus alba var.sibirica〉

ベニヤマザクラ
オオヤマザクラ (大山桜) の別名 (双子
葉植物綱バラ目バラ科の落葉高木。高
さは25m。花は紅紫色。樹皮は赤褐色)
〈Cerasus sargentii〉

ベニラタンヤシ
ラタニア・コンメルソニーの別名 (ヤ
シ科)

ベニリンゴ
ウケザキカイドウの別名 (双子葉植物綱
バラ目バラ科の木本)
〈Malus prunifolia var.rinki〉

*ベニーロイヤル・ミント
別名：プディンググラス，メグサ
ハッカ
シソ科のハーブ。

植物別名辞典　485

ベニロケア
ロケアの別名 (ベンケイソウ科の多年草。
高さは30〜60cm。花は緋赤色)
〈*Rochea coccinea* (L.) DC.〉

ベニワビスケ (紅侘助)
ワビスケ (侘助) の別名 (ツバキ科の木
本。一重杯状咲き)
〈*Camellia wabiske* Kitam.〉

*ペーパーデージー
別名：オーストラリアデージー
キク科。
〈*Helichrysum subulifolim*〉

*ペパー・ミント
別名：セイヨウハッカ
シソ科のハーブ。

*ヘビイチゴ (蛇苺)
別名：カラスノイチゴ，クチナワイチ
ゴ，ヘビノマクラ
双子葉植物綱バラ目バラ科の多年生匍匐
草本。
〈*Duchesnea chrysantha*〉

*ヘビウリ
別名：ケカラスウリ，ゴーダー・
ビーン
果実は熟すると赤色。長さ30〜100cm。
花は白色。
〈*Trichosanthes anguina* L.〉

ヘビキノコ
キリンタケの別名 (テングタケ科のキノ
コ。中型。傘は褐色，白色〜淡灰色粉状
のいぼ，条線なし)
〈*Amanita excelsa* (Fr.) Bertillon〉

ヘビノシタ
ヒメハナワラビの別名 (ハナヤスリ科の
夏緑性シダ植物。葉身は長さ1.5〜6cm，
三角状長楕円形)
〈*Botrychium lunaria*〉

*ヘビノネゴザ (蛇寝御座)
別名：カナクサ，カナヤマシダ
オシダ科の夏緑性シダ植物。葉身は長さ
20〜40cm，披針形〜長楕円状披針形。
〈*Athyrium yokoscense*〉

*ヘビノボラズ (蛇上らず)
別名：コガネエンジュ，トリトマラズ
双子葉植物綱キンポウゲ目メギ科の
木本。
〈*Berberis sieboldii*〉

ヘビノマクラ
ヘビイチゴ (蛇苺) の別名 (双子葉植物
綱バラ目バラ科の多年生匍匐草本)
〈*Duchesnea chrysantha*〉

ぺぺ
ペペロミアの別名 (コショウ科の属総称)

ヘベアゴムノキ
パラゴムノキの別名 (双子葉植物綱トウ
ダイグサ目トウダイグサ科の高木。種
子は褐斑あり。高さは18〜35m。花は
黄を帯びた白色)
〈*Hevea brasiliensis*〉

ペヘノキ
モッコク (木斛) の別名 (双子葉植物綱
ツバキ目ツバキ科の常緑高木。高さは
10〜15m。花は黄色)
〈*Ternstroemia gymnanthera*〉

*ペペロミア
別名：サダソウ，シマアオイソウ，
ぺぺ
コショウ科の属総称。

*ペペロミア・マグノリアエフォリア・
バリエガタ
別名：シロシマアオイソウ
コショウ科。

*ペポカボチャ
別名：ポンキン
双子葉植物綱スミレ目ウリ科の野菜。

ヘリコ

葉や花はカボチャに似る。
〈Cucurbita pepo〉

ヘボガヤ
イヌガヤ (犬榧) の別名（マツ綱マツ目
イヌガヤ科の常緑高木。樹高は10m。樹
皮は褐色）
〈Cephalotaxus harringtonia〉

ヘミノキ
ヤブデマリ (藪手毬) の別名（双子葉植
物綱マツムシソウ目スイカズラ科の落葉
低木）
〈Viburnum plicatum var.
tomentosum〉

ヘメロカリス
デイリリーの別名（単子葉植物綱ユリ目
ユリ科のハーブ）
〈Hemerocallis hybrida〉

*ヘメロカリス
別名：デイリリー
単子葉植物綱ユリ目ユリ科の属総称。
〈Hemerocallis spp.〉

ヘラダケ
ヤダケ (矢竹) の別名（単子葉植物綱カヤ
ツリグサ目イネ科の常緑大型ササ。高
さは2〜5m）
〈Pseudosasa japonica〉

ベラドンナリリー
ホンアマリリスの別名（単子葉植物綱ユ
リ目ヒガンバナ科の多年草。高さは50
〜70cm。花は淡紅色）
〈Amaryllis belladonna〉

*ヘラノキ (箆木)
別名：トクオノキ
双子葉植物綱アオイ目シナノキ科の落葉
広葉高木。高さは20m。
〈Tilia kiusiana〉

ヘラハヒメアナナス
クリプタンサス・ベウケリーの別名（パ
イナップル科の地生種。葉長8〜13cm）

ペラペラヒメジョオン
ペラペラヨメナの別名（双子葉植物綱キ
ク目キク科の多年草。高さは20〜
40cm。花は白色）
〈Erigeron karvinskianus〉

*ペラペラヨメナ
別名：ペラペラヒメジョオン，メキシ
コヒナギク
双子葉植物綱キク目キク科の多年草。
高さは20〜40cm。花は白色。
〈Erigeron karvinskianus〉

ヘラモ
セキショウモ (石菖藻) の別名（単子葉
植物綱トチカガミ目トチカガミ科の多年
生沈水植物。葉は根生，線形 (リボン
状)）
〈Vallisneria natans〉

ペラルゴニウム
ゼラニウムの別名（双子葉植物綱フウロ
ソウ目フウロソウ科の多年草）
〈Pelargonium hortorum〉

*ペラルゴニウム
別名：テンジクアオイ
双子葉植物綱フウロソウ目フウロソ
ウ科の属総称。
〈Pelargonium spp.〉

*ヘリアンフォラ・ヌタンス
別名：キツネノメシガイソウ
サラセニア科。

*ヘリオトロープ
別名：キダチルリソウ，ニオイムラ
サキ
双子葉植物綱シソ目ムラサキ科。ヘリ
オトロピューム属の数種の園芸名。
花は青菫色，または白色。
〈Heliotropium〉

*ヘリコニア
別名：オウムバナ
バショウ科の属総称。

植物別名辞典　487

ヘリト

*ヘリトリウラミゴケ
別名：コフキウラミゴケ
ツメゴケ科の地衣類。地衣体は褐色。
〈*Nephroma parile Ach.*〉

ヘリトリオシベ
クロッサンドラの別名（双子葉植物綱ゴ
マノハグサ目キツネノマゴ科の常緑小低
木。高さは30～80cm。花は黄橙色）
〈*Crossandra infundibuliformis*〉

*ペリレプタ
別名：ウラムラサキ
キツネノマゴ科の属総称。

*ベル・エトワール
別名：ヒノマルウツギ
ユキノシタ科のバイカウツギの品種。

ペルーコショウ
コショウボクの別名（ウルシ科の高木。
果実はピペリンを含み飲料に作る。高
さは5～15m。花は黄白色）
〈*Schinus molle* L.〉

ペルシアグルミ
ペルシャグルミの別名（双子葉植物綱ク
ルミ目クルミ科の木本。高さは20～
30m。樹皮は淡灰色）
〈*Juglans regia*〉

ペルシアジョチュウギク
アカムシヨケギク（赤虫除菊）の別名
（双子葉植物綱キク目キク科の草本。花
は紅色）
〈*Chrysanthemum coccineum*〉

ペルシアンバターカップ
ハナキンポウゲ（花金鳳花）の別名（双
子葉植物綱キンポウゲ目キンポウゲ科の
球根植物。花は赤，緋，桃，橙，黄およ
び白色など）
〈*Ranunculus asiaticus*〉

*ペルシャグルミ
別名：セイヨウグルミ，ペルシアグ

ルミ
双子葉植物綱クルミ目クルミ科の木本。
高さは20～30m。樹皮は淡灰色。
〈*Juglans regia*〉

*ベルセイミア
別名：ウインターレッドホットポカー，
バーゼリア，フェルトハイミア
ユリ科の属総称。球根植物。

ベルテッセン
ツリガネテッセン（釣鐘鉄線）の別名
（双子葉植物綱キンポウゲ目キンポウゲ
科の多年草）

ベルバエネアーナ
タツタニシキ（竜田錦）の別名（ツツジ
科のアザレアの品種）

ベルバスクム
ムーレインの別名（ゴマノハグサ科の
ハーブ）

ペルビアンリリー
アルストロメリアの別名（単子葉植物綱
ユリ目ヒガンバナ科のユリズイセン属総
称）
〈*Alstroemeria spp.*〉

ベルペローネ
ベロペロネの別名（キツネノマゴ科の属
総称）

ヘルモダクチルス
クロバナイリスの別名（アヤメ科。花は
緑色）
〈*Hermodactylus tuberosus*（L.）Mill.〉

ヘレニューム
ダンゴギク（団子菊）の別名（双子葉植
物綱キク目キク科の多年草。高さは60
～180cm。花は黄色）
〈*Helenium autumnale*〉

ヘレボラ
クリスマスローズの別名（双子葉植物綱

488　植物別名辞典

キンポウゲ目キンポウゲ科の多年草。
花は白色）
〈*Helleborus niger*〉

ヘレボルス
クリスマスローズの別名（双子葉植物綱
キンポウゲ目キンポウゲ科の多年草。
花は白色）
〈*Helleborus niger*〉

*ヘレボルス・アーグチフォリウス
別名：ヘレボルス・コルシクス
キンポウゲ科の宿根草。

ヘレボルス・コルシクス
**ヘレボルス・アーグチフォリウスの別
名**（キンポウゲ科の宿根草）

*ベロニカ
別名：クワガタソウ
双子葉植物綱ゴマノハグサ目ゴマノハグ
サ科の属総称。
〈*Veronica spp.*〉

*ペロフスキア
別名：ロシアンセージ
シソ科の宿根草。

*ベロベロネ
別名：コエビソウ，ベルベローネ
キツネノマゴ科の属総称。

*ベンケイソウ（弁慶草）
別名：コベンケイソウ
双子葉植物綱バラ目ベンケイソウ科の多
年草。高さは30〜100cm。花は紅色。
〈*Hylotelephium erythrostictum*〉

*ベンケイナズナ
**別名：ヒロハグンバイナズナ，ヒロハ
ヒメグンバイナズナ**
双子葉植物綱フウチョウソウ目アブラナ
科の多年草。高さは40〜150cm。花
は白色，またはやや赤色。
〈*Lepidium latifolium*〉

ベンケイノチカラシバ
ナギ（梛）の別名（マツ綱マツ目マキ科の
常緑高木。高さは25m。花は黄白色）
〈*Podocarpus nagi*〉

ヘンゴダマ
**シマテンナンショウ（島天南星）の別
名**（単子葉植物綱サトイモ目サトイモ科
の多年草。仏炎苞は緑色）
〈*Arisaema negishii*〉

ベンジャミン
ベンジャミンゴムの別名（双子葉植物綱
イラクサ目クワ科の高木。果嚢は肉黄
色，枝は垂下性）
〈*Ficus benjamina*〉

*ベンジャミンゴム
別名：ベンジャミン
双子葉植物綱イラクサ目クワ科の高木。
果嚢は肉黄色，枝は垂下性。
〈*Ficus benjamina*〉

*ペンステモン
別名：イワブクロ，ツリガネヤナギ
双子葉植物綱ゴマノハグサ目ゴマノハグ
サ科の属総称。
〈*Penstemon spp.*〉

*ペンステモン・ハートウェッギー
別名：リンドウツリガネヤナギ
ゴマノハグサ科。

ベンテンツゲ
ハチジョウツゲの別名（ツゲ科）
〈*Buxus microphylla* Sieb. et Zucc.
var.*japonica* (Muell. Arg. ex Miq.)
Rehder et Wils. f.*major* Makino〉

ヘンナ
シコウカ（指甲花）の別名（双子葉植物
綱フトモモ目ミソハギ科の低木。少し
刺がある。花は白色，または紅色）
〈*Lawsonia inermis*〉

ペンペングサ

ナズナ (薺) の別名 (双子葉植物綱フウ
チョウソウ目アブラナ科の一年草または
多年草。高さは10〜50cm。花は白色)
〈*Capsella bursa-pastoris*〉

ヘンヨウボク

クロトンの別名 (双子葉植物綱トウダイ
グサ目トウダイグサ科の木本)
〈*Codiaeum variegatum var.*pictum〉

*ヘンルーダ

別名：ハーブオブグレース
双子葉植物綱ムクロジ目ミカン科の多年
草。高さは60〜90cm。
〈*Ruta graveolens*〉

【 ホ 】

*ポインセチア

別名：ショウジョウボク
双子葉植物綱トウダイグサ目トウダイグ
サ科の常緑低木。苞が緋赤に着色
する。
〈*Euphorbia pulcherrima*〉

*ボウアオノリ

別名：ヨレアオノリ
緑藻綱アオサ目アオサ科の海藻。筒状
で単条。
〈*Enteromorpha intestinalis*〉

ボウアマモ

シオニラの別名 (単子葉植物綱イバラモ
目ベニアマモ科の草本)
〈*Syringodium isoetifolium*〉

*ホウオウゴケ

別名：オオバホウオウゴケ
ホウオウゴケ科のコケ。大形，茎は長さ
2〜9cm，葉は披針形。
〈*Fissidens nobilis*〉

ホウオウシダ

クロガネシダ (黒鉄羊歯) の別名 (チャ
センシダ科の常緑性シダ植物。葉身は
長さ4〜8cm，狭三角形)
〈*Asplenium coenobiale*〉

ホウオウスギ

ヨレスギ (捻杉) の別名 (マツ綱マツ目
スギ科の木本)
〈*Cryptomeria japonica 'Spiralis'*〉

ホウオウヒバ

シシンデン (紫宸殿) の別名 (マツ綱マ
ツ目ヒノキ科の木本)
〈*Platycladus orientalis 'Ericoides'*〉

*ホウキギ (箒木)

**別名：ニワクサ (爾波久佐)，ネンド
ウ，ホウキグサ (箒草)**
双子葉植物綱ナデシコ目 (中心子目) ア
カザ科の果菜類。多数の細い枝が直
立して束状に伸びる。高さは1m。花
は淡緑色。
〈*Kochia scoparia*〉

*ホウキギク (箒菊)

**別名：アレチシオン，ハハキシオン，
ホウキシオン**
双子葉植物綱キク目キク科の一年草また
は越年草。高さは50〜120cm。花は
白色，または淡桃色。
〈*Aster subulatus*〉

ホウキグサ (箒草)

ホウキギ (箒木) の別名 (双子葉植物綱
ナデシコ目 (中心子目) アカザ科の果菜
類。多数の細い枝が直立して束状に伸
びる。高さは1m。花は淡緑色)
〈*Kochia scoparia*〉

ホウキシオン

ホウキギク (箒菊) の別名 (双子葉植物
綱キク目キク科の一年草または越年草。
高さは50〜120cm。花は白色，または淡
桃色)
〈*Aster subulatus*〉

ホウソ

*ホウキタケ（箒茸）
別名：ネズミアシ，ネズミタケ，ハキ
モダシ
ホウキタケ科のキノコ。
〈*Ramaria botrytis*〉

ホウキドウダン
アブラツツジ（油瀝躅）の別名（双子葉
植物綱ツツジ目ツツジ科の落葉低木）
〈*Enkianthus subsessilis*〉

*ホウキヌカキビ
別名：ケヌカキビ
単子葉植物綱カヤツリグサ目イネ科の多
年草。高さは1m。
〈*Panicum scoparium*〉

ホウキラン
マツバラン（松葉蘭）の別名（マツバラ
ン科の常緑性シダ植物。胞子は黄白色。
高さは10～50cm）
〈*Psilotum nudum*〉

ホウコグサ
ハハコグサ（母子草）の別名（双子葉植
物綱キク目キク科の一年草。葉は白毛
密布。高さは15～35cm。花は黄色）
〈*Gnaphalium affine*〉

ホウサイ
ホウサイラン（報才蘭）の別名（単子葉
植物綱ラン目ラン科の草本。高さは60
～70cm。花は紫褐，紅，桃色）
〈*Cymbidium sinense*〉

*ホウサイラン（報才蘭）
別名：タイワンホウサイ，ホウサイ
単子葉植物綱ラン目ラン科の草本。高
さは60～70cm。花は紫褐，紅，桃色。
〈*Cymbidium sinense*〉

ホウザンツバキ
ヤブツバキ（藪椿）の別名（双子葉植物
綱ツバキ目ツバキ科の常緑小高木）
〈*Camellia japonica var.japonica*〉

ボウシバナ
ツユクサ（露草）の別名（単子葉植物綱
ツユクサ目ツユクサ科の一年草。高さ
は20～50cm。花は青と白色）
〈*Commelina communis*〉

*ボウシュウボク
別名：コウスイボク，ボクシュウボ
ク，レモンバーベナ
双子葉植物綱シソ目クマツヅラ科の多年
草または低木。高さは3m。花は白色，
または淡紫色。
〈*Lippia citriodora*〉

ボウシュウメダケ
アズマネザサ（東根笹）の別名（単子葉
植物綱カヤツリグサ目イネ科の常緑大型
ササ）
〈*Pleioblastus chino*〉

ホウシュンソウ（報春草）
フクジュソウ（福寿草）の別名（双子葉
植物綱キンポウゲ目キンポウゲ科の多年
草。高さは15～30cm。花は黄色）
〈*Adonis amurensis*〉

ボウズ
ショウゲンジの別名（フウセンタケ科の
キノコ。中型～大型。傘は黄土色，初め
絹状繊維が覆う。放射状のしわあり。
ひだは類白色～さび色）
〈*Rozites caperata*〉

*ホウセンカ（鳳仙花）
別名：ツマクレナイ，ツマベニ，ホネ
ヌキ
双子葉植物綱フウロソウ目ツリフネソウ
科の一年草，観賞用草本。高さは30
～70cm。花は紅色。
〈*Impatiens balsamina*〉

ホウゾバナ
ゲンゲ（翹揺，紫雲英）の別名（双子葉
植物綱マメ目マメ科の多年草または越年
草。高さは10～25cm。花は紫紅色）
〈*Astragalus sinicus*〉

植物別名辞典　491

ボウダラ
ハリギリ (針桐) の別名 (双子葉植物綱
セリ目ウコギ科の落葉高木。高さは
20m。花は淡黄緑色。樹皮は黒褐色)
〈Kalopanax pictus〉

ホウチク
シホウチク (四方竹) の別名 (単子葉植
物綱カヤツリグサ目イネ科の常緑中型
竹。稈径20〜30mm)
〈Tetragonocalamus angulatus〉

ボウナ
ヨブスマソウ (夜衾草) の別名 (双子葉
植物綱キク目キク科の多年草。葉は大
形でひし形。高さは90〜250cm)
〈Cacalia hastata var.orientalis〉

*ホウノカワシダ (朴川羊歯)
別名：ホオノカワシダ
オシダ科の常緑性シダ植物。葉身は長
さ30〜80cm，三角状広卵形〜長卵形。
〈Dryopteris shikokiana〉

ホウビシダ
コモチシダ (子持羊歯) の別名 (シシガ
シラ科の常緑性シダ。葉身は長さ30〜
200cm。広卵形)
〈Woodwardia orientalis Sw.〉

*ホウビシダ (鳳尾羊歯)
別名：ヒメクジャクシダ
チャセンシダ科の常緑性シダ植物。
葉身は長さ10〜20cm，披針形から
長楕円状披針形。
〈Asplenium unilaterale〉

ボウフウ
イブキボウフウ (伊吹防風) の別名 (セ
リ科の多年草。高さは40〜80cm)
〈Seseli libanotis (L.) Koch. subsp.
japonica (Boiss.) Hara〉

*ボウブラ
別名：キクザカボチャ
ウリ科の一年草。
〈Cucurbita moschata (Duch.) Poir.

var.melonaeformis (Carr.)
Makino〉

*ボウムギ
別名：トゲシバ，トゲムギ
単子葉植物綱カヤツリグサ目イネ科の一
年草。高さは10〜60cm。
〈Lolium rigidum〉

ホウライイヌワラビ
シマイヌワラビの別名 (オシダ科の夏緑
性シダ。葉身は長さ13〜35cm。披針
形)
〈Athyrium tozanense (Hayata)
Hayata〉

*ホウライイヌワラビ
別名：オトメイヌワラビ
オシダ科の常緑性シダ。葉身は長さ
30〜50cm。三角状卵形〜卵状長楕
円形。
〈Athyrium subrigescens Hayata〉

*ホウライウスヒメワラビ
別名：ホウライナヨシダ
オシダ科の夏緑性シダ。葉身は長さ
40cm。三角状披針形から卵状披針形。
〈Acystopteris tenuisecta (Blume)
Tagawa〉

ホウライショウ
モンステラの別名 (サトイモ科の属総称)

*ホウライショウ (蓬莱蕉)
別名：デンシンラン (電信蘭)
単子葉植物綱サトイモ目サトイモ科
の観賞用蔓木。長さは1m。
〈Monstera deliciosa〉

*ホウライチク (蓬莱竹)
別名：ドヨウダケ (土用竹)
単子葉植物綱カヤツリグサ目イネ科の常
緑中型竹。密集束生，小形で垣根用。
高さは5〜10m。
〈Bambusa multiplex〉

ホウライナヨシダ
ホウライウスヒメワラビの別名 (オシ

ダ科の夏緑性シダ。葉身は長さ40cm。
三角状披針形から卵状披針形）
〈*Acystopteris tenuisecta*（Blume）
Tagawa〉

*ホウロクイチゴ（焙烙苺）
別名：タグリイチゴ
双子葉植物綱バラ目バラ科の常緑つる性
低木。
〈*Rubus sieboldii*〉

ホオガシワ
ホオノキ（朴木）の別名（双子葉植物綱
モクレン目モクレン科の落葉高木。樹
高は30m。花は白色。樹皮は灰色）
〈*Magnolia obovata*〉

ホオガシワノキ
ホオノキ（朴木）の別名（双子葉植物綱
モクレン目モクレン科の落葉高木。樹
高は30m。花は白色。樹皮は灰色）
〈*Magnolia obovata*〉

*ホオズキ（酸漿）
別名：アカカガチ（赤加賀智），カガチ
（輝血）
双子葉植物綱ナス目ナス科の多年草。
高さは60〜90cm。花は朱赤色。
〈*Physalis alkekengi var.franchetii*〉

*ホオズキトマト
別名：オオブドウホオズキ
ナス科の一年草。高さは1〜1.3m。花は
黄色。
〈*Physalis ixocarpa Brot.*〉

ホオノカワシダ
ホウノカワシダ（朴川羊歯）の別名（オ
シダ科の常緑性シダ植物。葉身は長さ
30〜80cm，三角状広卵形〜長卵形）
〈*Dryopteris shikokiana*〉

*ホオノキ（朴木）
別名：ウマノベロ，ホオガシワ，ホオ
ガシワノキ
双子葉植物綱モクレン目モクレン科の落

葉高木。樹高は30m。花は白色。樹
皮は灰色。
〈*Magnolia obovata*〉

*ホオベニエニシダ（頬紅金雀児）
別名：アカバナエニシダ，ニシキエニ
シダ
双子葉植物綱マメ目マメ科の木本。
〈*Cytisus scoparius 'Andreanus'*〉

ホカケソウ（帆掛草）
カリガネソウ（雁草）の別名（双子葉植
物綱シソ目クマツヅラ科の多年草。高
さは100cm以上）
〈*Caryopteris divaricata*〉

ホクシア
フクシアの別名（アカバナ科の属総称）

ホクシャ
フクシアの別名（双子葉植物綱フトモモ
目アカバナ科の木本）
〈*Fuchsia × hybrida*〉

ボクシュウボク
ボウシュウボクの別名（双子葉植物綱シ
ソ目クマツヅラ科の多年草または低木。
高さは3m。花は白色，または淡紫色）
〈*Lippia citriodora*〉

ホクセンミミナグサ
ホソバミミナグサの別名（ナデシコ科の
草本）
〈*Cerastium rubescens* Mattf. var.
ovatum（Miyabe）Mizushima〉

ホクチガラ
アブティロンの別名（アオイ科の属総称）
イチビの別名（双子葉植物綱アオイ目ア
オイ科の一年草。葉は多毛。高さは50
〜100cm。花は橙黄色）
〈*Abutilon theophrasti*〉

ホクロ
シュンラン（春蘭）の別名（単子葉植物
綱ラン目ラン科の多年草。高さは10〜

ホクロ

25cm。花は緑，桃，赤，黄，朱金色など）
〈*Cymbidium goeringii*〉

ホグロ
タンバノリの別名（紅藻綱スギノリ目ムカデノリ科の海藻。やや硬い革状。体は長さ20～30cm）
〈*Grateloupia elliptica*〉

*ボケ（木瓜）
別名：カラボケ，カンボケ
双子葉植物綱バラ目バラ科の落葉低木。高さは1～2m。花は淡紅，緋紅，白色など。
〈*Chaenomeles speciosa*〉

*ホコガタアカザ
別名：アレチハマアカザ
双子葉植物綱ナデシコ目（中心子目）アカザ科の一年草。高さは20～60cm。花は緑色。
〈*Atriplex hastata*〉

ホゴケ
シバゴケの別名（ホゴケ科のコケ。茎は這い，側葉は楕円形または卵形）
〈*Racopilum aristatum* Mitt.〉

ホコリタケ
キツネノチャブクロの別名（サルノコシカケ科）
〈*Lycoperdon pertatum* Pers. : Pers.〉
バボツの別名（ホコリタケ科のホコリタケ科の中国名）
*ホコリタケ（埃茸）
別名：キツネノチャブクロ
ホコリタケ科のキノコ。中型。地上生，子実体は擬宝珠形，内皮は類白色～淡褐色（成熟時）。
〈*Lycoperdon perlatum*〉

ホザキアサガオ
ゴヨウアサガオの別名（双子葉植物綱ナス目ヒルガオ科の多年草。茎は暗紫色。花は赤～赤紫色）

〈*Ipomoea horsfalliae*〉

ホザキアヤメ
バビアナの別名（アヤメ科の属総称）

*ホザキイカリソウ（穂咲碇草）
別名：ホザキノイカリソウ
双子葉植物綱キンポウゲ目メギ科の多年草。高さは30～40cm。花は白色。
〈*Epimedium sagittatum*〉

ホザキオサラン
オオオサラン（大筬蘭）の別名（単子葉植物綱ラン目ラン科の草本。高さは4～7cm）
〈*Eria corneri*〉

ホザキカエデ
オガラバナ（麻幹花）の別名（双子葉植物綱ムクロジ目カエデ科の落葉小高木，雌雄同株）
〈*Acer ukurunduense*〉

*ホザキザクラ
別名：リュウキュウコザクラ
サクラソウ科の草本。
〈*Stimpsonia chamaedryoides* C. Wright〉

*ホザキシモツケ（穂咲下野）
別名：アカヌマシモツケ，エゾハギ，ヤチハギ
双子葉植物綱バラ目バラ科の落葉低木。高さは1～2m。花は淡紅色。
〈*Spiraea salicifolia*〉

*ホザキニワヤナギ
別名：ホザキミチヤナギ
タデ科の一年草。高さは15～70cm。花は黄緑色。
〈*Polygonum ramosissimum* Michx.〉

ホザキノイカリソウ
ホザキイカリソウ（穂咲碇草）の別名
（双子葉植物綱キンポウゲ目メギ科の多年草。高さは30～40cm。花は白色）

⟨*Epimedium sagittatum*⟩

*ホザキノフサモ（穂咲総藻）
　別名：キンギョモ
　　双子葉植物綱アリノトウグサ目アリノト
　　ウグサ科の常緑沈水植物。羽状葉は
　　全長1.5〜3cm，雄花の花弁は淡紅色。
　　高さは30〜150cm。
　　⟨*Myriophyllum spicatum*⟩

*ホザキヒメラン
　別名：キザンヒメラン，ヤエヤマヒメ
　　　　ラン
　　ラン科。高さは15〜60cm。花は黄緑色。
　　⟨*Malaxis latifolia Sm.*⟩

ホザキマンテマ
　フタマタマンテマの別名（双子葉植物綱
　　ナデシコ目（中心子目）ナデシコ科の越
　　年草。高さは20〜100cm。花は白色，ま
　　たは淡紅紫色）
　　⟨*Silene dichotoma*⟩

ホザキミチヤナギ
　ホザキニワヤナギの別名（タデ科の一年
　　草。高さは15〜70cm。花は黄緑色）
　　⟨*Polygonum ramosissimum* Michx.⟩

*ホザキモクセイソウ
　別名：ホソバモクセイソウ
　　モクセイソウ科。花は淡黄色。
　　⟨*Reseda luteola L.*⟩

ボサツソウ
　シャジクソウ（車軸草）の別名（双子葉
　　植物綱マメ目マメ科の多年草。高さは
　　15〜50cm）
　　⟨*Trifolium lupinaster*⟩

*ホシイリカラー
　別名：シロボシカイウ
　　サトイモ科。

*ホシクサ（星草）
　別名：ミズタマソウ
　　ホシクサ科の一年草。高さは4〜15cm。

⟨*Eriocaulon cinereum R. Br.*⟩

ホシケイラン
　キンケイランの別名（ラン科）

ホシザキフロックス
　スター・フロックスの別名（ハナシノブ
　　科）

ホシノゲイトウ
　ツルノゲイトウの別名（双子葉植物綱ナ
　　デシコ目（中心子目）ヒユ科の一年草。
　　茎はやや赤。長さは50cm。花は白色）
　　⟨*Alternanthera sessilis*⟩

ホシヒトツバ
　クリハラン（栗葉蘭）の別名（ウラボシ
　　科の常緑性シダ植物。葉身は長さ25〜
　　40cm，広披針形）
　　⟨*Neocheiropteris ensata*⟩

*ホソアオゲイトウ（細青鶏頭）
　別名：アオビユ
　　ヒユ科の一年草。高さは60〜150cm。
　　花は白まれに帯紅紫色。
　　⟨*Amaranthus patulus Bertol.*⟩

ホソイチョウウロコゴケ
　ホソイチョウゴケの別名（ツボミゴケ科
　　のコケ。緑褐色、茎は長さ1〜2cm）
　　⟨*Barbilophozia attenuata*（Mart.）
　　Loeske⟩

*ホソイチョウゴケ
　別名：ホソイチョウウロコゴケ
　　ツボミゴケ科のコケ。緑褐色、茎は長さ
　　1〜2cm。
　　⟨*Barbilophozia attenuata*（Mart.）
　　Loeske⟩

ホソエウリハダ
　ホソエカエデ（細柄楓）の別名（双子葉
　　植物綱ムクロジ目カエデ科の落葉高木，
　　雌雄異株。樹高は15m。樹皮は緑色）
　　⟨*Acer capillipes*⟩

植物別名辞典　495

ホソエ

*ホソエカエデ（細柄楓）
別名：アシボソウリノキ，ホソエウリ
ハダ
双子葉植物綱ムクロジ目カエデ科の落葉
高木，雌雄異株。樹高は15m。樹皮は
緑色。
〈*Acer capillipes*〉

*ホソキマキ（細黄巻）
別名：ラセンクロトン
双子葉植物綱トウダイグサ目トウダイグ
サ科。クロトンノキの品種。
〈*Codiaeum variegatum var.pictum
'Hosokimaki'*〉

ホソテンキ
エゾムギの別名（単子葉植物綱カヤツリ
グサ目イネ科の多年草）
〈*Elymus sibiricus*〉

ホソバアオダモ
マルバアオダモ（丸葉青だも）の別名
（双子葉植物綱ゴマノハグサ目モクセイ
科の落葉高木）
〈*Fraxinus sieboldiana*〉

*ホソバアカバナ
別名：ヤナギアカバナ
双子葉植物綱フトモモ目アカバナ科の
草本。
〈*Epilobium palustre*〉

*ホソバアカメギ（細葉赤目木）
別名：ホソバテンジクメギ
メギ科の木本。

ホソバアラリア
タイワンモミジの別名（双子葉植物綱セ
リ目ウコギ科の常緑低木～小高木。高
さは2～3m）
〈*Polyscias fruticosa*〉

ホソバイソツツジ
ヒメイソツツジ（姫磯躑躅）の別名（双
子葉植物綱ツツジ目ツツジ科の常緑低
木）

〈*Ledum palustre subsp.*palustre *var.*
decumbens〉

ホソバイブキトラノオ
イブキトラノオ（伊吹虎の尾）の別名
（タデ科の多年草。高さは30～100cm。
花は白または淡桃色）
〈*Bistorta vulgaris* Hill〉
イワイブキトラノオの別名（タデ科の薬
用植物）
〈*Polygonum lapidosa* Kitag. ex
Fang.〉

*ホソバイワベンケイ（細葉岩弁慶）
別名：アオイワベンケイソウ
双子葉植物綱バラ目ベンケイソウ科の多
年草。長さは7～20cm。花は緑を帯
びた黄色。
〈*Rhodiola ishidae*〉

ホソバウマノスズクサ
アリマウマノスズクサの別名（ウマノス
ズクサ科の草本）
〈*Aristolochia onoei* Franch. et Savat.
ex Koidz.〉

*ホソバウンラン（細葉海蘭）
別名：セイヨウウンラン
双子葉植物綱ゴマノハグサ目ゴマノハグ
サ科の一年草または多年草。高さは
30～100cm。花は淡黄色。
〈*Linaria vulgaris*〉

ホソバエゾルリトラノオ
エゾルリトラノオの別名（ゴマノハグサ
科の草本）
〈*Veronica kiusiana var.villosa*〉

*ホソバオケラ（細葉朮）
別名：サドオケラ
キク科の薬用植物。
〈*Atractylodes lancea*（*Thunb*）*DC.*〉

ホソバガシ
シラカシ（白樫）の別名（双子葉植物綱
ブナ目ブナ科の常緑高木。高さは15～

496　植物別名辞典

20m。樹皮は濃い灰色）
〈Quercus myrsinaefolia〉

*ホソバカラマツ（細葉唐松）
別名：サマニカラマツ
キンポウゲ科の草本。
〈Thalictrum integrilobum Maxim.〉

ホソバキジノオ
ヤマソテツ（山蘇鉄）の別名（キジノオ
シダ科の夏緑性シダ植物。葉身の長さ
は25〜70cm）
〈Plagiogyria matsumureana〉

ホソバグミ
ヤナギバグミの別名（グミ科の木本。高
さは7m。花は内部は黄色。樹皮は赤褐
色）
〈Elaeagnus angustifolia L.〉

ホソバコウオウソウ
ヒメコウオウソウの別名（キク科）

*ホソバコオニユリ
別名：タニマユリ
ユリ科。
〈Lilium leichtlinii var.tigrinum
form.tenuifolium〉

*ホソバコガク（細葉小額）
別名：アマギアマチャ
ユキノシタ科の落葉低木。

*ホソバコケシノブ
別名：ヒメコケシノブ，フジコケシノ
ブ，ホソバヒメコケシノブ
コケシノブ科の常緑性シダ植物。葉身
は長さ2.5〜12cm，三角状卵形。
〈Mecodium polyanthos〉

*ホソバシケチシダ
別名：オオバミヤマイヌワラビ
オシダ科の常緑性シダ。葉身は長さ20
〜60cm。三角形〜三角状卵形。
〈Cornopteris banajaoensis（C.
Chr.）K. lwats. et Price〉

ホソバシャクナゲ（細葉石南花）
エンシュウシャクナゲの別名（双子葉植
物綱ツツジ目ツツジ科の常緑低木。高
さは2.5m。花はピンク色）
〈Rhododendron makinoi〉

*ホソバシュロソウ（細葉棕櫚草）
別名：ナガバシュロソウ（長葉棕櫚草）
単子葉植物綱ユリ目ユリ科の多年草。
高さは40〜100cm。花は濃紫褐色）
〈Veratrum maackii〉

ホソバセンナ
センナの別名（双子葉植物綱マメ目マメ
科。高さは2m以下。花は濃黄色）
〈Cassia angustifolia〉

ホソバゼンマイ
ゼンマイ（薇，銭巻）の別名（ゼンマイ
科の夏緑性シダ植物。葉身は長さ30〜
50cm，三角状広卵形）
〈Osmunda japonica〉

*ホソバタゴボウ
別名：ホソバチョウジタデ
アカバナ科の多年草。高さは20〜
100cm。花は黄色。
〈Ludwigia perennis L.〉

*ホソバタブ（細葉榑）
別名：アオガシ
双子葉植物綱クスノキ目クスノキ科の常
緑高木。葉長8〜20cm。
〈Machilus japonica〉

ホソバチャ
アッサムチャの別名（双子葉植物綱ツバ
キ目ツバキ科の低木。葉は製茶用。高
さは3m。花は白色）
〈Camellia sinensis var.assamica〉

ホソバチョウジタデ
ホソバタゴボウの別名（アカバナ科の多
年草。高さは20〜100cm。花は黄色）
〈Ludwigia perennis L.〉

ホソバツメクサ

コバノツメクサ（小葉爪草）の別名（双子葉植物綱ナデシコ目（中心子目）ナデシコ科の多年草。高さは10cm以下）
〈Minuartia verna *var.*japonica〉

ホソバデイゴ

アメリカデイゴの別名（双子葉植物綱マメ目マメ科の落葉小高木。高さは6m。花は黄を帯びた赤色）
〈Erythrina crista-galli〉

ホソバテッポウユリ

タカサゴユリ（高砂百合）の別名（単子葉植物綱ユリ目ユリ科の多年草。高さは30〜150cm。花は白色）
〈Lilium formosanum〉

ホソバテンジクメギ

ホソバアカメギ（細葉赤目木）の別名（メギ科の木本）

ホソバトキワサンザシ

タチバナモドキ（橘擬）の別名（双子葉植物綱バラ目バラ科の常緑性低木。果実は黄橙）
〈Pyracantha angustifolia〉

ホソバナライシダ

ナライシダ（奈良井羊歯）の別名（オシダ科の夏緑性シダ植物。葉身は長さ50cm，五角形状）
〈Leptorumohra miqueliana〉

ホソバニンジン

クソニンジン（糞人参）の別名（双子葉植物綱キク目キク科の一年草。高さは1m以上。花は白緑色）
〈Artemisia annua〉

ホソバノイタチシダ

ミサキカグマの別名（オシダ科の夏緑性シダ植物。葉身は長さ15〜30cm，五角状広卵形）
〈Dryopteris chinensis〉

ホソバノイブキシモツケ

トウシモツケ（唐下野）の別名（バラ科）
〈Spiraea nervosa Franch. et Savat. var.angustifolia（Yatabe）Ohwi〉

*ホソバノギク

別名：キシュウギク
双子葉植物綱キク目キク科の草本。
〈Aster sohayakiensis〉

ホソバノコウガイゼキショウ

アオコウガイゼキショウの別名（単子葉植物綱イグサ目イグサ科の多年草。高さは20〜40cm）
〈Juncus papillosus〉

ホソバノコガネサイコ

エゾサイコの別名（双子葉植物綱セリ目セリ科の多年草）
〈Bupleurum nipponicum *var.* yesoense〉

*ホソバノシバナ（細葉塩場菜）

別名：ミサキソウ
単子葉植物綱イバラモ目シバナ科の多年草。高さは15〜35cm。
〈Triglochin palustre〉

ホソバノセイタカギク

ミコシギクの別名（双子葉植物綱キク目キク科の草本。高さは30〜100cm。花は白色）
〈Chrysanthemum lineare〉

ホソバノチチコグサモドキ

タチチチコグサの別名（双子葉植物綱キク目キク科の一年草または越年草。高さは10〜30cm。花は淡褐色）
〈Gnaphalium calviceps〉

ホソバノホロシ

ヤマホロシの別名（双子葉植物綱ナス目ナス科のつる性多年草）
〈Solanum japonense〉

ホソバノヤノネグサ
ナガバノヤノネグサの別名 (タデ科の草本)
〈Persicaria breviochreata（Makino）Ohki〉

ホソバハカタユリ
オウカンユリの別名 (ユリ科の多肉植物。高さは60〜150cm。花は白色)
〈Lilium regale E. H. Wils.〉

ホソバハゲイトウ
ヤナギバゲイトウの別名 (ヒユ科)

*ホソバハネスゲ
別名：カルイザワツリスゲ
カヤツリグサ科。
〈Carex kujuzana Ohwi var. dissitispicula（Ohwi）T. Koyama〉

ホソバハブソウ
オオバノセンナの別名 (双子葉植物綱マメ目マメ科の低木。莢はやや円柱形。高さは1〜2m。花は鮮黄色)
〈Cassia sophera〉

ホソバヒイラギマメ
ヒイラギハギの別名 (マメ科の常緑低木)
〈Chorizema ilicifolium Labill.〉

*ホソバヒカゲスゲ
別名：ヒメヒカゲスゲ
単子葉植物綱カヤツリグサ目カヤツリグサ科の多年草。高さは10〜30cm。
〈Carex humilis var.nana〉

ホソバヒメコケシノブ
ホソバコケシノブの別名 (コケシノブ科の常緑性シダ植物。葉身は長さ2.5〜12cm、三角状卵形)
〈Mecodium polyanthos〉

*ホソバフクロトウ
別名：ノギトウサゴヤシ
ヤシ科の蔓木。葉裏銀白。幹径15ミリ、羽片長さ30cm。花は黄色。
〈Korthalsia echinometra Becc.〉

ホソバホトトギス
タイワンホトトギス (台湾杜鵑草) の別名 (単子葉植物綱ユリ目ユリ科の多年草。高さは30〜50cm。花は紫紅色)
〈Tricyrtis formosana〉

*ホソバホラゴケ
別名：ハハジマホラゴケ
コケシノブ科の常緑性シダ植物。葉身は長さ5〜12cm、長楕円状披針形。
〈Cephalomanes boninense〉

*ホソバミズゼニゴケ (細葉水銭苔)
別名：ムラサキミズゼニゴケ
ミズゼニゴケ科のコケ。紅紫色、長さ2〜5cm。
〈Pellia endiviifolia〉

*ホソバミズヒキモ (細葉水引藻)
別名：ヒメヒルムシロ
単子葉植物綱イバラモ目ヒルムシロ科の小形浮葉植物。浮葉は長楕円形で明るい黄緑色。
〈Potamogeton octandrus〉

*ホソバミミナグサ
別名：ホクセンミミナグサ
ナデシコ科の草本。
〈Cerastium rubescens Mattf. var. ovatum（Miyabe）Mizushima〉

ホソバムクイヌビワ
ムクイヌビワの別名 (クワ科の木本)
〈Ficus irisana Elmer〉

*ホソバムクイヌビワ
別名：キングイヌビワ
双子葉植物綱イラクサ目クワ科の木本。
〈Ficus ampelas〉

ホソバモクセイソウ
ホザキモクセイソウの別名 (モクセイソウ科。花は淡黄色)

植物別名辞典　499

〈*Reseda luteola* L.〉

ホソバヨツバヒヨドリ
ハコネヒヨドリの別名（双子葉植物綱キ
ク目キク科の草本）
〈*Eupatorium chinense var.*hakonense〉

ホソバラン
キヌランの別名（単子葉植物綱ラン目ラ
ン科の多年草。高さは5〜10cm）
〈*Zeuxine strateumatica*〉

ホソバルスカス
イタリアンルスカスの別名（ユリ科）

*ボダイジュ（菩提樹）
別名：セイヨウシナノキ，リンデン
双子葉植物綱アオイ目シナノキ科の落葉
広葉高木。高さは25m。
〈*Tilia miqueliana*〉

*ホタルカズラ（蛍葛）
別名：ホタルカラクサ，ホタルソウ，
ルリソウ
双子葉植物綱シソ目ムラサキ科の多年
草。高さは15〜25cm。花は碧色。
〈*Lithospermum zollingeri*〉

ホタルカラクサ
ホタルカズラ（蛍葛）の別名（双子葉植
物綱シソ目ムラサキ科の多年草。高さ
は15〜25cm。花は碧色）
〈*Lithospermum zollingeri*〉

*ホタルサイコ（蛍柴胡）
別名：ダイサイコ，ホタルソウ
双子葉植物綱セリ目セリ科の多年草。
高さは50〜150cm。
〈*Bupleurum longiradiatum subsp.*
sachalinense var.elatius〉

ホタルソウ
ホタルカズラ（蛍葛）の別名（双子葉植
物綱シソ目ムラサキ科の多年草。高さ
は15〜25cm。花は碧色）
〈*Lithospermum zollingeri*〉

ホタルサイコ（蛍柴胡）の別名（双子葉
植物綱セリ目セリ科の多年草。高さは
50〜150cm）
〈*Bupleurum longiradiatum subsp.*
*sachalinense var.*elatius〉

ホタルヒバ
オウゴンシノブヒバ（黄金忍檜葉）の
別名（マツ綱マツ目ヒノキ科の木本）
〈*Chamaecyparis pisifera 'Plumosa*
Aurea'〉

*ホタルブクロ（蛍袋）
別名：チョウチンバナ（提燈花），ツリ
ガネソウ（釣鐘草）
双子葉植物綱キキョウ目キキョウ科の多
年草。高さは50〜80cm。花は白色，
または淡紫紅色。
〈*Campanula punctata*〉

ホダワラ
ホンダワラ（馬尾藻）の別名（ホンダワ
ラ科の海藻。根は仮盤状。体は2m）
〈*Sargassum fulvellum*（Turner）
Agardh〉

*ボタン（牡丹）
別名：カオウ（花王），フウキソウ（富
貴草）
双子葉植物綱ビワモドキ目ボタン科の木
本。高さは2m。花は白，桃，紅，
紫色。
〈*Paeonia suffruticosa*〉

ボタンイバラ
トキンイバラ（頭巾茨）の別名（双子葉
植物綱バラ目バラ科の落葉低木。高さ
は1m。花は白色）
〈*Rubus tokin-ibara*〉

*ボタンクサギ
別名：ヒマラヤクサギ，ベニバナク
サギ
双子葉植物綱シソ目クマツヅラ科の落葉
小低木。高さは1m。花は淡紅色。
〈*Clerodendrum bungei*〉

ボタンザクラ
ヤエザクラ（八重桜）の別名（双子葉植物綱バラ目バラ科。サトザクラの八重咲き品種の通称）

ボタンヅル
クレマティスの別名（キンポウゲ科の属総称。宿根草）

ボタンツツジ
ヨドガワツツジ（淀川躑躅）の別名（双子葉植物綱ツツジ目ツツジ科の木本）
〈Rhododendron yedoense var. yedoense form.yedoense〉

*ボタンバラ
別名：マイカイ
バラ科。
〈Rosa odorata（Andr.）Sweet〉

*ボタンボウフウ（牡丹防風）
別名：イワゼリ，ケズリボウフウ，サクナ
双子葉植物綱セリ目セリ科の多年草。高さは60〜100cm。
〈Peucedanum japonicum〉

ボタンユリ
チューリップの別名（単子葉植物綱ユリ目ユリ科の多年草）
〈Tulipa gesneriana〉

*ボチョウジ
別名：リュウキュウアオキ
双子葉植物綱アカネ目アカネ科の常緑低木。高さは1〜2m。花は白色。
〈Psychotria rubra〉

*ホツツジ（穂躑躅）
別名：マツノキハダ，ヤマボウキ，ヤマワラ
双子葉植物綱ツツジ目ツツジ科の落葉低木。高さは2m。花は白色。
〈Elliottia paniculata〉

*ホップ
別名：コモンホップ，セイヨウカラハナソウ
双子葉植物綱イラクサ目クワ科のつる性多年草。長さは6〜7m。
〈Humulus lupulus〉

*ポップコーン
別名：ハゼトウモロコシ，パプコーン
イネ科の野菜。

ホップツメクサ
クスダマツメクサの別名（双子葉植物綱マメ目マメ科の一年草。長さは5〜30cm。花は鮮黄色）
〈Trifolium campestre〉

*ホテイアオイ（布袋葵）
別名：スイギョク（水玉），ホテイソウ
単子葉植物綱ユリ目ミズアオイ科の多年生水草。高さ10〜80cm、総状花序に淡紫色の花を多数付ける。
〈Eichhornia crassipes〉

*ホテイシダ（布袋羊歯）
別名：オオノキシノブ
ウラボシ科の夏緑性シダ植物。葉身は長さ25cm弱，披針形。
〈Lepisorus annuifrons〉

ホテイソウ
クマガイソウ（熊谷草）の別名（ラン科の多年草。高さは15〜40cm。花は淡緑色）
〈Cypripedium japonicum Thunb. ex Murray〉
ホテイアオイ（布袋葵）の別名（ミズアオイ科の多年生水草。高さ10〜80cm、総状花序に淡紫色の花を多数付ける）
〈Eichhornia crassipes Solms-Laub.〉

ホテイマンテマ
ハマベマンテマの別名（ナデシコ科の宿根草）

植物別名辞典　501

ホテイ

*ホテイラン (布袋蘭)
別名：ツリフネラン
単子葉植物綱ラン目ラン科の多年草。
高さは6〜15cm。
〈*Calypso bulbosa var.speciosa*〉

*ポテンティラ
別名：キジムシロ (雉蓆)，キンロバイ
バラ科の属総称。

*ホトケノザ (仏座)
**別名：カスミソウ，サンガイグサ，ホ
トケノツヅレ**
双子葉植物綱シソ目シソ科の一年草また
は多年草。高さは10〜30cm。
〈*Lamium amplexicaule*〉

ホトケノツヅレ
ホトケノザ (仏座) の別名 (双子葉植物
綱シソ目シソ科の一年草または多年草。
高さは10〜30cm)
〈*Lamium amplexicaule*〉

ホトケノミミ
ギンナンソウの別名 (スギノリ科の海
藻。基脚は楔形。体は7〜20cm)
〈*Chondrus yendoi* Yamada et in
Mikami〉

*ポトス
別名：オウゴンカズラ
サトイモ科。

ホナガ
ウラジロ (裏白) の別名 (ウラジロ科の
常緑性シダ植物。葉柄の長さは30〜
100cm)
〈*Gleichenia japonica*〉

*ホナガアオゲイトウ
別名：イガホビユ
双子葉植物綱ナデシコ目 (中心子目) ヒ
ユ科の一年草。高さは30〜100cm。
〈*Amaranthus powelii*〉

*ホナガイヌビユ (穂長犬莧)
別名：ナガホイヌビユ
双子葉植物綱ナデシコ目 (中心子目) ヒ
ユ科の一年草。高さは1m前後。花は
帯褐色。
〈*Amaranthus viridis*〉

ホナガヒメゴウソ
アオゴウソの別名 (単子葉植物綱カヤツ
リグサ目カヤツリグサ科の多年草。高
さは30〜60cm)
〈*Carex phacota*〉

ホネヌキ
ホウセンカ (鳳仙花) の別名 (双子葉植
物綱フウロソウ目ツリフネソウ科の一年
草，観賞用草本。高さは30〜70cm。花
は紅色)
〈*Impatiens balsamina*〉

*ボーファネ
別名：ブーファン
ヒガンバナ科の属総称。球根植物。

*ポプラ
**別名：イタリアヤマナラシ，ピラミッ
ドヤマナラシ**
ヤナギ科の落葉高木。
〈*Populus nigra* L. *var.italica*
Moench.〉

ポプラリアン
ミシマサイコ (三島柴胡) の別名 (双子
葉植物綱セリ目セリ科の多年草。高さ
は30〜70cm)
〈*Bupleurum scorzoneraefolium var.
stenophyllum*〉

*ホモグロッスム
別名：フレームス
アヤメ科の属総称。球根植物。

ホヤ
ヤドリギ (寄生木) の別名 (双子葉植物
綱ビャクダン目ヤドリギ科の常緑低木)
〈*Viscum album var.coloratum*〉

ホルム

*ホヤ
別名：サクララン
ガガイモ科の属総称。

ホヨ
ヤドリギ（寄生木）の別名（双子葉植物綱ビャクダン目ヤドリギ科の常緑低木）
〈Viscum album var.coloratum〉

ホラガイソウ
キツリフネ（黄釣船）の別名（双子葉植物綱フウロソウ目ツリフネソウ科の一年草。高さは30～80cm。花は黄色）
〈Impatiens noli-tangere〉

ホラゴケ
ハイホラゴケの別名（コケシノブ科の常緑性シダ植物。葉身は長さ5～18cm、卵状披針形から倒卵状長楕円形）
〈Vandenboschia radicans〉

ホラシノブ
ハイホラゴケの別名（コケシノブ科の常緑性シダ。葉身は長さ5～18cm。卵状披針形から倒卵状長楕円形）
〈Vandenboschia radicans（Sw.）Copel.〉

*ホラシノブ（洞忍）
別名：トワノシダ
ホングウシダ科の常緑性シダ植物。葉身は長さ15～60cm、長楕円状披針形。
〈Sphenomeris chinensis〉

*ポリアンテス
別名：ゲッカコウ
リュウゼツラン科の属総称。

ホーリーウォート
クマツヅラ（熊葛）の別名（双子葉植物綱シソ目クマツヅラ科の多年草。高さは30～80cm）
〈Verbena officinalis〉

*ボリジ
別名：ルリジサ

ムラサキ科の属総称。

*ポリスキアス
別名：タイワンモミジ
ウコギ科の属総称。

ホリソウ
ホロムイソウ（幌向草）の別名（単子葉植物綱イバラモ目ホロムイソウ科の多年草。高さは10～30cm）
〈Scheuchzeria palustris〉

*ポリポジウム
別名：ミクロソリューム
ウラボシ科のシダ植物。
〈Microsorium punctatum（L.）E. Copel.〉

ポルチーニ
ヤマドリタケ（山鳥茸）の別名（イグチ科のキノコ）
〈Boletus edulis〉

ポルツラカ
スベリヒユ（滑莧）の別名（双子葉植物綱ナデシコ目（中心子目）スベリヒユ科の一年草。高さは10～30cm）
〈Portulaca oleracea〉

*ホルトカズラ
別名：サタカズラ
ヒルガオ科の常緑藤本。
〈Erycibe henryi Prain〉

*ホルトノキ
別名：モガシ
双子葉植物綱アオイ目ホルトノキ科の常緑高木。
〈Elaeocarpus sylvestris var. ellipticus〉

ホルムイイチゴ
ホロムイイチゴの別名（双子葉植物綱バラ目バラ科の多年草）
〈Rubus chamaemorus〉

植物別名辞典　503

ホルム

*ホルムショルディア
別名：チャイニーズ・ハット
クマツヅラ科の属総称。

ホロカケソウ
クマガイソウ（熊谷草）の別名（単子葉
植物綱ラン目ラン科の多年草。高さは
15～40cm。花は淡緑色）
〈*Cypripedium japonicum*〉

ボロギク
サワギク（沢菊）の別名（双子葉植物綱
キク目キク科の多年草。高さは35～
110cm）
〈*Senecio nikoensis*〉

*ホロムイイチゴ
別名：ホルムイイチゴ，ヤチイチゴ
（谷地苺）
双子葉植物綱バラ目バラ科の多年草。
〈*Rubus chamaemorus*〉

*ホロムイスゲ（幌向菅）
別名：トマリスゲ
カヤツリグサ科の多年草。高さは30～
70cm。
〈*Carex middendorffii Fr. Schm.
var.middendorffii*〉

*ホロムイソウ（幌向草）
別名：エゾゼキショウ，ホリソウ
単子葉植物綱イバラモ目ホロムイソウ科
の多年草。高さは10～30cm。
〈*Scheuchzeria palustris*〉

ホロムイツツジ
ヤチツツジの別名（双子葉植物綱ツツジ
目ツツジ科の常緑小低木。高さは0.3～
1m。花は白色）
〈*Chamaedaphne calyculata*〉

ボロンカズラ
トケイソウ（時計草）の別名（双子葉植
物綱スミレ目トケイソウ科のつる性植
物。花は白～桃紫色）
〈*Passiflora caerulea*〉

ホワイトシダー
バリェガータの別名（ヒノキ科のヌマヒ
ノキの品種）

ホワイトフォアハウンド
ニガハッカ（苦薄荷）の別名（双子葉植
物綱シソ目シソ科の多年草。高さは40
～60cm。花は白色）
〈*Marrubium vulgare*〉

ホワイトレースフラワー
ドクゼリモドキの別名（双子葉植物綱セ
リ目セリ科の一年草または越年草。高
さは30～100cm。花は白色）
〈*Ammi majus*〉

*ホンアマリリス
別名：ケープベラドンナ，ベラドンナ
リリー
単子葉植物綱ユリ目ヒガンバナ科の多年
草。高さは50～70cm。花は淡紅色。
〈*Amaryllis belladonna*〉

ホンガヤ
カヤ（榧）の別名（イチイ綱イチイ目イチ
イ科の常緑高木または低木。高さは
30m）
〈*Torreya nucifera*〉

*ホンカンゾウ（本萱草）
別名：カンゾウ，シナカンゾウ，フ
ルバ
単子葉植物綱ユリ目ユリ科の多年草。
〈*Hemerocallis fulva*〉

ポンキン
ズッキーニの別名（ウリ科の果菜類）
〈*Cucurbita pepo Linn. var.melopepo*〉
ペポカボチャの別名（双子葉植物綱スミ
レ目ウリ科の野菜。葉や花はカボチャ
に似る）
〈*Cucurbita pepo*〉

*ホングウシダ
別名：ニセホングウシダ
ホングウシダ科の常緑性シダ植物。葉

504　植物別名辞典

身は長さ10〜40cm，幅1.5〜2.5cm，狭長楕円形から披針形。
〈Lindsaea odorata〉

ボン クレシアン ウイリアムス
バートレットの別名（バラ科のナシの品種。果皮は鮮淡緑色）

ホンサカキ
サカキ（榊，栄樹，賢木，神木）の別名（双子葉植物綱ツバキ目ツバキ科の常緑小高木。高さは10m。花は白で後に黄色）
〈Cleyera japonica〉

ホンサゴ
サゴヤシの別名（単子葉植物綱ヤシ目ヤシ科の湿地性植物。地下茎で増殖，15年で開花する。高さは12m）
〈Metroxylon sagu〉

ホンシメジ
カブシメジの別名（シメジ科の野菜）
*ホンシメジ
別名：カブシメジ，ダイコクシメジ
キシメジ科のキノコ。中型〜大型。高さは3〜10cm。傘は淡灰褐色，かすり模様。ひだは白色。
〈Lyophyllum shimeji〉

ホンシャクナゲ
ツクシシャクナゲ（筑紫石南花）の別名（ツツジ科の常緑低木。高さは3.5m。花は淡紅色）
〈Rhododendron metternichii Sieb. et Zucc.〉

ホンタデ
タデの別名（タデ科の香辛野菜）
ヤナギタデ（柳蓼）の別名（双子葉植物綱タデ目タデ科の一年草。葉は辛く香辛料となる。高さは30〜60cm。花は白〜淡枇杷色）
〈Persicaria hydropiper〉

*ホンダワラ
別名：ジンバソウ，ナノリソ，ホダワラ
褐藻綱ヒバマタ目ホンダワラ科の海藻。根は仮盤状。体は2m。
〈Sargassum fulvellum〉

ホンツガ
ツガ（栂）の別名（マツ綱マツ目マツ科の常緑高木。高さは30m）
〈Tsuga sieboldii〉

ホンツゲ
ツゲ（黄楊，柘植）の別名（双子葉植物綱トウダイグサ目ツゲ科の常緑低木）
〈Buxus microphylla var.japonica〉

ホンドホタルブクロ
ヤマホタルブクロ（山蛍袋）の別名（双子葉植物綱キキョウ目キキョウ科の多年草。高さは30〜70cm）
〈Campanula punctata var. hondoensis〉

ホンナ
ヨブスマソウ（夜衾草）の別名（双子葉植物綱キク目キク科の多年草。葉は大形でひし形。高さは90〜250cm）
〈Cacalia hastata var.orientalis〉

ボンバナ
エゾミソハギ（蝦夷禊萩）の別名（双子葉植物綱フトモモ目ミソハギ科の多年草。高さは50〜150cm。花は紅紫色）
〈Lythrum salicaria〉
ミソハギ（禊萩）の別名（双子葉植物綱フトモモ目ミソハギ科の多年草。高さは1m前後）
〈Lythrum anceps〉

ホンブナ
ブナ（橅，椈）の別名（双子葉植物綱ブナ目ブナ科の落葉高木）
〈Fagus crenata〉

植物別名辞典　505

ホンフ

ホンフノリ
マフノリの別名（紅藻綱スギノリ目フノ
リ科の海藻。叉状分岐。体は10〜20cm）
〈Gloiopeltis tenax〉

ポンポン
ミフクラギ（目膨木）の別名（双子葉植
物綱リンドウ目キョウチクトウ科の常緑
高木。花は白色）
〈Cerbera manghas〉

ホンマキ
イヌマキ（犬槙）の別名（マツ綱マツ目
マキ科の常緑高木。高さは25m）
〈Podocarpus macrophyllus〉
コウヤマキ（高野槙）の別名（マツ綱マ
ツ目コウヤマキ科の常緑高木。樹高は
30m。樹皮は赤褐色）
〈Sciadopitys verticillata〉

ホンミカン
キシュウミカン（紀州蜜柑）の別名（双
子葉植物綱ムクロジ目ミカン科の木本。
果面は橙黄色）
〈Citrus kinokuni〉

ホンモチ
モチノキ（黐木）の別名（双子葉植物綱
ニシキギ目モチノキ科の常緑高木。花
は黄緑色）
〈Ilex integra〉

ホンヤシ
ココヤシの別名（単子葉植物綱ヤシ目ヤ
シ科の高木。高さは12〜24m）
〈Cocos nucifera〉

ホンユ
ユズ（柚）の別名（双子葉植物綱ムクロジ
目ミカン科の木本。果面は黄色。花は
白色）
〈Citrus junos〉

【 マ 】

マアザミ（真薊）
キセルアザミ（煙管薊）の別名（双子葉
植物綱キク目キク科の多年草。高さは
50〜100cm）
〈Cirsium sieboldii〉

マイ
アヤオリの別名（バラ科。フロリバン
ダ・ローズ系。花は赤色）

マイカイ
ボタンバラの別名（バラ科）
〈Rosa odorata（Andr.）Sweet〉

マイクサ
マイハギ（舞萩）の別名（双子葉植物綱マ
メ目マメ科の落葉小低木。花は桃紫色）
〈Codariocalyx motorius〉

*マイタケ（舞茸）
別名：クロフ，クロブサ，メタケ
サルノコシカケ科のキノコ。大型。傘
は扇形，黒色〜淡褐色。
〈Grifola frondosa〉

*マイハギ（舞萩）
別名：マイクサ，ユレハギ
双子葉植物綱マメ目マメ科の落葉小低
木。花は桃紫色。
〈Codariocalyx motorius〉

マエバラヤスデゴケ
ヒラヤスデゴケの別名（ヤスデゴケ科の
コケ。茎は長さ約1cm）
〈Frullania inflata〉

マオ
カラムシ（苧，苧麻）の別名（双子葉植
物綱イラクサ目イラクサ科の多年草。
高さは50〜100cm）

〈*Boehmeria nipononivea*〉
ナンバンカラムシの別名(双子葉植物綱
イラクサ目イラクサ科の多年草。葉裏
は白い。高さは2m)
〈*Boehmeria nivea var.*tenacissima〉

*マオウ(麻黄)
別名：シナマオウ(支那麻黄)
グネツム綱グネツム目マオウ科の半低木
状裸子植物。高さは50cm。
〈*Ephedra sinica*〉

マオラン
ニューサイラン(新西蘭)の別名(単子
葉植物綱ユリ目ユリ科の多年草。高さ
は5m。花は暗赤色)
〈*Phormium tenax*〉

*マカダミア
別名：クイーンズランドナットノキ
高さは10m。花は黄白色。
〈*Macadamia ternifolia*〉

マガリバナ
イベリスの別名(アブラナ科の属総称)
*マガリバナ(歪り花)
別名：イベリス，クッキョクカ
アブラナ科。高さは20～30cm。花は
白色。
〈*Iberis amara* L.〉

マガリミサヤモ
ムサシモ(武蔵藻)の別名(単子葉植物
綱イバラモ目イバラモ科の沈水植物。
葉は糸状，縁に細かい鋸歯がある)
〈*Najas ancistrocarpa*〉

*マーガレット
別名：キダチカミツレ，モクシュンギ
ク(木春菊)
双子葉植物綱キク目キク科の宿根草。
〈*Chrysanthemum frutescens*〉

*マカンバ
別名：アカカンバ
カバノキ科。

〈*Betula ermanii Cham. var.
subcordata*（*Regel*）*Koidz.*〉

マキ
スギ(杉)の別名(マツ綱マツ目スギ科の
常緑高木。樹高は40m。樹皮は橙褐色)
〈*Cryptomeria japonica*〉

*マキギヌ(巻絹)
別名：クモノスバンダイソウ
ベンケイソウ科。

マキバアスパラガス
ヤナギバテンモンドウの別名(ユリ科の
常緑低木。塊根は薬用。高さは7～
15m。花は白色)
〈*Asparagus falcatus* L.〉

マキヒレシダ
オオヤグルマシダ(大矢車羊歯)の別
名(オシダ科の常緑性シダ植物。葉身は
長さ2m，披針形から広披針形)
〈*Dryopteris wallichiana*〉

マクサ
テングサの別名(紅藻綱テングサ目テン
グサ科の海藻。3回羽状に分岐。体は10
～30cm)
〈*Gelidium elegans*〉

マクズ
クズ(葛)の別名(双子葉植物綱マメ目マ
メ科の木本性つる草。長さは10m前後)
〈*Pueraria lobata*〉

マグニフィカ
グズマニアの別名(パイナップル科の属
総称)

*マクリ
別名：カイニンソウ(海仁草)
紅藻綱イギス目フジマツモ科の海藻。
円柱状。体は5～25cm。
〈*Digenea simplex*〉

マクワ

*マグワ（真桑）
別名：カラグワ，カラヤマクワ，トウグワ
双子葉植物綱イラクサ目クワ科の落葉木。高さは8〜15m。樹皮は橙褐色。
〈*Morus alba*〉

*マコモ（真菰，真薦）
別名：シナタケ
単子葉植物綱カヤツリグサ目イネ科の多年草。全高1〜3m，葉身は線形で長さ40〜90cm。
〈*Zizania latifolia*〉

マゴヤシ
ウマゴヤシ（馬肥）の別名（双子葉植物綱マメ目マメ科の草本。長さは10〜60cm。花は黄色）
〈*Medicago polymorpha*〉

*マコンブ（真昆布）
別名：ウミマヤコンブ，エビスメ，シノリコンブ
褐藻綱コンブ目コンブ科の海藻。葉片は笹葉状。体は長さ2〜6m。
〈*Laminaria japonica*〉

*マサキ（柾，正木）
別名：オオバマサキ，ナガバマサキ
双子葉植物綱ニシキギ目ニシキギ科の常緑低木。高さは2〜3m。花は帯緑白色。
〈*Euonymus japonicus*〉

マサゴヤシ
サゴヤシの別名（単子葉植物綱ヤシ目ヤシ科の湿地性植物。地下茎で増殖，15年で開花する。高さは12m）
〈*Metroxylon sagu*〉

マーシュ・マロウ
ビロードアオイの別名（双子葉植物綱アオイ目アオイ科の多年草。高さは1m）
〈*Althaea officinalis*〉

マージョラム
スイートマジョラムの別名（シソ科のハーブ）

マジョラム
スイートマジョラムの別名（シソ科のハーブ）

マスアラマル
マスラマル（益荒丸）の別名（サボテン科のサボテン）

*マスイドーフィン（桝井ドーフィン）
別名：ドーフィン
クワ科のイチジク（無花果）の品種。果皮は紫褐色。

マスウノススキ
ムラサキススキの別名（単子葉植物綱カヤツリグサ目イネ科の草本）
〈*Miscanthus sinensis var.*sinensis *form.*purpurascens〉

*マスカット・オブ・アレキサンドリア
別名：アレキ，アレキサンドリア，ジッビブ
ブドウ科のブドウ（葡萄）の品種。果皮は黄青色。

マスクサ
マスクサスゲの別名（カヤツリグサ科の多年草。高さは30〜70cm）
〈*Carex gibba* Wahl.〉

*マスクサスゲ
別名：マスクサ
カヤツリグサ科の多年草。高さは30〜70cm。
〈*Carex gibba Wahl.*〉

マスクメロン
アミメロンの別名（ウリ科）
〈*Cucumis melo* L. var.*reticulatus* Ser.〉

マスタード・サラダ
サラダマスタードの別名（アブラナ科の

ハーブ)

マスハイチョウウロコゴケ
マスハイチョウゴケの別名(ツボミゴケ
科のコケ。褐色をおびる。茎は長さ
1cm)
〈Lophozia sudetica（Nees ex
Huebener）Grolle〉

*マスハイチョウゴケ
別名：マスハイチョウウロコゴケ
ツボミゴケ科のコケ。褐色をおびる。
茎は長さ1cm。
〈Lophozia sudetica（Nees ex
Huebener）Grolle〉

*マスラマル(益荒丸)
別名：マスアラマル
サボテン科のサボテン。

マダガスカルシタキソウ
スズサイコ(鈴柴胡)の別名(双子葉植
物綱リンドウ目ガガイモ科の多年草。
高さは40〜100cm。花は純白色)
〈Cynanchum paniculatum〉

マダガスカルジャスミン
スズサイコ(鈴柴胡)の別名(ガガイモ
科の多年草。高さは40〜100cm。花は
純白色)
〈Cynanchum paniculatum（Bunge）
Kitagawa〉

*マダガスカルジャスミン
別名：ステファノチス，ステファノティ
ス，ハナヨメバナ
双子葉植物綱リンドウ目ガガイモ科
の観賞用つる草。花は白色。
〈Stephanotis floribunda〉

*マダケ(真竹)
別名：クレタケ，ニガタケ
イネ科の常緑大型竹。高さは10〜20m。
〈Phyllostachys bambusoides Sieb. et
Zucc.〉

マタジイ
マテバシイ(真手葉椎)の別名(双子葉
植物綱ブナ目ブナ科の常緑高木。高さ
は10〜15m。樹皮は灰褐色)
〈Lithocarpus edulis〉

*マタタビ(木天蓼)
別名：ナツウメ
双子葉植物綱ツバキ目マタタビ科の落葉
性つる性低木。花は白色。
〈Actinidia polygama〉

マタデ
タデの別名(タデ科の香辛野菜)

マタバゴケ
キリシマゴケの別名(キリシマゴケ科の
コケ。やや光沢のある緑褐色，茎は長さ
3〜10cm)
〈Herbertus aduncus（Dicks.）Gray〉

マダム・エル・ド・スメ
タマダレニシキ(玉垂錦)の別名(ツツ
ジ科のアザレアの品種)

マダムレフェーバー
レッド・エンペラーの別名(ユリ科の
チューリップの品種)

*マチン(馬銭，番木鼈)
別名：ストリキニーネノキ
双子葉植物綱リンドウ目マチン科の小高
木，ややつる性。枝端に短刺，果実は
漿果。
〈Strychnos nux-vomica〉

マツカサギク
アラゲハンゴンソウ(粗毛反魂草)の
別名(双子葉植物綱キク目キク科の多年
草または一年草。高さは40〜90cm。花
は黄色，または橙色)
〈Rudbeckia hirta var.pulcherrima〉

*マツカサシメジ
別名：マツカサツエタケ
キシメジ科。

植物別名辞典　509

〈*Strobilurus tenacellus*（Pers：Fr.）
Sing.〉

マツカサツエタケ
マツカサシメジの別名（キシメジ科）
〈*Strobilurus tenacellus*（Pers：Fr.）
Sing.〉

*マツカワノコモジゴケ
別名：フタゴゴケ
モジゴケ科の地衣類。地衣体は灰白粉
霜状。
〈*Melaspilea gemella Nyl.*〉

*マツグミ（松胡頽子，松茱萸）
別名：カラスノツギホ，マツホヤ，マ
ツヤドリギ
双子葉植物綱ビャクダン目ヤドリギ科の
常緑低木。
〈*Taxillus kaempferi*〉

マッコウ
ハリツルマサキ（針蔓柾木）の別名（双
子葉植物綱ニシキギ目ニシキギ科の常緑
半つる状低木）
〈*Maytenus diversifolia*〉

マッコノキ
カツラ（桂）の別名（双子葉植物綱マンサ
ク目カツラ科の落葉高木。高さは30m。
樹皮は灰褐色）
〈*Cercidiphyllum japonicum*〉

マツサカイトタレギク
イセギク（伊勢菊）の別名（双子葉植物
綱キク目キク科の草本）

*マツザカシダ
別名：ハゴロモシダ，ハツユキシダ
イノモトソウ科の常緑性シダ植物。葉
身は長さ10〜20cm，側羽片は線状長
楕円形。
〈*Pteris nipponica*〉

マッシュルーム
ハラタケ（原茸）の別名（ハラタケ科の
キノコ）
〈*Agaricus campestris*〉

*マッシュルーム
別名：セイヨウマツタケ，ツクリタケ
傘の表面は初め白色，後に淡黄褐色ま
たは淡赤褐色。
〈*Agaricus bisporus*〉

マツノキハダ
ホツツジ（穂躑躅）の別名（双子葉植物
綱ツツジ目ツツジ科の落葉低木。高さ
は2m。花は白色）
〈*Elliottia paniculata*〉

マツバ
リュウセイクロトンの別名（双子葉植物
綱トウダイグサ目トウダイグサ科。ク
ロトンノキの品種）
〈*Codiaeum variegatum var.*pictum
'Van Oosterzeei'〉

*マツバイ（松葉藺）
別名：コウゲ，コゲ
単子葉植物綱カヤツリグサ目カヤツリグ
サ科の抽水性〜湿生植物，小形。稈は
細く毛管状，先端は鈍頭。高さは4〜
8cm。
〈*Eleocharis acicularis*〉

マツバウド
アスパラガスの別名（単子葉植物綱ユリ
目ユリ科の葉菜類。茎は食用となる。
高さは1.5m。花は緑白色）
〈*Asparagus officinalis*〉

マツバカタバミ
ゴヨウカタバミの別名（カタバミ科）
〈*Oxalis pentaphylla* Sims〉

マツバカンザシ
ハマカンザシ（浜簪）の別名（双子葉植
物綱イソマツ目イソマツ科の多年草。
高さは20cm）
〈*Armeria maritima*〉

マツホ

*マツバギク（松葉菊）
別名：サボテンギク
> 双子葉植物綱ナデシコ目（中心子目）ザクロソウ科の多肉多年草。高さは30cm。花は桃赤色，淡い桃白色，桃紅色。
> 〈*Lampranthus spectabilis*〉

*マツバコケシダ
別名：ミツデコケシダ
> コケシノブ科の常緑性シダ。葉身は長さ0.6〜2cm。円形から卵状長楕円形。
> 〈*Crepidomanes latemarginale*〉

マツハダ
シロヤシオの別名（双子葉植物綱ツツジ目ツツジ科の落葉低木または高木）
> 〈*Rhododendron quinquefolium*〉

マツバダンゴギク
マツバハルシャギクの別名（キク科の一年草。高さは20〜60cm。花は淡黄色）
> 〈*Helenium amarum*（Raf.）Rock〉

マツバナデシコ
マツバニンジンの別名（双子葉植物綱アマ目アマ科の一年草。高さは50〜60cm。花は淡紫色）
> 〈*Linum stelleroides*〉

*マツバナデシコ
別名：マツバニンジン
アマ科。

マツバニンジン
マツバナデシコの別名（アマ科）

*マツバニンジン
別名：マツバナデシコ
> 双子葉植物綱アマ目アマ科の一年草。高さは50〜60cm。花は淡紫色。
> 〈*Linum stelleroides*〉

マツバハルシャギク
ダンゴギク（団子菊）の別名（双子葉植物綱キク目キク科の多年草。高さは60〜180cm。花は黄色）
> 〈*Helenium autumnale*〉

*マツバハルシャギク
別名：イトギク，マツバダンゴギク
> キク科の一年草。高さは20〜60cm。花は淡黄色。
> 〈*Helenium amarum*（Raf.）Rock〉

*マツバボタン（松葉牡丹）
別名：ツメキリソウ，ヒデリソウ
> 双子葉植物綱ナデシコ目（中心子目）スベリヒユ科の一年草。高さは25cm。花は淡紅色，または紫紅色。
> 〈*Portulaca grandiflora*〉

*マツバラン（松葉蘭）
別名：チクラン，フウキソウ，ホウキラン
> マツバラン科の常緑性シダ植物。胞子は黄白色。高さは10〜50cm。
> 〈*Psilotum nudum*〉

マツフウラン
ノキシノブ（軒忍）の別名（ウラボシ科の常緑性シダ植物。葉身は長さ12〜30cm，線形から広線形）
> 〈*Lepisorus thunbergianus*〉

*マツブサ（松房）
別名：ウシブドウ，ヤワラヅル，ワタカズラ
> 双子葉植物綱シキミ目マツブサ科の落葉つる性植物。
> 〈*Schisandra nigra*〉

マツホド
ブクリョウ（茯苓）の別名（サルノコシカケ科のキノコ。中型〜大型。地中生（マツの根），菌核は類球形）
> 〈*Wolfiporia cocos*〉

マツホヤ
マツグミ（松胡頹子，松茱萸）の別名（双子葉植物綱ビャクダン目ヤドリギ科の常緑低木）
> 〈*Taxillus kaempferi*〉

植物別名辞典　511

マツマ

*マツマエスゲ
別名：チュウゼンジスゲ
カヤツリグサ科の草本。
〈*Carex longerostrata C. A. Meyer*〉

*マツムシソウ
別名：スカビオサ，リンポウギク
マツムシソウ科の属総称。

*マツモ（松藻）
別名：キンギョモ
マツモ科の多年生の沈水浮遊植物。盛んに分枝し，葉は全長8〜25mm。茎は全長20〜120cm。
〈*Ceratophyllum demersum L.*〉

マツモト
マツモトセンノウ（松本仙翁）の別名
（双子葉植物綱ナデシコ目（中心子目）ナデシコ科の一年草または多年草。花は深赤，白，オレンジ，桃色）
〈*Lychnis sieboldii*〉

*マツモトセンノウ（松本仙翁）
別名：マツモト
双子葉植物綱ナデシコ目（中心子目）ナデシコ科の一年草または多年草。花は深赤，白，オレンジ，桃色。
〈*Lychnis sieboldii*〉

マツヤドリギ
マツグミ（松胡頽子，松茱萸）の別名
（双子葉植物綱ビャクダン目ヤドリギ科の常緑低木）
〈*Taxillus kaempferi*〉

*マツヨイグサ（待宵草）
別名：ヤハズキンバイ
双子葉植物綱フトモモ目アカバナ科の多年草。高さは30〜100cm。花は黄色。
〈*Oenothera striata*〉

マツヨイセンノウ
ヒロハノマンテマの別名（ナデシコ科の一年草または多年草。高さは30〜70cm。花は白色）

〈*Silene pratensis* （Rafn.） Godr. et Gren.〉

マツラニッケイ
イヌガシ（犬樫）の別名（クスノキ科の常緑高木）
〈*Neolitsea aciculata* （Blume） Koidz.〉
ヤブニッケイ（藪肉桂）の別名（クスノキ科の常緑高木）
〈*Cinnamomum japonicum* Sieb. ex Nakai〉

マツリカ
ジャスミンの別名（双子葉植物綱ゴマノハグサ目モクセイ科のソケイ属総称）
〈*Jasminum spp.*〉

*マツリカ（茉莉花）
別名：アラビアン・ジャスミン，サンバギタ，モウリンカ
花は白，黄色。
〈*Jasminum sambac*〉

マデイラカズラ
アカザカズラの別名（双子葉植物綱ナデシコ目（中心子目）ツルムラサキ科のつる性多年草。花は淡緑色）
〈*Anredera cordifolia*〉

マテガシ
マテバシイ（真手葉椎）の別名（双子葉植物綱ブナ目ブナ科の常緑高木。高さは10〜15m。樹皮は灰褐色）
〈*Lithocarpus edulis*〉

*マテチャ
別名：パラグアイチャ
双子葉植物綱ニシキギ目モチノキ科の常緑低木。
〈*Ilex paraguayensis*〉

マテノキ
マテバシイ（真手葉椎）の別名（双子葉植物綱ブナ目ブナ科の常緑高木。高さは10〜15m。樹皮は灰褐色）
〈*Lithocarpus edulis*〉

*マテバシイ (真手葉椎)
別名：マタジイ，マテガシ，マテノキ
双子葉植物綱ブナ目ブナ科の常緑高木。
高さは10～15m。樹皮は灰褐色。
〈Lithocarpus edulis〉

マトガ
トガサワラの別名 (マツ綱マツ目マツ科
の常緑高木。高さは15～30m)
〈Pseudotsuga japonica〉

マドヤシ
ヒメアメリカチャボヤシの別名 (ヤシ
科)

マトリカリア
ナツシロギク (夏白菊) の別名 (双子葉
植物綱キク目キク科の多年草。高さは
30～80cm。花は白色)
〈Chrysanthemum parthenium〉

マトリグサ
クララ (苦参，久良良，眩草) の別名
(双子葉植物綱マメ目マメ科の多年草。
高さは60～150cm)
〈Sophora flavescens〉

*マネキグサ (招草)
別名：ヤマキセワタ
双子葉植物綱シソ目シソ科の多年草。
高さは40～90cm。
〈Lamium ambiguum〉

*マフノリ
別名：スジフノリ，ホンフノリ，ヤナ
ギフノリ
紅藻綱スギノリ目フノリ科の海藻。叉
状分岐。体は10～20cm。
〈Gloiopeltis tenax〉

*マーブル・クィーン
別名：シルバーポトス
サトイモ科のポトスの品種。

*マホガニー
別名：アカジョー
双子葉植物綱ムクロジ目センダン科の高
木。果実は褐色。
〈Swietenia mahogani〉

*ママコノシリヌグイ (継子尻拭)
別名：トゲソバ
双子葉植物綱タデ目タデ科の一年生つる
草。長さは1～2m。
〈Persicaria senticosa〉

ママッコノキ
ハナイカダ (花筏) の別名 (双子葉植物
綱ミズキ目ミズキ科の落葉低木。花は
淡緑色)
〈Helwingia japonica〉

マーマレードノキ
ストレプトソレンの別名 (ナス科の属総
称)

マムギ
コムギ (小麦) の別名 (単子葉植物綱カヤ
ツリグサ目イネ科の草本，作物)
〈Triticum aestivum〉

マメガキ
カキ (柿) の別名 (カキノキ科の落葉高
木。樹高15m。樹皮は淡灰色)
〈Diospyros kaki Thunb. ex Murray〉

*マメガキ
別名：コガキ，ブドウガキ，ヤマシブ
双子葉植物綱カキノキ目カキノキ科
の落葉高木。樹高は15m。樹皮は
灰色。
〈Diospyros lotus〉

*マメキンカン (豆金柑)
別名：キンズ，ヒメキンカン
双子葉植物綱ムクロジ目ミカン科の木
本。果実は径1cmほど。高さは1m。
〈Fortunella hindsii〉

マメグワイ
スイタクワイの別名 (オモダカ科)

植物別名辞典　513

マメク

*マメグンバイナズナ (豆軍配薺)
別名：コウベナズナ，セイヨウグンバ
イナズナ
双子葉植物綱フウチョウソウ目アブラナ
科の一年草または二年草。高さは20
〜40cm。花は緑白色。
〈Lepidium virginicum〉

マメゴケ
マメヅタ (豆蔦) の別名 (ウラボシ科の
常緑性シダ。岩上や樹上に着生する小
形の常緑のシダ類。葉身は長さ1〜2cm。
円形から楕円形)
〈Lemmaphyllum microphyllum Presl〉
マルバマンネングサ (丸葉万年草) の
別名 (ベンケイソウ科の多年草。高さは
8〜20cm。花は黄色)
〈Sedum makinoi Maxim.〉

*マメザクラ (豆桜)
別名：ハコネザクラ (箱根桜)，フジザ
クラ (富士桜)
双子葉植物綱バラ目バラ科の落葉低木ま
たは小高木。サクラの品種。樹高は
10m。花は白色または淡紅色。樹皮は
濃い灰色。
〈Cerasus incisa var.incisa〉

*マメヅタ (豆蔦)
別名：イワマメ，カガミグサ，マメ
ゴケ
ウラボシ科の常緑性シダ植物。小形の
常緑のシダ類。葉身は長さ1〜2cm，
円形から楕円形。
〈Lemmaphyllum microphyllum〉

マメチャ
カワラケツメイ (河原決明) の別名 (双
子葉植物綱マメ目マメ科の一年草。高
さは30〜60cm。花は黄色)
〈Cassia mimosoides subsp.nomame〉

*マメナシ (豆梨)
別名：イヌナシ，チュウキョウナシ，
フォーリーナシ
双子葉植物綱バラ目バラ科の落葉高木。

高さは10m。花は白色。樹皮は濃
灰色。
〈Pyrus calleryana〉

マメフジ
キブシ (木五倍子) の別名 (双子葉植物
綱スミレ目キブシ科の落葉低木。高さ
は4m。花は黄色)
〈Stachyurus praecox〉

マヤプシキ
ハマザクロ (浜石榴) の別名 (双子葉植
物綱フトモモ目ハマザクロ科の高木，マ
ングローブ植物。呼吸根は小さい)
〈Sonneratia alba〉

*マヤラン
別名：サガミラン
単子葉植物綱ラン目ラン科の多年生腐生
植物。高さは15〜20cm。
〈Cymbidium nipponicum〉

マユハキグサ
ワタスゲ (綿菅) の別名 (単子葉植物綱
カヤツリグサ目カヤツリグサ科の多年
草。高さは30〜60cm)
〈Eriophorum vaginatum〉

マユハキソウ
ヒトリシズカ (一人静) の別名 (双子葉
植物綱コショウ目センリョウ科の多年
草。高さは20〜30cm。花は白色)
〈Chloranthus japonicus〉

マユハケオモト
ハエマンサスの別名 (ヒガンバナ科の属
総称。球根植物)

*マユミ (真弓)
別名：トレイジュ，ハクト，ヤマニシ
キギ
双子葉植物綱ニシキギ目ニシキギ科の落
葉小高木。花は緑白色。
〈Euonymus sieboldianus〉

514 植物別名辞典

マルハ

*マライドクヤシ
別名：ナガエクワズヤシ
> ヤシ科。幹に縦の皺、葉裏灰白でやや褐色。高さは15m。花は緑色。
> 〈*Orania sylvicola*（*Griff.*）*H. E. Moore*〉

*マランタ・レウコネウラ・マッサンゲアーナ
別名：ヒョウモンヨウショウ
> クズウコン科。

マリアアザミ
オオアザミ（大薊）の別名（双子葉植物綱キク目キク科の一年草または二年草。高さは20～150cm。花は紅紫色）
> 〈*Silybum marianum*〉

*マリーゴールド
別名：クジャクソウ（孔雀草），センジュギク（千寿菊），マンジュギク（万寿菊）
> 双子葉植物綱キク目キク科の属総称。
> 〈*Tagetes spp.*〉

*マルヴァヴィスクス
別名：ヒメフヨウ
> アオイ科の属総称。

*マルギナータ
別名：フクリンアラリア
> ウコギ科。

*マルキンカン（丸金柑）
別名：ヒメタチバナ，マルミキンカン
> 双子葉植物綱ムクロジ目ミカン科の常緑低木。高さは2m。
> 〈*Fortunella japonica var.japonica*〉

*マルゲリータ・ヒリング
別名：ピンク ネバダ
> バラ科。ハイブリッド・モエシー・ローズ系。

マルスゲ
フトイ（太藺）の別名（単子葉植物綱カヤツリグサ目カヤツリグサ科の大型抽水植物。桿は高さ0.8～2.5m，上部はやや垂れる）
> 〈*Scirpus tabernaemontani*〉

マルタゴン・リリー
セイヨウクルマユリの別名（単子葉植物綱ユリ目ユリ科の多年草。高さは90～200cm。花は濃淡の桃紫色）
> 〈*Lilium martagon*〉

*マルバアオダモ（丸葉青だも）
別名：コガネヤチダモ，トサトネリコ，ホソバアオダモ
> 双子葉植物綱ゴマノハグサ目モクセイ科の落葉高木。
> 〈*Fraxinus sieboldiana*〉

マルバアサガオ
オオバハマアサガオの別名（ヒルガオ科の大蔓木。花は淡紅紫色、花筒内濃紅紫色）
> 〈*Stictocardia tiliifolia*（Dest）Hallier. f.〉

マルバイスノキ
シマイスノキの別名（双子葉植物綱マンサク目マンサク科の常緑低木）
> 〈*Distylium lepidotum*〉

マルバウコギ
オカウコギの別名（双子葉植物綱セリ目ウコギ科の落葉低木）
> 〈*Acanthopanax japonicus*〉

*マルバウスゴ（丸葉臼子）
別名：シコクウスゴ，ナンブクロウスゴ
> 双子葉植物綱ツツジ目ツツジ科の落葉低木。
> 〈*Vaccinium ovalifolium var. shikokianum*〉

*マルバウツギ（円葉空木）
別名：ツクシウツギ
> ユキノシタ科の落葉低木。高さは1.5m。

植物別名辞典 515

花は白色。
〈*Deutzia scabra Thunb.*〉

*マルバウマノスズクサ
別名：コウマノスズクサ
　　双子葉植物綱ウマノスズクサ目ウマノス
　　ズクサ科の多年生つる草。葉径4〜
　　10cm。
　　〈*Aristolochia contorta*〉

マルバエゾニュウ
アマニュウの別名（双子葉植物綱セリ目
セリ科の多年草。高さは1〜2m）
〈*Angelica edulis*〉

マルバカエデ
ヒトツバカエデ（一葉楓）の別名（双子
葉植物綱ムクロジ目カエデ科の落葉高
木，雌雄同株）
〈*Acer distylum*〉

*マルバカラテヤ
別名：チャボベニスジヒメバショウ
　　クズウコン科の多年草。葉面に白い輪
　　斑。高さは20〜30cm。花は白、淡紫
　　斑あり。
　　〈*Calathea roseopicta*（Linden）
　　Regel〉

マルバカンアオイ
タイリンアオイの別名（双子葉植物綱ウ
マノスズクサ目ウマノスズクサ科の多年
草。葉径8〜12cm。花は暗紫色）
〈*Heterotropa asaroides*〉

マルバギシギシ（丸葉羊蹄）
ジンヨウスイバの別名（双子葉植物綱タ
デ目タデ科の多年草。高さは10〜30cm）
〈*Oxyria digyna*〉

*マルバクチナシ
別名：オカメクチナシ
　　アカネ科。
　　〈*Gardenia jasminoides Ellis*
　　'*Maruba*'〉

*マルバグミ（丸葉茱萸）
別名：オオバグミ
　　双子葉植物綱ヤマモガシ目グミ科の常緑
　　低木。高さは2m。
　　〈*Elaeagnus macrophylla*〉

マルバクワガタ
グンバイヅルの別名（双子葉植物綱ゴマ
ノハグサ目ゴマノハグサ科の多年草。
花は青紫色）
〈*Veronica onoei*〉

マルバケスミレ
エゾアオイスミレの別名（双子葉植物綱
スミレ目スミレ科の草本）
〈*Viola collina*〉

*マルバサツキ（丸葉皐月）
別名：シナサツキ，リュウキュウヤマ
　　ツツジ
　　双子葉植物綱ツツジ目ツツジ科の常緑低
　　木。花は淡紫色。
　　〈*Rhododendron eriocarpum*〉

マルバシャリンバイ
シャリンバイ（車輪梅）の別名（バラ科
の常緑低木）
〈*Rhaphiolepis umbellata*（Thunb. ex
Murray）Makino var.*integerrima*
（Hook. et Arn.）Rehder〉

マルバスイバ
ルメックス・スクータータスの別名（タ
デ科）

マルバダイオウ（丸葉大黄）
ルバーブの別名（双子葉植物綱タデ目タ
デ科の葉菜類。葉柄は紅色。高さは1〜
2m）
〈*Rheum rhabarbarum*〉

*マルバダケブキ（丸葉岳蕗）
別名：マルバノチョウリョウソウ
　　双子葉植物綱キク目キク科の多年草。
　　高さは40〜120cm。
　　〈*Ligularia dentata*〉

マルバタチムカデゴケ
マルバハネゴケ (丸葉羽根苔) の別名
(ハネゴケ科のコケ。茎は長さ3〜5cm,
葉は卵形で円頭)
〈*Plagiochila ovalifolia*〉

*マルバタバコ (丸葉煙草)
別名：ルスチカタバコ
ナス科の薬用植物。
〈*Nicotiana rustica L.*〉

マルバチトセラン
ハーニーの別名 (ユリ科のサンヴィエリ
アの品種)

*マルバツルノゲイトウ
別名：ケツルノゲイトウ
双子葉植物綱ナデシコ目 (中心子目) ヒ
ユ科の一年草。長さは40cm。花は汚
白色。
〈*Alternanthera pungens*〉

マルバドコロ
ニガカシュウ (苦何首烏) の別名 (単子
葉植物綱ユリ目ヤマノイモ科の多年生つ
る草)
〈*Dioscorea bulbifera*〉

*マルバニッケイ (丸葉肉桂)
別名：コウチニッケイ
双子葉植物綱クスノキ目クスノキ科の常
緑小高木。
〈*Cinnamomum daphnoides*〉

マルバノウンラン
ツタバウンランの別名 (双子葉植物綱ゴ
マノハグサ目ゴマノハグサ科の一年草ま
たは多年草。長さは20〜60cm。花は紫
青色)
〈*Cymbalaria muralis*〉

*マルバノキ (丸葉木)
別名：ベニマンサク
双子葉植物綱マンサク目マンサク科の落
葉低木。高さは1〜3m。花は淡紅色。
〈*Disanthus cercidifolius*〉

マルバノチョウリョウソウ
マルバダケブキ (丸葉岳蕗) の別名 (双
子葉植物綱キク目キク科の多年草。高
さは40〜120cm)
〈*Ligularia dentata*〉

マルバノニンジン
トウシャジン (唐沙参) の別名 (双子葉
植物綱キキョウ目キキョウ科の草本。
高さは60〜100cm。花は紫色)
〈*Adenophora stricta*〉

*マルバノホロシ
別名：ヤママルバノホロシ
双子葉植物綱ナス目ナス科のつる性多
年草。
〈*Solanum maximowiczii*〉

マルバノリュウキュウソヨゴ
ツゲモチ (黄楊黐) の別名 (双子葉植物
綱ニシキギ目モチノキ科の木本)
〈*Ilex goshiensis*〉

*マルバハギ (丸葉萩)
別名：コハギ, ミヤマハギ
双子葉植物綱マメ目マメ科の落葉低木。
高さは1.5〜2m。花は紅紫色。
〈*Lespedeza cyrtobotrya*〉

マルバ・ハッカ
アップル・ミントの別名 (シソ科のハー
ブ)

*マルバハネゴケ (丸葉羽根苔)
別名：マルバタチムカデゴケ
ハネゴケ科のコケ。茎は長さ3〜5cm,
葉は卵形で円頭。
〈*Plagiochila ovalifolia*〉

マルバハンノキ
ヤマハンノキ (山榛木) の別名 (双子葉
植物綱ブナ目カバノキ科の落葉高木)
〈*Alnus hirsuta*〉

*マルバヒユ
別名：ケショウビユ

ヒユ科。葉は紫紅色。長さ2〜6cm。
〈Iresine herbstii Hook. f.〉

マルバビユ
イレシネの別名（ヒユ科）

マルバビロウ
セイタカビロウの別名（単子葉植物綱ヤ
シ目ヤシ科の木本。シュロに似る。果
実は赤熟。高さは30m。花は鮮赤色）
〈Livistona rotundifolia〉

マルバフユイチゴ
コバノフユイチゴ（小葉冬苺）の別名
（双子葉植物綱バラ目バラ科の常緑低
木）
〈Rubus pectinellus〉

＊マルバマンネングサ（丸葉万年草）
別名：ノビキヤシ，マメゴケ
双子葉植物綱バラ目ベンケイソウ科の多
年草。高さは8〜20cm。花は黄色。
〈Sedum makinoi〉

マルバミヤマシグレ
ヤマシグレの別名（双子葉植物綱マツム
シソウ目スイカズラ科の木本）
〈Viburnum urceolatum〉

マルバヤエヤマノボタン
ヤエヤマノボタンの別名（ノボタン科の
常緑低木）
〈Bredia yaeyamensis（Matsum.）Li〉

マルバヤギザクラ
リキュウバイ（利休梅）の別名（双子葉
植物綱バラ目バラ科の落葉低木。高さ
は3〜4m）
〈Exochorda racemosa〉

マルバヤナギ（円葉柳）
アカメヤナギ（赤芽柳）の別名（双子葉
植物綱ヤナギ目ヤナギ科の落葉大高木）
〈Salix chaenomeloides〉

マルバラナ
ツルムラサキ（蔓紫）の別名（双子葉植
物綱ナデシコ目（中心子目）ツルムラサ
キ科のつる性越年草。茎は紫色のもの
と緑色のものとある。花は白色）
〈Basella alba〉

＊マルバルコウソウ（丸葉縷紅草）
別名：ルコウアサガオ
双子葉植物綱ナス目ヒルガオ科の一年生
つる草。花は紅黄色。
〈Quamoclit coccinea〉

マルブシュカン
シトロンの別名（双子葉植物綱ムクロジ
目ミカン科の常緑木。晩霜や高温に弱
い。花は淡紫〜白色）
〈Citrus medica var.medica〉

マルボアブラススキ
ヒメオニササガヤの別名（イネ科の多年
草。高さは1m）
〈Dichanthium annulatum（Forssk.）
Stapf〉

＊マルミカンアオイ
別名：マルミノカンアオイ
ウマノスズクサ科の多年草。萼筒入口
付近は不規則に低く隆起。
〈Asarum subglobosum F. Maek.〉

マルミカンバ
アポイカンバの別名（双子葉植物綱ブナ
目カバノキ科の落葉低木）
〈Betula apoiensis〉

マルミキンカン
マルキンカン（丸金柑）の別名（双子葉
植物綱ムクロジ目ミカン科の常緑低木。
高さは2m）
〈Fortunella japonica var.japonica〉

マルミゴヨウ
ゴヨウマツ（五葉松）の別名（マツ綱マ
ツ目マツ科の木本。高さは20〜30m。
樹皮は灰色）

〈Pinus parviflora *var.*parviflora〉

マルミノカンアオイ
マルミカンアオイの別名（ウマノスズク
サ科の多年草。萼筒入口付近は不規則
に低く隆起）
〈*Asarum subglobosum* F. Maek.〉

マルミノギンリョウソウ
ギンリョウソウ（銀竜草）の別名（双子
葉植物綱ツツジ目イチヤクソウ科の多年
生腐生植物。高さは8〜20cm）
〈*Monotropastrum humile*〉

マルミノハマボウ
モンテンボクの別名（双子葉植物綱アオ
イ目アオイ科の高木。高さは2〜5m。
花は黄色）
〈*Hibiscus glaber*〉

マルミノヤガミスゲ
アメリカミコシガヤの別名（単子葉植物
綱カヤツリグサ目カヤツリグサ科の多年
草。高さは60〜80cm）
〈*Carex brachyglossa*〉

マルメ
マルメロ（榲桲）の別名（双子葉植物綱
バラ目バラ科の落葉木。樹高は5m。花
は白色，または淡紅色。樹皮は紫褐色）
〈*Cydonia oblonga*〉

*マルメロ（榲桲）
別名：カマクラカイドウ，マルメ
双子葉植物綱バラ目バラ科の落葉木。
樹高は5m。花は白色，または淡紅色。
樹皮は紫褐色。
〈*Cydonia oblonga*〉

マーレイン
ムーレインの別名（ゴマノハグサ科の
ハーブ）

マロー
コモン・マロウの別名（アオイ科のハー
ブ）

マロウ
コモン・マロウの別名（アオイ科のハー
ブ）

マロニエ
セイヨウトチノキの別名（双子葉植物綱
ムクロジ目トチノキ科の落葉高木。高
さは35m。花は白黄色。樹皮は赤褐色ま
たは灰色）
〈*Aesculus hippocastanum*〉

*マロニエ・ヒポカスタナム
別名：ヨウシュトチノキ
トチノキ科。

マンシュウアヤメ
コカキツバタ（小燕子花）の別名（アヤ
メ科の多年草。高さは3〜15cm。花は
淡色）
〈*Iris ruthenica* Ker-Gawl.〉

*マンシュウウマノスズクサ
別名：キダチウマノスズクサ
ウマノスズクサ科の薬用植物。萼筒の
先端に黒褐色の模様。
〈*Aristolochia manshuriensis Kom.*〉

マンシュウジナ
マンシュウボダイジュの別名（双子葉植
物綱アオイ目シナノキ科の落葉広葉高
木。高さは22m）
〈Tilia mandschurica *var.*
mandschurica〉

マンシュウスイラン
チョウセンスイランの別名（双子葉植物
綱キク目キク科の草本）
〈*Hololeion maximowiczii*〉

マンシュウズミ
エゾノコリンゴ（蝦夷小林檎）の別名
（双子葉植物綱バラ目バラ科の落葉高
木）
〈Malus baccata *var.*mandshurica〉

マンシュウチャヒキ
コスズメノチャヒキの別名（単子葉植物綱カヤツリグサ目イネ科の多年草。高さは50〜100cm）
〈*Bromus inermis*〉

*マンシュウボダイジュ
別名：トウホクジナ，マンシュウジナ
双子葉植物綱アオイ目シナノキ科の落葉広葉高木。高さは22m。
〈*Tilia mandschurica var. mandschurica*〉

*マンシュウミシマサイコ（満州三島柴胡）
別名：ヒロハミシマサイコ
セリ科の薬用植物。
〈*Bupleurum chinense DC.*〉

マンジュギク
クジャクソウ（紅黄草）の別名（キク科の草本。高さは50cm。花は黄、オレンジ色）
〈*Tagetes patula* L.〉
コウオウソウ（紅黄草）の別名（双子葉植物綱キク目キク科の草本。高さは50cm。花は黄，オレンジ色）
〈*Tagetes patula*〉
マリーゴールドの別名（双子葉植物綱キク目キク科の属総称）
〈Tagetes *spp.*〉

マンジュシャゲ（曼珠沙華）
ヒガンバナ（彼岸花）の別名（単子葉植物綱ユリ目ヒガンバナ科の多年草。高さは30〜50cm。花は鮮赤色）
〈*Lycoris radiata*〉

マンダラ
ツバキ（椿）の別名（双子葉植物綱ツバキ目ツバキ科の木本。花は紅色）
〈*Camellia japonica*〉

マンダラゲ
ダツラの別名（ナス科の属総称）

チョウセンアサガオの別名（ナス科の属総称）
マンドラゴラの別名（双子葉植物綱ナス目ナス科の多年草）
〈*Mandragora officinarum*〉

*マンデヴィラ
別名：チリソケイ
キョウチクトウ科の属総称。

マンテマ
シレネの別名（ナデシコ科の属総称）

マンテマモドキ
フタマタマンテマの別名（双子葉植物綱ナデシコ目（中心子目）ナデシコ科の越年草。高さは20〜100cm。花は白色，または淡紅紫色）
〈*Silene dichotoma*〉

*マンドラゴラ
別名：マンダラゲ，マンドレーク
双子葉植物綱ナス目ナス科の多年草。
〈*Mandragora officinarum*〉

マンドレーク
マンドラゴラの別名（双子葉植物綱ナス目ナス科の多年草）
〈*Mandragora officinarum*〉

マンネンカ
サンゴバナ（珊瑚花）の別名（双子葉植物綱ゴマノハグサ目キツネノマゴ科の観賞用低木状草本。高さは1.5〜2m。花は濃桃赤色）
〈*Jacobinia carnea*〉

マンネングサ
セドゥムの別名（ベンケイソウ科の属総称）
ムニンタイトゴメの別名（双子葉植物綱バラ目ベンケイソウ科の草本）
〈*Sedum boninense*〉

マンネンタケ
レイシの別名（ムクロジ科の属総称）

マンネンラン

リュウゼツラン（竜舌蘭）の別名（単子
葉植物綱ユリ目リュウゼツラン科の多肉
植物。葉の繊維はロープ。ロゼット径
は3〜4m。花は淡黄色）
〈Agave americana〉

マンネンロウ

ローズマリーの別名（シソ科の香辛野菜）
〈Rosmarinus officinalis L.〉

＊マンネンロウ

別名：ロスマリン
双子葉植物綱シソ目シソ科の香辛
野菜。

【 ミ 】

ミイロヒメバショウ

クテナンテの別名（クズウコン科の属総
称）

ミウチマムシグサ

ヒガンマムシグサ（彼岸蝮草）の別名
（単子葉植物綱サトイモ目サトイモ科の
草本）
〈Arisaema undulatifolium subsp.
undulatifolium var.undulatifolium〉

ミカイドウ

カイドウ（海棠）の別名（バラ科の木本）
〈Malus micromalus Makino〉

＊ミカイドウ（実海棠）

別名：カイドウ，ナガサキリンゴ
双子葉植物綱バラ目バラ科の落葉高
木。高さは3〜5m。花は淡紅色。
〈Malus micromalus〉

＊ミカエリソウ（見返草）

別名：イトカケソウ
双子葉植物綱シソ目シソ科の草本状小低
木。高さは40〜100cm。
〈Leucosceptrum stellipilum〉

ミカヅキイトモ

イトクズモ（糸屑藻）の別名（単子葉植
物綱イバラモ目イトクズモ科の沈水植
物。葉は対生もしくは輪生状，線形）
〈Zannichellia palustris〉

ミカドユリ

エゾスカシユリ（蝦夷透百合）の別名
（単子葉植物綱ユリ目ユリ科の多肉植物。
高さは60〜90cm。花は黄橙〜橙赤色）
〈Lilium dauricum〉

ミカワチャルメルソウ

ミカワノチャルメルソウの別名（双子
葉植物綱バラ目ユキノシタ科の多年草。
花は淡緑色，または茶褐色）
〈Mitella furusei〉

＊ミカワノチャルメルソウ

別名：ミカワチャルメルソウ
双子葉植物綱バラ目ユキノシタ科の多年
草。花は淡緑色，または茶褐色。
〈Mitella furusei〉

＊ミキナシサバル

別名：クマデヤシ，チャボサバル
ヤシ科。無幹、葉は青緑色。高さは2〜
3m。花は白色。
〈Sabal minor（Jacq.）Pers.〉

ミギワトダシバ

イワトダシバの別名（単子葉植物綱カヤ
ツリグサ目イネ科の多年草。高さは
90cm）
〈Arundinella riparia〉

＊ミクリ（実栗）

別名：ヤガラ
単子葉植物綱ガマ目ミクリ科の多年草。
全高は0.6〜2m，果実は紡錘形で長さ
6〜8mm。
〈Sparganium stoloniferum〉

ミクリスゲ

オニスゲ（鬼菅）の別名（単子葉植物綱
カヤツリグサ目カヤツリグサ科の多年

草。高さは20〜50cm）
〈*Carex dickinsii*〉

*ミクリゼキショウ（実栗石菖）
別名：**クロミクリゼキショウ**
単子葉植物綱イグサ目イグサ科の多年草。高さは30〜50cm。
〈*Juncus ensiformis*〉

ミクロソリュウーム
ポリポジウムの別名（ウラボシ科のシダ植物）
〈*Microsorium punctatum*（L.）E. Copel.〉

*ミケリア
別名：**オガタマノキ**
モクレン科の属総称。

*ミコシギク
別名：**ホソバノセイタカギク**
双子葉植物綱キク目キク科の草本。高さは30〜100cm。花は白色。
〈*Chrysanthemum lineare*〉

ミコシグサ
ゲンノショウコ（現証拠）の別名（双子葉植物綱フウロソウ目フウロソウ科の多年草。高さは30〜50cm。花はわずかに紅紫を帯びた白色，または紅紫色）
〈Geranium nepalense *subsp.* thunbergii〉

ミサカキ
サカキ（榊，栄樹，賢木，神木）の別名
（双子葉植物綱ツバキ目ツバキ科の常緑小高木。高さは10m。花は白で後に黄色）
〈*Cleyera japonica*〉

*ミサキカグマ
別名：**ホソバノイタチシダ**
オシダ科の夏緑性シダ植物。葉身は長さ15〜30cm，五角状広卵形。
〈*Dryopteris chinensis*〉

ミサキソウ
ホソバノシバナ（細葉塩場菜）の別名
（単子葉植物綱イバラモ目シバナ科の多年草。高さは15〜35cm）
〈*Triglochin palustre*〉

*ミシマサイコ（三島柴胡）
別名：**バプローラム，ブプレリウム，ボプラリアン**
双子葉植物綱セリ目セリ科の多年草。高さは30〜70cm。
〈*Bupleurum scorzoneraefolium var. stenophyllum*〉

*ミジンコウキクサ（微塵子浮草）
別名：**コナウキクサ**
単子葉植物綱サトイモ目ウキクサ科の多年生水草。根を欠き，緑色でつやのある葉状体。長さは0.3〜0.8mm。
〈*Wolffia globosa*〉

ミズ
ピレアの別名（イラクサ科の属総称）

ミズアサガオ
ミズオオバコ（水大葉子）の別名（単子葉植物綱トチカガミ目トチカガミ科の一年生沈水植物。葉身は披針形〜広卵形〜円心形，花弁は白〜薄い桃色で3枚）
〈*Ottelia alismoides*〉

ミズアザミ
キセルアザミ（煙管薊）の別名（双子葉植物綱キク目キク科の多年草。高さは50〜100cm）
〈*Cirsium sieboldii*〉

ミズイ
ドロイ（泥藺）の別名（単子葉植物綱イグサ目イグサ科の草本）
〈*Juncus gracillimus*〉

ミズイチョウ
イワイチョウの別名（双子葉植物綱リンドウ目リンドウ科の草本）
〈*Fauria crista-galli*〉

ミズイモ

ヒメカイウ（姫海芋）の別名（単子葉植物綱サトイモ目サトイモ科の多年草。根茎は径1〜2。高さは15〜30cm）
〈Calla palustris〉

ミズイロアオイ

ニシキアオイの別名（双子葉植物綱アオイ目アオイ科の一年草。高さは30〜150cm。花は青色）
〈Anoda cristata〉

*ミズオオバコ（水大葉子）

別名：ミズアサガオ

単子葉植物綱トチカガミ目トチカガミ科の一年生沈水植物。葉身は披針形〜広卵形〜円心形，花弁は白〜薄い桃色で3枚。
〈Ottelia alismoides〉

*ミズオジギソウ

別名：カイジンソウ

双子葉植物綱マメ目マメ科の水草。葉は触れると閉合，小葉片は赤緑。花は黄色。
〈Neptunia oleracea〉

ミズカケグサ（水懸草）

ミソハギ（禊萩）の別名（双子葉植物綱フトモモ目ミソハギ科の多年草。高さは1m前後）
〈Lythrum anceps〉

ミズカザリシダ

タカウラボシ（高裏星）の別名（ウラボシ科の常緑性シダ植物。葉身は長さ1m弱，長楕円形）
〈Microsorium rubidum〉

*ミズガヤツリ（水蚊張吊）

別名：オオガヤツリ

単子葉植物綱カヤツリグサ目カヤツリグサ科の多年草。高さは50〜100cm。
〈Cyperus serotinus〉

*ミズキ（水木）

別名：クルマミズキ（車水木）

双子葉植物綱ミズキ目ミズキ科の落葉高木。高さは15〜20m。花は初め黄紅後に暗紫色。樹皮は灰色。
〈Cornus controversa〉

*ミズギク（水菊）

別名：オゼミズギク

キク科の多年草。高さは20〜50cm。
〈Inula ciliaris（Miq.）Maxim.〉

*ミズギボウシ（水擬宝珠）

別名：ナガバミズギボウシ

単子葉植物綱ユリ目ユリ科の多年草。高さは40〜65cm。花は濃淡のまだら色。
〈Hosta longissima〉

ミスクサ

ガマ（蒲）の別名（単子葉植物綱ガマ目ガマ科の抽水性水草。全高1.5〜2.5m，葉は緑白色。高さは1〜2m）
〈Typha latifolia〉

ミズシダ

ミズワラビ（水蕨）の別名（ミズワラビ科の抽水性〜湿生一年草。根茎は短く，葉は叢生。長さは20〜50cm。葉身は三角状から長楕円形，胞子葉は長さ50cm）
〈Ceratopteris thalictroides〉

ミズスギ

スイショウの別名（マツ綱マツ目スギ科の落葉小高木。球果は倒卵形）
〈Glyptostrobus pensilis〉

*ミズスギモドキ

別名：オオバミズヒキゴケ

ハイヒモゴケ科のコケ。葉は広く横に展開し，広卵形。
〈Aerobryopsis subdivergens（Broth.）Broth.〉

ミズタマソウ

ホシクサ（星草）の別名（ホシクサ科の一年草。高さは4〜15cm）

〈*Eriocaulon cinereum* R. Br.〉

*ミズチドリ (水千鳥)
別名：ジャコウチドリ
単子葉植物綱ラン目ラン科の多年草。
高さは50〜90cm。
〈*Platanthera hologlottis*〉

ミズトラノオ
サワトラノオの別名 (双子葉植物綱サク
ラソウ目サクラソウ科の草本)
〈*Lysimachia leucantha*〉

*ミズトラノオ (水虎尾)
別名：ムラサキミズトラノオ
双子葉植物綱シソ目シソ科の多年草。
高さは30〜50cm。
〈*Eusteralis yatabeana*〉

*ミズトンボ (水蜻蛉)
別名：アオサギソウ
単子葉植物綱ラン目ラン科の多年草。
高さは40〜70cm。
〈*Habenaria sagittifera*〉

ミズナ
キョウナ (京菜) の別名 (双子葉植物綱
フウチョウソウ目アブラナ科の野菜)
〈*Brassica campestris var.laciniifolia*〉

*ミズナラ (水楢)
別名：オオナラ
双子葉植物綱ブナ目ブナ科の落葉高木。
〈*Quercus crispula*〉

*ミズニラ (水韮)
別名：イケニラ，カワニラ
ミズニラ科の夏緑性シダ植物。葉は多
年生，鮮緑色〜緑白色。
〈*Isoetes japonica*〉

ミズニンジン
ミズワラビ (水蕨) の別名 (ミズワラビ
科の抽水性〜湿生一年草。根茎は短く，
葉は叢生。長さは20〜50cm。葉身は三
角状から長楕円形，胞子葉は長さ50cm)
〈*Ceratopteris thalictroides*〉

ミズネコノメソウ
ネコノメソウ (猫目草) の別名 (双子葉
植物綱バラ目ユキノシタ科の多年草。
高さは4〜20cm)
〈*Chrysosplenium grayanum*〉

*ミズハナビ (水花火)
別名：ヒメガヤツリ
カヤツリグサ科の草本。
〈*Cyperus tenuispica* Steud.〉

ミズハンゲ
ミツガシワ (三柏，三槲) の別名 (双子
葉植物綱ナス目ミツガシワ科の多年生抽
水植物。各小葉は卵状楕円形，縁に鈍鋸
歯をもつ。高さは20〜40cm。花は白
色)
〈*Menyanthes trifoliata*〉

*ミズヒキモ (水引藻)
別名：イトモ
単子葉植物綱イバラモ目ヒルムシロ科の
多年生水草。
〈*Potamogeton octandrus var.*
miduhikimo〉

ミズブキ
オニバス (鬼蓮) の別名 (双子葉植物綱
スイレン目スイレン科の一年生浮葉植
物。花弁は紫色，種子は淡紅色の斑点を
もつ。浮葉は径30〜120cm)
〈*Euryale ferox*〉

ミズボウフウ
ミズワラビ (水蕨) の別名 (ミズワラビ
科の抽水性〜湿生一年草。根茎は短く，
葉は叢生。長さは20〜50cm。葉身は三
角状から長楕円形，胞子葉は長さ50cm)
〈*Ceratopteris thalictroides*〉

ミズマツ
スイショウ (水松) の別名 (スギ科の木
本。樹高10m。樹皮は灰褐色)
〈*Glyptostrobus lineatus* (Poir.)
Druce〉

ミスミギク

ミスミグサの別名（キク科の草本。下葉
は地に密着。花は淡紫色）
〈*Elephantopus scaber* L. subsp.
oblanceolata Kitam.〉

*ミスミグサ

別名：イガコウゾリナ，ミスミギク
キク科の草本。下葉は地に密着。花は
淡紫色。
〈*Elephantopus scaber* L. subsp.
oblanceolata Kitam.〉

*ミスミソウ（三角草）

別名：オオミスミソウ，スハマソウ
双子葉植物綱キンポウゲ目キンポウゲ科
の多年草。高さは10〜15cm。
〈*Hepatica nobilis* var.*japonica* form.
japonica〉

ミズメ

ヨグソミネバリ（夜糞峰榛）の別名（カ
バノキ科の落葉高木）
〈*Betula grossa* Sieb. et Zucc. var.
ulmifolia Makino〉

*ミズメ（水芽）

別名：アズサ，アズサカンバ，ヨグソミ
ネバリ
双子葉植物綱ブナ目カバノキ科の木
本。樹高は20m。樹皮は暗灰色。
〈*Betula grossa*〉

ミズモラン

ジンバイソウの別名（単子葉植物綱ラン
目ラン科の多年草。高さは20〜40cm）
〈*Platanthera florenti*〉

ミズレモン

キミノトケイソウの別名（トケイソウ科
のつる性植物。果実は黄熟。副花冠は
紫色）
〈*Passiflora laurifolia* L.〉

*ミズワラビ（水蕨）

別名：ミズシダ，ミズニンジン，ミズ
ボウフウ

双子葉ワラビ科の抽水性〜湿生一年草。
根茎は短く，葉は叢生。長さは20〜
50cm。葉身は三角状から長楕円形，
胞子葉は長さ50cm。
〈*Ceratopteris thalictroides*〉

*ミセバヤ

別名：タマスダレ，タマノオ
双子葉植物綱バラ目ベンケイソウ科の多
年草。高さは10〜30cm。花は紅色。
〈*Hylotelephium sieboldii*〉

*ミゾカクシ（溝隠）

別名：アゼムシロ（畦筵）
双子葉植物綱キキョウ目キキョウ科の多
年草。高さは3〜15cm。
〈*Lobelia chinensis*〉

*ミゾコウジュ（溝香薷）

別名：ユキミソウ
双子葉植物綱シソ目シソ科の越年草。
高さは30〜70cm。
〈*Salvia plebeia*〉

ミゾサデクサ

サデクサの別名（双子葉植物綱タデ目タ
デ科の一年草。高さは40〜100cm）
〈*Persicaria maackiana*〉

*ミゾソバ（溝蕎麦）

別名：カワソバ，コンペトウグサ，タ
ソバ
双子葉植物綱タデ目タデ科の一年草。
高さは30〜100cm。
〈*Persicaria thunbergii*〉

*ミソナオシ（味噌直）

別名：ウジクサ
双子葉植物綱マメ目マメ科の草本。
〈*Desmodium caudatum*〉

*ミソハギ（禊萩）

別名：ショウリョウバナ（聖霊花），ボ
ンバナ（盆花），ミズカケグサ（水懸
草）
双子葉植物綱フトモモ目ミソハギ科の多

植物別名辞典　525

年草。高さは1m前後。
〈*Lythrum anceps*〉

ミゾホオズキ
ミムルスの別名 (ゴマノハグサ科の属総称)

ミチシバ
チカラシバ (力芝) の別名 (イネ科の多年草。高さは30〜80cm)
〈*Pennisetum alopecuroides* (L.) Spreng.〉
ハナビガヤの別名 (単子葉植物綱カヤツリグサ目イネ科の草本。高さは80〜160cm)
〈*Melica onoei*〉

ミチナシワカメ
アオワカメの別名 (褐藻綱コンブ目チガイソ科の海藻。茎は下部扁円, 上部扁圧)
〈*Undaria peterseniana*〉

*ミチノクエンゴサク (陸奥延胡索)
別名：ヒメヤマエンゴサク
双子葉植物綱ケシ目ケシ科の草本。
〈*Corydalis capillipes*〉

*ミチノクコザクラ (陸奥小桜)
別名：イワキコザクラ
双子葉植物綱サクラソウ目サクラソウ科の多年草。高さは8〜20cm。
〈*Primula cuneifolia* var. *heterodonta*〉

*ミチノクサイシン
別名：ミヤマカンアオイ
双子葉植物綱ウマノスズクサ目ウマノスズクサ科の草本。
〈*Heterotropa fauriei* var.*fauriei*〉

*ミチノクチドリ
別名：オオキソチドリ
ラン科。
〈*Platanthera ophrydioides* var. *ophrydioides*〉

*ミチノクナシ (陸奥梨)
別名：アオナシ, イワテヤマナシ, チョウセンヤマナシ
双子葉植物綱バラ目バラ科の木本。
〈*Pyrus ussuriensis* var.*ussuriensis*〉

*ミチヤナギ (道柳)
別名：ニワヤナギ
双子葉植物綱タデ目タデ科の一年草。高さは10〜40cm。
〈*Polygonum aviculare*〉

*ミツガシワ (三柏, 三槲)
別名：ミズハンゲ
双子葉植物綱ナス目ミツガシワ科の多年生抽水植物。各小葉は卵状楕円形, 縁に鈍鋸歯をもつ。高さは20〜40cm。花は白色。
〈*Menyanthes trifoliata*〉

ミツデカグマ
ジュウモンジシダ (十文字羊歯) の別名 (オシダ科の夏緑性シダ植物。葉身は長さ20〜50cm, 披針形, 三角状狭長楕円形)
〈*Polystichum tripteron*〉

ミツデコケシダ
マツバコケシダの別名 (コケシノブ科の常緑性シダ。葉身は長さ0.6〜2cm。円形から卵状長楕円形)
〈*Crepidomanes latemarginale*〉

ミツナガシワ
オオタニワタリ (大谷渡) の別名 (チャセンシダ科の常緑性シダ植物。葉身は長さ1m, 広披針形)
〈*Neottopteris antiqua*〉

ミツノギソウ
ノゲエノコロの別名 (イネ科の一年草。高さは10〜40cm)
〈*Aristida adscensionis* L.〉

*ミツバウツギ (三葉空木)
別名：コメゴメ, コメノキ, ハシノキ

双子葉植物綱ムクロジ目ミツバウツギ科
の落葉低木。花は白色。
〈*Staphylea bumalda*〉

ミツバカイドウ

ズミの別名（双子葉植物綱バラ目バラ科
の落葉小高木。高さは10m。花は白色。
樹皮は暗灰色）
〈*Malus toringo*〉

ミツバグサ

アニスの別名（双子葉植物綱セリ目セリ
科のハーブ。高さは40〜50cm。花は白
色）
〈*Pimpinella anisum*〉

*ミツバツツジ（三葉躑躅）

別名：イチバンツツジ
双子葉植物綱ツツジ目ツツジ科の落葉低
木。花は紫色。
〈*Rhododendron dilatatum*〉

*ミツバビンボウヅル

別名：オモロカズラ
ブドウ科の木本。

*ミツバフウロ（三葉風露）

別名：フシダカフウロ
双子葉植物綱フウロソウ目フウロソウ科
の多年草。高さは30〜80cm。
〈*Geranium wilfordii*〉

ミツバマツ

リギダマツの別名（マツ綱マツ目マツ科
の木本。高さは20m）
〈*Pinus rigida*〉

*ミツマタ（三椏）

別名：キズイコウ
双子葉植物綱フトモモ目ジンチョウゲ科
の落葉低木。高さは1〜2m。
〈*Edgeworthia chrysantha*〉

*ミツモトソウ（三本草）

別名：ミナモトソウ
双子葉植物綱バラ目バラ科の多年草。

高さは30〜100cm。
〈*Potentilla cryptotaeniae*〉

ミドリアカザ

イワアカザの別名（双子葉植物綱ナデシ
コ目（中心子目）アカザ科の草本）
〈*Chenopodium bryoniaefolium*〉

ミドリサンゴ

アオサンゴ（青珊瑚）の別名（双子葉植
物綱トウダイグサ目トウダイグサ科の多
肉植物。茎は円形。高さは5〜9m）
〈*Euphorbia tirucalli*〉

ミドリシャクシゴケ

シャクシゴケの別名（ウスバゼニゴケ科
のコケ。不透明な緑色、長さ3〜10cm）
〈*Cavicularia densa*〉

*ミドリハコベ（緑繁縷）

別名：アサシラゲ，ハコベラ
双子葉植物綱ナデシコ目（中心子目）ナ
デシコ科の一年草または越年草。高
さは10〜20cm。
〈*Stellaria neglecta*〉

ミドリハッカ（緑薄荷）

オランダハッカの別名（双子葉植物綱シ
ソ目シソ科の多年草。高さは30〜
100cm。花は藤，ピンク，白色）
〈Mentha spicata *var.*crispa〉

ミドリハナヤサイ

ブロッコリーの別名（アブラナ科の葉菜
類。葉は長楕円形）
〈*Brassica oleracea* L. var.*italica*
Plenck〉

ミドリモダマ

ワニグチモダマの別名（双子葉植物綱マ
メ目マメ科の常緑つる性木本）
〈*Mucuna gigantea*〉

ミドリユキザサ

ヒロハユキザサ（広葉雪笹）の別名（単
子葉植物綱ユリ目ユリ科の多年草。高

さは45〜70cm。花は帯緑色)
〈*Smilacina yezoensis*〉

*ミナヅキ
別名：ノリアジサイ
双子葉植物綱バラ目ユキノシタ科の
木本。
〈*Hydrangea paniculata form.
grandiflora*〉

*ミナトアカザ
別名：ノコギリアカザ
双子葉植物綱ナデシコ目（中心子目）ア
カザ科の一年草。高さは10〜60cm。
〈*Chenopodium murale*〉

ミナトカモジグサ
セイヨウヤマカモジの別名（イネ科の一
年草。高さは5〜40cm）
〈*Brachypodium distachyon* (L.)
Beauv.〉

ミナトメハジキ
コゴメオドリコソウの別名（シソ科の多
年草。高さは20〜50cm。花は白色）
〈*Lagopsis supina* (Stephan ex Willd.)
Ikonn.-Gal. ex Knorring〉

ミナモトソウ
ミツモトソウ（三本草）の別名（双子葉
植物綱バラ目バラ科の多年草。高さは
30〜100cm）
〈*Potentilla cryptotaeniae*〉

ミニチュアローズ
ミニバラの別名（バラ科の属総称）

*ミニパイナップル
別名：アナナス
パイナップル科。
〈*Ananas nanus*〉

ミニパピルス
シペラス・イソクラドスの別名（カヤ
ツリグサ科）

*ミニバラ
別名：ミニチュアローズ
バラ科の属総称。

*ミネウスユキソウ（峰薄雪草）
別名：シロウマウスユキソウ
双子葉植物綱キク目キク科の草本。
〈*Leontopodium japonicum var.
shiroumense*〉

ミネザクラ
タカネザクラ（高嶺桜）の別名（双子葉
植物綱バラ目バラ科の落葉低木または小
高木。花は淡紅白色）
〈*Cerasus nipponica*〉

*ミネザクラ（峰桜）
別名：タカネザクラ（高嶺桜）
バラ科の落葉低木または小高木。花
は淡紅白色。
〈*Prunus nipponica Matsum.*〉

ミネバリ
ヤシャブシ（夜叉五倍子）の別名（双子
葉植物綱ブナ目カバノキ科の落葉木。
高さは10〜15m）
〈*Alnus firma*〉

ミネヤナギ
ミヤマヤナギ（深山柳）の別名（双子葉
植物綱ヤナギ目ヤナギ科の落葉低木。
成葉は楕円形または倒卵形）
〈*Salix reinii*〉

ミノカブリ
アサダの別名（双子葉植物綱ブナ目カバ
ノキ科の落葉高木。樹高は17m。樹皮は
灰褐色）
〈*Ostrya japonica*〉

*ミノゴケ（蓑苔）
別名：カギバダンツウゴケ
タチヒダゴケ科のコケ。枝葉は長さ1.5
〜2.5mm、舌形。
〈*Macromitrium japonicum Doz. et
Molk.*〉

ミノゴメ

ムツオレグサ（六折草）の別名（単子葉植物綱カヤツリグサ目イネ科の抽水性多年草。高さ30〜60cm，葉身は線形）
〈Glyceria acutiflora〉

ミノジノリ

キョウノヒモの別名（紅藻綱スギノリ目ムカデノリ科の海藻。体は長さ60cm）
〈Grateloupia okamurae〉

ミノスゲ

カサスゲ（笠菅）の別名（単子葉植物綱カヤツリグサ目カヤツリグサ科の多年草。高さ50〜100cm）
〈Carex dispalata〉

*ミノボロモドキ

別名：アオセトガヤ
単子葉植物綱カヤツリグサ目イネ科の一年草。小穂は長さ4〜5mm。
〈Rostraria cristata〉

ミバショウ

タイワンバナナの別名（単子葉植物綱ショウガ目バショウ科の多年草。偽茎は黒色）
〈Musa acuminata〉

ミハライタドリ

ハチジョウイタドリの別名（双子葉植物綱タデ目タデ科の草本）
〈Reynoutria japonica var.terminalis〉

*ミフクラギ（目膨木）

別名：サーベル，ポンポン
双子葉植物綱リンドウ目キョウチクトウ科の常緑高木。花は白色。
〈Cerbera manghas〉

ミミ

ギンナンソウの別名（スギノリ科の海藻。基脚は楔形。体は7〜20cm）
〈Chondrus yendoi Yamada et in Mikami〉

*ミミエデン

別名：メイプティピエール
バラ科のバラの品種。

ミミカキタケ

カメムシタケの別名（核菌綱バッカクキン科の冬虫夏草。長さは5〜17cm，柄は黒色針金状）
〈Cordyceps nutans〉

*ミミカキタケ

別名：カメムシタケ
ニクザキン科。

ミミキノコ

キクラゲ（木耳）の別名（キクラゲ科のキノコ。小型〜中型。子実体は耳形，肉はゼラチン質）
〈Auricularia auricula〉

ミミコンブ

ネコアシコンブの別名（褐藻綱コンブ目コンブ科の海藻。葉は線状。体は長さ2〜4m）
〈Arthrothamnus bifidus〉

ミミズノマクラ

ミミズバイ（蚯蚓灰）の別名（双子葉植物綱カキノキ目ハイノキ科の常緑高木。花は白色）
〈Symplocos glauca〉

*ミミズバイ（蚯蚓灰）

別名：ミミズノマクラ，ミミズベリ，ミミズリバ
双子葉植物綱カキノキ目ハイノキ科の常緑高木。花は白色。
〈Symplocos glauca〉

ミミズベリ

ミミズバイ（蚯蚓灰）の別名（双子葉植物綱カキノキ目ハイノキ科の常緑高木。花は白色）
〈Symplocos glauca〉

ミミズリバ

ミミズバイ（蚯蚓灰）の別名（双子葉植

ミミモ

物綱カキノキ目ハイノキ科の常緑高木。
花は白色）
〈*Symplocos glauca*〉

*ミミモチシダ（耳持羊歯）
別名：コガネシダ
イノモトソウ科の常緑性シダ。葉身は
長さ3m。狭長楕円形。
〈*Acrosticum aureum L.*〉

ミムラサキ（実紫）
ムラサキシキブ（紫式部）の別名（双子
葉植物綱シソ目クマツヅラ科の落葉低
木。高さは2〜3m。花は淡紫紅色）
〈*Callicarpa japonica*〉

*ミムルス
別名：ミゾホオズキ
ゴマノハグサ科の属総称。

ミモザ
フサアカシアの別名（双子葉植物綱マメ
目マメ科の木本。高さは10〜15m。花
は濃黄色。樹皮は緑色または青緑色）
〈*Acacia dealbata*〉
ミモザアカシアの別名（マメ科のハー
ブ）
*ミモザ
別名：アカシア
マメ科の属総称。

*ミモザアカシア
別名：アカシア，フサアカシア，ミ
モザ
マメ科のハーブ。

*ミヤオソウ
別名：ハッカクレン
メギ科の多年草。高さは30〜60cm。
〈*Podophyllum pleianthum Hance*〉

*ミヤギノハギ（宮城野萩）
別名：ナツハギ
双子葉植物綱マメ目マメ科の落葉低木。
花は紅紫色。
〈*Lespedeza thunbergii*〉

*ミヤコイヌワラビ
別名：ダンドイヌワラビ
オシダ科の夏緑性シダ。葉身は長さ
50cm。卵形から楕円形。
〈*Athyrium frangulum Tagawa*〉

*ミヤコグサ（都草）
別名：エボシグサ（烏帽子草），コガネ
バナ
双子葉植物綱マメ目マメ科の多年草。
高さは20〜40cm。
〈*Lotus corniculatus var.japonicus*〉

*ミヤコザサ（都笹）
別名：イトザサ，オオミネザサ，タノ
カミザサ
単子葉植物綱カヤツリグサ目イネ科のサ
サ，常緑小型。
〈*Sasa nipponica*〉

*ミヤコジマニシキソウ
別名：アワユキニシキソウ
トウダイグサ科の草本。
〈*Euphorbia vachellii Hook. et Arn.*〉

ミヤコネザサ
ケネザサ（毛根笹）の別名（単子葉植物
綱カヤツリグサ目イネ科の木本）
〈*Pleioblastus shibuyanus var.
basihirsutus*〉

*ミヤコノツチゴケ
別名：カンザキエリカ
ツチゴケ科のコケ。小形、茎は長さ7〜
8mm、葉は披針形。
〈*Archidium ohioense Schimp. ex
Müll. Hal.*〉

ミヤコワスレ
ミヤマヨメナ（深山嫁菜）の別名（双子
葉植物綱キク目キク科の多年草。高さ
は20〜50cm。花は紫青，淡桃，白色）
〈*Aster savatieri var.savatieri*〉
*ミヤコワスレ（都忘）
別名：アズマギク（東菊），ノシュンギク

（野春菊），ミヤマヨメナ（深山嫁菜）
キク科の宿根草。
〈*Gymnaster savatieri*（*Makino*）
Kitamura〉

ミヤジマシモツケ
ウラジロイワガサの別名（バラ科）
〈*Spiraea blumei* var.*hayalae*〉

ミヤベイタヤ
クロビイタヤ（黒皮板屋）の別名（双子
葉植物綱ムクロジ目カエデ科の落葉高
木，雌雄同株。樹高は20m。樹皮は灰褐
色）
〈*Acer miyabei*〉

＊ミヤマアカバナ（深山赤花）
別名：コアカバナ
双子葉植物綱フトモモ目アカバナ科の多
年草。高さは5〜25cm。
〈*Epilobium foucaudianum*〉

ミヤマアキカラマツ
エゾカラマツの別名（双子葉植物綱キン
ポウゲ目キンポウゲ科の草本）
〈*Thalictrum sachalinense*〉

＊ミヤマアキノキリンソウ（深山秋麒麟草）
別名：キリガミネアキノキリンソウ，
コガネギク
双子葉植物綱キク目キク科の草本。
〈*Solidago virgaurea* subsp.*leiocarpa*
form.*japonalpestris*〉

ミヤマアクチノキ
シシアクチの別名（双子葉植物綱サクラ
ソウ目ヤブコウジ科の木本）
〈*Ardisia quinquegona*〉

ミヤマアシクダシ
エビガライチゴ（海老殻苺）の別名（双
子葉植物綱バラ目バラ科の落葉性つる性
低木）
〈*Rubus phoenicolasius*〉

ミヤマアブラススキ
コアブラススキの別名（イネ科の多年
草。高さは60〜80cm）
〈*Spodiopogon depauperatus* Hack.〉

＊ミヤマイ（深山藺）
別名：タテヤマイ
単子葉植物綱イグサ目イグサ科の多年
草。高さは15〜40cm。
〈*Juncus beringensis*〉

ミヤマイタドリ
オンタデ（御蓼）の別名（双子葉植物綱タ
デ目タデ科の多年草。高さは20〜80cm）
〈*Aconogonum weyrichii* var.alpinum〉

ミヤマイチゴ
バライチゴ（薔薇苺）の別名（双子葉植
物綱バラ目バラ科の落葉低木）
〈*Rubus illecebrosus*〉

ミヤマイチゴツナギ
ミヤマドジョウツナギ（深山泥鰌繋）
の別名（イネ科の多年草。高さは60〜
110cm）
〈*Glyceria alnasteretum* Komarov〉

＊ミヤマイチゴツナギ
別名：タカネイチゴツナギ
単子葉植物綱カヤツリグサ目イネ科
の多年草。
〈*Poa malacantha* var.shinanoana〉

ミヤマイツマデグサ
ヒメノキシノブ（姫軒忍）の別名（ウラ
ボシ科の常緑性シダ植物。葉身は長さ3
〜10cm，線形）
〈*Lepisorus onoei*〉

ミヤマイヌザクラ
シウリザクラの別名（双子葉植物綱バラ
目バラ科の落葉高木。高さは15m。花は
帯黄白色）
〈*Prunus ssiori*〉

ミヤマイヌワラビ
カラフトミヤマシダ（樺太深山羊歯）

植物別名辞典　531

ミヤマ

の別名(オシダ科の夏緑性シダ植物。
葉身は長さ20～30cm，広三角形)
〈*Athyrium spinulosum*〉

*ミヤマイボタ(深山イボタ)
別名：オクイボタ
双子葉植物綱ゴマノハグサ目モクセイ科
の落葉低木。
〈*Ligustrum tschonoskii*〉

*ミヤマイラクサ(深山刺草)
別名：アイコ
双子葉植物綱イラクサ目イラクサ科の多
年草。葉の表面に刺毛。高さは40～
80cm。
〈*Laportea macrostachya*〉

*ミヤマイワスゲ
別名：ソボサンスゲ
単子葉植物綱カヤツリグサ目カヤツリグ
サ科の草本。
〈*Carex chrysolepis var.*
odontostoma〉

*ミヤマイワデンダ(深山岩連朶)
別名：リシリデンダ
オシダ科の夏緑性シダ植物。葉身は長さ
3～15cm，披針形～長楕円状披針形。
〈*Woodsia ilvensis*〉

*ミヤマウイキョウ(深山茴香)
別名：イワウイキョウ，シラヤマニン
ジン
双子葉植物綱セリ目セリ科の多年草。
高さは10～35cm。
〈*Tilingia tachiroei*〉

*ミヤマウスユキソウ(深山薄雪草)
別名：ヒナウスユキソウ
双子葉植物綱キク目キク科の多年草。
高さは6～15cm。
〈*Leontopodium fauriei var.fauriei*〉

ミヤマウツギ
ウメウツギ(梅空木)の別名(双子葉植
物綱バラ目ユキノシタ科の落葉低木)

〈*Deutzia uniflora*〉
ビロードウツギ(天鷺絨空木)の別名
(スイカズラ科の木本)
〈*Weigela floribunda* (Sieb. et Zucc.)
K. Koch var.*nakaii* (makino) Hara〉

*ミヤマエンレイソウ(深山延齢草)
別名：シロバナエンレイソウ(白花延
齢草)
単子葉植物綱ユリ目ユリ科の多年草。
高さは20～30cm。花は白色。
〈*Trillium tschonoskii*〉

ミヤマオオバコ
プランタゴ・アルピナの別名(オオバコ
科)

*ミヤマオダマキ(深山苧環)
別名：ヒメオダマキ
双子葉植物綱キンポウゲ目キンポウゲ科
の多年草。高さは10～25cm。
〈*Aquilegia flabellata var.pumila*〉

ミヤマオトギリ
シナノオトギリ(信濃弟切)の別名(双
子葉植物綱ツバキ目オトギリソウ科の草
本)
〈*Hypericum kamtschaticum var.*
senanense〉
ヒメオトギリの別名(オトギリソウ科の
一年草または多年草。高さは20～30cm)
〈*Sarothra japonica* (Thunb. ex
Murray) Y. Kimura〉

*ミヤマカタバミ(深山酢漿草)
別名：エイザンカタバミ
双子葉植物綱フウロソウ目カタバミ科の
多年草。高さは5～10cm。
〈*Oxalis griffithii*〉

*ミヤマカニツリ
別名：タカネカニツリ
イネ科の多年草。
〈*Trisetum koidzumianum*〉

532 植物別名辞典

ミヤマ

*ミヤマカワラハンノキ（深山河原榛木）
別名：オバルハンノキ
　双子葉植物綱ブナ目カバノキ科の木本。
　〈*Alnus fauriei*〉

ミヤマカンアオイ
　ミチノクサイシンの別名（双子葉植物綱
　ウマノスズクサ目ウマノスズクサ科の草
　本）
　〈*Heterotropa fauriei var.fauriei*〉

ミヤマカンギク
　カンヨメナ（磯寒菊）の別名（キク科）
　〈*Aster pseudo-asa-grayi* Makino〉

ミヤマキオン
　ダキバキオンの別名（キク科）
　〈*Senecio nemorensis* var.*japonicus*〉

ミヤマキランソウ
　ヤマジオウ（山地黄）の別名（双子葉植
　物綱シソ目シソ科の多年草。高さは5～
　10cm）
　〈*Lamium humile*〉

ミヤマキリシマ
　キリシマツツジ（霧島躑躅）の別名（ツ
　ツジ科の常緑低木）
　〈*Rhododendron obtusum*（Lindl.）
　Planch. var.*obtusum*〉

*ミヤマクマザサ
　別名：タンザワザサ
　単子葉植物綱カヤツリグサ目イネ科の常
　緑中型ササ。
　〈*Sasa hayatae*〉

ミヤマグルマ
　チョウノスケソウ（長之助草）の別名
　（双子葉植物綱バラ目バラ科の多年草）
　〈*Dryas octopetala var.asiatica*〉

*ミヤマクワガタ（深山鍬形）
　別名：ミヤマトラノオ
　双子葉植物綱ゴマノハグサ目ゴマノハグ
　サ科の多年草。高さは10～25cm。

　〈*Pseudolysimachion schmidtianum*
　subsp.senanense var.senanense〉

ミヤマコウモリソウ
　モミジタマブキの別名（双子葉植物綱キ
　ク目キク科の草本）
　〈*Cacalia farfaraefolia var.acerina*〉

ミヤマコケシノブ
　オオコケシノブの別名（コケシノブ科の
　常緑性シダ。葉身は長さ6～20cm。卵
　状長楕円形から広披針形）
　〈*Mecodium flexile*（Makino）Copel.〉

*ミヤマコゴメグサ（深山小米草）
　別名：オオミコゴメグサ
　双子葉植物綱ゴマノハグサ目ゴマノハグ
　サ科の半寄生一年草。高さは3～
　15cm。
　〈*Euphrasia insignis*〉

ミヤマコメススキ
　ヒロハノコメススキの別名（単子葉植物
　綱カヤツリグサ目イネ科の草本）
　〈*Deschampsia caespitosa var.*
　festucaefolia〉

ミヤマコンギク
　ハコネギク（箱根菊）の別名（双子葉植
　物綱キク目キク科の多年草。高さは35
　～65cm）
　〈*Aster viscidulus*〉

*ミヤマザクラ（深山桜）
　別名：シロザクラ（白桜）
　バラ科の落葉小高木。高さは4～10m。
　花は白色。
　〈*Prunus maximowiczii* Rupr.〉

ミヤマサクラソウ
　オオサクラソウ（大桜草）の別名（双子
　葉植物綱サクラソウ目サクラソウ科の多
　年草。高さは20～40cm。花は紅紫色）
　〈*Primula jesoana*〉

植物別名辞典　533

ミヤマ

*ミヤマサワアザミ（深山沢薊）
別名：タカネサワアザミ
　　双子葉植物綱キク目キク科の多年草。
　　〈*Cirsium pectinellum var.alpinum*〉

*ミヤマシケシダ（深山湿気羊歯）
別名：ハクモウイノデ
　　オシダ科の夏緑性シダ。葉身は長さ30
　　〜90cm。長楕円形から倒披針形。
　　〈*Deparia pycnosora*（Christ）*M.*
　　Kato〉

ミヤマシシウド
シシウドの別名（セリ科の多年草。高さ
は80〜150cm）
　　〈*Angelica pubescens* Maxim.〉

*ミヤマシシガシラ（深山獅子頭）
別名：イワシボネ，ムカデグサ
　　シシガシラ科の常緑性シダ植物。葉身
　　の長さは10〜18cm。
　　〈*Blechnum castaneum*〉

ミヤマシトネゴケ
タチハイゴケ（立這苔）の別名（ヤナギ
ゴケ科のコケ。大形で、茎は赤色で長
く、やや羽状に平らに分枝する）
　　〈*Pleurozium schreberi*（Brid.）Mitt.〉

*ミヤマシロバイ
別名：ルスン
　　ハイノキ科の木本。
　　〈*Symplocos sonoharae Koidz.*〉

ミヤマスズ
ニッコウザサの別名（単子葉植物綱カヤ
ツリグサ目イネ科のササ，常緑小型）
　　〈*Sasa chartacea var.nana*〉

*ミヤマセンキュウ（深山川芎）
別名：チョウカイゼリ
　　双子葉植物綱セリ目セリ科の多年草。
　　高さは40〜80cm。
　　〈*Conioselinum filicinum*〉

ミヤマタゴボウ
ギンレイカ（銀鈴花）の別名（双子葉植
物綱サクラソウ目サクラソウ科の多年
草。高さは30〜60cm）
　　〈*Lysimachia acroadenia*〉

*ミヤマチドリ（深山千鳥）
別名：ニッコウチドリ
　　単子葉植物綱ラン目ラン科の多年草。
　　高さは25cm。
　　〈*Platanthera takedai*〉

ミヤマチャヒキ
フォーリーガヤの別名（単子葉植物綱カ
ヤツリグサ目イネ科の草本）
　　〈*Schizachne purpurascens*〉

ミヤマチングルマ
チョウノスケソウ（長之助草）の別名
（双子葉植物綱バラ目バラ科の多年草）
　　〈*Dryas octopetala var.asiatica*〉

ミヤマツツジ
ムラサキヤシオツツジ（紫八汐躑躅）
の別名（双子葉植物綱ツツジ目ツツジ科
の落葉低木）
　　〈*Rhododendron albrechtii*〉

ミヤマトウキ
イワテトウキ（岩手当帰）の別名（セリ
科の多年草。高さは20〜80cm）
　　〈*Angelica iwatensis* Kitagawa〉

*ミヤマドジョウツナギ（深山泥鰌繋）
別名：ミヤマイチゴツナギ
　　イネ科の多年草。高さは60〜110cm。
　　〈*Glyceria alnasteretum Komarov*〉

ミヤマトラノオ
ミヤマクワガタ（深山鍬形）の別名（双
子葉植物綱ゴマノハグサ目ゴマノハグサ
科の多年草。高さは10〜25cm）
　　〈Pseudolysimachion schmidtianum
　　*subsp.*senanense *var.*senanense〉

ミヤマ

ミヤマトリカブト
ハクサントリカブトの別名（キンポウゲ
科の草本）
〈Aconitum hakusanense Nakai〉

ミヤマナデシコ（深山撫子）
シナノナデシコ（信濃撫子）の別名（双
子葉植物綱ナデシコ目（中心子目）ナデ
シコ科の多年草。高さは25〜40cm）
〈Dianthus shinanensis〉

ミヤマナルコ
アズマナルコの別名（単子葉植物綱カヤ
ツリグサ目カヤツリグサ科の多年草。
高さは40〜80cm）
〈Carex shimidzensis〉

*ミヤマニンジン
別名：ヤマニンジン
セリ科の多年草。高さは15〜30cm。
〈Osterium florentii（Franch. et
Savat.）Kitagawa〉

*ミヤマヌカボ（深山糠穂）
別名：ヒメコメススキ
単子葉植物綱カヤツリグサ目イネ科の多
年草。高さは15〜30cm。
〈Agrostis flaccida〉

ミヤマネコノメソウ
イワボタン（岩牡丹）の別名（双子葉植
物綱バラ目ユキノシタ科の多年草。高
さは3〜20cm）
〈Chrysosplenium macrostemon〉

ミヤマノウルシ
ハクサンタイゲキ（白山大戟）の別名
（双子葉植物綱トウダイグサ目トウダイ
グサ科の多年草。高さは40〜80cm）
〈Euphorbia togakusensis〉

ミヤマハイビャクシン
ミヤマビャクシン（深山柏槙）の別名
（マツ綱マツ目ヒノキ科の常緑匍匐性低
木）
〈Juniperus chinensis var.sargentii〉

ミヤマハギ
マルバハギ（丸葉萩）の別名（双子葉植
物綱マメ目マメ科の落葉低木。高さは1.
5〜2m。花は紅紫色）
〈Lespedeza cyrtobotrya〉

*ミヤマハナシノブ（深山花忍）
別名：ヒダカハナシノブ
ハナシノブ科の多年草。高さは40〜
80cm。
〈Polemonium caeruleum L. subsp.
yezoense（Miyabe et Kudo）Hara
var.yezoense〉

ミヤマハマナス
タカネバラ（高嶺薔薇）の別名（双子葉
植物綱バラ目バラ科の落葉低木）
〈Rosa nipponensis〉

ミヤマバルサム
ミヤマバルサムモミの別名（マツ科の常
緑高木。高さは30m。樹皮は灰白色）
〈Abies lasiocarpa（Hook.）Nutt.〉

*ミヤマバルサムモミ
別名：ミヤマバルサム
マツ科の常緑高木。高さは30m。樹皮は
灰白色。
〈Abies lasiocarpa（Hook.）Nutt.〉

*ミヤマハンショウヅル（深山半鐘蔓）
別名：コミヤマハンショウヅル
双子葉植物綱キンポウゲ目キンポウゲ科
の多年生つる草。花は紫色，または青
紫色。
〈Clematis ochotensis〉

*ミヤマハンモドキ（深山榛擬）
別名：ユウバリノキ
双子葉植物綱クロウメモドキ目クロウメ
モドキ科の落葉小低木。
〈Rhamnus ishidae〉

ミヤマヒゴタイ
ヤハズヒゴタイ（矢筈平江帯）の別名
（キク科の多年草。高さは30〜55cm）

植物別名辞典　535

ミヤマ

〈*Saussurea triptera* Maxim.〉

*ミヤマヒナゲシ
別名：タカネヒナゲシ
ケシ科。花は黄、橙、白色。
〈*Papaver alpinum* L.〉

*ミヤマビャクシン（深山柏槇）
別名：シンパク，ミヤマハイビャク
シン
マツ綱マツ目ヒノキ科の常緑匍匐性
低木。
〈*Juniperus chinensis var.sargentii*〉

ミヤマフジキ
ユクノキの別名（双子葉植物綱マメ目マ
メ科の落葉高木）
〈*Cladrastis sikokiana*〉

*ミヤマフタマタゴケ（深山二叉苔）
別名：オカカズノゴケ
フタマタゴケ科のコケ。長さ1〜3cm。
〈*Metzgeria furcata*（L.）*Dum.*〉

ミヤマヘビノボラズ
オオバメギ（大葉目木）の別名（双子葉
植物綱キンポウゲ目メギ科の落葉低木）
〈*Berberis tschonoskyana*〉

*ミヤマホツツジ（深山穂躑躅）
別名：ハコツツジ
双子葉植物綱ツツジ目ツツジ科の落葉低
木。高さは1〜1.5m。花は白でわずか
に緑みを帯びる。
〈*Cladothamnus bracteatus*〉

ミヤマメギ
オオバメギ（大葉目木）の別名（双子葉
植物綱キンポウゲ目メギ科の落葉低木）
〈*Berberis tschonoskyana*〉

ミヤマモミジ
アサノハカエデ（麻葉楓）の別名（双子
葉植物綱ムクロジ目カエデ科の小高木，
雌雄異株）
〈*Acer argutum*〉

*ミヤマヤナギ（深山柳）
別名：ミネヤナギ
双子葉植物綱ヤナギ目ヤナギ科の落葉低
木。成葉は楕円形または倒卵形。
〈*Salix reinii*〉

*ミヤマヤブタバコ（深山藪煙草）
別名：ガンクビヤブタバコ
双子葉植物綱キク目キク科の多年草。
高さは40〜100cm。
〈*Carpesium triste*〉

ミヤマヨメナ
ミヤコワスレ（都忘）の別名（キク科の
宿根草）
〈*Gymnaster savatieri*（Makino）
Kitamura〉

*ミヤマヨメナ（深山嫁菜）
別名：ノシュンギク（野春菊），ミヤコ
ワスレ（都忘）
双子葉植物綱キク目キク科の多年草。
高さは20〜50cm。花は紫青，淡桃，
白色。
〈*Aster savatieri var.savatieri*〉

ミヤマルリミノキ
リュウキュウルリミノキの別名（双子
葉植物綱アカネ目アカネ科の常緑低木）
〈*Lasianthus fordii*〉

ミヤマレンゲ（深山蓮花）
オオヤマレンゲ（大山蓮華）の別名（双
子葉植物綱モクレン目モクレン科の落葉
大型低木。花は白色）
〈Magnolia sieboldii *subsp.*japonica〉

ミヤマワスレナグサ
エゾムラサキ（蝦夷紫）の別名（双子葉
植物綱シソ目ムラサキ科の多年草。高
さは20〜40cm。花は青色）
〈*Myosotis sylvatica*〉

ミヤマワタスゲ
タカネクロスゲ（高嶺黒菅）の別名（単
子葉植物綱カヤツリグサ目カヤツリグサ
科の多年草。高さは15〜40cm）

〈*Scirpus maximowiczii*〉

*ミラ
別名：ナガエアマナ，メキシカン
スター
ユリ科。

ミラー
ハゴロモグサ（羽衣草）の別名（双子葉
植物綱バラ目バラ科の多年草。高さは
20〜40cm。花は緑黄色）
〈*Alchemilla japonica*〉

*ミラクルフルーツ
別名：ミラクルベリー
アカテツ科の薬用植物。
〈*Synsepalum dulcificum*（Schum. &
Thonn.）*Daniell.*〉

ミラクルベリー
ミラクルフルーツの別名（アカテツ科の
薬用植物）
〈*Synsepalum dulcificum*（Schum. &
Thonn.）Daniell.〉

ミリオ
ミリオンの別名（ユリ科）

ミリオクラダス
ミリオンの別名（ユリ科）

*ミリオン
別名：タチホウキ，ミリオ，ミリオク
ラダス
ユリ科。

ミルテ
フイリマートルの別名（フトモモ科の
ハーブ）

*ミルトニア
別名：パンジーオーキッド
ラン科の属総称。

ミルナ
オカヒジキ（陸鹿尾菜）の別名（双子葉
植物綱ナデシコ目（中心子目）アカザ科
の葉菜類。葉は円柱状多肉質。高さは
10〜30cm。花は淡緑色）
〈*Salsola komarovii*〉

ミルラン
ビロードシダ（天鵞絨羊歯）の別名（ウ
ラボシ科の常緑性シダ植物。葉は褐色
の長い星状毛に覆われる。葉身は長さ2
〜15cm，線形）
〈*Pyrrosia linearifolia*〉

*ミント
別名：セイヨウハッカ
双子葉植物綱シソ目シソ科のハーブ。
〈*Mentha spp.*〉

ミントブッシュ
プロスタンテラの別名（シソ科の属総
称）

【 ム 】

*ムカゴトラノオ（零余子虎尾）
別名：コモチトラノオ
双子葉植物綱タデ目タデ科の多年草。
高さは10〜30cm。
〈*Bistorta vivipara*〉

ムカシヨモギ
ヤナギヨモギ（柳艾）の別名（キク科の
多年草。高さは30〜60cm）
〈*Erigeron acris* L. var.*kamtschaticus*
（DC.）Herd.〉

ムカデグサ
シシガシラ（獅子頭）の別名（シシガシ
ラ科の常緑性シダ植物。葉身は長さ
40cm，披針形）
〈*Blechnum niponicum*〉
ミヤマシシガシラ（深山獅子頭）の別
名（シシガシラ科の常緑性シダ植物。葉
身の長さは10〜18cm）
〈*Blechnum castaneum*〉

ムカデシダ
オオクボシダの別名（ウラボシ科の常緑性シダ植物。葉身は長さ15cm，狭披針形から線形）
〈*Xiphopteris okuboi*〉

ムカデシバ
チャボウシノシッペイの別名（単子葉植物綱カヤツリグサ目イネ科の多年草。花は紫色）
〈*Eremochloa ophiuroides*〉

ムカデノリ
カタノリの別名（ムカデノリ科の海藻。叢生。体は7〜20cm）
〈*Grateloupia divaricata* Okamura〉

ムギグワイ
アマナ（甘菜）の別名（単子葉植物綱ユリ目ユリ科の多年草。高さは15〜30cm）
〈*Tulipa edulis*〉

*ムギセンノウ（麦仙翁）
別名：ムギナデシコ
双子葉植物綱ナデシコ目（中心子目）ナデシコ科の一年草または多年草。高さは30〜100cm。花は紫桃赤色。
〈*Agrostemma githago*〉

*ムキタケ
別名：カタハ，カワムキ，ノドヤケ
キシメジ科のキノコ。中型〜大型。傘は汚黄色〜黄褐色，細毛を密生する。表皮ははがれやすい。
〈*Panellus serotinus*〉

ムギナデシコ
ムギセンノウ（麦仙翁）の別名（双子葉植物綱ナデシコ目（中心子目）ナデシコ科の一年草または多年草。高さは30〜100cm。花は紫桃赤色）
〈*Agrostemma githago*〉

*ムキフジ
別名：サラシフジ（晒藤）
マメ科の木本。

ムキミカズラ
ツルコウゾ（蔓楮）の別名（双子葉植物綱イラクサ目クワ科の木本。葉は長楕円形）
〈*Broussonetia kaempferi*〉

*ムギラン（麦蘭）
別名：イボラン
単子葉植物綱ラン目ラン科の多年草。
〈*Bulbophyllum inconspicuum*〉

*ムギワラギク（麦藁菊）
別名：テイオウカイザイク
双子葉植物綱キク目キク科の多年草。
〈*Helichrysum bracteatum*〉

ムク
ムクノキ（椋木）の別名（双子葉植物綱イラクサ目ニレ科の落葉高木。高さは20m）
〈*Aphananthe aspera*〉

*ムクイヌビワ
別名：キングイヌビワ，ホソバムクイヌビワ，ムクバイヌビワ
クワ科の木本。
〈*Ficus irisana* Elmer〉

ムクエノキ
ムクノキ（椋木）の別名（双子葉植物綱イラクサ目ニレ科の落葉高木。高さは20m）
〈*Aphananthe aspera*〉

*ムクゲ（木槿）
別名：キハチス，ハチス，モクゲ
双子葉植物綱アオイ目アオイ科の落葉小高木または低木。高さは3〜4m。花は淡青紫，白，ピンク色など。
〈*Hibiscus syriacus*〉

*ムクノキ（椋木）
別名：ムク，ムクエノキ，モク
双子葉植物綱イラクサ目ニレ科の落葉高木。高さは20m。
〈*Aphananthe aspera*〉

ムシト

ムクバイヌビワ
ムクイヌビワの別名（クワ科の木本）
〈*Ficus irisana* Elmer〉

ムクミカズラ
ツルコウゾ（蔓楮）の別名（双子葉植物綱イラクサ目クワ科の木本。葉は長楕円形）
〈*Broussonetia kaempferi*〉

*ムクムクゴケ
別名：アオジロムクムクゴケ
ムクムクゴケ科のコケ。白緑色〜緑褐色、長さ2〜数cm。
〈*Trichocolea tomentella*（Ehrh.）Dun.〉

ムクムクサワラゴケ
サワラゴケの別名（サワラゴケ科のコケ。茎は長さ3〜10cm）
〈*Neotrichocolea bissetii*〉

ムクムクシミズゴケ
カワゴケの別名（カワゴケ科のコケ。葉は狭卵状披針形）
〈*Fontinalis hypnoides*〉

ムクロ
ムクロジ（無患子）の別名（双子葉植物綱ムクロジ目ムクロジ科の落葉高木。高さ20m。花は淡黄緑色）
〈*Sapindus mukorossi*〉

*ムクロジ（無患子）
別名：ムクロ
双子葉植物綱ムクロジ目ムクロジ科の落葉高木。高さは20m。花は淡黄緑色。
〈*Sapindus mukorossi*〉

ムコギ
ヒメウコギ（姫五加木）の別名（双子葉植物綱セリ目ウコギ科の落葉低木。高さは3m。花は黄緑色）
〈*Acanthopanax sieboldianus*〉

ムーゴマツ
モンタナマツの別名（マツ綱マツ目マツ科の木本）
〈*Pinus mugo*〉

ムサシノ
ノムラ（野村）の別名（カエデ科のオオモミジの品種）

*ムサシモ（武蔵藻）
別名：マガリミサヤモ
単子葉植物綱イバラモ目イバラモ科の沈水植物。葉は糸状、縁に細かい鋸歯がある。
〈*Najas ancistrocarpa*〉

*ムシカリ（虫狩）
別名：オオカメノキ
双子葉植物綱マツムシソウ目スイカズラ科の落葉低木。高さは2〜5m。花は白色。
〈*Viburnum furcatum*〉

ムシヅル
ヒシモドキ（菱擬）の別名（双子葉植物綱ゴマノハグサ目ゴマ科の浮葉植物。閉鎖花は細長いつぼみ状、開放花は淡紅色）
〈*Trapella sinensis*〉

ムシトリゼキショウ
イワショウブ（岩菖蒲）の別名（単子葉植物綱ユリ目ユリ科の多年草。高さは20〜50cm）
〈*Tofieldia japonica*〉

*ムシトリナデシコ（虫取撫子）
別名：コマチソウ，ハエトリナデシコ
双子葉植物綱ナデシコ目（中心子目）ナデシコ科の一年草または多年草。高さは50〜60cm。花は紅紫色。
〈*Silene armeria*〉

*ムシトリビランジ
別名：ウメナデシコ，ビスカリア
ナデシコ科。

植物別名辞典　539

ムシャザクラ
ナデン（南殿）の別名（バラ科の木本）
〈*Prunus sieboldii*（Carr.）Wittm.〉

*ムシャザクラ（霧社桜）
別名：ナデン（南殿）
双子葉植物綱バラ目バラ科の木本。
サクラの品種。花は白色。
〈*Cerasus sieboldii*〉

*ムスカリ
別名：グレープヒアシンス，ルリムスカリ
単子葉植物綱ユリ目ユリ科の属総称。
〈*Muscari spp.*〉

*ムチゴケ
別名：オオムカデゴケ
ムチゴケ科のコケ。茎は長さ12cm。
〈*Bazzania pompeana*（Lac.）Mitt.〉

ムツアジサイ
エゾアジサイ（蝦夷紫陽花）の別名（双子葉植物綱バラ目ユキノシタ科の落葉低木）
〈Hydrangea serrata *var.*megacarpa〉

*ムツオレガヤツリ
別名：キンガヤツリ
カヤツリグサ科の一年草。高さは20〜
70cm。
〈*Cyperus odoratus* L.〉

*ムツオレグサ（六折草）
別名：タムギ，ミノゴメ
単子葉植物綱カヤツリグサ目イネ科の抽
水性多年草。高さ30〜60cm，葉身は
線形。
〈*Glyceria acutiflora*〉

*ムッサエンダ
別名：コンロンカ
アカネ科の属総称。

*ムツデチョウチンゴケ
別名：カシワバチョウチンゴケ
チョウチンゴケ科のコケ。大形、茎は長
さ10cm、葉は光沢があり、長楕円形。
〈*Pseudobryum speciosum*（Mitt.）
T. J. Kop.〉

ムツバアカネ
セイヨウアカネ（西洋茜）の別名（双子葉植物綱アカネ目アカネ科の草本，薬用植物）
〈*Rubia tinctorum*〉

*ムニンアオガンピ（無人青雁皮）
別名：オガサワラガンピ
双子葉植物綱フトモモ目ジンチョウゲ科
の半常緑低木。
〈*Wikstroemia pseudoretusa*〉

ムニンイヌグス
オガサワラアオグスの別名（クスノキ科の常緑高木）
〈*Machilus boninensis* Koidz.〉

ムニンエノキ
クワノハエノキの別名（双子葉植物綱イラクサ目ニレ科の落葉高木）
〈*Celtis boninensis*〉

ムニンクラマゴケ
ヒバゴケ（檜葉苔）の別名（イワヒバ科の常緑性シダ。主茎は長く匍匐、30cmをこえることもある）
〈*Selaginella boninensis* Baker〉

*ムニンサジラン
別名：シマサジラン
ウラボシ科の常緑性シダ植物。葉身は
長さ10〜25cm，狭披針形。
〈*Loxogramme boninensis*〉

ムニンシシラン
ヒメシシランの別名（シシラン科の常緑性シダ。葉身は長さ8〜30cm。線状）
〈*Vittaria anguste-elongata* Hayata〉

ムニンシュスラン
オガサワラシュスランの別名（ラン科）

〈*Goodyera boninensis*〉

*ムニンタイトゴメ
別名：マンネングサ
双子葉植物綱バラ目ベンケイソウ科の草本。
〈*Sedum boninense*〉

ムニンタマシダ
ヤンバルタマシダの別名（シノブ科の常緑性シダ植物。葉長60〜100cm）
〈*Nephrolepis hirsutula*〉

*ムニンツツジ
別名：オガサワラツツジ
双子葉植物綱ツツジ目ツツジ科の常緑低木。
〈*Rhododendron boninense*〉

*ムニンツレサギソウ
別名：シマツレサギソウ
単子葉植物綱ラン目ラン科の地上生植物。
〈*Platanthera boninensis*〉

*ムニンテイカカズラ
別名：オオバテイカカズラ
双子葉植物綱リンドウ目キョウチクトウ科の常緑つる性植物。
〈*Trachelospermum foetidum*〉

*ムニンノキ
別名：オオバクロテツ
双子葉植物綱カキノキ目アカテツ科の常緑高木。
〈*Planchonella boninensis*〉

ムニンハツバキ
ハツバキの別名（双子葉植物綱トウダイグサ目トウダイグサ科の常緑小高木）
〈*Drypetes integerrima*〉

*ムニンハナガサノキ
別名：コハナガサノキ
アカネ科の常緑つる植物。
〈*Morinda umbellata L. subsp.*

boninensis（*Ohwi*）*Yamazaki*〉

ムニンヒサカキ
ヒサカキ（姫榊）の別名（ツバキ科の常緑低木。花は帯黄白色）
〈*Eurya japonica Thunb.*〉

*ムニンフトモモ
別名：オガサワラフトモモ
双子葉植物綱フトモモ目フトモモ科の常緑小高木。
〈*Metrosideros boninensis*〉

*ムニンベニシダ
別名：オオバノイタチシダ
オシダ科の常緑性シダ。葉身は長さ30〜45cm。三角状長卵形。
〈*Dryopteris insularis Kodama*〉

ムニンホラゴケ
ウチワゴケ（団扇苔）の別名（コケシノブ科の常緑性シダ。葉身は長さ7〜15mm。うちわ形）
〈*Gonocormus minutus*（Blume）v. d. Bosch〉

*ムニンミゾシダ
別名：オオホシダ
オシダ科の常緑性シダ植物。
〈*Thelypteris boninensis*〉

ムニンモダマ
ワニグチモダマの別名（双子葉植物綱マメ目マメ科の常緑つる性木本）
〈*Mucuna gigantea*〉

*ムニンモチ
別名：シイモチ
モチノキ科の常緑低木。
〈*Ilex beechyi Makino*〉

*ムベ（郁子）
別名：ウベ，トキワアケビ
双子葉植物綱キンポウゲ目アケビ科の常緑つる性木本。小葉は長楕円形，卵形，倒卵形など。

〈*Stauntonia hexaphylla*〉

ムマゴヤシ
ウマゴヤシ**(馬肥)** の別名(双子葉植物
綱マメ目マメ科の草本。長さは10〜
60cm。花は黄色)
〈*Medicago polymorpha*〉

ムメ
ウメ**(梅)** の別名(双子葉植物綱バラ目バ
ラ科の落葉小高木。果実はほぼ球形。
高さは10m)
〈*Prunus mume var.*mume〉

*ムユウジュ (無憂樹)
別名:アソカノキ
双子葉植物綱マメ目ジャケツイバラ科の
観賞用小木。若葉は紅色で垂下。
〈*Saraca indica*〉

ムライラン
ハクウンランの別名(単子葉植物綱ラン
目ラン科の多年草。高さは5〜10cm)
〈*Vexillabium nakaianum*〉

ムラサキアツバセンネンボクラン
コルジリネ・インディビサ・アトロプ
ルプレアの別名(ユリ科)

ムラサキイソマツ
イソマツ**(磯松)** の別名(イソマツ科の
多年草。高さは5〜20cm)
〈*Limonium wrightii* (Hance) O.
Kuntze var.*arbusculum* (Maxim.)
Hara〉

*ムラサキイロガワリハツ
別名:キイロケチチタケ
ベニタケ科のキノコ。大型。傘は黄色,
周辺に粗毛。縁部は内側に巻く。
〈*Lactarius repraesentaneus*〉

*ムラサキウマゴヤシ
別名:アルファルファ
双子葉植物綱マメ目マメ科の多年草。
高さは30〜100cm。花は紫〜青紫色。

〈*Medicago sativa*〉

ムラサキウンラン
ヒメキンギョソウの別名(双子葉植物綱
ゴマノハグサ目ゴマノハグサ科の一年草
または多年草。高さは20〜40cm。花は
スミレ色〜紅紫色)
〈*Linaria bipartita*〉

*ムラサキオヒゲシバ
別名:ムラサキヒゲシバ
イネ科の多年草。高さは1m。花は紫色。
〈*Enteropogon dolichostachys*
(Lagasc.) Keng.〉

*ムラサキオモト (紫万年青)
別名:シキンラン,レオ
単子葉植物綱ツユクサ目ツユクサ科の多
年草。葉裏紫紅色。高さは20cm。花
は白色,または淡紫色。
〈*Rhoeo spathacea*〉

*ムラサキカタバミ (紫酢漿草)
別名:キキョウカタバミ
双子葉植物綱フウロソウ目カタバミ科の
多年草。高さは5〜15cm。花は淡紅
紫色。
〈*Oxalis corymbosa*〉

ムラサキクンシラン
アガパンサスの別名(ユリ科の属総称。
球根植物)
アガパンツスの別名(単子葉植物綱ユリ
目ユリ科の属総称,球根植物)
〈*Agapanthus spp.*〉

*ムラサキケマン (紫華鬘)
別名:ヤブケマン
双子葉植物綱ケシ目ケシ科の一年草また
は越年草。高さは17〜50cm。
〈*Corydalis incisa*〉

ムラサキゴテン
セトクレアセアの別名(単子葉植物綱ツ
ユクサ目ツユクサ科の多年草。高さは40
〜60cm。花はラベンダーピンク〜白色)

〈*Setcreasea palliada*〉

*ムラサキシキブ（紫式部）
別名：コメゴメ，ミムラサキ（実紫）
双子葉植物綱シソ目クマツヅラ科の落葉
低木。高さは2～3m。花は淡紫紅色。
〈*Callicarpa japonica*〉

ムラサキシノ
アズマネザサ（東根笹）の別名（単子葉
植物綱カヤツリグサ目イネ科の常緑大型
ササ）
〈*Pleioblastus chino*〉

*ムラサキシマヒゲシバ
別名：タイワンヒゲシバ，ムラサキヒ
ゲシバ
単子葉植物綱カヤツリグサ目イネ科の一
年草。高さは30～80cm。
〈*Chloris barbata*〉

*ムラサキススキ
別名：マスウノススキ
単子葉植物綱カヤツリグサ目イネ科の
草本。
〈*Miscanthus sinensis var.sinensis
form.purpurascens*〉

*ムラサキストロファントス
別名：キンリュウカ
キョウチクトウ科の蔓木。枝は黒紫色。
花は黄色。
〈*Strophanthus dichotomus DC.*〉

ムラサキタカネアオヤギソウ
タカネシュロソウ（高嶺棕櫚草）の別
名（ユリ科）
〈*Veratrum maachii var.japonicum*〉

ムラサキタンポポ
センボンヤリ（千本槍）の別名（双子葉
植物綱キク目キク科の多年草。高さは
春5～15cm，秋30～60cm。花は白色）
〈*Leibnitzia anandria*〉

*ムラサキチュウガエリ
別名：イリオモテヒメラン
ラン科。
〈*Malaxis bancanoides*〉

ムラサキチョウジ
シチョウゲ（紫丁花）の別名（双子葉植
物綱アカネ目アカネ科の落葉低木。高
さは1m。花は紫色）
〈*Leptodermis pulchella*〉

*ムラサキツメクサ（紫詰草）
別名：アカツメクサ
双子葉植物綱マメ目マメ科の多年草。
高さは30～60cm。花は淡紅色。
〈*Trifolium pratense*〉

ムラサキツリバナ
クロツリバナ（黒吊花）の別名（双子葉
植物綱ニシキギ目ニシキギ科の落葉低
木。高さは2～3m。花は暗紫色）
〈*Euonymus tricarpus*〉

*ムラサキツリバナ
別名：クロツリバナ
ニシキギ科の落葉低木。
〈*Euonymus sachalinensis Maxim.
var.tricarpus Kudo*〉

ムラサキツリフネソウ
ツリフネソウ（釣船草）の別名（双子葉
植物綱フウロソウ目ツリフネソウ科の一
年草。高さは40～80cm。花は青紫色）
〈*Impatiens textori*〉

*ムラサキナズナ（紫撫子）
別名：オーブリエタ
アブラナ科の常緑多年草。高さは15cm。
花は淡紅藤～紫紅色。
〈*Aubrieta deltoidea（L.）DC.*〉

*ムラサキナツフジ（紫夏藤）
別名：サッコウフジ
双子葉植物綱マメ目マメ科の木本。長
さは10m。花は帯紅紫～暗紫色。
〈*Millettia reticulata*〉

ムラサ

ムラサキハナナ
ハナダイコン（花大根）の別名（双子葉
植物綱フウチョウソウ目アブラナ科の一
年草または越年草。高さは20〜50cm。
花は青紫色）
〈*Orychophragmus violaceus*〉

＊ムラサキバレンギク
別名：エキナケア，エキナセア，プル
プレア
双子葉植物綱キク目キク科の多年草。
高さは60〜100cm。花は紫紅〜白色。
〈*Echinacea purpurea*〉

ムラサキヒゲシバ
ムラサキオヒゲシバの別名（イネ科の多
年草。高さは1m。花は紫色）
〈*Enteropogon dolichostachys*
(Lagasc.) Keng.〉
ムラサキシマヒゲシバの別名（単子葉植
物綱カヤツリグサ目イネ科の一年草。
高さは30〜80cm）
〈*Chloris barbata*〉

ムラサキヒメアナナス
クリプタンサス・アコーリス・ルーベ
ルの別名（パイナップル科）

ムラサキフタバラン
ヒメフタバランの別名（単子葉植物綱ラ
ン目ラン科の多年草。高さは5〜20cm）
〈*Listera japonica*〉

ムラサキマムシグサ
カントウマムシグサの別名（単子葉植物
綱サトイモ目サトイモ科の多年草。葉は
鳥足状に切れ込む。高さは15〜75cm）
〈*Arisaema serratum*〉

ムラサキミズゼニゴケ
ホソバミズゼニゴケ（細葉水銭苔）の
別名（ミズゼニゴケ科のコケ。紅紫色，
長さ2〜5cm）
〈*Pellia endiviifolia*〉

ムラサキミズトラノオ
ミズトラノオ（水虎尾）の別名（双子葉
植物綱シソ目シソ科の多年草。高さは
30〜50cm）
〈*Eusteralis yatabeana*〉

ムラサキムヨウラン
クロムヨウランの別名（単子葉植物綱ラ
ン目ラン科の多年草。高さは10〜30cm）
〈*Lecanorchis nigricans*〉

＊ムラサキヤシオツツジ（紫八汐躑躅）
別名：ミヤマツツジ
双子葉植物綱ツツジ目ツツジ科の落葉
低木。
〈*Rhododendron albrechtii*〉

＊ムーレイン
別名：ビロウドモウズイカ，ベルバス
クム，マーレイン
ゴマノハグサ科のハーブ。

ムレゴチョウ
パピヨンの別名（ナス科）

ムレサネゴケ
クロミダイゴケの別名（ニセサネゴケ科
の地衣類。地衣体は樹皮内に埋没する）
〈*Melanotheca collospora* (Vain.)
Zahlbr.〉

ムレスズメラン（群雀蘭）
オンシディウムの別名（ラン科の属総
称）

ムレナデシコ
カスミソウ（霞草）の別名（双子葉植物
綱ナデシコ目（中心子目）ナデシコ科の
草本。高さは20〜50cm。花は白色）
〈*Gypsophila elegans*〉

ムロ
ネズ（杜松）の別名（マツ綱マツ目ヒノキ
科の常緑低木。高さは10〜15m）
〈*Juniperus rigida*〉

メキシ

ムロウマムシグサ
　キシダマムシグサの別名（単子葉植物綱サトイモ目サトイモ科の草本）
　〈*Arisaema kishidae*〉

ムロネザサ
　ケネザサ（毛根笹）の別名（単子葉植物綱カヤツリグサ目イネ科の木本）
　〈*Pleioblastus shibuyanus var. basihirsutus*〉

【メ】

メイゲツカエデ
　ハウチワカエデ（羽団扇楓）の別名（双子葉植物綱ムクロジ目カエデ科の落葉高木。高さは10〜12m。樹皮は灰褐色）
　〈*Acer japonicum*〉

メイデベンネ
　ブラックバッカラの別名（バラ科のバラの品種）

メイプティピエール
　ミミエデンの別名（バラ科のバラの品種）

メイラノガ
　ブリリアント・メイアンディナの別名（バラ科のバラの品種。ミニアチュア・ローズ系。花は朱赤色）

＊メイリンニシキ（明鱗錦）
　別名：シャボンアロエ
　　ユリ科。

メイワキンカン
　ニンポウキンカン（寧波金柑）の別名（双子葉植物綱ムクロジ目ミカン科の木本。果実は縦径3cmほど。高さは2m）
　〈*Fortunella crassifolia*〉

メウリノキ
　ウリカエデ（瓜楓）の別名（双子葉植物綱ムクロジ目カエデ科の落葉高木。樹幹が青緑色。高さは3〜5m。樹皮は緑色）
　〈*Acer crataegifolium*〉

メオトバナ
　リンネソウの別名（双子葉植物綱マツムシソウ目スイカズラ科の常緑小低木。高さは5〜10cm）
　〈*Linnaea borealis*〉

＊メガルカヤ（雌刈茅，雌刈萱）
　別名：カルカヤ
　　イネ科の多年草。高さは70〜100cm。
　　〈*Themeda japonica*（Willd.）C. Tanaka〉

＊メギ（目木）
　別名：コトリトマラズ，トリトマラズ，ヨロイドウシ
　　双子葉植物綱キンポウゲ目メギ科の落葉低木。高さは2m。
　　〈*Berberis thunbergii*〉

メキシカンアゲラタム
　オオカッコウアザミの別名（キク科の草本。高さは60cm。花は青紫色）
　〈*Ageratum houstonianum* Mill.〉

メキシカンジニア
　サンビタリアの別名（双子葉植物綱キク目キク科の草本。高さは15cm。花は橙黄色）
　〈*Sanvitalia procumbens*〉

メキシカンスター
　ミラの別名（ユリ科）

メキシコノボタン
　ヘテロケントロンの別名（ノボタン科の属総称）

メキシコヒナギク
　ペラペラヨメナの別名（双子葉植物綱キク目キク科の多年草。高さは20〜40cm。花は白色）
　〈*Erigeron karvinskianus*〉

植物別名辞典　545

メキシ

メキシコヒマワリ

チトニアの別名（キク科の一年草。高さ
は1.5〜1.8m。花は橙赤色）
〈*Tithonia rotundifolia*（Mill.）S. F.
Blake〉

*メキャベツ

別名：コモチカンラン，コモチタマ
ナ，ヒメカンラン（姫甘藍）
双子葉植物綱フウチョウソウ目アブラナ
科の野菜。
〈*Brassica oleracea var.gemmifera*〉

メグサ

ハッカ（薄荷）の別名（双子葉植物綱シソ
目シソ科の多年草。茎赤色，葉は皺多く
芳香あり。高さは20〜50cm）
〈*Mentha arvensis var.piperascens*〉

メグサハッカ

ペニーロイヤル・ミントの別名（シソ
科のハーブ）

メグスリノキ

ハナノキ（花之木）の別名（カエデ科の
雌雄異株の落葉高木。高さは15m）
〈*Acer rubrum* L. var.*pycnanthum*（K.
Koch）Makino〉

*メグスリノキ（眼薬木）

別名：チョウジャノキ
双子葉植物綱ムクロジ目カエデ科の落
葉高木。小葉は狭卵形または狭楕
円形。樹高は20m。樹皮は灰褐色。
〈*Acer nikoense*〉

*メクラフジ（盲藤）

別名：ヒメフジ
マメ科。
〈*Milletia japonica*（Sieb. et Zucc.）
A. Gray var.*microphylla Makino*〉

メシバ

メヒシバ（雌日芝）の別名（単子葉植物
綱カヤツリグサ目イネ科の一年草。高
さは40〜80cm）
〈*Digitaria ciliaris*〉

メジロザクラ

チョウジザクラ（丁字桜，丁子桜）の
別名（双子葉植物綱バラ目バラ科の落葉
小高木。高さは3〜6m。花は白色）
〈*Cerasus apetala*〉

*メジロホオズキ

別名：サンゴホオズキ
双子葉植物綱ナス目ナス科の草本。
〈*Solanum biflorum*〉

メタケ

マイタケ（舞茸）の別名（サルノコシカ
ケ科のキノコ。大型。傘は扇形，黒色〜
淡褐色）
〈*Grifola frondosa*〉

*メダケ（女竹）

別名：オンナダケ，カワタケ，ニガ
タケ
単子葉植物綱カヤツリグサ目イネ科の常
緑大型ササ。
〈*Pleioblastus simonii*〉

*メタセコイア

別名：アケボノスギ，アシウスギ（蘆
生杉），イチイヒノキ，ヌマスギモ
ドキ
マツ綱マツ目スギ科の落葉性針葉高木。
高さは30m。樹皮は橙褐色ないし赤
褐色。
〈*Metasequoia glyptostroboides*〉

*メタリナ

別名：コルウェイネウ
バラ科のバラの品種。

メツキシバ

ヒイラギ（柊，疼木，比比羅木）の別名
（双子葉植物綱ゴマノハグサ目モクセイ
科の常緑小高木。高さは10m。花は白
色）
〈*Osmanthus heterophyllus*〉

メツクバネウツギ

オオツクバネウツギ（大衝羽根空木）

546　植物別名辞典

の別名（双子葉植物綱マツムシソウ目ス
イカズラ科の落葉低木）
〈Abelia tetrasepala〉

メツコナシ
ナシ（梨）の別名（双子葉植物綱バラ目バ
ラ科の落葉高木。果実は球形〜長球形）
〈Pyrus pyrifolia var.culta〉

＊メドウスイート
別名：クイーンオブザメドー，セイヨ
ウナツユキソウ
バラ科のハーブ。

メドウフェスク
ヒロハノウシノケグサの別名（単子葉植
物綱カヤツリグサ目イネ科の多年草。
葉身は幅4mm未満）
〈Festuca pratensis〉

＊メナモミ
別名：アキボコリ，イシモチ，モチナ
モミ
双子葉植物綱キク目キク科の一年草。
高さは60〜120cm。
〈Siegesbeckia pubescens〉

メノハ
ワカメ（若布）の別名（褐藻綱コンブ目チ
ガイソ科の海藻。茎は扁円）
〈Undaria pinnatifida〉

＊メノマンネングサ（雌万年草）
別名：コマノツメ，ハナツヅキ
双子葉植物綱バラ目ベンケイソウ科の多
年草。高さは5〜15cm。花は濃黄色。
〈Sedum japonicum〉

＊メハジキ（目弾）
別名：ヤクモソウ（益母草）
双子葉植物綱シソ目シソ科の越年草。
高さは50〜150cm。
〈Leonurus japonicus〉

メハリノキ
カワラハンノキ（河原榛木）の別名（双

子葉植物綱ブナ目カバノキ科の落葉高
木）
〈Alnus serrulatoides〉

メヒゲシバ
チャボヒゲシバの別名（イネ科の多年
草。高さは20〜40cm）
〈Chloris truncata R. Br.〉

＊メヒシバ（雌日芝）
別名：ジシバリ，ハタカリ，メシバ
単子葉植物綱カヤツリグサ目イネ科の一
年草。高さは40〜80cm。
〈Digitaria ciliaris〉

メヒバ
カタヒバ（片檜葉）の別名（イワヒバ科
の常緑性シダ植物。地下茎は淡黄緑色。
高さは10〜40cm）
〈Selaginella involvens〉

＊メヒルギ（雌蛭木）
別名：リュウキュウコウガイ
双子葉植物綱ヒルギ目ヒルギ科の常緑高
木，マングローブ植物。花は白色。
〈Kandelia candel〉

メボウキ
バジルの別名（双子葉植物綱シソ目シソ
科のハーブ。高さは45cm。花は淡紫色）
〈Ocimum basilicum〉

メマツ
アカマツ（赤松）の別名（マツ綱マツ目
マツ科の常緑高木。樹高は35m。樹皮は
帯赤褐のち灰赤色）
〈Pinus densiflora〉

メマツタケ
アガリクスの別名（ハラタケ科のキノコ）
〈Agaricus blazei〉

＊メヤブソテツ（雌藪蘇鉄）
別名：イワヤブソテツ
オシダ科の常緑性シダ植物。葉身は長
さ50cm，狭長楕円形。

植物別名辞典　547

メラス

〈*Cyrtomium caryotideum*〉

＊メラストマ
別名：ノボタン
　ノボタン科の属総称。

＊メラレウカ
別名：コバノブラシノキ
　フトモモ科。

＊メリケンガヤツリ
別名：アメリカガヤツリ，オニシロガ
ヤツリ
　単子葉植物綱カヤツリグサ目カヤツリグ
サ科の多年草。高さは30〜100cm。
　〈*Cyperus eragrostis*〉

メリケンクリノイガ
ヒメクリノイガの別名（イネ科の一年
草。高さは15〜80cm）
　〈*Cenchrus longispinus*（Hack.）
Fernald〉

メリッサグラス
レモングラスの別名（単子葉植物綱カヤ
ツリグサ目イネ科の多年草。粉白，芳
香。高さは2m）
　〈*Cymbopogon citratus*〉

メリロートソウ
シナガワハギ（品川萩）の別名（双子葉
植物綱マメ目マメ科の一年草または越年
草。高さは120〜250cm。花は黄色）
　〈*Melilotus officinalis*〉

＊メンツェリア・リンドレイ
別名：バルトニア・オーレア
　ロアサ科。

メンツツジ
フジツツジ（藤躑躅）の別名（双子葉植
物綱ツツジ目ツツジ科の半常緑低木。
花は淡紅紫色）
　〈*Rhododendron tosaense*〉

メンマツ
アカマツ（赤松）の別名（マツ綱マツ目
マツ科の常緑高木。樹高は35m。樹皮は
帯赤褐のち灰赤色）
　〈*Pinus densiflora*〉

【 モ 】

＊モイワナズナ（藻岩薺）
別名：ソウウンナズナ
　双子葉植物綱フウチョウソウ目アブラナ
科の草本。
　〈*Draba sachalinensis*〉

＊モウコグワ
別名：チョウセングワ
　クワ科の薬用植物。
　〈*Morus Mongolica*（Bureau）
Schneid.〉

モウズイカ
バーバスカムの別名（ゴマノハグサ科の
属総称）
＊モウズイカ（毛蕊花）
別名：ニワタバコ
　双子葉植物綱ゴマノハグサ目ゴマノ
ハグサ科の多年草。高さは50〜
150cm。花は黄色。
　〈*Verbascum blattaria*〉

＊モウソウチク（孟宗竹）
別名：コウナンチク，ザトウチク，ワ
カタケ
　単子葉植物綱カヤツリグサ目イネ科の常
緑大型竹。高さは10〜20m。
　〈*Phyllostachys pubescens*〉

モウリンカ
マツリカ（茉莉花）の別名（双子葉植物
綱ゴマノハグサ目モクセイ科の低木。
花は白，黄色）
　〈*Jasminum sambac*〉

モエギクジャク
オウゴンクジャクヒバの別名（ヒノキ科）
〈Chamaecyparis obtusa（Siebold et Zucc.）Endl. 'Filicoides-aurea'〉

モガシ
ホルトノキの別名（双子葉植物綱アオイ目ホルトノキ科の常緑高木）
〈Elaeocarpus sylvestris var.ellipticus〉

モク
ムクノキ（椋木）の別名（双子葉植物綱イラクサ目ニレ科の落葉高木。高さは20m）
〈Aphananthe aspera〉

モクゲ
ムクゲ（木槿）の別名（双子葉植物綱アオイ目アオイ科の落葉小高木または低木。高さは3〜4m。花は淡青紫，白，ピンク色など）
〈Hibiscus syriacus〉

＊モクゲンジ
別名：センダンバノボダイジュ，モクレンジ
双子葉植物綱ムクロジ目ムクロジ科の落葉高木。高さは10〜12m。花は黄色。樹皮は淡褐色。
〈Koelreuteria paniculata〉

モグサ
ヨモギ（蓬，艾）の別名（双子葉植物綱キク目キク科の多年草。高さは50〜100cm）
〈Artemisia princeps〉

モクジ
キクラゲ（木耳）の別名（キクラゲ科のキノコ。小型〜中型。子実体は耳形，肉はゼラチン質）
〈Auricularia auricula〉

モクシュンギク（木春菊）
マーガレットの別名（双子葉植物綱キク目キク科の宿根草）
〈Chrysanthemum frutescens〉

モクセイ
キンモクセイ（金木犀）の別名（双子葉植物綱ゴマノハグサ目モクセイ科の常緑小高木）
〈Osmanthus fragrans var.aurantiacus〉

＊モクセイ
別名：ギンモクセイ
モクセイ科。

＊モクセンナ
別名：キダチセンナ
双子葉植物綱マメ目マメ科の小木。莢は扁平，葉裏は粉白。高さは2〜7m。花は鮮黄色。
〈Cassia surattensis〉

モクフヨウ（木芙蓉）
フヨウ（芙蓉）の別名（双子葉植物綱アオイ目アオイ科の落葉低木。高さは2〜5m。花は白〜ピンク色）
〈Hibiscus mutabilis〉

＊モクベツシ
別名：ナンバンキカラスウリ
ウリ科のつる性植物。花は白黄色。
〈Momordica cochinchinensis（Lour.）K. Spreng.〉

モクベンケイ
ハマジンチョウ（浜沈丁）の別名（双子葉植物綱ゴマノハグサ目ハマジンチョウ科の常緑低木）
〈Myoporum bontioides〉

＊モクマオ
別名：オガサワラモクマオ，ヤナギバモクマオ
双子葉植物綱イラクサ目イラクサ科の常緑低木。
〈Boehmeria densiflora〉

＊モクマオウ（木麻黄）
別名：オガサワラマツ

植物別名辞典　549

モクレン

モクマオウ科の木本。樹皮にタンニン
が多い。高さは10m。
〈*Casuarina stricta Ait.*〉

*モクレイシ（木荔枝）
別名：クロギ，フクボク
双子葉植物綱ニシキギ目ニシキギ科の常
緑低木。
〈*Microtropis japonica*〉

モクレダマ
レダマ（連玉）の別名（双子葉植物綱マメ
目マメ科の木本。高さは2～3.5m。花は
黄色）
〈*Spartium junceum*〉

*モクレン（木蓮）
別名：シモクレン，モクレンゲ
双子葉植物綱モクレン目モクレン科の落
葉低木。花は濃紫色。
〈*Magnolia quinquepeta*〉

モクレンゲ
ハクモクレン（白木蓮）の別名（双子葉
植物綱モクレン目モクレン科の落葉高
木。高さは15m。花は乳白色）
〈*Magnolia heptapeta*〉
モクレン（木蓮）の別名（双子葉植物綱
モクレン目モクレン科の落葉低木。花
は濃紫色）
〈*Magnolia quinquepeta*〉

モクレンジ
モクゲンジの別名（双子葉植物綱ムクロ
ジ目ムクロジ科の落葉高木。高さは10
～12m。花は黄色。樹皮は淡褐色）
〈*Koelreuteria paniculata*〉

*モクワンジュ
別名：キワンジュ，ソシンカ
マメ科の観賞用小木。花は白色。
〈*Bauhinia acuminata L.*〉

モシオグサ
アマモの別名（単子葉植物綱イバラモ目
アマモ科の多年生水草。長さは50～

100cm）
〈*Zostera marina*〉
シバナ（塩場菜）の別名（単子葉植物綱
イバラモ目シバナ科の多年草。高さは
10～50cm）
〈*Triglochin maritimum*〉

モジズリ（捩摺）
ネジバナ（捩花）の別名（単子葉植物綱
ラン目ラン科の多年草。高さは10～
40cm。花は淡紅色）
〈Spiranthes sinensis *var.amoena*〉

*モダマ（藻玉）
別名：モダマヅル
双子葉植物綱マメ目マメ科の常緑つる性
木本。莢は巨大，樹皮は淡褐色。
〈*Entada phaseoloides*〉

モダマヅル
モダマ（藻玉）の別名（双子葉植物綱マメ
目マメ科の常緑つる性木本。莢は巨大，
樹皮は淡褐色）
〈*Entada phaseoloides*〉

モチ
モチノキ（黐木）の別名（双子葉植物綱
ニシキギ目モチノキ科の常緑高木。花
は黄緑色）
〈*Ilex integra*〉

*モチイネ（糯稲）
別名：モチゴメ
イネ科。
〈*Oryza sativa L.*〉

モチガシワ
カシワ（柏，槲，櫗）の別名（双子葉植物
綱ブナ目ブナ科の落葉高木。高さは10
～15m）
〈*Quercus dentata*〉

モチギ
ヤマコウバシ（山香）の別名（双子葉植
物綱クスノキ目クスノキ科の落葉低木。
花は黄緑色）

550 植物別名辞典

モミシ

〈*Lindera glauca*〉

モチグサ
ヨモギ（蓬，艾）の別名（双子葉植物綱キク目キク科の多年草。高さは50〜100cm）

〈*Artemisia princeps*〉

モチゴメ
モチイネ（糯稲）の別名（イネ科）

〈*Oryza sativa* L.〉

モチツゲ
ツゲモドキの別名（トウダイグサ科の木本）

〈*Drypetes matsumurae*（Koidz.）Kanehira〉

モチナモミ
メナモミの別名（双子葉植物綱キク目キク科の一年草。高さは60〜120cm）

〈*Siegesbeckia pubescens*〉

＊モチノキ（黐木）
別名：トリモチノキ，ホンモチ，モチ
双子葉植物綱ニシキギ目モチノキ科の常緑高木。花は黄緑色。

〈*Ilex integra*〉

モックオレンジ
バイカウツギ（梅花空木）の別名（双子葉植物綱バラ目ユキノシタ科の直立性低木。高さは2m。花は白色）

〈*Philadelphus satsumi*〉

モッコウイバラ
モッコウバラ（木香薔薇）の別名（双子葉植物綱バラ目バラ科の落葉低木。長さは6〜7m。花は白色，または淡黄色）

〈*Rosa banksiae*〉

＊モッコウバラ（木香薔薇）
別名：スダレバラ，モッコウイバラ
双子葉植物綱バラ目バラ科の落葉低木。長さは6〜7m。花は白色，または淡黄色。

〈*Rosa banksiae*〉

＊モッコク（木斛）
別名：アカモモ，ブッポウノキ，ぺへノキ
双子葉植物綱ツバキ目ツバキ科の常緑高木。高さは10〜15m。花は黄色。

〈*Ternstroemia gymnanthera*〉

モッコバナ
バイカアマチャ（梅花甘茶）の別名（双子葉植物綱バラ目ユキノシタ科の落葉低木）

〈*Platycrater arguta*〉

モッポレサガリゴケ
コハイヒモゴケの別名（ハイヒモゴケ科のコケ。小形，葉は舌形で長さ1〜2mm）

〈*Meteorium buchananii*（Broth.）Broth. subsp.*helminthocladulum*（Card.）Noguchi〉

モナルダ
タイマツバナ（松明花）の別名（双子葉植物綱シソ目シソ科の多年草。高さは50〜150cm。花は深紅色）

〈*Monarda didyma*〉

モバ
アマモの別名（単子葉植物綱イバラモ目アマモ科の多年生水草。長さは50〜100cm）

〈*Zostera marina*〉

＊モミ（樅）
別名：オミノキ，サナギ，モムノキ
マツ綱マツ目マツ科の常緑高木。高さは45m。

〈*Abies firma*〉

＊モミジアオイ（紅葉葵）
別名：コウショッキ
双子葉植物綱アオイ目アオイ科の多年草。高さは1〜2m。花は深紅色。

〈*Hibiscus coccineus*〉

植物別名辞典　551

モミシ

*モミジガサ (紅葉笠)
別名：シトギ，シドキ，モミジソウ
双子葉植物綱キク目キク科の多年草。
高さは50〜90cm。花は白色。
〈Cacalia delphiniifolia〉

モミジキッコウハグマ
リュウキュウハグマの別名(キク科)
〈Ainsliaea apiculata var.acerifolia〉

モミジソウ
モミジガサ (紅葉笠) の別名(双子葉植
物綱キク目キク科の多年草。高さは50
〜90cm。花は白色)
〈Cacalia delphiniifolia〉

*モミジタマブキ
別名：ミヤマコウモリソウ
双子葉植物綱キク目キク科の草本。
〈Cacalia farfaraefolia var.acerina〉

モミジドコロ
キクバドコロ (菊葉野老) の別名(単子
葉植物綱ユリ目ヤマノイモ科の多年生つ
る草)
〈Dioscorea septemloba〉

*モミジバアラリア
別名：アラリア
双子葉植物綱セリ目ウコギ科の木本。
高さは10m。
〈Dizygotheca elegantissima〉

*モミジバショウマ
別名：サルルショウマ
ユキノシタ科の草本。
〈Astilbe platyphylla H. Boiss.〉

モミジバダイモンジソウ
ジンジソウ (人字草) の別名(双子葉植
物綱バラ目ユキノシタ科の多年草。高
さは10〜30cm)
〈Saxifraga cortusaefolia〉

*モミジバヒメオドリコソウ
別名：キレハヒメオドリコソウ
双子葉植物綱シソ目シソ科の越年草。
高さは10〜30cm。花は紅紫色。
〈Lamium hybridum〉

*モミジヒルガオ
別名：タイワンアサガオ
双子葉植物綱ナス目ヒルガオ科のつる
草。種子に長毛列あり。花は白色，ま
たは紫色。
〈Ipomoea cairica〉

モミジラン
ヨウラクラン (瓔珞蘭) の別名(単子葉
植物綱ラン目ラン科の多年草。高さは2
〜8cm。花は橙黄色)
〈Oberonia japonica〉

モミジルコウソウ
ハゴロモルコウソウ (羽衣縷紅草) の
別名(ヒルガオ科)

モムノキ
モミ (樅) の別名(マツ科の常緑高木。高
さは45m)
〈Abies firma Sieb. et Zucc.〉

モモイロタンポポ
センボンタンポポの別名(キク科の一年
草。高さは30〜40cm。花は淡紅色)
〈Crepis rubra L.〉

*モモタマナ
別名：コバテイシ，シウボウ
双子葉植物綱フトモモ目シクンシ科の半
落葉高木。高さは25m。花は白色。
〈Terminalia catappa〉

*モヨウビユ
別名：アキランサス，サジバモヨウ
ビユ
双子葉植物綱ナデシコ目 (中心子目) ヒ
ユ科の低草。赤葉種，黄葉種あり。花
は白色，または淡白褐色。
〈Alternanthera ficoidea〉

552　植物別名辞典

モンタ

*モリアザミ (森薊)
　別名：キクゴボウ
　　双子葉植物綱キク目キク科の多年草。
　　高さは50〜100cm。花は紅紫色。
　　〈Cirsium dipsacolepis〉

モリカンドソウ
　イタリアソウの別名 (アブラナ科の一年
　　草または多年草。花は紅紫色)
　　〈Moricandia arvensis DC.〉

モリシラゲガヤ
　ニセシラゲガヤの別名 (単子葉植物綱カ
　　ヤツリグサ目イネ科の多年草。高さは
　　20〜50cm)
　　〈Holcus mollis〉

モリヘゴ
　ヒカゲヘゴ (日陰杪欏) の別名 (ヘゴ科
　　の常緑性シダ植物。葉身は長さ2〜3m,
　　倒卵状長楕円形)
　　〈Cyathea lepifera〉

モリーユ
　アミガサタケの別名 (アミガサタケ科の
　　キノコ。中型。頭部は卵形, 灰褐色)
　　〈Morchella esculenta var.esculenta〉

モリンダトウヒ
　ヒマラヤハリモミの別名 (マツ科の常緑
　　高木。高さは50m。樹皮は紫灰色)
　　〈Picea smithiana (Wall.) Boiss.〉

モルケル
　アミガサタケの別名 (アミガサタケ科の
　　キノコ。中型。頭部は卵形, 灰褐色)
　　〈Morchella esculenta var.esculenta〉

*モルッカヤシ
　別名：ロバロブラステ
　　ヤシ科の属総称。

モルッケラ
　カイガラサルビアの別名 (シソ科の一年
　　草。高さは40〜90cm。花は白色)
　　〈Moluccella laevis L.〉

モレル
　アミガサタケの別名 (アミガサタケ科の
　　キノコ。中型。頭部は卵形, 灰褐色)
　　〈Morchella esculenta var.esculenta〉

*モロコシ (蜀黍, 唐黍)
　別名：ソルガム, ナミモロコシ
　　単子葉植物綱カヤツリグサ目イネ科の草
　　本。果穂は垂下性のものと直立性の
　　ものがある。高さは3〜4m。
　　〈Sorghum bicolor var.bicolor〉

*モロコシソウ (唐土草)
　別名：アンダグサ, ヤマクニブー, ヤ
　　　　マクネンボ
　　双子葉植物綱サクラソウ目サクラソウ科
　　の多年草。高さは20〜80cm。
　　〈Lysimachia sikokiana〉

モロッコギク
　イワカミツレの別名 (キク科の宿根草)

*モロヘイヤ
　別名：シマツナソ, タイワンツナソ
　　　　(台湾ツナソ)
　　シナノキ科の葉菜類。

モロムキ
　ウラジロ (裏白) の別名 (ウラジロ科の
　　常緑性シダ植物。葉柄の長さは30〜
　　100cm)
　　〈Gleichenia japonica〉

モンイキシア
　ヤリズイセンの別名 (単子葉植物綱ユリ
　　目アヤメ科の草本。高さは30〜50cm。
　　花はオレンジ色, または黄橙色)
　　〈Ixia maculata〉

*モンステラ
　別名：ホウライショウ
　　サトイモ科の属総称。

*モンタナマツ
　別名：スイスミヤママツ, ムーゴマツ
　　マツ綱マツ目マツ科の木本。

植物別名辞典　553

モンチ

〈*Pinus mugo*〉

モンチソウ
ヌマハコベ(沼繁縷)の別名(双子葉植物綱ナデシコ目(中心子目)スベリヒユ科の草本)

〈Montia fontana *var.*lamprosperma〉

モンテブレチア
ヒメヒオウギズイセン(姫檜扇水仙)の別名(単子葉植物綱ユリ目アヤメ科の観賞用草本。高さは60〜100cm。花は橙〜深紅色)

〈Crocosmia × crocosmiiflora〉

モントブレチアの別名(アヤメ科の属総称。球根植物)

*モンテンボク
別名:テリハノハマボウ,マルミノハマボウ

双子葉植物綱アオイ目アオイ科の高木。高さは2〜5m。花は黄色。

〈*Hibiscus glaber*〉

*モントブレチア
別名:ヒメヒオウギスイセン,モンテブレチア

アヤメ科の属総称。球根植物。

モントレーマツ
ラジアタマツの別名(マツ科の木本。樹高30m。樹皮は濃灰色)

*モンパノキ(紋葉木)
別名:ハマムラサキノキ

双子葉植物綱シソ目ムラサキ科の常緑低木。

〈*Messerschmidia argentea*〉

モンブラン
ピュア・ホワイトの別名(サクラソウ科のシクラメンの品種)

【ヤ】

ヤイトバナ
ヘクソカズラ(屁糞蔓)の別名(双子葉植物綱アカネ目アカネ科の多年生つる草)

〈*Paederia scandens*〉

ヤイマナスビ
セイバンナスビの別名(ナス科の木本)

*ヤエガワカンバ(八重皮樺)
別名:コオノオレ

双子葉植物綱ブナ目カバノキ科の落葉高木。

〈*Betula davurica*〉

*ヤエザキムクゲ(八重木槿)
別名:キハチス,ハチス

アオイ科のムクゲの八重咲き品種。

*ヤエザクラ(八重桜)
別名:ボタンザクラ

双子葉植物綱バラ目バラ科。サトザクラの八重咲き品種の通称。

ヤエナリ
リョクトウ(緑豆)の別名(マメ科)

〈*Vigna radiata* (L.) R. Wilcz.〉

*ヤエナリ
別名:ブンドウ,リョクトウ(緑豆)

双子葉植物綱マメ目マメ科の一年草。

〈*Vigna radiata*〉

ヤエムグラ
カナムグラ(金葎)の別名(双子葉植物綱イラクサ目クワ科の一年生つる草)

〈*Humulus japonicus*〉

ヤエヤマイナモリ
チャボイナモリの別名(アカネ科の草本)

554 植物別名辞典

〈*Ophiorrhiza pumila* Champ.〉

ヤエヤマガシ
オキナワウラジロガシ（沖縄裏白樫）
の別名（双子葉植物綱ブナ目ブナ科の木本）
〈*Quercus miyagii*〉

ヤエヤマカンシノブホラゴケ
オオカンシノブホラゴケの別名（コケ
シノブ科の常緑性シダ。葉身は長さ12
〜55cm。卵状長楕円形）
〈*Nesopteris pseudoblepharistoma*
（Tagawa）Masamune〉

ヤエヤマキツネノボタン
シマキツネノボタン（島狐牡丹）の別
名（双子葉植物綱キンポウゲ目キンポウ
ゲ科の草本）
〈*Ranunculus sieboldii*〉

*ヤエヤマキランソウ
別名：オニサルビア，クレアリー
セージ
シソ科のハーブ。
〈*Ajuga taiwanensis Nakai*〉

ヤエヤマクロバイ
アオバナハイノキ（青花灰木）の別名
（双子葉植物綱カキノキ目ハイノキ科の
常緑低木）
〈*Symplocos caudata*〉

*ヤエヤマコンテリギ
別名：シマコンテリギ
ユキノシタ科の木本。
〈*Hydrangea chinensis Maxim. var.
koidzumiana H. Ohba et S.
Akiyama*〉

*ヤエヤマシタン（八重山紫檀）
別名：インドカリン，インドシタン
双子葉植物綱マメ目マメ科の高木。心
材は褐色。花は黄色。
〈*Pterocarpus santalinus*〉

ヤエヤマシャクジョウ
ルリシャクジョウ（瑠璃錫杖）の別名
（ヒナノシャクジョウ科の多年生腐生植
物。高さは5〜12cm）
〈*Burmannia itoana*〉

ヤエヤマノイバラ
カカヤンバラの別名（バラ科の常緑低木）
〈*Rosa bracteata* H. Wendl.〉

*ヤエヤマノボタン
別名：マルバヤエヤマノボタン
ノボタン科の常緑低木。
〈*Bredia yaeyamensis*（Matsum.）
Li〉

ヤエヤマヒサカキ
クニガミヒサカキの別名（ツバキ科の木
本）
〈*Eurya zigzag* Masam.〉

ヤエヤマヒメラン
ホザキヒメランの別名（ラン科。高さは
15〜60cm。花は黄緑色）
〈*Malaxis latifolia* Sm.〉

*ヤエヤマヒルギ（八重山蛭木）
別名：シロバナヒルギ
双子葉植物綱ヒルギ目ヒルギ科の常緑高
木，マングローブ植物。支柱根。高さ
は30m。
〈*Rhizophora mucronata*〉

ヤエヤマフジボグサ
オオバフジボグサの別名（マメ科の木
本）
〈*Uraria lagopodioides*（L.）Desv. ex
DC.〉

ヤオヤボウフウ
ハマボウフウ（浜防風）の別名（双子葉
植物綱セリ目セリ科の多年草。高さは5
〜30cm）
〈*Glehnia littoralis*〉

ヤカイソウ (夜会草)
ヨルガオ (夜顔) の別名（双子葉植物綱
ナス目ヒルガオ科のつる性多年草。果
実は紫褐色。花は白色）
〈*Calonyction aculeatum*〉

ヤガラ
ウキヤガラ (浮矢柄) の別名（カヤツリ
グサ科の多年生の抽水植物。稈の断面
は三角形で高さ80〜150cm）
〈*Scirpus fluviatilis*（Torr.）A. Gray〉
ミクリ (実栗) の別名（単子葉植物綱ガマ
目ミクリ科の多年草。全高は0.6〜2m,
果実は紡錘形で長さ6〜8mm）
〈*Sparganium stoloniferum*〉

ヤキモチカズラ
ハスノハカズラ (蓮葉葛) の別名（双子
葉植物綱キンポウゲ目ツヅラフジ科のつ
る性木本）
〈*Stephania japonica*〉

*ヤクソウ (薬師草)
**別名：ウサギノチチ，チチクサ，ニガ
ミグサ**
双子葉植物綱キク目キク科の越年草。
高さ30〜120cm。
〈*Paraixeris denticulata*〉

*ヤクシマアオイ
別名：オニカンアオイ
双子葉植物綱ウマノスズクサ目ウマノス
ズクサ科の草本。
〈*Heterotropa yakusimensis*〉

*ヤクシマアジサイ
別名：ヤクシマコンテリギ
双子葉植物綱バラ目ユキノシタ科の
木本。
〈*Hydrangea kawagoeana var.
grosseserrata*〉

ヤクシマカグマ
コウシュンシダの別名（コバノイシカグ
マ科の常緑性シダ。葉身は長さ30〜
80cm。長楕円状披針形）

〈*Microlepia obtusiloba* Hayata〉

ヤクシマガンピ
シャクナンガンピの別名（双子葉植物綱
フトモモ目ジンチョウゲ科の落葉低木）
〈*Daphnimorpha kudoi*〉

*ヤクシマガンピ (屋久島雁皮)
別名：シャクナンガンピ
ジンチョウゲ科の木本。

*ヤクシマコナスビ
別名：ヒメコナスビ
双子葉植物綱サクラソウ目サクラソウ科
の多年草。
〈*Lysimachia japonica var.
minutissima*〉

ヤクシマコムラサキ
トサムラサキの別名（双子葉植物綱シソ
目クマツヅラ科の木本）
〈*Callicarpa shikokiana*〉

ヤクシマコンテリギ
ヤクシマアジサイの別名（双子葉植物綱
バラ目ユキノシタ科の木本）
〈*Hydrangea kawagoeana var.
grosseserrata*〉

*ヤクシマサルスベリ (屋久島猿滑り)
別名：アカハダサルスベリ
ミソハギ科の木本。花は白色。
〈*Lagerstroemia fauriei Koehne*〉

*ヤクシマススキ (屋久島薄)
別名：イトススキ
イネ科。

*ヤクシマツツジ
別名：ヤクシマヤマツツジ
ツツジ科の木本。
〈*Rhododendron scabrum var.
yakuinsulare*〉

ヤクシマツバキ
リンゴツバキ (林檎椿) の別名（ツバキ
科の木本）

ヤシオ

*ヤクシマホウビシダ
別名：オトメホウビシダ
チャセンシダ科の常緑性シダ。葉身は
長さ20cm。狭披針形。
〈*Asplenium obliquissimum*
（*Hayata*）*Sugimoto et Kurata*〉

ヤクシマヤマツツジ
ヤクシマツツジの別名（ツツジ科の木
本）
〈*Rhododendron scabrum* var.
yakuinsulare〉

*ヤクタネゴヨウ（屋久種子五葉）
別名：アマミゴヨウ
マツ綱マツ目マツ科の木本。
〈*Pinus armandii var.amamiana*〉

ヤクモソウ（益母草）
メハジキ（目弾）の別名（双子葉植物綱
シソ目シソ科の越年草。高さは50〜
150cm）
〈*Leonurus japonicus*〉

ヤクヨウサルビア
セージの別名（シソ科の香辛野菜。高さ
は60cm。花は青からピンク色）
〈*Salvia officinalis* L.〉
*ヤクヨウサルビア
別名：ガーデンセージ
双子葉植物綱シソ目シソ科の多年草。
高さは60cm。花は青〜ピンク色。
〈*Salvia officinalis*〉

*ヤグラネギ
別名：サンカイネギ
単子葉植物綱ユリ目ユリ科の野菜。
〈*Allium fistulosum var.viviparum*〉

*ヤグルマギク（矢車菊）
別名：セントウレア，ヤグルマソウ
双子葉植物綱キク目キク科の一年草また
は多年草。高さは30〜100cm。花は
青藍色。
〈*Centaurea cyanus*〉

ヤグルマソウ
ヤグルマギク（矢車菊）の別名（双子葉
植物綱キク目キク科の一年草または多年
草。高さは30〜100cm。花は青藍色）
〈*Centaurea cyanus*〉

ヤケドキン
ドクササコの別名（キシメジ科のキノコ。
中型。傘は橙褐色で漏斗形，縁部は内側
に巻く）
〈*Clitocybe acromelalga*〉

ヤコウカ
ヤコウボク（夜香木）の別名（双子葉植
物綱ナス目ナス科の観賞用低木。高さ
は3m。花は夜開性で黄緑色）
〈*Cestrum nocturnum*〉

ヤコウボク
ケストルムの別名（ナス科の属総称）
*ヤコウボク（夜香木）
別名：ヤコウカ
双子葉植物綱ナス目ナス科の観賞用
低木。高さは3m。花は夜開性で黄
緑色。
〈*Cestrum nocturnum*〉

ヤコブコウリンギク
ヤブボロギクの別名（キク科の二年草ま
たは多年草。高さは30〜150cm。花は
濃黄色）
〈*Senecio jacobaea* L.〉

ヤコブボロギク
ヤブボロギクの別名（キク科の二年草ま
たは多年草。高さは30〜150cm。花は
濃黄色）
〈*Senecio jacobaea* L.〉

ヤシ
ココヤシの別名（単子葉植物綱ヤシ目ヤ
シ科の高木。高さは12〜24m）
〈*Cocos nucifera*〉

ヤシオツツジ
アカヤシオ（赤八汐，赤八塩）の別名

植物別名辞典　557

ヤシノ

(双子葉植物綱ツツジ目ツツジ科の落葉
低木)
〈Rhododendron pentaphyllum var.
nikoense〉

ヤジノ
ヤダケ(矢竹)の別名(単子葉植物綱カヤ
ツリグサ目イネ科の常緑大型ササ。高
さは2～5m)
〈Pseudosasa japonica〉

*ヤシャビシャク(夜叉柄杓)
別名:テンノウメ,テンバイ
双子葉植物綱バラ目ユキノシタ科の落葉
低木。萼は淡緑白色。
〈Ribes ambiguum〉

*ヤシャブシ(夜叉五倍子)
別名:ミネバリ
双子葉植物綱ブナ目カバノキ科の落葉
木。高さは10～15m。
〈Alnus firma〉

*ヤスミヌム
別名:オウバイ,ソケイ
モクセイ科の属総称。

ヤスリグサ
ノコギリソウ(鋸草)の別名(双子葉植
物綱キク目キク科の多年草。高さは50
～100cm。花は淡紅色)
〈Achillea alpina〉

ヤセチャヒキ
ウマノチャヒキの別名(単子葉植物綱カ
ヤツリグサ目イネ科の一年草または多年
草。高さは20～70cm)
〈Bromus tectorum var.tectorum〉

*ヤダケ(矢竹)
別名:シノベ,ヘラダケ,ヤジノ
単子葉植物綱カヤツリグサ目イネ科の常
緑大型ササ。高さは2～5m。
〈Pseudosasa japonica〉

ヤチイチゴ(谷地苺)
ホロムイイチゴの別名(双子葉植物綱バ
ラ目バラ科の多年草)
〈Rubus chamaemorus〉

ヤチイヌガラシ
キレハイヌガラシの別名(双子葉植物綱
フウチョウソウ目アブラナ科の多年草。
高さは10～60cm。花は黄色)
〈Rorippa sylvestris〉

ヤチカバ
ハシドイの別名(双子葉植物綱ゴマノハ
グサ目モクセイ科の落葉小高木。高さ
は10m。花は白色)
〈Syringa reticulata〉

*ヤチカンバ
別名:ヒメオノオレ,ルクタマカンバ
双子葉植物綱ブナ目カバノキ科の落葉
低木。
〈Betula ovalifolia〉

ヤチギボウシ
クロバナギボウシの別名(ユリ科)
〈Hosta rectifolia var.atropurpurea〉

ヤチサンゴ
アッケシソウ(厚岸草)の別名(双子葉
植物綱ナデシコ目(中心子目)アカザ科
の一年草。高さは10～35cm)
〈Salicornia europaea〉

*ヤチスゲ(谷地菅)
別名:アカヌマゴウソ
単子葉植物綱カヤツリグサ目カヤツリグ
サ科の多年草。高さは20～40cm。
〈Carex limosa〉

*ヤチツツジ
別名:ホロムイツツジ
双子葉植物綱ツツジ目ツツジ科の常緑小
低木。高さは0.3～1m。花は白色。
〈Chamaedaphne calyculata〉

ヤチハギ
ホザキシモツケ（穂咲下野）の別名（双子葉植物綱バラ目バラ科の落葉低木。高さは1〜2m。花は淡紅色）
〈*Spiraea salicifolia*〉

ヤチハコベ
ハイハマボッスの別名（双子葉植物綱サクラソウ目サクラソウ科の多年草。高さは10〜30cm）
〈*Samolus parviflorus*〉

*ヤチヤナギ（谷地柳）
別名：エゾヤマモモ
双子葉植物綱ヤマモモ目ヤマモモ科の落葉低木。
〈*Myrica gale var.tomentosa*〉

ヤチヨ
イワチドリ（岩千鳥）の別名（単子葉植物綱ラン目ラン科の多年草。高さは8〜15cm。花は紅紫色）
〈*Amitostigma keiskei*〉

ヤツガダケトウヒ
イラモミの別名（マツ科の常緑針葉高木。高さは30m）
〈*Picea bicolor* Mayr〉

ヤツガタケナズナ
キタダケナズナ（北岳薺）の別名（双子葉植物綱フウチョウソウ目アブラナ科の多年草。高さは10〜15cm）
〈*Draba kitadakensis*〉

*ヤツシロ（八代）
別名：ヤツシロミカン
双子葉植物綱ムクロジ目ミカン科の木本。
〈*Citrus yatsushiro*〉

ヤツシロミカン
ヤツシロ（八代）の別名（双子葉植物綱ムクロジ目ミカン科の木本）
〈*Citrus yatsushiro*〉

*ヤツシロラン
別名：アキザキヤツシロラン
単子葉植物綱ラン目ラン科の多年生腐生植物。高さは5〜15cm。
〈*Gastrodia verrucosa*〉

*ヤツデ（八手）
別名：テングノハウチワ
双子葉植物綱セリ目ウコギ科の常緑低木。高さは2〜3m。花は白色。
〈*Fatsia japonica*〉

ヤツデハナガサ
レンテンローズの別名（キンポウゲ科）

*ヤツブサ（八房）
別名：テンジクマモリ，テンジョウマモリ
ナス科。
〈*Capsicum annuum L. var. fasciculatum Irish f.erectum Makino*〉

*ヤツブサウメ（八房梅）
別名：ザロンバイ
双子葉植物綱バラ目バラ科の木本。
〈*Armeniaca mume 'Pleiocarpa'*〉

ヤツメラン
ノキシノブ（軒忍）の別名（ウラボシ科の常緑性シダ植物。葉身は長さ12〜30cm，線形から広線形）
〈*Lepisorus thunbergianus*〉

*ヤドリギ（寄生木）
別名：トビヅタ，ホヤ，ホヨ
双子葉植物綱ビャクダン目ヤドリギ科の常緑低木。
〈*Viscum album var.coloratum*〉

*ヤドリコケモモ
別名：オオバコケモモ
ツツジ科の木本。
〈*Vaccinium amamianum Hatusima*〉

ヤトリ

ヤドリフカノキ
シェフレラの別名（ウコギ科の属総称）

*ヤトロファ
別名：サンゴアブラギリ，タイワンアブラギリ
トウダイグサ科の属総称。

ヤナギ
シダレヤナギ（枝垂柳）の別名（ヤナギ科の落葉高木。枝は細く、下垂し、やや光沢を帯びる。樹高15m。樹皮は灰褐色）
〈Salix babylonica L.〉

ヤナギアカバナ
ホソバアカバナの別名（双子葉植物綱フトモモ目アカバナ科の草本）
〈Epilobium palustre〉

*ヤナギアザミ
別名：アメリカムカシヨモギ
双子葉植物綱キク目キク科の草本。高さは3m。花は紫色。
〈Cirsium lineare〉

*ヤナギイチゴ（柳苺）
別名：カラスヤマモモ，スズメノコウメ
双子葉植物綱イラクサ目イラクサ科の落葉低木。
〈Debregeasia edulis〉

*ヤナギイボタ
別名：ハナイボタ
モクセイ科の木本。
〈Ligustrum salicinum Nakai〉

*ヤナギタデ（柳蓼）
別名：カクラングサ，タデ，ホンタデ
双子葉植物綱タデ目タデ科の一年草。葉は辛く香辛料となる。高さは30〜60cm。花は白〜淡枇杷色。
〈Persicaria hydropiper〉

*ヤナギトウワタ（柳唐綿）
別名：シュッコントウワタ，シュッコンバンヤ
双子葉植物綱リンドウ目ガガイモ科の多年草。高さは50〜80cm。花は橙色。
〈Asclepias tuberosa〉

ヤナギバアンゲローニア
アンゲローニアの別名（ゴマノハグサ科の観賞用草本。花は紫青色）
〈Angelonia salicariifolia Humb. et Bonpl.〉

*ヤナギバグミ
別名：ホソバグミ
グミ科の木本。高さは7m。花は内部は黄色。樹皮は赤褐色。
〈Elaeagnus angustifolia L.〉

*ヤナギバゲイトウ
別名：ホソバハゲイトウ
ヒユ科。

ヤナギバザサ
チゴザサ（稚児笹）の別名（単子葉植物綱カヤツリグサ目イネ科の多年草。高さは30〜80cm）
〈Isachne globosa〉

ヤナギハッカ
ヒソップの別名（シソ科の属総称）

*ヤナギバテンモンドウ
別名：マキバアスパラガス
ユリ科の常緑低木。塊根は薬用。高さは7〜15m。花は白色。
〈Asparagus falcatus L.〉

*ヤナギハナガサ
別名：サンジャクバーベナ
双子葉植物綱シソ目クマツヅラ科の多年草。高さは1m以上。花は青〜紫色。
〈Verbena bonariensis〉

ヤナギバヒルギ
ヒルギダマシの別名（ヒルギダマシ科の

常緑低木，マングローブ植物）
〈Avicennia marina〉

ヤナギバモクマオ
モクマオの別名（双子葉植物綱イラクサ
目イラクサ科の常緑低木）
〈Boehmeria densiflora〉

ヤナギフノリ
マフノリの別名（紅藻綱スギノリ目フノ
リ科の海藻。叉状分岐。体は10～20cm）
〈Gloiopeltis tenax〉

*ヤナギマツタケ
別名：カエデモダシ，ヤナギモダセ
オキナタケ科のキノコ。中型～大型。
傘は淡黄土色，粘性なし。
〈Agrocybe cylindracea〉

*ヤナギモ（柳藻）
別名：ササモ
単子葉植物綱イバラモ目ヒルムシロ科の
常緑性沈水植物。葉は無柄，線形で鋭
尖頭。
〈Potamogeton oxyphyllus〉

ヤナギモダセ
ヤナギマツタケの別名（オキナタケ科の
キノコ。中型～大型。傘は淡黄土色，粘
性なし）
〈Agrocybe cylindracea〉

ヤナギヨモギ
ヒトツバヨモギ（一葉蓬）の別名（双子
葉植物綱キク目キク科の多年草。高さ
は10～60cm）
〈Artemisia monophylla〉
*ヤナギヨモギ（柳艾）
別名：ムカシヨモギ
キク科の多年草。高さは30～60cm。
〈Erigeron acris L. var.
kamtschaticus（DC.）Herd.〉

ヤニレ
ハルニレ（春楡）の別名（双子葉植物綱
イラクサ目ニレ科の落葉高木。樹高は
30m。樹皮は淡い灰褐色）
〈Ulmus davidiana var.japonica〉

ヤハズアザミ
ヒレアザミ（鰭薊）の別名（双子葉植物
綱キク目キク科の二年草。高さは60～
120cm。花は淡紅紫色）
〈Carduus crispus〉

*ヤハズアジサイ（矢筈紫陽花）
別名：ウリノキ，ウリバ
双子葉植物綱バラ目ユキノシタ科の落葉
低木。花は白色。
〈Hydrangea sikokiana〉

ヤハズエンドウ（矢筈豌豆）
カラスノエンドウ（烏豌豆）の別名（双
子葉植物綱マメ目マメ科の越年草。高
さは60～150cm）
〈Vicia angustifolia〉

ヤハズカズラ
ツンベルギアの別名（キツネノマゴ科の
属総称）
*ヤハズカズラ（矢羽葛）
別名：タケダカズラ
双子葉植物綱ゴマノハグサ目キツネ
ノマゴ科の多年草。高さは1～2.
5m。花は橙黄色，中心濃紫色。
〈Thunbergia alata〉

ヤハズキンバイ
マツヨイグサ（待宵草）の別名（双子葉
植物綱フトモモ目アカバナ科の多年草。
高さは30～100cm。花は黄色）
〈Oenothera striata〉

ヤハズススキ
タカノハススキの別名（単子葉植物綱カ
ヤツリグサ目イネ科。ススキの栽培品
種）
〈Miscanthus sinensis var.sinensis
form.zebrinus〉

ヤハズニシキギ
ニシキギ（錦木）の別名（双子葉植物綱

ニシキギ目ニシキギ科の落葉低木。高
さは2m。花は帯黄白色）
〈Euonymus alatus var.alatus〉

*ヤハズハハコ
別名：ヤバネホウコ
双子葉植物綱キク目キク科の多年草。
高さは20〜35cm。
〈Anaphalis sinica〉

*ヤハズハンノキ（矢筈榛木）
別名：ハクサンハンノキ
双子葉植物綱ブナ目カバノキ科の落葉
木。高さは3〜7m。
〈Alnus matsumurae〉

*ヤハズヒゴタイ（矢筈平江帯）
別名：ミヤマヒゴタイ
キク科の多年草。高さは30〜55cm。
〈Saussurea triptera Maxim.〉

*ヤハズマメ
別名：クロタラーリア
マメ科。高さは30〜50cm。花は淡黄色。
〈Crotalaria alata Buch.-Ham. ex D.
Don〉

*ヤバネオオムギ（矢羽大麦）
別名：ニレツオオムギ，ヤバネムギ
単子葉植物綱カヤツリグサ目イネ科の一
年草。高さは90cm。
〈Hordeum vulgare var.distichon〉

ヤバネススキ
タカノハススキの別名（単子葉植物綱カ
ヤツリグサ目イネ科。ススキの栽培品
種）
〈Miscanthus sinensis var.sinensis
form.zebrinus〉

ヤバネホウコ
ヤハズハハコの別名（双子葉植物綱キク
目キク科の多年草。高さは20〜35cm）
〈Anaphalis sinica〉

ヤバネムギ
ヤバネオオムギ（矢羽大麦）の別名（単
子葉植物綱カヤツリグサ目イネ科の一年
草。高さは90cm）
〈Hordeum vulgare var.distichon〉

ヤブイヌゴマ
ヤブチョロギ（藪草石蚕）の別名（双子
葉植物綱シソ目シソ科の一年草または越
年草。高さは10〜40cm。花は淡紅色）
〈Stachys arvensis〉

*ヤブイバラ（藪茨）
別名：ニオイイバラ
双子葉植物綱バラ目バラ科の木本。
〈Rosa luciae var.onoei〉

*ヤブウツギ（藪空木）
別名：ケウツギ
スイカズラ科の落葉低木。高さは2〜
3m。花は濃紅色。
〈Weigela floribunda（Sieb. et
Zucc.）K. Koch var.floribunda〉

ヤブエンゴサク（藪延胡索）
ヤマエンゴサク（山延胡索）の別名（双
子葉植物綱ケシ目ケシ科の多年草。高
さは10〜20cm。花は淡紅紫〜青紫色）
〈Corydalis lineariloba〉

*ヤブガラシ（藪枯）
別名：ビンボウカズラ
ブドウ科の多年生つる草。
〈Cayratia japonica（Thunb. ex
Murray）Gagn.〉

*ヤブカンゾウ（藪萱草）
別名：オニカンゾウ，カンゾウナ
単子葉植物綱ユリ目ユリ科の多年草。
若芽にはぬめりがある。高さは50〜
100cm。
〈Hemerocallis fulva var.kwanso〉

ヤブキハギ
ツクシハギ（筑紫萩）の別名（双子葉植
物綱マメ目マメ科の木本。高さは2m以

上。花は白みのつい淡紅紫色）
〈*Lespedeza homoloba*〉

ヤブクジャク
ノコギリシダ（鋸羊歯）の別名（オシダ
科の常緑性シダ植物。葉身は長さ20～
45cm，広披針形）
〈*Diplazium wichurae*〉

ヤブケマン
ムラサキケマン（紫華鬘）の別名（双子
葉植物綱ケシ目ケシ科の一年草または越
年草。高さは17～50cm）
〈*Corydalis incisa*〉

*ヤブコウジ（藪柑子）
別名：コウジ，ヤブタチバナ，ヤマタ
チバナ
双子葉植物綱サクラソウ目ヤブコウジ科
の常緑小低木。高さは10～30cm。花
は白色。
〈*Ardisia japonica*〉

*ヤブサンザシ（藪山査子）
別名：キヒヨドリジョウゴ（木鵯上戸）
双子葉植物綱バラ目ユキノシタ科の落葉
低木。高さは1m。
〈*Ribes fasciculatum*〉

ヤブシメジ
ドクササコの別名（キシメジ科のキノコ。
中型。傘は橙褐色で漏斗形，縁部は内側
に巻く）
〈*Clitocybe acromelalga*〉

*ヤブジラミ（藪蝨）
別名：オンナヨバイド，ノサバリコ
双子葉植物綱セリ目セリ科の多年草。
高さは30～70cm。
〈*Torilis japonica*〉

ヤブジロ
シロバナヤブツバキ（白花藪椿）の別
名（双子葉植物綱ツバキ目ツバキ科の木
本）
〈Camellia japonica *subsp.*japonica〉

ヤブソテツ
シシガシラ（獅子頭）の別名（シシガシ
ラ科の常緑性シダ。葉身は長さ40cm。
披針形）
〈*Blechnum niponicum*（Kunze）
Makino〉

*ヤブソテツ（藪蘇鉄）
別名：キジノオ，トラノオ
オシダ科の常緑性シダ植物。葉身は
長さ80cm，披針形。
〈*Cyrtomium fortunei*〉

ヤブタチバナ
ヤブコウジ（藪柑子）の別名（双子葉植
物綱サクラソウ目ヤブコウジ科の常緑小
低木。高さは10～30cm。花は白色）
〈*Ardisia japonica*〉

ヤブダマ
オニフスベ（鬼燻）の別名（ホコリタケ
科のキノコ。超大型。外皮は白色～茶
褐色）
〈*Lanopila nipponica*〉

*ヤブチョロギ（藪草石蚕）
別名：ヤブイヌゴマ
双子葉植物綱シソ目シソ科の一年草また
は越年草。高さは10～40cm。花は淡
紅色。
〈*Stachys arvensis*〉

*ヤブツバキ（藪椿）
別名：タイワンヤマツバキ，ホウザン
ツバキ，ヤマツバキ
双子葉植物綱ツバキ目ツバキ科の常緑小
高木。
〈*Camellia japonica var.japonica*〉

*ヤブデマリ（藪手毬）
別名：バンザノキ，ヘミノキ，ヤマデ
マリ
双子葉植物綱マツムシソウ目スイカズラ
科の落葉低木。
〈*Viburnum plicatum var.
tomentosum*〉

植物別名辞典　563

ヤフニ

*ヤブニッケイ (藪肉桂)
別名：クスタブ，クロダモ，マツラニッケイ
双子葉植物綱クスノキ目クスノキ科の常緑高木。
〈*Cinnamomum japonicum*〉

*ヤブニンジン (藪人参)
別名：ナガジラミ
双子葉植物綱セリ目セリ科の多年草。高さは40〜60cm。
〈*Osmorhiza aristata*〉

ヤブネズミガヤ
キダチノネズミガヤの別名 (単子葉植物綱カヤツリグサ目イネ科の多年草。高さは40〜110cm)
〈*Muhlenbergia ramosa*〉

*ヤブボロギク
別名：ヤコブコウリンギク，ヤコブボロギク
キク科の二年草または多年草。高さは30〜150cm。花は濃黄色。
〈*Senecio jacobaea L.*〉

*ヤブマメ (藪豆)
別名：ギンマメ
双子葉植物綱マメ目マメ科の一年生つる草。高さは80〜100cm。
〈*Amphicarpaea edgeworthii var. japonica*〉

ヤブミョウガ
ハナミョウガ (花茗荷) の別名 (ショウガ科の多年草。高さは40〜60cm)
〈*Alpinia japonica* (Thunb. ex Murray) Miq.〉

ヤブヤナギ
オノエヤナギ (尾上柳) の別名 (双子葉植物綱ヤナギ目ヤナギ科の落葉低木〜小高木。湿地や河岸に生える)
〈*Salix sachalinensis*〉

*ヤマアザミ (山薊)
別名：ツクシヤマアザミ
キク科の草本。
〈*Cirsium spicatum Matsum.*〉

*ヤマアジサイ (山紫陽花)
別名：コガク，サワアジサイ
双子葉植物綱バラ目ユキノシタ科の落葉低木。
〈*Hydrangea serrata*〉

ヤマアブラガヤ
クロアブラガヤの別名 (単子葉植物綱カヤツリグサ目カヤツリグサ科の多年草。高さは80〜120cm)
〈*Scirpus sylvaticus var.*maximowiczii〉

ヤマアララギ (山蘭)
コブシ (辛夷) の別名 (双子葉植物綱モクレン目モクレン科の落葉高木。樹高は20m。花は白色。樹皮は灰色)
〈*Magnolia praecocissima*〉

ヤマイタチシダ
イタチシダ (鼬羊歯) の別名 (オシダ科)
〈*Dryopteris bissetiana* (Baker) C. Chr.〉

*ヤマイヌワラビ (山犬蕨)
別名：オオイヌワラビ
オシダ科の夏緑性シダ植物。葉身は長さ20〜50cm，卵形〜三角状卵形。
〈*Athyrium vidalii*〉

ヤマイモ
ナガイモ (長芋) の別名 (ヤマノイモ科の野菜。茎には稜があり、葉柄とともに紫色を帯びる)
〈*Dioscorea batatas Decne.*〉

*ヤマウコギ (山五加)
別名：ウコギ，オニウコギ
ウコギ科の落葉低木。
〈*Acanthopanax spinosus* (L. f.) Miq.〉

564　植物別名辞典

ヤマウツギ

タニウツギ（谷空木）の別名（双子葉植
物綱マツムシソウ目スイカズラ科の落葉
低木。高さは2〜3m。花は紅色）
〈Weigela hortensis〉

ノリウツギ（糊空木）の別名（双子葉植
物綱バラ目ユキノシタ科の落葉低木また
は小高木。高さは2〜3m。花は白色）
〈Hydrangea paniculata〉

*ヤマウツボ

別名：ケヤマウツボ
双子葉植物綱ゴマノハグサ目ゴマノハグ
サ科の多年生寄生植物。高さは15〜
30cm。
〈Lathraea japonica〉

ヤマエビ

ヤマブドウ（山葡萄）の別名（双子葉植
物綱クロウメモドキ目ブドウ科の落葉つ
る性植物）
〈Vitis coignetiae〉

*ヤマエンゴサク（山延胡索）

別名：ササバエンゴサク，ヤブエンゴ
サク（藪延胡索）
双子葉植物綱ケシ目ケシ科の多年草。高
さは10〜20cm。花は淡紅紫〜青紫色。
〈Corydalis lineariloba〉

ヤマエンジュ

フジキ（藤木）の別名（双子葉植物綱マメ
目マメ科の落葉高木。高さは10〜15m。
花は白色）
〈Cladrastis platycarpa〉

ヤマカイドウ

ノカイドウ（野海棠）の別名（双子葉植
物綱バラ目バラ科の落葉高木。花は白
にやや淡紅を帯びる）
〈Malus spontanea〉

ヤマカガミ

ビャクレンの別名（双子葉植物綱クロウ
メモドキ目ブドウ科のつる性植物）
〈Ampelopsis japonica〉

ヤマカノコソウ

ツルカノコソウ（蔓鹿子草）の別名（双
子葉植物綱マツムシソウ目オミナエシ科
の多年草。高さは20〜60cm）
〈Valeriana flaccidissima〉

*ヤマガラシ（山芥子）

別名：イブキガラシ，チュウゼンジナ
双子葉植物綱フウチョウソウ目アブラナ
科の多年草。高さは20〜60cm。
〈Barbarea orthoceras〉

ヤマカリヤス

カリヤス（刈安）の別名（単子葉植物綱
カヤツリグサ目イネ科の多年草。高さ
は90〜120cm）
〈Miscanthus tinctorius〉

ヤマカンピョウ

ギボウシ（擬宝珠）の別名（単子葉植物
綱ユリ目ユリ科の多年草）
〈Hosta undulata var.erromena〉

ヤマキセワタ

マネキグサ（招草）の別名（双子葉植物
綱シソ目シソ科の多年草。高さは40〜
90cm）
〈Lamium ambiguum〉

ヤマキダチハッカ

ウィンター・サボリーの別名（シソ科の
ハーブ）

ヤマギリ

ハリギリ（針桐）の別名（双子葉植物綱
セリ目ウコギ科の落葉高木。高さは
20m。花は淡黄緑色。樹皮は黒褐色）
〈Kalopanax pictus〉

ヤマクサ

ウラジロ（裏白）の別名（ウラジロ科の
常緑性シダ植物。葉柄の長さは30〜
100cm）
〈Gleichenia japonica〉

ヤマクジャクシダ
フモトカグマの別名（ワラビ科の常緑性シダ植物。葉身は長楕円状披針形）
〈Microlepia pseudo-strigosa〉

ヤマクニブー
モロコシソウ（唐土草）の別名（双子葉植物綱サクラソウ目サクラソウ科の多年草。高さは20〜80cm）
〈Lysimachia sikokiana〉

ヤマクネンボ
モロコシソウ（唐土草）の別名（双子葉植物綱サクラソウ目サクラソウ科の多年草。高さは20〜80cm）
〈Lysimachia sikokiana〉

ヤマグミ
ナツグミ（夏茱萸）の別名（双子葉植物綱ヤマモガシ目グミ科の落葉低木。高さは2〜4m。花の内面は淡黄色）
〈Elaeagnus multiflora〉

ヤマグルマ
ヤマボウシ（山法師）の別名（ミズキ科の落葉高木。高さは10〜15m。花は白色。樹皮は赤褐色）
〈Cornus kousa Buerg. ex Hance〉
＊ヤマグルマ（山車）
別名：トリモチノキ
双子葉植物綱ヤマグルマ目ヤマグルマ科の常緑高木。高さは20m。花は緑黄色。樹皮は灰色ないし暗褐色。
〈Trochodendron aralioides〉

ヤマグワ
クワ（桑）の別名（クワ科の薬用植物）
〈Morus bombycis Koidz.〉

＊ヤマコウバシ（山香）
別名：モチギ，ヤマコショウ（山胡淑）
双子葉植物綱クスノキ目クスノキ科の落葉低木。花は黄緑色。
〈Lindera glauca〉

ヤマコガメ
イケマ（生馬）の別名（双子葉植物綱リンドウ目ガガイモ科の多年生つる草）
〈Cynanchum caudatum〉

ヤマコショウ（山胡淑）
ヤマコウバシ（山香）の別名（双子葉植物綱クスノキ目クスノキ科の落葉低木。花は黄緑色）
〈Lindera glauca〉

＊ヤマゴボウ（山牛蒡）
別名：イヌゴボウ
双子葉植物綱ナデシコ目（中心子目）ヤマゴボウ科の多年草。高さは1〜1.7m。花は白，紅紫色。
〈Phytolacca esculenta〉

＊ヤマザクラ（山桜）
別名：シロヤマザクラ
双子葉植物綱バラ目バラ科の落葉高木。高さは25m。花は白色，または淡紅色。樹皮は紫褐色。
〈Cerasus jamasakura〉

ヤマサンショウ
ナナカマド（七竈）の別名（双子葉植物綱バラ目バラ科の落葉高木。高さは15m。花は白色。樹皮は灰色）
〈Sorbus commixta〉

＊ヤマジオウ（山地黄）
別名：ミヤマキランソウ
双子葉植物綱シソ目シソ科の多年草。高さは5〜10cm。
〈Lamium humile〉

ヤマジオウギク
イズハハコの別名（双子葉植物綱キク目キク科の一年草または越年草。高さは25〜55cm）
〈Conyza japonica〉

＊ヤマシグレ
別名：マルバミヤマシグレ
双子葉植物綱マツムシソウ目スイカズラ

科の木本。
〈*Viburnum urceolatum*〉

ヤマジノギク
アレノノギク（荒野野菊）の別名（双子葉植物綱キク目キク科の越年草。高さは30〜100cm）
〈*Aster hispidus*〉

カワラノギク（河原野菊）の別名（双子葉植物綱キク目キク科の越年草または多年草。高さは40〜60cm）
〈*Aster kantoensis*〉

ヤマシノブ
ナンタイシダ（男体羊歯）の別名（オシダ科の夏緑性シダ植物。葉身は長さ20〜25cm，五角状卵形）
〈*Arachniodes maximowiczii*〉

ヤマシバ
シバ（芝）の別名（単子葉植物綱カヤツリグサ目イネ科の多年草。高さは10〜20cm）
〈*Zoysia japonica*〉

ヤマシバカエデ
チドリノキ（千鳥木）の別名（双子葉植物綱ムクロジ目カエデ科の落葉小高木，雌雄異株。樹高は10m。樹皮は灰色）
〈*Acer carpinifolium*〉

ヤマシブ
マメガキの別名（双子葉植物綱カキノキ目カキノキ科の落葉高木。樹高は15m。樹皮は灰色）
〈*Diospyros lotus*〉

ヤマシャクジョウ
ツチアケビ（土木通）の別名（単子葉植物綱ラン目ラン科の多年生腐生植物。高さは50〜100cm）
〈*Galeola septentrionalis*〉

＊ヤマシャクヤク（山芍薬）
別名：イナカシャクヤク，クサボタン，ノシャクヤク
双子葉植物綱ビワモドキ目ボタン科の多年草。高さは40〜60cm。花は白色。
〈*Paeonia japonica*〉

ヤマシュロ
クロツグの別名（単子葉植物綱ヤシ目ヤシ科の常緑低木）
〈*Arenga tremula var.engleri*〉

ヤマショウブ
ノハナショウブ（野花菖蒲）の別名（単子葉植物綱ユリ目アヤメ科の多年草。高さは40〜100cm）
〈*Iris ensata var.spontanea*〉

ヤマジラミ
ウマノミツバ（馬三葉）の別名（双子葉植物綱セリ目セリ科の多年草。高さは30〜120cm）
〈*Sanicula chinensis*〉

ヤマシロギク
イナカギク（田舎菊）の別名（キク科の多年草。高さは60〜100cm）
〈*Aster semiamplexicaulis* Makino ex Koidz.〉

ヤマジンチョウゲ
コショウノキ（胡椒木）の別名（双子葉植物綱フトモモ目ジンチョウゲ科の常緑小低木。果実は赤色）
〈*Daphne kiusiana*〉

ヤマソウカ
シマクマタケランの別名（単子葉植物綱ショウガ目ショウガ科の多年草）
〈*Alpinia boninsimensis*〉

＊ヤマソテツ（山蘇鉄）
別名：チリメンガンシュウ，ホソバキジノオ
キジノオシダ科の夏緑性シダ植物。葉身の長さは25〜70cm。
〈*Plagiogyria matsumureana*〉

ヤマソバ
ソバナ (蕎麦菜, 岨菜) の別名 (双子葉植物綱キキョウ目キキョウ科の多年草。高さは40〜100cm)
〈Adenophora remotiflora〉

*ヤマタイミンガサ (山大明傘)
別名:タイミンガサモドキ
双子葉植物綱キク目キク科の多年草。高さは60〜90cm。
〈Cacalia yatabei〉

ヤマタチバナ
タチバナ (橘) の別名 (ミカン科の木本。高さは3m)
〈Citrus tachibana (Makino) T. Tanaka〉
ヤブコウジ (藪柑子) の別名 (ヤブコウジ科の常緑小低木。高さは10〜30cm。花は白色)
〈Ardisia japonica (Thunb.) Blume〉

*ヤマタニタデ
別名:エゾミズタマソウ
アカバナ科の草本。
〈Circaea quadrisulcata (Maxim.) Franch. et Savat.〉

ヤマタネツケバナ
テイレギの別名 (アブラナ科。高さは20cm。花は白色)
〈Cardamine scutata Thunb.〉

*ヤマタバコ (山煙草)
別名:シカナ
双子葉植物綱キク目キク科の多年草。高さは1〜1.3m。
〈Ligularia angusta〉

ヤマチドメ
オオチドメの別名 (双子葉植物綱セリ目セリ科の多年草。高さは10〜15cm)
〈Hydrocotyle ramiflora〉

ヤマツゲ
イヌツゲ (犬黄楊) の別名 (双子葉植物綱ニシキギ目モチノキ科の常緑低木。花は緑白色)
〈Ilex crenata〉

ヤマツバキ
ヤブツバキ (藪椿) の別名 (双子葉植物綱ツバキ目ツバキ科の常緑小高木)
〈Camellia japonica var.japonica〉

ヤマデマリ
ヤブデマリ (藪手毬) の別名 (双子葉植物綱マツムシソウ目スイカズラ科の落葉低木)
〈Viburnum plicatum var. tomentosum〉

ヤマデラボウズ
ツチトリモチ (土鳥黐) の別名 (双子葉植物綱ビャクダン目ツチトリモチ科の多年草。塊根は淡褐色,鱗片葉は肉色。高さは5〜10cm。花穂は血赤色)
〈Balanophora japonica〉

*ヤマテリハノイバラ
別名:オオフジイバラ
双子葉植物綱バラ目バラ科の落葉低木。
〈Rosa luciae var.luciae〉

*ヤマトアオダモ
別名:オオトネリコ
双子葉植物綱ゴマノハグサ目モクセイ科の落葉高木。小葉は長楕円状披針形。
〈Fraxinus longicuspis〉

ヤマトイワノリ
ヤマトカワホリゴケの別名 (イワノリ科の地衣類。地衣体は淡黒緑または黒褐色)
〈Collema japonicum (Müll. Arg.) Hue〉

ヤマドウダン
アブラツツジ (油躑躅) の別名 (双子葉植物綱ツツジ目ツツジ科の落葉低木)
〈Enkianthus subsessilis〉

*ヤマトカワホリゴケ

別名：ヤマトイワノリ

イワノリ科の地衣類。地衣体は淡黒緑
または黒褐色。

〈*Collema japonicum*（*Müll. Arg.*）
Hue〉

ヤマトザクラ

ソメイヨシノ（染井吉野）の別名（双子
葉植物綱バラ目バラ科の落葉高木。樹高
は12m。花は淡紅白色。樹皮は紫灰色）

〈*Cerasus* × *yedoensis*〉

ヤマトナデシコ

カワラナデシコ（河原撫子）の別名（双
子葉植物綱ナデシコ目（中心子目）ナデ
シコ科の多年草。高さは30～80cm）

〈Dianthus superbus *var.*
longicalycinus〉

ナデシコ（撫子）の別名（ナデシコ科の
多年草。高さは30～80cm）

〈*Dianthus superbus* L. var.
longicalycinus（Maxim.）Williams〉

ヤマトホシゴケモドキ

ゴマゴケの別名（ニセサネゴケ科の地衣
類。地衣体は痂状）

〈*Arthopyrenia japonica* Vain.〉

ヤマトマメ

ソラマメ（空豆，曽良末米）の別名（双
子葉植物綱マメ目マメ科の果菜類。高
さは1m。花は白か淡紫色）

〈*Vicia faba*〉

*ヤマトユキザサ

別名：オオバユキザサ

単子葉植物綱ユリ目ユリ科の多年草。
高さは30～80cm。花は白色。

〈*Smilacina hondoensis*〉

ヤマトラノオ

ヒメトラノオの別名（ゴマノハグサ科の
草本）

〈*Veronica rotunda* var.*petiolata*〉

*ヤマトラノオ（山虎の尾）

別名：ヒメトラノオ

双子葉植物綱ゴマノハグサ目ゴマノ
ハグサ科の多年草。高さは40～
100cm。

〈*Pseudolysimachion rotundum*
var.subintegrum〉

*ヤマトリカブト（山鳥兜）

別名：ツクバトリカブト

キンポウゲ科の多年草。高さは80～
180cm。

〈*Aconitum japonicum Thunb. ex*
Murray subsp.japonicum〉

ヤマドリタケ

クリタケ（栗茸）の別名（モエギタケ科
のキノコ。小型～超大型。傘は明茶褐
色，白色鱗片付着。ひだは黄白色）

〈*Naematoloma sublateritium*（Fr.）
Karst.〉

*ヤマドリタケ（山鳥茸）

別名：セーブ，セップ，ポルチーニ

イグチ科のキノコ。

〈*Boletus edulis*〉

*ヤマドリヤシ（山鳥椰子）

別名：クリサリドカルプス

ヤシ科の属総称。

ヤマナシ

ナシ（梨）の別名（バラ科の落葉高木。果
実は球形～長球形）

〈Pyrus pyrifolia（Burm. f.）Nakai
var.*culta*（Makino）Nakai〉

*ヤマナラシ（山鳴らし）

別名：ハコヤナギ

双子葉植物綱ヤナギ目ヤナギ科の落葉高
木。高さは20m。雄花は紅紫，雌花は
黄緑色。

〈*Populus sieboldii*〉

ヤマナンバンギセル

オオナンバンギセルの別名（双子葉植物
綱ゴマノハグサ目ハマウツボ科の一年生

ヤマニ

寄生植物。高さは20〜30cm）
〈Aeginetia sinensis〉

ヤマニシキギ
コマユミ（小真弓）の別名（双子葉植物
綱ニシキギ目ニシキギ科の落葉低木）
〈Euonymus alatus var.alatus form.
striatus〉
マユミ（真弓）の別名（双子葉植物綱ニシ
キギ目ニシキギ科の落葉小高木。花は
緑白色）
〈Euonymus sieboldianus〉

ヤマニンジン
イブキボウフウ（伊吹防風）の別名（セ
リ科の多年草。高さは40〜80cm）
〈Seseli libanotis（L.）Koch. subsp.
japonica（Boiss.）Hara〉
カワラボウフウ（河原防風）の別名（セ
リ科の多年草。高さは30〜90cm）
〈Peucedanum terebinthinaceum Fisch.
ex Reichb. f.〉
ミヤマニンジンの別名（セリ科の多年
草。高さは15〜30cm）
〈Ostericum florentii（Franch. et
Savat.）Kitagawa〉

ヤマニンニク
ギョウジャニンニクの別名（単子葉植物
綱ユリ目ユリ科の多年草。高さは30〜
50cm。花は白色）
〈Allium victorialis var.platyphyllum〉

＊ヤマネコヤナギ（山猫柳）
別名：バッコヤナギ
双子葉植物綱ヤナギ目ヤナギ科の落葉小
高木〜高木。
〈Salix bakko〉

ヤマノイモ
ナガイモ（長芋）の別名（ヤマノイモ科
の野菜。茎には稜があり、葉柄とともに
紫色を帯びる）
〈Dioscorea batatas Decne.〉
＊ヤマノイモ（山芋）
別名：ジネンジョ，ジネンジョウ

単子葉植物綱ユリ目ヤマノイモ科の多
年生つる草。長さは1m。花は白色。
〈Dioscorea japonica〉

ヤマノカミノシャクジョウ
ツチアケビ（土木通）の別名（単子葉植
物綱ラン目ラン科の多年生腐生植物。
高さは50〜100cm）
〈Galeola septentrionalis〉

＊ヤマハギ（山萩）
別名：エゾヤマハギ
双子葉植物綱マメ目マメ科の落葉低木。
高さは1.5〜2m。花は明るい紅紫色。
〈Lespedeza bicolor〉

＊ヤマハゼ（山櫨）
別名：ハゼノキ，ハニシ
双子葉植物綱ムクロジ目ウルシ科の落葉
高木。高さは6m。
〈Rhus sylvestris〉

＊ヤマハナソウ（山鼻草）
別名：イワユキソウ
双子葉植物綱バラ目ユキノシタ科の多年
草。高さは10〜40cm。
〈Saxifraga sachalinensis〉

ヤマハナワラビ
エゾフユノハナワラビの別名（ハナヤス
リ科の冬緑性シダ植物。葉身は長さ2〜
8cm，三角状長楕円形，鈍頭）
〈Sceptridium multifidum var.
robustum〉

ヤマハマナス
カラフトイバラの別名（双子葉植物綱バ
ラ目バラ科の落葉低木）
〈Rosa marretii〉

＊ヤマハンノキ（山榛木）
別名：マルバハンノキ
双子葉植物綱ブナ目カバノキ科の落葉
高木。
〈Alnus hirsuta〉

ヤマヒナノウスツボ
ヒナノウスツボ（雛臼壺）の別名（双子葉植物綱ゴマノハグサ目ゴマノハグサ科の多年草。高さは40〜80cm）
〈*Scrophularia duplicato-serrata*〉

*ヤマヒハツ
別名：ウグヨシ
双子葉植物綱トウダイグサ目トウダイグサ科の常緑低木。
〈*Antidesma japonicum*〉

ヤマヒメ
アケビ（木通，通草）の別名（双子葉植物綱キンポウゲ目アケビ科の落葉つる性植物。花は紅紫色）
〈*Akebia quinata*〉

*ヤマヒヨドリ
別名：ヤマヒヨドリバナ
双子葉植物綱キク目キク科の多年草。葉は光沢がある。高さは40〜100cm。
〈*Eupatorium variabile*〉

ヤマヒヨドリバナ
ヤマヒヨドリの別名（双子葉植物綱キク目キク科の多年草。葉は光沢がある。高さは40〜100cm）
〈*Eupatorium variabile*〉

ヤマブキ
ツワブキの別名（キク科の宿根草。高さは30〜75cm）
〈*Farfugium japonicum* (L.) Kitamura〉

*ヤマブキ（山吹）
別名：オモカゲグサ，カガミグサ（鏡草），タイトウカ
双子葉植物綱バラ目バラ科の落葉低木。高さは1〜2m。花は黄色。
〈*Kerria japonica*〉

*ヤマブキショウマ（山吹升麻）
別名：ジョウナ，ジョンナ
双子葉植物綱バラ目バラ科の多年草。高さは30〜100cm。
〈*Aruncus dioicus var.tenuifolius*〉

*ヤマブキソウ（山吹草）
別名：クサヤマブキ
双子葉植物綱ケシ目ケシ科の多年草。高さは30〜40cm。花は鮮黄色。
〈*Hylomecon japonicum*〉

ヤマフクギ
ウラジロエノキ（裏白榎）の別名（双子葉植物綱イラクサ目ニレ科の常緑高木）
〈*Trema orientalis*〉

*ヤマフジ（山藤）
別名：ノフジ
双子葉植物綱マメ目マメ科の落葉つる性植物。
〈*Wisteria brachybotrys*〉

*ヤマブドウ（山葡萄）
別名：エビカズラ，オオエビヅル，ヤマエビ
双子葉植物綱クロウメモドキ目ブドウ科の落葉つる性植物。
〈*Vitis coignetiae*〉

ヤマフヨウ
シラネアオイ（白根葵）の別名（双子葉植物綱キンポウゲ目キンポウゲ科の多年草。高さは30〜60cm）
〈*Glaucidium palmatum*〉

ヤマボウキ
ホツツジ（穂躑躅）の別名（双子葉植物綱ツツジ目ツツジ科の落葉低木。高さは2m。花は白色）
〈*Elliottia paniculata*〉

*ヤマボウシ（山法師）
別名：ヤマグルマ
ミズキ科の落葉高木。高さは10〜15m。花は白色。樹皮は赤褐色。
〈*Cornus kousa Buerg. ex Hance*〉

ヤマホオズキ
ハダカホオズキ（裸酸漿）の別名（ナス

科の多年草。高さは60〜100cm)
　〈*Tubocapsicum anomalum* (Franch. et
　Savat.) Makino〉

*ヤマホタルブクロ (山蛍袋)
　別名：ホンドホタルブクロ
　　双子葉植物綱キキョウ目キキョウ科の多
　　年草。高さは30〜70cm。
　　〈*Campanula punctata var.
　　hondoensis*〉

*ヤマホロシ
　別名：ホソバノホロシ
　　双子葉植物綱ナス目ナス科のつる性多
　　年草。
　　〈*Solanum japonense*〉

ヤママルバノホロシ
　マルバノホロシの別名 (双子葉植物綱ナ
　ス目ナス科のつる性多年草)
　　〈*Solanum maximowiczii*〉

ヤマミカン
　カカツガユ (和活柚) の別名 (双子葉植
　物綱イラクサ目クワ科の低木)
　　〈Maclura cochinchinensis *var.*
　　gerontogea〉

ヤマミツバ
　ウマノミツバ (馬三葉) の別名 (双子葉
　植物綱セリ目セリ科の多年草。高さは
　30〜120cm)
　　〈*Sanicula chinensis*〉
　エンレイソウ (延齢草) の別名 (単子葉
　植物綱ユリ目ユリ科の多年草。高さは
　20〜40cm)
　　〈*Trillium smallii*〉

ヤマミヤギノハギ
　ケハギの別名 (マメ科。花は紅紫色)
　　〈*Lespedeza patens* Nakai〉

*ヤマモガシ (山茂樫)
　別名：カマノキ
　　双子葉植物綱ヤマモガシ目ヤマモガシ科
　　の常緑高木。果実は紫黒色。花は

白色。
　〈*Helicia cochinchinensis*〉

*ヤマモモ (山桃)
　別名：ヤンメ，ヤンモ
　　双子葉植物綱ヤマモモ目ヤマモモ科の常
　　緑高木。高さは15m。
　　〈*Myrica rubra*〉

ヤマモモソウ
　ハクチョウソウ (白蝶草) の別名 (アカ
　バナ科の宿根草)
　　〈*Gaura lindheimeri* Engelm. et A.
　　Gray〉
　ヒメミソハギの別名 (ミソハギ科の一年
　草。高さは10〜30cm)
　　〈*Ammannia multiflora* Roxb.〉
　　*ヤマモモソウ
　　別名：シロチョウソウ，ハクチョウソウ
　　(白蝶草)
　　　双子葉植物綱フトモモ目アカバナ科
　　　の宿根草。
　　　〈*Gaura lindheimeri*〉

*ヤマヤナギ (山柳)
　別名：ダイセンヤナギ，ツクシヤマヤ
　ナギ，ハシカエリヤナギ
　　双子葉植物綱ヤナギ目ヤナギ科の落葉低
　　木・小高木。
　　〈*Salix sieboldiana*〉

*ヤマユリ (山百合)
　別名：カマクラユリ，ニオイユリ，ハ
　コネユリ
　　単子葉植物綱ユリ目ユリ科の多年草。
　　高さは1〜1.5m。花は白色。
　　〈*Lilium auratum*〉

ヤマヨモギ
　オオヨモギ (大蓬，大艾) の別名 (双子
　葉植物綱キク目キク科の多年草。高さ
　は20〜60cm)
　　〈*Artemisia montana*〉

*ヤマラッキョウ (山辣韮)
　別名：タマムラサキ

572　植物別名辞典

単子葉植物綱ユリ目ユリ科の多年草。
高さは30〜60cm。
〈*Allium thunbergii*〉

ヤマリンゴ
オオウラジロノキの別名（双子葉植物綱
バラ目バラ科の落葉高木。樹高は12m。
樹皮は紫褐色）
〈*Malus tschonoskii*〉

ヤマワラ
ホツツジ（穂躑躅）の別名（双子葉植物
綱ツツジ目ツツジ科の落葉低木。高さ
は2m。花は白色）
〈*Elliottia paniculata*〉

ヤモメカズラ
ペトレアの別名（クマツヅラ科の属総称）

ヤヨイワラビ
ベニシダ（紅羊歯）の別名（オシダ科の
常緑性シダ植物。葉身は長さ30〜
70cm，長楕円形〜卵状長楕円形）
〈*Dryopteris erythrosora*〉

ヤラブ
テリハボク（照葉木）の別名（双子葉植
物綱ツバキ目オトギリソウ科の常緑高
木。葉は厚く光沢，中肋黄。花は白色）
〈*Calophyllum inophyllum*〉

ヤラボ
テリハボク（照葉木）の別名（双子葉植
物綱ツバキ目オトギリソウ科の常緑高
木。葉は厚く光沢，中肋黄。花は白色）
〈*Calophyllum inophyllum*〉

＊ヤーリー（鴨梨）
別名：ハイリー
バラ科のナシの品種。果皮は淡緑で、成
熟すると黄色。

ヤリクサ
スズメノテッポウ（雀鉄砲）の別名（単
子葉植物綱カヤツリグサ目イネ科の一年
草。高さは20〜40cm）

〈*Alopecurus aequalis var.*amurensis〉

ヤリズイセン
イクシアの別名（アヤメ科の属総称。球
根植物）

＊ヤリズイセン
別名：モンイキシア
単子葉植物綱ユリ目アヤメ科の草本。
高さは30〜50cm。花はオレンジ
色，または黄橙色。
〈*Ixia maculata*〉

＊ヤワタソウ（八幡草）
別名：タキナショウマ
双子葉植物綱バラ目ユキノシタ科の多年
草。高さは30〜60cm。
〈*Peltoboykinia tellimoides*〉

ヤワライチョウウロコゴケ
ヤワライチョウゴケの別名（ツボミゴケ
科のコケ。鮮緑色、葉は長さと幅がほぼ
同長）
〈*Lophozia excisa*（Dicks.）Dumort.〉

＊ヤワライチョウゴケ
別名：ヤワライチョウウロコゴケ
ツボミゴケ科のコケ。鮮緑色、葉は長さ
と幅がほぼ同長。
〈*Lophozia excisa*（Dicks.）
Dumort.〉

ヤワラスギ
ヒムロの別名（マツ綱マツ目ヒノキ科の
木本）
〈Chamaecyparis pisifera ‘*Squarrosa*’〉

ヤワラヅル
マツブサ（松房）の別名（双子葉植物綱
シキミ目マツブサ科の落葉つる性植物）
〈*Schisandra nigra*〉

ヤワラビ
ワラビの別名（ワラビ科の夏緑性シダ植
物。葉身は長さ1m，三角状卵形）
〈Pteridium aquilinum *subsp.*aquilinum
*var.*latiusculum〉

ヤンハ

*ヤンバルタマシダ
別名：オオタマシダ，ムニンタマシダ
シノブ科の常緑性シダ植物。葉長60〜
100cm。
〈*Nephrolepis hirsutula*〉

*ヤンバルツルマオ
別名：ツルマオモドキ
イラクサ科の草本。
〈*Pouzolzia zeylanica*（*L.*）*J.
Benn.*〉

*ヤンバルハコベ
別名：ネバリハコベ
ナデシコ科。
〈*Drymaria diandra Blume*〉

ヤンバルミゾハコベ
シマバラソウの別名（双子葉植物綱ツバ
キ目ミゾハコベ科の草本）
〈*Bergia ammannioides*〉

ヤンメ
ヤマモモ（山桃）の別名（双子葉植物綱
ヤマモモ目ヤマモモ科の常緑高木。高
さは15m）
〈*Myrica rubra*〉

ヤンモ
ヤマモモ（山桃）の別名（双子葉植物綱
ヤマモモ目ヤマモモ科の常緑高木。高
さは15m）
〈*Myrica rubra*〉

【 ユ 】

*ユイキリ（指切）
別名：トリアシ，トリノアシ
紅藻綱テングサ目テングサ科の海藻。
体は5〜20cm。
〈*Acanthopeltis japonica*〉

ユウガオ
ヨルガオ（夜顔）の別名（ヒルガオ科のつ
る性多年草。果実は紫褐色。花は白色）
〈*Calonyction aculeatum*（*L.*）House〉

*ユウガオ（夕顔）
別名：カンピョウ
双子葉植物綱スミレ目ウリ科のつる
性草本。夜開性。長さは20m。花
は白色。
〈*Lagenaria siceraria var.hispida*〉

ユウゲショウ
オシロイバナ（白粉花）の別名（オシロ
イバナ科の多年草。高さは60〜100cm。
花は赤、桃、白、赤紫、黄色で夕方開く）
〈*Mirabilis jalapa* L.〉

*ユウゲショウ
別名：アカバナユウゲショウ
双子葉植物綱フトモモ目アカバナ科
の多年草。高さは20〜40cm。花は
ピンク〜紅紫色。
〈*Oenothera rosea*〉

*ユウスゲ（夕菅）
別名：キスゲ
単子葉植物綱ユリ目ユリ科の多年草。
高さは50〜100cm。花は黄色。
〈*Hemerocallis citrina var.
vesperitima*〉

*ユウゼンギク（友禅菊）
**別名：シュッコンアスター，ニュー
ヨークアスター**
双子葉植物綱キク目キク科の多年草。
高さは20〜180cm。花は紫〜青紫，
赤，ピンク色など。
〈*Aster novi-belgii*〉

ユウチョウカ
パンジーの別名（双子葉植物綱スミレ目
スミレ科の一年草または多年草。花は
紫，黄，白色など）
〈Viola × wittrockiana〉

ユキノ

ユウパリタンポポ
タカネタンポポ（高嶺蒲公英）の別名
（双子葉植物綱キク目キク科の草本）
〈*Taraxacum yuparense*〉

ユウバリチドリ
シロウマチドリ（白馬千鳥）の別名（単子葉植物綱ラン目ラン科の多年草。高さは25〜50cm）
〈*Platanthera hyperborea*〉

ユウバリノキ
ミヤマハンモドキ（深山榛擬）の別名
（双子葉植物綱クロウメモドキ目クロウメモドキ科の落葉小低木）
〈*Rhamnus ishidae*〉

*ユウパリリンドウ
別名：エゾオノエリンドウ
双子葉植物綱リンドウ目リンドウ科の草本。
〈*Gentianella amarella subsp. yuparensis*〉

ユウレイタケ
ギンリョウソウ（銀竜草）の別名（双子葉植物綱ツツジ目イチヤクソウ科の多年生腐生植物。高さは8〜20cm）
〈*Monotropastrum humile*〉

*ユーカリノキ（有加利樹）
別名：アオゴムノキ
双子葉植物綱フトモモ目フトモモ科の木本。
〈*Eucalyptus globulus*〉

ユキアザミ
ノリクラアザミ（乗鞍薊）の別名（双子葉植物綱キク目キク科の多年草。高さは1〜1.5m）
〈*Cirsium norikurense*〉

ユキオコシ
クリスマスローズの別名（双子葉植物綱キンポウゲ目キンポウゲ科の多年草。花は白色）
〈*Helleborus niger*〉

*ユキオコシ
別名：キクザキカザグルマ
キンポウゲ科。

ユキカズラ
イワガラミ（岩絡）の別名（双子葉植物綱バラ目ユキノシタ科の落葉つる性植物。花は白色）
〈*Schizophragma hydrangeoides*〉

*ユキクラヌカボ
別名：オクヤマヌカボ
単子葉植物綱カヤツリグサ目イネ科の草本。
〈*Agrostis hideoi*〉

ユキゲユリ
チオノドクサの別名（単子葉植物綱ユリ目ユリ科の属総称）
〈*Chionodoxa spp.*〉

*ユキツバキ（雪椿）
別名：オクツバキ，サルイワツバキ，ハイツバキ
双子葉植物綱ツバキ目ツバキ科の常緑低木。花は赤色。
〈*Camellia japonica var.decumbens*〉

ユキナ
タイサイ（体菜）の別名（双子葉植物綱フウチョウソウ目アブラナ科の野菜）
〈*Brassica campestris var.chinensis*〉

ユキノシタ
エノキタケ（榎茸）の別名（キシメジ科のキノコ。小型〜中型。傘は黄褐色，強粘性）
〈*Flammulina velutipes*〉

シモフリシメジの別名（キシメジ科のキノコ。中型。傘は暗灰色で湿時粘性，放射状繊維。ひだは帯黄白色）
〈*Tricholoma portentosum*〉

ユキノハナ

ネジレバハナゴケの別名（ハナゴケ科の
地衣類。地衣体は長さ3〜20mm）
〈Cladonia strepsilis（Ach.）Vain.〉

ユキバキンバイ

ウラジロキンバイ（裏白金梅）の別名
（双子葉植物綱バラ目バラ科の草本）
〈Potentilla nivea〉

ユキミギク

タイキンギク（堆金菊）の別名（双子葉
植物綱キク目キク科の草本）
〈Senecio scandens〉

ユキミソウ

ミゾコウジュ（溝香薷）の別名（双子葉
植物綱シソ目シソ科の越年草。高さは
30〜70cm）
〈Salvia plebeia〉

ユキモチソウ

アリサエマの別名（サトイモ科の属総称。
球根植物）

*ユキモチソウ（雪持草）

別名：カンキソウ
単子葉植物綱サトイモ目サトイモ科
の多年草。仏炎苞は暗紫色。高さ
は20〜60cm。
〈Arisaema sikokianum〉

*ユキヤナギ（雪柳）

別名：イワヤナギ（岩柳），コゴメバナ
（小米花），ニワヤナギ（庭柳）
双子葉植物綱バラ目バラ科の落葉低木。
葉は単葉，狭披針形。高さは2m。花
は白色。
〈Spiraea thunbergii〉

ユキヨセソウ

シモバシラ（霜柱）の別名（双子葉植物
綱シソ目シソ科の多年草。高さは40〜
70cm）
〈Keiskea japonica〉

*ユキワリイチゲ（雪割一花）

別名：ウラベニソウ，ルリイチゲ
双子葉植物綱キンポウゲ目キンポウゲ科
の多年草。高さは20〜30cm。花は
白色。
〈Anemone keiskeana〉

ユキワリガヤ

タカネコメススキ（高嶺米薄）の別名
（単子葉植物綱カヤツリグサ目イネ科の
多年草）
〈Deschampsia atropurpurea var.
paramushirensis〉

ユキワリシオガマ

タカネシオガマ（高嶺塩竈）の別名（双
子葉植物綱ゴマノハグサ目ゴマノハグサ
科の一年草。高さは5〜20cm）
〈Pedicularis verticillata〉

ユキワリソウ

スハマソウ（州浜草）の別名（キンポウ
ゲ科の多年草。高さは10〜15cm）
〈Hepatica nobilis Schreber var.
japonica Nakai f.variegata
Kitamura〉

ユクシア

ヘディキウムの別名（ショウガ科の属総
称）

*ユクノキ

別名：ミヤマフジキ
双子葉植物綱マメ目マメ科の落葉高木。
〈Cladrastis sikokiana〉

*ユーコミス

別名：パイナップルフラワー，パイ
ナップルリリー
単子葉植物綱ユリ目ユリ科の属総称。
〈Eucomis spp.〉

ユシノキ

イスノキ（柞，蚊母樹）の別名（双子葉
植物綱マンサク目マンサク科の常緑高
木。高さは20m）

〈*Distylium racemosum*〉

*ユズ（柚）

別名：ホンユ，ユノス

双子葉植物綱ムクロジ目ミカン科の木本。果面は黄色。花は白色。

〈*Citrus junos*〉

ユスチシア

サンゴバナ（珊瑚花）の別名（双子葉植物綱ゴマノハグサ目キツネノマゴ科の観賞用低木状草本。高さは1.5〜2m。花は濃桃赤色）

〈*Jacobinia carnea*〉

ユーストマ

トルコギキョウの別名（双子葉植物綱リンドウ目リンドウ科の宿根草。高さは90cm。花は淡紫〜濃紫，白，淡桃〜濃桃色など）

〈*Eustoma grandiflorum*〉

ユチャ

アブラツバキ（油椿）の別名（ツバキ科の木本）

*ユッカ

別名：キミガヨラン，セイネンノキ（青年の樹）

単子葉植物綱ユリ目リュウゼツラン科の属総称。

〈*Yucca spp.*〉

ユトウ（油桃）

ネクタリンの別名（双子葉植物綱バラ目バラ科の木本）

〈*Amygdalus persica var.nectarina*〉

ユノス

ユズ（柚）の別名（双子葉植物綱ムクロジ目ミカン科の木本。果面は黄色。花は白色）

〈*Citrus junos*〉

*ユノミネシダ（湯之峰羊歯）

別名：カナヤマシダ

イノモトソウ科の常緑性シダ。葉身は長さ70cm。大型。

〈*Histiopteris incisa*（Thunb.）J. Smith〉

ユーフォルビア

ハナキリン（花麒麟）の別名（双子葉植物綱トウダイグサ目トウダイグサ科の多肉植物。花は赤，桃黄色など）

〈*Euphorbia milii*〉

*ユーフォルビア

別名：アオサンゴ

トウダイグサ科の属総称。

ユーホルビウム

サボテンタイゲキの別名（トウダイグサ科の多肉低木。角柱）

〈*Euphorbia antiquorum L.*〉

*ユミダイゴケ

別名：カマガタナガダイゴケ

シッポゴケ科のコケ。茎は長さ3〜10mm。

〈*Trematodon longicollis Michx.*〉

*ユリ

別名：リリー

ユリ科の属総称。球根植物。

ユリアザミ

キリンギク（麒麟菊）の別名（キク科の多年草。高さは150cm。花は桃色）

〈*Liatris spicata*（L.）Willd.〉

タマザキリアトリスの別名（キク科。高さは90cm。花は紅紫色）

〈*Liatris ligulistylis*（A. Nels.）K. Schum.〉

リアトリスの別名（双子葉植物綱キク目キク科の属総称）

〈*Liatris spp.*〉

*ユリアザミ（百合薊）

別名：キリンギク

キク科の宿根草。高さは150cm。花は淡紅紫色。

〈*Liatris pycnostachya Michx.*〉

ユリグルマ
グロリオサの別名(ユリ科の属総称。球根植物)

ユリズイセン
アルストロメリアの別名(単子葉植物綱ユリ目ヒガンバナ科のユリズイセン属総称)
〈Alstroemeria spp.〉
*ユリズイセン
別名:オキハナビ
ヒガンバナ科の多年草。
〈Alstroemeria pulchella Sims〉

*ユリノキ(百合木)
別名:ハンテンボク
高さは40m。花は緑黄色。樹皮は灰褐色。
〈Liriodendron tulipifera〉

*ユーレカ・レモン
別名:レモン
ミカン科のミカン(蜜柑)の品種。果皮は明黄色。

ユレハギ
マイハギ(舞萩)の別名(双子葉植物綱マメ目マメ科の落葉小低木。花は桃紫色)
〈Codariocalyx motorius〉

【ヨ】

*ヨウサイ
別名:アサガオナ
双子葉植物綱ナス目ヒルガオ科の野菜類。茎は中空。花は白色。
〈Ipomoea aquatica〉

ヨウジュ(榕樹)
ガジュマル(榕樹)の別名(双子葉植物綱イラクサ目クワ科の常緑高木。高さは20m)
〈Ficus microcarpa〉

ヨウシュオキナグサ
セイヨウオキナグサの別名(双子葉植物綱キンポウゲ目キンポウゲ科の多年草。高さは15cm)
〈Anemone pulsatilla〉

*ヨウシュカンボク(洋種肝木)
別名:セイヨウカンボク
双子葉植物綱マツムシソウ目スイカズラ科の低木または小高木。高さは3～5m。花は白色。
〈Viburnum opulus〉

ヨウシュクモマグサ
クモマグサ(雲間草)の別名(双子葉植物綱バラ目ユキノシタ科の多年草。高さは2～10cm)
〈Saxifraga merkii var.idsuroei〉
*ヨウシュクモマグサ
別名:コケクモマグサ
ユキノシタ科。

*ヨウシュコナスビ
別名:コバンバコナスビ
双子葉植物綱サクラソウ目サクラソウ科の多年草。長さは10～60cm。花は黄色。
〈Lysimachia nummularia〉

*ヨウシュコバンノキ
別名:ブレイニア
トウダイグサ科。

ヨウシュシモツケ
ロクベンシモツケ(六弁下野草)の別名(バラ科の多年草。高さは60～90cm。花は白色)
〈Filipendula vulgaris Moench.〉

ヨウシュセトガヤ
オオスズメノテッポウ(大雀鉄砲)の別名(単子葉植物綱カヤツリグサ目イネ科の多年草。高さは40～120cm)
〈Alopecurus pratensis〉

*ヨウシュチョウセンアサガオ(洋種朝

鮮朝顔)

別名：フジイロマンダラゲ

双子葉植物綱ナス目ナス科の一年草。
高さは50～120cm。花は淡紫色，また
は白色。
〈*Datura stramonium* var.*chalybea*〉

ヨウシュトチノキ

マロニエ・ヒポカスタナムの別名（ト
チノキ科）

ヨウシュネズ

セイヨウネズの別名（マツ綱マツ目ヒノ
キ科の草本。高さは15m。雄花は黄，雌
花は緑色。樹皮は赤褐色）
〈*Juniperus communis*〉

ヨウシュボダイジュ

セイヨウボダイジュの別名（シナノキ科
の木本。樹高40m。樹皮は灰褐色）
〈*Tilia platyphylla* Scop.〉

＊ヨウシュヤマゴボウ（洋種山牛蒡）

別名：アメリカヤマゴボウ（亜米利加
山牛蒡）

双子葉植物綱ナデシコ目（中心子目）ヤ
マゴボウ科の多年草。高さは0.7～2.
5m。花は白か帯紅色。
〈*Phytolacca americana*〉

ヨウシュユキワリソウ

セイヨウユキワリソウの別名（サクラソ
ウ科の多年草）
〈*Primula farinosa* L.〉

ヨウゾメ

ガマズミ（莢蒾）の別名（双子葉植物綱
マツムシソウ目スイカズラ科の低木また
は小高木。高さは2～3m。花は白色）
〈*Viburnum dilatatum*〉

ヨウラクゴケ

クラマゴケ（鞍馬苔）の別名（イワヒバ
科の常緑性シダ植物。鮮緑色，主茎は地
上を長く匐う）
〈*Selaginella remotifolia*〉

ヨウラクシダ

オオクボシダの別名（ウラボシ科の常緑
性シダ植物。葉身は長さ15cm，狭披針
形から線形）
〈*Xiphopteris okuboi*〉

ヨウラクソウ

シュウカイドウ（秋海棠）の別名（双子
葉植物綱スミレ目シュウカイドウ科の多
年草。高さは40～50cm。花は淡紅色）
〈*Begonia evansiana*〉

＊ヨウラクツツジ（瓔珞躑躅）

別名：ツリガネツツジ（釣鐘躑躅），フ
ウリンツツジ，ヨウラクドウダン

双子葉植物綱ツツジ目ツツジ科の落葉低
木。高さは1～3m。
〈*Menziesia purpurea*〉

ヨウラクドウダン

ヨウラクツツジ（瓔珞躑躅）の別名（双
子葉植物綱ツツジ目ツツジ科の落葉低
木。高さは1～3m）
〈*Menziesia purpurea*〉

ヨウラクボタン（瓔珞牡丹）

ケマンソウ（華鬘草）の別名（双子葉植
物綱ケシ目ケシ科の多年草。高さは40
～60cm。花は紅色）
〈*Dicentra spectabilis*〉

ヨウラクユリ

フリティラリアの別名（ユリ科の属総
称。球根植物）

＊ヨウラクユリ（瓔珞百合）

別名：フリチラリア

単子葉植物綱ユリ目ユリ科の球根性
多年草。高さは60～100cm。花は
黄とれんが赤色。
〈*Fritillaria imperialis*〉

＊ヨウラクラン（瓔珞蘭）

別名：ヒオウギラン，モミジラン

単子葉植物綱ラン目ラン科の多年草。
高さは2～8cm。花は橙黄色。
〈*Oberonia japonica*〉

ヨグソミネバリ

アズサ（梓）の別名（カバノキ科の木本）
〈*Betula grossa* Sieb. et Zucc. var. *grossa*〉

ミズメ（水芽）の別名（双子葉植物綱ブナ目カバノキ科の木本。樹高は20m。樹皮は暗灰色）
〈*Betula grossa*〉

***ヨグソミネバリ**（夜糞峰榛）
別名：ミズメ
カバノキ科の落葉高木。
〈*Betula grossa* Sieb. et Zucc. var. *ulmifolia* Makino〉

*ヨコグラノキ（横倉の木）

別名：エイノキ
双子葉植物綱クロウメモドキ目クロウメモドキ科の落葉高木。
〈*Berchemiella berchemiaefolia*〉

*ヨコスカイチイゴケ

別名：ヒナサナダゴケ
ハイゴケ科のコケ。小形で、枝葉は長さ1.5〜2mm、卵状披針形。
〈*Vesicularia flaccida*（Sull. & Lesq.）Z. Iwats.〉

*ヨコメガシ

別名：シマガシ
ブナ科。
〈*Quercus glauca* Thunb. ex Murray cv. *Fasciata*〉

*ヨコワサルオガセ

別名：キリモ，サルオガセ
サルオガセ科の植物。地衣体は伸長し，樹皮より垂れ下がる。
〈*Usnea diffracta*〉

*ヨシ（葭）

別名：アシ（葦），キタヨシ，ハマオギ
単子葉植物綱カヤツリグサ目イネ科の多年草。葉身は線形で長さ20〜50cm，円錐花序は大形。高さは1〜3m。
〈*Phragmites communis*〉

ヨシカワギク

イガギクの別名（キク科の多年草。高さは15〜30cm。花は白〜淡紫色）
〈*Calotis cuneifolia* R. Brown〉

ヨシタケ

ダンチク（葭竹）の別名（単子葉植物綱カヤツリグサ目イネ科の多年草。高さは2〜4m）
〈*Arundo donax*〉

ヨシノザクラ

ソメイヨシノ（染井吉野）の別名（双子葉植物綱バラ目バラ科の落葉高木。樹高は12m。花は淡紅白色。樹皮は紫灰色）
〈*Cerasus* × *yedoensis*〉

ヨシノシズカ

ヒトリシズカ（一人静）の別名（双子葉植物綱コショウ目センリョウ科の多年草。高さは20〜30cm。花は白色）
〈*Chloranthus japonicus*〉

ヨシノスギ

スギ（杉）の別名（マツ綱マツ目スギ科の常緑高木。樹高は40m。樹皮は橙褐色）
〈*Cryptomeria japonica*〉

ヨシノソウ

クサヤツデ（草八手）の別名（双子葉植物綱キク目キク科の多年草。高さは40〜100cm）
〈*Diaspananthus uniflora*〉

ヨソゾメ

ガマズミ（莢蒾）の別名（双子葉植物綱マツムシソウ目スイカズラ科の低木または小高木。高さは2〜3m。花は白色）
〈*Viburnum dilatatum*〉

ヨタグサ

オバクサの別名（紅藻綱テングサ目テングサ科の海藻。体は10〜20cm）
〈*Pterocladiella capillacea*〉

ヨツズミ
ガマズミ (莢蒾) の別名 (双子葉植物綱
マツムシソウ目スイカズラ科の低木また
は小高木。高さは2〜3m。花は白色)
〈Viburnum dilatatum〉

ヨツデグサ (四手草)
イカリソウ (碇草) の別名 (双子葉植物
綱キンポウゲ目メギ科の多年草。高さは
20〜40cm。花は淡紫色，または白色)
〈Epimedium grandiflorum〉

ヨツバハコベ
イナモリソウの別名 (双子葉植物綱アカ
ネ目アカネ科の多年草。高さは5〜
10cm)
〈Pseudopyxis depressa〉

*ヨツバヒヨドリ (四葉鵯)
別名：クルマバヒヨドリ
双子葉植物綱キク目キク科の多年草。
高さは40〜100cm。
〈Eupatorium chinense var.
sachalinense〉

ヨツバユキノシタ
イワボタン (岩牡丹) の別名 (双子葉植
物綱バラ目ユキノシタ科の多年草。高
さは3〜20cm)
〈Chrysosplenium macrostemon〉

ヨツバリキンギョモ
ゴハリマツモの別名 (双子葉植物綱スイ
レン目マツモ科の沈水性浮遊植物。果
実の上下に2本ずつ突起をもつ)
〈Ceratophyllum demersum var.
quadrispinum〉

*ヨドガワツツジ (淀川躑躅)
別名：ボタンツツジ
双子葉植物綱ツツジ目ツツジ科の木本。
〈Rhododendron yedoense var.
yedoense form.yedoense〉

*ヨナイザサ
別名：カガミナンブスズ

イネ科の常緑中型笹。

ヨハンパンノキ
イナゴマメの別名 (マメ科の常緑高木。
高さは12〜15m)
〈Ceratonia siliqua L.〉

*ヨブスマソウ (夜衾草)
別名：ホンナ，ボウナ
双子葉植物綱キク目キク科の多年草。葉
は大形でひし形。高さは90〜250cm。
〈Cacalia hastata var.orientalis〉

ヨヘイジロ (与平白)
シラビョウシ (白拍子) の別名 (双子葉
植物綱ツバキ目ツバキ科。ツバキの品
種)

*ヨメナ (嫁菜)
別名：オハギ，ハギナ
双子葉植物綱キク目キク科の多年草。
高さは60〜120cm。
〈Aster yomena〉

ヨメナノキ
ズイナ (瑞菜，髄菜) の別名 (双子葉植
物綱バラ目ユキノシタ科の落葉低木。
高さは1〜2m)
〈Itea japonica〉

ヨモギ
ニシヨモギの別名 (キク科の草本)
〈Artemisia indica Willd.〉

*ヨモギ (蓬，艾)
別名：フツ，モグサ，モチグサ
双子葉植物綱キク目キク科の多年草。
高さは50〜100cm。
〈Artemisia princeps〉

*ヨモギギク (蓬菊)
別名：エゾノヨモギギク，エゾヨモギ
ギク
キク科の多年草。高さは30〜90cm。花
は黄色。
〈Chrysanthemum vulgare (L.)
Bernh.〉

ヨルカ

*ヨルガオ（夜顔）
別名：シロバナユウガオ，ヤカイソウ
（夜会草），ユウガオ
双子葉植物綱ナス目ヒルガオ科のつる性
多年草。果実は紫褐色。花は白色。
〈*Calonyction aculeatum*〉

ヨレアオノリ
ボウアオノリの別名（緑藻綱アオサ目ア
オサ科の海藻。筒状で単条）
〈*Enteromorpha intestinalis*〉

*ヨレスギ（捻杉）
別名：クサリスギ，ホウオウスギ
マツ綱マツ目スギ科の木本。
〈*Cryptomeria japonica 'Spiralis'*〉

ヨロイグサ
アンゼリカの別名（セリ科の属総称。
ハーブ）

*ヨロイグサ（鎧草）
別名：ウドモドキ，ビャクシ
双子葉植物綱セリ目セリ科の草本。
〈*Angelica dahurica*〉

ヨロイスギ
チリーマツの別名（マツ綱マツ目ナンヨ
ウスギ科の常緑大高木。高さは5～
45m。樹皮は灰色）
〈*Araucaria araucana*〉

ヨロイドウシ
メギ（目木）の別名（双子葉植物綱キンポ
ウゲ目メギ科の落葉低木。高さは2m）
〈*Berberis thunbergii*〉

ヨロイラン
ヒメノキシノブ（姫軒忍）の別名（ウラ
ボシ科の常緑性シダ植物。葉身は長さ3
～10cm，線形）
〈*Lepisorus onoei*〉

*ヨーロッパアカマツ（欧州赤松）
別名：オウシュウアカマツ，セイヨウ
アカマツ
マツ綱マツ目マツ科の木本。樹高は

35m。樹皮は紫灰色。
〈*Pinus sylvestris*〉

*ヨーロッパイチイ
別名：オウシュウイチイ（欧州一位）
イチイ綱イチイ目イチイ科の木本。樹
高は20m。樹皮は紫褐色。
〈*Taxus baccata*〉

ヨーロッパウチワヤシ
チャボトウジュロの別名（単子葉植物綱
ヤシ目ヤシ科の木本。高さは1.5～3m）
〈*Chamaerops humilis*〉

*ヨーロッパカエデ
別名：ノルウェーカエデ
カエデ科の落葉高木。葉は5裂。樹高
25m。樹皮は灰色。
〈*Acer platanoides L.*〉

*ヨーロッパキイチゴ
別名：アメリカアカミキイチゴ
双子葉植物綱バラ目バラ科の落葉低木。
〈*Rubus idaeus*〉

ヨーロッパクサイチゴ
エゾヘビイチゴ（蝦夷蛇苺）の別名（双
子葉植物綱バラ目バラ科の多年草。高
さは10～20cm。花は白色）
〈*Fragaria vesca*〉

ヨーロッパスモモ
セイヨウスモモ（西洋李）の別名（双子
葉植物綱バラ目バラ科の木本。樹高は
10m。樹皮は灰褐色）
〈*Prunus domestica*〉

ヨーロッパトウキ
アンゼリカの別名（セリ科の属総称。
ハーブ）

ヨーロッパトウヒ
ドイツトウヒの別名（マツ綱マツ目マツ
科の常緑高木。高さは50m以上。樹皮は
赤褐色ないし灰色）
〈*Picea abies*〉

582 植物別名辞典

ラクヨ

*ヨーロッパナラ
別名：イギリスナラ
双子葉植物綱ブナ目ブナ科の木本。樹高は35m。樹皮は淡い灰色。
〈*Quercus robur*〉

ヨーロッパヒカゲミズ
カベイラクサの別名（双子葉植物綱イラクサ目イラクサ科の多年草。高さは30〜40cm）
〈*Parietaria diffusa*〉

ヨーロッパヘーゼル
セイヨウハシバミ（西洋榛）の別名（双子葉植物綱ブナ目カバノキ科の低木）
〈*Corylus avellana*〉

*ヨーロッパモミ
別名：オウシュウモミ，ギンモミ
マツ綱マツ目マツ科の常緑高木。高さは50m。樹皮は灰色。
〈*Abies alba*〉

【ラ】

*ライカク（雷角）
別名：タツノオトシゴ（竜の落し子）
ガガイモ科の多肉植物。花は暗紫のまだら色。
〈*Stapelianthus madagascariensis （Choux） Choux ex A. C. White et Sloane*〉

ライチー
レイシ（茘枝）の別名（双子葉植物綱ムクロジ目ムクロジ科の常緑小高木。高さは7〜10m。花は淡黄色）
〈*Litchi chinensis*〉

ライデンボク
チャンチン（香椿）の別名（双子葉植物綱ムクロジ目センダン科の落葉高木。高さは15〜20m。花は白色。樹皮は褐色）

〈*Toona sinensis*〉

ライマビーン
ライマメの別名（マメ科の野菜。長さ5〜12cm。花は白または黄白色）
〈*Phaseolus lunatus L.*〉

*ライマメ
別名：アオイマメ，ライマビーン
マメ科の野菜。長さ5〜12cm。花は白または黄白色。
〈*Phaseolus lunatus L.*〉

*ライムギ
別名：クロムギ，ナツコムギ
単子葉植物綱カヤツリグサ目イネ科の一年草。高さは50〜100cm。
〈*Secale cereale*〉

*ライラック
別名：キンツクバネ，ハナハシドイ，リラ
モクセイ科の落葉小高木。高さは4〜8m。花は淡紫、紅紫、紅、白など。
〈*Syringa vulgaris L.*〉

ラウンドリーブドミント
アップル・ミントの別名（シソ科のハーブ）

ラエリア
レリアの別名（ラン科の属総称）

*ラクウショウ（落羽松）
別名：ニレツバスイショウ（二列葉水松），ヌマスギ（沼杉）
マツ綱マツ目スギ科の落葉高木。高さは25m。樹皮は灰褐色。
〈*Taxodium distichum*〉

ラクヨウ
ハナイグチ（花猪口）の別名（イグチ科のキノコ。中型〜大型。傘はこがね色〜赤褐色、著しい粘性あり）
〈*Suillus grevillei*〉

植物別名辞典　583

ラクヨ

ラクヨウモダシ
ハナイグチ（花猪口）の別名（イグチ科
のキノコ。中型〜大型。傘はこがね色
〜赤褐色，著しい粘性あり）
〈*Suillus grevillei*〉

*ラケナリア
別名：アフリカンヒアシンス，ケープ
カウスリップス
ユリ科の属総称。球根植物。

*ラジアタマツ
別名：ニュージーランドマツ，モント
レーマツ
マツ科の木本。樹高30m。樹皮は濃
灰色。

ラシャカキグサ
チーゼルの別名（マツムシソウ科の属総
称）
*ラシャカキグサ（羅紗掻草）
別名：オニナベナ
双子葉植物綱マツムシソウ目マツム
シソウ科の多年草。高さは1〜2m。
花は青色，または淡青紫色。
〈*Dipsacus sativus*〉

*ラシャナス
別名：グミバナス
ナス科の多年草。高さは0.3〜1m。花は
淡青紫色。
〈*Solanum elaeagifolium Cavanilles*〉

*ラズベリー
別名：アメリカアカミキイチゴ
バラ科の落葉低木。
〈*Rubus idaeus L.*〉

ラセンクロトン
ホソキマキ（細黄巻）の別名（双子葉植
物綱トウダイグサ目トウダイグサ科。
クロトンノキの品種）
〈*Codiaeum variegatum var.pictum
'Hosokimaki'*〉

*ラタニア・コンメルソニー
別名：ベニラタンヤシ
ヤシ科。

*ラッカセイ（落花生）
別名：ナンキンマメ（南京豆）
双子葉植物綱マメ目マメ科の野菜。匍
性と立性がある。花は黄色。
〈*Arachis hypogaea*〉

*ラッキョウ（辣韭）
別名：オオニラ，サトニラ
単子葉植物綱ユリ目ユリ科の根菜類。
葉長30〜50cm。
〈*Allium chinense*〉

ラッパバナ
ソランドラの別名（ナス科の属総称）

*ラデルマケラ
別名：ステレオスペルマム，センダイ
キササゲ
ノウゼンカズラ科の属総称。

*ラナンキュラス
別名：キンポウゲ
双子葉植物綱キンポウゲ目キンポウゲ科
の属総称。
〈*Ranunculus spp.*〉

*ラナンキュラス・アルペストリス
別名：イワキンポウゲ
キンポウゲ科。

ラバテラ
ハナアオイ（花葵）の別名（アオイ科の
一年草。高さは50〜120cm。花は紅色）
〈*Lavatera trimestris L.*〉

*ラピス
別名：カンノンチク
ヤシ科の属総称。

*ラビッジ
別名：ラブパセリ，ロベージ

584　植物別名辞典

セリ科のハーブ。

*ラフィアヤシ
別名：ウラジロラフィア
ヤシ科。高さは9m。
〈*Raphia farinifera（Gaertn.） Hyl.*〉

ラブインナミスト
クロタネソウ（黒種子草）の別名（双子葉植物綱キンポウゲ目キンポウゲ科の一年草。高さは60〜80cm。花は青色，または白色）
〈*Nigella damascena*〉

ラブパセリ
ラピッジの別名（セリ科のハーブ）

*ラベンダー
別名：ストエカス・ラベンダー，スパイク・ラベンダー
〈*Lavandula angustifolia*〉

ラベンダーミント
オーデコロン・ミントの別名（双子葉植物綱シソ目シソ科のハーブ）
〈*Mantha × piperita var.'Citrata'*〉

*ラムズイヤー
別名：スタキス，スタキスラナータ，ワタチョロギ
シソ科のハーブ。

*ラムズテール
別名：スタキス，スタキスラナータ，ワタチョロギ
シソ科。

ランギク（蘭菊）
ダンギクの別名（双子葉植物綱シソ目クマツヅラ科の多年草。花は紫色）
〈*Caryopteris incana*〉

ランコウハグマ
エンシュウハグマ（遠州羽熊）の別名（双子葉植物綱キク目キク科の草本）
〈*Ainsliaea dissecta*〉

*ランシンボク
別名：トネリバハゼノキ
双子葉植物綱ムクロジ目ウルシ科の木本。高さは25m。
〈*Pistacia chinensis*〉

ランソウ
フジバカマ（藤袴）の別名（双子葉植物綱キク目キク科の多年草。高さは100〜150cm）
〈*Eupatorium fortunei*〉

*ランタナ
別名：コウオウカ，シチヘンゲ，セイヨウサンダンカ
双子葉植物綱シソ目クマツヅラ科の落葉低木。高さは100〜120cm。花は黄より紅まで変色。
〈*Lantana camara var.aculeata*〉

ランテンマ
ショウキラン（鐘馗蘭）の別名（単子葉植物綱ラン目ラン科の多年生腐生植物。高さは10〜25cm）
〈*Yoania japonica*〉

【 リ 】

*リアトリス
別名：キリンギク，ユリアザミ
双子葉植物綱キク目キク科の属総称。
〈*Liatris spp.*〉

*リオン
別名：ケロネ，ジャコウソウモドキ，チェロン
双子葉植物綱ゴマノハグサ目ゴマノハグサ科の宿根草。
〈*Chelone lyonii*〉

*リーガース・ベゴニア
別名：エラチオール・ベゴニア
高さは30〜50cm。

〈*Begonia* × *hiemalis Fotsch*〉

*リギダマツ
別名：ミツバマツ
マツ綱マツ目マツ科の木本。高さは
20m。
〈*Pinus rigida*〉

*リキュウバイ（利休梅）
別名：ウメザキウツギ（梅咲空木），バ
イカシモツケ（梅花下野），マルバヤ
ギザクラ
双子葉植物綱バラ目バラ科の落葉低木。
高さは3〜4m。
〈*Exochorda racemosa*〉

*リクニス・ヒマレイエンシス
別名：ヒマラヤセンノウ
ナデシコ科。

リコリス
リコリス・プラントの別名（キク科の
ハーブ）

*リコリス
別名：キツネノカミソリ（狐剃刀），ナ
ツズイセン（夏水仙），ヒガンバナ（彼
岸花）
単子葉植物綱ユリ目ヒガンバナ科の
属総称。
〈*Lycoris spp.*〉

*リコリス・プラント
別名：リコリス
キク科のハーブ。

リシアンサス
トルコギキョウの別名（双子葉植物綱リ
ンドウ目リンドウ科の宿根草。高さは
90cm。花は淡紫〜濃紫，白，淡桃〜濃
桃色など）
〈*Eustoma grandiflorum*〉

リシリイ
エゾホソイ（蝦夷細藺）の別名（単子葉
植物綱イグサ目イグサ科の多年草。高
さは30〜90cm）

〈*Juncus filiformis*〉

*リシリカニツリ（利尻蟹釣）
別名：タカネカニツリ
イネ科の多年草。高さは10〜45cm。
〈*Trisetum spicatum（L.）Richt.*〉

*リシリゲンゲ（利尻紫雲英）
別名：タカネオギ
双子葉植物綱マメ目マメ科の草本。
〈*Oxytropis campestris subsp.*
rishiriensis〉

リシリコザクラ
エゾコザクラ（蝦夷小桜）の別名（双子
葉植物綱サクラソウ目サクラソウ科の多
年草。高さは5〜15cm。花は紅紫色）
〈*Primula cuneifolia var.cuneifolia*〉

リシリシオガマ
ベニシオガマ（紅塩竈）の別名（双子葉
植物綱ゴマノハグサ目ゴマノハグサ科の
草本）
〈*Pedicularis koidzumiana*〉

*リシリシノブ（利尻忍草）
別名：イワシノブ
ホウライシダ科の夏緑性シダ植物。葉
身は長さ30cm，3回羽状に分裂。
〈*Cryptogramma crispa*〉

リシリデンダ
ミヤマイワデンダ（深山岩連朶）の別名
（オシダ科の夏緑性シダ植物。葉身は長
さ3〜15cm，披針形〜長楕円状披針形）
〈*Woodsia ilvensis*〉

リシリトウウチソウ
ダイセツトウウチソウの別名（双子葉植
物綱バラ目バラ科の多年草）
〈*Sanguisorba stipulata var.*
riishirensis〉

リシリトリカブト
リシリブシ（利尻付子）の別名（キンポ
ウゲ科）

リユウ

〈*Aconitum sachalinense* var.
compactum〉

*リシリブシ（利尻付子）
別名：リシリトリカブト
キンポウゲ科。
〈*Aconitum sachalinense* var.
compactum〉

リシリミミナグサ
オオバナミミナグサ（大花耳菜草）の
別名（双子葉植物綱ナデシコ目（中心子目）ナデシコ科の多年草。高さは50cm）
〈*Cerastium fischerianum*〉

*リシリリンドウ
別名：カワカミリンドウ，クモマリンドウ
双子葉植物綱リンドウ目リンドウ科の草本。
〈*Gentiana jamesii*〉

リチャー
リチャード・デリシアスの別名（バラ科のリンゴ（苹果）の品種。果皮は鮮紅色）

リチャード
リチャード・デリシアスの別名（バラ科のリンゴ（苹果）の品種。果皮は鮮紅色）

*リチャード・デリシアス
別名：リチャー，リチャード
バラ科のリンゴ（苹果）の品種。果皮は鮮紅色。

リトルビネガープラント
スイバ（酸葉）の別名（双子葉植物綱タデ目タデ科の多年草。高さは50～80cm）
〈*Rumex acetosa*〉

リナム
アマ（亜麻）の別名（双子葉植物綱アマ目アマ科の一年草。高さは60～130cm。花は青色または白色）
〈*Linum usitatissimum*〉

リナリア
ヒメキンギョソウの別名（双子葉植物綱ゴマノハグサ目ゴマノハグサ科の一年草または多年草。高さは20～40cm。花はスミレ色～紅紫色）
〈*Linaria bipartita*〉

*リボングラス
別名：シマヨシ，チグサ
イネ科。
〈*Arrhenatherum elatius* Mart. et
KOCH var.tuberosum HALAC. f.
variegatum Hort.〉

*リボンゴケ
別名：ツヤツケリボンゴケ，ヒラゴケ
ヒラゴケ科のコケ。地衣体は帯緑黄～わら色。二次茎は長さ1～5cm，葉はへら状。
〈*Neckeropsis nitidula*（Mitt.）
Fleisch.〉

リモニウム
スターチスの別名（双子葉植物綱イソマツ目イソマツ科の多年草。高さは60～90cm。花は白か黄色）
〈*Limonium sinuatum*〉
スターチス・ハイブリッドシネンシス・キノセリーズの別名（イソマツ科）

*リモニウム・ブルーファンタジア
別名：スターチス，リモニューム
イソマツ科。

リモニューム
リモニウム・ブルーファンタジアの別名（イソマツ科）

*リュウオウカク（竜王閣）
別名：キバナギュウカク
ガガイモ科の多肉植物。高さは3～5cm。花は黄白～淡黄色。
〈*Huernia primulina* N. E. Br.〉

植物別名辞典　587

リュウ

リュウキュウ
リュウキュウツツジ（琉球躑躅）の別名（双子葉植物綱ツツジ目ツツジ科の常緑低木。花は白色）
〈*Rhododendron mucronatum*〉

＊リュウキュウアイ（琉球藍）
別名：キアイ
双子葉植物綱ゴマノハグサ目キツネノマゴ科の多年草。高さは60〜120cm。花は淡紅紫色。
〈*Strobilanthes cusia*〉

リュウキュウアオキ
ボチョウジの別名（双子葉植物綱アカネ目アカネ科の常緑低木。高さは1〜2m。花は白色）
〈*Psychotria rubra*〉

＊リュウキュウアリドオシ
別名：オキナワジュズネノキ
アカネ科の木本。
〈*Damnacanthus biflorus*（*Rehder*）*Masam.*〉

リュウキュウアワブキ
フシノハアワブキの別名（アワブキ科の半常緑高木）
〈*Meliosma oldhamii* Miq. ex Maxim. var.*oldhamii*〉

リュウキュウイ
シチトウ（七島）の別名（単子葉植物綱カヤツリグサ目カヤツリグサ科の多年草。茎は三角柱。高さは1〜1.5m）
〈*Cyperus monophyllus*〉

＊リュウキュウイチゴ（琉球苺）
別名：シマアワイチゴ
双子葉植物綱バラ目バラ科の木本。
〈*Rubus grayanus*〉

リュウキュウエノキ
クワノハエノキの別名（双子葉植物綱イラクサ目ニレ科の落葉高木）
〈*Celtis boninensis*〉

リュウキュウカイロラン
タネガシマカイロランの別名（ラン科の草本）
〈*Cheirostylis liukiuensis* Masam.〉

＊リュウキュウガキ
別名：クサノガキ
双子葉植物綱カキノキ目カキノキ科の常緑高木。
〈*Diospyros maritima*〉

リュウキュウカンナデシコ
ヒメハマナデシコ（姫浜撫子）の別名（双子葉植物綱ナデシコ目（中心子目）ナデシコ科の多年草。高さは15〜30cm。花は紫紅色）
〈*Dianthus kiusianus*〉

リュウキュウクロキ
ナカハラクロキの別名（ハイノキ科の木本）
〈*Symplocos nakaharae*（Hayata）Masam.〉

リュウキュウコウガイ
メヒルギ（雌蛭木）の別名（双子葉植物綱ヒルギ目ヒルギ科の常緑高木，マングローブ植物。花は白色）
〈*Kandelia candel*〉

リュウキュウコガネ
オオハイホラゴケの別名（コケシノブ科の常緑性シダ。葉身は長さ15〜30cm。広披針形から広卵状披針形）
〈*Vendenboschia radicans* var.*naseana*〉

＊リュウキュウコケシノブ
別名：オキナワコケシノブ
コケシノブ科の常緑性シダ。葉身は長さ3〜10cm。卵状長楕円形から卵形。
〈*Mecodium riukiuense*（*Christ*）*Copel.*〉

リュウキュウコザクラ
ホザキザクラの別名（サクラソウ科の草本）

〈*Stimpsonia chamaedryoides* C. Wright〉

リュウキュウジュロ
トウジュロ（唐棕櫚）の別名（単子葉植物綱ヤシ目ヤシ科の常緑高木）
〈*Trachycarpus wagnerianus*〉

リュウキュウシュロチク
カンノンチク（観音竹）の別名（単子葉植物綱ヤシ目ヤシ科の常緑低木。葉の裂片は3〜5。高さは2〜3m）
〈*Rhapis excelsa*〉

リュウキュウシュンギク
アラゲシュンギクの別名（キク科の一年草。高さは60〜70cm。花は濃黄色）
〈*Chrysanthemum segetum* L.〉

*リュウキュウタイゲキ
別名：コバノニシキソウ
トウダイグサ科の一年草。花は白色。
〈*Chamaesyce makinoi*（Hayata）H. Hara〉

*リュウキュウチク（琉球竹）
別名：ギョウヨウチク（仰葉竹）
単子葉植物綱カヤツリグサ目イネ科の常緑大型ササ。高さは3〜4m。
〈*Pleioblastus linearis*〉

リュウキュウチトセカズラ
リュウキュウホウライカズラの別名
（マチン科の木本）
〈*Gardneria liukiuensis* Hatus., nom. illeg.〉

*リュウキュウツツジ（琉球躑躅）
別名：シロリュウキュウ，リュウキュウ
双子葉植物綱ツツジ目ツツジ科の常緑低木。花は白色。
〈*Rhododendron mucronatum*〉

リュウキュウツノマタ
キリンサイの別名（紅藻綱スギノリ目ミ

リン科の海藻。多肉で軟骨質。体は10〜25cm）
〈*Eucheuma denticulatum*〉

リュウキュウツバキ
ヒメサザンカ（姫山茶花）の別名（双子葉植物綱ツバキ目ツバキ科の常緑高木。花は白色）
〈*Camellia lutchuensis*〉

*リュウキュウツルウメモドキ
別名：オオバツルウメモドキ
ニシキギ科の木本。
〈*Celastrus kusanoi* Hayata〉

*リュウキュウツルグミ
別名：オキナワグミ，ヒロハツルグミ
グミ科の木本。
〈*Elaeagnus liukiuensis* Rehder〉

リュウキュウツルマサキ
ツルマサキ（蔓柾）の別名（双子葉植物綱ニシキギ目ニシキギ科の常緑つる性植物）
〈*Euonymus fortunei*〉

リュウキュウテイカカズラ
オキナワテイカカズラの別名（キョウチクトウ科の木本）
〈*Trachelospermum gracilipes* Hook. f. var. *liukiuense*（Hatus.）Kitam.〉

リュウキュウトロロアオイ
ニオイトロロアオイの別名（双子葉植物綱アオイ目アオイ科の草本。高さは1.5m。花は黄色，中心赤色）
〈*Abelmoschus moschatus*〉

*リュウキュウハグマ
別名：モミジキッコウハグマ
キク科。
〈*Ainsliaea apiculata var.acerifolia*〉

*リュウキュウバショウ
別名：イトバショウ
単子葉植物綱ショウガ目バショウ科の木

植物別名辞典　589

本。偽茎は緑色。
〈*Musa balbisiana*〉

リュウキュウハゼ
ナンキンハゼ（南京櫨）の別名（双子葉
植物綱トウダイグサ目トウダイグサ科の
落葉高木）
〈*Sapium sebiferum*〉

*リュウキュウハゼ
別名：トウロウ，ハゼ
ウルシ科。

リュウキュウバライチゴ
オキナワバライチゴ（沖縄薔薇苺）の
別名（バラ科）
〈*Rubus okinawensis* Koidz.〉

リュウキュウフジウツギ
トウフジウツギの別名（双子葉植物綱ゴ
マノハグサ目フジウツギ科の木本。高
さは1〜1.5m。花は赤紫色）
〈*Buddleja lindleyana*〉

リュウキュウヘゴ
ヘゴ（杪欏）の別名（ヘゴ科の常緑性シダ
植物。葉身は長さ40〜60cm，倒卵状長
楕円形）
〈*Cyathea spinulosa*〉

*リュウキュウホウライカズラ
別名：リュウキュウチトセカズラ
マチン科の木本。
〈*Gardneria liukiuensis* Hatus., nom.
illeg.〉

*リュウキュウマツ（琉球松）
別名：オキナワマツ
マツ綱マツ目マツ科の常緑高木。高さ
は15m。
〈*Pinus luchuensis*〉

リュウキュウマメガキ
シナノガキ（信濃柿）の別名（カキノキ
科の薬用植物）
〈*Diospyros lotus* L.〉

*リュウキュウマメガキ（琉球豆柿）
別名：シナノガキ
双子葉植物綱カキノキ目カキノキ科
の落葉高木。
〈*Diospyros japonica*〉

リュウキュウミヤマトベラ
タイワンミヤマトベラの別名（双子葉植
物綱マメ目マメ科の木本。高さは1.5m）

リュウキュウムクゲ
ブッソウゲ（仏桑花，扶桑花）の別名
（双子葉植物綱アオイ目アオイ科の常緑
低木または小高木。高さは2〜5m。花
は赤黄，白，桃色など）
〈*Hibiscus rosa-sinensis*〉

*リュウキュウヤナギ
別名：スズカケヤナギ
ナス科。

リュウキュウヤブラン
コヤブラン（小藪蘭）の別名（単子葉植
物綱ユリ目ユリ科の多年草。花は淡紫
色）
〈*Liriope spicata*〉

リュウキュウヤマツツジ
マルバサツキ（丸葉皐月）の別名（双子
葉植物綱ツツジ目ツツジ科の常緑低木。
花は淡紫色）
〈*Rhododendron eriocarpum*〉

リュウキュウユリ
テッポウユリ（鉄砲百合）の別名（単子
葉植物綱ユリ目ユリ科の多年草。高さ
は50〜100cm）
〈*Lilium longiflorum*〉

*リュウキュウルリミノキ
別名：ミヤマルリミノキ
双子葉植物綱アカネ目アカネ科の常緑
低木。
〈*Lasianthus fordii*〉

リョウ

＊リュウキンカ（立金花）
　別名：エンコウソウ
　　　キンポウゲ科の多年草。高さは15〜
　　　50cm。
　　　〈*Caltha palustris L. var.nipponica*
　　　Hara〉

リュウケツジュ
　　ドラセナの別名（リュウゼツラン科の属
　　総称）

＊リュウココリネ・イキシオイデス
　別名：チリーニラ
　　　ユリ科。

リュウジンボク（竜神木）
　　ヒメキランソウの別名（双子葉植物綱シ
　　ソ目シソ科のサボテン。高さは4m。花
　　は緑白色）
　　　〈*Ajuga pygmaea*〉

＊リュウセイクロトン
　別名：マツバ
　　　双子葉植物綱トウダイグサ目トウダイグ
　　　サ科。クロトンノキの品種。
　　　〈*Codiaeum variegatum var.pictum*
　　　'Van Oosterzeei'〉

＊リュウゼツラン（竜舌蘭）
　別名：マンネンラン
　　　単子葉植物綱ユリ目リュウゼツラン科の
　　　多肉植物。葉の繊維はロープ。ロ
　　　ゼット径は3〜4m。花は淡黄色。
　　　〈*Agave americana*〉

＊リュウゼツラン・ササノユキ
　別名：ササノユキ（笹の雪）
　　　リュウゼツラン科の多肉植物。花は淡
　　　緑色。
　　　〈*Agave victoriae-reginae T. Moore*〉

リュウセン
　　オオシラビソ（大白檜曽）の別名（マツ
　　綱マツ目マツ科の常緑高木。高さは
　　30m）
　　　〈*Abies mariesii*〉

リュウセンカ（竜船花）
　　カクバヒギリの別名（双子葉植物綱シ
　　ソ目クマツヅラ科の観賞用低木。花は深
　　紅色）
　　　〈*Clerodendrum paniculatum*〉

リュウノツメガヤ
　　タツノツメガヤの別名（単子葉植物綱カ
　　ヤツリグサ目イネ科の一年草。砂地に
　　多い。高さは10〜40cm）
　　　〈*Dactyloctenium aegypticum*〉

リュウノヒゲ
　　ジャノヒゲ（蛇鬚）の別名（単子葉植物
　　綱ユリ目ユリ科の多年草。高さは7〜
　　15cm。花は淡紫色）
　　　〈*Ophiopogon japonicus*〉

＊リュウビンタイ
　別名：ウロコシダ，リュウリンタイ
　　　リュウビンタイ科の常緑性シダ植物。
　　　葉長60〜200cm。葉身は広楕円形。
　　　〈*Angiopteris lygodiifolia*〉

リュウリンタイ
　　リュウビンタイの別名（リュウビンタイ
　　科の常緑性シダ植物。葉長60〜200cm。
　　葉身は広楕円形）
　　　〈*Angiopteris lygodiifolia*〉

＊リューココリーネ
　別名：グローリーオブザサン，リュー
　　　　ココリネ
　　　ユリ科の属総称。球根植物。

リューココリネ
　　リューココリーネの別名（ユリ科の属総
　　称。球根植物）

＊リョウガミクモタケ
　別名：チチブクモタケ
　　　核菌綱バッカクキン科の冬虫夏草。
　　　〈*Torrubiella ryogamimontana*〉

＊リョウブ（令法）
　別名：ハタツモリ

植物別名辞典　591

リョウ

双子葉植物綱ツツジ目リョウブ科の落葉
低木または高木。高さは3～7m。花
は白色。
〈*Clethra barbinervis*〉

*リョウメンシダ（両面羊歯）
別名：コガネシダ，コガネワラビ，ゼ
ンマイシノブ
オシダ科の常緑性シダ植物。葉身は長
さ40～65cm，長卵状広披針形。
〈*Arachniodes standishii*〉

リョウリギク（料理菊）
ショクヨウギク（食用菊）の別名（キク
科の葉菜類）
〈*Dendrothemum morifolium* Ramat.〉

リョクガク
アオジクウメの別名（双子葉植物綱バラ
目バラ科の木本）
〈*Armeniaca mume* 'Viridicalyx'〉

リョクトウ
ヤエナリの別名（双子葉植物綱マメ目マ
メ科の一年草）
〈*Vigna radiata*〉
*リョクトウ（緑豆）
別名：ブンドウ，ヤエナリ
マメ科。
〈*Vigna radiata*（L.）R. Wilcz.〉

リョクヨウカンラン（緑葉甘藍）
ケールの別名（双子葉植物綱フウチョウ
ソウ目アブラナ科の野菜）
〈*Brassica oleracea* var.acephala〉

リヨン
シャブレーの別名（バラ科のオウトウ
（桜桃）の品種。果肉は濃赤色）

リラ
ライラックの別名（双子葉植物綱ゴマノ
ハグサ目モクセイ科の落葉小高木。高
さは4～8m。花は淡紫，紅紫，紅，白色
など）
〈*Syringa vulgaris*〉

リリー
ユリの別名（ユリ科の属総称。球根植物）

*リリウム・ネパレンシス
別名：ウコンユリ
ユリ科。

リンキ
ウケザキカイドウの別名（双子葉植物綱
バラ目バラ科の木本）
〈*Malus prunifolia* var.rinki〉

*リンゴ（林檎）
別名：セイヨウリンゴ
バラ科の落葉高木。
〈*Malus pumila* Mill. var.dulcissima
Koidz〉

*リンゴツバキ（林檎椿）
別名：オオミツバキ，ヤクシマツバキ
ツバキ科の木本。

リンシード
アマ（亜麻）の別名（双子葉植物綱アマ目
アマ科の一年草。高さは60～130cm。
花は青色または白色）
〈*Linum usitatissimum*〉

リンショウバイ
ニワウメ（庭梅）の別名（双子葉植物綱
バラ目バラ科の落葉低木。花は淡紅色，
または白色）
〈*Cerasus japonica*〉
ニワザクラ（庭桜）の別名（バラ科の落
葉低木。花は白あるいは淡紅色）
〈*Prunus glandulosa* Thunb.〉

リンチョウ
ジンチョウゲ（沈丁花）の別名（双子葉
植物綱フトモモ目ジンチョウゲ科の常緑
低木。高さは1m）
〈*Daphne odora*〉

リンデン
ボダイジュ（菩提樹）の別名（双子葉植
物綱アオイ目シナノキ科の落葉広葉高

木。高さは25m)
〈*Tilia miqueliana*〉

*リンドウ（竜胆）
別名：エヤミグサ（疫病草），クタニ（苦胆）
双子葉植物綱リンドウ目リンドウ科の多年草。高さは20〜90cm。
〈*Gentiana scabra var.buergeri*〉

リンドウツリガネヤナギ
ペンステモン・ハートウェッギーの別名（ゴマノハグサ科）

*リンネソウ
別名：エゾアリドオシ，メオトバナ
双子葉植物綱マツムシソウ目スイカズラ科の常緑小低木。高さは5〜10cm。
〈*Linnaea borealis*〉

リンポウギク
マツムシソウの別名（マツムシソウ科の属総称）

*リンボク（橉木）
別名：カタザクラ，ヒイラギガシ
双子葉植物綱バラ目バラ科の常緑高木。
〈*Prunus spinulosa*〉

【 ル 】

ルウダソウ
アリタソウ（有田草）の別名（双子葉植物綱ナデシコ目（中心子目）アカザ科の一年草。高さは30〜80cm）
〈*Chenopodium ambrosioides*〉

ルクタマカンバ
ヤチカンバの別名（双子葉植物綱ブナ目カバノキ科の落葉低木）
〈*Betula ovalifolia*〉

*ルクリア
別名：アッサムニオイザクラ，カオリザクラ，ニオイザクラ
アカネ科。

ルコウアサガオ
マルバルコウソウ（丸葉縷紅草）の別名（双子葉植物綱ナス目ヒルガオ科の一年生つる草。花は紅黄色）
〈*Quamoclit coccinea*〉

*ルコウソウ（縷紅草）
別名：カボチャアサガオ
双子葉植物綱ナス目ヒルガオ科のつる草。花は紅色。
〈*Quamoclit pennata*〉

*ルスクス
別名：イカダバルスカス
ユリ科。

ルスチカタバコ
マルバタバコ（丸葉煙草）の別名（ナス科の薬用植物）
〈*Nicotiana rustica* L.〉

ルスン
ミヤマシロバイの別名（ハイノキ科の木本）
〈*Symplocos sonoharae* Koidz.〉

*ルタバガ
別名：カブカンラン，スウェーデンカブ
アブラナ科の根菜類。根部は長楕円形，肉質は緻密。
〈*Brassica napus* L. *var.napobrassica* (L.) Rchb.〉

*ルドベキア
別名：オオハンゴンソウ
キク科の属総称。宿根草。

*ルドルフ・ロエルス
別名：ハブタエソウ
サトイモ科のディフェンバキア・ピクタ

植物別名辞典　593

の品種。

ルナリア
ギンセンソウ（銀扇草）の別名（双子葉植物綱フウチョウソウ目アブラナ科の一年草。花は紅紫色，または白色）
⟨*Lunaria annua*⟩

*ルバーブ
別名：ショクヨウダイオウ（食用大黄），マルバダイオウ（丸葉大黄）
双子葉植物綱タデ目タデ科の葉菜類。葉柄は紅色。高さは1〜2m。
⟨*Rheum rhabarbarum*⟩

*ルピナス
別名：ノボリフジ
双子葉植物綱マメ目マメ科の属総称。
⟨*Lupinus spp.*⟩

*ルメックス・スクータータス
別名：マルバスイバ
タデ科。

*ルモーラ
別名：レザーリーフファン
オシダ科の属総称。

ルリイチゲ
ユキワリイチゲ（雪割一花）の別名（双子葉植物綱キンポウゲ目キンポウゲ科の多年草。高さは20〜30cm。花は白色）
⟨*Anemone keiskeana*⟩

ルリイチゲソウ
キクザキイチゲ（菊咲一花）の別名（キンポウゲ科の多年草。高さは10〜30cm。花は淡紫または白色）
⟨*Anemone pseudo-altaica* Hara⟩
ヒメイチゲ（姫一花）の別名（キンポウゲ科の多年草。高さは5〜15cm）
⟨*Anemone debilis* Fisch.⟩

*ルリオコシ
別名：フジボタン
キンポウゲ科。

ルリカラクサ（瑠璃唐草）
ネモフィラの別名（ハゼリソウ科）
⟨*Nemophila insignis* Benth.⟩

ルリギク（瑠璃菊）
ストケシアの別名（双子葉植物綱キク目キク科の多年草。高さは30〜60cm。花は紫青色）
⟨*Stokesia laevis*⟩

ルリジサ
ボリジの別名（ムラサキ科の属総称）
*ルリジサ
別名：スターフラワー，ルリチシャ
ムラサキ科の多年草。高さは15〜70cm。花は青色。
⟨*Borago officinalis* L.⟩

*ルリヂシャ
別名：スターフラワー
双子葉植物綱シソ目ムラサキ科の多年草。高さは15〜70cm。花は青色。
⟨*Borago officinalis*⟩

*ルリシャクジョウ（瑠璃錫杖）
別名：ヤエヤマシャクジョウ
ヒナノシャクジョウ科の多年生腐生植物。高さは5〜12cm。
⟨*Burmannia itoana*⟩

ルリソウ
ホタルカズラ（蛍葛）の別名（ムラサキ科の多年草。高さは15〜25cm。花は碧色）
⟨*Lithospermum zollingeri* DC.⟩

*ルリタマアザミ（瑠璃玉薊）
別名：ウラジロヒゴタイ
キク科の多年草。高さは70cm。花は鮮青色。
⟨*Echinops ritro* L.⟩

ルリダマノキ
ルリミノキ（瑠璃実木）の別名（双子葉植物綱アカネ目アカネ科の常緑低木）
⟨*Lasianthus japonicus*⟩

レイシ

ルリチシャ
ルリジサの別名（ムラサキ科の多年草。
高さは15〜70cm。花は青色）
〈Borago officinalis L.〉

*ルリチョウ（瑠璃鳥）
別名：レイセイマル（麗盛丸）
サボテン科のサボテン。球形6cm。花は
白色。
〈Aylostera deminuta（A. Web.）
Backeb.〉

ルリチョウチョウ（瑠璃蝶々）
ルリミゾカクシの別名（双子葉植物綱キ
キョウ目キキョウ科。高さは10〜25cm。
花は青，青紫，紺青，赤紫，白色）
〈Lobelia erinus〉

ルリトウワタ（瑠璃唐綿）
ブルースター（瑠璃唐綿）の別名（ガガ
イモ科の多年草）
〈Oxypetalum caeruleum Decne.〉

*ルリハナガサ
別名：ダーダラカンサス
キツネノマゴ科の常緑低木。高さは0.5
〜2m。花は青紫色。
〈Eranthemum pulchellum Andr.〉

ルリビョウタン
アオカズラ（青葛）の別名（双子葉植物
綱キンポウゲ目アワブキ科の木本）
〈Sabia japonica〉

ルリマツリ
プルンバゴの別名（イソマツ科の属総称）
*ルリマツリ
別名：アオマツリ
イソマツ科の観賞用多年草。高さは1.
5m。花は青空色。
〈Plumbago auriculata Lam.〉

*ルリミゾカクシ
別名：ルリチョウチョウ（瑠璃蝶々）
双子葉植物綱キキョウ目キキョウ科。
高さは10〜25cm。花は青，青紫，紺

青，赤紫，白色。
〈Lobelia erinus〉

ルリミノウシコロシ
サワフタギ（沢塞，沢蓋木）の別名（双
子葉植物綱カキノキ目ハイノキ科の落葉
低木）
〈Symplocos chinensis var.leucocarpa
form.pilosa〉

*ルリミノキ（瑠璃実木）
別名：ルリダマノキ
双子葉植物綱アカネ目アカネ科の常緑
低木。
〈Lasianthus japonicus〉

ルリムスカリ
ムスカリの別名（ユリ科の属総称。球根
植物）
*ルリムスカリ
別名：ブドウムスカリ
単子葉植物綱ユリ目ユリ科の多年草。
高さは15〜30cm。花は空青〜菫
青色。
〈Muscari botryoides〉

*ルリヤナギ（琉球柳）
別名：スズカケヤナギ，ハナヤナギ
双子葉植物綱ナス目ナス科の常緑低木。
高さは1〜2m。花は紫色。
〈Solanum glaucophyllum〉

【レ】

*レイシ
別名：マンネンタケ
ムクロジ科の属総称。
別名：ライチー
双子葉植物綱ムクロジ目ムクロジ科の常
緑小高木。高さは7〜10m。花は淡
黄色。
〈Litchi chinensis〉

植物別名辞典　595

レイシ

*レイジンソウ (伶人草)
別名：イブキレイジンソウ
キンポウゲ科の多年草。高さは30〜
80cm。花は淡紫〜淡紅色。
〈*Aconitum loczyanum Rapaics*〉

レイセイマル (麗盛丸)
ルリチョウ (瑠璃鳥) の別名 (サボテン
科のサボテン。球形6cm。花は白色)
〈*Aylostera deminuta* (A. Web.)
Backeb.〉

*レイデケリー・ロゼア
別名：ピンクピグミー
スイレン科のスイレンの品種。

*レウカデンドロン
別名：ロイカデンドロ
ヤマモガシ科の属総称。

レオ
ムラサキオモト (紫万年青) の別名 (単
子葉植物綱ツユクサ目ツユクサ科の多年
草。葉裏紫紅色。高さは20cm。花は白
色，または淡紫色)
〈*Rhoeo spathacea*〉

レオノティス
カエンキセワタの別名 (双子葉植物綱シ
ソ目シソ科の多年草。高さは2m。花は
橙紅色)
〈*Leonotis leonurus*〉

*レオノティス
別名：カエンキセワタ
シソ科の属総称。

*レザーファン
別名：レザーリーフファーン
オシダ科のシダ植物。長さは0.1〜1m。
〈*Rumohra adiantiformis*〉

レザーリーフファーン
レザーファンの別名 (オシダ科のシダ植
物。長さは0.1〜1m)
〈*Rumohra adiantiformis*〉

レザーリーフファン
ルモーラの別名 (オシダ科の属総称)

*レタス
別名：サラダナ，チサ，チシャ (萵苣)
双子葉植物綱キク目キク科の葉菜類。
花は黄色。
〈*Lactuca sativa*〉

*レダマ (連玉)
別名：キレダマ，モクレダマ
双子葉植物綱マメ目マメ科の木本。高
さは2〜3.5m。花は黄色。
〈*Spartium junceum*〉

*レッド・エンペラー
別名：マダムレフェーバー
ユリ科のチューリップの品種。

*レッド・クィーン
別名：ベニエリカ
ツツジ科のエリカの品種。

レッドクローバー
ベニバナツメクサ (紅花詰草) の別名
(双子葉植物綱マメ目マメ科の一年草。
高さは30〜60cm。花は深紅色)
〈*Trifolium incarnatum*〉

レッドコール
ワサビダイコンの別名 (双子葉植物綱フ
ウチョウソウ目アブラナ科の多年草。
長さは50〜80cm。花は白色)
〈*Armoracia rusticana*〉

レッドスター
パープルフェザーの別名 (ヒノキ科のヌ
マヒノキの品種)

レッドセージ
パープルセージの別名 (シソ科のハー
ブ)

*レッド・フォックス
別名：ハネゲイトウ
ヒユ科のケイトウの品種。

レモン

レッド・リバー・ガム
カマルドレンシスの別名（フトモモ科の木本）

レディスベッドストロウ
クルマバソウ（車葉草）の別名（双子葉植物綱アカネ目アカネ科の多年草。高さは25〜40cm）
〈Asperula odorata〉

*レディース・マントル
別名：ハゴロモグサ
バラ科のハーブ。

レテンローズ
クリスマスローズの別名（双子葉植物綱キンポウゲ目キンポウゲ科の多年草。花は白色）
〈Helleborus niger〉

*レプトスペルムム
別名：ネズモドキ
フトモモ科の属総称。

レブンウスユキソウ
エゾウスユキソウ（蝦夷薄雪草）の別名（双子葉植物綱キク目キク科の草本）
〈Leontopodium discolor〉

*レブンキンバイソウ（礼文金梅草）
別名：オクキンバイソウ
双子葉植物綱キンポウゲ目キンポウゲ科の草本。
〈Trollius ledebourii var.polysepalus〉

レブンクモマグサ
シコタンソウ（色丹草）の別名（双子葉植物綱バラ目ユキノシタ科の多年草。高さは3〜12cm）
〈Saxifraga cherlerioides var. rebunshirensis〉

*レブンサイコ（礼文柴胡）
別名：チシマサイコ
双子葉植物綱セリ目セリ科の草本。
〈Bupleurum triradiatum〉

レブンスゲ
オノエスゲ（尾上菅）の別名（単子葉植物綱カヤツリグサ目カヤツリグサ科の多年草。高さは10〜40cm）
〈Carex tenuiformis〉

レモネードブッシュ
ハイビスカス・ローゼルの別名（アオイ科のハーブ）

レモン
ユーレカ・レモンの別名（ミカン科のミカン（蜜柑）の品種。果皮は明黄色）

レモンガヤ
レモングラスの別名（単子葉植物綱カヤツリグサ目イネ科の多年草。粉白，芳香。高さは2m）
〈Cymbopogon citratus〉

*レモングラス
別名：メリッサグラス，レモンガヤ
単子葉植物綱カヤツリグサ目イネ科の多年草。粉白，芳香。高さは2m。
〈Cymbopogon citratus〉

*レモン・ゼラニウム
別名：イングリッシュフィンガーゼラニウム，センテッドペラゴニウム，ニオイテンジクアオイ
フウロソウ科のハーブ。

レモンセンテッド・ガム
レモン・ユーカリの別名（双子葉植物綱フトモモ目フトモモ科のハーブ。高さは20m。花は白色）
〈Eucalyptus citriodora〉

*レモン・バジル
別名：バジル
シソ科のハーブ。

レモンバーベナ
ボウシュウボクの別名（双子葉植物綱シソ目クマツヅラ科の多年草または低木。高さは3m。花は白色，または淡紫色）

植物別名辞典　597

レモン

〈*Lippia citriodora*〉

*レモンバーム
別名：コウスイハッカ
シソ科の属総称。

*レモン・ユーカリ
別名：スポッテッド・ガム，レモンセ
ンテッド・ガム
高さは20m。花は白色。
〈*Eucalyptus citriodora*〉

*レリア
別名：ラエリア
ラン科の属総称。

*レンギョウ（連翹）
別名：レンギョウウツギ
双子葉植物綱ゴマノハグサ目モクセイ科
の落葉低木。花は帯橙黄色。
〈*Forsythia suspensa*〉

レンギョウウツギ
レンギョウ（連翹）の別名（双子葉植物
綱ゴマノハグサ目モクセイ科の落葉低
木。花は帯橙黄色）
〈*Forsythia suspensa*〉

*レンギョウエビネ
別名：スズフリエビネ
ラン科の草本。
〈*Calanthe lyroglossa* Reichb. fil.〉

レンゲ
ゲンゲ（翹揺，紫雲英）の別名（双子葉
植物綱マメ目マメ科の多年草または越年
草。高さは10〜25cm。花は紫紅色）
〈*Astragalus sinicus*〉

レンゲイワヤナギ
タカネイワヤナギ（高嶺岩柳）の別名
（双子葉植物綱ヤナギ目ヤナギ科の落葉
匍匐低木）
〈*Salix nakamurana*〉

レンゲゴケ
オオカサゴケ（大傘苔）の別名（ハリガ
ネゴケ科の水草）
〈*Rhodobryum giganteum*〉

*レンゲショウマ（蓮華升麻）
別名：クサレンゲ
双子葉植物綱キンポウゲ目キンポウゲ科
の多年草。高さは40〜80cm。花は淡
紫色。
〈*Anemonopsis macrophylla*〉

*レンゲツツジ（蓮華躑躅）
別名：ウマツツジ，オニツツジ，ドク
ツツジ
双子葉植物綱ツツジ目ツツジ科の落葉低
木。花は黄〜オレンジ色。
〈*Rhododendron japonicum*〉

レンコン
ハス（蓮）の別名（双子葉植物綱スイレン
目スイレン科の多年生水草。葉柄には
突起が多くざらつく。葉は円形。葉径
20〜70cm。花は淡紅色，または白色）
〈*Nelumbo nucifera*〉

レンジャク
ヒメガマ（姫蒲）の別名（単子葉植物綱
ガマ目ガマ科の多年生抽水植物。全高1.
3〜2m，葉は細く，幅5〜15mm）
〈*Typha angustifolia*〉

レンズマメ
ヒラマメの別名（マメ科の草本。高さは
15〜75cm。花は白，ピンク、赤紫色）
〈*Lens culinaris* Medik.〉

*レンテンローズ
別名：ヤツデハナガサ
キンポウゲ科。

*レンプクソウ（連福草）
別名：ゴリンバナ（五輪花）
双子葉植物綱マツムシソウ目レンプクソ
ウ科の多年草。高さは8〜15cm。
〈*Adoxa moschatellina*〉

【ロ】

ロイカデンドロ
レウカデンドロンの別名（ヤマモガシ科の属総称）

ロイルツリフネソウ
オニツリフネソウの別名（ツリフネソウ科。花は紅色）
〈Impatiens glandulifera Royle〉

＊ロウアガキ
別名：ツクバネガキ
双子葉植物綱カキノキ目カキノキ科の木本。果実は橙紅色。
〈Diospyros rhombifolia〉

ロウジ
クロカワ（黒皮）の別名（イボタケ科のキノコ。中型〜大型。傘は灰色〜黒色、微毛）
〈Boletopsis leucomelaena〉

＊ロウバイ（蝋梅）
別名：カラウメ，トウウメ，ナンキンウメ
双子葉植物綱クスノキ目ロウバイ科の落葉低木。高さは2〜4m。花は黄色。
〈Chimonanthus praecox〉

ロウベンバナ
トサミズキ（土佐水木）の別名（双子葉植物綱マンサク目マンサク科の落葉低木。高さは2〜4m）
〈Corylopsis spicata〉

ロクオンソウ
フナバラソウ（舟腹草）の別名（双子葉植物綱リンドウ目ガガイモ科の多年草。高さは40〜80cm）
〈Cynanchum atratum〉

ロクショウモタシ
ハツタケ（初茸）の別名（ベニタケ科のキノコ。中型。高さは2〜5cm。傘は黄褐色，濃い環紋がある。ひだはワイン紅色）
〈Lactarius hatsudake〉

＊ロクベンシモツケ（六弁下野草）
別名：ヨウシュシモツケ
バラ科の多年草。高さは60〜90cm。花は白色。
〈Filipendula vulgaris Moench.〉

＊ロケア
別名：ベニロケア，ロシェア
ベンケイソウ科の多年草。高さは30〜60cm。花は緋赤色。
〈Rochea coccinea（L.）DC.〉

ロケットサラダ
キバナスズシロの別名（双子葉植物綱フウチョウソウ目アブラナ科の一年草。花は淡黄色）
〈Eruca vesicaria subsp.sativa〉

＊ロザンハク（芦山白）
別名：セイジン
スイレン科のハスの品種。

ロシアンセージ
ペロフスキアの別名（シソ科の宿根草）

ロシェア
ロケアの別名（ベンケイソウ科の多年草。高さは30〜60cm。花は緋赤色）
〈Rochea coccinea（L.）DC.〉

ローズ
ガリカ・ローズの別名（バラ科のハーブ）

ローズアップル
テンニンカ（天人花）の別名（双子葉植物綱フトモモ目フトモモ科の常緑小低木。葉は厚く葉裏灰白，短毛が密布する。高さは1〜2m。花はバラ色）
〈Rhodomyrtus tomentosa〉

ロスア

ローズアンドレィディース
アルムの別名(サトイモ科の属総称。球根植物)

*ローズ・ゼラニウム
別名：センテッドペラゴニウム，ニオイテンジクアオイ
フウロソウ科のハーブ。

ローズソウ
アフリカヒゲシバの別名(単子葉植物綱カヤツリグサ目イネ科の多年草，牧草。高さは50〜150cm)
〈*Chloris gayana*〉

*ローズマリー
別名：マンネンロウ，ロスマリン
シソ科の香辛野菜。
〈*Rosmarinus officinalis L.*〉

ロスマリン
マンネンロウの別名(双子葉植物綱シソ目シソ科の香辛野菜)
〈*Rosmarinus officinalis*〉
ローズマリーの別名(シソ科の香辛野菜)
〈*Rosmarinus officinalis* L.〉

*ロゼオカクツス
別名：アリオカルプス
サボテン科の属総称。サボテン。

ローゼリソウ
ハイビスカス・ローゼルの別名(アオイ科のハーブ)

ロゼリソウ
ローゼルの別名(双子葉植物綱アオイ目アオイ科の高草。茎葉は赤脈のものが多い。高さは1.2〜2m。花は淡い黄色)
〈*Hibiscus sabdariffa*〉

ローゼル
ハイビスカス・ローゼルの別名(アオイ科のハーブ)

*ローゼル
別名：ロゼリソウ
双子葉植物綱アオイ目アオイ科の高草。茎葉は赤脈のものが多い。高さは1.2〜2m。花は淡い黄色。
〈*Hibiscus sabdariffa*〉

*ローソンヒノキ
別名：グラントヒノキ
マツ綱マツ目ヒノキ科の木本。樹高は40m。樹皮は紫褐色。
〈*Chamaecyparis lawsoniana*〉

*ローター・アハト
別名：ウツリベニ
サクラソウ科のプリムラ・オブコニカの品種。

*ローダンセ
別名：オトメカイザイク(乙女貝細工)，ヒメカイザイク(姫貝細工)，ヒロハノハナカンザシ(広葉花簪)
双子葉植物綱キク目キク科の草本。
〈*Helipterum manglesii*〉

ロッカクソウ
エビスグサ(夷草)の別名(双子葉植物綱マメ目マメ科の一年草。小葉間の腺体は尖り，橙色。高さは0.5〜1.5m。花は黄色)
〈*Cassia obtusifolia*〉

*ロドフィアラ
別名：アマリリス・ビフィダ
ヒガンバナ科の球根植物。

*ロドルミルツス
別名：テンニンカ
フトモモ科の属総称。

ロパロブラステ
モルッカヤシの別名(ヤシ科の属総称)

ロベージ
ラビッジの別名(セリ科のハーブ)

600　植物別名辞典

*ロベリアソウ
別名：セイヨウミゾカクシ
　　双子葉植物綱キキョウ目キキョウ科の一
　　年草。高さは30〜80cm。花は淡青
　　色，または白色。
　　〈Lobelia inflata〉

ローマウイキョウ
アマウイキョウの別名（セリ科のハー
ブ）
　　〈Foeniculum vulgare Mill. var.dulce
　　（Mill.）Thell.〉

ロマリア
ブレクヌムの別名（オシダ科の属総称）

ローレライ
カンボタン（寒牡丹）の別名（ツツジ科
のアザレアの品種）

ローレル
ゲッケイジュ（月桂樹）の別名（双子葉
植物綱クスノキ目クスノキ科の常緑高
木。高さは5〜10m。花は黄色。樹皮は
暗灰色）
　　〈Laurus nobilis〉

*ローレルカズラ
別名：ゲッケイカズラ
　　双子葉植物綱ゴマノハグサ目キツネノマ
　　ゴ科の観賞用蔓木。花は淡青紫色。
　　〈Thunbergia laurifolia〉

【ワ】

ワイルドオレガノ
オレガノの別名（双子葉植物綱シソ目シ
ソ科の多年草，ハーブ。高さは60cm。
花は紫，ピンク，白色など）
　　〈Origanum vulgare〉

ワイルドカモミール
ナツシロギク（夏白菊）の別名（双子葉
植物綱キク目キク科の多年草。高さは
30〜80cm。花は白色）
　　〈Chrysanthemum parthenium〉

ワイルドヒアシンス
シラーの別名（ユリ科の属総称。球根植
物）
スキラの別名（単子葉植物綱ユリ目ユリ
科の属総称）
　　〈Scilla spp.〉
ディケロステンマの別名（ヒガンバナ科
の属総称。球根植物）

ワカイ
ヒラタケ（平茸）の別名（ヒラタケ科の
キノコ。中型〜大型。傘は貝殻形，灰
色。ひだは白色〜灰色）
　　〈Pleurotus ostreatus〉

ワカタケ
モウソウチク（孟宗竹）の別名（単子葉
植物綱カヤツリグサ目イネ科の常緑大型
竹。高さは10〜20m）
　　〈Phyllostachys pubescens〉

*ワカメ（若布）
別名：メノハ
　　褐藻綱コンブ目チガイソ科の海藻。茎
　　は扁円。
　　〈Undaria pinnatifida〉

ワカメシダ
シンテンウラボシ（新天裏星）の別名
（ウラボシ科の常緑性シダ植物。葉身は
長さ25〜50cm，三角状，裂片を除いた
部分は披針形）
　　〈Colysis shintenensis〉

ワクラハ
シャシャンボ（小小ん坊）の別名（双子
葉植物綱ツツジ目ツツジ科の常緑低木）
　　〈Vaccinium bracteatum〉

*ワサビダイコン
別名：セイヨウワサビ，レッドコール
　　双子葉植物綱フウチョウソウ目アブラナ

植物別名辞典　601

科の多年草。長さは50〜80cm。花は
白色。
〈*Armoracia rusticana*〉

ワジュロ
シュロ（棕櫚）の別名（単子葉植物綱ヤシ
目ヤシ科の常緑高木。高さは5〜10m。
花は緑がかった淡黄色。樹皮は褐色）
〈*Trachycarpus fortunei*〉

*ワシントン・ネーブル
別名：オレンジ＝アマダイダイ
ミカン科のミカン（蜜柑）の品種。果皮
は橙黄色。

*ワシントンヤシモドキ
別名：オキナヤシモドキ
単子葉植物綱ヤシ目ヤシ科の草本。高
さは30〜35m。
〈*Washingtonia robusta*〉

*ワスレグサ
別名：ナンバンカンゾウ
単子葉植物綱ユリ目ユリ科の多年草。
〔分布〕九州，沖縄。海岸の近くに生
える。
〈*Hemerocallis aurantiaca*〉

ワセイチゴ
クサイチゴ（草苺）の別名（バラ科の落
葉低木。果実は赤く食用）
〈*Rubus hirsutus* Thunb.〉
ナワシロイチゴ（苗代苺）の別名（バラ
科の落葉つる性低木）
〈*Rubus parvifolius* L.〉

*ワセオバナ
別名：ハマススキ
単子葉植物綱カヤツリグサ目イネ科の多
年草。高さは100〜250cm。
〈*Saccharum spontaneum var.
arenicola*〉

ワセワタスゲ
サギスゲ（鷺菅）の別名（単子葉植物綱
カヤツリグサ目カヤツリグサ科の多年

草。高さは20〜50cm）
〈*Eriophorum gracile*〉

*ワタ
別名：アジアワタ
双子葉植物綱アオイ目アオイ科の木本。
高さは3m。花は黄〜紫紅色。
〈*Gossypium arboreum*〉
別名：コットン
双子葉植物綱アオイ目アオイ科の属
総称。
〈*Gossypium spp.*〉

ワタカズラ
マツブサ（松房）の別名（双子葉植物綱
シキミ目マツブサ科の落葉つる性植物）
〈*Schisandra nigra*〉

ワタクヌギ
アベマキ（阿部槙）の別名（双子葉植物
綱ブナ目ブナ科の落葉高木。高さは
15m。樹皮は淡灰褐色）
〈*Quercus variabilis*〉

*ワタゲカマツカ
別名：アツバカマツカ，オオカマツカ
バラ科の落葉低木あるいは小高木。高
さは5m。樹皮は灰か灰褐色。
〈*Pourthiaea villosa*（*Thunb.*）
Decne.〉

ワタゲベゴニア
ベゴニア・インカーナの別名（シュウカ
イドウ科）

ワタスギギク
サントリナの別名（キク科の宿根草。高
さは50cm。花は黄色）
〈*Santolina chamaecyparissus* L.〉
ビレンスの別名（キク科のサントリナの
品種。ハーブ）

*ワタスギギク
別名：コットンラベンダー
双子葉植物綱キク目キク科の宿根草。
高さは50cm。花は黄色。
〈*Santolina chamaecyparissus*〉

ワラビ

*ワタスゲ（綿菅）
別名：カヤナ，スズメノケヤリ，マユ
ハキグサ
単子葉植物綱カヤツリグサ目カヤツリグ
サ科の多年草。高さは30〜60cm。
〈Eriophorum vaginatum〉

ワタチョロギ
スタキスの別名（シソ科の属総称。宿根
草）
ラムズイヤーの別名（シソ科のハーブ）
ラムズテールの別名（シソ科）

ワタドロ
ドロノキの別名（双子葉植物綱ヤナギ目
ヤナギ科の落葉高木。高さは30m。雄花
は赤紫，雌花は黄緑色）
〈Populus maximowiczii〉
ドロヤナギ（泥柳）の別名（ヤナギ科の
落葉高木。高さは30m。花は雄花は赤
紫，雌花は黄緑色）
〈Populus maximowiczii Henry〉

ワタマキ
アベマキ（阿部槙）の別名（双子葉植物
綱ブナ目ブナ科の落葉高木。高さは
15m。樹皮は淡灰褐色）
〈Quercus variabilis〉

*ワダンノキ
別名：ニガナノキ
双子葉植物綱キク目キク科の常緑小
高木。
〈Dendrocacalia crepidifolia〉

*ワックスフラワー
別名：ジェラルトンワックスフラワー
フトモモ科。

ワットソニア
ワトソニアの別名（アヤメ科の属総称。
球根植物）

ワトソニア
ヒオウギズイセン（檜扇水仙）の別名

（単子葉植物綱ユリ目アヤメ科の草本。
花は黄金〜橙色）
〈Crocosmia aurea〉

*ワトソニア
別名：ヒオウギズイセン，ビューグルリ
リー，ワットソニア
アヤメ科の属総称。の球根植物。

*ワニグチモダマ
別名：ミドリモダマ，ムニンモダマ
双子葉植物綱マメ目マメ科の常緑つる性
木本。
〈Mucuna gigantea〉

ワニナシ
アボカドの別名（双子葉植物綱クスノキ
目クスノキ科の果樹。果実は黄，緑，黒
紫色など。高さは6〜25m）
〈Persea americana〉

*ワビスケ（侘助）
別名：コチョウワビスケ（胡蝶侘助），
タロウカジャ（太郎冠者），ベニワビ
スケ（紅侘助）
ツバキ科の木本。一重杯状咲き。
〈Camellia wabiske Kitam.〉

ワヒダタケ
シバフタケの別名（キシメジ科のキノコ）
〈Marasmius oreades（Bolt. ：Fr.）
Fr.〉

ワビロウ
ビロウの別名（単子葉植物綱ヤシ目ヤシ
科の常緑高木）
〈Livistona chinensis var.subglobosa〉

*ワラビ
別名：サワラビ，ヤワラビ，ワラビナ
ワラビ科の夏緑性シダ植物。葉身は長
さ1m，三角状卵形。
〈Pteridium aquilinum subsp.
aquilinum var.latiusculum〉

ワラビナ
ワラビの別名（ワラビ科の夏緑性シダ植

植物別名辞典　603

ワラヘ

物。葉身は長さ1m，三角状卵形）
〈Pteridium aquilinum *subsp.*aquilinum
*var.*latiusculum〉

ワラベナカセ
シラタマカズラ（白玉蔓）の別名（双子
葉植物綱アカネ目アカネ科の常緑つる性
植物。花は白色）
〈*Psychotria serpens*〉

*ワリンゴ（和林檎）
別名：ジリンゴ
双子葉植物綱バラ目バラ科の木本。
〈*Malus asiatica*〉

*ワルナスビ（悪茄子）
別名：オニナスビ，ノハラナスビ
双子葉植物綱ナス目ナス科の多年草。
高さは30〜70cm。花は淡紫色。
〈*Solanum carolinense*〉

*ワレモコウ（吾木香，吾亦紅）
別名：ウマズイカ，ダンゴバナ
双子葉植物綱バラ目バラ科の多年草。
高さは30〜100cm。
〈*Sanguisorba officinalis*〉

ワンジュ
ハカマカズラ（袴蔓）の別名（双子葉植
物綱マメ目マメ科の常緑つる性木本）
〈*Bauhinia japonica*〉

植物別名辞典

2016 年 8 月 25 日　第 1 刷発行

発 行 者／大髙利夫
編集・発行／日外アソシエーツ株式会社
　　　　　　〒140-0013 東京都品川区南大井 6-16-16 鈴中ビル大森アネックス
　　　　　　電話 (03)3763-5241 (代表)　FAX(03)3764-0845
　　　　　　URL http://www.nichigai.co.jp/
発 売 元／株式会社紀伊國屋書店
　　　　　　〒163-8636 東京都新宿区新宿 3-17-7
　　　　　　電話 (03)3354-0131 (代表)
　　　　　　ホールセール部 (営業)　電話 (03)6910-0519

　　　　　　電算漢字処理／日外アソシエーツ株式会社
　　　　　　印刷・製本／株式会社平河工業社

不許複製・禁無断転載　　　　　　《中性紙三菱クリームエレガ使用》
〈落丁・乱丁本はお取り替えいたします〉
ISBN978-4-8169-2621-1　　　　　**Printed in Japan,2016**

本書はディジタルデータでご利用いただくことが
できます。詳細はお問い合わせください。

魚介類別名辞典

A5・370頁　定価（本体4,500円＋税）　2016.1刊

魚介の別名4,200件とその一般的な名称1,400件を収録した別名辞典。別名から一般的な名称が、一般的な名称からその別名群が分かる。それぞれの科名、大きさ、漢字表記、分布地など、簡便な情報も記載。

難読誤読 植物名 漢字よみかた辞典

四六判・110頁　定価（本体2,300円＋税）　2015.2刊

難読・誤読のおそれのある植物名のよみかたを確認できる小辞典。植物名見出し791件と、その下に関連する逆引き植物名など、合計1,646件を収録。

難読誤読 昆虫名 漢字よみかた辞典

四六判・120頁　定価（本体2,700円＋税）　2016.5刊

難読・誤読のおそれのある昆虫の名前のよみかたを確認できる小辞典。昆虫名見出し467件と、その下に関連する逆引き昆虫名など、合計2,001件を収録。

難読誤読 鳥の名前 漢字よみかた辞典

四六判・120頁　定価（本体2,300円＋税）　2015.8刊

難読・誤読のおそれのある鳥の名前のよみかたを確認できる小辞典。鳥名見出し500件と、その下に関連する逆引き鳥名など、合計1,839件を収録。

難読誤読 島嶼名 漢字よみかた辞典

四六判・130頁　定価（本体2,500円＋税）　2015.10刊

難読・誤読のおそれのある島名や幾通りにも読めるものを選び、その読みを示したよみかた辞典。島名表記771種に対し、983通りの読みかたを収録。北海道から沖縄まであわせて1,625の島の名前がわかる。

俳句季語よみかた辞典

A5・620頁　定価（本体6,000円＋税）　2015.8刊

季語の読み方と語義を収録した辞典。季語20,700語の読み方と簡単な語義を調べることができる。難読ではない季語も含め、できるだけ網羅的に収録。

データベースカンパニー
日外アソシエーツ

〒140-0013　東京都品川区南大井6-16-16
TEL.(03)3763-5241　FAX.(03)3764-0845　http://www.nichigai.co.jp/